南京大学材料科学与工程系列丛书

原子层沉积技术
——原理及其应用
（第二版）

李爱东　曹燕强
方国勇　Wei-Min Li　编著

科学出版社
北京

内 容 简 介

本书是面向研究生和从事材料研发等相关行业的科研人员系统介绍原子层沉积技术原理及其应用的一本专业书籍，共分为十七章。包括原子层沉积的发展历史、原理、设备、前驱体、沉积材料与生长机理以及理论计算与模拟等基础内容，又着重论述等离子体增强原子层沉积和分子层沉积等特色技术，涉及了原子层沉积在微电子、纳米技术、光学、能源、催化、含能材料、生物医学、封装、防腐、分离膜等领域的应用，还特别介绍了正在快速发展中的原子层刻蚀技术。本书内容丰富新颖，在注重原子层沉积基本原理和生长机制阐述的同时，又突出了原子层沉积（刻蚀）材料的先进性和应用的前沿性，反映了原子层沉积（刻蚀）技术中的一些最新进展和成果，是先进技术原理与实际应用的有机结合。

本书可作为高等院校材料科学与工程、化学化工、电子信息、集成电路科学与工程、智能制造、物理等专业研究生的参考书，也可供从事材料合成与制备及其微电子、纳米技术、能源催化、光伏光学、生物医学和封装防腐等相关领域的科研人员和工程技术人员借鉴参考。

图书在版编目(CIP)数据

原子层沉积技术：原理及其应用 / 李爱东等编著. 2版. --北京：科学出版社，2025. 8. -- ISBN 978-7-03-082048-8

I . TB3

中国国家版本馆CIP数据核字第2025GJ3183号

责任编辑：杨新政 / 责任校对：杜子昂
责任印制：徐晓晨 / 封面设计：东方人华

科学出版社 出版
北京东黄城根北街 16 号
邮政编码：100717
http://www.sciencep.com
三河市骏杰印刷有限公司印刷
科学出版社发行 各地新华书店经销
*
2016 年 6 月第 一 版 开本：720 × 1092 1/16
2025 年 8 月第 二 版 印张：40 3/4
2025 年 8 月第四次印刷 字数：800 000

定价：160.00 元

（如有印装质量问题，我社负责调换）

第二版前言

原子层沉积（atomic layer deposition，ALD）是一种特殊的化学气相沉积技术，是通过将气相前驱体脉冲交替通入反应室并在沉积基体表面发生化学吸附反应形成薄膜的一种方法，具有优异的三维共形性、大面积的均匀性和精确的亚单层膜厚控制等特点。它的起源可以追溯到苏联和芬兰科学家在20世纪六七十年代的研究工作。自从2001年国际半导体行业协会将原子层沉积与等离子增强化学气相沉积和金属有机化学气相沉积并列作为与微电子工艺兼容的候选技术以来，其发展势头强劲，赢得了学术界和工业界的广泛关注。

原子层沉积技术受到微电子工业和纳米科技领域的青睐，与它独特的自限制生长原理密不可分。2007年，Intel公司在半导体工业45 nm技术节点上，将原子层沉积的超薄铪基氧化物薄膜引入金属－氧化物－半导体场效应晶体管器件中，取代传统的二氧化硅栅介质薄膜，获得了功耗更低、速度更快的酷睿微处理器。发展至今，原子层沉积已经成为集成电路产业中极其重要的主流制备技术，特别是在进入“延续摩尔”和“超越摩尔”的纳米时代，其在环栅晶体管、三维闪存（动态随机存储器）、下一代金属互连中，发挥着关键作用。在绿色可再生能源的光伏产业，原子层沉积已经成功应用于高效硅太阳能电池背板钝化层的制造，有效提升了光电转换效率，成为高效光伏电池生产的关键核心技术。最近几年，原子层沉积技术在光学镀膜、柔性电子以及粉体材料加工等非晶圆市场也取得了重要的商业进展。而其在光电子、纳米技术、微机电系统、能源、催化、生物医学、显示器、封装、耐腐蚀密封涂层、分离膜等领域的研究也方兴未艾，呈现爆发式增长。原子层沉积制备的材料种类和数量正变得越来越丰富，除了单质、氧化物、氮化物、硫化物、氟化物、硒化物、碲化物、碳化物、磷酸盐等，已经从传统的无机材料扩展到聚合物、有机－无机杂化材料，从简单的双元化合物到复杂的三元、四元化合物和五元高熵合金，形式由非晶、多晶、外延薄膜扩展到特定的纳米结构、超晶格、纳米图形、金属有机骨架结构、单原子催化剂等。原子层沉积技术本身也在不断变革和发展中，在传统的热原子层沉积基础上，又发展了等离子体增强原子层沉积、分子层沉积、空间原子层沉积、电化学原子层沉积、选区原子层沉积、卷对卷原子层沉积、流化床式原子层沉积、渗滤式原子层沉积等多种新形式。全球原子层沉积设备和材料市场正经历着快速的成长和发展。

原子层沉积设备在国内也从无到有，从少到多，原子层沉积技术已经成为不少高校、科研院所进行材料合成与制备的新方法，广泛应用于丰富多彩的科研工作中。而国产化原子层沉积技术与设备的创新也正在蓬勃发展中，不乏国产 ALD 装备在一些重要工业领域，如半导体、光伏等实现产业化。2010 年中国首届 ALD 会议（1st China ALD Scientific Meeting 2010）在上海复旦大学举办，2015 年中国仪器功能材料学会原子层沉积（ALD）专业分会成立，2024 年首届亚太原子层沉积国际会议（1st Asia-Pacific Atomic Layer Deposition Conference, AP-ALD）在上海举行。鉴于早期国内尚无一本较为系统的介绍原子层沉积的专业书籍，而本书作者在国内较早涉足原子层沉积研究，有多年从事原子层沉积生长研究的经验，于是 2016 年出版了《原子层沉积技术——原理及其应用》(李爱东编著，科学出版社出版)，是“南京大学材料科学与工程系列丛书”之一。本书即是在该书基础上重新编写而成的，除了对原有的 13 章内容进行了修订更新，又增加了 4 章内容，包括原子层沉积设备、原子层沉积在含能材料领域的应用、原子层沉积在其他领域的应用和原子层刻蚀技术。在进行本书编写时，既注重原子层沉积技术发展历史、原理、设备、沉积材料与前驱体、理论模拟与计算的系统介绍，又突出原子层沉积的先进性和应用的前沿性，把写作与作者已有的在原子层沉积方面的工作紧密结合起来，整体结构清晰，内容丰富。特别是对原子层沉积在微电子、纳米技术、光伏光学、能源、催化、含能材料、生物医学、封装等领域的应用，进行了一个相对系统的梳理与较为深入的介绍。

本书主要是面向研究生和研发人员，采取介于教材和专著之间的一种内容编排形式，既强调内在的系统逻辑性，又注重内容的新颖前沿性，反映了原子层沉积技术中的一些最新进展和成果，是先进技术原理与实际应用的有机结合。本书共 17 章，前 6 章主要介绍原子层沉积发展历史、原理、设备、前驱体、沉积材料与生长机理以及理论计算与模拟等基础内容，第 7 章和第 8 章侧重介绍等离子体增强原子层沉积和分子层沉积等新方法，第 9~16 章涉及了原子层沉积在微电子、纳米技术、光伏光学、能源、催化、含能材料、生物医学、封装、防腐和分离膜等领域的应用，第 17 章介绍了正在快速发展中的原子层刻蚀技术。本书可作为高等院校材料科学与工程、化学化工、电子信息、集成电路科学与工程、智能制造、物理等专业研究生的参考书，也可供从事材料合成与制备及其微电子、纳米技术、能源催化、光伏光学、生物医学和封装防腐等相关领域的科研人员和工程技术人员借鉴参考。

本书由南京大学李爱东负责编撰和统稿。其中，江苏微导纳米科技公司 Wei-Min Li 编撰了第 3 章，温州大学方国勇编撰了 4.4 节和第 6 章，方国勇和李爱东合作编写了 8.2.3 节和 8.3.3 节，南京理工大学曹燕强、李爱东合作编撰了第 7 章、第 11 章，曹燕强编撰了第 12 章，西安近代化学研究所冯昊、秦利军编撰了第 14 章，南京大学硕士研究生刘宇和李爱东合作编撰了第 16 章。其余章节均由李爱东编撰。

在本书写作过程中，美国科罗拉多大学的 Steven M. George 教授对作者的问题，悉心答疑解惑，并提供相关参考文献；美国阿贡国家实验室的 Jeffrey W. Elam 博士对本书编写提出了有益的建议，并提供了一些有用的资料；复旦大学的张卫教授、华中科技大学的陈蓉教授对本书的出版提供了支持与帮助；南京大学张楚怡同学在本书第二版图表制作和参考文献整理方面，付出了辛勤的劳动。作者在此一并表示衷心的感谢。最后也感谢南京大学材料科学与工程“双一流”学科建设对本书出版给予的支持。

鉴于原子层沉积（刻蚀）技术尚处在快速发展中，同时由于作者水平有限，书中可能存在疏漏与不当之处，恳请读者给予批评和指正。

李爱东

2025 年 4 月

目　录

第 1 章　原子层沉积技术概述

化学气相沉积（chemical vapor deposition，CVD）是利用气态源在固体表面通过化学反应制备固体材料的一种方法。自诞生以来的 100 多年间，其获得了长足与迅猛的发展，早已经从实验室的探索性研究，走向了大规模的工业生产，在半导体工业、光纤通信、光伏产业、光电子、激光、发光二极管、功能涂层等多个领域，取得了令人瞩目的成就。

原子层沉积（atomic layer deposition，ALD）是一种特殊的化学气相沉积技术，是通过将气相前驱体脉冲交替通入反应室并在沉积基体表面发生化学吸附反应形成薄膜的一种方法，具有优异的三维共形性（conformality）、大面积的均匀性和精确的亚单层（sub-monolayer）膜厚控制等特点 [1]。它的出现最早可以追溯到苏联和芬兰科学家在 20 世纪六七十年代的研究工作 [2]。自从 2001 年国际半导体技术发展路线图（International Technology Roadmap for Semiconductors，ITRS）将 ALD 列入与微电子工艺兼容的候选技术以来 [3]，其发展势头强劲，赢得了学术界和工业界的广泛关注。

ALD 受到微电子工业和纳米科技领域的青睐，与它独特的自限制生长原理密不可分。2007 年，Intel 公司在半导体工业 45 nm 技术节点上，将原子层沉积的超薄铪基氧化物薄膜引入金属 – 氧化物 – 半导体场效应晶体管（MOSFET）器件中，替代传统的二氧化硅栅介质薄膜，获得了功耗更低、速度更快的酷睿微处理器。近来，ALD 技术在微电子、光伏、光电子、光学、纳米技术、微机电系统、传感、能源、催化、生物医用、封装、保护涂层及分离膜等领域的研究方兴未艾，呈现爆发式增长，ALD 设备和 ALD 材料市场也正经历着快速的发展和成长。本章将着重介绍原子层沉积技术的诞生和发展、现状与应用，并简述其面临的挑战与未来前景。

1.1　原子层沉积技术诞生与发展

自限制表面化学反应是原子层沉积技术最基本、最核心的特点，由此决定了生长的均匀性和三维表面的共形性。早在 20 世纪 60 年代，苏联列宁格勒加里宁工学院的 Kol’tsov 教授研究组，在苏联科学院院士 Aleskovskii 教授（1912～2006 年）指导下，开展对催化剂和吸附剂表面的修饰研究。当采用 $TiCl_4$ 和 H_2O 在高比表面积的硅胶上生长 TiO_2 时，发现了 AB 序列的自限制表面半反应，并以“分子层（molecular layering）”命名[4-6]。而“分子层”概念是Aleskovskii教授于1952年在他的博士论文里面首先提出来的。式（1.1）和式（1.2）显示了发表在1969年*Zh. Prikl. Khim.*上$TiCl_4$和H_2O暴露在硅胶表面形成TiO_2时的连续重复反应方程式[6]。

$$3(\equiv Si—OH) + TiCl_4 \longrightarrow (\equiv Si—O—)_3TiCl + 3HCl \quad (1.1)$$

$$(\equiv Si—O—)_3TiCl + H_2O \longrightarrow (\equiv Si—O—)_3TiOH + HCl \quad (1.2)$$

表1.1总结了苏联科学家早期在ALD生长材料领域的探索工作，可见当时生长的都是氧化物，除了前面已经提及的TiO_2，还包含了GeO_2、SiO_2、SnO_2、Al_2O_3和ZnO等常见氧化物，以及PO_x、VO_x等非化学计量比氧化物；沉积的衬底，除了SiO_2、Al_2O_3等多孔固体颗粒，还有Si、Ge单晶等基片。采用前驱体均为卤化物或卤氧化物的源，而氧源均为水蒸气。至今卤化物和水蒸气依然还是常用的ALD前驱体。20世纪80年代，Aleskovskii院士等已将ALD技术构建的新型吸波材料应用于仪表工程领域20多年，提高了飞行器的质量与可靠性[23]。

表1.1　20世纪六七十年代苏联科学家在ALD生长材料方面的研究

生长材料	反应剂A	反应剂B	沉积衬底	文献	发表时间
TiO_2	$TiCl_4$	H_2O	SiO_2担体	[7]	1965
	$TiCl_4$	H_2O	Si单晶	[8]	1970
	$TiCl_4$	H_2O	Ge、SiC	[9]	1977
GeO_2	$GeCl_4$	H_2O	SiO_2担体	[7]	1965
SiO_2	$SiHCl_3$	H_2O	SiO_2担体	[10]	1965
	$SiCl_4$	H_2O	Si单晶	[11]	1970
	$SiCl_4$	H_2O	Ge单晶	[12]	1974
	$SiCl_4$	H_2O	SiO_2、Al_2O_3担体	[13]	1978
PO_x	PCl_3	H_2O	SiO_2担体	[14]	1969
	$POCl_3$	—	SiO_2担体	[15]	1973
SnO_2	$SnCl_4$	H_2O	SiO_2担体	[16]	1970
VO_x	$VOCl_3$	H_2O	SiO_2担体	[17]	1972
	$VOCl_3$	H_2O	Ge单晶	[18]	1979
Al_2O_3	$AlCl_3$	H_2O	SiO_2担体	[19]	1976
	$AlCl_3$	H_2O	Al_2O_3担体	[13]	1978
ZnO	$ZnCl_2$	H_2O	SiO_2担体	[20]	1977
CrO_x	CrO_2Cl_2	—	Si、Ge单晶	[21]	1978
B_2O_3	BBr_3	H_2O	SiO_2担体	[22]	1979

注：—只执行了半反应。

苏联学者在ALD方面的先驱研究，大多发表在俄文学术期刊上，在相当长的时间内，不为西方科技界所知。直到2002年，苏联以及后来的俄罗斯在ALD

方面的工作才由 Malygin 做了较为详细的介绍[24]。

为原子层沉积技术诞生和发展做出重大贡献且广为人之的是芬兰物理学家 Suntola 博士及其合作者在 20 世纪 70 年代创造性的工作，现代“原子层沉积”概念即脱胎于他们发明的“原子层外延（atomic layer epitaxy，ALE）”方法，为了避免与“原子层刻蚀（atomic layer etching，ALE）”技术相混淆，本书中将文献中的原子层外延（ALE）方法表述为现在公认的 ALD。当时发展 ALD 技术的动机是在电致发光薄膜平板显示器上需要高质量的薄膜，所以他们于 1974 年 8～9 月设计并建立了第一个 ALD 生长系统[25]，采用元素反应剂 Zn 和 S 成功沉积了 ZnS 薄膜，并申请了第一个 ALD 发明专利。随后又使用 Sn 和 O_2 生长了 SnO_2，Ga 和 P 沉积了 GaP，并因此在 1977 年获得了世界上第一个 ALD 的发明专利[26]。因为第一个 ALD 生长实验是使用元素 Zn 和 S 源作为前驱体，因此“atomic”源于元素的原子源（elemental atomic source），而“epitaxy”起源于希腊语的前缀“*epi*”，意为“在……之上”，而希腊语词根“*taxis*”意思是“以有序的方式”。在后来的专利中[27,28]，他们还证实了使用 $ZnCl_2$、$MnCl_2$ 和 H_2S 沉积 Zn(Mn)S、$TaCl_5$ 和 H_2O 生长 Ta_2O_5、$AlCl_3$ 和 H_2O 生长 Al_2O_3 薄膜。通过改进生长工艺，获得了膜厚可控、免除针孔、具有较好电学性能的绝缘薄膜和半导体薄膜，相关研究直接导致了 20 世纪 80 年代 ALD 在电致发光薄膜大面积平板显示器上的商业化应用[29]。1983～1998 年，赫尔辛基机场的航班信息就是发布在 ALD 制造的电致发光大型显示屏上的。

为了扩大沉积材料种类，若干分子前驱体，如 $AlCl_3$、H_2O 和 H_2S 等被引入 ALD 技术中，一些研究者也使用分子层外延（molecular layer epitaxy，MLE）来称呼这种工艺[30]。

第一个 ALD 反应室的示意图来自 Suntola 博士等在其早期专利中的描述[26]，如图 1.1 所示。反应室中的衬底在两个反应源间旋转移动，类似空间 ALD 的最早雏形。

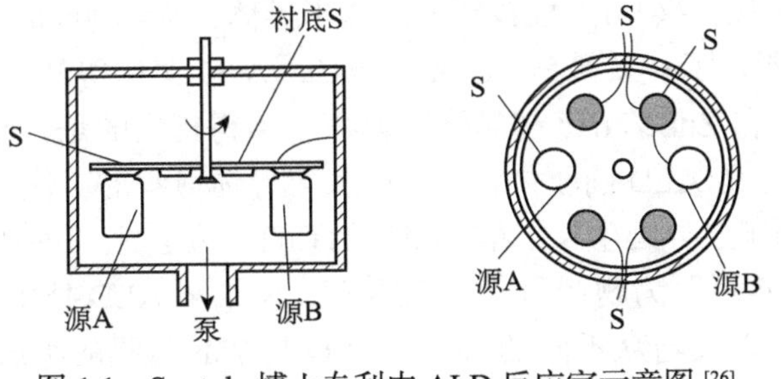

图 1.1　Suntola 博士专利中 ALD 反应室示意图[26]

反应室 R 中，衬底 S 在源 A 和源 B 之间旋转，类似空间 ALD 的最早雏形

1978 年 Suntola 团队的 Lindfors 设计了早期热壁管式 ALD 反应室，为现

在众多热壁层流式反应室的前身。1985 年用于薄膜电致发光显示器生产的大型 ALD 反应腔在芬兰制造出来，其成功的关键在于发展了适合批量生产的横向流动式（cross-flow）ALD 反应室，确保分子前驱体能在很短的时间内同时扩散到一些大尺寸（1 m）衬底上进行表面反应[29]。

1980 年，Suntola 等通过交替暴露沉积表面于 Zn 或 Te 蒸气中，利用对表面敏感的分析技术——X 射线光电子能谱和光吸收谱，研究了玻璃衬底上 ZnTe 薄膜的原子层生长过程[31]。通过控制衬底温度高于 Zn 和 Te 源的升华温度，低于 ZnTe 的挥发温度，Zn 原子与沉积表面碰撞，并与 Te 形成化学键，而 Te 原子只与 Zn 形成化学键。与共沉积的分子束外延相比，序列的 ALD［在这篇文献中定义为原子层蒸发（atomic layer evaporation）］可在较宽的温区范围内，产生高质量光洁的（111）择优取向结晶薄膜，且其电子结构与体块材料相当。他们的研究发现存在 ALD 工作窗口，可明显改进薄膜质量。Suntola 博士被看作是 ALD 技术的发明人与奠基者，他的影响早已超出沉积技术本身，许多目前正在使用的 ALD 反应室设计，都受益于其专利的启发。众多工作在芬兰 ALD 研发领域的人们，其传承很容易就能追溯到 Suntola 博士。他后来也因为研发了在信息技术领域发挥重要作用的原子层沉积技术，于 2004 年获得国际半导体行业协会（Semiconductor Equipment and Materials International，SEMI）颁发的年度奖，2013 年入选美国国家发明家名人堂，2018 年获得了百万欧元的芬兰千禧技术奖。

1988 年第一个商业的 ALD 反应室 F-120 由 Microchemistry 公司售出。然而早期 ALD 领域的研究，主要还是偏重沉积材料的物性及其器件性能的表征[32,33]，如 Mn 掺杂 ZnS 发光层、Al_xTi_yO 介电绝缘层以及 Al_2O_3 钝化层和保护层在电致发光器件中的作用，出版文献并没有提供更多 ALD 工艺的生长细节及其机理，而且当时沉积的每层薄膜至少是 200 nm 厚，发光层甚至超过 1 μm。电致发光平板显示器中的 Al_xTi_yO 绝缘薄膜直到 20 世纪 90 年代才揭示出其存在 Al_2O_3/TiO_2 的纳米叠层结构[29]。

20 世纪 80 年代，兴起用 ALD 制备元素半导体、Ⅲ-Ⅴ族和Ⅱ-Ⅵ族化合物半导体的研究热潮，制备了一系列 Si、GaAs、$In_xGa_{1-x}As$、CdTe 等半导体薄膜[30,34-36]，还获得了 ZnS/ZnTe 和 ZnSe/ZnTe 超晶格薄膜[37]。值得指出的是，此时开始使用有机金属烷基化合物作为 ALD 前驱体，外延生长半导体薄膜的工作也被广泛报道，如在 CdTe 衬底上原子层外延生长了结构完美的 CdTe 薄膜[36]。1991 年 Herman 以“原子层外延——12 年后”为题撰写一篇综述[38]，总结了 ALD 技术十几年来的发展，给出 ALD 的定义以及与众不同的特点：ALD 是结晶薄膜的组成元素以中性分子或原子脉冲形式、被依次输运到加热衬底表面进行化学反应的一种生长方法。外延层的厚度主要由曝光循环次数决定，对生长时间和反应剂流量不太敏感。1990 年在芬兰首都赫尔辛基召开了第一届原子层外延国际学术会议。当时计划是每两年举行一次会议，在欧洲、亚洲和美洲间轮转。但会议只进行了四届，议题主要集中在外延薄膜和化合物半导体方面，多晶和非晶薄膜方面的工作相当少。然而化合物半导体的研究并未带来任何商业化的应用，ALD 方法当时也并未显示出比传统分子束外延（molecular beam epitaxy，MBE）和金属有机气相外延（metalorganic vapor epitaxy，MOVPE）更明显的优势。20 世纪 90 年代后期，这方面的研究逐渐沉寂，然而对Ⅲ-Ⅴ族化合物和有机金属烷基前驱体的兴趣却间接导致了 ALD 最经典、最具代表性工艺的发现。1989 年使用三甲基铝（TMA）和水前驱体沉积出 Al_2O_3 薄膜[39]，此工艺成为后来研究 ALD 生长原理和表面化学反应最理想的体系[2]。

这期间，也有公司尝试将 ALD 技术应用于太阳能和催化领域[29]，如聚合和加氢。采用 ALD 的方法对二氧化硅和氧化铝等高比表面材料进行改性，发现选择合适的前驱体对获得高活性的催化剂非常重要[40]。使用 Zr 的前驱体 ALD 曾经成功在 1 kg 介孔二氧化硅上获得了均匀饱和吸附层。20 世纪 90 年代后期，利用环形流化床反应室，生产出 17 kg 二氧化硅改性氧化铝的催化剂，用于炼油。然而，由于成本高昂，ALD 并不适合催化剂的大规模生产，仅适合需要特殊处理催化剂的小批量加工。于是该公司终止了 ALD 在催化方面的研究，转向 ALD 工艺和设备在半导体领域的应用。

20 世纪末，随着集成电路集成度的不断提高，按照著名的摩尔定律和国际半导体行业协会公布的国际半导体技术发展路线图（ITRS）[3]，硅基半导体集成电路中金属－氧化物－半导体场效应晶体管（MOSFET）器件的特征尺寸将达到纳米尺度。人们开始意识到原子层沉积技术在超薄三维共形薄膜沉积、深孔洞的填隙以及原子尺度的厚度和组成的精确调控方面，具有得天独厚的优势和巨大的发展潜力。自从 2001 年国际半导体行业协会将 ALD 与金属有机化学气相沉积（metalorganic chemical vapor deposition，MOCVD）、等离子体增强化学气相沉积（plasma-enhanced CVD，PECVD）并列作为与微电子工艺兼容的候选技术以来[3]，来自微电子工业和纳米科技的强劲驱动力使得 ALD 技术步入了快速发展的轨道。2000 年前，原子层外延（ALE）的称呼被人们广泛使用；2000 年以后，原子层沉积（atomic layer deposition，ALD）取代原子层外延，逐渐成为大家广泛接受认可的命名。“原子层沉积”一词最初的出现，可追溯到 1990 年，Leskelä 发表的一篇文章中提到 ALD 更适合命名多晶和非晶薄膜的 ALE 沉积[41]。鉴于微电子产业所需的高介电常数栅介质层和各种扩散阻挡层，采用 ALD 方法在衬底上反应生长获得的常常是非晶和多晶形态[42]，而非化合物半导体薄膜与衬底匹配的外延状态，因此将“原子层外延”更名为“原子层沉积”也是顺理成章的事情。当然，其中也不乏一些有趣的小插曲。芬兰赫尔辛基大学的 Ritala 和 Leskelä 教授等在 2013 年发表的一篇关于 ALD 的前驱体综述文章中就提到[42]，1993 年采用 $HfCl_4$ 前驱体研究 HfO_2 薄膜的生长[43]，初衷是为了与

$TiCl_4$ 前驱体沉积的 TiO_2 薄膜做对比，根本不会想到十几年后 HfO_2 薄膜会成为硅基集成电路 MOSFET 中取代传统二氧化硅栅介质的高介电首选材料。

第四届原子层外延国际会议于 1996 年在奥地利举办后就中断了，1999 年西雅图召开的美国真空学会（American Vacuum Society，AVS）的年会上，北卡罗来纳州立大学 Parsons 教授组织的“先进薄膜形成化学”分会中，出现了几个与原子层沉积相关的报告：国际商业机器公司（IBM）基于互连应用的等离子体增强 ALD；美国科罗拉多大学 George 教授课题组关于热 ALD 生长 W/WN 和 SiO_2/Al_2O_3；韩国汉阳大学关于 ALD 制备 TiN。Parsons 和 George 教授等几个与会者关注到了“原子层化学气相沉积”（atomic layer chemical vapor deposition，ALCVD）这一概念及其发展前景，随后在 2000 年波士顿举办的 AVS 年会上，两个薄膜分会中涉及 ALCVD 专题，来自芬兰的 Ritala 教授做了主题邀请报告，产生了热烈的反响。AVS 董事会决定将 ALCVD 与 AVS 年会分离，办成专题研讨会。可是会前组委会收到了一封设备生产商的信，指出“ALCVD 会议”的名字侵犯了他们关于“ALCVD”的知识产权。一番讨论后，组委会决定将会议名字改成“ALD 会议”[29]。2001 年 5 月第一届原子层沉积国际会议在美国加州蒙特雷（Monterey）如期举行，原定 30～50 人的会议，来了 185 个参会代表。这次会议还首开先河，将学术界最有经验的研究者和工业界关键技术的研发者聚集在一起，在关注 ALD 的内涵——一些最基本的科学问题的同时，也致力于开拓 ALD 的外延——发展 ALD 新技术及其在新领域的应用，讨论和解决 ALD 技术面临的难题。至今 AVS 承办的国际 ALD 会议已经连续举行 25 届，2025 年与会者已经超过 700 人，成为 ALD 领域最重要的会议。随后也出现一些地区 ALD 会议，如波罗的海 ALD 会议（Baltic ALD，BALD）、韩国 ALD 会议、德国 ALD 会议。中国首届 ALD 学术会议（1st China ALD Scientific Meeting 2010）于 2010 年 10 月 18～19 日在上海复旦大学举行，邀请了 ALD 领域的先驱 Suntola 博士做了大会邀请报告，2015 年成立了中国仪表功能材料学会原子层沉积（ALD）专业分会，至今已经连续举办十届中国 ALD 会议（CALD，含四届 ALD 应用国际会议）。2024 年10月在上海还召开了第一届亚太原子层沉积（AP-ALD）会议。

ALD 受到微电子工业和纳米科技领域的青睐，与它独特的自限制生长原理密不可分。2000 年后，关于 ALD 的反应机理研究，特别是利用原位监控和分析手段，如四极质谱仪（QMS）、晶振仪（QCM）、红外光谱仪、椭偏仪、X 射线光电子能谱仪、拉曼光谱仪等来表征反应过程，成为 ALD 研究的一个重要内容[44-46]。同时原子层沉积理论计算与模拟工作也相继展开，涉及反应机理计算、生长过程模拟等[47-49]。新型 ALD 前驱体的设计、合成与表征方面的工作也不时见诸期刊、会议，从最初 ALD 前驱体大多来源于 CVD 和 MOCVD 的前驱体，到开始发展适合 ALD 反应要求的前驱体[42,50,51]，特别是铜互连所需的铜前驱体[52]。当然研究最多的、最热的还是利用ALD技术沉积各式各样的材料并探索其丰富多彩的应用[53]，可以说，ALD技术的出现挽救了濒临危机的磁头工业[51]。20世纪90年代后，随着硬盘数据存储密度的高速增长，用于读写的磁头也急剧缩小，在非平面的磁头上沉积绝缘隔离层，传统的溅射法已经趋近其能力极限。而采用TMA和水前驱体，ALD低温共形沉积Al_2O_3的经典工艺，恰如雪中送炭解决了这个棘手的难题，很快被采纳并推广到工业生产中。当然，最引人注目的应用还是在微电子领域。其所需的各式各样超薄纳米材料，如MOSFET中的栅介质材料、铜互连的钝化层或扩散阻挡层和动态随机存储器（DRAM）中的高介电电容与电极等[47,51,54]，一直是ALD研究的焦点。这方面也取得了历史性的突破，2007年底，Intel公司推出了基于45 nm节点技术的酷睿微处理器产品，首次将高k（介电常数）材料（ALD制备Hf基氧化物薄膜）和金属栅组合引入到了集成电路芯片中，取得了非常好的性能：与65 nm节点产品相比，开关效率提高120%，开关功耗降低30%，漏电流降低为原值的10%～20%。而采用ALD制备的材料种类和数量正变得越来越丰富，包括单质、氧化物、氮化物、硫化物、氟化物、硒化物、碲化物、碳化物、磷酸盐等，已经从传统的无机材料扩展到聚合物、有机－无机杂化材料，从简单的双元化合物、单质、双金属合金到复杂的三元、四元化合物和五元的高熵合金[55]，形式由非晶、多晶、外延薄膜扩展到特定的纳米结构、核壳结构、纳米叠层薄膜、超晶格、纳米图案、反蛋白石、高深宽比结构的涂层、金属有机骨架（MOFs）结构[56]、单原子催化剂[57]等。除了在微电子领域的应用，ALD技术在光伏、光电子、光学、纳米技术、微机电系统、储能、催化、生物医用、传感器、显示、封装、耐腐蚀涂层及分离膜等领域的研究也方兴未艾，呈现爆发式增长。ALD技术本身也在不断变革和发展中，在传统的热ALD基础上，又发展了等离子体增强ALD（plasma-enhanced ALD, PEALD）[58]、空间ALD[59]、分子层沉积[60]、电化学ALD[61]、选区ALD[62-64]、卷对卷（roll-to-roll）ALD[65]、粉末ALD[66]、常压ALD[67]、液相闪蒸ALD[68]、光辅助ALD[69]、渗滤式ALD[70]等多种新形式。全球ALD设备市场也正经历着快速的发展和成长，一批有识之士抓住契机，积极进军ALD设备的设计、研发、生产和营销领域，诞生了一批生机勃勃的ALD新公司，从伊始主攻研究型ALD设备，进而也兼顾生产型ALD研发。同时，一些业界实力雄厚的半导体设备供应商和大型仪器生产商也主动进入ALD设备制造领域，利用已有的技术基础和专利、人力资源，开发特定应用领域的生产型ALD系统。总而言之，无论是ALD的学术研究还是ALD设备的研制、生产、销售领域，都呈现出欣欣向荣的景色。

图1.2为利用ISI Web of Knowledge检索到的几十年间出版的与ALD相关的文献，包括论文、专利、书籍、学位论文、会议等，从20世纪六七十年代的零星文献，80年代的每年发表几十篇到近百篇文献，90年代年百篇左右数量，到2000

年以后，文献量逐年攀升，2007年每年ALD文献量已经超过千篇，2014年超过2000篇，2024年超过3000篇。文献数量的变化，清晰地昭示了ALD的发展轨迹。

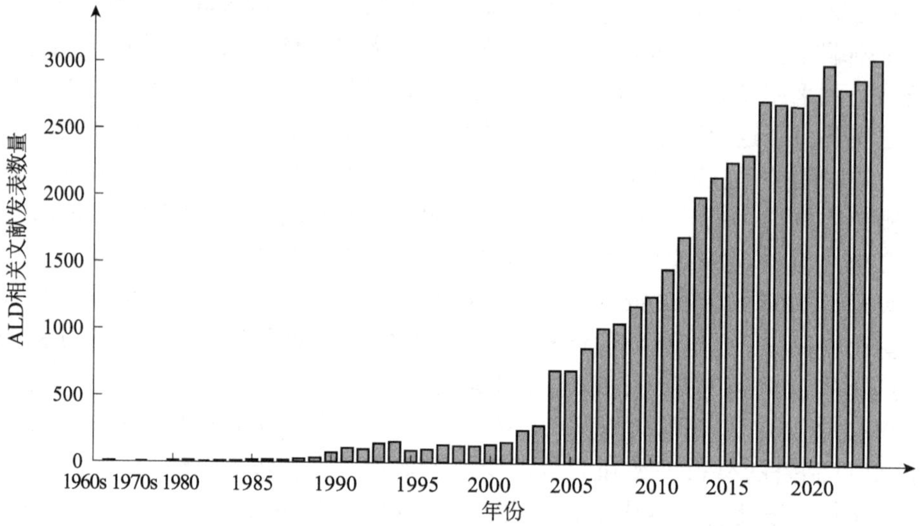

图1.2 历年发表与ALD相关的文献数量

该数据是通过ISI Web of Knowledge平台检索所有相关数据库获得，主题词为“atomic layer deposition”或“atomic layer deposit*”

综上所述，原子层沉积技术的发展历史，经历了从早期萌芽（1960～1980年）、缓慢发展（1980～1990年）、稳步发展（1990～2000年）到高速成长和正在进入广泛应用（2000年至今）等几个阶段。其发展过程，并非是一帆风顺，中间有曲折，有低谷，走过弯路。对ALD技术的理解，也曾有误解和片面之处，甚至原子层沉积技术的名字，起初也是五花八门，莫衷一是，一波三折。然而，ALD最终还是找到了自己的定位，迎来了绽放的春天。

值得一提的是，随着“后摩尔时代”的来临，目前受到特别关注的原子层刻蚀（atomic layer etching，ALE）技术，其概念的萌芽与技术诞生也与ALD的发展高度相关。ALE是一种使用序列的自限制反应进行薄膜刻蚀的方法。最早可追溯到1988年美国的一个专利：Yoder利用它对合成金刚石薄膜进行单原子层刻蚀，并称其为ALD的对等工艺[71]。20世纪90年代原子层刻蚀研究大多集中在GaAs和Si材料上，作为反应离子刻蚀的候选技术。进入21世纪，与蓬勃发展的ALD技术相比，ALE的进展显得相对缓慢，低的刻蚀速率和长的工艺时间阻碍了它的发展。

随着半导体集成器件趋近亚10 nm技术节点，微电子工业迫切需要具有原子尺度可控性（<0.5 nm）和选择性的逐层刻蚀工艺，传统的等离子体刻蚀或湿法刻蚀工艺无法满足如此苛刻的要求，原子层刻蚀又成为人们关注的热点[72]。

2014 年 4 月，举办了首次 Sematech 原子层刻蚀研讨会，同年在日本召开的干法工艺国际会议和巴尔的摩召开的美国真空学会会议中，ALE 也成为专门议题 [73]。ALE 可分为等离子体 ALE 和热 ALE，前者为各向异性刻蚀，已经发展多年；后者于 2015 年由 George 课题组首次报道，作为 ALD 的逆工艺，为各向同性共形刻蚀 [74]，与 ALD 一起组合使用，可使得原子层工艺可用的操纵工具变得更加灵活与强大。2015 年以后每年一次的国际原子层沉积会议，专门设置了 ALE 专题研讨会，受到学术界和工业界的特别关注，正经历着快速的发展与成长，也出现了专门用于刻蚀的 ALE 研发型设备。2022 年，国际器件与系统路线图（International Roadmap for Devices and Systems，IRDS）将 ALE 列为“后摩尔时代”的关键技术之一。表 1.2 总结了原子层沉积技术的发展历史和一些代表性的进展。

表 1.2　原子层沉积技术的发展历史与一些代表性的进展

阶段	时间	发展状况
早期萌芽阶段	1952 年	苏联 Aleskovskii 教授在其博士论文里面提出“分子层”概念 [29]
	1965 年 11 月	列宁格勒举行的第二届苏联高温氧化物化学会议上，Aleskovskii 课题组介绍了使用 $TiCl_4/H_2O$ 和 $GeCl_4/H_2O$ 前驱体在高比表面硅胶上沉积 TiO_2 和 GeO_2 涂层 [7]
	1969 年	Kol’tsov 教授在苏联 *J. Appl. Chem.* 期刊上发表 $TiCl_4$ 和 H_2O 在硅胶表面形成 TiO_2 时的 AB 序列反应方程式 [6]
	1970 年	Kol’tsov 教授等使用 $TiCl_4$ 和 H_2O 前驱体在单晶硅片上形成 TiO_2 薄膜 [8]
	1974 年 8～9 月	芬兰 Suntola 博士及其合作者建立了世界上第一个原子层沉积系统，采用元素反应剂 Zn 和 S 成功沉积了 ZnS 薄膜 [25]
	1974 年 11 月 29 日	芬兰 Suntola 博士和 Antson 申请了世界上第一个 ALD 的发明专利 [26]
	1978 年	芬兰 Lindfors 设计了早期热壁管式 ALD 反应室
缓慢发展阶段	1980 年	芬兰 Suntola 博士等在 *Thin Solid Films* 期刊上发表第一篇关于 ALD 的论文，研究玻璃衬底上 ZnTe 薄膜的原子层生长过程，发现存在 ALD 工作窗口 [31]
	1983 年	第一个 ALD 的商业化应用——赫尔辛基机场电致发光显示屏出现 [53]
	20 世纪 80 年代	ALD 制备元素半导体、Ⅲ-Ⅴ族和Ⅱ-Ⅵ族化合物半导体薄膜 [34,36-38]
	1988 年	Hiltunen 等第一次报道了金属氮化物导电薄膜的 ALD 生长 [75]
	1988 年	第一个商业的 ALD 反应室 F-120 由 Microchemistry 公司售出
	1988 年	世界上第一个原子层刻蚀（ALE）发明专利
	1989 年	发现三甲基铝和水前驱体沉积 Al_2O_3 薄膜的 ALD 经典工艺 [39]
稳步发展阶段	1990 年	在芬兰赫尔辛基召开了第一届原子层外延国际学术会议
	1991 年	菲利普实验室利用热钨丝产生的原子氢 PEALD 制备 GaAs[76]
	1991 年	Yoshimura 等采用被命名为分子层沉积（MLD）的方法制备聚酰亚胺薄膜 [77]
	1991 年	Gregory 等采用欠电位沉积将 ALD 原理应用在电化学工艺上，称为电化学 ALD[78]
	20 世纪 90 年代	Neste Oil 公司尝试将 ALD 技术应用于太阳能和催化领域，利用环形流化床反应室，生产出 17 kg 二氧化硅改性氧化铝的催化剂 [29]
	1997 年	George 教授课题组在 *Science* 上发表使用催化序列半反应室温生长 SiO_2 的文章 [79]
	1998 年	ALD 制备电介质薄膜用于动态随机存储（DRAM）器件

续表

阶段	时间	发展状况
高速发展阶段	2000 年	George 教授课题组报道了第一个 ALD 生长金属钨的实验 [80]
	2000 年	IBM 研究人员通过 PEALD 方法成功制备了钽和钛等金属材料 [81]
	2000 年	ALD 商业化应用——用于硬盘读写磁头的绝缘间隔层 [83]
	2001 年 5 月	美国真空学会在加州 Monterey 举办第一届 ALD 国际会议
	2001 年	国际半导体行业协会将 ALD 与金属有机化学气相沉积（MOCVD）、等离子体增强化学气相沉积（PECVD）并列作为与微电子工艺兼容的候选技术 [3]
	2002 年	Gordon 教授课题组在 *Science* 上发表快速 ALD 共形沉积 SiO_2/Al_2O_3 纳米叠层薄膜工作 [82]
	2003 年	Gordon 教授课题组发展了用于 ALD 生长过渡金属及其氧化物的金属脒基前驱体 [50]
	2004 年	Bent 教授课题组在美国材料研究学会（MRS）春季会议首次报道选区 ALD 生长 HfO_2 工作 [84]
	2004 年	芬兰 Suntola 博士作为 ALD 发明人获得国际半导体行业协会（SEMI）颁发的年度奖
	2006 年	基于 Kirkendall 效应的单晶尖晶石纳米管的制备 [85]
	2006 年	Nilson 等申请 MLD 制备有机－无机杂化材料的专利 [86]
	2007 年 8 月 22 日	Intel 公司在半导体工业 45 nm 技术节点上，推出酷睿微处理器，里面引入 ALD 制备的高 *k* 栅介质和金属栅
	2008 年 6 月	Eastman Kodak 公司在 AVS ALD 会议上介绍其在空间 ALD 方面的工作 [87]
	2009 年	Knez 教授课题组在 *Science* 上发表采用 ALD 渗滤极大增强了蜘蛛丝强度的工作 [88]
	2009 年	Lee 教授课题组报道 ALD 生长超薄 Al_2O_3 修饰层改进锂离子电池中 $LiCoO_2$ 正极粉末稳定性 [89]
	2010 年 10 月 18 日	中国第一届 ALD 学术会议在上海举行
	2010 年	ALD 自对准图案化工艺开始应用于逻辑和 DRAM 器件
	2011 年	Müller 等报道 ALD 制备 Si 掺杂的超薄 Hf 基氧化物薄膜表现出铁电行为 [90]
	2012 年	Stair 教授课题组在 *Science* 上发表论文，通过 ALD 包裹极大改进了 Pd 颗粒催化剂的高温稳定性 [91]
	2012 年	Pilot 公司生产的 PERC 太阳能电池采用 ALD 氧化铝做钝化层
	2013 年	ALD 用于 3D NAND 高通量制造
	2013 年	孙学良教授课题组首次用 ALD 方法制备 Pt 单原子催化剂 [92]
	2013 年	首次用 MLD 方法制备 MOF-5 薄膜 [93]
	2014 年	首届原子层刻蚀（ALE）专题研讨会举行
	2015 年	George 教授课题组报道了热原子层刻蚀 Al_2O_3 薄膜工艺 [94]
	2015 年	中国仪表功能材料学会原子层沉积（ALD）专业分会成立
	2016 年	第一个关于选区沉积的研讨会召开
	2018 年	ALD 技术成功应用于光伏产业高效电池片的高通量背钝化
	2018 年	芬兰材料物理学家 Suntola 因开发了 ALD 技术而获得百万欧元的芬兰千禧技术奖
	2019 年	谭海仁教授课题组通过 ALD 生长 20 nm 厚 SnO_2 致密薄膜，取代磁控溅射的 ITO 阻挡层，在全钙钛矿叠层太阳能电池取得 24.8% 转换效率 [95]

续表

阶段	时间	发展状况
高速发展	2020 年	Cheema 等通过低温 ALD 在硅上直接获得 1 nm 厚的 $Hf_{0.8}Zr_{0.2}O_2$ 铁电超薄膜[96]
	2020 年	ALD 开始应用于有机发光二极管（OLED）显示器生产
	2020 年	首次报道 MLD 一步法直接合成有机－无机杂化介孔薄膜[97]
	2022 年	叶培德教授课题组 ALD 制备缩微化至纳米尺度高性能 In_2O_3 晶体管[98]
	2022 年	国际器件与系统路线图（IRDS）将 ALE 列为“后摩尔时代”的关键技术之一
	2023 年	首次报道 ALD 制备五元高熵合金[55]
	2023 年	报道用于锂离子电池的高通量 ALD 粉末涂覆设备
	2024 年 8 月	芬兰赫尔辛基举办 ALD/ALE 2024 国际会议庆祝 ALD 技术 50 年
	2024 年 10 月	第一届亚太原子层沉积会议（AP-ALD 2024）在上海召开

1.2　原子层沉积技术现状与应用

原子层沉积技术自限制的表面反应机理，决定了 ALD 优异的三维共形性、大面积的均匀性和简单精确的膜厚控制特点，使得它在微电子制造领域独领风骚，成为集成电路工业极其重要的主流制备技术，特别是在进入“延续摩尔”和“超越摩尔”的纳米时代[99]。ALD 在微电子领域最主要的应用包括逻辑器件（MOSFET）中的高 k 栅介电质 / 栅电极、动态随机存储器（DRAM）的高 k 电容材料 / 电容电极、氧化物半导体薄膜晶体管[100,101]、金属互连 / 钝化层或籽晶层或扩散阻挡层、非挥发性存储器如闪蒸存储器 / 相变存储器 / 阻变存储器[102]/ 铁电存储器以及用于神经形态计算的忆阻器[103]等。

选区 ALD 工艺是由斯坦福大学 Bent 教授课题组的陈蓉在 2004 年美国 MRS 春季会议上首先报道的[84]。随着半导体工艺进入“后摩尔时代”，选区 ALD 作为一种“自下而上”的新兴制备技术，将彻底改变半导体制造的前端和后端工艺[63,64]，减少光刻的步骤，从而简化制造工艺，不仅去除“自上而下”工艺所引入的边缘放置误差（EPE），还提升微纳加工的整体效率与器件的可靠性。目前与选区 ALD 相关的研究，正引起学术界和工业界的特别的关注，无论是表面预处理（活化或钝化），还是前驱体的设计与表面反应机制模拟[64]，以及相关沉积工艺的摸索，都是为了实现选区 ALD 的高选择性沉积。最近与 ALD 密切相关的原子层刻蚀（ALE）技术也受到日益增强的关注，作为原子尺度可控性（<0.5 nm）和选择性的逐层刻蚀工艺，有望与 ALD 或选区 ALD 结合在下一代先进集成电路中，如环栅晶体管、三维 DRAM 中发挥其独特而至关重要的作用[73,104]。

ALD 技术除了在微电子晶圆芯片加工过程中起着极其关键的作用，在非晶圆市场其他领域的应用研究也正呈现出爆发式的增长态势。随着全球“碳中和、碳达峰”的目标日益迫近，各种节能减排技术正在积极研发推进中，绿色可再生能源在能源生产中的占比日益增大。一方面，ALD 已经成功应用于光伏产业高效硅太阳能电池背板钝化层的制造，有效提升了光电转换效率，已成为高效光伏电池生产的关键核心技术；而在卤化物钙钛矿太阳能电池领域，ALD 已用于改进电池的长期稳定性，通过引入钝化层、缓冲层，相关产业化正在持续推进中 [105,106]。另一方面，在储能与能源转换领域，特别是锂离子电池、超级电容器、燃料电池和光电催化裂解水制氢的研究也在热火朝天地进行中 [107,108]。在全球变暖、温室效应日趋严重的今天，ALD/MLD 方法也应用于改进 CO_2 俘获、利用与贮存材料方面的研究 [109]。基于 ALD 技术的多功能材料也正用于降解各种污染物、修复水环境的工作 [110]。催化剂的性能强烈依赖于催化剂表面的组成、结构和催化剂的尺寸，因此具有表面修饰功能的 ALD 技术在催化剂合成与稳定化上一展身手 [111]。目前粉末原子层沉积技术与设备研发正在全力推进中。

ALD 在光电子领域规模化的应用，最早可追溯到 20 世纪 80 年代大面积电致发光显示屏的制造。上面提到的光伏产业——硅太阳能电池和钙钛矿太阳能电池，将光能转换成方便使用的电能，亦可作为 ALD 在光电子领域成功应用的范例。除此，ALD 在染料敏化太阳能电池（DSSC）及其他薄膜太阳能电池，如 CdTe、$Cu(In,Ga)Se_2$(CIGS)、Cu_2ZnSnS_4(CZTS) 等，作为制备高质量的缓冲层、透明薄膜电极的手段，也得到了广泛的研究，有望实现规模化应用 [112]。而 ALD 较低的沉积温度，也使得其在柔性光电子器件的制备、钝化、封装领域表现出独特的魅力 [101,113,114]，在小型、微型发光二极管（LED）和有机发光二极管（OLED）显示屏的封装量产应用正在进行中 [115]，通过钝化与封装，可以明显提升显示的亮度与使用寿命，在尖端显示技术领域具有广阔的市场前景。ALD 亦可应于 3D 感测技术所需的面射型 VCSEL（vertical-cavity surface-emitting laser，垂直腔面发射激光）激光器的钝化与封装。ALD 在深紫外到近红外光电探测器的制备与性能提升方面也展示出卓有成效的前景 [116,117]。

ALD 在光学镀膜领域具有巨大的发展空间，各种曲面光学镜头功能性涂层（保护层、防反射、防紫外、增透膜等）的精确共形沉积，正好发挥了 ALD 厚度精确可控、大面积均匀性和出色三维共形性的优势。2024 年发布的 iPhone 16 手机上的镜头已经使用了 ALD 技术沉积的防反射光学涂层，通过对纳米叠层薄膜厚度与组成的精确调控，以减少光晕和重影，提升成像品质。而随着智能驾驶成为新兴产业重要的组成部分，将 ALD 应用于激光雷达所需光学涂层的制备以提升其性能，也有着迫切而巨大的市场需求。一些 ALD 的设备供应商正在积极研发光学 ALD 镀膜设备，准备进入这个前景广阔的市场。

尽管进入大规模化工业生产的 ALD 应用，目前还相对有限，但其所呈现出的巨大商业前景令人期待。表 1.3 总结了 ALD 技术在微电子、光电子、光伏、光学、纳米技术、微机电系统、催化、能源、传感器、封装、生物、分离膜、耐腐蚀及密封涂层等领域主要的应用与前景。

表 1.3　ALD 技术主要的应用领域

领域	应用	示例
微电子[47,51,99-103,118,119]（半导体工业）	逻辑器件（MOSFET）中的高 *k* 栅介电质 / 栅电极	HfO_2, La_2O_3, HfAlO, HfSiO, $LaAlO_3$/TiN, TaN, HfN
	动态随机存储器（DRAM）高 *k* 电容材料 / 电容电极 / 氧化物薄膜晶体管	Ta_2O_5, $SrTiO_3$, $(BaSr)TiO_3$/TiN, Ru, Ir/IGZO
	金属互连 / 钝化层或籽晶层或扩散阻挡层	Cu/WN, TaN, TiN, WC_xN_y, Ru, W, Co
	非挥发性存储器，如闪蒸存储器 / 相变存储器 / 阻变存储器 / 铁电存储器等	Al_2O_3, HfO_2/$Ge_2Sb_2Te_5$/TiO_2, NiO, HfO_2, $Hf_{0.5}Zr_{0.5}O_2$
	神经形态计算用忆阻器	Al_2O_3/HfO_2, HfO_x/HfO_2
微机电系统（MEMS）[1,51,120–122]	无源薄膜——防磨损、防黏附、可润滑的涂层	Al_2O_3, ZnO, TiN, W, WS_2, ZrO_2, TiO_2, Ta(Al)N
	有源薄膜——压电 / 电光薄膜	AlN, PZT, ZnO/KNN, KTN
磁头工业[1,51,83]	非平面沉积绝缘间隔层	Al_2O_3
传感器[123–125]	气体传感器	SnO_2, Pd@SnO_2, ZnO 纳米管
	湿度传感器	Ta_2O_5@多孔硅
	生物传感器	Pt-Ir@AAO
光学[1,47,51,126,127]	光学滤镜	$(Al_2O_3/ZnS)_n$, $(Al_2O_3/W)_n$
	防反射涂层	TiO_2/Al_2O_3, HfO_2/Al_2O_3
	防紫外涂层	TiO_2, ZnO
	镜子、偏振镜、滤镜保护层	Al_2O_3, TiO_2
	光子晶体	TiO_2, ZnS, ZnO
	光学微腔	Al_2O_3 修饰 SiO/SiO_2 管状微腔
	表面增强拉曼光谱	Al_2O_3(ZnO, TiO_2)@Au(Ag)
	透明导电电极（TCE）	ITO, FTO, ZnO:Al 或 Ga 或 In
光电子[101,105,106,112,114,116,117,128,129]	电致发光显示	ZnS:Mn/Al_2O_3/ ZnO:Al
	LED、OLED 的透明电极 / 缓冲层 / 显示层	ITO, In_2O_3 :F, ZnO:Al/Al_2O_3/IGZO, SnO, Cu_2O
	紫外 / 可见光电探测器	GaO_x, WSe_2/ZnO
	染料敏化电池光阳极 / 电荷复合阻挡层 / 量子点敏化	ZnO, ITO/Al_2O_3, TiO_2/PbS, CdS
	太阳能电池钝化层 / 缓冲层 / 透明电极	SnO_2, Al_2O_3/Zn-Mg-/ZnO:Al (B)
能源[107-109,130-133]	锂离子电池的纳米结构阳极 / 阴极 / 固态电解质 / 电极修饰涂层	TiO_2, Fe_2O_3, ZnO, SnO_2/V_2O_5/Li_2O-Al_2O_3, Li_3PO_4/Al_2O_3
	超级电容器的纳米结构电极 / 电极修饰层	CNT@Co_3O_4, TiO_2/石墨烯 /CoO@TiO_2 保护层
	燃料电池质子交换膜 / 阴极 / 电解质	Pt@CNTs/Pt@Ag(Au)/YSZ
	CO_2 捕集与转化关键材料：修饰层 / 活化层 / 钝化层	ZnO, Pt, Pd, Al_2O_3, TiO_2, SnO_2, SnS
	热电材料	$[Ca_2CoO_3]_{0.62}[CoO_2]$, PbSe/PbTe 超晶格，$Sb_2S_3$-$Sb_2Se_3$ 纳米线
	压电材料	ZnO, Cr^{3+} 或 V^{5+}:ZnO, MoS_2

续表

领域	应用	示例
催化 [57,91,132,134-136]	氧化物催化剂	MnO_x, Nb_2O_5, NiO, CoO_x, ZnO, TiO_2
	金属催化剂	Pt, Ir, Pd, Pt-Ir, Ru-Pt, Pt-Pd
	光催化剂	TiO_2, CdS/TiO_2, WO_3
	单原子催化剂	Pt_1/石墨烯，Pd_1/C_3N_4, Fe_1/多壁碳纳米管，Ti_1/Al_2O_3
纳米结构与图案 [47,137-141]	模板辅助的纳米结构	TiO_2 纳米管，单晶 $ZnAl_2O_4$ 纳米管，Al_2O_3/Ru 纳米通道，WN 反蛋白石
	催化 (Au,Ni 纳米点）辅助的纳米结构	GaN 纳米线，ZnSe/CdSe 超晶格纳米线
	选区 ALD 制备纳米图案	Al_2O_3, TiO_2, HfO_2, ZnO, Pt, Ru, Ir, TiN, PbS 图案
有机电子封装 [1,113-115,142]	有机发光二极管（OLED）、有机太阳能电池封装	Al_2O_3, 纳米层状薄膜 Al_2O_3/ZrO_2 (SiO_2)
分离膜 [143,144]	过滤、气体分离	Al_2O_3, TiO_2, SiO_2
保护涂层 [145-149]	耐磨蚀刀具涂层	Al_2O_3, Si_3N_4
	耐腐蚀涂层	Al_2O_3, TiO_2
	密封涂层	Al_2O_3, 纳米层状薄膜 Al_2O_3/HfO_2
	含能材料的包覆与表面修饰	Al_2O_3, ZrO_2, ZnO, $ZrAl_xO_y$
生物领域 [47,87,126,150-152]	天然纤维的改性增强	Al_2O_3, TiO_2, ZnO
	复制生物体结构	Al_2O_3, TiO_2, HfO_2
	生物相容性涂层	Al_2O_3, TiO_2, TiN, 羟基磷灰石

1.3 原子层沉积技术挑战与展望

原子层沉积技术经过五十多年的发展，无论是在前驱体和沉积材料的种类，还是在具体沉积方法的扩展与改进上，都已经取得了长足的进步，特别是 ALD 设备在半导体工业和光伏产业应用方面取得了令人瞩目的成功，在其他多个新兴领域也展现出令人期待的商业前景。然而，ALD 要实现大规模多领域多用途的商业应用，还面临着一些挑战。

首先，ALD 的成功是建立在独特的表面自限制化学反应基础上的 [48]。要求前驱体有好的热稳定性，又需较高的反应活性，看似矛盾的要求，使得 ALD 前驱体源的发展成为一项艰巨而细致的工作。目前，合适的 ALD 前驱体还是较为匮乏，直接影响了一些关键材料的沉积及其所获薄膜质量，如铜互连的铜、用于等离激元共振的银膜、下一代金属互连的钼等。

尽管等离子体增强 ALD、分子层沉积和电化学 ALD 的出现极大拓展了 ALD 合成材料的种类，可目前受制于前驱体和合适的反应路径，ALD 生长材料还是存在一些空白区域以及不尽如人意之处，ALD 合成材料数据库及其相关工艺亟待丰富。例如，不少金属——活泼碱金属、碱土金属至今还未被 ALD 工艺成功生长出来[54]；三元、多元复杂化合物、高熵材料等，由于前驱体以及 ALD 工作窗口问题，仍是沉积的难点[153]。一些基于 ALD 新技术（如等离子体增强 ALD、分子层沉积）的反应机理还不是很清晰[154]，相关理论的模拟研究也滞后，妨碍了 ALD 技术在材料沉积领域的进一步拓展。

在半导体制造业中，选区 ALD 因其自下而上的选择性沉积受到微纳加工的青睐。然而作为一种新兴的技术，它也面临着一些挑战。实现选区 ALD，强烈依赖于气相前驱体的结构和表面反应特性，然而计算模拟选区 ALD 的前驱体化学，由于算力的不足或缺乏合适的大尺度计算工具[64]，难以发挥作用。在生长过程中，非生长表面选择性会减弱甚至消失，尽管已经发展了一些解决办法，如引入修正步骤[63]，但无疑增加了工艺的复杂性，延长了沉积时间。选区 ALD 工艺具有特异性，并不存在普适的策略。因此对多元材料体系（如三元、四元或掺杂）或纳米叠层材料，是很难寻找到合适的选区 ALD 工艺[63]。如何提升选区 ALD 工艺的高选择性，至今依然是研究的热点与难点。

粉末材料因高比表面积存在易团聚等缺点，通过 ALD 方法进行粉体表面包覆改性，可极大提高粉末性能与使用寿命。尽管在能源、环境、医疗、军事、航天等领域对粉末均匀包覆方面有切实而紧迫的需求，也研发了适合批量化生产的流化床式 ALD，然而目前粉末 ALD 设备在包覆质量、沉积效率、成本、高通量、安全性等方面，依然不尽如人意，还有较大的提升空间[155]。

总之，ALD 尽管已经在不少领域展示出极有希望的应用前景，然而由于低的沉积速率以及高成本的问题，还是限制了它的工业化应用。尽管空间 ALD、卷对卷 ALD、常压 ALD、批量式 ALD 和粉末 ALD 在提高沉积速率、降低成本、实现生产连续化方面做出了有益的尝试，但完全理解、掌握并优化这些工艺，真正实现规模化的产业应用，还需要克服一系列的障碍。

然而春潮滚滚，原子层沉积技术正迎来前所未有的发展契机，已经驶向了快速发展的道路。尽管前路还会有荆棘险阻，相信通过学术界和工业界的联手努力与协作，原子层沉积技术会在不远的将来，发挥它的优势，在众多领域大展宏图，拥有美好灿烂的未来。

参 考 文 献

[1] Sherman A. Atomic Layer Deposition For Nanotechnology: An Enabling Process for Nanotechnology Fabrication. New York: Ivoryton Press, 2008

[2] Puurunena R L. Surface chemistry of atomic layer deposition: A case study for the trimethylaluminum/water process. J. Appl. Phys., 2005, 97: 121301-1~52

[3] Semiconductor Industry Association. The International Technology Roadmap for Semiconductors. USA (2001, 2004, 2009, 2013). http://www.itrs.net/ reports.html
[4] Kol'tsov S I, Aleskovskii V B. Reaction of titanium tetrachloride with silica gel. Zh. Prikl. Khim., 1967, 40: 907-909
[5] Kol'tsov S I, Aleskovskii V B. Effect of degree of dehydration of silica gel on mechanism of hydrolysis of adsorbed titanium tetrachloride. Russ. J. Phys. Chem.(Transl. of Zh. Fiz. Khim.), 1968, 42: 630
[6] Kol'tsov S I. Production and investigation of reaction products of titanium tetrachloride with silica gel. Zh. Prikl. Khim., 1969, 42: 1023-1028
[7] Shevjakov A M, Kuznetsova G N, Aleskovskii V B. Chemistry of High-Temperature Materials. Proceedings of the Second USSR Conference on High-Temperature Chemistry of Oxides: Leningrad, Russian. USSR, 26-29 November 1965(Nauka, Leningrad, USSR, 1967): 149-155
[8] Sveshnikova G V, Kol'tsov S I, Aleskovskii V B. Interaction of titanium tetrachloride with hydroxylated silicon surface. Zh. Prikl. Khim., 1970, 43: 430-431
[9] Kol'tsov S I, Drozd V E, Redrova T A, et al. Structure of titania films deposited on single-crystal substrates by molecular layering. Dokl. Akad. Nauk SSSR., 1977, 235: 1090-1092
[10] Kol'tsov S I. Interaction of trichlorosilane with silica gel. Zh. Prikl. Khim., 1965, 38: 1384
[11] Sveshnikova G V, Kol'tsov S I, Aleskovskii V B. Fabrication of a layer of silicon dioxide of a given thickness on the surface of silicon by molecular lamination. Zh. Prikl. Khim., 1970, 43: 1150-1152
[12] Eremeeva M A, Nechiporenko A P, Kuznetsova G N. Investigation of ultrathin SiO_2 films on the surface of single-crystal germanium. Zh. Prikl. Khim., 1974, 47: 2332-2333
[13] Kol'tsov S I, Smirnov V M, Rachkovskii R R. Study of aluminosilicate systems synthesized by the molecular-layering method. Zh. Prikl. Khim., 1978, 51, 2596-2598
[14] Kol'tsov S I, Volkova A N, Aleskovskii V B. Zh. Prikl. Khim.,1969, 42: 1028
[15] Volkova A N, Malygin A A, Kol'tsov S I. Zh. Obshch. Khim., 1973, 43: 724
[16] Rachkovskii R R, Kol'tsov S I, Aleskovskii V B. Investigation into the interaction of tin tetrachloride with silica gel. Zh. Neorg. Khim., 1970, 15: 3158
[17] Malygin A A, Volkova A N, Kol'tsov S I. Zh. Obshch. Khim., 1972, 43:1436
[18] Aleskovskii V B, Drozd V E, Kiselev V F. Fiz. Tekh. Poluprovodn., 1979, 13: 1397
[19] Kol'tsov S I, Kopylov V B, Smirnov V M. Zh. Prikl. Khim., 1976, 49: 516
[20] Stepanova N A, Smirnov V M, Kol'tsov S I. Zh. Prikl. Khim., 1977, 50: 465
[21] Nechiporenko A P, Sukhareva T M, Malygin A A, et al. Ultramicrochemical investigation of chromium-oxide layers synthesized by molecular layering on single-crystal germanium and silicon surfaces. J. Appl. Chem. USSR, 1978, 51: 2333-2337
[22] Koltsov S I, Tuz T V, Volkova A N. Molecular layering reactions and molecular layering of boron-oxide on the surface of silica. J. Appl. Chem. USSR, 1979, 52: 2074-2077
[23] St. Petersburg State Univ., St. Petersburg State Technol. Inst., Pupils, et al. OBITUARY Valentin Borisovich Aleskovskii (1912—2006). Rus. J. Appl. Chem., 2006, 79: 1048-1049
[24] Malygin A A. Synthesis of multicomponent oxide low-dimensional systems on the surface of porous silicon dioxide using the molecular layering method. Russ. J. Gen. Chem., 2002, 72: 575-589
[25] Suntola T. Thirty years of ALD. An invited talk at AVS Topical Conference on Atomic Layer Deposition (ALD2004). Helsinki: University of Helsinki, 2004
[26] Suntola T, Antson J. Method for producing compound thin films: U.S. Patent, 4058430. 1977
[27] Suntola T S, Pakkala A J, Lindfors S G. Apparatus for performing. Growth of compound thin films: U.S. Patent,

4389973. 1983

[28] Suntola T S, Pakkala A J, Lindfors S G. Vapor reactions: U.S. Patent, 4413022. 1983

[29] Parsons G N, Elam J W, George S M, et al. History of atomic layer deposition and its relationship with the American Vacuum Society. J. Vac. Sci. Technol. A, 2013, 31: 050818

[30] Nishizawa J, Abe H, Kurabayashi T. Molecular layer epitaxy. J. Electrochem. Soc., 1985, 132: 1197-1200

[31] Ahonen M, Pessa M, Suntola T. A study of ZnTe films grown on glass substrates using an atomic layer evaporation method. Thin Solid Films, 1980, 65: 301-307

[32] Tanninen V P, Oikkonen M, Tuomi T O. X-ray diffraction study of thin electroluminescent ZnS films grown by atomic layer epitaxy. Phys. Status Solidi A, 1981, 67: 573-583

[33] Törnqvist R O, Tuomi T O. DC electroluminescence in $InSn_xO_y$-Ta_2O_5-ZnS : Mn-Ta_2O_5-Al thin film structures. J. Lumin., 1981, 24-25: 901-904

[34] Nishizawa J, Aoki K, Suzuki S, et al. Silicon molecular layer epitaxy. J. Electrochem. Soc., 1990, 137: 1898-1904

[35] Bedair S M, Tischler M A, Katsuyama T, et al. Atomic layer epitaxy of Ⅲ-Ⅴ binary compounds. Appl. Phys. Lett., 1985, 47: 51-53

[36] Pessa M, Jylhä O, Herman M A. Atomic layer epitaxy of CdTe on the polar (111) A and (111) B surfaces of CdTe substrates. J. Cryst. Growth, 1984, 67: 255-260

[37] Takeda T, Kurosu T, Lida M, et al. Growth of ZnS/ZnTe and ZnSe/ZnTe superlattices by molecular beam epitaxy and atomic layer epitaxy. Surf. Sci., 1986, 174: 458

[38] Herman M A. Atomic layer epitaxy - 12 years later. Vacuum, 1991, 42: 61-66

[39] Higashi G S, Fleming C G. Sequential surface chemical-reaction limited growth of high-quality Al_2O_3 dielectrics. Appl. Phys. Lett., 1989, 55: 1963-1965

[40] Haukka S, Lakomaa E L, Suntola T. Adsorption controlled preparation of heterogeneous catalysts. Stud. Surf. Sci. Catal., 1999, 120A: 715-750

[41] Leskelä M. Atomic layer epitaxy in the growth of polycrystalline and amorphous films. Acta Polytech. Scand., Chem. Technol. Ser., 1990, 195: 67-80

[42] Hatanpää T, Ritala M, Leskelä M. Precursors as enablers of ALD technology: Contributions from University of Helsinki. Coord. Chem. Rev., 2013, 257: 3297-3322

[43] Ritala M, Leskela M, Niinisto L, et al. Development of crystallinity and morphology in hafnium dioxide thin-films grown by atomic layer epitaxy. Thin Solid Films, 1994, 250: 72-80

[44] Knapas K, Ritala M. *In situ* studies on reaction mechanisms in atomic layer deposition. Crit. Rev. Solid State Mater. Sci., 2013, 38: 167-202

[45] Devloo-Casier K, Ludwig K F, Detavernier C, et al. *In situ* synchrotron based X-ray techniques as monitoring tools for atomic layer deposition. J. Vac. Sci. Technol. A, 2014, 32: 010801-1~14

[46] Kim J B, Kim D S, Kim J S, et al. Raman scattering monitoring of thin film materials for atomic layer etching/deposition in the nano-semiconductor process integration. Chem. Phys. Rev., 2023, 4: 041311-1~12

[47] Pinna N, Knez M. Atomic Layer Deposition of Nanostructured Materials. Weinheim: Wiley-VCH Verlag & Co. KGaA, 2012

[48] Mukhopadhyay A B, Musgrave C B, Sanz J F. Atomic layer deposition of hafnium oxide from hafnium chloride and water. J. Am. Chem. Soc., 2008, 130: 11996-12006

[49] Elliott S D. Atomic-scale simulation of ALD chemistry. Semicond. Sci. Technol., 2012, 27: 074008-1~10

[50] Lim B S, Rahtu A, Gordon R G. Atomic layer deposition of transition metals. Nat. Mater., 2003, 2: 749-754

[51] Ritala M, Niinistő J. Atomic Layer Deposition. Cambridge: Royal Society of Chemistry, 2009: 158-206

[52] Ramos K B, Saly M J, Chabal Y J. Precursor design and reaction mechanisms for the atomic layer deposition of metal films. Coordin. Chem. Rev., 2013, 257: 3271-3281

[53] George S M. Atomic layer deposition: An overview. Chem. Rev., 2010, 110: 111-131

[54] Li W M. Recent developments of atomic layer deposition processes for metallization. Chem. Vap. Deposition, 2013, 19: 82-103

[55] Jing L, Zou Y, Goei R, et al. Conformal noble metal high-entropy alloy nanofilms by atomic layer deposition for an enhanced hydrogen evolution reaction. Langmuir, 2023, 39: 3142-3150

[56] Zhou H, Xu L, Ding Y, et al. Atomic layer deposition meets metal-organic frameworks. Prog. Mater. Sci., 2023, 138: 101159-1~2

[57] Fonseca J, Lu J. Single-atom catalysts designed and prepared by the atomic layer deposition technique. ACS Catal., 2021, 11: 7018-7059

[58] Profijt H B, Potts S E, van de Sanden M C M, et al. Plasma-assisted atomic layer deposition: Basics, opportunities, and challenges. J. Vac. Sci. Technol. A, 2011, 29: 050801-1~26

[59] Poodt P, Cameron D C, Dickey E, et al. Spatial atomic layer deposition: A route towards further industrialization of atomic layer deposition. J. Vac. Sci. Technol. A, 2012, 30: 010802-1~11

[60] Sundberg P, Karppinen M. Organic and inorganic-organic thin film structures by molecular layer deposition: A review. Beilstein J. Nanotechnol., 2014, 5: 1104-1136

[61] Banga D, Jarayaju N, Sheridan L, et al. Electrodeposition of $CuInSe_2$ (CIS) via electrochemical atomic layer deposition (E-ALD). Langmuir, 2012, 28: 3024-3031

[62] Chen R, Bent S F. Chemistry for positive pattern transfer using area-selective atomic layer deposition. Adv. Mater., 2006, 18: 1086-1090

[63] Mackus A J M, Merkx M J M, Kessels W M M. From the bottom-up: Toward area-selective atomic layer deposition with high selectivity. Chem. Mater., 2019, 31: 2-12

[64] Kim M, Kim J, Kwon S, et al. Theoretical design strategies for area-selective atomic layer deposition. Chem. Mater., 2024, 36: 5313-5324

[65] Poodt P, Knaapen R, Illiberi A, et al. Low temperature and roll-to-roll spatial atomic layer deposition for flexible electronics. J. Vac. Sci. Technol. A, 2012, 30: 01A142-1~5

[66] King D M, Liang X H, Carney C S, et al. Atomic layer deposition of UV-absorbing ZnO films on SiO_2 and TiO_2 nanoparticles using a fluidized bed reactor. Adv. Funct. Mater., 2008, 18: 607-615

[67] Nonobe S, Takahashi N, Nakamura T. Preparation of HfO_2 nanofilms by atomic layer deposition using $HfCl_4$ and O_2 under atmospheric pressure. Solid State Sci., 2004, 6: 1217-1219

[68] Gaskell J M, Jones A C, Aspinall H C, et al. Liquid injection ALD and MOCVD of lanthanum aluminate using a bimetallic alkoxide precursor. J. Mater. Chem., 2006, 16: 3854-3860

[69] Kwak J C, Lee Y H, Choi B H. Preparation of tantalum oxide thin films by photo-assisted atomic layer deposition. Appl. Surf. Sci., 2004, 230: 249-253

[70] Gong B, Peng Q, Jur J S, et al. Sequential vapor infiltration of metal oxides into sacrificial polyester fibers: Shape replication and controlled porosity of microporous/mesoporous oxide monoliths. Chem. Mater., 2011, 23: 3476-3485

[71] Yoder M N. Atomic layer etching: U.S. Patent, 4756794 A. 1988

[72] Oehrlein G S, Metzler D, Li C. Atomic layer etching at the tipping point: An overview. ECS J. Solid State Sci. Technol., 2015, 4: N5041-N5053

[73] Kanarik K J, Lill T, Hudson E A, et al. Overview of atomic layer etching in the semiconductor industry. J. Vac. Sci. Technol. A, 2015, 33: 020802-1~14

[74] George S M. Mechanisms of thermal atomic layer etching. Acc. Chem. Res. 2020, 53: 1151-1160

[75] Hiltunen L, Leskelä M, Mäkelä M, et al. Nitrides of titanium, niobium, tantalum and molybdenum grown as thin-films by the atomic layer epitaxy method. Thin Solid Films, 1988, 166: 149-154

[76] De Keijser M, Van Opdorp C. Atomic layer epitaxy of gallium arsenide with the use of atomic hydrogen. Appl. Phys. Lett., 1991, 58: 1187-1189

[77] Yoshimura T, Tatsuura S, Sotoyama W. Polymer-films formed with monolayer growth steps by molecular layer deposition. Appl. Phys. Lett., 1991, 59: 482-484

[78] Gregory B W, Stickneyl J L. Electrochemical atomic layer epitaxy (ECALE). J. Electroanal. Chem., 1991, 300: 543-561

[79] Klaus J W, Sneh O, George S M. Growth of SiO_2 at room temperature with the use of catalyzed sequential half-reactions. Science, 1997, 278: 1934-1936

[80] Klaus J W, Ferro S J, George S M. Atomically controlled growth of tungsten and tungsten nitride using sequential surface reactions. Appl. Surf. Sci., 2000, 162-163: 479-491

[81] Rossnagel S M, Sherman A, Turner F. Plasma-enhanced atomic layer deposition of Ta and Ti for interconnect diffusion barriers. J. Vac. Sci. Technol. B, 2000, 18: 2016-2020

[82] Hausmann D, Becker J, Wang S L, et al. Rapid vapor deposition of highly conformal silica nanolaminates. Science, 2002, 298: 402-406

[83] Devasahayam A. Magnetic head processing technology for small form-factor hard drives. Solid State Technol., 2005, Suppl.: S16-S18

[84] Chen R, Kim H, McIntyre, P C, et al. Controlling area-selective atomic layer deposition of HfO_2 dielectric by self-assembled monolayers. Mater. Res. Soc. Symp. Proc., 2004, 811: 57-62

[85] Fan H J, Knez M, Scholz R, et al. Monocrystalline spinel nanotube fabrication based on the Kirkendall effect. Nature Mater., 2006, 5: 627-631

[86] Nilsen, O, Fjellvag H. Thin films prepared with gas phase deposition technique. Patent Cooperation Treaty, World Intellectual Property Organization, WO 2006/071126 A1, July 6, 2006

[87] Levy D H. Oxide electronics by spatial atomic layer deposition. Bruges: AVS International ALD Conference, 2008

[88] Lee S M, Pippel E, Gosele U, et al. Greatly increased toughness of infiltrated spider silk. Science, 2009, 324: 488-492

[89] Jung Y S, Cavanagh A S, Dillon A C, et al. Enhanced stability of $LiCoO_2$ cathodes in lithium-ion batteries using surface modification by atomic layer deposition. J. Electrochem. Soc., 2010, 157: A75-1~A81

[90] Böscke T S, Müller J, Bräuhaus D, et al. Ferroelectricity in hafnium oxide thin films. Appl. Phys. Lett., 2011, 99: 102903~1-3

[91] Lu J L, Fu B S, Kung M C, et al. Coking- and sintering-resistant palladium catalysts achieved through atomic layer deposition. Science, 2012, 335: 1205-1208

[92] Sun S, Zhang G, Gauquelin N, et al. Single-atom catalysis using Pt/graphene achieved through atomic layer deposition. Sci. Rep., 2013, 3: 1775-1~9

[93] Salmi L D, Heikkilä M J, Puukilainen E. Studies on atomic layer deposition of MOF-5 thin films. Microporous Mesoporous Mater., 2013, 182: 147-154

[94] Lee Y, George S M. Atomic layer etching of Al_2O_3 using sequential, self-limiting thermal reactions with $Sn(acac)_2$ and HF. ACS Nano, 2015, 9: 2061-2070

[95] Lin R X, Xiao K, Qin Z Y, et al. Monolithic all-perovskite tandem solar cells with 24.8% efficiency exploiting comproportionation to suppress Sn (Ⅱ) oxidation in precursor ink. Nat. Energy, 2019, 4: 864-873

[96] Cheema S S, Kwon D, Shanker N, et al. Enhanced ferroelectricity in ultrathin films grown directly on silicon. Nature, 2020, 580: 478-482

[97] Liu C, Fang J B, Cao Y Q, et al. One-step facile preparation of zinc-based hydroquinone hybrid nanoporous thin films by molecular layer deposition. Appl. Phys. Lett., 2020, 117: 031601-1~4

[98] Si M, Lin Z, Chen Z, et al. Scaled indium oxide transistors fabricated using atomic layer deposition. Nat. Electron., 2022, 5: 164-170

[99] Chen R, Li Y C, Cai J M, et al. Atomic level deposition to extend Moore's law and beyond. Int. J. Extrem. Manuf. 2020, 2: 022002-1~24

[100] Choi A R, Lim D H, Shin S Y, et al. Review of material properties of oxide semiconductor thin films grown by atomic layer deposition for next-generation 3D dynamic random-access memory devices. Chem. Mater., 2024, 36: 2194-2219

[101] Kim H M, Kim D G, Kim Y S, et al. Atomic layer deposition for nanoscale oxide semiconductor thin film transistors: Review and outlook. Int. J. Extrem. Manuf., 2023, 5: 012006-1~28

[102] Hao C, Peng J, Zierold R, et al. Atomic layer deposition films for resistive random-access memories. Adv. Mater. Technol., 2024, 2301762-1~28

[103] Yang J J, Strukov D B, Stewart D R. Memristive devices for computing. Nat. Nanotech., 2013, 8: 13-24

[104] Hong D, Kim Y, Chae H, et al. Atomic layer etching of SiO_2 for nanoscale semiconductor devices: A review. Appl. Sci. Converg. Technol., 2024, 33: 1-6

[105] Yang Y F, Zhang Y J, Bai L Y, et al. Research progress of atomic layer deposition technology to improve the long-term stability of perovskite solar cells. J. Mater. Chem. C, 2022, 10: 819-839

[106] Zheng X, Kong W, Wen J, et al. Solvent engineering for scalable fabrication of perovskite/silicon tandem solar cells in air. Nat. Commun., 2024, 15: 4907-1~9

[107] Zhao Y, Zhang L, Liu J, et al. Atomic/molecular layer deposition for energy storage and conversion. Chem. Soc. Rev., 2021, 50: 3889-3956

[108] Gupta B, Hossain M A, Riaz A, et al. Recent advances in materials design using atomic layer deposition for energy applications. Adv. Funct. Mater., 2022, 32: 2109105-1~39

[109] Olowoyo J O, Gharahshiran V S, Zeng Y, et al. Atomic/molecular layer deposition strategies for enhanced CO_2 capture, utilisation and storage materials. Chem. Soc. Rev., 2024, 53: 5428-5488

[110] Li R, Li N, Hou J, et al. Aquatic environment remediation by atomic layer deposition-based multifunctional materials: A review. J. Hazard. Mater., 2021, 402: 123513-1~12

[111] Liu X, Su Y, Chen R. Atomic-scale engineering of advanced catalytic and energy materials via atomic layer deposition for eco-friendly vehicles. Int. J. Extrem. Manuf., 2023, 5: 022005-1~28

[112] Leskelä M, Mattinen M, Ritala M. Atomic layer deposition of optoelectronic materials. J. Vac. Sci. Technol. B, 2019, 37: 030801-1~23

[113] Zhang B, Wang Z, Wang J, et al. Recent achievements for flexible encapsulation films based on atomic/molecular layer deposition. Micromachines, 2024, 15: 478-1~30

[114] Chen R, Cao K, Wen Y, et al. Atomic layer deposition in advanced display technologies: From photoluminescence to encapsulation. Int. J. Extrem. Manuf., 2024, 6: 022003-1~10

[115] Li Y, Xiong Y F, Yang H Z, et al. Thin film encapsulation for the organic light-emitting diodes display via atomic layer deposition. J. Mater. Res., 2020, 35: 681-700

[116] Lee S H, Kim S B, Moon Y J, et al. High-responsivity deep-ultraviolet-selective photodetectors using ultrathin gallium oxide films. ACS Photonics, 2017, 4: 2937-2943

[117] Ghanbari H, Abnavi A, Hasani A, et al. Multilayer WSe_2/ZnO heterojunctions for self-powered, broadband, and high-speed photodetectors. Nanotechnology, 2023, 34: 285207-1~11

[118] Javey A, Kim H, Brink M, et al. High-κ dielectrics for advanced carbon-nanotube transistors and logic gates. Nature Mater., 2002, 1: 241-246

[119] Wallace R M, McIntyre P C, Kim H Y, et al. Atomic layer deposition of dielectrics on Ge and Ⅲ-Ⅴ materials for ultrahigh performance transistors. MRS Bull., 2009, 34: 493-503

[120] Fartash A. Chamber having a protective layer: U.S. Patent, 6942318. 2005; Hess U E, Berhane S, Fartash A. Atomic layer deposition for forming cavitation layer on print head; overcoating substrate with dielectric; multilayer: U.S. Patent, 7025894. 2006

[121] Stoldt C R, Bright V M. Ultra-thin film encapsulation processes for micro-electro-mechanical devices and systems. J. Phys. D: Appl. Phys., 2006, 39: R163-R170

[122] Strnad N A, Potrepka D M, Hanrahan B M, et al. Extending atomic layer deposition for use in next-generation piezoMEMS: Review and perspective. J. Vac. Sci. Technol. A, 2023, 41: 050801-1~18

[123] Pan H, Zhou L, Zheng W, et al. Atomic layer deposition to heterostructures for application in gas sensors. Int. J. Extrem. Manuf., 2024, 5: 022008-1~18

[124] Mistry K, Nguyen V H, Arabi M, et al. Highly sensitive self-actuated zinc oxide resonant microcantilever humidity sensor. Nano Lett., 2022, 22: 3196-3203

[125] Graniela O, Webera M, Balmea S, et al. Atomic layer deposition for biosensing applications. Biosensors Bioelectron., 2018, 122: 147-159

[126] Im H, Wittenberg N J, Lindquist N C, et al. Atomic layer deposition: A versatile technique for plasmonics and nanobiotechnology. J. Mater. Res., 2012, 27: 663-671

[127] Wang J, Huang G S, Mei Y F. Modification and resonance tuning of optical microcavities by atomic layer deposition. Chem. Vap. Deposition, 2014, 20: 103-111

[128] Poodt P, Lankhorst A, Roozeboom F, et al. High speed spatial atomic layer deposition of aluminum oxide layers for solar cell passivation. Adv. Mater., 2010, 22: 3564-3567

[129] Brennan T P, Ardalan P, Lee H B R, et al. Atomic layer deposition of CdS quantum dots for solid-state quantum dot sensitized solar cells. Adv. Energy Mater., 2011, 1: 1169-1175

[130] Meng X B, Yang X Q, Sun X L. Emerging applications of atomic layer deposition for lithium-ion battery studies. Adv. Mater., 2012, 24: 3589-3615

[131] Marichy C, Bechelany M, Pinna N. Atomic layer deposition of nanostructured materials for energy and environmental applications. Adv. Mater., 2012, 24: 1017-1032

[132] Detavernier C, Dendooven J, Sree S P, et al. Tailoring nanoporous materials by atomic layer deposition. Chem. Soc. Rev., 2011, 40: 5242-5253

[133] Li Y, Goei R, Ong A R, et al. Atomic layer deposition of piezoelectric materials: A timely review. Mater. Today Energy, 2024, 39: 101457-1~20

[134] Stair P C. Synthesis of supported catalysts by atomic layer deposition. Top. Catal., 2012, 55: 93-98

[135] Lu J L, Elam J W, Stair P C. synthesis and stabilization of supported metal catalysts by atomic layer deposition. Acc. Chem. Res., 2013, 46: 1806-1815

[136] Pore V, Kivelä T, Ritala M, et al. Atomic layer deposition of photocatalytic TiO_2 thin films from TiF_4 and H_2O. Dalton Trans., 2008, 45:6467-6474

[137] Knez M, Nielsch K, Niinistö L. Synthesis and surface engineering of complex nanostructures by atomic layer deposition. Adv. Mater., 2007, 19: 3425-3438

[138] Liu M N, Li X L, Karuturi S K, et al. Atomic layer deposition for nanofabrication and interface engineering. Nanoscale, 2012, 4: 1522-1528

[139] Bae C D, Shin H J, Nielsch K. Surface modification and fabrication of 3D nanostructures by atomic layer deposition. MRS Bull., 2011, 36: 887-897

[140] Nam S W, Lee M H, Lee S H, et al. Sub-10-nm nanochannels by self-sealing and self-limiting atomic layer deposition. Nano Lett., 2010, 10: 3324-3329

[141] Mackus A J M, Bol A A, Kessels W M M. The use of atomic layer deposition in advanced nanopatterning. Nanoscale, 2014, 6: 10941-10960

[142] Yun S J, Ko Y W, Lim J W. Passivation of organic light-emitting diodes with aluminum oxide thin films grown by plasma-enhanced atomic layer deposition. Appl. Phys. Lett., 2004, 85: 4896-4898

[143] Nenoff T M, Spontak R J, Aberg C M. Membranes for hydrogen purification: An important step toward a hydrogen-based economy. MRS Bull., 2006, 31: 735-744

[144] Xiong S, Qian X, Zhong Z, et al. Atomic layer deposition for membrane modification, functionalization and preparation: A review. J. Membr. Sci., 2022, 658:120740

[145] Marin E, Lanzutti A, Andreatta F, et al. Atomic layer deposition state-of-the-art and research industrial perspectives. Corros. Rev., 2011, 29: 191-208

[146] Marin E, Lanzutti A, Guzman L, et al. Corrosion protection of AISI 316 stainless steel by ALD alumina/titania nanometric coatings. J. Coat. Technol. Res., 2011, 8: 655-659

[147] Li M, Jin Z X, Zhang W, et al. Comparison of chemical stability and corrosion resistance of group Ⅳ metal oxide films formed by thermal and plasma-enhanced atomic layer deposition. Sci. Rep., 2019, 9: 10438-1~12

[148] Liu X, Yang Q, Li Z, et al. A combined coating strategy based on atomic layer deposition for enhancement of corrosion resistance of AZ31 magnesium alloy. Appl. Surf. Sci., 2018, 434: 1101-1111

[149] Hu Y, Lu J, Feng H. Surface modification and functionalization of powder materials by atomic layer deposition: A review. RSC Adv., 2021, 11: 11918-11942

[150] He M, Chen L, Yin M, et al. Review on magnesium and magnesium-based alloys as biomaterials for bone immobilization. J. Mater. Res. Technol., 2023, 23: 4396-4419

[151] Skoog S A, Elam J W, Narayan R J. Atomic layer deposition: Medical and biological applications. Int. Mater. Rev., 2013, 58: 113-129

[152] Knez M, Kadri A, Wege C, et al. Atomic layer deposition on biological macromolecules: metal oxide coating of tobacco mosaic virus and ferritin. Nano Lett., 2006, 6: 1172-1177

[153] Miikkulainen V, Leskelä M, Ritala M, et al. Crystallinity of inorganic films grown by atomic layer deposition: Overview and general trends. J. Appl. Phys., 2013, 113: 021301-1~102

[154] Parsons G N, George S M, Knez M. Progress and future directions for atomic layer deposition and ALD-based chemistry. MRS Bull., 2011, 36: 865-871

[155] Adhikari S, Selvaraj S, Kim D H. Progress in powder coating technology using atomic layer deposition. Adv. Mater. Interfaces, 2018, 5: 1800581-1~20

第 2 章　原子层沉积原理

原子层沉积（ALD）是一种特殊的化学气相沉积技术，是通过将气相前驱体交替地通入反应室并在沉积基体表面发生气–固化学反应形成薄膜的一种方法。不同于传统的化学气相沉积，ALD 通常是由 A、B 的半反应序列组成，具有表面自限制的特点，因此在众多的薄膜制备技术中脱颖而出，展示出独树一帜的优势，如优异的三维共形性、大面积的均匀性、亚单层的膜厚控制和低的生长温度等。本章中将重点介绍原子层沉积的原理和特点，简述原子层沉积的分类以及原位表征与监控在原子层沉积生长研究中的应用。

2.1　原子层沉积基本原理

2.1.1　原子层沉积系统的基本结构

原子层沉积技术经过五十多年的发展，特别是最近二十多年的飞速发展，诞生了形态特色各异的 ALD，如等离子体增强 ALD、分子层沉积、电化学 ALD、空间 ALD、粉末 ALD、卷对卷 ALD 和流化床 ALD 等多种多样的形式。然而，万变不离其宗，ALD 的基本原理——表面自限制反应是共通的，其基本核心结构也是类似的。

以最常见的双路热 ALD 为例，图 2.1 为其原子层沉积系统的一个典型示意

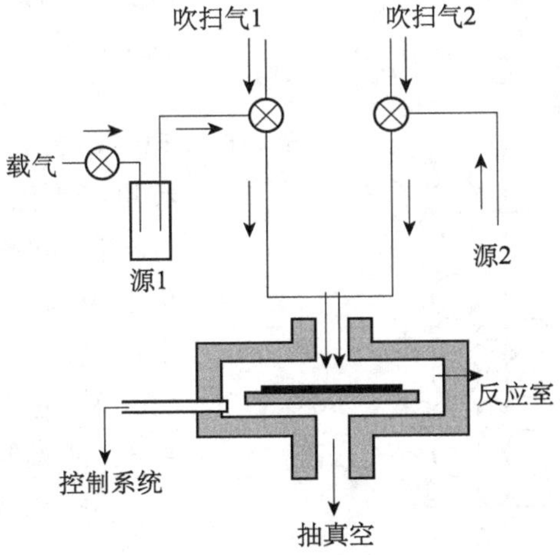

图 2.1　双路热原子层沉积系统的示意图

图。同化学气相沉积相比，ALD 系统相对简单，这与其独特的表面化学吸附反应原理有关。通常，它包括源脉冲式输运系统、反应室、泵真空系统、控制系统四个部分。

2.1.2　原子层沉积中的表面化学特性

1）自终止的气-固反应

ALD 技术是通过将气相前驱体脉冲交替地通入反应室并在沉积基体上发生表面化学反应形成薄膜的一种方法，具有自限制（self-limiting）和自饱和的特点[1]。显然，ALD 并非一个连续的工艺过程，而是由若干半反应序列组成。此处以 ALD 制备 Al_2O_3 薄膜的经典反应为例，以三甲基铝 [$Al(CH_3)_3$，TMA] 为金属铝源，水蒸气为氧源，它的每一个单位循环分为四步（Ⅰ、Ⅱ、Ⅲ、Ⅳ），Ⅴ为 3 个 ALD 循环生长，如图 2.2 所示。

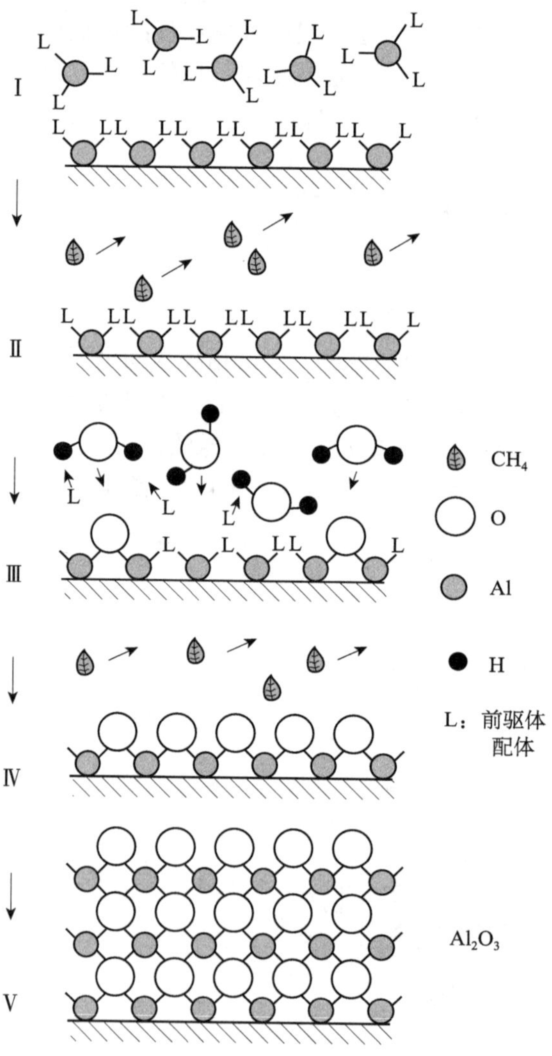

图 2.2　原子层沉积的循环过程

Ⅰ. 三甲基铝蒸气脉冲进入反应室，在暴露的衬底或膜表面发生化学吸附反应 A；

Ⅱ. 吹扫气体（通常为惰性气体，如高纯氮气或氩气）把未被表面吸附的多余三甲基铝蒸气和反应副产物甲烷带出反应室；

Ⅲ. 水蒸气脉冲进入反应室，和三甲基铝前驱体吸附的表面继续进行表面化学反应 B；

Ⅳ. 吹扫气体把多余的水蒸气以及反应生成的副产物甲烷带出反应室；

Ⅴ. 包含 3 个 ALD 循环生长 Al_2O_3 薄膜的示意图。

每个循环过程包含了 A、B 两个半反应［式（2.1）、式（2.2）］[2]，具有自限制和互补性的特点。

$$\text{A: Al(CH}_3)_3\text{ (g) + Al—OH* (s)} \longrightarrow \text{Al—O—Al(CH}_3)_2\text{* (s) + CH}_4\text{ (g)} \tag{2.1}$$

$$\text{B: H}_2\text{O (g) + Al(CH}_3)\text{* (s)} \longrightarrow \text{Al—OH* (s) + CH}_4\text{ (g)} \tag{2.2}$$

其总体反应为

$$2\text{Al(CH}_3)_3\text{ (g)} + 3\text{H}_2\text{O (g)} \longrightarrow \text{Al}_2\text{O}_3\text{ (s)} + 6\text{CH}_4\text{ (g)} \tag{2.3}$$

式中，* 是指吸附在沉积表面的官能团，可见自终止气–固反应是原子层沉积的基础。TMA/H_2O 的 ALD 工艺可被分成 A、B 两个半反应序列，每个半反应都是前驱体分子先在沉积表面发生化学吸附，通过配体交换，即 TMA 与表面羟基基团的作用，形成表面 Al—O—Al 的桥氧键，释放出甲烷分子。自限制、自终止最本质的原因是前驱体与沉积表面之间是化学吸附——单分子层吸附，也与甲基基团的位阻效应有关。

所以原子层沉积的气–固表面反应包含了吸附、化学反应和解吸附等过程。自限制反应也表明 ALD 是表面控制的工艺，在优化的工艺条件下，反应物剂量、沉积温度等对反应的影响较小，甚至没有影响。因此，大多数 ALD 工艺存在一个 ALD 窗口，在此窗口内，生长速率恒定，对工艺参数的变化不敏感，沉积薄膜具有极佳的厚度均匀性和三维共形性。

2）化学吸附及其机理

吸附是 ALD 进行气–固表面反应的前提和基础。通常依据吸附作用力的不同，可分为物理吸附和化学吸附。物理吸附的作用力是固体表面（吸附剂）与气体分子（吸附质）之间的分子间作用力，即范德瓦耳斯力。一般没有选择性，但吸附表面与吸附气体种类不同，范德瓦耳斯力大小各异，吸附量也会相差很多。由于吸附在固体表面上的气体分子对再碰撞上去的气体分子仍存在范德瓦耳斯力，所以物理吸附也可在表面形成多分子层吸附。其吸附无需活化能，速率较快，易于达到吸附平衡状态。同时吸附热较小，接近于气体的凝聚热，通常不到 20 kJ/mol[3]，吸附分子的结构变化也很小，解吸较容易进行。升高温度，分子动能变大，解吸变得更容易。因此，一般物理吸附主要发生在低温，是可逆的。

化学吸附的作用力是化学键力，吸附过程可以发生电子转移、原子重排及化学键的破坏与生成，即沉积表面与被吸附的分子之间发生化学反应，形成化学键。例如，TMA/H_2O 的 ALD 工艺中发生的配体交换反应，形成 Al—O—Al 间的桥氧键。此类吸附有明显的选择性，为单分子层吸附。吸附热较大，一般为 40～400 kJ/mol，与固体表面上发生的化学反应类似，且吸附很稳定，不易解吸。与物理吸附相比，化学吸附通常存在一个活化能，故低温下的化学吸附进行得很慢，吸附和解吸速率都较小，且不易达到吸附平衡。升高温度可以加快化学吸附的速率，故化学吸附一般发生在中高温的范围，且不可逆。

可见化学吸附和物理吸附均为放热反应，其根本区别在于吸附作用力的不同。对于大多数气–固体系，低温时主要表现为物理吸附，中高温时表现为化学吸附。在适当的温度范围内升温，吸附将由物理吸附逐渐过渡到化学吸附，二者可以同时发生。图 2.3 为氢气在镍粉上的吸附等压线[4]。低温时，化学吸附速率很小，吸附主要为氢在镍粉上的物理吸附，物理吸附速率很快，容易达到平衡。随着温度的上升，放热反应导致吸附量降低。越过最低点 *A* 以后，随着温度上升，化学吸附速率加快，此时在实验时间内尚未达到化学吸附平衡，吸附量取决于化学吸附速率，所以出现吸附量随着温度上升而增加的现象，直到最高点 *B* 点达到化学吸附平衡。*B* 点以后的中高温区，主要为化学吸附，由于此时化学吸附速率很快，容易达到平衡态。化学吸附为放热过程，故温度再升高时，平衡向解吸方向移动，平衡吸附量随着温度的升高而降低，如图中 *C* 点后所示。

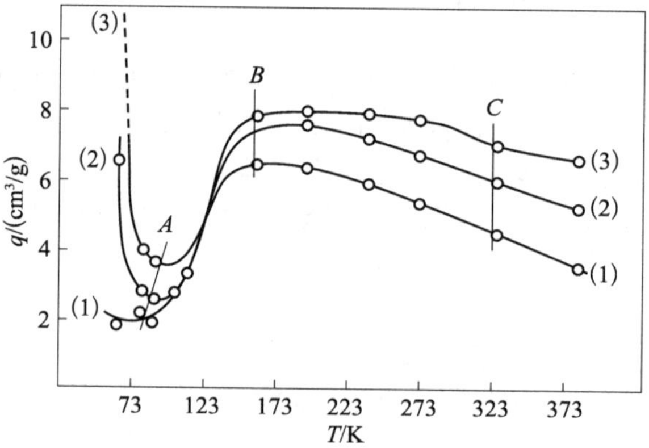

图 2.3　氢气在镍粉上的吸附等压线[4]

曲线压力：(1) 0.33 kPa；(2) 2.67 kPa；(3) 8.0 kPa

对于 ALD 生长而言，序列的自终止气–固反应是原子层沉积的基础，即吸附也需是自终止的，且在吹扫或抽空过程中吸附的前驱体或反应物分子不能从表面解吸。图 2.4 展示了一些代表性的吸附过程随时间变化的曲线[1]。由于物理吸附的作用力弱，吹扫或抽空过程中容易解吸，为曲线 (b)，是可逆的饱和吸附，一般不满足 ALD 生长要求。而曲线 (a) 是不可逆的化学饱和吸附，满足自终止的要求，是比较理想的 ALD 工作状态。曲线 (c) 是可逆吸附和不可逆饱和吸附同时共存的状态，可逆吸附对 ALD 生长没有实质性贡献。对于曲线 (d) 和 (e)，在反应工艺参数下均呈现出不可逆的不饱和吸附状态，尽管 ALD 生长依然可以进行，但由于处在不饱和吸附的状态，前驱体脉冲时间和流量等工艺参数的变化将直接影响沉积速率，ALD 反应的自终止特性和优势并未发挥出来。倘若不是万不得已，ALD 生长还是处于不可逆的化学饱和吸附状态为最佳。

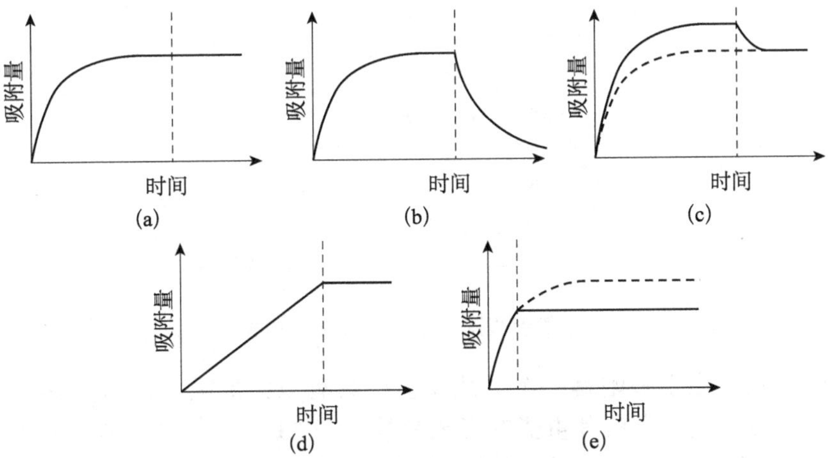

图 2.4　一些代表性的吸附过程随时间变化的曲线 [1]

(a) 不可逆的饱和吸附（自终止反应）；(b) 可逆的饱和吸附；(c) 可逆和不可逆的饱和吸附；(d) 不可逆的不饱和吸附；(e) 不可逆饱和吸附没到饱和状态。垂直的虚线表明反应物进样终止，惰性气体吹扫或抽空开始

描述固体表面对气体的吸附常采用朗缪尔提出的单分子层吸附理论。其基本假设为：①固体表面的吸附是单分子层吸附；②固体表面是均匀的，每一个吸附点都是等价的；③相邻吸附分子之间无作用力；④吸附平衡是动态平衡，即吸附和解吸两种相反过程的速率相等。

对化学吸附而言，设 θ 为任一瞬间固体表面被反应物分子 A 吸附的覆盖率，$1-\theta$ 就表示表面未被反应分子 A 占据的空白分数，则化学吸附覆盖率 $\mathrm{d}\theta/\mathrm{d}t$ 为

$$\mathrm{d}\theta/\mathrm{d}t = r_a - r_d = k_a p(1-\theta) - k_d\theta \tag{2.4}$$

式中，r_a 为吸附速率，r_d 为解吸速率，k_a 为吸附速率常数，k_d 为解吸速率常数，p 为反应分子 A 的分压。化学吸附饱和平衡后，化学吸附覆盖率达到恒定，即 $\mathrm{d}\theta/\mathrm{d}t=0$。由朗缪尔等温吸附式可得

$$\theta^{eq} = k_a p/(k_a p+k_d) = Kp/(1+Kp) \tag{2.5}$$

式中，$K=k_a/k_d$，为吸附平衡常数，也称吸附系数。对一般可逆吸附而言，表面覆盖率 θ^{eq} 随着气体压力的增加而增加。由式（2.5）可知，当压力足够低或吸附很弱时，$Kp \ll 1, \theta^{eq} \approx Kp$，即 θ^{eq} 与 p 呈线性关系；当压力适中时，$\theta^{eq} \propto p^m$, m 介于 0 和 1 之间；当压力足够高或吸附很强时，$Kp \gg 1, \theta^{eq} \approx 1$，即 θ^{eq} 与 p 无关。图 2.5 为朗缪尔等温吸附示意图，画出了以上三种情况。

然而，对于具有自终止反应特性的 ALD 过程而言，吸附必须是不可逆的，也就是解吸速率常数趋近于 0，吸附的平衡常数 K 趋近无穷大，即化学吸附覆盖率与压力无关，且平衡时 $\theta^{eq}=1$，如图 2.5 所示。

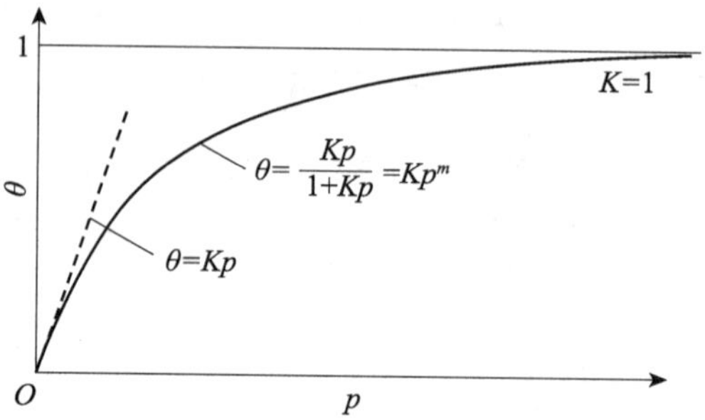

图 2.5　朗缪尔等温吸附和不可逆化学饱和吸附的示意图

前已述及，化学吸附是一个放热反应，具有较大的吸附热 Q_c，因此对化学吸附而言，温度是一个极其重要的工艺参数。图 2.6 给出了化学吸附势能图，其中 E_a 是化学吸附活化能，E_d 是解吸活化能，吸附热 $Q_c = E_d - E_a$。

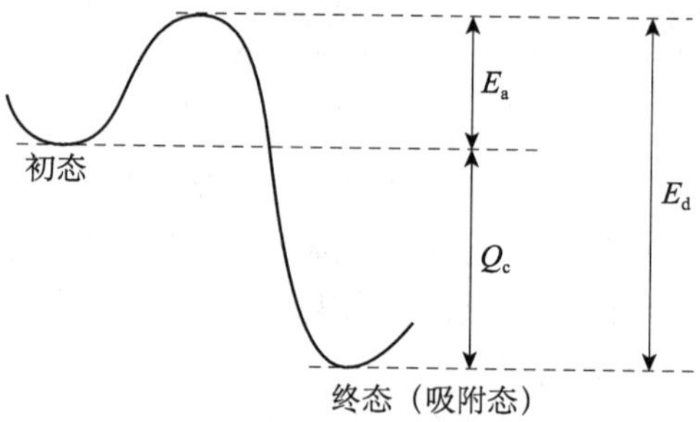

图 2.6　化学吸附势能图

无论对化学吸附速率常数 k_a 还是解吸速率常数 k_d 而言，其与温度的关系均可由阿伦尼乌斯方程［式（2.6）］描述。温度较低时，吸附速率和解吸速率均较慢，很难达到化学饱和吸附平衡；温度越高，吸附速率和解吸速率越快，达到化学吸附平衡的时间越短。

$$k_a=Ae^{-E_a/(RT)} \quad 或者 \quad k_d=Ae^{-E_d/(RT)} \tag{2.6}$$

朗缪尔等温吸附式中的吸附平衡常数，即吸附系数 $K=k_a/k_d$，随温度和吸附热的变化而变化，其关系式为

$$K=K_0e^{-Q_c/(RT)} \tag{2.7}$$

对于放热的化学吸附而言，达到平衡时，温度上升，吸附系数 K 降低，吸附量相应减少。然而考虑到温度对吸附 / 解吸动力学的影响，低温时，往往未达到化学饱和吸附的平衡状态，吸附量随着温度的上升也会呈现增加的趋势。热力学因素和动力学因素协同作用的结果是达到最佳吸附量，往往存在一个最佳温区。图 2.3 中氢气在镍粉上的吸附等压线展示了工艺温度对化学吸附量的影响，也证

实了这一点。

同样，对化学吸附而言，吸附时间也是一个影响参数。在恒温恒压情况下，由式（2.4）积分可得，化学吸附覆盖率与时间的关系为

$$\theta=\theta^{\mathrm{eq}}(1-\mathrm{e}^{-(k_{\mathrm{a}}p+k_{\mathrm{d}})t}) \tag{2.8}$$

对 ALD 中不可逆的化学吸附而言，$\theta=1-\mathrm{e}^{-k_{\mathrm{a}}pt}$，如图 2.7 所示，展示了化学吸附覆盖率 θ 随沉积时间 t 变化的示意图。两种反应物气体分子 A 和 B 交替通入反应室，一个 ALD 循环分为四步（Ⅰ、Ⅱ、Ⅲ、Ⅳ）。Ⅰ：源脉冲 A 蒸气进入反应室进行化学吸附达到饱和，理想状态 θ 为 1，源 A 的蒸气压 p 越高，化学吸附速率常数 k_{a} 越大，达到化学饱和吸附的时间越短；Ⅱ：吹扫脉冲进入反应室，源 A 的化学吸附覆盖率保持恒定；Ⅲ：源脉冲 B 蒸气进入反应室进行化学吸附达到饱和，理想状态 θ 为 1，源 A 的化学吸附覆盖率下降到 0；Ⅳ：吹扫脉冲进入反应室，源B的化学吸附覆盖率保持恒定。可见在ALD循环中，源A（或B）的化学吸附覆盖率在 0 和 1 之间来回切换。

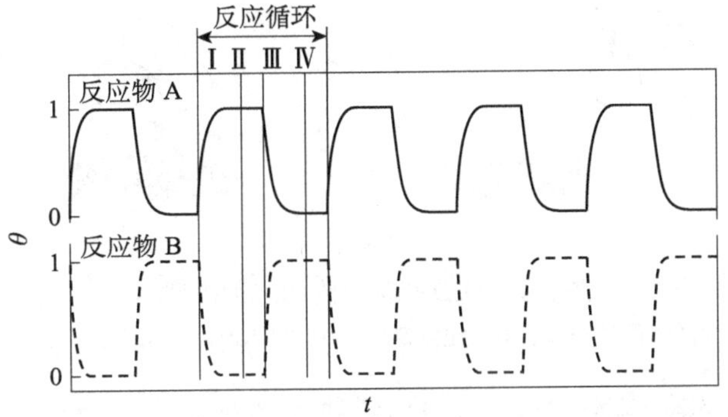

图 2.7　不可逆化学吸附覆盖率 θ 随沉积时间 t 变化的示意图

需要指出的是，质量传输动力学也会影响到固体表面的吸附量，传质特性与反应室的设计相关[5]，也依赖于衬底的类型[6]，如高深宽比的孔道型衬底或高比表面积多孔衬底或粉末材料中的前驱体扩散对 ALD 生长的影响[7]。这部分内容将会在第 13 章介绍，在此就不赘述了。

关于 ALD 中自终止的化合物反应，其化学吸附机理主要分成三种，如图 2.8 所示[1]。

第一种为配体交换（ligand exchange），反应物分子 ML_n 在表面裂解，裂解下来的配体 L 与固体表面基团 S—a* 形成易挥发的气相副产物 aL，反应物分子剩余部分 ML_{n-1} 化学吸附到表面。这里 S 代表沉积的固体表面，* 指固体表面的基团，反应方程式为

$$\text{S—a}^* + \text{ML}_n\,(\text{g}) \longrightarrow S\text{—ML}_{n-1}{}^* + \text{aL}\,(\text{g}) \tag{2.9}$$

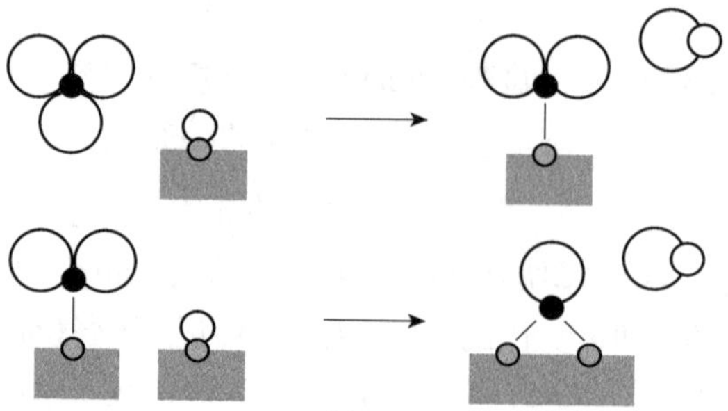

(a)

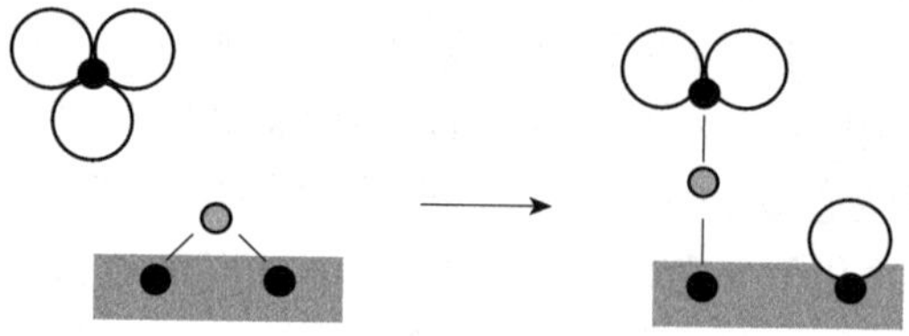

(b)

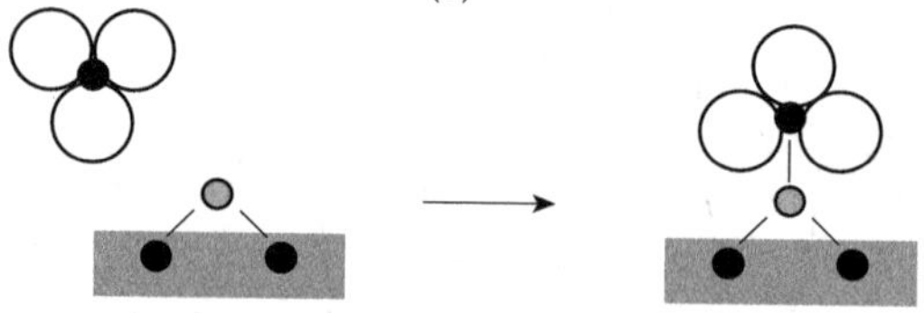

(c)

图 2.8　ALD 化学吸附的三种机理[1]

(a) 配体交换；(b) 配体离解；(c) 配体缔合，配位数 n=3

吸附到表面的配体 S—ML_{n-1}* 也可继续发生配体交换反应，释放副产物 aL，形成表面的配体 S—ML_{n-2}*。

第二种为配体离解（dissociation），反应物分子 ML_n 在固体表面的反应活性位点（S—N*—Z*—S）离解形成化学吸附，方程式为

$$\text{S—N*—Z*—S} + ML_n(g) \longrightarrow \text{S—N—L*} + \text{S—Z—}ML_{n-1}^{*} \tag{2.10}$$

与配体交换反应类似，离解反应也可继续在表面进行。

第三种为配体缔合（association），反应物分子 ML_n 与固体表面反应活性位点（S—Z*）缔合形成配位键，没有配体释放，方程式为

$$\text{S—Z*} + ML_n(g) \longrightarrow \text{S—Z—}ML_n^{*} \tag{2.11}$$

2.1.3　影响原子层沉积速率的因素

在完全理想的情况下，每一个循环结束后会在沉积表面生成单原子层（monolayer，ML）的薄膜。通过控制循环次数，就可简单精确地控制膜厚。每

个循环的生长速率通常定义为 GPC（growth per cycle）[1]。然而即便对于三甲基铝和水反应生成 Al_2O_3 薄膜这个 ALD 最经典的反应而言，实验测得每个循环的生长速率约在 1Å，每层只能沉积单个原子层的 30% 左右[2]，生长速率远小于 ALD 单原子层模式生长的理论预期。也就是说，每个循环 ALD 单原子层生长模式的假设其实是不准确的。

前已述及，ALD 生长具有自终止反应特性，是不可逆的化学吸附。理想情况下，化学吸附覆盖率 θ 应该等于 1。然而实际沉积中，由于存在配体的空间位阻效应[8]和沉积表面反应活性位点密度的限制[9]（图 2.9[1]），化学吸附覆盖率 θ 明显小于 1。

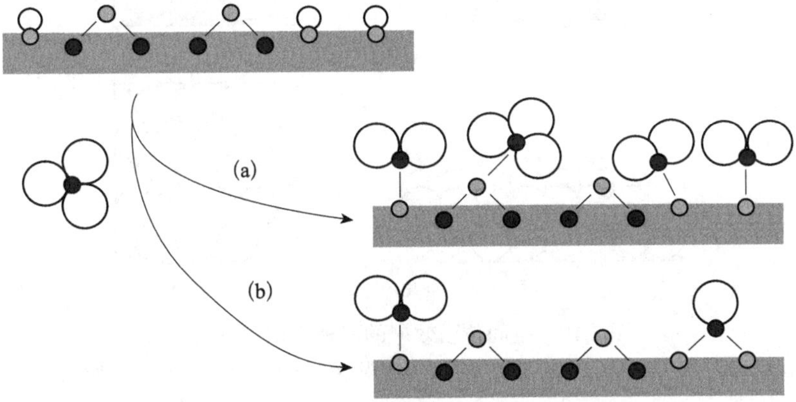

图 2.9　影响 ALD 不可逆化学吸附饱和的两个因素[1]

(a) 配体空间位阻效应；(b) 沉积表面化学反应活性位点密度

下面，将分别讨论对 ALD 生长速率 GPC 影响较大的几个因素。

1）前驱体的空间位阻效应

ALD 生长中，反应前驱体的位阻效应导致生长速率 GPC 减小，三种空间位阻效应如图 2.10 所示。最早的模型 I［图 2.10(a)］是由 Ritala 等和 Morozov 等[2,10,11]在 1993 年提出的，使用单层密堆积概念，认为反应源分子 ML_n 的尺寸决定了沉积表面单层吸附 ML_n 的最大数量，进而决定了 ALD 生长所能达到的最大生长速率。该模型相当于反应源 ML_n 物理吸附在衬底表面时所能达到的最大数目，和反应源 ML_n 是与衬底表面的化学基团发生配体交换形成化学吸附（ML_z，$1 \leqslant z < n$）的实验事实不符。Ylilammi 提出模型 II[12]［图 2.10(b)］，考虑了化学吸附发生配体交换后的反应基团 ML_z 在表面单层铺满时的最大生长速率，随着吸附配体 ML_z 尺寸减少，GPC 将增大。Siimon 和 Aarik[5] 以及 Puurunen[13] 又提出了模型 III［图 2.10(c)］，此模型采用了与模型 I 相似的假设，即单层密堆积概念，认为反应源配体 L 的大小和配体 L 的数量决定了最大生长速率。

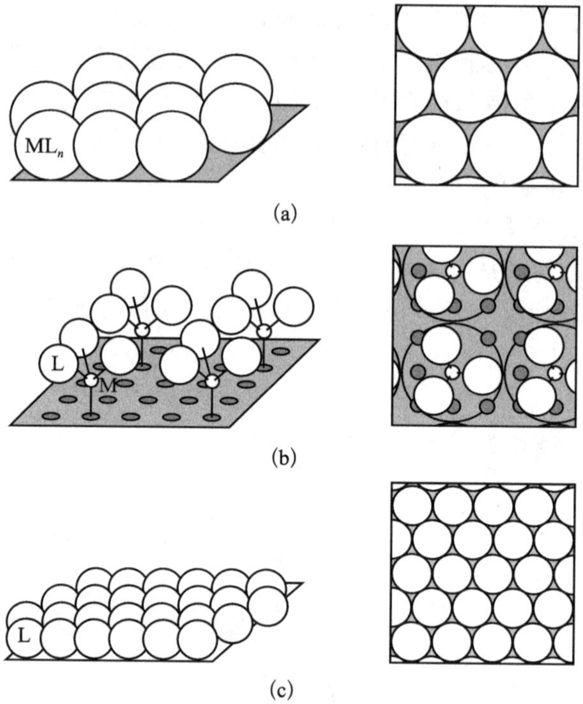

图 2.10　空间位阻效应的三种模型示意图[1]

(a) 模型Ⅰ：反应源分子 ML_n；(b) 模型Ⅱ：化学吸附的反应基团 ML_z；(c) 模型Ⅲ：反应源配体 L

根据三种空间位阻效应模型，ALD 生长中的 GPC 均应小于理想情况下 ALD 生长单原子层。采用四氯化钛和水反应制备二氧化钛的 ALD 实验中，由模型Ⅰ计算的 GPC 为单层吸附的 28%[2,12]，模型Ⅱ为 19%[12]，模型Ⅲ则为 33%[13]。实验数据表明，由于生长温度的不同，GPC 为单层吸附的 15%～30%[13]。

2）表面反应活性位点密度

ALD 是一个序列自限制的表面化学吸附反应，沉积表面的反应活性位点密度越高，化学吸附覆盖率 θ 越大，生长速率 GPC 就应该越大。相当多的研究也证实了这一点。

例如，三甲基铝（$AlMe_3$，TMA）和水（H_2O）ALD 制备 Al_2O_3 的实验中[1,14,15]，衬底表面反应活性基团—OH 的浓度可以显著影响吸附反应的目标原子（Al）浓度，进而影响到化学反应的饱和度以及生长速率。图 2.11 展示了铝原子（Al）和甲基（Me）的沉积数目随衬底表面羟基（—OH）活性基团浓度的变化。

研究发现，无论衬底表面羟基（—OH）的浓度如何变化，衬底表面的甲基浓度在达到饱和吸附后是近似恒定的，甲基的化学吸附覆盖率 θ 为 70%～80%，而沉积的 Al 原子数却随着衬底表面—OH 浓度的增加而增加。当衬底表面没有—OH 基团时，沉积所得甲基与铝原子（Me/Al）的数目比为 3；当衬底表面—OH 基团

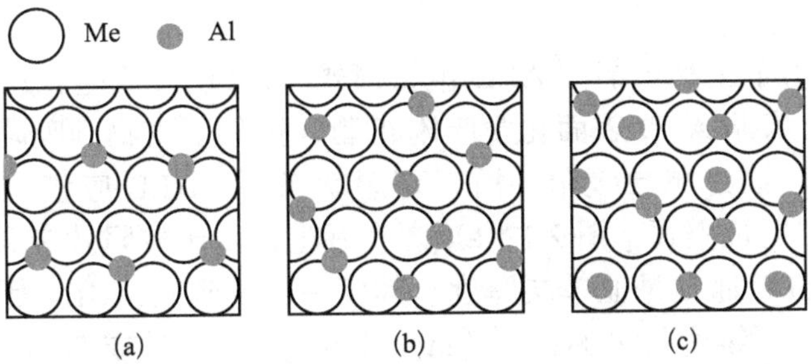

图 2.11　铝原子（Al）和甲基（Me）的沉积数目随衬底表面羟基（—OH）活性基团浓度的变化[16]

(a) Me/Al=3，Δc_{Me}=6 nm^{-2}，$c_{(O)H}$=0 nm^{-2}；(b) Me/Al=2，Δc_{Me}=6 nm^{-2}，$c_{(O)H}$=3 nm^{-2}；(c) Me/Al=1.5，Δc_{Me}=6 nm^{-2}，$c_{(O)H}$=6 nm^{-2}

的浓度是 3 nm^{-2} 时，沉积所得 Me/Al 的数目比为 2；而当衬底表面—OH 基团的浓度提高到 6 nm^{-2} 时，沉积所得 Me/Al 的数目比为 1.5。

下一节将介绍的 ALD 生长模式中提到的岛状生长，就是由衬底表面反应活性位点不足引起的，在不少金属如 Pt、Ir 等的 ALD 生长中，以及 H 终止硅片上 Al_2O_3、ZrO_2 的 ALD 初期均可观测到这种现象[1]。因此，研究人员通过对衬底表面进行不同预处理来提高反应活性位点的数量[16]，如化学溶液预处理[17]、等离子体预处理[18]、反应离子刻蚀[19]、臭氧预处理[20]等，进而改进 ALD 生长速率和薄膜沉积质量。

图 2.12 为 Ar 离子刻蚀对提高 ALD 合成金属 Ru 成核密度的影响[18]。从未处理前的扫描电子显微镜（SEM）照片［图 2.12(a)］中可以看到，TaN（30 nm）/Si 衬底表面沉积的 Ru 的颗粒数量少，且不均匀，存在若干较大的金属颗粒，而经 5 min 的 Ar 离子刻蚀预处理［图 2.12(b)］后，衬底表面生长获得了 Ru 金属颗粒膜，颗粒尺寸均匀，数量多。刻蚀后，TaN 表面上的 N 原子数量减少，更多的金属 Ta 原子裸露在表面，降低了表面能，有利于 Ru 的成核。

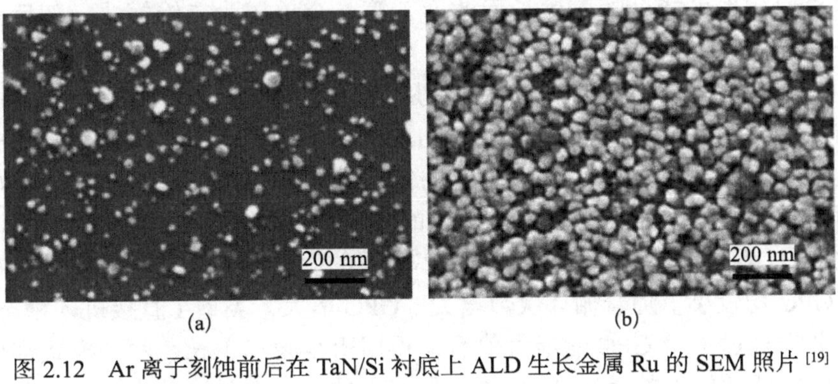

图 2.12　Ar 离子刻蚀前后在 TaN/Si 衬底上 ALD 生长金属 Ru 的 SEM 照片[19]

(a) 刻蚀前；(b) 刻蚀后

3）生长模式

图 2.13 给出了三种可能的 ALD 生长模式[1]：(a) 二维生长；(b) 岛状生长；(c) 随机沉积。依照 ALD 表面化学吸附机制，排除了由物理吸附引起的多层吸附，化学吸附应该是单层吸附，所以理想状态下，ALD 应该是单原子层生长（1 ML）的二维生长模式［图 2.13(a)］。实际上，由于位阻效应和表面反应活性位点的限制，GPC 通常是亚单层厚度，其值一般不到 0.5 ML。因此，其他模式也可被观测到。二维生长也称逐层（layer-by-layer）生长或 Frank-van der Merwe 生长，沉积材料总是先占据未填满的最低层，直到单层完全覆盖衬底表面为止，这种模式并不普遍有效。岛状生长模式也称 Volmer-Weber 生长［图 2.13(b)］，当沉积的衬底表面对 ALD 源反应蒸气是非活性时，岛状生长一般就会在活性缺陷点出现，可视为不需要的表面选择性 ALD，即新的材料单元择优沉积在已经通过 ALD 生长的材料上，ZrO_2 和 Al_2O_3 在 H 终止硅片上的沉积，以及 Pt、Ir 的沉积就属于这一类[1]。随机沉积是一个统计学生长模式［图 2.13(c)］，新的材料单元随机均匀分布在所有表面上。由于自终止反应的特点，在 ALD 中的随机沉积比连续沉积工艺产生更平滑的表面，反应室中源蒸气的输入采用喷淋模式（shower mode）或下雨模式（rain mode），常会导致随机沉积。

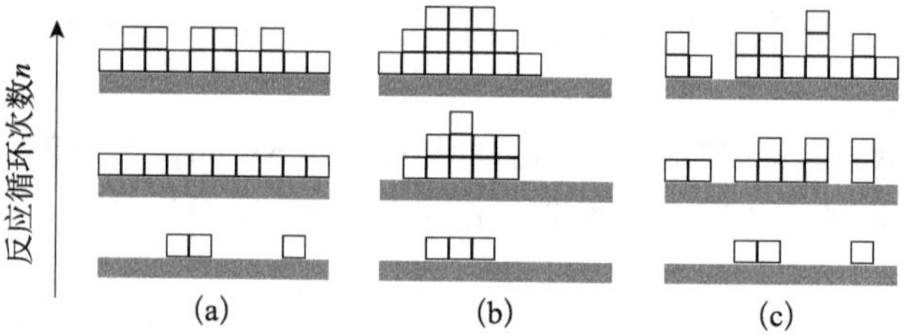

图 2.13　三种 ALD 生长模式[1]

(a) 二维生长；(b) 岛状生长；(c) 随机沉积

生长模式也可能会随着生长而改变，第一个单层为二维模式，随后转入岛状生长或随机沉积，或者相反。因为在 ALD 生长中，表面化学吸附扮演着至关重要的角色。所以在初始沉积中，特别是第一个 ALD 反应循环中，原始的衬底表面与前驱体之间的作用会影响 ALD 初期的生长特性。图 2.14 显示了生长速率 GPC 与反应循环次数 n 在四类衬底上的依赖关系[1]。在线性生长中，GPC 一直保持恒定；在衬底增强的生长中，最初的 GPC 较大，表明衬底上反应的活性点数量比 ALD 生长材料上的要多；在衬底阻碍的生长中，存在两种模式，初始生长中，GPC 均较小，随着循环次数增大，GPC 增大，类型Ⅰ直接进入稳态生长，而类型Ⅱ需经过一个 GPC 的最大值后，再回落至稳态生长。两种模式都说明衬底上反应的活性位点数量比 ALD 生长材料上的要少，类型Ⅱ往往揭示岛状生长将会出现。衬底阻碍的成核延迟效应（nucleation retardation）在 ALD 生长初期经常会观测到[21]。利用特定衬底或表面预处理产生不同的表面化学反应特性，可实现选区 ALD 生长[22]，这将在第 10 章中予以专门介绍。

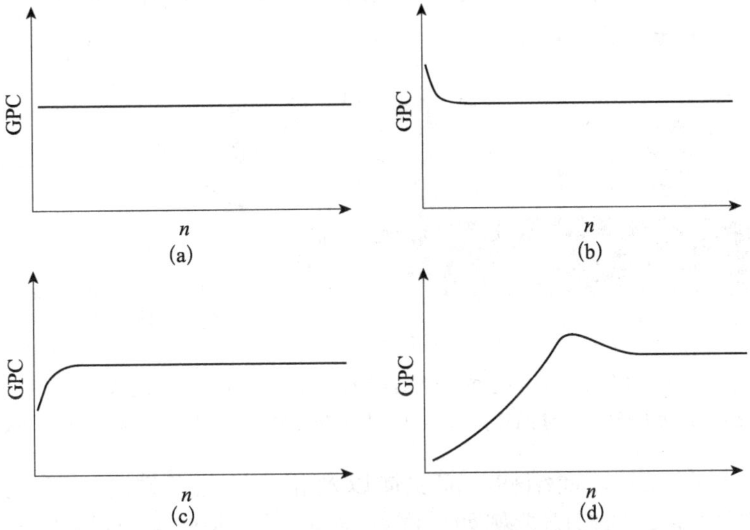

图 2.14　生长速率 GPC 与反应循环次数 n 在四类衬底上的依赖关系[1]

(a) 线性生长；(b) 衬底增强的生长；(c) 衬底阻碍的生长类型 Ⅰ；(d) 衬底阻碍的生长类型 Ⅱ

三甲基铝和水反应 ALD 制备 Al_2O_3 薄膜就是较为理想的 ALD 生长模式，前驱体具有高的反应活性和热稳定性，表面化学吸附具有自限制和互补性，在复杂表面上具有很好的平整性和三维共形性。依赖于反应室的构型和沉积衬底的活性，对于和三甲基铝有较好反应活性的衬底，横向流动式（行波式）反应室就属于线性生长对应的二维生长模式，垂直式反应室（喷淋式或下雨式）就对应随机沉积模式。

探讨 GPC 与循环次数、生长模式之间的关系是颇具吸引力的话题。一些实验表明：线性生长对应二维生长或随机沉积模式，衬底增强生长对应岛状生长模式或随机沉积，衬底阻碍生长类型 Ⅱ 相应于岛状生长。然而，迄今为止并非所有实验结果都支持这种简单的依赖关系[1]。

随着对原子层沉积研究的不断深入，借助各种原位或非原位的观测和表征技术，发现在不少 ALD 制备薄膜初期（几个循环至几十甚至几百个生长循环），最初的形核主要以岛状模式进行。Puurunen 和 Vandervorst[21] 报道在 H 终止的 Si 衬底上 ALD 生长 ZrO_2 过程中，采用透射电子显微镜（TEM）观察到岛状生长模式，卢瑟福背散射谱（RBS）和 X 射线荧光光谱（XRF）等显示出前几个周期无薄膜生长的状态（图 2.15）。Fong 等[23]、Yousfi 等[24]、Lim 等[18] 分别采用原位同步 X 射线散射和荧光谱、原位 QCM 和俄歇电子能谱（AES）方法证实 ALD 生长

ZnO 薄膜的早期岛状生长模式具有明显的形核特征，同时前几个生长周期没有观测到薄膜的生长。最近，采用具有原子级分辨率的电子显微镜对单晶 Si 纳米线上 ALD 高温 600 ℃沉积 TiO_2 纳米晶的演变过程进行了原位观测[25]，如图 2.16 所示。其纳米结构经历了从非晶层、非晶颗粒到亚稳相晶粒，最终到稳定相晶型的演化，符合 Ostwald-Lussac 定律。

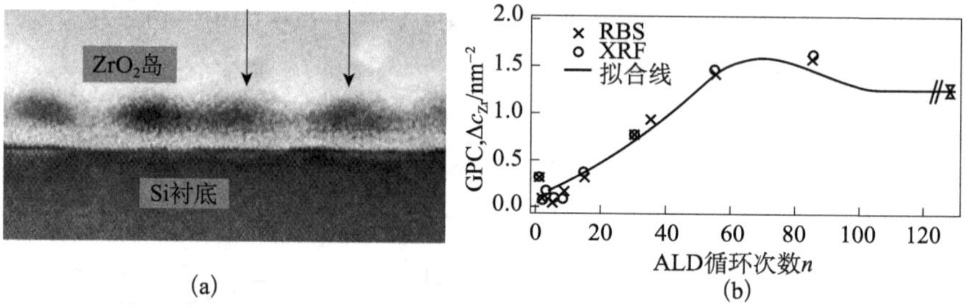

图 2.15　H 终止的 Si 衬底上 ALD 制备 ZrO_2 的初期岛状生长模式[21]

(a) ZrO_2 岛状生长的 TEM 照片；(b) ALD 制备 ZrO_2 循环次数与生长速率 GPC 的关系

总之，衬底及其表面结构、前驱体以及相关工艺条件对 ALD 初期生长模式均有着至关重要的影响。例如，同样是 ALD 生长约 4 nm 厚的超薄 ZrO_2 薄膜，高分辨 TEM 观测显示，在 HF 腐蚀处理的 Si 衬底上是岛状生长，在氧化处理的 Si 衬底上则是二维层状生长[26]，前者由于衬底的阻碍，反应活性位点密度低，成核延迟效应使得成核密度低，膜将会变得比较粗糙，而后者衬底表面反应活性位点密度高，薄膜光滑。由于 ALD 生长温度较低，一般为室温～400 ℃，沉积的材料主要为非晶和多晶，然而通过选择合适的衬底与工艺条件，ALD 也可生长一系列外延薄膜。例如，在单晶 YSZ 和锐钛矿或金红石结构的 TiO_2 衬底上 ALD 同质外延 YSZ 和锐钛矿或金红石结构 TiO_2[27,28]，在 (111)GaAs 衬底上异质外延了高 k 薄膜 La_2O_3[29]，在 $SrTiO_3$ 衬底或 $SrTiO_3$/Si 上外延了 $BiFeO_3$ 和 $BaTiO_3$ 等钙钛矿铁磁铁电薄膜[30,31]，在 YSZ 衬底上低温异质外延了 CeO_2 薄膜[32]，在 GaN 上外延了 AlN 薄膜[33]。由于晶格匹配，外延薄膜的生长不少符合二维生长模式。

4）生长温度

前已述及，生长温度对 ALD 中的表面化学吸附的影响很大，甚至直接关系沉积是否符合 ALD 的自限制生长特性。在实际生长过程中存在着非理想的 ALD 生长行为。图 2.17 为理想和非理想 ALD 的生长行为示意图[34]。从图 2.17(a) 中可以看出，对于满足自限制生长的 ALD 工艺而言，生长速率随着源脉冲时间的延长达到饱和，趋于恒定。如果生长过程中发生前驱体分解，将出现类 CVD 的生长，生长速率随脉冲时间延长而增大；反之，生长中发生刻蚀反应，薄膜被刻蚀，生长速率随脉冲时间的延长而减小。这两种情况都应该避免。

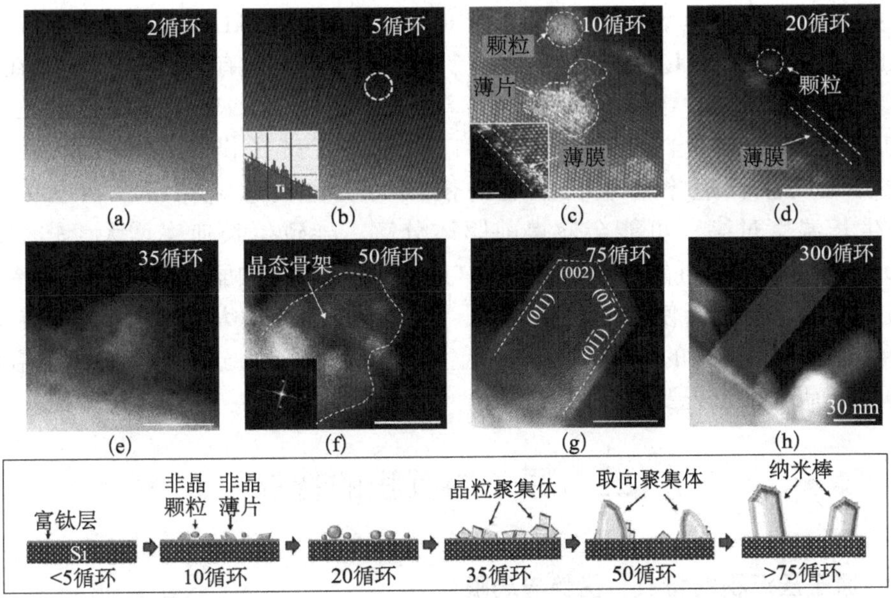

图 2.16 采用高分辨 HAADF（高角环形暗场）球差校正扫描透射电子显微镜观测的 Si 单晶纳米线上 600 ℃ ALD 制备 TiO_2 纳米结构随生长循环次数的演化[25]

(a) 2 循环和 (b) 5 循环，尚不可见有明显的 TiO_x 形态结构，(b) 中的插图为电子能量损失谱（EELS）测试结果，表示在 5 个循环的样品上 Si 纳米线边缘能够探测到 Ti 的存在；(c) 10 循环，在 Si 纳米线表面可见 TiO_x 的纳米颗粒或片状结构，插图显示 Si 表面覆盖有非晶超薄 TiO_x 层，比例尺为 1 nm；(d) 20 循环，片状 TiO_x 消失，纳米颗粒和薄膜形貌仍然可见；(e) 35 循环，TiO_x 的主要形态表现为 TiO_2 晶粒聚集体；(f) 50 循环，TiO_2 表现为自组装的独立微晶排列；(g) 75 循环，可见晶界清晰的 TiO_2 纳米棒的早期形态，其走向严格遵循生长规律；(h) 300 循环，典型的 TiO_2 纳米棒，锐钛矿相的两个（011）面和两个（100）面为侧晶面，一个（$0\bar{1}\bar{1}$）面和一个（002）面为生长面；(i) TiO_2 纳米棒完整演变过程的示意图。以上图中未专门标明的比例尺均为 5 nm

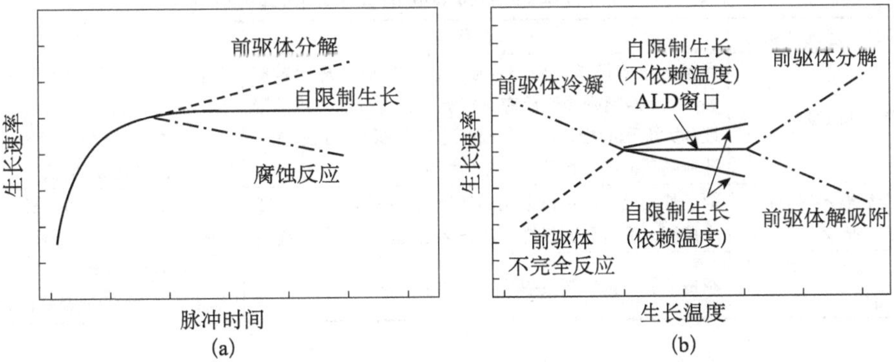

图 2.17 理想和非理想 ALD 的生长行为示意图[34]

(a) 前驱体脉冲时间与生长速率 GPC 的关系；(b) 温度与生长速率 GPC 的关系。在图中标注了影响自限制生长的可能因素拥有恒定生长速率 GPC 的一个温度区间，被称为 ALD 窗口［图 2.17(b)］。对 ALD 生长而言，ALD 窗口并不是一个必须的要求，但有 ALD 窗口的存在，可以改善薄膜生长的重复性。特别是对于沉积三元材料或纳米叠层（nanolaminate）结构来说，双元化合物工艺 ALD 窗口的重叠无疑提供了一个良好的起点。其他常见的生长速率与生长温度的依赖关系也被总结和解释在图 2.17(b) 中。生长温度过高，可能会使得前驱体分解，导致生长速率增大，转变为类 CVD 生长模式，也可能会引起前驱体与生长表面解吸加剧，降低生长速率；生长温度过低，可能会使得前驱体冷凝，导致生长速率增大，也可能会引起前驱体与沉积表面不完全的化学反应，降低生长速率。因此，选择合适的生长温度是 ALD 生长研究中首先要面临的问题。

2.2 原子层沉积的特点

2.2.1 原子层沉积的特点、优势与局限

表 2.1 总结了原子层沉积（ALD）工艺的特点和由此带来的优势以及局限。可以看出，ALD 优异的三维共形性、大面积的均匀性和简单精确的膜厚控制，是由 ALD 自限制的生长工艺——表面化学吸附反应机理决定的，对工艺参数的波动并不敏感，这给规模化工业生产应用带来巨大的好处。ALD 工艺在 1.2 m × 1.2 m 大小的玻璃上沉积 Al_2O_3 薄膜，厚度不均匀性为 ±1%；在玻璃上双面批量沉积 TiO_2 涂层（每批次 36 片，每片大小为 0.5 m × 0.24 m），总面积超过 8 m^2 涂层的厚度不均匀性只有 ±2%[35]。

表 2.1 原子层沉积工艺的特点和由此带来的优势以及局限

ALD 工艺的特点	ALD 的优势	ALD 的局限
自限制生长工艺	通常为精确简单的膜厚控制（仅与反应循环次数有关）；无需精确控制反应蒸气流量；优异的三维共形性和大面积的均匀性；规模化生产的能力；致密无针孔薄膜；低的热预算（通常沉积在室温～400 ℃）	低生长速率；低的工艺温度导致低的结晶性；多余前驱体排空产生的经济性、环保问题；偏离理想的 ALD 生长模式
通过交替输入反应物蒸气进行表面交换反应	避免气相反应，可以使用高活性的前驱体；原子层组成控制；适合界面修饰和制备多组元纳米叠层结构	缺乏合适的前驱体，材料选择受限；杂质残余（如 H）
（部分 ALD）反应存在 ALD 窗口	制备多层结构，直接掺杂，好的重复性	三元和复杂氧化物 ALD 窗口缺乏［如超导氧化物钇钡铜氧（YBCO）］

尽管 ALD 生长速率较慢，但由于微电子和深亚微米芯片技术的发展，器件和材料的尺寸不断减小，而器件中通孔（via hole）的深宽比（aspect ratio）不断增大，所使用材料的厚度减小至几个纳米。基于 ALD 成膜的均匀性和在复杂形

状表面优异的共形性，ALD 技术在微电子行业中不可替代的优势逐渐体现出来，而生长速率慢的问题就显得不太重要了。如图 2.18 所示，在高的深宽比结构上 ALD 制备的 ZrO_2 薄膜具有 100% 的覆盖率和良好的共形性[36]。

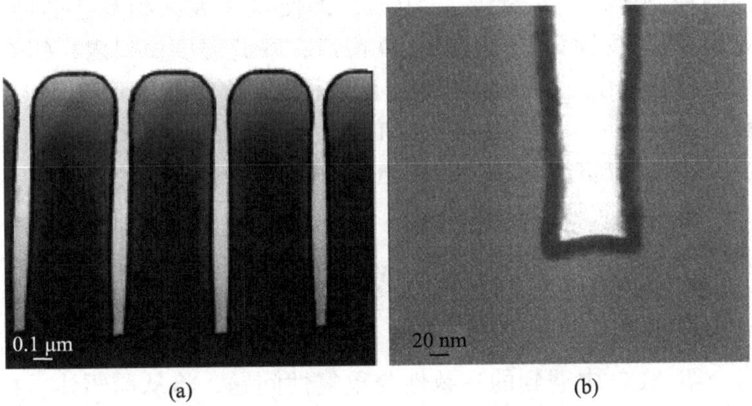

图 2.18　在深的高宽比结构上 ALD 制备的 ZrO_2 薄膜的 TEM 照片[36]

当然，ALD 也存在局限。对大规模工业生产应用来说，生长速率依然是需要考虑的一个重要因素，所以催化 ALD 或快速 ALD（如类 ALD 或空间 ALD）应运而生[37]。生长速率从通常的每分钟 1～2 nm，增加到每分钟 10～20 nm。前者借助催化的 ALD 表面化学吸附反应，后者通过减少或省略吹扫步骤实现类 ALD 或空间 ALD 工艺。

ALD 由于生长温度低，会引起薄膜中前驱体杂质残留问题。通过优化 ALD 工艺，可降低残余杂质浓度，低至大多数表面分析工具的检测极限之下，通常残余在 0.1% 原子浓度范围。但对一些 ALD 工艺，杂质浓度如碳残余，也可能达到百分之几的原子浓度。另外，在大多数薄膜中残余氢也很难检测。目前通过在 ALD 生长中引入等离子体活性反应气氛，即采用等离子体增强的 ALD，可以较好地解决这个问题[38]。另外，适合 ALD 生长的一些元素前驱体的缺乏也影响了 ALD 生长材料的选择，目前合成化学家正在积极致力于发展新型的 ALD 前驱体[39]。

ALD 是一种特殊的化学气相沉积（CVD）技术，两者既有着千丝万缕的联系，也有着本质的区别。表 2.2 对原子层沉积和化学气相沉积的特点做了总结对比。

表 2.2　原子层沉积和化学气相沉积特点的对比

	原子层沉积（ALD）	化学气相沉积（CVD）
前驱体	高反应活性；在衬底表面分别反应；在沉积温度下不能分解；过量的前驱体可以接受	反应活性较低；在衬底表面同时反应；在沉积温度下分解；前驱体的量需要仔细控制
均匀性	由表面化学饱和吸附、自限制生长机制决定；表面控制	由反应室设计、气流和温度的均匀性决定；工艺参数控制
沉积速率	低（每分钟几纳米）	高（每分钟几微米）
厚度	依赖于反应循环次数	精确的工艺控制

2.2.2 原子层沉积的一致性与重复性

前已述及，ALD 作为一种薄膜制备技术，由于其自限制的表面化学反应机制，可以精确控制膜厚（Å 量级）、组成，即使是在大面积复杂曲面的衬底上。特别是对一些薄膜材料而言，存在 ALD 窗口，在此温度窗口内，GPC 对工艺条件的变化并不敏感。由此一个实验室生长某种材料的 ALD 工艺，似乎很容易复制到其他实验室。然而，事实上有过 ALD 生长经验的研究人员都知道，不同实验室、不同 ALD 反应室的材料生长报道结果常常是不一样的[40]，例如，在类似工艺条件下使用相同前驱体，ALD 生长 Al_2O_3、FeO_x 和 TiO_2 的 GPC 存在较大偏差，TMA 和水在 Si—OH 终止的衬底上的 GPC 在 1～3 Å 间变化[40]，甚至同一个实验室不同批次沉积的样品也有明显差异[41]。此外，随着 ALD 被越来越多的研究者应用到新领域和新场景中，重复性问题似乎变得越来越严重。因此，在本小节中专门介绍 ALD 中遇到的一致性与重复性问题，将从前驱体、衬底、ALD 系统三个方面探讨其可能的起源[40]。

在此之前，有必要再来澄清一下对 ALD 常见的两个误解。第一个是关于 GPC 的，不考虑初始阶段成核的影响，ALD 的 GPC 在沉积过程就应该是恒定不变的。此概念已经深入人心，且作为 ALD 工艺的一个重要特征为很多人所接受。尽管很多时候，相当多的薄膜 ALD 工艺均满足此条件，但总有一些 ALD 过程，如 V_2O_5 薄膜的生长（图 2.19），原位晶振仪（QCM）观测证实其符合自限制生长机理，但它的 GPC 随着循环数会发生明显变化［图 2.19(b)］[42]，薄膜厚度与循环数之间并非简单的线性关系［图 2.19(c)］。产生该现象的原因在于，随着循环数的增加，V_2O_5 薄膜形貌（粗糙度的增加）的变化影响了沉积表面的面积［图 2.19(a)］，进而影响了所测得的 GPC 数值，尽管这样的例子并不多见。

第二个误解是关于 ALD 的温度窗口。即 ALD 生长工艺中，应该存在这样一个温度窗口，GPC 保持恒定不变。实际情况是一些材料的 ALD 生长，尽管在某一温度范围内完全符合自限制工艺，但其 GPC 依然随着温度的变化而变化。造成此现象的原因有两个：一是温度影响沉积表面的反应活性位点浓度，例如利用双(N,N'-二异丙基甲脒)锡（Ⅱ）和 H_2S 生长 SnS 薄膜，其 GPC 从 65 ℃的 0.86 Å 线性降低到 200 ℃的 0.3 Å，尽管在此温度范围内为饱和生长。可活性官能团巯基的面密度随着温度的增加而降低，GPC 因此变小[43]。二是温度影响前驱体自身的反应路径、薄膜的形貌[42]，GPC 产生强烈的温度依赖。

再次强调一下，ALD 生长的核心特征应该是其自饱和的表面化学吸附原理，即由此产生的自限制生长。“线性增长”（循环数变化而 GPC 恒定）和“温度窗口”（温度变化而 GPC 恒定）都是 ALD 中的常见特征，但它们不是定义特征。

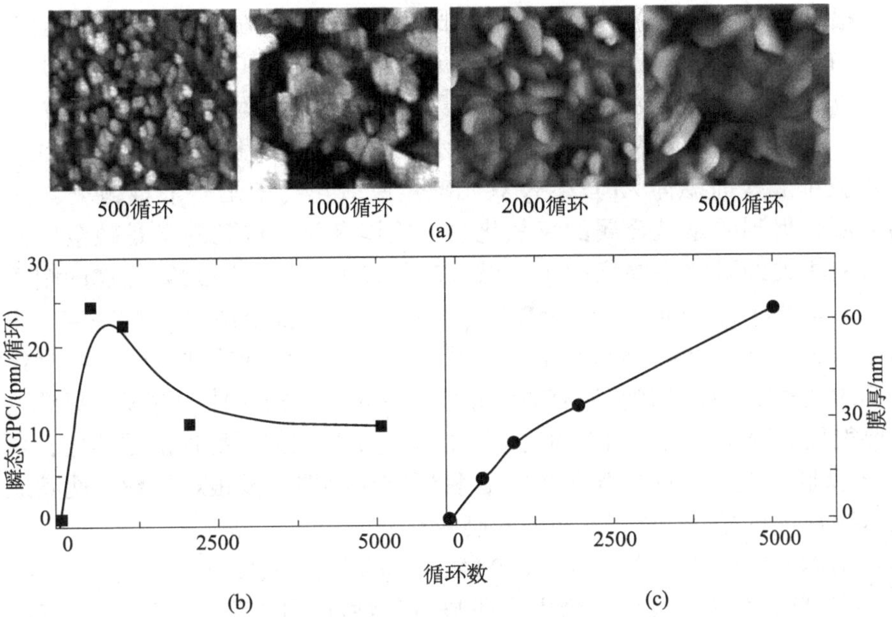

图 2.19　ALD 循环数对 V_2O_5 薄膜的 (a) AFM 形貌、(b) GPC 和 (c) 厚度的影响[42]
使用 $VO(thd)_2$ 和 O_3 前驱体在（111）Si 片上 186 ℃生长，1 个 ALD 循环包括 2 s 钒源脉冲、1 s 吹扫脉冲、3 s 臭氧脉冲、2 s 吹扫脉冲

这两种效应在非 ALD 的 CVD 生长中也观测到过，如脉冲式 CVD 满足线性增长，在较高温区进入热力学控制模式下的 CVD，生长速率受进气控制，也会表现出“温度窗口”[44]。相反，饱和行为，即所有半反应中随着前驱体进样量的增加而 GPC 趋于恒定，这是 ALD 唯一的定义特征。希望下面关于 ALD 在一致性和重复性方面遇到的问题及其相关原因讨论，对 ALD 领域的研发人员，特别是对刚进入该领域的新人产生有益的影响，为开发 ALD 工艺并准确记录 ALD 过程，提供有价值的建议。通过详细准确记录并报告沉积条件的一致性，可以最大限度减少重复性问题，从而充分发挥 ALD 自限制表面反应的优势。

1）前驱体

前驱体是 ALD 成败的关键，前驱体化学一直是 ALD 研究的热点之一。高挥发性和高反应性是 ALD 前驱体的典型特征，这通常也意味着在空气中高的反应活性，即容易与空气中的氧气或水蒸气发生反应。对于像 TMA 这样的高反应活性前驱体，如果与空气接触会剧烈燃烧，这是很容易发现的。但有些前驱体，在空气中反应较缓慢，短暂暴露在空气中似乎没问题，然而在某些情形下会产生严重的重复性问题。

例如，使用叔丁醇盐（AO^{t}Bu，A 为 Li、Na、K、Rb 或 Cs）前驱体 ALD 生长含碱金属元素薄膜[45]。依据分子式，它们是单配体的金属有机分子，在初始反应后很难创建新的反应位点。然而合成的前驱体分子在真空干燥时，会形成六聚体（如 LiO^{t}Bu 和 NaO^{t}Bu）或四聚体（如 KO^{t}Bu、RbO^{t}Bu 和 CsO^{t}Bu）[45]，可在氮气或氩气中稳定存在，并表现出可观的挥发性和表面反应活性。它们不与氧气反应，然而由于是超级碱，很容易与水反应生成丁醇和氢氧化物（AOH）。至今使用叔丁醇盐前驱体 ALD 生长双元碱金属氧化物都是一个难题[45]。采用水作为氧源，得到的是碱金属的氢氧化物；使用臭氧，得到的又是碱金属的碳酸盐。目前相关的研究主要集中于含碱金属元素的三元、四元氧化物的制备，如 $K_xAl_yO_z$、$KNbO_3$、$KTaO_3$、$(K,Na)NbO_3$ 等[45,46]。碱金属的叔丁醇盐在空气中处理暴露于水蒸气时，AOH 缓慢形成凝胶状物质，包裹住前驱体分子。氢氧化物具有极低的蒸气压，凝胶状物质有效阻止四（六）聚体前驱体的挥发，导致达到饱和需要很长的脉冲时间，如在横向流动式反应室使用叔丁醇钾前驱体生长含钾的 $K_xAl_yO_z$ 薄膜，就存在此类问题[45]。这种影响在早期阶段很难发现，使其成为因前驱体挥发问题而引起重复性问题的典型例子。

利用四(二甲基氨基)钛（TDMAT）和氨气（或氨气等离子体）前驱体 ALD 生长 TiN 薄膜，是另一个引发明显重复性问题的工艺。TDMAT 室温下有一个合适的蒸气压（0.1 Torr①），无需加热。粗看这个 ALD 工艺似乎很理想：相对较高的 GPC，厚度与循环数呈线性关系，还存在 ALD 窗口，对 ZnO 粉末可进行完美包覆。然而它还是遭遇了不同实验室生长结果难以重复的问题。钛源 TDMAT 通常 140 ℃开始分解，然而研究表明即使在 120 ℃下将 TDMAT 脉冲时间延长到几分钟，该工艺也从未观测到饱和吸附曲线[47]（图 2.20）。这被归因于伴随着 ALD 过程出现的不能忽略的 TDMAT 热分解问题，且随着前驱体脉冲时间延长变得更显著。自限制生长的缺乏，使得 GPC 高度依赖于前驱体脉冲时间，在类似温度下文献中报道的 GPC 数据差别很大（0.8～2 Å）。所生长的 TiN 导电薄膜也呈现前驱体进样量（dosing）依赖的电阻率，由于 NH_3 与二甲基氨基官能团不完全的表面反应，导致薄膜中出现二甲基氨基残余。虽然很多作者报道了前驱体进样时间，但是输送到衬底表面的前驱体实际进样量与很多因素相关，包括源瓶的温度（即前驱体的蒸气压）、反应室的几何结构与表面积、源瓶的体积、管线的温度，甚至前驱体的加热历史，累计的长加热时间也会导致固体源的团聚和表面积的下降。所有这些影响因素都会使重复文献在不同反应室的工作变得复杂化。因此，研究前驱体在沉积温度的饱和吸附性并报告这些数据，变得至关重要。TDMAT 并非唯一引发重复性问题的前驱体，沉积 TiO_2 薄膜常用的异丙醇钛前驱体，也有类似的热分解问题[48]。

前驱体刻蚀对 ALD 生长的影响，早已经被广泛研究。最具代表性的就是金

① 1 Torr=1 mmHg=133.322 Pa。

属卤化物前驱体的刻蚀问题，产生的副产物常常是具有腐蚀性的氢卤化物，如 HCl 和 HF，可能会刻蚀生成的膜或下面的衬底材料，导致 GPC 变小，薄膜不均匀，甚至形成腐蚀斑。例如，MoF_6 与 Si_2H_6 反应生成金属钼[49]，属于 ALD 经典的氟硅烷消去反应，是制备过渡金属 W、Mo 最常用的工艺。但含 F 前驱体的使用，使得沉积中难免会有腐蚀性副产物产生，氟硅烷系列副产物会严重刻蚀半导体器件中含硅介质薄膜，对 TiN 的刻蚀也限制了其在集成电路器件中的应用。而 $MoCl_5$ 与 H_2 进行 ALD 反应，$MoCl_5$ 对 TiN 衬底有较强的腐蚀性，需要降低源温到 85～90 ℃以减少刻蚀速率，特别是在横向流动式反应室中，刻蚀会导致源蒸气流动方向的样品，前端与尾部出现严重的厚度不均匀性[50]。关于前驱体刻蚀的问题将在 3.3.1 节详细介绍，在此就不赘述了。ALD 研发人员需要谨记的就是，在考虑生长材料的 ALD 工艺时，前驱体的选择是至关重要的一步，尽量避免选择会产生刻蚀效应的金属卤化物前驱体，如果无法避免，就务必选择合适 ALD 反应室，调控其生长工艺，将刻蚀影响降到最小。

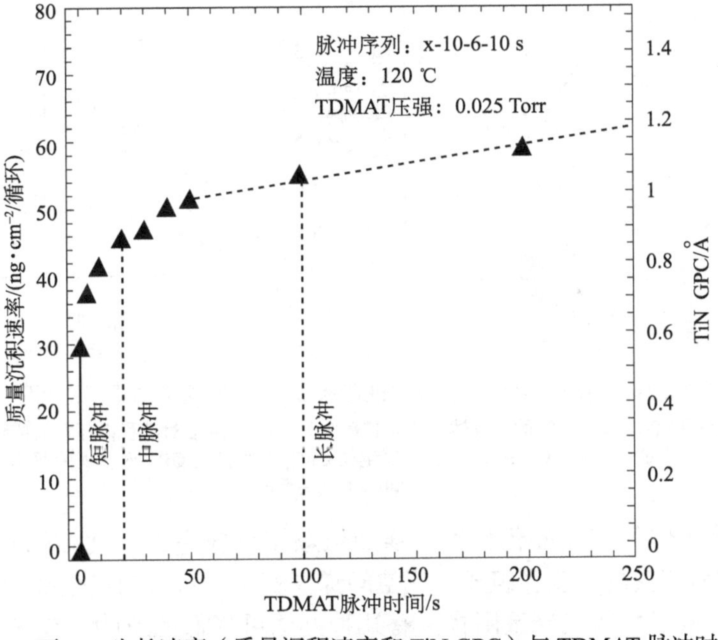

图 2.20　120 ℃下 TiN 生长速率（质量沉积速率和 TiN GPC）与 TDMAT 脉冲时间的关系[47]
起始表面为 NH_x 终止，前驱体为 TDMAT 和 NH_3

下面讨论的前驱体问题可能是最难以捉摸和最难处理的，因为它可能只有在 ALD 薄膜达到一定厚度后才会出现。ALD 生长的一些材料，特别是过渡金属氧化物，如氧化铜、氧化镍、氧化钴等，可以催化分解一些金属有机化合物，就包括很常用的 β-二酮前驱体。这种影响在 ALD 制备 $LaCuO_{3-x}$ 时已经被观测到[51]。在横流式反应室中，如果前驱体在衬底上游分解使得前驱体耗尽，则会引起 GPC 下降；倘若前驱体分解导致 CVD 生长，GPC 会增加。值得注意的是，在起始阶段该 ALD 工艺表现出自限制的特点，GPC 在大量循环中保持不变。然而，在某一点后 GPC 开始明显增加，直到在一个新的 GPC 值稳定下来［图 2.21(a)］[40]。此时 GPC 表现出典型的前驱体进样依赖性，因为越多的前驱体输入越会产生大量的催化分解，不再符合 ALD 工艺的饱和吸附特性，薄膜中的杂质如碳含量也将会明显增加。如果前驱体分解发生在前驱体源瓶和衬底之间，相反的行为也会发生。GPC 先稳定一段时间，然后由于前驱体在衬底上游大量消耗，导致 GPC 下降。如果臭氧作为氧源用于金属氧化物的生长，过渡金属氧化物也能催化臭氧的分解，引起 GPC 的下降[52]。在生长三元金属氧化物时，这样的影响特别麻烦，因为臭氧或金属有机前驱体的分解只出现在某一特定的组成范围，导致 GPC 的梯度变化。

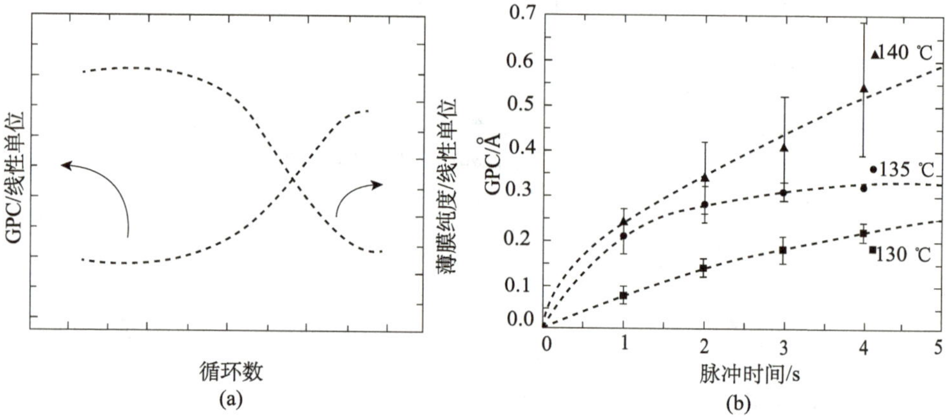

图 2.21　使用催化热解前驱体进行 ALD 生长所面临的重复性问题

(a) 使用沉积膜表面催化分解的前驱体，所生长薄膜的 GPC、纯度对沉积循环数的依赖关系[40]；(b) 250 ℃下乙酰丙酮铜［$Cu(acac)_2$］和臭氧生长 CuO_x 薄膜，其 GPC 对金属前驱体的温度和脉冲时间的依赖关系[51]

ALD 前驱体的表面催化分解，强烈依赖于反应室的几何结构和生长条件，常常导致沉积薄膜的厚度和组成形成空间梯度变化，对不同实验室、不同反应室 ALD 工艺的重复性造成严重困扰。有几种办法可降低此影响：首先设计反应室将金属前驱体和氧源入口管线分开，让两种前驱体流过的上游区域最小化，限制发生催化分解的表面。其次，选择一个足够高的金属前驱体温度，使得 ALD 表面反应尽快达到饱和，但同时又低于表面催化分解开始的温度，如图 2.21(b) 所示[51]，乙酰丙酮铜［$Cu(acac)_2$］和臭氧生长 CuO_x 薄膜，当金属前驱体的温度设为 135 ℃时，其脉冲时间达到 3 s，可观测到 GPC 稳定的自限制生长。此外如果臭氧发生分解，也可更换一个氧源，如水和氧气[53]。最后，也可通过钝化反应室减弱这种影响，如在生长活性金属氧化物相邻批次间，沉积一层惰性的 Al_2O_3 薄膜。有时当沉积三元氧化物材料时，当只有一种组元是催化活性的，这种影响也会消失 [51]，相当于在 ALD 生长时原位发生了表面钝化。

再讨论一下前驱体的纯度对 ALD 生长的影响 [40]。有时固态、液态和气态前驱体的纯度会对反应机理产生明显的影响。例如，氧气中臭氧浓度不同，1% 和 20% 臭氧其反应特性和饱和时间可能会存在较大的差异，当使用低浓度的臭氧不得不需要较长的脉冲时间，也可能完全改变系统的反应性。而且臭氧的半衰期从环境中的数天到 250 ℃的数秒，臭氧分解时常也是表面催化的，不同反应室结构与组成对此也会产生显著影响，进而改变臭氧在反应室中的实际浓度。固态源的预处理，如进行升华操作，可以去除不需要的污染物，改进粉末的形貌甚至前驱体分子结构，进而对后续的 ALD 生长产生明显影响。然而在文献 ALD 的工艺报告中，这些细节很可能都没有体现出来，进而导致 ALD 工艺重复性方面的问题。最后值得一提的是，即使是高纯的商用惰性气体（5N 氮气和氩气），也可能含有无法忽略的氧、水含量（ppm 量级），会影响生长，特别是对于活性金属（如 Al 和 Fe）的 ALD 制备 [40]。

2）衬底

ALD 反应强烈依赖于起始表面。不同的基底材料、化学终止表面（如 H 终止或 OH 终止）、晶体学取向、预处理方法（表面活化或钝化），都可以影响表面活性位点的浓度，进而影响 ALD 生长。有些表面如石墨烯是完美的 sp^2 杂化，很难有活性位点来启动 ALD 的反应 [54]，因此表现出长时间的成核延迟。这一特点既可用于选区 ALD 生长，但有时也会产生工艺重复性问题。

例如，采用 $Ru(EtCp)_2$ 源和氧气在 SiO_2/Si、TiN/Si 衬底上 300 ℃热 ALD 生长金属 Ru 膜，图 2.22 分别展示了两种衬底上沉积 100～600 循环 Ru 膜样品的 SEM 截面照片和厚度与沉积循环数之间的关系。100 循环时，TiN/Si 衬底上有分散的 Ru 颗粒，尚无连续钌膜形成，循环数达到 200 时，可见 9.5 nm 厚的连续 Ru 膜形成［图 2.22(a)］。随后薄膜厚度与循环数之间呈现线性关系，曲线拟合计算得 GPC 约为 0.68 Å，成核孕育期约为 64 循环［图 2.22(b)］。而 SiO_2/Si 衬底上，100 循环时未见 Ru 沉积，200 循环时有 Ru 颗粒沉积，但并未形成连续的膜。300 循环时，获得 14 nm 厚的 Ru 膜［图 2.22(c)］。随后膜厚与循环数间呈线性关系，拟合得 GPC 约为 0.81 Å，推算出成核孕育期约为 263 循环［图 2.22(d)］。可见采用 $Ru(EtCp)_2$ 源和氧气在 TiN/Si 衬底上 ALD 生长金属 Ru 膜，与 SiO_2/Si 相比，Ru 在金属性的 TiN 表面成核位垒更小，成核孕育期明显更短，表现出金属选择性。通常金属的 ALD，不同衬底、不同预处理会产生明显不同的成核孕育期，如果在表征的时候未关注到此，就会造成 GPC 数据的失真与混淆。

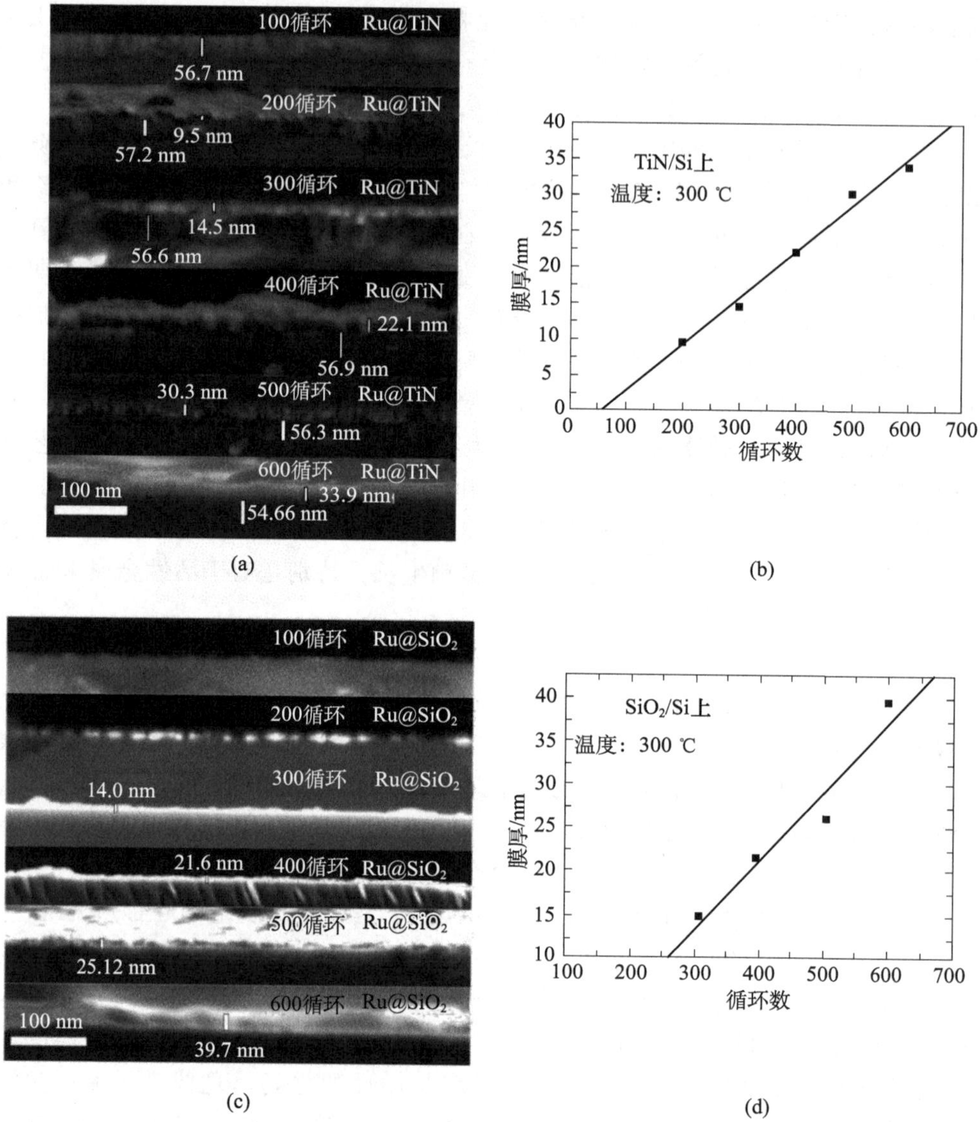

图 2.22　采用 $Ru(EtCp)_2$ 源和氧气在 TiN/Si、SiO_2/Si 上 300 ℃ ALD 生长金属 Ru 膜情况
TiN/Si 上沉积（a）不同循环数 Ru 的 SEM 照片、（b）Ru 膜厚度与循环数之间的依赖关系；SiO_2/Si 上沉积（c）不同循环数 Ru 的 SEM 照片、（d）Ru 膜厚度与循环数之间的依赖关系

虽然大多数情况下 ALD 生长氧化物成核延迟并不明显，但有时也不尽然。例如，利用四（二甲乙氨基）铪和水在 SiO_2 和聚乙烯亚胺涂覆的 SiO_2（PEI 约 5 Å 厚）衬底 180 ℃下生长 HfO_2 薄膜[55]，在 PEI/ SiO_2 衬底上就发现相对明显的成核延迟，同样沉积 30 循环，其厚度少了约 1 nm。研究发现，在最初的 10 个循环中，SiO_2 衬底上的平均 GPC 为 1.2 Å，而 PEI/ SiO_2 衬底只有 0.4 Å。20 循环

后，两者的生长速率 GPC 近似相等了。同样的研究利用 TMA 和水生长 Al_2O_3 薄膜则没有影响，沉积导电的 TaN 则影响更甚。

另外衬底的结晶学取向对 ALD 的生长也会造成影响。不同的晶面可能有不同的活性位点的浓度，导致不同晶面上的 GPC 也不同。例如，在 MgO (100) 和 Al_2O_3 (001) 两种衬底上，使用乙酰丙酮镍、二茂铁和臭氧 250 ℃下 ALD 生长外延的铁酸镍 $Ni_xFe_{3-x}O_4$ (NFO) 薄膜 [56]。MgO (100) 促进立方到立方、(100) 取向 NFO 薄膜沉积，而 Al_2O_3 (001) 促进 (111) 取向 NFO 薄膜生长，对应其密堆积表面。如图 2.23 所示 [56]，成核后，Al_2O_3 (001) 衬底上（111）取向 NFO 薄膜的 GPC 近似为 0.3 Å，而 MgO (100) 衬底上（100）取向 NFO 薄膜的 GPC 约为 0.2 Å。可见衬底取向不仅对外延薄膜的沉积速率与取向有明显影响，其磁化易轴方向也可以通过选择沉积衬底取向进行调控。

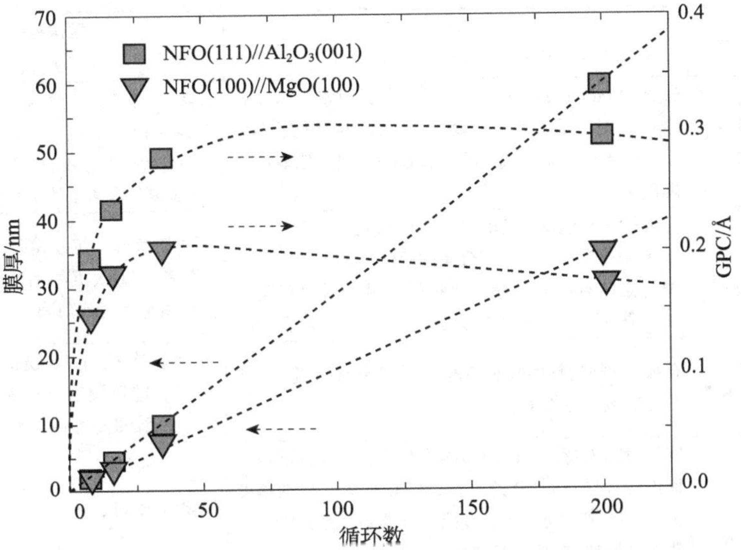

图 2.23　使用乙酰丙酮镍、二茂铁和臭氧 250℃下在 MgO (100) 和 Al_2O_3 (001) 两种衬底上 ALD 生长外延的铁酸镍 $Ni_xFe_{3-x}O_4$ (NFO) 薄膜的厚度、GPC 与循环数的依赖关系 [56]

总之 ALD 生长中的成核效应，已经为 ALD 学术共同体所了解与研究，然而 ALD 爆发式的研究增长，无论是在实验室还是在文献中，一些新人很可能并未意识到成核延迟的问题，导致 GPC 数据的混淆与糟糕的重复性。避免此类问题，仅仅提供衬底的分子式是远远不够的，务必十分关注衬底储存、处理、预处理情况，因为它们可能对 ALD 成核产生关键性影响。通常预处理包括湿化学处理、等离子体刻蚀、退火、气态物质吸附处理等。同时，对存在成核延迟的体系，如果只提供平均 GPC 数据，可能会引起混淆，最好能提供 GPC 与循环数的关系曲线。如果不可能，至少也要说明平均的 GPC 是怎么计算获得的。最后再次强调一下，衬底取向对 ALD 生长外延薄膜的重要性，不仅影响 GPC，也会影响薄膜性质。

3）ALD 生长系统——反应室

前驱体和衬底是 ALD 工艺中重复性问题的常见来源，有时难以检测。相形之下，ALD 生长工具——反应室产生的问题通常很明显，如严重的厚度梯度、不同批次样品间的不均匀性，但这些问题的根源同样很难识别和纠正。ALD 反应器问题可能源于设备故障或设计缺陷，包括泄漏、阀门故障、热区或冷区、停滞流动区导致的不充分吹扫、疏忽形成的粉末或高内表面积等。这些问题在很大程度上与反应室的设计相关。下面将与 ALD 生长系统——反应室相关的重复性问题[40]，总结在表 2.3 中。

表 2.3　与 ALD 生长系统——反应室相关的重复性问题[40]

问题	问题描述	解决办法
泄漏	类 CVD 生长；GPC 变大；膜厚不均匀	检漏去除漏点
虚拟泄漏（virtual leak）	较大的 GPC；T<200 ℃，反应室吸附水蒸气（或冷点形成冷凝水）后，缓慢的解吸附导致类 CVD 生长；半循环中金属前驱体微量进样时，该效应特别显著	去除反应室中的冷点；设计具有最小内表面积的反应室；无吹扫死区；生长在较高的温度区间；用其他氧源（臭氧或氧等离子体）取代水
记忆效应（memory effect）	与生长含碱金属元素的材料体系相关，碱金属的含量依赖于前面沉积中碱金属前驱体脉冲量：原因在于前驱体对反应室壁上沉积的含碱金属材料的刻蚀，形成了易挥发的碱金属化合物进入了沉积薄膜	不同批次间，沉积惰性氧化物钝化反应室壁；每次沉积后吹扫反应室，去除含碱金属元素薄膜
调节效应（conditioning effect）	金属 Co 膜的均匀性和 GPC 强烈依赖于先前 Co 沉积的次数：原因未明	通过多次执行 Co 膜的 ALD 生长对反应室进行调节，然后可获得均匀、GPC 一致的金属 Co 膜
吹扫（purge）	吹扫时间太短，不同前驱体将在反应室内或沉积表面混合，导致 CVD 的生长，GPC 变大，出现厚度梯度；吹扫时间太长，降低生产效率，且会放大与载气杂质或虚拟泄漏相关的问题	优化吹扫时间

对于横流式反应室，利用一维传输模型，计算模拟空气微小泄漏对 ALD 的影响，发现这将导致 CVD 生长。即使 0.1% 量级的泄漏（p/p_o，p_o 前驱体的压强，泄漏产生的分压 p），都会引起 GPC 数值的增加，特别是在反应室的上游区域[40]。同时反应室不同位置的薄膜将表现出明显的厚度梯度，离泄漏处越近，生长的薄膜越厚。值得注意的是，前驱体分解或吹扫脉冲太短，也可能产生类 CVD 的效果。为了区分原因，可进行饱和吸附的研究，如果是反应室或管线存在泄漏，反应将不可能达到饱和状态。当然也可以利用氦检漏仪检漏，确定 ALD 系统的漏点。

前已述及在类似的工艺条件下，利用 TMA 和水在 Si—OH 终止的衬底上

ALD 制备 Al_2O_3 薄膜，不同课题组报道的 GPC 在 1～3 Å 间变化[40]，就与虚拟水泄漏——低生长温度下（＜200 ℃）反应室内吸附的水蒸气（或冷区形成的冷凝水）的缓慢释放有关。例如，150 ℃下，当 TMA 脉冲时间降低为 15 ms，吹扫时间为 20 s，水蒸气的脉冲时间为 10 s，如图 2.24(a) 所示[40]，即使在不施加水脉冲的情况下，50 次 TMA 脉冲和吹扫脉冲后，Al_2O_3 薄膜也可以连续生长，厚度达到 18 Å，这表明第一次施加长水脉冲后，吹扫脉冲不足以将物理吸附的水蒸气或冷区形成的冷凝水吹扫出反应室，其将与后续进入反应室的 TMA 发生反应。即反应室内吸附的水蒸气缓慢解吸附也可以支持后续 Al_2O_3 薄膜生长。此外，大剂量的 TMA 更可能与冷点的物理吸附水发生反应生成粉末，而粉末因为高的比表面积可以吸附更多的水，进而由物理吸附水引起的虚拟泄漏，将随着时间被放大。虚拟水泄漏是引发重复性问题的常见来源，可以用表 2.3 中介绍的一些方法解决此问题。当只能在低温使用水作为前驱体进行 ALD 生长时，也要尽可能通过减少水脉冲的时间，延长其吹扫脉冲时间，来避免或减轻虚拟水泄漏引发的不利影响。

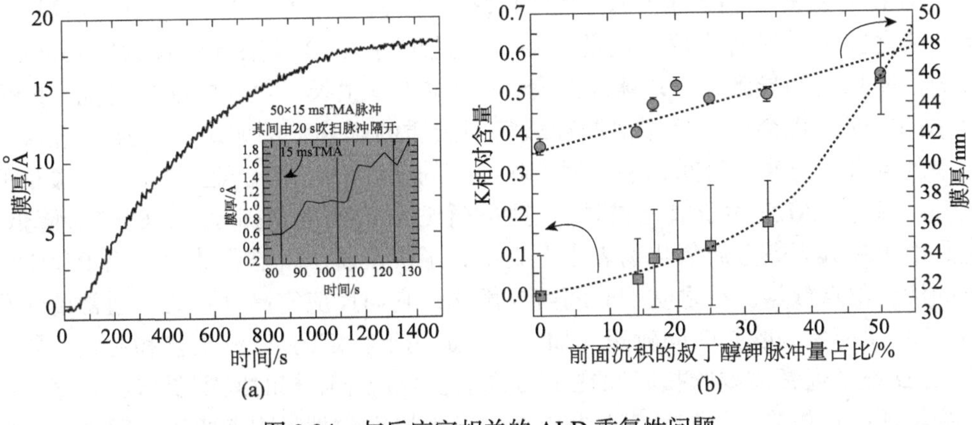

图 2.24　与反应室相关的 ALD 重复性问题

(a) 虚拟泄漏问题：原位椭偏仪测得膜厚度对沉积时间的依赖曲线。150 ℃下在 TMA 微量进样前，施加一个很长的水脉冲使得沉积表面被—OH 饱和，然后再施加 50 次时间为 15 ms TMA 脉冲，TMA 脉冲之间为 20 s 的吹扫脉冲所隔开。插图显示在每一次 TMA 微进样后均呈台阶式生长[40]。(b) 记忆效应问题：利用叔丁醇钾、乙醇铌和水 250 ℃沉积 K_xNbO_3 薄膜中，K 含量与前面沉积的叔丁醇钾脉冲量占比之间的依赖关系[46]

记忆效应（memory effect）主要与含碱金属元素（Li、Na、K、Ru、Cs）材料体系有关，特别是含 K 元素的系列化合物影响更大，如 $KNbO_3$、$KTaO_3$、$(K,Na)NbO_3$ 和 $(K,Na)(Nb,Ta)O_3$ 等。图 2.24(b) 显示了利用叔丁醇钾、乙醇铌和水，250 ℃沉积 K_xNbO_3 薄膜中 K 含量与前面沉积的叔丁醇钾脉冲量占比之间的依赖关系[46]。后续 K_xNbO_3 沉积中表现为一种加速效应，越来越多的 K 被包含进薄膜，很难去控制 K 的含量。记忆效应不仅影响薄膜组成，还会改变 GPC，造成这种现象的原因是乙醇铌前驱体能刻蚀反应室壁上沉积的 K_xNbO_3 薄膜，产生易挥发的钾化合物，钾化合物再与衬底上的薄膜反应，导致失控的 K 含量。比较好的解决办法就是沉积惰性钝化层，如文献报道在 ALD 生长 $KNbO_3$、$(K,Na)NbO_3$ 薄膜时，不同批次样品间，都会先沉积 22 nm 厚的 Nb_2O_5 薄膜作为牺牲钝化层[57]，以获得化学均匀性较好的样品，碱金属的含量波动可以控制在 1% 的水平。

调节效应（conditioning effect）类似另一种钝化效应，只是针对金属 Co 膜。使用双 (*N*-叔丁基 -*N*′-乙基丙脒氨基) 钴 (Ⅱ) 和氢气生长金属 Co 膜，研究人员发现 Co 金属膜质量强烈依赖于先前沉积的数量[41]。只有在同一实验条件内进行多次 Co 沉积对反应室进行调节后，才能获得均匀性好、GPC 稳定的金属 Co 膜，原因尚未明了。而且一旦该 ALD 系统用来沉积其他材料，再生长金属 Co 膜不得不重复进行调节，且当前面沉积的包含有机 – 无机杂化材料时，这种调节效应特别强。显然记录下该调节效应，是有利于促进不同实验室间实验结果重复性的改进。

ALD 的重复性问题也与反应室的吹扫时间密切相关。在下一个前驱体脉冲 B 进来之前去掉所有未反应的前驱体 A，是维持 ALD 自限制生长的所必需的。过短的吹扫时间导致 A、B 脉冲混合，引发 CVD 生长；过长的吹扫时间，降低效率的同时，也会放大虚拟泄漏和载气中杂质的影响。例如，ALD 生长金属薄膜中的氧含量与吹扫时间相关，因为吹扫用的惰性载气氮气或氩气中存在痕量的氧气。另外，ALD 生长氧化物时，施加一个过长时间的吹扫脉冲，GPC 会降低，这是由于在大多数金属氧化物表面上观察到了缓慢脱水，这将减少可用于化学吸附的活性位点数量。总之吹扫时间需要优化，它与反应室高度相关。通常商业化的 ALD 反应室，吹扫时间较短（如 1 s），适用于特定的 ALD 工艺和衬底；研究型 ALD 设备通常需要吹扫时间在 10 s 左右。反应室吹扫时间主要与反应室几何结构特征影响相关，例如反应室润湿的内表面决定物理吸附前驱体的解吸，而横截面积控制流速，因此增加任一参数都将增加前驱体在反应室中的停留时间。此外，几何突变（例如，与大型平面反应器壁成直角连接的狭窄的前驱体进样管）将降低载气吹扫的有效性，需要延长吹扫时间。总之重要的是，通过饱和吸附研究确定最佳的吹扫时间，以获得自限制生长的工艺条件。再次强调一下，与循环数成正比的线性生长和温度窗口在非自限制的 CVD 中也可以存在，改变吹扫时间的研究是证实吹扫过程中自限制性的唯一可靠方法。

如前所述，载气中的痕量杂质也能影响重复性，其主要涉及 ALD 过程中的吹扫步骤。然而与 CVD 相比，人们很少意识到这些问题，即使超高纯的氮气或氩气也包含 ppm 级的痕量氧气杂质。这些杂质对 ALD 生长金属氧化物的影响可以忽略，但极大影响金属薄膜 ALD 结果。类似地，载气管线小的泄漏通常不是一个大问题，因为这些管线是维持在过压状态，可防止空气中的杂质渗入。然而更换气体钢瓶时，污染杂质会扩散进管线，如果没有采取相应措施，就可能在 ALD 膜中出现。一些实验室安装了氮气发生器或利用液氨气化提供载气。遗憾的是，发生器使用年限、模式和维护水平，或者更换液氨钢瓶的过程，都能影响载气的纯度[40]。这些问题是特别难以诊断和校正的。

图 2.25 显示了当吹扫气体被氧气或水污染后，三种不同的 ALD 工艺借助理论 QCM 研究展示了对相关 ALD 反应质量增益的影响[40]。钴源 $Co(thd)_2$ 与强氧化剂臭氧反应生成 CoO_x 薄膜，载气中的杂质水和氧气对该反应无影响，显示出自限制的特点［图 2.25(a)］。而 TMA 与水剧烈反应生成 Al_2O_3 薄膜过程，将被携带的水蒸气强烈影响，导致类 CVD 生长，而吹扫气中所含的氧气则对生长没影响，源于 TMA 并不与氧气发生反应［图 2.25(b)］。最后，钌源 $Ru(thd)_3$ 与氧气反应生成 RuO_x 薄膜，被氧污染强烈影响，但与水无关。

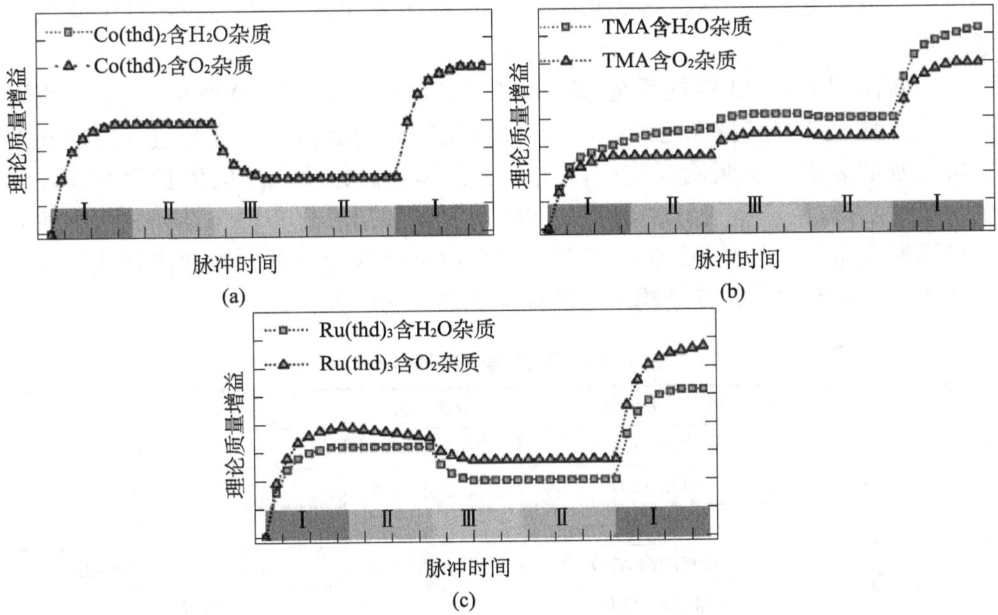

图 2.25　吹扫气含有水或氧气杂质对三个代表性 ALD 反应估算的理论质量增益的影响[40]

(a) $Co(thd)_2 + O_3 \longrightarrow CoO_x$；(b) $Al(CH_3)_3 + H_2O \longrightarrow Al_2O_3$；(c) $Ru(thd)_2 + O_2 \longrightarrow RuO_x$

X 轴标注的Ⅰ、Ⅱ、Ⅲ区域分别代表阳离子前驱体脉冲、吹扫和氧化剂脉冲。三角形符号代表吹扫气体中含水蒸气杂质，正方形符号代表含氧气杂质

载气中杂质的影响与外部泄漏是很类似的，但通常更轻微，并不伴随着膜厚梯度。这两种情况可通过执行饱和吸附研究进行区分。当只有一路前驱体脉冲时，改变吹扫气体流量，或完全关闭吹扫气体，此时随着惰性吹扫气体流量增加生长也增加，则表明吹扫气被污染。关闭吹扫气体依然在生长，则说明是一个外

部泄漏。不纯的吹扫气体在不同 ALD 工艺中的表现非常不同，这一事实通常很难解释。这就是为什么要特别重视惰性气体纯度的原因，因为其对保持 ALD 的重复性至关重要。

2.3　原子层沉积分类

2.3.1　原子层沉积反应室

从 1974 年诞生第一个 ALD 的专利，原子层沉积技术经历起伏波折已经走过 50 年，特别是进入 21 世纪，迎来其高速成长期，已经在传统的热 ALD 基础上，发展出了等离子体增强 ALD、空间 ALD、分子层沉积、电化学 ALD、流化床式 ALD 等多种新形式。表 2.4 按照 ALD 不同工艺参数的特点，对原子层沉积进行了分类总结 [1,58-63]。图 2.26 显示了几种代表性 ALD 工艺技术新形式的示意图 [62,63]。

下面简单介绍 ALD 的反应室。ALD 反应室结构与 CVD 反应室相比 [34,58]，既有相似性，又有其特殊之处。由于 ALD 是序列前驱体脉冲交替进入反应室发生自限制的表面化学吸附反应，因此对前驱体的输运及其反应生长效率关注较多，而对 CVD 反应室设计中特别关注的前驱体和温场分布均匀性问题，则相对变得不那么重要。常见 ALD 反应室结构大致可以分为三种：横向流动式、垂直流动式和径向流动式，其结构示意图如图 2.27 所示 [34]。

表 2.4　原子层沉积的分类

分类方法	原子层沉积类别	分类方法	原子层沉积类别
沉积压力	常压 ALD	沉积方式	分子层沉积
	低压 ALD		电化学 ALD
	高真空 ALD		空间 ALD
前驱体	液相闪蒸 ALD		卷对卷（roll-to-roll）ALD
	非水解 ALD		选区 ALD
反应器壁	热壁 ALD		直接写入式 ALD
	冷壁 ALD		原子层渗滤
反应室结构	横向流动式 ALD	沉积温度	低温 ALD（室温～400 ℃）
	垂直流动式 ALD		高温 ALD（400～650 ℃）
	径向流动式 ALD	反应激活方式	热 ALD
	批量式 ALD		等离子体增强 ALD
	流化床式 ALD		自由基 ALD/ 电子 ALD
	旋转式 / 振动式 ALD		催化 ALD

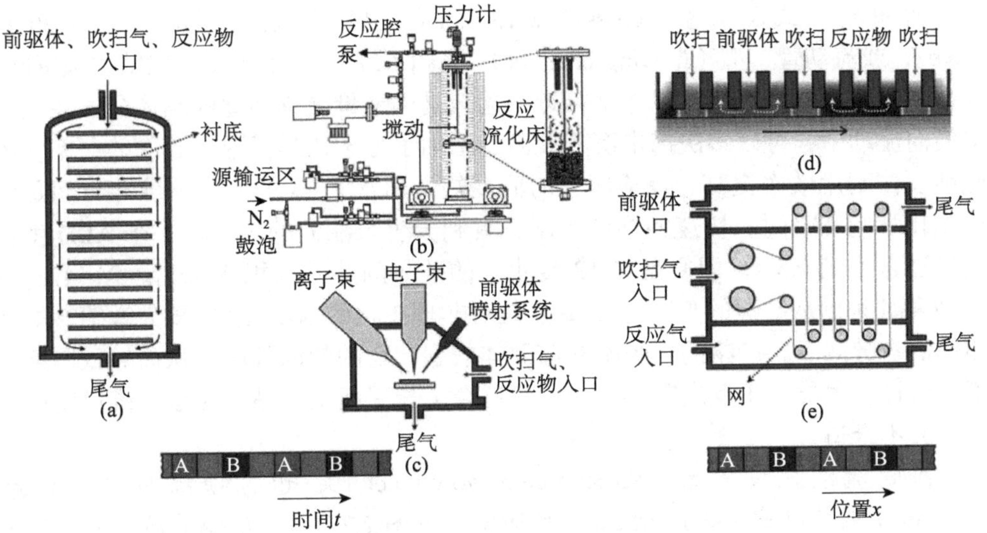

图 2.26　几种代表性 ALD 工艺技术的示意图 [62,63]

(a) 批量式 ALD；(b) 流化床式 ALD；(c) 直接写入式 ALD；(d) 空间 ALD；(e) 卷对卷 ALD

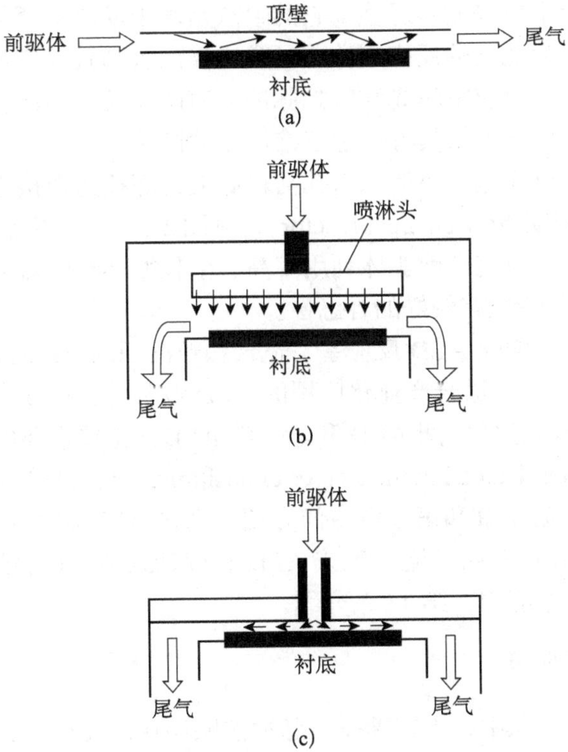

图 2.27　常见的三种 ALD 反应室结构 [34]

(a) 横向流动式；(b) 垂直流动式；(c) 径向流动式

横向流动式反应室（cross-flow reactor），也称行波式反应室（traveling-wave），或流动管道型（flowing-channel），见图2.27(a)。由于反应室结构很紧凑，顶壁和衬底之间的距离可以非常接近，甚至是毫米量级，因此前驱体分子在反应室横向流动中，可以多次撞击沉积表面，增加了分子化学吸附在表面的概率，因此前驱体利用效率提高，反应曝光时间变短，通常 0.1 s 的前驱体脉冲时间足以达到化学饱和吸附。快速的饱和吸附，有利于生长能力的提高。一个 ALD 生长循环通常不到 0.5 s，即便是在 12 英寸①的硅晶圆片上沉积 Al_2O_3 薄膜，475 ms 的循环时间也是足够的[64]。它的缺点是对非理想化的 ALD 过程较为敏感，如前驱体的自分解、副产物的再吸附和前驱体或副产物的刻蚀效应，从而导致厚度的不均匀性。另外由于反应室小，一般只适合生长平面型样品，对于三维尺度的样品，并不合适。

垂直流动式反应室（perpendicular-flow reactor），也称顶部喷射式（top-injection）或喷淋式（showerhead）反应室，见图 2.27(b)。前驱体蒸气的入口分布在反应室顶部，均匀性由 ALD 自限制生长机理控制。由于喷淋式反应室在 CVD 技术中广泛使用，因此垂直流动式反应室对非理想化的 ALD 生长工艺具有比横向流动式反应室更好的容忍性。它的缺点是由于反应室顶部需要有前驱体的喷淋或喷射装置，因此它的反应室体积通常比横向流动式反应室要大，使得前驱体利用率降低，而且反应室曝光和吹扫脉冲的时间变长。当然较大的反应室体积也带来一些益处，可以生长具有一定三维尺寸的样品。

当垂直流动式反应室前驱体入口孔与衬底或衬底托盘很接近时，就成为径向流动式反应室（radial-flow channel reactor），见图2.27(c)。设计得恰到好处的话，它既有横向流动式反应室的前驱体利用率高、生长循环时间短的优点，也可以对非理想化 ALD 工艺特性有较好的容忍性。

另外，等离子体增强 ALD 反应室、适合颗粒沉积的 ALD 反应室，可参看对应的第 7 章和第 13 章，适合产业化应用的 ALD 设备将在第 3 章重点介绍。下面简单介绍一下富有特色的空间 ALD 和电化学 ALD，比较重要的等离子体增强原子层沉积（plasma enhanced atomic layer deposition，PEALD）、分子层沉积方法及其应用将分别在第 7 章和第 8 章专门介绍，选区 ALD 将结合纳米结构和纳米图案的制备在第 10 章介绍，流化床式 ALD 和旋转式 ALD 将结合粉末颗粒的功能化在催化剂方面的应用在第 13 章介绍。

2.3.2 空间原子层沉积

传统的原子层沉积中，不同前驱体脉冲按顺序输入反应室，前驱体间被吹扫

① 英寸的英文缩写为 in，1 in=2.54 cm。

脉冲分隔开［图 2.28(a)］。空间原子层沉积（spacial ALD）中[61,65]，前驱体在不同物理位置被连续提供［图 2.28(b)］，即在一个衬底上，至少存在两个反应区，半反应在此发生。也就是说，ALD 模式中必不可少的半反应是被空间隔离开，而不是通过吹扫脉冲的使用。空间 ALD 的优点是在不损害 ALD 益处的同时，省掉了吹扫步骤，获得了高的沉积速率和高的产率，沉积速率可达 1 nm/s。沉积速率不再受限于单个循环步骤的累计时间，而是取决于衬底或前驱体喷嘴在两个半反应区间移动所需的时间，最终受制于特定反应的动力学。在平面衬底上，通常是几个毫秒量级。同时空间 ALD 不但提高了前驱体的利用效率和经济性，还避免了反应室壁的寄生反应，在工业规模化生产中，如光伏产业和柔性电子器件领域，展现出令人期待的应用前景。

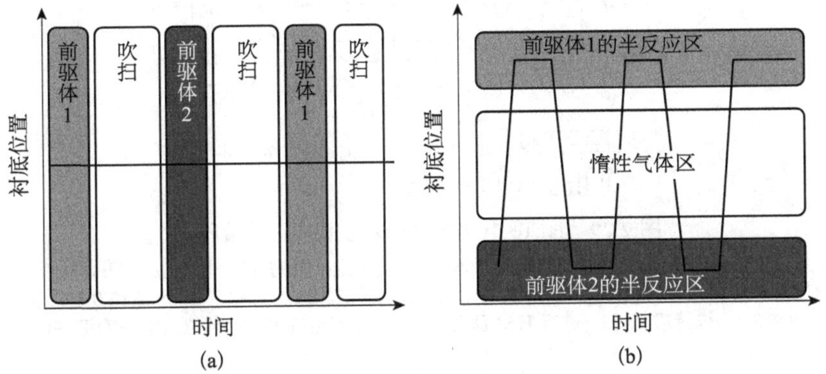

图 2.28　ALD 工艺示意图[65]

(a) 传统 ALD 工艺中，衬底位置固定不变，前驱体为序列脉冲，被吹扫脉冲隔开；(b) 空间 ALD 工艺中，前驱体同时且连续输送到不同半反应区。衬底在这些半反应发生区间来回移动，其中衬底位置用黑线表示，不同前驱体用不同灰度的色块表示

2.3.3　电化学原子层沉积

电化学 ALD（electrochemical ALD）[66-68]是原子层沉积原理应用在电化学上的工艺，包括序列的电化学表面自限制反应。欠电位沉积（underpotential deposition，UPD）是最常用电化学表面自限制反应，是沉积半导体薄膜的循环反应基础。在一个循环中，通过交替的元素欠电位沉积，可获得所需的化合物半导体材料的单层共形生长。沉积厚度由沉积循环数决定。一系列Ⅱ-Ⅵ族、Ⅲ-Ⅴ族和Ⅳ-Ⅵ族化合物半导体和它们的超晶格已经通过优化前驱体溶液、沉积电位和沉积时间被电化学 ALD 方法成功制备，包括 HgTe、$Cd_xZn_{1-x}S$、$Cd_xZn_{1-x}Se$、CdS_xSe_{1-x}、超晶格 PbSe/PbTe 等。图 2.29 为 HgTe 电化学 ALD 优化的沉积循环。最近电化学 ALD 也应用于沉积金属，如在 Ag 表面上先欠电位沉积一层 Zn 作为模板，然后通过表面限制的氧化还原取代法沉积 Co 替换掉 Zn 层[67]。电化学 ALD

是一个简单、经济、非真空的技术，可在室温沉积。每个循环中的每一步可以独立检查和优化，沉积工艺如电位、反应剂、浓度、电解液、pH 值、沉积时间等参数，可方便调整。当然这些条件严格依赖于所使用的衬底和所生长的化合物。

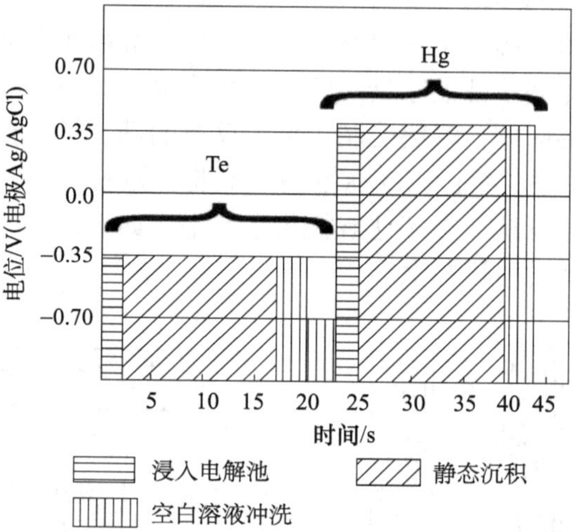

图 2.29　HgTe 电化学 ALD 优化的沉积循环 [66]

首先，Te 溶液在 −0.35 V 电位下进入电解池冲洗 2 s，接着维持静态 15 s 进行 Te 沉积。然后，电解池在 −0.35 V 电位下被空白溶液冲洗 3 s，继而电位调到 −0.7 V 保持 3 s。之后，Hg 溶液在 0.4 V 电位进入电解池冲洗 2 s，维持静态 15 s 进行 Hg 沉积。最后，电解池在 0.4 V 电位被空白溶液冲洗 3 s

2.4　原子层沉积中的原位表征与监控

为了深入研究原子层沉积的反应机理，也为了更有效地监控 ALD 过程并检测生长材料的性能，人们在原子层沉积系统中引入了一系列可用于原位表征与监控的仪器，包括晶振仪、质谱仪、光谱仪、光电子能谱仪、基于同步辐射的各种原位 X 射线技术等 [34,69-72]。

通常要表征 ALD 的生长及其化学过程，首先要进行一系列 ALD 制备薄膜的生长实验，包括生长速率 GPC 与前驱体剂量（precursor dose）之间的关系（吸附饱和曲线），生长速率 GPC 与沉积温度之间的关系（ALD 工作窗口），循环中吹扫时间（purge time）对 GPC 的影响（防止前驱体脉冲交叠），薄膜厚度与 ALD 循环次数的关系（生长初期在衬底表面成核问题）。通过引入一系列原位表征和监测手段，可以有效地直接或间接获取 ALD 过程中与生长和化学反应相关的信息，比如厚度、表面粗糙度、副产物、组成、化学价态、折射率、膜密度、晶相、电子结构、晶格振动等，进而了解相关的反应机理和生长特性。表 2.5 对目前 ALD 系统中使用的主要原位表征与监控技术进行了总结。

表 2.5　ALD 系统中使用的主要原位表征与监控技术及其特点

<table>
<tr><th colspan="2">技术</th><th>表征信息</th><th>特点与应用</th><th>参考文献</th></tr>
<tr><td colspan="2">晶振仪（微重仪，QCM）</td><td>质量变化</td><td>低真空和<450 ℃可用，直接测量表面质量的相对（或绝对）变化 (m_0/m_1)，研究化学吸附、原位反应机理</td><td>[34,69,71,73-75]</td></tr>
<tr><td colspan="2">质谱仪（MS）</td><td>分子量（质荷比 m/z）</td><td>低真空可用，相对于反应腔体积和载气流量而言，较大的反应面积有利于获得 ALD 循环不同阶段的反应副产物和前驱体气相基团（m/z）信息，研究 ALD 半反应、原位反应机理，一般不采用高比表面的多孔衬底或粉末，以免因副产物延迟释放导致虚假信息</td><td>[34,69,76,77]</td></tr>
<tr><td colspan="2">红外光谱仪（FTIR）</td><td>化学键或官能团</td><td>低真空可用，一般采用高比表面的多孔粉末（压紧后）来获得 ALD 半反应阶段的表面基团信息，研究 ALD 半反应、表面化学和原位反应机理，在此情况下，长的脉冲时间和吹扫时间是需要的；若需获得生长薄膜中的化学键或官能团信息，则较大的衬底或适度孔隙率的粉末 / 衬底足矣，以免达到反应饱和的时间过长，影响通过多次循环生长的效率</td><td>[78,79]</td></tr>
<tr><td colspan="2">拉曼光谱仪（RS）</td><td>晶相、电子结构、晶格振动、二维层状材料厚度</td><td>通过无损分析材料表面拉曼散射谱来确定材料的结构与化学成分，与红外和 XRD 方法可以形成互补检测，有机、无机材料均可，特别适合对具有较大极化率即拉曼活性的官能团如—SH、—C—F 等进行表征，特别适合对二维层状材料实现精确的厚度控制，并确定 ALE 和 ALD 的工艺变量的最佳值</td><td>[72,80,81]</td></tr>
<tr><td colspan="2">椭偏仪（SE）</td><td>厚度、光学色散曲线</td><td>对表面层膜厚变化极其敏感（0.01 ML），可获得循环次数与厚度（或 GPC）的关系、不同衬底上的成核和饱和吸附信息、半反应的亚单层厚度变化，亦可获得薄膜光学性质（折射率、带隙、消光系数），化学解释较困难</td><td>[69,70,82,83]</td></tr>
<tr><td colspan="2">光电子能谱仪（XPS）</td><td>组成、含量、化学价态</td><td>超高真空可用，对表面(几个纳米深度)组成和化学价态极其敏感，可获得表面化学反应、深度与组成信息，研究衬底成核。缺点是样品从 ALD 腔传递到 XPS 腔时可能发生变化</td><td>[71,84,85]</td></tr>
<tr><td rowspan="4">同步辐射光源</td><td>X 射线反射谱（XRR）</td><td>厚度、膜密度、表面粗糙度</td><td>对厚度和表面粗糙度的变化（Å 的量级）、膜密度的变化（百分之几）敏感，可获得循环次数与厚度（或 GPC）、膜密度和平整性的关系</td><td>[71,86,87]</td></tr>
<tr><td>X 射线衍射谱（XRD，GIXRD）</td><td>晶相、取向晶粒尺寸</td><td>信噪比高，对少量晶相也敏感，可获得循环次数（厚度）对晶相、取向和粒径的影响</td><td>[71,88,89]</td></tr>
<tr><td>掠入射小角 X 射线散射谱（GISAXS）</td><td>形貌、表面粗糙度</td><td>表面、埋入的界面或薄膜里的纳米尺度物体（颗粒、孔）的形貌表征，可在宏观样品上获得纳米尺度信息，即便是掩埋起来的微结构；缺点是为倒晶格空间形貌，由于衍射和反射的影响，实空间解释较含糊</td><td>[71,90,91]</td></tr>
<tr><td>X 射线荧光谱（XRF）</td><td>组成、含量</td><td>适于原子序数大于 11 的元素检测，可研究不同衬底表面的成核与生长，亦可监测三维复杂结构和多孔材料的生长与循环次数的关系</td><td>[71,92-94]</td></tr>
</table>

下面将具体举例来说明原位表征和监测技术在 ALD 研究中的应用。使用

Nb 源［$^{t}BuN{=}Nb(NEt_2)_3$］和重水（D_2O）反应 ALD 生长氧化物 Nb_2O_5，每个 ALD 循环包括：10 s Nb 源脉冲—20 s 吹扫脉冲—10 s D_2O 脉冲—20 s 吹扫脉冲[95]。图 2.30(a) 为 $^{t}BuN{=}Nb(NEt_2)_3$-D_2O 工艺两个 ALD 循环的晶振仪 QCM 信号，在每个 Nb 源脉冲，质量快速增加，吹扫脉冲后，可以观测到化学吸附饱和效应。D_2O 脉冲后，发生配体交换反应，质量下降。吹扫脉冲后，质量恒定，表面吸附达到饱和，完成一个反应循环。m_1 对应 Nb 源脉冲质量的增加，正比于吸附基团的摩尔质量（M_1），m_0 对应一个 ALD 循环总质量的增加，正比于膜材料的摩尔质量（M_0），即 $m_0/m_1 = M_0/M_1$。图 2.30(b) 为 $^{t}BuN{=}Nb(NEt_2)_3$-D_2O 工艺的四极质谱仪 QMS 的数据。质荷比（m/z）为 59 和 31 的信号对应于 Nb 源脉冲和水脉冲期间释放出的副产物片断，质荷比（m/z）为 58 和 60 的信号表明只有水脉冲期间释放的副产物片断。QMS 观测到水脉冲期间形成了副产物 $D_2N^{t}Bu$ 和 $DNEt_2$，证实了存在配体交换反应，并且通过定量比较发现，在 Nb 源脉冲期间，三个 NEt_2 配体中有一个发生交换，这与 QCM 观测到的质量变化相符合。

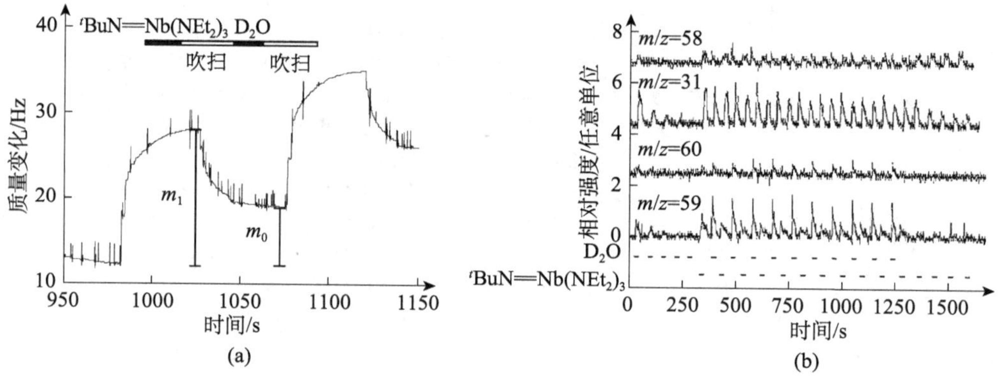

图 2.30　$^{t}BuN{=}Nb(NEt_2)_3$-D_2O 的 ALD 工艺的 QCM 和 QMS 结果[95]

(a) 两个 ALD 循环的 QCM 信号；(b) QMS 的数据。副产物分别是 $[DNEt_2{-}CH_3]^+$ (m/z = 59)、$[D_2N^{t}Bu{-}CH_3]^+$ (m/z =60)、$[D_2N^{t}Bu{-}CH_3\text{-}D]^+$ (m/z = 58) 和 $[D_2NCH_3]^+$ (m/z = 31)

图 2.31 为不同衬底 ALD 工艺中原位椭偏检测获得的膜厚与循环次数的关系[70]。图 2.31(a) 中在 HF 处理过的 Ge、Si 和 GaAs 衬底上 ALD 生长 Al_2O_3 薄膜，成核迅速与衬底无关，生长速率在（0.10±0.01）nm/ 循环。图 2.31(b) 为 Si 衬底氧化或 HF 处理后分别 ALD 生长 TiN 和 TaN，可见在 H 终止的硅片上利用 $Ta[N(CH_3)_2]_5$ 和氢等离子体 PEALD 生长 TaN，没有显示出任何生长孕育期，从一开始厚度就与 ALD 次数呈线性关系。然而，与此相对照，在氧化的硅片上利用 $TiCl_4$ 和氮、氢等离子体 PEALD 生长 TiN，就有 20 循环的成核孕育期。50 循环后，膜厚才与循环次数成正比。

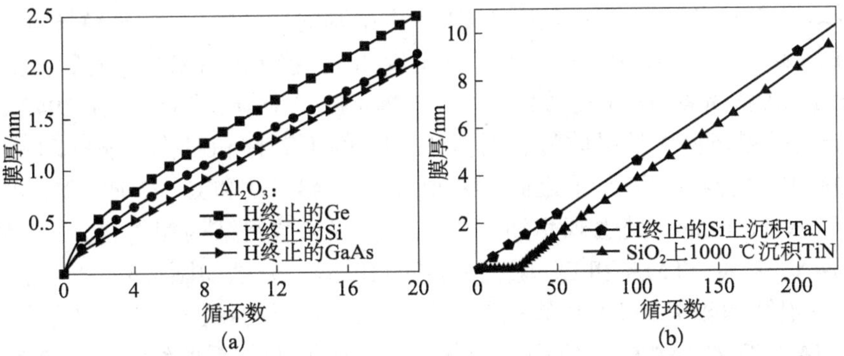

图 2.31　来自原位椭偏的不同衬底上 ALD 工艺膜厚与循环次数的关系[70]

(a) HF 处理过的 Ge、Si 和 GaAs 衬底上 ALD 生长 Al_2O_3；(b) Si 衬底氧化或 HF 处理后分别 ALD 生长 TiN 和 TaN

在 ZrO_2 纳米颗粒上分别使用 ALD 和 MLD 135 ℃ 生长 Al_2O_3- 烷氧基铝（alucone），其表面化学和生长特性亦可利用原位 FTIR 谱进行研究，每一次反应物曝光后的原位 FTIR 谱被记录下来，如图 2.32 所示。无机 – 有机杂化 1∶1 生长的第一个反应序列中，初始 ZrO_2 纳米颗粒在 3470～3810 cm^{-1} 有明显 O—H 伸缩振动峰 (a)。TMA 曝光后，O—H 振动峰消失，出现 2800～3000 cm^{-1} C—H

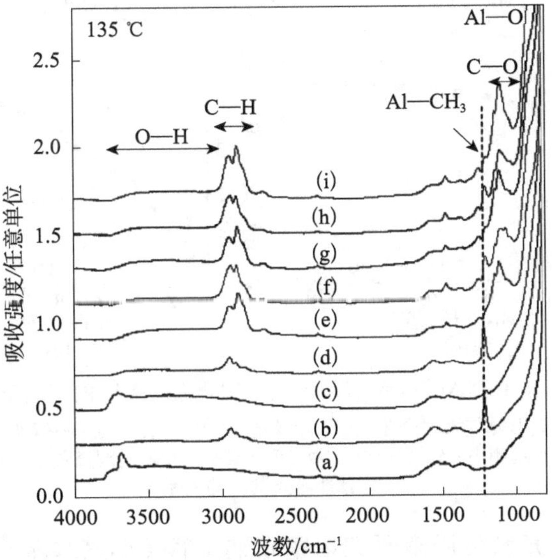

图 2.32　ZrO_2 纳米颗粒上 135 ℃沉积无机 – 有机杂化 1∶1 的 Al_2O_3- 烷氧基铝的原位 FTIR 谱[96]

(a) 初始 ZrO_2 纳米颗粒；(b) ZrO_2 纳米颗粒上第一次 TMA 曝光；(c) TMA 脉冲后第一次 H_2O 曝光；(d) H_2O 脉冲后第一次 TMA 曝光；(e) 第一个循环序列中 TMA 脉冲后第一次 EG 曝光；(f) EG 脉冲后第二次 TMA 曝光；(g) TMA 脉冲后第二次 H_2O 曝光；(h) H_2O 脉冲后第二次 TMA 曝光；(i) 第二个循环序列中 TMA 脉冲后第二次 EG 曝光

伸缩振动峰和 1205 cm^{-1} 表面基团 $AlCH_3$* 中甲基的变形峰 (b)。H_2O 脉冲曝光后，上面两个峰减弱，又出现 O—H 伸缩振动峰 (c)。接下来 TMA 曝光后，谱图 (d) 与首次 TMA 曝光类似 (b)。第一个乙二醇（EG）曝光后 (e)，在 2942 cm^{-1} 和 2879 cm^{-1} 观测到较大的吸收峰，对应于 CH_2 的不对称和对称伸缩振动模式，属于铝的醇盐聚合物中氧原子之间的乙烯基团。Al—O 和 C—O 伸缩振动模式在 905 cm^{-1} 和 1100 cm^{-1} 处也观测到，与 Al_2O_3- 烷氧基铝结构相吻合。第二个反应序列 TMA、H_2O、TMA 和 EG 曝光后的 FTIR 谱，分别如图 2.32(f) ~ (i) 所示，与烷氧基铝结构相关的 FTIR 峰在展宽和增强。对应的特征官能团的红外积分强度与 TMA/H_2O/TMA/EG 反应序列的脉冲曝光时间的关系曲线，如图 2.33 所示，均显示出表面化学反应的自限制特性。

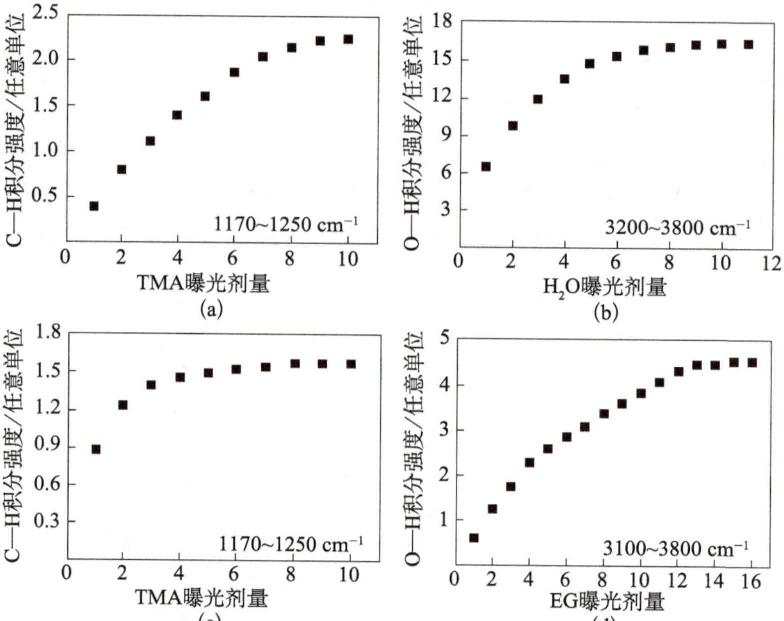

图 2.33　135 ℃沉积 1:1 的 Al_2O_3- 烷氧基铝红外积分强度表明的表面反应的自限制特性 [96]

(a) $AlCH_3$* 基团中 CH_3 变形峰与第一个 TMA 脉冲曝光剂量的关系；(b) O—H 伸缩振动峰与 H_2O 脉冲曝光剂量关系；(c) $AlCH_3$* 基团中 CH_3 变形峰与第二个 TMA 脉冲曝光剂量关系；(d) O—H 伸缩振动峰与 EG 脉冲曝光剂量的关系

使用原位拉曼光谱可用来研究单壁碳纳米管（SWCNTs）上 ALD TiO_2 过程中的成核和生长现象 [80]，钛源是异丙醇钛（TTIP），氧源是水，有助于了解碳表面 ALD 生长 TiO_2 的速率，并控制 ALD 工艺以实现特定功能。如图 2.34(a) 所示 [80]，使用了波长为 532 nm 的激光源、50 倍的物镜在不同的沉积温度下获得了原位拉曼测量结果。图 2.34(b) 显示了 60 ℃下不同 TiO_2 沉积循环下的 SWCNTs

的归一化拉曼光谱，G 带对应平面内完美的 sp^2 杂化的 C 原子，而 D 带通常对应着 sp^2 杂化中的缺陷与空位，或 sp^3 C 原子。可见单壁碳纳米管 D 带的强度随着 ALD 循环次数的增加而增加，说明 TiO_2 沉积首先在缺陷处形成化学键开始沉积，到 400 循环时 D 带波数上移 9 cm^{-1}，表明 TiO_2 包覆层在 SWCNTs 中产生了 1 GPa 的压应力。图 2.34(c) 为不同温度下在 SWCNTs 上沉积 TiO_2 后的 I_D/I_G 比与循环数的依赖关系。可见在 0～30 循环期间，沉积温度从室温升高到 60 ℃、120 ℃和 220 ℃时，I_D/I_G 比略微降低［图 2.34(c) 中插图］，归因于碳表面的“愈合”效应，类似于 ALD 生长中的自清洁效应。当循环数继续增加时，I_D/I_G 比增大表明出现了 C 原子的 sp^2-sp^3 杂化。150 循环时，60 ℃、120 ℃对应曲线出现平台，说明 sp^2-sp^3 杂化终止，TiO_2 对 SWCNTs 实现完美包覆。SEM 观测证实了这一点，100 循环下的 TiO_2 并不能完全覆盖 SWCNTs［图 2.34(d)］，200 循环后，TiO_2 薄膜完全包覆了 SWCNTs［图 2.34(e)］。不同温度下，单壁碳纳米管上原子层沉积 TiO_2 过程中的原位拉曼光谱成功地表征了该过程，说明原位拉曼监测有助于理解 ALD 并调控生长过程中的工艺参数。

在超高真空情况下，在未修饰的 SiO_2 衬底上使用 $Ta[N(CH_3)_2]_5$ 源 ALD 生长 TaN，并借助原位 XPS 来表征不同 ALD 循环下沉积薄膜中 N 元素的化学价态，如图 2.35(a) 所示。在最初的第一个半循环，即第一个 $Ta[N(CH_3)_2]_5$ 源脉冲曝光后，N 1s 的化学结合能约在 399 eV，对应氨基中的 N，$—N(CH_3)_2$ 基团化学吸附在衬底表面。随着循环次数的增加，N 1s 的结合能逐渐移向低能，15 循环时约为 397.5 eV，对应 TaN 中的 N，表明薄膜形成了氮化物。未修饰的 SiO_2 和聚乙烯亚胺（PEI）修饰过的二氧化硅衬底对 XPS 谱的影响，见图 2.35(b) 和 (c)，$Ta[N(CH_3)_2]_5$ 源与衬底发生化学吸附，显然 PEI 表面吸附的 $Ta[N(CH_3)_2]_5$ 密度明显降低，利用 Ta $4p_{5/2}$ 峰面积计算的 Ta 表面密度只有 $(0.86\pm0.26)\times10^{14}$ cm^{-2}，比未修饰的 SiO_2 下降了 63%。另一个影响就是 PEI 的存在也减少了 Ta 的氧化态，其化学结合能从 405.1 eV 向低能移动到 403.5 eV。

利用同步辐射光源的 X 射线荧光谱研究 ALD 生长[71]，图 2.36(a) 显示了 SiO_2 上沉积 HfO_2 的前 10 个循环测得的 Hf L_α 发射 XRF 强度演变，可见 XRF 强度对循环次数非常敏感，通过对峰面积进行积分，可获得沉积 Hf 原子的量。图 2.36(b) 为在多壁碳纳米管（MWCNTs）和 Si 片参比样品上沉积 TiO_2 测得的 Ti K_α 发射积分强度。MWCNTs 大约有 20 循环的成核孕育期，进入正常沉积后，MWCNTs 的生长速率大约是含本征氧化物硅片上的 55 倍，这与 MWCNTs 的表面积较大有关。插图的 SEM 照片表明 TiO_2 涂层在 MWCNTs 从底部到顶部都非常均匀的。

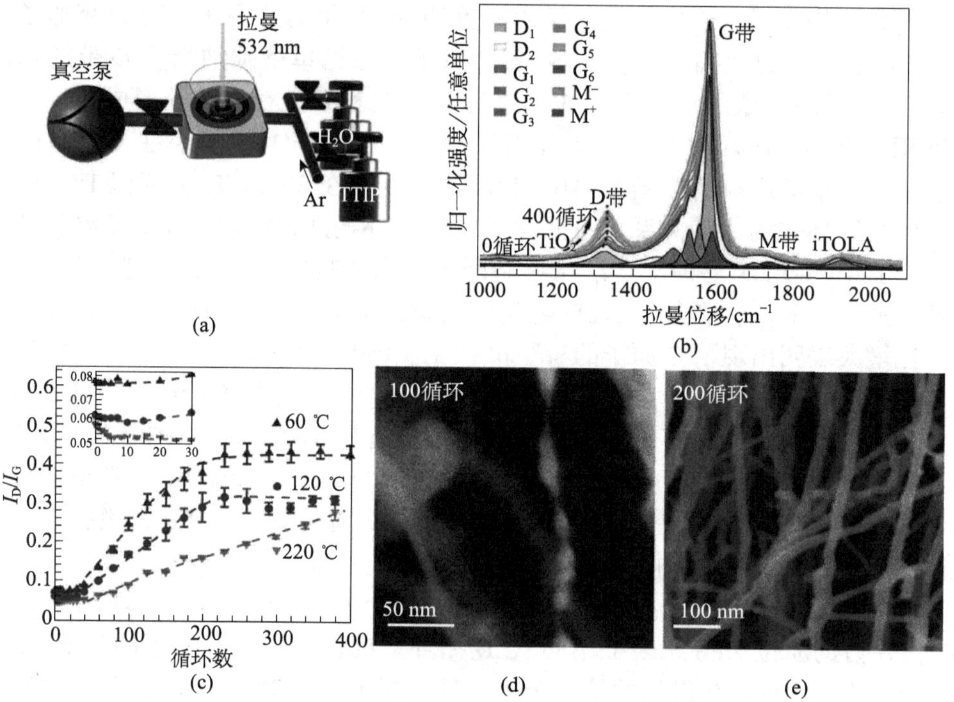

图 2.34 原位拉曼散射谱表征单壁碳纳米管（SWCNTs）上 ALD 包覆 TiO_2 层情况[80]

(a) 放置在拉曼显微镜下的微反应器示意图，上面盖着约 0.5 mm 厚的熔石英窗口；(b) 60 ℃下沉积不同循环的 TiO_2 获得的 SWCNTs 的归一化拉曼光谱，以及未沉积前的峰；(c) 不同温度下，包覆 TiO_2 的 SWCNTs 的 D 带和 G 带之间的强度比（I_D/I_G）作为 ALD 循环数的函数，插图为 0～30 循环下的强度比；60 ℃下包覆 (d) 100 循环、(e) 200 循环 TiO_2 的 SWCNTs 的 SEM 照片

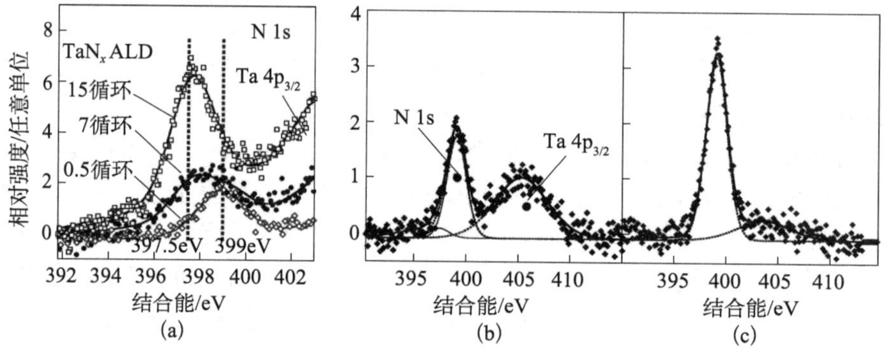

图 2.35 ALD 在不同衬底上 230 ℃沉积 TaN 的原位 N 1s 和 Ta $4p_{3/2}$ 的 XPS 谱[84]

(a) 未修饰的 SiO_2 上沉积 0.5、7 和 15 循环；(b) 未修饰的 SiO_2 上；(c) PEI 修饰的 SiO_2 上

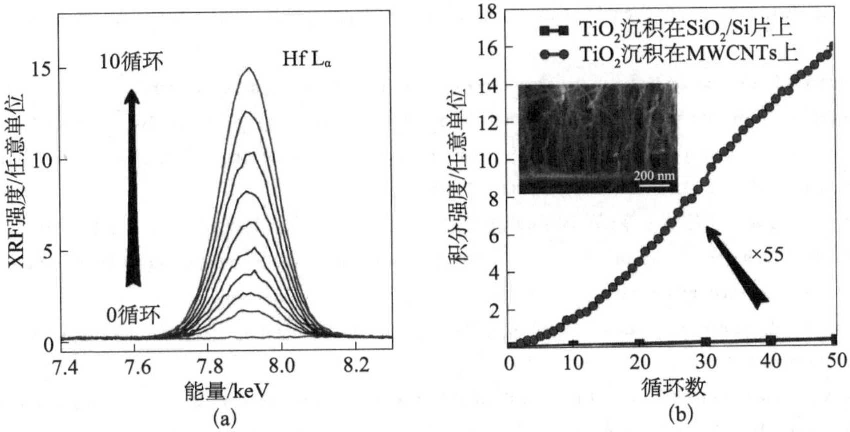

图 2.36 利用同步辐射光源的 X 射线荧光谱研究 ALD 生长[71]

(a) 在 SiO_2 上沉积 HfO_2 的前 10 个循环测得的 Hf L_α 发射 XRF 强度演变；(b) 在 MWCNTs 和 Si 片参比样品上沉积 TiO_2 测得的 Ti K_α 发射积分强度

参 考 文 献

[1] Puurunena R L. Surface chemistry of atomic layer deposition: A case study for the trimethylaluminum/water process. J. Appl. Phys., 2005, 97: 121301-1~52

[2] Ritala M, Leskela M, Dekker J P, et al. Perfectly conformal TiN and Al_2O_3 films deposited by atomic layer deposition. Chem. Vap. Deposition, 1999, 5: 7-9

[3] Sherman A. Atomic Layer Deposition For Nanotechnology: An Enabling Process for Nanotechnology Fabrication. New York: Ivoryton Press, 2008: 8-11

[4] 傅献彩，沈文霞，姚天扬，等 . 物理化学 . 5 版 . 北京：高等教育出版社，2006: 370

[5] Siimon H, Aarik J. Thickness profiles of thin films caused by secondary reactions in flow-type atomic layer deposition reactors. J. Phys. D: Appl. Phys., 1997, 30: 1725-1728

[6] Gobbert M K, Prasad V, Cale T S. Modeling and simulation of atomic layer deposition at the feature scale. J. Vac. Sci. Technol. B, 2002, 20: 1031-1043

[7] Li Z, Xiang J, Liu X, et al. A combined multiscale modeling and experimental study on surface modification of high-volume micro-nanoparticles with atomic accuracy. Int. J. Extrem. Manuf., 2022, 4: 025101-1~16

[8] Rautiainen A, Lindblad M, Backman L B, et al. Preparation of silica-supported cobalt catalysts through chemisorption of cobalt (Ⅱ) and cobalt (Ⅲ) acetylacetonate. Phys. Chem. Chem. Phys., 2002, 4: 2466-2472

[9] Kytokivi A, Lakomaa E L, Root A, et al. Sequential saturating reactions of $ZrCl_4$ and H_2O vapors in the modification of silica and- alumina with ZrO_2. Langmuir, 1997, 13: 2717-2725

[10] Ritala M, Leskela M, Rauhala E. Atomic layer epitaxy growth of titanium dioxide thin films from titanium ethoxide. Chem. Mater., 1994, 6: 556-561

[11] Morozov S A, Malkov A A, Malygin A A, et al. Interaction of titanium tetrachloride with products of thermal decomposition of basic magnesium carbonate. Russ. J. Appl. Chem., 2003, 76: 7-9

[12] Ylilammi M. Monolayer thickness in atomic layer deposition. Thin Solid Films, 1996, 279: 124-130

[13] Puurunen R L. Growth per cycle in atomic layer deposition: A theoretical model. Chem. Vap. Deposition, 2003, 9: 249-257

[14] Puurunen R L. Correlation between the growth-per-cycle and the surface hydroxyl group concentration in the atomic layer deposition of aluminum oxide from trimethylaluminum and water. Appl. Surf. Sci., 2005, 245: 6-10

[15] Puurunen R L, Lindblad M, Root A, et al. Successive reactions of gaseous trimethylaluminium and ammonia on porous alumina. Phys. Chem. Chem. Phys., 2001, 3: 1093-1102

[16] 卢维尔，董亚斌，李超波，等 . 原子层沉积生长速率的控制研究进展 . 无机材料学报，2014，29: 345-351

[17] Strehle S, Schumacher H, Schmidt D, et al. Effect of wet chemical substrate pretreatment on the growth behavior of Ta(N) films deposited by thermal ALD. Microelectron. Eng., 2008, 85: 2064-2067

[18] Lim J, Shin K, Kim H, et al. Enhancement of ZnO nucleation in ZnO epitaxy by atomic layer epitaxy. Thin Solid Films, 2005, 475: 256-261

[19] Zhou M, Chen T, Tan J J, et al. ALD Growth of Ru on RIE-pretreated TaN substrate. Solid-State and Integrated Circuit Technology, ICSICT ’06. 8th International Conference, 2006: 330-332

[20] Kim S K, Hwang G W, Kim W D, et al. Transformation of the crystalline structure of an ALD TiO_2 film on a Ru electrode by O_3 pretreatment. Electrochem. Solid-State Lett., 2006, 9: F5-F7

[21] Puurunen R L, Vandervorst W. Island growth in the atomic layer deposition of zirconium oxide and aluminum oxide on hydrogen-terminated silicon: Growth mode modeling and transmission electron microscopy. J. Appl. Phys., 2004, 96: 4878-4889

[22] Kim M, Kim J, Kwon S, et al. Theoretical design strategies for area-selective atomic layer deposition. Chem. Mater., 2024, 36: 5313-5324

[23] Fong D, Eastman J, Kim S. *In situ* synchrotron X-ray characterization of ZnO atomic layer deposition. Appl. Phys. Lett., 2010, 97: 191904-1~3

[24] Yousfi E B, Fouache J, Lincot D. Study of atomic layer epitaxy of zinc oxide by *in-situ* quartz crystal microgravimetry. Appl. Surf. Sci., 2000, 153: 223-234

[25] Shi J, Li Z D, Alexander K, et al. Electron microscopy observation of TiO_2 nanocrystal evolution in high-temperature atomic layer deposition. Nano Lett., 2013, 13: 5727-5734

[26] Copel M, Gribelyuk M, Gusev E. Structure and stability of ultrathin zirconium oxide layers on Si(001). Appl. Phys. Lett., 2000, 76: 436-438

[27] An J, Kim Y B, Gur T M, et al. Enhancing charge transfer kinetics by nanoscale catalytic cermet interlayer. ACS Appl. Mater. Interfaces, 2012, 4: 6790-6795

[28] Kraus T J, Nepomnyashchii A B, Parkinson B A. Templated homoepitaxial growth with atomic layer deposition of single-crystal anatase (101) and rutile (110) TiO_2. ACS Appl. Mater. Interfaces, 2014, 6: 9946-9949

[29] Wang X W, Dong L, Zhang J Y, et al. Heteroepitaxy of La_2O_3 and $La_{2-x}Y_xO_3$ on GaAs (111) A by atomic layer deposition achieving low interface trap density. Nano Lett., 2013, 13: 594-599

[30] Akbashev A R, Chen G N, Spanier J E. A facile route for producing single-crystalline epitaxial perovskite oxide thin films. Nano Lett., 2014, 14: 44-49

[31] Ngo T Q, Posadas A B, McDaniel M D, et al. Epitaxial *c*-axis oriented $BaTiO_3$ thin films on $SrTiO_3$-buffered Si(001) by atomic layer deposition. Appl. Phys. Lett., 2014, 104: 082910-1~4

[32] Coll M, Gazquez J, Palau A, et al. Low Temperature epitaxial CeO_2 oxide ultrathin films and nanostructures by atomic layer deposition. Chem. Mater., 2012, 24: 3732-3737

[33] Liu C, Liu S H, Huang S, et al. Plasma-enhanced atomic layer deposition of AlN epitaxial thin film for AlN-GaN heterostructure TFTs. IEEE Electron Device Lett., 2013, 34: 1106-1108

[34] Ritala M, Niinistő J. Atomic Layer Deposition. Chap. 4//Jones A C, Hitchman M L. Chemical Vapour Deposition: Precursors, Processes and Applications Cambridge: Royal Society of Chemistry, 2009: 158-206

[35] Putkonen M. ALD applications beyond outside IC technology-existing and emerging possibilities. ECS Trans., 2009, 25: 143-155

[36] Sneh O, Clark-Phelps R B, Londergan A R, et al. Thin film atomic layer deposition equipment for semiconductor processing. Thin Solid Films, 2002, 402: 248-261

[37] Hausmann D, Becker J, Wang S L, et al. Rapid ALD of highly conformal silica nanolaminates. Science, 2002, 298: 402-406

[38] Profijt H B, Potts S E, van de Sanden M C M, et al. Plasma-assisted atomic layer deposition: Basics, opportunities, and challenges. J. Vac. Sci. Technol. A, 2011, 29: 050801-1~26

[39] Lim B S, Rahtu A, Gordon R G. Atomic layer deposition of transition metals. Nat. Mater., 2003, 2: 749-754

[40] Sønsteby H H, Yanguas-Gil A, Elam J W. Consistency and reproducibility in atomic layer deposition. J. Vac. Sci. Technol. A, 2020, 38: 020804-1~17

[41] Choudhury D, Mane A U, Patak C M, et al. Oral presentation at AVS 65th International Symposium & Exhibition, Long Beach. CA, USA, 21-26 October 2018

[42] Østreng E, Nilsen O, Fjellvåg H. Optical properties of vanadium pentoxide deposited by ALD. J. Phys. Chem. C, 2012, 116: 19444-19450

[43] Kim S B, Zhao X, Davis L M, et al. Atomic layer deposition of tin monosulfide using vapor from liquid bis (*N,N'*-diisopropylformamidinato) tin (Ⅱ) and H_2S. ACS Appl. Mater. Interfaces, 2019, 11: 45892

[44] 李爱东 . 先进材料合成与制备技术 . 北京：科学出版社，2018

[45] Østreng E, Sønsteby H H, Øien S, O. et al. Atomic layer deposition of sodium and potassium oxides: Evaluation of precursors and deposition of thin films. Dalton Trans., 2014, 43: 16666-16672

[46] Killi V A L K. The role of passivation in the deposition of thin films of K_xNbO_3. B.Sc. project thesis, University of Oslo, 2018

[47] Elam W, Schuisky M, Ferguson J D, et al. Surface chemistry and film growth during TiN atomic layer deposition using TDMAT and NH_3. Thin Solid Films, 2003, 436: 145-156

[48] Reinke M, Kuzminykh Y, Hoffmann P. Surface reaction kinetics of titanium isopropoxide and water in atomic layer deposition. J. Phys. Chem. C, 2016, 120: 4337-4344

[49] Seghete D, Rayner G B, Cavanagh A S, et al. Molybdenum atomic layer deposition using MoF_6 and Si_2H_6 as the reactants. Chem. Mater., 2011, 23:1668-1678

[50] Lee S W, Kim M S, Lee C, et al. Area selective atomic layer deposition of molybdenum films on nanoscale metal and metal nitride patterns. ALD 2020 Virtual Meeting, 2020

[51] Sønsteby H H, Bratvold J E, Weibye K, et al. Phase control in thin films of layered cuprates. Chem. Mater., 2018, 30: 1095-1101

[52] Elam J W, Martinson A B F, Pellin M J, et al. Atomic layer deposition of In_2O_3 using cyclopentadienyl indium: A new synthetic route to transparent conducting oxide films. Chem. Mater., 2006, 18: 3571-3578

[53] Libera J A, Hryn J N, Elam J W. Indium oxide atomic layer deposition facilitated by the synergy between oxygen and water. Chem. Mater., 2011, 23: 2150-2158

[54] Cao Y Q, Cao Z Y, Li X, et al. A facile way to deposit conformal Al_2O_3 thin film on pristine graphene by atomic layer deposition. Appl. Surf. Sci., 2014, 291: 78-82

[55] Hughes K J, Engstrom J R. Nucleation delay in atomic layer deposition on a thin organic layer and the role of reaction thermochemistry. J. Vac. Sci. Technol. A, 2012, 30: 01A102

[56] Bratvold J E, Sønsteby H H, Nilsen O, et al. Control of growth orientation in as-deposited epitaxial iron-rich nickel ferrite spinel. J. Vac. Sci. Technol. A, 2019, 37: 021502

[57] Sønsteby H H, Nilsen O, Fjellvåg H. Chemical uniformity in ferroelectric $K_xNa_{1-x}NbO_3$ thin films. Glob. Chall., 2019, 3: 1800114-1~6

[58] George S M. Atomic layer deposition: An overview. Chem. Rev., 2010, 110: 111-131

[59] Leskelä M, Ritala M. Atomic layer deposition (ALD): From precursors to thin film structures. Thin Solid Films, 2002, 409: 138-146

[60] Pinna N, Knez M. Atomic Layer Deposition of Nanostructured Materials. Weinheim: Wiley-VCH Verlag & Co. KGaA, 2012

[61] Poodt P, Cameron D C, Dickey E, et al. Spatial atomic layer deposition: A route towards further industrialization of atomic layer deposition. J. Vac. Sci. Technol. A, 2012, 30: 010802-1~11

[62] Longrie D, Deduytsche D, Detavernier C. Reactor concepts for atomic layer deposition on agitated particles: A review. J. Vac. Sci. Technol. A, 2014, 32: 010802-1~13

[63] Kessels W M M, Putkonen M. Advanced process technologies: Plasma, direct-write, atmospheric pressure, and roll-to-roll ALD. MRS Bull., 2011, 36: 907-913

[64] Haukka S. ALD Technology - present and future challenges. ECS Trans., 2007, 3: 15-26

[65] Poodt P, Lankhorst A, Roozeboom F, et al. High speed spatial atomic layer deposition of aluminum oxide layers for solar cell passivation. Adv. Mater., 2010, 22: 3564-3567

[66] Venkatasamy V, Jayaraju N, Cox S M, et al. Deposition of HgTe by electrochemical atomic layer epitaxy (EC-ALE). J. Electroanaly. Chem., 2006, 589: 195-202

[67] Innocenti M, Bellandi S, Lastraioli E, et al. Selective electrodesorption based atomic layer deposition (SEBALD): A novel electrochemical route to deposit metal clusters on Ag(111). Langmuir, 2011, 27: 11704-11709

[68] Banga D, Jarayaju N, Sheridan L, et al. Electrodeposition of $CuInSe_2$ (CIS) via electrochemical atomic layer deposition (E-ALD). Langmuir, 2012, 28: 3024-3031

[69] Knapas K, Ritala M. *In situ* studies on reaction mechanisms in atomic layer deposition. crit. Rev. Solid State Mater. Sci., 2013, 38:167-202

[70] Langereis E, Heil S B S, Knoops H C M, et al. *In situ* spectroscopic ellipsometry as a versatile tool for studying atomic layer deposition. J. Phys. D: Appl. Phys., 2009, 42: 073001-1~19

[71] Devloo-Casier K, Ludwig K F, Detavernier C, et al. *In situ* synchrotron based X-ray techniques as monitoring tools for atomic layer deposition. J. Vac. Sci. Technol. A, 2014, 32: 010801-1~14

[72] Kim J B, Kim D S, Kim J S, et al. Raman scattering monitoring of thin film materials for atomic layer etching/deposition in the nano-semiconductor process integration. Chem. Phys. Rev., 2023, 4: 041311-1~12

[73] Aarik J, Aidla A, Kukli K, et al. Deposition and etching of tantalum oxide-films in atomic layer epitaxy process. J. Cryst. Growth, 1994, 144: 116-119

[74] Rahtu A, Alaranta T, Ritala M. *In situ* quartz crystal microbalance and quadrupole mass spectrometry studies of atomic layer deposition of aluminum oxide from trimethylaluminum and water. Langmuir, 2001, 17: 6506-6509

[75] Rahtu A, Ritala M. Reaction mechanism studies on the zirconium chloride-water atomic layer deposition process. J. Mater. Chem., 2002, 12: 1484-1489

[76] Knapas K, Ritala M. *In situ* reaction mechanism studies on atomic layer deposition of ZrO_2 from $(CpMe)_2Zr(OMe)Me$ and water or ozone. Chem. Mater., 2008, 20: 5698-5705

[77] Knapas K, Rahtu A, Ritala M. Reaction mechanism studies on atomic layer deposition of Nb_2O_5 from $Nb(OEt)_5$ and water. Langmuir, 2010, 26: 848-853

[78] Park S K, Kanjolia R, Anthis J, et al. Atomic layer deposition of Ru/RuO_2 thin films studied by *in situ* infrared spectroscopy. Chem. Mater., 2010, 22: 4867-4878

[79] Hirose F, Kinoshita Y, Kanomata K, et al. IR study of fundamental chemical reactions in atomic layer deposition of HfO_2 with tetrakis(ethylmethylamino)hafnium (TEMAH), ozone, and water vapor. Appl. Surf. Sci., 2012, 258: 7726-7731

[80] Guerra-Nuñez C, Putz B, Savu R, et al. The nucleation, radial growth, and bonding of TiO_2 deposited via atomic layer deposition on single-walled carbon nanotubes. Appl. Surf. Sci., 2021, 555: 149662

[81] Hackler R, Kang G, Schatz G, et al. Analysis of TiO_2 atomic layer deposition surface chemistry and evidence of propene oligomerization using surface-enhanced Raman spectroscopy. J. Am. Chem. Soc., 2019, 141: 414-422

[82] Langereis E, Heil S B S, van de Sanden M C M, et al. *In situ* spectroscopic ellipsometry study on the growth of ultrathin TiN films by plasma-assisted atomic layer deposition. J. Appl. Phys., 2006, 100: 023534-1~10

[83] Heil S B S, Langereis E, Roozeboom F, et al. Low-temperature deposition of TiN by plasma-assisted atomic layer deposition. J. Electrochem. Soc., 2006, 153: G956-G965

[84] Hughes K J, Dube A, Sharma M, et al. Initial stages of atomic layer deposition of tantalum nitride on SiO_2 and porous low-κ substrates modified by a branched interfacial organic layer: Chemisorption and the transition to steady-state growth. J. Phys. Chem. C, 2012, 116: 21948-21960

[85] Kobayashi M, Chen P T, Sun Y, et al. Synchrotron radiation photoemission spectroscopic study of band offsets and interface self-cleaning by atomic layer deposited HfO_2 on $In_{0.53}Ga_{0.47}As$ and $In_{0.52}Al_{0.48}As$. Appl. Phys. Lett., 2008, 93: 182103

[86] Hwang Y, Heo K, Chang C H, et al. Synchrotron X-ray reflectivity study of high dielectric constant alumina thin films prepared by atomic layer deposition. Thin Solid Films, 2006, 510: 159-163

[87] Lee H B R, Park Y J, Baik S, et al. Initial stage growth during plasma-enhanced atomic layer deposition of cobalt. Chem. Vap. Deposition, 2012, 18: 41-45

[88] Park S J, Kim W H, Maeng W, et al. Effect oxygen exposure on the quality of atomic layer deposition of ruthenium from bis(cyclopentadienyl)ruthenium and oxygen. Thin Solid Films, 2008, 516: 7345-7349

[89] Methaapanon R, Geyer S M, Brennan S, et al. Size dependent effects in nucleation of Ru and Ru oxide thin films by atomic layer deposition measured by synchrotron radiation X-ray diffraction. Chem. Mater., 2013, 25: 3458-3463

[90] Dendooven J, Devloo-Casier K, Ide M, et al. *In situ* study of ALD processes using synchrotron-based X-ray fluorescence and scattering techniques reaction mechanisms. ECS Trans., 2013, 50: 35-42

[91] Devloo-Casier K, Dendooven J, Ludwig K F, et al. *In situ* synchrotron based X-ray fluorescence and scattering measurements during atomic layer deposition: Initial growth of HfO_2 on Si and Ge substrates. Appl. Phys. Lett., 2011, 98: 231905

[92] Dendooven J, Sree S P, De Keyser K, et al. *In situ* X-ray fluorescence measurements during atomic layer deposition: Nucleation and growth of TiO_2 on planar substrates and in nanoporous films. J. Phys. Chem. C, 2011, 115: 6605-6610

[93] Dendooven J, Goris B, Devloo-Casier K, et al. Tuning the pore size of ink-bottle mesopores by atomic layer deposition. Chem. Mater., 2012, 24: 1992-1994

[94] Levrau E, Devloo-Casier K, Dendooven J, et al. Atomic layer deposition of TiO_2 on surface modified nanoporous low-κ films. Langmuir, 2013, 29: 12284-12289

[95] Tomczak Y, Knapas K, Sundberg M, et al. *In situ* reaction mechanism studies on the new $^tBuN{=}M(NEt_2)_3$ -water and $^tBuN{=}M(NEt_2)_3$ - ozone (M = Nb,Ta) atomic layer deposition processes. Chem. Mater., 2012, 24: 1555-1561

[96] Lee B H, Yoon B, Anderson V R, et al. Alucone alloys with tunable properties using alucone molecular layer deposition and Al_2O_3 atomic layer deposition. J. Phys. Chem. C, 2012, 116: 3250-3257

第 3 章　原子层沉积设备

3.1　原子层沉积设备概述

从 1974 年第一个公开的发明专利开始[1]，原子层沉积（ALD）技术的发展一直体现在设备技术的不断演变和革新过程中，然而目前针对 ALD 产业化设备的综合性论述和总结并不多见[2-10]。早期关于 ALD 装置的研究，比较集中地体现在 Suntola 博士在 20 世纪 80～90 年代对当时还被称为 ALE（atomic layer epitaxy）的多篇综述文章中[11-15]，它采用类似真空蒸镀的系统[11]，如图 3.1 所示，将单质锌（Zn）和硫（S）隔离并加热，其上方配置了可旋转的衬底加固装置，通过不断旋转，实现衬底交替暴露在两个前驱体源上方，并通过这样的循环，得到了具有饱和反应特性的硫化锌（ZnS）薄膜，也就是今天大家所熟悉的具有自饱和、自限制反应特性的 ALD 方法。然而将这样一个概念付诸于工业化应用，在 ALD 设备上却经历了完全彻底的变革。图 3.2 所示的一种早期批量式 ALE 反应器就是很好的例子[14]。通过解决诸多技术问题，例如源输运技术、气体控制和分布、批量衬底的薄膜沉积等，尤其是对于加热反应源实现快速的脉冲式输送、脉冲过后的快速切断和反应源之间的有效隔离进行了重要的创新，出现了诸如“惰性气体阀（inert gas valving）”“行波（traveling wave）”等产业化技术。如图 3.3 所示，20 世纪 90 年代初商业化的研发型 ALD 设备 F-120，由芬兰 Microchemistry（后为 ASM Microchemistry Ltd.）公司制造，采用惰性气体阀

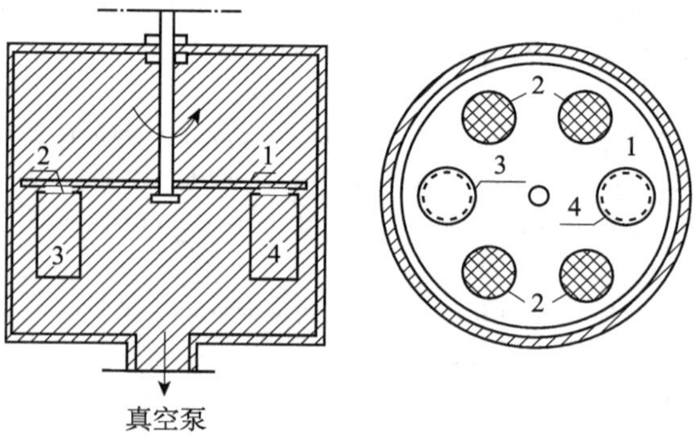

图 3.1　早期生长 ZnS 薄膜蒸发式 ALE 反应器示意图[11]

通过衬底的旋转分离两个半反应；1. 旋转衬底支架，2. 衬底，3. 硫炉，4. 锌炉

技术解决了高温下反应气体的输送、控制和隔离等问题[13,16]。这些关键技术早在20世纪80年代初付诸产业化应用，成功实现了对全固态电致发光显示器的ALD量产制造[12]，成为当时平板显示领域的重要突破之一。类似技术至今依然被沿用在当前尖端半导体芯片制造的许多ALD设备上，尽管人们很少提及它们的来源。

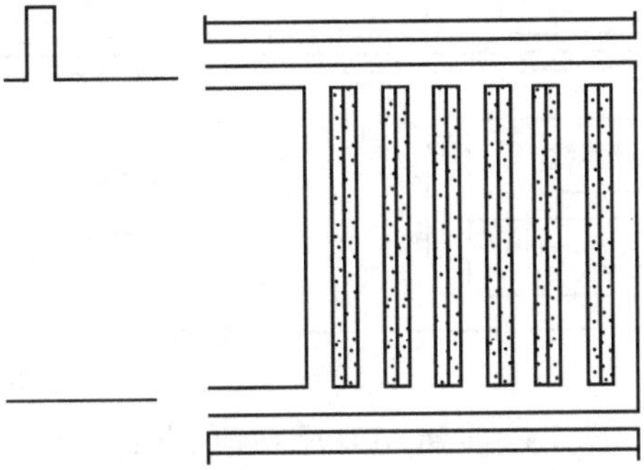

图 3.2　早期批量式 ALE 反应器示意图[14]

所有反应器壁的温度相同，前驱体分子的碰撞密度由前驱体的分压决定

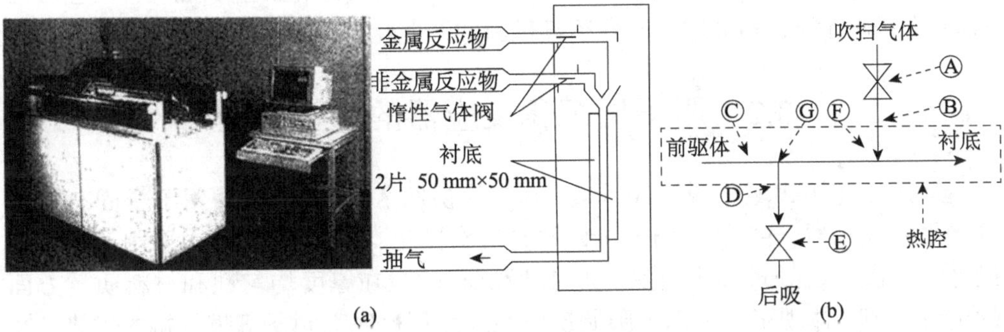

图 3.3　惰性气体阀原理

(a) 早期研发型 ALD 设备 F-120 照片及其采用的惰性气体阀；(b) 惰性气体阀原理[17]

Suntola 博士早在1994年ALD还被称为ALE时就表述过：一个ALD系统主要由前驱体源输运系统、(真空)反应腔室和控温系统、真空泵和反应气体排除装置以及电气控制系统组成，如图3.4所示[15]。工业化设备还包括了衬底的自动化传输系统、尾气处理装置以及用于工艺状态实时监控的在线设备，以反馈、智能化干预、调整和管理该ALD系统。作为化学气相沉积(CVD)技术的一种特殊形式，ALD与CVD系统的主要区别在于如何实现对两种或以上反应源的输入及反应顺序的控制，即“序列控制(sequential control)”[15]。至今，绝大部分ALD系统的基本要素依然如此。

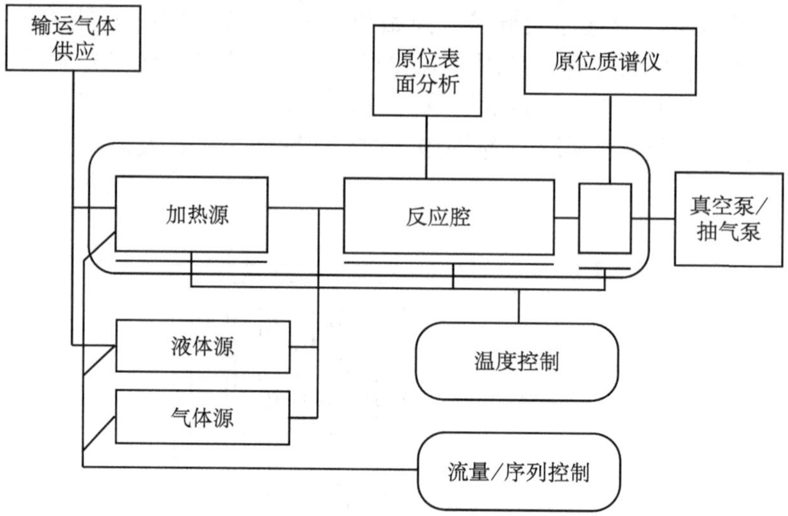

图 3.4　早期 ALD 反应室的方框图 [15]

反应区处于真空系统或低压/常压的惰性气体系统中

随着 ALD 技术的快速发展，出现了诸如等离子体增强 ALD（PEALD）、空间 ALD、卷对卷 ALD、流化床 ALD 等类型。本章针对已经实现产业化应用的 ALD 设备进行分类和描述，并介绍其最新的产业化应用进展。

3.2　原子层沉积反应器的主要类型

从商业应用领域来说，20 世纪 80 年代初期 ALD 技术成功用于全固态电致发光平板显示器，90 年代用于机械硬盘磁头钝化，ALD 反应器均采用了批量式设计，一次可以处理多个衬底。ALD 所沉积薄膜在厚度均匀性和材料质量方面的出色表现，体现了其表面自限制反应在大面积衬底上制备薄膜材料的优势，奠定了 ALD 产业化应用的基础。在过去的 20 多年间，ALD 在先进集成电路制造领域大展身手，标志着 ALD 产业化技术走向成熟，特别是基于大尺寸 300 mm 晶圆芯片制造在半导体行业的扩张，更是为 ALD 技术提供了绝佳的市场机会。2007 年，Intel 公司公布了基于 45 nm 技术节点的逻辑芯片，采用了 ALD 技术制备氧化铪高 *k* 栅介质的新工艺。自此以后，ALD 以其原子级精准膜厚控制、卓越的均匀性和共形性等优势，成为延续摩尔定律的关键薄膜沉积技术之一。在集成电路技术节点持续缩微化过程中，ALD 也成为后摩尔时代晶圆加工所依赖的关键技术手段，ALD 反应器也代表了现代工业领域最尖端的装备技术之一。

最近几年，ALD 技术在光伏、光学镀膜、柔性电子以及粉体材料加工等非晶圆市场也取得了重要商业进展，并获得相关产业的认可。各类针对不同市场应用和需求的 ALD 反应器不断涌现，并在市场的推动下得到快速发展，其中不乏国产装备在一些重要工业领域的创新和产业化。图 3.5 对现有的产业化 ALD 反应器以及相互间的关系进行了分类，包括半导体、光伏等产业领域的大多数反应器。

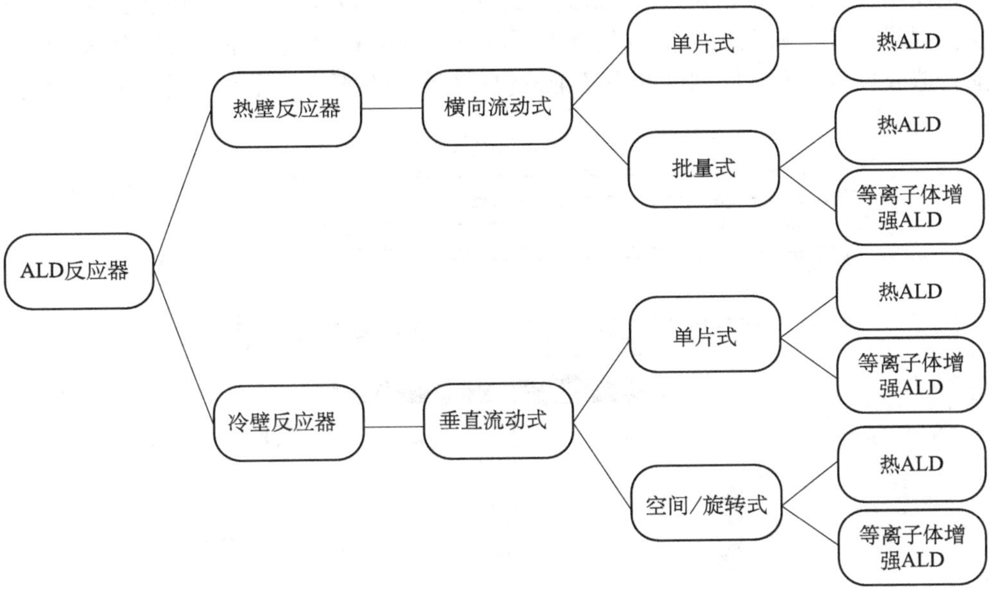

图 3.5　产业化 ALD 反应器分类

3.2.1　热壁反应器

从结构上，ALD 反应器的设计首先需要考虑的因素之一是加热方式，由于不同工艺的需求，对加热方式也存在不同要求。在一定条件下，ALD 反应器的加热方式也决定了其应用场景。热壁反应器通常指加热系统在反应腔室外围，衬底与反应腔室处于同一温度。因此 ALD 薄膜不仅沉积在衬底上，也以同等厚度沉积在反应腔室的内壁，典型的实际应用是先进逻辑芯片制造中的高 k 栅介质氧化铪工艺。该工艺为单片式热 ALD 反应器，采用真空腔结合反应腔的双腔结构，加热系统处于两个腔室之间，以热辐射方式对反应腔室加热（图 3.6）。该工艺以氯化铪（$HfCl_4$）和水（H_2O）作为前驱体，反应温度在 300 ℃。作为产业应用少有的固态前驱体，$HfCl_4$ 输运系统需要在持续加热的状态下才能保持充足的蒸气压。在通过高纯氮气将气化 $HfCl_4$ 输入至反应腔室的过程中，输入管路中存在任何冷点，都会导致气化的 $HfCl_4$ 凝固，进而形成颗粒被载气携带进入反应腔室，造成对晶圆的颗粒污染。由此可见，反应器壁温度也需要保持同衬底一样的温度，以避免颗粒污染物的形成。

由于加热系统基本环绕了反应腔室，在一定程度上造成衬底和工艺气体输送的障碍，比较简洁的设计是采用横向气体流动方式，即反应气体从反应器的一端流入另一端排出，并相对于晶圆为横向流动模式（图 3.6）。这种设计的一个优点是可以让化学源以最短距离进入反应腔室，最大限度避免冷点的出现。另一个优点是反应腔体的容积以及表面积最小化，从而为 ALD 反应气体的快速脉冲和充分吹扫提供条件。缺点在于反应腔壁上所沉积薄膜累积逐渐增厚，最终会从腔壁脱落，造成颗粒污染。周期性的设备维护包括拆卸清洗整个内腔体，影响设备产能。

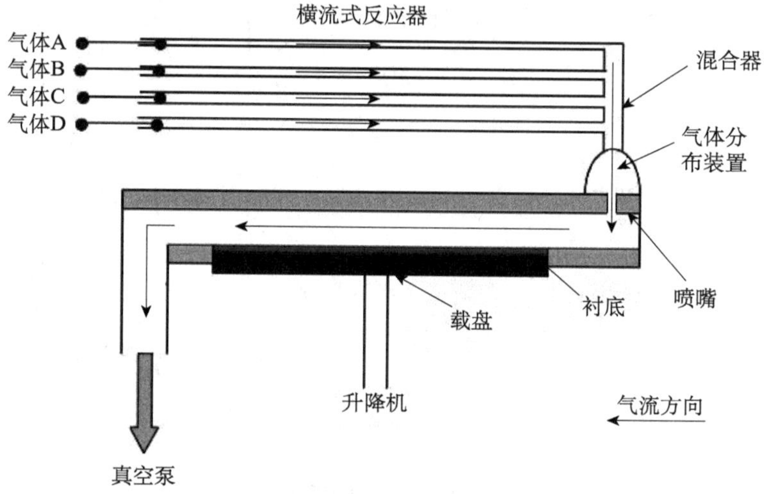

图 3.6　横向流动式热壁 ALD 反应器示意图 [13]

对于批量式反应器，几乎所有设计均将加热系统设置在反应腔室外围，通过热辐射对反应腔壁和各类衬底进行加热。无论衬底如何排布，都需要反应气体有充分的时间扩散到每个衬底表面，因此批量式反应器也可以看作是横流式反应器。图 3.7 列举了几种热壁批量式反应器的设计，包括立式炉管式热 ALD 反应器 [9]、卧式批量式热 ALD 反应器、小批量式热 ALD 反应器以及卧式炉管式 PEALD 反应器等。由于热壁反应器的腔壁累积生长薄膜，具备在线清洗是批量式热壁反应器所需的重要功能，特别是半导体设备对颗粒污染有着极高的控制要求，充分有效的在线清洗可以极大降低维护时间，提高产能和降低成本。近年来迅猛发展的光伏产业批量式 ALD 设备，也同样面临反应腔体的维护问题。由于其对高产能、低生产成本有极高的要求，当前光伏 ALD 最新技术已达每小时 25000 片光伏电池片的产能。同时电池片良品率对颗粒污染的容忍度较高，光伏用批量式 ALD 多采用半封闭式电池片承载舟，对反应气与反应腔再次进行隔离，仅在承载舟内对电池片进行镀膜。因此避免了反应腔壁因薄膜累积维护造成的停机时间，只需对承载舟进行定期清洗，就可完美解决反应腔体维护带来的设备产能下降问题。

近几年光伏行业还出现了管式批量式 PEALD 设备，兼容了传统管式 PECVD 设计结构，可以进行两种不同工艺的连续生产。例如，发射极背钝化接触（passivated emitter back contact，PERC）电池制造所需背钝化 PEALD Al_2O_3 和 PECVD SiN_x 以及隧穿氧化层钝化接触（tunnel oxide passivated contact，TOPCon）电池制造所需的隧穿氧化层 PEALD SiO_2 和 PECVD 原位掺杂的多晶硅层，为高效电池生产提供了新的技术选择[18,19]。批量式 PEALD 设备承载电池片的石墨舟置于石英管内，加热系统置于石英管外围，亦属于热壁批量式 ALD 反应器。常见的 Al_2O_3 钝化薄膜制备，采用三甲基铝（TMA）和氧气（O_2）或笑气（N_2O）等离子体进行反应，有效镀膜仅在石墨电极间的等离子场区域进行，石英管反应腔内壁不形成薄膜，无需进行腔体维护。

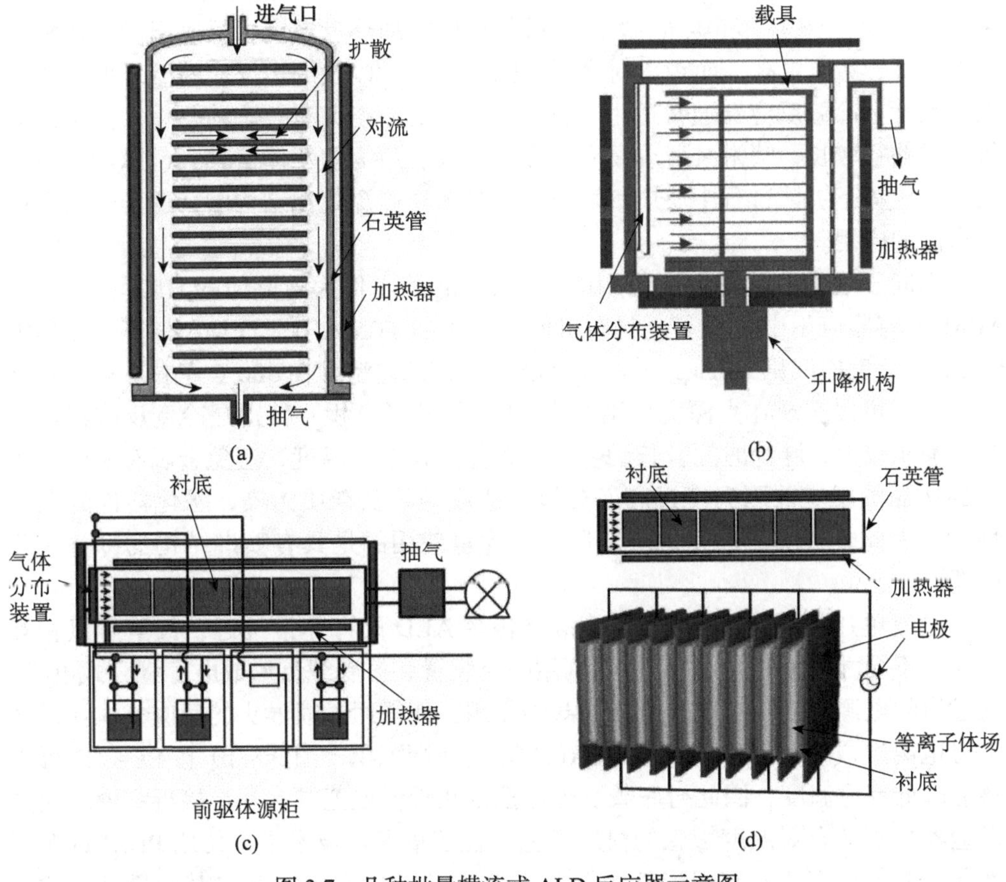

图 3.7　几种批量横流式 ALD 反应器示意图

(a) 立式炉管式 ALD 反应器，每次可装载 100～125 片 300 mm 晶圆，通常为单一工艺独立系统[9]；(b) 小批量式 ALD 反应器，每次可装载 25～50 片 300 mm 晶圆，可灵活选择单一腔体或多个模块集成；(c) 光伏用批量式热 ALD 系统，每批次可装载 2100 片 210 mm 方形电池片；(d) 光伏用批量式 PEALD 系统，每批次可装载 528 片 210 mm 方形电池片[18,19]［(b)、(c) 设备示意图由微导 (Leadmicro) 提供］

3.2.2 冷壁反应器

在 ALD 冷壁反应器设计中，通常衬底或者承载衬底的载盘置于加热盘上，衬底温度即反应温度，而反应腔体，尤其是内表面温度通常低于衬底温度。这种设计常见于半导体行业普遍应用的具有喷淋头（showerhead）的单腔体结构 CVD 设备中。图 3.8 显示了两种典型的半导体晶圆用热 ALD 和 PEALD 腔体的设计[20]。对于 300 mm 晶圆单片热 ALD 喷淋式反应腔，衬底置于单独控温的加热盘上，反应气体从反应腔体上方进入，通过喷淋装置将气体均匀分布。从喷淋头出来的气体，其流动方向与晶圆保持垂直，在接触晶圆后从中心向四周放射状排出［图 3.8(a)］。典型应用是存储芯片制造领域常见的金属 / 绝缘层 / 金属电容器（MIM capacitor）中的 TiN 电极和 HfO_2 高 k 介质工艺。作为底电极的 TiN 工艺，采用氯化钛（$TiCl_4$）和氨气（NH_3）进行反应，加热盘温度（反应温度）通常设置在 450 ℃甚至更高，而距离衬底很近的喷淋头，以及周边反应腔壁均处于相对较低温度。冷壁反应器通常适用于较高蒸气压的液态或者气态前驱体。由于前驱体输送路径较长，喷淋装置容积和表面积较大，所需前驱体量较大，脉冲时间较长。其优势是工艺过程中反应气可以充分扩散至高深宽比结构中，适合于保形性要求高的应用。

不同于逻辑芯片制造所采用的无机 $HfCl_4$ 和水作为前驱体的 HfO_2 工艺，在 MIM 电容器应用中采用了金属有机前驱体（如 TEMAHf、TEMAZr 等）和臭氧（O_3）进行反应沉积 $Hf_xZr_{1-x}O_2$ 高 k 介质工艺，工艺温度在 300 ℃左右。采用喷淋式反应器可以实现在高深宽比结构中 ALD 的共形沉积。特别是冷壁反应器可以将表面积较大、脉冲时间较长的喷淋装置保持在较低温度，避免金属有机前驱体在到达晶圆反应前因温度过高而分解，造成颗粒及杂质污染，恶化器件的电学性能。因此，当前先进存储芯片制造，大量使用的是具有喷淋结构的冷壁式反应器。

主流单片式 PEALD 结构与喷淋结构热 ALD 设计非常接近，甚至可以相互切换。不同之处是 PEALD 反应器利用喷淋装置和衬底载盘形成电容耦合式电极，通过射频电源、匹配器以及电极的共同作用，使得通过喷淋头的反应气体在衬底上方电离形成等离子体，并以 PEALD 模式进行沉积［图 3.8(b)］。PEALD 可以显著降低反应温度，因此衬底载盘也可控制在较低温范围，甚至接近室温。此类反应器特别适合对温度敏感的衬底工艺。在多重曝光技术中，使用 PEALD 对图案化的光刻胶沉积具有保形性的低温 SiO_2，沉积温度仅在 75 ℃甚至更低，此时沉积工艺过程中反应腔体可以基本不做温度控制。

冷壁反应器设计中各类气体管路可从腔体上方进入反应腔室，无论是热 ALD 还是 PEALD，均可以方便设置远程等离子体发生装置（remote plasma system）或直接等离子体发生装置（direct plasma system）。因此除了进行相应的热 ALD 或 PEALD 工艺，两种反应器还可以通过电离 NF_3、CF_4、Cl_2 等强反应气体，增加对腔体的在线清洗功能。特别是冷壁所积累的薄膜质量及黏附性较差，因此可以有效清洗去除它们，一些设备甚至可以做到长期不开腔维护，极大地提高了生产效率。

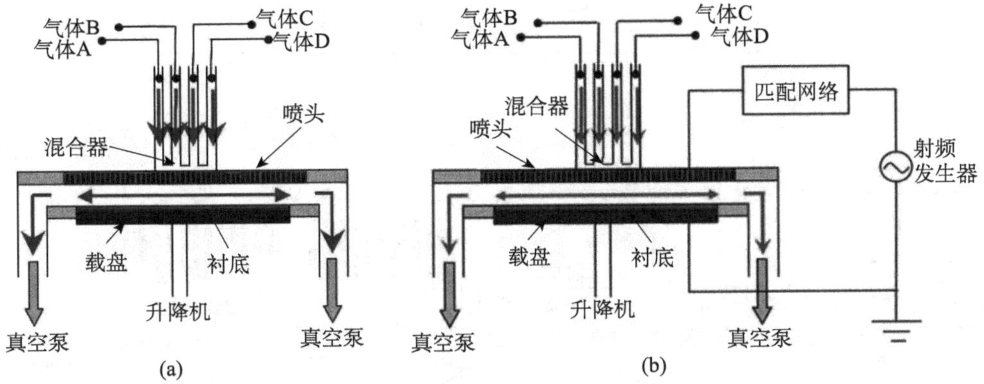

图 3.8　喷淋式 ALD 反应器示意图 [12]
(a) 热 ALD；(b) PEALD

空间式 ALD 技术中，不同前驱体被直接输送至反应器内，前驱体在腔室空间的分布以物理形式被隔离开，其间通常需要经过一个吹扫装置以去除未参加反应的前驱体。衬底通过机械运动被交替暴露在两种不同前驱体的蒸气中，形成一个完整的 ALD 循环，通过移动次数的累加以达成目标厚度的薄膜。早在 ALD 技术发明初期，衬底加装在可旋转的装置上分别循环暴露在不同反应源上方，空间 ALD 装置的雏形就已经形成了（图 3.1）。近几年，商业化旋转式（carousal）空间 ALD 反应器在半导体设备领域取得了重大进展，如图 3.9(a) 所示 [21]。通常多个衬底被放置在载盘上，多个独立的喷淋装置被相互隔离，通过载盘或喷淋装置的相对机械旋转运动，晶圆旋转到对应的喷淋装置后，形成多个被隔离或封闭式的反应区域。而不同反应前驱体从对应的喷淋装置输入到晶圆表面，对残留气体进行吹扫步骤后，在每个衬底完成 ALD 的半反应，如此循环，直至衬底达成目标薄膜的沉积厚度。有趣的是，这种旋转式空间 ALD 的概念早在 20 世纪 90 年代就已经在 Suntola 博士的著作中有了较清晰的描述，甚至包括了批量衬底镀膜的概念［图 3.9(b)］[22]。旋转式空间 ALD 大多采用冷壁设计，衬底在旋转载盘上加热达到反应温度。由于不同前驱体具有单独的喷淋装置和反应腔室，相互之间避免了交叉反应，因此反应腔室内壁不存在成膜条件，可以极大延长设备的维护周期。另外，直接或远程等离子体发生装置均可以作为反应器配置，显著增加了不同工艺的适配性，是当前半导体市场 ALD 装备发展的重要方向之一。

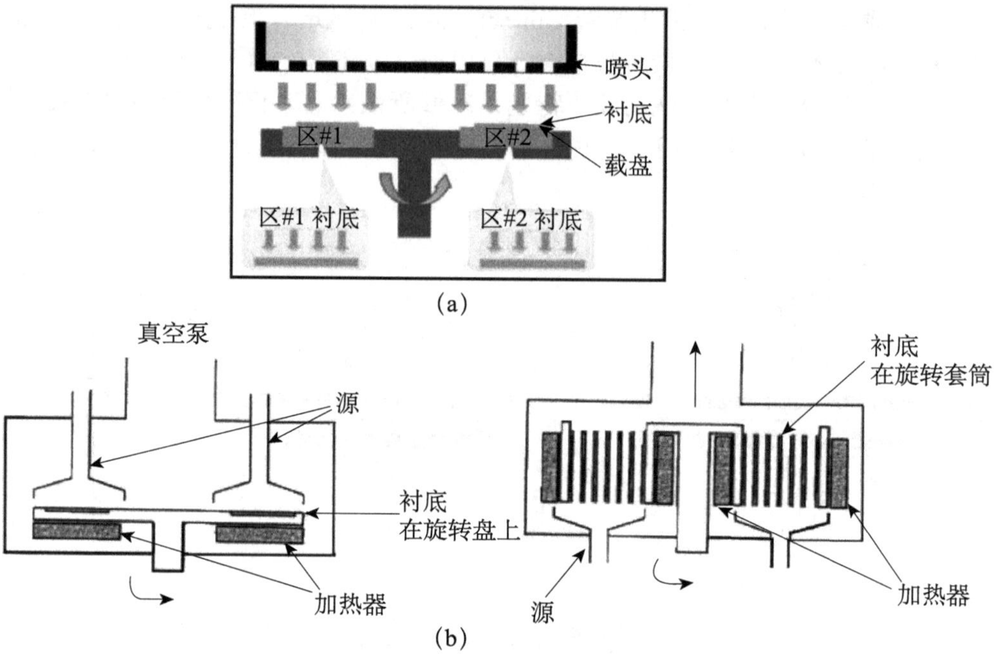

图 3.9　空间 ALD 反应器示意图

(a) 半导体用旋转式空间 ALD 示意图 [21]；(b) 早期两种旋转式 ALD 反应器概念 [22]

空间式 ALD，也可称为在线空间式 ALD (in-line spatial ALD)，其概念早在 20 世纪 80 年代就在 Suntola 博士的一项专利中提出 [23] [图 3.10(a)]。光伏领域商业化空间 ALD 采用由多组线性前驱体喷头组成喷淋板装置 [图 3.10(b)]，每组喷头配置有反应气体隔离和排出通道以完成对反应气的吹扫功能。衬底（晶硅电池片）加装在载盘上，载盘尺寸可达 $2000 \times 2000\ mm^2$，可装载近百个电池片。通过喷淋板上的喷头组数量和载盘相对固定喷头数量的喷淋板运动次数，来控制薄膜厚度。通常反应器设计只对载盘和喷淋板进行加热，因此也属于冷壁式反应器。由于气体相对于衬底垂直流动，且衬底相对喷淋板以较快速度运动，在晶硅电池生产过程中常见的 Al_2O_3 工艺表现为电池片背面绕镀较小，从而较好地保障了电池片的品质。然而这类反应器通常体积较大，设备成本较高，正常运行时间较低，在高效晶硅电池的生产中逐渐被批量式 ALD 所取代。近年来以卤化物钙钛矿材料为基础的薄膜电池在光电转换效率上取得了飞速进展，基于大面积玻璃衬底的薄膜电池制造对空间 ALD 技术有了实际需求。同时，大面积空间 ALD 从机械装置上非常适合处理柔性材料，以卷对卷 ALD 方式在柔性材料衬底上沉积薄膜已成为可能。空间 ALD 尚在发展中，无论是在柔性电子材料的封装、显示技术，还是在大面积刚性或柔性薄膜电池中，均具有较好产业化前景。

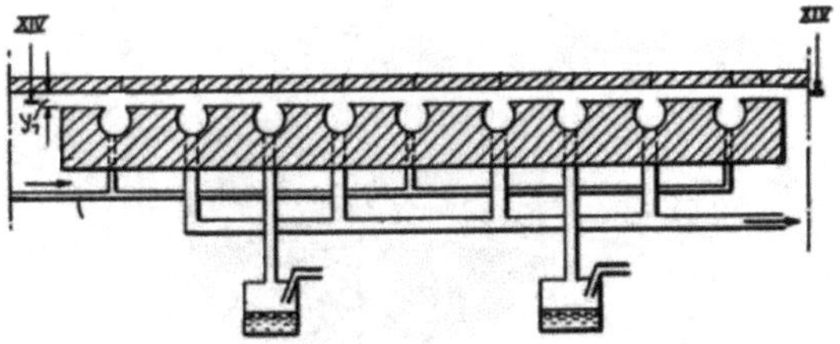

(a)

(b)

图 3.10　空间式 ALD 原理和设备示意图

(a) 早期空间 ALD 概念[23]；(b) 光伏用空间 ALD 系统（微导提供）

3.3　原子层沉积工业化设备的进展

3.3.1　先进半导体芯片加工设备

随着芯片结构的不断缩小，芯片构架的不断演变，新材料、新工艺催生出新的装备技术和手段，促使摩尔定律的极限不断被突破。ALD 技术在半导体产业的应用和发展历程，也见证了半导体技术的不断演变进程。正如 2004 年国际半导体行业协会（SEMI）给 ALD 发明人 Suntola 博士颁发年度奖时指出，“ALD 技术为发展纳米级半导体器件铺平了道路”[16]。

由于 ALD 技术在芯片加工过程中起着极其关键的作用，因此芯片加工过程对 ALD 设备也有着极其严苛的要求。这体现在多个方面：①对于沉积薄膜的厚度以及材料性能有极高的片内及片间均匀性要求；②对于 ALD 技术特有的保形性要求；③对颗粒污染的严格控制，除薄膜材料本身，特别要求控制金属和非金属杂质；④对产能和综合成本的要求。

用于逻辑芯片场效应晶体管（FET）的 HfO_2 高 k 栅介质工艺，通常采用热壁横流式反应器，成膜厚度仅为 15 Å 左右，但要求在 300 mm 晶圆内膜厚均匀性为 $1\delta<1\%$，相当于厚度差异小于原子直径尺寸。为满足如此高的均匀性要求，利用 ALD 表面饱和吸附自限制反应原理，保持反应气体层流状态是技术关键。即使如此，从薄膜厚度分布图来看依然有气流方向的影响，如图 3.11(a) 所示。在工艺过程中实现衬底旋转 180° 的机械功能，如图 3.11(b) 所示，可进一步改进膜厚的均匀性，使其长期稳定在 $1\delta<0.5\%$ 以内[17]。

对于垂直流动的喷淋式反应器，虽然反应气体相较于横流式反应器仅需扩散一半距离，但并不能因此认为其在膜厚均匀性方面具有显著优势，特别是当反应气在晶圆表面分布不均匀的情况下，材料性质的均匀性也可能受到影响。以 $TiCl_4$ 和 N_2/H_2 为反应气的 TiN 工艺为例，在喷淋式 ALD 反应器中，图 3.12(a) 显

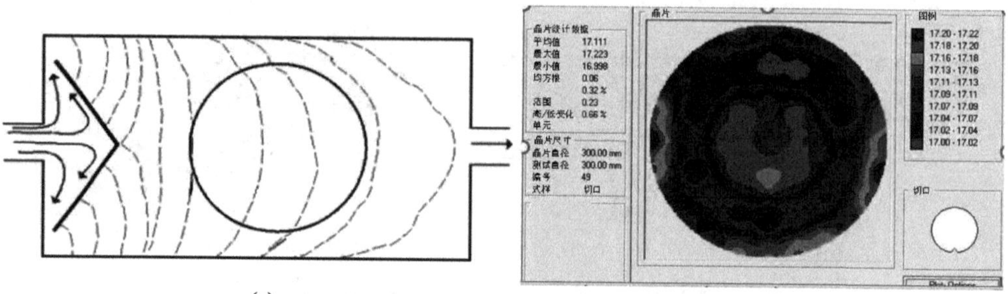

(a) (b)

图 3.11 用于逻辑芯片 HfO_2 栅介质沉积的 ALD 横流式反应器的气流分布仿真结果和测得的厚度分布图 [17]

(a) 横流式反应器气体分布装置可以最大限度减小气体流动的阻力；(b) 通过载盘旋转 180°，可明显改进 HfO_2 薄膜厚度均匀性（微导提供）

示了来自中心前驱体输送管线的惰性气体 Ar 气流如何阻挡外围前驱体输送管线中 $TiCl_4$ 气流的示例，结果 $TiCl_4$ 前驱体在衬底表面呈不均匀分布，造成局部薄膜厚度的差异，甚至是局部导电性的差异 [17]。另一方面，喷淋式反应器通常包含喷淋头孔洞、前驱体输送系统等，具有较大腔室表面积，需要较长的吹扫以确保充分的 ALD 反应，但这也为前驱体在超高深宽比结构中的充分扩散创造条件，在成膜保形性方面具有一定优势。图 3.12(b) 展示了热 ALD 工艺在孔径为 140 nm 左右、深宽比（aspect ratio，AR）为 110∶1 的结构中，生长的超薄 2.5 nm 厚 TiN 薄膜具有较好的均匀性，达到＞95% 的阶梯覆盖率（step coverage, SC）。图 3.12(c) 展示了 PEALD 工艺在尺寸 200 nm 左右、深宽比为 60∶1 的沟道结构中，所沉积的 46 nm 厚 SiO_2 薄膜也展现出很小的厚度波动，达到＞98% 的阶梯覆盖率。当前各类三维复杂结构存储芯片制造中，喷淋式 ALD 反应器成为关键设备，得到越来越多的应用。

衬底运输和 ALD 工艺过程中的机械、工艺颗粒和各类金属、非金属杂质污染等，对反应器设计、生产制造和工艺过程控制等提出了极其严苛的要求，也是衡量半导体设备竞争优势的重要指标之一。例如，在 28 nm 技术节点对高 k 栅介质 HfO_2 工艺过程产生的大于 45 nm 直径颗粒数在 300 mm 晶圆衬底表面要求控制不超过 5 个。在更先进的技术节点，则需要对 25 nm 甚至更小直径的颗粒进行监测和控制。此时可进行表征的颗粒检测技术手段和仪器也成为极大的挑战。半导体 ALD 设备正是在不断突破这些技术极限的过程中不断成长和发展，成为先进工艺必不可少的尖端技术。

芯片加工过程所需要的不同工艺对设备构成具有不同的要求，在满足加工工艺要求的同时，还需要极大限度增加设备的产能以降低生产成本。逻辑芯片制造中高 k 介质 HfO_2 工艺可单独进行成膜，因此多个单腔体 ALD 反应器可集成在同一平台以满足产线对产能的要求，如图 3.13(a) 所示。在铜互连工艺中，首先需要对经过上一道工艺的衬底进行预处理以清除表面氧化层，再进行阻挡层、籽晶层等工艺［图 3.13(b)］。因此通常多个不同工艺功能的单一腔体设备组成一套复杂的集成系统，单一晶圆衬底可在真空环境下经过不同工艺腔体一次完成多个不同工艺，从而保障薄膜沉积质量。单一腔体组成的集成系统，虽然产能受限，但单一衬底的成膜均匀性、一致性和工艺稳定性均有较佳的表现[20,21]。为了增加产能，近几年出现了由双腔模块甚至四腔模块组成的多腔室单片机产品［图 3.13(c)］，此类设备设计、制造难度极高，但产能高、性能强，成为行业发展的重要趋势。

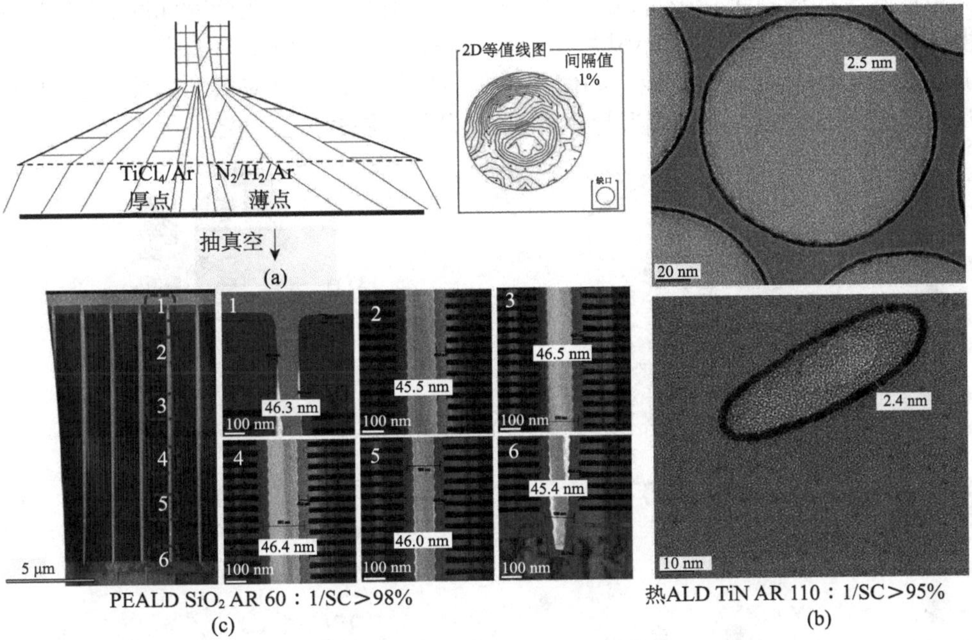

图 3.12　喷淋式反应器反应气分布对成膜工艺的影响

(a) 喷淋式反应器的示意图，气体混合不充分导致前驱体分布不均匀（左图），从而使得 300 mm 晶片上所沉积的 TiN 薄膜导电性不均匀（右图），表现为方块电阻均匀性异常[17]；(b) 热 ALD TiN 在深孔结构（AR 为 110∶1）的成膜效果（阶梯覆盖率>95%）；(c) PEALD SiO_2 在深沟道结构（AR 为 60∶1）的成膜效果（阶梯覆盖率>98%）（微导提供）

为提升产能、降低成本，采用批量式 ALD 设备成为具有竞争力的选择之一。如前所述的炉管式 ALD 设备可一次处理 125 片 300 mm 晶圆［图 3.7(a)］。一些较稳定的 ALD 工艺，包括 Al_2O_3、TiN，基于金属有机前驱体的 HfO_2、SiO_2 等，均已实现较成熟的产业应用。批量式 ALD 设备通常为独立系统，适用于单一薄膜材料沉积，产能较高，且设备成本低廉。但当前产业应用工艺选择性有限，与其他工艺的集成度较弱。另外批量式 ALD 设备工艺时间较长，对于稳定性不足的金属有机前驱体工艺，面临成膜质量难控制、器件在薄膜沉积时所经历的热过程较长等问题。

近几年出现了半导体专用小批量式 ALD 反应器，每批次可处理 25～50 片 300 mm 晶圆。该类设备兼具了单腔体快速 ALD 循环的优势，降低了器件的热过程时间，同时也可以满足批量式设备对产能的要求。特别是对多种工艺具有集成度较高的优势，非常适合一些新型应用场景。例如，在 TiN/HfO_2/TiN 电容器结构制造过程中，采用的 TiN 工艺通常生长速率较低，仅为 0.17～0.2 Å/ 循环，而采用金属有机前驱体（如 TEMAHf）的 HfO_2 生长速率则在 1.1～1.3 Å/ 循环，两者工艺节拍时间（tact time）差别很大，造成产能不匹配。采用小批量 TiN 腔体与 HfO_2 单腔体集成式的团簇系统，则可以较好解决工艺节拍和不同工艺产能匹配性问题，使得集成工艺在同一真空系统环境下完成，如图 3.13(d) 所示，在保障了界面状态和成膜质量的同时增加了产能。如何实现单腔体与小批量反应器的高效集成同时达到降低成本的目标，正在成为行业对 ALD 设备发展的关注点之一。

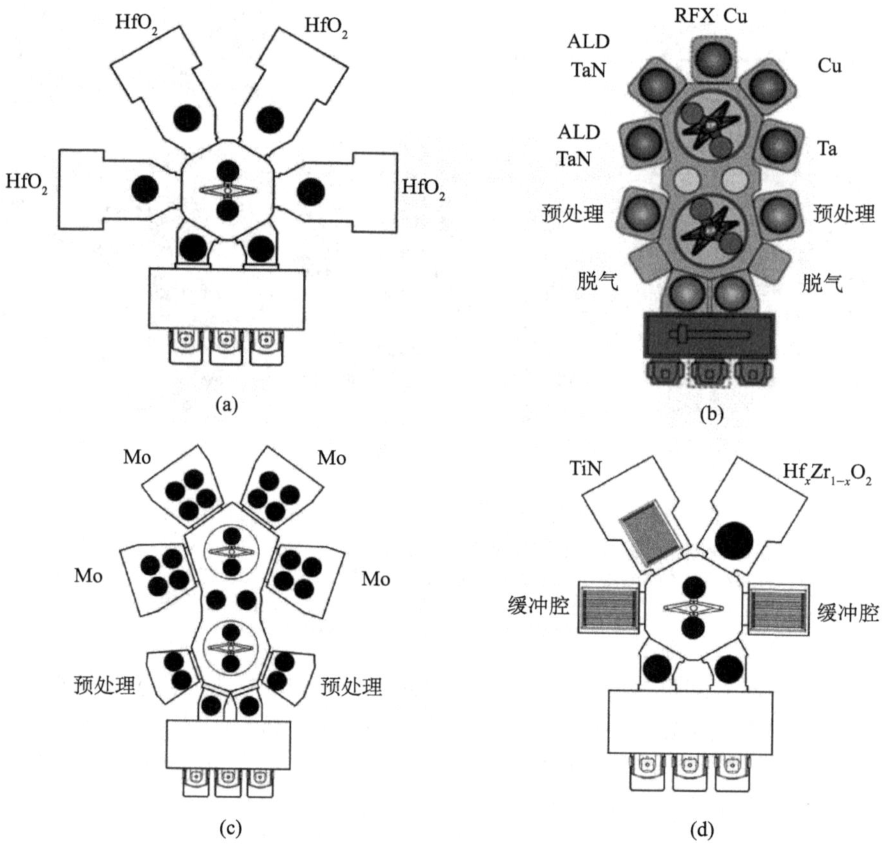

图 3.13　几种 ALD 设备的集成方式

(a) 用于逻辑芯片高 k 介质 HfO_2 工艺，4 个完全一样的单腔体组成一个系统以增加产能（微导提供）；(b) 铜互连阻挡层－籽晶层工艺系统，由 ALD TaN 单腔体与前处理和 PVD 等腔室集成，在真空环境下一次完成多个工艺 [9]；(c) 用于存储芯片金属导线的 PEALD Mo 金属工艺，由四个双腔或四腔模块与预处理模块共同组成强大的生产系统 [24]；(d) 由单腔、小批量和缓冲腔组成的制备 MIM 电容器系统（微导提供）

3.3.2　光伏高效电池加工设备

今天的光伏产业中主流高效太阳能晶硅电池，大部分采用 ALD 制备的氧化铝作为钝化薄膜。ALD 工业化设备在不到十年的时间，不但进入光伏领域，而且立足成为不可或缺的重要生产环节，可以称之为国产化装备技术创新推动光伏清洁能源技术进步的代表。图 3.14 总结了光伏产业 ALD 设备发展的历程。

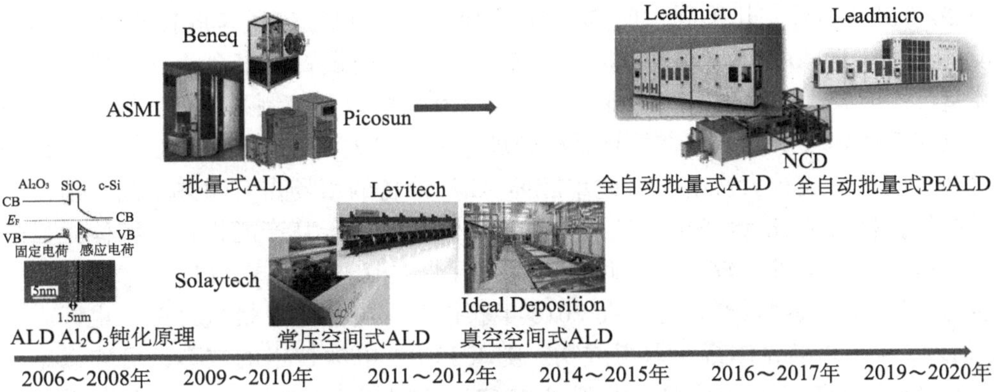

图 3.14　工业化 ALD 设备在光伏领域的发展 [25,26]

长期以来，工业化晶硅太阳能电池一直以常规铝背场（aluminum back surface field，Al-BSF）电池为主导，直到 2015 年前后，新一代 PERC 电池技术逐渐实现产业化，并开始冲击常规铝背场电池市场。PERC 电池技术中的一个重要变革是对电池背面采用介质钝化层，以减少载流子复合造成的效率损失，从而提升 1% 左右的光电转换效率。Al_2O_3、SiO_2、$SiON_x$ 等材料被认为是较理想的钝化材料，而以瑞士梅耶博格（Meyer Burger）公司为代表的装备公司推出的板式 PECVD 技术，率先实现了 Al_2O_3 钝化层和 SiN_x 减反射层连续生产，推动了行业向 PERC 电池技术的转型。

Hoex 博士最早研究了 ALD Al_2O_3 的钝化效果 [25,26]，此后产业界有不少试图将 ALD 技术进行产业化的努力，包括荷兰 ASMI、芬兰 Beneq 和 Picosun 公司等推出的批量式小试设备，荷兰 Solaytech、Levitech 公司等推出的常压空间式设备。不同于半导体芯片制造对设备的要求，光伏电池制造对高产能和低成本有极高的要求，因此光伏用生产设备大多以批量式和空间式 ALD 技术为主。值得一提的是，空间式 ALD 出现了常压和真空两种设计概念，而后者由国产装备厂商理想晶延（Ideal Deposition）率先在行业推出了创新产品。2015 年前后批量式以及空间式 ALD 技术均进入了产业小试阶段，然而针对产业所需的效率、产能、良率、质量和成本等，早期 ALD 设备一直无法有效解决相关技术问题，突破 PECVD 技术的市场垄断地位。

2016年初，刚成立不久的国产ALD设备公司微导（Leadmicro）向行业推出了一款多腔体批量式光伏专用ALD设备，不同于以往小试设备，这款产品成功解决了装载量的问题，每个反应腔体可装载1200～1600片晶硅电池片，配置有独立的源输运系统、加热系统、真空系统以及控制系统等，由一台自动化系统负责电池片的运输和装载工作。单台设备的三个反应器同时工作时产能可达4500片/小时。而相较行业领先的梅耶博格公司PECVD产品MAiA，其理论产能仅为2000片/小时。几乎同一时期，韩国NCD公司也推出了单腔体批量式ALD设备，产能近4000片/小时，其特点在于单腔体内设置了多个相互隔离的反应腔室，同时共用源输送系统、加热系统、真空系统以及控制系统等。单腔体设备优点在于成本较低，不足之处是每次处理电池片量大，一旦设备出现故障或维护时会对产线造成较大影响，因此单腔体ALD设备的市场占有率并不高。值得一提的是，板式ALD设备也成功进入量产阶段，但由于其产能相较多腔体批量式设备偏低，设备成本较高，因此并未成为行业主流。批量式ALD技术经过一年多从小试、中试到量产，终于在2018年获得头部电池企业批量订单，也标志着ALD技术在非半导体行业取得成功。随着PERC电池技术的成熟，可连续生产Al_2O_3钝化层和SiN_x减反射层的管式PECVD技术也逐渐成熟。由于初始设备投资成本较低，管式批量式PECVD技术一度成为ALD技术的强劲对手。

图3.15列举了几种主流光伏高效电池的结构以及ALD技术在其中的应用。PERC电池技术的快速扩张，不可避免形成了同质化竞争的局面，光伏产业需要有转换效率更高、更先进的电池技术提升竞争力。应运而生的是TOPCon电池技术。该技术采用N型硅片作为电池衬底材料，背面由一层超薄氧化硅（1～

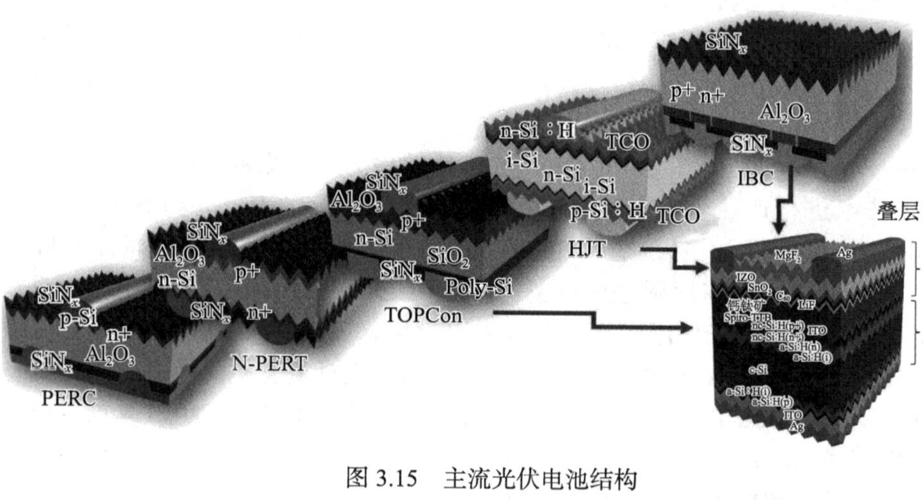

图3.15　主流光伏电池结构

N-PERT: N-type silicon passivated emitter rear total diffused cell, N型硅发射极钝化背全扩散电池；HJT: heterojunction technology，异质结技术电池

2 nm）与一层磷掺杂多晶 Si 薄膜组成，共同形成背面钝化接触结构。而具有金字塔形貌绒面的正面，则延续了 PERC 电池中 Al_2O_3 钝化层和 SiN_x 减反射层的结构。显而易见，适合 PERC 电池背钝化加工的管式批量式 PECVD 技术并不适合 TOPCon 电池的绒面钝化，而管式和板式 ALD 技术良好的共形性则成为极大的技术优势。同样，针对下一代全背电极接触（interdigitated back contact，IBC）式电池，正面绒面以及背面绝缘层则都需要 ALD 生长的 Al_2O_3 钝化层，管式 ALD 技术则可同时对正面、背面镀膜。从国际光伏技术路线图（International Technology Roadmap for Photovoltaic，ITRPV）近年来对 ALD 技术市场份额不断更新的趋势（图 3.16），2024 年预测十年后的市场份额超过 90%，不难看出 ALD 技术已成为高效电池生产的关键核心技术。

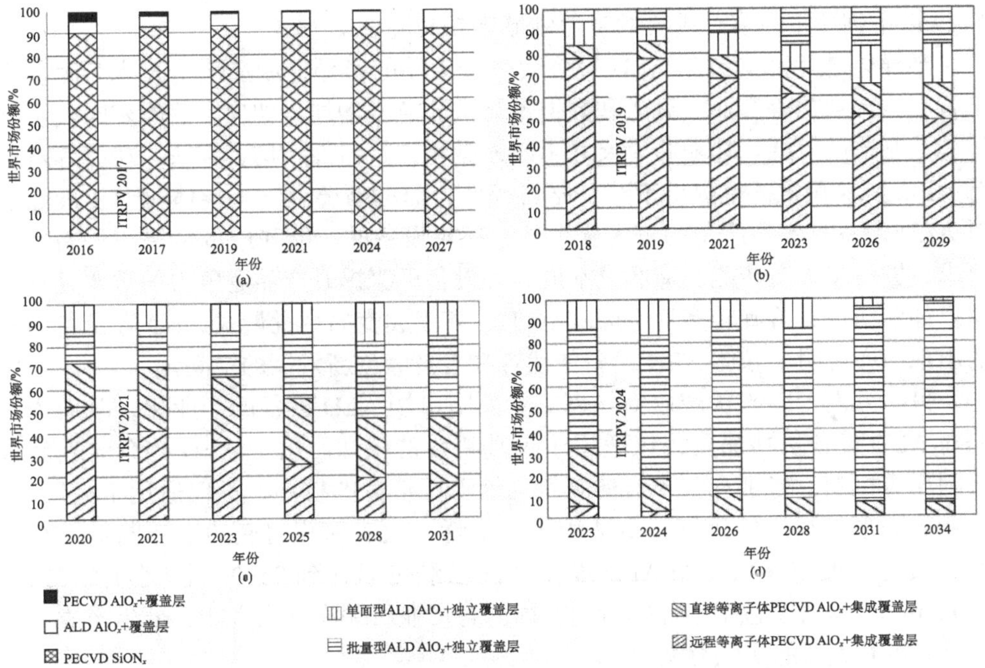

图 3.16　ITRPV 历年来对 ALD 技术在电池中所占市场份额的预测 [27]

(a) 2017 年；(b) 2019 年；(c) 2021 年；(d) 2024 年

近期，钙钛矿以及钙钛矿与晶硅叠层电池成为行业关注的重要新兴电池技术。从实验室到工业电池制造研究，在较短的时间内光电转换效率迅速提升，其太阳能电池转换效率屡创新高。采用 ALD 技术作为钝化层、电子或空穴传输层以及封装层等，均开始了产业化应用探索，并且正在取得可喜的进展。近期国内外报道的多项大面积电池及组件创造的光电转换效率纪录，均利用了 ALD 技术，国产化 ALD 装备在其中起到了关键作用。在光伏产业发展过程中，国产 ALD 装备技术在推动全球光伏技术进步和向绿色能源转型的征程上，正在写下浓墨重彩的一笔。

3.4 总结与展望

本章仅对当前产业化较成熟半导体和光伏行业应用的 ALD 设备进行了介绍，并对 ALD 设备在这两个行业的进展进行了概括总结。需要强调的是，ALD 技术在其他多个新兴工业领域也正在进入产业化应用阶段，例如光学镀膜所采用的批量式 PEALD, 柔性材料封装技术所应用的卷对卷空间式 ALD 和 PEALD, 锂离子电池和催化剂粉末等材料表面改性的流化床式 ALD 等等。这些新兴产业应用所需要的 ALD 设备、所处理的衬底和材料、实现的工艺和温度等，都有很大的差别，因此设备的设计和功能也有巨大的差异。但是在市场推动下的各种类型的 ALD 设备创新正在多个重要的工业领域蓬勃开展。

半导体芯片加工专用 ALD 设备代表着尖端的半导体制造装备技术。随着人工智能、大数据等产业对算力和数据量需求的急剧增加，加速了后摩尔时代半导体芯片制造的发展。伴随芯片尺寸不断缩微化，新器件结构、算法、功能等对现有 ALD 技术和设备也提出工艺、材料等各方面的新要求。半导体行业发展除了对 ALD 设备有各项严苛的技术要求外，还对设备的产能和成本也提出了明确的要求，进一步提高产能、降低成本成为各设备厂家提升产品竞争力的重要发展方向。如前所述，可旋转多片空间式 ALD、高集成度的小批量式 ALD 等设备形式的出现，亦说明半导体 ALD 设备依然存在着持续创新发展的空间。

另一方面，以光伏产业为代表的非晶圆市场 ALD 设备的产业化，改变了人们对 ALD 设备价格昂贵，仅适用于尖端科技的认知。由于 ALD 特有的表面自限制反应机制，特别有利于对薄膜均匀性和保形性的控制，不仅适用于大尺寸、复杂表面形貌衬底的沉积，也适用于大批量、大表面积衬底的生产制造。在本章成文时，最新光伏专用 ALD 设备产能已经可以达到 25000 片 / 小时（$210 \times 210\ mm^2$），这对于包括半导体行业在内的各产业所关注的高产能、低生产成本指标具有极其重要的实践意义。

ALD 技术对促进人工智能、大数据产业的发展起着重要作用，反过来人工智能和大数据也进一步促进 ALD 技术和装备的发展。半导体芯片制造是一个较成熟且高度自动化产业，制造周期长，制造成本高昂。而光伏高效晶硅电池制造通过近几年快速发展，也全面进入高度自动化时代，同时为保持高产能，设备每批次处理衬底数量极高。虽然不同产业有不同技术特点和要求，但对于高产能、高良率的要求，以及最终追求的低成本是共同遵循的规律。利用人工智能和大数据进一步提升 ALD 设备的性能，并在信息采集、工艺优化和控制、数据分析和集成、结果预测、质量管控等方面进行应用，做到对设备性能实时监测、诊断，实现可预测性维护，甚至对设备及工艺过程进行自校准、优化等智能控制，最终实现综合成本的有效控制。

对于 ALD 技术和设备而言，符合环保、健康和绿色可持续发展的理念，不仅是其未来发展趋势，也是设备制造商社会责任所在。2022 年联合国气候变化大会召开之际，国际半导体行业协会倡导成立了半导体气候联盟（Semiconductor Climate Consortium），由国际知名半导体、光伏行业、包括设备制造商在内的 65 家企业作为发起成员共同参与。此举表明在减少水电气消耗和碳排放、降低有害物质的使用、提高设备和材料的可回收性等方面，有了明确的设备和技术发展方向。值得一提的是，ALD 技术与设备在光伏产业上的应用，有效提升了晶硅电池光电转换效率，在短短几年内为绿色可持续发展提供了可观的清洁能源。特别是国产化 ALD 技术与设备的创新，不但加速了光伏电力的平价上网，也促进了新光伏技术的不断进步。

1974 年出现第一个 ALD 发明专利，本章成文时间正好是 ALD 技术走过了 50 年的发展历程，对 ALD 技术的研究已经扩展到各个重要的工业领域，是具有前瞻性和共性的关键真空薄膜技术。从今后较长一段时间看，ALD 技术和设备的发展前景依然极其广阔。

参 考 文 献

[1] Suntola T, Antson J. Method for producing compound thin films: U.S. Patent, 4058430, 1977

[2] Oviroh P O, Akbarzadeh R, Pan D Q, et al. New development of atomic layer deposition: Processes, methods and applications. Sci. Technol. Adv. Mater., 2019, 20: 465-496

[3] Li Z S, Li J W, Liu X, Chen R. Progress in enhanced fluidization process for particle coating via atomic layer deposition. Chem. Eng. Proc.-Proc. Intensification, 2021, 159: 108234

[4] Longrie D, Deduytsche D, Detavernier C. Reactor concepts for atomic layer deposition on agitated particles: A review. J. Vac. Sci. Technol. A, 2014, 32: 010802-1~13

[5] Knoops H C M, Faraz T, Arts K, et al. Status and prospects of plasma-assisted atomic layer deposition. J. Vac. Sci. Technol. A, 2019, 37: 030902

[6] Higgs D J, DuMont J W, Sharma K, et al. Spatial molecular layer deposition of polyamide thin films on flexible polymer substrates using a rotating cylinder reactor. J. Vac. Sci. Technol. A, 2018, 36: 01A117

[7] Rampelberg G, Longrie D, Deduytsche D, et al. Plasma enhanced atomic layer deposition on powders. ECS Trans., 2014, 64: 51-62

[8] George S M, Fitzpatrick P R, Gibbs Z M. Atomic Layer Deposition for Continuous Roll-to-Roll Processing. 54th Annual Technical Conference Proceedings, Chicago, IL, USA, 2011

[9] Granneman E, Fischer P, Pierreux D, et al. Batch ALD: Characteristics, comparison with single wafer ALD, and examples. Surf. Coat. Technol., 2007, 201: 8899-8907

[10] Muñoz-Rojas D, Nguyen V H, de la Huerta C M, et al. Spatial Atomic Layer Deposition. Chemical Vapor Deposition for Nanotechnology, 2019 IntechOpen Limited, London, UK, 1-25

[11] Suntola T, Hyvarinen J. Atomic layer epitaxy. Annu. Rev. Mater. Sci., 1985, 15: 177-195

[12] Suntola T. Atomic Layer Epitaxy. Mater. Sci. Rep., 1989, 4: 261-312

[13] Suntola T. Atomic Layer Epitaxy. Thin Solid Films, 1992, 216: 84-89

[14] Suntola T. Cost-effective processing by atomic layer epitaxy. Thin Solid Films, 1993, 225: 96-98

[15] Suntola T. Handbook of Crystal Growth. Amsterdam: Elsevier, 1994, 3: 601-663

[16] Puurunen R L. A short history of atomic layer deposition: Tuomo Suntola's atomic layer epitaxy. Chem. Vap. Deposition, 2014, 20: 332-344

[17] Elers K E, Blomerg T, Peussa M, et al. Film uniformity in atomic layer deposition. Chem. Vap. Deposition, 2006, 12: 13-24

[18] Liao B C, Wu X Y, Wu W L, et al. Tube-type plasma-enhanced atomic layer deposition of aluminum oxide: Enabling record lab performance for the industry with demonstrated cell efficiencies ＞24%. Prog. Photovolt. Res. Appl., 2023, 31: 52-61

[19] Liao B C, Wu W L, Yeo R J, et al. Atomic scale controlled tunnel oxide enabled by a novel industrial tube-based PEALD technology with demonstrated commercial TOPCon cell efficiencies ＞24%. Photovolt. Res. Appl., 2023, 31: 220-229

[20] Lee F, Marcus S, Shero E, et al. Atomic layer deposition: An enabling technology for microelectronic device manufacturing. IEEE/Semi Advanced Semiconductor Manufacturing Conference, 2007

[21] Hwang C S. Atomic Layer Deposition for Semiconductors. New York: Springer Science+Business Media, 2014

[22] Suntola T. Atomic Layer Epitaxy// Glocker D A, Shah S I. Handbook of Thin Film Process Technology. IOP Publishing Ltd., 1995, 1: B1.5.1-17

[23] Suntola T, Pakkala A, Lindfors S. Apparatus for performing growth of compound thin film: U.S. Patent, 4389973, 1983

[24] Raaijmakers I. ALD: A disruptive technology enabling new device architectures. AVS-ALD, 2024

[25] Hoex B, Heil S B S, Langereis E, et al. Ultralow surface recombination of *c*-Si substrates passivated by plasma-assisted atomic layer deposited Al_2O_3. Appl. Phys. Lett., 2006, 89: 042112

[26] Benick J, Hoex B, Sanden M C M, et al. High efficiency n-type Si solar cells on Al_2O_3-passivated boron emitters. Appl. Phys. Lett., 2008, 92: 253504

[27] Verband Deutscher Maschinen- und Anlagenbau. The international Technology Roadmap for Photovoltaics. (2017, 2019, 2021, 2024). https://www.vdma.org/international-technology-roadmap-photovoltaic

第 4 章　原子层沉积前驱体

原子层沉积生长材料，离不开合适的 ALD 前驱体。巧妇难为无米之炊，可以这么说，前驱体是进行 ALD 表面反应与生长的前提与基础。本章中将重点介绍原子层沉积前驱体的要求、种类及其使用特点。

4.1　原子层沉积前驱体要求

从原子层沉积原理可知，ALD 过程由交替发生的自饱和表面吸附和化学反应组成，是自限制的生长过程。基于这些特点，对 ALD 反应前驱体提出了如下要求 [1-6]：

（1）良好的挥发性。ALD 前驱体的状态可以是气体、液体或固体，一般要求其在工作源温时的蒸气压不小于 0.1 Torr①，并且使用温度最高不超过 200～300 ℃。

（2）足够的反应活性。ALD 前驱体进入反应室后，需快速地在沉积表面发生化学吸附，并易与其他前驱体发生化学反应。因此，要求反应前驱体在很短的时间内（小于 1 s）达到饱和，以保证合理的反应速率。要求前驱体所参与 ALD 反应的吉布斯自由能 ΔG 具有很大的负值。

（3）不能发生自分解。由 ALD 的原理可知，ALD 由一系列的半反应组成，这就要求 ALD 前驱体在沉积过程中需要保持其原有的分子组成，而不能发生自分解反应，否则将破坏薄膜沉积的自限制性，从而影响薄膜的均匀性和成分的准确性。

（4）不能对薄膜或衬底具有刻蚀或溶解作用。ALD 所采用的前驱体对需要制备的薄膜及使用的衬底不具有刻蚀或溶解作用，以保证自限制的生长过程。

上面四个特点是对 ALD 前驱体的基本要求，是必需的。另外还希望 ALD 前驱体易合成、提纯，价格适中，低毒性，环境友好，副产物易挥发、易处理。当然，实际使用中完全满足这些要求的前驱体是很少的，只能根据生长需要进行取舍。同化学气相沉积（CVD）相比，ALD 前驱体应该有更高的反应活性、更高的热稳定性，以确保表面交换或化学吸附反应顺利进行，防止热分解反应的出现，破坏 ALD 自限制的生长机理。同时，值得注意的是，由于 ALD 为表面化学

---

① 1 Torr=1 mmHg=133.322 Pa。

吸附反应机制，使用的衬底也可能给前驱体的选择带来额外的限制。前驱体的物态是固相、液相还是气相，也会直接影响源的输运系统的设计与结构，特别是对蒸气压比较低的固相前驱体[1]。

4.2 原子层沉积前驱体种类

根据是否含有金属元素，ALD 前驱体可分为金属类前驱体（metal precursor）和非金属类前驱体（non-metal precursor）两大类[1]，两者具有非常不同的特性；按前驱体所处状态，又可分为固态、液态和气态；将金属类前驱体进一步细分，亦可分为金属无机前驱体和金属有机前驱体（metalorganic）[7]。金属有机前驱体又可分为同配体金属前驱体（homoleptic metal precursor）和异配体金属前驱体（heteroleptic metal precursor）[5]。同配体金属前驱体按金属元素与配体之间化学键连接方式，又可分为 M—C 键、M—O 键、M—N 键：金属元素与有机碳直接相连也称有机金属前驱体（organmetallic），为金属有机前驱体中的一个重要亚类，包括金属烷基化合物、金属环戊二烯化合物、金属羰基化合物；M—O 键相连的金属有机前驱体主要包括金属烷氧基化合物、金属 β- 二酮化合物；M—N 键相连的金属有机前驱体主要包括金属氨基化合物、金属脒基化合物、金属胍基化合物、金属三氮烯化合物等[7-9]。异配体金属前驱体，也称混合配体金属前驱体[5]，包含至少两种不同的配体。表 4.1 总结了 ALD 目前常用的前驱体种类[1-9]，并给出了示例。

表 4.1 ALD 常用的前驱体种类及示例

	种类	示例
金属类前驱体	金属单质	Zn, Cd, Ga, In, Sn, Mg, Mn
	金属卤化物	$HfCl_4$, $TiCl_4$, $TaCl_5$, $AlCl_3$, NbI_5, WF_6
	金属硝酸盐	$Hf(NO_3)_4$, $Ti(NO_3)_4$, $Zr(NO_3)_4$
	有机金属烷基化合物	$Al(Me)_3$, $Zn(Et)_2$, $Ga(Me)_3$, $In(Me)_3$
	有机金属环戊二烯化合物	$ZrCp_2Me_2$, $HfCp_2Me_2$, $RuCp_2$, $Ni(CpMe)_2$, $(CpMe)PtMe_3$
	金属羰基化合物	$Mo(CO)_6$, $W(CO)_6$, $Fe(CO)_5$
	金属 β- 二酮盐	$La(thd)_3$, $Ce(thd)_4$, $Ni(thd)_2$, $Ba(thd)_2$, $Ir(acac)_3$, $Fe(acac)_3$, $Cu(hfac)_2$
	金属醇盐	$Zr(O^tBu)_4$, $Ti(O^iPr)_4$, $Ta(OEt)_5$, $Al(O^iPr)_3$
	金属氨基和硅氨基化合物	$Hf(NEt_2)_4$, $Zr(NMe_2)_4$, $La[N(SiMe_3)_2]_3$
	金属脒基化合物	$Cu(^iPrAMD)_2$, $La(^iPrAMD)_3$, $Fe(^tBuAMD)_3$
	金属胍基化合物	$Gd(^iPrGUAN)_3$, $In(^iPrGUAN)_3$
	金属三氮烯化合物	$Ga(^iPrTRIAZ)_3$, $In(^iPrTRIAZ)_3$
	混合配体化合物	$HfCp_2Cl_2$, $La(^iPrCp)_2(^iPr_2AMD)$, $Ru(Cp)(CO)_2Et$, $Ti(NMe)_2(^iPrGUAN)$
非金属类前驱体	氧源	H_2O, O_2, O_3, ROH, N_2O, H_2O_2, 原子 O
	氮源	NH_3, N_2, RNH_2, N_2/NH_3 等离子体
	还原性源	H_2, ROH, 原子 H, N_2H_4

续表

	种类	示例
非金属类前驱体	硫族源	H_2S, S, $(NH_4)_2S$, H_2Se, Se, H_2Te, Te
	氟源	HF, TiF_4, TaF_5
	碳源	C_2H_4, $CHCl_3$, CF_x
	硅源	$SiCl_4$, SiH_4, $SiO(Et)_4$, $Si(NCO)_4$, $SiH(NMe_2)_3$
	磷源	PH_3, ^{t}BuPH_2, PCl_3, $POCl_3$, $(CH_3O)_3PO$, $(CH_3O)_3PO$ 等离子体

注：acac，2,4-pentanedionate（乙酰丙酮）；thd，2,2,6,6-tetramethylheptane-3,5-dionate（2,2,6,6- 四甲基 -3,5-庚二酮）；hfac，六氟乙酰丙酮；Cp，Cyclopentadienyl（环戊二烯）；^{i}PrAMD，*N*, *N'*- 二异丙基脒基；^{t}BuAMD，*N*, *N'*- 二叔丁基脒基；^{i}PrGUAN，$(^i\mathrm{PrN})_2\mathrm{C(NMe_2)}$，*N*, *N'*- 二异丙基胍基；^{i}PrTRIAZ，1,3- 二异丙基三氮烯。

金属前驱体常用的有金属单质、金属卤化物、金属烷基化合物、金属环戊二烯化合物、金属羰基化合物、金属 β- 二酮盐、金属醇盐、金属氨基和硅氨基化合物、金属脒基化合物、金属胍基化合物、混合配体型金属化合物（图 4.1）。常用的非金属前驱体有 H_2O、O_3、NH_3、H_2、H_2S 和等离子体气体（如 O_2、N_2、NH_3 和 H_2）等。4.3 节中将重点介绍一些常用或新发展的前驱体特点及其在 ALD 生长中的应用。

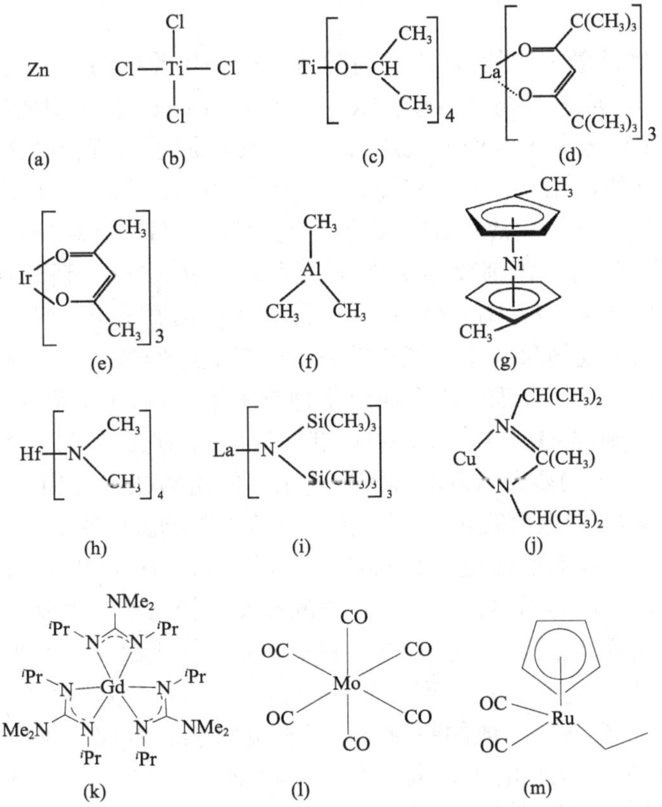

图 4.1　一些 ALD 常用的金属前驱体示例

(a) 金属锌；(b) 四氯化钛；(c) 异丙醇钛；(d) 四甲基庚二酮镧；(e) 乙酰丙酮铱；(f) 三甲基铝；(g) 二(甲基环戊二烯)镍；(h) 二甲基氨基铪；(i) 三甲基硅氨基镧；(j) *N*, *N*- 二异丙基脒基铜；(k) 三(*N*, *N*- 二异丙基胍基)钆；(l) 六羰基钼；(m) 环戊二烯二羰基乙基钌

4.3 原子层沉积前驱体特点及其应用

4.3.1 金属类前驱体

1）单质

金属单质是最简单的前驱体，20 世纪 70 年代就使用在 ALD 生长中[10]。芬兰科学家采用单一元素反应剂 Zn 和 S 成功沉积了 ZnS 薄膜，Sn 和 O_2 生长了 SnO_2，Ga 和 P 沉积了 GaP。易挥发的金属单质，可与其他反应剂反应生成硫化物、氧化物、磷化物和氮化物等。金属单质前驱体包括 Zn、Cd、Ga、In、Sn、Mn 和 Mg 等[7]，最主要的优点是不携带额外的配体，不会在沉积的膜中引入其他杂质，同时也没有由配体引起的位阻效应[11]。然而具有较高蒸气压的金属单质前驱体数量十分有限，且单质在表面的吸附倾向于可逆过程，不利于自限制反应的进行，影响了单质前驱体在 ALD 生长中的广泛应用。

2）卤化物

金属卤化物是最古老的 ALD 的前驱体，也是目前使用最广泛的前驱体。20 世纪 60 年代，苏联科学家就采用 $TiCl_4$ 和 H_2O 在高比表面积的硅胶上生长出 TiO_2[12]，近年来微电子工业中又使用 $HfCl_4$ 和 H_2O 原子层沉积高介电超薄铪基氧化物，作为栅介质层用于金属 - 氧化物 - 半导体场效应晶体管（MOSFET）器件中。金属卤化物前驱体通常具有较高的反应活性和很好的热稳定性，而且不少金属卤化物易挥发的前驱体都较容易获得。例如，$HfCl_4/H_2O$ 沉积 HfO_2 的 ALD 工艺中，反应温度甚至可以超过 800 ℃[13]，前驱体仍然展示出极好的热稳定性和反应活性。且卤离子配体尺寸小，能有效减少位阻效应的影响，不含碳元素，亦可避免碳污染。一些学者发现采用金属卤化物前驱体（如 $HfCl_4$ 和 $TiCl_4$）与三甲基(乙基)铝反应，调控 ALD 工艺条件可以获得导电的 $Hf_xAl_yC_z$ 和 $Ti_xAl_yC_z$ 薄膜[14,15]，在 MOS 器件中作为功函数可调的金属栅使用。使用 WCl_6 和三甲基铝 ALD 反应，可得到非晶的 WC_x 导电薄膜[16]，可作为铜互连的阻挡层使用。

当然金属卤化物前驱体也有其固有的缺点，除了 $TiCl_4$ 和 $SnCl_4$ 等是液体外，大部分金属卤化物均为固体，一些卤化物的挥发比较困难，需要较高的源温，细小的固体源粉尘可能会被输运包裹进薄膜中。而且使用卤化物前驱体与含氢的非金属类前驱体进行 ALD 反应，产生的副产物常常是具有腐蚀性的氢卤化物，如 HCl 和 HF，可能会腐蚀生成的膜或下面的衬底材料。例如，在铜基底上分别使用 $TiCl_4/NH_3$ 和 WF_6/NH_3 前驱体来沉积 TiN 和 WN，就在铜上发现了腐蚀斑[17]。研究表明：铜基底只暴露在单纯的 $TiCl_4$ 或 WF_6 源脉冲下，并未观测到腐蚀斑，所以腐蚀斑只能来源于与氨气反应生成的 HCl 或 HF 等副产物。另外如果不采取防护措施，氢卤化物对反应器壁和泵体也会造成腐蚀、损伤。气相副产物还可以重新吸附在沉积表面上，阻碍前驱体分子的吸附，降低沉积速率。而且，气相副产物随着气流沿着衬底表面的重新吸附，常常是不均匀，特别是在横向流动式反应室中，会导致源蒸气流动方向的前端与尾部严重的厚度不均匀性[18]。

另外 ALD 实验还观测到，一些卤化物前驱体会与产物直接发生反应，生成气态副产物，无法获得所需的产物。如采用 $NbCl_5/H_2O$ 前驱体生长 Nb_2O_5[19]，$MoCl_5$/Zn 反应生成 Mo[20]，WF_6/H_2O 形成 WO_3[21]，这三个 ALD 生长过程均出现了明显的刻蚀反应，反应方程为

$$3NbCl_5(g) + Nb_2O_5(s) \longrightarrow 5NbOCl_3(g) \tag{4.1}$$

$$(5-x)\,MoCl_5(g) + xMo(s) \longrightarrow 5MoCl_{5-x}(g) \tag{4.2}$$

$$2WF_6(g) + WO_3(s) \longrightarrow 3WOF_4(g) \tag{4.3}$$

采用 $NbCl_5/H_2O$ 前驱体进行 ALD 生长，在 150～500 ℃温区，由于 $NbCl_5$ 刻蚀生成的 Nb_2O_5 产生易挥发的 $NbOCl_3$ 被载气或吹扫气带走[18]，使得薄膜中 Nb 元素不断消耗，最终不能获得 Nb_2O_5 薄膜。而 Ta_2O_5 也具有类似的刻蚀反应[18]，且 $TaCl_5$ 前驱体的浓度对产物膜层生长有明显的影响，当 $TaCl_5$ 浓度较高时，膜层不仅不生长，反而会被刻蚀，且随沉积温度升高，刻蚀速率会变大，在 300 ℃以上，$TaCl_5/H_2O$ 的 ALD 生长呈现明显的刻蚀效果[22]。

为了解决这个问题，选择乙醇铌盐或者二乙基氨基钽代替 $NbCl_5$ 或 $TaCl_5$，就可以避免式（4.1）中的刻蚀问题。对于 WF_6 前驱体生长 WO_3 薄膜，可采用 WOF_4 前驱体代替 WF_6，亦可避免式（4.2）中的刻蚀发生[1]。通常相比于传统的 CVD 生长，ALD 中的刻蚀问题更为突出，原因就在于 ALD 生长时前驱体是交替进入反应室，反应室中原则上只有一个前驱体存在，因此刻蚀进行中没有其他前驱体反应与其竞争。

最后，卤化物前驱体在 ALD 生长中还可能会存在卤素配体在膜中残留问题，如 300 ℃ $HfCl_4/H_2O$ 沉积的 HfO_2 薄膜中就含有 0.3%（原子百分比）Cl 元素残留[23]。

3）硝酸盐

金属硝酸盐前驱体是 20 世纪 90 年代后期基于微电子工业对 MOSFET 用高介电常数栅介质材料的迫切需求发展起来的一类新型无机前驱体[24-27]。Field 和 Hardy 的早期工作[28,29]发现 Ti、Zr 和 Hf 等无水硝酸盐具有良好的挥发性。硝酸根和金属离子可以按多种不同的方式配位，其中最重要的为单齿、双齿和双齿桥式。根据两个 M—O 键键长差别的大小，双齿和双齿桥式又可分别分为对称和不对称两种形式。Addison 曾经指出[30]，在没有外来影响下，双齿共价配位结构是无水硝酸盐最优键合模式。图 4.2 为无水硝酸盐 $M(NO_3)_4$ (M=Ti, Zr, Hf, Sn)

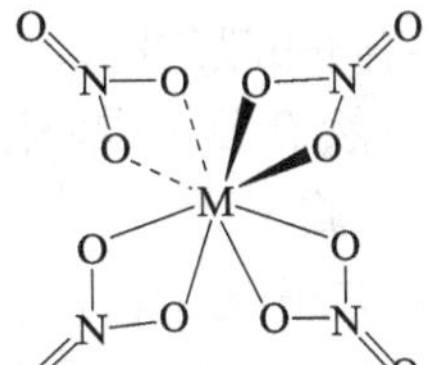

图 4.2　$M(NO_3)_4$ 的结构示意图
M=Ti, Zr, Hf, Sn

前驱体的分子结构，四个双齿硝酸根螯合在一个中心 M 原子上形成正十二面体结构。

无水金属硝酸盐既可以作为 CVD 前驱体也可以作为 ALD 前驱体使用，作为一种新型的前驱体，硝酸根基团只含 N 和 O 元素，避免了 C、Cl 和 H 等元素污染，而 N 对栅介电薄膜来说是种有利元素，可以改进栅介电薄膜的电学性质，如提高介电常数、击穿电压，降低漏电流，减小硼扩散[31]。无水金属硝酸盐大多室温为固态，合成工艺相对简单[32]，易升华提纯，挥发温度低，使用源温一般低于 100 ℃，ALD 工艺的温度一般也低于 200 ℃。缺点是对湿气极度敏感，容易水解，热稳定性相对较差，为强氧化剂和硝化剂，可与有机衬底发生剧烈反应，需要注意使用的安全性。另外，易挥发的无水金属硝酸盐的种类相对受限，需要金属硝酸盐的化学键表现为典型配位共价键，而非离子键，所以不像金属卤化物那么广泛。目前主要包括 Ti、Zr、Hf、Sn 和 Co 等固态无水金属硝酸盐。而室温为液态的 $VO(NO_3)_3$ 和 $CrO_2(NO_3)_2$ 源，对光和热均较为敏感，需要在冰箱保存，已经证实可以应用于 CVD 生长[23]，然而是否可用于 ALD 生长，还有待研究。

4）有机金属烷基化合物

20 世纪 80 年代中期，人们开始使用有机金属烷基化合物作为 ALD 前驱体，外延生长半导体薄膜，如利用二甲基镉在 CdTe 衬底上 ALD 外延生长出了结构完美的 CdTe 薄膜[33]。目前元素周期表中 12～14 族元素的金属烷基化合物，已经广泛应用于 ALD 生长中。其中最为人们熟悉的莫过于三甲基铝（TMA）和二乙基锌源（DEZ），TMA/H_2O 的生长还被视为 ALD 最经典的工艺和反应体系而获得广泛深入的研究[7]，它以高度可控的方式生长在一个广泛的温区，符合 ALD 的自限制反应机制，并具有较高的 GPC，在 1 Å/ 循环左右。作为 ALD 前驱体的金属烷基化合物，通常是液体，配体为甲基和乙基，是典型的有机金属化合物，即金属与烷基中的碳直接相连，具有较高的挥发性和反应活性。由于配体尺寸小，位阻效应也不明显。采用金属烷基化合物 ALD 已经生长出一系列高质量化合物，如氧化物、氮化物、硫化物和砷化物等。且金属烷基化合物再与含氢的非金属类前驱体（如 H_2O、NH_3、H_2S）反应，生成的反应副产物为饱和的烷烃，它们一般是惰性的，不会引起再吸附和腐蚀等问题。

当然金属烷基化合物也存在不足，其种类比较有限，仅限于周期表中 12～14 族元素，中高温会发生热分解，如三甲基铝 300 ℃以上就会分解[34]。还有薄膜中 C 和 H 元素残留问题，尽管残余浓度很低。例如，文献报道采用 TMA/H_2O 工艺在 300 ℃生长氧化铝薄膜，残余 C 含量为 0.2%（原子百分比，下同），H 为 0.7%。当然金属烷基化合物易燃易爆，对水汽和空气极度敏感。有人通过使用烷氧基配体部分取代 TMA 中的甲基配体，获得非易燃易爆的前驱体

$Al(CH_3)_2(OR)$，代价是前驱体热稳定性会明显降低[35]。

5）有机金属环戊二烯化合物

有机金属环戊二烯化合物是 20 世纪 90 年代早期发展起来的一类 ALD 前驱体[36]，在 2000 年赢得广泛使用。其配体中至少含有一个环戊二烯环（$C_5H_5^-$，Cp），也称茂基，由 5 个碳原子组成，或者含有它的置换衍生物（$C_5R_xH_{5-x}^-$）。有机金属环戊二烯化合物的出现，拓宽了有机金属前驱体的种类，开拓了 ALD 采用水基化学反应生长碱土金属氧化物的路径，特别是可以由此制备含有碱土金属离子的一系列重要多元氧化物，如 $SrTiO_3$ 和 $BaTiO_3$ 等[37,38]，避免了使用碱土金属 β- 二酮盐和臭氧反应，易生成金属碳酸盐的弊端[39]。

金属环戊二烯化合物含有 M—C 键，对大多数金属环戊二烯化合物而言，具有较好的反应活性，可与水反应直接生成金属氧化物。其配体尺寸中等大小，与配体尺寸较大的金属 β- 二酮盐相比，生长速率 GPC 也较快。例如，分别采用 $YCpMe_3/H_2O$ 和 $Y(thd)_3/O_3$ 工艺在 300 ℃生长 Y_2O_3 薄膜[40,41]，前者 GPC 为 1.3 Å，后者仅为 0.23 Å。且金属环戊二烯化合物与典型的非金属反应剂 H_2O、O_2、NH_3、H_2S 反应生成的副产物，倾向于是烃类，一般不会再吸附在沉积表面上。金属环戊二烯化合物会在中等温度分解，膜内也会残留 C 和 H 元素。例如，采用 $ZrCp_2Me_2/H_2O$ 前驱体 ALD 生长 ZrO_2 薄膜[42]，350 ℃下薄膜很纯，没有检测到 C 和 H 残留（低于 0.1% 原子百分比检测限），而降低或升高沉积温度，均可检测到 C、H 杂质浓度增加。沉积温度为 400 ℃左右时，前驱体 $ZrCp_2Me_2$ 和 $HfCp_2Me_2$ 会发生气相分解[43]。通过添加烷氧基配体 – 甲氧基进行修饰，可以获得液态配体混合型的 $(CpMe)_2HfMe(OMe)$ 和 $(CpMe)_2ZrMe(OMe)$ 前驱体[43,44]，改善源的热稳定性，沉积温度即使达到 500 ℃，依然符合 ALD 自限制的生长机制。

目前环戊二烯类的金属源，主要有碱土金属 Mg、Sr、Ba，几种稀土元素 Sc、Y、Lu，几种贵金属 Ru、Ir、Pt，几种过渡金属 Hf、Zr、Fe、Co 、Ni 等。除了二茂铁在空气中很稳定，不怕水汽，二茂钴、二茂镍对空气比较敏感，会与氧气发生氧化反应，碱土金属等环戊二烯化合物对水汽和空气均极端敏感，使用时需注意。总之环戊二烯化合物源种类还在发展中，生长材料主要为氧化物、硫化物及一些金属单质，特别是几种贵金属，如 Pt、Ru、Ir 等，通过环戊二烯化合物源与氧气反应，已经由 ALD 成功制得。Co 金属薄膜也可以通过其环戊二烯化合物前驱体与等离子体氢气或氨气反应获得，利用环戊二烯化合物前驱体所沉积的材料数量与种类还在进一步拓宽中。然而值得注意的是，对 $FeCp_2$、$CoCp_2$、$NiCp_2$ 等前驱体，H_2O 的反应活性不足，需要使用臭氧或氧等离子体才能激活表面反应得到氧化物，因为环戊二烯基的氢化包含了芳香共轭键的断裂，有时很难通过布朗斯特酸共反应剂完全去除表面上的环戊二烯基配体，碳残留可能是所沉积薄膜的一个问题[5]。

6）金属羰基化合物

金属的羰基化合物是过渡金属元素以低氧化态、零态和负氧化态与 CO 中性分子形成的一类金属有机配合物。通常为典型的共价化合物，具有低熔点、易升华、易热分解的特点。所以，尽管羰基配体结构简单、尺寸小，提供了更简单的化学，也不像卤化物那样具有刻蚀、腐蚀的缺点，但是以前很少作为 ALD 前驱体使用，主要是因为该类前驱体热稳定性很差，在较低的沉积温度就分解了。最近十几年二维过渡金属二硫族化合物材料的研究受到广泛关注，人们开始使用金属羰基化合物 $Mo(CO)_6$、$W(CO)_6$ 作为前驱体[45]，用于 ALD 制备 MoS_2、WS_2、$MoSe_2$ 等二维薄膜材料的生长。例如，Jin 等利用 $Mo(CO)_6$ 和二甲基二硫，在 SiO_2/Si 衬底上 100～120 ℃沉积获得非晶 MoS_2 薄膜，GPC 约为 1.1 Å，通过后退火使其结晶[46]。Sun 等利用 $W(CO)_6$ 和 H_2S，在 Si(100) 衬底上 400 ℃沉积获得多晶 WS_2 薄膜[47]，GPC 达到 3.6 Å，这归因于高沉积温度下 $W(CO)_6$ 的分解导致的 CVD 生长。文献中关于使用 $Mo(CO)_6$ 前驱体 ALD 制备的 MoS_2 薄膜的数据存在不少差异[48]，一些课题组强调自限制的温度窗口仅在 155～175 ℃，所报道的 GPC 差别很大，在 0.7～2.4 Å，而且不少薄膜中存在氧化物，也不符合化学计量比。这一方面说明需要更好地理解羰基前驱体的反应机理，它可能不像卤化物前驱体那样遵循简单的配体交换机理；另一方面热分解的问题对金属羰基化合物而言，一直是其无法回避的缺点。也许通过配体修饰的方法，在金属羰基化合物中引入热稳定性相对较好的配体，可以改善其稳定性。

7）金属 β-二酮盐

金属 β-二酮盐在 20 世纪 80 年代晚期就作为 ALD 前驱体使用[49]，除了元素周期表中的 1 族和 12 族，绝大多数金属（2～14 族），特别是镧系稀土金属，均可形成易挥发和空气中稳定存在的固体金属 β-二酮盐，是最广泛使用的一类前驱体。其最常见的配体形式是四甲基庚二酮（thd），相对简单便宜的配体是乙酰丙酮（acac），还有改性后的六氟乙酰丙酮（hfac）。通过 F 取代，配体中形成强的 C—F 键，不仅可以提升其热 / 化学稳定性，还可以明显改善 hfac 金属源的挥发性，当然也可能会引入膜中 F 残留问题。在引入金属环戊二烯化合物之前，碱土金属 β- 二酮盐是唯一可用于碱土金属化合物沉积的前驱体，且沉积含镧系稀土金属氧化物，目前最常用的前驱体依然还是 β-二酮盐。金属 β-二酮盐的优点是种类多、毒性小、稳定性好、容易保存，缺点是一些前驱体蒸发温度偏高（约 200 ℃），前驱体在高温长期使用存在热稳定性问题，$La(thd)_3$ 在 300 ℃就会热分解[50]，且前驱体反应活性不够，配体尺寸巨大，会引起明显的位阻效应，导致生长速度很慢，薄膜中碳、氢污染明显。例如，$Y(thd)_3/O_3$ 工艺在 300 ℃生长 Y_2O_3 薄膜，GPC 仅为 0.23 Å，只有单原子层的百分之几[41]，含有约 2% 的 C、H 残余量。因为 β-二酮盐配体在氧化过程中，反应的副产物含有 H_2O 和 CO_2，因此，有时会在氧化物中生成碳酸盐，如 $La(thd)_3$ 和 O_3 反应制备氧化镧薄膜，几乎沉积的所有膜层中都有碳酸盐杂质 [50]。尽管金属 β-二酮盐种类很多，目前可生长的材料种类还是相对有限，主要是氧化物，还有一些硫化物、氟化物和几种金属（Cu、Ni、Ru、Ir、Pt、Pd）。金属硫化物容易通过 β-二酮盐与 H_2S 反应获得，所以它们已经成功应用在 Mg 或者稀土掺杂 ZnS、CaS 和 SrS 薄膜的电致发光薄膜显示器的制备中 [51]。然而氮化物一般不能通过 β-二酮盐与 NH_3 反应获得，原因在于 β-二酮盐中的 M—O 键用 M—N 键取代是一个非常困难的过程。β-二酮盐的低反应活性尤其反映在金属氧化物 ALD 生长中，使用的氧源不是常用的 H_2O，而是臭氧 O_3 或氧等离子体等活性氧。

8）金属醇盐

金属醇盐是 CVD 常用的前驱体，在 20 世纪 90 年代早期 [52]，作为反应剂引入 ALD 生长中。其种类主要是 1 族、4 族、5 族、13 族和 14 族存在的金属醇盐，主要用于沉积金属氧化物。使用 $Ti(OMe)_4$、$Ti(OEt)_4$、$Ti(O^iPr)_4$、$Al(OEt)_3$、$Al(OPr)_3$、$Ta(OEt)_5$ 和 $Nb(OEt)_5$ 等前驱体，已经生长出性能较好的几种金属氧化物。2010 年报道利用叔丁醇锂［$Li(O^tBu)$］和水反应 ALD 生长出了 Li_2O (LiOH)[53]。然而研究发现，碱金属的叔丁醇盐，会形成六聚体（如 LiO^tBu 和 NaO^tBu）或四聚体（如 KO^tBu、RbO^tBu 和 CsO^tBu）[54]，具有挥发性和表面反应活性，很容易与水反应生成氢氧化物、与臭氧反应得到碱金属的碳酸盐。使用叔丁醇盐前驱体 ALD 生长出双元碱金属氧化物，至今都是一个难题 [54]，相关工作大多集中于三元、四元含碱金属元素的氧化物制备上 [54,55]。且碱金属的叔丁醇盐在空气中容易与水蒸气反应，形成凝胶状物质，包裹住前驱体分子，阻碍前驱体的蒸发，因此该前驱体在使用中务必小心处理，以防前驱体挥发性变化引发 ALD 生长中的重复性问题 [56]。

金属醇盐大多为液体，易挥发，热稳定性可以达到 250 ℃左右。然而，也有一些金属醇盐，低温就会热分解，没有足够的热稳定性，不适于 ALD 生长。还有一个问题，醇盐反应的副产物为醇，具有反应活性，可以重新吸附在沉积表面，影响生长 [57]。一些醇盐前驱体沉积的氧化物，可能会有较高的 C、H 残留，如 $Zr(O^tBu)_4/H_2O$ 工艺 250 ℃生长 ZrO_2，膜中约含约 2% 的 C 和 8% 的 H。与金属 β-二酮盐类似，氮化物还未能从金属醇盐前驱体中生长出来，原因也与 M—O 键的离解困难有关。对醇盐前驱体的修饰改性工作一直在进行，合成的前驱体 $Hf(mp)_4$ (mp=3-methyl-3-pentoxide, 3-甲基-3-戊氧基)，热稳定性可以达到 350 ℃，使用它 ALD 生长 HfO_2 薄膜具有较高的沉积速率，GPC 为 0.9 Å[58]。$SrTa_2(OEt)_{10}(dmae)_2$ (dmae=dimethylaminoethoxide, 二甲基氨基乙氧基）是一个双金属醇盐前驱体成功的示例，可以同时输运固定比例的两种金属进入氧化物薄膜 [59]。另外，生长金属氧化物大多都会用到水来作为氧源，Ritala 等利用金属醇盐作为金属源，同时它也可作为氧源，与金属卤化物或金属烷基化合物发生反应，生长出一系列三元氧化物，发展了非水解的 ALD 生长途径 [60]。例如，利用 $Ti(O^iPr)_4$ 作为 Ti 源和 O 源，$ZrCl_4$ 作为 Zr 源，获得钛酸锆薄膜，反应遵循 ALD 自限制的反应机制，原位生长机理研究揭示副产物是氯丙烷和 HCl[61]，避免了由一般醇盐 ALD 反应的副产物为醇而引起的缺点。

$$ZrCl_4\,(g) + Ti(O^iPr)_4\,(g) \longrightarrow ZrTiO_4\,(s) + 4^iPrCl\,(g) \quad (4.4)$$

9）金属氨基和硅氨基化合物

20 世纪 90 年代晚期，金属氨基和硅氨基化合物作为 ALD 前驱体开始进行研究 [62]，生长出一系列化合物，如氧化物、氮化物和硒化物。金属氨基（或硅氨基）前驱体含有 M—N 键［（550±60）kJ/mol］，在金属氧化物沉积时被更强的 M—O 键［（800±50）kJ/mol］取代 [63]。因此该表面反应具有强大的驱动力，可用于低温氧化工艺。遗憾的是，M—N 键较弱的另一个后果就是这些前驱体有限的热稳定性。尽管存在很多易挥发的金属氨基和硅氨基化合物，然而只有其中部分可用于 ALD 生长。例如，$Ti(NMe_2)_4$ 在 150 ℃即分解 [64]，$La[N(SiMe_3)_2]_3$ 和 $Pr[N(SiMe_3)_2]_3$ 前驱体，也由于分解问题使得 Si 元素会作为杂质被裹挟进薄膜中 [65]。而对 Hf、Zr 的氨基前驱体，如 $M(NMe_2)_4$、$M(NMeEt)_4$ 和 $M(NEt_2)_4$，可以稳定到约 250～300 ℃ [66]，Ta 的氨基前驱体稳定性与 Hf、Zr 的相当 [67]。其他的金属氨基前驱体，如 Al、Ga、Sb、W、Mo 等，也在 ALD 工艺中被广泛研究 [1]。除了前驱体的热稳定性问题，还有沉积薄膜中杂质的残留问题，如金属氨基化合物中的 C、H、N，硅氨基化合物中的 Si 元素。例如，采用 $Ti(NEt_2)_4/NH_3$ 工艺在 200 ℃沉积 TiN，发现薄膜中含有约 4% 的 C 和 6% 的 H[68]，而 $Pr[N(SiMe_3)_2]_3/H_2O$ 工艺在 250 ℃沉积 PrO_x，薄膜中包含约 3% 的 C 和 20% 的 H 和 6% 的 Si[65]。然而使用 $Bi[N(SiMe_3)_2]_3$ 生长多元氧化物 Bi-Ta-O 和 Sr-Bi-Ta-O 时，并未发现 Si 残留，对于一直缺乏合适 ALD 生长的 Bi 前驱体而言，这是一个令人振奋的结果 [69]。

10）金属脒基化合物

为了改善金属氨基前驱体的热稳定性，2003 年 Gordon 教授课题组发展了金属脒基化合物，并将其用于过渡金属的 ALD 生长中 [70]。在有机金属化学中，脒基是易挥发的配体，元素周期表中大多数金属元素可形成脒基化合物，即通过将碳二亚胺（carbodiimide, CDI，R—N=C=N—R, R= 烷基、环烷基）插入 M—C 获得 [71]。脒基［$(RN)_2CR'$, R= 烷基、环烷基、芳基或三甲基硅，R′= 烷基或三甲基硅］通过双齿配位到金属离子形成螯合的四元环结构，可改进前驱体的热稳定性 [72,73]。螯合形成的金属脒基化合物与金属 β- 二酮盐有相似之处，然而前者形成的 M—N 配位键，比后者的 M—O 键要弱得多，因此金属脒基前驱体具有相对较好的反应活性。而且脒基侧链和主链可以进一步通过配体取代，调节前驱体的挥发性和反应活性。特别是对于尺寸大的金属，引入较大的侧链烷基配体，对于防止齐聚反应非常重要[6]。典型的金属脒基化合物分解温度约在 300 ℃[73]。

目前采用过渡金属脒基化合物，使用氢气或氢气等离子体作为还原剂，ALD 制备了 Cu、Co 、Fe 和 Ni 等过渡金属薄膜；采用稀土镧系脒基化合物、过渡金属脒基化合物等，用水或臭氧作为反应剂，一系列稀土氧化物如 La_2O_3、CeO_2、Lu_2O_3 和过渡金属氧化物如 VO_x、FeO、CoO 以及 In_2O_3、SnO 等氧化物薄膜被获得；脒基化合物与 H_2S 反应，制备了 FeS_x、CoS_x、NiS_x 等硫化物，与 H_2S 等离子体反应，制备了 FeS_2、CoS_2、NiS_2 等硫化物，与二乙基二硒和 Ar/H_2 反应，得到了 $FeSe_2$、$CoSe_2$、$NiSe_2$ 等[5]。然而它们的生长只有一部分符合 ALD 自限制反应机制，具有较好的三维共形性[8,70]。且生长氧化物时，氧源会影响到氧化物的生长及其价态。例如，钴源 $Co(^iPr_2AMD)_2$ 与 H_2O 反应，岩盐型 CoO 薄膜在 150～200 ℃获得，GPC 为 0.45 Å；而用 O_3 为氧源，可在 200～225 ℃沉积尖晶石结构的 Co_3O_4 薄膜，GPC 略高为 0.5 Å[74]。另外使用 $La(^iPrAMD)_3$、三甲基铝和 H_2O 亦可获得非晶氧化镧铝[75]，且 C 含量低于 1%。该类前驱体沉积的膜层可能含有 C、H 和 N 的残留，反应的气相副产物还有待于进一步研究。

11）金属胍基化合物

最早的过渡金属胍基化合物在 1970 年就报道了，但将其作为前驱体用于化学气相沉积是在 2005 年，利用新合成的钛的胍基化合物 $Ti(NMe_2)_2Cl[(^iPrN)_2CN(SiMe_3)_2]$ 和以前就有的 $TiCl_2[(^iPrN)_2CNMe_2]$ 在低压 CVD 下生长碳氮化钛（TiC_xN_y）薄膜[76]。自此古老的化学有了新用途，将金属胍基化合物作为 CVD 和 ALD 的前驱体开始研究并应用于多种材料的生长[71,72]。

金属胍基化合物的合成方法主要有两种，一种是与前面金属脒基化合物合成一样的方法——碳二亚胺（CDI）插入法，即碳二亚胺与金属氨基（硅氨基）反应，插入 M—N 键，形成胍基螯合配位的四元环基团［$(RN)_2CNR_2'$, R= 烷基、环烷基、芳基或三甲基硅，R′= 烷基或三甲基硅］，改进金属氨基（硅氨基）前驱体的热稳定性。另一种是盐复分解法，是一种广泛应用的合成技术，其中金属卤化物与金属化配体阴离子反应，直接得到金属胍基化合物。

胍基作为阴离子配体，由于其有趣的电子性质以及在前驱体配合物中辅助配体的多样性和功能性，而备受关注。胍基化合物特有的反应活性主要归因于三种稳定共振结构，如图 4.3 所示[8]。即与脒基配体相比，胍基配体中二烷基酰胺孤对电子进入配体可导致金属配合物是富电子的[72]。特别是胍基配体的电子共振结构（其中 p 电子与仲氨基共享），为胍基配合物提供了额外的反应性。此外，胍基配体很容易通过改变取代基 R 和 R′，提供空间和电子性质方面的可调性，以适应元素周期表中各种金属中心的需要[72]，且如上所述易合成[8]。总之，胍基配体的双齿螯合作用有望提高所获得金属配合物的热 / 化学稳定性，从而使其成为 ALD 的合适前驱体。

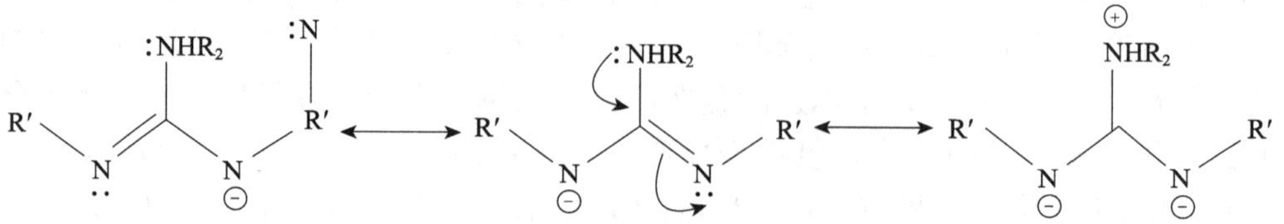

图 4.3　胍基配体的共振结构 [8]

目前采用合成的稀土系列金属胍基化合物和水作为前驱体，Devi 课题组在（100）硅衬底上通过 ALD 已经生长出一系列的稀土氧化物 [71,77]，如 Gd_2O_3、Dy_2O_3、Er_2O_3、Y_2O_3 和 CeO_2。图 4.4 显示了前三个氧化物的 GPC、膜厚度对工艺参数的依赖关系 [71]。可见使用稀土前驱体 $Re[(^iPrN)_2C(NMe_2)]_3$（Re=Gd、Dy、Er、Y、Ce），其饱和吸附脉冲时间约 3 s，温度窗口在 200～275 ℃，GPC 约在

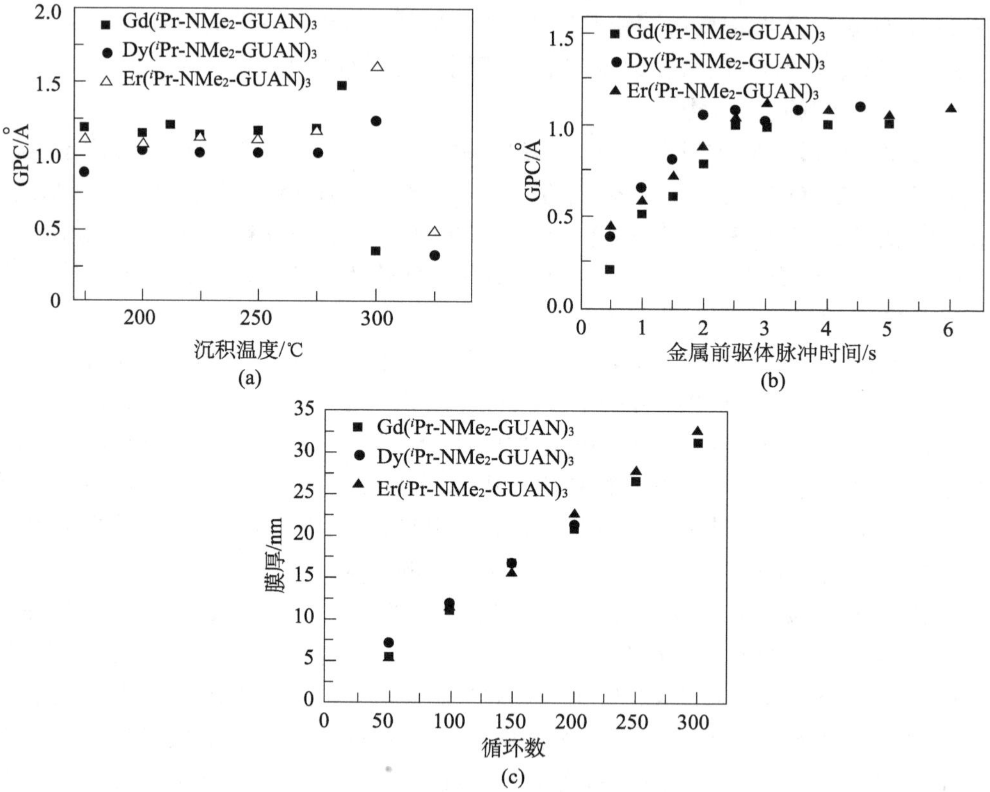

图 4.4　ALD 生长 Gd_2O_3、Dy_2O_3 和 Er_2O_3 薄膜 GPC、膜厚度对工艺参数的依赖关系 [71]

(a) GPC 与沉积温度；(b) GPC 与金属前驱体脉冲时间；(c) 膜厚度与循环数

1.1 Å，符合 ALD 自限制的生长机制[71,77]。且沉积薄膜为多晶结构，表面很平整，符合化学计量比，薄膜中残余碳含量小于 2%。稀土胍基前驱体利用水基 ALD 即可获得较高 GPC、低碳含量的计量比稀土氧化物薄膜，相较于其他稀土前驱体，如金属 β- 二酮盐、金属脒基前驱体需要使用臭氧的 ALD 反应，表现出明显的优势。利用合适的胍基前驱体和水作为对反应剂，通过 ALD 也成功制备出其他氧化物，如 TiO_2、ZrO_2、HfO_2 和 In_2O_3[8]。

此外，利用 In、Ge 和 Er 的胍基前驱体，InN、GeTe、含 Er 或 Yb 的无机 – 有机杂化物也被 ALD 制备出来[78-81]，在高频晶体管、相变存储器、上转换发光领域展现出极具希望的前景。尽管金属胍基前驱体在稳定性和挥发性上，展示出了优势，但目前关于金属胍基前驱体在 ALD 材料制备领域的研究，还十分有限，有待于进一步工作的拓展与证实。

12）金属三氮烯配合物

六配位的金属三氮烯配合物作为一个新的 M—N 键前驱体体系，2020 年才被 O'Brien 课题组报道作为 ALD 前驱体用于氮化物的沉积[82]。合成初衷就是为了能更好地沉积Ⅲ–Ⅴ族的氮化物。13 族含有 M—N 键的脒基、胍基前驱体，尽管热稳定性不错，但挥发性似乎不够，于是转向同样具有 M—N 键的金属三氮烯配合物。该前驱体的合成相对容易，用新鲜制备的 1,3- 二异丙基三氮烯锂中间体在低温（−78 ℃）下直接与 13 族卤化物（如 $InCl_3$、$GaCl_3$、$AlCl_3$）反应即可获得三 (1,3- 二异丙基三氮烯) 铟（或镓、铝）。研究表明：该类前驱体具有较好的挥发性与反应活性，相对较好的热稳定性[83]。但对于含有链状氮的金属三氮烯配合物，其含能特性目前并不清楚，可能具有爆炸危险，处理时需要特别注意。

利用合成的三 (1,3- 二异丙基三氮烯) 镓或铟前驱体，与氨气等离子体反应，在 4H-SiC 衬底上 PEALD 均成功制备了外延的 InN、GaN、$In_{0.5}Ga_{0.5}N$ 薄膜，且生长符合 ALD 自限制机制。图 4.5 展示了 PEALD 在 (100)Si 上生长 InN 薄膜 GPC、膜厚度对工艺参数的依赖关系[82]。可见在 200～250 ℃和 300～350 ℃两个温区，InN 的沉积显示饱和自限制的特征，GPC 分别为 0.4 Å 和 1.2 Å，且薄膜的化学计量比接近理论值。相关研究表明：这些新的三氮烯前驱体在 ALD 反应器内的较高温度下经历气相分解，得到更小和更具活性的 In 或 Ga（Ⅲ）配合物。这种原位热分解有利于薄膜的生长，使薄膜具有较高的生长速率和接近化学计量比的 M/N 比，并且没有多余的碳杂质。

表 4.2 总结了金属三氮烯配合物前驱体及其 ALD 生长示例[9,82,84-87]。期待这种新型的金属三氮烯前驱体可以在Ⅲ–Ⅴ族氮化物薄膜的低温高质量制备上，特别是纤锌矿铁电薄膜 AlScN 的 ALD 制备上，发挥其独特优势。

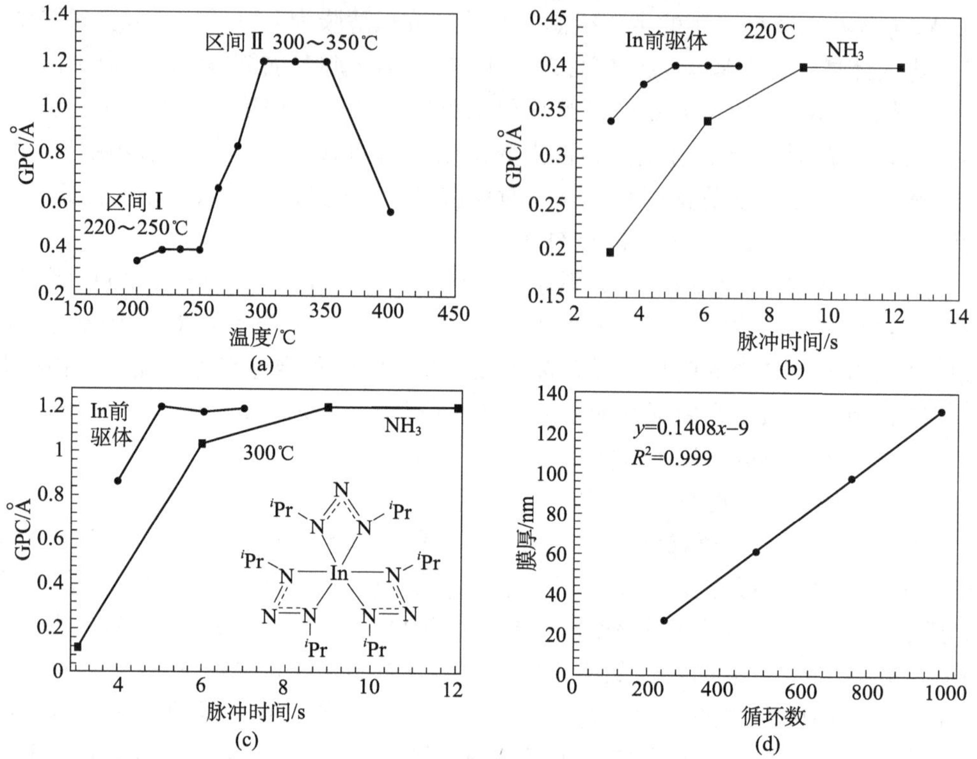

图 4.5 PEALD 在（100）Si 上生长 InN 薄膜 GPC、膜厚度对工艺参数的依赖关系 [82]

(a) GPC 与沉积温度；(b) 220 ℃和 (c) 300 ℃下 GPC 与金属前驱体脉冲时间，插图为铟前驱体结构式；(d) 300 ℃下膜厚度与循环数

表 4.2 金属三氮烯配合物前驱体及其 ALD 生长示例

金属前驱体（工作 / 分解温度）	对反应剂	生长材料	生长温度 / ℃	GPC/ Å	备注
In(^{i}PrTRIAZ)$_3$[82]（125/200 ℃）	NH_3 等离子体	InN	200～250 300～350	0.4 1.2	325 ℃ 4H-SiC 上外延 GaN，符合计量比，2.7% O，未测出 C
Ga(^{i}PrTRIAZ)$_3$[9]（130/215 ℃）	NH_3 等离子体	GaN	150～275 300～350 375～430	0.25 0.3 0.7	350 ℃ 4H-SiC 上外延 GaN，接近计量比，1.8% O，未测出 C
In(^{i}PrTRIAZ)$_3$[84] Ga(TRIAZ)$_3$（—）	NH_3 等离子体	$In_{0.5}Ga_{0.5}N$	200～350	—	350℃ 4H-SiC 上外延 $In_{0.5}Ga_{0.5}N$
Al(^{i}PrTRIAZ)$_3$[85]（—）	NH_3 等离子体	AlN	尚未生长验证	—	起始挥发温度 150 ℃，残余 2%，升华温度 90 ℃
In(^{i}PrTRIAZ)$_3$[86]（125/200 ℃）	H_2O	In_2O_3	270～380	1.0	315 ℃ Si 上多晶，计量比 1:1.2，1.4% C，未测出 N
Zn(^{t}BuTRIAZ)$_2$[87]（—*）	H_2S	ZnS	尚未生长验证	—	起始挥发温度 125 ℃，残余 5%，升华温度 90 ℃

注：^{i}PrTRIAZ 为 1,3- 二异丙基三氮烯；^{t}BuTRIAZ 为 1,3- 二叔丁基三氮烯。

*100 ℃ 15 天只有少量分解。

13）混合配体金属前驱体

理想的 ALD 前驱体具有易挥发、热稳定以及在衬底和生长表面具有高反应活性。实际上，完美的前驱体几乎是不存在的。前面介绍了不同种类的同配体金属前驱体，每种前驱体都有各自的优缺点。例如，金属卤化物反应活性与热稳定性好，但存在刻蚀且有卤素残留的问题；金属环戊二烯源，有较高的反应活性，但热稳定性差强人意；金属醇盐，挥发性和热稳定性较好，但反应活性不足。异配体金属前驱体，也称混合配体金属前驱体，是近些年发展较快的一种新型前驱体[6,62]。其结构中包含两种及以上的不同配体与中心金属原子相结合，期望通过保留不同配体的优点，去除其弊端，以获得前驱体的最佳性质组合。表 4.3 通过一些例子总结了混合配体金属前驱体的一些改进策略。

表 4.3　混合配体金属前驱体的一些改进策略及其示例

策略	描述	示例
提高热稳定性	一些金属环戊二烯源、金属氨基源存在热稳定性问题，可引入卤化物、烷氧基、脒基、胍基配体改善热稳定性	$ZrCp_2Cl_2$，$ZrCl_2[N(SiMe_3)_2]_2$，$Hf(CpMe)_2Me(OMe)$, $Cu(dmap)_2$*, $Ti(NMe)_2(^iPrGUAN)$
增强反应活性	当单一配体反应活性不够时，可引入另一合适配体，增强反应活性	$Ti(EtCp)(NMe_2)_3$，$Ru(Cp)(CO)_2Et$, Ru(MeCp)Py#
增强挥发性	不少固体源存在挥发性差、生长中引入颗粒污染，可通过引入不对称配体进行修饰，获得液态前驱体	$La(^iPrCp)_2(^iPr_2AMD)$，$Zr(CpMe)_2Me(OMe)$
降低水汽的敏感性	金属烷基源对水汽、空气极其敏感，引入烷氧基可获得非易燃易爆的前驱体，但热稳定性会降低	$[Al(CH_3)_2(O^iPr)]_2$

* dmap 为二甲基氨基异丙氧基；# Py 为吡咯基团。

金属环戊二烯源 $ZrCp_2$、$HfCp_2$ 的热稳定性可通过引入 Cl 配体来改善，所获得的 $ZrCp_2Cl_2$ 和 $HfCp_2Cl_2$ 即使在 300 ℃和 350 ℃时，也是热稳定的，ALD 生长符合自限制特性[6]。同理，在 Cu 的硅氨基源中引入异丙氧基合成 $Cu(dmap)_2$ 源，与中心 Cu 原子之间可形成双齿配位螯合结构，改进前驱体的稳定性，利用该前驱体与二乙基锌反应生成金属 Cu[88]。

为了改善 ALD 前驱体的反应活性，文献中将金属环戊二烯源引入二甲基氨基配体，合成了 4 族的混合型配体，如 $M(EtCp)(NMe_2)_3$，M=Ti、Zr 和 Hf。以 O_3 为共反应剂 ALD 制备氧化物薄膜时，其热稳定性和反应活性均优于其金属氨基盐或金属环戊二烯源[6]。与 $Ru(EtCp)_2$ 相比，实验[89]和密度泛函理论（DFT）计算[90]表明，无论对反应剂是 NH_3 等离子体、H_2 等离子体还是 O_2，在 Ru(MeCp)Py 源中引入吡咯基团，均明显降低 Ru(MeCp)Py 前驱体在 TiN 上的成核位垒，增大了 GPC，且将成核孕育期减少到 <10 循环。

增加异配位金属前驱体的不对称性，有助于前驱体保持液态，增加挥发性，避免固态源产生的弊端。例如，合成了异丙基环戊二烯与异丙基脒基混合配位型的一系列稀土前驱体 $M(^iPrCp)_2(^iPr_2AMD)$（M=Y、La、Pr、Gd 和 Dy）。所有这些前驱体均是液态，具有很强的挥发性。采用水作为对反应剂，生长温度不高于 200 ℃，已用于一系列稀土氧化物薄膜的沉积 [91]。前驱体 $ZrCp_2Me_2$ 和 $HfCp_2Me_2$ 是固体，通过添加烷氧基配体，可以获得配体混合型的液态前驱体 $Hf(CpMe)_2Me(OMe)$ 和 $Zr(CpMe)_2Me(OMe)$ [43,44]，不但改善了源的挥发性，还提高了源的热稳定性，沉积温度达到 500 ℃，所沉积的 HfO_2 和 ZrO_2 薄膜依然遵循 ALD 自限制的生长机制。金属烷基源对水汽和空气极其敏感，通过在三甲基铝中引入烷氧基配体如异丙氧基，可以降低其对水汽的敏感性，增加操作的安全性，但热稳定性明显降低 [35]。

值得注意的是，利用混合型配体对金属前驱体进行修饰、改性，相关策略并非总是有效的。有时引入同一个配体，却呈现相反的效果。有时不但不如预期，没有表现出优化的性质，可能会更糟，引入前驱体不期望的性质。目前对此的认识还很有限，尚需理论与实验结合 [92]，进行深入细致的研究，厘清 ALD 表面化学反应的机制和过程，以便通过设计改性获得综合性能更好的 ALD 前驱体。

4.3.2 非金属类前驱体

1）氧源

氧化物是应用最广泛的一类化合物，也是 ALD 研究最深入的一类化合物，绝大部分氧化物，包括元素周期表中的碱土金属、过渡金属（含镧系）和 13～15 族元素，已经通过 ALD 工艺生长出来。生长氧化物的氧源，种类很多，最常用的是 H_2O 源，有时也会用到氧气、醇类、具有较大活性的臭氧和等离子体产生的原子氧。一些不太常用的氧源也在文献中时有所见，包括双氧水、N_2O、NO_2、N_2O_4 等。在热激活的 ALD 中，最常用的氧源水，一般具有较好的反应活性。在等离子体增强的 ALD（PEALD）中，O_2 是最常使用的氧源，通过等离子体发生器，分子氧转换成高活性的原子氧。

在 ALD 中，臭氧是比较独特的一种氧源，主要用于金属前驱体和水源不能直接发生有效反应的场合。例如，金属 β- 二酮盐与水反应几乎不能进行，采用臭氧后，反应得以顺利进行 [40]。另外采用高活性氧源——自由基氧或原子氧代替水，有时也是为了可以在低温甚至室温沉积氧化物 [93]，提高薄膜的致密度，降低膜中的杂质含量，改进薄膜的电学、光学性能。

2）氮源

生长氮化物最常用的源，在热 ALD 中是 NH_3，在 PEALD 中是 N_2 或者 NH_3 的等离子体。还有一些氮源 [94-96]，如 RNH_2、N_2H_4、R_2NNH_2 等亦可用于氮化物的生长。过渡金属氮化物生长中，氨气作为一种氮源和还原剂，可以将金属从高氧化态还原到正常氧化态，如 $Ti^{IV}Cl_4 \rightarrow Ti^{III}N$。然而，如果金属能够形成高氧化态的金属氮化物，则氨气的还原是不充分的。例如，$TaCl_5/NH_3$ 的工艺可生成 Ta_3N_5，只有在生长中进一步引入单质 Zn，才可以获得 TaN，并降低膜中的氧含量[97]，然而残余的 Zn 元素污染在微电子工业中是个禁忌。也可以采用叔丁基胺和烷基胺与氨气一起来做氮源和还原剂，获得 TaN，可惜又会引入碳污染[98]。因此重要氮化物的 ALD 制备工艺也一直处在发展中[99]。

3）还原性源

制备金属，除了抗氧化稳定的贵金属，经常要用到还原性的源，最常用的是 H_2、NH_3 及其等离子体产生的原子 H。在热 ALD 生长金属中，寻找有效适合的还原剂通常是非常困难的。用硅烷或者硼烷还原金属氟化物，利用氟硅烷消去反应［式（4.5）］，适用于金属钨和钼的 ALD 生长[100]。

$$WF_6\,(g) + Si_2H_6\,(g) \longrightarrow W\,(s) + 2SiF_3H\,(g) + 2H_2\,(g) \tag{4.5}$$

ALD 制备过渡金属还有间接方法，即先沉积金属氧化物或氮化物，再通入还原剂将其还原为金属态。异丙醇、福尔马林、氢气、甲酸等都可以用来充当还原剂[101-104]。

4）硫族源

沉积硫族化物（硫化物、硒化物和碲化物）最常用的源是它们的氢化物[105]（H_2S、H_2Se 和 H_2Te），特别是利用 H_2S，已经合成出一系列的硫化物，包括 ZnS、CaS、BaS、SrS、CdS、PbS、In_2S_3、La_2S_3、Cu_xS、WS_2、TiS_2、Sb_2S_3、SnS、GaS_x、GeS、MoS_2、Li_2S 和 Al_2S_3 等。由于硫族元素氢化物的源毒性相当强，特别是 H_2Se 和 H_2Te，使用中必须注意采取严格的安全防护措施。鉴于此，也有人使用毒性稍弱的硫代乙酰胺作为反应剂，通过反应中原位产生 H_2S 来沉积金属硫化物；或者使用有机硫源代替剧毒 H_2S，如二甲基硫、乙二硫醇、二（三甲基硅基）硫等，生长硫化物[45]。沉积硫族化物有时也会用到它们的单质源[106]（S、Se 和 Te），偶尔也会用到 Et_2S_2、Et_2Se_2 和 MeAySe、Et_2Te 和 MeAyTe 等[107]。

5）碳源、硅源、氟源和磷源

沉积碳，常用的碳源有 $CHCl_3$、CF_x[4]，碳化物 SiC 则用 C_2H_4 做碳源，WC 则用 $H_2Si(Et)_2$[99]。硅及其化合物，无论是氧化物、氮化物、碳化物或硅化物等，在微电子、光电子等领域都有很重要的应用。目前应用得比较多的硅源主要是 $SiCl_4$、Si_2H_6、$SiCl_2H_2$、$Si(OEt)_4$、$Si(NCO)_4$、$SiH(NMe_2)_3$ 等。然而，$SiCl_4$ 在沉积 SiO_2 时，却表现出较差的反应活性，需要很高的反应温度（>600 ℃）和很长的 $SiCl_4$ 脉冲时间，反应速度还是很慢[108]。通过引入路易斯（Lewis）碱性催化剂如氨和吡啶[109]，可以将反应温度降低到室温；采用氨基硅烷做硅源前驱体，可以起到自催化（self-catalysis）的作用，也会达到同样的效果；采用 Lewis 酸为催化剂，如 $Al(CH_3)_3$，可以使 SiO_2 的生长速率增加 100～300 倍，GPC 值达到 12 nm，又称为快速原子层沉积（rapid ALD，RALD）[110]，所以单生长双元氧化物 SiO_2 速率通常很慢，然而如果是生长混合氧化物或三元氧化物，ALD 生长速率则可明显加快，与生长中的催化机制有关，这将在 5.2 节中予以详细介绍。

生长金属氟化物，主要是碱土金属氟化物，最常用的氟源是 HF，有时也会用到 TiF_4、TaF_5 做氟源，与相应的金属 β- 二酮盐［$M(thd)_n$］发生配体交换反应［式（4.6）］，最终获得金属氟化物[111]。

$$2Ca(thd)_4\,(g) + TiF_4\,(g) \longrightarrow 2CaF_2\,(s) + Ti(thd)_4\,(g) \qquad (4.6)$$

生长Ⅲ–Ⅴ族磷化物如 GaP 和 InP，常用的磷源是 PH_3 和 $^tBuPH_2$。而生长磷酸盐，理论上，磷酸（H_3PO_4）是理想候选者，但其在室温下蒸气压过低，且加热时易分解而非蒸发，因此无法用于气相沉积工艺。磷酸三甲酯（TMP）因其在 70 ℃下具有 15 mbar 的蒸气压，成为颇具吸引力的候选者。虽然热 ALD 工艺已成功将 TMP 与多种金属源结合使用，但研究发现薄膜中的磷原子百分比难以有效提升，往往需要大量磷酸盐子循环才能实现目标掺杂。Dobbelaere 等采用 TMP 等离子体[112]，在 300 ℃时，可实现自限制的 ALD 生长，制备出磷酸铝薄膜。该策略同样适用于钛、钒、锌、锡、铁、镍、钴等金属磷酸盐的 ALD 沉积[113]。

4.4 原子层沉积前驱体设计与理论计算

理想的 ALD 前驱体具有易挥发、热稳定以及在基底和生长表面高反应活性的特点。合理的前驱体设计的主要依据是前驱体配体与金属的配键强度［最高占据分子轨道（HOMO）和最低未占据分子轨道（LUMO）能级］、前驱体的热稳定性和水解活性等数据。理论上，这些数据均可以通过量子化学计算获得。

4.4.1 金属与配体的配键强度

Holme 等采用密度泛函理论（density functional theory，DFT）研究了 Sr 和 Ba 前驱体的稳定性[114]，包括一系列金属 β- 二酮和环戊二烯化合物前驱体 MX_2，其中 M＝Sr 和 Ba，X＝乙酰丙酮（acac）、六氟乙酰丙酮（hfac）、2,2,6,6- 四甲基 -3,5- 庚二酮（thd）、6,6,7,7,8,8,8- 七氟 -2,2- 二甲基 -3,5- 辛烷二酮（fod）、环戊二烯（Cp）、五甲基环戊二烯（Me_5Cp）、正丙基四甲基环戊二烯基（$PrMe_4Cp$）、三异丙基环戊二烯（$^iPr_3H_2Cp$）和三叔丁基环戊二烯基（$^tBu_3H_2Cp$）等配

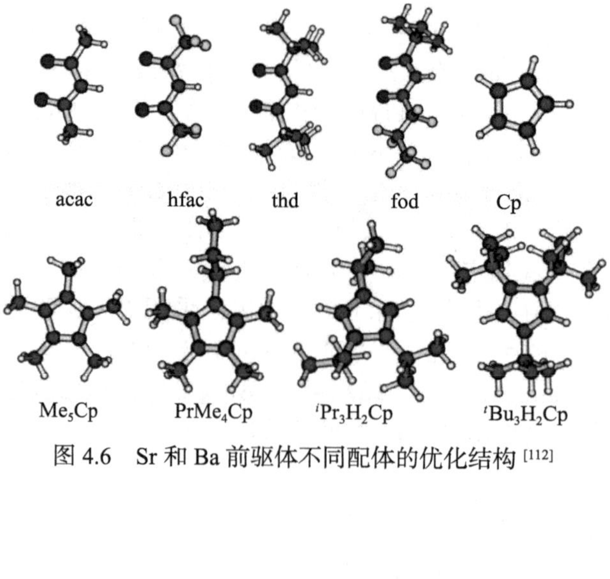

图 4.6　Sr 和 Ba 前驱体不同配体的优化结构[112]

体（图 4.6）。前驱体的配体与金属之间的配键强度可以通过键能公式计算：

$$E_{BE}=E_A+E_B-E_{AB} \qquad (4.7)$$

式中，E_A、E_B、E_{AB} 分别是金属、配体、前驱体的能量。根据 Sr 和 Ba 与不同配体之间的配键强弱，计算筛选出 $Sr(PrMe_4Cp)_2$ 和 $Ba(Me_5Cp)_2$ 前驱体为 Sr 和 Ba 最优的前驱体，与 ALD 实验结果一致。

4.4.2　前驱体热稳定性

李嘉烨等利用 DFT 研究了不同取代基对二齿双氨基脒 Co(Ⅱ) 型 ALD 前驱体的热力学和动力学稳定性的影响[115]。通过侧链取代基上 β 基团迁移重排反应活性来表征二齿双氨基脒金属前驱体的稳定性，发现 β-H 迁移比 β-CH_3 迁移容易。通过计算配体和金属的配建强弱，结合前驱体热分解反应的活化能和反应热，不同取代基的二齿双氨基脒型钴前驱体的稳定性次序为：Co[^{i}Pr-MeAMD]$_2$＜Co[^{s}Bu-MeAMD]$_2$＜Co[^{t}Bu-MeAMD]$_2$，其中，^{i}Pr= 异丙基、Me= 甲基、AMD= 脒基、^{s}Bu=2- 丁基、^{t}Bu= 叔丁基。比较 β 基团的位阻效应对活化能的影响，发现不同取代基的迁移能力为：异丙基（β-H）＞2- 丁基（β-H）＞叔丁基（β-CH_3），即体积较大的取代基（如叔丁基）能够稳定二齿双氨基脒型前驱体分子，而体积小的取代基（如异丙基、2- 丁基）更容易发生 β-H 的迁移而使前驱体重排分解。脒基 Ni 前驱体也出现类似的 β 基团迁移现象（图 4.7）[116,117]。

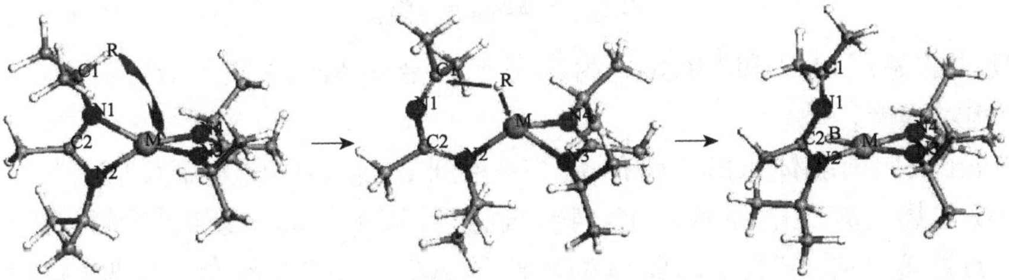

图 4.7　β 基团迁移反应的反应物、过渡态、产物的结构[116]

M=Ni 和 Co；R=H 和 CH_3

Zydor 等采用 DFT 研究了一系列金属环戊二烯化合物前驱体 ML_2Me_2 的热分解反应（图 4.8）[118]，其中，M=Ti、Zr 和 Hf，L=Cp、MeCp 和 OMe。通过比较金属离子、配体和前驱体的电子和空间效应对前驱体热分解反应的活化能和反应热的影响，发现 Ti 前驱体和 Cp 前驱体最易分解，与用金属与配体的配键强弱来判断前驱体的热稳定性一致[118]。

4.4.3　前驱体水解活性

最近，Elliott 等提出一种前驱体水解模型来模拟表面上配体消去反应，预测金

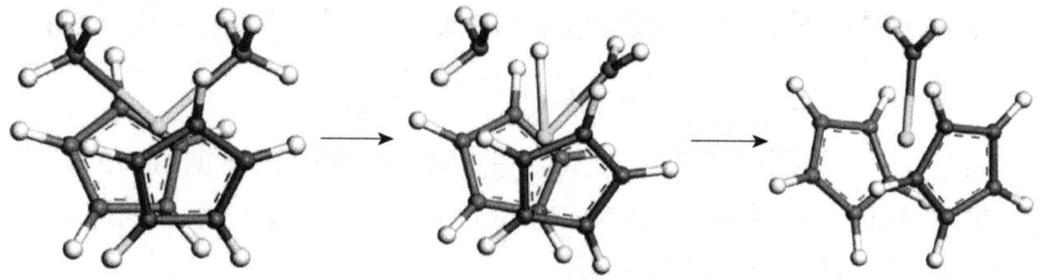

图 4.8　前驱体 α-H 转移反应的反应物、过渡态、产物的结构 [118]

属前驱体（ML_n）的反应活性 [119-122]。认为表面上羟基（—OH）提供的质子（H^+）与前驱体 ML_n 提供的配体 L^- 反应生成 HL。配体消去反应的动力学取决于表面 M—L 和 H—L 键的相对强弱。为了比较不同的配体，需要计算 M—L 和 H—L 键能的强弱。其中，配体 L^- 相对于 OH^- 的布朗斯特碱性度（Brønsted basicity，BB）定义为

$$\Delta E_{BB} = \Delta E(L^- + H_2O \rightarrow H—L + OH^-) \tag{4.8}$$

ΔE_{BB} 值越负，L^- 的 BB 越强，H—L 键越强。配体 L^- 相对于 OH^- 的路易斯碱性度（Lewis basicity，2B）定义为

$$\Delta E_{LB} = \frac{1}{n}\Delta E\left[nL^- + M(OH)_n \longrightarrow ML_n + nOH^-\right] \tag{4.9}$$

同样，ΔE_{LB} 值越负，L^- 的 LB 越强，M—L 键越强。前驱体（ML_n）的水解能定义为

$$\Delta E_{hyd} = \frac{1}{n}\Delta E\left[ML_n + nH_2O \longrightarrow M(OH)_n + nHL\right] \tag{4.10}$$

比较式（4.8）～式（4.10），前驱体（ML_n）的水解能可以写成

$$\Delta E_{hyq} = \Delta E_{BB} - \Delta E_{LB} \tag{4.11}$$

ΔE_{hyd} 反映的是以 H_2O 和 $M(OH)_n$ 为参考态，金属 M^{n+} 或质子 H^+ 与配体 L^- 的结合能力相对强度。

Elliott 采用前驱体水解模型研究了一系列 La 前驱体的水解反应 [119]，包括醇盐、环戊二烯、β- 二酮和氨基化合物，通过计算配体的布朗斯特碱性度 ΔE_{BB} 和路易斯碱性度 ΔE_{LB}，求得前驱体的水解能 ΔE_{hyd}。ΔE_{hyd} 越负，前驱体配体消去越容易。Elam 等采用水解模型成功预测 Zr 前驱体 $[Zr(MeCp)_2(Me)(OMe)]$（记为 ZrL_4，L=MeCp、Me 和 OMe）不同配体的水解反应活性 [120]。根据计算的水解能 ΔE_{hyd}（表 4.4），预测配体 Me 最先消去，OMe 最难消去，结果也得到了四极质谱仪（QMS）实验的证实。

表 4.4　ZrL_4 不同配体的布朗斯特碱性度、路易斯碱性度、水解能（kJ/mol） [120]

配体	消去产物	ΔE_{BB}	ΔE_{LB}	ΔE_{hyd}
Me	CH_4	−46.9	+176.6	−223.5
MeCp	MeCpH	+274.7	+375.1	−100.4
OMe	MeOH	+160.9	+152.5	+8.4

Kazadojev 等采用了同样的水解模型研究了系列 Mg 和 Ca 前驱体的水解反应活性[121]，包括 β- 二酮、β- 酮亚胺、β- 烯胺酮、β- 双烯酮亚胺以及大环化合物，认为 M(bae)、M(Ph-nacnac)$_2$ 和 M(tmtate) 是最优选的前驱体。除了水解模型外，Murray 等提出了配体交换模型来预测金属前驱体的解离吸附和配体迁移能力[122]（图 4.9）。根据计算的布朗斯特碱性度、路易斯碱性度、水解能、吉布斯自由能以及实验数据，全面评估了 2,2,6,6- 四甲基 -3,5- 庚二酮（thd）、异丙基甲基脒（^{i}Pr-MeAMD，amd）、叔丁氧基（O^{t}Bu）、三甲基氨（dma）、甲基（CH_3）等不同配体的前驱体的水解和配体交换反应活性。

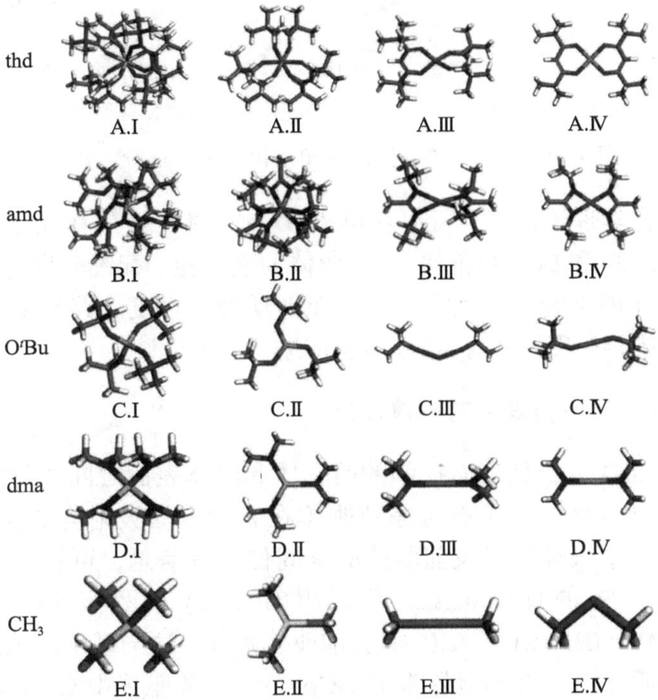

图 4.9　不同配体（thd、amd、O^{t}Bu、dma 和 CH_3）的前驱体的优化结构[122]

4.4.4　前驱体设计筛选流程

Orimoto 等[123]提出了一种前驱体设计筛选流程，包括两个步骤：前驱体预筛选和详细筛选。其中，详细筛选进一步分为前驱体稳定性表格的制作和候选前驱体的提出。通过一系列 β- 二酮基 Cu(Ⅱ) 化合物为例（图 4.10），计算前驱体的生成能以及 LUMO 能级，与实验的稳定常数和还原电势的关联，详细评估和筛选了多种前驱体[123]。

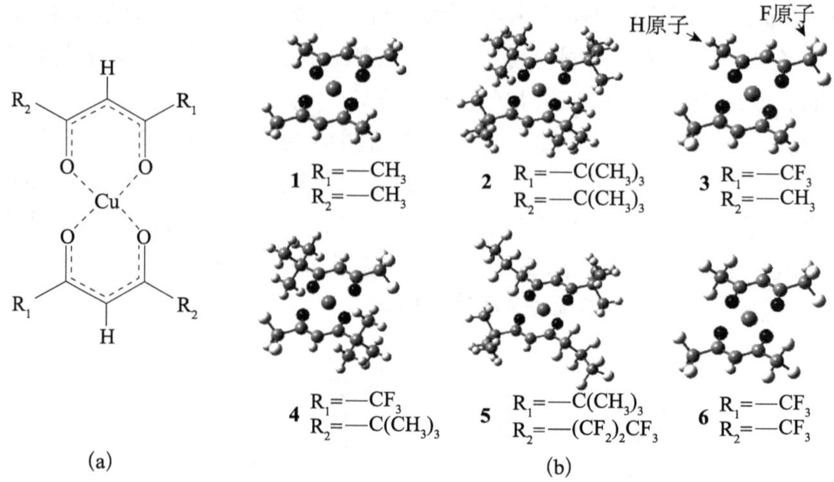

图 4.10　不同 β- 二酮基 Cu(Ⅱ) 化合物的分子结构 [123]

通过量子化学理论计算，可以获得 ALD 前驱体、金属和配体的几何结构和电子结构（HOMO 和 LUMO 能级）、前驱体的生成能、配键的强弱、热分解（包括反应热、活化能）和水解活性（包括布朗斯特碱性度、路易斯碱性度、水解能）等信息，从而在理论上对 ALD 前驱体进行分子设计。

4.4.5　基于 ALD 反应机理的前驱体设计

本质上，ALD 生长是表面控制的前驱体和固体表面之间的气固反应。以上几种前驱体设计方案，均没有考虑前驱体在表面上的吸附与解离的真实情况，忽略了表面的半受限环境以及前驱体的空间位阻等信息，可能会得出相反的结论 [124]。例如，TiO_2 的 H_2O 基 ALD 可以用 $Ti(OMe)_4$ 前驱体沉积，但不能使用 $TiCp^*(OMe)_3$[$Me = CH_3$, $Cp^* = C_5(CH_3)_5$] 前驱体生长。这与基于前驱体水解活性模型的预测相矛盾，因为该模型忽略了 $TiCp^*(OMe)_3$ 前驱体中 Cp 配体的空间位阻效应 [124,125]。

除了考虑前驱体的相对稳定性和反应性外，更加可靠的前驱体设计和筛选方法应该是基于 ALD 反应机理来预测前驱体与表面的反应活性，这也是 ALD 技术的本质，称为前驱体的表面反应性（surface reactivity of the precursor, SRP），包括吸附能、解吸能、表面反应能、活化能等信息 [92]。近年来，SiO_2 ALD 氨基硅烷前驱体设计及其反应机理获得了广泛的研究 [126-136]。通常来说，半反应采用氨基硅烷作为硅前驱体，其另一个半反应需要能量增强方法，如 O_3 基 ALD 或等离子体增强 ALD（PEALD），氨基硅烷半反应本身仍是热 ALD 反应 [137-140]。

此前，没有非常有效的 SiO_2 ALD 生长的硅前驱体。如果采用 $SiCl_4$ 和 H_2O 作为 Si 源和 O 源，生长需要高温（>600 ℃）和高流量[141-143]。后来，采用路易斯碱作为催化剂解决了此问题[109,144-147]，通过路易斯碱（如氨 NH_3 或吡啶 NC_5H_5）的引入，可以将 SiO_2 ALD 反应温度降低到室温，即室温 ALD（RT-ALD）。随后采用路易斯酸作为催化剂的 SiO_2 快速 ALD 方法（RALD）也被发现[110,148,149]。通常硅前驱体与表面之间为弱的物理吸附，不能直接形成 Si—O 键[143]。但是，强路易斯酸［如三甲基铝 $Al(CH_3)_3$］与表面可以通过化学吸附直接形成 Al—O 键[148]。而在 RT-ALD 中，路易斯碱可以通过与羟基（—OH）基团形成氢键来催化 Si—O 的形成，从而降低 ALD 反应的能垒[147]。同样，氨基硅烷可以通过氨基配体与表面—OH 的氢键相互作用来催化氨基硅烷半反应和 Si—O 键的生成。如图 4.11 所示，通过引入氨基配体，二氨基硅烷（BDMAS）与表面反应的吉布斯自由能垒可显著降低到约 10.0 kcal/mol，反应温度可以降低到 200 ℃以下，甚至室温[126]。这种通过其氨基配体的催化可以称为氨基硅烷的自催化（self-catalysis），也是氨基硅烷成功作为前驱体基础[126,150,151]。

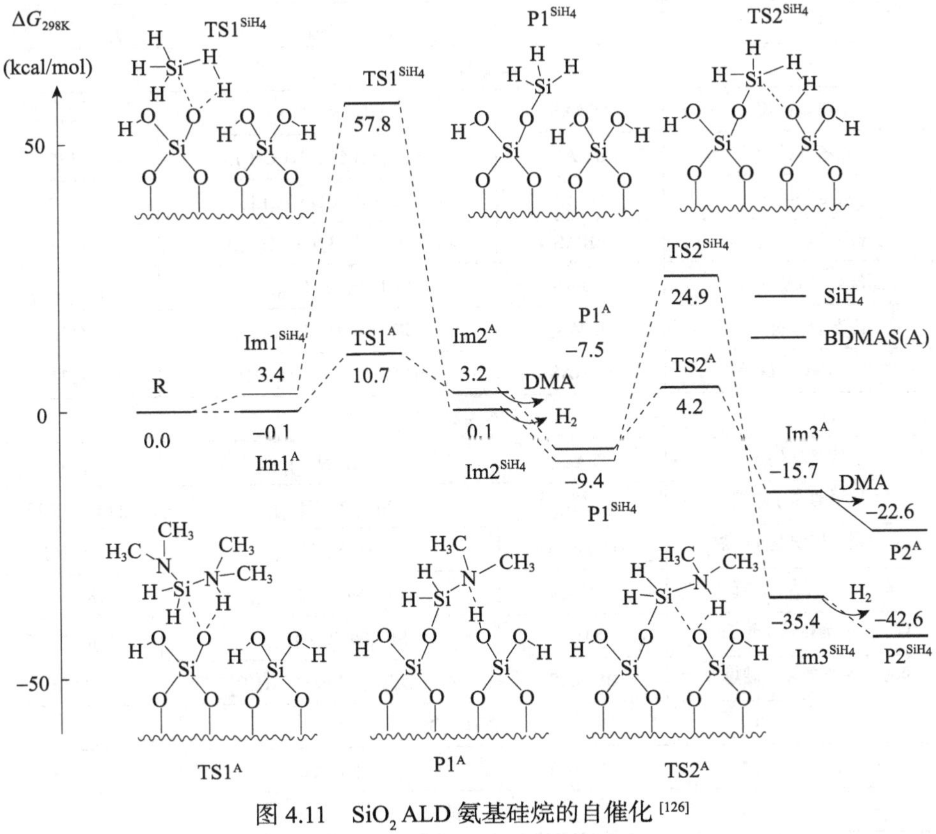

图 4.11　SiO_2 ALD 氨基硅烷的自催化[126]

Im，中间产物；TS，过渡态

氨基硅烷包括单氨基硅烷、双氨基硅烷、三氨基硅烷和四氨基硅烷，如表 4.5 所示。利用 M062X、PW91、PBE 和 BP86 等泛函的理论计算，研究了 11 种氨基硅烷与表面的吸附行为和反应机理。通过改变氨基配体的数量和大小，这些氨基硅烷具有不同的吸附能、反应势垒和表面反应活性 [127-136]。从催化角度看，单氨基硅烷和双氨基硅烷，如 DSBAS、BDEAS 和 BTBAS，被推荐用于 SiO_2 ALD 的生长。由于半反应之后第三个氨基仍留在表面，三氨基硅烷不可避免会导致 SiO_2 薄膜的 C 和 N 的污染。由于严重的空间位阻，四氨基硅烷一般不用于 SiO_2 的 ALD 生长 [127-136]。SiO_2 ALD 的氨基硅烷前驱体的设计和筛选是非常成功的范例 [127]，原因就在于考虑了氨基硅烷与表面的自催化行为并进行了详细的 ALD 反应机理计算。类似的方法也适合 Al_2S_3、$RuO_2 \cdot xH_2O$ 以及其他材料 ALD 前驱体的设计与筛选 [92,151,152]。

表 4.5　SiO_2 ALD 氨基硅烷前驱体

名称	缩写	分子式	参考文献
硅烷		SiH_4	[127,133,136]
单氨基硅烷			
二甲氨基硅烷	DMAS	$SiH_3[N(CH_3)_2]$	[133,135]
甲乙氨基硅烷	EMAS	$SiH_3[N(CH_3)(CH_2CH_3)]$	[135]
二乙氨基硅烷	DEAS	$SiH_3[N(CH_2CH_3)_2]$	[135]
乙异丙基氨基硅烷	EIPAS	$SiH_3[N(C_2H_5)CH(CH_3)_2]$	[135]
二异丙基氨基硅烷	DIPAS	$SiH_3[N(CH(CH_3)_2)_2]$	[134-136]
二丙基氨基硅烷	DPAS	$SiH_3[N(CH_2CH_2CH_3)_2]$	[135]
二叔丁基氨基硅烷	DSBAS	$SiH_3[N(CHCH_3CH_2CH_3)_2]$	[131]
双氨基硅烷			
二氨基硅烷	DAS	$SiH_2[NH_2]_2$	[136]
双（二甲氨基）硅烷	BDMAS	$SiH_2[N(CH_3)_2]_2$	[127,133,136]
双（六氟二甲氨基）硅烷	BHFDMAS	$SiH_2[N(CF_3)_2]_2$	[136]
双（二乙氨基）硅烷	BDEAS	$SiH_2[N(CH_2CH_3)_2]_2$	[128,132,136]
双（叔丁基氨基）硅烷	BTBAS	$SiH_2[NHC(CH_3)_3]_2$	[128,130,136]
双（乙基甲氨基）硅烷	BEMAS	$SiH_2[N(CH_2CH_3)(CH_3)]_2$	[136]
三氨基硅烷			
三（二甲氨基）硅烷	TDMAS	$SiH[N(CH_3)_2]_3$	[128,129,133]
四氨基硅烷			
四（二甲氨基）硅烷	TKDMAS	$Si[N(CH_3)_2]_4$	[133]

由于计算方法的快速发展，理论计算可以预测前驱体的 ALD 反应机理和表面反应活性。目前，满足 ALD 反应要求的前驱体还是相当缺乏的，使用的前驱体大多来源于 CVD 和 MOCVD。与前驱体设计及其理论计算相结合，发展适合 ALD 生长的前驱体依然是当前原子层沉积技术发展的一个重要方向。

参 考 文 献

[1] Ritala M, Niinistö J. Atomic Layer Deposition. Chap. 4 // Jones A C, Hitchman M L.Chemical Vapour Deposition Precursors, Processes and Applications. Cambridge: Royal Society of Chemistry, 2009: 158-206

[2] Leskelä M, Ritala M. Atomic layer deposition (ALD): From precursors to thin film structures. Thin Solid Films, 2002, 409: 138-146

[3] Pinna N, Knez M. Atomic Layer Deposition of Nanostructured Materials. Weinheim: Wiley-VCH Verlag & Co. KGaA, 2012

[4] Hatanpää T, Ritala M, Leskelä M. Precursors as enablers of ALD technology contributions from University of Helsinki. Coordin. Chem. Rev., 2013, 257: 3297-3322

[5] Utke I, Swiderek P, Höflich K, et al. Coordination and organometallic precursors of group 10 and 11: Focused electron beam induced deposition of metals and insight gained From chemical vapour deposition, atomic layer deposition, and fundamental surface and gas phase studies. Coord. Chem. Rev., 2022, 458: 213851-1~64

[6] Li J, Chai G, Wang X. Atomic layer deposition of thin films: From a chemistry perspective. Int. J. Extrem. Manuf., 2023, 5: 032003-1~29

[7] Puurunena R L. Surface chemistry of atomic layer deposition: A case study for the trimethylaluminum/water process. J. Appl. Phys., 2005, 97: 121301-1~52

[8] Kurek A, Gordon P G, Karle S, et al. Recent advances using guanidinate ligands for chemical vapour deposition (CVD) and atomic layer deposition (ALD) applications. Aust. J. Chem., 2014, 67: 989-996

[9] Rouf P, Samii R, Rönnby K, et al. Hexacoordinated gallium(Ⅲ) triazenide precursor for epitaxial gallium nitride by atomic layer deposition. Chem. Mater., 2021, 33: 3266-3275

[10] Suntola T, Antson J. Method for producing compound thin films: U.S. Patent, 4058430, 1977

[11] Ylilammi M. Monolayer thickness in atomic layer deposition. Thin Solid Films, 1996, 279: 24-130

[12] Kol'tsov S I, Aleskovskii V B. Reaction of titanium tetrachloride with silica gel. Zh. Prikl. Khim., 1967, 40: 907-909

[13] Aarik J, Aidla A, Mändar H, et al. Texture development in nanocrystalline hafnium dioxide thin films grown by atomic layer deposition. J. Cryst. Growth, 2000, 220: 105-113

[14] Lee A, Fuchigami N, Pisharoty D, et al. Atomic layer deposition of $Hf_xAl_yC_z$ as a work function material in metal gate MOS devices. J. Vac. Sci. Technol. A, 2014, 32: 01A118-1~7

[15] Xiang J, Ding Y, Du L, et al. Investigation of N type metal TiAlC by thermal atomic layer deposition using $TiCl_4$ and TEA as precursors. ECS J. Solid State Sci. Technol., 2016, 5:299-303

[16] Blakeney K J, Winter C H. Thermal atomic layer deposition of tungsten carbide films from WCl_6 and $AlMe_3$. J. Vac. Sci. Technol. A, 2018, 36: 01A1041~6

[17] Elers K E, Saanila V, Soininen P J, et al. Diffusion barrier deposition on a copper surface by atomic layer deposition. Chem. Vap. Deposition, 2002, 8: 148-153

[18] Siimon H , Aarik J. Thickness profiles of thin films caused by secondary reactions in flow type atomic layer deposition reactors. J. Phys. D: Appl. Phys., 1997, 30: 1725-1728

[19] Elers K E, Ritala M, Leskelä M, et al. $NbCl_5$ as a precursor in atomic layer epitaxy. Appl. Surf. Sci., 1994, 82/83: 468-474

[20] Juppo M, Vehkamäki M, Ritala M, et al. Deposition of molybdenum thin films by an alternate supply of $MoCl_5$ and Zn. J. Vac. Sci. Technol. A, 1998, 16: 2845-2850

[21] Tägtsröm P, Märtensson P, Jansson U, et al. Atomic layer epitaxy of tungsten oxide films using oxyfluorides as metal precursors. J. Electrochem. Soc., 1999, 146: 3139-3143

[22] Aarik J, Aidla A, Kukli K, et al. Deposition and etching of tantalum oxide films in atomic layer epitaxy process. J. Cryst. Growth, 1994, 144: 116-119

[23] Kukli K, Aidla A, Ritala M, et al. Effect of selected atomic layer deposition parameters on the structure and dielectric properties of hafnium oxide films. J. Appl. Phys., 2004, 96: 5298-5307

[24] Colombo D G, Gilmer D C, Young V G, et al. Anhydrous metal nitrates as volatile single source precursors for the CVD of metal oxide film. Chem. Vap. Deposition, 1998, 4: 220-222

[25] Ma T Z, Campbell S A, Smith R, et al. Group IVB metal oxides high permittivity gate insulators deposited from anhydrous metal nitrates. IEEE Trans. Electron. Dev., 2001, 48: 2348-2356

[26] Conley J F, Ono Y J, Zhuang W, et al. Atomic layer deposition of hafnium oxide using anhydrous hafnium nitrate. Electrochem. Solid-State Lett., 2002, 5: C57-C59

[27] Conley J F, Ono Y J, Solanki R, et al. Electrical properties of HfO_2 deposited via atomic layer deposition using $Hf(NO_3)_4$ and H_2O. Appl. Phys. Lett., 2003, 82: 3509-3510

[28] Field B O, Hardy C J. Volatile tetranitratotitanium (Ⅳ): Preparation, infrared spectrum, and reaction with saturated hydrocarbons. J. Chem. Soc., 1963, 0: 5278-5281

[29] Field B O, Hardy C J. Volatile and anhydrous nitrato-complexes of metals: Preparation by the use of dinitrogen pentroxide, and measurement of infrared spectra. J. Chem. Soc., 1964, 0: 4428-4434

[30] Addison C C. Dinitrogen tetroxide, nitric-acid, and their mixtures as media for inorganic reactions. Chem. Rev., 1980, 80: 21-39

[31] Chen P, Bhandari H B, Klein T M. Effect of nitrogen containing plasmas on interface stability of hafnium oxide ultrathin films on Si(100). Appl. Phys. Lett., 2004, 85: 1574-1576

[32] Li A D. Synthesis, characterization, and their applications of volatile anhydrous metal nitrate precursors. Chap. 7 // Brandan S A. Nitrate: Occurrence, Characteristics and Health Considerations. New York: Nova Science Pub. Inc., 2012: 95-140

[33] Pessa M, Jylhä O, Herman M A. Atomic layer epitaxy of CdTe on the polar (111) A and (111) B surfaces of CdTe substrates. J. Cryst. Growth, 1984, 67: 255-260

[34] Puurunen R L, Lindblad M, Root A, et al. Successive reactions of gaseous trimethylaluminium and ammonia on porous alumina. Phys. Chem. Chem. Phys., 2001, 3: 1093-1102

[35] Cho W, Sung K, An K S, et al. Atomic layer deposition of Al_2O_3 thin films using dimethylaluminum isopropoxide and water. J. Vac. Sci. Technol. A, 2003, 21: 1366-1370

[36] Huang R, Kitai A H. Temperature dependence of the growth orientation of atomic layer growth MgO. Appl. Phys. Lett., 1992, 61: 1450-1452

[37] Vehkamäki M, Hatanpää T, Hänninen T, et al. Growth of $SrTiO_3$ and $BaTiO_3$ thin films by atomic layer deposition. Electrochem. Solid-State Lett., 1999, 2: 504-506

[38] Vehkamäki M, Hänninen T, Ritala M, et al. Atomic layer deposition of $SrTiO_3$ thin films from a novel strontium precursor-strontium-bis(tri-isopropylcyclopentadienyl). Chem. Vap. Deposition, 2001, 7: 75-80

[39] Ihanus J, Hänninen T, Hatanpää T, et al. Atomic layer deposition of SrS and BaS thin films using cyclopentadienyl

precursors. Chem. Mater., 2002, 14: 1937-1944

[40] Niinistö J, Putkonen M, Niinistö L. Processing of Y_2O_3 thin films by atomic layer deposition from cyclopentadienyl-type compounds and water as precursors. Chem. Mater., 2004, 16: 2953-2958

[41] Putkonen M, Sajavaara T, Johansson L S, et al. Low-temperature ALE deposition of Y_2O_3 thin films from beta-diketonate precursors. Chem. Vap. Deposition, 2001, 7: 44-50

[42] Putkone M, Niinistö J, Kukli K, et al. ZrO_2 Thin films grown on silicon substrates by atomic layer deposition with $Cp_2Zr(CH_2)_2$ and water as precursors . Chem. Vap. Deposition, 2003, 9: 207-212

[43] Niinistö J, Putkonen M, Niinistö L, et al. Atomic layer deposition of HfO_2 thin films exploiting novel cyclopentadienyl precursors at high temperatures. Chem. Mater., 2007, 19: 3319-3324

[44] Kukli K, Niinistö J, Tamm A, et al. Atomic layer deposition of ZrO_2 and HfO_2 on deep trenched and planar silicon. Microelectr. Eng., 2007, 84: 2010-2013

[45] Zaidi S J A, Basit M A, Park T J, et al. Advances in atomic layer deposition of metal sulfides: From a precursors perspective. Chem. Mater., 2022, 34:7106-7138

[46] Jin Z, Shin S, Kwon D H, et al. Novel chemical route for atomic layer deposition of MoS_2 thin film on SiO_2/Si substrate. Nanoscale, 2014, 6 : 14453-14458

[47] Sun Y, Chai Z, Lu X, et al. A direct atomic layer deposition method for growth of ultra-thin lubricant tungsten disulfide films. Sci. China Technol. Sci., 2017, 60 : 51-57

[48] Zeng L, Richey N E, Palm D W, et al. Modified atomic layer deposition of MoS_2 thin films. J. Vac. Sci. Technol. A, 2020, 38: 060403

[49] Tammenmaa M, Antson H, Asplund M, et al. Alkaline-earth sulfide thin-films grown by atomic layer epitaxy. J. Cryst. Growth, 1987, 84: 151-154

[50] Nieminen M, Putkonen M, Niinistö L. Formation and stability of lanthanum oxide thin films deposited from β-diketonate precursor. Appl. Surf. Sci., 2001, 174: 155-166

[51] Tiitta M, Niinistö L. Volatile metal beta-diketonates: ALE and CVD precursors for electroluminescent device thin films. Chem. Vap. Deposition, 1997, 3: 167-182

[52] Hiltunen L, Kattelus H, Leskelä M, et al. Growth and characterization of aluminum-oxide thin-films deposited from various source materials by atomic layer epitaxy and chemical vapor-deposition processes. Mater. Chem. Phys., 1991, 28: 379-388

[53] Østreng E, Sønsteby H H, Øien S, O. et al. Atomic layer deposition of sodium and potassium oxides: Evaluation of precursors and deposition of thin films. Dalton Trans., 2014, 43: 16666-16672

[54] Sønsteby H H, Nilsen O, Fjellvåg H. Atomic layer deposition of (K,Na)(Nb,Ta)O_3 thin films. J. Vac. Sci. Technol. A, 2016, 34: 041508-1~6

[55] Sønsteby H H, Yanguas-Gil A, Elam J W. Consistency and reproducibility in atomic layer deposition. J. Vac. Sci. Technol. A, 2020, 38: 020804-1~17

[56] Aaltonen T, Alnes M, Nilsen O, et al. Lanthanum titanate and lithium lanthanum titanate thin films grown by atomic layer deposition. J. Mater. Chem., 2010, 20: 2877-2881

[57] Kukli K, Ritala M, Leskelä M. Low-temperature deposition of zirconium oxide-based nanocrystalline films by alternate supply of $Zr[OC(CH_3)_3]_4$ and H_2O. Chem. Vap. Deposition, 2000, 6: 297-302

[58] Cho W, An K S, Chung T M, et al. ALD of hafnium dioxide thin films using the new alkoxide precursor hafnium 3-methyl-3-pentoxide, $Hf(mp)_4$. Chem. Vap. Deposition, 2006, 12: 665-669

[59] Vehkamäki M, Ritala M, Leskelä M, et al. Atomic layer deposition of strontium tantalate thin films from bimetallic precursors and water. J. Electrochem. Soc., 2004, 151: F69-F72

[60] Ritala M, Kukli K, Rahtu A, et al. Atomic layer deposition of oxide thin films with metal alkoxides as oxygen sources. Science, 2000, 288: 319-321

[61] Rahtu A, Ritala M. Reaction mechanism studies on the atomic layer deposition of $Zr_xTi_yO_z$ using the novel metal halide-metal alkoxide approach. Langmuir, 2002, 18: 10046-10048

[62] Blanquart T, Niinistö J, Ritala M, et al. Atomic layer deposition of groups 4 and 5 transition metal oxide thin films: Focus on heteroleptic precursors. Chem. Vap. Depos., 2014, 20: 189-208

[63] Min J S, Park H S, Kang S W. Metal-organic atomic-layer deposition of titanium-silicon-nitride films. Appl. Phys. Lett., 1999, 75: 1521-1523

[64] Elam J W, Schuisky M, Ferguson J D, et al. Surface chemistry and film growth during TiN atomic layer deposition using TDMAT and NH_3. Thin Solid Films, 2003, 436: 145-156

[65] Kukli K, Ritala M, Pilvi T, et al. Evaluation of a praseodymium precursor for atomic layer deposition of oxide dielectric films. Chem. Mater., 2004, 16: 5162-5168

[66] Kukli K, Ritala M, Sajavaara T, et al. Atomic layer deposition of hafnium dioxide films from hafnium tetrakis(ethylmethylamide) and water. Chem. Vap. Deposition, 2002, 8: 199-204

[67] Maeng W J, Kim H. Thermal and plasma-enhanced ALD of Ta and Ti oxide thin films from alkylamide precursors. Electrochem. Solid-State Lett., 2006, 9: G191-G194

[68] Min J S, Son Y W, Kang W G, et al. Atomic layer deposition of TiN films by alternate supply of tetrakis(ethylmethylamino)-titanium and ammonia. Jpn. J. Appl. Phys., Part 1, 1998, 37: 4999-5004

[69] Vehkamäki M, Hatanpää T, Ritala M, et al. Bismuth precursors for atomic layer deposition of bismuth-containing oxide films. J. Mater. Chem., 2004, 14: 3191-3197

[70] Lim B S, Rahtu A, Gordon R G. Atomic layer deposition of transition metals. Nat. Mater., 2003, 2: 749-754

[71] Devi A. 'Old Chemistries' for new applications: Perspectives for development of precursors for MOCVD and ALD applications. Coord. Chem. Rev., 2013, 257 : 3332-3384

[72] Edelmann F T. Lanthanide amidinates and guanidinates in catalysis and materials science: A continuing success story. Chem. Soc. Rev., 2012, 41: 7657-7672

[73] Lim B S, Rahtu A, Park J S, et al. Synthesis and characterization of volatile, thermally stable, reactive transition metal amidinates. Inorg. Chem., 2003, 42: 7951-7958

[74] Wan Z X, Zhang T F, Zeng Z H, et al. Atomic layer deposition of Co_xO_y films: Oxidants versus composition Adv. Mater. Interfaces, 2022, 9: 2200097

[75] Lim B S, Rahtu A, Rouffignac P De, et al. Atomic layer deposition of lanthanum aluminum oxide nanolaminates for electrical applications. Appl. Phys. Lett., 2004, 84: 3957-3959

[76] Carmalt C J, Newport A C, O'Neill S A, et al. Synthesis of titanium (IV) guanidinate complexes and the formation of titanium carbonitride via low-pressure chemical vapor deposition. Inorg. Chem., 2005, 44: 615-619

[77] Kaur P, Mai L K, Muriqi A, et al. Rational development of guanidinate and amidinate based cerium and ytterbium complexes as atomic layer deposition precursors: Synthesis, modeling, and application. Chem. A Euro. J., 2021, 27: 4913-4926

[78] Rouf P, O'Brien N J, Rönnby K, et al. The endocyclic carbon substituent of guanidinate and amidinate precursors controlling atomic layer deposition of InN films. J. Phys. Chem. C, 2019, 123: 25691-25700

[79] Park E S, Yoo C, Kim W, et al. Developing precursor chemistry for atomic layer deposition of high-density, conformal GeTe films for phase-change memory. Chem. Mater., 2019, 31: 8663-8672

[80] Tuomisto M, Giedraityte Z, Mai L, et al. Up-converting ALD/MLD thin films with Yb^{3+}, Er^{3+} in amorphous organic framework. J. Luminescence, 2019, 213: 310-315

[81] Mai, L, Giedraityte, Z, Schmidt M, et al. Atomic/molecular layer deposition of hybrid inorganic-organic thin films from erbium guanidinate precursor. J. Mater. Sci., 2017, 52: 6216-6224

[82] O'Brien N J, Rouf P, Samii R, et al. *In situ* activation of an indium(III) triazenide precursor for epitaxial growth of indium nitride by atomic layer deposition. Chem. Mater., 2020, 32: 4481-4489

[83] Samii R, Buttera S C, Kessler V, et al. Synthesis, structure and thermal properties of volatile indium and gallium triazenides. Eur. J. Inorg. Chem., 2022, e202200161-1~8

[84] Rouf P. Time-resolved CVD of group 13 nitride. Dissertation for Ph. D., Linkopings Universitet, Sweden, 2021

[85] Samii R, Zanders D, Buttera S C, et al. Synthesis and thermal study of hexacoordinated aluminum(III) triazenides for use in atomic layer deposition. Inorg. Chem., 2021, 60: 4578-4587

[86] Mpofu P, Rouf P, O'Brien N J, et al. Thermal atomic layer deposition of In_2O_3 thin films using a homoleptic indium triazenide precursor and water. Dalton Trans., 2022, 51: 4712-4719

[87] Samii R, Barkas E, Zanders D, et al. Synthesis, characterization and reactivity of a zinc triazenide for potential use in vapour deposition. Dalton Trans., 2024, 53: 5911-5916

[88] Lee B H, Hwang J K, Nam J W, et al. Low-temperature atomic layer deposition of copper metal thin films: Self-limiting surface reaction of copper dimethylamino-2-propoxide with diethylzinc. Angew. Chem. Int. Ed., 2009, 48: 4536-4539

[89] Swerts J, Delabie A, Salimullah M M, et al. Impact of the plasma ambient and the ruthenium precursor on the growth of ruthenium films by plasma enhanced atomic layer deposition. ECS Solid State Lett., 2012, 1: 19

[90] Phung Q M, Vancoillie S, Pourtois G, et al. Atomic layer deposition of ruthenium on a titanium nitride surface: A density functional theory study. J. Phys. Chem. C, 2013, 117: 19442-19453

[91] Seppälä S, Niinistö J, Blanquart T, et al. Heteroleptic cyclopentadienyl-amidinate precursors for atomic layer deposition (ALD) of Y, Pr, Gd, and Dy oxide thin films. Chem. Mater., 2016, 28: 5440-5449

[92] Fang G Y, Xu L N, Cao Y Q, et al. Theoretical design and computational screening of precursors for atomic layer deposition. Coord. Chem. Rev., 2016, 322: 94-103

[93] Niskanen A, Arstila K, Ritala M, et al. Low-temperature deposition of aluminum oxide by radical enhanced atomic layer deposition. J. Electrochem. Soc., 2005, 152: F90-F93

[94] Juppo M, Alén P, Ritala M, et al. Atomic layer deposition of titanium nitride thin films using tert-butylamine and allylamine as reductive nitrogen sources. Electrochem. Solid-State Lett., 2002, 5: C4-C6

[95] Morishita S, Sugahara S, Matsumura M. Atomic-layer chemical-vapor-deposition of silicon-nitride. Appl. Surf. Sci., 1997, 112: 198-204

[96] Juppo M, Ritala M, Leskelä M. Use of 1,1-dimethylhydrazine in the atomic layer deposition of transition metal nitride thin films. J. Electrochem. Soc., 2000, 147: 3377-3381

[97] Ritala M, Kalsi P, Riihelä D, et al. Controlled growth of TaN, Ta_3N_5, and TaO_xN_y thin films by atomic layer deposition. Chem. Mater., 1999, 11: 1712-1718

[98] Alén P, Juppo M, Ritala M, et al. Tert-butylamine and allylamine as reductive nitrogen sources in atomic layer deposition of TaN thin films. J. Mater. Res., 2002, 17: 107-114

[99] Li W M. Recent developments of atomic layer deposition processes for metallization. Chem. Vap. Deposition, 2013, 19: 82-103

[100] Fabreguette F H, Sechrist Z A, Elam J W, et al. Quartz crystal microbalance study of tungsten atomic layer deposition using WF_6 and Si_2H_6. Thin Solid Films, 2005, 488: 103-110

[101] Huo J S, Solanki R, McAndrew J. Characteristics of copper films produced via atomic layer deposition. J. Mater. Res., 2002, 17: 2394-2398

[102] Li Z W, Gordon R G. Thin, continuous, and conformal copper films by reduction of atomic layer deposited copper nitride. Chem. Vap. Deposition, 2006, 12: 435-441

[103] Waechtler T, Ding S F, Hofmann L, et al. ALD-grown seed layers for electrochemical copper deposition integrated with different diffusion barrier systems. Microelectron. Eng., 2011, 88: 684-689

[104] Utriainen M, Kroger L M, Johansson L S, et al. Studies of metallic thin film growth in an atomic layer epitaxy reactor using $M(acac)_2$ (M = Ni, Cu, Pt) precursors. Appl. Surf. Sci., 2000, 157: 151-158

[105] Tóth K, Pakkanen T A, Hirva P, et al. Model calculations for surfaces and chemisorption processes of zinc-chalcogenide thin films by an ab initio cluster approach. Surf. Sci., 1992, 277: 395-406

[106] Dosho S, Takemura Y, Konagai M, et al. Atomic layer epitaxy of ZnSe-ZnTe strained layer superlattices. J. Cryst. Growth, 1989, 95: 580-583

[107] Wang W S, Ehsani H, Bhat I. Improved CdTe layers on GaAs and Si using atomic layer epitaxy. J. Electron. Mater., 1993, 22: 873-878

[108] Klaus J W, Sneh O, Ott A W, et al. Atomic layer deposition of SiO_2 using catalyzed and uncatalyzed self-limiting surface reactions. Surf. Rev. Lett., 1999, 6: 435-448

[109] Klaus J W, Sneh O, George S M. Growth of SiO_2 at room temperature with the use of catalyzed sequential half-reactions. Science, 1997, 278: 1934-1936

[110] Hausmann D, Becker J, Wang S, et al. Rapid vapor deposition of highly conformal silica nanolaminates. Science, 2002, 298: 402-406

[111] Pilvi T, Arstila K, Ritala M, et al. Novel ALD process for depositing CaF_2 thin films. Chem. Mater., 2007, 19: 3387-3392

[112] Dobbelaere T, Roy A K, Vereecken P, et al. Atomic layer deposition of aluminum phosphate based on the plasma polymerization of trimethyl phosphate. Chem. Mater., 2014, 26: 6863-6871

[113] Henderick L, Dhara A, Werbrouck A, et al. Atomic layer deposition of metal phosphates. Appl. Phys. Rev., 2023, 9: 011310-1~36

[114] Holme T P, Prinz F B. Atomic layer deposition and chemical vapor deposition precursor selection method application to strontium and barium precursors. J. Phys. Chem. A, 2007, 111: 8147-8151

[115] 李嘉烨，吴金平，周成冈，等. 配体氮上取代基对二齿双氨基脒钴 (II) 型 ALD 前驱体稳定性的影响. 化学学报，2008, 66: 165-169

[116] Wu J, Li J, Zhou C, et al. Computational study on the relative reactivities of cobalt and nickel amidinates via β-H migration. Organometallics, 2007, 26: 2803-2805

[117] Li J, Wu J, Zhou C, et al. On the relative stability of cobalt- and nickel-based amidinate complexes against *β*-migration. Int. J. Quantum Chem., 2009, 109: 756-763

[118] Zydor A, Elliott S D. Thermal stability of precursors for atomic layer deposition of TiO_2, ZrO_2, and HfO_2: An *ab initio* study of *α*-hydrogen abstraction in bis-cyclopentadienyl dimethyl complexes. J. Phys. Chem. A, 2010, 114: 1879-1886

[119] Elliott S D. Improving ALD growth rate via ligand basicity: Quantum chemical calculations on lanthanum precursors. Surf. Coat. Tech., 2007, 201: 9076-9081

[120] Elam J W, Pellin M J, Elliott S D, et al. Mechanism for zirconium oxide atomic layer deposition using bis(methylcyclopentadienyl)methoxymethyl zirconium. Appl. Phys. Lett., 2007, 91: 253123

[121] Kazadojev I, Otway D J, Elliott S D. Modeling of precursors for atomic layer deposition of magnesium and calcium oxide. Chem. Vap. Deposition, 2013, 19: 117-124

[122] Murray C, Elliott S D. Density functional theory predictions of the composition of atomic layer deposition-grown

ternary oxides. ACS Appl. Mater. Inter., 2013, 5: 3704-3715

[123] Orimoto Y, Toyota A, Furuya T, et al. Computational method for efficient screening of metal precursors for nanomaterial syntheses. Ind. Eng. Chem. Res., 2009, 48: 3389-3397

[124] Zydor A, Elliott S D. $TiCp^*(OMe)_3$ versus $Ti(OMe)_4$ in atomic layer deposition of TiO_2 with water—*ab initio* modelling of atomic layer deposition surface reactions. J. Nanosci. Nanotech., 2011,11: 8089-8093(5)

[125] Zydor A, Kessler V G, Elliott S D. First principles simulation of reaction steps in the atomic layer deposition of titania: dependence of growth on Lewis acidity of titanocene precursor. Phys. Chem. Chem. Phys., 2012,14: 7954-7964

[126] Fang G Y, Xu L N, Cao Y Q, et al. Self-catalysis by aminosilanes and strong surface oxidation by O_2 plasma in plasma-enhanced atomic layer deposition of high-quality SiO_2. Chem. Commun., 2015, 51: 1341-1344

[127] O'Neill M L, Bowen H R, Derecskei-Kovacs A, et al. Impact of aminosilane precursor structure on silicon oxides by atomic layer deposition. Electrochem. Soc. Interface, 2011, 20: 33

[128] Li J Y, Wu J P, Zhou C G, et al. On the dissociative chemisorption of tris(dimethylamino)silane on hydroxylated SiO_2(001) surface. J. Phys. Chem. C, 2009, 113: 9731-9736

[129] Han B, Zhang Q F, Wu J P, et al. On the mechanisms of SiO_2 thin-film growth by the full atomic layer deposition process using bis(*t*-butylamino)silane on the hydroxylated SiO_2(001) surface. J. Phys. Chem. C, 2012, 116: 947-952

[130] Huang L, Han B, Han B, et al. First-principles study of a full cycle of atomic layer deposition of SiO_2 thin films with di(sec-butylamino)silane and ozone. J. Phys. Chem. C,2013, 117: 19454-19463

[131] Baek S B, Kim D H, Kim Y C. Adsorption and surface reaction of bis-diethylaminosilane as a Si precursor on an OH-terminated Si (001) surface. Appl. Surf. Sci., 2012, 258: 6341-6344

[132] Jeong Y C, Baek S B, Kim D H, et al. Initial reaction of silicon precursors with a varying number of dimethylamino ligands on a hydroxyl-terminated silicon (001) surface. Appl. Surf. Sci.,2013, 280: 207-211

[133] Yang J H, Baek S B, Kim Y C. Initial surface reaction of di-isopropylaminosilane on a fully hydroxyl-terminated Si (001) surface. J. Nanosci. Nanotechnol., 2014,14: 7954-7960

[134] Kim J S, Yang J H, Jeong Y C, et al. Effect of amino ligand size of Si precursors on initial reaction with an —OH-terminated Si(001) surface for atomic layer deposition. Jpn. J. Appl. Phys., 2014, 53: 08NE04

[135] Murray C A, Elliott S D, Hausmann D, et al. Effect of reaction mechanism on precursor exposure time in atomic layer deposition of silicon oxide and silicon nitride. ACS Appl. Mater. Interfaces, 2014, 6: 10534-10541

[136] Mallikarjunan A, Chandra H, Xiao M C, et al. Designing high performance precursors for atomic layer deposition of silicon oxide. J. Vac. Sci. Technol. A, 2015, 33: 01A137

[137] Kobayashi A, Tsuji N, Fukazawa A, et al. Temperature dependence of SiO_2 film growth with plasma-enhanced atomic layer deposition. Thin Solid Films, 2012, 520: 3994-3998

[138] Burton B B, Kang S W, Rhee S W, et al. SiO_2 atomic layer deposition using tris(dimethylamino)silane and hydrogen peroxide studied by *in situ* transmission FTIR spectroscopy. J. Phys. Chem. C, 2009, 113: 8249-8257

[139] Profijt H B, Potts S E, Sanden M C M, et al. Plasma-assisted atomic layer deposition: Basics, opportunities, and challenges. J. Vac. Sci. Technol. A, 2011, 29: 050801

[140] George S M, Sneh O, Dillon A C, et al. Atomic layer controlled deposition of SiO_2 and Al_2O_3 using ABAB… binary reaction sequence chemistry. Appl. Surf. Sci., 1994, 82-83: 460-467

[141] Sneh O, Wise M L, Ott A W, et al. Atomic layer growth of SiO_2 on Si(100) using $SiCl_4$ and H_2O in a binary reaction sequence. Surf. Sci.,1995, 334: 135-152

[142] Klaus J W, Ott A W, Johnson J M, et al. Atomic layer controlled growth of SiO_2 films using binary reaction sequence chemistry. Appl. Phys. Lett.,1997, 70: 1092-1094

[143] Fang G Y, Xu L N, Wang L G, et al. Stepwise mechanism and H_2O-assisted hydrolysis in atomic layer deposition of SiO_2 without a catalyst. Nanoscale Res. Lett., 2015, 10: 68

[144] Klaus J W, George S M. Atomic layer deposition of SiO_2 at room temperature using NH_3-catalyzed sequential surface reactions. Surf. Sci.,2000, 447: 81-90

[145] Du Y, Du X, George S M. SiO_2 film growth at low temperatures by catalyzed atomic layer deposition in a viscous flow reactor. Thin Solid Films, 2005, 491: 43-53

[146] Du Y, Du X, George S M. Mechanism of pyridine-catalyzed SiO_2 atomic layer deposition studied by Fourier transform infrared spectroscopy. J. Phys. Chem. C, 2007, 111: 219-226

[147] Fang G Y, Chen S, Li A D, et al. Surface pseudorotation in Lewis-base-catalyzed atomic layer deposition of SiO_2: Static transition state search and Born-Oppenheimer molecular dynamics simulation. J. Phys. Chem. C,2012, 116: 26436-26448

[148] Fang G Y, Ma J. Rapid atomic layer deposition of silica nanolaminates: Synergistic catalysis of Lewis/Brønsted acid sites and interfacial interactions. Nanoscale, 2013, 5: 11856-11869

[149] Ni G, Han B, Cheng H S. Effect of Al electronic configuration on the SiO_2 thin film growth via catalytic self-assembling deposition. J. Phys. Chem. C, 2013, 117: 22705-22713

[150] Fang G Y, Xu L N, Ma J, et al. Theoretical understanding of the reaction mechanism of SiO_2 atomic layer deposition. Chem. Mater., 2016, 28: 1247-1255

[151] Zhou Z C, Fang G Y, Yu Y H, et al. Design and self-catalytic mechanism of aluminum precursors bearing amino ligands for Al_2S_3 atomic layer deposition. Appl. Surf. Sci., 2022, 595: 153516

[152] Wang Y J, Bai C Q, Zhao Y X, et al. Precursor design and cascade mechanism of $RuO_2 \cdot xH_2O$ atomic layer deposition. Appl. Surf. Sci., 2024, 657: 159728

第 5 章　原子层沉积材料与生长机理

5.1　引　　言

随着原子层沉积技术的蓬勃发展，ALD 制备的材料种类和数量正变得越来越丰富。图 5.1 元素周期表上给出了目前为止 ALD 所生长的主要材料种类，包括单质、氧化物、氮化物、硫化物、氟化物、硒化物、碲化物和其他化合物 [1]。表 5.1 列出了 ALD 生长的材料种类及其示例 [1-5]。可见 ALD 合成材料的种类正从传统的无机材料扩展到聚合物、有机 – 无机杂化材料，从简单的双元化合物、单质、双金属合金到复杂的三元、四元化合物和五元的高熵合金，形式由非晶、多晶、外延薄膜扩展到特定的纳米结构、核壳结构、纳米叠层薄膜、超晶格、纳米图案、反蛋白石、高深宽比结构、金属有机骨架（MOF）结构、单（双）原子催化剂等。相信未来 ALD 制备的材料种类和形式，还将会日新月异，越来越多彩。

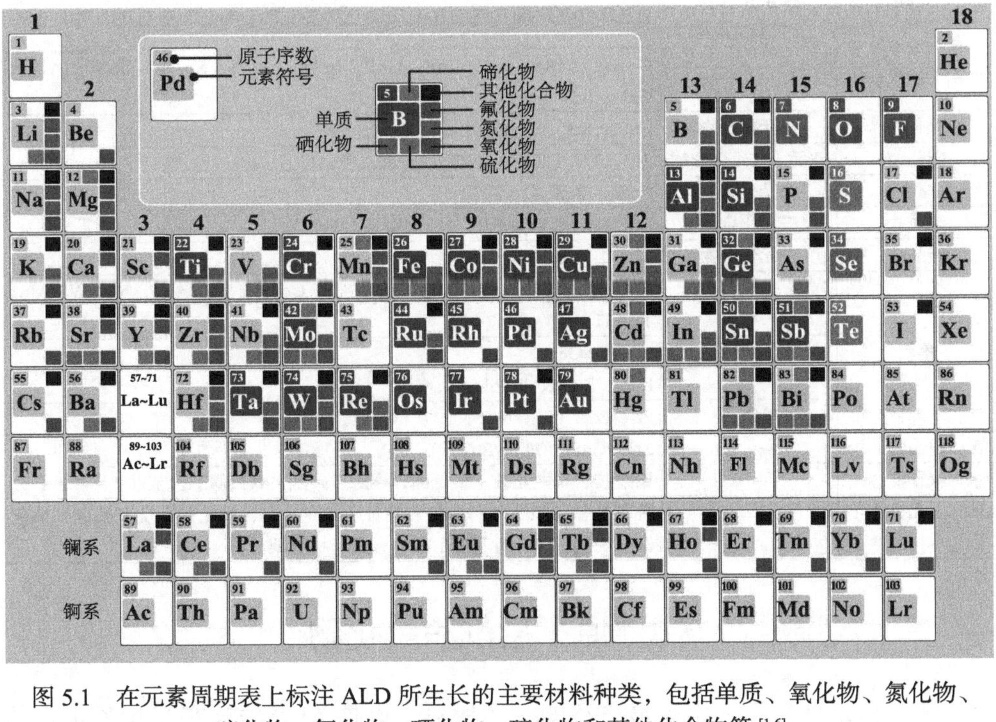

图 5.1　在元素周期表上标注 ALD 所生长的主要材料种类，包括单质、氧化物、氮化物、硫化物、氟化物、硒化物、碲化物和其他化合物等 [1,6]

本章将重点介绍氧化物、氮化物、半导体和金属等材料的典型 ALD 工艺及其生长机理，也涉及二维过渡金属硫族化合物和金属氟化物，有机聚合物、有机－无机杂化物、MOF 等材料的 MLD 工艺及其生长机理将在第 8 章分子层沉积专门介绍。

表 5.1　ALD 沉积的材料种类及其示例 [1-5]

材料	分类	示例
氧化物	介电氧化物	Al_2O_3、TiO_2、ZrO_2、HfO_2、Ta_2O_5、Nb_2O_5、Sc_2O_3、Y_2O_3、MgO、B_2O_3、SiO_2、GeO_2、La_2O_3、CeO_2、PrO_x、Nd_2O_3、Sm_2O_3、EuO_x、Gd_2O_3、Dy_2O_3、Ho_2O_3、Er_2O_3、Tm_2O_3、Yb_2O_3、Lu_2O_3、$SrTiO_3$、$BaTiO_3$、$PbTiO_3$、$PbZrO_3$、Bi_xTi_yO、Bi_xSi_yO、$SrTa_2O_6$、$SrBi_2Ta_2O_9$、$YScO_3$、$LaAlO_3$、$NdAlO_3$、$GdScO_3$、$LaScO_3$、$LaLuO_3$、$Er_3Ga_5O_{12}$、HfAlO、ZrSiO、HfLaO
	导电 / 半导体氧化物	SnO_2、In_2O_3、In_2O_3:Sn (ITO)、In_2O_3:F、In_2O_3:Zr、SnO_2:Sb、ZnO、NiO、FeO_x、ZnO:Al、V_2O_5、ZnO:B、ZnO:Ga、CoO_x、RuO_2、RhO_2、IrO_2、Ga_2O_3、WO_3、W_2O_3、CrO_x、MnO_x
	其他三元化合物	$LaCoO_3$、$LaNiO_3$、$LaMnO_3$、$La_{1-x}Ca_xMnO_3$
氮化物	半导体 / 介电体	BN、AlN、GaN、InN、SiN_x、Ta_3N_5、Cu_3N、Zr_3N_4、Hf_3N_4
	导体	TiN、Ti-Si-N、Ti-Al-N、TaN、NbN、MoN、WN_x、HfN
	三元化合物	WN_xC_y、TaN_xC_y
Ⅱ－Ⅵ族化合物	双元化合物	ZnS、ZnSe、ZnTe、CaS、SrS、BaS、CdS、CdTe、MnTe、HgTe
	掺杂化合物 无机荧光材料	ZnS : M (M = Mn、Tb、Tm)、CaS : M (Ce、Tb、Pb)、SrS : M (Ce、Tb、Pb)
Ⅲ－Ⅴ族化合物	双元化合物	GaAs、AlAs、AlP、InP、GaP、InAs、GeSb、Sb_2Te、GaSb、AlSb、GaN、InN
氟化物	双元化合物	CaF_2、SrF_2、MgF_2、LaF_3、ZnF_2、YF_3
碳化物	双元 / 三元化合物	SiC、TiC_x、TaC_x、WC_x、$TaAlC_x$、$TiAlC_x$
硅化物	双元化合物	$CoSi_2$、$TaSi_x$
磷酸盐	三元化合物	Li_3PO_4、$FePO_4$、$AlPO_4$、$LaPO_4$、$LiFePO_4$
碳酸盐	三元化合物	Li_2CO_3、$SrCO_3$
单质	金属	Ru、Pt、Ir、Pd、Rh、Re、Ag、Au、Cu、Cr、Co、Fe、Ni、W、Mo、Ta、Ti、Al
	非金属	C、Si、Ge
	合金	Ir-Pt、Ru-Pt、Pt-Pd
	单原子	Pt_1、Pd_1、Co_1、Ni_1
超晶格		ZnSe/CdSe、PbSe/PbTe
聚合物		聚酰胺、聚酰亚胺、聚氨酯、聚脲、聚酯、聚硫脲、聚亚胺
有机－无机杂化材料		烷氧基铝（alucones）、烷氧基锌（zincones）、氧化铝－烷氧基硅、氧化钛－烷氧基硅、对苯二甲酸铜金属有机骨架材料

5.2　原子层沉积氧化物

氧化物是最常见、用途最广泛的一类材料，也是 ALD 方法最早生长出来的一类材料。早在 20 世纪 60 年代，苏联科学家就采用 AB 序列的自限制表面半反应，使用 $TiCl_4$ 和 H_2O 前驱体在高比表面的硅胶上生长出 TiO_2[7]。通常氧化物具有较高熔点，采用传统的热 CVD 技术很难在中温区成功沉积。ALD 具有独特的序列式表面半反应自限制生长机制，前驱体不会同时出现在反应室发生气相成核反应，因此可以采用更具反应活性的前驱体，使得低温 ALD 生长氧化物工艺成为可能。目前已有室温沉积 Al_2O_3、TiO_2 的报道 [8,9]。

从图 5.1 可以看出，ALD 制备材料种类最多的就是氧化物，只要有对应的 ALD 前驱体，一般而言，均可通过 ALD 获得对应的氧化物。生长氧化物的氧源，种类很多，在热激活的 TALD 中，H_2O 源是最常用的氧源，一般具有较好的反应活性，有时也会用到具有更大活性的臭氧。在等离子体增强的 ALD（PEALD）中，O_2 是最常使用的氧源，通过等离子体发生器，获得高活性的原子氧。下面将分别介绍几种不同氧源 ALD 制备氧化物的生长机理。

5.2.1　H_2O 作为氧源

H_2O 作为 ALD 最常用的氧源，在大多数情况下，可与易挥发的有机金属烷基化合物、卤化物、醇盐、金属氨基源、金属环戊二烯源等发生配体交换反应，进而生成氧化物。表 5.2 总结了 H_2O 作为氧源 ALD 生长氧化物几种常见反应机理的典型示例，包括总反应和 AB 序列半反应。* 是指吸附在沉积表面的官能团。其中，金属醇盐和水的 ALD 反应，除了发生配体交换反应，很可能由于热稳定性的原因，还包含了醇盐的热分解反应 [10]，即 CVD 生长模式，虽然产物都是氧化物，但不可避免还是会影响到 ALD 的自限制生长机制。

表 5.2　H_2O 作为氧源 ALD 生长氧化物的几种常见反应机理示例

反应前驱体	反应机理示例
金属烷基化合物	$Zn(C_2H_5)_2$ (g) + H_2O (g) ⟶ **ZnO** (s) + $2C_2H_6$ (g) A: $Zn(C_2H_5)_2$ (g) + Zn—OH* (s) ⟶ Zn—O—$Zn(C_2H_5)$* (s) + C_2H_6 (g) B: H_2O (g) + $Zn(C_2H_5)$* (s) ⟶ Zn—OH* (s) + C_2H_6 (g)
卤化物	$HfCl_4$ (g) + $2H_2O$ (g) ⟶ **HfO_2** (s) + 4HCl (g) A: $HfCl_4$ (g) + Hf—OH* (s) ⟶ Hf—O—$HfCl_3$* (s) + HCl (g) B: $3H_2O$ (g) + $HfCl_3$* (s) ⟶ Hf—$(OH)_3$* (s) + 3HCl (g)
醇盐	$Ti(O^iPr)_4$ (g) + $2H_2O$ (g) ⟶ **TiO_2** (s) + 4PrOH (g) A: $Ti(O^iPr)_4$ (g) + Ti—OH* (s) ⟶ Ti—O—$Ti(O^iPr)_3$* (s) + ^{i}PrOH (g) B: $3H_2O$ (g) + $Ti(O^iPr)_3$* (s) ⟶ Ti—$(OH)_3$* (s) + 3^iPrOH (g)
金属氨基源	$Zr(NMe_2)_4$ (g) + $2H_2O$ (g) ⟶ **ZrO_2** (s) + $4HNMe_2$ (g) A: $Zr(NMe_2)_4$ (g) + Zr—OH* (s) ⟶ Zr—O—$Zr(NMe_2)_3$* (s) + $HNMe_2$ (g) B: $3H_2O$ (g) + $Zr(NMe_2)_3$* (s) ⟶ Zr—$(OH)_3$* (s) + $3HNMe_2$ (g)
金属环戊二烯源	$Mg(Cp)_2$ (g) + H_2O (g) ⟶ **MgO** (s) + 2HCp (g) A: $Mg(Cp)_2$ (g) + Mg—OH* (s) ⟶ Mg—O—Mg(Cp)* (s) + HCp (g) B: H_2O (g) + Mg(Cp)* (s) ⟶ Mg—OH* (s) + HCp (g)

当然，也有上面提及的一些 ALD 前驱体，如 $SiCl_4$ 沉积 SiO_2，表现出较差的反应活性。与作为氧源的 H_2O 反应，如果没有催化剂，将不能顺利得到 SiO_2，或者沉积速率极慢 [11]。一些卤化物前驱体，如 $NbCl_5$、WF_6，会和水反应生成的产物，如 Nb_2O_5 或 WO_3，再发生刻蚀反应（图 5.2）[12]，生成气态副产物，最终无法获得所需的氧化物 [13]。

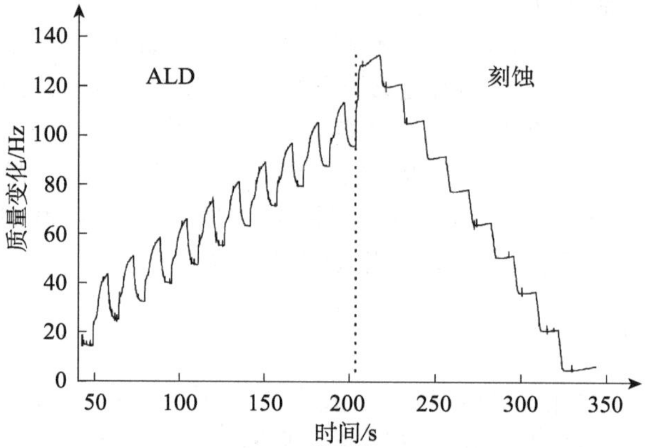

图 5.2　采用 $NbCl_5$-D_2O 工艺用 QCM 监测到的 $NbCl_5$ 前驱体对 Nb_2O_5 的侵蚀 [11]
首先沉积 10 个循环的 Nb_2O_5，然后再运行 10 个 $NbCl_5$ 脉冲

5.2.2　活性氧作为氧源

活性氧源，主要是指臭氧和氧等离子体。通过对一系列采用臭氧或氧等离子体 ALD 生长氧化物工艺（如 $AlMe_3$-O_3/ $AlMe_3$- 氧等离子体工艺）进行原位 QMS、QCM 和 IR 等表征，发现 O_3 和氧等离子体 ALD 工艺遵循同样的反应机理 [13]：活性氧脉冲期间，含有 C、H 的配体发生燃烧反应，副产物包括 CO_2，可能还有 CO 和 H_2O 生成，同时在沉积表面留下—OH 基团；随后的金属前驱体脉冲期间，吸附的金属前驱体与表面—OH 基团反应，释放出质子配体。氧脉冲期间，直接在燃烧反应中或者通过燃烧反应中水的解离化学吸附生成一系列副产物，对于包含 C、H 以及也许还有 O 的阴离子配体，其总是含有奇数的 H 原子数，可以写成—$O_xC_yH_{2z+1}$，所发生的燃烧反应为

$$MO_xC_yH_{2z+1}^*\,(s) + (2y+z+1-x)\,O \longrightarrow MOH^*\,(s) + yCO_2\,(g) + zH_2O\,(g) \quad (5.1)$$

式中，O 为氧化态为 0 的氧原子，在配体的燃烧反应中被还原到 −2 价。

一些 ALD 反应过程中，与燃烧相关的产物也在金属前驱体脉冲期间被释放出来，与氧脉冲期间表面残留的化学吸附活性氧有关，活性氧与有机配体反应生成水。还有一些 ALD 工艺中，当水分子或表面羟基与表面配体作用时，质子化配体也在氧脉冲期间释放出来。表 5.3 总结了几种典型的臭氧或氧等离子体 ALD

生长氧化物工艺的反应机理示例。

表 5.3　几种典型的臭氧或氧等离子体 ALD 生长氧化物工艺的反应机理示例

ALD 工艺	反应机理示例
$AlMe_3$-氧等离子体[15,16]	A: $AlMe_3\,(g) + 1.5OH^*\,(s) \longrightarrow O_{1.5}\,AlMe_{1.5}{}^*\,(s) + 1.5MeH\,(g)$ B1: $4yO + O_{1.5}\,AlMe_{1.5}{}^*\,(s) \longrightarrow O_{1.5}\,Al(OH)_{1.5}{}^*\,(s) + yCO_2\,(g) + (2y-1.5)\,H_2O\,(g) + (1.5-y)MeH\,(g)$ 或 B2: $6O + O_{1.5}\,AlMe_{1.5}{}^*\,(s) \longrightarrow O_{1.5}\,Al(OH)_{1.5}{}^*\,(s) + 1.5CO_2\,(g) + 1.5H_2O\,(g)$
$InCp$-O_3[17]	A: $InCp\,(g) + 0.83OH^*(s) \longrightarrow O_{0.83}\,InCp_{0.17}{}^*(s) + 0.83HCp\,(g)$ B: $3.16\,O(g) + O_{0.83}\,InCp_{0.17}{}^*(s) \longrightarrow O_{0.83}InO_{0.67}(OH)_{0.83}{}^*(s) + 0.83CO_2\,(g)$
$Ir(acac)_3$-O_3[18]	A: $Ir(acac)_3\,(g) \longrightarrow Ir(acac)_3{}^*$(吸附) B: $36.5O + Ir(acac)_3{}^*$(吸附)$\longrightarrow IrO_2{}^*(s) + 15CO_2\,(g) + 10.5H_2O\,(g)$

注：* 吸附在沉积表面的官能团；y 燃烧 C 的数量。

原位 QMS 和 IR 结果表明[16,17]，生长 Al_2O_3 薄膜的 $AlMe_3$-氧等离子体的 ALD 半反应 A 与 $AlMe_3$-H_2O 工艺的类似，均为 $AlMe_3$ 与表面 OH 反应，释放出质子化配体 MeH，即甲烷 CH_4。在半反应 B1 中，y 是指燃烧 C 的数量，$y = 0.75$ 时，即 B1 半反应不产生水；$y = 1.5$ 时，即 B2 半反应，所有 C 全部燃烧，不产生质子化配体。一系列研究也表明，$AlMe_3$-O_3 工艺与 $AlMe_3$-氧等离子体工艺的反应机理没有明显不同，很可能臭氧工艺中的 y 值比氧等离子体工艺中的 y 值略小一些[15]。

$InCp$-O_3 工艺已经成功用于 ALD 制备 In_2O_3 薄膜[17]。研究也发现，采用 $InCp$-H_2O 或 $InCp$-O_2 工艺并不能获得 In_2O_3 薄膜，然而，如果同时输入或依次输入 H_2O 和 O_2 氧源，利用 H_2O 和 O_2 的协同效应，H_2O 源提供表面活性位点—OH 基团，用于吸附 InCp 源，O_2 则用于将 In 从 +1 价氧化到 +3 价，进而获得 In_2O_3 薄膜，其反应机理为[19]

$$0.8OH^*\,(s) + InCp\,(g) \longrightarrow O_{0.8}InCp_{0.2}{}^*\,(s) + 0.8HCp\,(g) \tag{5.2}$$

$$O_{0.8}InCp_{0.2}{}^*\,(s) + 0.5H_2O \longrightarrow O_{0.5}In(OH)_{0.8}{}^*\,(s) + 0.2HCp\,(g) \tag{5.3}$$

$$O_{0.5}In(OH)_{0.8}{}^*\,(s) + 0.5O_2(g) \longrightarrow O_{1.5}In(OH)_{0.8}{}^*\,(s) \tag{5.4}$$

$Ir(acac)_3$-O_3 工艺 ALD 制备 IrO_2 过程中[18]，副产物只在 O_3 脉冲期间检测到，并且只有 CO_2 和 H_2O，表明此反应为化学计量比吸附，且 C 是完全燃烧的。

最后，值得一提的还有 β- 二酮类化合物，这类物质与水在热 ALD 中的反应活性很低，甚至根本不反应，或者不能得到纯的氧化物，采用具有较高活性的臭氧或者氧等离子体与其反应，就可以获得较高的沉积速率和较好的氧化物薄膜质量[20]。

5.2.3 H_2O_2 作为氧源

与 H_2O 源类似，双氧水 H_2O_2 也可作为氧源，按照 ALD 的生长机理与许多种类的金属前驱体发生反应来沉积氧化物。事实上，所有用 H_2O 源可沉积的氧化物，也均可以用 H_2O_2 来沉积。用在 ALD 工艺中的 H_2O_2 源，一般为浓度 30%～35% 的 H_2O_2 溶液，通常 H_2O 的蒸气压比 H_2O_2 蒸气压高一个数量级。所以在 H_2O_2 源的 ALD 工艺中，氧源其实也包括部分 H_2O。然而由于 H_2O_2 工艺的 ALD 生长速率高于相应的 H_2O 工艺生长速率，因此，实际沉积中，ALD 的 H_2O_2 工艺占据了生长的支配地位。

对金属卤化物 MX_4-H_2O_2 ALD 工艺的研究表明，生长过程可能发生下述反应［式（5.5）～式（5.7）］，其副产物可能是 O_2［式（5.5）］，也可能是 X_2［式（5.6）］，如果是卤素蒸气，X_2 还可能与 H_2O_2 源蒸气继续反应，释放出 O_2［式（5.7）］，这样式（5.6）、式（5.7）联合起来，又等价于式（5.5）。

$$MX_4\,(g) + 2H_2O_2\,(g) \longrightarrow MO_2\,(s) + 4HX\,(g) + O_2\,(g) \tag{5.5}$$

$$MX_4\,(g) + H_2O_2\,(g) \longrightarrow MO_2\,(s) + 2HX\,(g) + X_2\,(g) \tag{5.6}$$

$$X_2\,(g) + H_2O_2\,(g) \longrightarrow 2HX\,(g) + O_2\,(g) \tag{5.7}$$

假如氧化副产物全部是在 H_2O_2 脉冲期间释放出来，那么 MX_4 脉冲期间的半反应就与 H_2O 工艺的完全一样［式（5.8）］；而 H_2O_2 脉冲期间的半反应，若是释放的氧化副产物为 O_2，则为式（5.9），若是释放的氧化副产物为 X_2，则为式（5.10）。

$$MX_4\,(g) + n\text{OH}^*\,(s) \longrightarrow O_nMX_{4-n}{}^*\,(s) + n\,HX\,(g) \tag{5.8}$$

$$2\,H_2O_2\,(g) + O_nMX_{4-n}{}^*\,(s) \longrightarrow O_2M(OH)_n{}^*\,(s) + (4-n)\,HX\,(g) + O_2\,(g) \tag{5.9}$$

$$H_2O_2\,(g) + O_nMX_{4-n}{}^*\,(s) \longrightarrow O_2M(OH)_n{}^*\,(s) + (2-n)\,HX(g) + X_2\,(g) \tag{5.10}$$

对金属碘化物 MI_n-H_2O_2（M=Ti、Zr、Hf、Ta）ALD 工艺原位 QCM 实验研究表明[14,21,22]，氧化副产物是 I_2 而非 O_2。对金属氯化物 -H_2O_2 ALD 工艺而言[22,23]，理论上释放氯气的可能性不太大，因为对氯气来说，与 H_2O_2 发生式（5.7）的反应，200 ℃时吉布斯自由能的变化为 −107 kJ/mol[24]，当温度进一步增加时，将变得更负，也就是说 O_2 将更有可能取代氯气成为副产物。当然，目前还需要进一步的证据来证实这一点。

除了卤化物，H_2O_2 还可与有机金属烷基化合物、金属醇盐和金属氨基化合物等反应获得所需的氧化物[25-27]。

5.2.4 醇盐作为氧源

Ritala 等[28]利用金属醇盐作为金属源，同时也作为氧源，与金属卤化物或金属烷基化合物发生反应，生长出一系列二元或三元氧化物，发展了非水解的 ALD 生长途径。例如，$AlCl_3$-$Al(OEt)_3$ 工艺沉积 Al_2O_3，总反应式为

$$AlCl_3\,(g) + Al(OEt)_3\,(g) \longrightarrow Al_2O_3\,(s) + 3\,EtCl\,(g) \tag{5.11}$$

如果以 $Ti(O^iPr)_4$ 作为 Ti 源和 O 源，以 $ZrCl_4$ 作为 Zr 源，生长钛酸锆薄膜，总反应式和 AB 半反应式分别为[28]

$$ZrCl_4\,(g) + Ti(O^iPr)_4\,(g) \longrightarrow ZrTiO_4\,(s) + 4\,^iPrCl\,(g) \tag{5.12}$$

$$\begin{aligned}\text{A: } & Ti(O^iPr)_4\,(g) + ZrCl_3{}^*\,(s) \longrightarrow ZrO_3Ti(O^iPr)_{0.7}(OH)_{0.3}{}^*\,(s) + 2.5\,^iPrCl\,(g) \\ & + 0.8CH_2{=}CHCH_3\,(g) + 0.5HCl\,(g)\end{aligned} \tag{5.13}$$

$$\begin{aligned}\text{B: } & ZrCl_4\,(g) + ZrO_3Ti(O^iPr)_{0.7}(OH)_{0.3}{}^*\,(s) \longrightarrow ZrO_3TiOZrCl_3{}^*(s) + 0.7\,^iPrCl\,(g) \\ & + 0.3HCl\,(g)\end{aligned} \tag{5.14}$$

反应遵循 ALD 自限制的反应机制，原位生长机理研究揭示副产物是 2- 氯丙烷而非 1- 氯丙烷[29]，同时还观测到了副反应生成的 HCl 和丙烯副产物。在 $HfCl_4$-$Si(OBu)_4$ 工艺中沉积 $HfSiO_4$ 薄膜[30]，原位 QMS 研究表明，2- 氯丁烷和 1- 氯丁烷均被排除在主要副产物外，1- 丁烯和 HCl 成为主要副产物。

5.3　原子层沉积氮化物

氮化物已经在工业领域广泛应用多年。例如，在电子工业，氮化硅已经被证明是很好的水汽扩散阻挡层，同时也是很好的绝缘体。氮化钛既是很好的导体，又是对氧扩散很好的阻挡层。同时，不少氮化物具有很好的强度和硬度，优异的热稳定性和化学稳定性，是很好的防护涂层材料。特别是随着集成电路的快速发展，芯片上元件集成度的不断提高，半导体技术节点进入纳米时代。不少氮化物在微电子铜互连中作为扩散阻挡层，具有重要的应用前景，同时也是一些微电子器件中金属栅电极的候选材料。

因此除了氧化物，氮化物也是 ALD 生长研究比较多的材料。生长氮化物最常用的源，在热 ALD 中是氨、联氨、烷基胺，在 PEALD 中是 N_2 或者 NH_3 的等离子体[14,31]。本节将主要从热 ALD 和 PEALD 角度介绍氮化物的生长机理与特点。

5.3.1　热 ALD 制备氮化物

在热 ALD 中，采用 NH_3、N_2H_4、RNH_2、R_2NNH_2 等氮源生长氮化物，本质上还是配体交换反应，尽管不乏金属被还原、氧化物副产物被释放等步骤。

式（5.15）～式（5.17）给出了氨气和前驱体 ML_3 的总反应和 AB 半反应的方程式。

$$ML_3\,(g) + NH_3\,(g) \longrightarrow MN\,(s) + 3HL\,(g) \tag{5.15}$$

$$A: ML_3\,(g) + zNH_x^*\,(s) \longrightarrow N_zML_{3-zx}^*\,(s) + zxHL\,(g) \tag{5.16}$$

$$B: NH_3\,(g) + N_zML_{3-zx}^*\,(s) \longrightarrow NM(NH_x)_z^*\,(s) + (3-zx)HL\,(g) \tag{5.17}$$

对 BCl_3 和 NH_3 生长 BN 的 ALD 工艺进行了原位研究[32]，红外结果证实反应过程中，$—NH_2$ 和 ═NH 基团会出现在沉积表面上，且 ═NH 基团与 BCl_3 的反应比$—NH_2$ 慢了几个数量级，并不能被完全去除，而是裹挟进薄膜，引起 H 污染，需要后续 800 ℃高温退火才能除去。而且，沉积中$—NH_2$ 基团会部分转变成 ═NH 基团，如式（5.18）所示：

$$NH_2^*\,(s) + BCl_3\,(g) \longrightarrow NHBCl_2^*\,(s) + HCl\,(g) \tag{5.18}$$

鉴于 TiN 的重要性，其热 ALD 工艺已经被广泛深入研究[33-35]。采用典型的 $TiCl_4$-NH_3 工艺沉积 TiN，其间 Ti 会被 NH_3 从最初的 +4 价还原到 +3 价，总反应方程为

$$6TiCl_4\,(g) + 8NH_3\,(g) \longrightarrow 6TiN\,(s) + 24HCl\,(g) + N_2\,(g) \tag{5.19}$$

此反应吉布斯自由能的变化：200 ℃为 139 kJ/mol；400 ℃为 −108 kJ/mol[36]。所以，低温沉积时，不会获得 TiN 而是得到 TiNCl［式（5.20）］：

$$TiCl_4\,(g) + NH_3\,(g) \longrightarrow TiNCl\,(s) + 3HCl\,(g) \tag{5.20}$$

采用氘化的氨 ND_3 研究 $TiCl_4$-ND_3 工艺[33]，AB 半反应建议如下：

$$A: TiCl_4\,(g) + ND_y^*\,(s) \longrightarrow NTiCl_{4-y}^*\,(s) + yDCl\,(g) \tag{5.21}$$

$$B: ND_3\,(g) + NTiCl_x^*\,(s) \longrightarrow TiND_{3-x}^*\,(s) + xDCl\,(g) \tag{5.22}$$

依照总反应方程式（5.19），除了副产物 HCl 外，Ti 被 NH_3 从 +4 价还原到 +3 价，还应该产生氧化副产物 N_2，且应发生在 NH_3 脉冲期间，尽管至今尚未被明确证实。然而热 ALD 生长 TiN 薄膜中 Cl 的残余问题早就被观测到了[33]，即使沉积温度为 400 ℃，薄膜中还是存在 10% 的 Cl 残余。$TiCl_4$-NH_3 工艺中的另一个问题，就是在 NH_3 脉冲期间，NH_3 和 HCl 会同时存在，很可能生成 NH_4Cl，反应活性位点$—NH_x$ 为 Cl 原子取代，形成 Cl 终止表面，如果是行波式反应室，将明显影响沉积薄膜的均匀性[37]。

在 ALD 生长中，使用金属卤化物和 NH_3 反应制备导电的金属氮化物，似乎是很简单、自然的选择，然而，许多通过这种热 ALD 工艺沉积出来的金属氮化物，由于处在最高的金属氧化态，均为绝缘体。目前除了 TiN，只有 NbN_x、MoN_x 和 WN_x 通过金属卤化物 -NH_3 工艺成功制备出导电材料[33,38-40]，然而电阻率还是比 TiN 要高，大约在几百到几千微欧厘米。

铜互连中 ALD 生长的 TaN 被用来做铜的扩散阻挡层，可是使用 $TaCl_5$-NH_3 工艺，由于 +5 价 Ta 比 +3 价更稳定，NH_3 的还原性不够，获得的是不导电的 Ta_3N_5[41]。为了获得导电的 TaN，采用新的还原剂，如叔丁基胺、联氨等替代了 NH_3，或者再添加 TMA 或 Zn 还原剂，可获得导电的 TaN_x，可惜导电性还是不够好[41-43]。

另外值得注意的是，ALD 生长中副产物 HCl 对沉积金属氮化物和衬底的刻蚀问题。在高温 500 ℃沉积时，HCl 自刻蚀问题会导致 MoN_x 薄膜明显恶化[44]。而采用 ALD 在铜箔上沉积 TiN，也因为刻蚀问题[45]（图 5.3），无法作为铜的扩散阻挡层用于铜互连工艺。

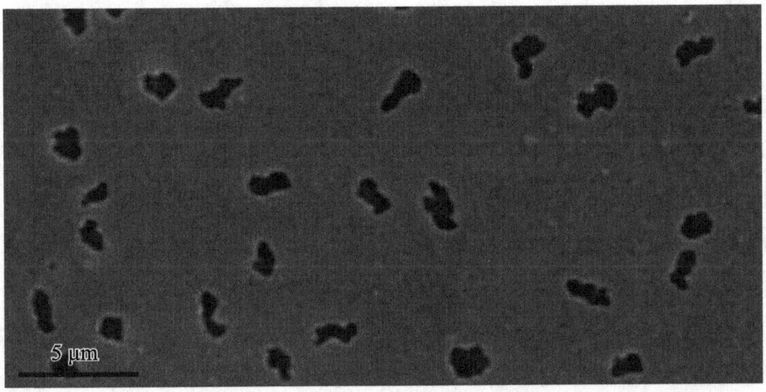

图 5.3　采用 $TiCl_4$-NH_3 工艺在铜上生长 TiN 观测到对铜箔的刻蚀[45]

采用非卤化物的源，如金属氨基源和 NH_3，研究了 ALD 制备金属氮化物的工艺[46,47]。$Ti(NMe_2)_4$-NH_3 工艺中发生了氨基交换反应，生成了 TiN，然而，由于 NH_3 不能完全去除 NMe_2，薄膜中会累计相当量的 C、H，甚至 O。类似卤化物工艺，含金属有机物的 TiN 工艺也包含 +4 价 Ti 到 +3 价的还原过程，据说是发生在 NH_3 脉冲期间，释放出 N_2，半反应为

$$\text{A: } Ti(NMe_2)_4\,(g) + 2NH^*\,(s) \longrightarrow N_2Ti(NMe_2)_2^*\,(s) + 2HNMe_2\,(g) \quad (5.23)$$

$$\text{B: } 4/3NH_3\,(g) + N_2Ti(NMe_2)_2^*\,(s) \longrightarrow N_2TiNH_2^*\,(s) + 2HNMe_2 + 1/6N_2\,(g) \quad (5.24)$$

由于采用金属氨基有机物-NH_3 工艺制备出的金属氮化物薄膜中含有不少杂质，通常电阻率比采用卤化物工艺获得的要高[31]。

5.3.2　PEALD 制备氮化物

前已述及，采用热 ALD 生长氮化物，一些前驱体的反应活性或还原性不够，很难获得所需的氮化物，如立方相的 TaN，或是获得的氮化物中杂质含量偏高，薄膜电学性能不够好。采用活性的氮等离子体源，如 NH_3 等离子体或 N_2/H_2 等离

子体，PEALD 生长氮化物工艺变得简单而有效[32,48]。

采用 $TiCl_4$-N_2/H_2等离子体工艺[48,49]，ALD 制备 TiN 薄膜，其 ALD 循环中 AB 半反应如下：

$$\text{A: } TiCl_4\,(g) + TiNH^*\,(s) \longrightarrow TiNTiCl_3^*\,(s) + HCl\,(g) \qquad (5.25)$$

$$\text{B: } 2H\,(g) + N\,(g) + TiCl^*\,(s) \longrightarrow TiNH^*\,(s) + HCl\,(g) \qquad (5.26)$$

用 PEALD 工艺制备的 TiN 薄膜，杂质含量低，电学性能优异，与热 ALD 的 $TiCl_4$-NH_3 工艺或联氨（烷基胺）工艺相比，质量明显改观，生长温度可由热 ALD 的 300～400 ℃，降低到 PEALD 的 100 ℃，且具有较低的薄膜电阻率 209 μΩ · cm (100 ℃) 和 72 μΩ · cm (400 ℃)，归因于较低的 Cl 含量，分别为 2.1% 和 0.1%[49]。这是一个令人振奋的结果，TiN 有广泛的应用前景，如作为金属–绝缘体–金属（MIM）电容中的电极或是互补型金属–氧化物–半导体（CMOS）器件中的金属栅电极[50]。另外，由于生长温度降低，也可选择不耐高温的有机聚合物材料和生物材料等作为沉积衬底或基体生长氮化物薄膜，同时作为柔性电子器件的电极。

另一个具有说服力的例子就是 PEALD 制备 TaN。利用金属有机胺盐 $Ta(NMe_2)_5$ 作为 Ta 源和 N 源，H_2 等离子体作为还原剂，沉积立方相的导电 TaN[51,52]。通过调控 H_2 等离子体的曝光时间，可以获得电阻率低至 380 μΩ · cm 的 TaN（图 5.4）。而且，高度绝缘的 Ta_3N_5 薄膜也可通过 $Ta(NMe_2)_5$-NH_3 工艺获得，或者在 H_2 等离子体中混入少量 N_2[51]。等离子体辅助的 ALD 工艺对氮化钽薄膜提供了很好的组成调控。

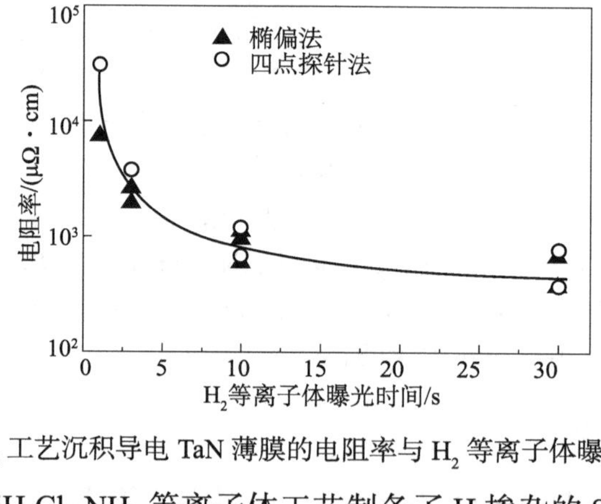

图 5.4　$Ta(NMe_2)_5$-H_2 工艺沉积导电 TaN 薄膜的电阻率与 H_2 等离子体曝光时间的关系曲线[51]

另外，采用 SiH_2Cl_2-NH_3 等离子体工艺制备了 H 掺杂的 SiN[53]，NH_3 等离子体以 Si—N 键取代 Si—H 键，释放 H_2；在 SiH_2Cl_2 脉冲期间，与—NH_x 表面基团反应，释放副产物 HCl 和可能的副产物 H_2。

5.4 原子层沉积半导体

半导体在现代信息社会中起着举足轻重的作用，是集成电路中一类不可或缺的关键材料。早在 20 世纪 80 年代 ALD 诞生初期，人们就开始了 ALD 生长半导体薄膜的一系列研究，制备了 Si、CdTe、GaAs、$In_xGa_{1-x}As$ 等半导体薄膜[2,54-58]，还获得了 ZnS/ZnTe 和 ZnSe/ZnTe 超晶格薄膜[59]。

本节将主要介绍元素半导体、Ⅲ-Ⅴ族和Ⅱ-Ⅵ族化合物半导体的 ALD 生长机理。

5.4.1 元素半导体

Si 和 Ge 是最重要的元素半导体，然而要想通过原子层沉积方法获得外延的 Si/Ge 薄膜，却比获得非晶或多晶的薄膜困难得多。除了沉积衬底必须是与 Si/Ge 匹配的单晶衬底外，还要有足够的 Si/Ge 原子在沉积的单晶表面上形成亚单层，且衬底要达到一定温度，可允许 Si/Ge 原子扩散到单晶结构的点阵上。Si 薄膜沉积在单晶 Si 衬底上，为同质外延；Si 薄膜沉积在单晶 Ge 衬底上，为异质外延。第一个热 ALD 制备外延 Si 的报道是利用 SiH_2Cl_2-H_2 工艺在高温、高真空的反应腔内完成的[55]，反应温度为 775～890 ℃。在 825 ℃下，前驱体 SiH_2Cl_2 在压力为 2×10^{-4}～1×10^{-3} Torr 时，Si 沉积速率 GPC 恒定，约等于 (100) 单晶硅单层厚度 0.14 nm。然而如此高的反应温度，反应机制是自限制的表面化学吸附还是 SiH_2Cl_2 的热分解，一直都存在争议。

降低生长温度的一个有效办法，就是使用具有极端活性的原子 H（热钨丝产生）[60,61]，在中等温度，如 650 ℃进行沉积。图 5.5 给出了 SiH_2Cl_2 和活性的原子 H ALD 循环反应生成 Si 的机理和实验结果[61]。图 5.5(a) 为一个只有悬挂键的清洁 Si 表面；图 5.5(b) 中 SiH_2Cl_2 脉冲进入反应室，假设分解成 SiHCl，化学吸附在 Si 表面，直到一半被 Cl 覆盖，一半被 H 覆盖；图 5.5(c) 中足够的热能使得 Si—H 键解吸，SiHCl 再吸附在 Si 自由位点上；图 5.5(d) 中是最终 H 全部解吸，形成全部为 Cl 钝化的 Si 表面；图 5.5(e) 为原子 H 脉冲进入反应室，与 Cl 结合生成 HCl；图 5.5(f) 是 HCl 解吸离开 Si 表面，最终留下一个清洁 Si 表面，等待下一个循环；图 5.5(g) 为对应的沉积速率 GPC 与 SiH_2Cl_2 曝光时间的关系。当曝光 SiH_2Cl_2 的时间较短，如 1 s 时，吸附率约为 0.5 ML（单原子层），当延长曝光时间时，吸附率逐渐增加，20 s 时，接近饱和，吸附率为 1 ML，GPC 值为 0.14 nm 左右，符合单层原子硅的厚度，展示了自限制和自饱和的生长特性。可见，饱和 SiCl 的吸附率不仅与 SiH_2Cl_2 的曝光时间相关，还与活性 H 原子的表面解吸附率相关。

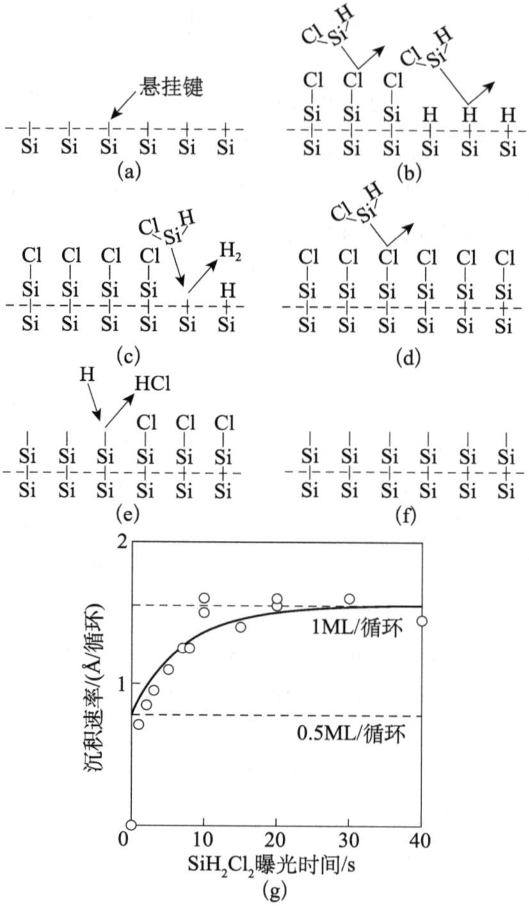

图 5.5　SiH_2Cl_2 和原子 H ALD 反应生成 Si 的机理和实验结果[61]

(a)～(f) 一个 ALD 循环的反应机理示意图；(g) GPC 与 SiH_2Cl_2 曝光时间的关系

利用 $SiCl_6$ 在 400～525 ℃和原子 H 反应，也在 Si 或 Ge 衬底上生成了外延 Si[62]，符合 ALD 自限制生长机制，反应机理与上面类似。尽管单晶硅已经被 ALD 制备出来，然而薄膜质量并不如所期望得好，还需要进一步的研究。

与此类似，采用 $(CH_3)_2GeH_2$ 等源，外延 Ge 薄膜在 510～530 ℃也被 ALD 制备出来[63,64]，且没有 C、O 污染被检测到（测量精度为 1%）。

5.4.2　Ⅲ-Ⅴ族半导体

除了元素半导体，人们对化合物半导体，特别是Ⅲ-Ⅴ族半导体也有着浓厚的研究兴趣。尽管采用不同 Ga 源和 As 源，已经做了一系列 ALD 生长 GaAs 的尝试，然而其生长机制还未被很好地理解，有些结果还彼此矛盾[2,57]。一个主要的困难在于，一些情况下，热 ALD 中过高的沉积温度会使得前驱体分解或解吸，也限制了前驱体的选择。人们开始尝试使用 PEALD 来生长 GaAs[65]。

采用有机金属源三甲基镓（TMGa）和砷烷（AsH_3），利用不同形式的热 ALD 反应室成功获得了外延的 GaAs 薄膜。一种是超高真空反应室，前驱体输入反应室曝光后，再抽真空除去多余的前驱体[66]，沉积温度为 450～500 ℃，为自限制单层生长，GPC 值近似为 0.283 nm，为 GaAs 单晶单层的厚度。并且发现沉积薄膜对衬底很敏感，在 Si_3N_4 表面没有沉积发生。沉积的 GaAs 为 p 型，载流子浓度为 10^{18}～10^{20} cm^{-3}，可能与 TMGa 引起的 C 污染有关。另一种是流动式反应室，前驱体脉冲进入反应室后，再被吹扫气体带离[67]，这类反应室有些工作在常压，衬底为旋转式，沉积温度为 450～700 ℃，TEM 照片证实沉积薄膜为单晶，也为单层自限制生长，与 TMGa 和 AsH_3 的流量无关。与超高真空反应室沉积相比，生长温区更宽，杂质含量更低，载流子浓度为 10^{15}～10^{17} cm^{-3}，原因可能与常压下高脉冲流量和较短的脉冲时间有关。

在两种反应室系统中均观测到衬底取向对沉积速率的影响[68,69]（图 5.6）：（100）和（111）B 晶面为自限制生长，GPC 值约为 0.3 nm，而（111）A 晶面的沉积速率特别低。（111）B 晶面终止为 As 原子，（111）A 晶面终止为 Ga 原子，（100）面为 Ga 和 As 原子。因为前驱体 TMGa 容易吸附在 As 原子上，不易吸附在 Ga 原子上，故导致（100）和（111）B 晶面 GPC 值较大，而（111）A 晶面沉积速率很低。

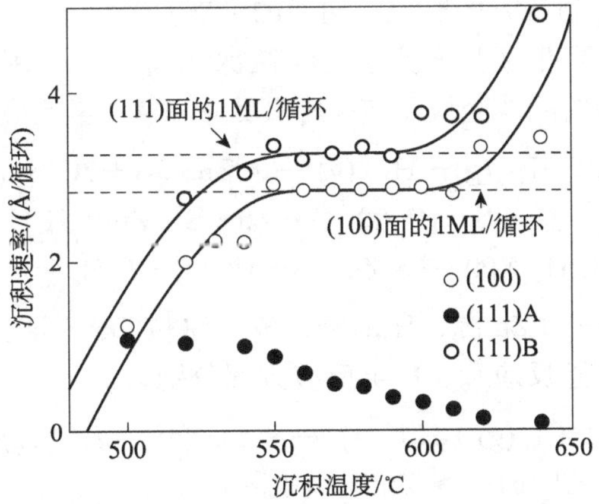

图 5.6　GaAs 衬底取向对沉积速率的影响[69]

总之，热 ALD 制备 GaAs 薄膜是可能的，只是薄膜质量在很大程度上依赖于反应室类型和工艺条件。采用 PEALD 方法[65]，引入活性 H 原子，促进了 TMGa 和 AsH_3 之间的反应，在较宽的温度窗口“400～500 ℃”，获得了低杂质含量的高质量 GaAs 薄膜。

GaN 作为第三代宽带隙半导体材料，因其优异的性能，成为高温、高频、大功率微波器件的首选材料之一，受到广泛的关注。热 ALD 和 PEALD 制备 GaN 的研究发现，ALD 的前驱体和衬底在高质量 GaN 薄膜的生长中发挥了重要的作用。2020 年，O'Brien 课题组利用三 (二甲基氨基) 镓 (Ⅲ) 源和氨气等离子体 [70]，在 130～250 ℃低温下 PEALD 在 Si(100) 硅片上获得了 (002) 择优取向 GaN 薄膜，并表现出自限制的生长模式，GPC 为 1.4 Å，组成接近化学计量比，具有较低的 C、O 杂质含量。且在没有 AlN 缓冲层的 4H-SiC 衬底上，首次成功沉积出高质量的外延 GaN 薄膜，禁带宽度达到 3.42 eV。在第 4 章介绍的新型的金属三氮烯前驱体中，表 4.2 也总结了 O'Brien 课题组使用 (1,3- 二异丙基三氮烯) 镓或铟前驱体，与氨气等离子体反应，在 4H-SiC 衬底上成功制备外延的 GaN、InN、$In_{0.5}Ga_{0.5}N$ 薄膜 [71,72]，且生长符合 ALD 自限制机制。

ALD 方法也用来制备其他Ⅲ-Ⅴ族薄膜，包括 InAs、AlAs、GaP、AlN、InGaAs 和 AlGaAs 等 [2,57,58]，获得了类似的结果。

5.4.3 Ⅱ-Ⅵ族半导体

Ⅱ-Ⅵ族半导体 MC_2（M=Zn、Cd、Hg，C=S、Se、Te），具有直接跃迁能带结构，在光电转换、发光、激光、红外等领域具有重要的应用前景。早在 20 世纪 70 年代中期，芬兰 Suntola 博士等设计并建立了第一个 ALE 沉积系统，采用元素反应剂 Zn 和 S 成功沉积了 ZnS 薄膜。随后 ALD 技术在Ⅱ-Ⅵ族半导体、掺杂半导体及其超晶格制备方面取得了明显的进展 [14,59]。

ALD 制备 ZnS 薄膜的生长机理已经被深入研究，采用 $Zn(C_2H_5)_2$ 为 Zn 源，H_2S 为 S 源，为典型的配体交换反应，其总反应和 AB 半反应方程分别为

$$Zn(C_2H_5)_2\,(g) + H_2S\,(g) \longrightarrow ZnS\,(s) + 2C_2H_6\,(g) \tag{5.27}$$

$$A: Zn(C_2H_5)_2\,(g) + Zn{-}S{-}H^*\,(s) \longrightarrow Zn{-}S{-}Zn(C_2H_5)^*\,(s) + C_2H_6\,(g) \tag{5.28}$$

$$B: H_2S\,(g) + Zn(C_2H_5)^*\,(s) \longrightarrow Zn{-}S{-}H^*\,(s) + C_2H_6\,(g) \tag{5.29}$$

然而采用卤化物为 Zn 源，H_2S 为 S 源，原位 QMS 证实 [73]：HCl 只在 H_2S 脉冲期间释放，故其总反应和 AB 半反应方程分别为

$$ZnCl_2\,(g) + H_2S\,(g) \longrightarrow ZnS\,(s) + 2HCl\,(g) \tag{5.30}$$

$$A: ZnCl_2\,(g) \longrightarrow ZnCl_2^*\,(\text{吸附}) \tag{5.31}$$

$$B: H_2S\,(g) + ZnCl_2^*\,(\text{吸附}) \longrightarrow ZnS^*\,(s) + 2HCl\,(g) \tag{5.32}$$

而对 $ZnMe_2$-H_2Se 工艺 ALD 生长 ZnSe，表面光干涉（surface photointerferenc，SPI）研究表明 [74,75]，与前面不同，甲烷副产物只在 $ZnMe_2$ 脉冲期间全部释放，H_2Se 前驱体按化学计量比吸附在衬底表面，不释放甲烷，故其 AB 半反应为

$$ZnMe_2\ (g) + H_2Se^*\ (\text{吸附}) \longrightarrow ZnSe^*\ (s) + 2MeH\ (g) \quad (5.33)$$

$$H_2Se\ (g) \longrightarrow H_2Se^*\ (\text{吸附}) \quad (5.34)$$

可见配体交换反应在不同金属前驱体-H_2S 系统中，有不同的表现形式。$Sr(thd)_2$-H_2S[76] 和 $In(acac)_3$-H_2S[77] 工艺等均已经成功沉积出 SrS、In_2S_3。虽然还不能同金属氧化物众多的种类相提并论，但是最近一些年 ALD 所生长的金属硫化物的种类已经增加了不少，文献报道达到 33 种 [78-81]，具体见表 5.1。目前一些已经生长出来的硫化物，沉积速率缓慢，且获得的不是纯相，ALD 工艺还有待优化与发展。

5.5　原子层沉积金属

由 ALD 基本反应原理可以看出，典型的 ALD 反应过程大多近似是一种置换反应。例如，沉积金属氧化物、氮化物、硫化物等，最常见的方法就是金属前驱体与其对应的氢化物（H_2O、H_2S、NH_3）反应，金属前驱体与这些反应助剂交换它们的配体，从而获得相应的化合物。对于沉积纯金属而言，需要的则是还原金属态，移除与金属原子连接的配位基。因此，探究金属前驱体及相应反应助剂的选择、金属前驱体在沉积表面的吸附、反应初始循环的化学过程等，了解和掌握原子层沉积金属的反应生长原理，就变得十分关键。本节结合原位监控手段，就 ALD 制备贵金属、过渡金属和活泼金属的反应机理和特点分别加以介绍 [82,83]。

5.5.1　贵金属

在 ALD 生长中，贵金属一般是利用贵金属有机化合物和氧气进行反应生成。因为相比于形成化合物，以铂为代表的贵金属更容易生成稳定的金属单质。金属前驱体的有机配体被氧化，两个半反应过程中均有燃烧产物 CO_2 和 H_2O 放出，使得 ALD 生长贵金属的反应就像是氧气燃烧掉了金属的烃基，故命名为燃烧反应 [84]。

这类贵金属的反应主要发生在常用于非均相催化的第 8 族贵金属中，以 Pt 为例，其 AB 半反应的机理为 [85]

$$\text{A: } 2(MeCp)PtMe_3\ (g) + 3O^* \longrightarrow 2(MeCp)PtMe_2^*\ (s) + CH_4\ (g) + CO_2\ (g) + H_2O\ (g) \quad (5.35)$$

$$\text{B: } 2(MeCp)PtMe_2^*\ (s) + 24O_2\ (g) \longrightarrow 2Pt^*\ (s) + 3O^* + 16CO_2\ (g) + 13H_2O\ (g) \quad (5.36)$$

贵金属非常抗氧化，但分子氧可以在它们表面可逆吸附和解离，铱、铂、钌尤其如此，使得氧化、燃烧其配体可以高效进行。因此，贵金属 ALD 过程中的自终止半反应并非是来自表面羟基给配体加上了氢，而是在表面铂等金属的催化下，配体发生了脱氢[86]。如式 (5.35)、式 (5.36) 所示，第一个半反应中，铂前驱体配体置换吸附在表面，部分配体与表面吸附氧发生燃烧反应；第二个半反应中，氧气脉冲燃烧掉剩余配体，在铂表面又留下含氧基，包含催化和表面化学的作用，以此形成循环反应。

图 5.7 显示了 ALD 生长金属铂和铱过程中原位 QCM 和 QMS 监测的结果[84]。使用的金属有机前驱体分别是甲基环戊二烯三甲基铂 [Pt(MeCp)Me_3] 和乙酰丙酮铱 [Ir(acac)$_3$]，QMS 没有探测出 CO，只有 CO_2、CH_4、H_2O 三种气相产物，证实了前述的完全燃烧反应机理。钌和铑的 ALD 工艺也被证实与此反应机制相符。

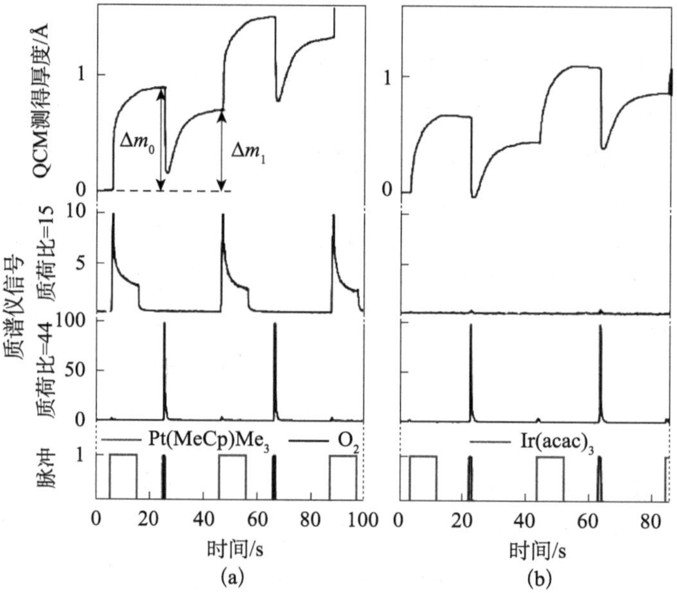

图 5.7　ALD 生长金属 (a) 铂、(b) 铱的过程中原位 QCM、QMS 监测结果[84]

图中横坐标均为生长脉冲时间 (s)，分图从下到上依次表示：脉冲序列，分别对应贵金属前驱体和氧气脉冲；QMS 探测到质荷比为 44 的物质，即 CO_2 的信号强度；QMS 探测到质荷比为 15 的物质，即 CH_3 的信号强度，这是 ALD 过程中最主要的两种含碳气态副产物；QCM 探测到的厚度变化，图中 Δm_0 表示铂前驱体吸附在衬底表面后带来的厚度增长，Δm_1 表示经氧气脉冲反应，该循环沉积铂或铱的净增长厚度

值得注意的是，氧化物表面 ALD 生长贵金属总是会有一个较长的成核孕育期，因为金属与氧化物表面是不浸润的。而成核孕育期是因为要移除键合在氧化物表面的金属配体有一定困难，加之氧化物表面的贵金属原子有发生扩散和聚集的倾向，从而形成分立的金属颗粒。因此，沉积贵金属的初期总是先形成分散的金属岛，然后再逐渐长大，金属颗粒彼此连接形成连续薄膜。图 5.8 显示了 ALD 生长 Pt 不同反应循环数对 Pt 纳米晶形成影响的透射电镜（TEM）照片和 70 循环样品对应的选区电子衍射结果[87]，非常形象地展示了这个过程。

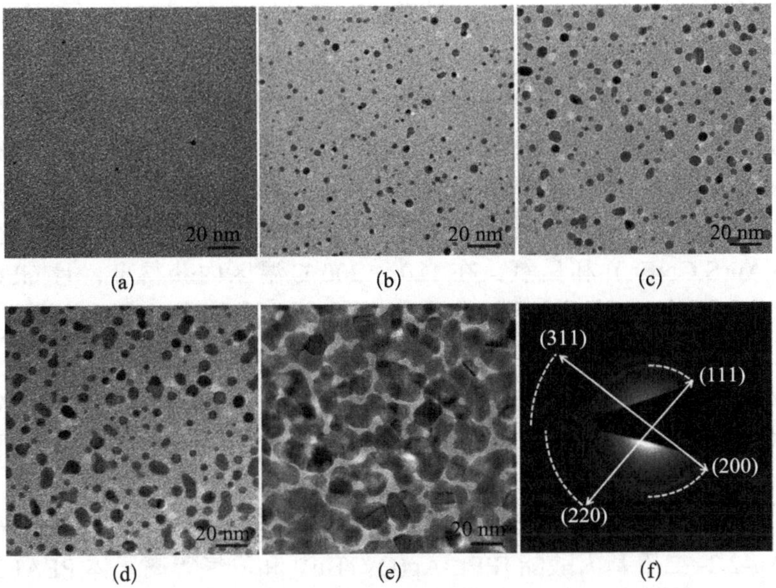

图 5.8　ALD 生长 Pt 不同反应循环数对 Pt 纳米晶形成的影响 [87]

(a)～(e) 反应循环数分别为 40、60、80、100 和 150 时 Pt 纳米晶的 TEM 照片；
(f) 70 循环样品对应的选区电子衍射结果

影响成核的因素十分复杂，成核情况与衬底表面的亲水性、电负性、表面组成和粗糙度都有一定关联。其中，所沉积的金属与衬底的浸润性是非常关键的因素，因此，衬底表面的基团种类十分重要。例如，衬底基团的亲水性会给 ALD 带来活性反应位，则表面亲水性的羟基越多，成核越快。在浸润性好、成核快的衬底上，金属膜层才更容易长薄、长均匀 [82]。在不同的应用中，对金属成核还是成膜的要求会有所不同。例如，在金属纳米晶存储器中，就希望获得高密度均匀分布的金属纳米晶。因此，实际 ALD 生长应用中，还需要结合具体需要进行分析调控。

除上述贵金属之外，金也是很重要的金属，不仅仅在于它的高导电率，还在于其特殊的催化和光学性质。与银相同，金的化合物大多都是 +1 价，金配合物（Ⅰ）的热稳定性都不高 [4]。尽管有各种激活方法，如激光活化、离子体增强、电子或离子束辅助等，但鲜有报道哪种反应模式能成功应用于 ALD 生长金属金中。2015 年北美电化学会议上，加拿大的 Barry 小组介绍了使用 ABC 生长模式、采用在水氧环境中稳定的三甲基膦三甲基金（Ⅲ）（PMe_3-$AuMe_3$）前驱体、氧气等离子体和水 PEALD 成功沉积金的实验结果 [89]。120 ℃下 GPC 为 0.5 Å，未检测到 P 杂质，O 含量为 1.8%（原子百分比）。该 PEALD 表面反应方程式如下所示：

$$Me_3P\text{-}AuMe_3 + O \longrightarrow Au_2O_3 + P_2O_5 + 6CO_2 + 9H_2O \tag{5.37}$$

$$Au_2O_3 \longrightarrow 2Au + 3/2O_2 \tag{5.38}$$

$$P_2O_5 + 3H_2O \longrightarrow 2H_3PO_4 \tag{5.39}$$

可见通入金前驱体和氧气等离子体的反应为燃烧反应[式(5.37)]，活性氧原子将前驱体转换为金和磷的氧化物，通入水蒸气的过程包括金氧化物的快速分解反应[式(5.38)]和易挥发磷酸的生成反应[式(5.39)]。最后在低温情况下获得了结晶的金膜。

2017年报道了第一个热ALD生长金属Au的工作[90]，利用稳定的金配合物（Ⅲ）$[Me_2Au(S_2CNEt_2)]$和臭氧，在120～200 ℃温区内获得金，且GPC随着生长温度的上升，从0.4 Å增加到1.1 Å，180 ℃下饱和脉冲实验证实其为自限制的反应机制。金膜中未检测到残余S，但低温杂质含量相对较高。180 ℃下杂质含量明显降低，O、H、C、N的原子百分比浓度分别为0.2%、2.9%、0.9%、0.2%，40 nm厚金膜的电阻率为4.5 μΩ · cm，具有较低的电阻率，但其与衬底的黏附性还有待改进。

金属银的ALD生长研究，早在2007年就有报道[91]。Niskanen等使用三乙基膦-Ag-2,2-二甲基丙酸酯$[PEt_3\text{-}Ag(O_2C^tBu)]$和氢气等离子体PEALD获得了银膜，其GPC为1.2 Å，Ag膜表面呈现明显的颗粒状，有较高的P、O残余（4% P，10% O, 1% C, 5%H，原子百分比）。尽管如此，140 ℃下生长的40 nm厚的Ag膜电阻率为6 μΩ · cm，具有较好的导电性。

银的化合物都是+1价，只有一个配位基键合的金属离子很难发生吸附，所以需要一些电中性的加合物配位基，通过它们的置换，辅助金属阳离子吸附到衬底，不过这种配位基的键合往往很弱。2010年，ALD成功沉积银的工作中使用的银前驱体是(hfac)Ag(1,5-COD)[92]，其中COD即为上述辅助银离子吸附的中性配体。当COD被置换，实验观察到吸附在衬底的银有足够的表面迁移率和寿命，能在随后的高纯氮气吹扫时沿衬底表面扩散并成核。在下一步引入丙醇脉冲时，由于作为还原剂醇类的催化析氢作用，多余的hfac配体得以移除，从而得到金属银。

2017年，Mäkelä等使用PEt_3-Ag(fod)和二甲基氨基硼烷$BH_3(NHMe_2)$前驱体热ALD生长Ag[93]，在110～120 ℃ Si上很容易获得GPC约为0.3 Å的Ag薄膜。1500次循环后，GPC随着循环次数的增加从0.2 Å增加到约0.35 Å，表明生长的Ag膜催化了该表面反应。薄膜表面呈非常粗糙颗粒状，即使在2500次循环后也无法获得连续的薄膜。鉴于银在表面等离激元领域表现出的特殊性质和用途，ALD生长银膜的工艺还需进一步深入研究。

5.5.2　过渡金属

不同于抗氧化的贵金属，ALD生长其他金属都需要选择合适的还原剂。常见的还原剂如氢气、氨气及其等离子体，都已被用于过渡金属的ALD反应中，另外还发展了不少新的还原剂，如二甲基氨基硼烷 [$BH_3(NHMe_2)$][83]。目前 ALD 生长过渡金属的反应机制主要分为三类：氢还原反应、氧化物还原和氟硅烷消去反应。

由于铜互连在微电子工业中的重要性，最初在 ALD 中利用氢还原反应生长的金属是铜，但铜很难黏附在 SiO_2 表面，在其上成核密度也较低，导致膜层表面粗糙度较大，均方根（RMS）值为 6 nm。若先行 ALD 生长其他金属籽晶层钴、铬、钌等，铜膜粗糙度就会有明显改善，在 ALD 生长的钴膜上，铜膜的 RMS 值减少到 2 nm，晶粒粒径也会明显变小 [94]。另外高温制备微电子器件时，铜还会扩散到 SiO_2 或 Si 衬底内，因此在铜和 Si 之间需要一个超薄的阻挡层，热稳定性好又具有高黏附力，厚度还应小于 5 nm。ALD 制备的金属薄膜钌和钨可作为铜互连的扩散阻挡层。

金属铜互连理想情况应该在 100 ℃以下沉积，膜层平整光滑。但由于许多铜前驱体活性较低，通常都需用 200 ℃以上的高温沉积或需用等离子体源来增强反应活性 [95]。目前用于 ALD 的铜的前驱体和还原剂种类很多，生长条件也各不相同 [83]。以 $Cu(^sBu\text{-}AMD)_2$ 的脒基配体与羟基终止的二氧化硅衬底的反应为例 [85]，铜前驱体通入后，配体受热激发与表面羟基发生加氢反应，桥接结构置换为单配位基 Si—O—Cu 键结构。随后氢气脉冲通入还原，铜失去了脒基配体，同时有一部分硅氧键恢复，意味着铜原子得以扩散并聚集成为结晶的纳米颗粒。因为铜与硅氧衬底的键断裂，从而部分恢复了原始表面的反应位，使得配位基置换反应得以继续进行。然而检测也发现有明显的 CuO 和 COOH 残留，CuO 可能来自沉积后非原位探测造成的空气氧化或者是 Cu 与 COOH 的键合，说明即使在氢气作用下发生了还原反应，仍没有能完全还原全部配体。除此之外，沉积铜还可以采用其他还原剂，比如铜前驱体先与甲酸反应生成二价铜甲酸盐，再由联氨还原成铜 [96]，此反应能在 120 ℃的低温下沉积，生长窗口为 100～160 ℃，得到的膜层纯度高电阻率低，表面粗糙度仅为 3.5 nm。该沉积过程中铜符合 ALD 自限制生长模式，存在一个 ALD 工作窗口。

ALD 制备铜还有其他的间接方法，即先沉积金属氧化物或氮化物，再通入还原剂将其还原为金属态。前面提到铜很难吸附在微电子相关特定结构的任何表面，采用这样先氧化的办法，还可以改善表面吸附性。异丙醇、福尔马林、氢气、甲酸等都可以充当还原剂 [82]，有些文献中还提到这种方法降低了膜层的粗糙度。

同样采用先氧化后还原方法 ALD 制备的金属还有镍。在沉积金属氧化物的过程中，有机金属前驱体与表面的氧化物或金属—OH 基团发生反应。例如，可以利用乙酰丙酮镍和臭氧反应得到氧化镍膜层，再用氢气还原得到金属镍膜 [26,97]。但是也有研究指出，这样还原得到的金属镍膜层内有小孔。如果直接沉积金属镍，一般的还原条件下需要的沉积温度较高，沉积速率也非常缓慢。

氢还原反应适用的金属还包括过渡金属钴。一般来说，对于金属前驱体，亲水的羟基终端比疏水的氢终端活性更高，前驱体更易发生吸附，也就更适合做 ALD 初始反应的表面。但钴的常用前驱体 ^{t}Bu-AllylCo(CO)$_3$ 的表现却完全相反，它在 OH 终端的 SiO_2 表面完全没有吸附，而对 H 终端的 Si 衬底则表现出强烈的活性。Co 前驱体不是在吸附到 H 终端 Si 衬底表面的同时就失去一个配体，而是它首先桥接在 Si—H 之间形成 Si—Co 键，再被这个表面氢除掉一个丙烯基。羟基终端不能发生这样的反应，所以该前驱体与 Si 衬底氢终端吸附结合的活性反而更强，这一机制也保证了钴膜的高纯度 [27,98]。

另外一些关于前驱体修饰的研究，还注意到中性配位体的益处。羰基就可作为中性配位体，连的羰基越多，金属可用的电子密度越小，金属－羰基键就越弱，可以增强前驱体的挥发性。羰基配体最典型的实例就是八羰基二钴前驱体，用氨等离子体还原，制备金属钴。这类利用氨等离子体还原的反应机理目前还不是很清楚，但是通过观察反应副产物，表明 ALD 生长这些过渡金属时，氨解反应起到了一定的作用。

利用 α-亚氨基醇盐配合物作为 Cu、Co、Fe、Ni 和 Cr 金属前驱体，$BH_3(NHMe_3)$ 作为强还原剂，Kalutarage 等利用热 ALD 在 Ru 上得到了它们的金属单质 [83,99]。发现双 (二甲基氨基 -2- 丙氧基) 铜 (Ⅱ) [$Cu(dmap)_2$] 和 $BH_3(NHMe_3)$ 体系都有很强的表面选择性，在 Ru 上获得的成核密度远高于在其他衬底上（TiN、SiO_2/Si 与 H 终止 Si），然而还是表现出明显的岛状成核生长模式。而利用 Co(^{i}PrMeCOCN^{t}Bu)$_2$ 源，在 Ru 上 180 ℃沉积金属 Co 时，GPC 为 0.7 Å。利用 Cr(^{t}BuMeCOCN^{t}Bu)$_2$ 源，其沉积也仅限于 Ru 衬底，170～185 ℃的 ALD 窗口中，Cr 的 GPC 为 0.08 Å，也存在成核孕育期。XPS 深度分析证实金属铬位于表面氧化膜的下面 [图 5.9(b)]。超过 1000 循环，GPC 迅速下降，膜厚不再变化 [图 5.9(a)]，生长趋于停止。在其他几个金属中，类似的现象也被观测到，推测是与 Ru 衬底表面激活还原剂 $BH_3(NHMe_3)$ 的催化作用有关 [99]。超过 1000 循环，沉积的金属层阻挡了所有 Ru 的活性位点。

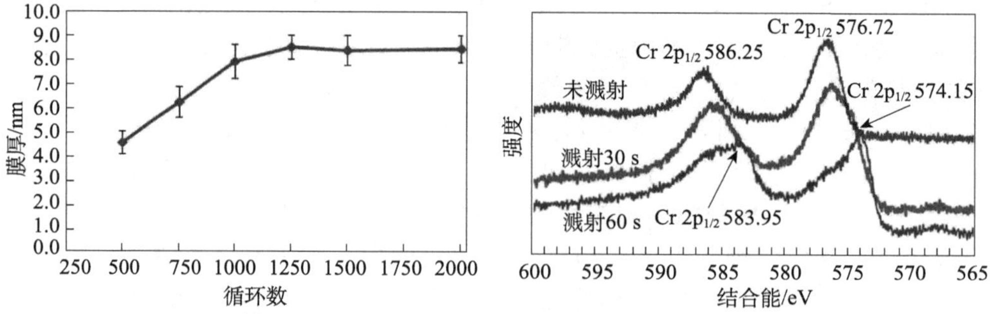

图 5.9　利用 Cr(^{t}BuMeCOCN^{t}Bu)$_2$ 源和 $BH_3(NHMe_3)$ ALD 生长金属 Cr[99]

(a) 膜厚度对循环数的依赖取曲线；(b) Cr 2p XPS 深度分析结果

除此之外，还有一类还原反应是利用主族元素氢化物作还原剂，这类氟硅烷消去反应的过程通常是 σ 键置换、氧化加成 / 还原消除反应，适用于金属钨和钼的 ALD 生长。用硅烷或者硼烷还原金属氟化物，能得到标准的半反应式沉积 [100]。

对于钨，该反应是基于 Si—F 键的极度稳定，从而发生的典型的放热反应，完整的化学反应为 [101]

$$WF_6(g) + Si_2H_6(g) \longrightarrow W(s) + 2SiF_3H(g) + 2H_2(g),\ \Delta H = -181\ \text{kcal}^{①}/\text{mol} \quad (5.40)$$

式中，ΔH 为该化学过程的摩尔反应焓变。六氟化钨和乙硅烷的反应得到了非常光滑、纯净的钨膜，低温下生长速率近似理想的 1 ML/ 循环（2.5 Å/ 循环），且膜厚与循环数成正比（图 5.10），说明两种前驱体之间发生了完全的表面反应，原位 FTIR 证实了两个饱和自限制的半反应的发生 [100]：

$$\text{A: } W—SiHF_2^*(s) + WF_6(g) \longrightarrow W—WF_5^*(s) + SiHF_3(g) \quad (5.41)$$

$$\text{B: } W—WF_5^*(s) + Si_2H_6(g) \longrightarrow WW—SiHF_2^*(s) + 2H_2(g) + SiHF_3(g) \quad (5.42)$$

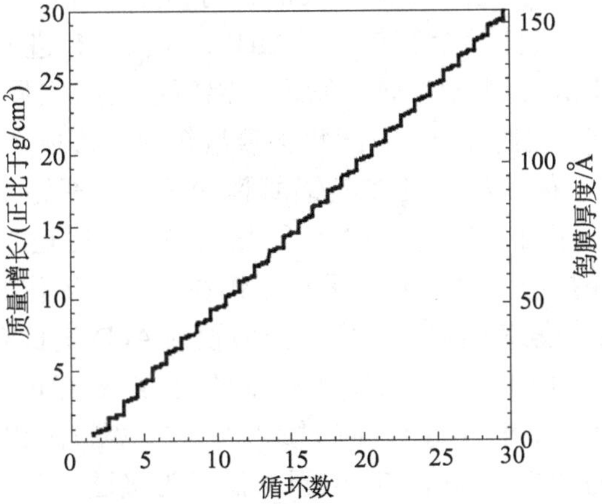

图 5.10　原位 QCM 监测结果——钨膜随反应循环数增加而逐步稳定生长 [100]

另一种利用这种氟硅烷消去反应沉积的金属是钼，FTIR 谱也证明了其表面化学变化为 [102]

$$MoF_6(g) + Si_2H_6(g) \longrightarrow Mo(s) + 2SiF_3H(g) + 2H_2(g),\ \Delta H = -221\ \text{kcal/mol} \quad (5.43)$$

但是钨和钼两种元素在具体的反应上还是有所不同，乙硅烷输入时钼质量有所损失而钨有所增长，较高温度下钼的沉积速率会相应增加，可以认为是来自前驱体的热分解所致 [102]：

$$MoF_6(g) \longrightarrow Mo(s) + 3F_2(g) \quad (5.44)$$

① 1 kcal=4184 J。

此外，如果温度过高或硅烷曝光过多将可能导致硅烷嵌入 Si—H 键出现 Si 的 CVD 反应。而且此类反应的机理对其他金属元素不能通用，比如钽若用此种反应就会形成硅化物薄膜。

5.5.3 活泼金属

活泼金属即正电性金属，包括铝、钛、钽、铁等，其原子层沉积面临的核心挑战在于前驱体难以有效还原。尽管已有研究报道采用氢气等离子体与其 ALD 工艺常用的前驱体金属烷基化合物或卤化物反应实现这些金属的沉积[83]，但所得薄膜通常存在高含量的杂质污染问题，是否获得了预期的金属相，不少工作仍然存疑。例如，采用三甲基铝和氢气等离子体在 250 ℃反应[103]，ALD 生长速率 GPC 为 1.5 Å，所获得薄膜包含极高的碳含量，研究表明其为 Al_4C_3，并不是金属铝，是由三甲基铝与氢等离子体的表面副反应所形成的。为解决此问题，研究者在反应腔与前驱体供给系统间增设了 100 ℃的加热缓冲区[104]，使 TMA 在此先与 H_2 分子反应生成挥发性甲烷和铝烷（AlH_3），而 AlH_3 进入反应室与氢气等离子体在 250 ℃反应生成金属 Al。研究发现，铝薄膜的组成强烈依赖于缓冲区 H_2/TMA 的分压比，当分压比为 1∶1 时薄膜含碳量超标，形成 Al_4C_3，而提高氢气分压至 10∶1 后，即可获得较纯净的多晶铝薄膜，其电阻率为 10 μΩ · cm，碳含量降低到 1%～3%（原子百分比）。当然获得此结果的前提是在沉积铝的同时 ALD 原位生长了 TiN 的保护层，有效起到了防止铝在空气中氧化的作用。

以五氯化钽和原子氢为前驱体可实现钽薄膜的 ALD 生长[105]，GPC 约为 0.8 Å。然而，退火后的薄膜 XRD 谱未观察到典型的立方 α 相的 Ta 的衍射峰，薄膜质量存疑，这可能与 Cl 和 H 等杂质的掺入有关。实验测得其最低电阻率约为 1.8×10^{-4} Ω · cm，与四方 β 相的 Ta 电阻率值极为接近。对于钛沉积，亦可采用四氯化钛和氢等离子体进行 ALD 生长[105]，QCM 证实生长过程达到饱和，$TiCl_4$ 的吸附与氢等离子体还原反应均符合一级反应动力学特征。能谱分析显示薄膜中 C 杂质含量约为几个原子百分比，但由于沉积后样品迅速氧化，更精确的薄膜性能表征受到限制。以 $TiCl_4$ 和 MBTCD[2- 甲基 -1,4- 双（三甲基硅基）-2,5- 环己二烯] 为前驱体的热 ALD 工艺[106]，有一个宽的 ALD 窗口（100～240 ℃）和一个极慢的 GPC（0.06 Å），但沉积后暴露大气导致的氧化现象使材料分析复杂化，82 nm 厚的钛薄膜，只有在长时间的刻蚀后，才能在 XPS 能谱中观测到金属 Ti 的峰。

这些活泼金属的应用前景不仅限于其高导电性，还有可能在铜互连中用于黏附层和阻挡层。但它们都较难还原且容易与碳氮氧形成较强的化学键，其常见的前驱体在热 ALD 中需要的生长温度太高，一般适用的衬底和结构都不足以承受如此高温，所以基本都需要使用氢等离子体以降低反应活化能。但是即便如此，利用等离子体沉积得到的活泼金属膜层几乎都很薄，并且一旦暴露于空气中就极易氧化，一般需要原位沉积保护层防止氧化，所以总体来说获得的活泼金属薄膜的金属性都不强。目前 ALD 反应沉积活泼金属，只有少量沉积成功的报道和一些很初步的工艺探索，实验结果大多还不尽如人意，因此，活泼金属 ALD 反应路径和机理尚有待于继续开拓和探究。

特别需要指出的是，鉴于活泼金属的化学反应活性，ALD 所用到的商业高纯载气、吹扫气体等惰性气体，很可能含有微量的氧气或水汽（ppm 级别），或者反应器或管路吸附的微量氧或水汽，它们将会影响 ALD 生长活泼金属 [107]，如 Al、Ti、Fe 等，特别是在长时间的吹扫过程中，得到的不是纯金属，而主要是氧化物。

5.5.4　原子层沉积金属面临的挑战

表 5.4 总结了目前为止 ALD 生长金属的主要种类与反应类型，并附列了代表性文献。

表 5.4　ALD 生长金属的种类与反应类型

金属种类	反应类型	金属材料	参考文献
贵金属	燃烧反应	铂 Pt	[84-86]
		铱 Ir	[84,108]
		钌 Ru	[101,109,110]
		铑 Rh	[111,112]
		钯 Pd	[85,101,113]
	燃烧分解反应	金 Au	[89,90]
	还原反应	银 Ag	[91-93]
过渡金属	还原反应	铜 Cu	[83,95,96,101,111]
		钴 Co	[98,99,111,113]
		铬 Cr	[83,99]
		铁 Fe	[83,99]
		镍 Ni	[83,99]
	还原氧化物	铜 Cu	[114-116]
		镍 Ni	[97,101,117]
	氟硅烷消去反应	钨 W	[100,101,118]
		钼 Mo	[101,102]
活泼金属	能量辅助的还原反应	铝 Al	[103,104,111]
		钛 Ti	[105,106,111]
		铁 Fe	[94,111]
		钽 Ta	[105,111,119]

在上述已经成功沉积的金属中，最好的镍、钴膜层是利用 PEALD 制备的，

仅有的铝、钛薄膜也大多是利用 PEALD 生长的，可见 PEALD 在沉积金属薄膜中的重要地位。但是，PEALD 对微电子器件的制备并非完美无缺，等离子体的高活性可能对某些应用所需的特殊衬底造成损伤，又因为等离子体极易在表面复合，从而不宜沉积高深宽比的衬底。总而言之，ALD 制备过渡金属普遍面临的难题是用来还原金属前驱体的反应物的还原性不够强。之前提到的主族元素氢化物是比较有潜力的反应机制，比如硼烷中 B—H 键能够将氢转移到金属原子上去，生成过渡金属氢化物，而这些氢化物大多不稳定。另一种可能的途径是寻找一些电子输运能力强的反应物，例如二茂钴 $Co(C_5H_5)_2$，升华温度很低且有足够的电化学势来还原一些过渡金属离子。若要付诸实践，这些方法还需进一步检验，保证副产物都是气态且不会有其他杂质沉积 [117]。

至于碱金属、碱土金属、稀土金属，其 ALD 制备难度面临着巨大的挑战。但这些元素的应用需求也很有限，局限在有机发光二极管和锂电池中。而元素周期表右侧那些主族金属，铝、锡和锑已经有了相关 ALD 生长报道 [21]，其他的如镓、铟、铅、铋，尚未见 ALD 生长的报道。从电负性和还原性的角度来看，这些主族金属与第四周期的过渡金属相似，应该比那些活泼金属容易沉积。对 ALD 来说，沉积尽管同样富于挑战，但也并非不可能，还需要更深入与广泛的研究来丰富 ALD 生长金属的种类。

5.6　原子层沉积其他材料

5.6.1　二维材料

2004 年单层石墨——石墨烯的发现开启了二维（two-dimentional，2D）晶体材料的研究热潮 [120]。二维半导体晶体——过渡金属硫族化合物（transition metal dichalcogenides，TMDCs），以其独特的优势——拥有 1～2 eV 的带隙、良好的结构稳定性、无悬挂键、与硅相当的迁移率，异军突起成为低功耗逻辑电路中富有吸引力的沟道材料 [121]。二维六方氮化硼（h-BN）具有类石墨烯的层状结构，表现出优异的绝缘性、导热性和稳定性，在微电子学、光电子学、传感器等领域呈现广泛的应用前景 [122]。目前大面积二维材料的制备主要是依赖于 CVD 技术，但由于 ALD 所具备的独特自限制生长工艺、大面积的均匀性、原子尺度的厚度控制能力，最近 15 年 ALD 在二维材料制备及其应用领域取得了一些极具希望的研究进展 [123-126]。

目前 ALD 制备二维材料选择的生长工艺、采取的策略多种多样，美国阿肯色大学孟庆波等将其主要总结为三种路径 [123]：第一种为传统的 ALD 工艺（R1），生长模式为二维生长，也称逐层生长（layer-by-layer），所沉积的材料为非晶、纳米晶或二者混合，膜厚由循环数决定。再通过后退火得到所需的 2D 材料。第二种为自限制合成（self-limiting layer synthesis, SLS-R2），所沉积 2D 材料层数由沉积温度决定，而不是由 ALD 循环数决定。此路径需要较高的沉积温度（>500 ℃），存在温度依赖的临界原子层数，可获得单层或少层、高度结晶、大面积均匀（10 cm 尺度）的 2D 材料，目前仅限于 MoS_2、WSe_2 两种 2D 材料 [127,128]。第三种为一个两步工艺，ALD 加后处理工艺（R3），即先 ALD 低温生长，然后在特定气氛下高温热处理，获得所需的 2D 材料。例如，不少 2D 金属硫族材料就是通过 ALD 先沉积金属氧化物，继而通过硫化或硒化工艺所获得。h-BN 二维材料亦可如此，前期低温沉积 BN，后期通过 NH_3 气高温退火得到二维 h-BN。通过第三种路径，可极大拓展 ALD 制备 2D 材料种类与数量，易调控 2D 材料层数，便于获得晶圆尺度的均匀性。表 5.5 总结了一些代表性二维材料的 ALD 制备工艺。

表 5.5　一些代表性二维材料的 ALD 制备工艺

二维材料	前驱体	对反应剂	衬底	沉积温度 / (℃) / 路径	GPC /Å	后退火 /℃	结晶性
石墨烯	苯	等离子体氢	Cu	400/R1	—	—	六方 [129]
BN	BCl_3	NH_3	Co(0001)	277/R1	—	真空 427	六方 [130]
	三甲乙氨基硼	等离子体 NH_3	Si	250～350/R1	1.1	—	六方 [131]
	三氯硼嗪	$(Me_3Si)_2NH$	Si	80/R3	1.8	Ar 气 600 氨气 1400	六方 [132]
MoS_2	$MoCl_5$	H_2S	蓝宝石 (0001)	300/R1	1.6	S 蒸气 800	六方 [133]
			SiO_2/Si	500～900/R2	0.07～0.17	—	六方 [127]
	$Mo(CO)_6$	等离子体 H_2S	SiO_2/Si 蓝宝石等	175～225/R1	～0.5	—	六方 [134]
	$Mo(CO)_6$	$(CH_3)_2S$	SiO_2/Si	100～120/R1	1.1	Ar 气 900	六方 [135]
WS_2	WF_6	H_2S	3 nm-ZnS/Si	300/R1	～1	真空 500	六方 [136]
	$WH_2(^iPrCp)_2$	等离子体氧	SiO_2/Si	300/R3	1	H_2S/Ar 1000	六方 [137]
WSe_2	WCl_6	$(CH_3)_2Se$	SiO_2/Si	600～800/R2	—	—	六方 [128]
	WCl_6	H_2Se	SiO_2/Si	390/R1	5	—	六方 [138]

图 5.11 显示了 ALD 制备的几种二维材料的形貌照片和表征结果。利用苯和氢等离子体 400 ℃下在 Cu 箔上 PEALD 进行沉积不到 10 个循环，即可通过脱氢反应获得单层石墨烯小片［图 5.11(a)］，超过 10 循环可获得多层石墨烯。拉

曼散射和选区电子衍射等证实获得了高质量的石墨烯片，然而其单层石墨烯的单晶尺寸只有 10 nm[129]，无法满足应用需求。采用 BCl_3 和 NH_3 前驱体，277 ℃热 ALD 生长，再真空 477 ℃退火，获得了在 Co(0001) 衬底上外延的 h-BN(0001) 二维材料［可达 7 层，图 5.11(b)］，平均单畴尺寸可达 190 nm，最大单畴可达 20 μm[128]。膜厚与循环数成正比，且后续在其上 MBE 生长了石墨烯，有望用于自旋电子学异质结的规模化制备。类似 ALD 生长 h-BN 工艺亦可用于 Ru(0001)、RuO_2(110) 和 Ni(111) 等基底[123]。

利用 $MoCl_5$ 和 H_2S 前驱体在 2 英寸蓝宝石（0001）衬底上 300 ℃ ALD 生长 MoS_2，其表面化学示意图见图 5.11(c)，刚沉积的 MoS_2 薄膜已经结晶［图 5.11(c) 中插图］，800 ℃热处理后，薄膜重构结晶质量明显改进[133]。例如，起始 10 循环的 1.7 nm 膜厚退火后变成 0.8 nm，相当于单层的 MoS_2，20 循环的 3.2 nm 变成 1.3 nm，相当于双层 MoS_2。ALD 生长的单层 MoS_2 退火后显示出 2 μm 三角形晶形。采用同样的前驱体和类似的工艺，在只是提高生长温度到 500 ℃、700 ℃、900 ℃，发现 SiO_2/Si 衬底 120 循环后获得了单层、双层和三层的 MoS_2［图 5.11(d)］，其厚度分别为 0.8 nm、1.4 nm 和 2 nm[127]，归因于自限制的层合成 SLS。在沉积第一层时，$MoCl_5$ 化学吸附到 SiO_2/Si 衬底表面所有活性位点，通过与随后 H_2S 反应形成一层 MoS_2。此层 MoS_2 是非活性的，表面缺乏吸附位点，后续合成通过 MoS_2 上 $MoCl_5$ 分子的物理吸附进行，前驱体分子的吸附 / 解吸由沉积温度决定。一旦达到沉积温度所对应的 MoS_2 层的临近厚度，前驱体分子将不能再吸附，反应终止。研究表明，10 cm 晶圆尺寸上沉积的二维 MoS_2 层数均匀性超过 90%［图 5.11(d) 插图］，制备的顶栅场效应晶体管，开关比高达 10^8。然而，该 ALD 工艺高度依赖于前驱体的热稳定性，目前为止，SLS 路径只在 MoS_2 和 WSe_2 两种 2D 材料上得以实现[127,128]，尚不具备普适性。

利用 WF_6 和 H_2S 前驱体在沉积了 3 nm 厚 ZnS 的 Si 衬底上 300 ℃ ALD 进行生长，再经过真空高温热处理，即可获得二维 WS_2[136]，如果没有 ZnS 层，则很难沉积 WS_2。可见与 MoS_2 相比，其生长更困难一些。图 5.11(e) 显示了 ALD 两步法工艺（R3）所生长的 4 层 WS_2 的 HRTEM 照片[137]。该方法是先利用 $WH_2(^iPrCp)_2$ 和氧等离子体 300 ℃ PEALD 生长 WO_3 薄膜，然后在含 H_2S 气氛下 1000 ℃进行硫化。WO_3 薄膜的 GPC 为 1.0 Å，发现 10 循环后 WO_3 薄膜可转换成一层 WS_2 薄膜，即通过调节 ALD 循环数，即可调控二维 WS_2 薄膜的层数，且其 W/S 化学计量比为 1∶2，多晶结构，单片尺寸在 10～20 nm。以此单层 WS_2 制备的场效应晶体管性能好于 CVD 沉积 WS_2 制备的 FET，且亚阈值摆幅与剥离的 MoS_2 构建的 FET 器件相当。而且由于 ALD 的高共形性，该工艺已经用来制备 WS_2 纳米管[137]。

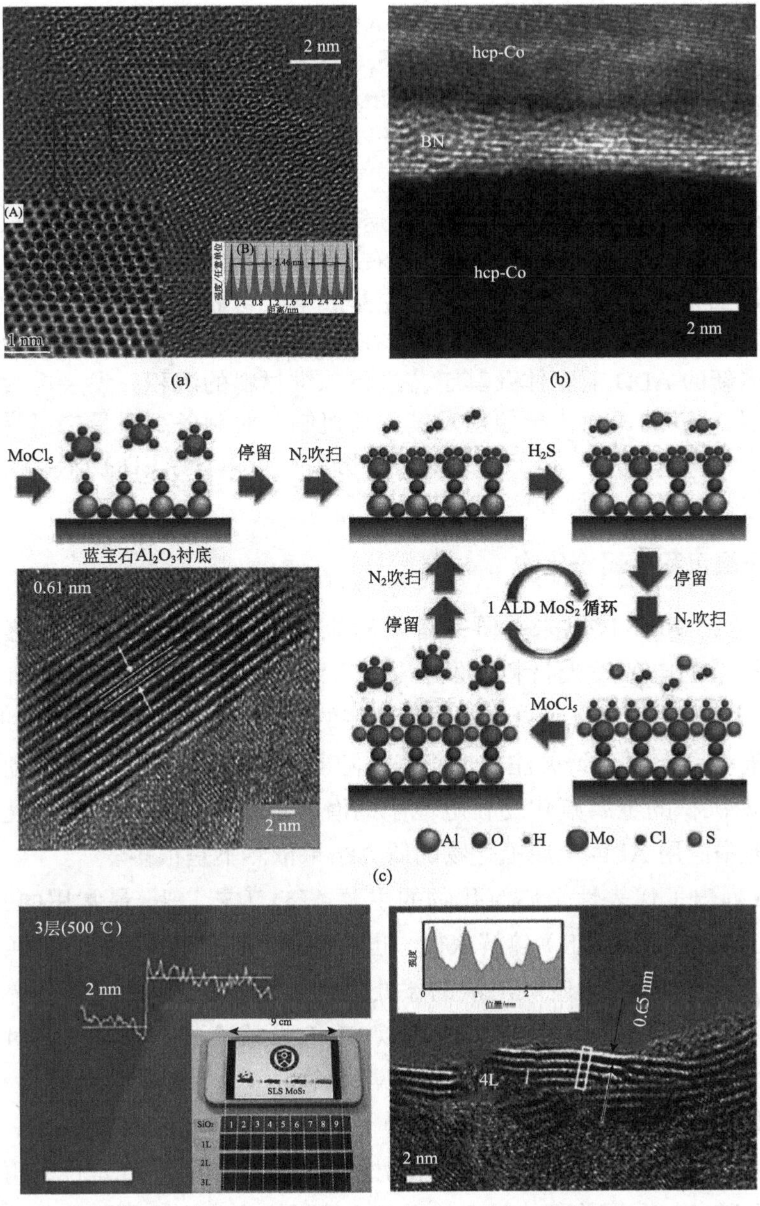

图 5.11　ALD 制备几种二维材料的形貌照片和表征结果

(a) PEALD 低温 400 ℃ 10 循环生长石墨烯的 HRTEM 照片[129]，插图（A）为正方形放大区域，插图（B）为 A 区域沿对角线所得像素强度与距离关系曲线，可计算六边形碳环次紧邻相邻碳原子的距离；(b) 热 ALD 在 Co(0001) 衬底沉积的 BN HRTEM 截面照片[130]，显示层状结构；(c) 采用 $MoCl_5$ 和 H_2S 前驱体 ALD 生长 MoS_2 示意图，插图为 HRTEM 截面照片，可显示晶格间距[133]；(d) 采用 $MoCl_5$ 和 H_2S 前驱体，ALD 的 SLS（R2）工艺 500 ℃生长的 3 层 MoS_2 AFM 照片和高度图[127]，插图为大尺寸 SiO_2/Si 衬底上生长的单层、双层和三层 MoS_2 样品光学照片，尺寸与手机显示屏相当；(e) ALD 两步法工艺（R3）所生长的 4 层 WS_2 的 HRTEM 照片[137]，插图为中间长方形区域像素强度与距离关系曲线除了上面提及的几种二维材料，ALD 及其衍生工艺已经成功制备了一系列的二维层状材料，如硫化物 TiS_2、ZrS_2、HfS_2、ReS_2、SnS_2、FeS、NiS、GeS、SnS 和 Bi_2S_3，硒化物 $MoSe_2$、InSe、In_2Se_3、Bi_2Se_3 和 GeSe，碲化物 GeTe、Sb_2Te_3 和 Bi_2Te_3 等 [123-126]。尽管 ALD 已经在二维材料的制备上取得了不少进展，但还面临着一些挑战。大多数 ALD 工艺要想获得高质量结晶性好的二维材料，都需要后处理——高温退火或特定气氛退火。目前，大部分 ALD 生长出来的二维材料单晶尺寸都偏小，仅几十纳米左右，不如 CVD 和机械剥离的方法；晶圆尺寸高质量二维材料的 ALD 制造，无论是成本、可靠性，还是可行性上依然存在各种需要跨越的障碍。ALD 的前驱体在 ALD 工艺中扮演了重要角色，因此迫切需要发展新的 ALD 前驱体及其工艺进行二维材料的沉积。发展有效的原位表征，以理解 ALD 的表面化学原理及其生长机制，对制备高质量二维材料也至关重要。总之，期待学术界和工业界的协作努力，可以让 ALD 技术在二维材料的制备与应用领域获得突破性的实质进展。

5.6.2 原子层沉积金属氟化物

自 20 世纪 90 年代以来，研究者就对金属氟化物的 ALD 工艺感兴趣，制备了用氟掺杂的电致发光材料，发表了关于 ALD 生长 CaF_2、ZnF_2 和 SrF_2 的工作 [139]。进入 21 世纪，金属氟化物因其独特的光学性质，即低折射率和在紫外范围内的低吸收率，而受到关注。近年来，随着 ALD 应用于锂离子电池研究的兴起，ALD 所沉积的金属氟化物在电池中的潜力也受到重视。尽管如此，目前在锂离子电池中应用 ALD 金属氟化物的研究结果依然不是很多。

表 5.6 列出了代表性金属氟化物的主要 ALD 工艺 [140]，最常用的 F 源是 HF 气体，可由氟化铵（NH_4F）热解获得，也可使用 HF 的吡啶溶液，还可使用无水的氢氟酸。氟化铵和 HF 吡啶溶液的益处是无需储存处理大量 HF 气体，而且使用 NH_4F，多余的源还可在冷壁反应室以 NH_4F 形式冷凝下来，不会对真空泵系统造成腐蚀损害。然而 HF 毕竟是一种有毒的危险气体，具有强吸湿性和腐蚀性，因此一些易挥发的金属氟化物成为 ALD 使用的 F 源。如 TiF_4 就是 HF 相对安全的替代品，它在室温下是固体，具有相对较高的挥发性和热稳定性，再加上高反应活性，可通过与金属前驱体的配体进行交换反应来实现金属氟化物的沉积，方程式如下：

$$4M(thd)_x(g) + xTiF_4(g) \longrightarrow 4MF_x(s) + xTi(thd)_4(g) \tag{5.45}$$

其他 F 源如六氟乙酰丙酮联合臭氧，通过 ABC 三脉冲反应模式亦可用于金属氟化物的制备 [141,142]，不少稀土氟化物就是这么制备出来的。

表 5.6　主要金属氟化物的代表性 ALD 工艺 [140]

材料	前驱体	对反应剂	沉积温度 /℃	GPC/Å	参考文献
LiF	LiHMDS	HF-py	150	0.5	[143]
	Lithd	TiF_4	250～350	1/325 ℃	[144]
	LiO^{t}Bu	MoF_6	150～300	2.6	[145]
MgF_2	$Mg(EtCp)_2$	HF-py	150	0.4	[143]
	$Mg(EtCp)_2$	HF	100～250	变化 0.6/100 ℃	[146]
	$Mg(thd)_2$	TiF_4	250～400	变化 1.6/250 ℃	[147]
	$Mg(thd)_2$	Hhfac+O_3	—	0.38	[141]
CaF_2	$Ca(thd)_2$	HF/NH_4F	300～400	0.2/320～400	[139]
SrF_2	$Sr(thd)_2$	HF/NH_4F	260～320	变化 0.6/300 ℃	
AlF_3	TMA	HF	100～200	变化 1.2/100 ℃	[148]
AlF_3	$AlCl_3$	TiF_4	160～340	变化 0.75/240 ℃	[142]
ZnF_2	DEZ	HF-py	150	0.7	[143]
ZrF_4	TEMAZ	HF-py	150	0.9	
YF_3	$Y(thd)_3$	Hhfac+O_3	175～325	变化 1.2～1.5/200～300 ℃	[149]
LaF_3	$La(thd)_3$	Hhfac+O_3	—	0.49	[141]
Li_xAl_yF	LiO^{t}Bu	$AlCl_3$ + TiF_4	250	1	[150]
	AlF_3	Lithd	250～300	—	[151]

注：LiHMDS= 六甲基二硅氮锂，HF-py=HF 和吡啶的混合物，EtCp= 乙基环戊二烯基，thd=2,2,6,6-四甲基 -3,5- 庚二酮，O^{t}Bu= 叔丁醇，hfac=1,1,1,5,5,5- 六氟 -2,4- 戊二酮，TEMAZ= 四 (乙基甲基氨基) 锆。

氟化物的 ALD 生长特殊之处在于，HF 气体是微电子领域中一种重要的刻蚀气体，一些金属氟化物也具有很好的挥发性。因此一些 ALD 过程中的反应是类似热原子层刻蚀中的常见反应——氟化、转换（conversion）[152]。但控制利用得当可以获得所需的氟化物，控制不当也可能将中间物或产物刻蚀掉，无法获得所需的氟化物。

目前，二元碱金属氟化物（LiF、NaF）、碱土金属氟化物（MgF_2、CaF_2、SrF_2）、Ⅲ族的 AlF_3、过渡金属氟化物（ZrF_4、HfF_4、MnF_2、CoF_2、NiF_2、ZnF_2、WF_6）、稀土氟化物（YF_3、ScF_3、LaF_3、GdF_3、TbF_3、HoF_3）以及三元氟化物 Li_xAl_yF 等已经通过 ALD 工艺制备出来。相对于二元金属氟化物，三元氟化物固态电解质 Li_xAl_yF 的 ALD 制备无疑要复杂一些。如前所述，利用 Lithd 和 TiF_4 前驱体可生长 LiF[144]，$AlCl_3$ 和 TiF_4 可生长 AlF_3[142]，然而研究发现采用这两个二元氟化物的 ALD 工艺来生长 Li_3AlF_6 薄膜，非常困难。Lithd 无法控制地将 AlF_3 转化为 LiF，更重要的是，LiF 暴露于 $AlCl_3$ 蒸气中，可能会导致 LiCl 的形成。

因此，尝试使用如图 5.12 所示的两种 ALD 工艺沉积 Li_3AlF_6 [151]。在工艺 1 中，Si 衬底上的 LiF 薄膜依次曝光在 $Al(thd)_3$ 和 TiF_4 脉冲下，发生了从 LiF 向三元 Li_3AlF_6

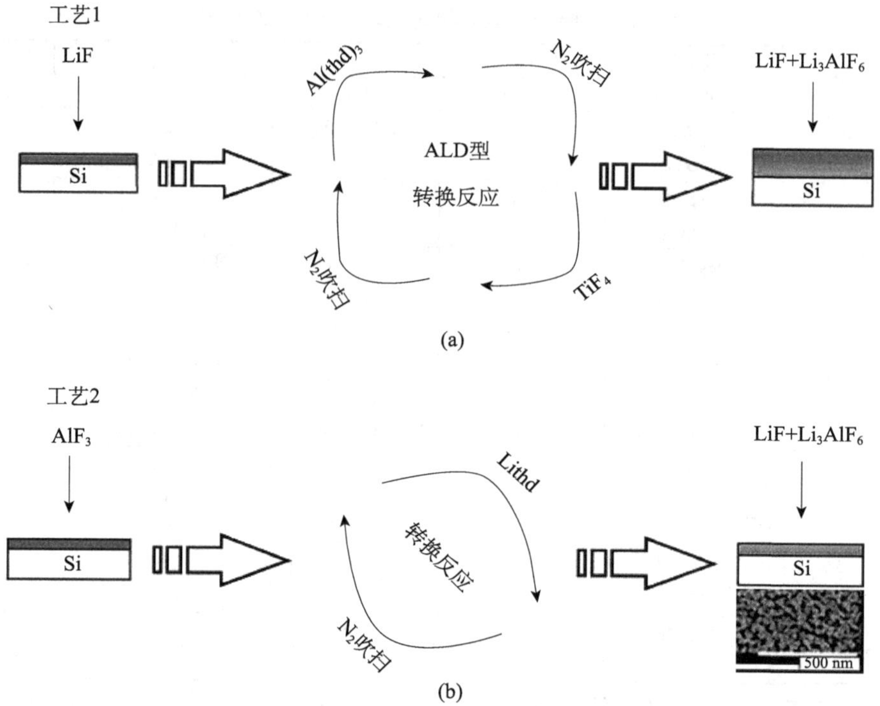

图 5.12　两种 ALD 工艺沉积 Li_3AlF_6 示意图 [151]

(a) 工艺 1 使用 $Al(thd)_3$ 和 TiF_4 脉冲，借助转换反应，从 LiF 薄膜形成 Li_3AlF_6；(b) 工艺 2 使用 Lithd 脉冲，通过转换反应，将 ALD 制备的 AlF_3 薄膜转换成 Li_3AlF_6，插图为 90 nm 厚的 AlF_3 薄膜转换后的多孔形貌

的转换反应。尽管以前的实验表明 $Al(thd)_3$ 和 TiF_4 前驱体不会在硅上形成 AlF_3[142]，但当 LiF 薄膜曝光在它们的脉冲下时，这些前驱体之间确实发生了反应。氟化物在沉积过程中混合在一起，形成了结晶的 Li_3AlF_6 和 LiF 残余。高沉积温度和长 $Al(thd)_3$ 脉冲导致薄膜中 LiF 杂质减少。然而，这些条件也恶化了样品的外观。即使在最好的样品中，尽管 Li_3AlF_6 在 XRD 中清晰可见，但 Al 含量也很低。此外，杂质 Ti 含量很高。因此，工艺 1 并非 ALD 生长 Li_3AlF_6 的好选择。

前人研究发现 MgF_2 薄膜暴露在高的 Lithd 脉冲进样量下，150 nm 厚的 MgF_2 薄膜可以转换成 LiF 薄膜 [153]，薄膜中未检测到 MgF_2、Mg 的信号。沉积温度越低，所需的 Lithd 脉冲进样量越大。虽然产生的 LiF 薄膜高度结晶，但晶粒很小、表面很平整，与 Si 之间的黏附性也得到改善。即在 Lithd 脉冲下的转换反应并不局限于 MgF_2 表面，而是进入薄膜内部，这可能与锂离子高的迁移率和反应活性相关。因此，可以借助此转换反应来沉积含 Li 的三元化合物，例如 Li_3AlF_6。

工艺 2 是 Si 衬底上 50 nm、100 nm 厚的 AlF_3 薄膜在不同沉积温度暴露在

Lithd 脉冲下，调整 Lithd 脉冲数以确定通过转换反应可否形成高质量的 Li_3AlF_6 薄膜 [151]。掠入射 XRD 证实非晶的 AlF_3 薄膜在 Lithd 脉冲作用下转换成了单斜的 Li_3AlF_6 薄膜。太多的 Lithd 脉冲则获得的是 LiF 结晶膜。其机理类似于 MgF_2 的转换机理，膜中的 O、C 和 H 杂质都很低。尽管 Li_3AlF_6 结晶相已经得到，但想获得准确的化学计量比并不容易。对 50 nm 厚的 AlF_3 薄膜，随着 Lithd 脉冲数从 20 增加到 40，Li∶Al 原子比从 0.93∶1 增加到 7.9∶1。而 100 nm 厚的 AlF_3 薄膜，在 40 脉冲下，Li∶Al 原子比仅在 1.33∶1 到 1.49∶1 波动。AlF_3 薄膜越薄，转换速度越快。同时沉积温度也起了重要作用，40 脉冲下，沉积温度从 250 ℃升高到 275 ℃，Li∶Al 原子比从 1.49∶1 增加到 2.0∶1。尽管此时 Li 元素是缺损的，但也观测到了明显的 LiF 相，且转换膜显示出了多孔结构 [图 5.12(b) 插图]，无法测量其离子电导率。

2017 年，通过联合 LiF 和 AlF_3 工艺，利用 LiO^tBu、$AlCl_3$ 和 TiF_4 前驱体 ALD 合成非晶 $LiAlF_4$[150]，具有 1.2∶1 的 Li∶Al 原子比 和 3.5×10^{-8} S/cm 的离子电导率，可作为锂镍锰钴氧化物正极材料的保护层，在不牺牲倍率性能的情况下，改进了正极的稳定性。

最近利用 SF_6 等离子体新氟源和 TMA 反应制备金属氟化物 AlF_3 薄膜 [154]，显示出自限制的生长特性，200 ℃ GPC 为 0.85 Å。SF_6 前驱体稳定无毒，所获得 AlF_3 薄膜中只有很低的 S、O 杂质含量，Al/F 比接近化学计量比。期待未来在 ALD 制备金属氟化物方面，无论是前驱体的种类、反应机制，还是所生长金属氟化物的数量，都能更上一层楼，在光学和新能源电池领域大放异彩。

参 考 文 献

[1] Miikkulainen V, Leskelä M, Ritala M, et al. Crystallinity of inorganic films grown by atomic layer deposition: Overview and general trends. J. Appl. Phys., 2013, 113: 021301-1~102

[2] Sherman A. Atomic Layer Deposition For Nanotechnology: An Enabling Process for Nanotechnology Fabrication. New York: Ivoryton Press, 2008

[3] Ritala M, Niinistő J. Atomic Layer Deposition. Chap. 4 // Jones A C, Hitchman M L. Chemical Vapour Deposition Precursors, Processes and Applications. Cambridge: Royal Society of Chemistry, 2009: 158-206

[4] Pinna N, Knez M. Atomic Layer Deposition of Nanostructured Materials. Weinheim: Wiley-VCH Verlag & Co. KGaA, 2012

[5] Johnson R W, Hultqvist A, Bent S F. A brief review of atomic layer deposition from fundamentals to applications. Mater. Today, 17, 2014: 236-246

[6] Atomic Limits-Blog about strategy, serendipity and vision in nanoscience. https://www.atomiclimits.com. [2024-08-18]

[7] Shevjakov A M, Kuznetsova G N, Aleskovskii V B. Chemistry of High-Temperature Materials, Proceedings of the Second USSR Conference on High-Temperature Chemistry of Oxides. Nauka, Leningrad, Russian. USSR, 26-29 November 1965: 149-155

[8] Groner M D, Fabreguette F H, Elam J W, et al. Low-temperature Al_2O_3 atomic layer deposition. Chem. Mater., 2004,

16: 639-645

[9] Knez M, Kadri A, Wege C, et al. Atomic layer deposition on biological macromolecules: metal oxide coating of tobacco mosaic virus and ferritin. Nano Lett., 2006, 6: 1172-1177

[10] Puurunena R L. Surface chemistry of atomic layer deposition: A case study for the trimethylaluminum/water process. J. Appl. Phys., 2005, 97: 121301-1~52

[11] Klaus J W, Sneh O, Ott A W, et al. Atomic layer deposition of SiO_2 using catalyzed and uncatalyzed self-limiting surface reactions. Surf. Rev. Lett., 1999, 6: 435-448

[12] Knapas K, Rahtu A, Ritala M. Etching of Nb_2O_5 thin films by $NbCl_5$. Chem. Vap. Deposition, 2009, 15: 269-273

[13] Elers K E, Ritala M, Leskelä M, et al. $NbCl_5$ as a precursor in atomic layer epitaxy. Appl. Surf. Sci., 1994, 82/83: 468-474

[14] Knapas K, Ritala M. *In situ* studies on reaction mechanisms in atomic layer deposition. Crit. Rev. Solid State Mater. Sci., 2013, 38: 167-202

[15] Heil S B S, Kudlacek P, Langereis E, et al. *In situ* reaction mechanism studies of plasma-assisted atomic layer deposition of Al_2O_3. Appl. Phys. Lett., 2006, 89: 131505-1~3

[16] Heil S B S, van Hemmen J L, van de Sanden M C M, et al. Reaction mechanisms during plasma-assisted atomic layer deposition of metal oxides: A case study for Al_2O_3. J. Appl. Phys., 2008, 103: 103302-1~14

[17] Elam J W, Martinson A B F, Pellin M J, et al. Atomic layer deposition of In_2O_3 using cyclopentadienyl indium: A new synthetic route to transparent conducting oxide films. Chem. Mater., 2006, 18: 3571-3578

[18] Knapas K, Ritala M. *In situ* reaction mechanism studies on atomic layer deposition of Ir and IrO_2 from $Ir(acac)_3$. Chem. Mater., 2011, 23: 2766-2771

[19] Libera J A, Hryn J N, Elam J W. Indium oxide atomic layer deposition facilitated by the synergy between oxygen and water. Chem. Mater., 2011, 23: 2150-2158

[20] Putkonen M, Sajavaara T, Johansson L S, et al. Low-temperature ALE deposition of Y_2O_3 thin films from beta-diketonate precursors. Chem. Vap. Deposition, 2001, 7: 44-50

[21] Forsgren K, Hårsta A. Chemical deposition routes to HfO_2: Real-time monitoring and film growth. Electrochem. Soc. Proc., 2001, 13: 152-159

[22] Kukli K, Aarik J, Aidla A, et al. Atomic layer deposition of tantalum oxide thin films from iodide precursor. Chem. Mater., 2001, 13: 122-128

[23] Du X, Du Y, George S M. *In situ* examination of tin oxide atomic layer deposition using quartz crystal microbalance and Fourier transform infrared techniques. J. Vac. Sci. Technol. A, 2005, 23: 581-588

[24] Aarik J, Aidla A, Mändar H, et al. Growth kinetics and structure formation of ZrO_2 thin films in chloride-based atomic layer deposition process. Thin Solid Films, 2002, 408: 97-103

[25] Fan J F, Toyoda K. Self-limiting behavior of the growth of Al_2O_3 using sequential vapor pulses of TMA and H_2O_2. Appl. Surf. Sci., 1992, 60/61: 765-769

[26] Aarik J, Aidla A, Uustare T, et al. Titanium isopropoxide as a precursor for atomic layer deposition: Characterization of titanium dioxide growth process. Appl. Surf. Sci., 2000, 161: 385-395

[27] Elam J W, Baker D A, Hryn A J, et al. Atomic layer deposition of tin oxide films using tetrakis(dimethylamino)tin. J. Vac. Sci. Technol. A, 2008, 26: 244-252

[28] Ritala M, Kukli K, Rahtu A, et al. Atomic layer deposition of oxide thin films with metal alkoxides as oxygen sources. Science, 2000, 288: 319-321

[29] Rahtu A, Ritala M. Reaction mechanism studies on the atomic layer deposition of $Zr_xTi_yO_z$ using the novel metal halide metal alkoxide approach. Langmuir, 2002, 18: 10046-10048

[30] Kim M S, Rogers S A. Atomic layer deposition analysis of $HfSiO_4$ by mass spectroscopy and XPS. J. Korean Phys. Soc., 2004, 45: 1317-1321

[31] Li W M. Recent developments of atomic layer deposition processes for metallization. Chem. Vap. Deposition, 2013, 19: 82-103

[32] Ferguson J D, Weimer A W, George S M. Atomic layer deposition of boron nitride using sequential exposures of BCl_3 and NH_3. Thin Solid Films, 2002, 413: 16-25

[33] Juppo M, Alén P, Ritala M, et al. Atomic layer deposition of titanium nitride thin films using tert-butylamine and allylamine as reductive nitrogen sources. Electrochem. Solid-State Lett., 2002, 5: C4-C6

[34] Juppo M, Rahtu A, Ritala M. In situ mass spectrometry study on surface reactions in atomic layer deposition of TiN and Ti(Al)N thin films. Chem. Mater., 2002, 14: 281-287

[35] Tiznado H, Bouman M, Lee A I, et al. Mechanistic details of atomic layer deposition (ALD) processes for metal nitride film growth. J. Mol. Catal. A: Chem., 2008, 281: 35-43

[36] Roine A. Outokumpu HSC Chemistry for Windows program package, Version 5.11. Outokumpu Research: Oy Pori, Finland, 2002

[37] Elers K E, Blomberg T, Peussa M, et al. Film uniformity in atomic layer deposition. Chem. Vap. Deposition, 2006, 12: 13-24

[38] Juppo M, Ritala M, Leskelä M. Use of 1,1-dimethylhydrazine in the atomic layer deposition of transition metal nitride thin films. J. Electrochem. Soc., 2000, 147: 3377-3381

[39] Alén P, Ritala M, Arstila K, et al. The growth and diffusion barrier properties of atomic layer deposited NbN_x thin films. Thin Solid Films, 2005, 491: 235-241

[40] Klaus J W, Ferro S J, George S M. Atomically controlled growth of tungsten and tungsten nitride using sequential surface reactions. Appl. Surf. Sci., 2000, 162: 479-491

[41] Ritala M, Kalsi P, Riihelä D, et al. Controlled growth of TaN, Ta_3N_5, and TaO_xN_y thin films by atomic layer deposition. Chem. Mater., 1999, 11: 1712-1718

[42] Alén P, Juppo M, Ritala M, et al. Tert-butylamine and allylamine as reductive nitrogen sources in atomic layer deposition of TaN thin films. J. Mater. Res., 2002, 17: 107-114

[43] Burton B B, Lavoie A R, George S M. Tantalum nitride atomic layer deposition using (tert-butylimido) tris(diethylamido) tantalum and hydrazine. J. Electrochem. Soc., 2008, 155: D508-D516

[44] Hiltunen L, Leskelä M, Mäkelä M, et al. Nitrides of titanium, niobium, tantalum and molybdenum grown as thin-films by the atomic layer epitaxy method. Thin Solid Films, 1988, 166: 149-154

[45] Elers K E, Saanila V, Soininen P J, et al. Diffusion barrier deposition on a copper surface by atomic layer deposition. Chem. Vap. Deposition, 2002, 8: 149-153

[46] Elam J W, Schuisky M, JFerguson J D, et al. Surface chemistry and film growth during TiN atomic layer deposition using TDMAT and NH_3. Thin Solid Films, 2003, 436: 145-156

[47] Cho G, Rhee S W. Effect of the amido Ti precursors on the atomic layer deposition of TiN with NH_3. J. Vac. Sci. Technol. A, 2013, 31: 01A117-1~5

[48] Profijt H B, Potts S E, van de Sanden M C M, et al. Plasma-assisted atomic layer deposition: Basics, opportunities, and challenges. J. Vac. Sci. Technol. A, 2011, 29: 050801-1~26

[49] Elers K E, Winkler J, Weeks K, et al. $TiCl_4$ as a precursor in the TiN deposition by ALD and PEALD. J. Electrochem. Soc., 2005, 152: G589-G593

[50] Heil S B S, Langereis E, Roozeboom F, et al. Low-temperature deposition of TiN by plasma-assisted atomic layer deposition. J. Electrochem. Soc., 2006, 153: G956-G965

[51] Langereis E, Knoops H C M, Mackus A J M, et al. Synthesis and *in situ* characterization of low-resistivity films by remote plasma atomic layer deposition. J. Appl. Phys., 2007, 102: 083517-1~11

[52] Kim H, Detavernier C, van der Straten O, et al. Robust TaN_x diffusion barrier for Cu-interconnect technology with subnanometer thickness by metal-organic plasma-enhanced atomic layer deposition. J. Appl. Phys., 2005, 98: 014308-1~8

[53] Yokoyama S, Goto H, Miyamoto T, et al. Atomic layer controlled deposition of silicon nitride and *in situ* growth observation by infrared reflection absorption spectroscopy. Appl. Surf. Sci., 1997, 112: 75-81

[54] Nishizawa J, Abe H, Kurabayashi T. Molecular layer epitaxy. J. Electrochem. Soc., 1985, 132: 1197-1200

[55] Nishizawa J, Aoki K, Suzuki S, et al. Silicon molecular layer epitaxy. J. Electrochem. Soc., 1990, 137: 1898-1904

[56] Pessa M, Jylhä O, Herman M A. Atomic layer epitaxy of CdTe on the polar (111) A and (111) B surfaces of CdTe substrates. J. Cryst. Growth, 1984, 67: 255-260

[57] Bedair S M, Tischler M A, Katsuyama T, et al. Atomic layer epitaxy of Ⅲ-Ⅴ binary compounds. Appl. Phys. Lett., 1985, 47: 51-53

[58] Herman M A. Atomic layer epitaxy - 12 years later. Vacuum, 1991, 42: 61-66

[59] Takeda T, Kurosu T, Lida M, et al. Growth of ZnS/ZnTe and ZnSe/ZnTe superlattices by molecular beam epitaxy and atomic layer epitaxy. Surf. Sci., 1986, 174: 548-549

[60] Yarmoff Y A, Shuf D K, Durbin T D, et al. Atomic layer epitaxy of silicon by dichlorosilane studied with core level spectroscopy. J. Vac. Sci. Technol. A, 1992, 10: 2303-2307

[61] Hasunuma S, Sugahara S, Hoshino S, et al. Gas-phase-reaction-controlled atomic-layer-epitaxy of silicon. J. Vac. Sci. Technol. A, 1998, 16: 679-684

[62] Koleski D D, Gates S M. Atomic layer epitaxy of Si on Ge(100) using Si_2Cl_6 and atomic hydrogen. Appl. Phys. Lett., 1994, 64: 884-886

[63] Sugahara S, Kitamura T, Imai S, et al. Atomic layer epitaxy of germanium. Appl. Surf. Sci., 1994, 82/83: 380-386

[64] Sugahara S, Matsumura M. Modeling of germanium atomic-layer-epitaxy. Appl. Surf. Sci., 1997, 112: 176-186

[65] de Keijser M, van Opdorp C. Atomic layer epitaxy of gallium arsenide with the use of atomic hydrogen. Appl. Phys. Lett., 1991, 58: 1187-1189

[66] Nishizawa J, Katsuyama T, Abe H, et al. Deposition mechanism of GaAs epitaxy. J. Electrochem. Soc., 1987, 134: 945-951

[67] Tischler M A, Bedair S M. Growth and characterization of compound semiconductors by atomic layer epitaxy. J. Cryst. Growth, 1986, 77: 89-94

[68] Nishizawa J. Molecular layer epitaxy and its fundaments. J. Cryst. Growth, 1991, 115: 12-18

[69] Lee J S, Iwai S, Isshiki H, et al. Self limiting growth on nominally oriented (111)A GaAs substrates in atomic layer epitaxy. Appl. Surf. Sci., 1996, 103: 275-278

[70] Rouf P, O'Brien N J, Buttera S C, et al. Epitaxial GaN using $Ga(NMe_2)_3$ and NH_3 plasma by atomic layer deposition. J. Mater. Chem. C, 2020, 8: 8457-8465

[71] Rouf P, Samii R, Rönnby K, et al. Hexacoordinated gallium (Ⅲ) triazenide precursor for epitaxial gallium nitride by atomic layer deposition. Chem. Mater., 2021, 33: 3266-3275

[72] Rouf P. Time-Resolved CVD of Group 13 nitride. Dissertation for Ph. D., Linkopings Universitet, Sweden, 2021

[73] Hyvärinen J, Sonninen M, Tőrnqvist R. Mass spectrometry study of ZnS atomic layer epitaxy process. J. Cryst. Growth, 1988, 86: 695-699

[74] Yoshikawa A, Kobayashi M, Tokita S. Surface reaction mechanism in MOMBLE-ALE of ZnSe and CdSe as determined by a new *in-situ* optical probing method. Appl. Surf. Sci., 1994, 82: 316-321

[75] Yoshikawa A, Kobayashi M, Tokita S. Growth kinetics in MOMBLE-ALE of ZnSe and CdSe as determined by a new *in-situ* optical probing method. Phys. Status Solidi B, 1995, 187: 315-325

[76] Aarik J, Aidla A, Jaek A, et al. In situ study of strontium β-diketonate precursor for thin-film growth by atomic layer epitaxy. J. Mater. Chem., 1994, 4: 1239-1244

[77] Sarkar S K, Kim J Y, Goldstein D N, et al. In_2S_3 atomic layer deposition and its application as a sensitizer on TiO_2 nanotube arrays for solar energy conversion. J. Phys. Chem. C, 2010, 114: 8032-8039

[78] Dasgupta N P, Meng X, Elam J W, et al. Atomic layer deposition of metal sulfide materials. Acc. Chem. Res., 2015, 48: 341-348

[79] Pore V, Ritala M, Leskelä M. Atomic layer deposition of titanium disulfide thin films. Chem. Vap. Deposition, 2007, 13: 163-168

[80] Sinha S, Mahuli N, Sarkar S K. Atomic layer deposition of aluminum sulfide thin films using trimethylaluminum and hydrogen sulfide. J. Vac. Sci. Technol. A, 2015, 33: 01A139-1~8

[81] Zaidi S J A, Basit M A, Park T J, et al. Advances in atomic layer deposition of metal sulfides: From a precursors perspective. Chem. Mater., 2022, 34:7106-7138

[82] 朱琳，李爱东 . 原子层沉积技术制备金属材料的进展与挑战 . 微纳电子技术，2015，52: 113-122

[83] Hagen D J, Pemble M E, Karppinen M. Atomic layer deposition of metals: Precursors and film growth. Appl. Phys. Rev., 2019, 6: 041309-1~63

[84] Christensen S T, Elam J W. Atomic layer deposition of Ir-Pt alloy films. Chem. Mater., 2010, 22: 2517-2525

[85] Lu J L, Lei Y, Elam J W. Atomic layer deposition of nobel metals—New developments in nanostructured catalysts. Noble Metals. Croatia: InTech, 2012: 159-178

[86] Mackus A J M, Leick N, Baker L, et al. Catalytic combustion and dehydrogenation reactions during atomic layer deposition of platinum. Chem. Mater., 2012, 24: 1752-1761

[87] Liu X J, Zhu L, Li A D, et al. Nonvolatile memory capacitors based on Al_2O_3 tunneling and HfO_2 blocking layers with charge storage in atomic-layer-deposited Pt nanocrystals. Appl. Surf. Sci., 2014, 289: 332-337

[88] Lee H B R, Bent S F. Microstructure-dependent nucleation in atomic layer deposition of Pt on TiO_2. Chem. Mater., 2012, 24: 279-286

[89] Griffiths M B E, Pallister P J, Mandia D J, et al. Atomic layer deposition of gold metal. Chem. Mater., 2016, 28：44-46

[90] Mäkelä M, Hatanpää T, Mizohata K, et al. Thermal atomic layer deposition of continuous and highly conducting gold thin films. Chem. Mater., 2017, 29: 6130-6136

[91] Niskanen A, Hatanpää T, Arstila K, et al. Radical-enhanced atomic layer deposition of silver thin films using phosphine adducted silver carboxylates. Chem. Vap. Deposition, 2007, 13: 408-413

[92] Chalker P R, Romani S, Marshall P A. Liquid injection atomic layer deposition of silver nanoparticles. Nanotechnology, 2010, 21: 405602-1~7

[93] Mäkelä M, Hatanpää T, Mizohata K, et al. Studies on thermal atomic layer deposition of silver thin films. Chem. Mater., 2017, 29: 2040-2045

[94] Lim B S, Rahtu A, Gordon R G. Atomic layer deposition of transition metals. Nat. Mater., 2003, 2: 749-754

[95] Li Z W, Rahtu A, Gordon R G. Atomic layer deposition of ultrathin copper metal films from a liquid copper（Ⅰ）amidinate precursor. J. Electrochem. Soc., 2006, 153: C787-C794

[96] Knisley T J, Ariyasena T C, Sajavaara T, et al. Low temperature growth of high purity, low resistivity copper films by atomic layer deposition. Chem. Mater., 2011, 23: 4417-4419

[97] Utriainen M, Kroger L M, Johansson L S, et al. Studies of metallic thin film growth in an atomic layer epitaxy reactor

using $M(acac)_2$ (M = Ni, Cu, Pt) precursors. Appl. Surf. Sci., 2000, 157: 151-158

[98] Kwon J, Saly M, Halls M D, et al. Substrate selectivity of (Bu-*t*-allyl)$Co(CO)_3$ during thermal atomic layer deposition of cobalt. Chem. Mater., 2012, 24: 1025-1030

[99] Kalutarage L C, Martin P D, Heeg M. J, et al. Volatile and thermally stable mid to late transition metal complexes containing α-imino alkoxide ligands, a new strongly reducing coreagent, and thermal atomic layer deposition of Ni, Co, Fe, and Cr metal films. J. Am. Chem. Soc., 2013, 135: 12588-12591

[100] Fabreguette F H, Sechrist Z A, Elam J W, et al. Quartz crystal microbalance study of tungsten atomic layer deposition using WF6 and Si2H6. Thin Solid Films, 2005, 488: 103-110

[101] George S M. Atomic layer deposition: An overview. Chem. Rev., 2010, 110: 111-131

[102] Seghete D, Rayner G B, Cavanagh A S, et al. Molybdenum atomic layer deposition using MoF_6 and Si_2H_6 as the reactants. Chem. Mater., 2011, 23: 1668-1678

[103] Lee Y J, Kang S W. Atomic layer deposition of aluminum thin films using an alternating supply of trimethylaluminum and a hydrogen plasma. Electrochem. Solid-State Lett., 2002, 5: C91-C93

[104] Lee Y J, Kang S W. Study on the characteristics of aluminum thin films prepared by atomic layer deposition. J. Vac. Sci. Technol. A, 2002, 20: 1983-1988

[105] Rossnagel S M, Sherman A, Turner F. Plasma-enhanced atomic layer deposition of Ta and Ti for interconnect diffusion barriers. J. Vac. Sci. Technol. B, 2000, 18: 2016-2020

[106] Klesko J P, Thrush C M, Winter C H. Thermal atomic layer deposition of titanium films using titanium tetrachloride and 2-methyl-1,4-bis(trimethylsilyl)-2,5-cyclohexadiene or 1,4-bis(trimethylsilyl)-1,4-dihydropyrazine. Chem. Mater., 2015, 27: 4918-4921

[107] Sønsteby H H, Yanguas-Gil A, Elam J W. Consistency and reproducibility in atomic layer deposition. J. Vac. Sci. Technol. A, 2020, 38: 020804-1~17

[108] Aaltonen T, Ritala M, Sammelselg V, et al. Atomic layer deposition of iridium thin films. J. Electrochem. Soc., 2004, 151: G489-G492

[109] Titta A. Atomic layer deposition of noble metal thin films. Academic Dissertation of University of Helsinki, 2005: 37

[110] Aaltonen T, Alen P, Ritala M, et al. Ruthenium thin films grown by atomic layer deposition. Chem. Vap. Deposition, 2003, 9: 45-49

[111] Ramos K B, Saly M J, Chabal Y J. Precursor design and reaction mechanisms for the atomic layer deposition of metal films. Coordin. Chem. Rev., 2013, 257: 3271-3281

[112] Aaltonen T, Ritala M, Leskela M. ALD of rhodium thin films from $Rh(acac)_3$ and oxygen. Electrochem. Solid-State Lett., 2005, 8: C99-C101

[113] Emslie D J H, Chadha P, Price J S. Metal ALD and pulsed CVD fundamental reactions and links with solution chemistry. Coordin. Chem. Rev., 2013, 257: 3282-3296

[114] Huo J S, Solanki R, McAndrew J. Characteristics of copper films produced via atomic layer deposition. J. Mater. Res., 2002, 17: 2394-2398

[115] Li Z W, Gordon R G. Thin, continuous, and conformal copper films by reduction of atomic layer deposited copper nitride. Chem. Vap. Deposition, 2006, 12: 435-441

[116] Waechtler T, Ding S F, Hofmann L, et al. ALD-grown seed layers for electrochemical copper deposition integrated with different diffusion barrier systems. Microelectron. Eng., 2011, 88: 684-689

[117] Knisley T J, Kalutarage L C, Winter C H. Precursors and chemistry for the atomic layer deposition of metallic first row transition metal films. Coordin. Chem. Rev., 2013, 257: 3222-3231

[118] Kim H. Atomic layer deposition of metal and nitride thin films: Current research efforts and applications for semiconductor device processing. J. Vac. Sci. Technol. B, 2003, 21: 2231-2261

[119] Kim H, Cabral C J, Lavoie C, et al. Diffusion barrier properties of transition metal thin films grown by plasma-enhanced atomic-layer deposition. J. Vac. Sci. Technol. B, 2002, 20: 1321-1326

[120] Novoselov K S, Geim A K, Morozov S V, et al. Electric field effect in atomically thin carbon films. Science, 2004, 306: 666-669

[121] Radisavljevic B, Radenovic A, Brivio J, et al. Single-layer MoS_2 transistors. Nature Nanotech., 2011, 6: 147-150

[122] Zhang K, Feng Y, Wang F, et al. Two dimensional hexagonal boron nitride (2D-hBN): Synthesis, properties and applications. J. Mater. Chem. C, 2017, 5: 11992-12022

[123] Cai J Yi, Han X X, Wang M, et al. Atomic layer deposition of two-dimensional layered materials: Processes, growth mechanisms, and characteristics. Matter, 2020, 2: 587-630

[124] Kim Y, Woo W J, Kim D, et al. Atomic-layer-deposition-based 2D transition metal chalcogenides: Synthesis, modulation, and applications. Adv. Mater., 2021, 33: 2005907-1~33

[125] Mattinen M, Leskelä M, Ritala M. Atomic layer deposition of two-dimensional metal dichalcogenides for electronics, catalysis, energy storage, and beyond. Adv. Mater. Interfaces, 2021, 8: 2001677

[126] Hao W, Marichy C, Journet C. Atomic layer deposition of stable 2D materials. 2D Mater., 2019, 6: 012001-1~45

[127] Kim Y, Song J G, Park Y J, et al. Self-limiting layer synthesis of transition metal dichalcogenides. Sci. Rep., 2016, 6: 18754

[128] Park K, Kim Y, Song J G, et al. Uniform, large-area self-limiting layer synthesis of tungsten diselenide. 2D Mater., 2016, 3: 014004

[129] Zhang Y, Ren W, Jiang Z, et al. Low temperature remote plasma-enhanced atomic layer deposition of graphene and characterization of its atomic-level structure. J. Mater. Chem. C, 2014, 2: 7570-7574

[130] Driver M S, Beatty J D, Olanipekun O, et al. Atomic layer epitaxy of h-BN(0001) multilayers on Co(0001) and molecular beam epitaxy growth of graphene on h-N(0001)/Co(0001). Langmuir, 2016, 32: 2601-2607

[131] Park H, Kim T K, Cho S W, et al. Large-scale synthesis of uniform hexagonal boron nitride films by plasma-enhanced atomic layer deposition. Sci. Rep., 2017, 7: 40091

[132] Hao W, Marichy C, Journet C, et al. A novel two-step ammonia-free atomic layer deposition approach for boron nitride. ChemNanoMat, 2017, 3: 656-663

[133] Tan L K, Liu B, Teng J H, et al. Atomic layer deposition of a MoS_2 film. Nanoscale, 2014, 6: 10584-10588

[134] Jang Y, Yeo S, Lee H B R, et al. Wafer-scale, conformal and direct growth of MoS_2 thin films by atomic layer deposition. Appl. Surf. Sci., 2016, 365: 160-165

[135] Jin Z, Shin S, Kwon D H, Han S J, et al. Novel chemical route for atomic layer deposition of MoS_2 thin film on SiO_2/Si substrate. Nanoscale, 2014, 6: 14453-14458

[136] Scharf, T, Prasad S V, Mayer T, et al. Atomic layer deposition of tungsten disulphide solid lubricant thin films. J. Mater. Res., 2004, 19: 3443-3446

[137] Song J G, Park J, Lee W, et al. Layer-controlled, wafer-scale, and conformal synthesis of tungsten disulfide nanosheets using atomic layer deposition. ACS Nano, 2013, 7: 11333-11340

[138] Browning R, Kuperman N, Solanki R, et al. Large area growth of layered WSe_2 films. Semicond. Sci. Technol., 2016, 31: 095002

[139] Ylilammi M, Ranta-aho T. Metal fluoride thin films prepared by atomic layer deposition. J. Electrochem. Soc., 1994, 141: 1278-1284

[140] Mäntymäki M, Ritala M, Leskelä M. Metal fluorides as lithium-ion battery materials: An atomic layer deposition

perspective. Coatings, 2018, 8: 277-1~40

[141] Putkonen, M, Szeghalmi A, Pippel E, et al. Atomic layer deposition of metal fluorides through oxide chemistry. J. Mater. Chem., 2011, 21: 14461-14465

[142] Mäntymäki M, Heikkilä M J, Puukilainen E, et al. Atomic layer deposition of AlF_3 thin films using halide precursors. Chem. Mater., 2015, 27: 604-611

[143] Lee Y, Sun H, Young M J, et al. Atomic layer deposition of metal fluorides using HF-pyridine as the fluorine precursor. Chem. Mater., 2016, 28: 2022-2032

[144] Mäntymäki M, Hämäläinen J, Puukilainen E, et al. Atomic layer deposition of LiF thin films from Lithd and TiF_4 precursors. Chem. Vap. Depos., 2013, 19: 111-116

[145] Mane A, Libera J, Elam J. Atomic layer deposition of LiF thin films using lithium tert-butoxide and metal fluoride precursors// Proceedings of the 16th International Conference on Atomic Layer Deposition, Dublin, Ireland, 24-27 July 2016

[146] Hennessy J, Jewell A P, Greer F, et al. Atomic layer deposition of magnesium fluoride via bis(ethylcyclopentadienyl) magnesium and anhydrous hydrogen fluoride. J. Vac. Sci. Technol. A, 2015, 33: 01A125

[147] Pilvi T, Hatanpää T, Puukilainen E, et al. Study of a novel ALD process for depositing MgF_2 thin films. J. Mater. Chem., 2007, 17: 5077-5083

[148] Hennessy J, Jewell A D, Balasubramanian K, et al. Ultraviolet optical properties of aluminum fluoride thin films deposited by atomic layer deposition. J. Vac. Sci. Technol. A, 2016, 34: 01A120

[149] Pilvi T, Puukilainen E, Munnik F, et al. ALD of YF_3 thin films from TiF_4 and $Y(thd)_3$ precursors. Chem. Vap. Depos., 2009, 15: 27-32

[150] Xie J, Sendek A D, Cubuk E D, et al. Atomic layer deposition of stable $LiAlF_4$ lithium ion conductive interfacial layer for stable cathode cycling. ACS Nano, 2017, 11: 7019-7027

[151] Mäntymäki M, Mizohata K, Heikkilä M J, et al. Studies on Li_3AlF_6 thin film deposition utilizing conversion reactions of thin films. Thin Solid Films, 2017, 636: 26-33

[152] George S M. Mechanisms of thermal atomic layer etching. Acc. Chem. Res., 2020, 53: 1151-1160

[153] Mäntymäki M, Hämäläinen J, Puukilainen E, et al. Atomic layer deposition of LiF thin films from Lithd, $Mg(thd)_2$, and TiF_4 precursors. Chem. Mater., 2013, 25: 1656-1663

[154] Vos M F J, Knoops H C M, Synowicki R A, et al. Atomic layer deposition of aluminum fluoride using $Al(CH_3)_3$ and SF_6 plasma. Appl. Phys. Lett., 2017, 111: 113105-1~5

第 6 章　原子层沉积理论计算与模拟

6.1　理论计算与模拟方法简介

原子层沉积（atomic layer deposition，ALD）的理论计算与模拟，涉及较多的理论和方法。限于篇幅，本节将简述相关的理论计算和模拟方法，包括量子力学方法（quantum mechanics，QM）、分子力学方法（molecular mechanics，MM）、分子动力学模拟（molecular dynamics，MD）和蒙特卡罗模拟（Monte Carlo，MC）等方法，详细的论述参见相应的专著[1-15]。

6.1.1　量子力学方法

量子力学的基本原理和方法在化学中的应用称为量子化学。近几十年，量子化学取得了非常大的进步，特别是在研究化学反应机理方面起到了非常重要的作用。理论上，量子化学中研究体系的电子结构可以采用薛定谔方程的解，即波函数来描述。但是，除氢原子等少数体系外，绝大多数体系的薛定谔方程无法精确求解，需要引入近似来简化方程的求解。根据求解薛定谔方程引入近似处理方法的不同，量子化学方法可分为三类：从头计算方法（*ab initio* calculation）、半经验方法（semi-empirical methods）和密度泛函理论（density functional theory，DFT）。有时，从头计算方法和密度泛函理论一起也被称为从头计算方法（*ab initio* methods）或者第一性原理方法（first principles methods）[1-6]。

1）从头计算方法

从头计算方法（*ab initio* calculation）是在非相对论近似、玻恩 – 奥本海默近似和单电子近似等三个基本近似的基础上，利用普朗克常量、电子质量和电量三个基本物理常数以及元素的原子序数，不借助任何经验参数，计算体系全部电子的分子积分，求解体系的薛定谔方程。在三个近似后，薛定谔方程的基本表达形式为 Hatree-Fock 方程，通过自洽场（self-consistent field，SCF）方法，求解薛定谔方程，称为 Hatree-Fock（HF）方法。但 Hatree-Fock 方法忽略了电子相关对能量的贡献，在计算复杂体系，特别是涉及过渡金属时，存在较大的误差[1-4]。

所有考虑电子相关的方法统称为后 Hatree-Fock（post Hatree-Fock）方法，包括 Møller-Plesset（MP）微扰理论、耦合簇（coupled cluster，CC）理论、组态相互作用（configuration interaction，CI）、多组态自洽场（multiconfiguration self-consistent field，MCSCF）等方法。一般情况下，这些后 Hatree-Fock 方法的计算非常昂贵，对于固体表面化学反应体系，很少采用[1-4]。

2）半经验方法

半经验方法（semi-empirical methods）是为了减少从头计算的计算量而发展的一类近似方法。通过在波函数、哈密顿算符、积分等三个层次上对 Hatree-Fock 方程进行简化，形成了三类近似计算方法：①单电子近似，完全不考虑双电子的作用而挑选的等效哈密顿方法，如 Hűckel 分子轨道（Hűckel molecular orbital，HMO）方法和推广 HMO（extended HMO, EHMO）方法；②用统计平均模型计算交换位能的 X_a 方法；③以零微分重叠（zero differential overlap，ZDO）近似为基础的计算方法，如全略微分重叠（complete neglect of differential overlap，CNDO）、间略微分重叠（intermediate neglect of differential overlap, NDO）、忽略双原子微分重叠（neglect of diatomic differential overlap，NDDO），以及改进的间略微分重叠（modified INDO，MINDO）、改进的忽略双原子微分重叠（modified NDDO，MNDO）和在 MNDO 基础上发展的 AM1（Austin mode 1）、PM3（parametric method 3）和 PM6（parametric method 6）等方法。目前，使用较多的半经验方法有 AM1、PM3 和 PM6。尽管半经验方法计算量大大减少，但其计算结果无法替代精确的量子化学计算方法[1, 2]。

3）密度泛函理论

密度泛函理论（DFT）是近几十年来发展起来的另一类量子化学计算方法，被称为量子化学的第二次革命。密度泛函理论是将体系粒子的能量视为电子密度的泛函（density functional），使问题大大简化[1-6]。由于其计算量相对较小，并且考虑了电子相关效应，已广泛用于各种大体系的模拟计算，包括固体、液体甚至蛋白质等大分子，在物理、化学、生物、材料等学科中得到广泛的应用，也是原子层沉积（ALD）理论计算与模拟使用最多的方法。

Hobenberg-Kohn 定理是密度泛函理论的基础。Hobenberg-Kohn 第一定理认为对于体系基态分子，其基态能量、基态波函数和其他所有的电子性质都由基态的电子密度 $\rho(r)$ 决定。Hobenberg-Kohn 第二定理证明了以基态密度为变量，将体系能量最小化之后就得到基态能量，即能量变分原理，推导得到

$$E_0 = \min_{\rho \to N}(\int \rho(r) V_{(r)} \mathrm{d}r + F[\rho(r)]) \tag{6.1}$$

式中，第一项是外场的贡献，第二项是与外场无关的未知泛函 $F[\rho(r)]$，可以近似为三项之和：

$$F[\rho(r)] = E_{\mathrm{KE}}[\rho(r)] + E_{\mathrm{H}}[\rho(r)] + E_{\mathrm{XC}}[\rho(r)] \tag{6.2}$$

式中，$E_{\mathrm{KE}}[\rho(r)]$ 是动能项，$E_{\mathrm{H}}[\rho(r)]$ 是库仑项，$E_{\mathrm{XC}}[\rho(r)]$ 是交换相关项。

Hobenberg-Kohn 定理仍属于多体理论，证明了粒子密度函数是确定体系基态物理性质的基本变量，以及能量泛函对粒子密度函数的变分是确定系统基态的途径，但必须解决三个问题：①如何确定密度函数 $\rho(r)$；②如何确定动能泛函 $E_{KE}[\rho(r)]$；③如何确定交换相关泛函 $E_{XC}[\rho(r)]$。

Kohn 和 Sham 解决了第一个和第二个问题，并由此得到了 Kohn-Sham 方程。Kohn-Sham 方程的核心是用假想的无相互作用的参考体系替代有相互作用的真实体系中哈密顿的相应项，将真实体系的一切未知项全部归入到交换相关作用泛函 $E_{XC}[\rho(r)]$ 中，从而得到真实体系的 Kohn-Sham 方程。在 Kohn-Sham 方程的框架下，多电子体系问题在形式上转化成有效的单电子问题。与求解 Hatree-Fock 方程类似，Kohn-Sham 方程的求解也采用自洽场（SCF）方法，即给定一组基组，猜测基组系数，构成分子轨道，计算电子密度，得到电子势场，由此得到新的电子密度和电子能量，由新电子密度再得到新的势场，进行自洽场计算。

第三个问题是密度泛函理论方法的难点。目前，没有准确的交换相关泛函形式或者求解交换相关能的方法。最简单方法就是局域密度近似（local density approximation，LDA）方法，即假设局域密度为均匀的电子云气，或者说电子密度是变化缓慢的函数。在通常情况下，α 和 β 自旋的电子密度并不相等，LDA 一般用局域自旋密度近似（local spin-density approximation，LSDA）代替。目前，使用最多的 LDA 泛函有 CA-PZ、VWN 和 PWC 等泛函。LDA 方法比较适用于电子密度变化缓慢的体系，如固体，对于电子密度变化较大或者分布不均匀的体系效果不好。

改进 LDA 就必须考虑非均匀的电子云气。要达到这一目的，必须使交换和相关能不仅依赖于电子密度，还依赖于电子密度的导数，即广义梯度近似（generalized gradient approximation，GGA）方法。常用的 GGA 交换泛函有 Becke88、PW91、PBE 等泛函。GGA 相关泛函有 LYP、P86、PW91、PBE 等泛函。交换泛函和相关泛函可以任意组合，如 Becke 交换泛函与 LYP 相关泛函的组合可以得到 BLYP 泛函。

在 GGA 的基础上，进一步考虑包含电子密度的更高阶梯度或者动能密度等其他一些系统特征变量，发展出了 meta-GGA 方法。比较常见的 meta-GGA 有 TPSS 和 M06-L 等泛函。

为进一步提高计算精度，引入经验参数将 Hatree-Fock 交换项与 DFT 的交换相关泛函进行权重加和，称为杂化泛函（hybrid functional 或者 hyper-GGA），包括 hybrid-GGA 和 hybrid-meta-GGA。hybrid-GGA 包括 B3LYP 和 X3LYP 等泛函。hybrid-meta-GGA 有 M05 和 M06 系列（M05、M05-2X、M06、M06-2X）泛函。另外，还有进行长程校正（LC-DFT）和色散校正（DFT-D）的泛函，如 CAM-B3LYP、LC-ωPBE、ωB97X 等长程校正泛函和 ωB97X-D、B97-D 等色散校正泛

函[7]。

4）热力学函数和动力学参数的计算

基于体系量子化学计算的几何结构，进行振动分析，然后借助统计热力学（statistical thermodynamics）和过渡态理论（transition state theory，TST），可以计算在不同温度下体系的热力学性质，如熵、焓、自由能和热容等热力学函数，以及化学反应的平衡常数和平衡组成，还可以求得不同温度下化学反应的活化能、活化熵、活化自由能、指前因子和速率常数等动力学参数。这类对“量化”结果的再“加工”计算，俗称“量化后”（PQ）研究。量子化学及其后续研究，统一地表述了结构、热力学和动力学等物理化学的三大基本内容，为化学反应研究提供了更具广度和深度的丰富信息[8]。

5）基组

不管是从头计算还是密度泛函理论计算，其精度取决于基组（basis sets）的选择。原则上，只要选择合适的基函数，自洽迭代的次数足够多，就能得到适度的精确解。

最常见的基组是 STO-GTO 基组。STO 即 Slater 型轨道，GTO 即 Gaussian 型轨道。STO-GTO 基组，是以 STO 作为自洽场的基函数，采用若干个 GTO 线性组合去逼近 1 个 STO，而 GTO 不作为原子轨道，仅作为中间数学工具[1-4]。常用的三种 STO-GTO 基组为：① STO-NG 极小基，如 STO-3G 基组；②分裂价基，如 3-21G、4-31G、6-31G 等基组；③扩展基组，包括添加极化和弥散函数，如 6-31G**、6-31++G** 等基组。

对于第三周期以上的元素，需要引入有效核势（effective core potential，ECP）基组或赝势（pseudopotential）基组来“冻结”大量的内核电子，如 Lanl2DZ 基组[1, 2]。

对于周期性体系，主要采用赝势平面波（pseudopotential plane wave）方法，即将平面波基组和赝势结合使用。最常用的赝势有模守恒赝势（norm-conserving pseudopotential，NCPP）和超软赝势（ultrasoft pseudopotential，USPP）等[5, 6]。

6）计算模型

任何理论计算与模拟，都需要一定的计算模型。对于发生气固化学反应的固体表面，计算模型主要有两种：团簇模型（cluster model）和周期性的平板模型（slab model）。团簇模型是基于化学反应的局域特性，从表面化学反应中心挖出任意大小的团簇来模拟固体表面。由于表面的电子特性一般是高度离域的，为了提高模型的精度，团簇应该尽量大，来消除团簇模型引起的误差。周期性的平板模型是在二维的表面体系引入一个真空层，将二维问题转化为三维问题，从而可以利用能带理论来研究固体表面问题。一般通过选择合适的固体表面原子层数和真空层厚度，使建立的周期性模型既能反映表面的特性，又能通过足够的真空层

（vacuum）厚度来阻止不同平板（slab）之间的相互作用，就能很好地模拟固体表面的性质和化学反应[9-11]。

6.1.2　分子力学方法

分子力学（molecular mechanics，MM）方法是依据经典力学（classical mechanics）原理的计算方法，已经广泛用于大体系的能量和构象的计算[9-14]。分子力学关心的是体系粒子之间的相互作用，这种相互作用势可以采用参数化的具体函数形式来表示，即分子力场（force field，FF）。

分子力场包括两部分，一是描述体系势能的函数形式，二是函数中参数的确定，即力场参数化。力场中，将体系的势能函数分解为键合相互作用项和非键相互作用项两部分：

$$V_{总}=V_{键合}+V_{非键} \tag{6.3}$$

键合相互作用项的势函数一般由键伸缩、键角弯曲、二面角扭转和面外弯曲等与键相关项组成：

$$V_{键合}=V_{键伸缩}+V_{键角弯曲}+V_{二面角扭曲}+V_{面外弯曲} \tag{6.4}$$

非键相互作用项的势函数由范德瓦耳斯相互作用势和静电势相互作用势组成：

$$V_{非键}=V_{范德瓦耳斯}+V_{静电} \tag{6.5}$$

对于不同的力场，势函数具体形式可能有所不同。每种原子类型也都有特定的参数，这些参数可以通过实验数据或者量子化学计算得到。力场参数与力场函数形式必须配套使用。常见的力场有 MM（MM2、MM3、MM4）、AMBER、CHARMM、CVFF、CFF、PCFF、COMPASS、DREIDING、ESFF、UFF、OPLS、GROMOS 等力场，分别适用于不同类型的研究体系。

随着研究体系的增大，传统的量子力学（QM）和分子力学（MM）方法存在相应的缺点。QM 的计算方法可以用来预测电子结构和反应机理，精度很高，但只能用来计算小的体系。MM 的方法可以用来计算很大的复杂体系，但不能描述电子结构的变化，精度不高。量子力学 / 分子力学组合方法（combined QM/MM methods）结合了 QM 和 MM 两种方法的优点，展现出越来越强大的功能。各种不同的 QM/MM 组合方案，已经应用于各种各样的化学、材料、生物等相关问题研究。

6.1.3　分子动力学模拟

量子力学和分子力学计算可以得到体系基态时的性质，但很难获得与时间、温度有关的性质。分子动力学模拟（molecular dynamics，MD）正是采用牛顿运动方程来研究体系中所有粒子的运动状态随时间的演变，在一定的统计力学系综下，通过对相空间取系综平均代替时间平均，获得体系的物理和化学性质[9-14]。

分子动力学的基本原理是利用牛顿运动方程，通过系统中各原子的位置计算系统的势能，再根据势能的一阶导数和二阶导数求系统中各原子所受的力和加速度，然后对很短的时间步长 Δt，预测经过 Δt 后体系中各原子的位置和速度。重复以上的步骤，由新的位置计算系统的势能，再计算各原子所受的力和加速度。如此反复循环，可得到各时间下系统中各原子的运动轨迹、速度、加速度等信息。最后，对轨迹文件进行分析，可得到体系的许多性质，包括静态和动态的性质。

原则上，量子化学从头算方法、半经验方法、密度泛函理论、分子力学等方法，以及量子力学 / 分子力学组合的方法，均可以用于分子动力学模拟。相应地，基于量子力学的 MD，称为量子分子动力学（quantum molecular dynamics，QMD），一般计算量大，需要大型计算资源才能实现。目前，常见的第一性原理分子动力学（first-principles molecular dynamics，FPMD）或者从头算分子动力学（*ab initio* molecular dynamics，AIMD）有玻恩 – 奥本海默分子动力学（Born-Oppenheimer molecular dynamics，BOMD）和 Car-Parrinello 分子动力学（Car-Parrinello molecular dynamics，CPMD）[15]。基于量子力学 / 分子力学组合方法的 MD，称为量子力学 / 分子力学分子动力学（QM/MM molecular dynamics，QM/MM MD）。对于庞大复杂的体系，主要是采用基于分子力学的 MD，称为经典分子动力学（classical molecular dynamics，CMD）。最近提出了一种基于机器学习势（machine learning potentials，MLP）的分子动力学方法。使用由 AIMD 方法得到的数据训练深度神经网络（deep neural network，DNN），将训练好的 DNN 作为原子的势函数，提供给分子动力学模拟软件进行计算。这种机器学习势分子动力学方法在加快模拟速度的同时，保证了模拟结果可以达到 AIMD 方法的精度。

6.1.4 蒙特卡罗模拟

蒙特卡罗（Monte Carlo，MC）模拟是一种基于统计力学的模拟技术。MC 的基本思想是，针对某一具体问题，建立一个恰当的概率模型或者随机过程，使得参量（如事件的概率、随机变量的数学期望等）等于所求问题的解，然后对模型或过程进行反复多次的随机抽样试验，并对结果进行统计分析，最后计算所求参量，得到问题的近似解[12-14]。

传统的 MC 方法一般是指由 Metropolis 提出的重要性抽样方法。Metropolis MC 方法通过建立 Markov 过程将系统的各状态建立一种联系，而不是完全独立的，每一个状态都是由前一个状态通过一个适当的跃迁概率得到。因此，Metropolis MC 方法是采用随机的方法产生体系的新状态，再根据体系新旧状态的能量高低判断所建状态的取舍。本质上，Metropolis MC 方法只能模拟体系的平衡状态，而不能模拟体系演变过程和动力学问题。

所谓动力学（kinetic）就是研究过程的速度，一个过程的速度不是由过程前后的能量决定，而是与过程前后状态之间的过渡态势垒，即活化能（E_a）有关，

$$k = n\nu\exp\left(-\frac{E_a}{k_B T}\right) \tag{6.6}$$

式中，k 为速度参量，n 为可能的状态数，ν 为谐振频率，k_B 为玻尔兹曼常数。如果采用 MC 方法模拟多粒子体系的状态变化，在判断新状态的取舍时不是用新旧状态的能量，而是用与势垒（活化能）有关的速度进行判断，这种方法叫作动力学蒙特卡罗（kinetic Monte Carlo，KMC）方法。

目前，研究表面沉积动力学时，采用的多是动力学蒙特卡罗（KMC）方法。在进行 KMC 模拟之前，要列出所有可能发生的事件，获得所有事件的过程速度。然后与传统的 MC 方法一样，通过随机抽样发生一个事件。所不同的是，KMC 方法随后用该事件的速度而不是过程前后能量的 Metropolis 准则判断取舍。KMC 方法的主要特点是导入了时间概念以及只考虑少数几个基元反应。KMC 方法计算速度快，能够模拟比分子动力学大得多的体系，模拟过程的时间尺度也大得多。因此，可以认为 KMC 方法是一种介观模拟方法。

6.2　原子层沉积反应机理的理论计算

近十几年来，许多研究小组开展了原子层沉积（ALD）反应机理的理论计算工作，如氧化物（SiO_2、Al_2O_3、HfO_2、ZrO_2、TiO_2）[16-79]、氮化物（Si_3N_4）[80]、金属（Cu）[81]、半导体化合物（GaAs）[82]的反应机理。其中，绝大部分研究是氧化物 ALD 的反应机理。因其在微电子工业的重要地位，本节将介绍 SiO_2、Al_2O_3 和 HfO_2 三种氧化物的 ALD 理论研究。

6.2.1　SiO_2 ALD 的反应机理

作为广泛使用的栅介质材料，SiO_2 在微电子工业中起到了非常重要的作用[83]。尽管是 ALD 可看作是一种改性的 CVD，然而 ALD 的反应机理却是很独特的，是一种表面化学吸附的自限制反应机制，绝不仅仅是将 CVD 反应分成两个半反应那么简单。下面以 $SiCl_4$ 和 H_2O 为前驱体 ALD 制备 SiO_2 为例，

$$\text{CVD: } SiCl_4 + 2H_2O \longrightarrow SiO_2 + 4HCl \tag{6.7}$$

$$\text{ALD: A 半反应 } Si—OH^* + SiCl_4 \longrightarrow Si—O—SiCl_3^* + HCl \tag{6.8}$$

$$\text{B 半反应 } Si—O—SiCl_3^* + 3H_2O \longrightarrow Si—O—Si—(OH)_3^* + 3HCl \tag{6.9}$$

其中，* 代表表面基团。

Kang 和 Musgrave 采用密度泛函理论（DFT）研究了 SiO_2 在 Si(001) 表面的 ALD 反应机理，认为 $SiCl_4$ 与表面—OH 的半反应通过协同的 4 元环过渡态，一步生成 Si—O 和 H—Cl 键，同时断裂 Si—Cl 和 O—H 键[16]。但是，$SiCl_4$ 不像其他的路易斯酸，如 $AlCl_3$、$TiCl_4$、$ZrCl_4$ 和 $HfCl_4$，没有强的亲核性和路易斯酸性[84, 85]。Fang 等采用密度泛函理论（DFT）研究了在 SiO_2 表面上整个 ALD 循环的 SiO_2 生长过程（图 6.1），包括 $SiCl_4$ 半反应和 H_2O 半反应[17]。

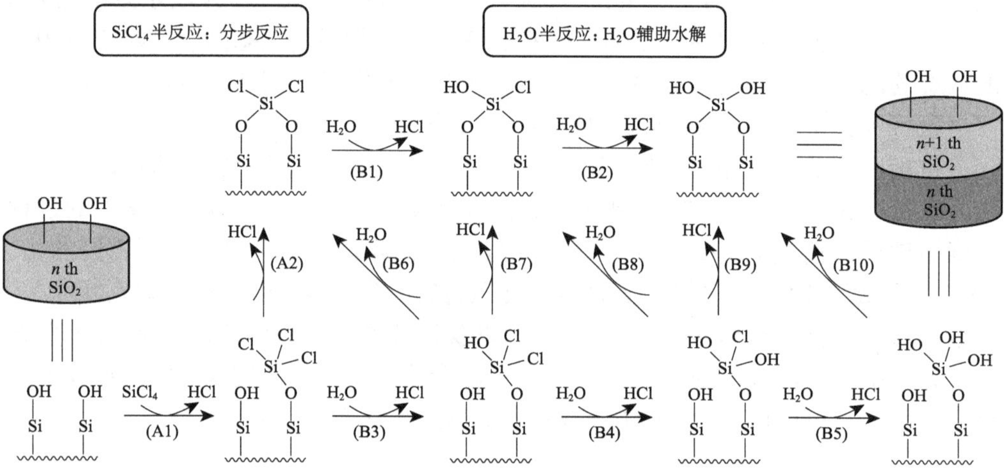

图 6.1 SiO_2 整个 ALD 循环的反应机理示意图[17]

n th 代表第 *n* 个 ALD 循环

研究结果表明，$SiCl_4$ 半反应是 SiO_2 整个 ALD 反应的决速步。它经历一种分步的反应途径，$SiCl_4$ 与表面羟基（—OH）首先通过一个旋转过渡态生成 Si—O 键，然后断裂 Si—Cl 和 O—H 键，同时释放 HCl，生成产物—$OSiCl_3$*；由于 H_2O 半反应之后，SiO_2 表面会有大量的—OH，产物—$OSiCl_3$* 可以进一步与相邻的—OH 反应，经过类似的分步反应通道，生成桥键产物—O_2SiCl_2*。H_2O 半反应是一个复杂的过程，与传统 CVD 的水解和缩聚过程类似，它包括通过水解交换配体 Cl 和—OH 生成硅醇（—Si—OH）和通过缩聚脱除 H_2O 或者 HCl 生成—O—Si—O—桥键。而且，表面上存在大量的 H_2O 分子可以进一步辅助催化表面—O_2Si—Cl_2*、—O_2SiOH—Cl*、—OSi—Cl_3*、—OSiOH—Cl_2* 和—$OSi(OH)_2$—Cl* 的水解，加速 H_2O 的半反应。这种辅助水解的现象也可以存在于其他氧化物的 H_2O 基 ALD，如 Al_2O_3、TiO_2、ZrO_2 和 HfO_2。

实际上，这种无催化剂的 SiO_2 ALD 过程需要非常高的反应温度（＞600 ℃）和非常大的前驱体气流。实验上，通常采用路易斯碱为催化剂，如氨、吡啶或者氨基硅烷，可以将反应温度大大降低，甚至室温，称为低温原子层沉积（low-temperature ALD，LT-ALD）或者室温原子层沉积（room-temperature ALD，RT-ALD）[86]。

针对室温 ALD（RT-ALD），Okamoto 最先采用 *ab initio* 方法研究了 NH_3 催化 SiO_2 ALD 生长的初始过程，从活化能降低的角度定性解释了催化剂的作用[18]。由于计算模型较小，无法解释其催化的详细机理。Fang 等采用静态过渡态搜索（static transition state search）和 Born-Oppenheimer 分子动力学模拟相结合的方法研究了 SiO_2 的 RT-ALD，提出了氨和吡啶催化 SiO_2 ALD 的详细反应机理：前驱体吸附—轴向加成—表面赝旋转—轴向消去—副产物脱附（图 6.2），并发现了一种与三角双锥（TBP）分子的 Berry 赝旋转（Berry pseudorotation，BPR）类似的表面赝旋转现象（surface pseudorotation，SPR，图 6.3）。但是，与 Berry 赝旋转不同，表面赝旋转会引起与其他分子的表面反应，最终导致化学键的断裂和生成。由于赝旋转的能垒都较低，表面赝旋转也非常容易出现在含有三角双锥（TBP）的五配位主族元素和过渡金属化合物的表面化学反应中[19]。另外，Chen 等还采用密度泛函理论研究了路易斯碱的碱性与空间位阻对 SiO_2 ALD 催化性能的影响[20]。

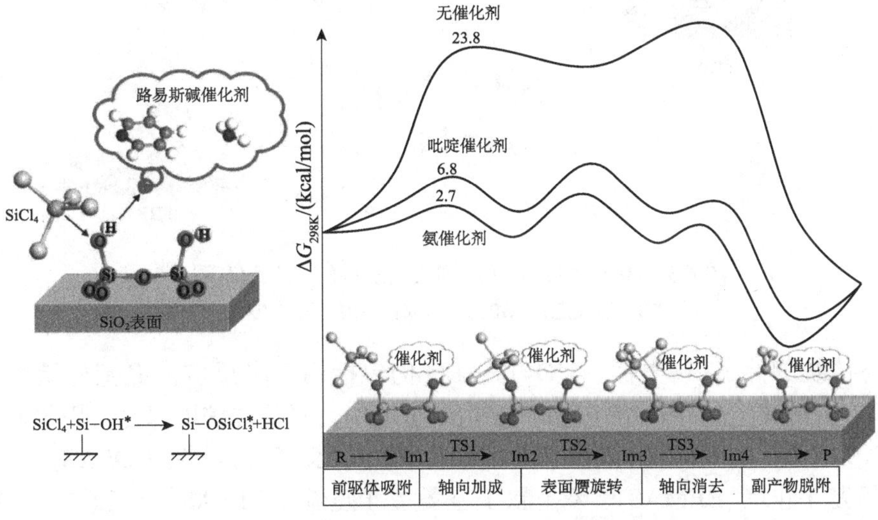

图 6.2　路易斯碱催化的 $SiCl_4$ 半反应示意图[19]

R，反应物；Im，中间体；TS，过渡态；P，产物

近年来，通常以氨基硅烷作为硅源，以 O_3 或者 O 等离子体作为氧源和氧化剂，低温 ALD 制备 SiO_2 [87]。等离子体为源的原子层沉积又称为等离子体增强原子层沉积（plasma-enhanced ALD，PEALD）。Fang 等采用密度泛函理论研究了 SiO_2 的 PEALD 反应，提出了氨基硅烷的自催化（self-catalysis）和 O 等离子的表面强氧化（strong surface oxidation）的机理，分别可以用于更加高效的 Si 前驱体的分子设计和其他氧化物 Al_2O_3、HfO_2、ZrO_2 和 TiO_2 的 PEALD 制备[21]。

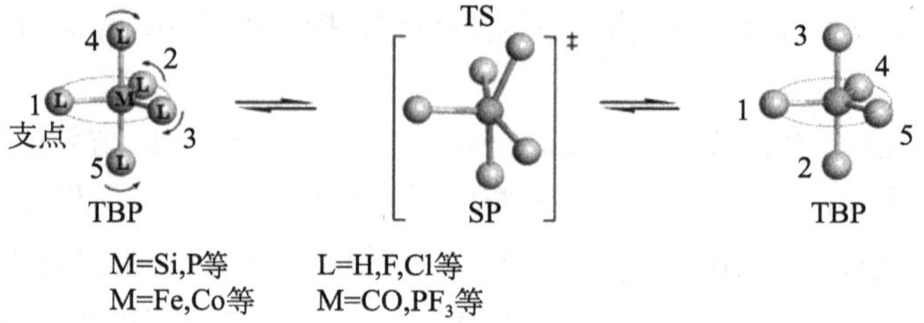

(a)

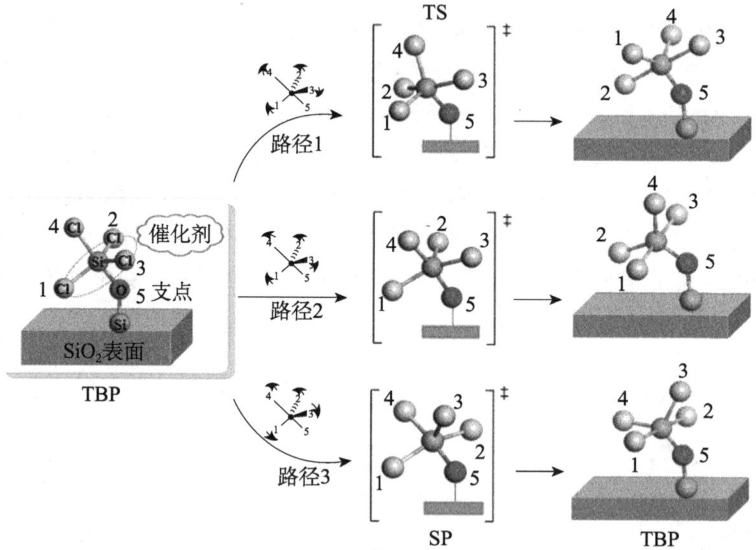

(b)

图 6.3　Berry 赝旋转 (a) 和表面赝旋转 (b) 示意图 [19]

TS，过渡态；TBP，三角双锥；SP，正方棱锥

与传统的热 ALD 类似，SiO_2 PEALD 仍包括两个半反应：氨基硅烷半反应（A）和 O_2 等离子体半反应（B）。在半反应 A 中，氨基硅烷可以是二甲氨基硅烷（DMAS）、双 (二甲氨基) 硅烷 (BDMAS)、双 (二乙氨基) 硅烷 (BDEAS)、双 (二乙甲氨基) 硅烷 (BEMAS)、双 (叔丁基氨基) 硅烷（BTBAS）、三 (二甲氨基) 硅烷 (TDMAS) 和四 (二甲氨基) 硅烷 (TKDMAS) 等。这些硅的前驱体中，已经报道了具有 2 个氨基配体的氨基硅烷是非常有竞争力的 Si 前驱体 [87]。理想地，两个氨基催化的 BDMAS 与表面上 2 个羟基（—OH）发生反应，硅烷（—SiH_2）留在表面，随后被 O_2 等离子体进一步氧化成硅醇（silanol）(图 6.4)。

研究结果表明：在没有催化剂条件下，硅烷与表面羟基的半反应的能垒非常高，低温下很难发生反应。当 BDMAS 引入时，氨基硅烷的氨基基团能显著催化 Si—O 键的生成，产生 SiO_2。这种氨基硅烷中氨基配体的催化行为称为自催化。O_2 等离子体的反应中，$^3O_2$、$^1O_2$、^1O 和 ^3O 四种粒子占所有粒子的 99.99% [88]。

其中，${}^3O_2$ 是没有反应活性，而 ${}^1O_2$、${}^1O$ 和 ${}^3O$ 三种粒子具有非常强的反应活性，都可以通过一步或协同反应强烈地氧化表面硅烷（$—SiH_2$）（图 6.5）[21]。

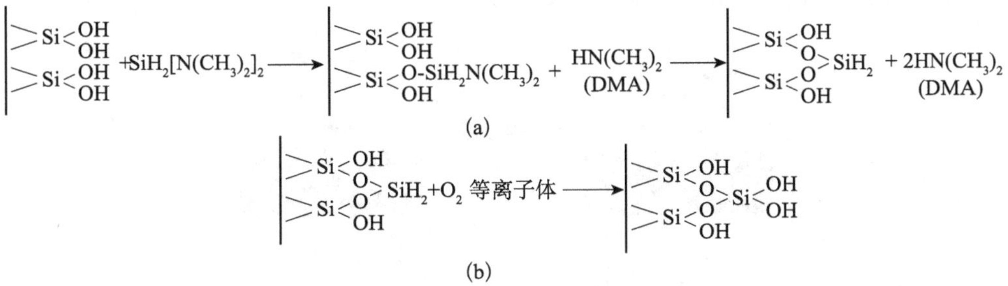

图 6.4　SiO_2 PEALD 的氨基硅烷 (a) 和 O_2 等离子体 (b) 半反应 [21]

(B0) $O_2 \xrightarrow{\text{等离子体}} O_2 + O_2^* + O + O^* + O_2^+ + O^+ + O^- + e + h\nu$

(B1) $|{=}SiH_2 + {}^3O_2 \rightarrow {}^3[|{=}SiH_2\cdot O_2] \rightarrow$ 终止

(B2) $|{=}SiH_2 + {}^1O_2 \rightarrow {}^1[|{=}SiH_2\cdot O_2] \rightarrow {}^1[|{=}SiH_2\cdot O_2]^\ddagger \rightarrow |{=}Si(OH)_2$

(B3) $|{=}SiH_2 + {}^1O_2 \rightarrow {}^1[|{=}SiH_2\cdot O_2] \rightarrow {}^1[|{=}SiH—H\cdot O_2]^\ddagger$

$\rightarrow {}^1[|{=}SiH—OH\cdot O] \rightarrow {}^1[|{=}SiH—H\cdot O]^\ddagger \rightarrow |{=}Si(OH)_2$

(B4) $|{=}SiH_2 + 2({}^1O) \rightarrow {}^1[|{=}SiH_2\cdot O] + {}^1O \rightarrow {}^1[|{=}SiH—H\cdot O]^\ddagger + {}^1O \rightarrow {}^1[|{=}SiO—H—OH] + {}^1O$

$\rightarrow {}^1[|{=}SiH—OH\cdot O] \rightarrow {}^1[|{=}SiOH—H\cdot O]^\ddagger \rightarrow |{=}Si(OH)_2$

(B5) $|{=}SiH_2 + 2({}^3O) \rightarrow {}^3[|{=}SiH_2\cdot O] + {}^3O \rightarrow {}^1[|{=}SiH_2\cdot O] + {}^3O \rightarrow {}^1[|{=}SiH—H\cdot O]^\ddagger + {}^3O \rightarrow {}^1[|{=}Si—H—OH] + {}^3O$

$\rightarrow {}^1[|{=}SiH—OH\cdot O] \rightarrow {}^1[|{=}SiOH—H\cdot O]^\ddagger \rightarrow |{=}Si(OH)_2$

(B6) $|{=}SiH_2 + 2({}^1O) \rightarrow |{=}SiH_2 + 2({}^3O) + h\nu \rightarrow |{=}SiH_2 + {}^1O_2 + h\nu \rightarrow |{=}SiH_2 + {}^3O_2 + h\nu$

图 6.5　O_2 等离子半反应中可能的反应过程 [21]

另外，Han 等采用密度泛函理论还研究了 O_3 基 SiO_2 的低温 ALD 过程（图 6.6）。详细研究了在羟基化的 SiO_2 表面，双 (叔丁基氨基) 硅烷 (BTBAS)、二 (仲丁基氨基) 硅烷 (DSBAS)、三 (二甲氨基) 硅烷 (TDMAS) 的吸附解离机理，以及 O_3 为氧化剂的氧化机理。结果表明，氨基硅烷吸附解离和 O_3 的氧化反应在热力学和动力学上均比较有利，反应容易发生 [22, 23]。

George 研究小组发现了一种使用 $Al(CH_3)_3$ 等路易斯酸为催化剂的新沉积方法，称为快速原子层沉积（rapid ALD，RALD）[86]。Al_2O_3/SiO_2 纳米叠层材料的 RALD，含两个前驱体三甲基铝［$Al(CH_3)_3$, TMA］和三 (叔丁氧基) 硅烷醇（TBS）。TMA 是 Al 源，同时起催化剂的作用，TBS 是 Si 和 O 源。通过交替引入 TMA 和硅烷醇前驱体，SiO_2/Al_2O_3 纳米叠层沉积速率比传统 ALD 的沉积速率要快 100 倍 [85]。与传统的 ALD 类似，RALD 反应也包括两个半反应：第一个半反应，TMA 反应（A）与传统的 Al_2O_3 ALD 反应相同；第二个半反应非常复杂，包括硅醇反应（B）、增长反应（C）和偶联反应（D）。但是，RALD 仍然维持传统 ALD 的互补和自限制的特征（图 6.7）。

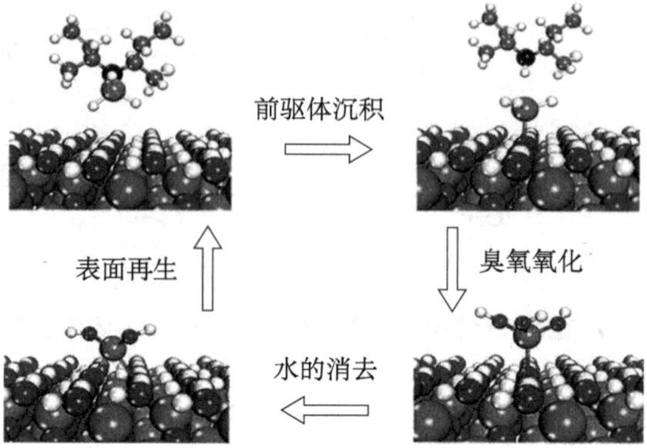

图 6.6　SiO_2 的 O_3 基低温 ALD 示意图[22]

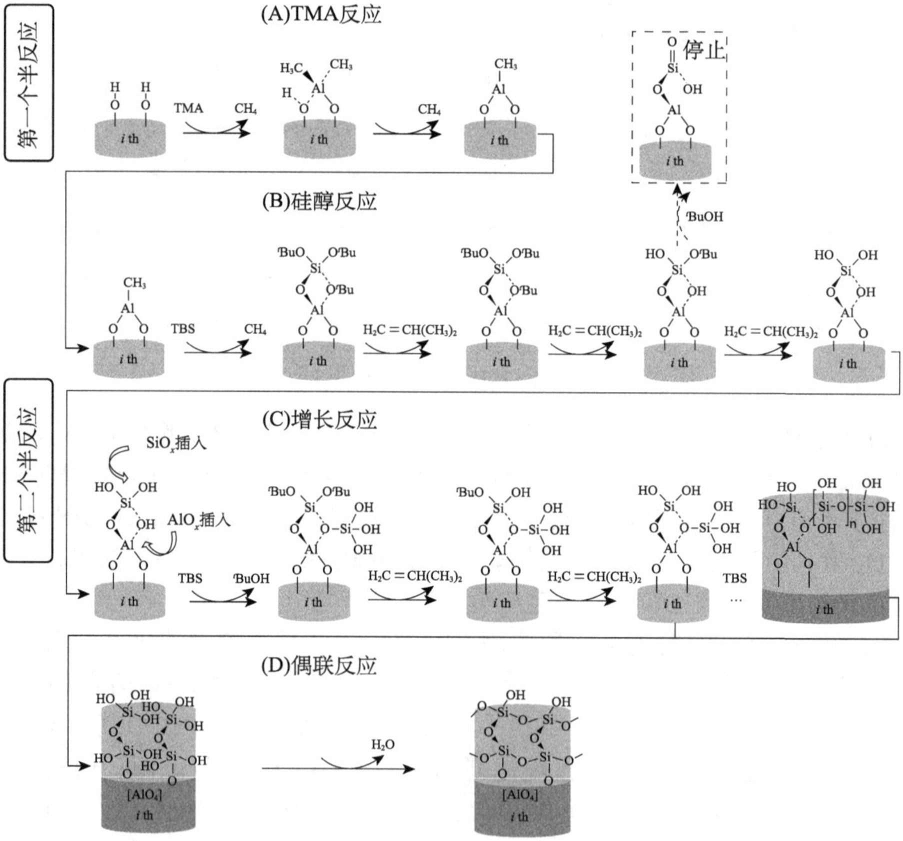

图 6.7　Al_2O_3/SiO_2 纳米叠层材料 RALD 中可能的反应机理示意图[24]

Fang 和 Ma[24] 采用密度泛函理论的研究结果表明，TMA 和 TBS 前驱体可以与表面活性基团反应生成 Al 催化中心（图 6.8）。其中，路易斯酸位点加速硅氧烷聚合物的生长，这种加速是在催化位点前驱体与催化剂生成共价键中间体基础上发生的，像这种通过催化剂与基底生成共价键的催化反应称为共价催化。整个 RALD 反应的决速步是叔丁氧基团的异丁烯消去。另一方面，布朗斯特酸位点［AlO_4］与叔丁氧基团和表面的界面氢键相互作用，可以催化异丁烯的消去。像叔丁氧基与表面的氢键等弱非共价相互作用——通过催化剂与基底的主客体相互作用的催化反应，称为非共价催化。这种路易斯酸 / 布朗斯特酸位点和界面相互作用的协同催化，有望用于 HfO_2/SiO_2、ZrO_2/SiO_2 和 TiO_2/SiO_2 等其他纳米叠层材料的设计和制备 [24]。

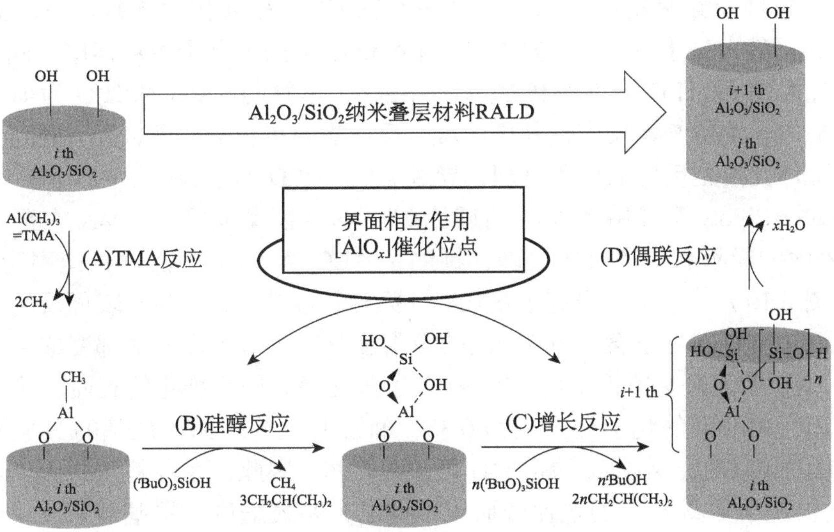

图 6.8　Al_2O_3/SiO_2 纳米叠层材料 RALD 的示意图 [24]

同时，Cheng 等以双(甲氧基)叔丁氧基硅醇［bis(methoxyl)-monobutoxylsilanol，BMMTS］为模型替代 TBS，采用密度泛函理论研究了 TMA 催化二氧化硅的快速原子层沉积（RALD）过程。发现了催化中心 Al 原子的杂化变化过程：$sp^2 \longrightarrow sp^3 \longrightarrow sp^2$（图 6.9），实际上从轨道杂化的角度解释了 Al 催化中心在硅烷链催化聚合生长过程中，路易斯酸位点（sp^2）和布朗斯特酸位点（sp^3）的相互转化过程 [24, 25]。

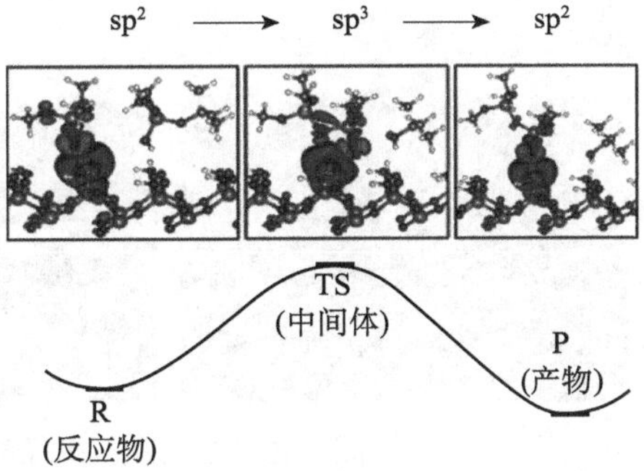

图 6.9　SiO_2 的 RALD 中催化中心 Al 原子的杂化变化过程 [25]

6.2.2 Al_2O_3 ALD 的反应机理

随着微电子器件尺寸进一步缩小，发展 Al_2O_3 和 HfO_2 等高 k 介电材料替代传统的栅介质 SiO_2 是必然趋势。目前，Al_2O_3 已成功用于 DRAM 等电容结构器件的绝缘层和阻挡层。作为 ALD 研究原型，以三甲基铝［$Al(CH_3)_3$，TMA］和 H_2O 为前驱体的 Al_2O_3 ALD 反应如下：

$$\text{A: Al—OH}^* + \text{Al(CH}_3)_3 \longrightarrow \text{Al—O—Al—(CH}_3)_2{}^* + \text{CH}_4 \tag{6.10}$$

$$\text{B: Al—O—Al—(CH}_3)_2{}^* + 2\text{H}_2\text{O} \longrightarrow \text{Al—O—Al—(OH)}_2{}^* + 2\text{CH}_4 \tag{6.11}$$

Musgrave 等采用密度泛函理论和 Al_2O_3 最小的团簇模型研究了以 TMA 和 H_2O 为前驱体的 ALD 初始反应机理[26]。计算结果显示，两个半反应的反应机理类似，均涉及路易斯酸（Al）和路易斯碱（O）相互作用导致的 Al—O 键的生成，其贡献来自于 Al 原子空的 p 轨道和 O 原子孤对电子相互作用，同时释放 CH_4。以 $AlCl_3$ 和 H_2O 为前驱体的 ALD 反应，尽管与 TMA 和 H_2O 为前驱体的反应类似，但配体交换反应比其更困难，反应需要更长的时间，而且还存在一种非生长配体交换副反应的竞争机理，导致 Al_2O_3 ALD 的生长速率的下降[27]。

同时，Elliott 等采用密度泛函理论和周期性模型研究了 TMA 在羟基化的 Al_2O_3 表面的吸附和解离反应机理，预测了 Al_2O_3 ALD 最大的生长速率为 1.8 Å/循环（图 6.10）[28]。比较研究了 TMA 与裸露和羟基化的 Al_2O_3 表面反应，结果表明表面羟基覆盖度不会影响 TMA 的吸附和解离，直到表面全部变成 $AlMe_2$ 和 AlMe。但是表面羟基覆盖度会影响 ALD 生长速率，因为裸露的表面，缺少 H 来转移 CH_3，Al∶Me 的化学计量比为 0.33，而羟基化的表面，羟基的 H 转移了吸附的 CH_3 生成 CH_4，Al∶Me 的化学计量比为 0.66。因此，在羟基化的 Al_2O_3 表面，ALD 生长速率更高[29]。通过比较研究不同的羟基覆盖度和甲基覆盖度，发现高温和低温均会降低 ALD 生长速率[30]。

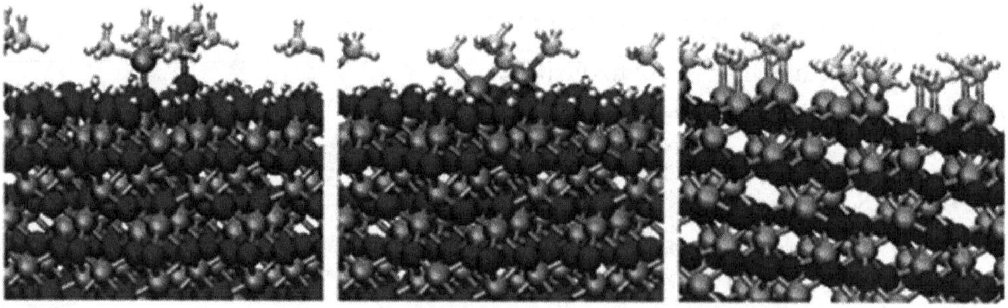

图 6.10 $Al(CH_3)_3$ 在羟基化的 Al_2O_3 表面的吸附和解离[28]

除了 Al_2O_3 表面外，氢化和羟基化的 Si 经常用作衬底来研究 Al_2O_3 ALD 反应机理。Raghavachari 等采用 B3LYP 泛函计算解释了 TMA 在氢化的 Si 表面 H-Si(100) 成核差的原因，能量上均不利于 TMA 吸附和 CH_4 消去 [31]。相反，如果 TMA 和 H_2O 在羟基化的 Si 表面 HO-Si(100) 进行 ALD 反应，在热力学和动力学上均有利 [32]。同时，还研究了 H-Si(100) 表面通过 $Al(CH_3)_2OH$ 插入 O 的副反应途径 [33]。为了进一步考虑前驱体的位阻效应，还采用更大的 Si 团簇模型模拟 H-Si 表面进行 ONIOM 计算，表明簇模型的尺寸要与前驱体的大小一致 [34]。Turner 等采用 B3LYP 泛函的研究认为，$Al(CH_3)_3$ 和 H_2O 共同吸附在氢化的 Si 表面 H-Si(100)，会导致 O 的插入反应在动力学和热力学上是最有利的，可用来解释 SiO_2 界面氧化层的形成 [35]。Choi 等采用一种称为表面结合的分子轨道 / 分子力学（surface integrated molecular orbital molecular mechanics，SIMOMM）方法，即一种 QM/MM 组合方法研究了 TMA 和和 H_2O 的反应，在羟基化的 Si 表面 HO-Si(100) 更容易出现闭环反应 [36]。而二甲基丙氧基铝［$AlMe_2(O^iPr)$，DMAI］前驱体中的 O 原子则有利于在氢化的 Si 表面 H-Si(100) 上吸附 [37]。

Kim 等采用 GGA 方法和 Slab 模型研究了 TMA 在 HO-Si(100) 表面的吸附反应，认为甲基（$—CH_3$）可以逐步消去，表面生成二甲基铝（DMA）和单甲基铝（UMA）[38]。还研究了二甲基铝（DMA）基团与表面羟基（—OH）之间的反应 [39]。在 TMA 反应之后，对引入第二个 TMA 分子与表面之间的反应也进行了研究 [40]。Rodríguez-Reyes 等采用 B3LYP 泛函则比较研究了 TMA 在羟基化和裸露的 Si 表面 HO-Si(100) 吸附与解离的竞争反应机理 [41]。

除了 Si 表面，SiO_2 也用作基底来研究 Al_2O_3 ALD。Estève 等采用 B3LYP 泛函的研究结果表明，像 TMA 等路易斯酸金属前驱体在羟基化的 SiO_2 表面的吸附和分解反应在能量非常有利 [42]。Blitz 等采用从头算方法研究 $AlCl_2CH_3$ 在 HO-SiO_2 表面吸附和解离的结果表明，Al—Cl 键比 Al—C 键断裂反应动力学有利 [43]。Fang 等采用 M06-2X 泛函研究了 TMA 于 HO-SiO_2 表面的反应机理，TMA 吸附和解离会逐步生成 CH_4[24]。

除了 SiO_2，Lamagna 等还采用 PBE 泛函和周期性模型研究了 TMA 在氧化和干净的 Si_3N_4 表面上标准的 ALD 反应（表面质子转移）和非标准的 ALD 反应（消耗基底）两种生长模式，及其对 ALD 生长速率的增加或抑制作用的影响 [44]。

TiO_2 是染料敏化太阳能电池（DSSC）中最主要的材料之一。在 TiO_2 表面上 Al_2O_3 的 ALD 研究也见诸报道。Mäkinen 等采用 PBE 泛函研究了 TMA 与羟基化的 $TiO_2(101)$ 表面的反应、AlO_x/TiO_2 界面的生成以及 N3 染料在 AlO_x/TiO_2 界面和 TiO_2 表面的吸附行为，认为 Al_2O_3 涂层对于改进 DSSC 的功率转换效率（PCE）作用有限 [45]。同时，Terranova 等采用 PW91 泛函还研究了 TiO_2 表面水合作用以及 TMA 在裸露和水化的 TiO_2 表面的吸附与解离过程，认为低温会阻止 H_2O 的脱附 [46]。

为了突破器件缩小导致的性能极限，采用具有高迁移率的 Ge、GaAs 等半导体沟道材料替代传统的 Si 衬底已成为研究热点之一。TMA 在 Ge、GaAs 等半导体表面的吸附和解离行为也得到了系统的理论研究 [47-51]。Lu 等采用 B3LYP 泛函研究了 TMA 和 H_2O 在羟基化的 HO-GaAs 表面的反应机理，结果与其他羟基化表面的机理类似，先化学吸附生成 Al—O 键，后释放 CH_4[47]。当采用 S 钝化后，表面变成 HS-GaAs，对反应稍微不利 [48]。TMA 在 H-GeSi 表面的吸附反应要比在 H-Si 表面容易发生，但相比 HO-Si 表面仍比较困难 [49]。Delabie 等采用 B3LYP 泛函研究了 S 钝化 HS-Ge 的表面，认为有利于 TMA 的吸附 [50]，同时还比较研究了 HO-Ge 和 HO-Si 表面的 TMA 吸附行为 [51]。

随着碳纳米管、石墨烯等新型 C 基材料的出现，Xu 等还研究了 H_2O 和 TMA 在石墨烯边界上的反应机理，发现 H_2O 优先在 Z 型边界反应 [52]。针对无机 / 有机杂化材料，Musgrave 等采用 B3LYP 泛函比较研究在—OH、—NH_2、—CH_3 三个不同端基的自组装膜（SAM）表面上 ALD 的反应活性，发现 TMA 与—OH 功能化的表面相比—NH_2 和—CH_3 表面反应在热力学和动力学上均有利 [53]。

针对金属前驱体可以清除 GaAs 表面天然氧化物的现象，Klejna 等采用 BPE 方法研究了 TMA 去除 GaAs 表面氧化物 As_2O_3 的七条反应途径，主要产生 As_4 气体和固体 GaAs，以及释放 C_2H_6、C_2H_4、CH_4 和 H_2O 等气体 [54]。氧化物的清除依赖于前驱体金属的正电性、前驱体配体与氧化物的亲和性、氧化物的氧化还原特性等因素。通过比较研究系列的烷基胺、烷基、卤素金属前驱体在氧化物表面的清除行为，认为当沉积 MgO 时清除是最有效的 [55]。

6.2.3 HfO_2 ALD 的反应机理

在半导体 45 nm 节点技术中，具有高 k 的 HfO_2 已经作为栅介质材料用于 MOSFET 器件中。以 $HfCl_4$ 和 H_2O 前驱体为例，HfO_2 ALD 两个半反应分别为

$$\text{A: Hf—OH}^* + \text{HfCl}_4 \longrightarrow \text{Hf—O—HfCl}_3{}^* + \text{HCl} \tag{6.12}$$

$$\text{B: Hf—O—HfCl}_3{}^* + 3\text{H}_2\text{O} \longrightarrow \text{Hf—O—Hf—(OH)}_3{}^* + 3\text{HCl} \tag{6.13}$$

Widjaja 等采用 B3LYP 泛函和 HfO_2 的团簇模型研究了以 $HfCl_4$ 和 H_2O 为前驱体的 HfO_2 ALD 反应机理。发现 Hf-O 复合物中间体能量最低，增加反应温度有利于反应进行以及 HCl 的消去 [56]。Mukhopadhyay 等在 $HfCl_4$ 和 H_2O 的体系中也发现了非生长的配体交换副反应 [57]。采用 Slab 模型的研究结果与团簇模型类似。但考虑 H_2O 覆盖度时的 BOMD 研究表明，金属前驱体的吸附能和吸附位点依赖 H_2O 的覆盖度，在 H_2O 的溶剂化作用下，Hf 的配位数可达 7，进而通过配体交换反应或者 Cl 离解反应加速 Cl 的消去（图 6.11）[58]。Mui 等采用团簇模型

详细研究金属醇盐作为 ALD 前驱体的反应机理，分别讨论了 Hf(OEt)$_4$ 作为金属前驱体和氧前驱体的表面反应，发现 Hf(OEt)$_4$ 作为金属前驱体的配体交换反应活化能垒低，作为氧前驱体的配体交换反应能垒很高，并且出现非生长的配体交换副反应 [59]。

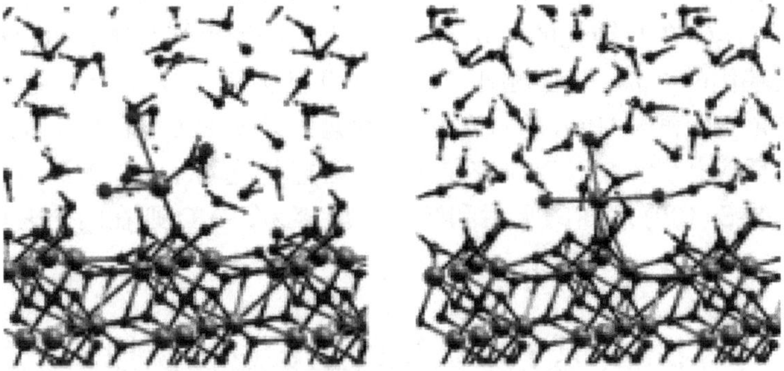

图 6.11　H_2O 溶剂化作用的 BOMD 模拟结果 [58]

Si 和 SiO_2 衬底表面上 HfO_2 的 ALD 反应机理也已广泛研究。Fenno 等关于 HfO_2 的 ALD 初始反应研究显示，Hf(CH$_3$)$_4$ 与 H-Si(100) 表面反应生成 Hf—Si 键，在动力学和热力学上比 $HfCl_4$ 有利，如果考虑 H_2O 的污染，会导致 Hf 前驱体的水解副反应以及 Si—O—Hf 的生成 [60]。Li 等研究了 TDMAH 和 H_2O 在 H-Si(100) 表面反应可以导致 Hf—Si、N—Si 和 C—Si 等键的生成 [61]。而 Kim 等的研究则显示 Hf[N(CH$_3$)(C$_2$H$_5$)]$_4$（TEMAHf）可以与 HO-Si(001) 表面发生双羟基反应 [62]。Estève 等采用 SiO_2/Si 的界面模型研究也表明，$HfCl_4$ 与羟基化的 SiO_2 表面通过复合物生成 Hf—O 键 [42, 63]。Xu 等比较研究了 Hf[N(CH$_3$)$_2$]$_4$ 和 $HfCl_4$ 在氮化的 HN-Si 表面反应机理，结果表明 Hf[N(CH$_3$)$_2$]$_4$ 在—NH* 表面反应相比 $HfCl_4$ 在热力学和动力学上均有利 [64]。

Rodríguez-Reyes 等详细研究了 Hf[N(CH$_3$)$_2$]$_4$ 在 Si(100) 表面的解离吸附和 C 插入机理 [65]。Lin 还研究了 Hf[N(CH$_3$)$_2$]$_4$ 和 Hf(C$_5$H$_5$)$_2$(CH$_3$)$_2$ 在羟基化的表面 HO-Si(100) 和裸露的 Si 表面吸附和解离的竞争反应机理 [41]。Willis 等研究了 $HfCl_4$ 在 H_2O 处理的 Si(100) 表面的吸附与解离反应，且—OHfCl$_3$* 倾向于与相邻的羟基反应生成—O$_2$HfCl$_2$*[66]。

Ren 等采用 B3LYP 泛函分别研究了 $HfCl_4$ 和 H_2O 前驱体在不同氧化水平的羟基化 Si(100) 表面、不同氮化水平的 Si(100) 表面，以及不同尺寸的羟基化 SiO_2 表面的反应机理，并考虑了温度对反应的影响 [67-69]。还比较研究了 $HfCl_4$ 在 H_2O 和 Si(OCH$_3$)$_4$ 处理的 H-Si 表面上的反应活性 [70]。Chen 等研究了以 Hf(NEtMe)$_4$ 和 H_2O 为前驱体在羟基化和 H 终止的 Si(100) 表面的 ALD 半反应，与 $HfCl_4$ 和 H_2O

前驱体相比，$Hf(NEtMe)_4$ 和 H_2O 在羟基化 Si 表面低温就能发生 ALD 反应，而在 H 终止的 Si 表面，$Hf(NEtMe)_4$ 半反应具有较高的反应能垒 [71]。

除 Si 和 SiO_2 之外，Ge 和 GaAs 等半导体衬底表面上 HfO_2 的 ALD 反应机理也有报道。Lu 等采用 B3LYP 泛函研究了 $HfCl_4$ 和 H_2O 前驱体在羟基化的 GaAs(001) 表面的反应，着重指出副产物 HCl 的解吸附较为困难 [72]。Ren 等还研究了 $HfCl_4$ 和 H_2O 在 S 钝化的 GaAs 表面反应，认为尽管 S 钝化可以改善界面性能，但与羟基化的 GaAs 表面相比，热力学和动力学上反应均不利 [48]。Chen 等研究了 Ge/Si(100) 表面 HfO_2 的 ALD 反应机理，表明 H_2O 和 $HfCl_4$ 的解离反应几乎是无能垒反应 [73,74]。Ren 等研究了 $HfCl_4$ 在羟基化 Ge(100) 表面的反应，认为比在羟基化的 Si(100) 表面的吸附和解离反应容易，H_2O 则在两个表面的反应差别不大 [75]。

6.3　原子层沉积的生长过程模拟

对于原子层沉积的生长过程模拟，一般采用的方法有动力学蒙特卡罗方法（kinetic Monte Carlo，KMC）以及蒙特卡罗－分子动力学（MC-MD）相结合的模拟方法。

6.3.1　动力学蒙特卡罗方法

Mazaleyrat 等采用动力学蒙特卡罗方法（KMC）模拟研究了以 $Al(CH_3)_3$ 和 H_2O 作为前驱体在 SiO_2/Si(100) 表面 Al_2O_3 的 ALD 生长过程 [89]。原子放在预先定义好的位点，不再连续移动，这种基于格点的 KMC 称为格点蒙特卡罗方法（lattice kinetic Monte Carlo，LKMC）（图 6.12）。要求对模拟的晶体结构具备基本的物理考虑，像 Si 表面高 k 氧化物的异质结构，原子构型变化通过特定的局部事件，包括特殊位置上基本的反应机理。动力学依赖于通过活化能计算的转化概率、ALD 过程参数以及随机数。活化能数据可以来自理论计算或者实验。通过前驱体 TMA 吸附、反应、脱附，H_2O 吸

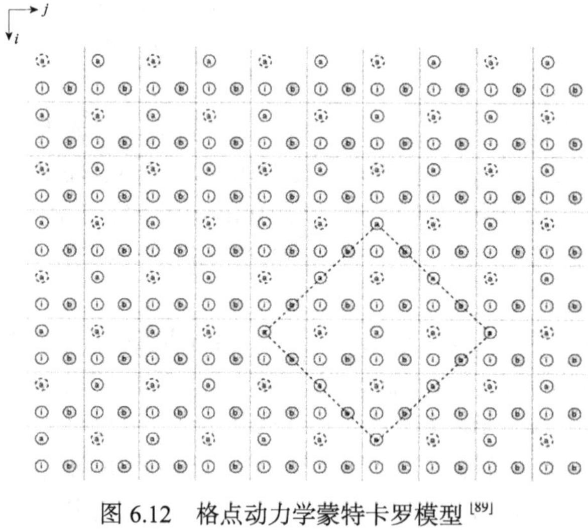

图 6.12　格点动力学蒙特卡罗模型 [89]

附、水解、缩聚等事件，以及时间管理，KMC 模拟了 Al_2O_3 的 ALD 生长过程。

Dkhissi 等采用类似的 LKMC 模型和方法也分别模拟 Si(100) 表面和 SiO_2 表面上 $HfCl_4$ 和 H_2O 作为前驱体的 HfO_2 ALD 生长、成核及致密化机理（图 6.13）[90-92]。Shirazi 等采用同样的 LKMC 模拟了以 $Hf(NMe_2)_4$（TDMAHf）和 H_2O 为前驱体的 HfO_2 ALD 生长过程，在介观尺度解释了 ALD 过程导致薄膜光滑和平整性的机制 [93]。Deminsky 等则采用 DFT 研究了 HfO_2 和 ZrO_2 的 ALD 反应机理，在此基础上进行了动力学模拟，研究了两者的 ALD 生长速率。同时还采用了 KMC 模拟研究了薄膜中 Cl 残留浓度与温度的关系 [94]。

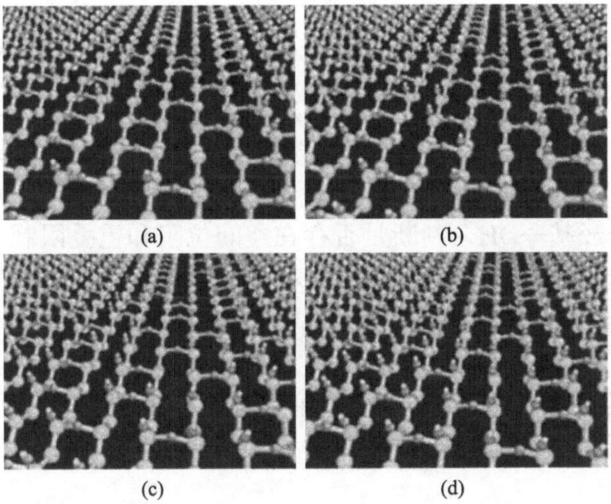

图 6.13　HfO_2 ALD 生长过程的 KMC 模拟 [91]

(a) 25% OH; (b) 50% OH; (c) 75% OH; (d) 100% OH

6.3.2　蒙特卡罗与分子动力学组合方法

近年来，ALD 生长过程的模拟出现了一些新的 KMC 方法，如无需网格近似的 KMC 方法（off-lattice kinetic Monte Carlo），以及 KMC 与 MD 相结合的方法。

Knizhnik 等采用动力学蒙特卡罗与分子动力学相结合的方法（KMC-MD），研究了 $ZrCl_4$ 在羟基化的全氧化 Si(100) 表面［HO-SiO_2/Si(100)］的吸附生长过程。大致步骤如下：①对基元反应进行 DFT 计算；②根据过渡态理论（TST）和 Rice-Ramsperger-Kassel-Marcus 理论（RRKM）等传统动力学理论得到反应速率；③根据吸附反应发生的概率 KMC 模拟薄膜的生长；④进行 MM/MD 模拟弛豫体系表面结构。根据在羟基化的全氧化 Si(100) 表面 $ZrCl_4$ 覆盖度为 0 ML（monolayer，ML）、0.25 ML、0.5 ML、0.75 ML 的吸附过程模拟结果（图 6.14）可知，其与 DFT 的计算结果一致 [95]。

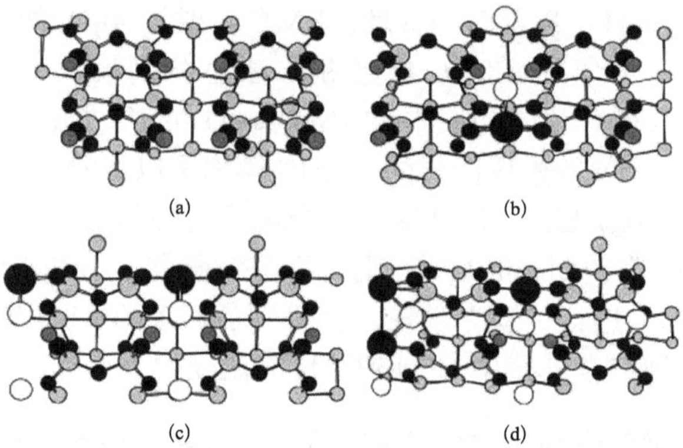

图 6.14 $ZrCl_4$ 在羟基化的全氧化 Si(100) 表面的吸附生长过程[95]

(a)、(b)、(c)、(d) 分别为覆盖度 0 ML、0.25 ML、0.5 ML、0.75 ML

Hu 等采用一种随机沉积和分子动力学相结合的方法模拟了采用 TMA 和 H_2O 为前驱体 ALD Al_2O_3 薄膜的结构[96]。首先扫描羟基化的 Al_2O_3 表面的羟基，然后随机挑选一个羟基—OH，判断是否存在空间位阻和重叠限制，如果没有就用—$AlMe_2$ 基团替代羟基的 H 原子表示 ALD 生长，假定反应位点发生反应的概率为 100%，重复上述过程直至单层全部沉积完毕，最后进行分子动力学模拟，可以获得不同 ALD 生长循环的表面组成、粗糙度、—OH 覆盖度等信息，以及温度与生长速度的关系（图 6.15）。这些原子尺度的模拟信息，可以有助于理解 ALD 操作参数对薄膜 ALD 生长的影响。

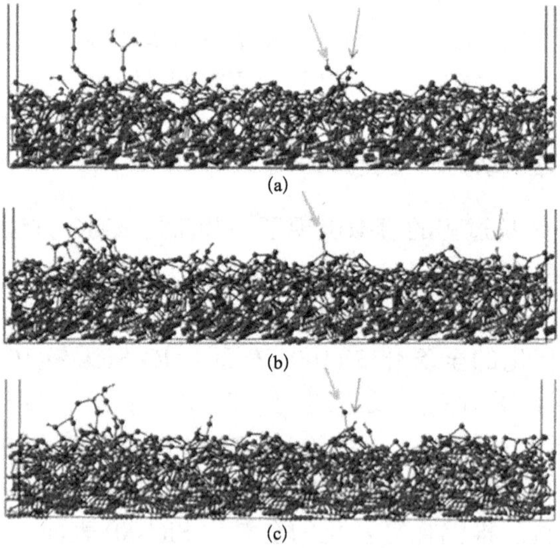

图 6.15 Al_2O_3 表面上温度对羟基迁移的影响[96]

(a) 初始表面；(b) 300 ℃、500 ps 之后；(c) 300 ℃、500 ps 之后箭头指示为随机沉积的羟基

6.3.3　机器学习势分子动力学方法

近年来，机器学习势分子动力学方法广泛用于化学体系[97-99]。2022 年，Nakata 等采用机器学习势分子动力学 DeePMD 模拟研究了 $Al(CH_3)_3$ 和 H_2O 在 OH/Si(111) 羟基化表面的 ALD 化学反应机理[100]。机器学习势的准确性取决于参考数据。ALD 过程包括初始吸附和随后的表面化学反应。$Al(CH_3)_3$ 和 H_2O 在 OH/Si(111) 表面的 ALD 反应分为 6 条路径，其中 $Al(CH_3)_3$ 与 OH/Si(111) 表面反应路径有 3 条，包括从化学吸附的 $Al(CH_3)_3$ 中释放第一个 CH_4（r01）、释放第二个 CH_4（r02）、释放第三个 CH_4（r03）；H_2O 与表面反应路径也有 3 条，包括 H_2O 替代 r02 中的一个 CH_4（r04）、H_2O 替代 r03 中的一个 CH_4（r05）、水附着在 r03 中的 Al 上（r06）。

通过对 6 条反应路径（r01～r06）进行构型采样，以获得训练 DP 模型的初始数据集。图 6.16 给出了 ALD 表面反应的 DeePMD 模拟示意图。最初的训练数据集是通过在 6 条反应路径上进行短时间 AIMD 和 NEB 模拟得到的。使用 DP 模型和二维伞形（two-dimensional extension with umbrella sampling，TDUS）采样策略进行 MD 模拟，生成新的构型。对新产生的构型进行第一性原理计算，将它们添加到训练数据集。最后，使用更新后的数据集训练新的 DP 模型，直到模型精度收敛。在此基础上，开展 DeePMD 模拟 $Al(CH_3)_3$ 和 H_2O 在羟基化 Si(111) 表面的反应机理以及温度效应和吸附动力学研究。

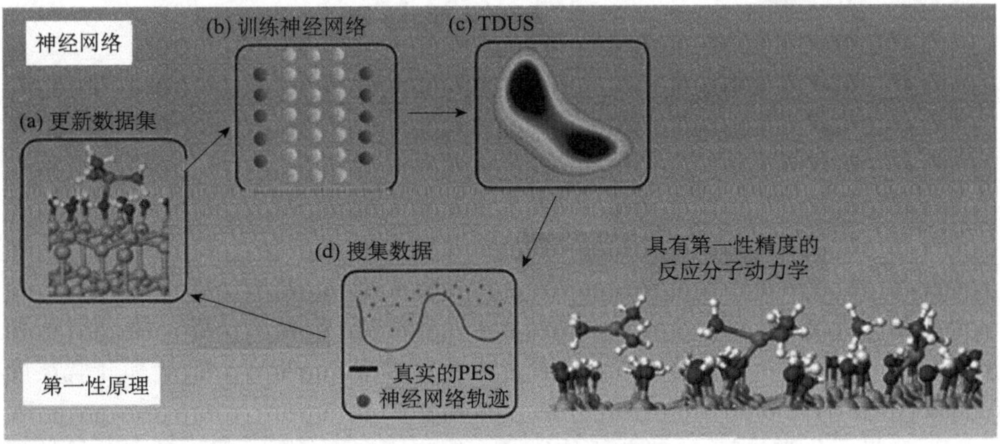

图 6.16　ALD 表面反应的 DeePMD 模拟示意图[100]

利用 DeePMD 模拟研究了 CH_4 的解吸反应。以 r01 反应为例，图 6.17 模拟出了 300 K 下沿反应 r01 的二维自由能面（free energy surface，FES）以及一些重要构型。可以看出，A 区自由能较低，B 区和 C 区自由能较高，反应通过相对平坦的 A 区进行，如 r01-(d) 和 r01-(f) 结构生成最终产物 r01-(e)。这种机器学习势分子动力学方法将会极大加速化学反应模拟时间，同时还确保了模拟精度。

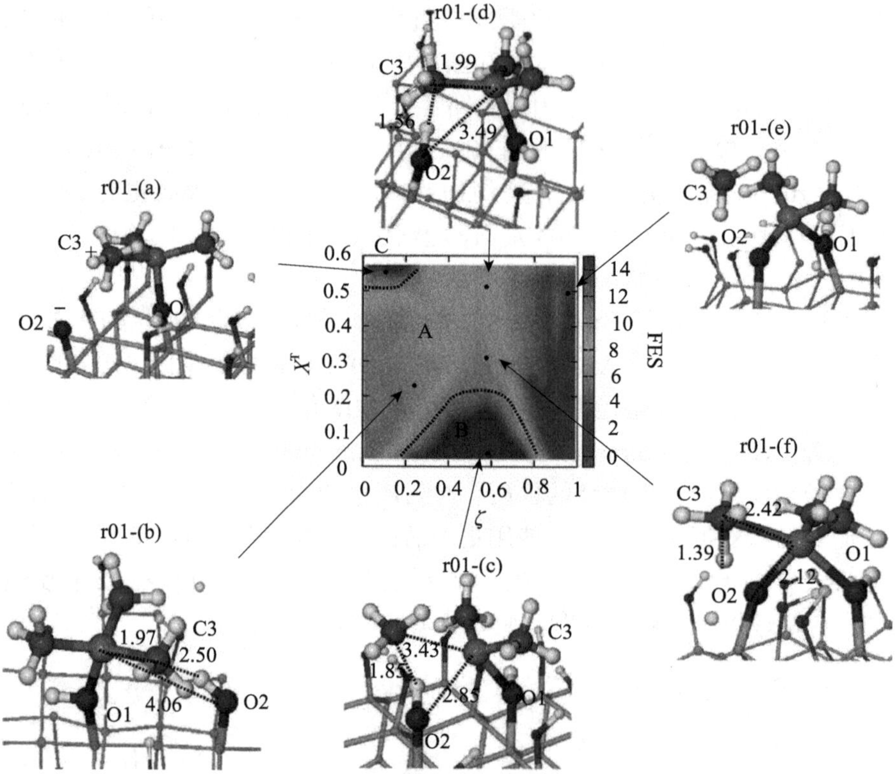

图 6.17　300 K 下沿反应 r01 的二维自由能面以及重要构型 [100]

6.4　挑战与展望

目前，原子层沉积的理论计算与模拟主要包括前驱体设计、原子层沉积的反应机理以及生长过程等三个方面在原子尺度（atomistic scale）和介观尺度（mesoscale）的模拟。

通过量子化学计算 ALD 前驱体以及金属离子和配体的电子、能量和结构等信息，可以对前驱体进行合理的分子设计。同时，还需要研究前驱体在表面的吸附和解离机理，获得前驱体表面反应活性，进一步评估前驱体设计的合理性。

ALD 反应机理的理论研究主要集中在氧化物，如 SiO_2、Al_2O_3、HfO_2、ZrO_2、TiO_2。对于许多金属和元素的 ALD 反应机理、有机聚合物和无机－有机杂化材料的分子层沉积（MLD）反应机理需要进一步研究。O_2 和 O_3 以及等离子体增强的原子层沉积反应通常含有自由基，反应机理复杂，需要进一步探索。

从头算分子动力学（AIMD）模拟对获得准确的化学反应势能面具有一定的优势。特别是涉及表面上平坦的化学势能面，可以进行 AIMD 模拟 ALD 表面反应机理。经典分子动力学（CMD）模拟虽然不能描述化学键的生成和断裂，但结合反应性力场（ReaxFF）进行反应性分子动力学以及机器学习势分子动力学模拟，将是 ALD 理论计算与模拟的方向。

动力学蒙特卡罗（KMC）模拟一般是建立在刚性网格近似的模拟，即格点动力学蒙特卡罗模拟上。对于 ALD 生长的无定形薄膜，需要发展无网格近似的 KMC 方法（off-lattice kinetic Monte Carlo）来模拟 ALD 的生长过程。

在特征尺度（feature scale）和反应器尺度（reactor scale），对 ALD 的生长动力学、流体动力学、传质等化工过程进行模拟也是 ALD 计算与模拟的方向。

综上所述，与蓬勃发展的 ALD 技术相比，原子层沉积理论计算与模拟方面的工作，尚处在起步阶段，还有极大的拓展与提升空间。随着计算机技术的飞速进步，需要进一步发展不同的理论和方法去实现整个 ALD 领域不同尺度的计算与模拟。

参 考 文 献

[1] Levine I N. 量子化学 . 6 版 . 北京 : 世界图书出版公司 , 2011

[2] Lewars E G. 计算化学 : 分子和量子力学理论及应用导论 . 北京 : 科学出版社 , 2012

[3] 刘靖疆 . 基础量子化学与应用 . 北京 : 高等教育出版社 , 2004

[4] 林梦海 . 量子化学简明教程 . 北京 : 化学工业出版社 , 2005

[5] 谢希德 , 陆栋 . 固体能带理论 . 上海 : 复旦大学出版社 , 2007

[6] 赵成大 . 固体量子化学——材料化学的理论基础 . 2 版 . 北京 : 高等教育出版社 , 2003

[7] 孙涛 , 王一波 . 用密度泛函及其长程、色散校正方法计算各类氢键的结合能 . 物理化学学报 , 2011, 27: 2553-2558

[8] 肖鹤鸣 , 陈兆旭 . 四唑化学的现代理论 . 北京 : 科学出版社 , 2000

[9] 陈敏伯 . 计算化学 : 从理论化学到分子模拟 . 北京 : 科学出版社 , 2009

[10] Leach A R. 分子模拟的原理和应用 . 2 版 . 北京 : 世界图书出版公司 , 2003

[11] 陈正隆 , 徐为人 , 汤立达 . 分子模拟的理论与实践 . 北京 : 化学工业出版社 , 2007

[12] Frenkel D, Smit B. 分子模拟入门 . 2 版 . 北京 : 世界图书出版公司 , 2010

[13] 罗伯 D. 计算材料学 . 北京 : 化学工业出版社 , 2002

[14] 张跃 , 谷景华 , 尚家乡 , 等 . 计算材料学基础 . 北京 : 北京航空航天大学出版社 , 2007

[15] Marx D, Hutter J. *Ab Initio* Molecular Dynamics: Basic Theory and Advanced Methods. New York: Cambridge University Press, 2009

[16] Kang J K, Musgrave C B. Mechanism of atomic layer deposition of SiO_2 on the silicon (100)-2×1 surface using $SiCl_4$

and H_2O as precursors. J. Appl. Phys., 2002, 91: 3408-3414

[17] Fang G Y, Xu L N, Wang L G, et al. Stepwise mechanism and H_2O-assisted hydrolysis in atomic layer deposition of SiO_2 without a catalyst. Nanoscale Res. Lett., 2015, 10: 68-1~7

[18] Okamoto Y. Initial stage of the catalyzed growth of SiO_2 films on Si(001): An *ab initio* study. J. Phys. Chem. B, 1999, 103: 11074-11077

[19] Fang G, Chen S, Li A, et al. Surface pseudorotation in Lewis-base-catalyzed atomic layer deposition of SiO_2: Static transition state search and Born-Oppenheimer molecular dynamics simulation. J. Phys. Chem. C, 2012, 116: 26436-26448

[20] Chen S, Fang G, Qian X, et al. Influence of alkalinity and steric hindrance of Lewis-base catalysts on atomic layer deposition of SiO_2. J. Phys. Chem. C, 2011, 115: 23363-23373

[21] Fang G Y, Xu L N, Cao Y Q, et al. Self-catalysis by aminosilanes and strong surface oxidation by O_2 plasma in plasma-enhanced atomic layer deposition of high-quality SiO_2. Chem. Commun., 2015, 51: 1341-1344

[22] Han B, Zhang Q, Wu J, et al. On the mechanisms of SiO_2 thin-film growth by the full atomic layer deposition process using bis(*t*-butylamino)silane on the hydroxylated SiO_2(001) surface. J. Phys. Chem. C, 2012, 116: 947-952

[23] Huang L, Han B, Han B, et al. First-principles study of a full cycle of atomic layer deposition of SiO_2 thin films with di(*sec*-butylamino)silane and ozone. J. Phys. Chem. C, 2013, 117: 19454-19463

[24] Fang G, Ma J. Rapid atomic layer deposition of silica nanolaminates: Synergistic catalysis of Lewis/Brønsted acid sites and interfacial interactions. Nanoscale, 2013, 5: 11856-11869

[25] Ni G, Han B, Cheng H. Effect of Al electronic configuration on the SiO_2 thin film growth via catalytic self-assembling deposition. J. Phys. Chem. C, 2013, 117: 22705-22713

[26] Widjaja Y, Musgrave C B. Quantum chemical study of the mechanism of aluminum oxide atomic layer deposition. Appl. Phys. Lett., 2002, 80: 3304-3306

[27] Heyman A, Musgrave C B. A quantum chemical study of the atomic layer deposition of Al_2O_3 using $AlCl_3$ and H_2O as precursors. J. Phys. Chem. B, 2004, 108: 5718-5725

[28] Elliott S D, Pinto H P. Modelling the deposition of high-*k* dielectric films by first principles. J. Electroceram., 2004, 13: 117-120

[29] Elliott S D, Greer J C. Simulating the atomic layer deposition of alumina from first principles. J. Mater. Chem., 2004, 14: 3246-3250

[30] Elliott S D. Predictive process design: A theoretical model of atomic layer deposition. Comput. Mater. Sci., 2005, 33: 20-25

[31] Halls M D, Raghavachari K. Atomic layer deposition of Al_2O_3 on H-passivated Si. I. Initial surface reaction pathways with H/Si(100)-2×1. J. Chem. Phys., 2003, 118: 10221-10226

[32] Halls M D, Raghavachari K. Atomic layer deposition growth reactions of Al_2O_3 on Si(100)-2×1. J. Phys. Chem. B, 2004, 108: 4058-4062

[33] Halls M D, Raghavachari K, Frank M M, et al. Atomic layer deposition of Al_2O_3 on H-passivated Si : $Al(CH_3)_2OH$ surface reactions with H/Si(100)2×1. Phys. Rev. B, 2003, 68: 161302-1~4

[34] Halls M D, Raghavachari K. Importance of steric effects in cluster models of silicon surface chemistry: ONIOM studies of the atomic layer deposition (ALD) of Al_2O_3 on H/Si(111). J. Phys. Chem. A, 2004, 108: 2982-2987

[35] Hu Z, Turner C H. Oxygen incorporation mechanism during atomic layer deposition of Al_2O_3 onto H-Passivated Si(100)-2×1. J. Phys. Chem. C, 2007, 111: 5756-5759

[36] Ghosh M K, Choi C H. Adsorption reactions of dimethylaluminum isopropoxide and water on the H/Si(100)-2×1 surface: Initial reactions for atomic layer deposition of Al_2O_3. J. Phys. Chem. B, 2006, 110: 11277-11283

[37] Ghosh M K, Choi C H. The initial mechanisms of Al_2O_3 atomic layer deposition on OH/Si(100)-2×1 surface by tri-methylaluminum and water. Chem. Phys. Lett., 2006, 426: 365-369

[38] Kim D H, Kim D H, Jeong Y C, et al. Reaction of tri-methylaluminum on Si(001) surface for initial aluminum oxide thin-film growth. Bull. Korean Chem. Soc., 2010, 31: 3579-3582

[39] Kim D H, Kim D H, Jeong Y C, et al. Interaction of di-methylaluminum groups with hydroxyl groups on a fully hydroxyl-terminated Si(001) surface, Trans. Electr. Electron. Mater., 2010, 11: 11-14

[40] Kim D H, Baek S B, Seo H II, et al. Interactions between tri-methylaluminum molecules and their effect on the reaction of tri-methylaluminum with an OH-terminated Si(001) surface. Appl. Surf. Sci., 2011, 257: 6326-6331

[41] Lin J M, Teplyakov A V, Rodríguez-Reyes J C F. Competing reactions during metalorganic deposition: Ligand-exchange versus direct reaction with the substrate surface. J. Vac. Sci. Technol. A, 2013, 31: 021401-1~17

[42] Jeloaica L, Estéve A, Rouhani M D, et al. Density functional theory study of $HfCl_4$, $ZrCl_4$, and $Al(CH_3)_3$ decomposition on hydroxylated SiO_2: Initial stage of high-*k* atomic layer deposition. Appl. Phys. Lett., 2003, 83: 542-544

[43] Blitz J P, Diebel R E, Deakyne C A, et al. Experimental and computational studies of trialkylaluminum and alkylaluminum chloride reactions with silica. J. Phys. Chem. B, 2005, 109: 5667-5677

[44] Lamagna L, Wiemer C, Perego M, et al. Mechanisms for substrate-enhanced growth during the early stages of atomic layer deposition of alumina onto silicon nitride surfaces. Chem. Mater., 2012, 24: 1080-1090

[45] Mäkinen V, Honkala K, Häkkinen H. Atomic layer deposition of aluminum oxide on TiO_2 and its impact on N_3 dye adsorption from first principles. J. Phys. Chem. C, 2011, 115: 9250-9259

[46] Terranova U, Bowler D R. Effect of hydration of the TiO_2 anatase(101) substrate on the atomic layer deposition of alumina films. J. Mater. Chem., 2011, 21: 4197-4203

[47] Lu H L, Chen W, Ding S J, et al. Initial surface reactions in atomic layer deposition of Al_2O_3 on the hydroxylated GaAs(001)-4×2 surface. J. Phys.: Condens. Matter., 2005, 17: 7517-7522

[48] Ren J, Zhou G, Hu Y, et al. Surface reactions in atomic layer deposition of HfO_2, ZrO_2 and Al_2O_3 on hydroxylated and sulfur-passivated GaAs(100) surfaces: A comparative study by density functional theory. Appl. Surf. Sci., 2008, 254: 7115-7121

[49] Shi Y, Sun Q Q, Dong L, et al. Atomic layer deposition of Al_2O_3 on H-passivated GeSi: Initial surface reaction pathways with H/GeSi(100) -(2×1). Chin. Phys. Lett., 2009, 26: 053101-1~3

[50] Delabie A, Sioncke S, Rip J, et al. Mechanisms for the trimethylaluminum reaction in aluminum oxide atomic layer deposition on sulfur passivated germanium. J. Phys. Chem. C, 2011, 115: 17523-17532

[51] Delabie A, Sioncke S, Rip J, et al. Reaction mechanisms for atomic layer deposition of aluminum oxide on semiconductor substrates. J. Vac. Sci. Technol. A, 2012, 30: 01A127-1~10

[52] Xu K, Ye P D. Theoretical study of atomic layer deposition reaction mechanism and kinetics for aluminum oxide formation at graphene nanoribbon open edges. J. Phys. Chem. C, 2010, 114: 10505-10511

[53] Xu Y, Musgrave C B. A DFT study of the Al_2O_3 atomic layer deposition on SAMs: Effect of SAM termination. Chem. Mater., 2004, 16: 646-653

[54] Klejna S, Elliott S D. First-principles modeling of the “clean-up” of native oxides during atomic layer deposition onto Ⅲ-Ⅴ substrates. J. Phys. Chem. C, 2012, 116: 643-654

[55] Klejna S, Elliott S D. Decomposition of metal alkylamides, alkyls, and halides at reducible oxide surfaces: mechanism of “clean-up” during atomic layer deposition of dielectrics onto Ⅲ-Ⅴ substrates. Chem. Mater., 2014, 26: 2427-2437

[56] Widjaja Y, Musgrave C B. Atomic layer deposition of hafnium oxide: A detailed reaction mechanism from first

principles. J. Chem. Phys., 2002, 117: 1931-1934

[57] Mukhopadhyay A B, Musgrave C B. Non-growth ligand exchange reactions in atomic layer deposition of HfO_2. Chem. Phys. Lett., 2006, 421: 215-220

[58] Mukhopadhyay A B, Musgrave C B, Sanz J F. Atomic layer deposition of hafnium oxide from hafnium chloride and water. J. Am. Chem. Soc., 2008, 130: 11996-12006

[59] Mui C, Musgrave C B. Atomic layer deposition of HfO_2 using alkoxides as precursors. J. Phys. Chem. B, 2004, 108: 15150-15164

[60] Fenno R D, Halls M D, Raghavachari K. Hafnium oxide and zirconium oxide atomic layer deposition: Initial precursor and potential side-reaction product pathways with H/Si(100)-2×1. J. Phys. Chem. B, 2005, 109: 4969-4976

[61] Li K, Li S, Li N, et al. Tetrakis(dimethylamido)hafnium adsorption and reaction on hydrogen terminated Si(100) surfaces. J. Phys. Chem. C, 2010, 114: 14061-14075

[62] Kim D H, Kim D H, Seo H II, et al. Interaction of TEMAHf precursor with OH-terminated Si (001) surface: A first principles study. J. Nanosci. Nanotechnol., 2011, 11: 4324-4327

[63] Esteve A, Rouhani M D, Jeloaica L, et al. DFT investigation of $HfCl_4$ decomposition on hydroxylated SiO_2: First stage of HfO_2 atomic layer deposition. Comput. Mater. Sci., 2003, 27: 75-80

[64] Xu Y, Musgrave C B. Atomic layer deposition of high-*k* dielectrics on nitrided silicon surfaces. Appl. Phys. Lett., 2005, 86: 192110-1~3

[65] Rodríguez-Reyes J C F, Teplyakov A V. Mechanisms of adsorption and decomposition of metal alkylamide precursors for ultrathin film growth. J. Appl. Phys., 2008, 104: 084907-1~6

[66] Willis B G, Mathew A, Wielunski L S, et al. Adsorption and reaction of $HfCl_4$ with H_2O-terminated Si(100)-2×1. J. Phys. Chem. C, 2008, 112: 1994-2003

[67] Ren J, Liu F Y, Zhang Y T, et al. Initial reaction of HfO_2 atomic layer deposition on silicon surfaces with different oxygen levels: A density functional theory study. Thin Solid Films, 2007, 515: 4702-4708

[68] Ren J, Sun B, Zhang D W. Density functional study of initial $HfCl_4$ adsorption and decomposition reactions on silicon surfaces with SiON interfacial layer. Appl. Surf. Sci., 2007, 253: 9148-9153

[69] Ren J, Zhang Y T, Zhang D W. Density functional theory study of initial stage of HfO_2 atomic layer deposition on hydroxylated SiO_2 surface. J. Mol. Struct. (Theochem), 2007, 803: 23-28

[70] Ren J, Hu Y, Wang J, et al. Initial surface reactions in atomic layer deposition of $HfSi_xO_y$ and HfO_2: A comparative study by density functional theory. Thin Solid Films, 2008, 516: 2966-2972

[71] Chen W, Sun Q Q, Xu M, et al. Atomic layer deposition of hafnium oxide from tetrakis(ethylmethylamino)hafnium and water precursors. J. Phys. Chem. C, 2007, 111: 6495-6499

[72] Lu H L, Xu M, Ding S J, et al. Quantum chemical study of the initial surface reactions of HfO_2 atomic layer deposition on the hydroxylated GaAs(001)-4×2 surface. Appl. Phys. Lett., 2006, 89: 162905-1~3

[73] Chen W, Lu H L, Zhang D W, et al. Density functional theory study of adsorption and dissociation of $HfCl_4$ and H_2O on Ge/Si(100)-(2×1): Initial stage of atomic layer deposition of HfO_2 on SiGe surface. Appl. Phys. Lett., 2005, 86: 142901-1~3

[74] Chen W, Zhang D W, Ren J, et al. Quantum chemical study of adsorption and dissociation of $HfCl_4$ and H_2O on Ge/Si(100)-(2×1): Initial stage of atomic layer deposition of HfO_2 on SiGe surface. J. Mater. Res., 2005, 20: 586-591

[75] Ren J, Lu H L, Chen W, et al. Surface reaction mechanism of atomic layer deposition of HfO_2 on Ge(100)-2×1: A density functional theory study. Appl. Surf. Sci., 2006, 252: 8466-8470

[76] Chen W, Zhang D W, Ren J, et al. Density functional theory study of initial stage of ZrO_2 atomic layer deposition on Ge/Si(100)-(2×1) surface. Thin Solid Films, 2005, 479: 73-76

[77] Widjaja Y, Musgrave C B. Quantum chemical study of the elementary reactions in zirconium oxide atomic layer deposition. Appl. Phys. Lett., 2002, 81: 304-306

[78] Hu Z, Turner C H. Atomic layer deposition of TiO_2 from TiI_4 and H_2O onto SiO_2 Surfaces: *Ab initio* calculations of the initial reaction mechanisms. J. Am. Chem. Soc., 2007, 129: 3863-3878

[79] Zydor A, Kessler V G, Elliott S D. First principles simulation of reaction steps in the atomic layer deposition of titania: Dependence of growth on Lewis acidity of titanocene precursor. Phys. Chem. Chem. Phys., 2012, 14: 7954-7964

[80] Huang L, Han B, Han B, et al. Density functional theory study on the full ALD process of silicon nitride thin film deposition via BDEAS or BTBAS and NH_3. Phys. Chem. Chem. Phys., 2014, 16: 18501-18512

[81] Dey G, Elliott S D. Mechanism for the atomic layer deposition of copper using diethylzinc as the reducing agent: A density functional theory study using gas-phase molecules as a model. J. Phys. Chem. A, 2012, 116: 8893-8901

[82] Dong L, Sun Q Q, Shi Y, et al. Quantum chemical study of the initial surface reactions of atomic layer deposition GaAs for photonic crystal fabrication. Appl. Phys. Lett., 2008, 92: 111105-1~3

[83] Doering R, Nishi Y. Handbook of Semiconductor Manufacturing Technology. 2nd edition. Boca Raton: CRC Press, 2007

[84] Ritala M, Kukli K, Rahtu A, et al. Atomic layer deposition of oxide thin films with metal alkoxides as oxygen sources. Science, 2000, 288: 319-321

[85] Hausmann D, Becker J, Wang S, et al. Rapid vapor deposition of highly conformal silica nanolaminates. Science, 2002, 298: 402-406

[86] Klaus J W, Sneh O, George S M. Growth of SiO_2 at room temperature with the use of catalyzed sequential half reaction. Science, 1997, 278: 1934-1936

[87] Kobayashi A, Tsuji N, Fukazawa A, et al. Temperature dependence of SiO_2 film growth with plasma-enhanced atomic layer deposition. Thin Solid Films, 2012, 520: 3994-3998

[88] Lieberman M A, Lichtenberg A J. Principles of Plasma Discharges and Materials Processing. 2nd edition. New Jersey: John Wiley & Sons, Inc., 2005

[89] Mazaleyrat G, Estève A, Jeloaica L, et al. A methodology for the kinetic Monte Carlo simulation of alumina atomic layer deposition onto silicon. Comput. Mater. Sci., 2005, 33: 74-82

[90] Dkhissi A, Estève A, Mastail C, et al. Multiscale modeling of the atomic layer deposition of HfO_2 thin film grown on silicon: how to deal with a kinetic Monte Carlo procedure. J. Chem. Theory Comput., 2008, 4: 1915-1927

[91] Dkhissi A, Mazaleyrat G, Estève A, et al. Nucleation and growth of atomic layer deposition of HfO_2 gate dielectric layers on silicon oxide: A multiscale modelling investigation. Phys. Chem. Chem. Phys., 2009, 11: 3701-3709

[92] Mastail C, Lanthony C, Olivier S, et al. Introducing densification mechanisms into the modelling of HfO_2 atomic layer deposition. Thin Solid Films, 2012, 520: 4559-4563

[93] Shirazi M, Elliott S D. Atomistic kinetic Monte Carlo study of atomic layer deposition derived from density functional theory. J. Comput. Chem., 2014, 35: 244-259

[94] Deminsky M, Knizhnik A, Belov I, et al. Mechanism and kinetics of thin zirconium and hafnium oxide film growth in an ALD reactor. Surf. Sci., 2004, 549: 67-86

[95] Knizhnik A, Bagaturyants A A, Belov I V, et al. An integrated kinetic Monte Carlo molecular dynamics approach for film growth modeling and simulation: ZrO_2 deposition on Si(100) surface. Comput. Mater. Sci., 2002, 24: 128-132

[96] Hu Z, Shi J, Turner C H. Molecular dynamics simulation of the Al_2O_3 film structure during atomic layer deposition. Mol. Simulat., 2009, 35: 270-279

[97] Wang H, Zhang L, Han J, et al. DeePMD-kit: A deep learning package for many-body potential energy representation

and molecular dynamics. Comput. Phys. Commun., 2018, 228: 178-184

[98] Zeng Z, Wodaczek F, Liu K, et al. Mechanistic insight on water dissociation on pristine low-index TiO_2 surfaces from machine learning molecular dynamics simulations. Nat. Commun., 2023,14: 6131

[99] Bogojeski M, Vogt-Maranto L, Tuckerman M E, et al. Quantum chemical accuracy from density functional approximations via machine learning. Nat. Commun., 2020, 11: 5223

[100] Nakata H, Filatov(Gulak) M, Choi C H. Accelerated deep learning dynamics for atomic layer deposition of $Al(Me)_3$ and water on OH/Si(111). ACS Appl. Mater. Interfaces, 2022, 14: 26116-26127

第 7 章　等离子体增强原子层沉积技术及其应用

20 世纪 70 年代，原子层沉积技术及其设备由芬兰 Suntola 和 Antson[1] 首先开发出来，但由于其复杂的表面化学过程和低的沉积速率，一直没有得到较大的发展。直到 20 世纪 90 年代，随着微电子和深亚微米芯片器件的尺寸不断降低，器件深宽比不断增加，所使用材料的厚度降低至几个纳米 [2]，使得原子层沉积（ALD）技术的优势得以体现：其厚度可控制在原子层量级，且具有优异的三维共形性和薄膜均匀性，而其沉积速率慢的缺点就不那么突出了。半导体行业对 ALD 技术的需求促进了该项技术的蓬勃发展。

等离子体在原子层沉积中的首次应用是由荷兰科学家 de Keijser 和 van Opdorp[3] 在 1991 年提出的，使用氢气等离子体与三甲基镓（$GaMe_3$）和砷化氢（AsH_3）反应外延生长 GaAs。然而自此之后，等离子体增强原子层沉积技术（plasma-enhanced ALD，PEALD）一直没有得到进一步的研究，直到半导体行业开始关注原子层沉积技术时才有所进展。在 21 世纪初，借助研究铜互连扩散阻挡层的契机，IBM 研究人员把等离子体引入原子层沉积工艺中 [4]，成功制备了钽和钛等金属材料，由此引发了对 PEALD 的研究热潮。

与传统的热 ALD（thermal ALD）相比，PEALD 在生长过程中表现出独特优势，从而使这种技术得到了迅速发展，在诸多领域获得了重要的应用。图 7.1 为 PEALD 领域每年所发表的文章数，足见其发展之快 [5]。本章将重点介绍等离子体增强原子层沉积的原理、设备、特点、一些重要的应用以及未来发展展望。

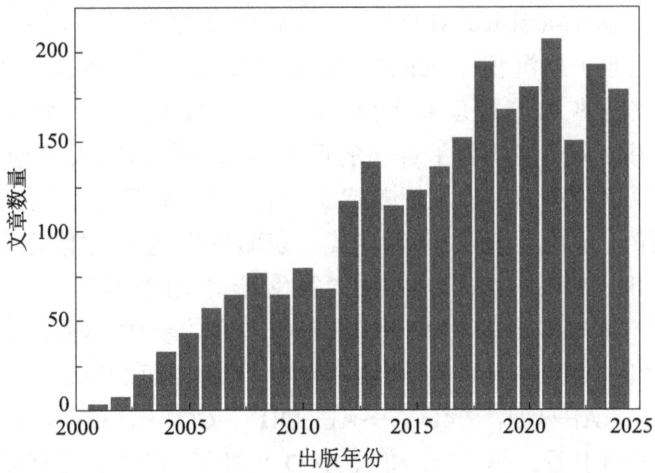

图 7.1　每年出版的关于 PEALD 的文章数量 [5]

该数据是由 Web of Science 根据关键词“plasma atomic layer deposition”或“plasma enhanced atomic layer deposition”或“plasma assisted atomic layer deposition”或“radical enhanced atomic layer deposition”检索获得，截至 2024 年 12 月 31 日

7.1　等离子体增强原子层沉积原理

7.1.1　等离子体增强原子层沉积基本原理

原子层沉积本质上是一种特殊的化学气相沉积（CVD）方法，是将气相前驱体脉冲交替地通入反应室并在沉积基体上发生表面化学吸附反应，从而逐层形成薄膜的方法[6,7]。前驱体在表面的化学吸附具有自限制性和自饱和性的特点，因此可通过反应的循环数来控制薄膜的厚度。在前驱体脉冲之间需要用惰性气吹扫原子层沉积反应室，以带走反应表面吸附的多余前驱体和副产物，防止类似传统 CVD 的反应发生，以保证薄膜的逐层生长。ALD 并非一个连续的工艺过程，是由一系列半反应组成，它的每一个单位循环（cycle）包含如下四个步骤：①通入前驱体 A 脉冲，其在材料表面进行化学吸附；②通入惰性气体进行吹扫，排除副产物和多余的前驱体；③通入前驱体 B 脉冲，与已吸附的前驱体 A 发生反应生成薄膜；④再次通入惰性气体进行吹扫。一个循环生长一层超薄材料，沉积速率为每循环 0.05～0.1 nm，如此循环往复，即可逐层地生长薄膜。

等离子体增强原子层沉积是一种能量增强的原子层沉积方式，采用了高活性的等离子体作为前驱体，这种技术也常被称为等离子体辅助原子层沉积（plasma-assisted ALD）[8]、等离子体原子层沉积（plasma ALD）[9]和自由基增强原子层沉积（radical-enhanced ALD）[10]。等离子体增强原子层沉积原理与传统的热 ALD 原理非常相似，上述步骤①、②、④都没有变化，只是在步骤③中用等离子体代替了普通的反应剂来与前驱体 A 反应。图 7.2 为两种方式的反应原理示意图，以三甲基铝（TMA）为 Al 源生长氧化铝为例来说明两者的区别。第①步均为通入 TMA，其在表面发生化学吸附反应：$Al—OH^* + Al(CH_3)_3 \longrightarrow Al—O—Al(CH_3)_2^* + CH_4$；第②步均用惰性气体（通常为氮气或氩气）将副产物与多余的 TMA 吹扫干净；第③步中，热 ALD 通入水蒸气，发生反应：$Al—CH_3^* + H_2O \longrightarrow Al—OH^* + CH_4$，而 PEALD 则通入氧气等离子体，发生反应：$Al—CH_3^* + 4O \longrightarrow Al—OH^* + CO_2 + H_2O$；第④步继续用惰性气体吹扫。从表面上看，热 ALD 和 PEALD 经过了一个类似的循环，得到了相同的结果，但 PEALD 是一种能量增强辅助的 ALD，使用的反应剂活性提高，由此带来了与热 ALD 不同的效果，后文将专门介绍。

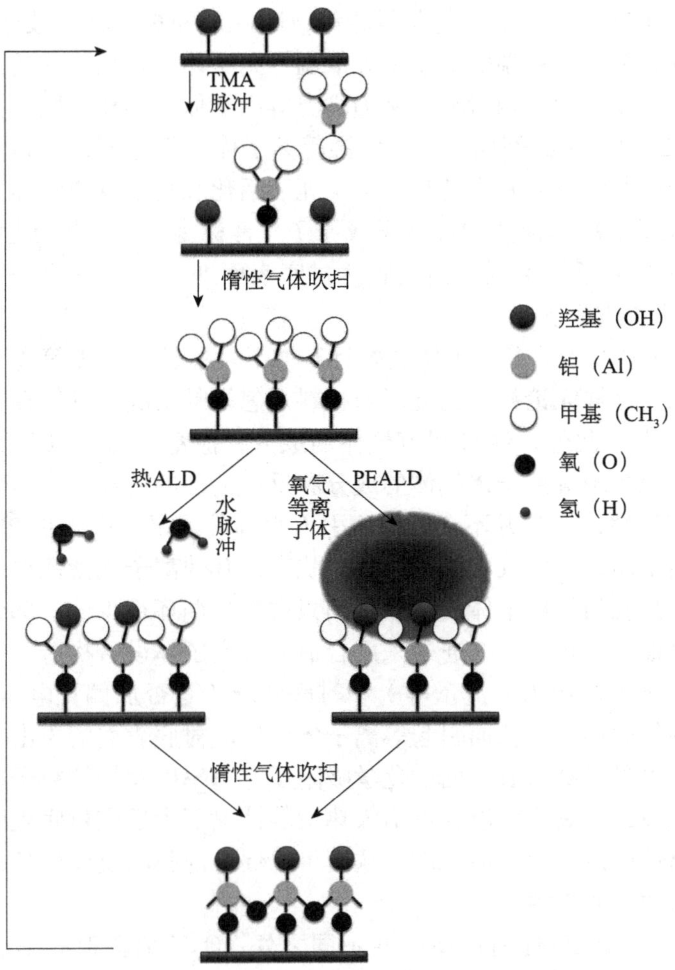

图 7.2　热 ALD 与 PEALD 原理示意图

7.1.2　等离子体的性质

等离子体是由离子、电子以及未电离的中性粒子等组成，整体表现为中性的物质状态，是不同于固体、液体和气体的第四种物质状态[11]。一般物质是由分子组成，而分子由原子构成，原子包含着带正电的原子核和带负电的电子。当物质被加热到足够高的温度或受到其他激发时，外层电子就会摆脱原子核的束缚成为自由电子，这个过程就称为“电离”。此时，物质就变成了由带正电的原子核和带负电的电子所构成的一团均匀的离子浆，这些离子浆在大于德拜长度的宏观尺度上呈现电中性——正负电荷总量相等，因此这种物质状态被称为等离子体。等离子体可分为两种：高温等离子体和低温等离子体。等离子体的温度分别用电子温度和离子温度表示，两者相等称为高温等离子体；不相等则称为低温等离子体。在 PEALD 中使用的等离子体为低温等离子体，仅电子处于高温状态，而气体整体仍处于低温状态。其中的高能电子能够活化和裂解反应气体，从而使得前驱体气体形成了由高活性的中性分子或原子（常称为等离子体活性粒子）、离子和光子组成的等离子体氛围，当其到达衬底表面即可进行气相-固相表面反应，引发 ALD 的生长进程。

在 PEALD 中引入的等离子体主要具有如下一些特点：①等离子体是在气相状态中产生的，这样无论衬底的温度与材料是怎样的情况，都能在衬底表面产生高活性反应氛围。此外，通过调节气体的成分、流量、压力以及等离子体的能量，能够方便地实现等离子体气体的成分和反应活性的调控。②尽管等离子体具有很高的反应活性，但是并不会给衬底引入很高的热量，因为在 PEALD 中使用的是低温等离子体，其中仅电子处于高温状态，其他离子和活性粒子均处于低温状态。此外，衬底与等离子体的接触时间只占生长循环很少的一部分，所以等离子体不会显著地加热衬底。③通过采用合适的等离子体设备构造，调节等离子体的运行状态（主要为压力、流量等）和衬底状况（是否加偏置电压等），可以给予等离子体额外的动能，从而引起等离子体对反应衬底表面的轰击作用。适当能量的轰击作用可以提高衬底表面的化学吸附反应速率以及加快粒子在表面的迁移过程。总体来说，等离子体能在不引入热量的情况下为反应衬底表面提供一种高反应活性且活性可调控的反应氛围，从而可以促进薄膜的反应生长，且等离子体参数具有很好的可调控性。

热 ALD 和 PEALD 还有以下一些不同之处：①等离辐射的影响。首先等离子体中大量的电子会对表面进行撞击，该撞击过程会活化反应过程中的原子或分子，使得粒子变成激发状态。当不稳定的激发粒子再回到基态时，会以电磁辐射的方式释放能量，通过测量该辐射可以获得等离子体以及衬底表面的一些信息，可用于 PEALD 的监控与优化 [12]。但与此同时，这种辐射有时也会对生长的薄膜造成损伤 [13]。②活性粒子的表面复合。产生的等离子体中含有大量的中性活性粒子，这些活性粒子除了在衬底表面发生 ALD 表面化学吸附反应外，在即使饱和的表面也会发生额外的反应——表面复合反应。活性粒子会在反应腔或者衬底表面复合成惰性分子，然后从表面解吸附返回到等离子体氛围中。活性粒子复合的程度可以用表面复合率（r）来表示，r 的大小与活性粒子和接触表面的材料都有关系，其可以小到 10^{-6}，也可以大到 1，表 7.1 列举了几种活性粒子在不同材料表面的复合率 [14]。r 的大小对于等离子体中活性粒子的浓度有着直接的影响，决定了活性粒子损失的程度，尤其对于高深宽比的衬底，r 的大小决定了活性粒子能否到达沟道的底部进行反应。③复杂的表面化学反应。等离子体的化学成分要比普通的前驱体复杂得多，存在着多种活性粒子和基团，因此相应使得衬底表面的化学反应变得很复杂，很难确定 PEALD 反应过程中具体的表面化学反应。例如，O_2 等离子体中就含有 O_2、O、O_2^*、O^*、O^{2+}、O^+、O^- 等多种粒子，并且随着气体压强的变化，等离子体的成分也会发生变化[15]。除此之外，反应过程中产生的副产物也有可能被等离子体活化，影响表面的化学反应，从而进一步使得 PEALD 过程中的化学反应变得异常复杂。

表 7.1　H、N 和 O 活性粒子在不同材料表面的表面复合率[14]

活性粒子	表面材料成分	表面复合率 r
H	SiO_2	0.00004 ± 0.00003
	Al_2O_3	0.0018 ± 0.0003
	派热克斯玻璃（Pyrex）	0.0058 ± 0.0018
	不锈钢	0.032 ± 0.015
	Ti	0.35
	Al	0.29
	Ni	0.20±0.09
	Cu	0.14
	Au	0.20 ± 0.09
	Pd	0.20 ± 0.09
	Pt	0.20 ± 0.09
N	SiO_2	0.0003 ± 0.0002
	不锈钢	0.0063
	Si	0.0016
	Al	0.0018
O	SiO_2	0.0002 ± 0.0001
	派热克斯玻璃（Pyrex）	0.000045
	Al_2O_3	0.0021
	ZnO	0.00044
	Fe_2O_3	0.0052
	Co_3O_4	0.0049
	NiO	0.0089
	不锈钢	0.07 ± 0.009
	CuO	0.043

7.2　等离子体增强原子层沉积的设备

PEALD 的反应原理与热 ALD 很相似，但由于在生长中引入了等离子体，取代了普通的反应剂，因此需要增加等离子体发生装置，使原子层沉积系统变得复杂。PEALD 设备的构造从等离子体的引入方式来看，目前主要有自由基增强原子层沉积（radical-enhanced ALD）、直接等离子体原子层沉积（direct plasma ALD）和远程等离子体原子层沉积（remote plasma ALD）等几种构造。

7.2.1 自由基增强原子层沉积

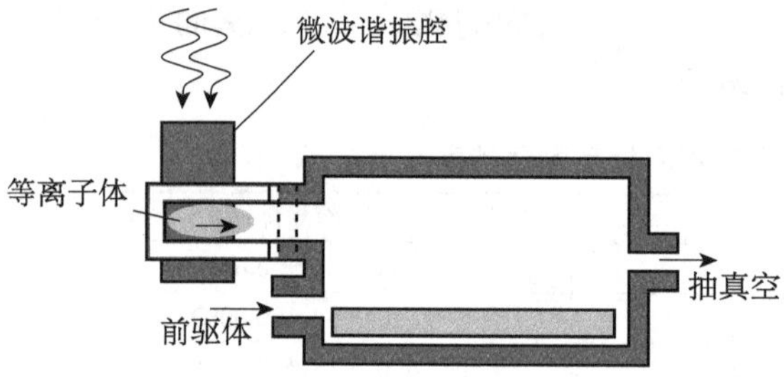

图 7.3 自由基增强原子层沉积设备构造示意图[8]

在自由基增强 ALD 的构造中，仅是将一个等离子体发生器耦合到传统的热 ALD 设备上，如图 7.3 所示。由于 ALD 反应室中存在着复杂的化学氛围，其会对等离子体发生器造成污染，因此需要将等离子体发生器安装在远离 ALD 反应室的位置。通过微波或其他方式产生等离子体，然后通过管路将等离子体传送到 ALD 反应室，与衬底表面吸附的前驱体发生反应。在等离子体经管路流向反应室的过程中，等离子体与管壁经历多次表面碰撞，造成离子与电子在表面重新复合成中性分子或原子，离子和电子的浓度迅速下降，最终到达反应室的气体已不是真正的等离子体，而只是含有一定浓度自由基的中性气体，因此称为自由基增强原子层沉积。此外，7.1.2 节中已经提到活性粒子在反应腔表面发生碰撞会复合成惰性气体，复合程度与等离子体的种类、碰撞表面的元素成分和表面温度有关，见表 7.1，因此在设计传输管路时，需要谨慎地选择管路材料。例如，使用 H 活性粒子，它在石英表面的复合率很低（仅为 0.00004），但是在金属表面却很大，因此传输 H_2 等离子体的管路应选用石英材料。此外，在使用金属衬底时，由于等离子体活性粒子在其表面的损失，因此需要更长的等离子体脉冲时间来达到表面饱和吸附。

7.2.2 直接等离子体原子层沉积

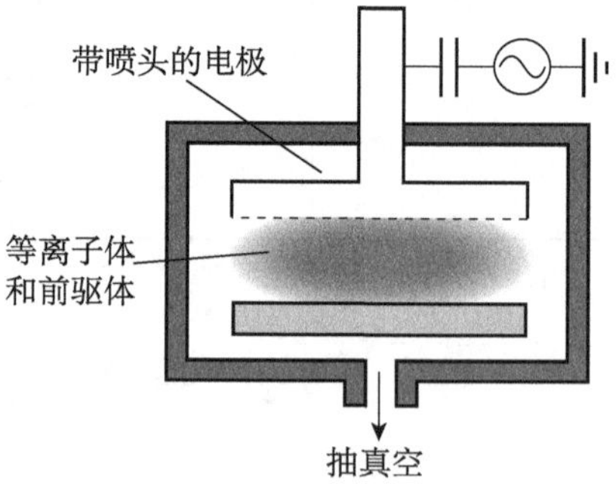

图 7.4 直接等离子体原子层沉积设备构造示意图[8]

直接等离子体原子层沉积设备构造的特征是衬底直接参与了等离子体的产生过程，所以被称为直接等离子体原子层沉积。一种电容耦合式的等离子体产生于两个电极之间，一个电极接射频信号，另一个电极接地，衬底处于接地的电极上，如图 7.4 所示。等离子体是在沉积表面附近产生的，这样的结构主要有两个优点：① 到达沉积表面的等离子体自由基与离子的浓度很高，反应活性相对较高；② 保证了沉积条件的一致性，较短的等离子体脉冲时间可使得沉积表面具有一致的活性粒子氛围，从而获得均匀的薄膜。另外，这种仪器的构造相对来说比较简单，因而较易于工业化。但是，根据所加偏压的大小和等离子体气体的压力大小，到达衬底表面的等离子体的能量有可能会很大，对衬底产生一定的损伤。除此之外，等离子体的产生会激发大量高能光子，也会损害样品，称为等离子体损伤。

7.2.3　远程等离子体原子层沉积

顾名思义，这种设备的等离子体是在远离反应室的地方产生，一般处于反应室的上方，衬底没有参与到等离子体的产生过程中，如图 7.5 所示。与自由基增强原子层沉积的不同之处在于到达衬底表面的仍为等离子体，该结构中等离子体向下的流向使其中的离子和电子没有完全复合消失，仍具有一定的活性浓度 [16]。远离沉积表面的等离子体源可以更好地控制等离子体成分。例如，在直接等离子体原子层沉积中，衬底的温度会影响其上方气体的压强，进而影响等离子体的成分 [11]，而在远程等离子体原子层沉积中就不会出现这种情况。此外，相比于直接等离子体原子层沉积，这种构造中的等离子体的能量要小很多，因而对衬底的损伤也相应要小。并且，等离子体源与衬底的分离可以引入更多的原位检测手段，如椭偏仪、X 射线光电子能谱仪和膜厚监测仪等 [17]。

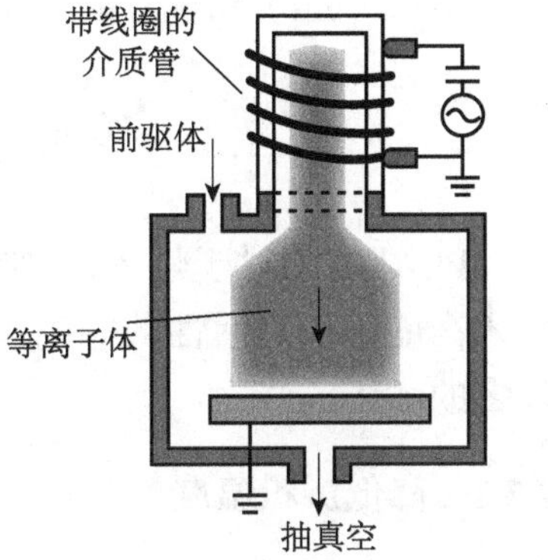

图 7.5　远程等离子体原子层沉积设备构造示意图 [8]

7.2.4　空心阴极等离子体原子层沉积

在 PEALD 生长氮化物时，氧杂质是 PEALD 生长氮化物过程中一个不可避免的问题，除了 ALD 反应腔背景中存在微量的 O_2 和 H_2O 外，等离子体源也会引入一定的氧污染。这是由于传统的等离子体源［如电容耦合等离子体（capacitively coupled plasma，CCP）、电感耦合等离子体（inductively coupled plasma，ICP）和微波等离子体（microwave plasma，MP）］会腐蚀内部介质而引起氧污染。近年来，空心阴极等离子体（hollow cathode plasma，HCP）作为一种新的等离子体源引起了广泛的关注。HCP 形成等离子体的原理与传统 CCP 相同，区别在于等离子体中形成自由基的方向和密度。HCP 的阴极结构中存在孔洞，离子和电子被困在孔洞中，在腔壁内共振，注入的气体与之发生碰撞而形成等离子体。同时，由于孔洞的存在，可以获得比 CCP 高 2～3 倍的电子密度和等离子体密度，这被称为空心阴极效应。更为重要的是，由于产生等离子体的装置由金属不锈钢组成，因此不会产生因腐蚀内部介质而引入的氧杂质，这对于沉积非氧化物薄膜（如金属及其氮化物）至关重要 [18]。基于这些优点，目前 HCP 作为一种新型等离子体源备受关注，在氮化物沉积中的研究正在积极开展 [19-22]。例如，Choi 等报道，采用 HCP 等离子源的 PEALD 生长的 TiN 薄膜具有较高的密度（5.29 g/cm^3），与其理论密度非常接近。此外，氧杂质含量较其他 PEALD 方法制备的薄膜要低，仅为 1.8%（原子百分比），且具有低电阻率（132 μΩ · cm）和优异的台阶覆盖率（>98%）[18]。

7.3 等离子体增强原子层沉积的特点

PEALD 相对于热 ALD 唯一的不同就是改变了与金属前驱体作用的反应剂，引入高能量、高活性的等离子体来代替普通的反应剂，使其相对于热 ALD 具有许多的优势。

7.3.1 降低沉积温度

前驱体在沉积表面进行化学吸附时，需要克服一定的能垒，在传统原子层沉积中这部分能量由加热来提供，所以一般的生长工艺都要进行加热（因此称为热 ALD）。而 PEALD 中的等离子体的活性较高，因此不需要很高的温度来克服化学吸附能垒。除此之外，离子的动能、粒子在表面复合释放的能量以及等离子体辐射等，都会为克服化学吸附能垒提供一定能量。因此，PEALD 在较低的温度甚至室温下就可正常生长薄膜 [23-25]。

例如，使用 RuO_4 为前驱体与 H_2 进行热 ALD 生长金属 Ru 时，RuO_4 在 100 ℃以上即发生热分解反应。图 7.6(a) 显示了不同温度下的 RuO_4 与 H_2 的反应生长情况 [26]，仅在 100 ℃能进行正常 ALD 生长，而 50 ℃时几乎完全没有生长，75 ℃时虽然有生长，但是后期的成分测试显示，薄膜中含有大量的氧。这是因为 H_2 的活性不够，在低温下不能与表面的 RuO_2 彻底反应，因此使得 ALD 的反应不完全或者不能继续进行。当使用氢气等离子体取代氢气作为前驱体后，发现在 50～100 ℃的温度范围内都能进行 Ru 薄膜的生长 [27]，如图 7.6(b) 所示，生长速率基本一致，而且薄膜中的氧含量都很低。图 7.6(c) 总结了 RuO_4 在不同温度范围内所能进行的反应，高能量、高活性的等离子体即使在低温下也能和前驱体进行反应，因而使得 Ru 薄膜可在近室温下（50 ℃）生长。

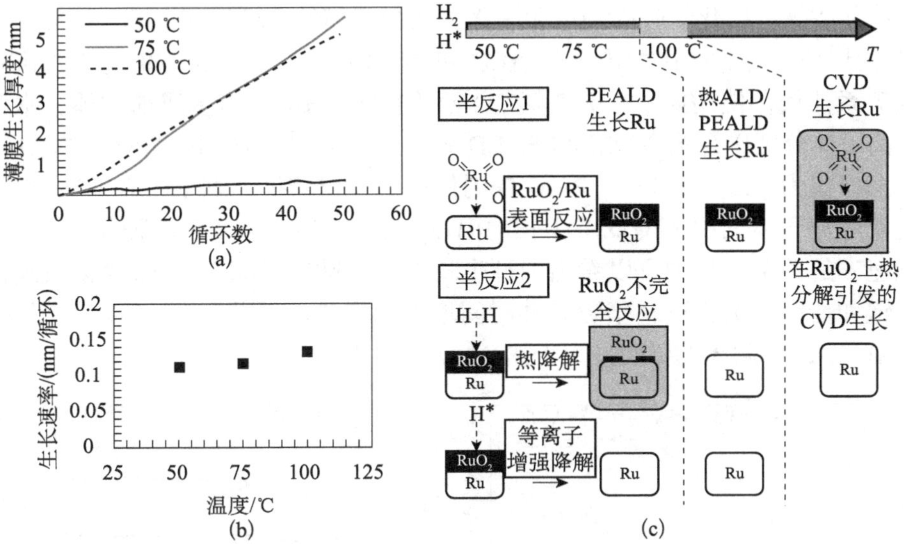

图 7.6　采用 ALD、PEALD 生长金属 Ru 的特点[26,27]

(a) RuO_4 与氢气在不同温度下（50℃、75℃、100℃）ALD 生长 Ru 的厚度与循环数的关系，厚度由原位椭偏仪测得；(b) RuO_4 与氢气等离子体的 PEALD 生长速率与生长温度的关系；(c) 总结了热 ALD、PEALD 和 CVD 条件下在不同温度范围内 RuO_4 所发生的反应类型

7.3.2　拓宽前驱体、生长薄膜材料和衬底的种类

反应剂活性的提高，使其可以与更多种类的前驱体发生反应，即使是热稳定性和化学稳定性都较好的前驱体也能进行反应，从而使 ALD 生长的前驱体选择范围变广。例如，β- 二酮类化合物前驱体与水（在热 ALD 中常用的氧反应剂）的反应活性很低，甚至根本不反应，虽然可以选择臭氧来作为活性氧源，但是氧气等离子体无疑是更加有效的方法。PEALD 相对热 ALD 的一个突出优势，是可以生长优异的金属薄膜和金属氮化物，如 Ti、Ta 和 TaN 等[28, 29]，热 ALD 很难做到。另外，由于沉积温度降低，PEALD 可以选择不耐高温的有机聚合物材料和生物材料等作为沉积衬底或基体生长薄膜，能在柔性电子器件和生物医学领域一展身手[30, 31]。当然等离子体也是一把双刃剑，不少有机材料不耐等离子体损伤，此时就需要降低等离子体的能量，如采用远程等离子体；同时因为等离子体常常对基底具有预处理修饰功能，一些聚合物材料表面经等离子体处理后再沉积无机材料，反倒可以改善无机材料在有机基底上的成核性，使得界面结合强度明显改善。

7.3.3　提高沉积速率

高活性的等离子体与沉积表面发生作用，使得表面活性点密度增大，从而较多的前驱体可以化学吸附到沉积表面，因此薄膜每循环沉积速率（GPC）比热 ALD 大[33-35]。图 7.7(a) 给出了热 ALD 和 PEALD 生长氧化铪时的速率与沉积温度的关系曲线，使用四(二甲基氨基)铪（TDMAH）作为金属前驱体，水和氧气等离子体分别作为热 ALD 和 PEALD 中的反应剂[32]。从图中可看出热 ALD 的工作窗口仅为 200～250 ℃，PEALD 则使得生长窗口扩大到了 150～250 ℃，再次说明等离子体的引入降低了生长的温度。图 7.7(b) 展示了前驱体脉冲时间与沉积速率的关系，从中可以看出两种生长方式在脉冲时间大于 1 s 时都表现出很好的饱和情况，沉积速率不随脉冲时间增加而增长。但是，PEALD 生长氧化铪的速率（1.2 Å/ 循环）要明显大于热 ALD（0.8 Å / 循环）。

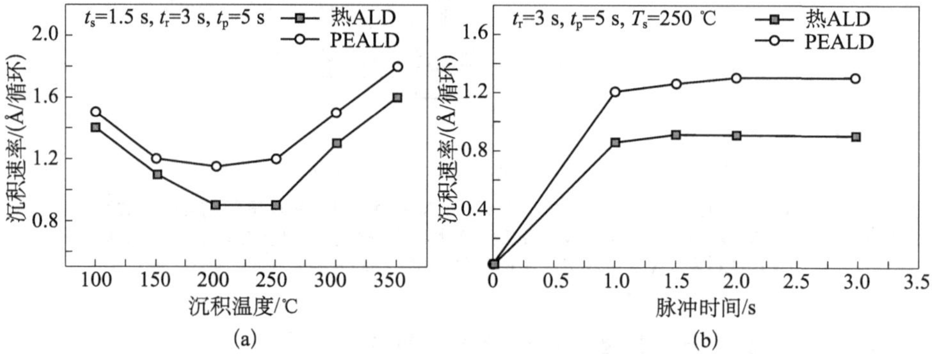

图 7.7　热 ALD 和 PEALD 生长氧化铪的速率与沉积温度 (a) 和前驱体脉冲时间 (b) 的关系曲线[32]

t_s，金属源脉冲时间；t_r，等离子脉冲时间；t_p，吹扫时间；T_s，沉积温度

等离子体气体源较传统反应剂水还有一个优点：需要的惰性气体吹扫时间短。尤其是在较低温度下（室温至 150 ℃）生长，水蒸气由于会在低温发生冷凝，需要很长的吹扫时间[36]，而等离子体只需较短的吹扫时间，因此 PEALD 缩短了生长周期，提高了效率。另外，热 ALD 常会出现成核延迟现象，而等离子体的引入可以缩短甚至跳过成核延迟。在硅衬底上分别使用热 ALD（NH_3 前驱体）和 PEALD（NH_3 等离子体、N_2+H_2 等离子体）生长 AlN，其厚度与生长循环数的关系如图 7.8 所示[37]。用热 ALD 生长 AlN 时，成核延迟现象很严重，50 个循环后才开始有 AlN 的形成，200 个循环之前沉积速率都较低，因此在硅片上热 ALD 生长 AlN 需经过大概 200 个循环的成核期后才能正常生长。而利用 PEALD 生长时，无论是 NH_3 等离子体还是 N_2+H_2 等离子体，在硅衬底上都表现出良好的生长特性，没有出现成核延迟现象，膜厚与生长循环呈线性关系。成核延迟的改善不仅提高了生长效率，而且有利于通过循环数来精确控制薄膜的厚度。

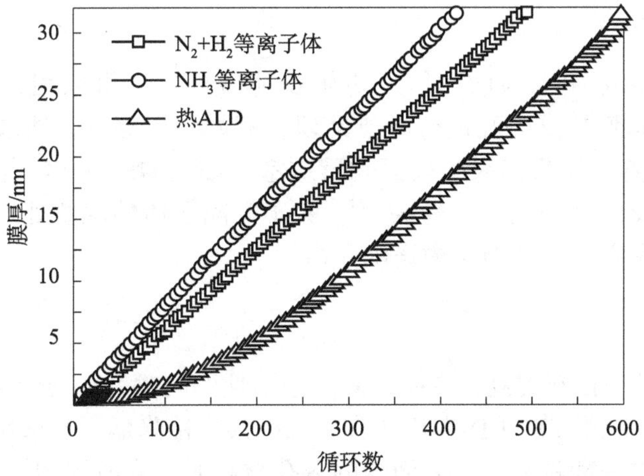

图 7.8　在硅衬底上采用热 ALD（NH_3）和 PEALD（NH_3 等离子体、N_2+H_2 等离子体）生长的 AlN 的厚度与循环数的关系 [37]

7.3.4　改进薄膜性能

很多研究指出，利用 PEALD 生长的薄膜比热 ALD 生长的薄膜具有更加优异的性能，如较高的薄膜密度、低的杂质含量、优异的电学性能 [38, 39]。图 7.9 给出了在硅衬底上分别用热 ALD 和 PEALD 生长的氧化镧的电学性能曲线，用 PEALD 生长的 MOS 结构相比热 ALD 具有较大的积累态电容和较小的界面态密度 [40]。性能的提高在很多情况下是得益于等离子体的高活性，可以和前驱体进行完全的化学反应，薄膜中杂质含量低。例如，以氯化物作为前驱体时，在热 ALD 中氯原子不能有效去除，使得薄膜中杂质含量较高而影响电学性能，而 PEALD 中高能量的氢等离子体能够较彻底地与氯反应，从而改善了性能。

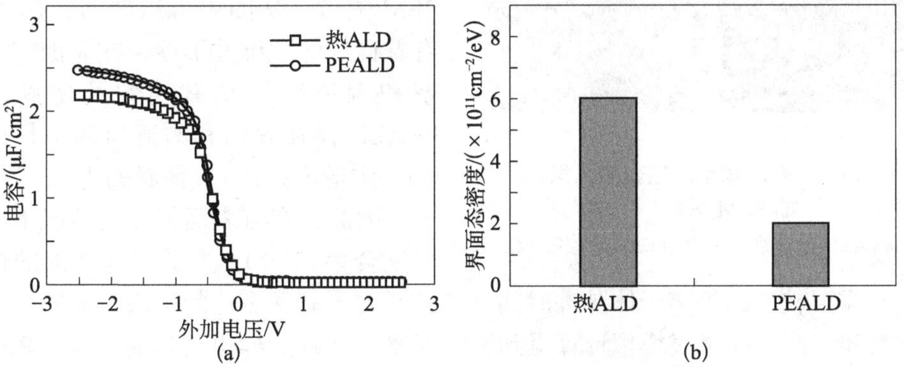

图 7.9　热 ALD 和 PEALD 生长的氧化镧的电学性质 [40]

(a) 电容 - 电压关系曲线；(b) 界面态密度

7.3.5　多功能化

等离子体除可用来与前驱体反应生长薄膜外，还可以用作原位的处理手段，对衬底、薄膜和反应腔进行原位处理。例如，用等离子体氧化或氮化沉积表面[41]；用等离子体吹扫衬底表面和反应室，如用 NF_3 或 SF_6 等离子体能轻松地去除沉积在反应室内的 TiN 薄膜[42]。关于等离子体的原位处理技术将在等离子体原位处理一节（7.5.3 节）中详细介绍。

7.3.6　局限

等离子体是一把双刃剑，在引入高反应活性的同时，也会带来一些不良的后果，首当其冲的就是 PEALD 生长薄膜的三维共形性降低。当选用具有沟道或孔洞的高深宽比衬底和具有大比表面积的多孔材料时，众所周知，热 ALD 对该类衬底有着非常优异的三维共形性，然而 PEALD 在这方面的性能有所下降。因为前面已经提到，PEALD 的等离子体前驱体与热 ALD 中的前驱体的不同之处在于，等离子体除了能进行与表面吸附前驱体的化学吸附反应外，活性粒子还能在表面碰撞复合成惰性的中性分子。因此在高深宽比结构和多孔衬底上，活性粒子为了到达结构的底部，必须经历多次与衬底表面的碰撞，碰撞造成的复合急剧降低了活性粒子的浓度，因而到达底部的等离子体前驱体已没有足够的活性来进行化学反应，造成了三维共形性的降低：PEALD 在非平面结构上沉积薄膜时，尤其对于高深宽比的结构，很难达到均匀生长。图 7.10 给出了在具有高深宽比结构的硅表面沉积金属 Co 的 SEM 图像。从图中可以看出，热 ALD 有着良好的三维共形性，在表面、沟道壁和沟道底均长有均匀的薄膜，而 PEALD 仅在表面和沟道顶部生长出了 Co，沟道内并无 Co 薄膜的生成[32]。

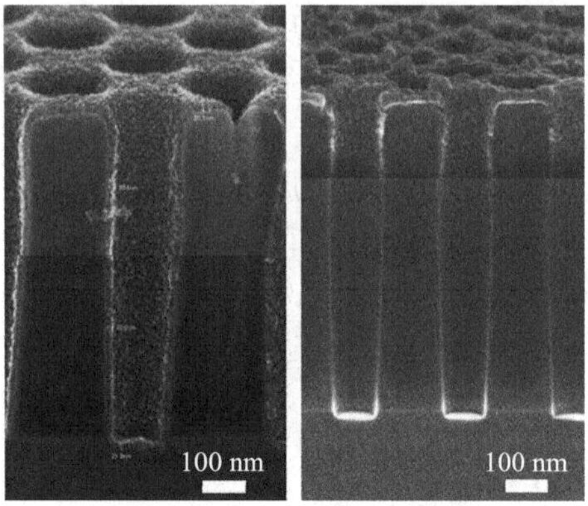

(a)　　(b)

图 7.10　在高深宽比的硅表面沉积 Co 的 SEM 图像[32]

(a) 热 ALD 生长的 Co；(b) PEALD 生长的 Co

因此，在有表面复合的情况下（表面复合率 $r>0$），为了达到表面的饱和吸附，需要较长的等离子体脉冲时间。尤其是对于高深宽比的衬底，需要更长的脉冲时间，图 7.11 通过模拟计算得到不同深宽比材料在 $r>0$ 时达到饱和吸附所需要的脉冲时间[14]。从图中可以看出，对于低深宽比（≤10）的衬底，在 $r<0.30$ 的情况下，通过适当延长脉冲时间，如脉冲时间延长 10 倍左右，也是可以实现

均匀生长的。但是对于高深宽比（≥30）衬底，为了达到均匀生长需要延长等离子体脉冲时间 100 倍以上，这在实际应用中是不能接受的。而当 r=0.90 时，即使低深宽比的衬底也难以使用 PEALD 进行生长。

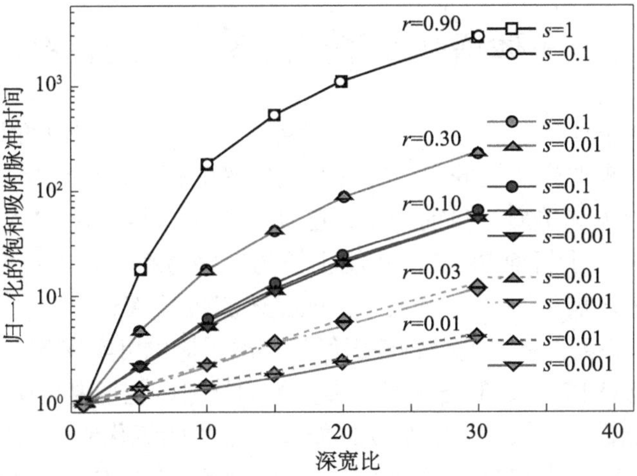

图 7.11　不同 r 值的衬底达到饱和吸附所需的脉冲时间与深宽比的关系 [14]

s 为反应概率

其次，高反应活性的等离子体会发生一系列的副反应，影响薄膜的生长，可以归纳为等离子体引发的损伤，主要有以下几类：①当衬底接触到高反应活性的等离子体时，会发生一些人们所不期望的副反应，如表面的氧化和氮化 [43-45]。在使用氧气等离子体生长的最初阶段，氧气等离子体与衬底的剧烈反应将会在衬底上形成很厚的界面层，如在硅衬底上生长氧化物时会形成较厚的氧化硅界面层 [46]。②高能粒子对衬底的撞击损伤。当高能离子撞击衬底表面时，会导致化学键的断裂、原子置换以及表面的电荷积累，这个效应常被用作反应离子刻蚀。虽然 PEALD 中使用的等离子体还不具有如此强大的破坏，但是也会对衬底表面造成一定的损伤，尤其是在直接等离子体增强原子层沉积中。例如，在生长 HfO_2 时，远程等离子体增强原子层沉积所得的薄膜为非晶态，但是界面性能要明显优于直接等离子体所得的多晶态，主要是直接等离子体增强原子层沉积中等离子体具有一定的动能，此时就不能忽略粒子对衬底的撞击损伤 [43]。③辐射损伤。前面已经提到，等离子体的引入会引发一定的电磁辐射（7.1.3 节），能量高达 10 eV，然而氧化物的带宽一般小于 9 eV，如 SiO_2 和高 k 材料等氧化物。这就意味着该辐射会激发氧化物的电子跃迁，导致在薄膜中形成较多的缺陷 [17]。

最后，等离子体的引入使得设备构造变得复杂，成本明显增加。在学术界，可以不太在意成本的投入，采用 PEALD 进行相关材料的生长研究。然而在工业界却是完全不一样的情况，必须严格考虑成本问题，因此仅当 PEALD 生长的材料性能远远优于热 ALD，或是热 ALD 无法实现的情况下，工业界才会选用 PEALD。例如，在多晶硅光伏产业，虽然证实在这个领域 PEALD 所生长的氧化铝的性能要优于热 ALD[64]，但是产业界出于成本考虑还是选用了热 ALD。

7.4　等离子体增强原子层沉积生长的材料与工艺

常用的等离子体气体有氧气、氮气、氢气、氨气或是它们的混合气体，这些等离子体可以用来取代传统的水、氨气、氢气等前驱体，以此生长氧化物、氮化物、化合物半导体和单质。目前为止，已经有不少材料通过 PEALD 的技术制备出来，图 7.12 总结了目前 PEALD 所能生长的一些材料。其中主要有金属，包括最初促进该技术发展的 Ti、Ta 金属 [4]，现在还能生长 Au[48]、Ag[49]、Al[50]、Cu[51]、Co[52]、Pt[53] 等一系列金属，此外，使用氢气等离子体也可实现碳单质的 PEALD 生长 [54, 55]。氮化物是 PEALD 制备中另一类重要的材料，包括氮化钛 [56]、氮化钽 [57]、氮化铝 [22]、氮化硅 [58] 等；利用热 ALD 能成熟生长的氧化铝、氧化锌、氧化铪等氧化物，自然也能采用 PEALD 进行生长，也能制备 SiO_2、Co_3O_4、SrO 等热 ALD 通常难以生长的氧化物 [59, 60]，还有多元氧化物 $SrTa_2O_6$[61]、$SrTiO_3$[62] 等；另外化合物半导体 GaAs[3]、碳化物 WC_x[63]、碳氮化合物 TaC_xN_y[64]、WC_xN_y[65]、硅化物 $CoSi_2$[66] 等也通过 PEALD 被成功制备出来。总体而言，PEALD 能够沉积金属、氮化物、氧化物以及一些其他化合物（包括硫化物、磷化物、氟化物等材料），下面将对 PEALD 所能生长的材料与工艺进行介绍。

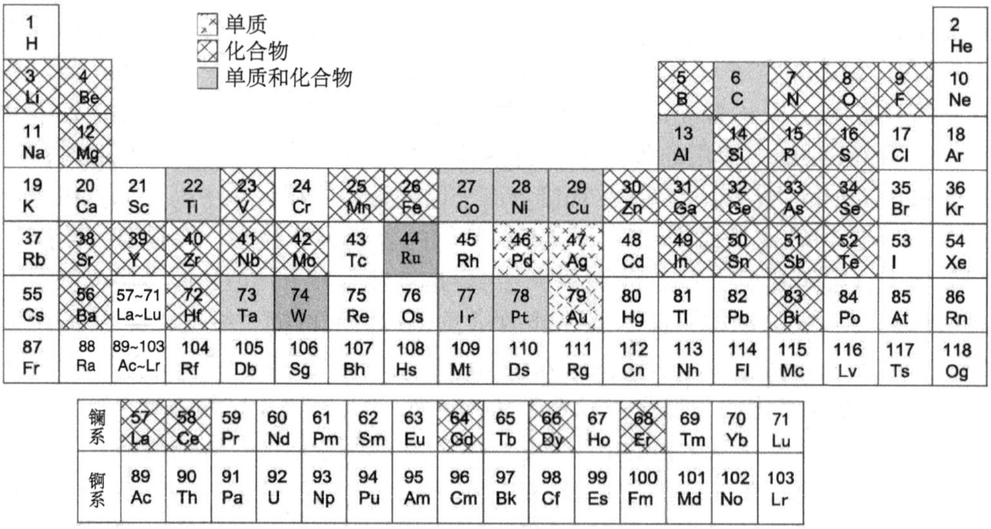

图 7.12　PEALD 所能生长的材料

7.4.1　金属

PEALD 最初受关注的是由于铜互连工艺中扩散阻挡层和黏附层的需求，使用氢气等离子体与 $TiCl_4$ 和 $TaCl_5$ 制备了金属钛和钽 [4]。扩散阻挡层和黏附层的理想厚度应该控制在纳米尺度 [67]，而由于热 ALD 过程中的成核延迟，难以在此厚度下获得均匀平整的薄膜，高活性的等离子体能够有效改善成核延迟问题，例如，以氨气等离子体与 $Ru(EtCp)_2$ 沉积制备钌金属时 [68]，在 10 个循环后表面就可形成密集的小颗粒，薄膜连续且平整。目前，PEALD 可制备多种适于铜扩散阻挡层和黏附层的金属，包括 Ti、Ta、Ru、Ir、W、Co 等 [38, 69-71]。铜互连工艺中的铜籽晶层可采用 ALD 生长的铜薄膜，铜籽晶层需要具有连续、平滑的表面，并且电阻率低，然而铜在氧化硅表面的黏附力较弱，受热易团聚形成大颗粒，导致电阻较大。因而铜 ALD 的理想沉积温度应低于 100 ℃ [72]，从而抑制热团聚的发生。使用 Cu(amd) 与氢气等离子体，在 50 ℃下即可获得连续平整的铜薄膜，且 15 nm 厚的薄膜具有较小的电阻率 (约 20 μΩ · cm) [51]。Pt、Ru、Pd、Ir 等金属易于还原到金属状态，因而利用 PEALD 工艺较易实现，已经有了不少报道，在催化、气体传感等领域具有重要的应用 [73, 74]。金和银具有优异的等离子体激元特性，在表面增强拉曼散射领域具有重要应用前景。但是，由于缺乏合适的前驱体和还原剂，金和银都较难制备。早在 2007 年，Niskanen 等使用三乙基膦 -Ag-2,2- 二甲基丙酸酯［PEt_3-$Ag(O_2C^tBu)$］和氢气等离子体 PEALD 获得了 Ag 膜，但 Ag 膜表面呈现明显的颗粒状，有较高的 P、O 残余 [49]。而 PEALD 制备金则是在 2015 年才有报道，使用 Me_3P-$AuMe_3$ 和氧气等离子体反应获得 [75]。而后，采用氢气等离子体与 Me_3P-$AuMe_3$ 反应也获得了金 [76]。但是，金和银的前驱体与生长工艺目前还相对较少。

7.4.2　氧化物

在 ALD 的发展历史中，制备高 k 栅介质是其最为重要的应用。热 ALD 制备氧化铪已经很成熟，进一步使用 PEALD 方法，可使氧化铪薄膜具有致密度高、杂质含量低、界面性质好等优点，从而提高电学性能，如更低的泄漏电流和更高的介电常数 [77-79]。除此之外，ALD 氧化物在薄膜封装、间隔层限制的双图形曝光、可穿戴智能柔性电子器件等领域均有重要的应用，但是由于基底对热较为敏感，传统热 ALD 并不适用。等离子体的高活性则可在低温甚至室温下进行沉积，例如，根据文献报道，PEALD 在室温下可沉积 Al_2O_3、SiO_2、TiO_2、ZnO 和 WO_3 等多种氧化物材料 [80-82]。氧化锂基的化合物在锂电池中具有重要的应用，因此受到相当多的关注，但是氧化锂具有很强的吸湿性，热 ALD 过程中使用水作为反应物需要相对较长的吹扫时间，而采用氧气等离子体则没有此问题 [83]，已经成

功制备了 $LiCoO_2$、Li_2CO_3 等材料 [83, 84]。通常对于 ALD 制备氧化物，等离子体的引入主要是为了获得热 ALD 中难以实现的性能与工艺，包括更高的薄膜质量和更低的沉积温度。

7.4.3 SiO_2 与 SiN_x

SiO_2 和 SiN_x 是微电子领域中非常重要的一类材料，然而通过热 ALD 进行沉积是非常困难的。采用 PEALD 进行 SiO_2 沉积则是相对简单的一个过程 [85,86]，在间隔层限制的双重图形技术中起到了至关重要的作用，这部分内容将在后面应用中（7.5.4 节）具体介绍。另一方面，对于 SiN_x 这一材料，即使引入了高活性的等离子体，想要实现高质量的沉积仍然很困难。为了能够将 SiN_x 用于微电子存储器件中，较低温度下的共形沉积是需要的。目前有多种 PEALD 工艺报道，包括使用卤化物或金属有机前驱体与 NH_3 或 N_2 等离子体进行反应 [87-90]，虽然取得了若干进展，但高质量的氮化硅生长依然存在挑战 [91]。除此之外，SiOC 这一低 k 材料的 PEALD 生长也受到一定关注，例如，利用 $(Me_2SiO)_4$ 前驱体和 Ar 等离子体在 100 ℃下进行反应，成功制备了介电常数为 2.7 的多孔低 k 的 SiOC 材料 [92]。

7.4.4 氮化物

除氮化硅外，其他氮化物也受到了广泛关注，并在工艺开发方面取得了较大的进展。在 21 世纪初由于铜互连扩散阻挡层的需求，包括 TiN 和 TaN 等导电氮化物被聚焦研究 [93, 94]。随后，多种新的导电氮化物通过 PEALD 制备出来，包括 VN_x、CoN_x、NiN_x、SnN_x、MoN_x、WN_x 等 [95-99]，理论上，所有稳定的氮化物都可以通过 PEALD 获得。需要指出的是，使用 PEALD 亦可制备具有良好超导性的 NbN 材料 [100,101]，并且由于氮含量会影响其超导性能，PEALD 在调控化学计量比方面有着一定的优势 [102]。此外，ALD 生长氮化物过程中面临一个不可避免的问题，就是氧杂质含量，这是由于在 ALD 反应器中存在着微量的 O_2 和 H_2O。最近研究表明，在等离子体暴露步骤中施加衬底偏压，证实可以降低导电 TiN 和 HfN_x 薄膜中的氧杂质含量 [103,104]。Ⅲ-Ⅴ族氮化物半导体（如 AlN、GaN 和 InN）由于在光电子学、高功率和高频电子学中的重要应用，引起人们强烈的研究兴趣。使用金属有机化学气相沉积和分子束外延可获得高质量的Ⅲ-Ⅴ族氮化物，然而这些技术需要较高的沉积温度，采用 PEALD 有望在较低的温度下获得高质量的材料。这方面 PEALD 也已取得了重要进展，包括对 AlN 和 GaN 等的生长进行了广泛研究 [105-107]，在多种衬底上实现外延沉积 InN[108]、在 GaN 上外延沉积 AlN[109] 等。

7.4.5 其他材料

目前来说，PEALD 主要用于金属、氧化物和氮化物的制备，但是随着多种等离子体气体引入到 PEALD 中，包括 H_2S、SF_6、$Te(SiEt_3)_2$、PH_3 和 Me_3PO_4 等，硫化物、氟化物、碲化物和磷酸盐现在也可以通过 PEALD 制备。例如，采用 H_2S 等离子体可制备 Al_2S_3、MoS_2、TiS_2、FeS_2、CoS_2、NiS_2 等硫化物 [110-114]，特别是现在对二维过渡金属二硫化物 (TMDs) 有着极大的兴趣，H_2S 等离子体在 ALD 中的应用有望变得更加普遍。使用 SF_6 等离子体可以获得 LiF、AlF_3 等氟化物 [115, 116]，此外，有趣的是使用 SF_6 作为等离子体气体并不会导致氟化物产物中明显的硫杂质。$Te(SiEt_3)_2$ 等离子体则可以与 $Ge(OEt)_4$ 反应生成 $GeTe_x$[117]。PH_3 等离子体可用于制备 CoP_x、GaP 等磷化物 [118, 119]，采用 Me_3PO_4 等离子体和氧气等离子体共同作为等离子体气体，则可以获得多种磷酸盐 [120, 121]。总之，随着这些新型等离子体气体在 PEALD 系统中的应用，将会获得越来越多的化合物类型，但是其中的 PEALD 反应机制尚需进一步研究。

7.5 等离子体增强原子层沉积的应用

等离子体的引入使得原子层沉积具备了更多的优势，除了在原有的半导体工业领域占据重要地位，也在其他许多领域，如能源、催化、纳米技术方面，展现出重要的应用前景。

7.5.1 铜互连的扩散阻挡层

尽管在 1991 年等离子体就首次被引入 ALD 中，但对 PEALD 的深入研究却是在 2000 年左右才兴起的。21 世纪初，人们已经认识到铜互连代替铝互连的紧迫性，然而铜的扩散能力非常强，因此有必要生长一种能有效阻挡铜扩散的阻挡层。基于这种需求，IBM 的工程师 Rossnagel 和同事们首先尝试利用 PEALD 的方法制备了 Ta 和 Ti[4]，这些金属薄膜用传统 ALD 方法是很难生长的，随后又采用 PEALD，选择金属有机物前驱体，相继研发出 TaN、TiN 等材料，氮化物的成功制备，可以避免使用金属氯化物前驱体引入的 Cl 元素污染。铜互连阻挡层材料的研究推动了 PEALD 技术的发展与成熟，近年来用此技术研制出多种扩散阻挡层材料，包括钌、铱等 [122, 123]，它们不仅能有效地阻挡铜的扩散，而且还是很好的铜电镀沉积籽晶层。例如，Jeong 等 [122] 通过 PEALD 制备的铱薄膜作为铜互连的阻挡层时，具有与铜黏附性好、生长铜膜平整等优点。

研究发现，通过在金属氮化物中引入第三种元素形成三元化合物，可以抑制材料的结晶，从而形成稳定的非晶态。这种非晶薄膜是优异的铜阻挡层材料。例如，WN_x 二元薄膜作为铜阻挡层材料时，在 600 ℃时就失效了，而三元的 W-Si-N 直到 800 ℃才失效。Ta-Si-N、Ti-Si-N 等材料也具有相似的效果。最近，Hong 等 [124] 使用一种含硅氨基的钨源与氢气等离子体反应生成了 W-Si-N 三元薄膜，该材料在 800 ℃退火 30 min 后依然保持着非晶态，如图 7.13(a) 所示，因此其作为铜的扩散阻挡层显示出优势。采用 PEALD 制备了 4 nm 厚的 W-Si-N 薄膜作为铜的扩散阻挡层，图 7.13(b) 显示了 Cu (100 nm)/W-Si-N (～4 nm)/Si 样品在不同温度下真空退火 30 min 后的 GIAXRD 图谱，结果表明在 4 nm W-Si-N 的保护下，600 ℃退火仍未出现硅铜合金，表明其能有效地抑制铜向衬底的扩散。

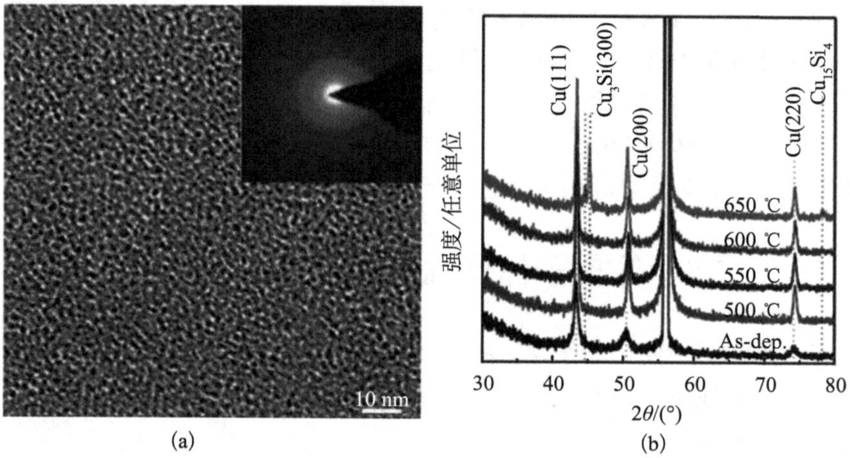

图 7.13　PEALD 制备 4 nm 厚 W-Si-N 三元薄膜的热稳定性 [124]

(a) W-Si-N 薄膜在 800 ℃下真空退火 30min 后的 TEM 图；(b) Cu (100 nm)/W-Si-N (～4 nm)/Si 样品在不同温度下真空退火 30min 后的 GIAXRD 图谱

相比于物理气相沉积（PVD）技术，使用 PEALD 制备的阻挡层材料具有更加优异的性能，尤其是在阻挡层材料的厚度小于 10 nm 的情况下。这是因为 PVD 生长的薄膜多为多晶态，而 PEALD 生长的薄膜常为非晶态，可以避免铜沿着晶界扩散引起的漏电流。图 7.14 为铜穿透阻挡层的示意图，如 (a)、(b) 所示，晶界为铜扩散的主要路径，对于多晶薄膜，随着厚度的减小，铜扩散变得非常容易。而对于非晶态薄膜，即使薄膜厚度很薄时，铜的扩散也不是很容易。Kim 等 [125] 使用金属有机前驱体 $Ta(NMe_2)_5$ 和 N_2 等离子体制得的氮化钽具有非常好的性能，仅仅 0.6 nm 厚的氮化钽阻挡层就具有高达 800℃的失效温度。

除此之外，利用 PEALD 方法制备铜互连扩散阻挡层材料还有一个独特的优势。如上所述，PEALD 生长薄膜的三维共形性较差，但此缺点在这里却产生了意想不到的好效果，使其在多孔介电薄膜上沉积的阻挡层不会像传统的热 ALD 一样，渗入介电材料的孔隙，进而恶化其性能 [126]。

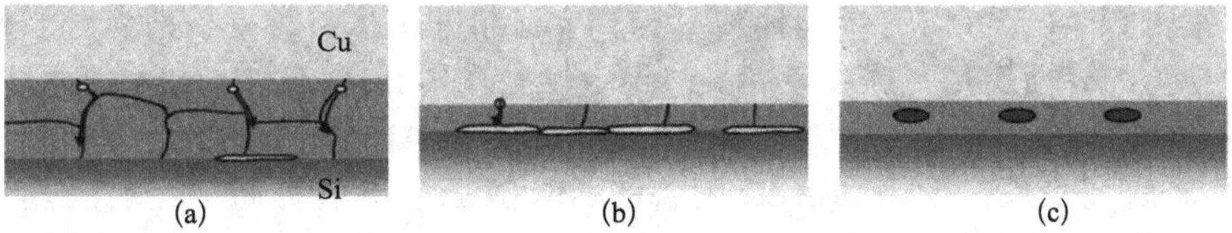

图 7.14　在厚多晶薄膜 (a)、薄多晶薄膜 (b) 和非晶薄膜 (c) 中铜的扩散示意图 [125]

7.5.2　高介电常数材料

随着器件的单元尺寸以摩尔定律预言的速度不断下降，对栅介电材料的选择提出了更大的挑战。传统的二氧化硅已经接近其极限厚度（1 nm），对于用高介电常数材料，如氧化铪和稀土氧化物等来代替二氧化硅栅介质，传统 ALD 在这方面已经做了很多工作，而等离子体的引入让这项研究如虎添翼。图 7.10 已经提到 PEALD 制备的氧化镧高介电常数薄膜材料比热 ALD 有更优异的性能 [40]。

Park 等 [127] 的研究也表明，PEALD 方法沉积使氧化铪薄膜具有致密度高、杂质含量低、界面性质好等优点。相比于热 ALD，用 $Hf(NEtMe)_4$ 和氧气等离子体生长 HfO_2 时可得更厚的界面层（PEALD 为 2 nm 厚，ALD 为 1.5 nm 厚），但是界面层由 Hf-Si-O 组成，比热 ALD 中纯天然 SiO_2 具有更大的介电常数，相同厚度 HfO_2 下具有更小的等效氧化层厚度（EOT），如图 7.15(a) 所示。并且 PEALD 制备样品的漏电流密度比热 ALD 低三个量级［图 7.15(b)］，主要是由于 PEALD 生长的薄膜致密，杂质含量小。但是等离子体的作用也造成了薄膜较大的固定氧化物电荷密度。

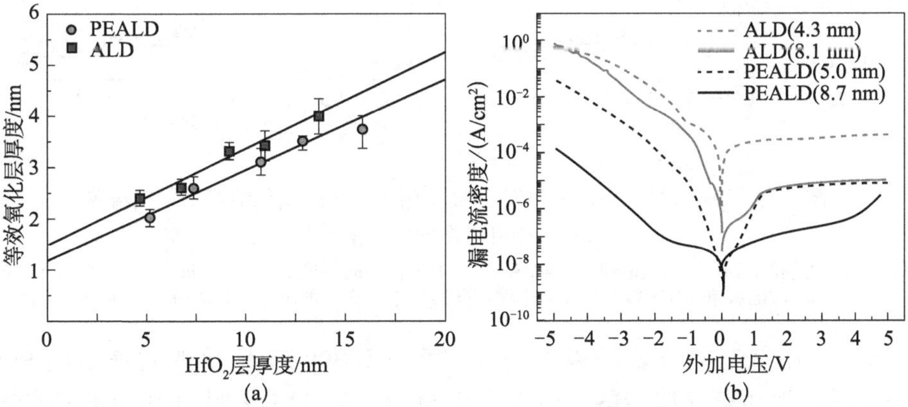

图 7.15　热 ALD（水）和 PEALD（氧气等离子体）生长 HfO_2 薄膜的电学性能 [127]

(a) 等效氧化层厚度（EOT）与 HfO_2 的物理厚度的关系；(b) 不同厚度的 HfO_2 薄膜的电流密度-电压曲线

使用 PEALD 可以在半导体衬底与高 k 材料间引入界面层，改善高 k 材料与半导体的界面质量，提高界面的热稳定性。采用 PEALD 在 GaAs 衬底与高 k 材料 HfO_2 之间引入 AlN 作为界面保护层，并与热 ALD 制备的氧化铝薄膜做对比[128]。研究发现，采用 PEALD 制备的 AlN 界面层显著提高了界面的热稳定性，如图 7.16(b) 所示，在后退火过程中没有明显的氧化物生成。然而 HfO_2/Al_2O_3/GaAs 界面却在退火后急剧恶化，生成了大量的氧化物［图 7.16(a)］。相应地，HfO_2/AlN/GaAs 具备更优异的电学性能，即使在退火过后依然有着优异的界面质量，具有较低的界面态密度和稳定的积累态电容，如图 7.16(c)、(d) 所示，HfO_2/AlN/GaAs 的积累态电容在退火之后没有像 HfO_2/Al_2O_3/GaAs 一样出现严重的衰减。

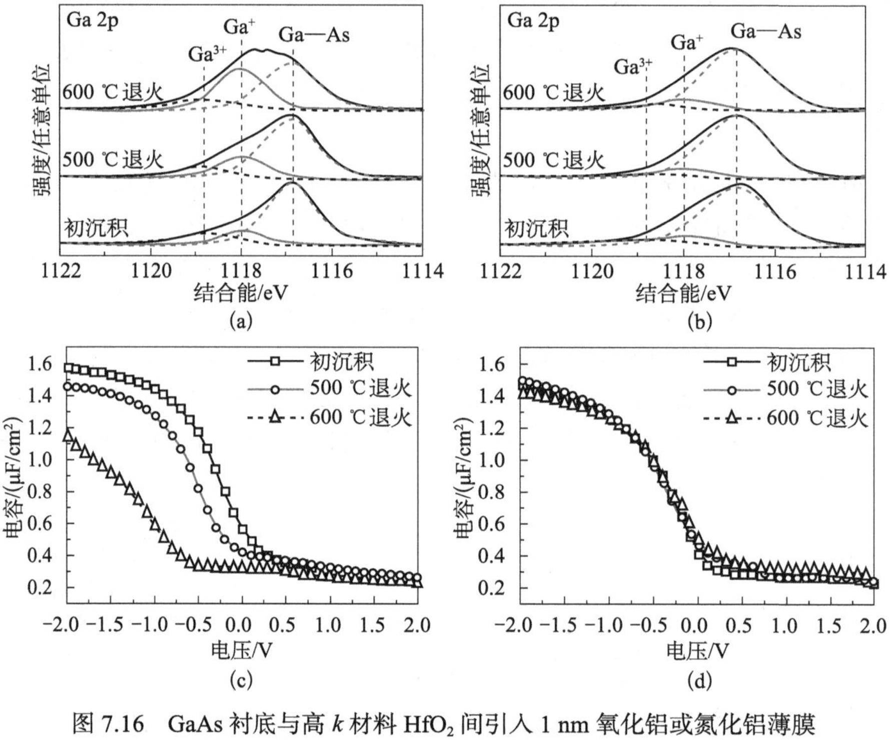

图 7.16　GaAs 衬底与高 k 材料 HfO_2 间引入 1 nm 氧化铝或氮化铝薄膜对界面和电学性能的影响[128]

(a) 1 nm 氧化铝和 (b) 1 nm 氮化铝薄膜在 GaAs 衬底上进行不同温度退火后的 Ga 2p XPS 谱；(c) HfO_2/Al_2O_3/GaAs 和 (d) HfO_2/AlN/GaAs 在不同温度下退火后的电容−电压（C-V）曲线

此外，在室温下有着超高的介电常数（k=300）、化学性质稳定的 $SrTiO_3$（STO）可作为动态存储器的电容器介电材料。热 ALD 中由于没有合适的前驱体，难以生长 STO，众多其他方法制备的 STO 的介电常数均难以超过 100[129]，而 Yim 等[130] 利用 PEALD 制得的样品的介电常数却可高达 130 左右。

7.5.3　等离子体原位处理

前面已经提到使用 PEALD 生长 AlN 作为 GaAs 的界面层，以此来提升高 *k* 材料与衬底间的界面质量，在此过程还发现 NH_3 等离子体对 GaAs 衬底有着“自清洁”的作用 [128]。自清洁作用是指在 ALD 生长过程中，金属前驱体与衬底表面氧化物发生反应而将其去除的效应，常见于Ⅲ-Ⅴ族衬底。例如，TMA 能减少 GaAs 表面的天然氧化物 [131]。NH_3 等离子体有着类似的自清洁效应，GaAs 表面经 NH_3 等离子体处理后，X 射线光电子能谱（XPS）中未发现 Ga、As 的氧化物的信号，并且 As 的信号也未探测到，因此可以推测出 NH_3 等离子体（P）与 GaAs 衬底发生了式（7.1）～式（7.3）所示的反应，不仅能够去除 GaAs 表面的天然氧化物，并且将 GaAs 转化为 GaN，可获得优异的界面性能。如图 7.17 所示，10 循环的热 ALD-Al_2O_3 的生长依靠 TMA 的自清洁作用能去除 GaAs 表面大部分天然氧化物，但是不够完全，而 10 循环的 PEALD-AlN 生长则彻底去除了 GaAs 表面的天然氧化物。

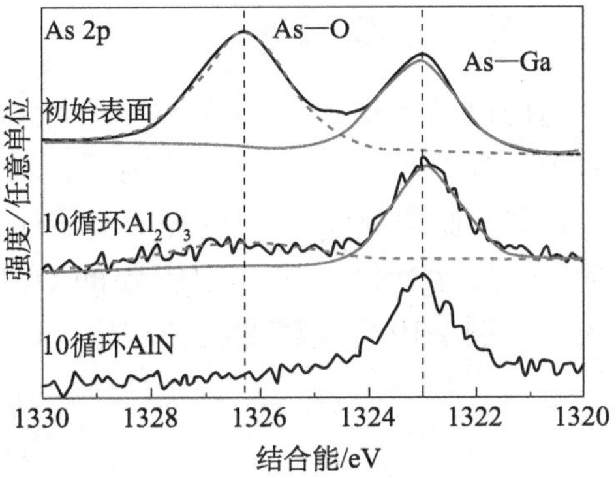

图 7.17　热 ALD 生长 10 循环 Al_2O_3 和 PEALD 生长 10 循环 AlN 的 GaAs 表面 As 2p XPS 谱 [128]

$$12H\cdot + As_2O_3 \longrightarrow 3H_2O + 2AsH_3 \tag{7.1}$$

$$2NH_3\,(P) + Ga_2O_3 \longrightarrow 3H_2O + 2GaN \tag{7.2}$$

$$NH_3\,(P) + GaAs \longrightarrow AsH_3 + GaN \tag{7.3}$$

此外，NH_3 等离子体也被用于对 Ge 衬底进行预处理，实现了将 Ge 表面的天然氧化物氮化为锗的氮氧化物（GeO_xN_y）[132]。所得的 GeO_xN_y 比天然氧化物 GeO_2 具有更好的热稳定性，从截面 HRTEM 中可以看出（图 7.18），未经 NH_3 等离子体处理的样品在退火后形成了明显的界面层，而 NH_3 等离子体处理后的样品有着清晰的 HfO_2/Ge 界面，没有生成明显的界面层。相应地，NH_3 等离子体处理后的样品具有更加优异的电学性能，获得了等效电容厚度（CET）仅为 0.96nm 的 MOS 结构。

等离子体预处理除了用于改善高 *k* 材料与衬底的界面性质外，还可以使用等离子体来活化惰性衬底。例如，使用氧气等离子体活化石墨烯或碳基衬底，使用水等离子体活化聚合物衬底等，从而促进 ALD 在衬底上进行反应 [133-135]。

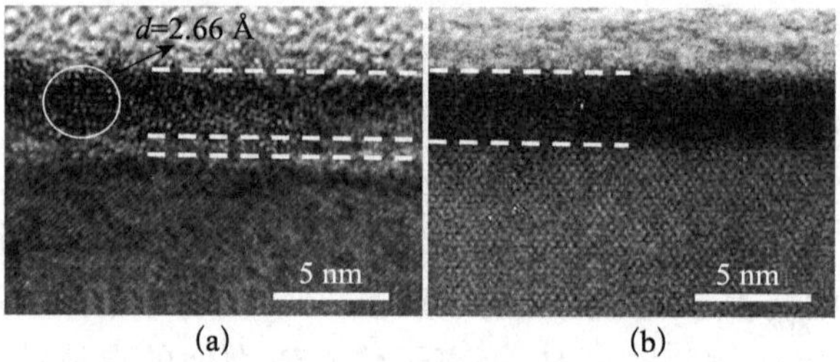

图 7.18　未经 NH_3 等离子体处理 (a) 和 60 s NH_3 等离子体处理后 (b) 的 Ge 衬底生长 3 nm HfO_2 的截面 HRTEM 图 [132]

7.5.4　低温（室温）沉积

前面已经提到，引入高反应活性的等离子体可以大大降低反应温度，甚至是在室温下实现生长。以氧气等离子体为例，对 PEALD 进行了生长二氧化硅的理论模拟和实验研究 [136]。氧气经等离子体化后存在 O_2、O_2^*、O、O*、O^{2+}、O^+、O^-、e 等粒子，计算仅讨论其中主要的 O_2（$^3O_2$）、O_2^*（$^1O_2$）、O（^3O）、O*（^1O）四种粒子。图 7.19 为由密度泛函理论（DFT）计算所得的氧气等离子体中各成分粒

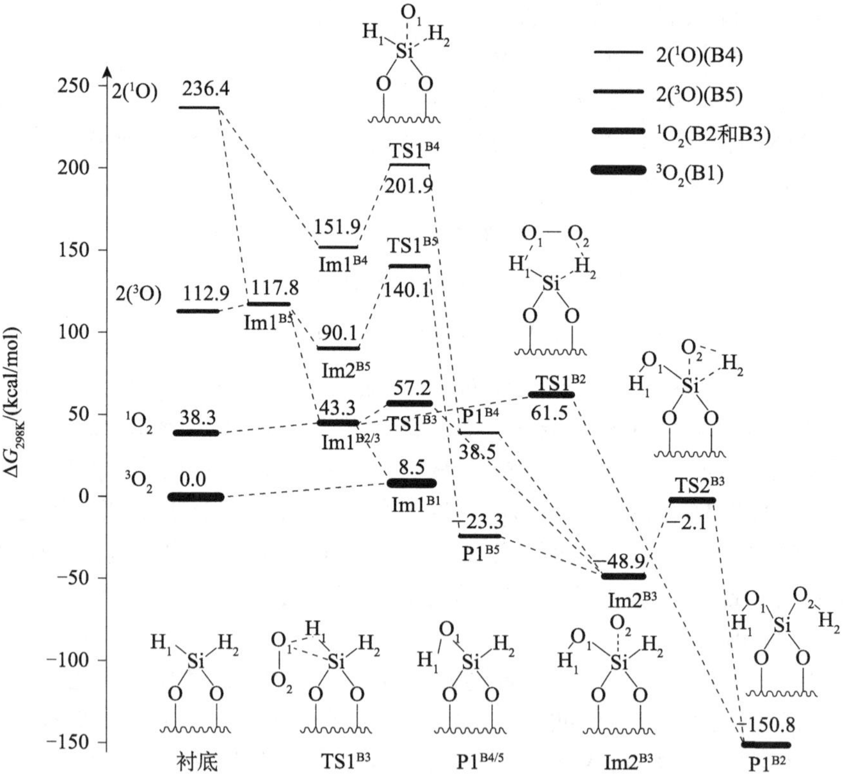

图 7.19　氧气等离子体中各成分粒子与表面硅烷基团反应的吉布斯自由能 [136]

子与表面硅烷基团（前驱体）反应的吉布斯自由能。由图可得在室温下，O_2分子对硅烷基团呈现惰性，而O_2^*、O、O* 则能强烈地氧化表面的硅烷基团，从而使得室温下能实现二氧化硅的生长。同时实验也证实，使用PEALD在室温下成功生长出二氧化硅。

由于生长温度的降低，甚至在室温下进行，可以在温度敏感的材料表面进行薄膜沉积，由此带来了一系列的应用，包括薄膜封裹（encapsulation）、间隔层限制的双重图形曝光、可穿戴智能柔性电子器件等。并且，随着温度敏感材料越来越广泛的应用，PEALD将是该领域最有应用前景的一项制备技术。

1）薄膜封裹

低温原子层沉积的一个重要应用就是用来保护样品避免水蒸气、酸碱及有机溶剂的腐蚀。为了保持衬底的机械性能（如聚合物）和避免高温下衬底的氧化，常常需要在低温下，甚至室温下沉积薄膜。很多研究表明，用PEALD制备的氧化物薄膜（如氧化铝、二氧化钛）能有效地阻挡水蒸气、氧气等的渗透[137, 138]，从而有效保护器件。在这类应用中，使用最广泛的还是氧化铝。研究表明，使用PEALD生长的氧化铝要比热ALD具有更好的成核能力和致密性，因此，使用PEALD生长更薄的厚度即可达到保护的效果。

例如，用氧化铝封裹有机发光二极管（OLED）器件，不仅可以有效地阻挡水蒸气的扩散，还能减少材料的小孔密度。与等离子体增强化学气相沉积（PECVD）和PVD相比，原子层沉积具有明显的优势，其沉积温度低，沉积薄膜的致密度大，填隙性好，在很薄的情况下依然可以表现出优异的密封性。Langereis等[138]的研究表明，PEALD在室温下生长的薄膜具有优异的阻挡水蒸气渗透的能力，如图7.20所示，在室温下沉积的Al_2O_3薄膜阻挡水蒸气的渗透效果十分突出。仅仅10 nm的氧化铝即可很好地阻挡水蒸气的渗透，从而保护器件。

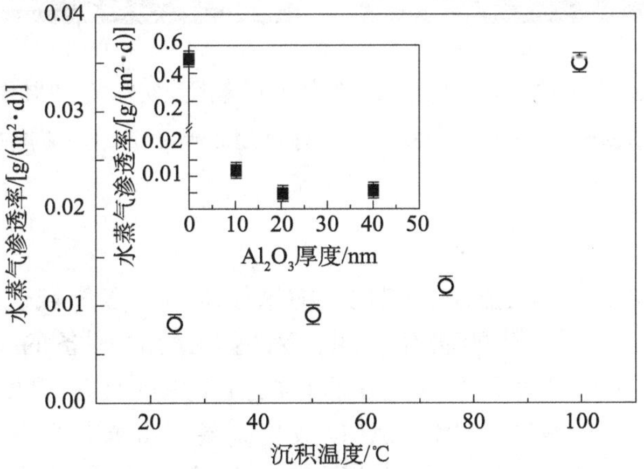

图7.20　不同沉积温度下使用PEALD制备的20 nm Al_2O_3薄膜的水蒸气渗透率[81]

内插图为水蒸气渗透率与膜厚的关系

2）间隔层限制的双重图形技术

在半导体工业生产中，为了满足器件尺寸越来越小的要求，多种更小分辨率的曝光技术得以开发出来，如深紫外曝光——采用波长为 13.5 nm 的紫外光，或者在现有技术下引入双重曝光与双掩膜的方法。利用 PEALD 低温生长的特性，研发出只需要一次曝光即可实现双重图形曝光效果的技术，称为间隔层限制的双重图形技术（spacer-defined double patterning）。图 7.21(a) 为该方法的示意图[139]，首先在衬底上镀上光刻胶并光刻制备好第一步图形（Ⅰ）；然后使用 PEALD 在光刻胶上沉积薄膜，如二氧化硅（Ⅱ）；随后采用各向异性的方法刻蚀掉二氧化硅，并洗掉光刻胶（Ⅲ、Ⅳ）；将生成的二氧化硅结构作为第二次刻蚀的掩膜来刻蚀衬底，最后去除二氧化硅即得到了所需的结构（Ⅴ）。

从流程示意图中可知，使用 PEALD 生长一层薄且均匀的二氧化硅薄膜是该步骤中的关键，而一般光刻胶都不耐高温，因此必须在低温下进行生长。图 7.21(b)、(c) 为具有光刻胶图案的硅衬底在进行 PEALD 二氧化硅沉积前后的 SEM 图像，从图中可以看出，PEALD 能在低温下沉积一层均匀的二氧化硅薄膜，并且不破坏光刻胶图案。该方法已经被用来制造 DRAM 器件，可用作下一代逻辑器件[140-142]。

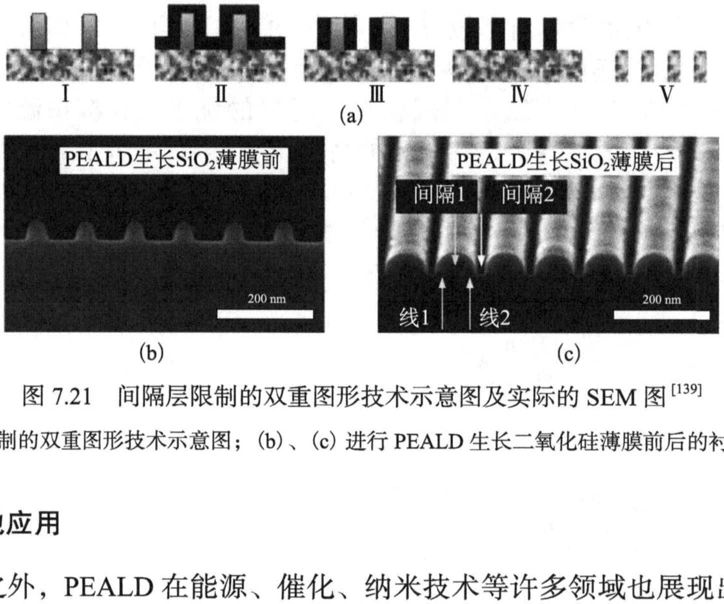

图 7.21 间隔层限制的双重图形技术示意图及实际的 SEM 图[139]

(a) 间隔层限制的双重图形技术示意图；(b)、(c) 进行 PEALD 生长二氧化硅薄膜前后的衬底 SEM 图像

7.5.5 其他应用

除此之外，PEALD 在能源、催化、纳米技术等许多领域也展现出重要的应用前景。例如，Lee 等[143]的研究表明，采用 PEALD 制备的 TiO_2 具有优异的光催化性能，紫外光照射下可催化分解有机物，并具有超亲水表面，可用作自清洁材料；Kariniemi 等[49]利用 PEALD 成功制备了金属银薄膜，可以用来有效地激发表面等离激元；Bosund 等[144]用 TMA 和氨气等离子体制备出了高带隙 AlN，可用于紫外发光二极管、微波过滤器、染料敏化太阳能电池等；Lee 等[145]

用 PEALD 方法制备的金属镍，可以用作电接触材料，其电阻率小，性能优异；Kozen 等[146]使用氮气等离子体与 LiO^{i}Bu、H_2O、$P(CH_3)_3$ 等前驱体反应生长固态电解质，可用于全固态锂电池。

7.6 展望与挑战

如今，除了半导体行业外，其他领域对超薄薄膜的需求也越来越大，使得 ALD 的应用越来越广泛。相应地，就需要 ALD 能提供更加灵活与多样的沉积方式。等离子体的引入使传统原子层沉积技术得到改进，具备了更突出的优势：降低了沉积温度，拓宽了前驱体和生长薄膜材料的种类，提高了生长速率，同时改进了薄膜的性能，使 PEALD 不仅在原先的半导体领域取得了更好的应用效果，制备的 MOS 结构具有更大的积累态电容和更小的界面态密度，铜互连阻挡层材料性能优异，而且使其在薄膜封裹、能源、催化、纳米材料等领域也表现出了独特的优势。因此，人们对 PEALD 的研究兴趣越来越浓厚，不少公司都相继推出了不同特点的 PEALD 设备。不过目前 PEALD 也面临着一些挑战，如薄膜三维共形性的下降、设备系统复杂等，这些问题还需进一步研究以改进解决。

随着超薄材料在微电子、纳米材料、生物材料、显示器、能源等领域越来越重要的应用前景，PEALD 凭借着在低温沉积高质量的超薄薄膜方面独特的优势，已经成为薄膜制备技术领域的后起之秀。相信不远的将来，它必将取得更大的发展和应用。

参 考 文 献

[1] Suntola T, Antson T. Method for producing compound thin films: U.S. Patent, 4058430, 1977

[2] Leskela M, Ritala M. Atomic layer deposition(ALD): From precursors to thin film structures. Thin Solid Films, 2002, 409: 138-146

[3] de Keijser M, van Opdorp C. Atomic layer epitaxy of gallium arsenide with the use of atomic hydrogen. Appl. Phys. Lett., 1991, 58: 1187-1189

[4] Rossnagel S M, Sherman A, Turner F. Plasma-enhanced atomic layer deposition of Ta and Ti for interconnect diffusion barriers. J. Vac. Sci. Technol. B, 2000, 18: 2016-2020

[5] Web of Knowledge, http://apps.isiknowlegde.com. [July, 2024]

[6] Puurunen R L. Surface chemistry of atomic layer deposition: A case study for the trimethylaluminum/water process. J. Appl. Phys., 2005, 97: 121301

[7] George S M. Atomic layer deposition: An overview. Chem. Rev., 2010, 110: 111-131

[8] Profijt H B, Potts S E, van de Sanden M C M, et al. Plasma-assisted atomic layer deposition: Basics, opportunities, and challenges. J. Vac. Sci. Technol. A, 2011, 29: 050801

[9] Dingemans G, Seguin R, Engelhart P, et al. Silicon surface passivation by ultrathin Al_2O_3 films synthesized by thermal and plasma atomic layer deposition. Phys. Status Solidi RRL., 2010, 4: 10-12

[10] Niskanen A, Rahtu A, Sajavaara T, et al. Radical-enhanced atomic layer deposition of metallic copper thin films. J. Electrochem. Soc., 2005, 152: G25-G28

[11] Lieberman M A, Lichtenberg A J. Principles of Plasma Discharges and Materials Processing. 2nd ed. New York: John Wiley & Sons, 2005

[12] Mackus A J M, Heil S B S, Langereis E, et al. Optical emission spectroscopy as a tool for studying, optimizing, and monitoring plasma-assisted atomic layer deposition processes. J. Vac. Sci. Technol. A, 2010, 28: 77-87

[13] Profijt H B, Kudlacek P, Van de Sanden M C M, et al. Ion and photon surface interaction during remote plasma ALD of metal oxides. J. Electrochem. Soc., 2011, 158: G88-G91

[14] Knoops H C M, Langereis E, van de Sanden M C M, et al. Conformality of plasma-assisted ALD: Physical processes and modeling. J. Electrochem. Soc., 2010, 157: G241-G249

[15] Gudmundsson J T, Kouznetsov I G, Patel K K, et al. Electronegativity of low-pressure high-density oxygen discharges. J. Phys. D: Appl. Phys., 2001, 34: 1100-1109

[16] Heil S B S, Langereis E, Roozeboom F, et al. Low-temperature deposition of TiN by plasma-assisted atomic layer deposition. J. Electrochem. Soc, 2006, 153: G956-G965

[17] Langereis E, Heil S B S, Van de Sanden M C M, et al. *In situ* spectroscopic ellipsometry study on the growth of ultrathin TiN films by plasma-assisted atomic layer deposition. J. Appl. Phys., 2006, 100: 023534

[18] Lee H Y, Han J H, Choi B J. Growth of conformal TiN thin film with low resistivity and impurity via hollow cathode plasma atomic layer deposition. J. Vac. Sci. Technol. A, 2024, 42: 022405

[19] Kim H S, Meng X, Kim S J, et al. Investigation of the physical properties of plasma enhanced atomic layer deposited silicon nitride as etch stopper. ACS Appl. Mater. Interfaces, 2018, 10: 44825-44833

[20] Kim H S, Hwang S M, Meng X, et al. High growth rate and high wet etch resistance silicon nitride grown by low temperature plasma enhanced atomic layer deposition with a novel silylamine precursor. J. Mater. Chem. C, 2020, 8: 13033-13039

[21] Meng X, Kim H S, Lucero A T, et al. Hollow cathode plasma-enhanced atomic layer deposition of silicon nitride using pentachlorodisilane. ACS Appl. Mater. Interfaces, 2018, 10: 14116-14123

[22] Ozgit-Akgun C, Goldenberg E, Okyay A K, et al. Hollow cathode plasma-assisted atomic layer deposition of crystalline AlN, GaN and $Al_xGa_{1-x}N$ thin films at low temperatures. J. Mater. Chem. C, 2014, 2: 2123-2136

[23] Jeong H Y, Kim Y I, Lee J Y, et al. A low-temperature-grown TiO_2-based device for the flexible stacked RRAM application. Nanotechnology, 2010, 21: 115203

[24] Ozgit C, Donmez I, Alevli M, et al. Self-limiting low-temperature growth of crystalline AlN thin films by plasma-enhanced atomic layer deposition. Thin Solid Films, 2012, 520: 2750-2755

[25] Zhang J, Yang H, Zhang Q, et al. Bipolar resistive switching characteristics of low temperature grown ZnO thin films by plasma-enhanced atomic layer deposition. Appl. Phys. Lett., 2013, 102: 012113

[26] Minjauw M M, Dendooven J, Capon B, et al. Atomic layer deposition of ruthenium at 100 ℃ using the RuO_4-precursor and H_2. J. Mater. Chem. C, 2015, 3: 132-137

[27] Minjauw M M, Dendooven J, Capon B, et al. Near room temperature plasma enhanced atomic layer deposition of ruthenium using the RuO_4-precursor and H_2-plasma. J. Mater. Chem. C, 2015, 3: 4848-4851

[28] Kim H, Cabral C, Lavoie C, et al. Diffusion barrier properties of transition metal thin films grown by plasma-enhanced atomic-layer deposition. J. Vac. Sci. Technol. B, 2002, 20: 1321-1326

[29] Kim H, Rossnagel S M. Plasma-enhanced atomic layer deposition of tantalum thin films: The growth and film properties. Thin Solid Films, 2003, 441: 311-316

[30] Carcia P F, McLean R S, Groner M D, et al. Gas diffusion ultrabarriers on polymer substrates using Al_2O_3 atomic

layer deposition and SiN plasma-enhanced chemical vapor deposition. J. Appl. Phys., 2009, 106: 023533

[31] Ozgit-Akgun C, Kayaci F, Vempati S, et al. Fabrication of flexible polymer-GaN core-shell nanofibers by the combination of electrospinning and hollow cathode plasma-assisted atomic layer deposition. J. Mater. Chem. C, 2015, 3: 5199-5206

[32] Kim H. Characteristics and applications of plasma enhanced-atomic layer deposition. Thin Solid Films, 2011, 519: 6639-6644

[33] Niskanen A, Arstila K, Leskelä M, et al. Radical enhanced atomic layer deposition of titanium dioxide. Chem. Vap. Deposition, 2007, 13: 152-157

[34] Xie Q, Musschoot J, Deduytsche D, et al. Growth kinetics and crystallization behavior of TiO_2 films prepared by plasma enhanced atomic layer deposition. J. Electrochem. Soc., 2008, 155: H688-H692

[35] Elers K E, Winkler J, Weeks K, et al. $TiCl_4$ as a precursor in the TiN deposition by ALD and PEALD. J. Electrochem. Soc., 2005, 152: G589-G593

[36] Groner M D, Fabreguette F H, Elam J W, et al. Low-temperature Al_2O_3 atomic layer deposition. Chem. Mater., 2004, 16: 639-645

[37] Van Bui H, Wiggers F B, Gupta A, et al. Initial growth, refractive index, and crystallinity of thermal and plasma-enhanced atomic layer deposition AlN films. J. Vac. Sci. Technol. A, 2015, 33: 01A111

[38] Kwon O K, Kwon S H, Park H S, et al. PEALD of a ruthenium adhesion layer for copper interconnects. J. Electrochem. Soc., 2004, 151: C753-C756

[39] Kwon O K, Kwon S H, Park H S, et al. Plasma-enhanced atomic layer deposition of ruthenium thin films. Electrochem. Solid-State Lett., 2004, 7: C46-C48

[40] Kim W H, Maeng W J, Moon K J. Growth characteristics and electrical properties of La_2O_3 gate oxides grown by thermal and plasma-enhanced atomic layer deposition. Thin Solid Films, 2010, 519: 362-366

[41] Kim S, Woo S, Hong H, et al. Effect of buffer layer for HfO_2 gate dielectrics grown by remote plasma atomic layer deposition. J. Electrochem. Soc., 2007, 154: H97-H101

[42] Heil S B S, Hemmen J L V, Hodson C J, et al. Deposition of TiN and HfO_2 in a commercial 200 mm remote plasma atomic layer deposition reactor. J. Vac. Sci. Technol. A, 2007, 25: 1357-1366

[43] Choi J, Kim S, Kang H, et al. Effects of N_2 remote plasma nitridation on the structural and electrical characteristics of remote plasma atomic layer-deposited HfO_2 films. Electrochem. Solid-State Lett., 2006, 9: F13-F15

[44] Kim S W, Kwon S H, Jeong S J, et al. Improvement of copper diffusion barrier properties of tantalum nitride films by incorporating ruthenium using PEALD. J. Electrochem. Soc., 2008, 155: H885-H888

[45] Kim B H, Jeon W S, Jung S H, et al. Interstitial oxygen incorporation into silicon substrate during plasma enhanced atomic layer deposition of Al_2O_3. Electrochem. Solid-State Lett., 2005, 8: G294-G296

[46] Ha S C, Choi E, Kim S H, et al. Influence of oxidant source on the property of atomic layer deposited Al_2O_3 on hydrogen-terminated Si substrate. Thin Solid Films, 2005, 476: 252-257

[47] Dingemans G, Kessels W M M. Recent progress in the development and understanding of silicon surface passivation by aluminum oxide for photovoltaics. Proceedings of the 25th European Photovoltaic Solar Energy Conference, Valencia, Spain. 2010

[48] Van Daele M, Griffiths M B, Minjauw M M, et al. Reaction mechanism of the Me_3AuPMe_3-H_2 plasma-enhanced ALD process. Phys. Chem. Chem. Phys., 2020, 22: 11903-11914

[49] Niskanen A, Hatanpää T, Arstila K, et al. Radical-enhanced atomic layer deposition of silver thin films using phosphine adducted silver carboxylates. Chem. Vap. Deposition, 2007, 13: 408-413

[50] Lee Y J, Kang S W. Study on the characteristics of alumdinum thin films prepared by atomic layer deposition. J. Vac.

Sci. Technol. A, 2002, 20: 1983-1988

[51] Guo Z, Li H, Chen Q, et al. Low-temperature atomic layer deposition of high purity, smooth, low resistivity copper films by using amidinate precursor and hydrogen plasma. Chem. Mater., 2015, 27: 5988-5996

[52] Liu J, Lu H, Zhang D W, et al. Self-limiting nitrogen/hydrogen plasma radical chemistry in plasma-enhanced atomic layer deposition of cobalt. Nanoscale, 2022, 14: 4712-4725

[53] Park H W, Seo B G, Shim J W, et al. Atomic layer deposited platinum on tungsten oxide support as high performance hybrid catalysts for polymer electrolyte membrane fuel cells. Appl. Catal. B: Environ., 2023, 337: 122956

[54] Zhang Y, Ren W, Jiang Z, et al. Low-temperature remote plasma-enhanced atomic layer deposition of graphene and characterization of its atomic-level structure. J. Mater. Chem. C, 2014, 2: 7570-7574

[55] Choi T, Yeo S, Song J G, et al. Hydrogen plasma-enhanced atomic layer deposition of hydrogenated amorphous carbon thin films. Surf. Coat. Technol., 2018, 344: 12-20

[56] Kim J Y, Seo S, Jeon H, et al. Remote plasma enhanced atomic layer deposition of TiN thin films using metalorganic precursor. J. Vac. Sci. Technol. A, 2004, 22: 8-12

[57] Sreenivasan R, Sugawara T, Saraswat K C, et al. High temperature phase transformation of tantalum nitride films deposited by plasma enhanced atomic layer deposition for gate electrode applications. Appl. Phys. Lett., 2007, 90: 102101

[58] Knoops H C M, de Peuter K, Kessels W M M. Redeposition in plasma-assisted atomic layer deposition: Silicon nitride film quality ruled by the gas residence time. Appl. Phys. Lett., 2015, 107: 014102

[59] Zhu Z, Sippola P, Ylivaara O M E, et al. Low-temperature plasma-enhanced atomic layer deposition of SiO_2 using carbon dioxide. Nanoscale Res. Lett., 2019,14: 55

[60] Zhao X R, Cao Y Q, Chen J, et al. Photocatalytic properties of Co_3O_4-coated TiO_2 powders prepared by plasma-enhanced atomic layer deposition. Nanoscale Res. Lett., 2017, 12: 497

[61] Lee W J, You I K, Ryu S O, et al. $SrTa_2O_6$ thin films deposited by plasma-enhanced atomic layer deposition. Jpn. J. Appl. Phys., 2001, 40: 6941-6944

[62] Lee J H, Cho Y J, Min Y S, et al. Plasma enhanced atomic layer deposition of $SrTiO_3$ thin films with $Sr(tmhd)_2$ and $Ti(i\text{-}OPr)_4$. J. Vac. Sci. Technol. A, 2002, 20: 1828-1830

[63] Kim D H, Kim Y J, Song Y S, et al. Characteristics of tungsten carbide films prepared by plasma-assisted ALD using bis (tert-butylimido) bis (dimethylamido) tungsten. J. Electrochem. Soc., 2003, 150: C740-C744

[64] Hossbach C, Teichert S, Thomas J, et al. Properties of plasma-enhanced atomic layer deposition-grown tantalum carbonitride thin films. J. Electrochem. Soc., 2009, 156: H852-H859

[65] Greenslit D, Chakraborty T, Eisenbraun E. Development of plasma-enhanced atomic layer deposition grown Ru-WCN mixed phase films for nanoscale diffusion barrier and copper direct-plate applications. J. Vac. Sci. Technol. B, 2009, 27: 631-636

[66] Lee H B R, Kim H. Self-formation of dielectric layer containing $CoSi_2$ nanocrystals by plasma-enhanced atomic layer deposition. J. Cryst. Growth, 2010, 312: 2215-2219

[67] Kim M R, Lee J H, Choi B H. Effect of hydrogen plasma on growth of Ir thin film by plasma-enhanced hybrid atomic layer deposition. Microelectronic Engineering, 2012, 98: 400-404

[68] Kwon S H, Kwon O K, Kim J H, et al. Initial stages of ruthenium film growth in plasma-enhanced atomic layer deposition. J. Electrochem. Soc., 2008, 155: H296-H300

[69] Smirnova E A, Miakonkikh A V, Rogozhin A E, et al. Atomic layer deposition of Ruthenium on different interfaces for an advanced metallization system of ICs. J. Phys. Conference Series, 2020, 1695: 012045

[70] Tian X, Ding Y, Chai G, et al. Plasma-enhanced atomic layer deposition of amorphous tantalum thin films for copper

interconnects using an organometallic precursor. Adv. Mater. Technol., 2024, 9: 2301541

[71] Kim S, Kim Y T, Heo J. Selective atomic layer deposition of Co thin films using $Co(EtCp)_2$ precursor. Kor. J. Mater. Res., 2024, 34: 163-169

[72] Väyrynen K, Mizohata K, Räisänen J, et al. Low-temperature atomic layer deposition of low-resistivity copper thin films using $Cu(dmap)_2$ and tertiary butyl hydrazine. Chem. Mater., 2017, 29: 6502-6510

[73] Go D, Kim T, Li H, et al. PEALD Ru-decorated Ni-SDC cermet anode for utilizing methane fuel in low-temperature SOFCs. Surf. Interfaces, 2024, 44: 103657

[74] Lin Y S, Chen C C, Sheu J T. The sensing mechanism of PdNPs-decorated silicon nanobelt devices for H_2 sensing at room temperature. IEEE Electron Device Lett., 2023, 44: 1336-1339

[75] Griffiths M B E, Pallister P J, Mandia D J, et al. Atomic layer deposition of gold metal. Chem. Mater., 2016, 28: 44-46

[76] Van Daele M, Griffiths M B E, Raza A, et al. Plasma-enhanced atomic layer deposition of nanostructured gold near room temperature. ACS Appl. Mater. Interfaces, 2019, 11: 37229-37238

[77] Djara V, Deshpande V, Sousa M, et al. CMOS-compatible replacement metal gate InGaAs-OI FinFET with I_{ON}=156 μA/μm at V_{DD}= 0.5 V and I_{OFF}=100 nA/μm. IEEE Electron Device Lett., 2016, 37: 169-172

[78] Huang S, Jiang Q, Yang S, et al. Effective passivation of AlGaN/GaN HEMTs by ALD-grown AlN thin film. IEEE Electron Device Lett., 2012, 33: 516-518

[79] Djara V, Sousa M, Dordevic N, et al. Low D_{it} $HfO_2/Al_2O_3/In_{0.53}Ga_{0.47}As$ gate stack achieved with plasma-enhanced atomic layer deposition. Microelectronic Engineering, 2015, 147: 231-234

[80] Potts S E, Profijt H B, Roelofs R, et al. Room-temperature ALD of metal oxide thin films by energy-enhanced ALD. Chem. Vapor Dep., 2013, 19: 125-133

[81] Strobel A, Schnabel H D, Reinhold U, et al. Room temperature plasma enhanced atomic layer deposition for TiO_2 and WO_3 films. J. Vac. Sci. Technol. A, 2016, 34: 01A118

[82] Napari M, Lahtinen M, Veselov A, et al. Room-temperature plasma-enhanced atomic layer deposition of ZnO: Film growth dependence on the PEALD reactor configuration. Surf. Coat. Technol., 2017, 326: 281-290

[83] Hornsveld N, Put B, Kessels W M M, et al. Plasma-assisted and thermal atomic layer deposition of electrochemically active Li_2CO_3. RSC Adv., 2017, 7: 41359-41368

[84] Donders M E, Arnoldbik W M, Knoops H C M, et al. Atomic layer deposition of $LiCoO_2$ thin-film electrodes for all-solid-state Li-ion micro-batteries. J. Electrochem. Soc., 2013, 160: A3066-A3071

[85] Zhao H, Feng M, Liu J, et al. Performance improvement of GaN-based microdisk lasers by using a PEALD-SiO_2 passivation layer. Opt. Express, 2023, 31: 20212-20220

[86] Cho S I, Ko J B, Lee S H, et al. Remarkably stable high mobility self-aligned oxide TFT by investigating the effect of oxygen plasma time during PEALD of SiO_2 gate insulator. J. Alloys Compd., 2022, 893: 162308

[87] Knoops H C M, Braeken E M J, Peuter K de, et al. Atomic layer deposition of silicon nitride from bis(tert-butylamino)silane and N_2 plasma. ACS Appl. Mater. Interfaces, 2015, 7: 19857-19862

[88] Ovanesyan R A, Hausmann D M, Agarwal S. Low-temperature conformal atomic layer deposition of SiN_x films using Si_2Cl_6 and NH_3 plasma. ACS Appl. Mater. Interfaces, 2015, 7: 10806-10813

[89] Jang W, Jeon H, Kang C, et al. Temperature dependence of silicon nitride deposited by remote plasma atomic layer deposition. Phys. Status Solidi A, 2014, 211: 2166-2171

[90] Faraz T, Drunen M van, Knoops H C M, et al. Atomic layer deposition of wet-etch resistant silicon nitride using di(sec-butylamino)silane and N_2 plasma on planar and 3D substrate topographies. ACS Appl. Mater. Interfaces, 2017,9: 1858-1869

[91] Meng X, Byun Y C, Kim H S, et al. Atomic layer deposition of silicon nitride thin films: A review of recent progress, challenges, and outlooks. Materials, 2016, 9: 1007

[92] Lee J, Jang W, Kim H, et al. Characteristics of low-κ SiOC films deposited via atomic layer deposition. Thin Solid Films, 2018, 645: 334-339

[93] Kim Y J, Lim D, Han H H, et al. The effects of process temperature on the work function modulation of ALD HfO_2 MOS device with plasma enhanced ALD TiN metal gate using TDMAT precursor. Microelectron. Eng., 2017, 178: 284-288

[94] Krylov I, Zoubenko E, Weinfeld K, et al. Obtaining low resistivity (~100 μΩ · cm) TiN films by plasma enhanced atomic layer deposition using a metalorganic precursor. J. Vac. Sci. Technol. A, 2018, 36: 051505

[95] Rampelberg G, Devloo-Casier K, Deduytsche D, et al. Low temperature plasma-enhanced atomic layer deposition of thin vanadium nitride layers for copper diffusion barriers. Appl. Phys. Lett., 2013, 102, 111910

[96] Fan Q, Sang L, Jiang D, et al. Plasma enhanced atomic layer deposition of cobalt nitride with cobalt amidinate. J. Vac. Sci. Technol. A, 2019, 37: 010904

[97] Väyrynen K, Hatanpää T, Mattinen M, et al. Atomic layer deposition of nickel nitride thin films using $NiCl_2$(TMPDA) and tert-butylhydrazine as precursors. Phys. Status Solidi A, 2019, 216: 1900058

[98] Joo Y H, Nandi D K, Ramesh R, et al. Atomic layer deposited Mo_2N thin films using $Mo(CO)_6$ and NH_3 plasma as a Cu diffusion barrier. J. Alloys Compd., 2021,858: 158314

[99] Kim J B, Nandi D K, Kim T H, et al. Atomic layer deposition of WN_x thin films using a F-free tungsten metal-organic precursor and NH_3 plasma as a Cu-diffusion barrier. Thin Solid Films, 2019, 685: 393-401

[100] Knehr E, Ziegler M, Linzen S, et al. Wafer-level uniformity of atomic-layer-deposited niobium nitride thin films for quantum devices. J. Vac. Sci. Technol. A, 2021, 39: 052401

[101] Cheng R, Wang S, Tang H X. Superconducting nanowire single-photon detectors fabricated from atomic-layer-deposited NbN. Appl. Phys. Lett., 2019, 115: 241101

[102] Reithmaier G, Senf J, Lichtmannecker S, et al. Optimisation of NbN thin films on GaAs substrates for *in-situ* single photon detection in structured photonic devices. J. Appl. Phys., 2013, 113: 142507

[103] Faraz T, Knoops H C M, Verheijen M A, et al. Tuning material properties of oxides and nitrides by substrate biasing during plasma-enhanced atomic layer deposition on planar and 3D substrate topographies. ACS Appl. Mater. Interfaces, 2018, 10: 13158-13180

[104] Karwal S, Verheijen M A, Williams B L, et al. Low resistivity HfN_x grown by plasma-assisted ALD with external RF substrate biasing. J. Mater. Chem. C, 2018, 6: 3917-3926

[105] Alevli M, Gungor N, Haider A, et al. Substrate temperature influence on the properties of GaN thin films grown by hollow-cathode plasma-assisted atomic layer deposition. J. Vac. Sci. Technol. A, 2015, 34: 01A125

[106] Zeng X, Wu Y, He G, et al. High-pure AlN crystalline thin films deposited on GaN at low temperature by plasma-enhanced ALD. Vacuum, 2023, 213: 112114

[107] He Y, Song Y, Wei H, et al. Graphene-assisted low temperature growth of nearly single-crystalline GaN thin films via plasma-enhanced atomic layer deposition. Appl. Phys. Lett., 2023, 122: 041602

[108] Nepal N, Mahadik N A, Nyakiti L O, et al. Epitaxial growth of cubic and hexagonal InN thin films via plasma-assisted atomic layer epitaxy. Cryst. Growth Des., 2013, 13: 1485-1490

[109] Liu C, Liu S, Huang S, et al. AlN/GaN heterostructure TFTs with plasma enhanced atomic layer deposition of epitaxial AlN thin film. Phys. Status Solidi C, 2014, 11: 953-956

[110] Kuhs J, Hens Z, Detavernier C. Plasma enhanced atomic layer deposition of aluminum sulfide thin films. J. Vac. Sci. Technol. A, 2017, 36: 01A113

[111] Vandalon V, Verheijen M A, Kessels W M M, et al. Atomic layer deposition of Al-doped MoS_2: Synthesizing a p-type 2D semiconductor with tunable carrier density. ACS Appl. Nano Mater., 2020, 3: 10200-10208

[112] Basuvalingam S B, Zhang Y, Bloodgood M A, et al. Low-temperature phase-controlled synthesis of titanium di- and tri-sulfide by atomic layer deposition. Chem. Mater., 2019, 31: 9354-9362

[113] Guo Z, Wang X. Atomic layer deposition of the metal pyrites FeS_2, CoS_2, and NiS_2. Angew. Chem. Int. Edit., 2018, 57: 5898-5902

[114] Wang J, Guo Z, Xiong W, et al. Synthesis of thin-film metal pyrites by an atomic layer deposition approach. Chem. Eur. J., 2018, 24: 18568-18574

[115] Hornsveld N, Kessels W M M, Synowicki R A, et al. Atomic layer deposition of LiF using $LiN(SiMe_3)_2$ and SF_6 plasma. Phys. Chem. Chem. Phys., 2021, 23: 9304-9314

[116] Vos M F J, Knoops H C M, Synowicki R A, et al. Atomic layer deposition of aluminum fluoride using $Al(CH_3)_3$ and SF_6 plasma. Appl. Phys. Lett., 2017, 111: 113105

[117] Ryu J J, Jeon K, Sohn H, et al. Threshold switching in chalcogenide GeTe and GeTeS thin films prepared via plasma enhanced atomic layer deposition. J. Mater. Chem. C, 2022, 10: 16803-16812

[118] Zhang H, Hagen D J, Li X, et al. Atomic layer deposition of cobalt phosphide for efficient water splitting. Angew. Chem. Int. Ed., 2020, 59: 17172-17176

[119] Uvarov A V, Gudovskikh A S, Nevedomskiy V N, et al. Low temperature epitaxial growth of GaP on Si by atomic-layer deposition with plasma activation. J. Phys. D Appl. Phys., 2020, 53: 345105

[120] Palma V D, Zafeiropoulos G, Goldsweer T, et al. Atomic layer deposition of cobalt phosphate thin films for the oxygen evolution reaction. Electrochem. Commun., 2019, 98: 73-77

[121] Palma V D, Knoops H C M, Kessels W M M, et al. Atomic layer deposition of cobalt phosphate from cobaltocene, trimethylphosphate, and O_2 plasma. J. Vac. Sci. Technol. A, 2020, 38: 022416

[122] Jeong S J, Shin Y R, Kwack W S, et al. Plasma-enhanced atomic layer deposition of Ir thin films for copper adhesion layer. Surf. Coat. Technol., 2011, 205: 5009-5013

[123] Choi B H, Lim Y H, Lee J H, et al. Preparation of Ru thin film layer on Si and TaN/Si as diffusion barrier by plasma enhanced atomic layer deposition. Microelectron. Eng., 2010, 87: 1391-1395

[124] Hong T E, Jung J H, Yeo S, et al. Highly conformal amorphous W-Si-N thin films by plasma-enhanced atomic layer deposition as a diffusion barrier for Cu metallization. J. Phys. Chem. C, 2015, 119: 1548-1556

[125] Kim H, Detavenier C, Van der Straten O, et al. Robust TaN_x diffusion barrier for Cu-interconnect technology with subnanometer thickness by metal-organic plasma-enhanced atomic layer deposition. J. Appl. Phys., 2005, 98: 014308

[126] Kim H. The application of atomic layer deposition for metallization of 65 nm and beyond. Surf. Coat. Technol., 2006, 200: 3104-3111

[127] Park P K, Roh J S, Choi B H, et al. Interfacial layer properties of HfO_2 films formed by plasma-enhanced atomic layer deposition on silicon. Electrochem. Solid-State Lett., 2006, 9: F34-F37

[128] Cao Y Q, Li X, Zhu L, et al. Improved thermal stability and electrical properties of atomic layer deposited HfO_2/AlN high-K gate dielectric stacks on GaAs. J. Vac. Sci. Technol. A, 2015, 33: 01A136

[129] Kim J Y, Ahn J H, Kang S W, et al. Effect of crystallinity and nonstoichiometric region on dielectric properties of $SrTiO_3$ films formed on Ru. Appl. Phy. Lett., 2007, 91: 092910

[130] Yim C J, Kim S U, Kang Y S, et al. Enhanced electrical properties of $SrTiO_3$ thin films grown by plasma-enhanced atomic layer deposition. Electrochem. Solid-State Lett., 2011, 14: G45-G48

[131] Cao Y Q, Li X F, Li A D, et al. The combination self-cleaning effect of trimethylaluminium and tetrakis (dimethyl-

amino) hafnium pretreatments on GaAs. Appl. Surf. Sci., 2012, 263: 497-501

[132] Cao Y Q, Chen J, Liu X J, et al. $HfO_2/GeO_xN_y/Ge$ gate stacks with sub-nanometer capacitance equivalent thickness and low interface trap density by *in situ* NH_3 plasma pretreatment. Appl. Surf. Sci., 2015, 325: 13-19

[133] Brandt E S, Grace J M. Initiation of atomic layer deposition of metal oxides on polymer substrates by water plasma pretreatment. J. Vac. Sci. Technol. A, 2012, 30: 01A137

[134] Markeev A M, Chernikova A G, Chouprik A A, et al. Atomic layer deposition of Al_2O_3 and $Al_xTi_{1-x}O_y$ thin films on N_2O plasma pretreated carbon materials. J. Vac. Sci. Techmol. A, 2013, 31: 01A135

[135] Roy A K, Dendooven J, Deduytsche D, et al. Plasma-enhanced atomic layer deposition: A gas-phase route to hydrophilic, glueable polytetrafluoroethylene. Chem. Commun., 2015, 51: 3556-3558

[136] Fang G Y, Xu L N, Cao Y Q, et al. Self-catalysis by aminosilanes and strong surface oxidation by O_2 plasma in plasma-enhanced atomic layer deposition of high-quality SiO_2. Chem. Commun., 2015, 51: 1341-1344

[137] Yun S J, Ko Y W, Lim J W. Passivation of organic light-emitting diodes with aluminum oxide thin films grown by plasma-enhanced atomic layer deposition. Appl. Phys. Lett., 2004, 85: 4896-4898

[138] Langereis E, Creatore M, Heil S B S, et al. Plasma-assisted atomic layer deposition of Al_2O_3 moisture permeation barriers on polymers. Appl. Phy. Lett., 2006, 89: 081915

[139] Beynet J, Wong P, Miller A, et al. Low temperature plasma-enhanced ALD enables cost-effective spacer defined double patterning (SDDP). SPIE Lithography Asia. International Society for Optics and Photonics, 2009: 75201J-75201J-7

[140] Below 22 nm, spacers get unconventional: Interview with ASM. http://www.solid-state.com. [January 13, 2011]

[141] Ngai C. Self-Aligned Double Patterning for 3xnm Flash Production. http://www.screen.co.jp/eng/spe/mt-images/4_LBF2008_Applied-Materials_080508.pdf. 2008

[142] LaPedus M. Deeper inside intel. https://semiengineering.com/deeper-inside-intel/. 2016

[143] Lee C S, Kim J, Gu G H, et al. Photocatalytic activities of TiO_2 thin films prepared on galvanized iron substrate by plasma-enhanced atomic layer deposition. Thin Solid Films, 2010, 518: 4757-4761

[144] Bosund M, Sajavaara T, Laitinen M, et al. Properties of AlN grown by plasma enhanced atomic layer deposition. Appl. Surf. Sci., 2011, 257: 7827-7830

[145] Lee H B R, Bang S H, Kim W H, et al. Plasma-enhanced atomic layer deposition of Ni. Jpn. J. Appl. Phys., 2010, 49: 05FA11

[146] Kozen A C, Pearse A J, Lin C F, et al. Atomic layer deposition of the solid electrolyte LiPON. Chem. Mater., 2015, 27: 5324-5331

第 8 章　分子层沉积及其应用

8.1　分子层沉积概述

早在 20 世纪 90 年代初就有分子层沉积（molecular layer deposition，MLD）生长有机聚合物的报道[1]，采用均苯四甲酸二酐和二氨基硝基苯（或二氨基二苯醚）有机分子前驱体，获得了近似单分子层的沉积速度。随后使用双官能团的有机单体，一些聚合物如聚酰胺、聚酰亚胺、聚酰胺－聚酰亚胺和聚脲等陆续被合成出来[2,3]。2006 年挪威奥斯陆大学的 Nilson 等首开利用 MLD 生长有机－无机杂化材料的先河，申请了 MLD 制备有机－无机杂化材料的专利[4]，2007 年韩国汉阳大学 Lee 等在 *J. Am. Chem. Soc.* 上报道了含有 Ti—O/ 烷基—O—Si 的杂化纳米叠层薄膜，并应用于薄膜晶体管和阻变存储器[5]，美国科罗拉多大学的 George 等也采用三甲基铝和乙二醇作为前驱体，生长出以铝为配位中心、乙二醇为配位分子的空间笼状结构——烷氧基铝（alucones）[6]。随后一系列有机－无机杂化材料被沉积出来，包括 MOF 材料[7]，并展开了丰富多彩的应用研究[8-13]。

图 8.1 为 MLD 领域三十多年来所发表的聚合物和有机－无机杂化物文章数量，同 ALD 最近几年每年超过 2700 篇的出版数相比，MLD 每年不到百篇的文章数量还显得单薄。然而其发展趋势，特别是 MLD/ALD 制备有机－无机杂化材料方面的研究，还是呈现了明显增加趋势。

分子层沉积可视为原子层沉积的亚类，类似于 ALD 的气相沉积工艺，依据序列的、自限制的表面反应，在分子尺度上生长有机聚合物或有机－无机杂化物材料。MLD 具有与 ALD 类似的优点，优异的三维共形性、大面积的均匀性、良好的工艺重复性、精确的膜厚或组成控制、可裁剪的分子结构或官能团，以及低的沉积温度。由于该工艺中使用有机分子作为前驱体，每一循环可视为一个分子层的生长，就像在 ALD 中引入原子层沉积的概念并最终以此命名此项技术，由此在 MLD 中也引入了分子层沉积的概念。因为不少有机分子前驱体热稳定性较差，无法承受高的沉积温度，所以与 ALD 相比，MLD 生长温度相对更低，大多在 200 ℃以下。

图 8.2 为一个典型的 AB 双循环分子层沉积工艺示意图。前驱体 A 和 B 为具有双官能团的有机分子前驱体，一个生长循环中，前驱体 A 的一个官能团与表面

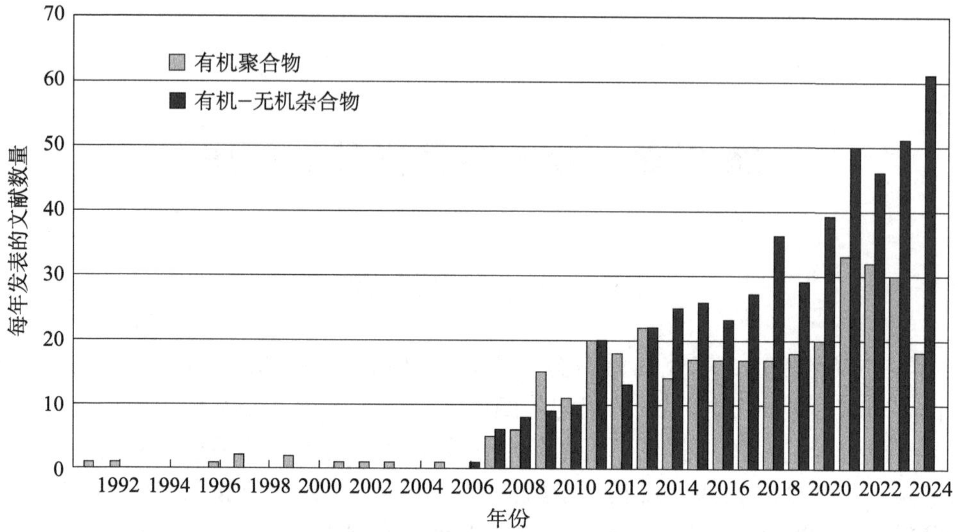

图 8.1　1991～2024 年 MLD 方法制备有机聚合物和有机－无机杂化物每年发表的文章数量

该数据是通过 ISI Web of Knowledge 平台检索所有相关数据库获得，主题词为 “molecular layer deposition” 和 “polymer”，或 “molecular layer deposition/atomic layer deposition” 和 “organic-inorganic hybrid”

反应基团通过偶合化学，如氨基偶合或尿素偶合，形成化学键连接，在反应表面生成一个分子层，并在膜表面留下终止的另一个活性官能团作为后续生长之用，而副产物和多余前驱体被吹扫气体带走；继而具有双官能团的前驱体 B 进入反应室，再与前驱体 A 的表面活性官能团作用，形成化学键，最后再在表面留下另一个活性官能团进行后续生长。整个生长循环过程体现了逐层（layer-by-layer）生长的特征，理想情况下，即单分子层生长。

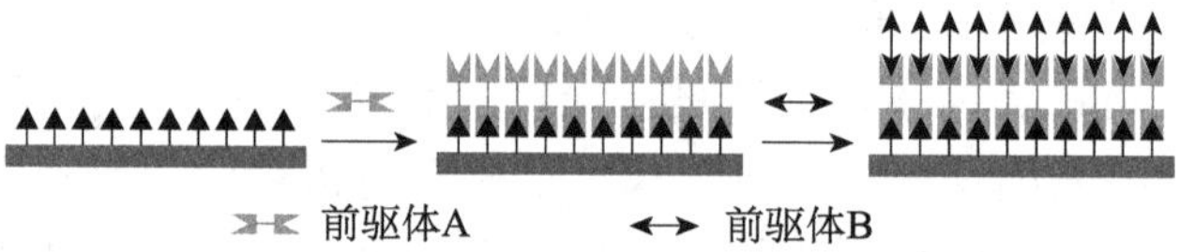

图 8.2　一个 AB 双循环的分子层沉积工艺示意图

前驱体 A 和 B 为具有双官能团的有机分子前驱体

目前采用的有机分子前驱体主要包括二元醇、二元胺、二元羧酸和酸酐、二异（硫）氰酸酯以及酰氯等，可利用的活性基团包括羟基、羧基、氨基等，为了实现序列生长，前驱体一般需满足至少含有两个活性官能团的基本要求。MLD 的优点是生长温度低，有机前驱体官能团、碳链长度与键连接方式可调多变，组成调控可达分子、原子尺度，面临的挑战是大多数有机分子前驱体蒸气压低、热稳定性差，导致低的反应活性。然而由于每一步吸附生长的有机分子尺寸较大，所以 MLD 的绝对生长速率 GPC 还是相对较高的，通常为几个 Å，超过普通

ALD 的 GPC（～1 Å）。

分子层沉积与 20 世纪 20～30 年代发展起来的 Langmuir-Blodgett（LB）单分子膜制备技术[14,15]，具有不少相似之处。LB 膜技术即在水－气界面上将不溶解的分子加以紧密有序排列，形成单分子膜，然后再转移到固体基底上的制膜技术。制备 LB 膜需要两亲性分子，具有亲水性头和疏水性尾（图 8.3），可逐层生长单分子膜，自组装方式可以调控，累积不同功能分子层，使之具有多种功能，形成新的化合物；成膜可在常温常压进行，形成高度取向的结构，控制膜层厚度及均匀性方面远比常规制膜技术优越。然而与气相的 MLD 干法工艺相比，LB 膜方法毕竟是一种溶液基的制膜技术，制膜过程中需要使用氯仿等有毒的有机溶剂来溶解两亲性分子，对人体健康和环境具有很大的危害性，且制膜设备昂贵，制膜技术要求很高，效率相对不高。另外，LB 膜淀积在基片上的附着力是依靠较弱的分子间力，因此膜的机械性能较差。

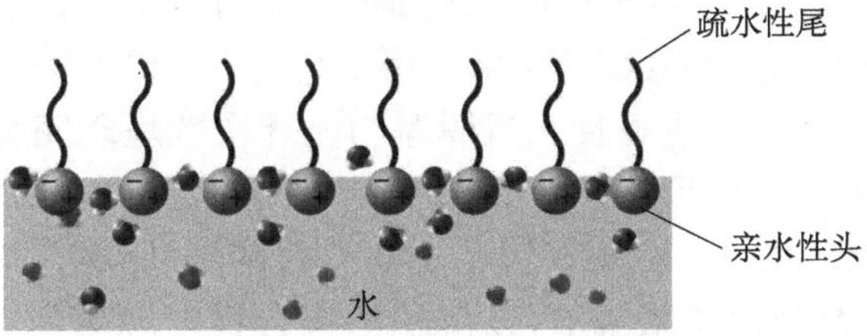

图 8.3　LB 膜自组装示意图

另外，分子层沉积也可以说是在气相沉积聚合（vapor deposition polymerization，VDP）方法基础上发展起来的。VDP 俗称温和条件下的 CVD[16]，在 20 世纪 80 年代中期出现，两种含有双官能团前驱体的气流同时通入反应室，在衬底上发生聚合反应，获得相应的聚合产物，如聚酰亚胺、聚酰胺、聚脲等[17]。由于前驱体分子是同时引入反应室，并在基底表面发生共缩聚反应，可能会影响到对膜中分子取向的调控能力。而分子层沉积中，两种前驱体是分别交替引入反应室，有望取得更精确的膜生长调控特性，所以也有人称 MLD 为交替的（alternating）或外延的（epitaxial）VDP。

尽管 MLD 与 LB 膜制备技术、VDP 方法有相似的地方，然而，MLD 毕竟是在原理上与 ALD 更接近，具有自限制、自饱和与互补的序列反应特性。因此本章将重点介绍分子层沉积聚合物和有机－无机杂化物材料及其表面化学原理与特点，同时也将涉及 MLD 的一些重要可能的应用，最后是 MLD 面临的挑战与前景展望。

8.2　分子层沉积材料及其表面化学

ALD生长材料的范围，通过分子层沉积（MLD）已经由传统的无机材料拓展到有机聚合物以及有机－无机杂化材料，尽管两者有着类似的序列自限制的表面反应机理，然而毕竟使用的前驱体不同，生长的材料不同，因而在具体表面化学过程中，各自的反应与生长特点还是有区别的。本节将从有机聚合物和有机－无机杂化物材料两个方面介绍MLD的表面化学原理。

8.2.1　有机聚合物

表8.1总结了MLD制备有机聚合物的类型、结构式及其代表性反应示例[3,10,18]。从反应示例可知，MLD制备聚合物使用的前驱体大部分具有同质双官能团，大多采用AB双循环生长。以聚脲MLD生长为例，使用对苯二异氰酸酯（PDIC）和乙二胺（EDA）作为前驱体，其反应式如表8.1第三行所示，比较特别的是，此反应无副产物产生。在沉积温度为室温下，研究了乙二胺和对苯二异氰酸酯脉冲时间对GPC的影响［图8.4(a)和(b)］[22]，表明该反应具有典型的自限制和自饱和反应特性，且膜厚与循环次数呈现完美的线性关系，生长速率GPC为4.1 Å，且沉积初始几个循环，并未观测到ALD生长中常见的成核孕育期。沉积温度增加，GPC变小，100 ℃时降到0.4 Å，类似的现象已经在MLD制备的其他聚合物体系或CVD沉积的聚合物中观测到[17,19]，归因于前驱体的介导反应（precursor-mediated reaction），即乙二胺中的H原子可以通过氢键与异氰酸酯中的O或N原子相连，温度升高，氢键寿命变短，导致生长速率降低。

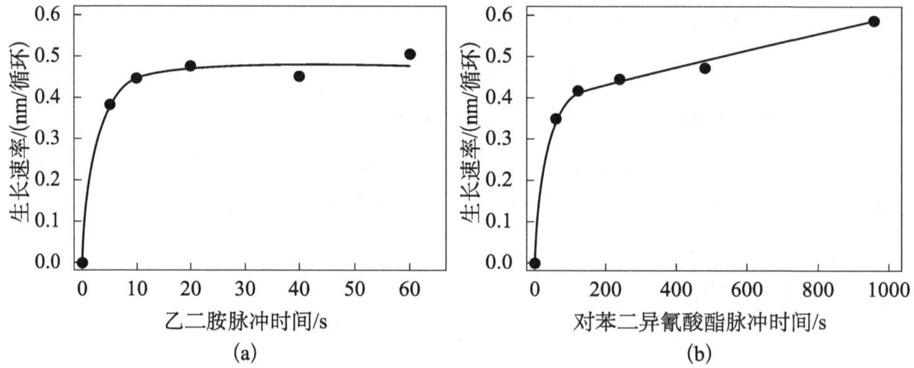

图8.4　室温沉积下乙二胺(a)和对苯二异氰酸酯(b)脉冲时间对聚脲生长速率的影响[22]

表 8.1　MLD 制备有机聚合物的类型、结构式及其代表性反应示例 [3,10,18]

聚合物	结构式	代表性反应式
聚酰胺 [19]	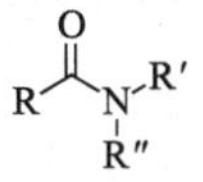	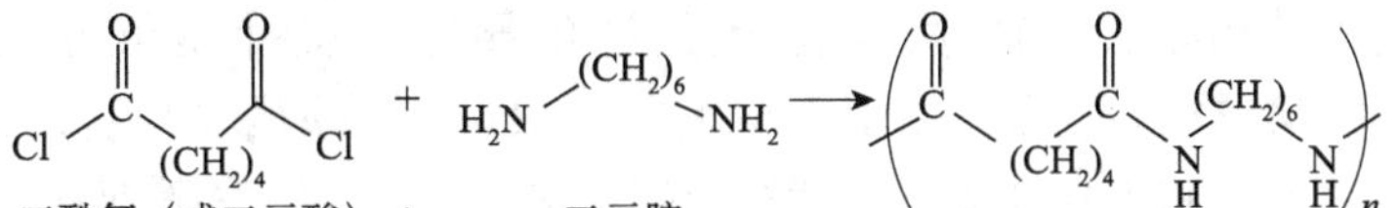 二酰氯（或二元酸）+ 二元胺
聚酰亚胺 [20]	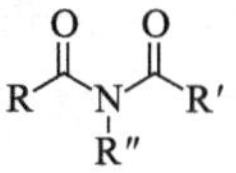	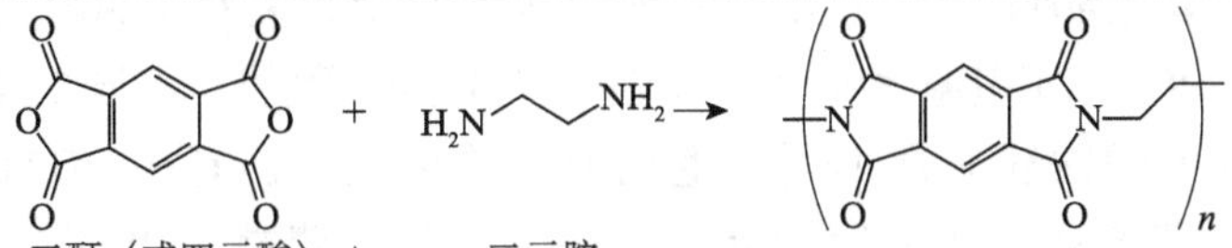 二酐（或四元酸）+ 二元胺
聚脲 [21,22]	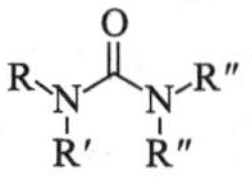	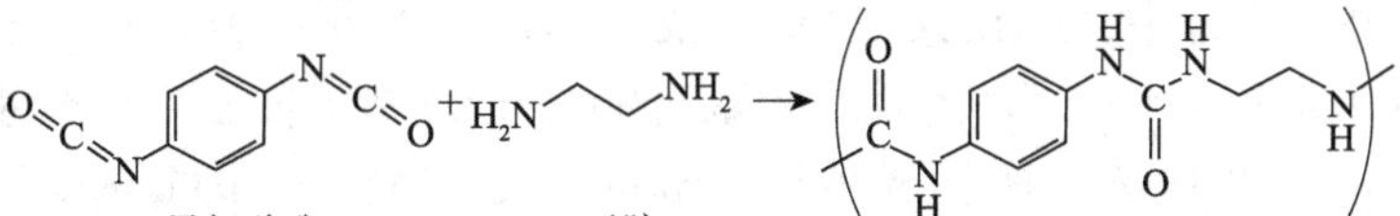 二异氰酸酯 + 二元胺
聚氨酯 [23]	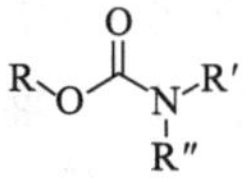	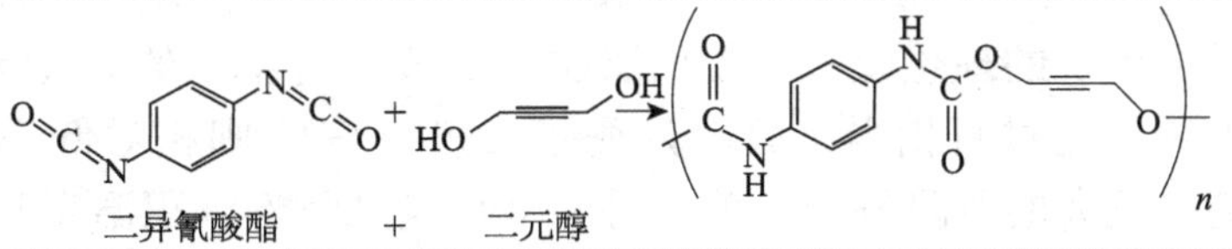 二异氰酸酯 + 二元醇
聚硫脲 [24]	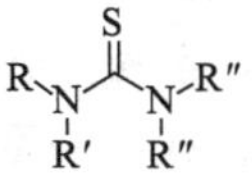	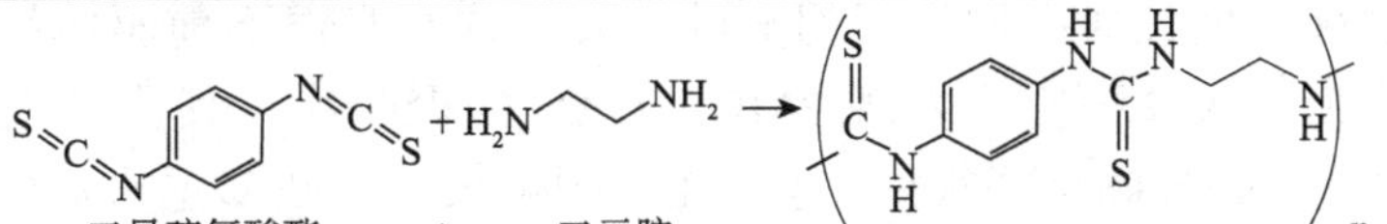 二异硫氰酸酯 + 二元胺
聚酯 [25]	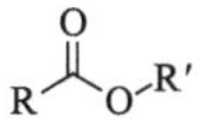	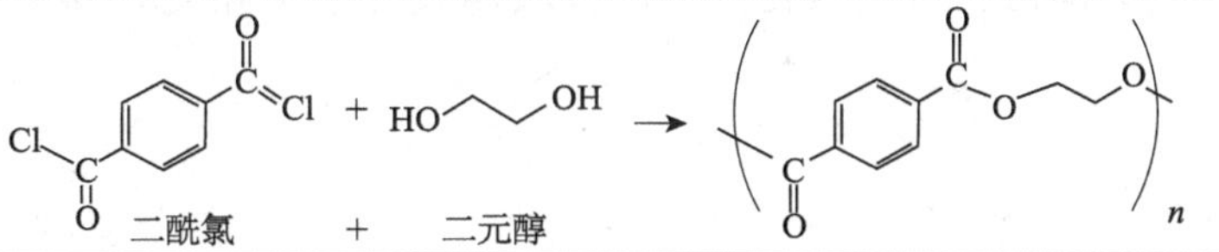 二酰氯 + 二元醇
聚亚胺 [26]	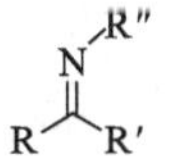	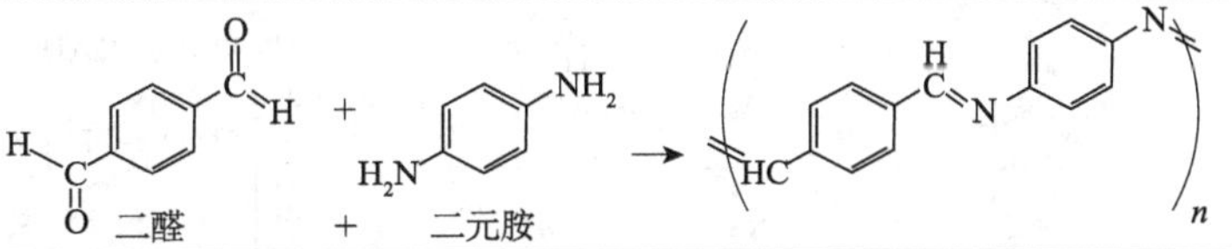 二醛 + 二元胺

乙二胺和对苯二异氰酸酯反应生成聚合物分子链的理论单元长度应该是 12.6 Å，由于沉积衬底用 3- 氨基丙基三乙基硅氧烷（APTES）做了氨基化处理，使得对苯二异氰酸酯与乙二胺形成的聚合物链从几何构型稳定性出发，分子链应与衬底表面呈 21° 夹角，故预期 GPC 应为 6.5 Å。实际 GPC 值为 4.1 Å，显然小了一些。MLD 生长的聚脲薄膜具有很好稳定性，暴露在空气中两个星期，厚度和组成基本不变，同时能承受 250 ℃的真空退火。

聚酰胺俗称尼龙，主链重复单元中含有酰胺基团，是最常用的聚合物材料，在纺织、汽车、机械、冶金、电气和电子等领域有着广泛的应用。而聚酰亚胺，主链重复单元中含有酰亚胺基团，以其优越和突出的性能，成为独树一帜的聚合物，作为一种特种工程材料和功能材料，应用在航空、航天、微电子、纳米、液晶、分离膜、激光等领域。因其具有强大的解决问题的能力，而受到特别关注。

MLD 也已成功应用于聚酰胺和聚酰亚胺薄膜的生长。图 8.5(a) 为均苯四甲酸二酐（PMDA）和乙二胺为前驱体 MLD 生长聚酰亚胺薄膜的示意图，PMDA 和不同脂肪族二胺（或芳香族二胺等）生长获得非晶光滑平整的聚酰亚胺薄膜，其 GPC 与沉积温度的关系如图 8.5(b) 所示[20]。不同二氨基前驱体的 GPC 与沉积温度的曲线非常不同，生长速率差别很大。其中 PDMA 与己二胺（DAH）的 GPC 值最高，其次为 PMDA/4,4- 二氨基二苯醚（ODA），PMDA/ 乙二胺（EDA）GPC 值居中，PMDA/ 对苯二胺（PDA）最低，160 ℃下分别为 5.8 Å、4.9 Å、3.9 Å 和 1.4 Å，而其对应的聚合物分子链单元长度应该分别为 14.8 Å、14.9 Å 、9.8 Å 和 14 Å，换算成单层（monolayer，ML），即每循环 MLD 依次生长了 0.4 ML、0.3 ML、0.4 ML、0.1 ML。可见 MLD 制备聚酰亚胺薄膜，均偏离了单分子层生长的理想模式。使用脂肪族二胺进行生长的 GPC 约为 0.4 ML，与 ALD 生长无机材料相当，而用芳香族二胺的 GPC 则相对低一些，这可能与芳香族基团较大的位阻效应有关。另一个特点是随着沉积温度升高，无论是用什么前驱体，生长速率均呈现明显的下降，这与高温下前驱体解吸附增强、黏附系数降低有关。研究也发现 PMDA-DAH 的聚合物，其化学组成与聚合物分子单元 $C_{16}H_{14}N_2O_4$ 吻合得很好。且 MLD 刚生长或 400 ℃退火后的聚酰亚胺薄膜均易溶于硫酸溶液，说明获得的聚酰亚胺薄膜分子量和交联程度均较低。

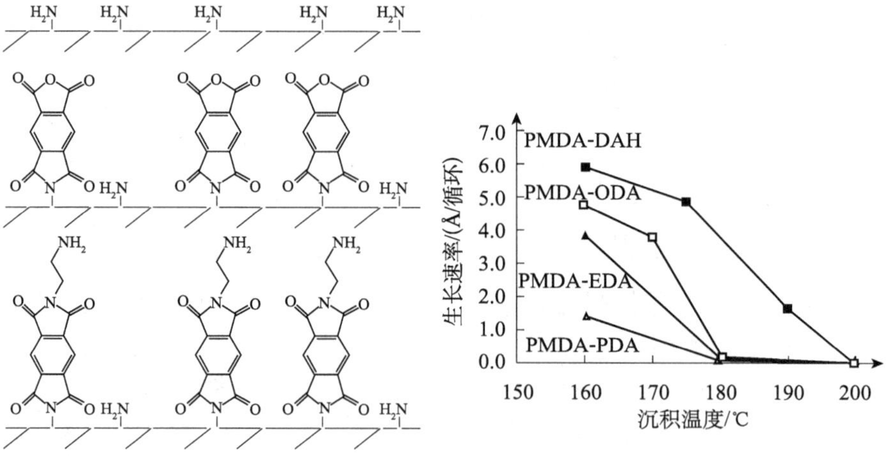

(a) (b)

图 8.5 均苯四甲酸二酐（PMDA）与二胺 MLD 反应生长聚酰亚胺薄膜[20]

(a) PMDA 和乙二胺为前驱体 MLD 生长聚酰亚胺薄膜的示意图；(b) PMDA 和不同烷基二胺（或苯二胺等）MLD 生长聚酰亚胺薄膜 GPC 与沉积温度的关系曲线

虽然 MLD 已经沉积了一系列聚合物材料，然而生长速率 GPC 与聚合物分子链单元长度相当的，目前只在极少数几个聚合物体系中观测到了，聚酰胺尼龙-66 就是其中的一个代表。使用己二胺和己二酰氯前驱体制备脂肪族聚酰胺尼龙-66，其 AB 半反应式为

$$\text{A: SNH}_2^* + \text{ClCO(CH}_2)_4\text{COCl} \longrightarrow \text{SNH—CO(CH}_2)_4\text{COCl}^* + \text{HCl} \tag{8.1}$$

$$\begin{aligned}\text{B: SNHCO(CH}_2)_4\text{COCl}^* + \text{H}_2\text{N(CH}_2)_6\text{NH}_2 \longrightarrow \\ \text{SNHCO(CH}_2)_4\text{CO—NH(CH}_2)_6\text{NH}_2^* + \text{HCl}\end{aligned} \tag{8.2}$$

原位红外光谱被利用来表征尼龙 -66 的表面化学过程和沉积速率。改变脉冲时间观测到了明显的生长饱和行为，反应是自限制的，膜厚也与循环次数呈正比。图 8.6 为不同循环数下（0、5、10、20）的红外吸收光谱[19]，即便只有 5 个循环，亦可清晰观测到对应两个酰胺基官能团的特征红外峰 1650 cm^{-1} 和 1540 cm^{-1}，证实 MLD 生长的薄膜是通过酰胺基链接形成的。另外，红外谱中也观测到了氯化铵的特征峰，说明尼龙-66 膜中包裹进了氯化铵成分。沉积也显示出温度依赖的 GPC 特性，62 ℃生长最快，温度升高，GPC 值下降，归因于前面已经提到的前驱体介入吸附效应[22]。总之 MLD 生长中，前驱体在沉积表面停留时间对 GPC 值具有重要影响，升高温度，将降低聚合物前驱体的黏附系数，解吸附明显增强。

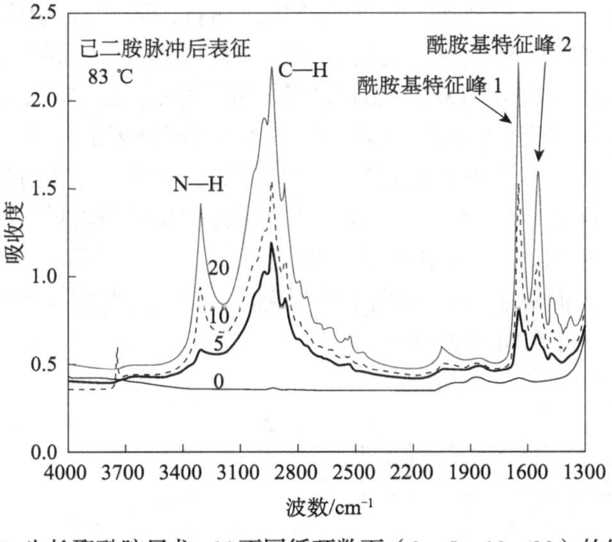

图 8.6　MLD 生长聚酰胺尼龙 -66 不同循环数下（0、5、10、20）的红外光谱[19]

在 APTES 氨基化处理的 ALD Al_2O_3 的 KBr 基底上[19]，83 ℃测得的 GPC 值为 19 Å，略大于尼龙 -66 分子单元的长度 17.4 Å，原因在于 MLD 工艺中很可能也包含了类 CVD 沉积，吹扫时间不够长，使得前一个有机分子脉冲尚未完全解吸附，后一个有机分子脉冲又进入反应室，两个前驱体脉冲间出现了交叠。另外

采用庚二胺和壬二酰氯前驱体在室温下制备的尼龙 -79，其 GPC 值为 18 Å，也算比较接近分子单元 22 Å 的理论长度 [27]。相对照，采用苯二酰氯和苯二胺制备芳香族聚酰胺（聚对亚苯基对苯二甲酰胺）[28]，145 ℃获得的最大 GPC 值只有 4.0 Å，远小于预期的分子单元长度 12.9 Å，尽管它也展示了自限制的表面化学特性。

为什么大多数 MLD 制备的聚合物达不到理想的单分子层？原因有很多。假设 r= GPC/ML[10]，其中 ML 为聚合物分子单元的理论长度，则 r=1，为理想的单分子层生长。事实上大多数有机聚合物的生长，r<0.5。后面一节提及到的有机－无机杂化物，r 值依赖于有机分子前驱体和金属前驱体，变化范围较大，但一般也是小于 0.5 的居多。

图 8.7(a) 和 (b) 分别给出了 MLD 生长聚合物理想单层和非理想单层的示意图。图 8.7(c) 更为具体地展示了具有同质双官能团的有机分子与表面活性位点的几种连接状态：左边是垂直的理想连接，一端官能团与表面活性位点相连，另一端官能团作为后续生长的活性位点；最右边是分子链不垂直表面，与表面活性位点倾斜连接或者有机分子体积比较大，由此产生位阻效应，一个表面活性位点被屏蔽，未发生有效反应；中间是有机分子链弯曲，两端的官能团与两个表面活性位点发生反应，存在双反应（dual/double reaction）的连接，降低了表面活性位点数，进而降低了沉积速率。可见对 MLD 而言，要想提高沉积速率，一要避免双反应，二要降低位阻效应，还要提高沉积衬底表面的反应活性位点数量。避免双反应，就要使用含异质双官能团的有机分子取代含同质双官能团的前驱体，或者用 ABC 三循环甚至 ABCD 四循环取代 AB 双循环表面反应。减少位阻效应，就是要使用小分子、小体积的配体替代大分子、大体积的有机前驱体。而增加衬底表面的反应活性位点数量，往往通过对沉积表面预处理或预先官能化来实现，如前面所述的衬底用 APTES 做氨基化处理 [19,22]。另外还有一点也值得注意，一些 MLD/ALD 的表面反应副产物会有卤化物，如 HCl 生成，有时候会对沉积薄膜产生刻蚀作用，导致沉积速率变慢。

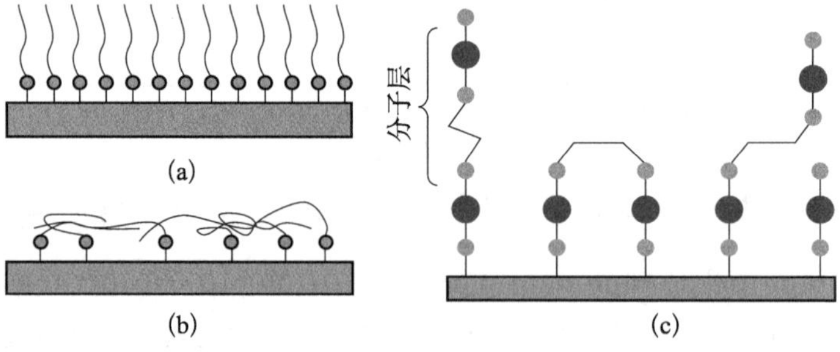

图 8.7　MLD 生长聚合物的理想和非理想状态示意图

(a) 聚合物理想单层；(b) 聚合物非理想单层；(c) 具有双官能团的有机分子与表面活性位点的几种连接状态

8.2.2 有机 – 无机杂化物

有机 – 无机杂化材料兼具有机材料与无机材料的特点，性能灵活可调，应用范围广。其中的无机金属中心可以根据需要选择不同元素：La 系元素（发光、传感）、Ti（催化）、Fe、Co、Ni（磁性）等；有机分子部分则赋予了材料良好的机械加工性能，且便于进行基团的修饰以适合不同的应用。与传统复合材料相比，MLD 制备的有机 – 无机杂化材料，生长温度低，结构为分子、原子尺度调控，可调性大。同时，两者复合后可产生许多新特点，性能更加优异，在结构材料、光电功能材料、能源催化材料、生物材料、传感材料和气体储存与分离材料等方面有着巨大的应用前景。因此，MLD 生长有机 – 无机杂化材料体系一出现，便受到青睐，成为制备杂化材料极富吸引力的方法。目前所生长的材料体系主要为铝、锌、钛、铪、锆、硅等相关的杂化物，一组源为包含金属离子或无机非金属离子的前驱体，如金属烷基化合物、金属醇盐、金属氨基盐、金属环戊二烯化合物、金属卤化物等，另一组源为包含双官能团及以上的有机分子前驱体，主要为二元醇类（苯酚类）、二元硫醇类、二元羧酸类（脂肪族和芳香族）、二元胺类、二醛类、二异氰酸酯和 7- 辛烯基三氯硅烷（7-OTS）等 [3,8,10,18]。

表 8.2 总结了 MLD 制备有机 – 无机聚合物的代表性前驱体类型、结构式及其无机前驱体 [3,10]。可见目前大部分使用的有机分子前驱体为同质双官能团，只有少数是异质双官能团（标注 *），如 4- 氨基苯酚（4-aminophenol）、2- 氧杂环庚酮（2-oxepanone）、7-辛烯基三氯硅烷（7-OTS）。

表 8.2 MLD 制备有机 – 无机聚合物的代表性前驱体类型、结构式及其无机前驱体 [3,10]

有机前驱体类型	有机前驱体结构式	无机前驱体
二元醇 [6,29]	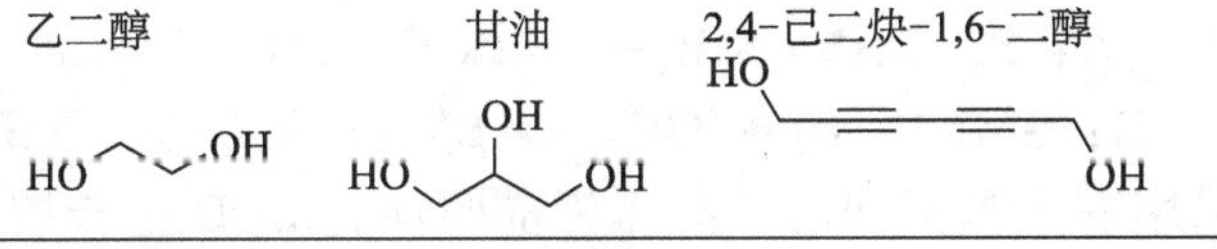	$Al(CH_3)_3$、$Zn(C_2H_5)_2$、$TiCl_4$、$Zr(C_4H_9O)_4$
	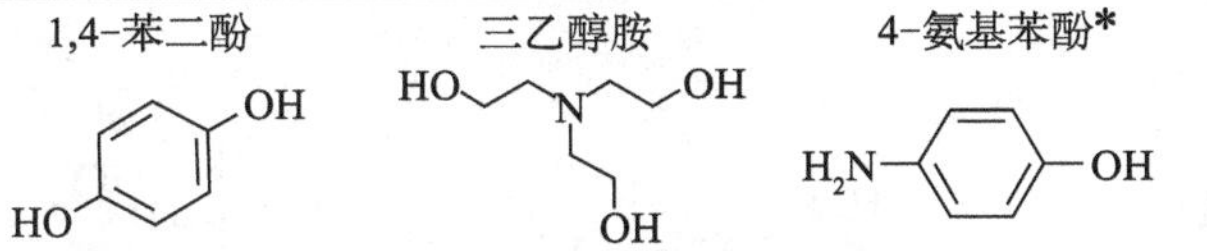	$Al(CH_3)_3$、$Zn(C_2H_5)_2$、$TiCl_4$
二元羧酸 [9,29]	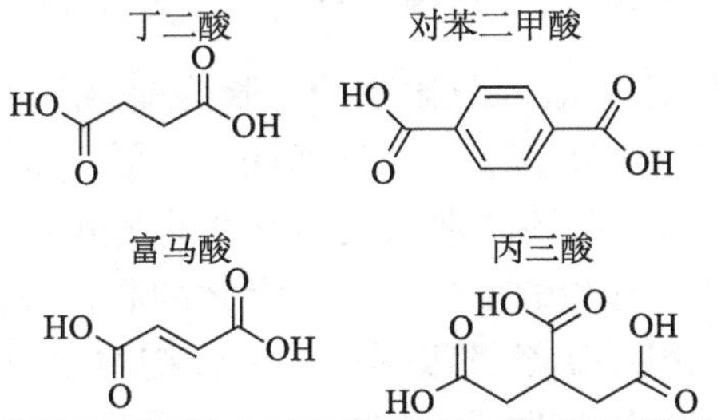	$Al(CH_3)_3$、$Zn(C_2H_5)_2$、$TiCl_4$

续表

有机前驱体类型	有机前驱体结构式	无机前驱体
二元胺[30]	对苯二胺  4,4-二氨基二苯醚 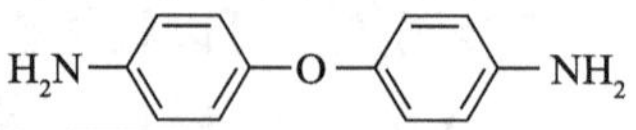	$Al(CH_3)_3$、$TiCl_4$
7-辛烯基三氯硅烷[31]	7-辛基三氯硅烷* 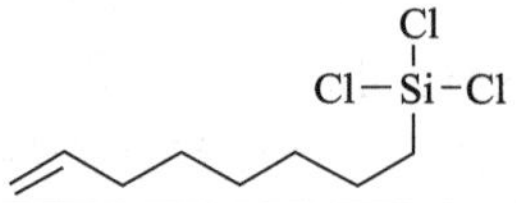	$Al(CH_3)_3$、$Zn(C_2H_5)_2+H_2O$、$Ti(O^iPr)_4$、$Zr(C_4H_9O)_4$
其他[32,33]	四氰乙烯 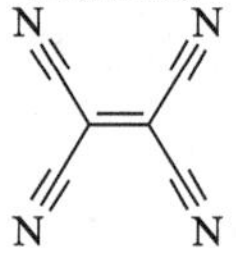 6-己内酯* 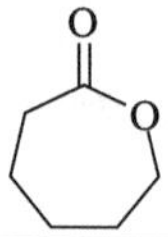	$V(CO)_6$、$Al(CH_3)_3$

* 异质双官能团。

下面我们重点来介绍一类杂化聚合物金属醇盐（metal alkoxide）材料，又称为聚烷氧基金属（metalcones），简称烷氧基金属[34]，其含碳主链为…M—O—R—O—Al…，而非金属氧烷（metaloxanes）的为M—O—M骨架[35]。烷氧基铝（alucones）[6,29]最先被沉积出来，随后又陆续制备了烷氧基锌（zincones）[36-38]、烷氧基钛（titanicones）[39-41]、烷氧基锆（zircones）[42]、烷氧基铪（hafnicones）[43]，以及烷氧基锡（tincones）、烷氧基铟（indicones）、烷氧基镁（magnesicones）、烷氧基钒（vanadicones）、烷氧基锰（maganesicones）等[34]。

使用具有同质双官能团有机分子作为前驱体，通常在有机金属烷基化物和二元醇之间AB双循环半反应式可以表示为

$$\text{A: } SR'OH^* + MR_x \longrightarrow SR'O\text{—}MR_{x-1}^* + RH \qquad (8.3)$$

$$\text{B: } SMR^* + HOR'OH \longrightarrow SM\text{—}OR'OH^* + RH \qquad (8.4)$$

图8.8为采用三甲基铝和乙二醇作为前驱体，MLD生长烷氧基铝示意图[6]。其总反应式为

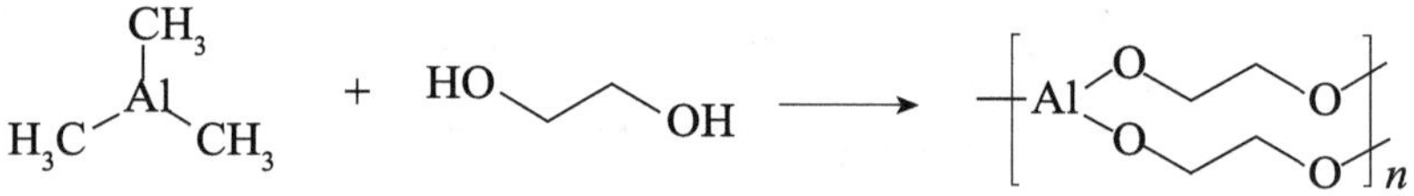

（8.5）

与纯有机聚合物生长类似，杂化物的生长也呈现出明显温度依赖的GPC特性，如图8.9所示，随着温度升高，生长速率明显下降，85 ℃时GPC为4 Å，175 ℃只有0.4 Å。然而，膜厚与循环次数之间依然为很好的线性关系。原位红外研究表明，其生长机理偏离了理想的模型，乙二醇脉冲后，沉积表面并未观测到—OH基团，且有很明显的三甲基铝继续吸附进入聚合物薄膜内，因此提出一个扩散激励的生长模型，即三甲基铝扩散进膜内形成新的反应位点，使得三甲基铝和乙二

醇之间的反应包含了类 CVD 机理。烷氧基铝薄膜的密度为 1.5 g/cm^3，只有 ALD 制备 Al_2O_3 薄膜密度的一半，而且其在空气中不稳定，放置 8 天后，厚度减少 20%，归因于膜的吸湿性，水会与烷氧基铝薄膜发生反应。如果在薄膜表面利用 ALD 生长一薄层 SiO_2，烷氧基铝薄膜稳定性将明显改善。

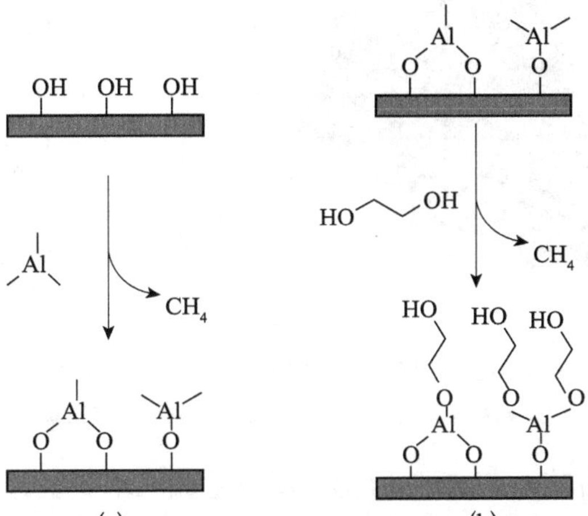

图 8.8　采用三甲基铝和乙二醇作为前驱体 MLD 生长烷氧基铝示意图[6]

(a)—OH 表面暴露在 TMA 脉冲下，释放出 CH_4 副产物；(b) 产生的表面暴露到乙二醇蒸气中，释放出 CH_4 副产物，表面被—OH 覆盖

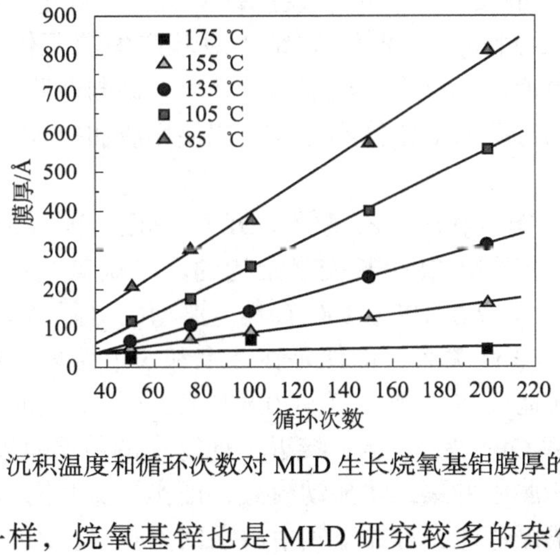

图 8.9　沉积温度和循环次数对 MLD 生长烷氧基铝膜厚的影响[6]

与烷氧基铝一样，烷氧基锌也是 MLD 研究较多的杂化物。二乙基锌和乙二醇反应生成烷氧基锌，在纳米颗粒表面沉积的涂层具有高度的共形性[图 8.10(a)]，同烷氧基铝一样，烷氧基锌也表现出明显的吸湿性[图 8.10(b)]，生长速率也是温度依赖的[36]，90～170 ℃，GPC 值在 4～0.25 Å 间变动，而理论预期值应为 6.9 Å。

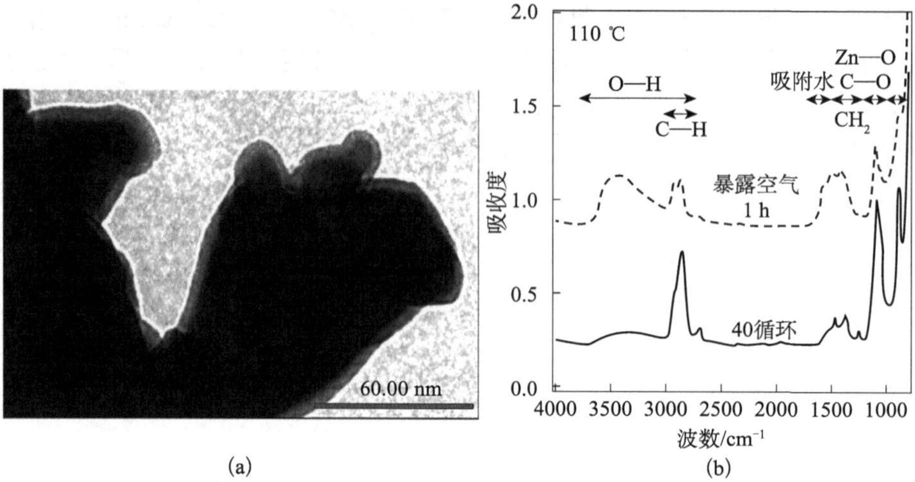

(a)　　(b)

图 8.10　二乙基锌和乙二醇 MLD 生长烷氧基锌[36]

(a) ZrO_2 颗粒表面沉积烷氧基锌薄层的 TEM 照片；(b) 刚沉积和暴露空气 1 h 薄膜 FTIR 谱

二乙基锌和芳香族对苯二酚（HQ）反应生成聚苯氧基锌（或锌基对苯二酚）也用来做对比研究[37]，其生长单元为 $(Zn—O—C_6H_4—O)_n$，沉积速率为 ~2 Å，理论预期值应为 8.4 Å。测量发现，它生成的聚苯氧基锌是导电薄膜，电阻率约为 6×10^{-2} Ω · cm，热导率和热容分别为 0.35 W/(m · K) 和 3.1 J/(cm^3 · K)，而二乙基锌和脂肪族乙二醇反应生成的烷氧基锌薄膜，不导电，热导率和热容只有 0.23 W/(m · K) 和 2.5 J/(cm^3 · K)[38]，归结于对苯二酚前驱体中苯环含有共轭 π 电子，对形成高导电率功不可没，至于热学性质，即与薄膜导电率高、电子传热因素密切相关，也与芳香族前驱体刚性好、比使用脂肪链前驱体更倾向于垂直生长有关。

另一个重要的工作是利用二乙基锌（DEZ）和己二炔二醇（HDD）前驱体，再结合紫外（UV）处理 MLD 生长交联结构的聚二炔氧基锌[39]。其沉积如示意图 8.11 所示。该表面反应在 100～150 ℃具有典型的自限制生长特性，膜厚与循环次数为近乎理想的线性关系，即便是在 2 个和 5 个循环次数下［图 8.12(a)］，HRTEM 照片也清晰地证实了这一点［图 8.12(b)］[39]。而且交联结构聚二炔氧基锌的线性生长速率 GPC 为 5.2 Å，接近了期待中的单层厚度 6 Å。表面增强的拉曼谱也观测到沉积膜中的聚二炔振动模式，证实了交联网络的存在，也改进了薄膜的热稳定性和机械性能，可在空气中稳定到 400 ℃。XPS 分析表明，膜组成 Zn∶O∶C 的原子比为 1.0∶3.2∶5.8，接近二维聚二炔氧基锌的预期结构 1∶2∶6，稍高的氧含量归因于表面吸附的水。交联薄膜也展示出优异的场效应电子迁移率，大于 1.3 cm^2/(V · s)。

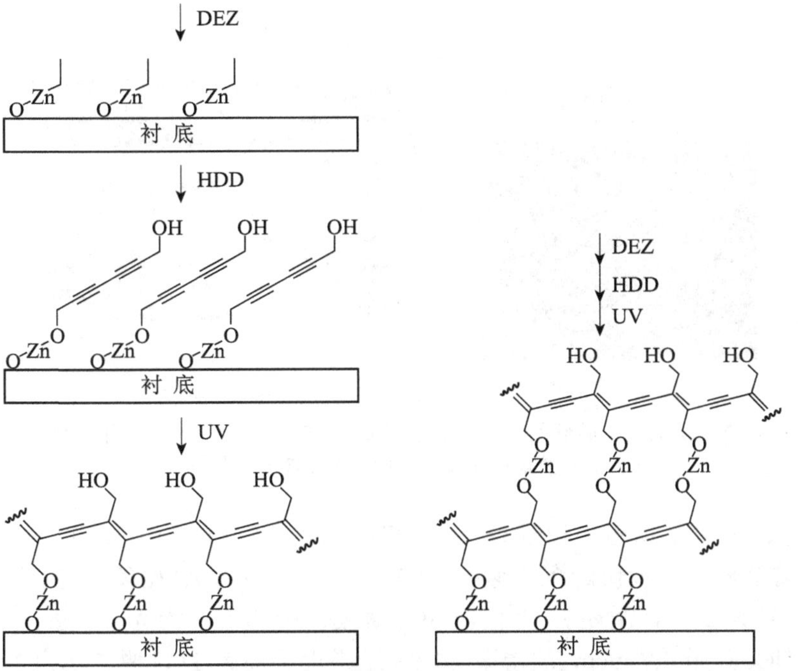

图 8.11　利用二乙基锌（DEZ）、己二炔二醇（HDD）和紫外（UV）处理 MLD 生长交联结构聚二炔氧基锌示意图[39]

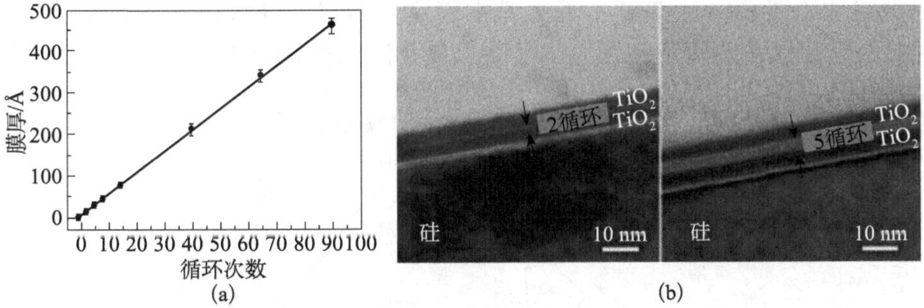

图 8.12　MLD 生长交联结构聚二炔氧基锌[39]

(a) 膜厚与循环次数之间的关系；(b) 2 个循环和 5 个循环下断面 HRTEM 照片

同理，无机前驱体 $TiCl_4$ 也可用来和 HDD 反应[40]，再经紫外辐照，获得了交联的聚二炔氧基钛薄膜，其生长速率 GPC 为 6 Å，达到近乎完美的单层覆盖（理论单层厚度为 6 Å）。MLD 生长 1 循环的交联聚二炔氧基钛和 ALD 生长 50 循环的 TiO_2，多次重复后可获得有机－无机杂化薄膜，图 8.13 TEM 截面照片清晰地显示出纳米叠层结构，1 循环的交联聚二炔氧基钛亦清晰可见，旁边给出了相应的结构示意图。

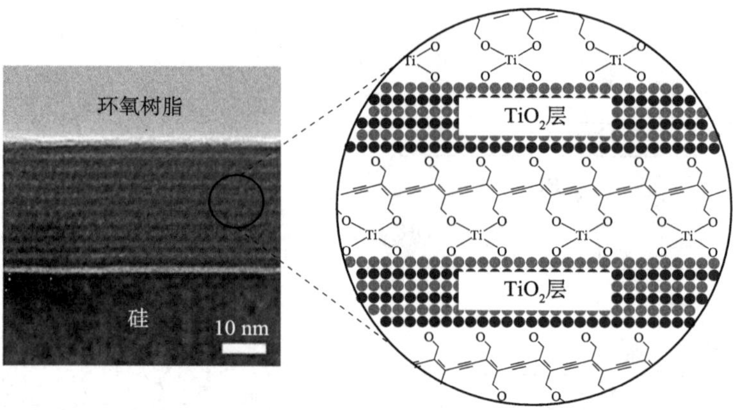

图 8.13 MLD 生长 1 循环的交联聚二炔氧基钛和 ALD 生长 50 循环的 TiO_2 组成的纳米叠层结构 TEM 截面照片[40]

另外，烷氧基钛也可以通过 $TiCl_4$ 和乙二醇（EG）或丙三醇（GL）反应生成[41]。前者显示出较快的沉积速率（90～115 ℃为 4.5 Å/ 循环），后者相对慢一些（130 ℃为 2.8 Å/ 循环），然而沉积的薄膜密度相似，均为 1.8 g/cm^3，明显低于无机 TiO_2 薄膜 3.7 g/cm^3 的密度。XPS 结果表明前者 Ti/O 原子比为 1∶4，后者 Ti/O 原子比为 1∶5，说明在 $TiCl_4$/GL 生成的烷氧基钛中聚合物链之间含有另外的桥氧键，使得其比 $TiCl_4$/EG 形成的烷氧基钛具有更高的弹性模量和硬度、更好的热稳定性（图 8.14），200 ℃退火基本稳定。当然，普通烷氧基钛与前述的交联聚二炔氧基钛在热稳定性和力学性能上是无法相提并论的。

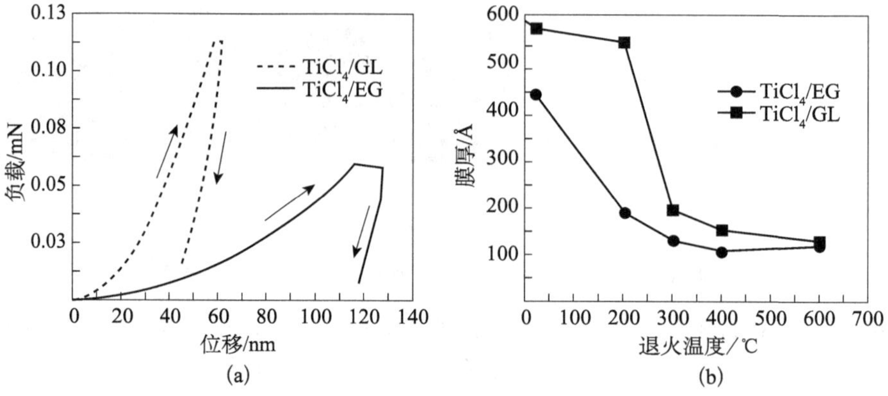

图 8.14 分别利用 $TiCl_4$/EG 和 $TiCl_4$/GL 前驱体 MLD 制备烷氧基钛薄膜的特性[41]

(a) 纳米压痕测量结果；(b) 退火温度与膜厚关系曲线

采用 $TiCl_4$ 作为金属前驱体，同质双官能团的同分异构体富马酸（反丁二烯酸）和马来酸（顺丁二烯酸）分别作为有机前驱体，研究发现同分异构体前驱体对钛基－无机－有机杂化薄膜 MLD 生长特性与机理产生明显影响[44,45]，无论是沉积温度对所沉积薄膜的组成比的影响，还是所获得杂化膜的化学稳定性，都呈现出明显的差异。

钛基－富马酸（Ti-FA）无机－有机杂化薄膜，其总反应和 AB 半反应方程式为

$$2n\,C_4H_4O_4(g)+n\,TiCl_4(g)\longrightarrow(\text{—Ti—O—CO—CH=CH—CO—O})_n+4n\,HCl(g)\quad(8.6)$$

$$\text{A: S—COOH}^*+TiCl_4\longrightarrow\text{S—COO—}TiCl_3^*+HCl\quad(8.7)$$

$$\text{B: S—Ti—}Cl_3^*+3\text{HOOC—CH=CH—COOH}\longrightarrow$$
$$\text{S—Ti—(OOC—CH=CH—COOH)}_3^*+3HCl\quad(8.8)$$

* 代表表面基团，S 指与反应产物相连的衬底。该 AB 半反应表现出饱和吸附的特性［图 8.15(a)、(b)］，符合 MLD 自限制、自饱和反应生长机制，膜厚与循环次数成正比［图 8.15(d)］。沉积温度对沉积速率 GPC 的影响［图 8.15(c)］，亦可归结为温度对反应解吸附的影响。200 ℃时 GPC 值约为 0.9 Å，薄膜均方根粗糙度约为 0.6 nm。沉积温度由 180 ℃上升至 300 ℃时，生长速率明显减小，薄膜的组成 C∶O∶Ti 原子比由 8.35∶7.49∶1.00 变化到 4.66∶4.80∶1.00，结构则由低温 200 ℃的桥连方式转变为较高温 250 ℃和 300 ℃的桥连 / 双齿连接的混合态。

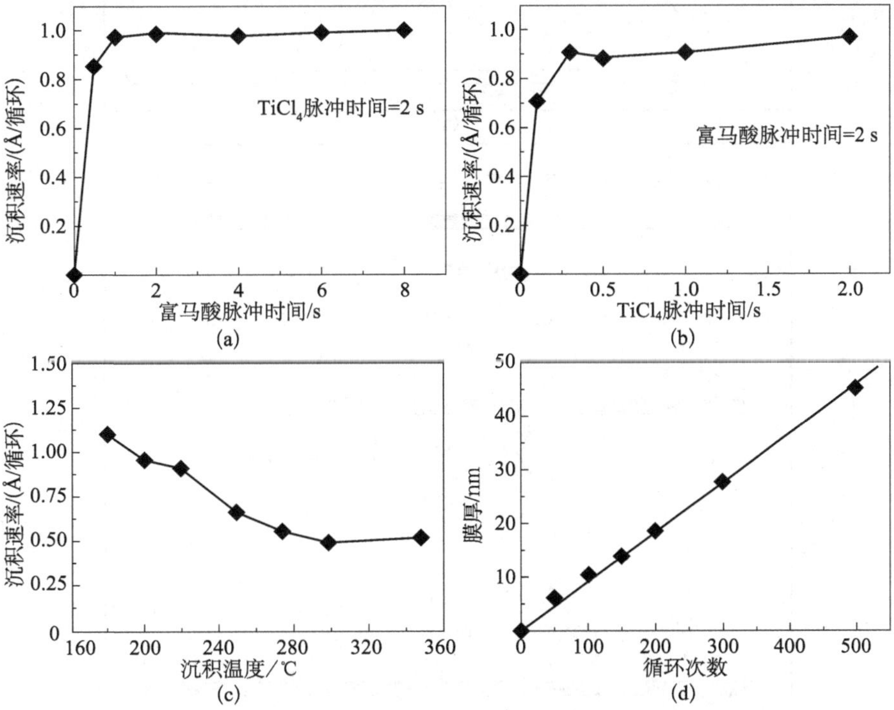

图 8.15　MLD 生长钛基－富马酸杂化薄膜工艺参数对 GPC 的影响[44]

(a) 200 ℃下富马酸脉冲时间的影响；(b) 200 ℃下 $TiCl_4$ 脉冲时间的影响；(c) 沉积温度的影响；(d) 200 ℃下循环次数对膜厚的影响

图 8.16(a) 和 (b) 分别给出 300 ℃以下或以上反应机理示意图，理想 C∶O∶Ti 原子比应为 4∶4∶1；300 ℃以上，C∶O∶Ti 原子比为 1.97∶2.76∶1.00，杂化物结构发生急剧变化，归因于富马酸的热分解反应释放水所致［式（8.9）］，形成了较多的 Ti—O 键。

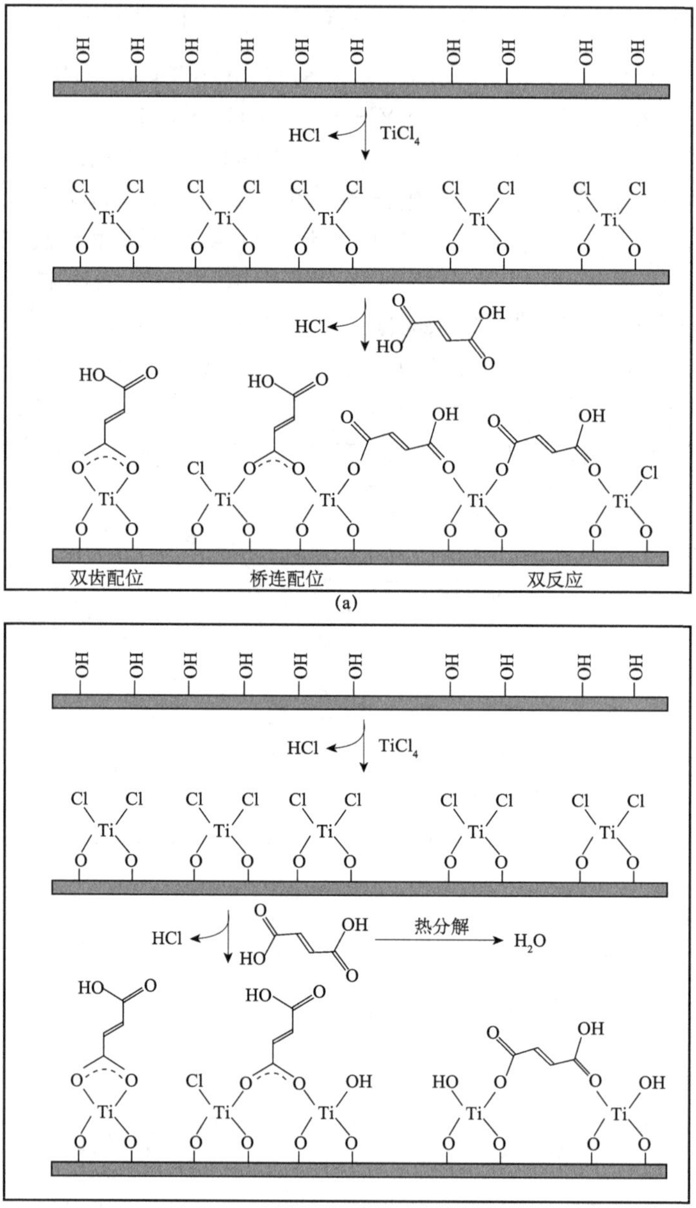

(b)

图 8.16　MLD 生长钛基－富马酸杂化薄膜生长机理[44]

(a) 300 ℃以下；(b) 300 ℃以上

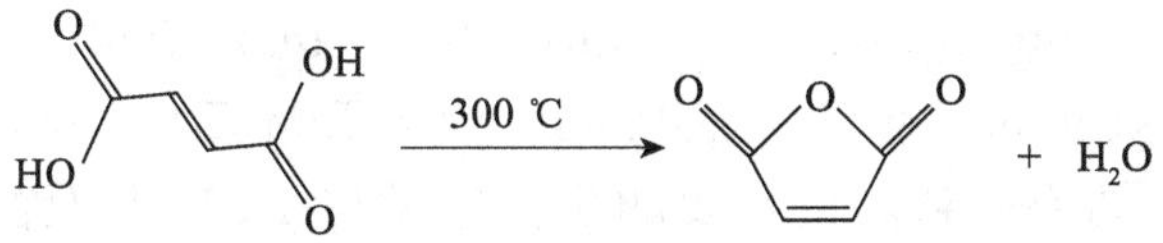

（8.9）

钛基 - 富马酸杂化薄膜在空气中具有吸湿性，即便是真空封装后 20 个月，薄膜依然发生了变化，O—Ti 与 O—C 的比例由 0.28 上升到 0.56。类似的吸湿现象已经在相当多的烷氧基金属体系中观测到 [3,6,10,18,34]，这归结于烷氧基金属中存在的水解反应［式（8.10）］。依此反应，杂化薄膜可被转化为多孔金属氧化物，这已经在 Al 基杂化薄膜中得到证实 [46,47]。

$$—M—O—CO— + H_2O \longrightarrow —M—OH + —CO—OH \qquad (8.10)$$

然而利用富马酸的同分异构体马来酸（顺丁二烯酸）与 $TiCl_4$ 反应制备的钛基马来酸（Ti-MA）杂化物薄膜，却表现出与钛基富马酸不一样的生长特点。随着温度从 140 ℃升高到 280 ℃，薄膜的 GPC 从 1.42 Å 降低到 0.16 Å，C∶O∶Ti 的组成比基本不变（图 8.17），而钛基富马酸呈现出明显温度依赖的组成特性。FTIR 表明所有钛基马来酸杂化薄膜均表现出双齿配位模式。进一步的 XPS 和原位 QCM 分析表明，MLD 制备的钛基马来酸杂化薄膜由无机 Ti—O—Ti 单元和有机 - 无机 Ti-MA 单元组成。通过实验与 DFT 计算研究，提出了 $TiCl_4$ 与马来酸 MLD 过程的反应机理，如图 8.18 所示。与富马酸不同，马来酸在低温时就会发生热解脱水反应，形成马来酸酐。而产生的水分子与 $TiCl_4$ 快速反应，形成 Ti—OH 键［图 8.18(a)］，然后再与马来酸酐发生一个慢反应，算得此开环反应活化能 E_a 为 35.2 kcal/mol，反应不容易进行。可是，由于存在热解产生的水分子，由 DFT 计算可知，在水分子的作用下，Ti 活性位点与马来酸的开环反应可以通过两个过渡态 TS1 和 TS2（transition state, TS）进行［图 8.18(b)］，经过

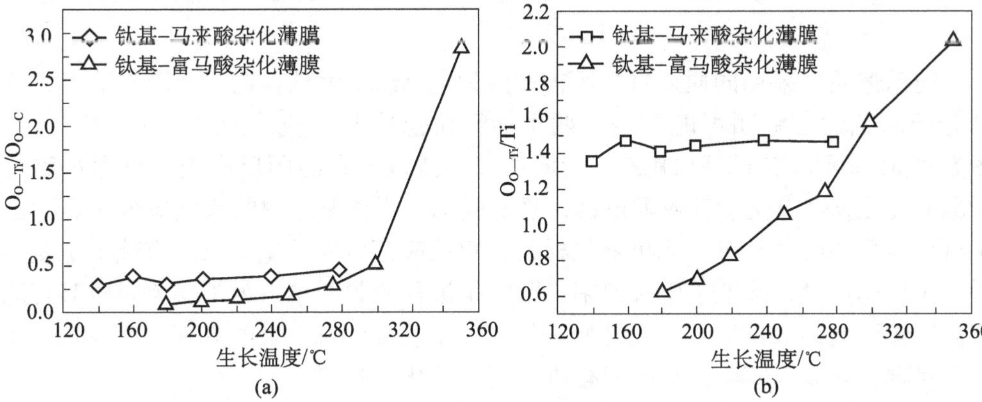

图 8.17　MLD 制备钛基 - 马来酸、钛基 - 富马酸杂化薄膜组成对生长温度的依赖关系 [45]

(a) $O_{O—Ti}/O_{O—C}$ 的 XPS 原子比；(b) $O_{O—Ti}/Ti$ 的 XPS 原子比

一系列中间产物（intermediate，Im）Im1、Im2、Im3、Im4，将该反应活化能分别降低至 11.4 kcal/mol 和 11.7 kcal/mol，使得开环反应顺利进行，并形成双齿配位，与 FTIR 结果一致。更重要的是，通过与 $TiCl_4$- 富马酸 MLD 体系的比较，证明了丁烯二酸的顺式和反式构型影响 MLD 杂化薄膜的 MLD 生长、配位模式和稳定性。Ti–MA 杂化薄膜具有比 Ti–FA 更好的稳定性，即便放置在空气中一年，膜厚、组成、官能团的变化都微乎其微，这些得益于杂化薄膜中无机 Ti—O—Ti 单元的存在。

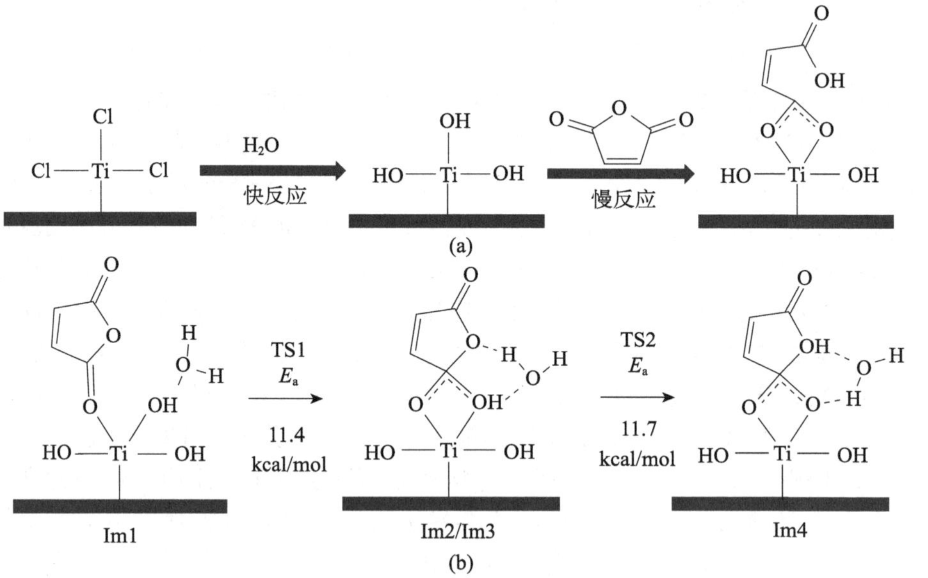

图 8.18　钛基 - 马来酸 MLD生长的反应机理 [45]

(a) Ti—Cl 与水分子的快反应和 Ti—OH 与马来酸酐的慢反应；(b) 马来酸酐在 Ti 活性中心可能的加成反应机理

前已述及，采用同质双官能团前驱体进行 MLD 生长存在一个固有缺点，就是分子两端的官能团可能与表面两个活性位点同时反应，谓之“双反应”，如图 8.16(a) 所示。TMA 和 DEZ 作为同质多（或双）官能团反应剂，可通过路易斯酸 / 碱反应生成化学键或配位键，易遭受 AB 两步循环中的双反应困扰。无论是沉积聚合物或是有机 - 无机杂化材料，双反应都可能发生。双反应减少了表面活性位点的数量，降低了生长速率，影响了沉积薄膜质量。为了避免同质双官能团前驱体引起的双反应，人们开始采用异质双官能团前驱体，如对氨基苯酚、8-羟基喹啉、环氧丙醇等，来沉积有机 - 无机杂化薄膜 [48-51]。

对氨基苯酚是个典型的异质双官能团有机前驱体，含有一个苯环，上面连接一个—NH_2 基和一个—OH 基。采用对氨基苯酚（AP）分别和二乙基锌（DEZ）、

$TiCl_4$ 反应，均呈现序列、自限制反应特性。对比研究发现，前者 140～200 ℃间沉积速率 GPC 为 1.1 Å，结构式为 $(—Zn—O—C_6H_4—NH—)_n$［示意图见图 8.19(a)］，空气干燥时相对稳定，潮湿空气中放置会不稳定，表面会呈现岛状生长［图 8.19(b)］[48]；而后者，140～160 ℃沉积速率 GPC 约为 10～11 Å（理想单元链长应为 9.1 Å），结构式为 $(—Ti—O—C_6H_4—N=)_n$，图 8.20(a) 和 (b) 给出了结构示意图，可见生成了 Ti═N 双键，进而发生了交联。并且此杂化物空气中相对稳定，一个月后厚度降低率小于 10%［图 8.19(c)］[49]。为什么二乙基锌和 $TiCl_4$ 均与对氨基苯酚反应，沉积速率和稳定性上会有这么大差别？一方面归结于反应机理的不同导致生成杂化物结构式不同，后者出现了交联；另一方面，$TiCl_4$ 为无机分子，位阻效应小。且具有刚性苯环结构的异质双官能团减少了双反应，有利于活性位点的增加和沉积速率的加快。

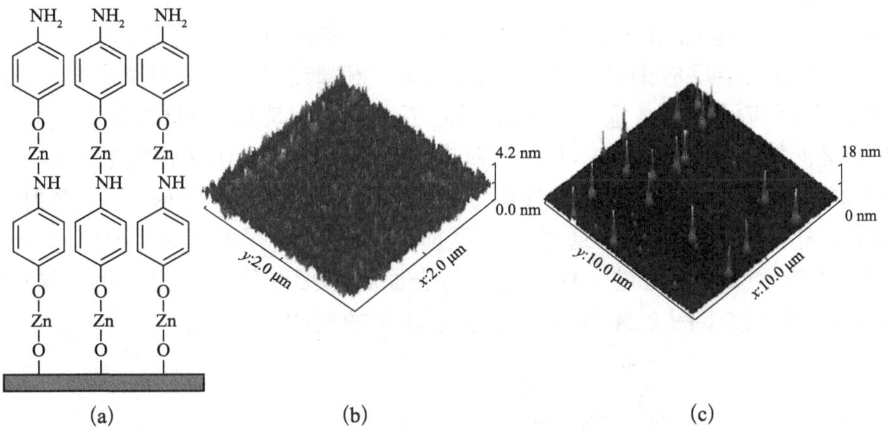

图 8.19　氨基苯酚（AP）和 DEZ 反应结构示意图和空气稳定性 [48]

(a) Zn—NH 键生成；(b) 杂化膜刚沉积出来时的 AFM 形貌；(c) 杂化物膜空气中放置一段时间后的 AFM 照片

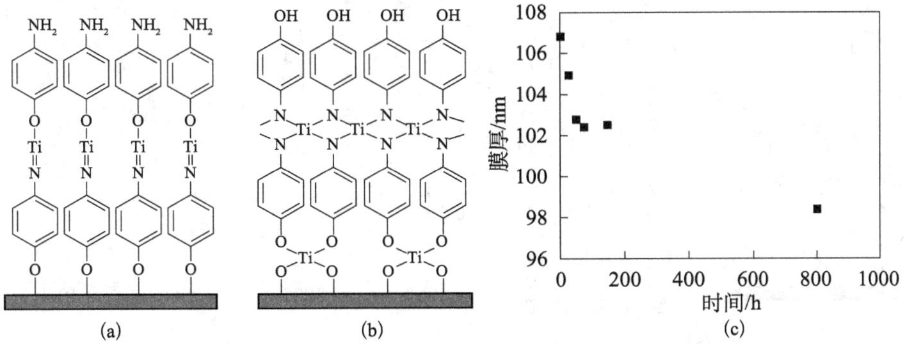

图 8.20　氨基苯酚（AP）和 $TiCl_4$ 反应结构示意图和空气稳定性 [49]

(a) Ti═N 双键生成；(b) 交联结构示意图；(c) 杂化物膜厚与空气中放置时间关系曲线

另外利用 8- 羟基喹啉（q）分别和 TMA、DEZ 和 $TiCl_4$ 反应[50]，成功制备了 Alq_3、Znq_2 和可能的 Tiq_4，85 ℃它们的 GPC 分别为 ~4 Å、6.5 Å 和 7.5 Å，随着温度增加，速率降低，200 ℃时沉积完全停止。生长动力学表明金属前驱体曝光时间延长，将会导致金属羟基喹啉薄膜发生刻蚀。Al 基和 Zn 基喹啉杂化物观测到了明显的荧光效应，而 Ti 基喹啉杂化物检测到荧光效应，但很微弱。

利用三甲基铝（TMA）和缩水甘油（环氧丙醇）反应时[51]，原位红外和晶振仪研究表明：由于 Al—CH_3 对羟基和环氧基不充分的选择性，薄膜生长还是包括两个环氧丙醇官能团的双反应，可见即便是异质双官能团，减少双反应的效果也要具体问题具体分析。

基于异质双官能团的两步 AB 循环反应中，不少还利用半反应中的开环反应[28,33]、表面激活[5,31,52–55]或是保护基团等方法[56]，来避免双反应，生长有机 - 无机杂化膜。

前述的三甲基铝和缩水甘油的反应[51]，其中就涉及了环氧基的开环反应。不少开环反应在半反应中可以产生新的羟基、氨基或羧酸基，从而将隐匿的官能团只在需要反应的时刻才显露出来，规避不需要的双反应。具体示例为：环氮杂硅烷（AZ，如 2,2- 二甲氧基 -1,6- 二氮杂 -2- 硅环辛烷）和环碳酸酯（EC，如环乙烯碳酸酯）反应，AB 半反应如图 8.21(a) 所示[28]，A 半反应中，AZ 脉冲后，与沉积表面形成 Si—O 键，通过开环反应，链另一端露出氨基基团，接着 B 半反应中，EC 脉冲后，通过开环反应，与表面氨基形成氨酯链接，另一端露出羟基。原位 FTIR 谱［图 8.21(b)］也证实了相关的表明反应机制。

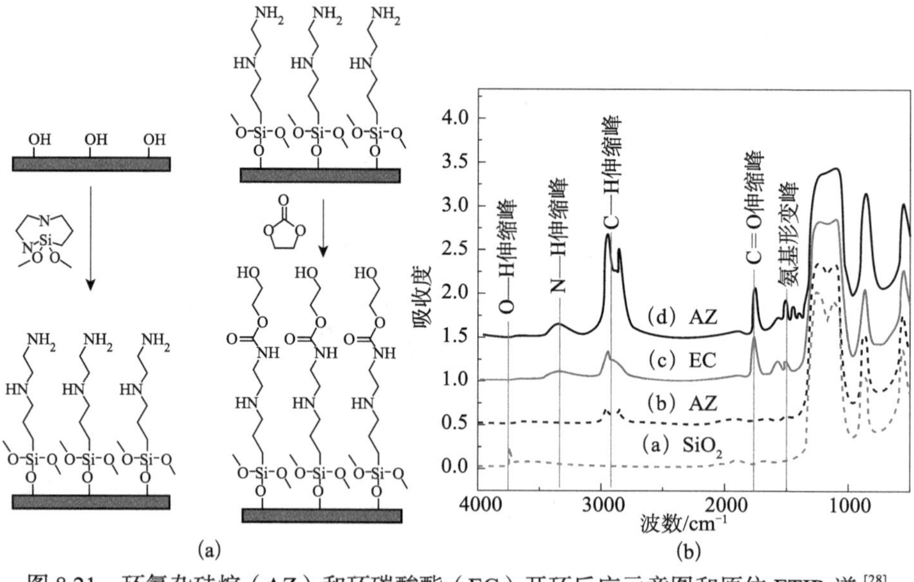

图 8.21　环氮杂硅烷（AZ）和环碳酸酯（EC）开环反应示意图和原位 FTIR 谱[28]

（a）AB 半反应示意图；（b）120 ℃的原位 FTIR 谱

另一个例子是 2- 氧杂环庚酮（或 ε - 己内酯）与 TMA 在 60～120 ℃反应[33]，XPS 结果和原位红外分析证实通过 TMA 路易斯酸催化表面开环反应最终形成了 $(—Al—O—C_8H_{16}—O—)_n$ 结构单元，此杂化物在环境中显示了较好的稳定性。

下面重点介绍 7- 辛烯基三氯硅烷（7-OTS）基臭氧活化处理的杂化薄膜的制备与特性。第一个采用 7-OTS 前驱体合成杂化材料的工作，发表在 2007 年[5]，也是 MLD 生长有机 - 无机杂化薄膜的先驱工作之一，随后一系列这方面的研究被展开[10,31,52-54]。7-OTS 前驱体并非纯粹的有机前驱体，它包含了 Si 元素，相对于其他 MLD，生长工艺也比较特殊。一个生长循环中，首先 7-OTS 前驱体脉冲与作为催化剂的水蒸气被同时引入反应室，继而通过臭氧表面活化处理，将碳链末端的 C═C 双键转变成羧酸—COOH，然后再引入无机层的金属前驱体，如异丙醇钛、TMA、DEZ 和丁醇锆等，再引入反应剂水蒸气（图 8.22[5]）。最后重复此过程，即可获得不同厚度的杂化膜。

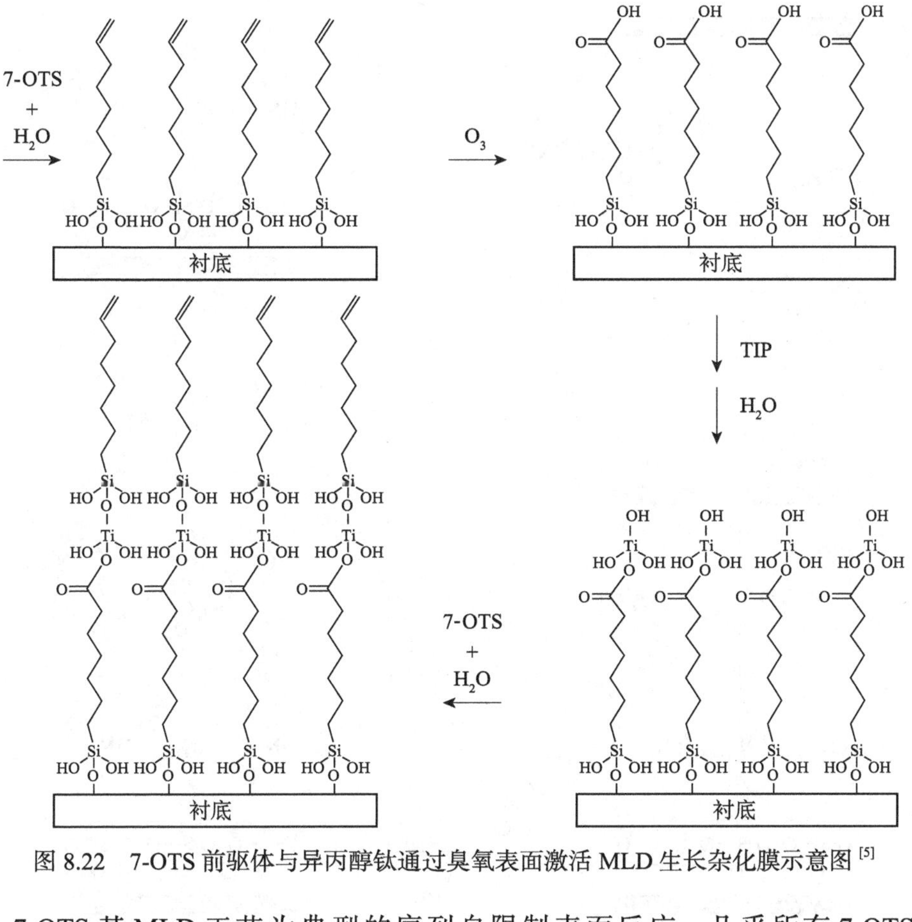

图 8.22　7-OTS 前驱体与异丙醇钛通过臭氧表面激活 MLD 生长杂化膜示意图[5]

7-OTS 基 MLD 工艺为典型的序列自限制表面反应，几乎所有 7-OTS 基

MLD 工艺都显示出很高的生长速率[5,33,52,53]，GPC 值在 10~11 Å，接近了单层的生长速率[5]，除了 TMA 的 GPC 值相对低一些，最大值在 6 Å 左右[54]。另一个特点就是沉积的有机－无机杂化膜表现出较好的热稳定性和力学稳定性，如 7-OTS 前驱体与异丙醇钛生成的杂化膜在空气中加热到 450 ℃依然保持稳定[5]。在有机分子前驱体 3- 丁烯 -1- 醇和 TMA 反应进行 MLD 生长中，也用到了臭氧处理导致表面激活的例子[18,55]，丁烯中的 C═C 双键转变成—COOH 键。

还可在反应剂中引入保护基团，以避免 AB 循环半反应中不必要的双反应。通常反应剂中包含两个不同反应基团，其中一个受到保护，在 A 或 B 循环中不发生反应，直到通过特定的化学反应，如辐照诱导的光化学反应，去除保护基团，此反应基团才露出来，参与到后续的反应中。例如，包含保护基团的 3-(1,3-二甲基亚丁基) 氨基丙基三乙基氧硅烷（DAPS）和 1-(邻硝基苄基)-3- 氧庚酰氯（NOC）前驱体进行 MLD 生长，其表面反应如示意图 8.23 所示[5]。一个生长循

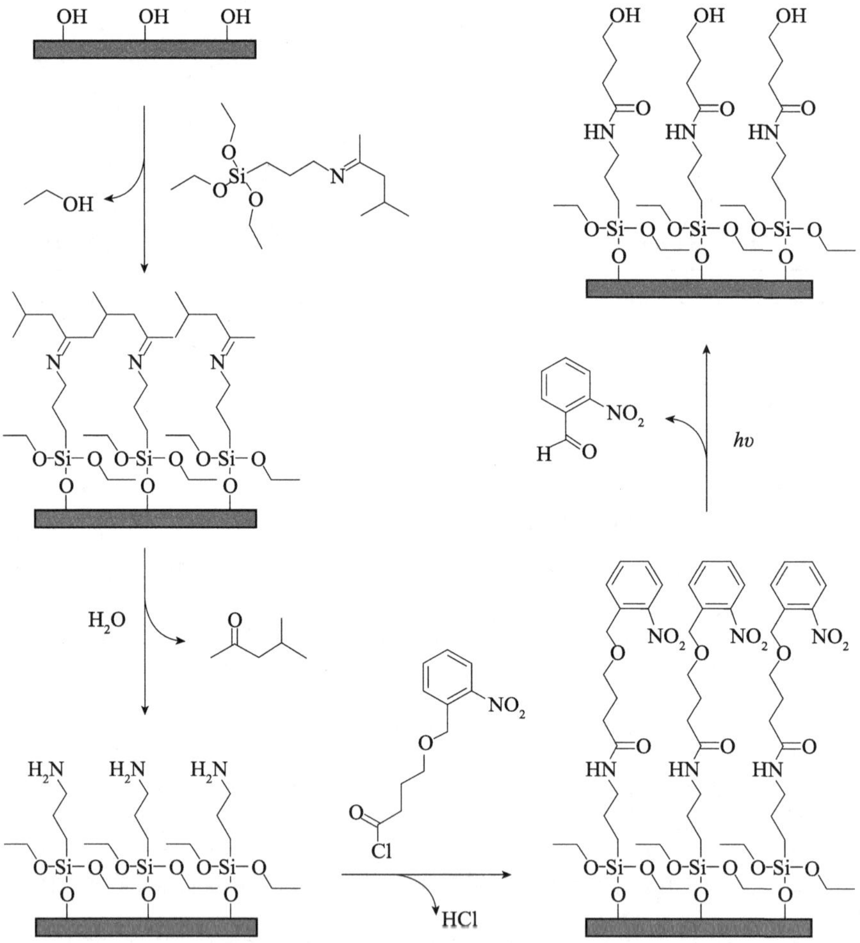

图 8.23　MLD 生长中包含保护基团的 DAPS 和 NOC 前驱体的表面化学反应示意图[5]

环中，初始化的羟基表面暴露到 DAPS 脉冲下，发生表面化学吸附，然后通过引入水，去除保护基团 4- 甲基戊酮，露出被保护的氨基官能团，然后 NOC 进入反应室与氨基反应，再通过 UV 辐照，去掉保护基团邻硝基苯酚，隐藏的羟基官能团出现。如此循环往复，反应即可不断进行，从而获得所需杂化膜。

除了上述方法，人们也采用 ABC 三步序列 MLD 工艺生长有机－无机杂化薄膜，以杜绝不需要的双反应，如采用一个 TMA 脉冲，再一个乙醇胺脉冲，最后一个马来酸酐脉冲，反应生长烷氧基铝的示意图如 8.24 所示。

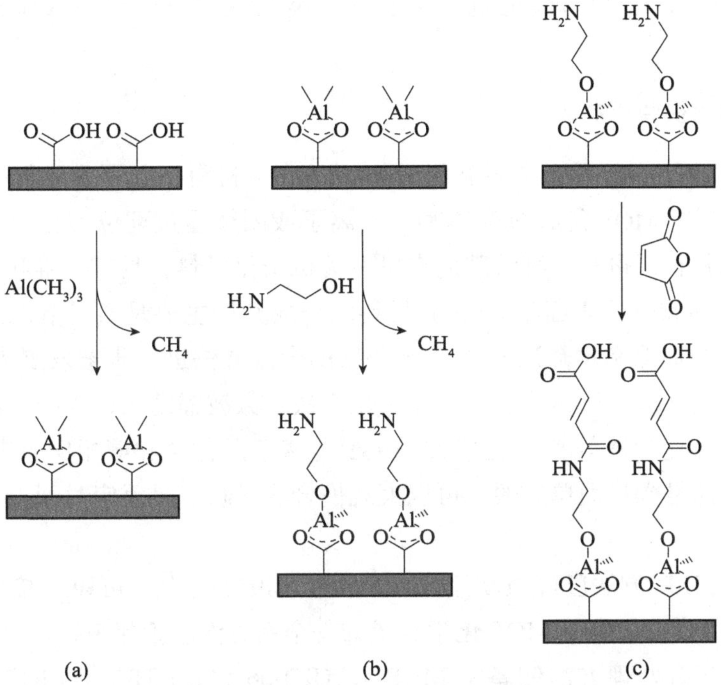

图 8.24　ABC 三步 MLD 制备铝基杂化薄膜工艺示意图 [57]

(a) TMA 脉冲；(b) 乙醇胺（EA）脉冲；(c) 马来酸酐（MAH）脉冲

ABC 三步序列表面半反应为

$$\text{A: S—COOH}^* + \text{Al(CH}_3)_3 \longrightarrow \text{S—COO— Al(CH}_3)_2{}^* + \text{CH}_4 \quad (8.11)$$

$$\text{B: S—Al(CH}_3)_2{}^* + \text{HO(CH}_3)_2\text{—NH}_2 \longrightarrow \text{S—Al—O(CH}_2)_2\text{NH}_2{}^* + \text{CH}_4 \quad (8.12)$$

$$\text{C: S—NH}_2{}^* + \text{C}_4\text{H}_2\text{O}_3\ \text{(MAH)} \longrightarrow \text{S—NH—C(O)CH}_2\text{CH=CHCOOH}^* \quad (8.13)$$

原位 FTIR 生长机理研究表明：ABC 三步序列反应成功避免了双反应，生长速率 GPC 90 ℃为 24 Å、150 ℃为 8 Å、170 ℃为 4 Å，比使用 TMA 和乙二醇 AB 序列反应的 GPC 值大了许多 [6]。然而其合成的铝基杂化薄膜，同样暴露空气吸湿性问题。

ABC 三步序列反应，前驱体可以是三个异质双官能团，也可以是一个同质多官能团加二个异质双官能团，还可以是一个同质多官能团加一个异质双官能团再加一个开环反应。三步序列反应规避了双反应的中毒效应，增加了反应的灵活性，增大了异质双官能团可能的反应组合。然而，尽管使用异质双官能团和 ABC 三步序列反应可以解决双反应引起表面活性位点减少的问题，但是前驱体分子易扩散进多孔聚合物薄膜的问题还存在。吸附的反应剂可进一步与其他前驱体反应，引起薄膜的额外生长——类 CVD 生长行为，影响 MLD 的可控性[58]。

8.2.3 金属有机骨架材料

在过去的几十年里，金属有机骨架（MOF）材料引起了学术界和工业界的广泛关注[59-68]。MOF 是有机配体和金属离子或团簇通过配位键自组装形成的有序多孔结晶材料，也是一种特殊的有机 - 无机杂化材料，具有二维和三维多孔结构，高孔隙率和高比表面积。MOF 材料的合成开始主要是通过溶液法，包括常规溶液法、溶剂热和水热法[68]。后来，新的合成方法进一步被发展来制备 MOF 材料，如电化学法、机械化学法、超声化学法、微波辅助法、溶胶 - 凝胶法、超临界法和流体化学法等[69]。这些方法主要是基于湿化学和液相反应来生长 MOF 材料，其优点是操作简单方便，可以大规模合成，缺点是反应时间很长、可控性差等。

最近，MLD 方法已经成功用于 MOF 的气相合成[70]，可以直接获得连续均匀的 MOF 薄膜，代表了 MOF 化学合成的一个新方法。近年来，通过 MLD 技术或 MLD 结合后处理方法制备了 MOF-5、UiO-66 和 Cu-TPA 等 MOF 薄膜材料，如图 8.25 所示。下面重点介绍几种 MOF 的 MLD 制备工艺。

1）MOF-5 和 IRMOF-8

MOF-5，又称等网状金属有机骨架 -1（IRMOF-1），具有由 Zn_4O 团簇和刚性的苯二羧酸桥连配体组成的立方骨架结构。2013 年，MOF-5 薄膜首次通过 MLD 和后处理方法在 Si(100) 衬底上获得[7]。其中，乙酸锌（$ZnAc_2$）和 1,4- 苯二甲酸（1,4-BDC）分别被用作金属和有机前驱体。通过改变沉积温度、前驱体的脉冲时间和循环数，研究了前驱体的饱和行为、表面反应以及薄膜的生长特性。结果表明，使用 MLD 方法，结合结晶和重结晶的两步后处理过程，可以制备 MOF-5 薄膜。使用类似方法也在 Si 衬底上制备了 IRMOF-8 材料[71]。这是首次使用 MLD 方法通过气相生长合成 MOF 材料[70]，虽然需要进行结晶和溶剂热重结晶的后处理，但这种方法为 MOF 的气相合成提供了一个新的方向，具有能够形成均匀和保形 MOF 薄膜的优势，如图 8.26 所示[7]。

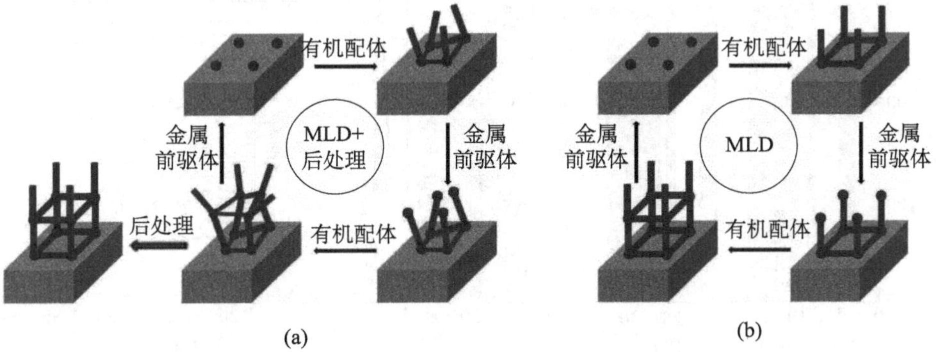

图 8.25　使用 MLD 方法制备 MOF 的示意图

(a) MLD 结合后处理；(b) MLD 直接合成[70]

图 8.26　沉积在有沟槽的 Si(100) 衬底上的 MOF-5 薄膜的 FESEM 照片[7]

(a) 表面形貌；(b) 截面形貌

2）UiO-66 和 UiO-66-NH_2

UiO-66（University of Oslo-66）是具有超强热稳定性和化学稳定性的理想 MOF 材料。2015 年，报道了一种 UiO-66 在 Si(100) 衬底上的全气相合成方法[72]。该方法类似于上述 MOF-5 或 IRMOF-8 合成中使用的 MLD 和两步结晶 – 重结晶后处理的组合方法。两种方法的不同之处在于，最后的重结晶后处理步骤中使用的是乙酸蒸气，而不是二甲基甲酰胺（DMF）溶剂。利用四氯化锆（$ZrCl_4$）、1,4- 苯二甲酸（1,4-BDC，TPA）的连续 MLD 反应可以产生无定形的 UiO-66 薄膜。通过在 MLD 生长过程中引入乙酸脉冲可调控 MOF 中金属团簇和有机桥连配体之间的化学计量比，如图 8.27(a) 所示，避免薄膜中存在过量的 TPA。非晶薄膜在乙酸蒸气中 160℃结晶形成 UiO-66 结构［图 8.27(b)］。

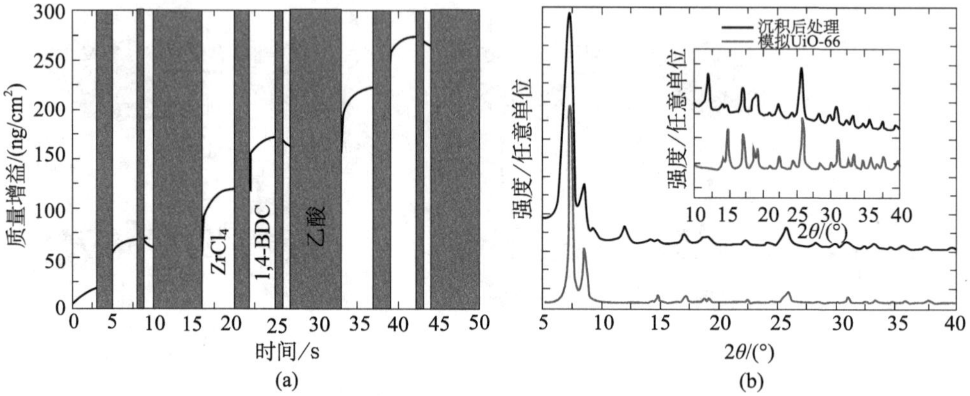

图 8.27 使用 $ZrCl_4$、1,4-BDC 和乙酸制备 UiO-66 薄膜的全气相合成方法[72]

(a) 原位 QCM 测得的 $ZrCl_4$、1,4-BDC、乙酸脉冲质量增益曲线；(b) 160℃乙酸蒸气后处理获得的 UiO-66 薄膜 XRD 谱图

类似地，氨基功能化的 UiO-66（UiO-66-NH_2）也可以使用 $ZrCl_4$ 和 2-氨基-1,4-邻苯二甲酸（2-NH_2-1,4-BDC）作为金属和有机前驱体通过 MLD 技术制备[73]。然而，当使用氨基功能化的对苯二甲酸时，不再需要在 MLD 生长中引入乙酸来调控 MOF 薄膜的化学计量比。2020 年，通过将 MLD 方法进一步拓展合成了具有较长有机配体和较大孔径的 MOF[74]。这种带有蒸气后处理步骤的 MLD 是一种制备 MOF 薄膜的直接气相沉积方法，为 MOF 材料的全气相合成打开了一扇新的大门。

3）Cu -TPA

作为一种铜基 MOF，对苯二甲酸铜（Cu-TPA）具有 MOF-2 类型的片状桨轮结构，这与反式-1,4-环己烷二甲酸铜（Ⅱ）的结构相似。桨轮结构由两个铜原子构成，由四个对苯二甲酸配体连接［图 8.28(a)］。2016 年，利用 MLD 技术在 Si(100) 衬底上制备了 Cu-TPA MOF 晶体薄膜[75]，$Cu(thd)_2$ 和 1,4-BDC（TPA）被用作无机金属和有机配体前驱体。通过系列表征确认，可以直接使用 MLD 在 180℃沉积结晶和高孔隙率的 Cu-TPA MOF 薄膜［图 8.28(b)］，且表面反应符合饱和性和自限制机制，这与使用 MLD 和后处理结合方法获得的 MOF-5 和 UiO-66 不同[7,72]。虽然 Cu-TPA MOF 的 MLD 生长温区较窄，但通过优化前驱体、工艺参数和反应器设计，可以扩大沉积温度范围。这是首次使用 MLD 技术直接气相合成晶体 MOF 薄膜的方法，后来通过优化工艺在不同衬底上制备了 Cu-TPA

MOF 材料[76]。

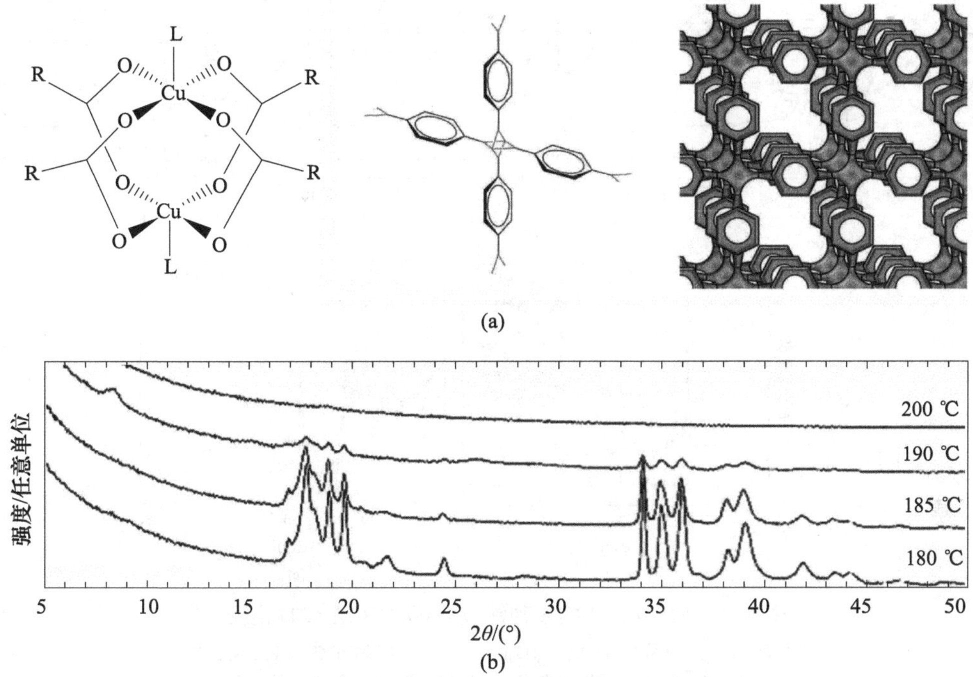

图 8.28　Cu-TPA MOF 的片状桨轮结构[75]

(a) 片状桨轮结构示意图，R 代表对苯二甲酸，L 代表配位点；(b) MLD 不同温度沉积 Cu-TPA 的 XRD 谱图

4）Li 基 i-MOF

插层金属有机骨架材料（intercalated metal-organic framework，iMOF）可定义为一种层状无机－有机材料[77]，其中无机层中嵌入的金属离子来源于氧化还原活性有机部分，并且对金属离子嵌入后的结构变化具有高度鲁棒性。而 iMOF 中的金属离子嵌入（脱出）主要由柔性有机部分主导，实现金属离子的可逆插层。锂基 iMOF 型电化学活性芳香族金属羧酸盐在各种储能和微电子器件中具有重要的应用前景[77,78]。

Karppinen 等利用 MLD 在 Si 衬底上 220～270 ℃下直接合成了 5 种晶态的锂基 iMOF[77]，其中金属前驱体为 Li(thd)，5 种有机前驱体分别是对苯二甲酸（TPA）、3,5-吡啶二甲酸（PDC）、2,6-萘二甲酸（NDC）、4,4′-联苯二甲酸（BPDC）和 4,4′-偶氮苯二甲酸（AZO），它们的 GPC 在 2.3～7.0 Å 范围。所制备的 iMOF 薄膜在空气中稳定，它们的 GIXRD 如图 8.29 所示，Li(thd) + 芳香族二甲酸工艺显示了较好的结晶质量，与其他方法合成的类似。

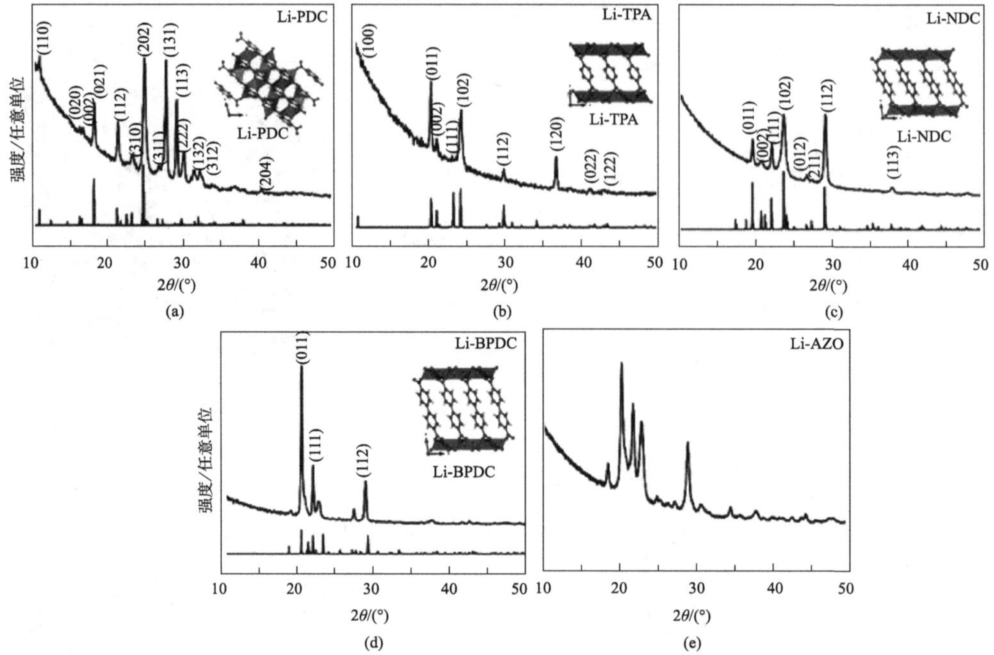

图 8.29 MLD 合成的 5 种锂基 iMOF 的 GIXRD 谱图[77]

(a) Li-PDC；(b) Li-TPA；(c) Li-NDC；(d) Li-BPDC；(e) Li-AZO

除文献尚无报道的 Li-AZO，依据文献报道晶体结构计算的谱图列在测试结果下面[77]

8.2.4 有机－无机杂化介孔薄膜

介孔材料是一种孔径在 2～50 nm 的多孔材料，具有极高的比表面积、大的孔体积、可调的孔径，在催化、能源、吸附、分离、环保、传感、生物医药等领域展现出巨大的应用前景。有机－无机杂化介孔体系不同于传统意义上的有机－无机复合介孔体系，有机－无机组元可达到分子级复合，蕴含着丰富多彩的物理化学特性，兼具有机和无机化合物的优点，在材料结构和性能方面具有极大的可调谐性和灵活性。前已述及，MLD 可用于有机－无机杂化薄膜的制备，若将 MLD 应用于有机－无机杂化介孔薄膜的制备，通常需要引入模板或借助后处理，才能获得介孔结构。然而本节要介绍的是选择合适的前驱体二乙基锌和对苯二酚，通过 MLD 一步法直接合成多孔锌基对苯二酚（Zn-HQ）薄膜[79]，无需多孔模板和后处理，即可生长出有机－无机杂化介孔薄膜，实现了有机－无机组元的“分子级复合”。

如图 8.30(a) 所示，200℃下 MLD 生长的 200 循环锌基对苯二酚杂化薄膜不同于常见的致密薄膜，存在明显的均匀分布的孔洞结构，孔径大约为 10～15 nm。其 SEM 截面［图 8.30(b)］显示介孔薄膜厚度约为 45 nm，孔洞结构贯穿整个薄膜层，说明该多孔结构是在反应沉积阶段形成的，而非放置于空气环境中水蒸气等的刻蚀作用引起的[80]。椭偏测得孔隙率大约为 53 %，计算所得孔径约为 14 nm，与 SEM 观测吻合。

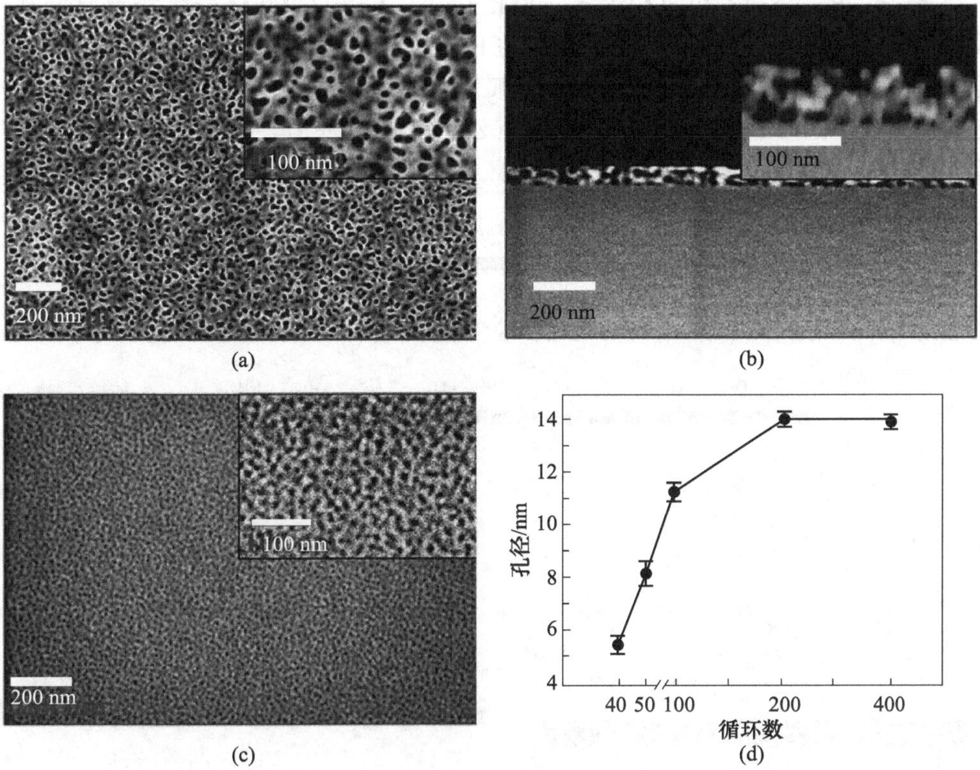

图 8.30　锌基对苯二酚杂化多孔薄膜的形貌与循环数对孔径的影响[79]

200 循环锌基对苯二酚杂化多孔薄膜的 (a) SEM 表面形貌和 (b) 截面图，右上角插图为局部放大图；(c) 40 循环锌基对苯二酚杂化多孔薄膜的形貌，右上角插图为局部放大图；(d) 孔径对循环数的依赖关系

研究了循环数对锌基对苯二酚薄膜孔径的影响。30 循环尚未观测到孔结构，35 循环孔洞开始形成，孔径 D 约为 5.1 nm。40 循环的薄膜显示出明显的孔结构，孔径为 5.5 nm［图 8.30(c)］。随着循环数的增多，孔径 D 逐渐增大，当循环数达到 200 循环时，孔径 D 开始稳定在 14 nm 左右，再增加循环数，D 也基本保持不变［图 8.30(d)］。改变沉积温度从 170 ℃升高至 350 ℃，多孔膜的孔径与孔隙率变化不大，且组成比也变化很小。XPS 和 FTIR 谱证实形成了锌基对苯二酚无机－有机杂化薄膜，C、O、Zn 原子比为 2.47∶2.14∶1，而基于二乙基锌（DEZ）与对苯二酚（HQ）的 MLD 反应，生成的理想结构重复单元应为（Zn—O—C_6H_4—O），其对应的 C∶O∶Zn 原子比应为 6∶2∶1。可以看出实际反应中，MLD 制备的杂化薄膜中锌和氧原子组成含量相对较高，与理想结构单元的

化学计量比明显不同，说明实际 MLD 过程不是一个简单的理想过程，存在一些副反应。研究也表明锌基对苯二酚多孔薄膜具有良好的稳定性，在空气与乙醇、丙酮溶剂中可稳定存在，在水中会逐渐溶解。

根据 XPS、FTIR 和液相色谱 - 质谱结果，提出了 MLD 一步法合成锌基 - 对苯二酚杂化多孔薄膜的成孔机制与生长模式，如图 8.31 所示，同时也显示了理想状态下锌基对苯二酚生长模型。MLD 开始，硅衬底表面悬挂有羟基基团来提供活性位点［图 8.31(a)］；当通入二乙基锌的脉冲后，二乙基锌与硅衬底表面的羟基基团反应，生成的反应副产物乙烷和多余的二乙基锌脉冲被随后的氮气

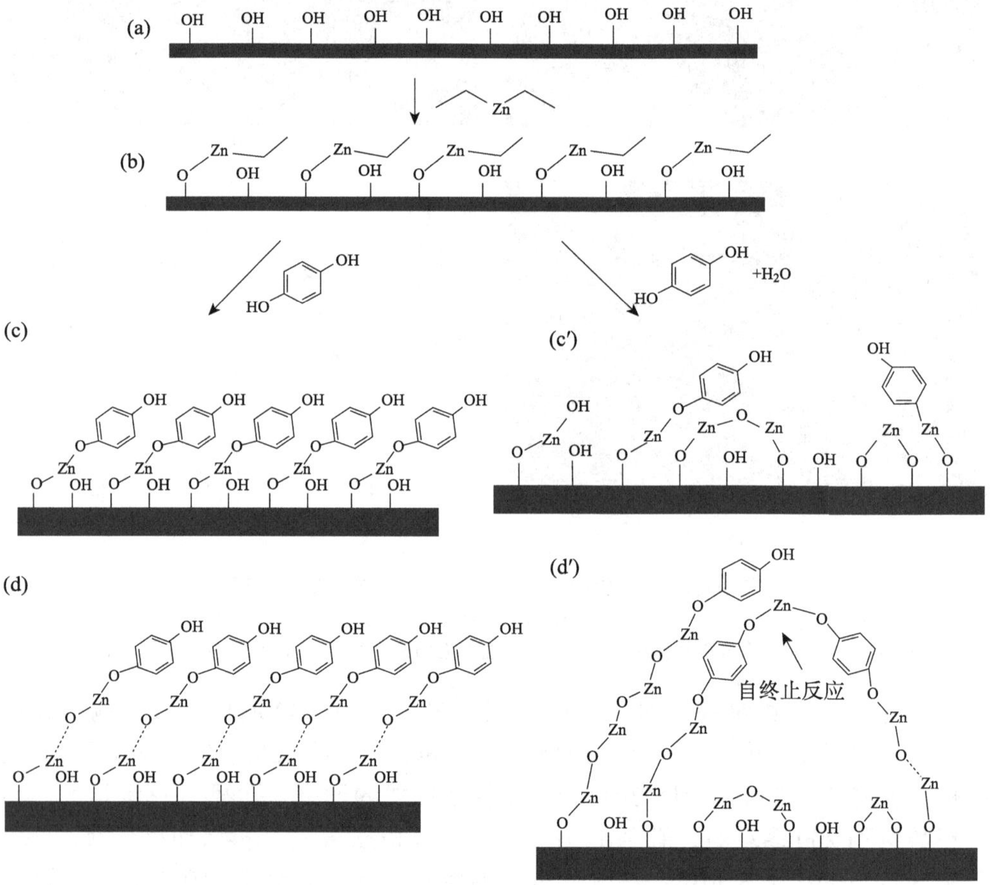

图 8.31 理想和实际的锌基对苯二酚生长模型[79]

(a) 硅基底表面悬挂羟基（—OH）基团；(b) 二乙基锌（DEZ）与表面的羟基（—OH）基团发生化学吸附反应过程；(c) 随后的 HQ 脉冲与—O—Zn—C_2H_5 反应；(d) 在多次重复反应后，DEZ 与 HQ 形成重复的（Zn—O—C_6H_4—O）结构单元；(c′) HQ 发生分子间脱水作用生成 H_2O，H_2O 与—O—Zn—C_2H_5 反应，生成—O—Zn—OH，或者阻隔活性位点的 O—Zn—O—Zn—O 和 O—Zn—O。同时，HQ 脉冲与—O—Zn—C_2H_5 反应生成—O—Zn—O—C_6H_4—OH；(d′) 在多次重复反应后，DEZ 与 HQ 形成重复的 $(ZnO)_2$(Zn—O—C_6H_4—O) 多孔结构单元

吹扫脉冲带走，在硅衬底上生成 Si—O—Zn—CH_2CH_3 [图 8.31(b)]。再通入对苯二酚前驱体脉冲，理想情况下，如图 8.31(c) 所示，对苯二酚的一个酚羟基会和与锌相连的另一个乙烷基团发生反应，生成 Si—O—Zn—O—C_6H_4—OH 与副产物乙烷，乙烷被随后的氮气吹扫气体带走。后续二乙基锌与对苯二酚前驱体交替通入反应腔，反应最终生成重复单元为（Zn—O—C_6H_4—O）的致密的锌基 - 对苯二酚无机 - 有机杂化薄膜，如图 8.31(d) 所示。

而实际情况下锌基对苯二酚多孔薄膜的 MLD 生长，反应的差异主要发生在对苯二酚前驱体脉冲反应过程中。如图 8.31(c′) 所示，在引入对苯二酚脉冲时，对苯二酚前驱体会在 200 ℃时发生分子间脱水反应。水分子会和对苯二酚竞争，与硅衬底上的 Si—O—Zn—CH_2CH_3 基团反应，从而一部分生成 Si—O—Zn—OH 链段，另一部分生成 Si—O—Zn—O—(C_6H_4)—OH 链段。同时由于二乙基锌的分子链较长，产生屏蔽效应，一方面会阻碍部分反应位点，另一方面，两个二乙基锌分子也可能会出现相向而行的生长方向，使得副反应的水分子与之反应形成小的闭环，造成活性位点消失，阻碍了接下来的反应。如图 8.31(d′) 所示，随着二乙基锌和对苯二酚前驱体脉冲交替通入反应室，一个对苯二酚锌分子上连接两个氧化锌，形成了结构单元式为 $(ZnO)_2$(Zn—O—C_6H_4—O)。依照文献 DFT 计算结果，二乙基锌和对苯二酚的反应，重复单元为 $(ZnO)_2$(Zn—O—C_6H_4—O) 时，无机 - 有机杂化物形成能最低，对应的产物最稳定 [81]。本实验结果与此相符。

因此，多孔薄膜基本结构单元为 $(ZnO)_2$(Zn—O—C_6H_4—O)，而非理想生长状态下的（Zn—O—C_6H_4—O），这与对苯二酚分子间的脱水副反应生成了氧化锌有关。而质谱也证实了该基元的存在。考虑 DEZ 分子的屏蔽效应，再加上二价锌离子会形成类似“手牵手”的柔性长链结构，邻近的柔性长链分子倾斜生长，理论 GPC 为 0.84 nm，实际为 0.28 nm，可算得长链倾斜角约为 17.5°，两个长链发生自终止反应，形成闭环的多孔结构。每个长链由不同数目的锌基 - 对苯二酚结构单元 (0.84 nm) 连接形成，数目与循环数等相关。50 循环，对应 8 个结构单元，测得孔径 8.1 nm，理论估算为 8.6 nm；100 循环，对应 10 个结构单元，测得孔径 11.2 nm，理论计算为 10.8 nm；200 循环，对应 13 个结构单元，孔径测得 14 nm，理论计算为 14.0 nm。该机理很好地解释了孔径随着沉积循环数的增多而增大，直至趋于稳定。

如何利用或拓展锌基对苯二酚多孔薄膜的工艺方法与原理，将其推广到其他无机 - 有机杂化多孔薄膜体系的 MLD 制备中，尚需更深入和广泛的研究工作。

8.3　分子层沉积应用

鉴于分子层沉积所具有的独特之处，将所需的官能团设计并沉积进薄膜中，对膜厚与组成的精确简单的调控性，优异的三维共形性，特别是将 MLD 与 ALD

相结合，在超晶格、纳米叠层、界面工程、表面修饰改性、多孔结构和特定纳米结构制备等方面，带来了更多可能性和调谐性。MLD 和 MLD/ALD 的功能材料制备及其在电子、光学、能源、催化、膜分离等领域的应用研究正呈现快速增长的趋势，本节将从有机聚合物和有机－无机杂化聚合物两个方面来介绍 MLD 的一些典型和可能的应用。

8.3.1 有机聚合物

目前分子层沉积已经制备出聚酰胺、聚酰亚胺、聚酰胺－聚酰亚胺、聚亚胺、聚脲、聚硫脲、聚氨酯、聚酯等有机聚合物[3,10,18]，它们在有机电子和光子器件[82]、大规模集成电路中的铜扩散阻挡层[83]、有机薄膜晶体管[84]、选区光刻胶[85,86]、薄膜封裹与有机发光二极管封装[87]、癌症治疗方面有望获得应用[88]。下面将举例说明。

1）分子层沉积聚氨酯薄膜作为光刻胶材料

为了同时取得好的敏感性、高分辨率和优异的图案平整性，均匀分布且在酸性条件下具有不稳定官能团和光酸产生剂的光刻胶是下一代光刻技术所迫切需要的。MLD 生长的聚氨酯薄膜光刻胶材料在此方面显示出巨大的发展潜力[85,86]。图 8.32(a) 为聚合物链中具有酸性不稳定缩酮官能团的聚氨酯薄膜 MLD 生长示意图[85]，利用了偶合反应剂 1,4-苯二异氰酸（PDIC）和 2,2-[丙烷-2,2-二基双(氧基)]二乙胺反应获得。倘若采用乙二胺和 PDIC 反应，即可获得酸性环境下稳定的聚氨酯薄膜。通过调控酸性不稳定缩酮官能团的位置，即可控制聚氨酯薄膜的光刻。

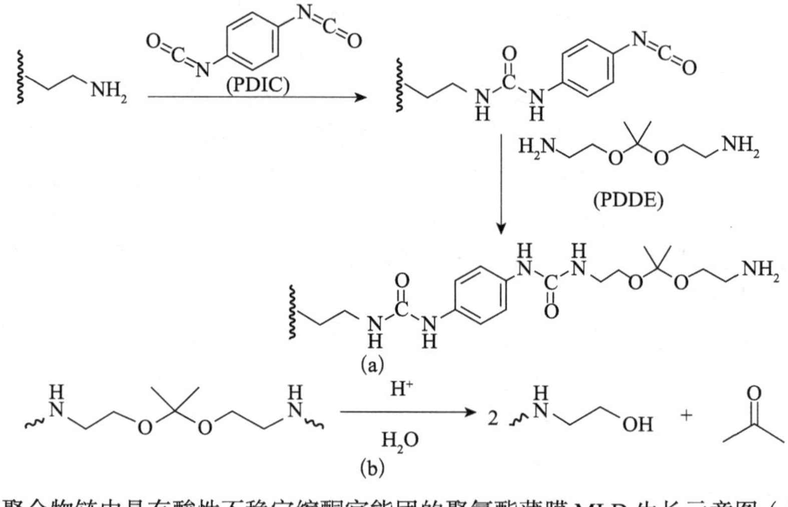

图 8.32 聚合物链中具有酸性不稳定缩酮官能团的聚氨酯薄膜 MLD 生长示意图 (a) 和 PDIC/PDDE 薄膜中发生在 PDDE 单元处的酸解离反应 (b)[85]

研究表明，当酸性不稳定官能团包含进聚氨酯链，通过酸性处理，直接浸入酸液或者是浸泡在光酸发生剂（photoacid generator, PDA）中，都能很好地解离聚氨酯的长链，其酸解离反应见图 8.32(b) 所示。且由光酸发生剂浸泡过的含酸不稳定基团的聚氨酯薄膜可用来做光刻胶材料，与 UV 辐照结合获得特定的图案[85]［图 8.33(a)］。进一步的研究表明，利用选区 MLD，可直接在十八烷基三氯硅烷（ODTS）自组装单层形成的图案化 SiO_2 衬底上获得特定的聚氨酯图案阵列［图 8.33(b)］[86]，单分子层的 ODTS 有效地阻止了 MLD 生长，为制作高质量三维有机纳米结构提供了一种新途径。

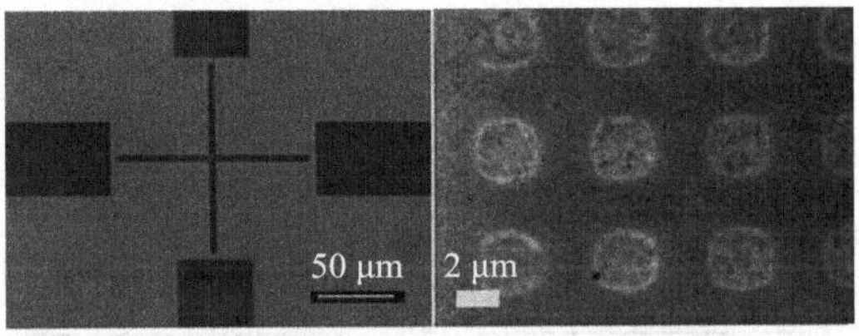

(a)　(b)

图 8.33　聚氨酯作为光刻胶材料形成光刻图案示例

(a) PDA 处理与 UV 辐照结合获得特定的图案[85]，暗区未经 UV 曝光为聚氨酯薄膜，亮区 UV 曝光过为衬底，中间线宽约为 4 μm；(b) 在图案化 SiO_2 衬底上选区 MLD 直接沉积聚氨酯的 SEM 照片[86]，暗区为 12 循环的聚氨酯薄膜，圆形亮区为 ODTS 印过的区域

2）可调谐尺寸与带隙的有机量子点

利用三个有机分子前驱体——对苯二醛（TPA）、对苯二胺（PPDA）和草酸二酰肼（ODH），通过设计不同循环周期，MLD 生长了包含不同长度量子点（0.8 nm、2 nm、3 nm）- 多态量子点（multiple quantum dot，MQD）的聚合物链。TPA/PPDA、TPA/ODH 的反应如图 8.34(a) 所示[89]，前者 TPA 与 PPDA 通过双键连接，允许 π 电子离域在整个产物分子中，作为量子点；后者 TPA/ODH 则相反，通过单键相连，可隔离电子，作为间隔层。通过控制 TPA/PPDA 的循环数，量子点尺寸可以调谐［图 8.34(b)］。随着量子点尺寸减小，由于量子限制效应，含 MQD 的聚合物光学吸收峰移向高能端，带隙变大，且具有从 480 nm 到 300 nm 展宽的吸收谱（图 8.35）[89]，归因于不同尺寸量子点 [OT]、[OTPT]、[OTPTPT] 引起的吸收带重叠效应。含有量子点的聚合物链作为敏化剂应用于 ZnO 光伏器件，可降低光吸收过程中的热能损失。

3）氧化 MLD 制备高度导电共形的聚合物薄膜

采用乙烯二氧噻吩（EDOT）单体和 $MoCl_5$ 氧化剂通过氧化 MLD 制备了高度导电共形的聚 (3,4- 乙烯二氧噻吩)（PEDOT）聚合物薄膜[90]，其反应见示意图 8.36。沉积温度强烈影响 PEDOT 的晶体结构和电子导电性。150 ℃聚合物膜具有高度取向的结构，{010} 晶面平行衬底，展示出较大的电导率（>1000 S/cm），最高电导率超过 3000 S/cm；100 ℃获得的薄膜为随机多晶结构，具有较小的导电性（图 8.37）。

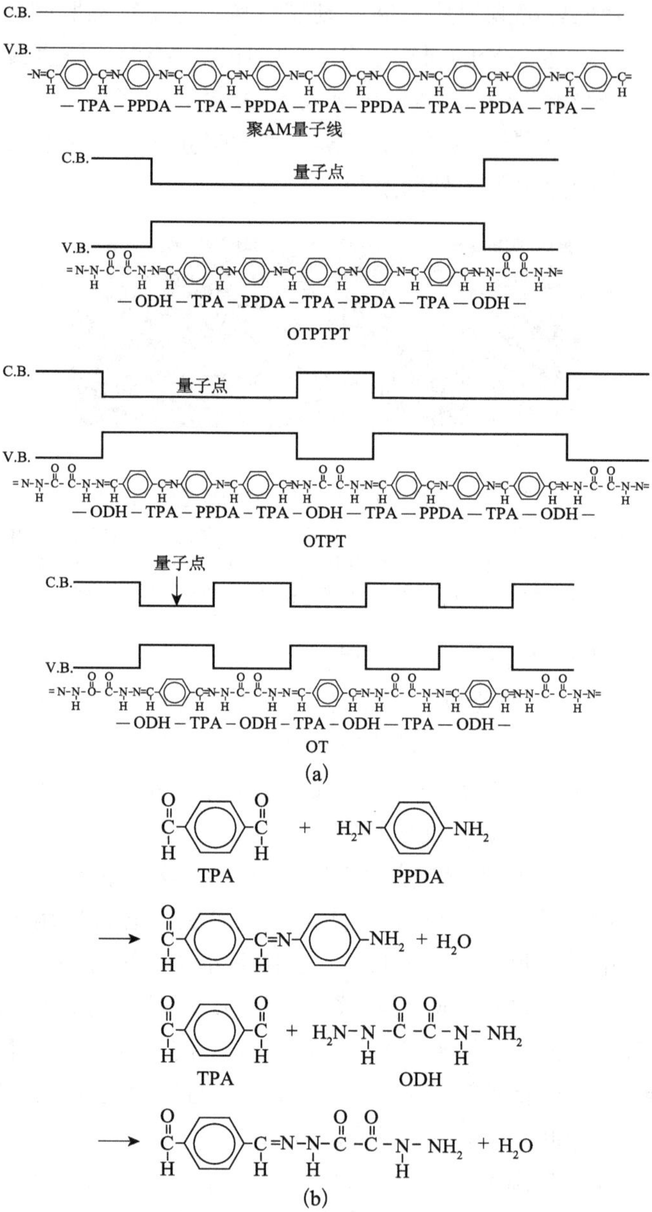

图 8.34　TPA/PPDA、TPA/ODH 的 MLD 反应示意图 (a) 和 MLD 制备的聚甲亚胺（AM）量子线、包含聚合物多重量子点 QMD 的 OTPTP、OTPT 和 OT 结构示意图 (b)[89]

C.B. 导带；V.B. 价带

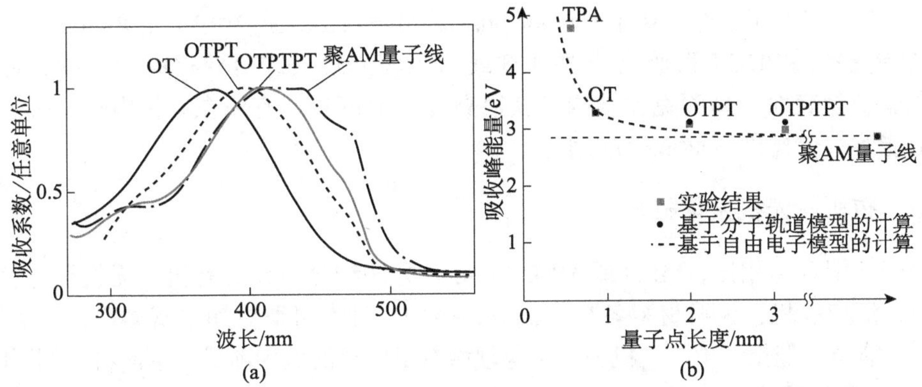

图 8.35　OTPTP、OTPT 和 OT 结构及参比样品聚 AM 量子线的光吸收谱 (a) 和吸收峰能量 (b)[89]

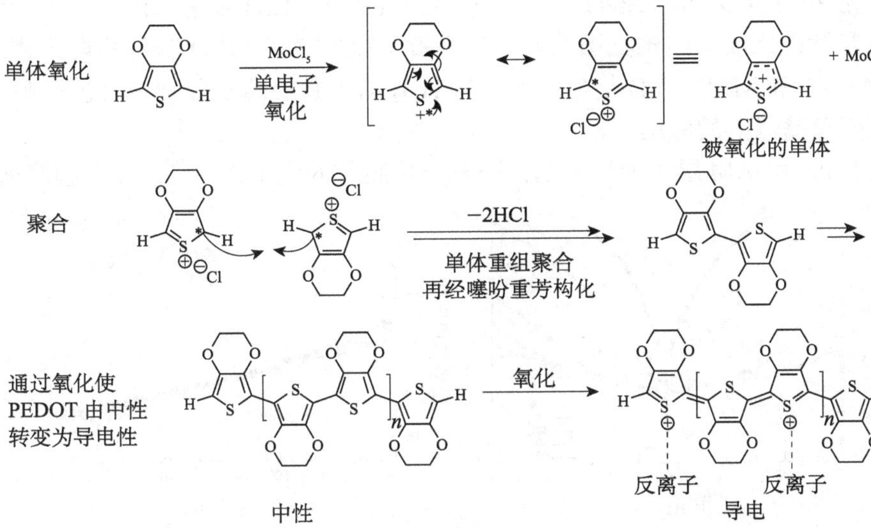

图 8.36　氧化 MLD 生长中 EDOT 氧化聚合形成 PEDOT 导电聚合物的示意图[90]

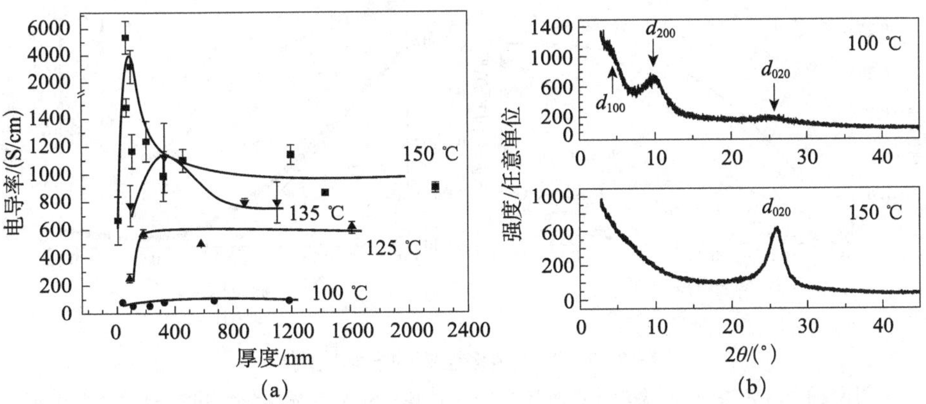

图 8.37　不同温度下获得的 PEDOT 导电聚合物的电导率 (a) 与 XRD 谱 (b)[90]

与氧化 CVD、气相聚合（vapor phase polymerization, VPP）工艺相比，氧化 MLD 制备的 PEDOT 薄膜无需添加剂或后沉积处理，即可获得高导电率，而且可在非平面表面、高深宽比结构上获得高度共形沉积，有望在有机电子器件和电化学能源存储器件方面取得应用。

8.3.2 有机 - 无机杂化材料

同纯聚合物相比，MLD 或 MLD 与 ALD 方法结合沉积的有机 - 无机杂化材料体系，汇集有机、无机材料各自的优点，结构、种类可谓更加丰富多彩，在电子、光学、能源、催化、生物、机械力学等领域有更广泛的应用前景。下面将举例说明。

1）电子器件

早在 2007 年 *J. Am. Chem. Soc.* 上发表一篇关于 MLD 制备有机 - 无机杂化薄膜烷氧基钛硅氧膜（结构见图 8.22）的文章，就报道了 MLD 制备的自组装多层膜（SAMs）和 MLD/ALD 衍生的 SAMs/TiO_2 纳米叠层薄膜分别在有机薄膜晶体管和阻变存储器上的应用[5]。

图 8.38 为 SAM 层（即烷氧基钛硅氧杂化膜）的电学性质[5]。随着膜厚增加，

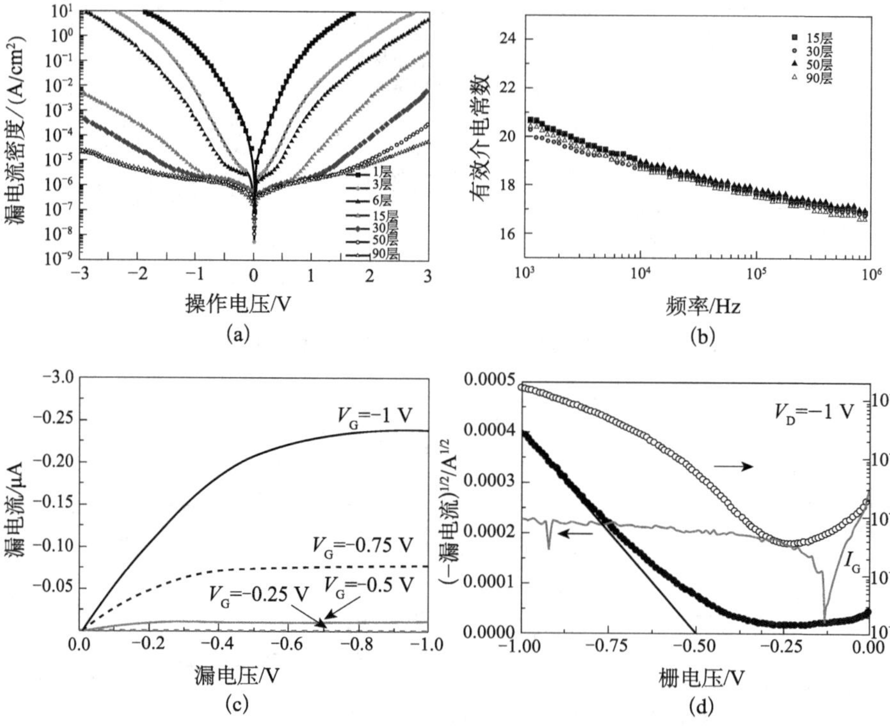

图 8.38 自组装多层膜的电学性质[5]

不同厚度的 SAM 层的 (a) 漏电流性质和 (b) ε-f 曲线；SAM 层做栅绝缘层的并五苯有机薄膜晶体管的 (c) 漏电流 - 漏电压曲线和 (d)(− 漏电流)$^{1/2}$- 栅压曲线、(− 漏电流)- 栅压曲线

漏电流密度降低，厚于 6.6 nm 就观测不到直接隧穿［图 8.38(a)］，其介电常数为 17，在 100 Hz 到 1 MHz 基本保持不变［图 8.38(b)］。低漏电流和高介电常数表明 MLD 生长的 SAM 层是柔性衬底上栅绝缘层一个很好的候选材料。利用 SAM 层做栅绝缘层制备的并五苯有机薄膜晶体管，也显示了较好的晶体管电学特性：操作电压只需 −1 V、开关比大于 100、阈值电压为 −0.48 V、较高的载流子迁移率［大于 1.3 $cm^2/(V \cdot s)$］［图 8.38(c) 和 (d)］。

图 8.39 为 MLD/ALD 衍生的 SAMs/TiO_2 纳米叠层薄膜的 TEM 的截面形貌和阻变特性[5]。可以清晰地观测到通过改变 MLD/ALD 的循环次数，能很方便地调控有机 - 无机杂化超晶格的周期和结构［图 8.39(a)］。利用 SAMs/TiO_2 纳米叠层薄膜作为阻变功能层，用 Al 线制备了 8×8 的十字交叉结构阻变阵列，并表征其阻变性能，*I-V* 曲线显示出典型的双极阻变特性［图 8.39(b)］，开启电压为 −2.8 V，关闭电压为 2.8 V，且具有较好的开关循环特性（＞10^6）和较好的数据保持能力，一年后，读出电流降低不到 10%。

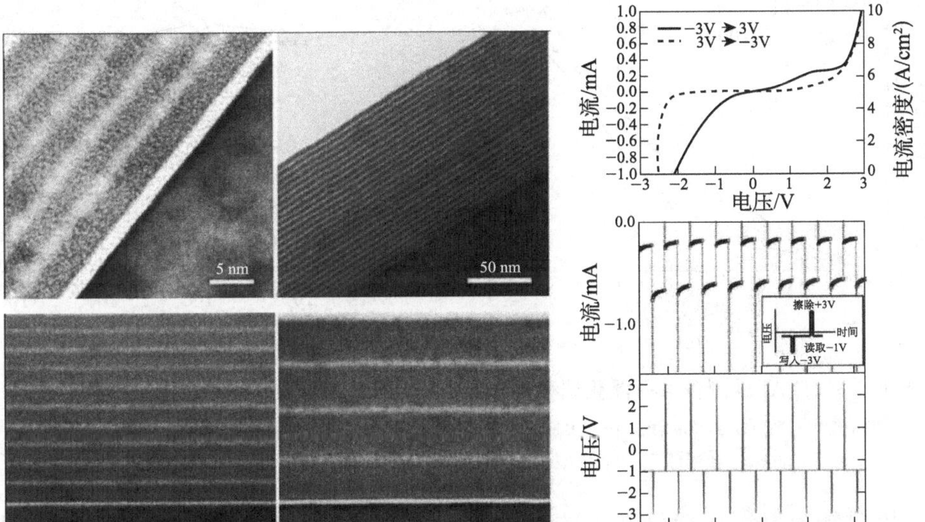

(a)　　(b)

图 8.39　MLD/ALD 衍生的 SAMs/TiO_2 纳米叠层薄膜[5]

(a) TEM 截面照片（亮区 SAMs，暗区 TiO_2）；(b) 阻变特性 {4×［SAMs (1.1 nm)/TiO_2 (2 nm)］}

另外也有报道[45]，利用钛基马来酸杂化薄膜作为电荷存储层（charge trapping layer, CTL）制备了电荷俘获型存储器 p-Si/Al_2O_3/CTL/Al_2O_3/Pt，相比于利用钛基富马酸制备的存储器，具有更大的电荷存储窗口［图 8.40(b)］，在 ±16 V 扫描电压下达到 11 V［图 8.40(a)］，证实了杂化薄膜的电荷存储能力。

且在空气中敞开放置 100 天后，存储窗口只有 12.6% 的下降［图 8.40(c)］，在 10^4 循环后，即使是在空气中放置了 100 天后，存储窗口也展示出较好的耐久性［图 8.40(d)］。

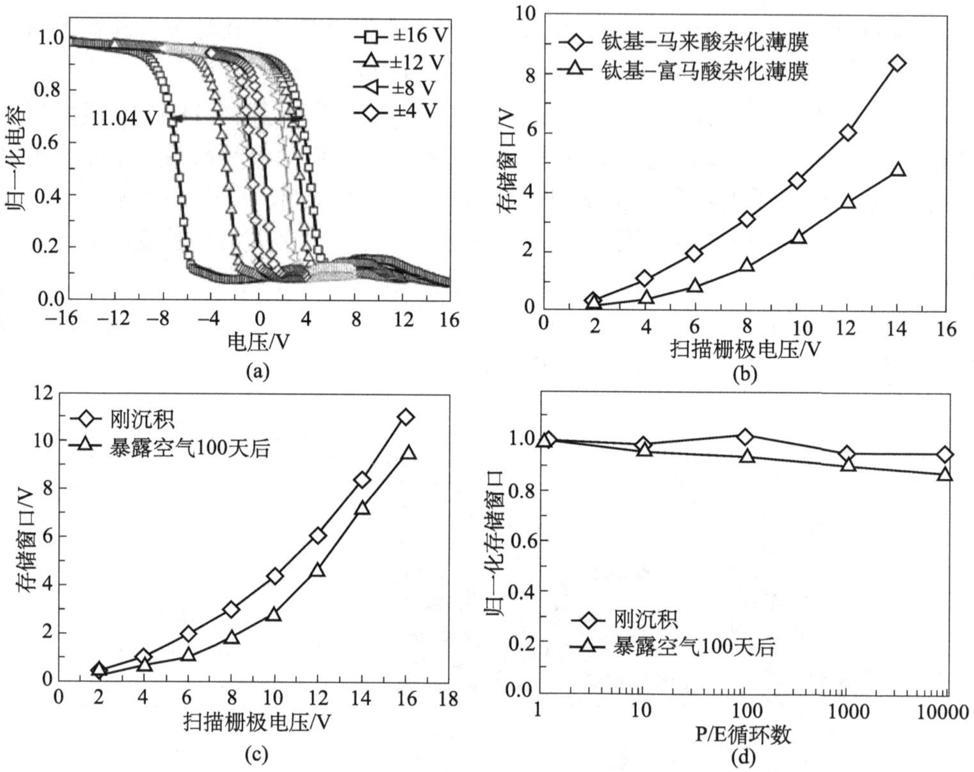

图 8.40　MLD/ALD 制备电荷俘获型存储器 p-Si/Al_2O_3/CTL/Al_2O_3/Pt 的存储窗口与稳定性[45]

(a) 钛基马来酸 CTL 的 *C-V* 曲线；(b) 钛基马来酸与钛基富马酸 CTL 存储窗口比较；空气中放置 100 天后钛基马来酸电荷俘获型存储器的稳定性：(c) 存储窗口；(d) 耐久性

超越传统冯·诺依曼架构的柔性神经形态器件具有强大的算力和高效节能的特点，在可穿戴设备、类脑计算芯片、智能医疗设备等领域具有广阔的应用前景。无机功能介质固有的刚性和较高的加工温度严重限制了它们在柔性器件中的应用；有机材料具有良好的柔性，但其在突触器件中的稳定性和耐用性不能满足实际要求。无机–有机杂化材料是由在分子水平复合的无机–有机组元构成，具有丰富的物理化学性质，在材料结构和性能方面具有极大的可调谐性和灵活性。通过 MLD 与 ALD 结合制备了 Pt/Al_2O_3/铝基对苯二酚（Al-HQ）/PEDOT∶PSS/Al_2O_3/纤维素纸超柔性超低能耗的杂化薄膜神经形态器件[91]。器件结构如图 8.41(a) 所示，其 *I-V* 曲线不同于传统双极阻变器件，展示出蝴蝶形状［图 8.41(b)］，具有稳定的阻变开关行为，并且能够模拟多种重要的神经突触功能。该器件在弯曲循环 10^4 次后、最小曲率半径约为 0.7 mm 的情况下［图 8.41(c)］，仍能模拟长时程增强（long-term potentiation, LTP）、长时程抑制（long-term depression, LTD）突触功能［图 8.41(d)］，电阻开关比仍大于 10^3［图 8.41(e)］，说明此器件具有极为优异的柔韧性和鲁棒性。该器件单次复位操作仅需 ~25.2 fJ 的超低能耗，与人脑神经突触单次放电的能耗 (10～100 fJ) 相当。如此低的能耗归因于其较特殊的电荷俘获 / 解俘获与电子隧穿的阻变机制。这项研究为 MLD/ALD 衍生的基于有机－无机杂化薄膜的人工突触在柔性节能神经网络系统中的应用提供了可能性。

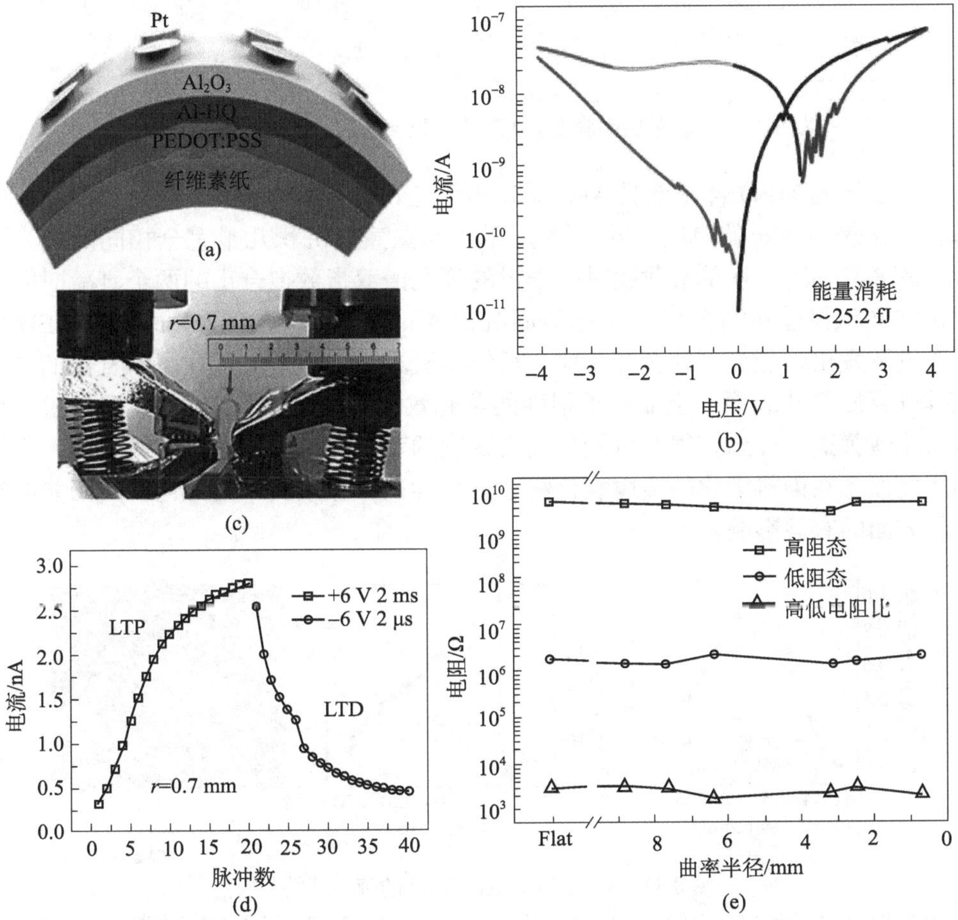

图 8.41　基于 MLD/ALD 制备 Pt/Al_2O_3/Al-HQ/PEDOT : PSS/ 纤维素纸超柔性神经形态器件 [91]

(a) 器件结构示意图；(b) 器件直流梯度电压下 *I-V* 曲线；(c) 器件 0.7 mm 曲率半径下弯折测试照片；(d) 在 0.7 mm 弯折半径下器件的 LTP、LTD 模拟；(e) 在不同弯折曲率半径下器件高阻态、低阻态及其高低电阻比

2）荧光器件

使用 APTES 对衬底进行了氨基官能化预处理，然后采用 8- 羟基喹啉（q）和 TMA 反应，通过 MLD 首次获得了具有显著荧光效应且高度保形性的 Alq_3 单层薄膜[92]，其单层薄膜沉积工艺如图 8.42 所示。

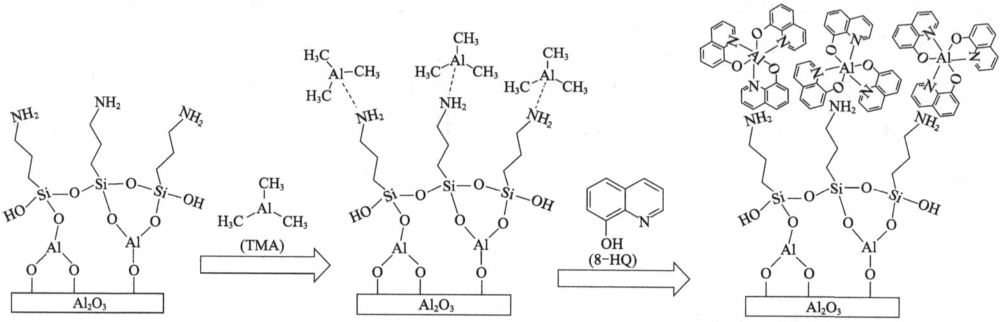

图 8.42 Alq_3 单层薄膜 MLD 工艺，包括衬底 APTES 预处理[92]

为了检测 MLD 合成单层 Alq_3 薄膜的荧光效应，进行了一系列对比研究。氨基官能化表面生长的单层 Alq_3 薄膜展示出与热蒸发沉积几乎完全相同的荧光效应［图 8.43(a)］，且单层薄膜时间分辨的荧光谱双指数拟合出的两个衰减时间常数也与文献报道相吻合[93]。半球表面沉积 Alq_3 单层薄膜在 375 nm 紫外 LED 阵列激发下发出强烈均匀的荧光效应，后续实验亦证实即使沉积在高深宽比的二氧化硅气凝胶多孔表面，也显示了很强的荧光效应，表明 MLD 制备单层有机 - 无机杂化薄膜这一概念，很有可能在高灵敏度的荧光传感器上获得应用验证，亦可利用此概念在染料敏化的金属氧化物上进行尝试，探索其对光催化及太阳能电池性能方面的有益影响。

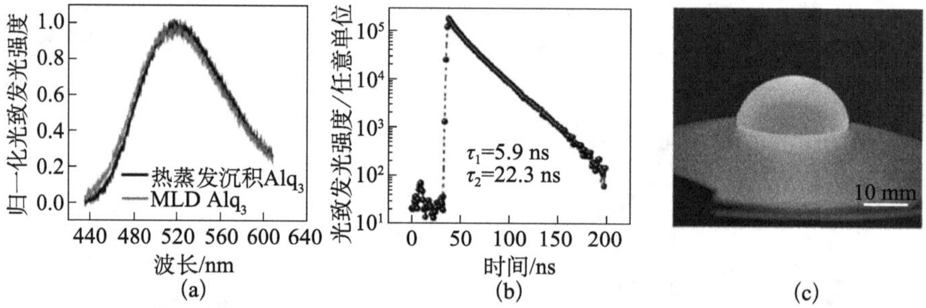

图 8.43 MLD 制备 Alq_3 薄膜的荧光特性[92]

(a) MLD 和热蒸发沉积 Alq_3 薄膜归一化荧光谱对比；(b) 单层 Alq_3 薄膜时间分辨的荧光谱；(c) 半球表面沉积 Alq_3 单层薄膜在紫外 LED 阵列 375 nm 激发下的荧光效应

3）光催化与能源领域的应用

原子层沉积（ALD）在光催化与能源领域的应用研究，目前开展得已经非常多了[94-96]。分子层沉积（MLD）以及 MLD/ALD 相结合，应用于光催化与新能源电池领域的工作，最近几年也开始有报道，并取得了一些有意义的进展。

使用 $TiCl_4$ 和乙二醇（EG）前驱体 100～120 ℃ MLD 制备了烷氧基钛薄膜，研究了不同退火温度（250～850 ℃）对薄膜相结构、微结构（图 8.44）和光催化降解卟啉活性的影响，并与 ALD 形成的 TiO_2 薄膜做了对比研究[97]。发现 650 ℃退火获得的 MLD Ti-EG 薄膜比 ALD TiO_2 薄膜的光催化活性增大了 5 倍。这可归结为最优化条件下的热处理使得杂化膜中的有机组元部分分解、形成晶相的同时，也保留了部分非晶含碳的骨架结构，促进多孔结构的形成，有利于染料分子的扩散和吸附。同时碳的存在，也抑止了锐钛矿向金红石相的转变，从而使具有纯锐钛矿结构的 TiO_2 晶区比 ALD TiO_2 薄膜的复合晶相（锐钛矿 + 板钛矿或金红石相）表现出更好的光催化活性。研究也表明：以 Ge 纳米线为模板，借助 MLD 以及后续的退火与腐蚀工艺，可获得壁厚可控的 Ti-EG 纳米管，其染料的负载量随着纳米管壁厚而线性增加，而其光降解速率基本保持不变。类似的方法，亦可

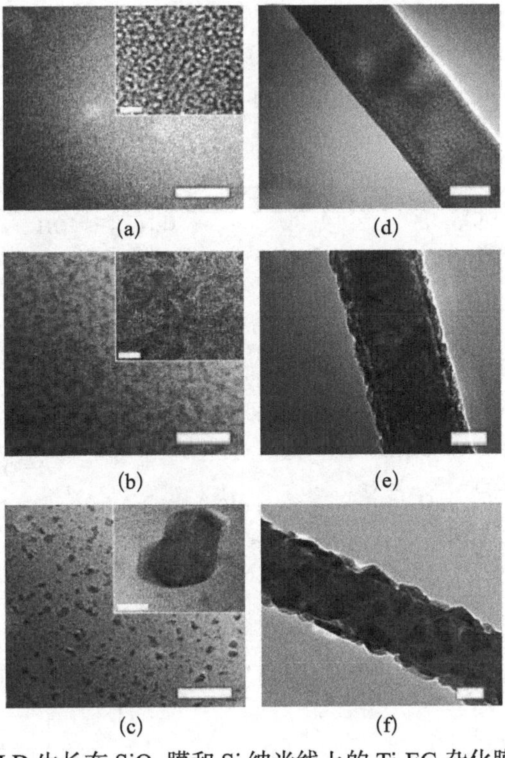

图 8.44　采用 MLD 生长在 SiO_2 膜和 Si 纳米线上的 Ti-EG 杂化膜在不同退火温度下的 TEM 形貌[97]

(a)、(b)、(c)：SiO_2 膜，依次为 250 ℃、650 ℃、850 ℃，标尺为 200 nm，内图标尺为 10 nm；(d)、(e)、(f)：Si 纳米线，依次为 250 ℃、650 ℃、850 ℃，标尺为 20 nm

用于如 WO_3、NiO 和 V_2O_5 等金属氧化物中，改进其催化和光电性质。

中国科学院山西煤炭化学研究所覃勇教授课题组在分子层沉积制备调控多孔金属氧化物、特定纳米结构及其在催化应用方面进行了一系列富有成效的探索[98-100]。他们发展了一种依据 ABCB 四步循环 MLD 工艺结合后退火来获得多孔薄膜的方法[98]，其 ABCB 四步反应如图 8.45 所示，包括一个异质双官能团前驱体乙醇胺（氨基和羟基）、一个同质双官能团前驱体丙二酰氯（酰氯）和一个同质多官能团金属前驱体 $TiCl_4$（氯离子），对有机－无机杂化膜的组成调控提供了较多的选择性，特别是氨基的存在，可原位 TiO_2 掺杂引入 N 元素。在碳纳米线圈（CNCs）表面通过上述 ABCB 四步 MLD 工艺，100 ℃沉积了有机－无机杂化薄膜，再通过 600 ℃ H_2/Ar 退火转换成多孔 N 掺杂 TiO_2 结构，杂化膜中有机物分解形成的非晶碳起到了防止 TiO_2 熟化长大的作用。为了获得较好的光催化降解活性，还

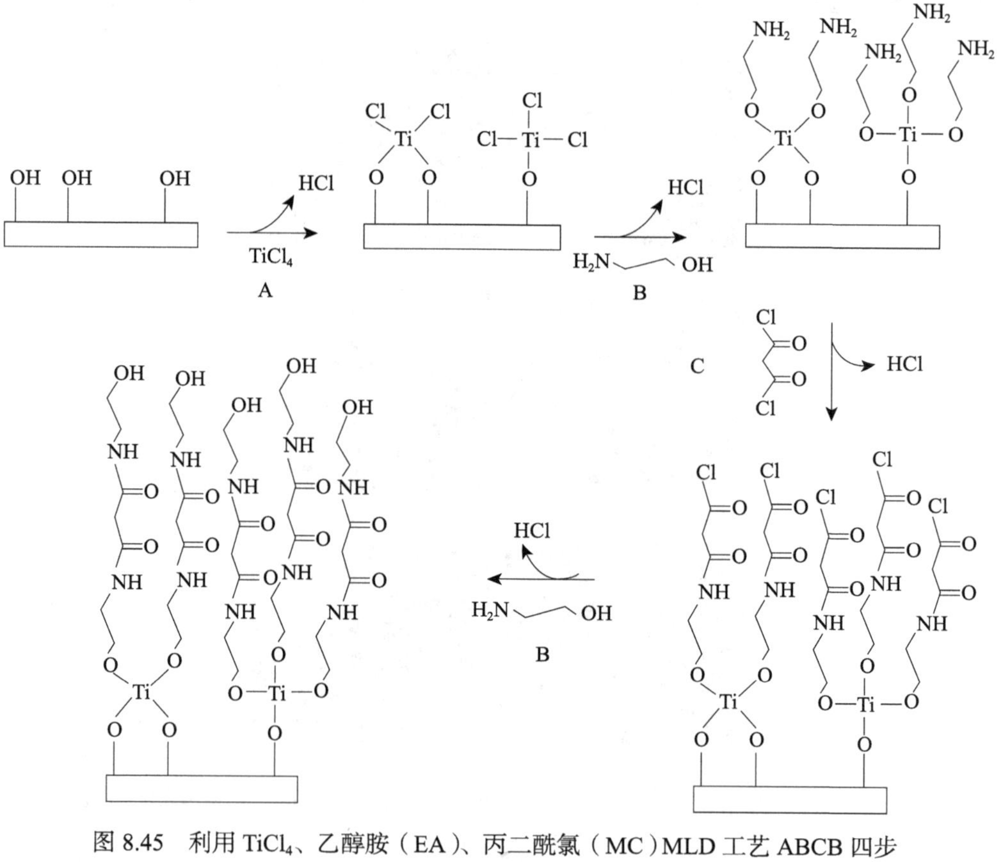

图 8.45　利用 $TiCl_4$、乙醇胺（EA）、丙二酰氯（MC）MLD 工艺 ABCB 四步反应序列示意图[98]

须在空气中低温退火，以除去非晶碳。图 8.46 为可见光下 N 掺杂 TiO_2/CNCs 降解亚甲基蓝的归一化时间曲线，研究了空气中不同温度热处理、不同循环数对光催化活性的影响。可见 200 循环、350 ℃空气退火工艺，制备的 N 掺杂 TiO_2/CNCs 具有最佳的光催化活性。

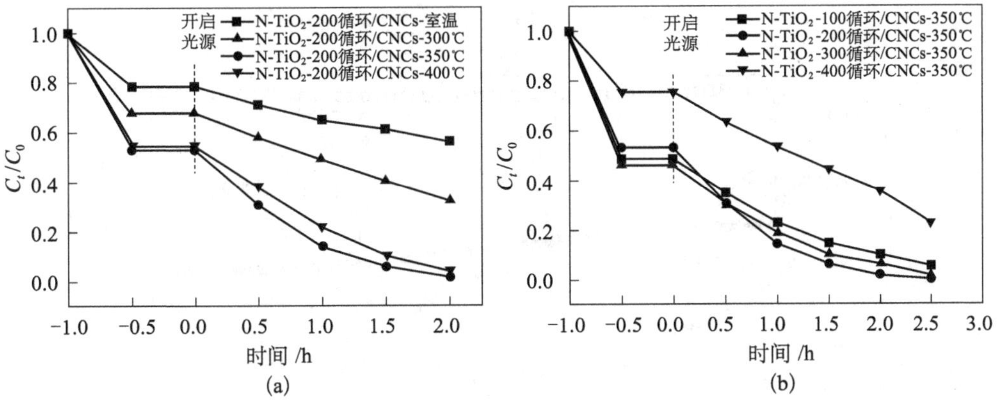

图 8.46　可见光下 N 掺杂 TiO_2/CNCs 降解亚甲基蓝的归一化时间曲线 [98]

(a) 200 循环，不同温度热处理的影响；(b) 热处理 350 ℃，不同循环数的影响

除了光催化，MLD 在新能源电池方面的应用也初露端倪，取得了可喜的进展。在锂电池中 Si 阳极材料以其极高的理论电容量 3579 mA · h/g 成为研究的热点，然而在脱锂嵌锂的充放电过程中，Si 阳极 300% 的巨大体积变化量导致电极复合物的开裂、断裂，成为妨碍其获得优异电化学性能的主要瓶颈。

最近的工作证明，ALD 通过对 Si 阳极进行表面涂覆改进了锂电池的性能，然而尝试减少高容量电极巨大的体积膨胀率的努力却是无效的 [101]。ALD 生长的金属氧化物涂层，有助于减少液体电解质和电极表面间的寄生副反应的影响，但涂层并不牢固地足以在经历了 Si 阳极 300% 的体积膨胀后，还能继续提供结构方面的有力支撑。为了解决 Si 阳极棘手的体积巨变问题，利用 MLD 可生长牢固且柔韧的有机 - 无机杂化高共形涂层的特点，将其应用于 Si 纳米复合阳极的表面改性，取得了电化学循环性能方面的突破。使用三甲基铝（TMA）和缩水甘油作为反应前驱体，在纳米 Si 复合阳极表面涂覆了 MLD 制备的烷氧基铝杂化膜，如图 8.47(a) 所示 [102]。一系列 TEM 观测表明，纳米 Si 颗粒表面已经均匀生长上一层 5 nm 厚的杂化膜。MLD 的特点使得其沉积的涂层可以渗透进电极多孔结构的曲折表面，通过共价键与表面结合，在电极内部产生一个强壮柔韧的网络确保电化学循环过程中足够的接触面积。电化学循环测试也证明了这一点：通过聚合物烷氧基铝改性过的纳米 Si 复合阳极，表现出优异的电化学循环性能，100 次循环后电容量依然接近 900 mA · h/g，库仑效率超过 99% [图 8.47(b)]。

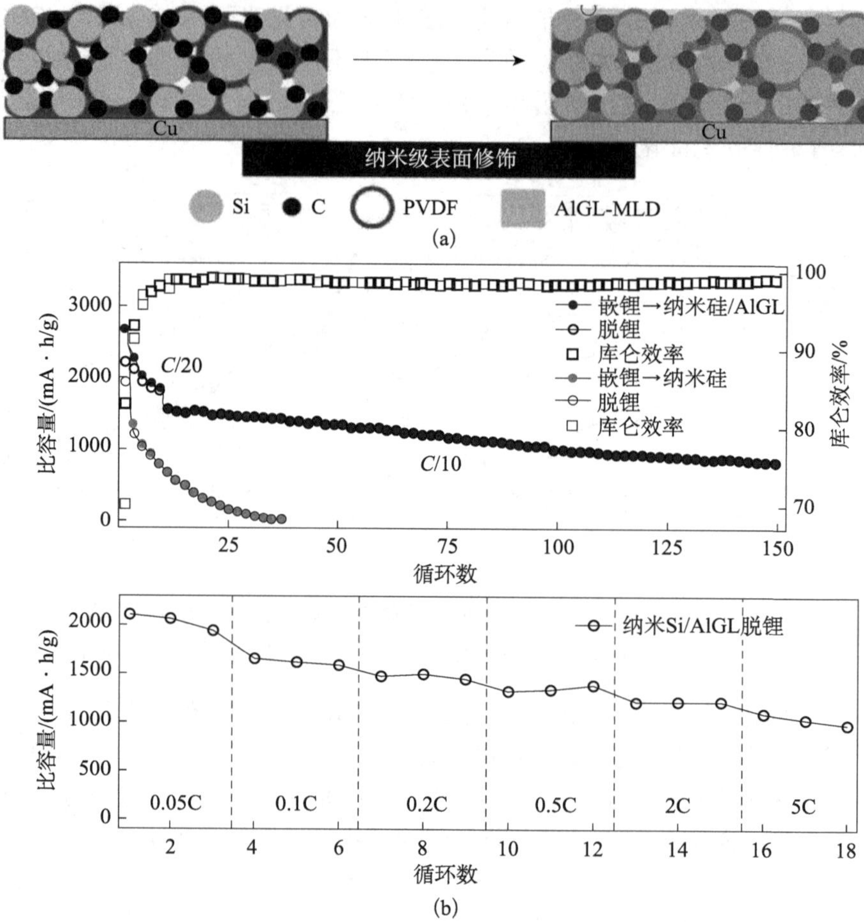

图 8.47　通过 MLD 生长聚合物烷氧基铝改性的纳米 Si 复合阳极 [102]

(a) MLD 涂层改性示意图；(b) 改性前后电化学性能对比

PVDF，聚偏氟乙烯；AlGL，聚丙三醇铝氧烷

4）其他应用

除了上面提及的应用，MLD 制备的有机 – 无机杂化物体系还有很多其他的应用。首先是在分离膜领域，如图 8.48 所示 [38]，在水热生长的沸石表面利用 TMA 和乙二醇 MLD 生长一层烷氧基铝，300 ℃去除其中的有机物后，可形成微孔无缺陷的 Al_2O_3/SAPO-34 沸石复合膜，极大改进了氢气分离效率，125 ℃下 H_2/N_2 分离选择性从 SAPO-34 裸沸石的 8 提高到 1040。H_2 选择性提高的主要原因是，通过在沸石膜表面共形沉积厚度可控的 Al_2O_3 多孔膜，可以减少或去除沸石中的缺陷，而这些缺陷会形成比正常孔径大的通路，从而影响沸石的选择性。而 MLD 钝化沸石表面后，对应的孔径变化只是从 0.38 nm 略微降低到 0.36 nm，不会对沸石孔径产生闭孔作用。总之 MLD 在分离膜领域可以起到一种非常好的

修饰与钝化表面的作用。

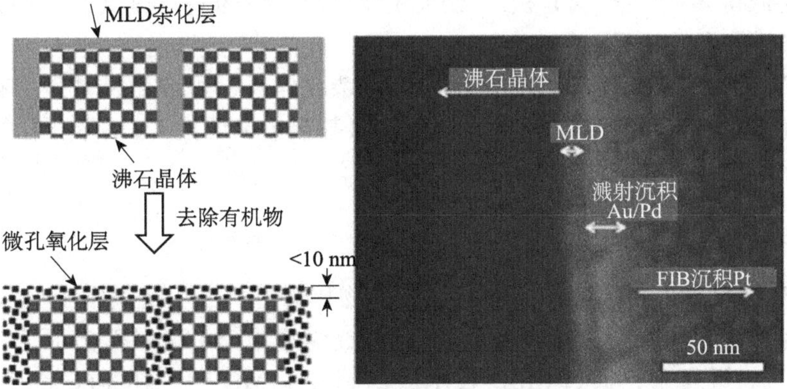

(a)　(b)

图 8.48　MLD 制备 Al_2O_3/SAPO-34 沸石复合膜 [38]

(a) 复合膜制备示意图；(b) 复合膜通过聚焦离子束刻蚀后获得的断面 SEM 照片

MLD 和 ALD 结合还可用于制备超低热导率的杂化烷氧基锌薄膜 [103]。前面已经介绍过二乙基锌分别和脂肪族乙二醇（EG）、芳香族对苯二酚（HQ）反应，MLD 生长可获得烷氧基锌薄膜体系［图 8.49(a)、(b)］，并对电导率、热导率和热容进行调控 [37,38]。如果在 MLD 生长循环过程中，引入 ALD 生长的 ZnO 单循环［图 8.49(c)］，即可获得超低的热导率，只有 MLD 制备烷氧基锌 DEZ-HQ 的三分之一。掠入射 XRD 结果证实 A（DEZ-EG）、B（DEZ-HQ）样品均为非晶，而C样品（DEZ-HQ-ZnO）展示出 ZnO 多晶衍射峰，有与样品表面平行的（100）择优取向薄片存在，晶粒尺寸在 13 nm 左右。故 C 样品热导率低的一个很重要的原因是，MLD 和 ALD 联合制备的烷氧基锌薄膜中存在交迭更替的结构，ALD 衍生的 ZnO 原子薄层和 MLD 衍生的分子层间所形成的界面，强烈散射声子，极

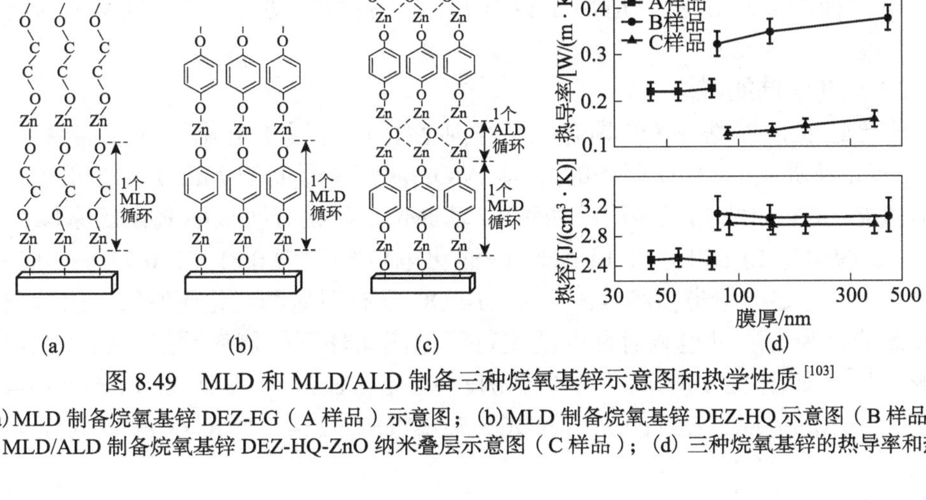

(a)　(b)　(c)　(d)

图 8.49　MLD 和 MLD/ALD 制备三种烷氧基锌示意图和热学性质 [103]

(a)MLD 制备烷氧基锌 DEZ-EG（A 样品）示意图；(b)MLD 制备烷氧基锌 DEZ-HQ 示意图（B 样品）；(c)MLD/ALD 制备烷氧基锌 DEZ-HQ-ZnO 纳米叠层示意图（C 样品）；(d) 三种烷氧基锌的热导率和热容

大降低了热导率，其值比《科学》杂志上发表的 ALD 制备的 W/Al_2O_3 纳米叠层结构还要低得多[32]，表明有机－无机材料迥异的结构差异提供了一种获得超低热导率材料的有效途径。

MLD 和 MLD/ALD 制备的有机－无机杂化体系，可应用领域还有很多，如制备有机磁性材料四氰乙烯钒[98]，利用烷氧基铝包裹调控 Cu 纳米颗粒的氧化[99]等。限于篇幅，恕不再介绍。

8.3.3 金属有机骨架材料

MOF 材料由于其独特的结构和优良的物化特性，已广泛应用于吸附、分离、催化、传感器和药物释放等领域[104-111]，在光学、电学和磁性等方面应用也在研究中[112-115]。近年来，通过 MLD 技术成功制备了 MOF-5、UiO-66 和 Cu-TPA 等 MOF 薄膜材料，并应用于吸附、能源器件、荧光材料等领域[7,71-77,116-118]。下面举例说明。

1）吸附领域

MLD 技术制备的 MOF-5、UiO-66 和 Cu-TPA 等 MOF 薄膜材料通过孔隙率测试表明具有一定的吸附性能。例如，异丙醇吸附测试证实 MLD 制备和重结晶的 MOF-5 薄膜的孔隙率在低压和高压下观察到两个明显的吸收区，分别对应于微孔和大孔[7]。通过 $Pd(thd)_2$ 吸附测试表明，IRMOF-8 薄膜比 MOF-5 具有更大的孔尺寸，能够吸附更大的前驱体分子[71]。Cu-TPA 薄膜的吸附行为也用水进行了测试，水吸附过程被证实是可逆的，没有破坏 Cu-TPA 的桨轮结构[75]。吸附测试进一步表明 MLD 技术制备的 UiO-66 和 UiO-66-NH_2 不管是否进行后处理均是多孔材料，经过后沉积处理的 MOF 薄膜具有较大的孔隙率和较好的吸附性能[72,73]。最近，利用 MLD 技术制备的 UiO-66-NH_2 进行有毒工业化学品（toxic industrial chemical，TIC）的捕获和化学战剂（chemical warfare agent，CWA）的降解，如图 8.50 所示，适用于空气过滤、去污和防止 TIC 和 CWA 的物理保护[116]。

2）电化学储能器件

前已述及，锂基 iMOF 具有电化学活性，可应用于电化学储能器件[77,78]。Karppinen 等研究了 MLD 制备的 Li 基 iMOF 薄膜（厚度 110 nm）作为负极的电化学性能。CV 曲线测试表明：四种 Li 基 iMOF 薄膜有明显的氧化还原峰，Li-TPA、Li-NDC、Li-BPDC 和 Li-AZO 的锂化电位分别为 0.81 V、0.73 V、0.66 V 和 1.48 V，与之前报道值相匹配，而 Li-PDC 没有明显的氧化还原峰，表现出类电容器的行为。通过组装对称电池进行恒电流循环下的倍率性能、循环稳定性等测试[77]，如图 8.51 所示。当电流密度从 1.1 μA/cm^2 增加到 53.0 μA/cm^2 再恢复到 1.1 μA/cm^2 时，Li-TPA、Li-NDC、Li-BPDC、Li-AZO 和 Li-PDC 的比容量保持率分别约为 92%、76%、75%、89% 和 83% [图 8.51(a) ~ (e)]。它们的库仑效率（CE）在低电流密度下，即当锂的嵌入速度较慢时，Li-TPA、Li-NDC 和

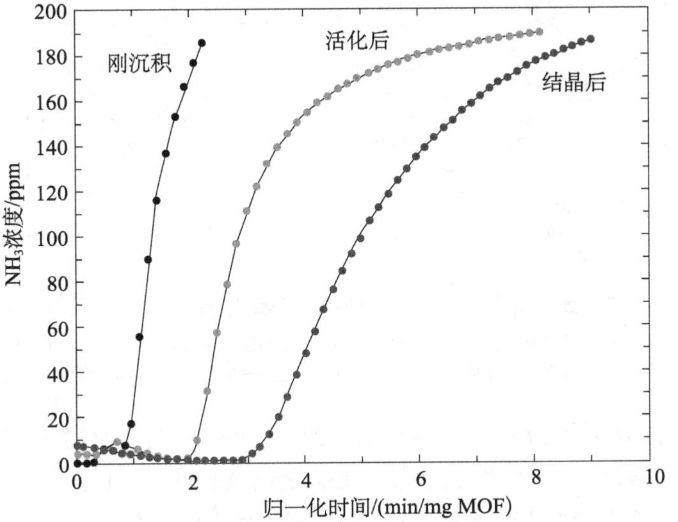

图 8.50　UiO-66-NH_2 对 NH_3 的吸附曲线 [116]

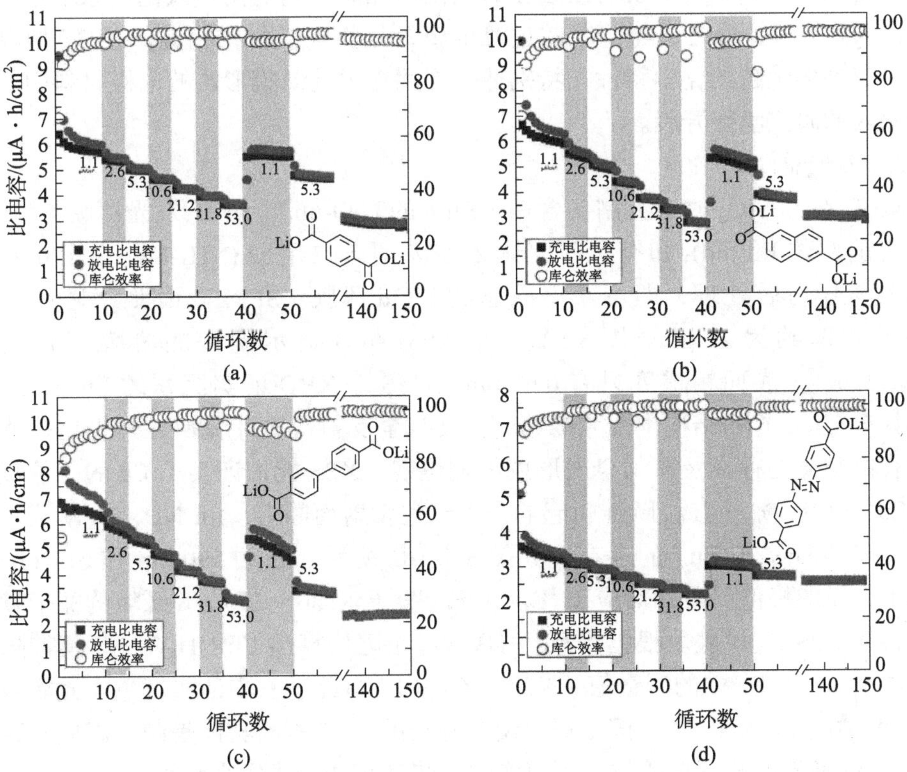

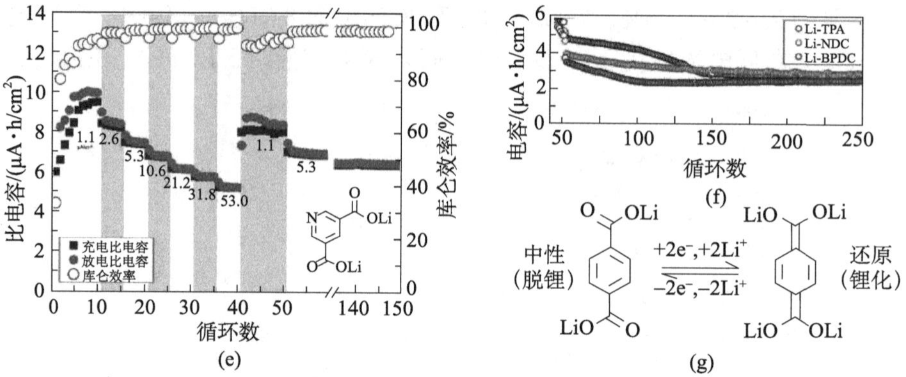

图 8.51　MLD 合成的 5 种锂基 iMOF 的电化学性能[77]

不同电流密度下的恒电流循环数据：(a) Li- TPA，(b) Li-NDC，(c) Li-BPDC，(d) Li-AZO，(e) Li-PDC；(f) Li-TPA、Li-NDC 和 Li-BPDC 的循环稳定性；(g) 以 Li-TPA 为例，二羧酸锂的氧化还原反应示意图

Li-BPDC 的 CE 分别约为 98%、94% 和 92%，而在高电流密度下它们的 CE 均达到 99%。同时循环稳定性测试表明，Li-TPA、Li-NDC 和 Li-BPDC 在 150 次循环后［图 8.51(f)］，它们的比容量保持率分别为 58%、61%、44%。显然 Li-TPA 在这些锂基 iMOF 材料中表现出最佳的电化学性能，其电化学氧化还原示意图如图 8.51(g) 所示。总之，与传统的过渡金属氧化物电极材料相比，iMOF 型电极材料具有许多优越的化学特性，特别适合应用在柔性薄膜形式的电极材料中，其广泛深入的研究亟待开展。

3）发光器件

MLD 在 Si/SiO_2 衬底上制备含铕（Eu）的 UiO-66 型 MOF 发光薄膜[118]。利用稀土前驱体 $Eu(thd)_3$ 和有机前驱体 2- 氨基对苯二甲酸 (NH_2-TA) 在 180 ℃反应，无需任何后处理，即可获得晶态的 MOF 薄膜。SEM 截面照片显示 1600 循环的膜厚约为 22 μm［图 8.52(a)］，AFM 照片显示制备的薄膜平整均匀［图 8.52(b)］，表面粗糙度只有 0.61 nm（RMS）。XRD 证实沉积的 Eu- NH_2-TA 薄膜具有 UiO-66 的结构［图 8.52(c)］，衰减全反射傅里叶变换红外光谱表明薄膜中有机配体的存在及其与金属形成了配位键，XPS 能谱证实了 Eu 的三价氧化态。Eu^{3+} 以其 $^5D_0 \to {}^7F_{0\text{-}4}$ 跃迁引起的强烈红色发射而闻名，Eu-NH_2-TA 薄膜室温发射光谱也证实了 Eu^{3+} 的存在，如图 8.52(d) 所示，在约 590 nm 和 614 nm 处显示出尖锐的峰值，分别对应于 $^5D_0 \to {}^7F_{1,2}$ 跃迁。380～575 nm 区域的宽带发射峰来自于 Si/SiO_2 衬底。根据漫反射 UV-Vis 光谱估算出 Eu-NH_2-TA 薄膜带隙在 2.7 eV，远小于 Eu_2O 的测量值（4.0～4.6 eV）。由此进一步证实红色发光峰来自于 MOF 薄膜 Eu-NH_2-TA。该工作也说明稀土的 β- 二酮前驱体是制备高质量镧系元素 MOF 薄膜的合适前驱体，可以实现一步气相法合成发光薄膜。

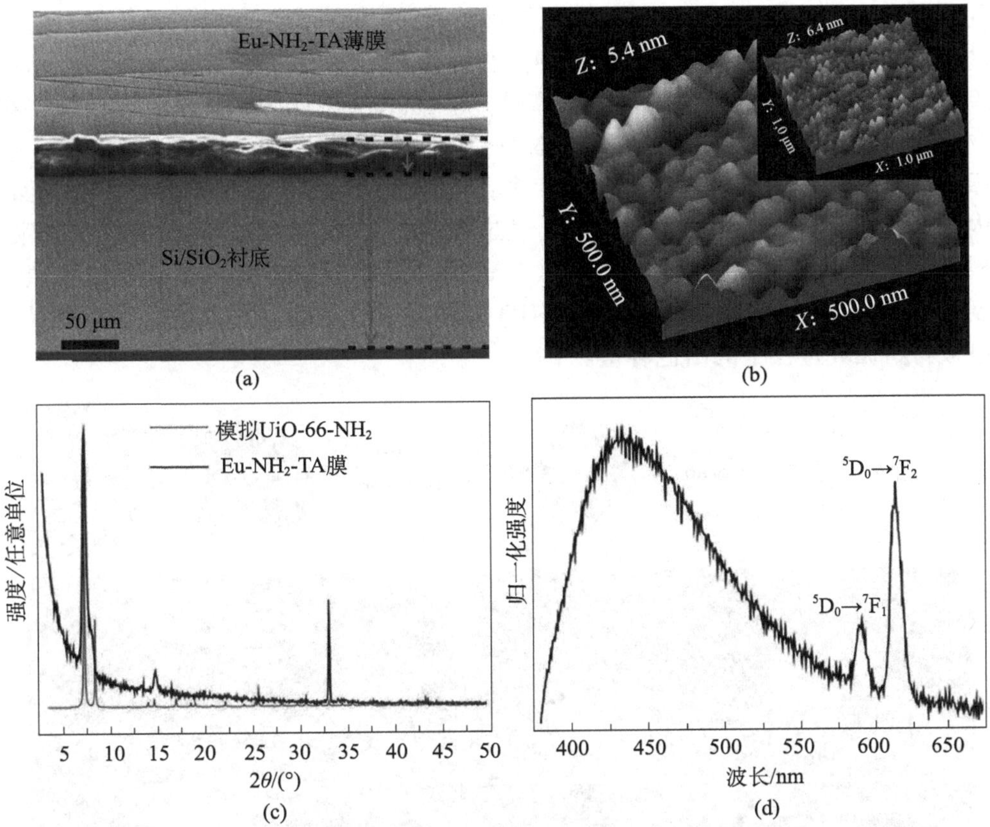

图 8.52　MLD 合成的含 Eu 的 UiO-66 型 MOF（1600 循环的 Eu- NH_2-TA）发光薄膜 [118]

（a）SEM 截面照片；（b）三维 AFM 照片；（c）XRD 谱；

（d）室温发光谱，激发波长 360 nm

8.3.4　有机－无机杂化介孔薄膜

8.2.4 节介绍 MLD 一步法直接合成有机－无机杂化锌基对苯二酚（Zn-HQ）多孔膜，本小节将关注合成的锌基对苯二酚多孔膜在电池能源和信息存储领域的应用。

硅负极具有较高的理论容量（$Li_{22}Si_5$，4200 mA · h/g），在锂离子电池负极材料中展示出强大的应用前景。然而硅材料循环过程中巨大的体积膨胀/粉化效应，限制了它的实际应用。以前的研究中，通常采用单一致密的 ALD 或 MLD 制备薄膜来提升硅负极的循环稳定性。但是，单一的 ALD 刚性无机物薄膜或 MLD 柔性有机、有机－无机杂化薄膜均无法获得结构稳定的硅负极，其循环性能往往小于 600 次；且与硅负极紧密接触的保护层较为致密，不可避免地增加了锂离子输运的阻力。将 MLD 合成的锌基对苯二酚（Zn-HQ）介孔薄膜与 ALD 制备的 TiO_2 致密薄膜作为双保护层应用于纳米硅颗粒负极包覆 Si@Zn-HQ/TiO_2 [119]，其制备工艺如图 8.53(a) 所示，多孔锌基 – 对苯二酚 /TiO_2 双层薄膜均匀包覆在硅负极表面 [图 8.53(b)]，具有适中的弹性模量（53 GPa）。该负极具有极高的库仑效率、出色的循环稳定性和倍率性能。1000 次循环后，其放电容量保持在 753 mA · h/g [图 8.53(c)]，实现了长寿命的硅负极 [119]。从有限元仿真、第一性原理和恒流间歇滴定技术探究了纳米多孔 – 致密双层结构的保护机制。一方面，内层柔性多孔的 Zn-HQ（10 nm 厚）通过孔洞的变形来容纳硅颗粒的体积膨胀，缓解应力集中，而刚性的外层 TiO_2（5 nm 厚）为电极颗粒提供了理想的机械强度；另一方面，内层柔性多孔的 Zn-HQ 为锂离子输运提供了大量通道，确保了电极材料循环过程中的出色容量。

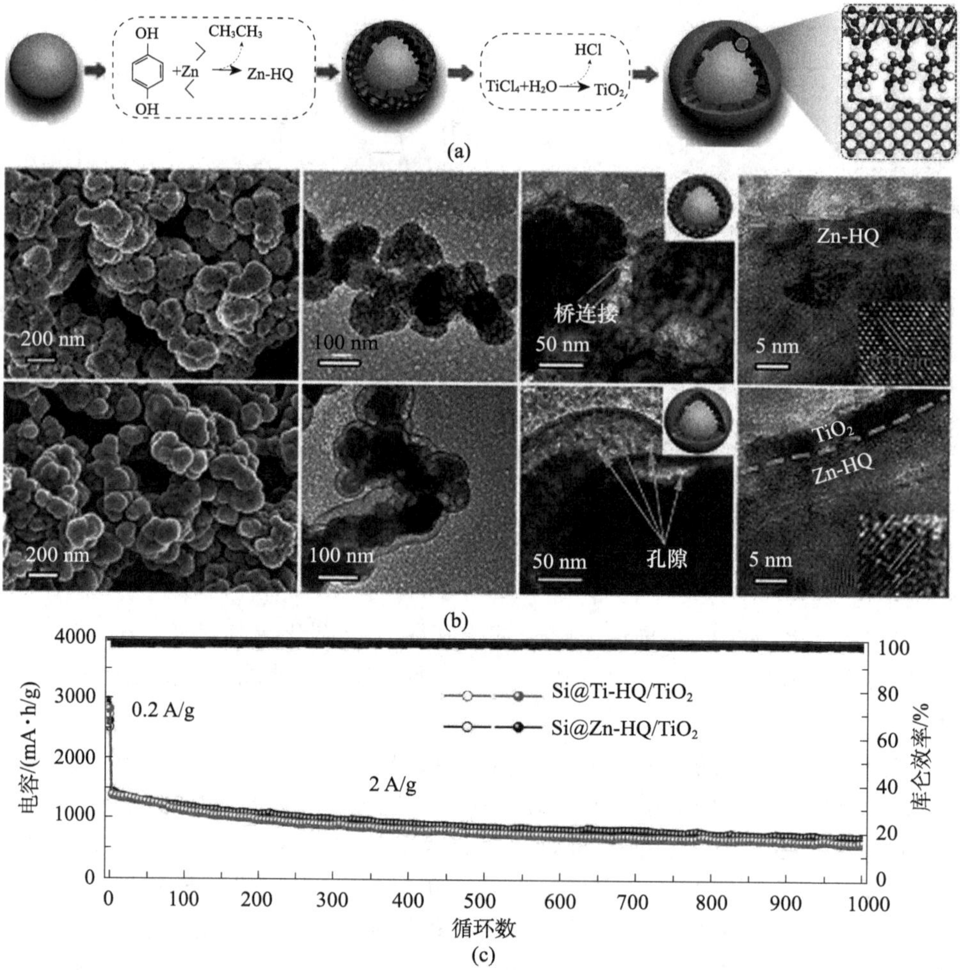

图 8.53 Si@Zn-HQ/TiO_2 负极的制备、表征与电化学性能 [119]

(a) 制备流程；(b) SEM 和 TEM 显微照片；(c) 循环性能

为解决锂枝晶生长及其造成的安全问题，利用 MLD 制备的介孔对苯二酚锌（Zn-HQ）修饰铜纳米线（CuNW），并将其应用在锂金属负极上[120]。制备流程如图 8.54(a)～(c) 所示，Zn-HQ 多孔膜均匀覆盖在三维多孔铜纳米线（CuNW@Zn-HQ）上［图 8.54(d)～(f)］，这种梯度多孔材料的电化学比表面积约是多孔铜的 90 倍。通过静电势图分析可知，具有强偶极矩的 Zn-HQ 的末端氧作为强亲核剂与双(三氟甲磺酰基)亚胺锂（LiTFSI）反应，产生富含 LiF 的固态电解质界面（SEI）。分子动力学模拟揭示，这种 SEI 切断了电子传导通道，促进了锂离子重新分布，并在 CuNW 周围形成锂金属的均匀沉积，抑制了锂枝晶的生长。此外，Zn-HQ 的亲锂性亦有利于锂沉积。SEM 观测和多物理场模拟表明，CuNW 的高比表面积降低了局部电流密度，促进了反应区域的锂离子重新分布。CuNW@Zn-HQ 负极材料表现出高库仑效率、出色的循环稳定性和倍率性能：其半电池在 300 次循环后库仑效率仍高达 99%，对称电池在 1 mA/cm^2 的电流密度下可以循环 7000 h 以上［图 8.54(g)、(h)］，并且在大电流密度 5 mA/cm^2 和容

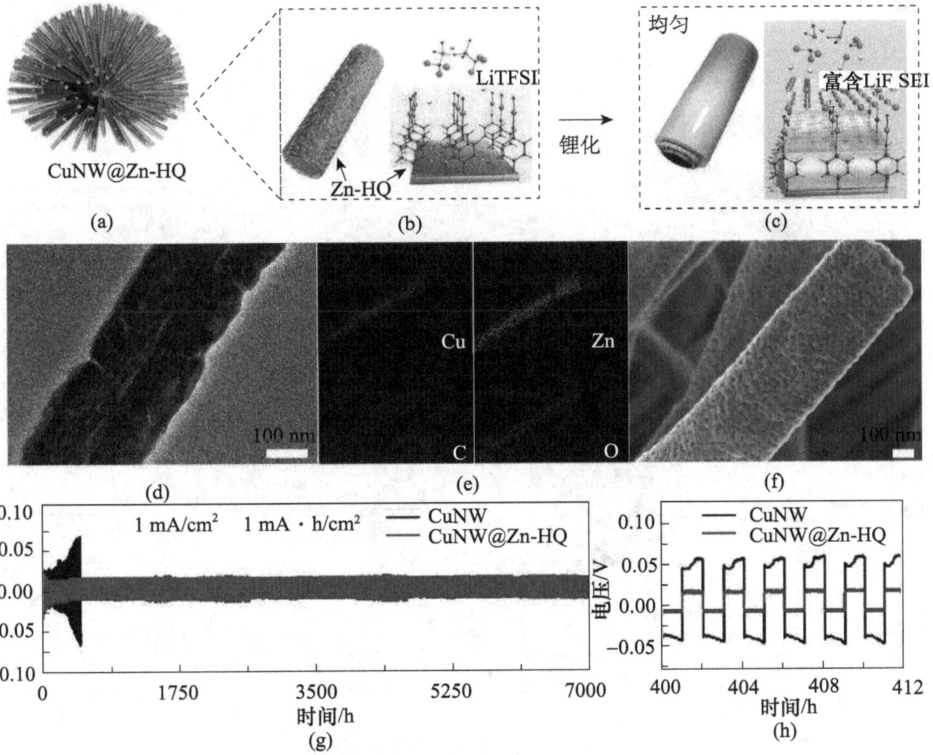

图 8.54　CuNW@Zn-HQ 锂负极的制备、表征与电化学性能[120]

(a)～(c) MLD 制备 Zn-HQ 过程及诱导的富含 LiF SEI 下的均匀锂沉积过程示意图；CuNW@Zn-HQ 的 TEM 照片 (d)、EDS 元素扫描图 (e)、SEM 照片 (f)，可清晰观测到介孔结构；(g) CuNW@Zn-HQ 的长循环稳定性和 (h) 局部时间－电压曲线

量 15 mA · h/cm^2 的条件下稳定循环 350 h 以上。当与镍钴锰三元正极材料组成全电池时，可以在 3.2 mA · h/cm^2 的面积容量下循环 1000 次，容量保持率仍有 90%。总之，CuNW@Zn-HQ 的三维梯度多孔结构和 Zn-HQ 诱导形成富含 LiF 的 SEI 膜之间的协同作用，导致其优异锂电性能。

一步法制备的介孔 Zn-HQ 杂化薄膜也可用于构建电化学金属化（electrochemical metallization，ECM）型阻变存储器 Pt/ 介孔 Zn-HQ/Ag/Si 器件[121]，表现出免除电形成的典型双极阻变特性［图 8.55(Ia)］，且操作电压低、单分散性好、开启电压（V_{set}）为 −0.2 V±0.1 V、重置电压（V_{reset}）为 1.2 V±0.4 V、开关比大于 100，具备多级存储功能［图 8.55(Ic)］。通过对器件 *I-V* 曲线的拟合，证明其阻变符合空间电荷限制电流机制。利用 SEM 微区观测及其对应的能量色散谱和 X 射线光电子能谱分析，结合低阻态电阻与温度呈正相关的关系，证实该器件符合 Ag 导电细丝通断的 ECM 机理。DFT 计算揭示 Zn-HQ 薄膜中的纳孔结构在加速 Ag 离子扩散过程、促进 Ag 导电细丝通断中起了关键作用［图 8.55(Ib) 和 (II)］。

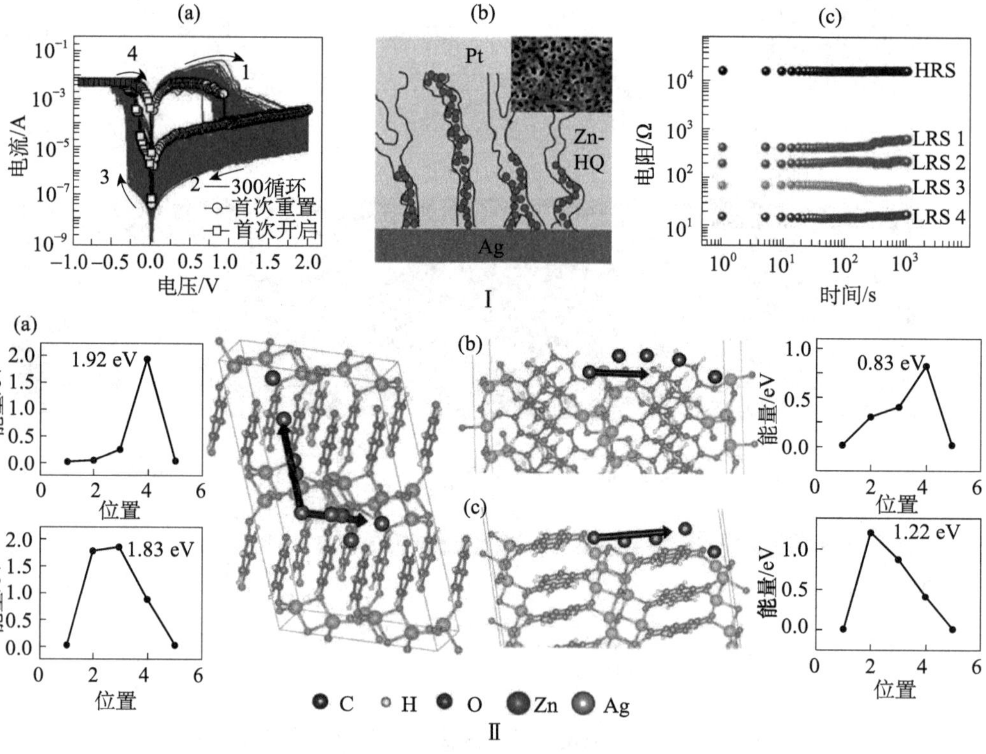

图 8.55　Pt/ 介孔 Zn-HQ/Ag/Si 阻变存储器[121]

I. (a) *I-V* 曲线；(b) 介孔中的 Ag 导电细丝示意图；(c) 多值存储特性，HRS 代表高阻态，LRS 代表低阻态；II. 可能的 Ag 扩散路径和位垒：(a) 体块 Zn-HQ；(b) 沿介孔 Zn-HQ 的 (010) 和 (c) (100) 面

8.4 挑战与展望

尽管分子层沉积已经在制备聚合物和有机－无机杂化物薄膜方面显示出强大的威力，在分子官能团的选择与调控、纳米尺度材料合成、薄膜沉积高度共形性与均匀性方面独具特色，是未来在材料制备与加工领域可大展身手的技术，但它还是面临着一些挑战和局限。

①大多数有机分子前驱体，蒸气压低、热稳定性差，导致低的反应活性，需要长的脉冲反应时间。② MLD 工艺中有机分子前驱体存在同质双官能团引起的双反应，导致反应活性位点数下降，沉积速度变慢，严重时，反应生长速度呈现非线性。③聚合物薄膜多孔的本质，使得 MLD 生长不仅出现在表面，也有可能包含体扩散的生长机制。④大多数有机－无机杂化物在空气环境中放置，易吸湿，存在稳定性问题。⑤不少分子层沉积中的“对化学”及其生长行为，尚需深入理解，也亟需发展新的“偶合化学（coupling chemistry）”。⑥纯有机 MLD 系统依赖于极性链的形成，因此一些重要的聚合物如聚乙烯、聚苯烯和聚氯乙烯，使用 MLD 生长还是相当困难的，因为在这些聚合物的骨架中缺乏极性链。

起初人们对金属－有机骨架（MOF）化合物是否可通过 MLD 生长直接获得，一直心存疑虑 [7]。令人欣喜的是，最近一些年采用 MLD 或 MLD 结合后处理的方法，已经获得几种类型的 MOF 结晶薄膜 [75]，并初步研究了它们的应用。而且无需借助模板和后处理，MLD 亦可直接用来生长锌基对苯二酚介孔非晶薄膜 [79]，且介孔尺寸可在一定范围内调控。然而是否可以将这些方法推广应用到更多体系和种类的有机－无机杂化物中，还须对其生长机理进行更深入的探讨与理解。

总之，分子层沉积技术还处在快速发展完善中，在未来相当广阔的领域有着巨大的应用前景。新的前驱体和新的表面化学策略是迫切需要拓宽的，以增加 MLD 和 MLD/ALD 生长材料的种类，同时广泛探索和研究其可能的应用领域，以使 MLD 技术最终可在一些领域取得突破，获得实质化的商业应用。

参 考 文 献

[1] Yoshimura T, Tatsuura S, Sotoyama W. Polymer films formed with monolayer growth steps by molecular layer deposition. Appl. Phys. Lett., 1991, 59: 482-484

[2] George S M. Atomic layer deposition: An overview. Chem. Rev., 2010, 110: 111-131

[3] Zhou H, Bent S F. Fabrication of organic interfacial layers by molecular layer deposition: Present status and future opportunities. J. Vac. Sci. Technol. A, 2013, 31: 040801-1~18

[4] Nilsen, O, Fjellvag H. Thin films prepared with gas phase deposition technique. Patent Cooperation Treaty, World Intellectual Property Organization, WO 2006/071126 A1, July 6, 2006

[5] Lee B H, Ryu M K, Choi S Y, et al. Rapid vapor-phase fabrication of organic-inorganic hybrid superlattices with monolayer precision. J. Am. Chem. Soc., 2007, 129: 16034-16041

[6] Dameron A A, Seghete D, Burton B B, et al. Molecular layer deposition of alucone polymer films using trimethylaluminum and ethylene glycol. Chem. Mater., 2008, 20: 3315-3326

[7] Salmi L D, Heikkilä M J, Puukilainen E. Studies on atomic layer deposition of MOF-5 thin films. Microporous Mesoporous Mater., 2013, 182: 147-154

[8] Pinna N, Knez M. Atomic Layer Deposition of Nanostructured Materials. Weinheim: Wiley-VCH Verlag & Co. KGaA, 2012

[9] Klepper K B, Nilsen O, Hansen P A, et al. Atomic layer deposition of organic-inorganic hybrid materials based on saturated linear carboxylic acids. Dalton Trans., 2011, 40: 4636-4646

[10] Sundberg P, Karppinen M. Organic and inorganic-organic thin film structures by molecular layer deposition: A review. Beilstein J. Nanotechnol., 2014, 5: 1104-1136

[11] Xiangbo Meng. An overview of molecular layer deposition for organic and organic-inorganic hybrid materials: Mechanisms, growth characteristics, and promising applications. J. Mater. Chem. A, 2017, 5: 18326-18378

[12] Zhao Y, Sun X. Molecular layer deposition for energy conversion and storage. ACS Energy Lett., 2018, 3: 899-914

[13] Baek G H, Yang H L, Park G B, et al. Review of molecular layer deposition process and application to area selective deposition via graphitization. Jpn. J. Appl. Phys., 2023, 62: SG0810-1~19

[14] Petty M C. Langmuir-Blodgett Films: An Introduction. Cambridge: Cambridge University Press, 1996

[15] Ulman A. An Introduction to Ultrathin Organic Films From Langmuir-Blodgett to Self-Assembly. Boston: Academic Press, 1991

[16] Salem J R, Sequeda F O, Duran J, et al. Solventless polyimide films by vapor deposition. J. Vac. Sci. Technol. A, 1986, 4: 369-374

[17] Kubono A, Okui N. Polymer thin films prepared by vapor deposition. Prog. Polym. Sci., 1994, 19: 389-438

[18] George S M, Yoon B, Dameron A A. Surface chemistry for molecular layer deposition of organic and hybrid organic-inorganic polymers. Acc. Chem. Res., 2009, 42: 498-508

[19] Du Y, George S M. Molecular layer deposition of nylon 66 films examined using *in situ* FTIR spectroscopy. J. Phys. Chem. C, 2007, 111: 8509-8517

[20] Putkonen M, Harjuoja J, Sajavaara T, et al. Atomic layer deposition of polyimide thin films. J. Mater. Chem., 2007, 17: 664-669

[21] Kim A, Filler M A, Kim S, et al. Layer-by-layer growth on Ge(100) via spontaneous urea coupling reactions. J. Am. Chem. Soc., 2005, 127: 6123-6132

[22] Loscutoff P W, Zhou H, Clendenning S B, et al. Formation of organic nanoscale laminates and blends by molecular layer deposition. ACS Nano, 2010, 4: 331-341

[23] Lee J S, Lee Y J, Tae E L, et al. Synthesis of zeolite as ordered multicrystal arrays. Science, 2003, 301: 818-821

[24] Loscutoff P W, Lee H B R, Bent S F. Deposition of ultrathin polythiourea films by molecular layer deposition. Chem. Mater., 2010, 22: 5563-5569

[25] Ivanova T V, Maydannik P S, Cameron D C. Molecular layer deposition of polyethylene terephthalate thin films. J. Vac. Sci. Technol. A, 2012, 30: 01A121-1~5

[26] Yoshimura T, Ito S, Nakayama T, et al. Orientation-controlled molecule-by-molecule polymer wire growth by the carrier-gas-type organic chemical vapor deposition and the molecular layer deposition. Appl. Phys. Lett., 2007, 91: 033103-1~3

[27] Kubono A, Yuasa N, Shao H L, et al. *In-situ* study on alternating vapor deposition polymerization of alkyl polyamide with normal molecular orientation. Thin Solid Films, 1996, 289: 107-111

[28] Adarnczyk N M, Dameron A A, George S M. Molecular layer deposition of poly(*p*-phenylene terephthalamide) films

using terephthaloyl chloride and *p*-phenylenediamine. Langmuir, 2008, 24: 2081-2089
[29] Nilsen O, Klepper K B, Nielsen H Ø, et al. Deposition of organic-inorganic hybrid materials by atomic layer deposition. ECS Trans., 2008, 16: 3-14
[30] Zhou W, Leem J, Park I, et al. Charge trapping behavior in organic-inorganic alloy films grown by molecular layer deposition from trimethylaluminum, *p*-phenylenediamine and water. J. Mater. Chem., 2012, 22: 23935-23943
[31] Lee B H, Lee K H, Im S, et al. Monolayer-precision fabrication of mixed-organic-inorganic nanohybrid superlattices for flexible electronic devices. Org. Electron., 2008, 9: 1146-1153
[32] Kao C Y, Yoo J W, Min Y, et al. Molecular layer deposition of an organic-based magnetic semiconducting laminate. ACS Appl. Mater. Interfaces, 2012, 4: 137-141
[33] Gong B, Parsons G N. Caprolactone ring-opening molecular layer deposition of organic-aluminum oxide polymer films. ECS J. Solid State Sci. Technol., 2012, 1: 210-215
[34] Lee B H, Yoon B, Abdulagatov A I, et al. Growth and properties of hybrid organic-inorganic metalcone films using molecular layer deposition techniques. Adv. Funct. Mater., 2013, 23: 532-546
[35] McMahon C N, Alemany L, Callender R L, et al. Reaction of $Al(^{t}Bu)_3$ with ethylene glycol: Intermediates to aluminum alkoxide (alucone) preceramic polymers. Chem. Mater., 1999, 11: 3181-3188
[36] Yoon B, O'Patchen J L, Seghete D, et al. Molecular layer deposition of hybrid organic-inorganic polymer films using diethylzinc and ethylene glycol. Chem. Vap. Deposit., 2009, 15: 112-121
[37] Yoon B, Lee Y, Derk A, et al. Molecular layer deposition of conductive hybrid organic-inorganic thin films using diethylzinc and hydroquinone. ECS Trans., 2011, 33: 191-195
[38] Liu J, Yoon B, Kuhlmann E, et al. Ultralow thermal conductivity of atomic/molecular layer-deposited hybrid organic-inorganic zincone thin films. Nano Lett., 2013, 13: 5594-5599
[39] Cho S, Han G, Kim K, et al. High-performance two-dimensional polydiacetylene with a hybrid inorganic-organic structure. Angew. Chem. Int. Ed., 2011, 50: 2742-2746
[40] Yoon K H, Han K S, Sung M M. Fabrication of a new type of organic-inorganic hybrid superlattice films combined with titanium oxide and polydiacetylene. Nano. Res. Lett., 2012, 7: 1-6
[41] Abdulagatov A I, Hall R A, Sutherland J L, et al. Molecular layer deposition of titanicone films using $TiCl_4$ and ethylene glycol or glycerol: Growth and properties. Chem. Mater., 2012, 24: 2854-2863
[42] Lee B H, Anderson V R, George S M. Molecular layer deposition of zircone and ZrO_2/zircone alloy films: Growth and properties. Chem. Vap. Deposition, 2013, 19: 204-212
[43] Lee B H, Anderson V R, George S M. Growth and properties of hafnicone and HfO_2/hafnicone nanolaminate and alloy films using molecular layer deposition techniques. ACS Appl. Mater. Interfaces, 2014, 6: 16880-16887
[44] Cao Y Q, Zhu L, Li X, et al. Growth characteristics of Ti-based fumaric acid hybrid thin films by molecular layer deposition. Dalton Trans., 2015, 44: 14782-14792
[45] Cao Y Q, Zhang W, Xu L, et al. Growth mechanism, ambient stability, and charge trapping ability of Ti-based maleic acid hybrid films by molecular layer deposition. Langmuir, 2019, 35: 3020-3030
[46] Liang X H, Yu M, Li J, et al. Ultra-thin microporous-mesoporous metal oxide films prepared by molecular layer deposition (MLD). Chem. Commun., 2009, 46: 7140-7142
[47] Liang X H, Evanko B W, Izar A, et al. Ultrathin highly porous alumina films prepared by alucone ABC molecular layer deposition (MLD). Micropor. Mesopor. Mater., 2013, 168: 178-182
[48] Sood A, Sundberg P, Karppinen M. ALD/MLD of novel layer-engineered Zn-based inorganic-organic hybrid thin films using heterobifunctional 4-aminophenol as an organic precursor. Dalton Trans., 2013, 42: 3869-3875
[49] Sundberg P, Karppinen M. Organic-inorganic thin films from $TiCl_4$ and 4-aminophenol precursors: A model case of

ALD/MLD hybrid-material growth? Eur. J. Inorg. Chem., 2014, 6: 968-974

[50] Nilsen O, Haug K R, Finstad T, et al. Molecular hybrid structures by atomic layer deposition - deposition of Alq_3, Znq_2 and Tiq_4 (q=8-hydroxyquinoline). Chem. Vap. Deposition, 2013, 19:174-179

[51] Gong B, Peng Q, Parsons G N. Conformal organic-inorganic hybrid network polymer thin films by molecular layer deposition using trimethylaluminum and glycidol. J. Phys. Chem. B, 2011, 115: 5930-5938

[52] Seo S W, Jung E, Lim C, et al. Water permeation through organic-inorganic multilayer thin films. Thin Solid Films, 2012, 520: 6690-6694

[53] Han K S, Park Y, Han G, et al. Organic-inorganic nanohybrid nonvolatile memory transistors for flexible electronics. J. Mater. Chem., 2012, 22: 19007-19013

[54] Park Y, Han K S, Lee B H, et al. High performance n-type organic-inorganic nanohybrid semiconductors for flexible electronic devices. Org. Electron., 2011, 12: 348-352

[55] Huang J, Lee M, Lucero A, et al. Organic-inorganic hybrid nano-laminates fabricated by ozone-assisted molecular-atomic layer deposition. Chem. Vap. Deposition, 2013, 19: 142-148

[56] Zubkov T, Lucassen A C B, Freeman D, et al. Photoinduced deprotection and ZnO patterning of hydroxyl-terminated siloxane-based monolayers. J. Phys. Chem. B, 2005, 109: 14144-14153

[57] Yoon B, Seghete D, Cavanagh A S, et al. Molecular layer deposition of hybrid organic-inorganic alucone polymer films using a three-step ABC reaction sequence. Chem. Mater., 2009, 21: 5365-5374

[58] Seghete D, Hall R A, Yoon B, et al. Importance of trimethylaluminum diffusion in three-step ABC molecular layer deposition using trimethylaluminum, ethanolamine, and maleic anhydride. Langmuir, 2010, 26: 19045-19051

[59] Li H, Eddaoudi M, O'Keeffe M, Yaghi O M. Design and synthesis of an exceptionally stable and highly porous metal-organic framework. Nature, 1999, 402: 276-279

[60] Furukawa H, Cordova K E, O'Keeffe M, Yaghi O M. The chemistry and applications of metal-organic frameworks. Science, 2013, 341: 1230444

[61] Jiang Z, Xu X, Ma Y, et al. Filling metal-organic framework mesopores with TiO_2 for CO_2 photoreduction. Nature, 2020, 586: 549-554

[62] Gonzalez M I, Turkiewicz A B, Darago L E, et al. Confinement of atomically defined metal halide sheets in a metal-organic framework. Nature, 2020, 577: 64-68

[63] Furukawa H, Ko N, Go Y B, et al. Ultra-high porosity in metal-organic frameworks. Science, 2010, 329: 424-428

[64] Talin A A, Centrone A, Ford A C, et al. Tunable electrical conductivity in metal-organic framework thin-film devices. Science, 2013, 343: 66-69

[65] Silva P, Vilela S M F, Tomé J P C, Paz F A A. Multi-functional metal-organic frameworks: From academia to industrial applications. Chem. Soc. Rev., 2015, 44: 6774-6803

[66] Bétard A, Fischer R A. Metal-organic framework thin films: From fundamentals to applications. Chem. Rev., 2012, 112: 1055-1083

[67] Shi X, Shan Y, Du M, Pang H. Synthesis and application of metal-organic framework films. Coord. Chem. Rev., 2021, 444: 214061

[68] Čejka J. Metal-Organic Frameworks: Applications from Catalysis to Gas Storage. Wiley-VCH, 2011

[69] Rubio-Martinez M, Avci-Camur C, Thornton A W, et al. New synthetic routes towards MOF production at scale. Chem. Soc. Rev., 2017, 46: 3453-3480

[70] Zhou Z C, Xu L N, Ding Y H, et al. Atomic layer deposition meets metal-organic frameworks. Prog. Mater. Sci., 2023, 138: 101159

[71] Salmi L D, Heikkilä M J, Vehkamäki M, et al. Studies on atomic layer deposition of IRMOF-8 thin films. J. Vac. Sci.

Technol. A, 2015, 33: 01A121

[72] Lausund K B, Nilsen O. All-gas-phase synthesis of UiO-66 through modulated atomic layer deposition. Nat. Commun., 2016, 7: 13578

[73] Lausund K B, Petrovic V, Nilsen O. All-gas-phase synthesis of amino-functionalized UiO-66 thin films. Dalton Trans., 2017, 46: 16983-16992

[74] Lausund K B, Olsen M S, Hansen Per-A, et al. MOF thin films with bi-aromatic linkers grown by molecular layer deposition. J. Mater. Chem. A, 2020, 8: 2539-2548

[75] Ahvenniemi E, Karppinen M. Atomic/molecular layer deposition: A direct gas-phase route to crystalline metal-organic framework thin films. Chem. Commun., 2016, 52: 1139-1142

[76] Gikonyo B, Liu F, De S, et al. Investigating the vapour phase synthesis of copper terephthalate metal organic framework thin films by atomic/molecular layer deposition. Dalton Trans., 2023, 52: 211-217

[77] Multia J, Heiska J, Khayyami A, Karppinen M. Electrochemically active *in situ* crystalline lithium-organic thin films by ALD/MLD. ACS Appl. Mater. Interfaces, 2020, 12: 41557-41566

[78] Ogihara N, Hasegawa M, Kumagai H, et al. Heterogeneous intercalated metal-organic framework active materials for fast-charging non-aqueous Li-ion capacitors. Nat. Commun., 2023, 14: 1472-1~11

[79] Liu C, Fang J B, Cao Y Q, et al. One-step facile preparation of zinc-based hydroquinone hybrid nanoporous thin films by molecular layer deposition. Appl. Phys. Lett., 2020, 117: 031601-1~4

[80] Aghaee M, Niemela J P, Kessels W M M, et al. On the role of micro-porosity in affecting the environmental stability of atomic/molecular layer deposited $(ZnO)_a(Zn—O—C_6H_4—O)_b$ films. Dalton Trans., 2019, 48: 3496-3505

[81] Choudhury D, Rajaraman G, Sarkar S K. Stability of molecular layer deposited zincone films: Experimental and theoretical exploration. RSC Adv., 2015, 5: 29947-29952

[82] Yoshimura T. Thin-Film Organic Photonics: Molecular Layer Deposition and Applications. Boca Raton, FL: CRC Press, 2011

[83] Bent S, Loscutoff P W, Clendenning S. Fabrication of organic thin films for copper diffusion barrier layers using molecular layer deposition. MRS Proc., 2010, 1249: 1249-F02-03

[84] Lee B H, Im K K, Lee K H, et al. Molecular layer deposition of ZrO_2-based organic-inorganic nanohybrid thin films for organic thin film transistors. Thin Solid Films, 2009, 517: 4056-4060

[85] Zhou H, Bent S F. Molecular layer deposition of functional thin films for advanced lithographic patterning. ACS Appl. Mater. Interfaces, 2011, 3: 505-511

[86] Prasittichai C, Zhou H, Bent S F. Area selective molecular layer deposition of polyurea films. ACS Appl. Mater. Interfaces, 2013, 5: 13391-13396

[87] Park J S, Chae H, Chung H K, et al. Thin film encapsulation for flexible AM-OLED: A review. Semicond. Sci. Technol., 2011, 26: 034001~1-8

[88] Yoshimura T, Watanabe H, Yoshino C. Liquid-phase molecular layer deposition: Potential applications to multi-dye sensitization and cancer therapy. J. Electrochem. Soc., 2011, 158: P51-P55

[89] Yoshimura T, Ebihara R, Oshima A. Polymer wires with quantum dots grown by molecular layer deposition of three source molecules for sensitized photovoltaics. J. Vac. Sci. Technol. A, 2011, 29: 051510-1~6

[90] Atanasov S E, Losego M D, Gong B, et al. Highly conductive and conformal poly(3,4-ethylenedioxythiophene) (PEDOT) thin films via oxidative molecular layer deposition. Chem. Mater., 2014, 26: 3471-3478

[91] Liu C, Zhu L, Weng J K, et al. Ultra-flexible and energy-efficient artificial synapses based on molecular/atomic layer deposited organic-inorganic hybrid thin films. Adv. Electron. Mater., 2023, 9: 2200821-1~11

[92] Räupke A, Albrecht F, Maibach J, et al. Conformal and highly luminescent monolayers of Alq_3 prepared by gas-phase

molecular layer deposition. ACS Appl. Mater. Interfaces, 2014, 6: 1193-1199

[93] Bi H, Zhang H, Zhang Y et al. Fac-Alq_3 and mer-Alq_3 nano/microcrystals with different emission and charge-transporting properties. Adv. Mater., 2010, 22: 1631-1634

[94] Bakke J R, Pickrahn K L, Brennan T P, et al. Nanoengineering and interfacial engineering of photovoltaics by atomic layer deposition. Nanoscale, 2011, 3: 3482-3508

[95] Marichy C, Bechelany M, Pinna N. Atomic layer deposition of nanostructured materials for energy and environmental applications. Adv. Mater., 2012, 24: 1017-1032

[96] Meng X B, Yang X Q, Sun X L. Emerging applications of atomic layer deposition for lithium-ion battery studies. Adv. Mater., 2012, 24: 3589-3615

[97] Ishchuk S, Taffa D H, Hazut O, et al. Transformation of organic-inorganic hybrid films obtained by molecular layer deposition to photocatalytic layers with enhanced activity. ACS Nano, 2012, 6: 7263-7269

[98] Chen C Q, Li P, Wang G Z, et al. Nanoporous nitrogen-doped titanium dioxide with excellent photocatalytic activity under visible light irradiation produced by molecular layer deposition. Angew. Chem. Int. Ed., 2013, 52: 9196-9200

[99] Qin Y, Yang Y, Scholz R, et al. Unexpected oxidation behavior of Cu nanoparticles embedded in porous alumina films produced by molecular layer deposition. Nano Lett., 2011, 11: 2503-2509

[100] Tong X L, Yang P, Wang Y W, et al. Enhanced photoelectrochemical water splitting performance of TiO_2 nanotube arrays coated with an ultrathin nitrogen-doped carbon film by molecular layer deposition. Nanoscale, 2014, 6: 6692-6700

[101] Piper D M, Travis J J, Young M, et al. Reversible high-capacity Si nanocomposite anodes for lithium-ion batteries enabled by molecular layer deposition. Adv. Mater., 2014, 26: 1596-1601

[102] Yu M, Funke H H, Noble R D, et al. H_2 Separation using defect-free, inorganic composite membranes. J. Am. Chem. Soc., 2011, 133: 1748-1750

[103] Costescu, R M, Cahill D G, Fabreguette F H, et al. Ultra-low thermal conductivity in W/Al_2O_3 nanolaminates. Science, 2004, 303: 989-990

[104] Howarth A J, Liu Y, Li P, et al. Chemical, thermal and mechanical stabilities of metal-organic frameworks. Nat. Rev. Mater., 2016, 1: 15018

[105] Trickett C A, Helal A, Al-Maythalony B A, et al. The chemistry of metal-organic frameworks for CO_2 capture, regeneration and conversion. Nat. Rev. Mater., 2017, 2: 17045

[106] Cai G, Yan P, Zhang L, et al. Metal-organic framework-based hierarchically porous materials: Synthesis and applications. Chem. Rev., 2021, 121: 12278-12326

[107] Luo X, Zhang M, Hu Y, et al. Wrinkled metal-organic framework thin films with tunable turing patterns for pliable integration. Science, 2024, 385: 647-651

[108] Evans J D, Sumby C J, Doonan C J. Post-synthetic metalation of metal-organic frameworks. Chem. Soc. Rev., 2014, 43: 5933-5951

[109] Farha O K, Hupp J T. Rational design, synthesis, purification and activation of metal-organic framework materials. Acc. Chem. Res., 2010, 43: 1166-1175

[110] Xu Y, Li Q, Xue H, Pang H. Metal-organic frameworks for direct electrochemical applications. Coord. Chem. Rev. 2018, 376: 292-318

[111] Cui Y, Li B, He H, et al. Metal-organic frameworks as platforms for functional materials. Acc. Chem. Res., 2016, 49: 483-493

[112] Zhang W, Xiong R G. Ferroelectric metal-organic frameworks. Chem. Rev., 2021, 112: 1163-1195

[113] Thorarinsdottir A E, Harris T D. Metal-organic framework magnets. Chem. Rev., 2020, 120: 8716-8789

[114] Stassen I, Burtch N, Talin A, et al. An updated roadmap for the integration of metal-organic frameworks with electronic devices and chemical sensors. Chem. Soc. Rev., 2017, 46: 3185-3241

[115] Rubio-Giménez V, Tatay S, Martí-Gastaldo C. Electrical conductivity and magnetic bistability in metal-organic frameworks and coordination polymers: Charge transport and spin crossover at the nanoscale. Chem. Soc. Rev., 2020, 49: 5611-5638

[116] Gorzkowska-Sobas A, Lausund K B, Koning M C, et al. Utilizing zirconium MOF-functionalized fiber substrates prepared by molecular layer deposition for toxic gas capture and chemical warfare agent degradation. Global Challenges, 2021, 5: 2100001

[117] Multia J, Kravchenko D E, Rubio-Giménez V, et al. Nanoporous metal-organic framework thin films prepared directly from gaseous precursors by atomic and molecular layer deposition: Implications for microelectronics. ACS Appl. Nano. Mater., 2023, 6: 827-831

[118] Silva R M, Carlos L D, et al. Luminescent thin films of Eu-bearing UiO-66 metal organic framework prepared by ALD/MLD. Appl. Surf. Sci., 2020, 527: 146603

[119] Fang J B, Cao Y Q, Chang S Z, et al. Dual-design of nanoporous to compact interface via atomic/molecular layer deposition enabling a long-life silicon anode. Adv. Funct. Mater., 2022, 32: 2109682-1~12

[120] Chang S Z, Fang J B, Liu K, et al. Molecular-layer-deposited zincone films induce the formation of LiF-rich interphase for lithium metal anodes. Adv. Energy Mater., 2023, 13: 2204002-1~10

[121] Lei J, Sun S, Li Y C, et al. Electrochemical resistive switching in nanoporous hybrid films by one-step molecular layer deposition. J. Phys. Chem. Lett., 2023, 14: 1389-1394

第 9 章　原子层沉积在微电子领域的应用

9.1　引　　言

原子层沉积技术自 20 世纪六七十年代诞生后，一直发展缓慢，进入 21 世纪才迎来了快速发展期，受到广泛的关注。其中一个最重要的推动力就是来自半导体工业和微电子领域。按照著名的摩尔定律，芯片上集成的元器件数量每隔 18 个月就会翻一番，随着集成电路集成度的不断提高，作为逻辑器件的 MOSFET 和作为存储器件的动态随机存储器（dynamic random access memory, DRAM）、闪存等单元特征尺寸在不断收缩，根据国际半导体行业协会公布的发展路线图（ITRS）[1]，半导体工业的技术节点已经进入了深亚微米时代，甚至纳米时代，与半导体工艺相兼容的纳米薄膜与结构的制备技术成为关注的焦点。原子层沉积技术凭借其独特的表面化学生长原理，优异的共形性、大面积的均匀性、适合复杂三维表面沉积以及深孔洞填隙生长等特点，受到微电子工业的青睐。2001 年，ITRS 将 ALD 与金属有机化学气相沉积（MOCVD）、等离子体增强化学气相沉积（PECVD）并列作为与半导体工艺兼容的候选技术[1]。ALD 在微电子领域最主要的应用包括逻辑器件（MOSFET）中的高 k 栅介电质 / 栅电极、动态随机存储器的高 k 电容材料 / 电容电极、金属互连 / 钝化层或籽晶层或扩散阻挡层，以及非挥发性存储器如闪蒸存储器 / 相变存储器 / 阻变存储器 / 铁电存储器以及用于神经形态计算的忆阻器等。2007 年，Intel 公司在半导体工业 45 nm 技术节点，将 ALD 制备的超薄氧化铪薄膜替代传统的二氧化硅栅介质薄膜，获得功耗更低、速度更快的酷睿微处理器[2]，标志着 ALD 在微电子领域应用中的突破。摩尔定律提出 60 年，集成电路的缩微化进程尽管已经放缓，但通过持续的材料创新、架构创新，引入应变硅、绝缘体上硅 SOI、高 k 栅介质和金属栅极、二维半导体材料 MoS_2 等，发展鳍型场效应晶体管（FinFET）、环栅晶体管（GAAFET）、互补 FET（CFET）以及 3D NAND 闪存和 3D DRAM 技术，实现了“延续摩尔”和“超越摩尔”的进步[3,4]，而 ALD 技术在新型集成电路规模化制造中扮演着至关重要的角色[5,6]。本章将主要就 ALD 在逻辑和存储器件中的应用展开介绍。

9.2 逻 辑 器 件

金属－氧化物－半导体场效应管（MOSFET）是构成逻辑电路、微处理器及记忆元件的基本单元，它的体积直接关系到集成电路的集成度。硅基半导体集成电路目前及今后若干年内依然是集成电路的主流，而新型半导体沟道材料，如锗、Ⅲ－Ⅴ族半导体、碳纳米管、石墨烯和二维半导体 MoS_2 等，已经成为工业界和学术界研究的重点。表 9.1 列出了几种半导体沟道材料的重要基础数据，可知采用新型具有高迁移率的半导体沟道材料替代传统的 Si 材料成为制备高性能新型 CMOS 器件的一个富有吸引力的解决方案。碳纳米管和石墨烯所具有的高迁移率和优异的热导率，使其成为后硅电子时代一个极具竞争力的候选材料。而原子层沉积技术在半导体微纳电子器件的制备中，起着举足轻重、不可替代的作用。

表 9.1　硅和几种新型半导体沟道材料的一些重要基础数据

<table>
<tr><th></th><th>Si</th><th>Ge</th><th>GaAs</th><th>碳纳米管</th><th>石墨烯</th><th>单层 MoS_2</th></tr>
<tr><td>带隙 E_g /eV</td><td>1.12</td><td>0.66</td><td>1.42</td><td>0.9</td><td>0</td><td>1.8</td></tr>
<tr><td>晶格参数 a/nm</td><td>0.543</td><td>0.565</td><td>0.565</td><td>—</td><td>0.142</td><td>0.313</td></tr>
<tr><td>空穴迁移率 / [cm^2/(V · s)]</td><td>450</td><td>1900</td><td>400</td><td>3000</td><td rowspan="2">200000</td><td rowspan="2">200 ~ 350</td></tr>
<tr><td>电子迁移率 / [cm^2/（V · s)]</td><td>1500</td><td>3900</td><td>8500</td><td>25000</td></tr>
</table>

9.2.1 Si 基 MOSFET 器件

自从 1965 年 Intel 创始人之一摩尔先生提出摩尔定律，半导体工业界三十多年来一直遵循摩尔定律在稳步高速地发展，这与传统的栅介质 SiO_2 与半导体 Si 材料系统优异稳定的界面性能密不可分。进入 21 世纪，随着 SiO_2 栅介质膜厚度减至 1 nm 以下，量子隧穿效应造成的栅与硅片之间的漏电流已达到不能容许的程度，同时界面结构、硼渗透以及器件可靠性方面也将出现一系列问题。寻找 SiO_2 可靠合适的高介电常数（k）替代材料，要求等效氧化物厚度（equivalent oxide thickness，EOT）小于 1.0 nm，成为半导体工业迫在眉睫的问题。将高 k 栅介质引入传统的硅基集成电路，众多的科研机构已经进行了系统深入广泛的研究。依据栅介质材料选则原则：合理的介电常数，较大的带隙和导带、价带偏移，与 Si 接触较好的热稳定性和界面质量，CMOS 工艺兼容性，最有希望取代二氧化硅的高介电栅介质材料集中到 Hf 基氧化物系材料和稀土氧化物系材料上 [7–9]。

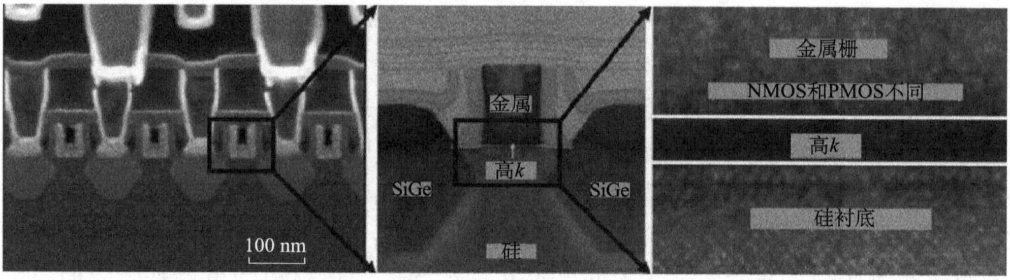

(a)　(b)　(c)

图 9.1　使用了 Hf 基高 *k* 栅介质和金属栅的晶体管结构照片 [2,8]

(a) SEM 照片；(b) PMOSFET 的 TEM 照片；(c) Si/Hf 基高 *k* 薄膜 / 金属栅的 HRTEM 照片

2007 年底，Intel 公司推出了基于 45 nm 节点技术的 Penryn 微处理器产品，首次将高 *k* 材料和金属栅组合引入了硅集成电路芯片中，取得了非常好的性能：与 65 nm 节点产品相比，在晶体管的密度增加一倍的情况下，开关效率提高 120%，开关功耗降低 30%，漏电流降低 5～10 倍。图 9.1 给出了使用 Hf 基高 *k* 栅介质和金属栅的晶体管结构照片 [2,8]。其中高 *k* 栅介质就是 ALD 方法沉积的 Hf 基氧化物薄膜，与之配套的金属栅，PMOS 是 TiN，NMOS 是 TiAlN。正如摩尔先生所指出的：采用高 *k* 栅介质和金属栅极材料是集成电路晶体管材料领域的重大突破。2010 年，Intel 公司采用 32 nm 节点的工艺技术。2013 年，Intel 公司又在 22 nm 技术节点推出了三维鳍型结构晶体管（FinFET）。与平面型 MOSFET 相比［图 9.2(a)］，三维 FinFET 鳍型结构增大了栅极对沟道的控制范围［图 9.2(b)］，从而有效地缓解

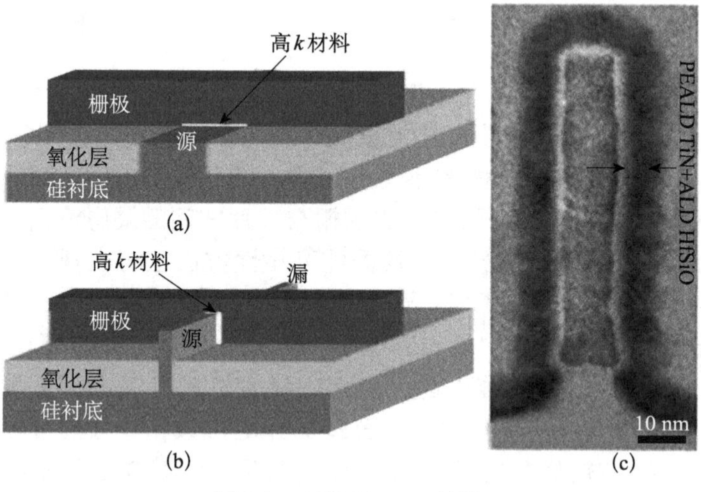

图 9.2　三维 FinFET 结构

(a) 平面 MOSFET 示意图；(b) 三维 FinFET 结构示意图；(c) 13 nm 栅长的 FinFET 结构 TEM 截面照片，其中 ALD 制备 HfSiO，PEALD 生长 TiN[11]

了平面器件中出现的短沟道效应。其无需高掺杂沟道，能够有效降低杂质离子散射效应，从而提高沟道载流子迁移率。而且由于鳍的垂直结构，晶体管更加紧密地连接在一起，其密度较平面结构提高了 21%，且性能也得到了相应改善[10]。近年来纳米环栅结构的出现进一步增强了栅极对沟道的控制和微缩能力。而在三维高 *k*/ 金属栅基 FinFET 的制程中，原子层沉积技术又一次起到了举足轻重的作用，无论是高 *k* 栅介质还是纳米环栅的沉积中，都有赖于 ALD 在三维复杂表面生长中所表现出的优异共形性和大面积的均匀性，以及工艺控制的稳定性。图 9.2(c) 显示了栅长为 13 nm 的三维 FinFET 器件的 TEM 截面照片，ALD 制备了高度共形的 HfSiO 栅介质薄膜，PEALD 生长了 TiN 栅电极。

2015 年，恰逢摩尔定律诞生 50 周年，集成电路进入了 14 nm 节点技术。高 *k* 栅介质和金属栅材料及其原子层沉积工艺的使用，使摩尔定律至少延长了 10 年，而新的器件结构，如 FinFET 结构、结构更复杂的环栅晶体管（gate-all-around FET, GAAFET）或多桥通道晶体管（multi-bridge channel FET, MBCFET）、纳米片晶体管（nanosheet FET, NSFET）、互补晶体管（complmentary FET, CFET）等的采用，以及新的沟道材料（如 Ge、GaAs、石墨烯和二维 MoS_2 等）的引入，使得场效应晶体管器件继续沿用成为可能，摩尔定律的生命力在新的器件架构中依然在延续。2022 年底，台积电基于 FinFET 结构的 3 nm 晶体管芯片开始规模化生长，三星采用 3 nm 环栅晶体管（GAA）工艺制备的芯片于 2024 年大规模量产，而 ALD 在制备这些新型器件中，扮演了不可或缺的关键角色。

随着三维硅集成技术的发展，器件中通孔（via hole）的深宽比（aspect ratio, AR) 不断增大，所使用材料的厚度减小至几纳米，具有自限制反应特性的 ALD 技术，特别适合复杂三维形态表面沉积与深孔洞填隙生长，在微电子行业中体现出不可替代的优势，而其沉积速率较慢的缺点（1～2 nm/min）在此反而显得不太重要。ALD 技术提供了对组成、厚度精确到原子层尺度的稳定控制，特别是对界面、掺杂和台阶覆盖率的调控是新一代半导体工艺迫切需要的。从高 *k* 材料的生长及其表现出的优越性能考虑，ALD 是比其他物理气相沉积（磁控溅射、脉冲激光沉积）和化学方法（CVD 和溶胶 - 凝胶法）更适合的技术[8]。而满足不同应用需求的 ALD 金属化工艺也正在蓬勃发展中[12,13]。

9.2.2　Ge 基 MOSFET 器件

虽然高 *k* 材料在传统的硅基集成电路领域的研究已经取得了令人振奋的进展，但还是面临一些严峻的物理和技术问题的挑战。其中一个主要的痼疾就是高 *k* 栅介质和金属栅材料的引入，在降低小尺度互补型 CMOS 器件高功耗的同时，也带来沟道材料 / 栅介质材料界面的恶化，导致沟道迁移率的明显下降，极大影响了 CMOS 逻辑器件速度的提高。于是，在将高 *k* 材料引入集成电路的同时，采用新型的具有高迁移率的半导体沟道材料代替传统的 Si 材料，成为制备高性能新型 CMOS 器件的另一个有吸引力的解决方案。

历史上，锗曾经是最重要的半导体之一，世界上成功制作的第一个晶体管和第一块集成电路都是在 Ge 半导体基片上实现的，科学家们因此获得了两次诺贝尔物理奖。尽管与硅相比，锗具有更高的电子和空穴迁移率、低的掺杂激活温度，然而制约锗在集成电路里面大规模应用的主要因素，就是缺乏与锗具有高质量界面的稳定的锗氧化物，极大地阻碍了 Ge 晶体管的应用。表面钝化（surface passivation）成为发展高迁移率锗半导体沟道材料场效应管的一个极其重要的方法。一系列表面钝化方法及其机制已经被深入研究 [14,15]，包括化学溶液法（S 钝化）[16]、引入界面控制层法（Si 层、GeO_2 层等）[17,18]、表面氧化和氮化法 [19] 等。

例如，为了获得等效氧化物厚度为亚纳米的 Ge 基 MOS 器件，ALD 生长中引入了具有优异热稳定性的超薄 Al_2O_3 阻挡层，研究在 S 钝化的 Ge 衬底上 Al_2O_3/HfO_2 堆栈结构的界面结构与电学性能，并与 ALD 直接制备的 HfO_2 薄膜样品进行了对比 [17]。衬底表面沉积 Al_2O_3 的过程中没有形成 Ge 的氧化物，而沉积 HfO_2 的过程中形成了 Ge 的氧化物。在 HfO_2/Ge 样品中，存在一个约 2.5 nm 厚的界面层 GeO_x。而在 $HfO_2/Al_2O_3/Ge$ 样品中，界面平坦，没有明显的界面层生成。图 9.3 是退火后的 Ge 基 HfO_2 和 HfO_2/Al_2O_3 MOS 器件的电学性质 [17]。可见 HfO_2/Al_2O_3 薄膜展示出陡峭的 *C-V* 曲线［图 9.3(a)］，较高的积累态电容，揭示了较好的界面质量和较少的界面缺陷。从 1 MHz 时的积累态电容算得 HfO_2/Al_2O_3 薄膜的 EOT 为 0.94 nm，在偏压 1 V 下的漏电流密度为 1.22×10^{-3} A/cm^2［图 9.3(b)］，表明 Al_2O_3 阻挡层有效地抑制了 GeO_x 界面层的生长。而退火后，HfO_2/Al_2O_3 薄膜界面态密度（D_{it}）为 2.83×10^{12} cm^{-2} · eV^{-1}，小于 HfO_2 的 8.61×10^{12} cm^{-2} · eV^{-1}，回滞窗口也较小［图 9.3(c) 和 (d)］，归因于 Al_2O_3 对界面层生长的抑制，以及有效阻挡了 Ge 的外扩散。

利用热氧化生成的 GeO_2 钝化层结合 ALD 制备的栅介质薄膜，如 HfO_2 或 Al_2O_3 等，可在 Ge 衬底上获得高质量的界面，明显降低 Ge 基 MOS 逻辑器件的界面态密度到 2×10^{11} cm^{-2} · eV^{-1}，其制备的 p-MOSFET 有效空穴迁移率为 260 cm^2/（V · s），峰值迁移率可达 396 cm^2/（V · s）[15,20]。Intel 公司利用 Si 钝化层在应变 Ge 的量子阱场效应晶体管（QWFET）中报告了高空穴迁移率的记录为 770 cm^2/（V · s），其电容等效厚度（CET）为 1.45 nm，D_{it} 在 10^{11} cm^{-2} · eV^{-1} 量级 [21]。利用 ALD 制备的 ZrO_2/La_2O_3 双层结构，Ge 基 MOS 器件的 EOT 仅为 0.5 nm，漏电流密度在 0.01～1 A/cm^2，D_{it} 在 3×10^{12} cm^{-2} · eV^{-1} 左右 [22]。值得指出的是，NH_3 或 O_2 等离子体处理表面钝化工艺，与等离子体增强 ALD 工艺沉积 HfO_2 高 *k* 薄膜相结合，显示出了高质量的 Ge 基 MOS 结构 [8,18]，NH_3 等离子体处理 60 s 在 Ge 上形成了 GeO_xN_y 钝化层，改进了界面质量，获得了 CET 为 0.96 nm、漏电流密度为 1 mA/cm^2 的 MOS 器件（图 9.4），D_{it} 在 3×10^{12} cm^{-2} · eV^{-1} 左右。

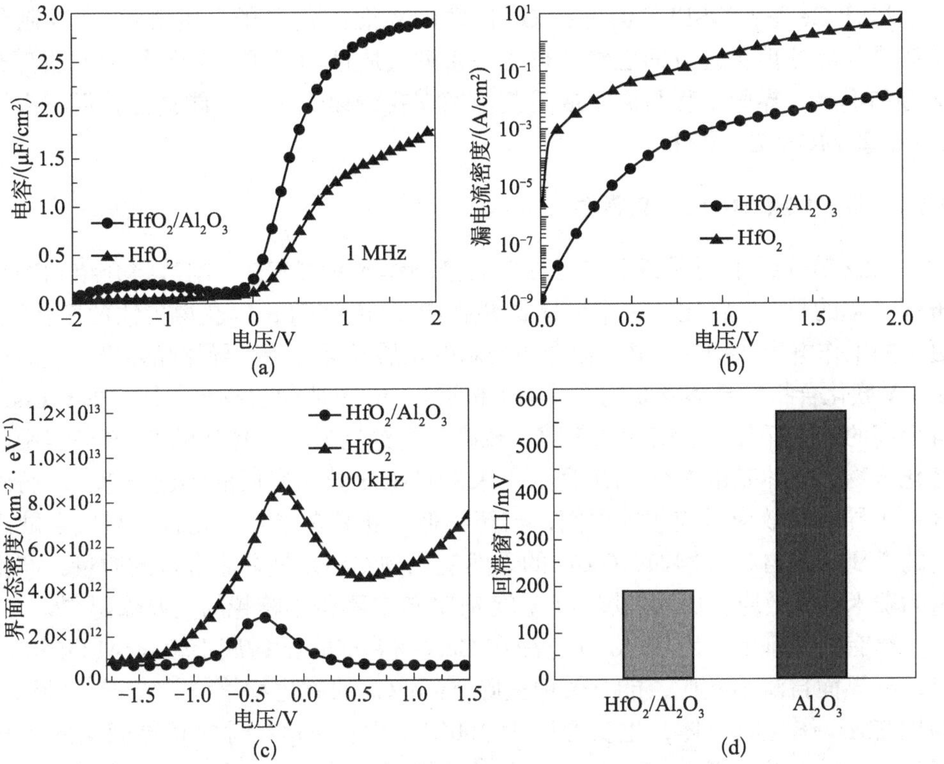

图 9.3　退火后的 Ge 基 HfO_2 和 HfO_2/Al_2O_3 MOS 器件的电学性质[17]

(a) 和 (b) 分别为退火后的 HfO_2 (4.2 nm 厚) 和 HfO_2/Al_2O_3 (3 nm/1.2 nm) 薄膜的 *C-V* 和 *J-V* 曲线；(c) 和 (d) 分别为退火后 7 nm 厚的 HfO2 和 HfO_2/Al_2O_3 的电导－电压曲线和回滞窗口数据

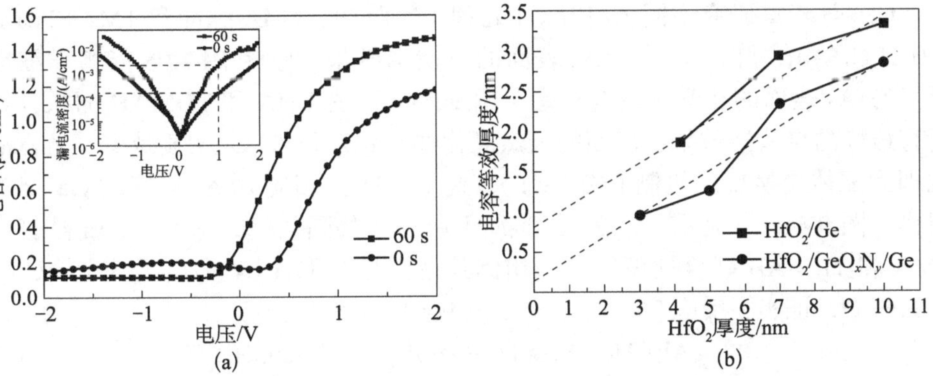

图 9.4　NH_3 等离子体处理的 Ge 基 HfO_2 MOS 器件的电学性质[19]

(a) Pt/HfO_2(7 nm)/Ge (未等离子体处理) 和 Pt/HfO_2(7 nm)/GeO_xN_y/Ge(等离子体处理 60 s) 的 *C-V* 和 *J-V* 曲线；(b) 等效电容厚度（CET）对 HfO_2 膜厚的依赖曲线

尽管 Ge 基 MOSFET 器件在 Ge 衬底的表面钝化、栅介质薄膜 ALD 制备以及集成与后处理工艺方面已经取得了一系列实质性的进展，然而每种方法都有其优势和不足，界面工程与硅集成工艺依然需要继续优化，才能真正获得超高性能的 Ge 基 MOSFET 器件。

9.2.3 Ⅲ－Ⅴ族 MOSFET 器件

9.2.2 节介绍了利用高空穴迁移率的锗制作 p-MOSFET，本节将介绍利用高电子迁移率的Ⅲ－Ⅴ族化合物半导体材料制作 n-MOSFET，以获得更快的工作速度、更小的工作电压和功耗。高 k 栅介质技术的发展不但为锗半导体晶体管，同时也为Ⅲ－Ⅴ族化合物半导体场效应管带来了机遇。Ⅲ－Ⅴ族化合物半导体，如 GaAs，具有很高的电子迁移率、较大的带隙、较高的击穿场强。2004 年的 ITRS 路线图已经将化合物半导体基的 MOSFET 列入了未来 CMOS 技术发展的候选技术 [1]。妨碍化合物半导体场效应管应用的原因，与锗类似，还是在半导体化合物衬底上缺乏合适的栅氧化物材料。例如，GaAs 的天然氧化物 Ga_2O_3 具有非常差的质量，产生严重的费米钉扎效应，成为发展Ⅲ－Ⅴ族 MOSFET 不得不跨越的主要障碍 [14]。

已有文献证实，利用 ALD 方法在 GaAs 和 InGaAs 衬底上生长 Al_2O_3 和 HfO_2 时，有界面自清洁效应，能有效地去除 As 和 Ga 的氧化物 [23-26]。Ye 等 [23] 报道称，利用 TMA 作为前驱体，生长温度为 300℃，生长 Al_2O_3 时中间界面层的氧化物明显减少。Huang 等 [24] 和 Chang 等 [25] 分别发现在 InGaAs 衬底上利用 TMA 和 TEMAH［$Hf(N(C_2H_5)_2)_4$］作为前驱体生长能减少 As 的氧化物。Hinkle 等 [26] 发现自清洁的效果与衬底表面氧化的价态和前驱体的种类相关，相比 TMA，TEMAH 源脉冲能够更有效地去除高价态的本征氧化物。

Cao 等着重研究不同 ALD 脉冲处理（无脉冲、TMA 脉冲和 TMA+TDMAH［$Hf(N(CH_3)_2)_4$］脉冲）对 GaAs 表面的自清洁效果 [27]。利用 XPS 能谱详细地分析了 GaAs 表面的化学组成与价态（图 9.5），发现 TMA 和 TDMAH 的联合处理具有最好的自清洁效果，表面的天然氧化物 Ga_2O_3 和 As_2O_3 明显减少。其自清洁机理为配体交换反应机制［式（9.1）、式（9.2）］。相应 GaAs 衬底的 Ga 3d XPS 图谱［图 9.5(c)］显示，三种处理都具有一个共同的峰，来自 GaAs 衬底，而 TMA 和 TDMAH 联合处理的样品相比其他样品在 17.1 eV 多出了一个峰，对应于 Hf—O，证实了反应［式（9.3）、式（9.4）］的发生。

$$2Al(CH_3)_3 + As_2O_3 \longrightarrow Al_2O_3 + 2As(CH_3)_3 \tag{9.1}$$

$$2Al(CH_3)_3 + Ga_2O_3 \longrightarrow Al_2O_3 + 2Ga(CH_3)_3 \tag{9.2}$$

$$3Hf(N(CH_3)_2)_4 + 2As_2O_3 \longrightarrow 3HfO_2 + 4As(N(CH_3)_2)_3 \tag{9.3}$$

$$3Hf(N(CH_3)_2)_4 + 2Ga_2O_3 \longrightarrow 3HfO_2 + 4Ga(N(CH_3)_2)_3 \tag{9.4}$$

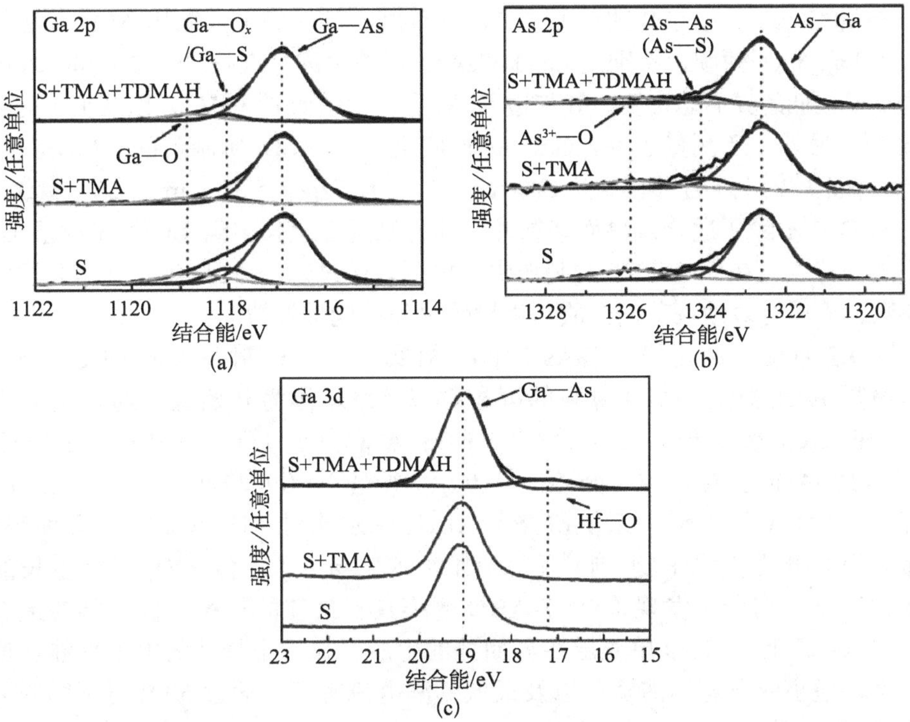

图 9.5　不同表面处理后 GaAs 衬底上 ALD 生长 1 nm Al_2O_3 的 XPS 能谱[27]

(a) Ga 2p；(b) As 2p；(c) Ga 3d：依次包括 S 钝化 +TMA 和 TDMAH 联合处理；S 钝化 +TMA 处理；S 钝化

研究证实 TMA+TDMAH 脉冲处理的样品具有最薄的界面层厚度 0.2 nm，展示出最高的积累态电容和最低的界面态密度（图 9.6）。ALD 工艺中 TMA 和 TDMAH 联合处理过的 GaAs/1 nm-Al_2O_3/2.8 nm-HfO_2/Pt 样品，获得了较小的电容等效厚度（1.5 nm），样品的界面质量与电学性能也明显改进。

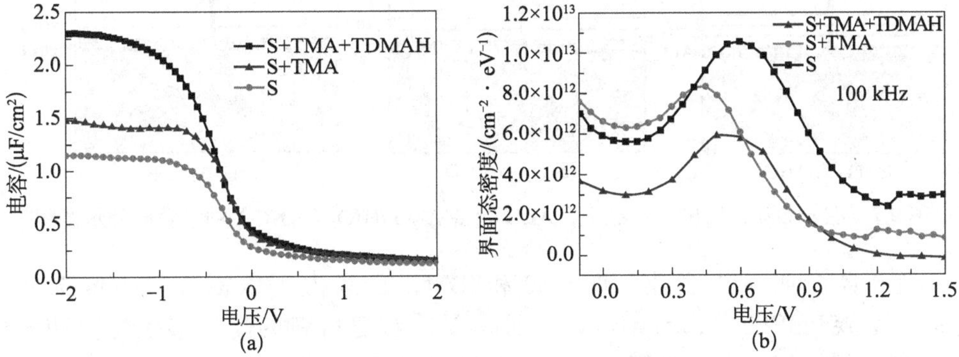

图 9.6　不同表面处理的 Pt/HfO_2/Al_2O_3/GaAs MOS 结构的电学性能[27]

(a) 高频（1 MHz）*C-V* 曲线；(b) 电导 – 电压曲线

Ye 和 Gorge 等还在 S 钝化的（111）A 的 GaAs 衬底上，采用 ALD 方法外延生长了 $La_{2-x}Y_xO_3$ 薄膜，特别是 La_2O_3/GaAs，晶格失配只有 0.04%，制备的 MOS 器件显示了很低的界面态密度，导带边 D_{it} 低于 3×10^{11} $cm^{-2}\cdot eV^{-1}$，以及很小的频率色散[28]。另外，还测量了 $In_{0.53}Ga_{0.47}As$ 衬底上 ALD Al_2O_3 所制备的 n-MOSFET 的性能，修正后的电子迁移率高达 2200 $cm^2/(V\cdot s)$，D_{it} 在 ~ 10^{12} $cm^{-2}\cdot eV^{-1}$ 量级[29]。

ALD 技术除了适合做界面修饰外，还特别适合生长多组元的纳米叠层结构，利用这一特点，在 MOSFET 的制作中，也可以通过改变 ALD 生长纳米叠层的工艺参数，简单有效地调节栅介质与半导体之间的能带补偿。

图 9.7 为在 S 钝化的 n-GaAs（100）衬底上，ALD 制备 Al_2O_3/HfO_2（AHO）纳米叠层的示意图。AHO 薄膜的沉积都以 Al_2O_3 作为开始层，通过交替沉积 Al_2O_3 和 HfO_2 来实现：(a)（1∶3）-AHO：Al_2O_3（1 循环）+ HfO_2（3 循环）；(b)（1∶2）-AHO：Al_2O_3（1 循环）+ HfO_2（2 循环）；(c)（1∶1）-AHO：Al_2O_3（1 循环）+ HfO_2（1 循环）。系统研究了 Al/Hf 摩尔比对 AHO/GaAs 的界面组成、能带排列和电学性能的影响[30]。Al/Hf 摩尔比与 Al_2O_3 和 HfO_2 交替生长的循环次数比基本吻合。发现（1∶1）-AHO 薄膜具有最佳的热稳定性，能够最有效地抑制 As 氧化物和 As 单质层在界面处的生成，显示出最佳的电学性能：最大的电容、最小的电容回滞宽度以及最低的漏电流密度。通过 XPS 对不同样品的价带和 O 1s 能量损失谱的测定，HfO_2、(1∶3)-AHO、(1∶2)-AHO、(1∶1)-AHO 和 Al_2O_3 的价带补偿（VBO）分别为 2.39 eV、2.91 eV、2.99 eV、3.13 eV 和 3.12 eV，导带补偿（CBO）分别为 0.87 eV、0.98 eV、1.26 eV、1.55 eV 和 2.09 eV，带隙（E_g^{HfAlO}）分别为 4.72 eV、5.35 eV、5.71 eV、6.14 eV 和 6.67 eV，其完整的能带排列见图 9.8。可见随着 Al/Hf 摩尔比的增加，VBO、CBO 和 E_g^{HfAlO} 增大，可有效地增加势垒高度，降低漏电流。

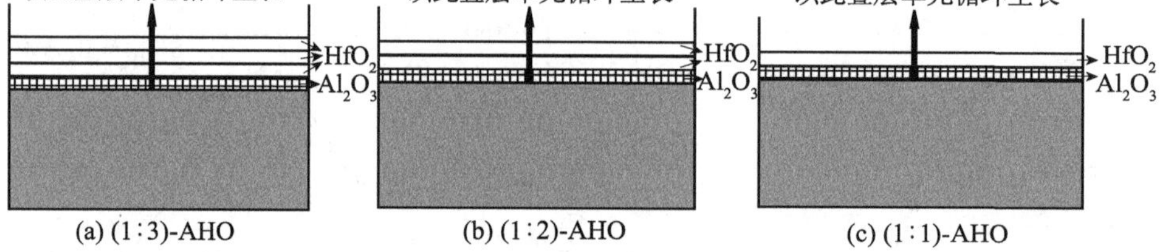

图 9.7 在 n-GaAs（100）衬底上，ALD 制备 Al_2O_3/HfO_2（AHO）纳米叠层的示意图

半导体产业龙头企业，如 Intel 和 IBM，也致力于以标准 CMOS 工艺打造Ⅲ－Ⅴ族 FinFET[31]，希望可以将Ⅲ－Ⅴ族沟道材料的高迁移率特性和鳍型 FinFET 的优势相结合，应用于 10 nm 以下的技术节点，目前这方面已经取得了可喜的进展。

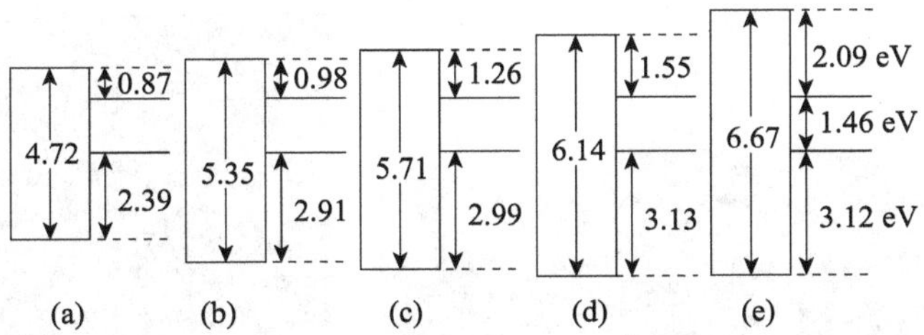

图 9.8　HfO_2/GaAs、Al_2O_3/GaAs 和不同比例 AHO/GaAs 结构的能带排列图 [30]

(a) HfO_2/GaAs；(b) (1∶3)-AHO/GaAs；(c) (1∶2)-AHO/GaAs；(d) (1∶1)-AHO/GaAs；(e) Al_2O_3/GaAs

9.2.4　碳纳米管和二维半导体 FET 器件

碳纳米管和石墨烯具有高迁移率和优异的热导率，成为后硅电子时代一个极具竞争力的候选材料，这方面的研究业已取得了一些明显的进展 [32,33]。

将 ALD 制备的 8 nm 厚的 ZrO_2 高 k 薄膜作为栅介质与单壁碳纳米管集成获得的晶体管展示出优越的性能 [32]。图 9.9 (a) 和 (b) 为 ALD 制备的 ZrO_2 高 k 超薄膜与单壁碳纳米管集成的示意图和 TEM 截面照片，(c) 和 (d) 分别为集成了 ZrO_2 栅介质薄膜的 p 型和 n 型单壁碳纳米管晶体管的 $I_{源漏}$-$V_{栅源}$曲线。可见利用 $ZrCl_4$ 和水作为反应前驱体，300℃ ALD 制备的 4 nm 厚的 ZrO_2 超薄膜，显示出优异的三维共形性和良好的结晶性，并将碳纳米管很好地封裹 [图 9.9 (b)]。以 ZrO_2 为栅介质的顶栅 p 型单壁碳纳米管晶体管的亚阈值摆幅 S 为～70 mV/dec，趋近了室温下场效应晶体管的理论值 60 mV/dec，远好于 SiO_2 背栅的样品。其跨导为 6000 S/m，载流子浓度为 3000 cm^2/(V · s)。把 p 型单壁碳纳米管晶体管在氢气中 400 ℃退火 1 h，可获得 n 型单壁碳纳米管晶体管，其亚阈值摆幅 S 为～90 mV/dec。ALD 工艺提供了与碳纳米管结合良好的具有高电容的超薄栅介质，是取得碳纳米管晶体管优良性能的一个关键。

然而碳纳米管与半导体工艺在兼容性和器件的规模化集成上，还需要跨越较大的障碍。而石墨烯因其简单的平面几何形态，缺乏恶化器件性能的短沟道效应，具备大规模工艺集成上的先天优势，2009 年国际半导体行业协会将石墨烯列入了发展蓝图 [1]。

然而，由于完美的石墨烯是化学惰性和疏水性的，采用 ALD 方法在石墨烯上直接沉积氧化物介电薄膜变得非常困难，甚至无法生长上去。最近几年用来改进氧化物薄膜沉积均匀性的几种石墨烯表面处理方法，包括金属膜的沉积和氧化 [34]、臭氧或远程氧等离子体对生长表面的预处理 [35,36] 以及引入有机分子种子层 (seeding layer) [37] 等。研究发现将石墨烯在去离子水中浸泡预处理 4～5 h，利用 TMA 和水作为反应源，再在石墨烯上用 ALD 生长可获得连续均匀的 Al_2O_3 薄膜

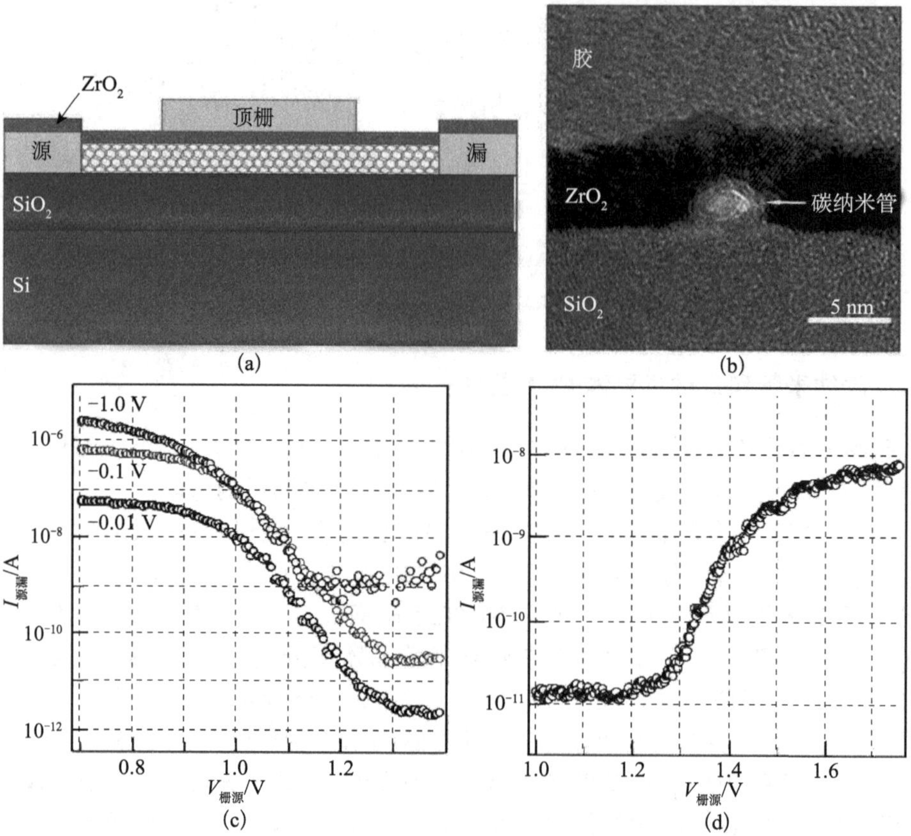

图 9.9 ALD 制备的高 k 超薄膜在单壁碳纳米管晶体管中的应用 [32]

(a)、(b) ALD 制备的 ZrO_2 高 k 超薄膜与单壁碳纳米管集成的示意图和 TEM 截面照片；(c)、(d) 集成了 ZrO_2 栅介质薄膜的 p 型和 n 型单壁碳纳米管晶体管的 $I_{源漏}$-$V_{栅源}$ 曲线

（图 9.10）[38]，这归因于石墨烯表面物理吸附的水分子作为成核位点与 TMA 发生反应，拉曼光谱表明这种预处理方法没有在石墨烯表面产生缺陷，不失为一种简便灵活的石墨烯活化处理方法。Zhou 等报道远程氧等离子体预处理石墨烯后高质量均匀的 Al_2O_3 薄膜可直接通过 ALD 获得 [36]，且等离子体诱导的表面缺陷十分有限，载流子迁移率达到 2.7×10^3 cm^2/（V · s），仅仅下降了 25%。

表 9.2 总结了利用 ALD 在石墨烯上沉积栅介质采用不同集成方法制作顶栅晶体管获得的最大迁移率数值 [33,36]。尽管通过一系列的努力，石墨烯顶栅晶体管的迁移率已经有了很大的提高，但是与理想值相比还是有数量级上的差距，而且单层石墨烯带隙的缺乏以及高质量大尺寸石墨烯的制备上的困难，无疑限制了它的应用前景。目前石墨烯在集成电路中作为逻辑晶体管器件应用还有大量艰巨的工作要完成。

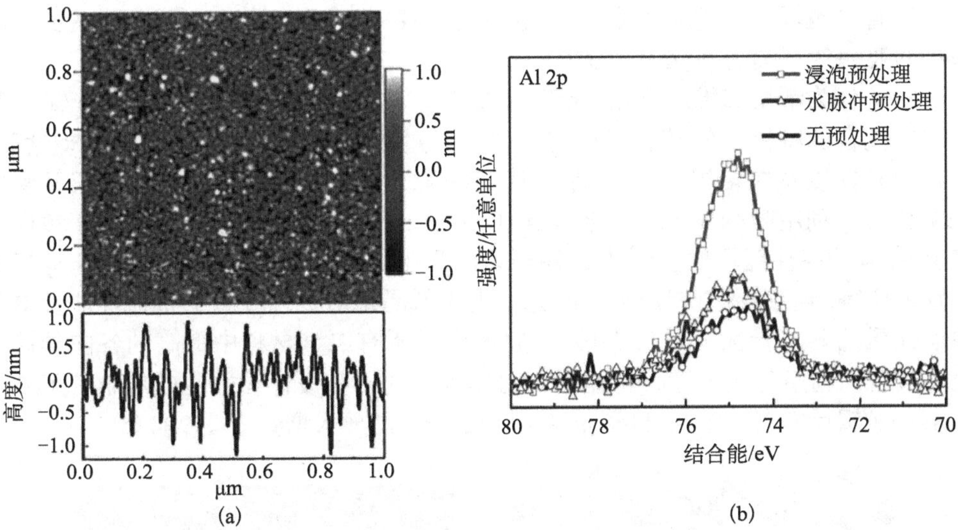

图 9.10　石墨烯在水中浸泡处理对 ALD 生长 Al_2O_3 栅介电薄膜的影响 [38]

(a) 石墨烯水中浸泡处理后 ALD 生长 Al_2O_3 薄膜的 AFM 照片；(b) 三种处理的石墨烯经 ALD 30 个 TMA 脉冲后的 Al 2p XPS 谱

表 9.2　原子层沉积栅介质通过不同集成方法制作顶栅晶体管的最大迁移率数值 [33,36]

石墨烯上顶栅介质沉积途径	最大迁移率 /[cm^2/（V · s）]
在 NO_2 预处理后 ALD 制备 Al_2O_3	400
直接 ALD 制备 HfO_2	1240
用金属 Al 做缓冲层 ALD 制备 Al_2O_3	8000
用低介电常数的聚合物做缓冲层 ALD 制备 Al_2O_3	7400
电子束蒸发 SiO_2	710
远程氧等离子体预处理后 ALD 生长 Al_2O_3	2700

在这种情形下，二维半导体晶体——过渡金属硫族化合物（transition metal dichalcogenides，TMDCs），以其独特的优势——拥有 1～2 eV 的带隙、良好的结构稳定性、无悬挂键、与硅相当的迁移率，异军突起，成为后 Si 时代低功耗逻辑电路中富有吸引力的沟道材料 [39,40]。MoS_2 的块体材料是一个带隙为 1.3 eV 的间接带隙半导体，室温载流子迁移率为 50～200 cm^2/（V · s），随着层数的减少，单层 MoS_2 转变为直接带隙半导体，带隙为 1.8 eV。以单层 MoS_2 做沟道材料与 ALD 生长的 HfO_2 高 k 栅介质集成制备的顶栅 n 型晶体管展示出优异的器件性能，高的开关电流比（～10^8），与硅相当的室温迁移率［>200 cm^2/（V · s）］，极低的亚阈值摆幅 74 mV/dec[39]，基于单层 MoS_2 的集成电路和基本的逻辑操作也相继被证实 [40]。利用单层 WSe_2 和 ALD 制备的 ZrO_2 介电薄膜制备的 p 型场效

应晶体管，也具有出色的性能：室温空穴迁移率 250 $cm^2/(V \cdot s)$，开关比 10^6，理想的亚阈值摆幅为 60 mV/dec[41]。

ReS_2 作为新型二维过渡金属硫族化物[42]，具有低晶格对称性［图 9.11(a)］和弱层间耦合的特性，使其表现出与其他二维过渡金属硫族化物不同的物理性质，如各向异性以及在多层 ReS_2 中保持直接带隙。利用机械解理法得到单层及多层 ReS_2 样品，利用微纳加工方法结合 ALD 生长 HfO_2 栅介质薄膜制备了基于单层及多层 ReS_2 的高性能场效应管[42]，在开关比及亚阈值摆幅等参数上可与 MoS_2 场效应管中获得的最好数值相媲美。研究了由于低晶格对称性导致的机械性能及电子输运性质的各向异性［图 9.11(b)］，并得到了所有二维材料中最高的各向异性比值。最后，利用各向异性，将晶格方向作为新的器件设计参数，成功制备了基于 ReS_2 的逻辑反向器［图 9.11(c)］，并得到了较高的放大增益［图 9.11(d)］。

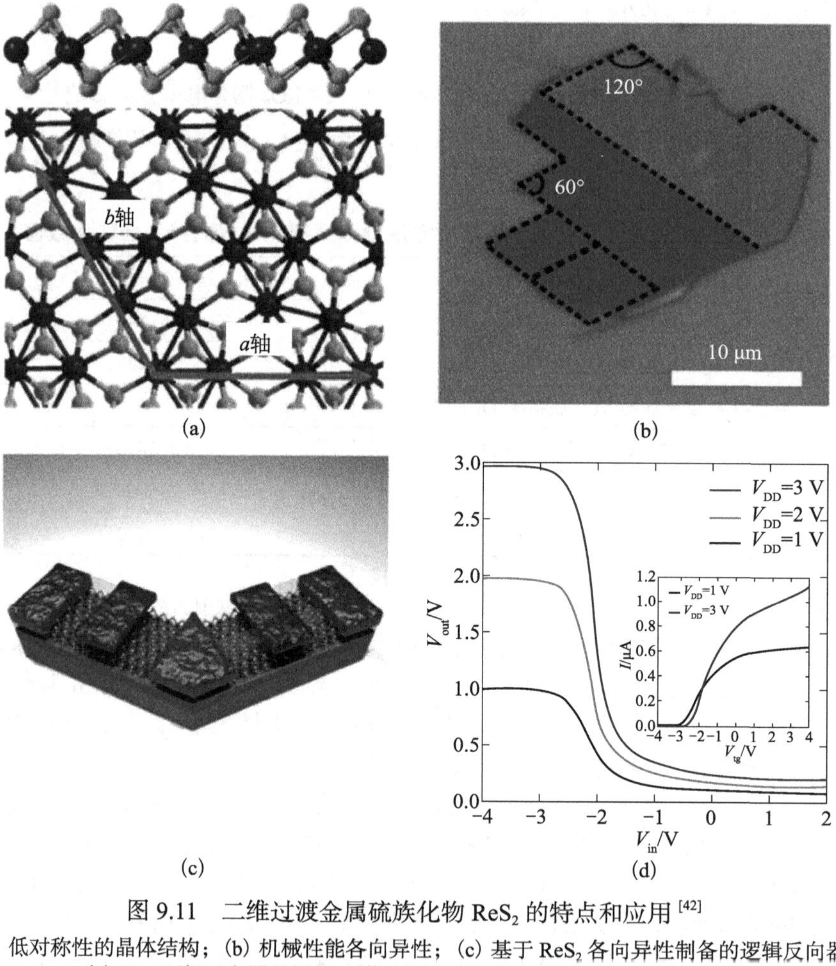

图 9.11 二维过渡金属硫族化物 ReS_2 的特点和应用[42]

(a) 低对称性的晶体结构；(b) 机械性能各向异性；(c) 基于 ReS_2 各向异性制备的逻辑反向器；(d) ReS_2 逻辑反向器的性能，输入的低（高）电平转化为高（低）电平

V_{in}，输入电压；V_{out}，输出电压；V_{DD}，工作电压；V_{tg}，顶栅电压

由于 ALD 独特的自限制沉积机理、三维共形性、大面积均匀性和原子尺度的膜厚控制能力，最近十几年 ALD 在二维 TMD 材料制备及其场效应晶体管应用领域的研究呈现快速增长趋势[43-46]。研究表明：采用不同 ALD 前驱体生长二维 TMD 材料，如 MoS_2 及其后处理工艺会对所制备的 MoS_2 晶体管性能产生明显的影响。例如，利用无机 $MoCl_5$ 源和 H_2S 制备的 20 μm 沟道长 MoS_2 背栅 FET[46]，有效迁移率为 1.0 $cm^2/(V \cdot s)$，但过高的工艺温度（350～450 ℃）和 $MoCl_5$ 前驱体引发的刻蚀问题阻碍了它的应用。采用金属有机 $Mo(NMe_2)_5$ 源和 H_2S 可在 60℃低温下沉积 MoS_2 薄膜[47]，如图 9.12(a)～(d) 所示，可利用简

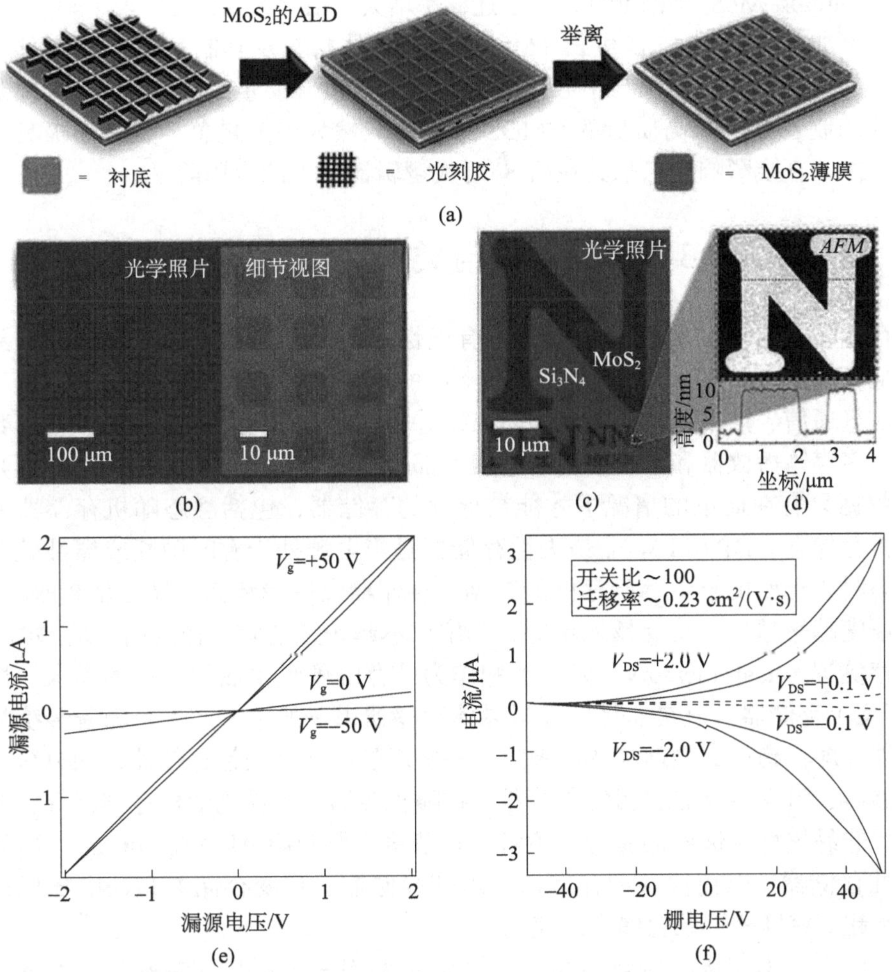

图 9.12　低温 ALD 制备 MoS_2 FET 阵列工艺及其电学性能[46]

(a) 低温 ALD MoS_2 及其光刻举离图案化工艺示意图；(b) 低温沉积 MoS_2 正方形的光学照片；(c) 在 Si/Si_3N_4 上电子束刻蚀的 MoS_2 字母光学照片；(d) MoS_2 字母的 AFM 照片和高度曲线；退火后 ALD MoS_2 FET 的 (e) 输出和 (f) 转换曲线

单的光刻举离工艺，形成图案化的 MoS_2 阵列，最后通过 S 蒸气中硫化获得结晶的 MoS_2 薄膜。其制备的 MoS_2 FET 迁移率为 0.23 $cm^2/(V \cdot s)$，开关比为 100［图 9.12(e)、(f)］。

然而低温 ALD 衍生的 MoS_2 FET 由于缺陷较多，电学性能并不理想，而将 ALD 生长的 MoO_3 薄膜通过硫化方法合成高质量的 MoS_2 薄膜是另一种可行的路径。利用 $Mo(CO)_6$ 和氧气等离子体在 155℃反应生成 MoO_3，然后在 500℃硫化、900℃结晶，2 英寸蓝宝石衬底上 MoS_2 层数可在 1～4 层精确调控[48]。制备的单层 MoS_2 顶栅场效应晶体管具有典型的 n 型 FET 特性，迁移率为 0.76 $cm^2/(V \cdot s)$，开关比为 10^4。而四层 MoS_2 顶栅 FET，电子迁移率增大 7 倍，为 5.9 $cm^2/(V \cdot s)$。

尽管如此，目前 ALD 生长 TMD 二维半导体材料及其制备的 FET 性能，还有较大的提升空间。发展与半导体工艺兼容大尺度高质量二维 TMD 半导体晶体的可控的制备方法和高质量的 CMOS 工艺，依然为当务之急，是一项极具挑战性的工作，直接影响到未来其在后 Si 时代逻辑器件中的应用前景。

9.3 存储器件与类神经突触器件

存储器用来存放程序和数据，具有记忆功能，分为易失性存储器和非易失性存储器两大类，是最具时代性和广泛性的商品之一，大到航空航天、卫星气象、信息通信、数据终端、军事国防、云计算，小到个人用的电脑、手机、数码相机、多媒体播放器和家庭使用的电表，都隐藏着它的身影。易失性存储器是指存储数据只有在通电的情况下才能被保存的存储器，包括静态随机存储器和动态随机存储器（DRAM）。非易失性存储器是当电源处于暂时中断或器件处于断电状态时，仍然能够保存已存储的数据。存储器发展趋势为存储密度越来越高、读写速度越来越快、功耗越来越低、单位成本越来越便宜，作为内存的 DRAM、快闪存储器（flash memory，闪存）和作为外存的硬盘也面临这样的需求。快闪（浮栅型）存储器一直是非易失性半导体存储器市场的主流产品，随着传统的浮栅型器件即将趋近其物理和技术极限，一些新型的非易失性存储器，如电荷俘获型存储器、阻变存储器、相变存储器、磁随机存储器和铁电随机存储器等，成为下一代非易失性存储器的有力竞争者。本节将主要介绍 ALD 在 DRAM、新型非易失性存储器（电荷俘获型存储器、阻变存储器、相变存储器和铁电随机存储器）和超高密度磁记录存储中的应用。

另外，探索突破传统计算机冯·诺依曼架构 - 运算与存储瓶颈，发展“类脑”计算机，一直是科学家多年来孜孜以求的理想，而忆阻器的出现为此提供了难得的契机。忆阻器通常为简单的 MIM 结构两端器件，具有电阻的时间记忆特性，与大脑神经元突触非常相似，作为绝佳的仿生电子突触，可用于模拟大脑的学习过程并存储信息。本节也将介绍 ALD 制备的忆阻器在神经形态器件领域的应用。

9.3.1　动态随机存储器

DRAM 是最为常见的系统内存，即主存储器。其性能主要依赖于电容的性能，包括高电容密度、低漏电流密度和低损耗因子。图 9.13(a) 给出了 DRAM 单元的示意图和这些年不同技术节点下 DRAM 结构和电极材料的演变发展史[49]。随着集成电路集成度的提高，DRAM 单元的体积日益缩小，单元晶体管（cell transistor）和单元电容尺寸也愈来愈小。由此导致单元晶体管的开关性能恶化，不利于在电容中写入和保持信息，通过采用三维结构，如凹沟道阵列晶体管（recessed channel array transistor, RCAT），可以减轻短沟道效应问题。在 RCAT 结构中，采用腐蚀 Si 沟道的办法增加沟道长度，形成沟槽结构［图 9.13(b)］[50]。沟槽电容器（trench capacitor）构建在高深宽比的沟槽中，以增加表面积，进而增加有效电容密度。然而加工的复杂性也随之增加。

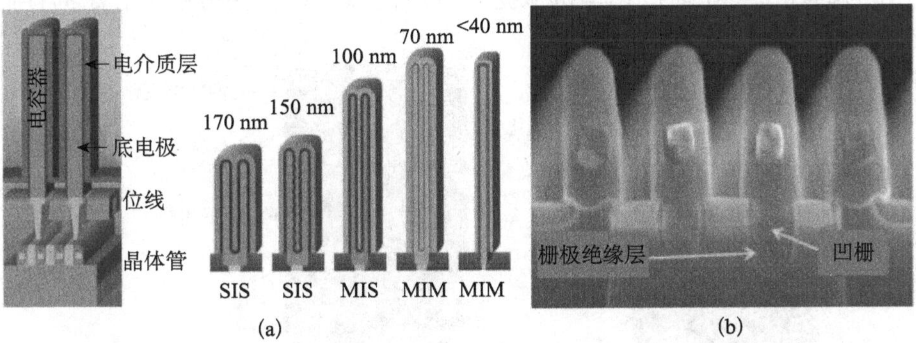

图 9.13　DRAM 单元的示意图和 RCAT DRAM 单元结构

(a) DRAM 单元的示意图和不同技术节点的演变发展史[49]；(b) RCAT 结构的 SEM 照片[50]
SIS，半导体 - 绝缘体 - 半导体；MIS，金属 - 绝缘体 - 半导体；MIM，金属 - 绝缘体 - 金属

进入 50～60 nm 技术节点，单纯的沟槽型电容也不能满足摩尔定律的缩微需要，高介电常数材料联合金属电极结构，即 MIM 电容成为 DRAM 的首选结构。希望使用合适的高 *k* 材料与金属电极的组合，优化电容结构[49]，以增加存储速度，改进 DRAM 性能。研究表明，ALD 制备的中等介电常数的 Al_2O_3 可取代 SiO_2 或氮化硅，然而随着集成度进一步提高，Zr 基或 Hf 基氧化物成为 DRAM 高 *k* 的候选材料，高导电性 TiN 替代传统重掺杂的多晶 Si 作为电容电极材料，二者结合，适用于 45～50 nm 技术节点的 DRAM 生产，EOT 为 0.7～0.8 nm，电容为高度 2 μm 的圆柱状结构，可避免载流子耗尽层厚度以及低 *k* SiO_2 界面形成层的影响。当进入 40 nm 技术节点时，EOT 进一步下降，DRAM 电容呈现高

深宽比结构，特别是在沟槽型电容中，电容介电层和顶电极层的深宽比分别达到 80 和 200。显然在此种情况下，介电层和电极层的沉积只有具备优异填隙性和共形性的 ALD 技术才可以胜任 [1]。ALD 制备的金红石结构 TiO_2 与 Ru 或 Ru/TiN 电极组合，获得了高达 80～130 的介电常数 [51]。Al 掺杂的 TiO_2 显示出 EOT 最小值仅为 0.48 nm[52]。具有超高介电常数的钙钛矿材料，如（Ba,Sr）TiO_3，也作为一个潜在的解决方案被研究 [53]。ALD 制备的 $SrTiO_3$ 薄膜厚度小于 15 nm，介电常数约 150，但存在生长速率慢的缺点，随着Ⅱ族环戊二烯基前驱体的出现，ALD 生长 $SrTiO_3$ 的速率变快，使其有望用于 DRAM[50]。DRAM 电容的性能也强烈依赖于上下电极，ALD 生长沟槽电容电极，除了前述 TiN，还可以使用贵金属或贵金属氧化物，如 Ru 或 RuO_2。目前电极的 ALD 制备，从前驱体化学、工艺可控性和量产（低生长速率和高成本）角度而言，还需要开展相当深入细致的工作。

ALD 在 DRAM 中，除了制备高 k 介电层和电极层，还有一个重要应用就是沉积 SiO_2 牺牲层。图 9.14 给出了其示意图 [54]。ALD 制备的 $ZrO_2/Al_2O_3/ZrO_2$ 三层结构作为 DRAM 电容的高 k 介质层，TiN 作为底电极和顶电极，ALD 生长 SiO_2 作为牺牲层。在通过化学机械抛光或后侵蚀工艺，获得单个分离的存储单

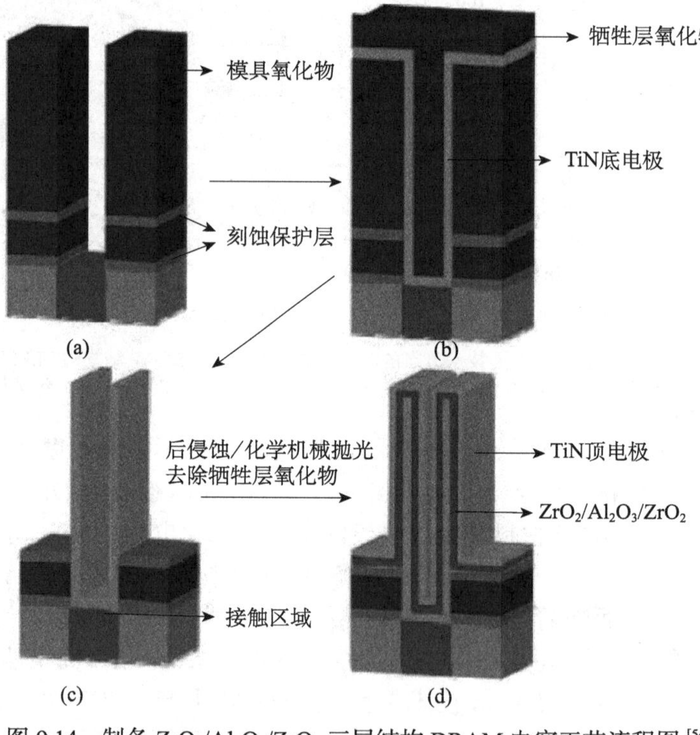

图 9.14　制备 $ZrO_2/Al_2O_3/ZrO_2$ 三层结构 DRAM 电容工艺流程图 [54]

圆柱状电容结构，TiN 作为底电极，ALD 沉积 SiO_2 作为牺牲层

元阶段 [图 9.14(c)]。为了保护底电极 TiN 不被损坏，保持与漏区良好的接触（箭头所示），TiN 底电极内部空间需要填充保护层 SiO_2。在高深宽比的结构中，ALD 低温沉积 SiO_2 是必不可少的一步，也可以防止 TiN 底电极可能的氧化。在分离存储单元时，SiO_2 和模具氧化物同时被湿法腐蚀掉，留下高深宽比的 TiN 底电极继续后续的 ALD 制备 $ZrO_2/Al_2O_3/ZrO_2$。

双重图形技术（double patterning technology, DPT）在微电子工艺中，也是形成精细图形必不可少的方法，既可用于 DRAM 的制备，亦可应用于 NAND 闪存的制备。目前利用 ALD 成为 DPT 无需昂贵成本而改进光刻能力必不可少的手段。图 9.15(a) 和 (b) 显示了两种基本的间隔层限制双重图形（spacer-defined

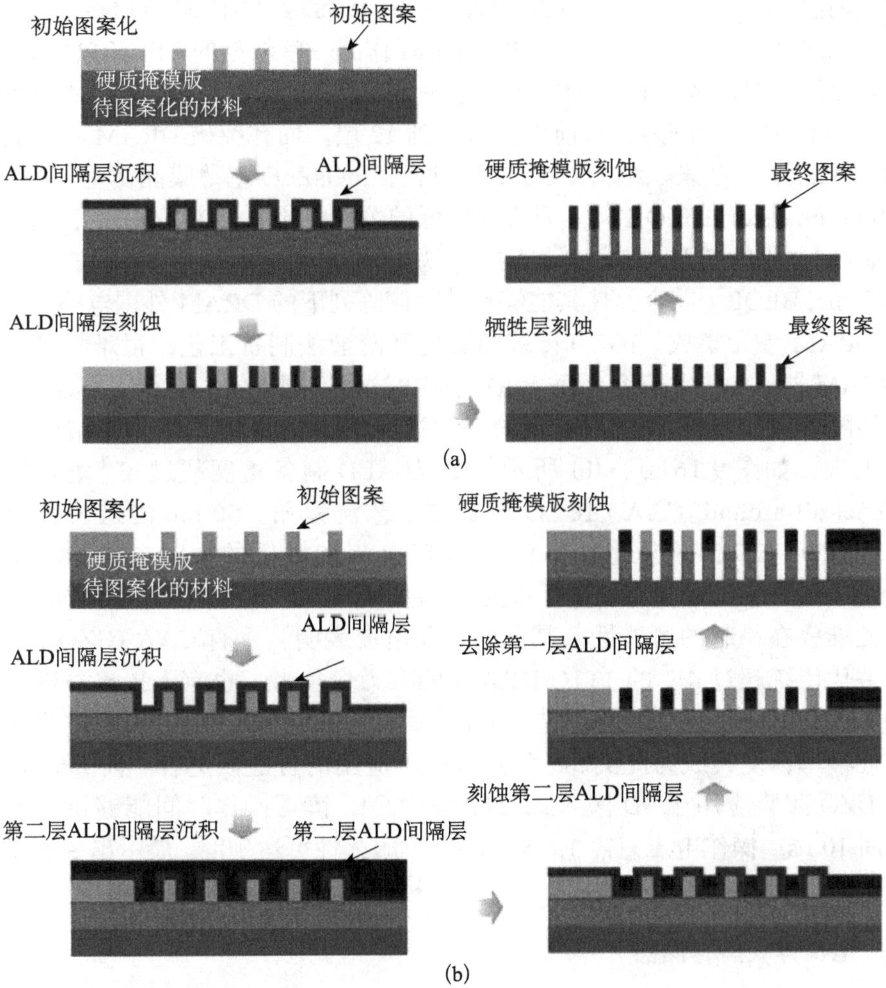

图 9.15　利用 ALD 生长 SiO_2 作为间隔层的双重图形技术工艺流程图 [55]

(a) 主要用来制备浅沟槽隔离 / 栅图案；(b) 主要用来制备位线图案

DPT）工艺[55]，利用ALD生长SiO_2作为氧化物间隔层和牺牲层，通过一次曝光、二次刻蚀的办法，最终获得线宽（pitch）只有初始图案一半的精细线空间图案，且最小特征尺寸由ALD SiO_2层的厚度（侧壁厚度）决定。前者图9.15(a)工艺中，掩膜线尺寸或隔栅尺寸（bar dimension）就是ALD生长层的厚度，后者图9.15(b)工艺中，掩膜线之间的距离（或间隔）也是ALD生长层的厚度。

随着人工智能（artificial intelligence, AI）时代的来临，图形处理器（graphics processing unit，GPU）的功能越来越强大，对内存、计算和带宽有着巨大的需求。为了减小“内存墙”的影响，提升内存带宽一直是存储芯片聚焦的关键问题。高带宽内存（high bandwidth memory, HBM）为现代处理器和嵌入式系统面临的“内存墙”提供了解决方案。如同闪存从2D NAND向3D NAND发展一样，DRAM也从2D向3D技术迈进，HBM作为一款新型的CPU/GPU内存芯片也由此诞生，即将多个DRAM芯片堆叠后和GPU封装在一起，实现大容量、高位宽的DRAM组合阵列，目前堆叠可达到12层。而在突破DRAM器件的平面结构“存储墙”，迎来三维DRAM架构时代，InGaZnO基薄膜晶体管（InGaZnO thin film transistor, IGZO TFT）具有非常低的关断电流（$<10^{-22}$ A/μm），为下一代3D DRAM器件的新型沟道材料提供了解决方案[6]。IGZO TFT与后端工艺（back-end-of-line, BEOL）兼容，使其能够移动存储阵列下的DRAM外围电路，并与堆叠的DRAM单元集成。IGZO传统的溅射和溶液法制备工艺，很难与复杂结构3D DRAM器件的工艺兼容，而ALD为解决这些问题提供了可行的方案。

伴随着电容技术和工艺密度的持续进步，DRAM单元晶体管结构也在不断发展中，如图9.16(a)、(b)所示[56]，为ALD制备密度超过$4F^2$垂直环沟道（channel-all-around, CAA）IGZO FET的工艺流程图。50 nm沟道长度的垂直CAA-IGZO-FET取得超过30 μA/μm开启电流和极低的关断电流（1.8×10^{-17} A/μm）。在单层上制造的2T0C单元结构可实现300 s的数据保持时间。将多个单元堆叠在一起的可能性及其低的关断电流表明，垂直CAA IGZO 2T0C架构是替代传统超过$4F^2$的1T1C DRAM的有力竞争者。也有人提出一种三维垂直FeFET，如图9.16(c)所示[57]，其结构类似于三维NAND。IGZO在超薄膜中的高迁移率，使其成为此类3D垂直FeFET应用的合适候选者。而Intel将反铁电的HZO薄膜应用于3D嵌入式DRAM中[58]，读写操作时间能够快至极化翻转时间10 ns，操作电压只需1.8 V，80℃下耐久性可达10^{12}，展示出令人期待的性能。

9.3.2　电荷俘获型存储器

当半导体技术节点减小到22 nm以后，传统的浮栅型半导体存储器（快闪）将趋近其物理和技术极限。电荷俘获型存储器[59,60]，基本结构为半导体衬底/隧

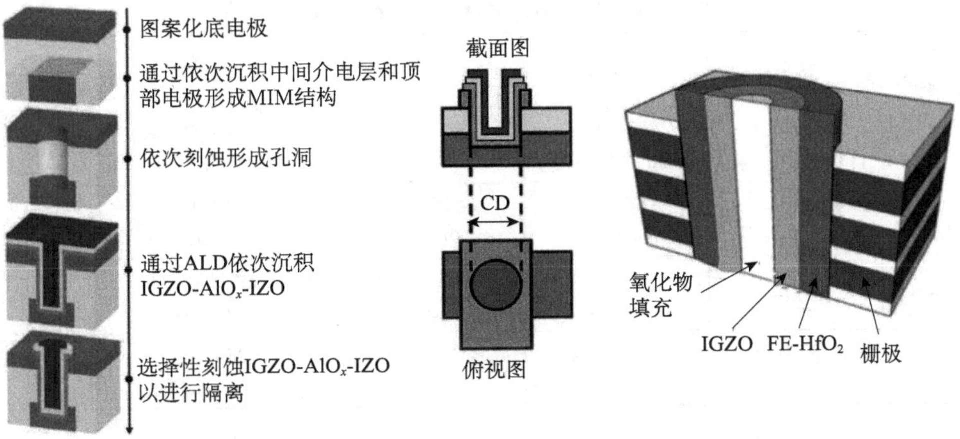

图 9.16　利用 ALD 工艺制备垂直 CAA-IGZO-FET 流程图和三维垂直 FeFET 示意图

(a) CAA-IGZO FET 器件的工艺流程图；(b) 截面图和俯视图 [56]，CD 指关键尺寸（critical dimension）；(c) IGZO 作为沟道层的 3D 垂直 FeFET 器件的示意图 [57]

穿层 / 电荷存储层 / 阻挡层 / 栅电极，其基本思想是将浮栅型存储器中的浮栅层改造成分立的点，用来存储电荷（电荷存储层），具有同半导体工艺相兼容、操作电压低、功耗低和抗疲劳性能好等优良特性，是一种极具应用前景的新型非易失性存储器。电荷俘获型存储器又可分成两类：纳米晶存储器和缺陷俘获型存储器（如 silicon-oxide-nitride-oxide-silicon, SONOS 型）。一些报道指出采用高介电材料取代 SiO_2 作为隧穿层 [61,62]，可降低隧穿层与 Si 衬底界面间的势垒高度，提高操作速度，在保持相同 EOT 的同时可以增加物理厚度，从而降低漏电流，提高保持性能。采用高 k 材料作为阻挡层，可以降低等效氧化物厚度，增强隧穿层上的电场，从而提高操作速度。

纳米晶存储器，具有读写速度快、存储密度大、可靠性高、器件设计自由度大等优点，然而也存在一些急需解决的问题，比如纳米晶分布均一性的控制、制备工艺的可重复性以及漏电等问题。表 9.3 和表 9.4 总结了几种金属纳米晶和高 k 介质纳米晶存储器的结构和生长工艺，顶电极均为磁控溅射的 Pt。从表中可以看出，由于 ALD 简单精确的膜厚控制，已经成为纳米晶存储器隧穿层和阻挡层非常适合的制备方法，而在最重要的纳米晶存储层的生长中，ALD 亦可直接沉积金属纳米晶 Pt、Ir，或者先 ALD 生长高 k 存储层，再通过快速热处理（RTA）后退火，来形成高 k 介质纳米晶。也有利用 ALD 直接沉积氧化物纳米岛（如 ZnO、ZrO_2、Ta_2O_5）作为电荷俘获层，无需后退火，通过改变循环数，优化纳米岛密度与尺寸，以调控电荷存储窗口，获得较好存储性能 [63-65]。

表 9.3 几种金属纳米晶存储器的结构和生长工艺

金属纳米晶	衬底	隧穿层	存储层	阻挡层	参考文献
Pt	p-Si (100) (1～10 Ω · cm)	ALD Al_2O_3 (4 nm 或 6 nm 厚)	ALD Pt (70 循环)	ALD Al_2O_3/HfO_2 (10 nm 或 20 nm 厚)	[66]
Ir	同上	ALD Al_2O_3 (6 nm 厚)	ALD Ir (90 循环)	ALD HfO_2 (20 nm 厚)	[67]
Au	同上	ALD Al_2O_3 (3 nm 厚)	磁控溅射 Au (2～20 s) /RTA	磁控溅射 Al_2O_3 (9 nm 厚)	[68]
FePt	n-Si (100) (1～10 Ω · cm)	ALD Al_2O_3 (4 nm 厚)	化学合成 FePt / 自组装	ALD Al_2O_3 (20 nm 厚)	[69]

表 9.4 几种高 *k* 介质纳米晶存储器的结构和生长工艺

高 *k* 介质纳米晶	隧穿层	存储层	阻挡层	RTA 后退火	参考文献
LaO	ALD Al_2O_3 (3 nm 厚)	ALD Hf-La-O (120 循环)	ALD HfO_2 (15 nm 厚)	700/800 ℃，N_2	[70]
TiO_2	ALD Al_2O_3 (4 nm 厚)	ALD Ti-Al-O (120 循环)	ALD Al_2O_3 (20 nm 厚)	700/800/900 ℃，N_2	[71]
$TiAl_2O_5$	ALD Al_2O_3 (4 nm 厚)	PLD $Ti_{0.2}Al_{0.8}O_x$ (8 nm 厚)	PLD Al_2O_3 (8 nm 厚)	900 ℃，N_2	[61]
ZrO_2	ALD Al_2O_3 (3 nm 厚)	PLD Zr-Si-O (7 nm 厚)	ALD Al_2O_3 (8 nm 厚)	800 ℃，O_2	[72]

注：衬底为 p-Si (100) (1～10 Ω · cm)；PLD 表示激光脉冲沉积。

采用具有较高功函数的金属纳米晶来存储电荷，可以起到改变存储点势阱深度的作用，产生不对称的势垒，有利于获得好的保持特性。金属费米能级周围有更高的态密度，可以使器件对由污染物引起的费米能级波动有更好的抗干扰性；纳米晶大小可控，从而可以控制存储密度；金属可用功函数的范围分布很宽，则在器件写入 / 擦除和电荷存储上有更多的选择。用 ALD 方法制备了以金属纳米晶 Pt 作为存储介质的纳米晶存储器 $HfO_2/Pt/Al_2O_3/Si$[66]。70 循环后，Pt 纳米颗粒数密度达到最大值为 $1.0\times10^{12}/cm^2$，平均尺寸约为 5 nm。HfO_2/Pt（70 循环）/Al_2O_3/Si 的断面照片表明［图 9.17(a)］，沉积在 Al_2O_3 上的一层 Pt 纳米颗粒被均匀包裹在 HfO_2 薄膜中，$HfO_2/Al_2O_3/Si$ 界面清晰，高分辨 TEM 照片显示球形 Pt 纳米颗粒已经结晶［图 9.17(b)］，电子色散能谱（EDS）也证实了 Al、O、Pt、Hf 等元素的存在［图 9.17(c)］。对应的电学测量显示此结构有明显的存储窗口（±12 V 间扫描时存储窗口为 6.6 V）和优异的抗疲劳特性，保持性能在 10^5 s 时间后，存储电荷损失约为 27%。

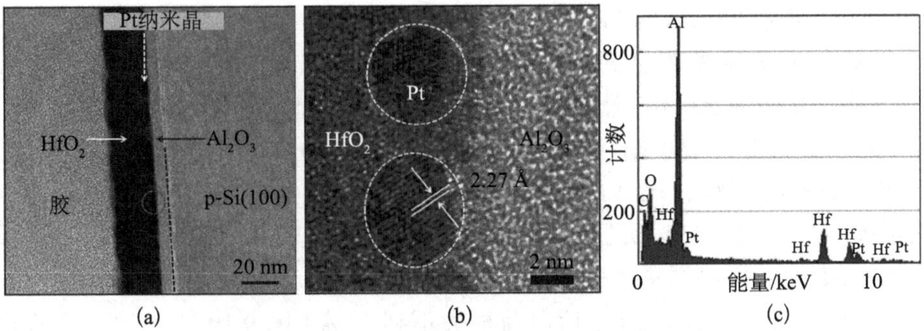

图 9.17　p-Si/Al_2O_3/Pt NCs/HfO_2 堆栈结构 [66]

(a) 断面 TEM 照片；(b) HRTEM 照片；(c) 相应 (a) 图小圆区域的 EDS 谱

为了获得电荷存储层中纳米晶的有序阵列，将化学合成的 FePt 纳米晶的自组装与 ALD 生长 Al_2O_3 的隧穿层和阻挡层相结合 [69]，一个单层 FePt 纳米晶（尺寸 4.5 nm）六方阵列已经通过溶液浸渍法在 Al_2O_3 薄膜上形成，二维阵列间距为 8 nm，颗粒数密度高达 $1.8 \times 10^{12}/cm^2$［图 9.18(a)］。500℃氧气中退火 5 min，形成了面心立方 fcc-$Fe_{0.75}Pt$ 纳米晶的核壳结构，外层为非晶的 Fe_2O_3 壳［图 9.18(b)、(c)］。Al_2O_3/FePt 纳米晶 /Al_2O_3/Si 结构的 TEM 截面照片显示单层 FePt 纳米晶很好地包裹在非晶的 Al_2O_3 层中［图 9.18(d)］，电学测量展示出较大的存储窗口，

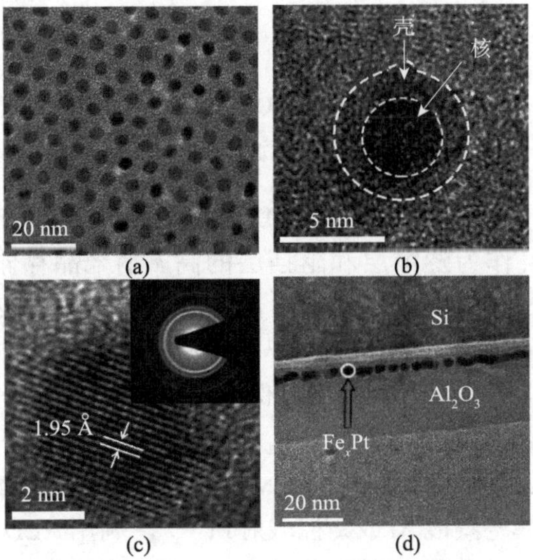

图 9.18　FePt 纳米晶 /Al_2O_3 的表面与断面照片 [69]

(a) Al_2O_3 表面自组装 FePt 纳米晶的 TEM 照片；(b)、(c) 500 ℃在 O_2 退火后 FePt 纳米晶核壳结构的 HRTEM 照片和相应的电子衍射斑；(d) Al_2O_3/FePt 纳米晶 /Al_2O_3 结构的截面 TEM 照片

±8 V 间扫描时存储窗口为 8.1 V。

用 ALD 方法制备了全高 k 基的纳米晶存储器 HfO_2/Hf-La-O（HLO）/Al_2O_3/Si[70]。采用 30 循环 Al_2O_3，然后加上 120 循环 La 掺杂的 HfO_2 层（1 循环 La + 4 循环 Hf），最后生长 150 循环 HfO_2。此堆栈结构 700℃、800℃退火后中间 HLO 层形成了纳米晶颗粒，尺寸约为 3 nm，同时作为阻挡层的 HfO_2 也已结晶。电学测试表明：存储窗口与所加电压呈线性关系，不随频率变化。同 700℃退火相比，800℃退火的样品展示了较大的存储窗口（±11 V 间扫描时存储窗口为 9 V）和相对较好的保持特性，10^4 s 后电荷损失不到 12%（图 9.19），与高温退火产生了较多的体缺陷陷阱和较少的界面陷阱有关，存储在纳米晶中的电荷密度大约为 $2.5\times10^{13}/cm^2$。

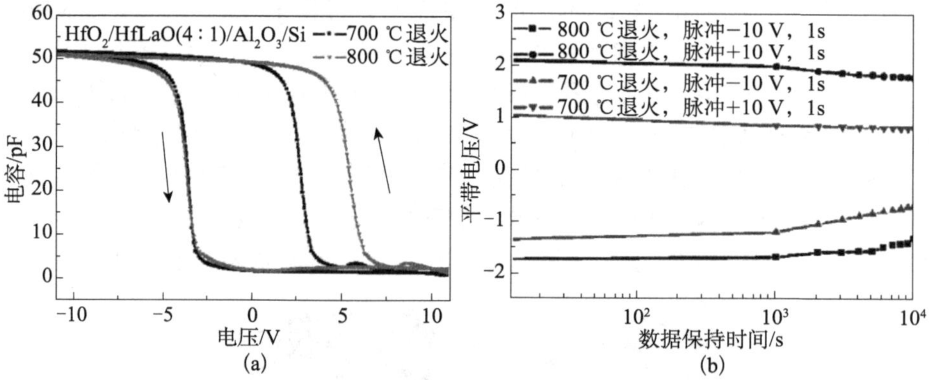

图 9.19　不同温度退火的 HfO_2/ HLO/Al_2O_3/Si 堆栈结构[70]

(a) 1 MHz 下的 C-V 曲线；(b) 保持性能

通过激光脉冲沉积（PLD）和 ALD 联合方法制备了 $Ti_{0.2}Al_{0.8}O_x$ 作为电荷俘获层、非晶 Al_2O_3 作为隧穿层和阻挡层的高 k 纳米晶存储器[61]。900 ℃ RTA 退火后形成了 3.5 nm 的 $TiAl_2O_5$ 纳米晶［图 9.20(a)］。获得 2.3 V 的存储窗口和 $1\times10^{13}/cm^2$ 电子存储密度。能带排列图显示了较深的电荷俘获能级［图 9.20 (b)］，由此 $TiAl_2O_5$ 纳米晶存储器显示了优异的保持特性，10 年后工作温度 80 ℃情况下电荷损失仅为 22.2%［图 9.20(c)］。

表 9.5 总结了几种氧化物纳米岛 CTM 存储器的结构和 ALD 生长工艺。衬底为 Si 片，顶电极为真空蒸镀 Al 或磁控溅射 Pt[63-65]。利用 ALD 直接沉积 20 循环的高 k 氧化物纳米岛 ZrO_2 作为电荷俘获层[64]，在低的 5 V 写入电压下，获得了 5.8 V 的存储窗口，且展示出优异的循环耐久性，达到 10^5 次写入 / 擦除操作，具有出色的数据保持能力，工作 10 年后仅损失电荷 18.8%，这归因于纳米岛 CTM 有助于降低电荷泄漏的概率以及 Al_2O_3/ZrO_2/Al_2O_3 能带排列所形成的深量子阱效应。

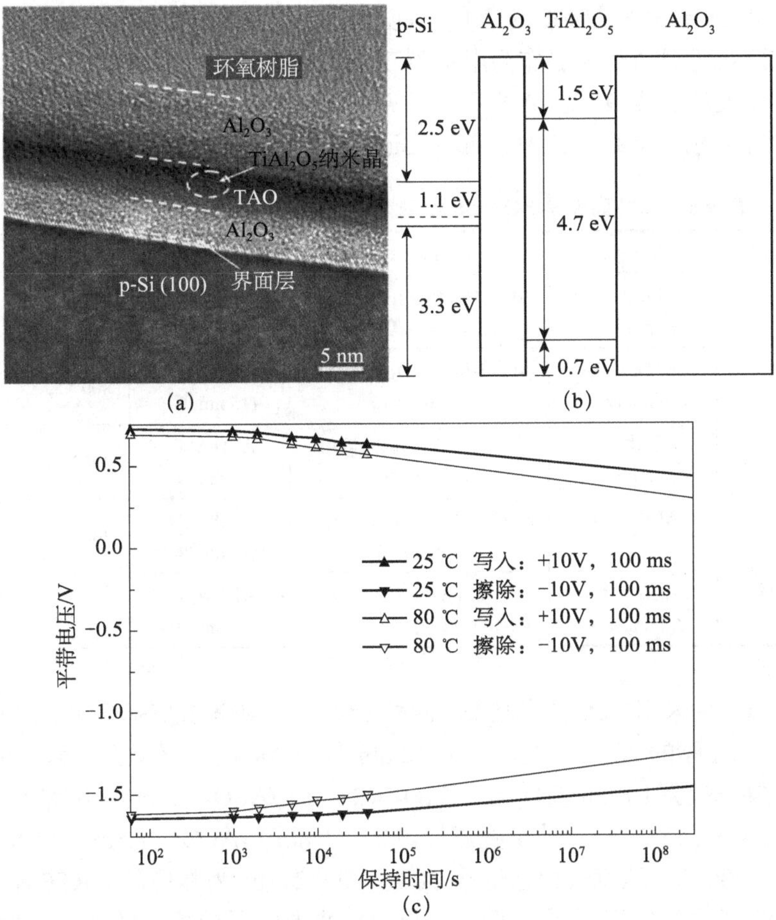

图 9.20　$Si/Al_2O_3/Ti_{0.2}Al_{0.8}O_x/Al_2O_3$ 堆栈结构 [61]

(a) HRTEM 照片；(b) 能带排列图；(c) 数据保持特性

表 9.5　几种氧化物纳米岛存储器的结构和生长工艺

氧化物纳米岛	隧穿层	存储层	阻挡层	纳米岛尺寸	参考文献
ZnO	ALD Al_2O_3 (4 nm 厚)	ALD ZnO (20 循环)	ALD Al_2O_3 (10 nm 厚)	3 nm	[63]
ZrO_2	ALD Al_2O_3 (4 nm 厚)	ALD ZrO_2 (20 循环)	ALD Al_2O_3 (10 nm 厚)	～30 nm	[64]
Ta_2O_{5-x}	ALD Al_2O_3 (4 nm 厚)	ALD Ta_2O_{5-x} (20 循环)	ALD Al_2O_3 (15 nm 厚)	～10 nm	[65]

除了纳米晶和纳米岛存储器，在新颖的高 k 基 SONOS 型缺陷俘获型存储器

中，ALD 也扮演着举足轻重的角色。前已提及，ALD 方法特别适合用来制备纳米叠层薄膜，利用纳米叠层作为电荷俘获层的新型 SONOS 型存储器结构 [70]，已经引起不少关注。表 9.6 总结了几种高 k 基 SONOS 型缺陷俘获型存储器的结构和生长工艺。衬底为 1～20 Ω · cm p-Si(100)，顶电极为磁控溅射 Pt。

表 9.6　几种高 k 基 SONOS 型缺陷俘获型存储器的结构和生长工艺

高 k 基 SONOS	隧穿层	存储层	阻挡层	RTA 后退火	参考文献
ZrO_2/Al_2O_3	ALD Al_2O_3（3 nm 厚）	ALD ZrO_2/Al_2O_3 纳米叠层（10 nm 厚）	ALD Al_2O_3（12 nm 厚）	900 ℃，N_2	[73]
HfO_2/Al_2O_3	ALD Al_2O_3（3 nm 厚）	ALD HfO_2/Al_2O_3 纳米叠层（10 nm 厚）	ALD Al_2O_3（15 nm 厚）	800 ℃，O_2	[74]
$(TiO_2)_{0.8}(Al_2O_3)_{0.1}$	干氧化 SiO_2（3 nm 厚）	磁控溅射 $(TiO_2)_{0.8}(Al_2O_3)_{0.1}$（10 nm 厚）	ALD Al_2O_3（11 nm 厚）	200 ℃，N_2	[75]
$(Ta_2O_5)_x(Al_2O_3)_{1-x}$	ALD Al_2O_3（3 nm 厚）	磁控溅射 $(Ta_2O_5)_x(Al_2O_3)_{1-x}$（6 nm 厚）	ALD Al_2O_3（14 nm 厚）	200 ℃，N_2	[76]
$Ta_2O_5/Al_2O_3/TiO_2/Al_2O_3/Ta_2O_5$	ALD Al_2O_3（4 nm 厚）	ALD $Ta_2O_5/Al_2O_3/TiO_2/Al_2O_3/Ta_2O_5$（4 nm 厚）	ALD Al_2O_3（15 nm 厚）	无	[77]

图 9.21(a) 为采用 ALD 技术制备的四种 ZrO_2/Al_2O_3 纳米叠层基存储单元示意图 [73]，隧穿层为 3 nm 厚的 Al_2O_3，阻挡层为 12 nm 厚的 Al_2O_3，存储层厚度～10 nm，包括四种结构：单层 10 nm ZrO_2 层、ZrO_2（2 nm）/Al_2O_3（2 nm）纳米叠层、ZrO_2（1.5 nm）/Al_2O_3（1.5 nm）纳米叠层、ZrO_2（1 nm）/Al_2O_3（1 nm）纳米叠层。制作完成后，900℃高纯氮气快速退火 30 s。图 9.21(b) 为相应的 HRTEM 的截面照片，可以清晰地看到不同周期的 ZrO_2/Al_2O_3 纳米叠层结构，随着叠层厚度变小，叠层界面变得越来越模糊，这主要是因为高温退火过程中界面原子扩散。电学测量表明［图 9.22(a)］，相同扫描电压下，随着 ZrO_2/Al_2O_3 纳米叠层的界面数量的增加，存储窗口逐渐增大，与界面起着俘获电荷的作用有关 [72]。然而当界面过多时，界面结构变得弥散，存储窗口反而变小。当界面数量为 8 时，器件单元具有最佳的性能：6.3 V 的存储窗口，优异的保持性能，10 年后电荷损失量仅为 7.5%［图 9.22(b)］，这归因于 ZrO_2/Al_2O_3 纳米叠层之间具有 1.7 eV 的势垒高度，提高了器件的数据保持性能。

9.3.3　相变存储器

相变存储器（phase-change memory, PCM）是通过改变温度调控相变材料在低电阻结晶态（导电态 0）和高电阻非结晶态（绝缘态 1）间的转换来实现数据存储。PCM 具有非易失性、高读写速度和长寿命的特点，同时兼具低延时、高

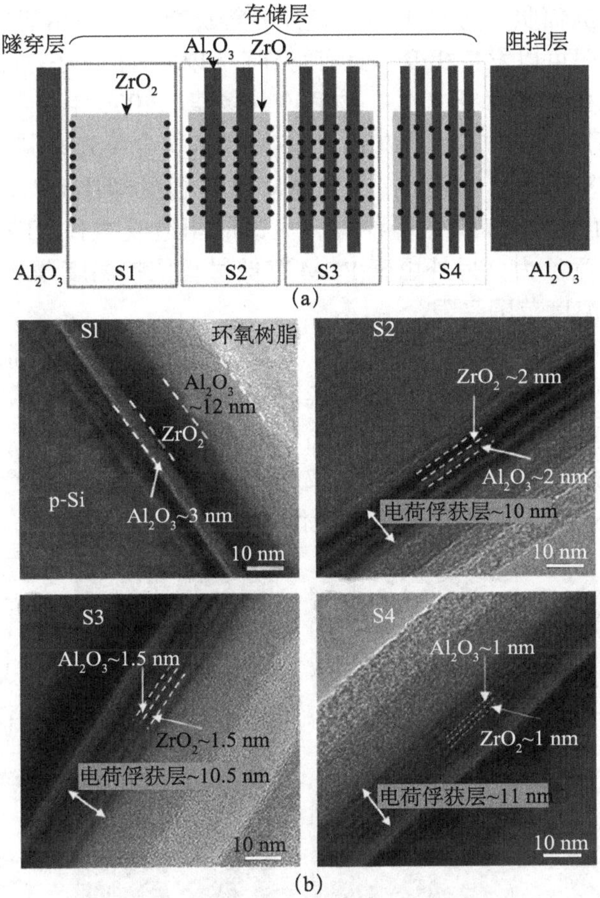

图 9.21　ALD 制备的四种 ZrO_2/Al_2O_3 纳米叠层基存储单元示意图 (a) 和相应的 HRTEM 的截面照片 (b)[73]

S1：单层 10 nm ZrO_2 层作为存储层厚度；S2：ZrO_2(2 nm)/Al_2O_3 (2 nm) 纳米叠层；
S3：ZrO_2(1.5 nm)/Al_2O_3 (1.5 nm) 纳米叠层；S4：ZrO_2(1 nm)/Al_2O_3 (1 nm) 纳米叠层

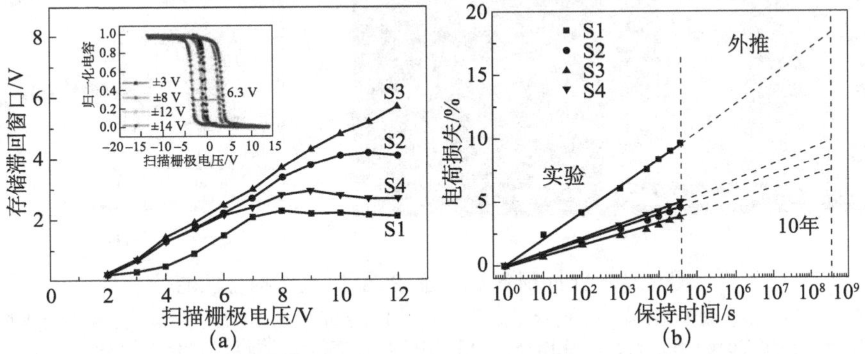

图 9.22　不同 ZrO_2/Al_2O_3 纳米叠层基存储单元的存储窗口 (a) 和保持特性 (b)[73]

(a) 中插图为 S3 的归一化 *C-V* 曲线

密度、低功耗、抗辐照、与 CMOS 工艺兼容等优势。即使相变材料降至 2 nm 厚度，存储器件依旧可以发生相变，具有将外存和内存合二为一的可能性，有希望应用于高性能数据中心、服务器、物联网等场景。2006 年，英特尔与三星合作生产了第一款商用 PCM 芯片；2015 年，英特尔联合美光共同开发出一种 PCM 存储芯片——3D Xpoint，速度略比 DRAM 慢，容量却比 DRAM 高，比闪存快 1000 倍。可惜由于采用三维堆叠结构，高昂的制造成本和低的良率使得该技术在市场中失去了竞争力。另外由于 PCM 存储过程依赖温度调节，对温度高度敏感，致使其工作温度范围受限。

目前主流的 PCM 材料为 Ge-Sb-Te（GST）三元材料，可通过简单的电压脉冲加热驱动 GST 在高低阻态间自如转换。英特尔商用 PCM 芯片采用磁控溅射方法制备了 GST 薄膜，但存在操作功率高和集成密度有限的弊端。利用 ALD 取代 PVD 制备 GST 功能层，有望将二维交叉结构 PCM 发展成三维存储结构的 PCM，如图 9.23(a)、(b) 所示 [78]，进而降低操作功耗、增加集成密度。

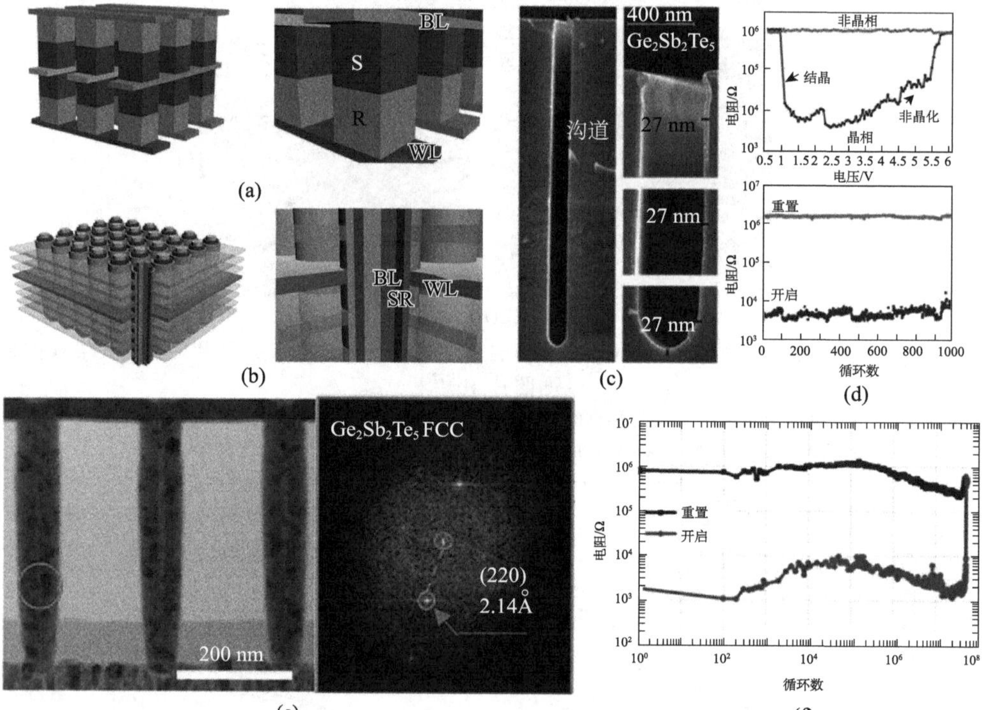

图 9.23 ALD 制备 GST 基 PCM 阵列结构与性能

(a) 平面型和 (b) 垂直型 PCM 阵列结构示意图 [78]，其中 BL 表示位线、WL 表示字线、S 表示选通器、R 表示电阻器；利用 GeTe、Sb_2Te_3、Te 亚循环，ALD 制备的 $Ge_2Sb_2Te_5$ 薄膜 [78]：(c) 共形性，(d) 电开关性能；利用 Ge（Ⅱ）的氨基脲基盐 130℃ ALD 制备的 $Ge_2Sb_2Te_5$ 薄膜 [79]：(e) 沉积面心立方 GST 薄膜退火前所含的纳米晶，(f) 300℃后退火器件耐久性达到 10^7

利用 $HGeCl_3$ 作为前驱体，通过 GeTe、Sb_2Te_3、Te 亚循环，ALD 制备了 $Ge_2Sb_2Te_5$（GST225）薄膜 [78]，如图 9.23(c) 所示，GST225 薄膜在直径 400 nm 深沟道中显示出较好的三维共形性，在开启、重置电压下，通过结晶相与非晶相之间的转换实现低阻态与高阻态之间的转变［图 9.23(d)］，GST 器件高低阻态比大于 100，写入时间小于 100 ns，然而循环耐久性仅有 1000 次，可能与薄膜质量欠佳有关，如膜密度、杂质和结晶性等，电学性能尚需改进。

利用 Ge(Ⅱ) 的氨基胍基盐 130℃ ALD 制备 $Ge_2Sb_2Te_5$ 薄膜，形成了均匀高密度（6.2 g/cm^3）的 GST 225 纳米晶薄膜［图 9.23(e)］[79]，与体块晶态材料类似。300℃后退火后所制备的原型 PFM 器件，开关比大于 10^4，循环耐久性大于 10^7［图 9.23(f)］[79]。尽管深孔道中 GST 纳米晶薄膜的三维共形性尚需进一步工艺优化，但它还是在三维垂直型 PFM 阵列中展现出巨大的应用前景。

PCM 重置过程需要将相变材料转化成非晶相，通常需要较大的重置电流，增加了能耗。2024 年 4 月，*Nature* 报道了一种通过形成相变 $SiTe_x$ 纳米丝降低重置电流的新型 PCM 器件 [80]。在不牺牲制造成本的情况下，纳米丝 PCM 实现了超低重置电流（约 10 μA），比传统 GST 基 PCM 小 1～2 个数量级。该器件具有大的开关比、高速操作、较好的耐久性和多级存储特性，为开发基于 PCM 的高能效未来计算系统提供了可能性。

9.3.4　阻变存储器

阻变存储器（resistive random access memory, RRAM）是利用薄膜材料的电阻值在高阻态和低阻态之间相互转换而实现信息存储的，其结构简单、操作电压低、非破坏性读出、可缩微性强、半导体工艺兼容性好，也是新型非易失性存储器的有力竞争者 [81]。

很多材料都可以应用于阻变存储器，其中氧化物阻变材料得到了广泛的研究。由于氧化物阻变存储器中阻变转换参数，主要由薄膜中随机形成的局域导电细丝的导通和断开控制，所以阻变转换参数（开、关电阻值和打开、关闭电压值）分布比较弥散，难以控制，对器件存储信息的有效写入和擦除来说，是个巨大的挑战。因此，如何实现阻变参数一致性，是氧化物阻变存储器能否实现实用化的关键。表 9.7 为几种氧化物 RRAM 存储器的结构和生长工艺，通过采用等离子体增强 ALD（PEALD）制备的 TiN 电极、ALD 生长的叠层结构或引入 ALD 生长的金属纳米晶，器件阻变参数的一致性和重复性明显改善。

表 9.7 几种氧化物 RRAM 存储器的结构和生长工艺

RRAM	底电极	阻变层	顶电极	RTA 后退火	参考文献
$Al_2O_3/HfO_2/Al_2O_3$	PEALD TiN	ALD 叠层结构 $Al_2O_3/HfO_2/Al_2O_3$ (6 nm/10 nm/3 nm)	磁控溅射 Pt	600 ℃，N_2	[82]
$HfO_2/TiO_2/HfO_2$	Pt 或 PEALD TiN	ALD 叠层结构 $Al_2O_3/HfO_2/Al_2O_3$ (5 nm/10 nm/5 nm)	同上	不后退火	[83]
$CoPt_x$ NCs/ Al_2O_3	PEALD TiN	ALD $CoPt_x$ NCs/ Al_2O_3	同上	200 ℃，N_2	[84]

通过 PEALD 和热 ALD 制备了 $Si/TiN/Al_2O_3/HfO_2/Al_2O_3$ 氧化物叠层结构阻变器件[82]，TEM 断面形貌和 XPS 深度剖析图［图 9.24(a)、(b)］证实了 600 ℃后退火的 $Al_2O_3/HfO_2/Al_2O_3$ 之间存在界面层。$Si/TiN/Al_2O_3/HfO_2/Al_2O_3/Pt$ 展示了优异可靠的双极阻变行为，具有较好的阻变参数单分散性［图 9.24(c)～(f)］，电阻开关比大于 10，且开关操作电压较小，分别为 −1.0 V 和 1.3 V，同时该结构的抗疲劳性大于 10^3 循环，85 ℃下数据保持性超过 10 年。这归因于叠层结构具有电场调制的效应，其中适当浓度氧空位的存在对形成导电细丝起决定作用，且导电细丝的连通与断开主要发生在界面层。通过改变上层 Al_2O_3 薄膜厚度，可以方便地调控开关比，从 10 到 10^4 倍。

利用 PEALD/ 热 ALD 制备 $TiN/CoPt_x$ 纳米晶 $/Al_2O_3/Pt$ 复合阻变存储器[84]。100 循环下 PEALD 衍生的 $CoPt_x$ 纳米晶，平均粒径为 9 nm，密度为 $1.2\times10^{12}/cm^2$。图 9.25(a)、(b) 显示了 $Si/SiO_2/TiN/CoPt_x$ 纳米晶 $/Al_2O_3$ RRAM 单元的断面形貌，表明 9 nm 的 $CoPt_x$ 纳米晶已经成功包裹进 10 nm 厚的 Al_2O_3 薄膜。相对于单一 Al_2O_3 层阻变器件，Al_2O_3 阻变层中引入 $CoPt_x$ 纳米晶后，开关电阻和开关电压具有较好的单分散性，且其操作电压以及重置电流均明显低于单一 Al_2O_3 结构。在较小电压长时间作用下，其高低阻值比≥10^2，且高低阻态基本保持不变，能有效地防止误擦写操作。抗疲劳性和数据保持特性优异［图 9.25(c)、(d)］，经过 10^4 次循环或 10^5 s 数据保持测试后（室温和 85 ℃），开关比基本不衰减，利用外推法数据至少可保持 10 年以上。出色的阻变性能是因为 $CoPt_x$ 纳米晶所在的 Al_2O_3 阻变薄膜位置处形成了较强的局域电场，进而控制导电细丝的形成位置和生长方向，改进了阻变参数的单分散性。

通过调控 ALD 生长金属纳米晶的循环数（50～130），对金属纳米晶（Pt、CoPt）尺寸、密度分布对氧化物（Al_2O_3 或 HfO_2）基阻变参数的影响进行了实验研究和理论模拟[85]。结果表明：随着 ALD 循环数的增加，激活电压、开启 / 重置电压、高低阻态值、电阻开关比都呈现先减小然后趋于平缓稳定再增大的趋势，在大约 100 循环时达到最小值，如图 9.26 所示。即存在最优化的金属纳米晶尺寸与密度（～9 nm, 6～$10 \times 10^{11}/cm^2$），可产生较强的局域电场，进而获得最佳的阻变性能[85]。

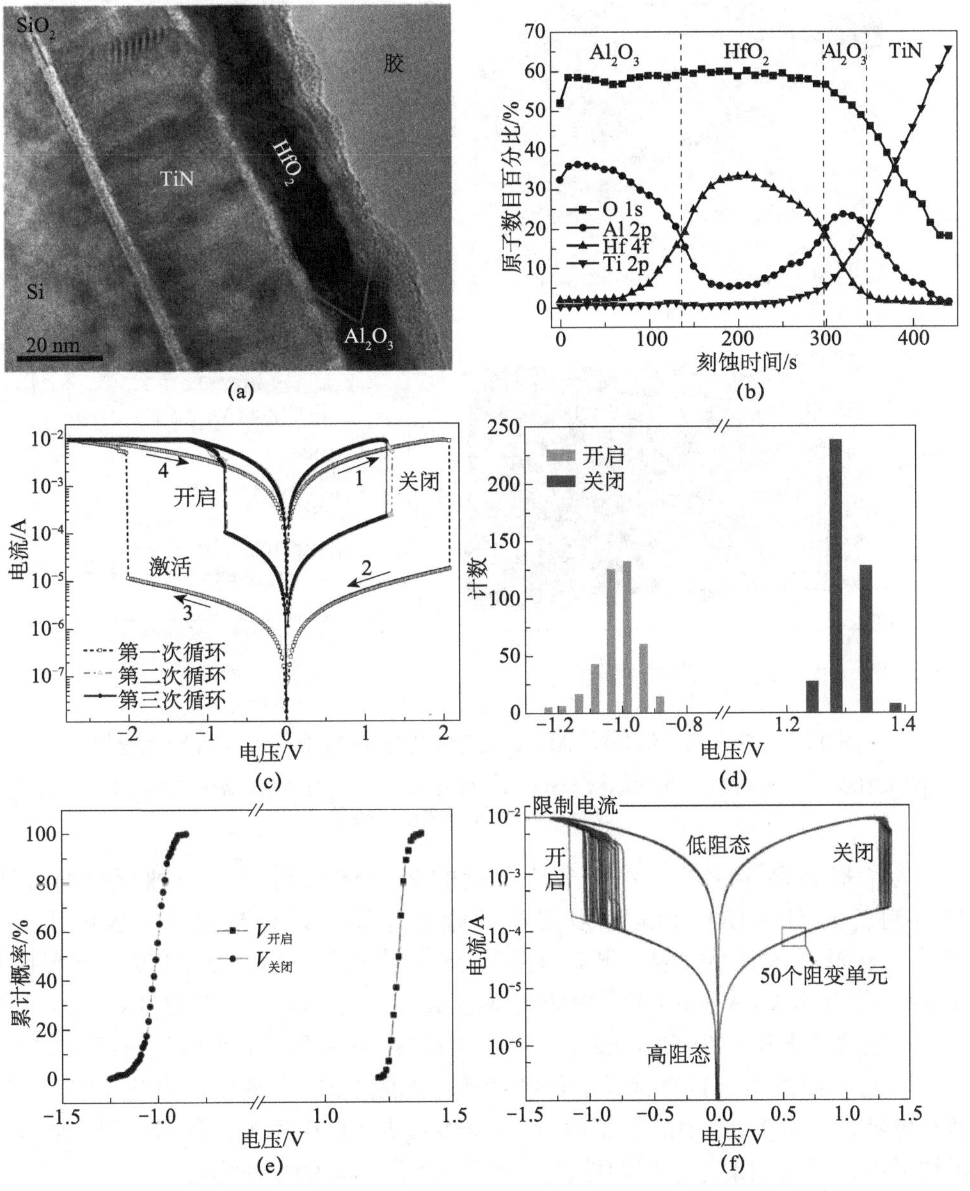

图 9.24　Si/TiN/Al_2O_3/HfO_2/Al_2O_3/Pt 阻变器件[82]

(a) Si/TiN 上 ALD 制备 Al_2O_3/HfO_2/Al_2O_3 叠层存储器的 TEM 断面照片；(b) XPS 深度剖析图；(c) *I-V* 曲线（头三次循环）；(d)、(e) 一个器件 400 次检测开关电压分布的统计结果和累计概率；(f) 50 个随机选择的阻变单元所测得的 *I-V* 曲线

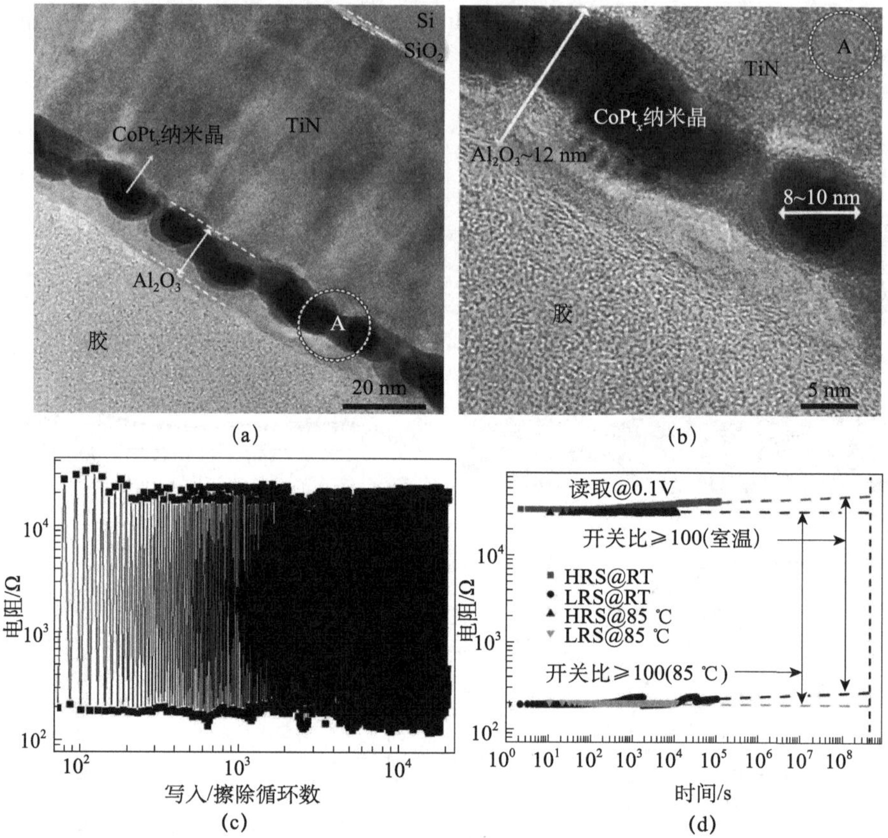

图 9.25　TiN/CoPt$_x$ 纳米晶 /Al_2O_3/Pt 复合阻变存储器的形貌与存储性能 [84]

Si/SiO_2/TiN/CoPt$_x$ 纳米晶 /Al_2O_3 RRAM 单元的 (a) TEM 和 (b) A 区 HRTEM 截面形貌；阻变存储器的 (c) 耐久性和 (d) 数据保持性能

为了提高存储密度，发展多值存储的 RRAM 器件成为一种可行的方法。ALD 制备的 TiN/HfO_x/HfO_2/Pt 双层超薄膜存储器，具有典型的双极电阻开关特性，电阻开关比为 954，开启电压（set）分布为 −1.6 V±0.1 V，重置电压（reset）分布为 1.1 V±0.1 V，电阻开关参数一致性非常好。施加 1.0～2.0 V 的分步扫描重置电压，步长为 0.2 V，由图 9.27(a) 可观测到 6 个明显可区分的电阻态 [86]，且不同电阻态具有优异的保持特性，如图 9.27(b) 所示，可达 10^4 s。其多值存储特性与 RRAM 中的量子电导（$G_0=2e^2/h$）直接相关，纳米级导电细丝的粗细可以通过连续重置过程调控，进而获得不同阻态的量子电导。

9.3.5　铁电随机存储器

铁电随机存取存储器（ferroelectric random-access memory, FRAM）是利用铁

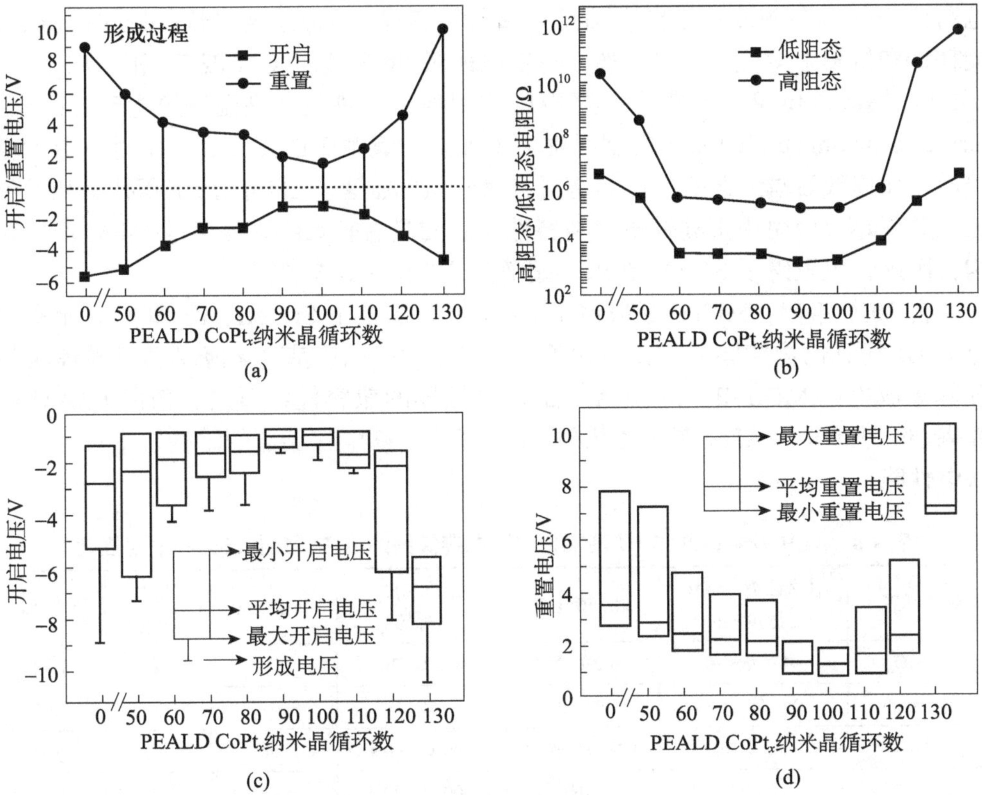

图 9.26　TiN/$CoPt_x$ 纳米晶 /Al_2O_3/Pt 存储器阻变参数对 $CoPt_x$ 纳米晶循环数的依赖关系 [85]

(a) 激活过程中开启 / 重置电压；(b) 高阻态 / 低阻态阻值；50 次循环下的统计分布：(c) 开启电压，(d) 重置电压

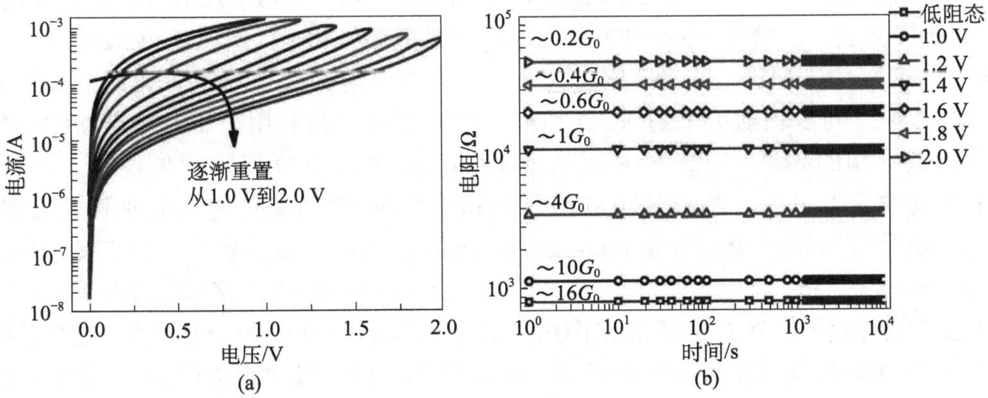

图 9.27　TiN/HfO_x/HfO_2/Pt 阻变存储器的多值存储特性 [86]

(a) 间隔 0.2 V 逐渐施加重置电压所测得的 I-V 曲线；(b) 不同电阻态的保持特性

电薄膜极化方向的改变来实现信息存储，具有写入/擦除速度快、操作电压低、能耗低和抗辐射等优点[87,88]。然而将铁电薄膜 $Pb(Zr_xTi_{1-x})O_3$（PZT）和 $SrBi_2Ta_2O_9$（SBT）集成进传统硅基集成电路遭遇了相当大的挑战。高温铁电电容（metal-ferroelectrics-metal, MFM）的制程中为了保护对氧敏感的接线柱，不得不引入阻挡层，而连线后端工艺铁电层易遭受含氢气氛的损害。目前共形沉积技术和蚀刻工艺并不足以应付由上述铁电材料特性导致的具有较大物理厚度的 MFM 堆栈结构，因此，也阻碍了 FRAM 在未来缩微工艺中的三维集成[89]。

自 2011 年起，Müller 等报道了 ALD 制备掺杂了 Si、Al、Zr 和 Y 等元素的超薄 Hf 基氧化物薄膜表现出铁电行为[90-93]，由于 Hf 基高 k 薄膜已经被证实与硅基集成电路 MOSFET 和 DRAM 工艺有优异的兼容性，引发了新的 FRAM 研究兴趣。表 9.8 为 ALD 制备的几种 Hf 基氧化物铁电存储器的结构、生长工艺和铁电性能。

表 9.8 ALD 制备的几种 Hf 基氧化物铁电存储器的结构、生长工艺和铁电性能

铁电薄膜	掺杂浓度 /mol% // 厚度 /nm	底 / 顶电极	退火温度 / 时间	P_r/(μC/cm²)	E_c / (MV/cm)	参考文献
Si:HfO_2	<4 // 7～10	TiN/TiN	1000 ℃ /20 s	10	1	[90]
$Zr_{0.5}Hf_{0.5}O_2$	50 // 7.5～9.5	TiN/TiN	450 ℃	16	1	[91]
Y:HfO_2	5.2 // 10	TiN/TiN 或 Pt	600 ℃ /2 0 s	24	1.2	[92]
Al:HfO_2	4.8 // 16	TiN/ TiN 或 Pt	600 ℃ / 20 s 或 1000 ℃ /2 s	5	1	[93]

注：退火在 N_2 中；P_r 表示剩余极化；E_c 表示矫顽场强。

图 9.28(a) 和 (b) 为 TiN/$Zr_{0.5}Hf_{0.5}O_2$/TiN 铁电电容的 TEM/HRTEM 照片和典型的 P-V 电滞洄线[92]。薄至 7.5 nm 的 $Zr_{0.5}Hf_{0.5}O_2$ 薄膜剩余极化（P_r）为 16 μC/cm²，矫顽场强（E_c）为 1 MV/cm。准静态的 P-V、C-V 和压电回线也显示了典型的 MFM 电容特征。同步辐射掠入射 XRD 和第一性原理已经被利用来研究掺杂 Hf 基氧化物铁电相的起源[94,95]，正交相晶胞（$Pbc2_1$）中四个 O 离子配位位移，导致了极高的自发极化。基于 FRAM 应用，超薄掺杂 Hf 基氧化物铁电薄膜的可靠性，如合成气退火处理（forming gas annealing, FGA）后，疲劳、保持和印记（imprint）等特性业已被深入研究[92,96-98]。Pt（顶电极）/$Hf_{0.5}Zr_{0.5}O_2$/TiN 电容由于在 FGA 过程中 Pt 对氢的催化作用，观测到高达～40% 的极化损失，然而通过在 Pt 和 $Hf_{0.5}Zr_{0.5}O_2$ 间插入一层 20 nm 厚的 TiN 层，极化损失降到～12%。显然 $Hf_{0.5}Zr_{0.5}O_2$ 铁电薄膜比传统的 PZT 和 SBT 更耐 FGA[96]。温度从低温 80 K 到高温 470 K，4.6% Si 掺杂 10 nm 厚的 HfO_2 超薄膜具有稳定的铁电开关性能，在 125 ℃累计检测 1000 小时，几乎没有检测到保持损失和印记行为[96]。掺 Si 的

Hf 基氧化物超薄铁电薄膜疲劳特性依赖于电容的退火温度和测试中的循环电压，650 ℃退火可以改善击穿限制的耐久性，达到 10^{10} 循环 [97]。而且利用低温 ALD 在硅片上制备超薄的 1 nm 厚的萤石结构 $Hf_{0.8}Zr_{0.2}O_2$（HZO）薄膜，也证实其铁电性的存在。与钙钛矿型铁电体不同，随着薄膜厚度的减小，不仅没有铁电临界厚度，而且极化畸变增强 [99]，为其进一步缩微化提供了可能性。

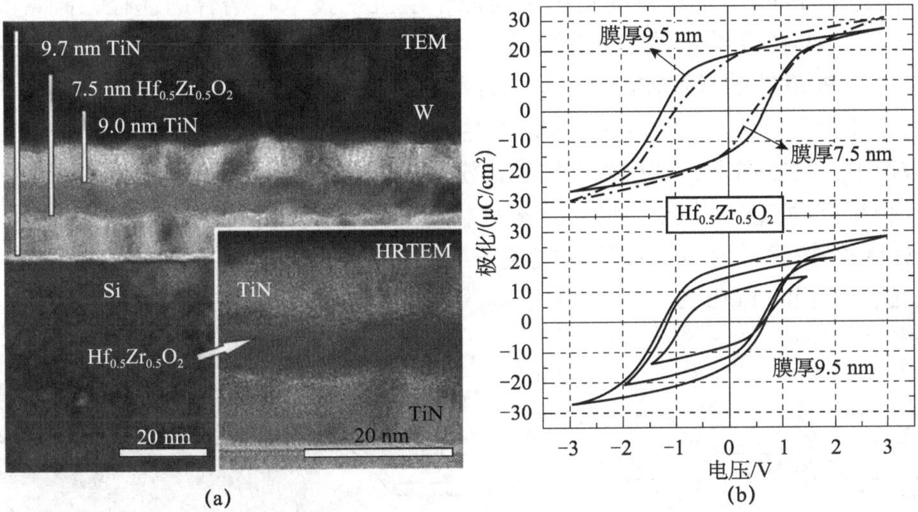

图 9.28 TiN/$Zr_{0.5}Hf_{0.5}O_2$/TiN 铁电电容的 TEM/HRTEM 照片（a）和 *P-V* 电滞洄线（b）[92]

总之，ALD 制备的掺杂 Hf 基超薄氧化物铁电薄膜，鉴于其独特的铁电性质和与半导体工艺极佳的兼容性，有望应用于下一代铁电随机存储器，亦有望在非破坏性读出的铁电场效应晶体管中一展身手 [100]，还可在三维嵌入式 DRAM 中发挥重要作用 [57,58]。

9.3.6 磁记录存储材料

自从 1956 年 IBM 公司发明第一块硬盘，五十多年来，硬盘的存储密度一直保持着高速的增长。然而进入 21 世纪，随着用来记录信息的铁磁颗粒尺寸不断减小，出现了超顺磁现象。解决这个问题的关键是，增加材料的磁晶各向异性 K_u 值，以延长数据的保存时间。具有四方 $L1_0$ 结构的 FePt 合金具有非常高的磁晶各向异性 K_u 值［（5～7）$\times 10^6$ J/m^3］，比现在工业界常用的 CoPtCr 合金（4.5 $\times$ 10^4 J/m^3）要高 2 个数量级。而且室温下直径为 3 nm 的 FePt 纳米颗粒，依然可以长期保持稳定的 $L1_0$ 铁磁相，是下一代超高密度数据存储材料的理想选择。依据磁记录密度、记录模式及其介质发展趋势图 [101]，当磁记录的面密度达到 1 Tbit/in^2 量级，图案型的磁记录介质将取代连续磁薄膜成为首选材料。即有序排列的磁岛分散在非磁性的基体中，每一个分立的纳米磁岛成为一个记录单元（1 bit），可极大降低由磁交换耦合作用产生的磁转变噪声。制备 $L1_0$ 结构的 FePt 纳米颗粒大尺度有序点阵，一直以来都被视为进一步突破高密度数据存储超顺磁瓶颈的理想方法。然而，FePt 纳米颗粒在形成铁磁有序点阵过程中，高温退火导致颗粒团聚、有序点阵结构被破坏的问题，成了急需跨越的障碍。

通过将 FePt 纳米颗粒的自组装与原子层沉积技术相结合的途径，制备有序的 FePt/Al_2O_3 磁性纳米颗粒复合薄膜，可以有效地解决这个问题[102]。图 9.29(a) 为包含 FePt 磁性纳米颗粒的 Al_2O_3 复合薄膜制备过程示意图。利用化学溶液合成法制备粒径可控（3～8 nm）、单分散性好的 FePt 超顺磁纳米颗粒[103]，分散在有机溶剂中，在室温下，利用滴注法在清洗后的 Si 衬底表面进行自组装，形成 FePt 纳米颗粒有序点阵［图 9.29(b)］。然后利用 ALD 技术在其上生长一层 5～20 nm 的 Al_2O_3 保护膜，通过在还原性气氛下（93% Ar + 7%H_2）700℃后退火 1 h，获得铁磁 $L1_0$ 相的 FePt/Al_2O_3 纳米复合薄膜。

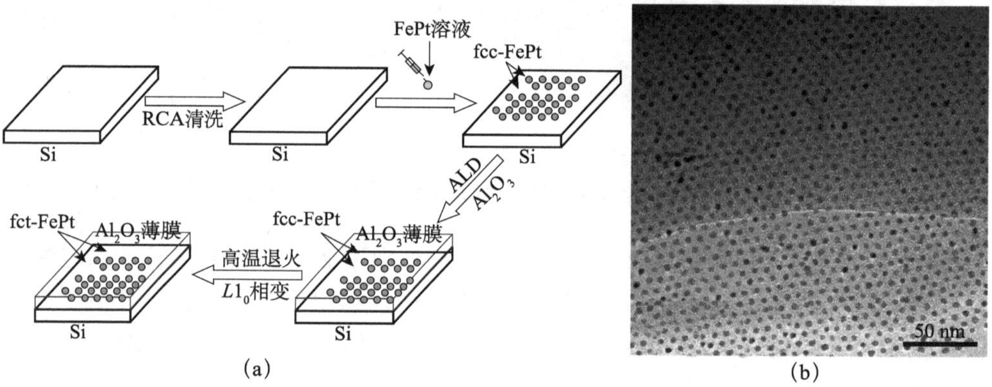

图 9.29　FePt/Al_2O_3 磁性纳米颗粒复合薄膜制备[102]

(a) FePt/Al_2O_3 磁性纳米颗粒复合薄膜制备过程的示意图。fcc、fct 分别代表超顺磁相和铁磁相的 FePt；(b) FePt 纳米颗粒自组装形成的有序点阵

图 9.30 和图 9.31 为不同厚度 Al_2O_3 保护层的复合薄膜样品退火后的 XRD 图和 TEM 图[102]，可见原子层沉积的无机非磁 Al_2O_3 保护层能有效地防止 FePt 纳米颗粒在后续高温退火中的团聚现象。在 $L1_0$ 相变退火过程中，裸露的 FePt 颗粒膜，其 XRD 衍射峰半峰宽明显变小［图 9.30(a)］，计算平均粒径为 14.9 nm，与刚合成的 4.5 nm 粒径相比，FePt 颗粒发生了明显的团聚现象，对应的 TEM 电镜照片也证实了这一点［图 9.31(a)］。Al_2O_3 薄膜厚度为 5 nm 时，计算粒径为 8.7 nm，虽然也存在少量团聚［图 9.31(b)］，但其分散性能有了明显的提高。进一

步增加 Al_2O_3 层的厚度至 10 nm，从 TEM 图［图 9.31(c)］上可以观察到 FePt 纳米颗粒很好地分散在非晶 Al_2O_3 基体中，团聚现象完全消失，FePt 颗粒的粒径由原来的 4.5 nm 增至 5 nm，可能与 Al 原子在退火过程中扩散进入 FePt 颗粒有关。Al_2O_3 厚度增加到 20 nm，其平均粒径无明显变化。图 9.31(d) 的 HRTEM 图展现了一个具有代表性的 FePt 颗粒［来自样品 FePt/Al_2O_3（10 nm）］，2.74 Å 和 2.22 Å 两组晶格间距分别对应着（110）和（111）晶面，与 XRD 结果一致。对应的快速傅里叶转变图同样证明 $L1_0$ 相 FePt 生成。此外，复合薄膜截面样品 FePt/Al_2O_3（10 nm）对应的 HRTEM 图［图 9.31(e)］显示，单层 FePt 颗粒均匀地嵌在非晶 SiO_x 与 Al_2O_3 基体中。其中，SiO_x 来源于 Si 衬底在 ALD 生长过程中形成的氧化层。另外，表面的非晶 Al_2O_3 层平整，厚度大约 10 nm。可见引入 10 nm 厚的 Al_2O_3 薄膜保护层，可以有效地抑制 FePt 晶粒的生长与团聚。

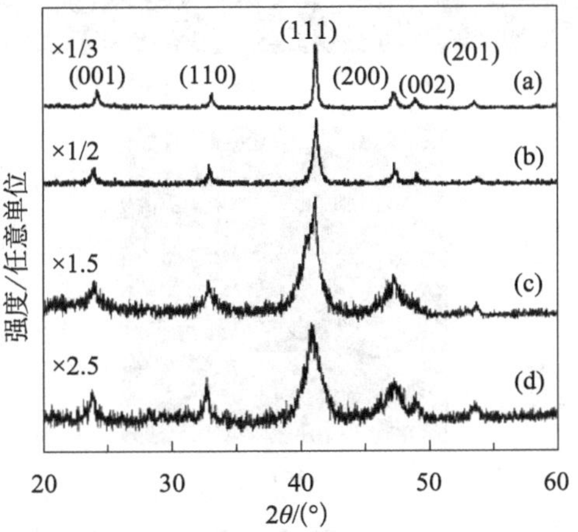

图 9.30　不同 Al_2O_3 膜厚的复合薄膜样品 700 ℃退火 1 h 后的 XRD 图[102]

(a) 无 Al_2O_3 膜；(b)、(c) 和 (d) 分别为 5 nm、10 nm 和 20 nm 厚 Al_2O_3 层

为了定量说明 FePt 颗粒的有序化程度，引入化学有序度参数 S，其定义[104]：

$$S^2=\frac{1-(c/a)_{\text{测量值}}}{1-(c/a)_{\text{理论值}}} \tag{9.5}$$

式中，c 和 a 是指四方相 fct-FePt 颗粒的晶格常数，是从对应的 XRD 衍射峰（001）和（110）得到，从而算出 $(c/a)_{\text{测量值}}$。对于完全有序化的样品来说，$(c/a)_{\text{理论值}}=0.9657$。通过计算，获得 700 ℃热处理过的裸露 FePt 样品和长有 5 nm、10 nm、20 nm 厚 Al_2O_3 保护层的 FePt 样品化学有序度参数 S 分别为 0.98、0.96、0.92 和 0.86。

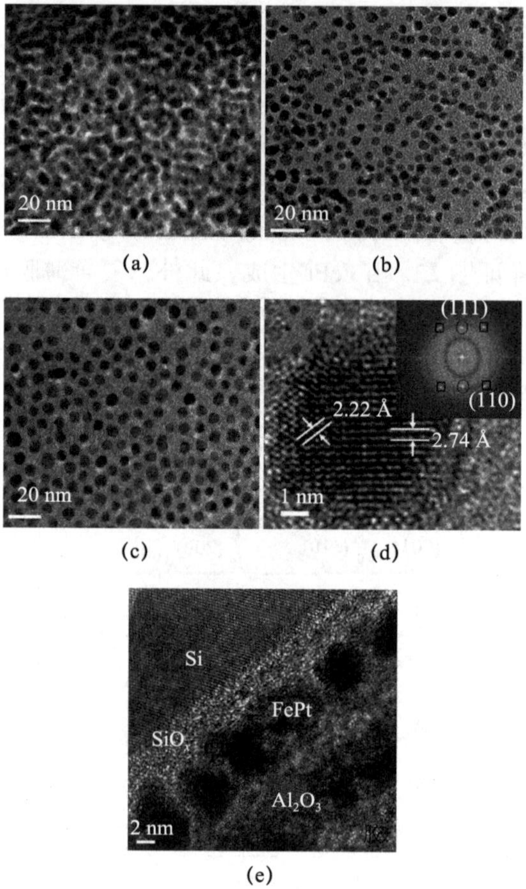

图 9.31 FePt/Al_2O_3 磁性纳米颗粒复合薄膜样品退火后的 TEM 图[102]

(a) FePt 颗粒膜（无保护层）；(b) 和 (c) 分别为 FePt/Al_2O_3（5 nm）和 FePt/Al_2O_3（10 nm）；(d) FePt/Al_2O_3（10 nm）的 HRTEM 图（其中，插图为对应颗粒 TEM 图的快速傅里叶变换图）；(e) 截面样品 FePt/Al_2O_3（10 nm）的 HRTEM 图

图 9.32 显示了 FePt/Al_2O_3 磁性纳米颗粒复合薄膜的磁滞回线和矫顽力对不同 Al_2O_3 厚度层的复合薄膜依赖关系。可见随着 Al_2O_3 保护层厚度的增加，FePt 磁性纳米颗粒的分散性变好，FePt 晶粒间交换耦合作用明显降低，但有序度参数 S 逐渐变小，矫顽力下降。这与两个因素有关：一方面，复合薄膜中 FePt 纳米颗粒尺寸越小（接近临界尺寸），越难以发生由 fcc 相到 fct 的铁磁相变；另一方面，FePt 纳米颗粒与 Al_2O_3 薄膜界面处的残余应变，也可能导致有序度 S 减小。最优化的方案是：Al_2O_3 保护层的厚度为 10 nm 时，高温退火后获得 FePt 颗粒分散性好、具有较好磁性能的复合薄膜，其磁矫顽场 H_c 达到 5.9 kOe，磁晶各向异性值 K_u 为 3.86 MJ/m^3，热稳定因子 η 为 68.5，满足了工业生产的需要（$\eta \geqslant 50$）。

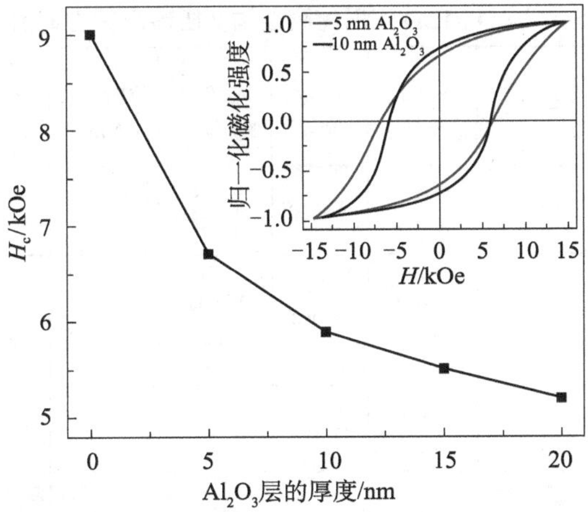

图 9.32　矫顽力对不同 Al_2O_3 厚度层的 FePt 磁性纳米颗粒复合薄膜依赖关系 [102]

插图为不同 Al_2O_3 厚度的 FePt 纳米复合薄膜在室温下的磁滞回线

另外，鉴于 ALD 所具有的非平面共形沉积特性和精确简单的膜厚控制，取代原有的磁控溅射技术，原子层沉积制备不含针孔的 Al_2O_3 薄膜作为磁头的绝缘间隔层，也早已经应用到磁记录读取 / 写入数据所用的磁头工业中 [105,106]。甚至可以这么说，ALD 技术挽救了整个磁头工业。

9.3.7　类神经突触的忆阻器

在大数据、人工智能和云存储迅猛发展的今天，探索突破传统计算机冯 · 诺依曼构架的瓶颈，“类脑”神经形态计算应运而生，忆阻器的出现为此突破提供了契机 [107]。忆阻器是除电阻、电容、电感之外的第四种基本无源电子器件，1971 年由美国加州大学伯克利分校蔡少棠教授根据电路完备性而提出的。其具有独特的非线性电学性质，阻值可以随流经它的电荷量发生动态变化，从而呈现电阻的时间记忆特性。自从 2008 年美国惠普实验室首次报道制备了 Pt/TiO_2/TiO_{2-x}/Pt 结构忆阻器 [108]，相关研究就方兴未艾。忆阻器具有结构简单、功耗低、速度快、密度高、易与半导体工艺兼容性等优势，既可应用于存算融合，亦可模拟神经突触的仿生器件，应用于类脑人工认知。本小节将侧重于介绍类神经突触忆阻器 ALD 的制备及其性能。

采用 ALD 工艺制备了 3 种超薄 HfO_2 基无机双层忆阻器件 Pt/Al_2O_3/HfO_2/TiN、Pt/HfO_2/HfO_x/TiN、Pt/HfO_2/ZnO/TiN；采用 ALD 和 MLD 结合制备了 3 种无机 – 有机杂化薄膜忆阻器 Pt/TiO_2/Ti-MA/TaN、Pt/Al_2O_3/Al-HQ/ITO/PET、Pt/Al_2O_3/Al-HQ/PEDOT:PSS，其中包含两种柔性器件。它们的忆阻器架构、忆阻性能及其类神经突触功能总结在表 9.9 中。

表 9.9　几种典型的 ALD/MLD 双层薄膜结构忆阻器及其主要的类神经突触功能

忆阻器	功能层厚 / nm	S_{et}/R_{eset} 电压	R_{HRS}/R_{LRS}	S_{et}/R_{eset} 响应时间	弯曲半径 /mm	S_{et}/R_{eset} 能耗	类突触功能 *
Pt/AlO_x/HfO_x/TiN[109]	10	−1.4 V/ +1.3 V	～610	90 ns/ 85 ns	—	730 pJ/ 1.53 nJ	LTPo/LTD、STDP、STP/LTP、PPF
Pt/HfO_2/HfO_x/TiN[86]	6	−1.6 V/ +1.1 V	～954	260 ns/ 70 ns	—	520 pJ/ 1.05 nJ	LTPo/LTD、STDP、STP/LTP、PPF、条件反射
Pt/HfO_2/ZnO/TiN[110]	10	−1.2 V/ +1.5 V	～100	—	—	—	LTPo/LTD、STDP、STP/LTP
Pt/TiO_2/Ti-MA/TaN[111]	8	−1.6 V/ +1.0V	～230	85 ns/ 65 ns	—	470 pJ/ 1.63 nJ	LTPo/LTD、STDP、STP/LTP、PPF、PPD、条件反射
Pt/Al_2O_3/Al-HQ/ITO /PET[112]	24	+1.0 V/ −0.7 V	～3500	140 ns/ 140 ns	4.5	1.53 nJ/ 145 pJ	LTPo/LTD、STDP、STP/LTP、PPF
Pt/Al_2O_3/Al-HQ/ PEDOT∶PSS[113]	24	+4.0 V/ −4.0 V	～2094	4 μs/ 2.4 μs	0.7	8 pJ/ 25.2 fJ	LTPo/LTD、STDP、STP/LTP、PPF、图像识别

* LTPo：long-term potentiation，长时程增强；LTD：long-term depression，长时程抑制；STDP：spike-time-dependent plasticity，峰时依赖可塑性；STP：short-term plasticity，短时程可塑性；LTP：long-term plasticity，长时程可塑性；PPF：paired-pulse facilitation，对脉冲易化；PPD：paired-pulse depression，对脉冲抑制。

由表 9.9 可知，利用 ALD/MLD 制备的这些双层薄膜忆阻器，成功模拟了类神经突触的可塑性，包括长时程增强 / 长时程抑制、对脉冲易化 / 对脉冲抑制、尖峰时刻依赖、条件反射等功能，特别是通过重复训练，观测到了短时程记忆向长时程记忆的转变过程，证实了忆阻器的学习与记忆功能。最后还利用忆阻器通过数据库训练对手写数字进行了识别。下面举例来说明。

长时程增强（LTPo）和长时程抑制（LTD）是影响神经元突触可塑性的两个关键因素。图 9.33(a) 显示了 Pt/AlO_x/HfO_x/TiN 忆阻器器件在 180 个增强脉冲（−0.5 V，10 ms）和 180 个抑制脉冲（1 V，10 ms）下的典型长时程增强和长时程抑制现象。突触连接强度可以通过连续脉冲信号动态改变，对应于神经元之间的传递效率。进一步的研究表明，当把脉冲电压幅值从 1.0 V 增加到 1.5 V，脉冲宽度从 50 ms 增加到 100 ms，可以产生更明显的电流响应变化，脉冲幅值越大，脉冲宽度越宽，脉冲数越多，响应电流变化越大，如图 9.33 (b) 所示。上述结果表明该忆阻器可以动态响应外部脉冲电压信号引起的变化，并具有与生物突触相类似的非线性传输特性。

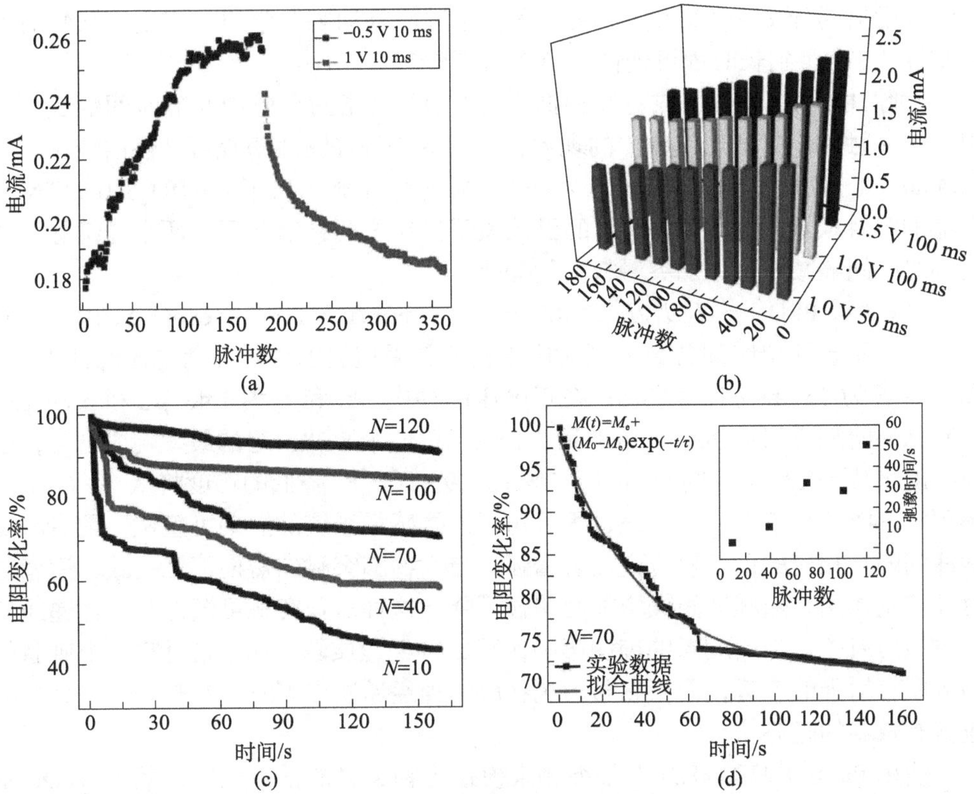

图 9.33　Pt/AlO_x/HfO_x/TiN 忆阻器的类神经突触功能 [109]

(a) LTPo 和 LTD：在连续增强或抑制脉冲的影响下响应电流的变化；(b) 非线性传输特性 - 忆阻器对不同脉冲幅值电压、脉宽和脉冲数目的响应；STP 向 LTP 转变：(c) 在 10、40、70、100、120 个相同脉冲 (1.6 V, 10 ms) 刺激后记录的电阻弛豫曲线；(d) 70 个相同脉冲刺激后弛豫电阻的拟合曲线，插图显示弛豫时间 τ 与脉冲数的关系

通常采用重置脉冲电压来刺激忆阻器时，电阻随着脉冲数目的增加而逐渐增加。然而当脉冲被撤去后，电阻将在一定程度上衰减。加载不同脉冲数目（N=10、40、70、100、120）的脉冲电压（1.6 V，10 ms）后的电阻衰减弛豫曲线记录在图 9.33 (c) 中。随着训练脉冲数的增加，剩余电阻逐渐变大，此过程类似于人类记忆“遗忘曲线”。使用指数衰减方程来描述弛豫过程如下：

$$M(t)=M_e+(M_0-M_e)\exp(-t/\tau) \tag{9.6}$$

式中，$M(t)$、M_0 和 M_e 是时间 t、$t=0$ 以及长时间稳定后的状态，τ 是用于表征遗忘率的弛豫时间常数。图 9.33 (d) 显示出了 70 个相同脉冲刺激之后的实验数据和拟合结果，插图显示了弛豫时间 τ 与刺激脉冲数（N）的对应关系。衰退速率开始阶段快，然后逐渐减慢。通过将脉冲数从 10 增加到 120，弛豫时间常数 τ 从几秒增加到 50 s，表明遗忘速率逐渐降低。遗忘率即电阻变化率从 $N=10$ 的约

57% 显著降低至 $N = 120$ 的约 5%，表明通过反复训练和学习，实现了从短时程可塑性（STP）到长时程可塑性（LTP）的转变。

对脉冲易化（PPF）或对脉冲抑制（PPD）是指两个脉冲间隔时间的变化所引起的突触后响应增加或减少的现象，反映的是神经突触短程可塑性的特性。图 9.34(a)、(b) 分别通过施加 −1.5 V 和 2.5 V 的脉冲显示出了 $Pt/HfO_2/HfO_x/TiN$ 忆阻器的突触权重与脉冲间隔 Δt 的函数关系。在这两种情况下，两个连续脉冲之间的时间间隔减小会增加突触权重的变化。

$$\text{PPF（或 PPD）} = (I_2 - I_1)/I_1 \times 100\% = C_1 \cdot \exp(-\Delta t/\tau_1) + C_2 \cdot \exp(-\Delta t/\tau_2) \quad (9.7)$$

式中，τ_1 和 τ_2 两个时间常数分别对应于快速、慢速弛豫项。在负电压脉冲中，τ_1 和 τ_2 计算为 357 ns 和 2.47 μs；在正电压脉冲中，τ_1 和 τ_2 为 1.48 μs 和 6.79 μs。随着脉冲间隔时间从 400 ns 增加到 2.4 ms，第二个脉冲引起的最大响应电流，增加幅度将从～138% 急剧变小到～2% [图 9.34(a)]，降低的幅度将从～−60% 下降到～−4% [图 9.34(b)]。该过程模仿了人类感觉系统的短期可塑性。前者减少脉冲间隔，相应的记忆效应会显著增强，与生物脑突触的短期记忆一致；后者暂时性抑制作用，随脉冲间隔增加而明显下降。这种短程突触可塑性与神经递质的释放能力有关：当受刺激的突触第一次释放神经递质较少时，它对第二个刺激的响应就有增强的趋势；而当它第一次释放的神经递质很多时，对第二个刺激的响应就有减弱的趋势。

使用 $Pt/HfO_2/HfO_x/TiN$ 电子突触来模拟生物突触的学习规则，其中 STDP 是竞争性 Hebbian 学习理论中最基本的规则之一。图 9.34 (c) 显示了 $Pt/HfO_2/HfO_x/TiN$ 忆阻器的 STDP 特性，将 ΔW 表示为脉冲前刺激和脉冲后刺激之间的间隔 Δt 的权重变化函数。当脉冲前刺激出现在脉冲后刺激之前（$\Delta t<0$）时，突触权重增加（LTPo），两个神经元之间的联系增强。相反，当脉冲后刺激出现在脉冲前刺激之前（$\Delta t > 0$）时，突触权重减小（LTD），两个神经元之间的连接减弱。当对忆阻器器件施加 10 μs 的最短脉冲时间间隔时，脉冲对引起的响应分别导致增强的最大权重变化 ΔW 为 83%，抑制的最大权重变化 ΔW 为 −65%。

经典条件反射实验也可通过在 $Pt/HfO_2/HfO_x/TiN$ 忆阻器引入不同的电脉冲刺激模拟获得。在"巴甫洛夫的狗"实验中，如图 9.35 (a)～(e) 所示，依次展示了狗通过训练可在只听到铃声的情况下分泌唾液、形成条件反射的过程，以及长时间不训练条件反射消失的过程。通过使用 +4 V 和 −1.3 V、5 μs 脉冲刺激模拟条件反射实验，训练之前忆阻器电阻为 5 kΩ，处于低阻态。单独施加正向 +4 V 脉冲可导致图 9.35 (f) 中忆阻器 3 MΩ 的高阻输出，相当于非条件反射下的食物刺激；而单独 −1.3 V 脉冲在训练之前忆阻器仅能产生 5 kΩ 的低电阻输出 [图 9.35(g)]，相当于摇铃条件下刺激无反应。施加 +2.7 V 脉冲电压刺激忆阻器，等同于 −1.3 V 和 +4 V 脉冲电压下食物和摇铃的同时刺激。在多个

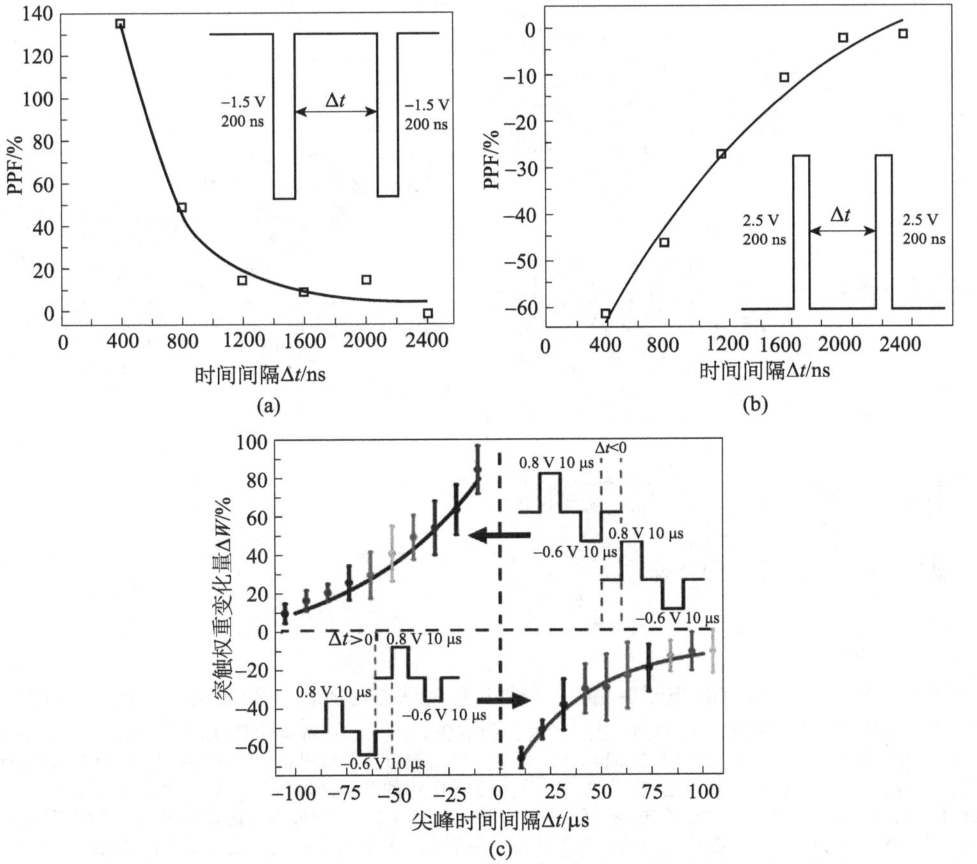

图 9.34　Pt/HfO$_2$/HfO$_x$/TiN 忆阻器的类神经突触功能[86]

(a) 负脉冲电压下 PPF 指数、(b) 正脉冲电压下 PPD 指数与时间间隔 (Δt) 的函数及其拟合曲线，插图为所施加的脉冲波形；(c) STDP 拟合曲线：不同的突触权重变化量 (ΔW) 与不同的尖峰时间间隔 (Δt) 之间的对应关系，插图是所施加的突触前和突触后的尖峰脉冲

+2.7 V 脉冲的训练之后，器件达到 2 MΩ 的高阻状态［图 9.35(h)］，此时条件反射形成。去除 +4 V 脉冲后，只保留 −1.3 V 脉冲，忆阻器在一段时间内保持高阻状态，相当于只摇铃狗会分泌唾液，标志着条件反射建立。然而长时间只有 −1.3 V 脉冲刺激，忆阻器将会返回到低阻状态，表明条件反射的减弱和消失［图 9.35(i)］。

为了深入理解双层结构忆阻器的忆阻机制，对 Pt/AlO$_x$/HfO$_x$/TiN 忆阻器在初始状态、LRS、HRS 和中间阻态下进行了 XPS 深剖分析，如图 9.36 所示。图 9.36 (a) 为初始状态下的 XPS 深剖元素分布，显示为 AlO$_x$/HfO$_x$ 双层结构，观察到 AlO$_x$/HfO$_x$ 和 HfO$_x$/TiN 之间的界面扩散。图 9.36 (b) 为各种电阻状态下平均氧空位浓度的深剖分布。表 9.10 列出了在 A、B、C、D 和 E 不同位置四种电阻态

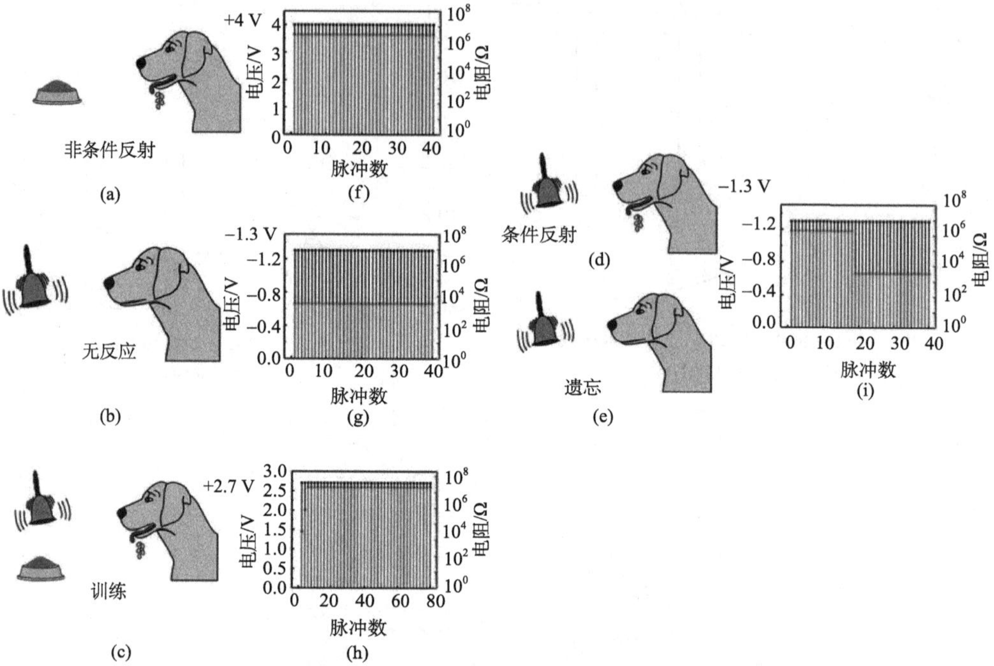

图 9.35　Pt/HfO_2/HfO_x/TiN 电子突触模拟条件反射的获得与遗忘（“巴甫洛夫的狗”实验）[86]

(a) 看着食物时，狗会垂涎；(b) 单独听到铃声时，狗不会垂涎；(c) 训练食物和铃声同时刺激，狗会垂涎；(d) 完成训练后，狗单独听到铃声会垂涎；(e) 去除食物只保留铃声刺激，一段时间后条件反射逐渐减弱直至消除；(f) +4 V 脉冲刺激可导致高阻输出，类似于 (a) 中的非条件反射；(g) 训练之前单独施加 −1.3 V 脉冲不能输出高阻，类似于 (b) 中的条件刺激；(h) 施加几个 + 2.7 V 脉冲电压的训练序列，等同于 −1.3 V 和 +4 V 脉冲的同时刺激，器件可以达到高阻状态，类似于 (c) 中的结果；(i) 经过训练后仅仅施加 −1.3 V 脉冲，忆阻器保持高阻态，类似于 (d) 中的条件反射。再过一段时间后器件转换到低阻态，与 (e) 中经典条件反射的消失一致

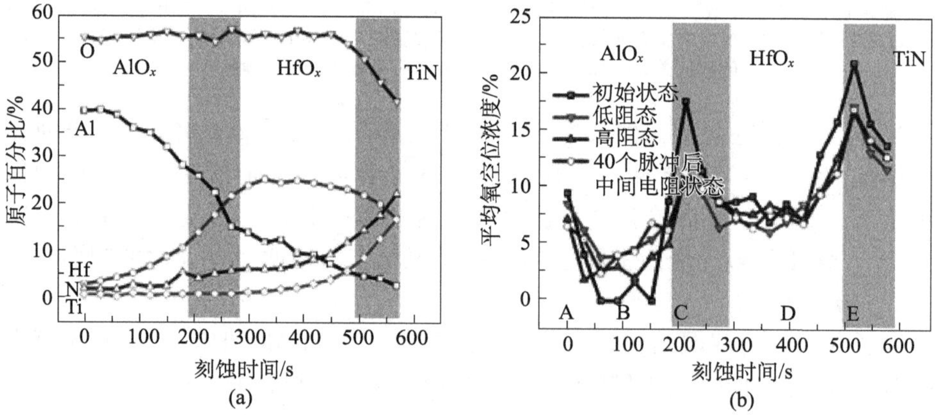

图 9.36　Pt/AlO_x/HfO_x/TiN 忆阻器的 XPS 深剖结果 [109]

(a) 初始状态下 Pt/AlO_x/HfO_x/TiN 忆阻器的 XPS 深剖分析元素平均原子百分比分布；(b) 初始状态下，LRS、HRS 和 40 个脉冲 (1.5 V，0.5 ms) 后中间电阻状态的平均氧空位浓度深度分布。其中图 (a) 和 (b) 中的灰色区域是界面层

下 $Pt/AlO_x/HfO_x/TiN$ 的平均氧空位浓度值，分别对应于 0 s、90 s、210 s、390 s 和 510 s 的刻蚀时间。很容易发现 $Pt/AlO_x/HfO_x/TiN$ 忆阻器中氧空位的分布不均匀，Pt/AlO_x（A）、AlO_x/HfO_x（C）、HfO_x/TiN（E）界面间的氧空位浓度显著高于相邻的 AlO_x（B）层和 HfO_x（D）层，HfO_x（D）层的氧空位浓度明显高于 AlO_x（B）层。

表 9.10　不同电阻状态下 $Pt/AlO_x/HfO_x/TiN$ 在不同位置的平均氧空位浓度

氧空位浓度	A	B	C	D	E
位置	Pt/AlO_x	AlO_x	AlO_x/HfO_x	HfO_x	HfO_x/TiN
初始态	9.5%	0.7%	17.7%	8.7%	21.1%
低阻态	8.8%	4.1%	10.4%	7.1%	17.3%
高阻态	7.2%	3.0%	11.2%	8.0%	16.7%
中间态	6.6%	4.0%	11.3%	7.5%	17.0%

根据 XPS 能谱深剖结果，基于氧空位的迁移 / 扩散模型，提出了双层金属氧化物忆阻器的氧空位细丝忆阻机理，氧空位在双层氧化物及其界面处的不均匀分布是影响忆阻器件的阻变行为的关键因素，而不对称的电极结构则加剧了双层氧化物薄膜层氧空位浓度的差异，也是改进忆阻器突触可塑性的重要因素。

由表 9.9 还可知，几种双层结构的忆阻器在电压脉冲模式下通常具有较快的响应速度（65～140 ns），然而单次操作能耗相对较大，在 0.1～1 nJ 之间。对类脑神经形态计算而言，能耗是一个非常关键的指标 [114]。人脑的功耗仅为 20 W 左右，每个生物突触每次操作的能耗只有 10～100 fJ。随着人们对可穿戴电子设备、可植入装置、人机接口、移动设备、智能医疗器件的需求呈现指数式增长，柔性电子技术也正处在方兴未艾中，发展了用于柔性神经形态器件的忆阻器，成为当前“类脑计算”研究中一个至关重要且紧迫的任务。

利用 MLD/ALD 方法，制备了 Pt/Al_2O_3/Al-HQ（铝基对苯二酚）/ITO/PET、Pt/Al_2O_3/Al-HQ/PEDOT ：PSS［聚(3,4- 乙烯二氧噻吩)：聚(苯乙烯磺酸)］/ Al_2O_3/ 纤维素纸两种柔性神经形态器件 [112]，并实现了几种重要的类突触功能，包括长时程增强、长时程抑制、尖峰时间依赖可塑性、双脉冲易化、短时程可塑性向长时程可塑性转变和条件反射，图 9.37(a)～(d) 显示了 Pt/Al_2O_3/Al-HQ/PEDOT：PSS/Al_2O_3/ 纤维素纸器件的 LTPo、LTD、PPF 和 STDP 几种代表性仿突触功能 [113]。对比研究了两种柔性杂化薄膜器件，前者 ITO/PET 基器件具有稳定的双极阻变特性，符合空间电荷限制电流模型，器件响应速度为 140 ns，能耗在 100 pJ～1 nJ 量级，具有良好的抗弯折性能，4.5 mm 曲率半径下可弯折 1 万次。而后者 PEDOT:PSS 纤维素基器件比 PET/ITO 基器件具有更出色的耐弯折特性，

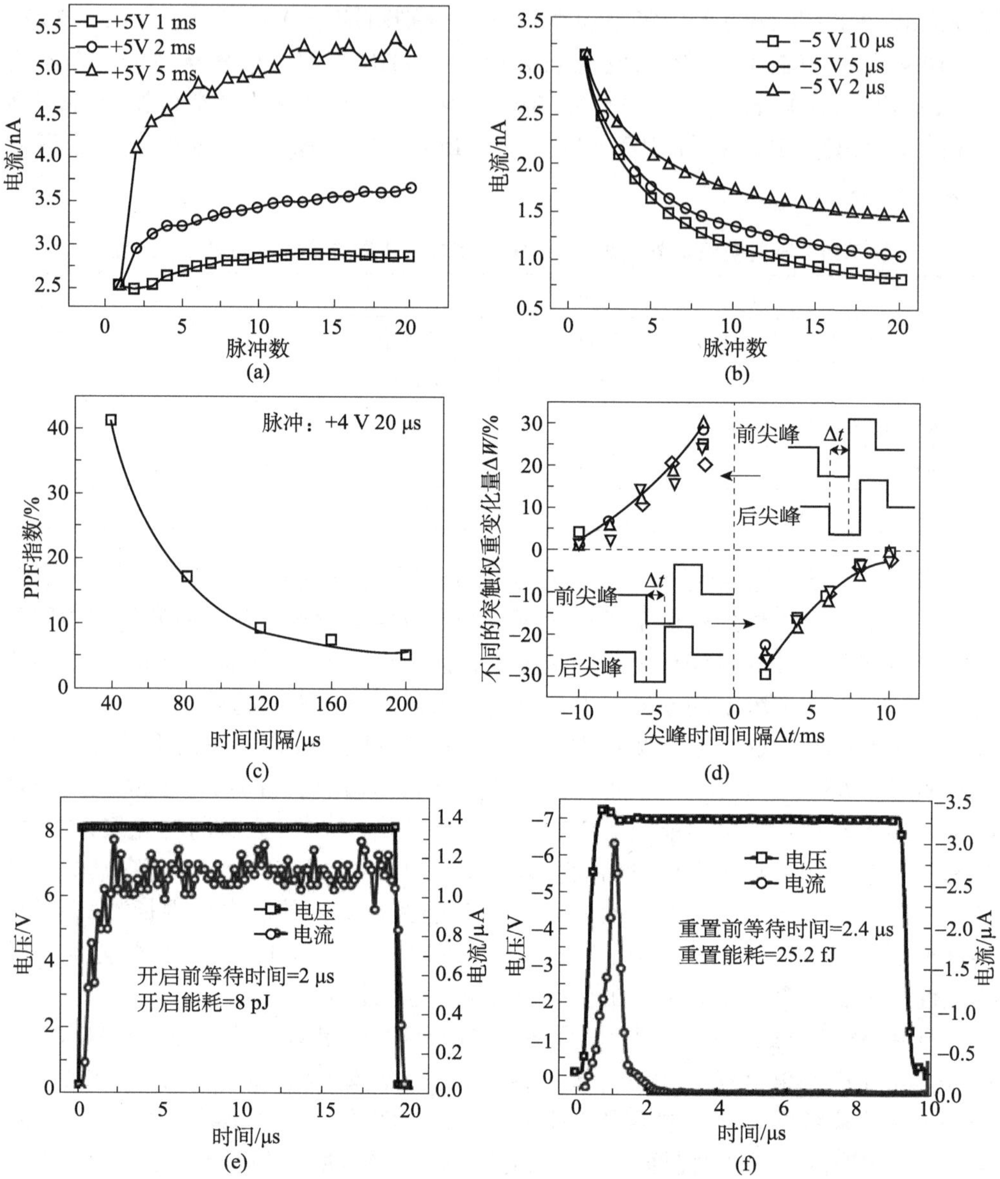

图 9.37　Pt/Al_2O_3/Al-HQ/PEDOT:PSS/Al_2O_3/ 纤维素纸类神经突触功能及其能耗[113]

施加不同脉宽的脉冲实现 (a) LTPo 和 (b) LTP；(c) PPF 实验与拟合曲线；(d) STDP 曲线。(e) 和 (f) 开启和重置过程能耗：施加脉冲电压后与产生的瞬态响应电流随时间变化的关系。其中开启脉冲幅值、宽度、脉冲上升和下降沿时间分别设定为 +8 V、20 μs、100 ns 和 100 ns，重置过程脉冲幅值、宽度、脉冲上升和下降沿时间分别设定为 −7 V、10 μs、100 ns 和 100 ns

在曲率半径 0.7 mm 下经过 1 万次弯折实验，电学性能依然保持稳定，高低阻值比可达 10^3。且该器件开启能耗为 8 pJ，重置能耗仅为 25.2 fJ [图 9.37(e)、(f)]，后者与生物神经突触的能耗相当，归因于其独特的电荷俘获/解俘获与电子的隧穿机制，使得器件具有超低的操作电流（为 nA 量级）。基于这一器件进行的图像识别的精度可达 90.2%[113]。该柔性忆阻器具有优异抗弯折特性与超低的能耗，使得其在柔性可穿戴设备领域有很大的发展前景。

9.4 其 他 应 用

9.4.1 金属互连、阻挡层和籽晶层

ALD 在微电子领域的应用，除了前述的逻辑器件和存储器件，还有一个重要的应用就是金属互连 [1,115]。在铜互连中采用 ALD 的主要驱动力在于随着集成度提高、几何架构的收缩，导致了深宽比的增加。在后端工艺（BEOL）中，铜互连主要采用双大马士革工艺（图 9.38）[116]，ALD 在此领域的第一个尝试就是沉积尽可能薄的阻挡层，以便给铜沉积留出最大的空间 [43]。尽管阻挡层只有几个纳米厚，却应该能阻止铜和周围的绝缘体间的互扩散，且可以作为黏附层促进互连铜的生长。很多情况下，获得这么薄的连续薄膜本身就是一个挑战。ALD 的初始沉积阶段，对表面化学极度敏感，尽快完成成核生长无疑是需要的。7.5.1 节中，对 PEALD 生长铜互连扩散阻挡层的材料和工艺做了介绍，不少集中在金属氮化物上，如 TaN_x 或 WC_xN_y[12,117,118]。在扩散阻挡层顶部，小于 10 nm 厚的籽晶铜层是需要的，以利于后续电镀铜的生长。对铜籽晶层而言，不仅要求纯度高、对阻挡层黏附性好，而且还要求优异的共形性和均匀性。然而由于缺乏具有合适表面化学的 Cu 前驱体 [119]，目前可行的 ALD 铜膜生长工艺还在研究中。另一个选择是用贵金属代替铜籽晶层，其中 Ru 已经赢得相当多的关注，其不仅作为籽晶层，也可以同时作为阻挡层使用 [120]。另外 W 也被 ALD 合成出来作为籽晶层，用于 CVD 生长 W 接线柱 [121]。

然而随着集成电路的持续微型化，特别是逻辑、存储器件架构发生变化，芯片元件关键尺寸不断缩小，对互连材料提出更高的要求。随着金属布线层不断增加，接触孔和通孔尺寸变小，互连线宽不断缩小，随之而来的铜互连 RC 延迟增大，信号串扰、电迁移变得严重，铜互连的主导地位也遇到严峻考验，严重时会导致互连失效。开发引入新的金属局部互连材料及其制备工艺，成为业界共识。金属钴、钌和钼，因其具有较低的电阻率 - 尺寸依赖效应，较好的抗电迁移性、稳定性及其成本因素，成为取代铜互连用于下一代窄金属线互连集成的首选，而且，Ru 或 Co 与 Cu 具有更好的润湿性，可代替用于 Cu 互连的 Ta/TaN 阻挡层。此外，Ru 还可以作为无需阻挡层的金属化材料，在未来中间工序（middle-of-line, MOL）触点互连中应用。而 ALD 技术由于出色的三维共形性与深孔洞的

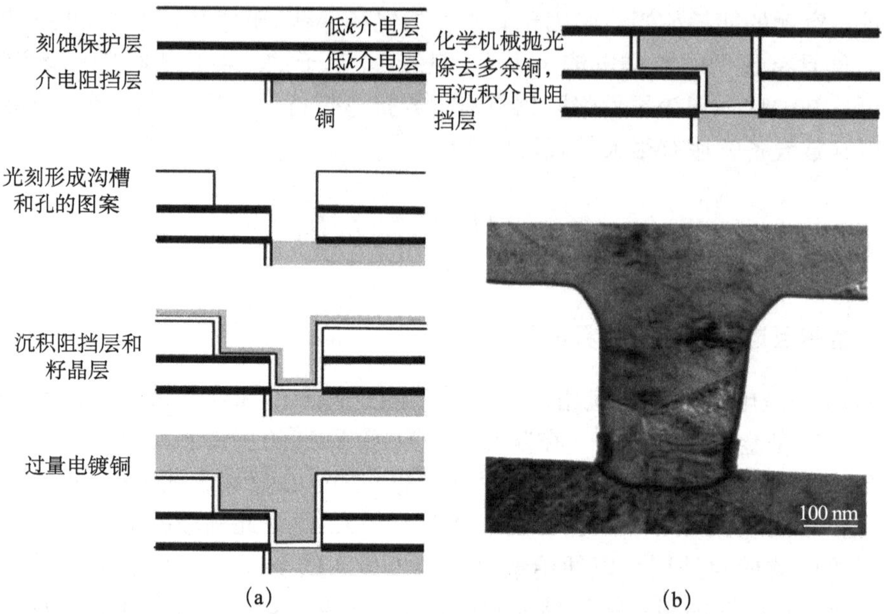

图 9.38　铜互连的双大马士革工艺（a）和 ALD 在孔中沉积 WC_xN_y 阻挡层 TEM 照片（b）[116]

介电膜首先沉积，然后形成用于铜互连的明沟槽和明孔。在 ALD 制备薄的阻挡层和籽晶层后，过量电镀铜进入沟槽和孔，最终通过化学机械抛光除去多余铜，再沉积介电阻挡层

填隙能力，在下一代互连金属制备中起着至关重要的作用。因此新型互连金属（钴、钌和钼）的 ALD 前驱体材料设计、合成及其超薄膜制备工艺，包括成核孕育期、生长速率、沉积均匀性、选择性和薄膜电阻率，成为学术界和工业界关注的重点，相关研究正在进行中，以期突破前驱体挥发性、热稳定性和反应活性难同时兼顾的瓶颈，解决含卤素前驱体刻蚀、腐蚀的痼疾以及前驱体在不同表面无法选择性沉积的弊端。

9.4.2　高密度 MIM/MOM 电容

一方面，集成电路的飞速发展，系统级芯片（system on chip，SOC）已经成为微电子发展的新趋势。随着系统级芯片集成度的增加，传统的多晶硅－绝缘体－多晶硅（PIP）或金属－氧化物－硅衬底（MOS）结构电容由于存在寄生电容、电压线性度差等问题，导致器件品质因子迅速恶化，已经无法满足下一代射频和模拟 / 混合信号集成电路的要求。新型的金属－绝缘体－金属（MIM）结构的电容器，具有高电导的金属电极、低的接触电阻和寄生电容，亦无耗尽效应，因此 MIM 电容成为下一代电容结构的首选。为了进一步提高芯片集成度，要求在保持电容值的同时，尽量减少单个电容器所占据的有效面积，因此取代传统的 SiO_2 和 Si_3N_4 引入高介电常数（高 k）材料，成为硅基高密度 MIM 电容发展中一个至关重要的解决方案。另一方面，除集成电路外，在大量的消费用和工业用电子电路系统中，为了节省有限的空间、减少寄生效应，提升系统性能，无源器件（电容、电阻和电感）的微型化、薄膜化和集成化也变得日益重要，特别是具有广泛用途的基本元件——电容，受到越来越多的关注，高密度、高可靠性的 MIM/MOM 电容及其制备与集成技术，成为电力电子系统研究的一个热点。将已经在微电子 MOSFET 领域成功应用的高 k 材料及其原子层沉积制备方法引入硅基或印刷电路板（PCB）基 MIM/MOM 电容中，成为很自然的一种选择。

按照 ITRS 的蓝图，MIM 电容主要指标[1]：2020 电容密度为 10 fF/μm^2，2025 达到 15 fF/μm^2，而漏电流密度均要求 <10^{-8} A/cm^2，电压线性度 < 100 ppm/V^2，品质因子>50。目前 ALD 制备 Al_2O_3（或 HfO_2）双元氧化物、$SrTiO_3$ 三元氧化物、$Al_2O_3/HfO_2/Al_2O_3$ 或 $Al_2O_3/ZrO_2/SiO_2$ 堆栈结构、Hf-Al-O 纳米叠层结构、La 掺杂 HfO_2 等高 k 薄膜用于高密度 MIM 电容的制备已经取得了一些进展[122-127]。表 9.11 总结了 ALD 制备高密度 MIM 电容的结构和主要性能。

表 9.11　ALD 制备高密度 MIM 电容的结构和主要性能

MIM 结构	底电极 顶电极	介质 沉积工艺	介质厚度 /nm	电容密度 /（fF/μm^2）	电压线性度 / (ppm/V^2)	漏电流密度 /（A/cm^2）	参考 文献
HfO_2 Al_2O_3	Au/Ti Au/Ti	ALD ALD	62 59	2.67 1.55	—	1.0×10^{-10}@3 V	[122]
$SrTiO_3$	Pt Pt	PEALD	30	5 ~ 8	400 ~ 440	2.0×10^{-8}@3 V	[123]
Al_2O_3/HfO_2 $/Al_2O_3$	TiN TiN	ALD	2/11/2	8.06	694.1	—	[124]
Al_2O_3/ZrO_2 $/SiO_2$	TaN/Ta TaN	ALD	2/20/4	5.8	−75	9.3×10^{-9}@3 V	[125]
Hf-Al-O	TiN TiN	ALD	30	3.1～7.4	220～870	1×10^{-7}～ 1×10^{-3}	[126]
HfLaO HfO_2/LaO/HfO_2	TaN TaN	ALD	<20 10/2～ 12/10	<16 <9	— <1000	<1×10^{-7}@3 V	[127]
Zr-Sn-Ti-O	Pt Pt	PEALD	20.5	10.8	−83	1.2×10^{-9}@1 V 5×10^{-7}@3 V	[128]
Ti 掺杂 ZrO_2	Mo Mo	ALD	20	12.2	128	7.8×10^{-7}@1 V	[129]

然而高 k 材料在维持高电容密度的同时，也带来了新的问题：高电容电压系数（V_{CC}），较大的漏电流，ALD 与聚合物基板工艺温度兼容问题，甚至 ALD 较

高的成本，也严重阻碍了其在相关领域中的实际应用。除了关键的高 *k* 材料，与高 *k* 薄膜相匹配的底电极和顶电极也是 MIM/MOM 电容技术中一个重要的关注方面，选择合适的底电极，对 ALD 制备高质量、无界面反应的高 *k* 薄膜至关重要，选择较高功函数的金属顶电极，可以在不减少电容密度的情况下有效降低漏电流。ALD 在这方面的研究还需要进一步深入。

9.5 小　结

本章介绍了原子层沉积材料和工艺在微电子工业中的应用，主要涉及逻辑器件和存储器件。ALD 生长层不仅在最终产品中作为功能材料使用，也会作为牺牲层以提升若干工艺的能力。前者主要包括 MOSFET 中的高 *k* 介电层和配套栅电极、DRAM 中的高 *k* 电容层、电荷俘获型存储器中的隧穿层 / 阻挡层和电荷存储层、阻变存储器中阻变层、铁电存储器中的铁电薄膜、铜互连中的阻挡层和籽晶层、高密度 MIM/MOM 中的高 *k* 层等，后者简单涉及了微电子中半导体器件制程中所需要的双重图形技术 DPT，ALD 生长的 SiO_2 间隔层在其中所起的关键作用。限于篇幅，还有一些 ALD 应用，如磁随机存储器，以及快速发展中的硅基三维集成技术，这里未涉及。

总之，自从 ITRS 将 ALD 与 MOCVD、等离子体增强 CVD 并列作为与微电子工艺兼容的候选技术以来，ALD 发展势头强劲，在深亚微米集成电路领域已经获得了至关重要的应用，且将发挥出巨大的作用。然而 ALD 的未来也面临一些挑战，规模化生产的成本、具体工艺中的兼容性、合适前驱体及其表面化学缺乏等问题，还有待于今后 ALD 的进一步发展与改进。

参 考 文 献

[1] Semiconductor Industry Association. The International Technology Roadmap for Semiconductors. USA (2001, 2004, 2007, 2009, 2013). http://www.itrs.net/ reports.html

[2] Mistry K, Allen C, Auth C, et al. A 45 nm logic technology with high-*k*+ metal gate transistors, strained silicon, 9 Cu interconnect layers, 193 nm dry patterning, and 100% Pb-free packaging. IEEE IEDM 2007 Proceedings, 2007: 247-250

[3] Kim K S, Kwon J, Ryu H, et al. The future of two-dimensional semiconductors beyond Moore's law. Nat. Nanotech., 2024, 19: 895-906

[4] Jiang Y, Liu C, Cao Z, et al. A scalable integration process for ultrafast two-dimensional flash memory. Nat. Electron., 2024. https://doi.org/10.1038/s41928-024-01229-6

[5] Chen R, Li Y C, Cai J M, et al. Atomic level deposition to extend Moore's law and beyond. Int. J. Extrem. Manuf. 2020, 2: 022002-1~24

[6] Choi A R, Lim D H, Shin S Y, et al. Review of material properties of oxide semiconductor thin films grown by atomic

layer deposition for next-generation 3D dynamic random-access memory devices. Chem. Mater., 2024, 36: 2194-2219

[7] Houssa M, Pantisano L, Ragnarsson L Å, et al. Electrical properties of high-κ gate dielectrics: Challenges, current issues, and possible solutions. Mater. Sci. Eng. R, 2006, 51: 37-85

[8] Choi J H, Mao Y, Chang J P. Development of hafnium based high-k materials: A review. Mater. Sci. Eng. R, 2011, 72: 97-136

[9] Wiemer C, Lamagna L, Fanciulli M. Atomic layer deposition of rare-earth-based binary and ternary oxides for microelectronic applications. Semicond. Sci. Technol., 2012, 27: 074013-1~12

[10] Skotnicki T, Fenouillet-Beranger C, Gallon C, et al. Innovative materials, devices, and CMOS technologies for low-power mobile multimedia. IEEE Trans. Electron Dev., 2008, 55: 96-130

[11] Vellianitis G, van Dal M J H, Witters L, et al. Gatestacks for scalable high-performance FinFETs. IEEE International Electron Devices Meeting, 2007: 681-684

[12] Li W M. Recent developments of atomic layer deposition processes for metallization. Chem. Vap. Deposition, 2013, 19: 82-103

[13] Zhao C, Xiang J J. Atomic layer deposition (ALD) of metal gates for CMOS. Appl. Sci., 2019, 9: 2388-1~24

[14] Wallace R M, McIntyre P C, Kim J Y, et al. Atomic layer deposition of dielectrics on Ge and III-V materials for ultrahigh performance transistors. MRS Bull., 2009, 34: 493-503

[15] Xie Q, Deng S R, Schaekers M, et al. Germanium surface passivation and atomic layer deposition of high-k dielectrics: A tutorial review on Ge-based MOS capacitors. Semicond. Sci. Technol., 2012, 27: 074012-1~14

[16] Li X F, Li A D, Liu X J, et al. Effect of chemical surface treatments on interfacial and electrical characteristics of atomic-layer-deposited Al_2O_3 films on Ge substrates. Appl. Surf. Sci., 2011, 257: 4589-4592

[17] Li X F, Cao Y Q, Li A D, et al. HfO_2/Al_2O_3/Ge gate stacks with small capacitance equivalent thickness and low interface state density. ECS Solid State Lett., 2012, 1: N10-N12

[18] Li X F, Liu X J, Zhang W Q, et al. Comparison of the interfacial and electrical properties of HfAlO films on Ge with S and GeO_2 passivation. Appl. Phys. Lett., 2011, 98: 162903-1~3

[19] Cao Y Q, Chen J, Liu X J, et al. HfO_2/GeO_xN_y/Ge gate stacks with sub-nanometer capacitance equivalent thickness and low interface trap density by *in situ* NH_3 plasma pretreatment. Appl. Surf. Sci., 2015, 325: 13-19

[20] Gu J J, Liu Y Q, Xu M, et al. High performance atomic-layer-deposited $LaLuO_3$/Ge-on-insulator p-channel metal-oxide-semiconductor field-effect transistor with thermally grown GeO_2 as interfacial passivation layer. Appl. Phys. Lett., 2010, 97: 012106~1-3

[21] Pillarisetty R, Chu-Kung B, Corcoran S, et al. High mobility strained germanium quantum well field effect transistor as the p-channel device option for low power (V_{cc}=0.5 V) III-V CMOS architecture. IEEE Tech. Digest Int. Electron Devices Meeting, 2010: 6.7.1-6.7.4

[22] Abermann S, Bethge O, Henkel C, et al. Atomic layer deposition of ZrO_2/La_2O_3 high-k dielectrics on germanium reaching 0.5 nm equivalent oxide thickness. Appl. Phys. Lett., 2009, 94: 262904~1-3

[23] Ye P D, Wilk G D, Yang B, et al. GaAs metal-oxide-semiconductor field-effect transistor with nanometer-thin dielectric grown by atomic layer deposition. Appl. Phys. Lett., 2003, 83: 180-182

[24] Huang M L, Chang Y C, Chang C H, et al. Surface passivation of III-V compound semiconductors using atomic-layer-deposition-grown Al_2O_3. Appl. Phys. Lett., 2005, 87: 252104-1~3

[25] Chang C H, Chiou Y K, Chang Y C, et al. Interfacial self-cleaning in atomic layer deposition of HfO_2 gate dielectric on $In_{0.15}Ga_{0.85}As$. Appl. Phys. Lett., 2006, 89: 242911-1~3

[26] Hinkle C L, Sonnet A M, Vogel E M, et al. GaAs interfacial self-cleaning by atomic layer deposition. Appl. Phys. Lett., 2008, 92: 071901-1~3

[27] Cao Y Q, Li X F, Li A D, et al. The combination self-cleaning effect of trimethylaluminium and tetrakis (dimethylamino) hafnium pretreatments on GaAs. Appl. Surf. Sci., 2012, 263: 497-501

[28] Wang X W, Dong L, Zhang J Y, et al. Heteroepitaxy of La_2O_3 and $La_{2-x}Y_xO_3$ on GaAs (111) A by atomic layer deposition: Achieving low interface trap density. Nano Lett., 2013, 13: 594-599

[29] Xuan Y, Wu Y Q, Lin H C, et al. Submicrometer inversion-type enhancement-mode InGaAs MOSFET with atomic-layer-deposited Al_2O_3 as gate dielectric. IEEE Electron Device Lett., 2007, 28: 935-938

[30] Gong Y P, Li A D, Li X F, et al. Impact of Al/Hf ratio on electrical properties and band alignments of atomic-layer-deposited HfO_2/Al_2O_3 on S-passivated GaAs substrates. Semiconductor Sci. Tech., 2010, 25: 055012-1~5

[31] Johnson R C. IBM 致力于以标准 CMOS 工艺打造 III-V 族 FinFET. 集成电路应用 , 2015, 8: 42

[32] Javey A, Kim H, Brink M, et al. High-*k* dielectrics for advanced CNT transistors and logic gates. Nature Mater., 2002, 1: 241-246

[33] Liao L, Duan X. Graphene-dielectric integration for graphene transistors. Mater. Sci. Eng. R, 2010, 70: 354-370

[34] Robinson J A, LaBella M, Trumbull K A, et al. Epitaxial graphene materials integration: Effects of dielectric overlayers on structural and electronic properties. ACS Nano, 2010, 4: 2667-2672

[35] Lee B, Mordi G, Kim M J, et al. Characteristics of high-*k* Al_2O_3 dielectric using ozone-based atomic layer deposition for dual-gated graphene devices. Appl. Phys. Lett., 2010, 97: 043107-1~3

[36] Zhou P, Yang S B, Sun Q Q, et al. Direct deposition of uniform high-*k* dielectrics on graphene. Sci. Rep., 2014, 4: 6448-1~5

[37] Farmer D B, Chiu H Y, Lin Y M, et al. Utilization of a buffered dielectric to achieve high field-effect carrier mobility in graphene transistors. Nano Lett., 2009, 9: 4474-4478

[38] Cao Y Q, Cao Z Y, Li X, et al. A facile way to deposit conformal Al_2O_3 thin film on pristine graphene by atomic layer deposition. Appl. Surf. Sci., 2014, 291: 78-82

[39] Radisavljevic B, Radenovic A, Brivio J, et al. Single-layer MoS_2 transistors. Nature Nanotech., 2011, 6: 147-150

[40] Radisavljevic B, Whitwick M B, Kis A. Integrated circuits and logic operations based on single-layer MoS_2. ACS Nano, 2011, 5: 9934-9938

[41] Fang H, Chuang S, Chang T C, et al. High-performance single layered WSe_2 p-FETs with chemically doped contacts. Nano Lett., 2012, 12: 3788-3792

[42] Liu E F, Fu Y J, Wang Y J, et al. Integrated digital inverters based on two-dimensional anisotropic ReS_2 field-effect transistors. Nature Commun., 2015, 6: 6991~1-7

[43] Cai J Yi, Han X X, Wang M, et al. Atomic layer deposition of two-dimensional layered materials: Processes, growth mechanisms, and characteristics. Matter, 2020, 2: 587-630

[44] Kim Y, Woo W J, Kim D, et al. Atomic-layer-deposition-based 2D transition metal chalcogenides: Synthesis, modulation, and applications. Adv. Mater., 2021, 33: 2005907-1~33

[45] Yang J J, Xing Y Q, Wu Z, et al. Ultrathin molybdenum disulfide (MoS_2) film obtained in atomic layer deposition: A mini-review. Sci. China Technol. Sci. 2021, 64: 2347-2359

[46] Shen C X, Yin Z G, Collins F, et al. Atomic layer deposition of metal oxides and chalcogenides for high performance transistors. Adv. Sci., 2022, 9: 2104599-1~37

[47] Jurca T, Moody M J, Henning A, et al. Low-temperature atomic layer deposition of MoS_2 films. Angew. Chem. Int. Ed., 2017, 56: 4991-4995

[48] Shi M L, Chen L, Zhang T B, et al. Top-down integration of molybdenum disulfide transistors with wafer-scale uniformity and layer controllability. Small, 2017, 13: 1603157-1~7

[49] Kim S K, Lee S W, Han J H, et al. Capacitors with an equivalent oxide thickness of < 0.5 nm for nanoscale electronic

semiconductor memory. Adv. Funct. Mater., 2010, 20: 2989-3003

[50] Pinna N, Knez M. Atomic Layer Deposition of Nanostructured Materials. Weinheim: Wiley-VCH Verlag & Co. KGaA, 2012

[51] Choi G J, Kim S K, Lee S Y, et al. Atomic layer deposition of TiO_2 films on Ru buffered TiN electrode for capacitor applications. J. Electrochem. Soc., 2009, 156: G71-G77

[52] Kim S K, Choi G J, Lee S Y, et al. Al-doped TiO_2 films with ultralow leakage currents for next generation DRAM capacitors. Adv. Mater., 2008, 20: 1429-1435

[53] Ritala M, Niinistö J. Atomic Layer Deposition. Chap. 4//Jones A C, Hitchman M L. Chemical Vapour Deposition Precursors, Processes and Applications. Cambridge: Royal Society of Chemistry, 2009: 158-206

[54] Cho H J, Kim Y D, Park D S, et al. New TIT capacitor with $ZrO_2/Al_2O_3/ZrO_2$ dielectrics for 60 nm and below DRAMs. Solid State Electron., 2007, 51: 1529-1533

[55] Hwang B, Han J, Kim M C, et al. Comparison of double patterning technologies in NAND flash memory with sub-30 nm node. Solid State Device Research Conference, 2009. ESSDERC'09. Proceedings of the European. IEEE, 2009: 269-271

[56] Duan X, Huang K, Feng J, et al. Novel vertical channel-all-around (CAA) in-Ga-Zn-O FET for 2T0C-DRAM with high density beyond $4F^2$ by monolithic stacking. IEEE Trans. Electron Dev., 2022, 69: 2196-2202

[57] Mo F, Tagawa Y, Jin C, et al. Low-voltage operating ferroelectric FET with ultrathin IGZO channel for high-density memory application. IEEE J. Electron Dev. Soc., 2020, 8: 717-723

[58] Kim S E, Sung J Y, Jeon J D, et al. Toward advanced high-k and electrode thin films for DRAM capacitors via atomic layer deposition. Adv. Mater. Technol., 2023, 8: 2200878-1~23

[59] Chung A, Deen J, Lee J S, et al. Nanoscale memory devices. Nanotechnology, 2010, 21: 412001~1-22

[60] Chang T C, Jian F Y, Chen S C, et al. Developments in nanocrystal memory. Mater. Today, 2011, 14: 608-615

[61] Zhou Y, Yin J, Xu H N, et al. A $TiAl_2O_5$ nanocrystal charge trap memory device. Appl. Phys. Lett., 2010, 97: 143504-1~3

[62] Maikap S, Wang T Y, Lin C H, et al. Band offsets and charge storage characteristics of atomic layer deposited high-k HfO_2/TiO_2 multilayers. Appl. Phys. Lett., 2007, 90: 262901-1~3

[63] El-Atab N, Chowdhury F, Ulusoy T G, et al. ~3-nm ZnO nanoislands deposition and application in charge trapping memory grown by single ALD step. Sci. Rep., 2016, 6: 38712-1~11

[64] El-Atab N, Ulusoy T G, Ghobadi A, et al. Cubic-phase zirconia nano-islands growth using atomic layer deposition and application in low-power charge-trapping nonvolatile-memory devices. Nanotechnology, 2017, 28: 445201-1~10

[65] Sun S, Gao L, Han P, et al. Atomic layer deposited Ta_2O_{5-x} nano-islands for charge trapping memory devices. J. Mater. Chem. C, 2024, DOI: 10.1039/d4tc03089c

[66] Liu X J, Zhu L, Gao M Y, et al. Nonvolatile memory capacitors based on Al_2O_3 tunneling and HfO_2 blocking layers with charge storage in atomic-layer-deposited Pt nanocrystals. Appl. Surf. Sci., 2014, 289: 332-337

[67] Liu X J, Zhu L, Li X F, et al. Growth of high-density Ir nanocrystals by atomic layer deposition for nonvolatile nanocrystal memory applications. J. Vac. Sci. Technol. B, 2014, 32: 042201~1-5

[68] Lan X X, Ou X, Xu B, et al. Impact of Au nanocrystal size and inter-nanocrystal distance on the storage characteristics of memory devices. Chin. Phys. Lett., 2013, 30: 128102~1-4

[69] Liu X J, Gao M Y, Li A D, et al. Monolayer FePt nanocrystal self-assembly embedded into atomic-layer-deposited Al_2O_3 films for nonvolatile memory applications. J. Alloys Compd., 2014, 588: 103-107

[70] Fu Y Y, Li A D, Liu X J, et al. Characteristics of atomic layer deposition-derived all-high-k-based structures for flash memory application. Non-Volatile Memory Technology Symposium (NVMTS), 2011 11th Annual. IEEE, 2011: 1-4

[71] Cao Z Y, Li A D, Li X, et al. Ti-Al-O nanocrystal charge trapping memory cells fabricated by atomic layer deposition. Thin Solid Films, 2014, 563: 6-9

[72] Tang Z J, Zhu X H, Xu H N, et al. Enhanced memory performance by tailoring the microstructural evolution of $(ZrO_2)_{0.6}(SiO_2)_{0.4}$ charge trapping layer in the nanocrystallites-based charge trap flash memory cells. Appl. Phys. A, 2012, 108: 217-222

[73] Tang Z J, Zhu X H, Xu H N, et al. Impact of the interfaces in the charge trap layer on the storage characteristics of ZrO_2/Al_2O_3 nanolaminate-based charge trap flash memory cells. Mater. Lett., 2013, 92: 21-24

[74] Lan X X, Ou X, Cao Y Q, et al. The effect of thermal treatment induced inter-diffusion at the interfaces on the charge trapping performance of HfO_2/Al_2O_3 nanolaminate-based memory devices. J. Appl. Phys., 2013, 114: 044104-1~7

[75] Jiang K, Ou X, Lan X X, et al. Remarkable charge-trapping efficiency of the memory device with $(TiO_2)_{0.8}(Al_2O_3)_{0.1}$ composite charge-storage dielectric. Appl. Phys. Lett., 2014, 104: 263506~1-5

[76] Gong C J, Yin Q N, Ou X, et al. The dominant factors affecting the memory characteristics of $(Ta_2O_5)_x(Al_2O_3)_{1-x}$ high-k charge-trapping devices. Appl. Phys. Lett., 2014, 105: 123504~1-5

[77] Han P, Lai T C, Wang M, et al. Outstanding memory characteristics with atomic layer deposited $Ta_2O_5/Al_2O_3/TiO_2/Al_2O_3/Ta_2O_5$ nanocomposite structures as the charge trapping layer. Appl. Surf. Sci., 2019, 467-468: 423-427

[78] Lee Y K, Yoo Y, Kim W, et al. Atomic layer deposition of chalcogenides for next-generation phase change memory. J. Mater. Chem. C, 2021, 9: 3708-3725

[79] Park E S, Yoo C, Kim W, et al. Atomic layer deposition of nanocrystalline-As-deposited $(GeTe)_x(Sb_2Te_3)_{1-x}$ films for endurable phase change memory. Chem. Mater., 2019, 31: 8752-8763

[80] Park S O, Hong S, Sung S J, et al. Phase-change memory via a phase-changeable self-confined nano-filament. Nature, 2024, 628: 293-298

[81] Pan F, Gao S, Chen C, et al. Recent progress in resistive random access memories: Materials, switching mechanisms, and performance. Mater. Sci. Eng. R, 2014, 83: 1-59

[82] Wang L G, Qian X, Cao Y Q, et al. Excellent resistive switching properties of atomic layer-deposited $Al_2O_3/HfO_2/Al_2O_3$ trilayer structures for non-volatile memory applications. Nano. Res. Lett., 2015, 10: 1-8

[83] 曹正义．新型非易失性存储器的原子层沉积技术制备及其存储性能的研究．南京：南京大学硕士学位论文，2015: 53-68

[84] Wang L G, Cao Z Y, Qian X, et al. Atomic layer deposited oxide-based nanocomposite structures with embedded $CoPt_x$ nanocrystals for resistive random access memory applications. ACS Appl. Mater. Interfaces, 2017, 9: 6634-6643

[85] Liu C, Cao Y Q, Wu D, et al. Impact of metal nanocrystal size and distribution on resistive switching parameters of oxide-based resistive random access memories. IEEE Trans. Electron Devices, 2018, 65: 4674-4678

[86] Liu C, Zhang C C, Cao Y Q, et al. Optimization of oxygen vacancy concentration in HfO_2/HfO_x bilayer-structure ultrathin memristor by atomic layer deposition and its biological synaptic behaviors. J. Mater. Chem. C, 2020, 8: 12478-12484

[87] Scott J F, De Araujo C A P. Ferroelectric memories. Science, 1989, 246: 1400-1405

[88] De Araujo C A P A Z, Cuchiaro J D, McMillan L D, et al. Fatigue-free ferroelectric capacitors with platinum electrodes. Nature, 1995, 374: 627-629

[89] Kim K, Lee S. Integration of lead zirconium titanate thin films for high density ferroelectric random access memory. J. Appl. Phys., 2006, 100: 051604~1-11

[90] Böscke T S, Müller J, Bräuhaus D, et al. Ferroelectricity in hafnium oxide thin films. Appl. Phys. Lett., 2011, 99: 102903~1-3

[91] Bohr M T, Chau R S, T. Ghani T, et al. The high-*k* solution. IEEE Spectrum, 2007, 44: 29-35

[92] Müller J, Böscke T S, Bräuhaus D, et al. Ferroelectric $Zr_{0.5}Hf_{0.5}O_2$ thin films for nonvolatile memory applications. Appl. Phys. Lett., 2011, 99: 112901~1-3

[93] Müller J, Schröder U, Böscke T S, et al. Ferroelectricity in yttrium-doped hafnium oxide. J. Appl. Phys., 2011, 110: 114113~1-5

[94] Mueller S, Mueller J, Singh A, et al. Incipient ferroelectricity in Al-doped HfO_2 thin films. Adv. Funct. Mater., 2012, 22: 2412-2417

[95] Clima S, Wouters D J, Adelmann C, et al. Identification of the ferroelectric switching process and dopant-dependent switching properties in orthorhombic HfO_2: A first principles insight. Appl. Phys. Lett., 2014, 104: 092906~1-4

[96] Park M H, Kim H J, Kim Y J, et al. Effect of forming gas annealing on the ferroelectric properties of $Hf_{0.5}Zr_{0.5}O_2$ thin films with and without Pt electrodes. Appl. Phys. Lett., 2013, 102: 112914~1-4

[97] Mueller S, Muller J, Schroeder U, et al. Reliability characteristics of ferroelectric thin films for memory applications. IEEE Trans. Device Mater Reliability, 2013, 13: 93-97

[98] Mueller S, Summerfelt S R, Müller J, et al. Ten-nanometer ferroelectric films for next-generation FRAM capacitors. IEEE Electron Device Lett., 2012, 33: 1300-1302

[99] Cheema S S, Kwon D, Shanker N, et al. Enhanced ferroelectricity in ultrathin films grown directly on silicon. Nature, 580: 479-482

[100] Yurchuk E, Muller J, Paul J,et al. Impact of sclaing on the performancce of HfO_2-based ferroelectric field effect transistors. IEEE Trans. Electron Dev., 2014,61:3699-3706

[101] Asahi O T, Kawaji J, Yokoshima T. Development of high-performance magnetic thin film for high-density magnetic recording. Electrochimica Acta, 2005, 50: 4576-4585

[102] Kong J Z, Gong Y P, Li X F, et al. Magnetic properties of FePt nanoparticle assembly embedded in atomic-layer-deposited Al_2O_3. J. Mater. Chem., 2011, 21: 5046-5050

[103] Zhang J L, Kong J Z, Li A D, et al. Synthesis and characterization of FePt nanoparticles and FePt nanoparticle/SiO_2-matrix composite films. J. Sol-Gel Sci. Tech., 2012, 64: 269-275

[104] Yan Q Y, Kim T, Purkayastha A, et al. Enhanced chemical ordering and magnetic coercivity in FePt nanoparticles by Sb-doping. Adv. Mater., 2005, 17: 2233-2237

[105] Devasahayam A. Magnetic head processing technology for small form-factor hard drives. Solid State Technol., 2005, 48: S16-S18

[106] Kautzky M, Lamberton R, Chakravarty S, et al. AVS 3th International Conference on Atomic Layer Deposition. San Jose: Presentations available on CD-ROM, 2003

[107] 缪向水，李祎，孙华军，等 . 忆阻器导论 . 北京：科学出版社，2018

[108] Strukov D B, Snider G S, Stewart D R, et al. The missing memristor found. Nature, 2008, 453: 80-83

[109] Liu C, Wang L G, Cao Y Q, et al. Synaptic functions and a memristive mechanism on Pt/AlO_x/HfO_x/TiN bilayer-structure memristors. J. Phys. D: Appl. Phys., 2020, 53: 035302-1~11

[110] Wang L G, Zhang W, Chen Y, et al. Synaptic plasticity and learning behaviors mimicked in single inorganic synapses of Pt/HfO_x/ZnO_x/TiN memristive system. Nanoscale Res. Lett., 2017, 12: 65-1~8

[111] Liu C, Cao Y Q, Wu D, et al. Simulation of biologic synapse through organic-inorganic hybrid memristors using novel Ti-based maleic acid/TiO_2 ultrathin films. IEEE Electron Device Lett., 2020, 41: 155-158

[112] 刘畅 . 几种薄膜忆阻器的原子层 / 分子层沉积制备及其类突触性能与忆阻机制研究 . 南京：南京大学博士学位论文，2021

[113] Liu C, Zhu L, Weng J K, et al. Ultra-flexible and energy-efficient artificial synapses based on molecular/atomic

layer deposited organic-inorganic hybrid thin films. Adv. Electron. Mater., 2023, 9: 2200821-1~11

[114] Waldrop M M. Smart connections-computer chips inspired by human neurons can do more with less power. Nature, 2013, 503: 22-24

[115] Kim H. The application of atomic layer deposition for metallization of 65 nm and beyond. Surf. Coat. Technol., 2006, 200: 3104-3111

[116] Smith S, Li W M, Elers K E, et al. Physical and electrical characterization of ALCVD™ TiN and WN_xC_y used as a copper diffusion barrier in dual damascene backend structures. Microel. Eng., 2002, 64: 247-253

[117] Gelatos J, Chen L, Chung H. ALD for sub-90nm device node barriers, contacts, and capacitors. Solid State Technol., 2003, 46: 44-48

[118] Li W M, Tuominen M, Haukka S, et al. Diffusion barrier material for Cu metallization using ALD-WN_xC_y. Solid State Technol., 2003, 46: 103-110

[119] Ramos K B, Saly M J, Chabal Y J. Precursor design and reaction mechanisms for the atomic layer deposition of metal films. Coordin. Chem. Rev., 2013, 257: 3271-3281

[120] Moffat T P, Walker M, Chen P J, et al. Electrodeposition of Cu on Ru barrier layers for damascene processing. J. Electrochem. Soc., 2006, 153: C37-C50

[121] Kim S H, Kwak N, Kim J, et al. A comparative study of the atomic-layer-deposited tungsten thin films as nucleation layers for W-plug deposition. J. Electrochem. Soc., 2006, 153: G887-G893

[122] Yota J, Shen H, Ramanathan R. Characterization of atomic layer deposition HfO_2, Al_2O_3, and plasma-enhanced chemical vapor deposition Si_3N_4 as metal-insulator-metal capacitor dielectric for GaAs HBT technology. J. Vac. Sci. Technol. A, 2013, 31: 01A134-1~9

[123] Aslam N, Longo V, Keuning W, et al. Influence of stoichiometry on the performance of MIM capacitors from plasma-assisted ALD $Sr_xTi_yO_z$ films. Phys. Status Solid. A, 2014, 211: 389-396

[124] Han I S, Kwon H M, Kwon S K, et al. A study of dielectric relaxation and capacitance matching of $Al_2O_3/HfO_2/Al_2O_3$ MIM capacitors. IEEE Electron Device Lett., 2013, 34: 1223-1225

[125] Zhu B, Liu W J, Wei L, et al. Voltage linearity modulation and polarity dependent conduction in metal-insulatormetal capacitors with atomic-layer-deposited $Al_2O_3/ZrO_2/SiO_2$ nano-stacks. J. Appl. Phys., 2015, 118: 014501-1~9

[126] Chernikova A G, Markeev A M, Lebedinskii Yu Yu, et al. Structural, chemical and electrical properties of ALD-grown $Hf_xAl_{1-x}O_y$ thin films for MIM capacitors. Phys. Status Solid B, 2015, 252: 701-708

[127] Lu Z, Wei H, Daniel S H C, et al. High-performance MIM capacitors using HfLaO-based dielectrics. IEEE Electron Device Lett., 2010, 31: 17-19

[128] Fang C, Wang M, Han P, et al. High-performance MIM capacitors using Zr-Sn-Ti-O dielectrics derived from atomic layer deposition. IEEE Electron Device Lett., 2019, 40: 682-685

[129] Zheng G, He Y L, Zhu B, et al. Improvement of voltage linearity and leakage current of MIM capacitors with atomic layer deposited Ti-Doped ZrO_2 insulators. IEEE Trans. Electron Devices, 2023, 70: 3064-3070

第 10 章　原子层沉积在纳米技术领域的应用

原子层沉积技术从诞生伊始作为材料制备领域的小众方法发展到今天微电子领域不可或缺的主流技术，得益于它独特的表面自限制反应机理。最近 30 年，ALD 技术在纳米技术领域的应用日益丰富多彩，本章将主要介绍其在纳米图形、纳米结构制备以及表面和界面工程中的应用，进而再举例说明其在纳米器件中的若干具体应用。

10.1　原子层沉积在纳米图形制备中的应用

光刻技术自从 1959 年诞生以来，已经成为微纳制造领域最成功和最成熟的技术。集成电路几十年来遵循摩尔定律稳步高速发展，光刻平面工艺功不可没。然而随着器件缩微化进程的持续进行，传统由上到下的光刻技术受到光波长引起的分辨率的限制，也遭遇了瓶颈。尽管目前使用 13.5 nm 波长的极紫外光刻技术已应用于 5 nm、3 nm 技术节点先进制程逻辑芯片的制造，但需要昂贵的生产成本。而纳米压印作为一种高分辨率、高产量和低成本的全新纳米结构制造技术，受到广泛的关注。具有表面自限制反应机理、优异三维共形性和大面积均匀性特点的 ALD 技术，在无需昂贵的设备投入情况下，与其他方法结合，为大尺度高分辨率纳米图形的制备提供了新的可能性与工艺路径。下面将主要介绍选区原子层沉积（area-selective ALD，ASALD）、自对准原子层沉积、间隔层限制的双重图形技术和 ALD 辅助的嵌段共聚物光刻在纳米图形制备中的应用。

10.1.1　选区原子层沉积

选区原子层沉积（ASALD）是指在 ALD 过程中通过调控待沉积表面的化学性质，使得部分区域可以与前驱体分子反应形成所需的薄膜，定义为生长表面（growth surface，GS），而部分区域表现为惰性不与前驱体反应，定义为非生长表面（nongrowth surface，NGS），从而在原子水平上控制表面反应的选择性，实现区域选择性 ALD[1]。随着集成电路进入纳米时代，选区 ALD 作为一种“自下而上”的新兴制备技术，受到学术界和工业界的特别关注，展开了 ASALD 的广泛实验探索与理论计算研究[2-4]。

实现沉积表面的选择性，通常包含如下一些方法：

（1）固有的选择性：例如 ALD 生长 SiO_2，容易在亲水性的 OH 终止表面成核，很难在疏水性的 H 终止表面成核[5]；ALD 生长金属 Ir，几百次循环后，H 终止的 Si 表面几乎没有任何 Ir 沉积，而 Si 片表面预沉积 3 nm 厚的 Al_2O_3 薄膜后，即可生长出连续的金属 Ir 薄膜[6]。利用此特点，便可开展 ALD 的选区生长，制备特定的纳米图案。

（2）等离子体预处理：通过等离子体预处理来形成生长抑制层，例如利用 CF_4 或 Cl_2 等离子体卤化非晶碳（a-C∶H），形成卤化薄层可抑制 TiO_2 的生长，而在等离子体处理的 SiO_2 上 TiO_2 成核不受影响，且卤化等离子体能优先刻蚀非晶碳上的 TiO_2 核，恢复非晶碳的卤化表面。通过在 ALD-TiO_2 序列中插入等离子体处理，在 60 nm 条状沟槽底部能以 0.998 的选择性沉积 8 nm 厚的 TiO_2 层图案[7]。

（3）自组装单层（self-assembled monolayer, SAM）法：通常自组装单层分子是由两端具有活性反应基团的长链分子组成[8]，包含头部官能团、尾部官能团和中间的烷烃骨架［图 10.1(a)］。头部官能团与沉积表面通过化学键结合，长链间通过分子间力形成有序的单层分子，尾部官能团终止在表面，表面性质可以通过选择合适的尾部官能团进行修饰。图 10.1 给出了十八烷基三氯硅烷（ODTS）分子在 SiO_2 表面形成 SAM 的示意图[9]，利用 SAM 来获得钝化的表面，如通过 ODTS，将 OH 终止的亲水表面转换成 CH_3 终止的疏水表面［图 10.1(b)］。

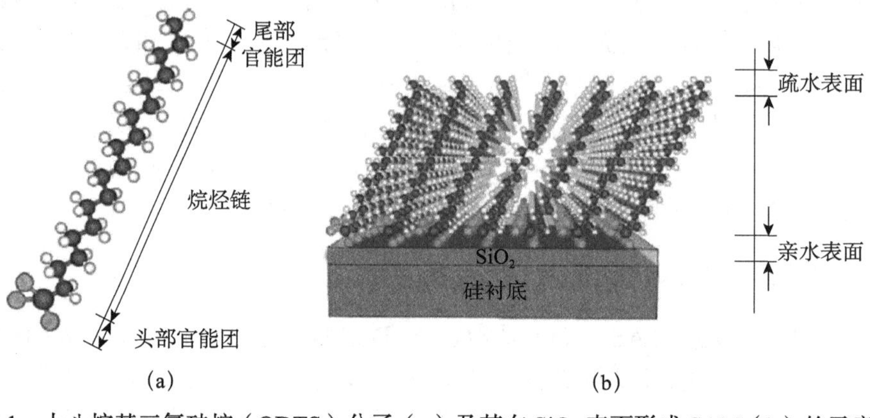

图 10.1　十八烷基三氯硅烷（ODTS）分子（a）及其在 SiO_2 表面形成 SAM（b）的示意图[9]

（4）聚合物法：由于 SAM 很薄，仅 2 nm 厚，SAM 选区钝化生长厚膜就会出现横向展宽效应（图 10.2）[10]，影响图案尺寸的调控。故也可采用聚合物方法来代替 SAM，进行选区 ALD 生长[11]。例如，聚甲基丙烯酸甲酯（PMMA）和聚乙烯吡咯烷酮（PVP）可以作为钝化层用于选区 ALD 生长金属 Ru、Ir、Pt 等。

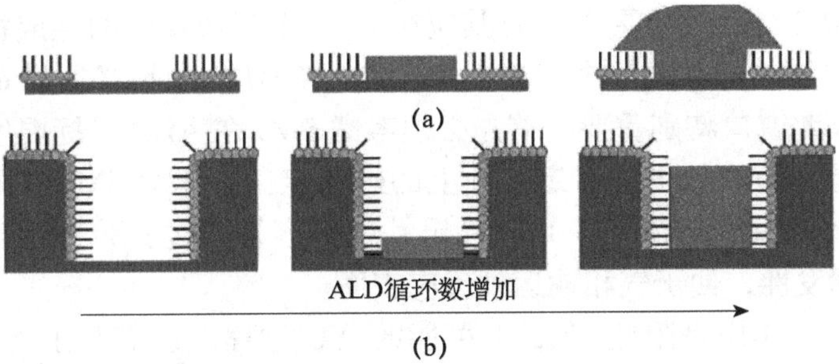

图 10.2　在一个部分覆盖 SAM 的表面（a）和蝉的翅膀上（b）选区 ALD 示意图[10]

前者超出 SAM 层厚，出现横向展宽；后者较高的阻挡层防止横向展宽，蜡层也钝化了 ALD 在侧壁的生长

（5）小分子抑制剂（small molecule inhibitor, SMI）方法：利用 SMI 通过气相进样进行沉积表面改性，具体可分为 SMI 预处理型、前驱体与 SMI 共吸附型和添加 ABC 型的 SMI 反应步[1]。ASALD 常用的 SMI 包括硫醇、醇、羧酸、炔烃、β- 二酮、芳香胺、氨基硅烷、甲氧基硅烷等，通常设计选择 SMI 主要考虑选择性、特定表面的化学稳定性、挥发性、空间位阻、几何构型、前驱体等。从文献中已经总结出一些选择性规律[1]：①相对于氧化物优先抑制金属生长：硫醇、炔烃、芳香胺；②相对于其他氧化物 / 硫化物，对某些氧化物 / 硫化物的选择性抑制生长：羧酸、β-二酮；③相对于金属抑制氧化物的生长：甲氧基硅烷。下面举例说明。

对于硫醇 SMI，其能钝化金属表面是形成了强的金属 - 硫键，如形成 Cu—S 键强为 274 kJ/mol。由式（10.1）可知，硫醇化学吸附到金属表面生成硫醇盐和金属 - 氢键，

$$^*2M + RSH \longrightarrow {}^*M—SR + {}^*M—H \tag{10.1}$$

式中，* 表示表面基团。依据热力学数据，硫醇处理后，金属 Ti、Co 或 Ni 能形成非生长表面（NGS），因为它们与 S 形成 M—S 键强很大，分别为 418 kJ/mol、397 kJ/mol 和 356 kJ/mol。然而，类似的反应不太可能发生在金属氧化物上 [式（10.2）]，因为 M—O 键强通常是比较大的。

$$^*M—OH + RSH \longrightarrow {}^*M—SR + H_2O \tag{10.2}$$

通过比较各种 M—O 键强数据，可以判断是否能发生如上反应。研究表明，甲硫醇能在 In_2O_3 和 ZnO 上化学吸附，因为与 SiO_2 和 Al_2O_3 相比（Si—O、Al—O 键强分别为 799 kJ/mol、501 kJ/mol），In—O、Zn—O 键强较低，分别为 346 kJ/mol、250 kJ/mol。故非生长表面（NGS）除金属外，还有 In_2O_3 和 ZnO，潜在的生长表面（GS）可以是 SiO_2、Al_2O_3、CeO_2、Fe_2O_3、NiO、WO_3、ZrO_2 等[12]。其他 SMI 的选择性也可以做类似分析。

另外对 SMI 的一个重要要求是其应在 NGS 上形成稳定的生成物。所有原子级精密沉积和刻蚀都存在一个工艺窗口，因此 SMI 的选择必须满足这些限制条件，其中的温度窗口特别重要，首先必须考虑 SMI 在 ALD 目标温度窗口的热稳定性，特别是在需要保护的特定表面上的热稳定性。作为 SMI 应用的表面化学数据在不少文献中可查到 [13]，且其稳定性也很容易通过实验进行测试。SMI 还需有足够的挥发性，便于气相输运到反应表面。

SMI 的主要作用是阻止 NGS 上可能的沉积过程，这需要了解 ALD 中所涉及的反应位点类型，并用 SMI 靶向它们以抑制前驱体的反应。因此，化学钝化和空间位阻是选择合适 SMI 的主要因素。化学钝化通常由烷基来保证，由于烷基极低的极化率、分布均匀的电荷，使得烷基不易与随后的 ALD 前驱体（路易斯酸如 TMA、$TiCl_4$，路易斯碱如 H_2O、NH_3）发生反应。因此强的吸电子效应可以增加烷基的极性特征，增强与前驱体间的吸引力，从而延长在表面的停留时间，最终会引发后续 ALD 生长中的“寄生”反应，导致成核从而丧失选择性。SMI 空间位阻、几何构型和堆积（packing）方式应该与选择的前驱体和特定的 NGS 一起考虑，因为这些性质都是密切相关的 [1]。

图 10.3 为几种代表性纳米图形的工艺流程示意图 [11]：(a) 光刻和刻蚀工艺，(b) 光刻和举离（lift-off）工艺，(c) 选区钝化（area-deactivation）ALD 工艺，(d) 选区活化（area-activation）ALD 工艺。除了第一种传统的光刻和刻蚀工艺

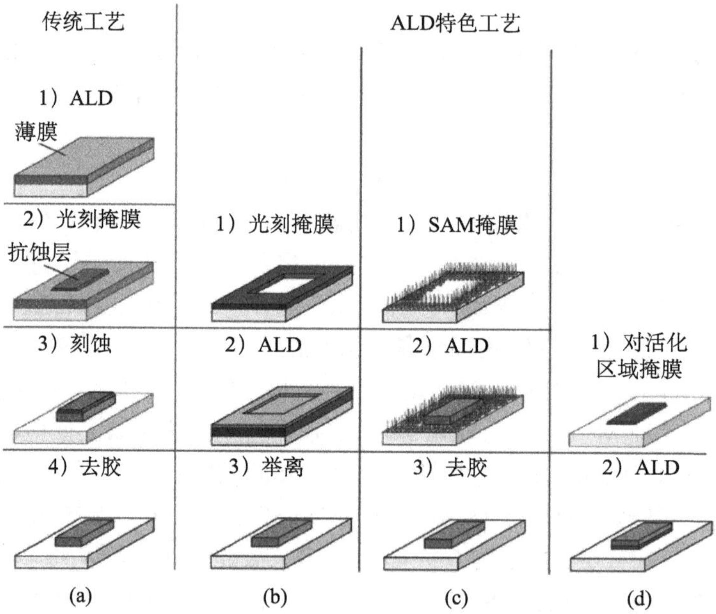

图 10.3　几种代表性纳米图形的工艺流程示意图 [11]

(a) 光刻和刻蚀工艺；(b) 光刻和举离工艺；(c) 选区钝化 ALD 工艺；(d) 选区活化 ALD 工艺

外，后面的几种工艺都利用了 ALD 独有的特点。由于刻蚀工艺可能会对器件结构造成损伤，或有些材料难刻蚀，图 10.3(b) 中用举离工艺取代了刻蚀。衬底上预先形成图案化的光刻胶，随后在整个衬底表面原子层沉积要生长的材料，最后通过举离工艺溶解光刻胶并去除其上沉积的材料，只留下与衬底直接接触的材料，从而获得目标图案。

举离工艺的一个局限是光刻胶及其图案不耐高温，生长的材料须在相对低温下沉积。同 CVD 相比，ALD 通常具有较低的沉积温度，适合用于举离工艺中目标材料的制备，这方面已经取得了一系列进展 [11,14-16]。Biercuk 等 [14] 利用电子束光刻或传统光刻形成 PMMA（聚甲基丙烯酸甲酯）图案，再在 100～150 ℃ ALD 生长 Al_2O_3、HfO_2 和 ZrO_2，避免了光刻层的明显放气和硬化现象，最终获得了厚度在 2.5～100 nm、横向分辨率在亚微米的结构。金属 Co 的微尺度结构也通过 PEALD 和举离工艺结合获得，PEALD 允许金属 Co 的沉积在较低的衬底温度下进行，使得光刻胶在 ALD 过程中保持完好无缺 [16]。本质上，ALD 生长薄膜的举离工艺应该类似于其他方法沉积薄膜的举离工艺，然而由于 ALD 出色的共形性，在多孔聚合物中出现生长，使得举离工艺难度加大，同样地，避免 ALD 在光刻胶侧壁沉积也更困难。这些因素降低了器件的成品率，也使得制备高分辨率的图案极具挑战性。目前为止，尚未证实可利用 ALD 和举离工艺制备小于 100 nm 的大面积精细图案。解决此难题的一个途径，就是采用选区钝化原子层沉积，以避免 ALD 在图案化光刻胶上的生长。

通常要想实现选区 ALD 生长，需满足两个要求。首先，应调控衬底的表面性质，使得 ALD 前驱体与衬底反应时表现出明显的选择性。其次，应在衬底上获得包含特定图案的调控表面。因为衬底的图案会直接通过选区 ALD 转换到薄膜中，形成最终所需的图形。因此，对选区 ALD 来说，制备具有不同表面性质的图案化衬底变得十分重要，特别是获得具有较小特征尺寸的图案。目前主要包括两种方法 [9,11]：自组装单层法（self-assembled monolayer, SAM）和聚合物法。

图 10.3(c) 给出了自组装单层（SAM）选区钝化 ALD 工艺流程图。图 10.4 为利用 ODTS 自组装单层选区钝化 ALD 生长图案化 HfO_2 和 Pt 薄膜的示意图和获得的结果 [17]。可见 ODTS 对表面进行选择性钝化后，ALD 生长只发生在未覆盖 SAM 的区域，获得了与初始光刻形成的检测结构一致的正图案（Pt）或相反的负图案（HfO_2）。相对传统的光刻与刻蚀方法形成纳米图案的减法路径，选区 ALD 是一个加法路径，材料只沉积在需要沉积的区域。选区 ALD 利用化学方法来阻挡在钝化区域的生长，而举离方法是通过物理掩膜来实现这一点，前者 SAM 表面上并没有发生 ALD 生长，ALD 生长后即可直接去除 SAM。因此选区 ALD 的优点还包括较少的工艺步骤，前提是图案化步骤由微接触印刷（microcontact printing，μCP）形成，而非多步的光刻工艺。表 10.1 总结了利用 SAM 选区钝化 ALD 生长图案化薄膜材料方面的进展。

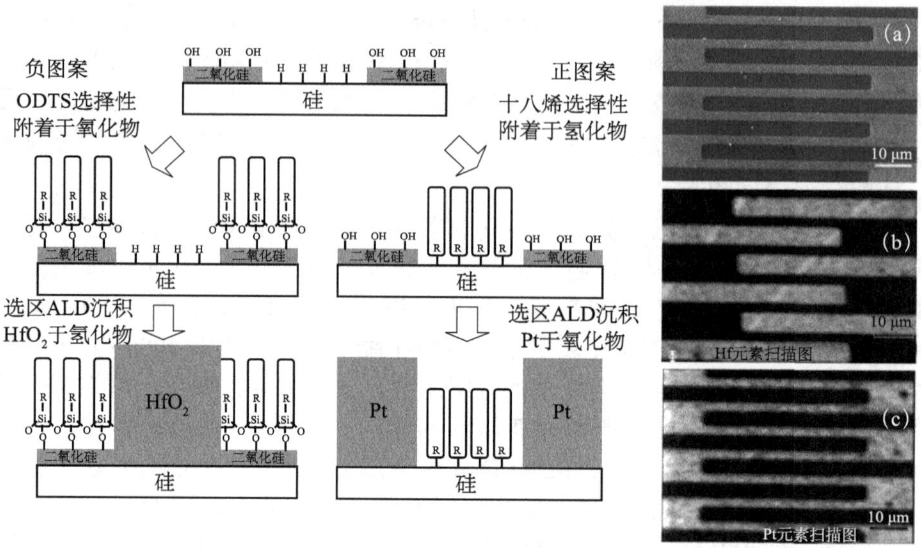

图 10.4 利用 ODTS 自组装单层选区钝化 ALD 生长图案化 HfO_2 和 Pt 薄膜示意图和结果 [17]

(a) 传统的光刻获得图案化 SiO_2 后检测结构的 SEM 照片，亮区 SiO_2，暗区 Si—H；
(b) 选区钝化 ALD 生长 HfO_2 后检测结构的俄歇 Hf 元素扫描图，HfO_2 在 Si—H 暗区生长；
(c) 选区钝化 ALD 生长 Pt 后检测结构的俄歇 Pt 元素扫描图，Pt 在 SiO_2 亮区生长

表 10.1 利用 SAM 选区钝化 ALD 生长图案化薄膜材料的工艺及其特征尺寸 [11]

沉积材料	前驱体	温度 /℃	自组装单层	图案化方法	厚度 /nm	横向长度 /μm
TiO_2	$Ti(O^iPr)_4+H_2O$	100	ODT	μCP	15	0.5
		150	ODTS	电子束光刻	～2	20 nm
			ODTS	μCP	2	570 nm
	$Ti(OMe)_4+H_2O$	250	ODTS	μCP	7	1.5
ZnO	$ZnEt_2+H_2O$	125	DTS	μCP	60	1
		150	ODPA	—	19	50
ZrO_2	$Zr(NMe_2)_4+H_2O$	200	ODTS	原子力显微镜	7	40 nm
	$Zr(OCMe_3)_4+H_2O$	—	ODTS	光催化	～16	430 nm
HfO_2	$Hf(O^tBu)_4+H_2O$	200	ODTS	自组装	3	9 nm
	$Hf(NMe_2)_4+H_2O$	—	ODTS	光刻	～5	5
			ODTS	μCP	4	～30
PbS	$Pb(thd)_2+H_2S$	160	ODTS	光刻	4.5	～3
				原子力显微镜	4.5	40 nm

续表

沉积材料	前驱体	温度 /℃	自组装单层	图案化方法	厚度 /nm	横向长度 / μm
Co	Co(^{i}Pr-AMD)$_2$+NH_3	350	ODTS	光刻	24	3
Ni	Ni(dmamb)$_2$+NH_3	300	ODTS	光刻	～55	3
Ru	$RuCp_2$+O_2	325	ODTS	μCP	～15	100
Ir	Ir(acac)$_3$+O_2	225	ODS	举离	22	50
			ODTS	μCP	2.3	1.5
		250	十二烷基醇	—	—	—
Pt	$MeCpPtMe_3$+ 空气	285	十八烯	光刻	2.5	～5
		285	ODTS	μCP	3	2
聚脲	PDIC+ED	室温	ODTS	μCP	6	～2

注：ODT，十八烷基硫醇；DTS，二十二烷基三氯硅烷；ODPA，十八烷基膦酸；ODS，十八烷基三甲氧基硅烷；ODTS，十八烷基三氯硅烷；PDIC，1,4- 亚苯基二异氰酸酯；O^{i}Pr，异丙醇基；Me，甲基；Et，乙基；^{t}Bu，叔丁基；thd，2,2,6,6- 四甲基 -3,5- 庚二酮酸基；^{i}Pr-AMD，*N*, *N'*- 二异丙基脒基；dmamb，双 (二甲基氨基 -2- 甲基 -2- 丁氧基)；Cp，环戊二烯基；acac，乙酰丙酮基；ED，乙二胺。

沉积的材料包括氧化物[18,19]、金属[20,21]、硫化物[22]以及聚脲[23]，SAM 主要为十八烷基三氯硅烷（ODTS），通常—$SiCl_3$ 作为头部官能团，化学吸附在 Si 衬底的天然氧化物上，—CH_3 作为尾部官能团，可以有效地防止 ALD 的生长。烷烃碳链的长短决定了 SAMs 分子间范德瓦耳斯力的大小，研究表明大于 12 个单元的碳链就可以完全阻止 HfO_2 的 ALD 生长[24]。选区 ALD 获得的图案尺寸比前述的举离工艺小很多，主要依赖于所用的图案化技术。大多是通过微接触印刷（μCP）软光刻形成，这是一种低成本直接在有机层中获得图案的方法[25]，也有通过传统光刻、电子束刻蚀、原子力显微镜、自组装和光催化等进行图案化的。报道的最高分辨率可达 9 nm，是通过 S 层蛋白质的自组装结合选区原子层沉积 HfO_2 获得的[19]。值得指出的是，目前选区 ALD 生长中均为热 ALD 工艺，利用 H_2O、O_2、NH_3 和 H_2S 等作为反应气，而能量辅助 ALD 中的等离子体或臭氧会与有机 SAM 分子发生破坏性反应，使得 ALD 生长不再具有选择性[26]。另外，要想获得完美的 SAM，一般通过溶液自组装或气相沉积来实现，需要的时间较长。否则 SAM 中就会产生缺陷，使局部堆积密度较低，导致 ALD 在缺陷和针孔中沉积。

由于 SAMs 很薄，选区钝化生长厚膜就会出现横向展宽效应所以可采用聚合物方法来代替 SAM 进行选区 ALD 生长，表 10.2 总结了这方面的进展[11]。

表 10.2 利用聚合物选区钝化 ALD 生长图案化薄膜材料的工艺及其特征尺寸[11]

沉积材料	前驱体	温度 /℃	抗蚀剂	图案化方法	厚度 /nm	横向长度 / μm
TiO_2	$Ti(O^iPr)_4+H_2O$	140	PMMA	AFM	2	～6
		160	PMMA	光刻	35	～100
	$Ti(OMe)_4+H_2O$	250～275	PMMA	光刻	25	33
CeO_2	$Ce(thd)_2+O_3$	200	Shipley S1813	μCP	1.5	10
N 掺 ZnO	$ZnEt_2+(H_2O+NH_3)$	200	PVP	喷墨	200	70
Ru	$RuCp_2$+ 空气	300～350	PMMA	光刻	41	50
		300	PVP	光刻	20	～50
Rh	$Rh(acac)_3+O_2$	300	光刻胶	光刻	～30	—
Ir	$Ir(acac)_3+O_2$	250～300	PMMA	光刻	29	54
			PVP	光刻	17	～50
Pt	$MeCpPtMe_3+O_2$	300	PMMA	光刻	71	36
			PVP	光刻	24	～50
	$MeCpPtMe_3$+ 空气	280～300	PMAM	μCP	～5	2

注：O^iPr，异丙醇基；Me，甲基；Cp，环戊二烯基；thd，2,2,6,6- 四甲基 -3,5- 庚二酮酸基；Et，乙基；acac，乙酰丙酮基；PMMA，聚甲基丙烯酸甲酯；PVP，聚乙烯吡咯烷酮；PMAM，聚甲基丙烯酰胺；AFM，原子力显微镜。

这些聚合物薄膜大多都曾用作光刻胶，若 ALD 在其上不成核，即可进行选区钝化 ALD 生长，倘若 ALD 可在聚合物薄膜上成核，就变成了前面已经提及过的举离工艺。研究表明[27,28]，PMMA 和 PVP 可以作为钝化层用于选区 ALD 生长金属 Ru、Ir、Pt，然而如果是沉积 Al_2O_3 和 ZrO_2 薄膜，PMMA 和 PVP 上氧化物是能够成核的，则可通过举离工艺获得图案化的氧化物薄膜。采用聚合物作为钝化层，好处是其易在最后一步溶解除去，省掉了举离工艺。

小分子抑制剂（SMI）近来颇受关注，在三维结构选区 ALD 生长纳米图案中表现出独特的魅力。下面以 ALD 制备 $Ge_2Sb_2Te_5$（GST）相变存储器为例，说明脱氯硅烷基化学在 ASALD 中的巨大应用潜力[29]。以 SiO_2 为非生长区、TiN 为生长区，使用二甲氨基三甲基硅烷（DMA-TMS）作为 SMI 250 ℃对衬底进行预处理，然后利用 $GeCl_2 \cdot C_4H_8O_2$、$SbCl_3$ 和 $Te[(CH_3)_3Si]_2$ 前驱体，在低温 70 ℃下进行选区 ALD 制备 GST 薄膜。如图 10.5 所示[29]，通过联合氨基硅烷和 GST 低温 ALD 工艺，生长的 45 nm 厚的 GST 薄膜显示出较好的选择性（>0.9），远优于同样 SMI 下使用其他前驱体和对反应剂（O_2、H_2O 或 NH_3）选区 ALD 的结果，如 300 ℃沉积金属 Ru，其厚度约 6 nm，选择性只有 ~0.56。而且在 45 nm 半间距的 SiO_2/TiN 线图案上，具有理想组成比为 2∶2∶5 的非晶 GST 薄膜得以保持。对 ASALD 生长演化研究表明，这些纳米图案的生长机制除了依赖于吸附外，还与扩散有关，表明扩散介导的选择性沉积并不局限于金属选区 ALD 过程。将 ALD 脱氯硅烷基化学与包括小分子抑制剂在内的钝化方法相结合，有望将 ASALD 扩展到更广泛的新材料。

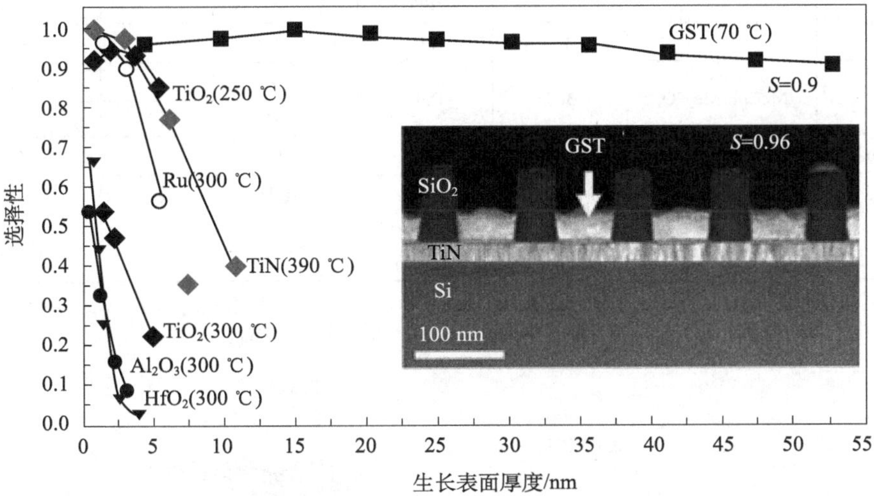

图 10.5　利用氨基硅烷 SMI 和低温选区 ALD 生长相结合获得图案化高选择性 GST 薄膜[29]

选区钝化 ALD 生长尽管优点突出，然而也存在一些局限。首先 SAM、聚合物薄膜和 SMI 的热稳定性是一个必须要考虑的因素，已经发现 300℃下 ALD 选区沉积 Pt，ODTS 钝化衬底表面的能力在 400 个循环后变差，其上发生了 ALD 生长[30]。另外，反应气通常不能使用等离子气体或臭氧，因为其会使得 SAM 或聚合物的选区生长失效，唯一的例外是采用 Shipley S1813 光刻胶，使用 $Ce(thd)_4$ 和臭氧选区 ALD 成功沉积了图案化的 CeO_2[31]。

鉴于此，选区活化 ALD 生长纳米图案成为另一条值得尝试的路径。图 10.3(d) 显示其工艺比前述图案化方法[11]，明显要简单，只包含了两个步骤：①获得图案化的籽晶层；②采用 ALD 工艺在籽晶层上沉积所需材料，衬底上的生长被明显抑制。此过程也可认为是从下到上的工艺，因为材料直接沉积在需要生长的区域，无需另外的减法工艺，如刻蚀或举离等。

表 10.3 总结了选区活化 ALD 生长图案化薄膜材料的工艺及其特征尺寸。其中比较关键的一步，图案化籽晶层可以通过电子束或离子束诱导沉积的直接写入技术形成[32,33]，也称为直接写入 ALD（direct-write ALD）（图 10.6）。此技术综合了电子束（离子束）图形加工能力和 ALD 生长高质量材料的优点，具有较高的横向分辨率，加工出的最细 Pt 纳米线直径约 10 nm[32]。原则上，选区活化 ALD 所得图案的分辨率只依赖于用来沉积籽晶层的图形化技术，然而横向展宽效应降低了有效分辨率[10]。

表 10.3　选区活化 ALD 生长图案化薄膜材料工艺及其特征尺寸[11]

沉积材料	前驱体	温度 /℃	籽晶层	图案化方法	厚度 /nm	横向长度 /μm
Cu	$Cu(thd)_2+H_2$	190～260	Pt/Pd	—	—	—
		235	Pd	光刻	～14	—
Pt	$MeCpPtMe_3+O_2$	300	Pt/C	EBID	—	9 nm
				IBID	19	5
Pd	$Pd(hfac)_2+H_2$	100	Pt/C	EBID	—	5
Ru	$RuCp_2$+ 空气	250	RuO_x	μCP	29	1.5
TiO_2	$TiCl_4+H_2O$	100	自然氧化的 Si(100)	STM	2.8	15 nm

注：thd，2,2,6,6- 四甲基 -3,5- 庚二酮酸基；Me，甲基；hfac，六氟乙酰丙酮基；Cp，环戊二烯基；EBID，电子束诱导沉积；IBID，离子束诱导沉积；STM，扫描隧道显微镜。

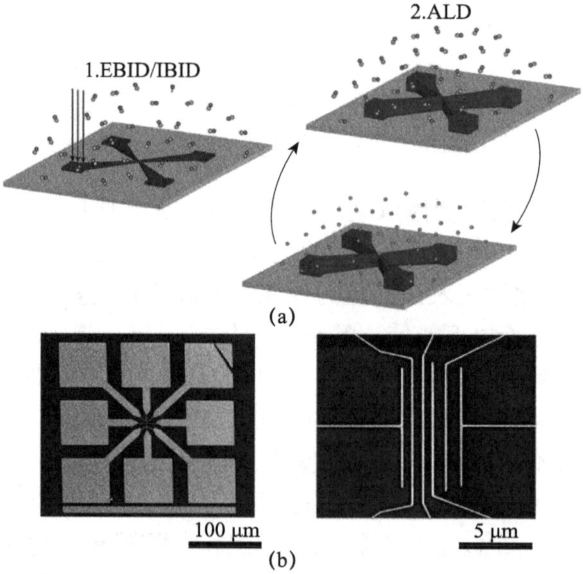

图 10.6　联合了电子束诱导沉积（EBID）/ 离子束诱导沉积（IBID）和 ALD 的优点的直接写入 ALD 方法示意图 (a) 和制备的图案 SEM 照片 (b)[33]

图案化籽晶层，除了用 EBID/IBID 方法，还可结合光刻、微接触印刷和扫描隧道显微镜（STM）探针阵列等方法来形成[34-36]，在此不赘述。选区活化 ALD 目前的主要局限在于，形成的纳米图案大多为金属，而金属氧化物和氮化物由于容易在大多数衬底上成核生长，除了选区活化原子层沉积 TiO_2 纳米条状阵列有报道外[36]，其他还较少见。

总之，与传统图形化工艺相比，选区活化 ALD 省去了很多步骤，减少了工艺兼容方面的问题，无需刻蚀或举离，也不需要像选区钝化 ALD 那样引入光刻胶层或 SAM 层。后者影响碳纳米管和石墨烯的图案化，因为光刻胶一般很难从碳基材料上除去[37]。

10.1.2　自对准原子层沉积

20 世纪 90 年代自对准 CVD 曾经是一个很活跃的研究方向，用来制备互连、电学接触和扩散阻挡层[38]。然而相当多的研究表明 CVD 工艺在非生长的表面上呈现较差的选择性，影响了此工艺的发展。从原子层沉积原理可知，ALD 过程由交替发生的自饱和表面吸附和化学反应组成，是自限制的生长过程。ALD 强烈依赖于沉积表面的性质，因此有相当大空间来发展可靠的选择性化学，从而获得自对准 ALD[11]。

简单而言，自对准 ALD 就是利用沉积表面固有活性上的差异来实现选区 ALD 生长，从而减少图案化光刻步骤，解决去除覆盖层的难题，也可以把它看成是一种比较特别的选区 ALD。下面举例来说明自对准 ALD 是如何来制备纳米尺度器件的。

图 10.7 展示了自对准 ALD 在石墨烯场效应晶体管制备流程中的应用[39]。首先在机械剥离的石墨烯薄片上获得图案化的介电层和顶栅结构，接下来因为石墨烯表面的化学惰性，原子层沉积 Al_2O_3 只生长在顶栅和顶栅介质的侧壁上，并不生长在石墨烯沟道表面［图 10.7(b)］。也就是说，自对准原子层沉积的 Al_2O_3 介质，在栅电极和后来的源、漏电极间形成了有效的电学隔离。自对准 ALD 工艺的引入，使得隔离距离可以小到 15～20 nm[39]。

另一个例子是利用自对准 ALD 选择性沉积铜扩散阻挡层。在形成 Cu 图案的 Si 衬底上选区 ALD 生长 HfO_2 或 TiO_2，小于 15～25 个循环，Cu 表面没有金属氧化物沉积，可形成金属氧化物的图案；超过 15～25 个循环，由于沉积过程中 Cu 的氧化，表面开始有金属氧化物生长[40,41]，无法获得有效的图案。解决的办法是利用无水乙醇替代原来的水作为氧源[42]，每个选择性 ALD 生长 ZrO_2 的循环中，Cu 表面不会被氧化，导电性质不会恶化，选择性生长至少可延续到 70 个周期，沉积的 ZrO_2 扩散阻挡层能经受 700℃ 高温热处理的考验。

自对准 ALD 是指在某种材料上选择性沉积，而在其他表面上不发生生长。关

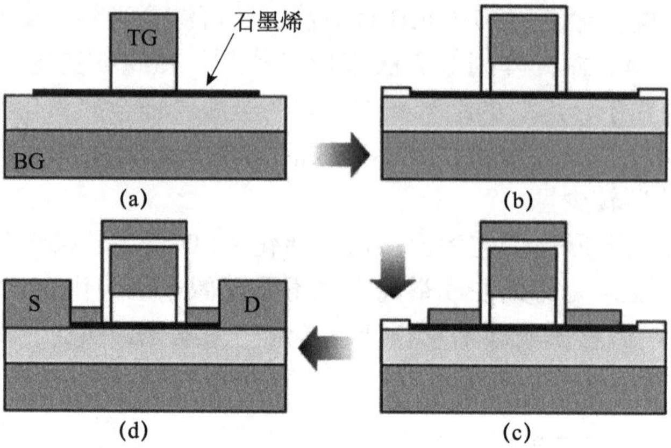

图 10.7　自对准 ALD 在石墨烯场效应晶体管制备流程中的应用[39]

键是器件功能层须避免原子层沉积，如上述的石墨烯沟道层和铜互连。石墨烯场效应晶体管（FET）制备中，自对准 ALD 工艺流程变得非常必要，因为传统光刻在这个尺度获得很好的覆盖层是极其困难的。目前自对准 ALD 工艺还只取得了很有限的进展，主要原因与选区活化 ALD 生长类似，金属相对容易获得选区生长，改变沉积温度或降低反应剂曝光量即可[36]，而自对准金属氧化物或氮化物的 ALD 选区工艺，就极具挑战性。因为它们极易在大多数表面成核，可能就需要借助 SAM、SMI 等钝化办法。因此，深入理解 ALD 工艺在不同表面成核的机制是非常必要的。

10.1.3　间隔层限制的双重图形技术

7.5.4 节和 9.3.1 节中曾经简单介绍过微电子工艺中使用的间隔层限制的双重图形基本工艺（spacer-defined double patterning, SDDP）和它们的应用［图 7.21、图 9.15 和图 10.8(b)］，利用原子层沉积的氧化物间隔层，只需单次曝光即可获得特征尺寸更小、线宽为原来一半的精细图案，避免了双重曝光所需的巨大成本和增加的制作周期［图 10.8(a)］。如今这项技术又有了新发展，出现了直接间隔层限制的双重图形（direct spacer-defined double patterning, D-SDDP）和间隔层限制的四重图形工艺（spacer defined quadruple patterning，SDQP）[11]，分别如图 10.8(c)、(d) 所示。

普通 SDDP 过程中，因为常见光刻胶不能承受传统 PECVD 沉积间隔层所需要的温度，所以工艺中就包括了制备图案化硬掩膜层的步骤。如果采用 ALD，特别是 PEALD，高质量的间隔层在低温下可以直接沉积在图案化的光刻胶上[43]，普通 SDDP 中的几个工艺步骤即可完全省略掉［图 10.8(c)］，由此诞生了直接间隔层限制的双重图形工艺（D-SDDP）[44]。除了低温沉积的优点，ALD 无与伦比的共形性也是其取代 PECVD 成为 D-SDDP 工艺间隔层沉积方法的另一个原因。D-SDDP 工艺已经应用到半线宽 10 nm 的纳米压印模板制作中，其中 PEALD 生长的 Al_2O_3 作为间隔层 [45]。

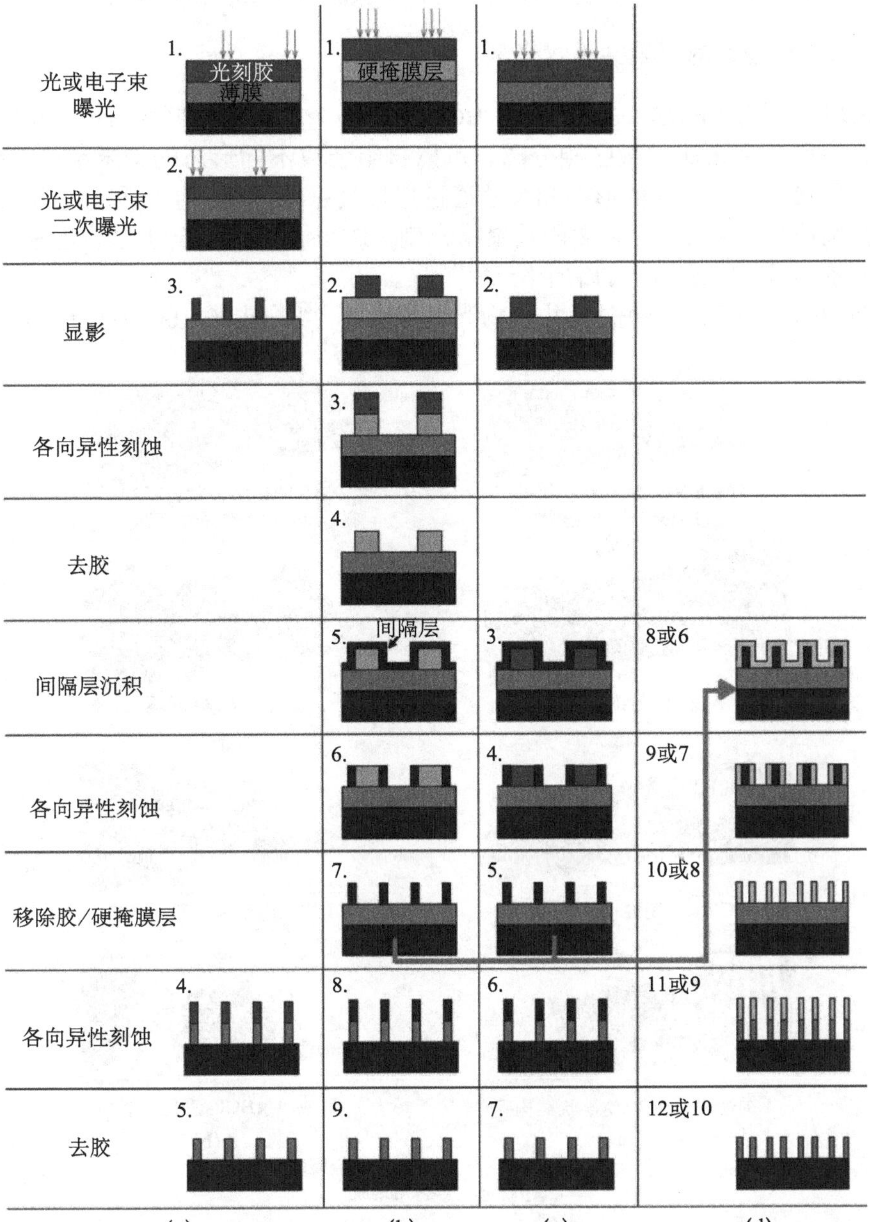

图 10.8　二次曝光 (a)、间隔层限制的双重图形 (SDDP) (b)、直接间隔层限制的双重图形 (D-SDDP) (c) 和间隔层限制的四重图形 (SDQP) (d) 工艺流程图 [11]

如果还想继续改进 SDDP 的分辨率，就可以采用间隔层限制的四重图形技术（SDQP）[11,46]，在 7 步 SDDP 或 5 步 D-SDDP 后，可进行第二次间隔层原子层沉积以使其图形分辨率加倍［图 10.8(d)］。SDQP 需要一个与第一次间隔层不同的材料，以便第一次沉积的间隔层被选择性刻蚀后，不会影响第二次的间隔层材料。

10.1.4　ALD 辅助的嵌段共聚物光刻

嵌段共聚物（block copolymers, BCPs）为两个不同的均聚物通过共价键连接而成，嵌段共聚物通过微区相分离，可以自组装成不同形态的纳米结构（柱状、球状、层状等）。BCPs 的形态和尺寸通过选择具有特定化学组成和分子量的共聚物进行调控[47]。将 ALD 和嵌段共聚物光刻（BCPs lithography）联合起来，可以制备一系列具有特定结构的纳米图案[11,48]。

图 10.9 为 ALD 辅助嵌段共聚物光刻流程图[48]。图 10.9(a) 中在预形成了沟

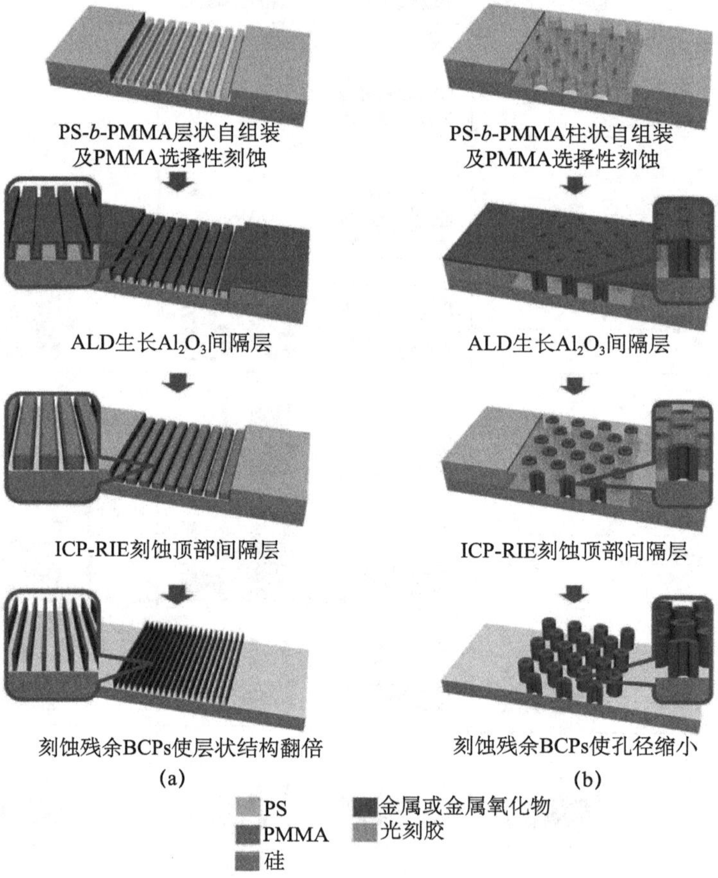

图 10.9　ALD 辅助嵌段共聚物光刻流程图[48]

(a) 自组装层状 BCPs；(b) 自组装六方点阵柱状 BCPs

槽图案的光刻胶上旋涂嵌段共聚物溶液，PS-*b*-PMMA 薄膜再经 280 ℃热处理后自组装产生高度有序的平衡形貌，通过干法选择性刻蚀去除 PMMA，获得与沟槽平行的层状结构（光刻胶高度 150 nm，BCPs 的厚度近似 100 nm）。图 10.9(b) 为在 PS-*b*-PMMA 薄膜中自组装形成 PMMA 纳米畴，通过湿法选择性腐蚀掉 PMMA，进而获得了六方点阵柱状结构。下面的过程就与间隔层定义的双重图形技术 SDDP 类似，利用原子层沉积的 Al_2O_3 作为间隔层，最终获得高度有序的 Al_2O_3 纳米线阵列，图案周期为 28 nm，最小特征尺寸为 14 nm［图 10.10(a)］或 Al_2O_3 纳米管六方点阵图案，纳米管外径为 20 nm，内径为 7 nm［图 10.10(b)］。可见 BCPs 光刻强烈依赖于 BCPs 扮演的光刻胶角色通过刻蚀所能获得周期结构的大小，BCPs 薄膜的厚度和畴尺寸的有序度决定了 BCPs 光刻的结构尺寸和图案有序范围。目前 BCPs 薄膜还很薄，难以进行有效的刻蚀，因此 BCPs 光刻主要局限于制作低深宽比的结构。

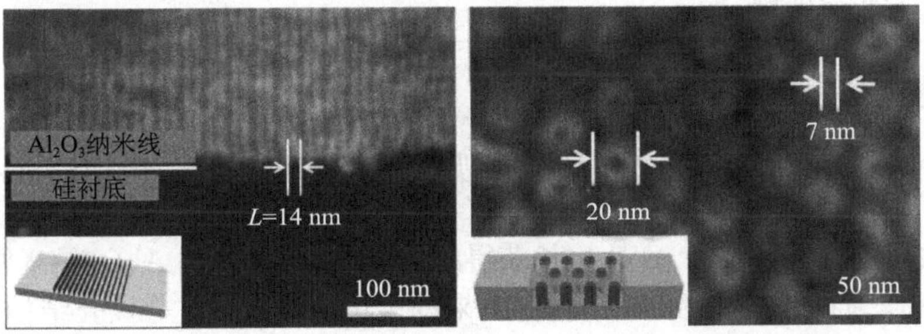

图 10.10 ALD 辅助嵌段共聚物光刻纳米图案层状结构 (a) 和六方点阵结构 (b) SEM 照片 [48]

BCPs 自组装为模板与 ALD 结合还可以制备 ZnO 三维螺旋状周期结构（图 10.11）[49]。利用聚苯乙烯-聚异戊二烯（PS-PI）嵌段共聚物和 PS 均聚物，

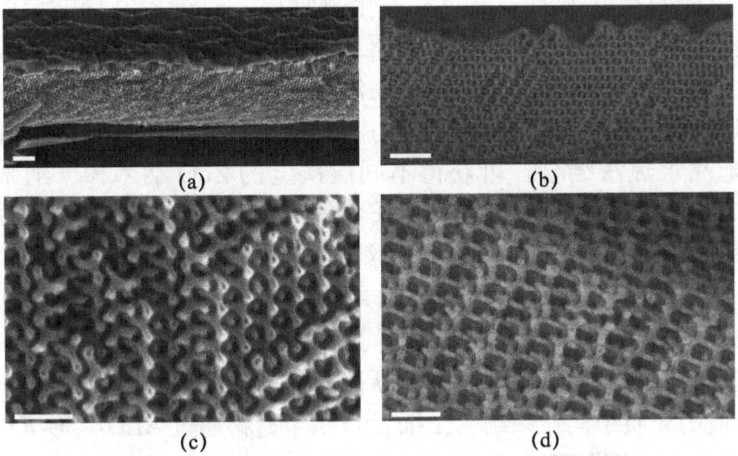

图 10.11 BCPs 自组装为模板 ALD 制备 ZnO 三维螺旋状周期结构的 SEM 照片 [49]

(a)、(b) 图标尺为 400 nm；(c)、(d) 图标尺为 200 nm

通过精心调控二者组成和热处理条件，即可获得连续双螺旋相。将 PI 相去除，得到多孔的螺旋状 PS 模板，然后通过 ALD 在模板中沉积 ZnO，再去除 PS 模板，即获得 ZnO 三维螺旋状周期结构，厚度可达几微米，螺旋线宽为 30 nm。然而此工艺颇费时间，仅获得连续双螺旋相的模板就需要八天时间。

10.2 原子层沉积在纳米结构制备中的应用

10.1 节中主要介绍原子层沉积在周期纳米图形（图案）制备中的应用，本节侧重于其在具体纳米结构中的应用，二者既有联系，又有区别，前者主要注重图案（图形）整体的周期性和有序性，后者更关注所形成具体纳米结构的特点。原子层沉积要获得千变万化、丰富多彩的纳米结构，一般而言均离不开模板的辅助，有时也需催化剂诱导。

10.2.1 模板辅助的纳米结构的制备

图 10.12(a)～(l) 为借助不同模板辅助 ALD 合成的各种复杂纳米结构示例[50]。(a) 呈现了包含直线排列介孔笼子的 TiO_2/SiO_2 杂化纳米线，是通过联合蒸发诱导嵌段共聚物的自组装和 ALD 生长获得的；(b) 中螺旋状的 Al_2O_3 纳米管是用碳纳米线圈作为牺牲的模板 ALD 制备出来的；(c)、(f)、(j) 等核壳结构纳米管，是在阳极氧化铝（AAO）或 Si 模板中制备的。通过 ALD 交替沉积金属和氧化物（Al_2O_3），管套管的结构通过溶解 AAO 模板和作为牺牲层的 Al_2O_3 即可获得；(d) 中采用 AAO 模板进行原子层沉积，通过精心控制不同电化学刻蚀条件，允许调控氧化铁纳米管的直径；(e) 中展示了边缘清晰的新月形半边金纳米管，首先在 AAO 模板的孔壁上原子层沉积一个牺牲层，通过控制牺牲层的去除，获得新月形纳米通道，再电沉积金，即得到新月形半边金纳米管；(g) 中显示了三维限制空间的 TiO_2 纳米棒，通过在高温下模仿 ALD 工艺——脉冲式 CVD 方法获得；(h) 为分级 ZnO 纳米结构：利用原子层沉积的 ZnO 作为籽晶层，与低温 ZnO 纳米晶水热法结合，可获得不同层次上的 ZnO 纳米棒、纳米毯自组装而成的复杂三维结构；(i) 为维度可调谐的纳米图案材料，是利用金属前驱体与其中一个聚合物嵌段选择性作用，在自组装的嵌段共聚物上原子层沉积形成的；(k) 为封裹 Cu 金属纳米颗粒的 Al_2O_3 纳米管：是通过还原涂覆了原子层沉积的 Al_2O_3 的 CuO 纳米线形成的，Cu 颗粒是类棒状、规则分布的，由于氧化物还原成金属伴随着体积收缩，即瑞利失稳，从而导致了纳米管的生成；(l) 为采用柯肯达尔效应合成的异质结构：一维、二维 ZnO 纳米材料通过 ALD 共形沉积 Al_2O_3 层，再通过 1000 ℃ 的固相界面反应——纳米尺度的柯肯达尔效应，产生了空心的尖晶石 $ZnAl_2O_4$ 单晶纳米管。

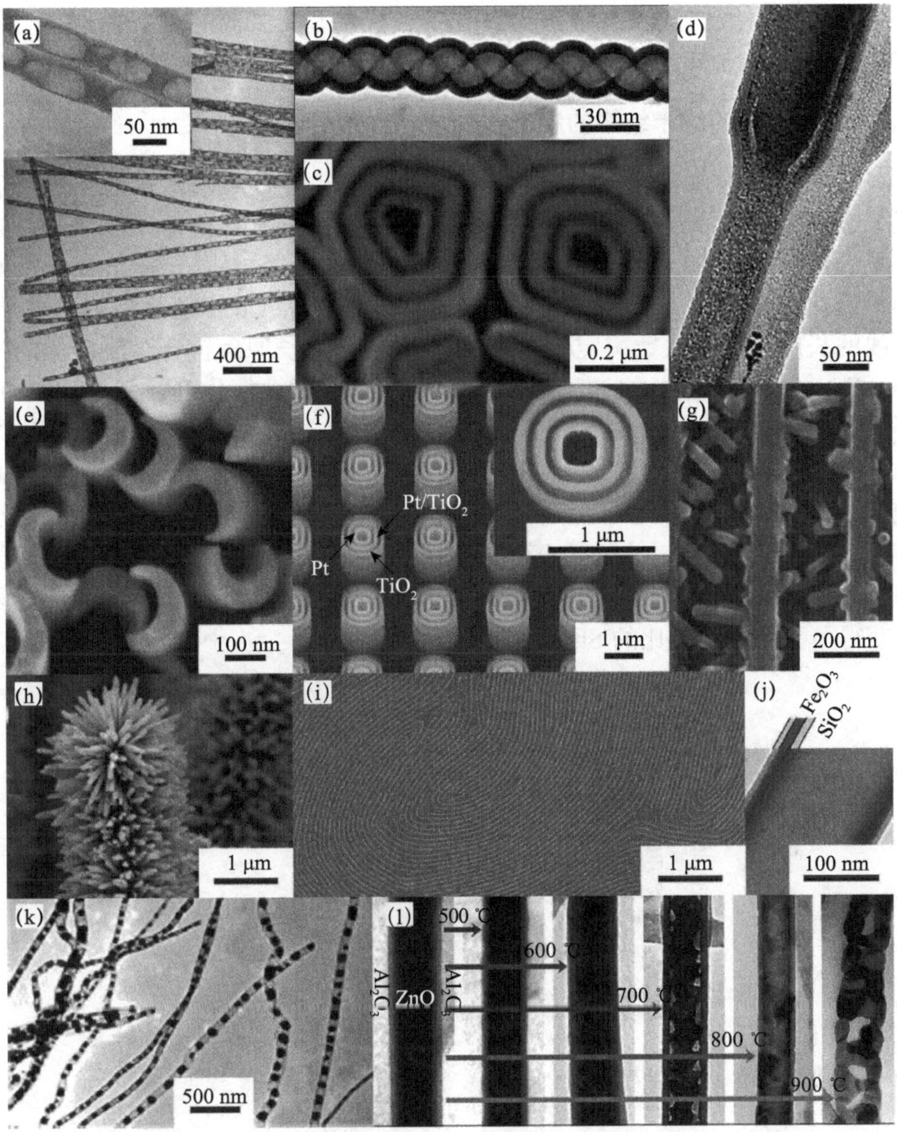

图 10.12　模板辅助 ALD 合成的各种复杂纳米结构 [50]

(a) 包含直线排列介孔笼子的 TiO_2/SiO_2 杂化纳米线；(b) 螺旋状的 Al_2O_3 纳米管；(c) 鸟巢共轴多壁纳米管；(d) 直径可调的氧化铁纳米管；(e) 新月形半边金纳米管；(f) 高度有序的鸟巢式 TiO_2/Pt 纳米管阵列；(g) 三维限制空间的 TiO_2 纳米棒；(h) 分级 ZnO 纳米结构；(i) 维度可调谐的纳米图案材料；(j) 多层 Fe_2O_3/SiO_2 核壳结构纳米线；(k) 瑞利失稳产生的封裹 Cu 颗粒的 Al_2O_2 纳米管；(l) 柯肯达尔效应合成的异质结构：从 ZnO/Al_2O_3 核壳纳米线到尖晶石 $ZnAl_2O_4$ 单晶纳米管和多孔纳米线

可见 ALD 在三维复杂表面独特的共形沉积能力和精确简单的厚度控制，使得其在丰富多彩的纳米结构和图案的制备中表现出特殊的魅力。利用各种各样的模板，如自组装的聚苯乙烯 PS 小球、SiO_2 小球、阳极氧化铝（AAO）、碳纳米管、半导体纳米线、嵌段共聚物、多孔膜、纤维和生物材料、籽晶层等，结合 ALD 技术和各种生长、反应和扩散效应，可精心设计和制备各种复杂纳米结构。

10.2.2 催化辅助的纳米结构的制备

在沉积表面引入催化剂，通常是 Au、Ni、Cu 等金属纳米颗粒，无需利用模板，也可借助原子层沉积获得纳米线、纳米棒或纳米线圈等结构阵列。这方面最早的工作是 2002 年由 Huo 及其合作者报道的，通过引入 6 nm 大小的金颗粒作为催化剂，利用 ALD 生长了（111）取向的 ZnSe/CdSe 超晶格单晶纳米线，纳米线的长度由循环次数决定（图 10.13）[51]。其生长原理符合金属催化的 VLS（vapor-liquid-solid）生长机制。后来，同样利用金颗粒催化剂，又采用 ALD 制备了 Sb_2S_3、Sb_2Se_3 纳米线以及它们的异质纳米线。其生长机制示意图和纳米线照片见图 10.14(a) ～ (d) [52]。以 Sb_2Se_3 为例，Sb 前驱体曝光时，在过量 Sb 溶解饱和形成 Sb-Au 低共熔合金后，在 Au 催化剂存在的情况下，Se 与 Sb 反应，Sb_2Se_3 纳米线开始生长。同理，接下来在 Au 存在的情况下，Sb 与 Se 前驱体反应生长 Sb_2Se_3 纳米线，留下 Se 饱和的 Au 准备下一次循环沉积。如此周而复始即可获得单晶化学计量比的 Sb_2Se_3 纳米线。

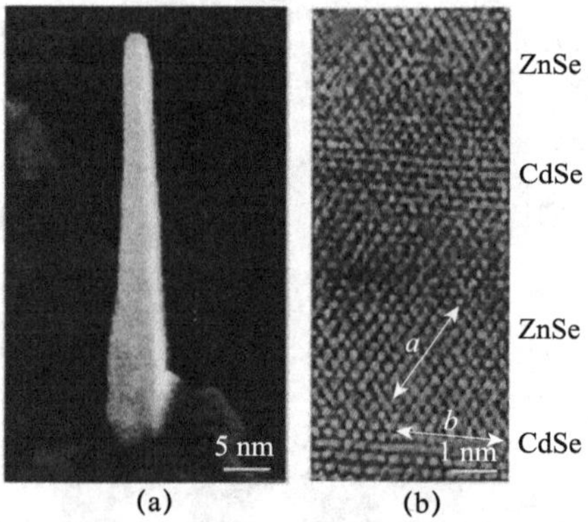

图 10.13 金颗粒催化的 ALD 生长 ZnSe/CdSe 的超晶格单晶纳米线 [51]

(a) SEM 照片；(b) HRTEM 照片

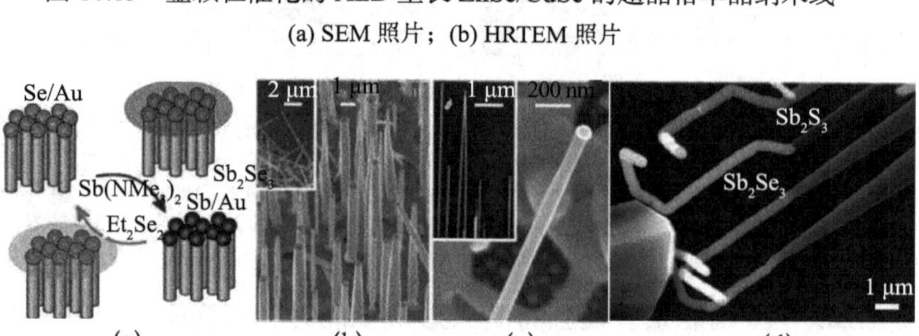

图 10.14 ALD 制备 Sb_2Se_3 纳米线的生长示意图 (a) 和 Sb_2S_3 (b) 、Sb_2Se_3 (c) 纳米线以及它们的异质纳米线 (d) 的 SEM 照片 [52]

也有使用自组装的 Ni 纳米点阵在 (0001) 蓝宝石衬底上作为成核中心，ALD 生长纤锌矿结构 GaN 纳米棒阵列的报道 [53]，GaN 纳米棒直径为 100 nm，长度具有很好的可控性，表现出优异的光学特性。

中国科学院山西煤炭化学研究所覃勇教授课题组 [54]，利用原子层沉积的 CuO 薄膜还原得到的 Cu 纳米颗粒作为催化剂，通过乙炔的热分解获得了 Cu 纳米颗粒尺寸依赖的三种碳纳米结构，如图 10.15 所示。采用 50～80 nm 的 Cu 纳米颗粒制备出近乎 100% 纯度的均匀碳纳米线圈，而直径为 5～35 nm 和 100～200 nm 的 Cu 颗粒则获得笔直的或细或粗的纳米碳纤维。进而也证实 ALD 是一个很有前景的方法，可沉积狭窄尺寸分布、高度可控的纳米颗粒，用于研究颗粒尺寸依赖的催化行为及其相关应用。

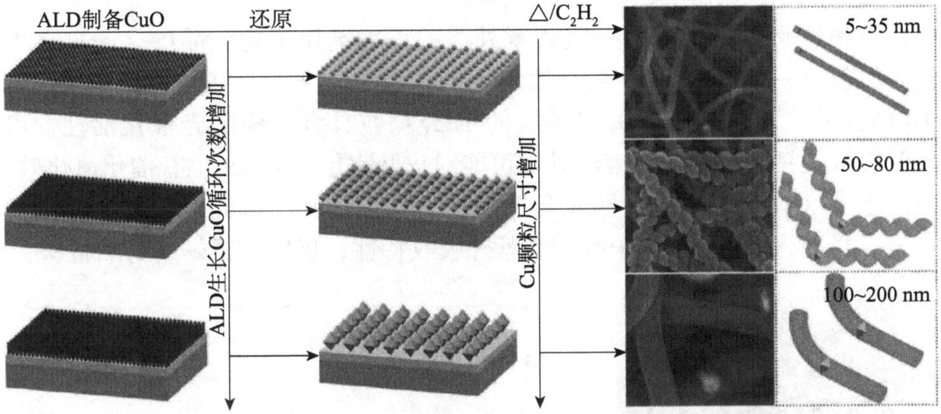

图 10.15　Cu 纳米颗粒尺寸依赖的三种碳纳米结构生长示意图 [54]

通过调控原子层沉积 CuO 的循环次数，还原获得不同粒径的 Cu 纳米颗粒；催化乙炔的热分解反应获得细碳纳米纤维、碳纳米线圈和粗碳纳米纤维三种结构

10.3　原子层沉积在表面、界面工程中的应用

材料的表面与界面性质在如今的材料应用与器件微型化的研究中，扮演着越来越重要的角色，甚至起着决定性的作用。例如，微电子业 MOSFET 中半导体与栅介质之间的界面质量，决定着器件的态密度和等效氧化层厚度（EOT），进而影响着器件的性能；催化和光催化效率更是与材料的表面性质密切相关；锂电池和太阳能电池电极材料的表面修饰，对电池整体性能的提升至关重要；在生物医学工程中，植入人体支架表面的生物相容性，也是不得不考虑的因素。从 ALD 原理可知，原子层沉积过程由交替发生的自饱和表面吸附和化学反应组成，是自限制的生长过程。它特别适合进行表面修饰改性和界面调控等工作，如今每年发

表的大量 ALD 文章中，不少涉及 ALD 在表面、界面工程中的研究与应用[55]。下面将会结合具体实例进行介绍。

10.3.1　表面工程

ALD 在表面工程中的应用很广，主要可以归纳为以下几类。

1）表面的钝化与功能化

不少金属纳米颗粒，如 Fe、Ni、Co、Cu 等，放置在空气中不太稳定，容易氧化、腐蚀，这时通过在其表面 ALD 生长几纳米到十几纳米厚的 Al_2O_3、TiO_2 或 AlN 等涂层，既可有效地起到保护作用[11,56-58]，还可起到绝缘作用，保持金属纳米颗粒与体块材料不同的电学、热学和磁学特性。特别是引入 TiO_2 涂层后，原来的磁性 Fe 纳米颗粒又具备了光敏特性[58]。

钛白粉经常作为遮盖剂和吸收紫外线的添加剂用于化妆品中，通过在 TiO_2 颗粒表面包裹一薄层 Al_2O_3，可有效防止 TiO_2 颗粒光催化对皮肤造成的损伤。如图 10.16 所示[59]，没有 Al_2O_3 包裹层的 TiO_2 颗粒具有较强的光催化活性，可有效降解有机染料亚甲基蓝，表明其很可能对皮肤表层的 DNA 也有催化氧化效果，而包裹上 Al_2O_3 薄层的 TiO_2 颗粒几乎没有光催化活性，因此对化妆品使用而言更安全。并且 Al_2O_3 涂层并未改变其紫外吸收特性，仍然是很好的防晒材料。

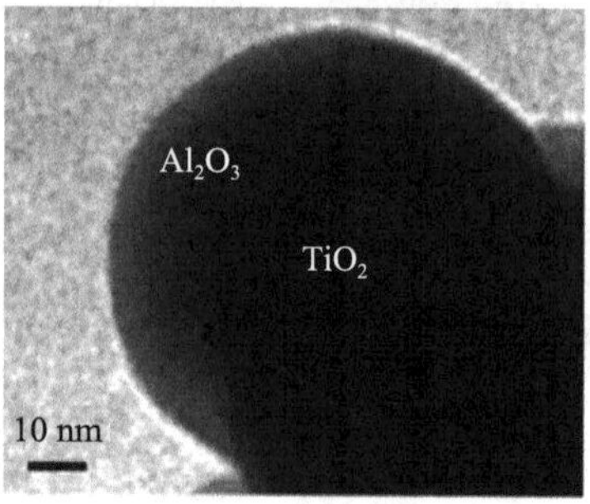

(a)

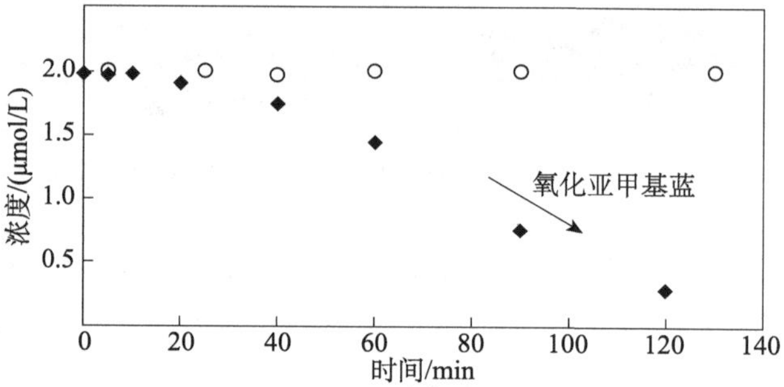

(b)

图 10.16　Al_2O_3 包裹层对 TiO_2 颗粒光催化活性的影响[59]

(a) 包裹上 Al_2O_3 薄层的 TiO_2 颗粒的 TEM 照片；(b) 有 Al_2O_3 包裹层 (○) 或没有 Al_2O_3 包裹层 (◆) 的 TiO_2 颗粒降解亚甲基蓝的光催化活性

半导体纳米线也时常采用原子层沉积的介电层进行表面钝化，以降低不需要的表面陷阱密度。例如，研究表明 ZnO 纳米线包裹上 Al_2O_3 覆盖层后，减少了表面耗尽层内电子和空穴的分离，产生了更多的电子-空穴对，进而改进 ZnO 纳米线的带隙发射，有效降低与纳米线缺陷相关的深能级发射[60]。

至于 ALD 表面修饰在光学涂层、光学微腔方面的应用将在第 11 章介绍[61]；用于新能源领域——锂离子电池正极、负极材料修饰改性，太阳能电池电极的钝化、敏化与能带调控等，这方面的研究方兴未艾[62,63]，实例也不胜枚举，相关内容将在第 12 章中专门介绍；ALD 用于负载型金属催化剂的表面修饰与稳定化[64]，将在第 13 章中介绍；ALD 在改善含能材料安全性与稳定性方面的应用也将在第 14 章中介绍；ALD 在天然纤维改性增强和生物相容性涂层制备中的应用[11,65]，将在第 15 章中介绍，在此不赘述。

2）防止团聚

通过在颗粒表面 ALD 共形沉积一氧化物涂层，可以避免分散在液体或聚合物中的颗粒发生团聚。例如，在 BN 纳米颗粒表面沉积 Al_2O_3 涂层[66]，改变了 BN 颗粒和环氧树脂间的作用力，在填充的复合物中有涂层的颗粒和固化的环氧树脂间的黏附力增强了 25%，进而防止了颗粒本身的团聚。

9.3.6 节中曾经介绍过用于磁存储记录材料的 FePt 纳米颗粒，其在高温退火形成铁磁有序点阵过程中，会产生颗粒团聚。通过在 FePt 纳米颗粒点阵上原子层沉积一层约 10 nm 的 Al_2O_3 覆盖层，即可解决颗粒高温烧结团聚问题（图 9.31）[67]，获得分散性与磁性能俱佳的 FePt 颗粒复合薄膜。

3）多孔材料的孔尺寸调谐与表面修饰改性

ALD 特别适合对具有高深宽比（aspect ratio）结构的多孔材料进行孔尺寸调谐和表面修饰改性，如对高比表面积的硅胶和极高比面积的气溶胶进行修饰。硅胶是一种粒状介孔材料，具有高比表面积 (50～500 m^2/g)，广泛用作异质催化的担体材料。典型的硅胶粒径为 50 μm，孔尺寸为 30 nm，深宽比为 1600。图 10.17 显示了不同 TMA 脉冲时间对介孔硅胶中 ALD 生长 Al_2O_3 的影响，可见较长的曝光时间有利于原子层沉积 Al_2O_3 从外面向内部孔道的扩散[68]。

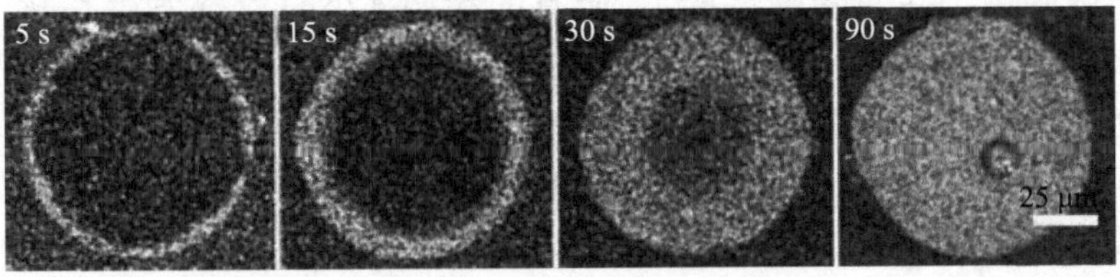

图 10.17　ALD 利用不同 TMA 脉冲时间（5s、15s、30s 和 90s）在硅胶中沉积 Al_2O_3 后从截面获得的 EDAX 铝元素分布图[68]

气凝胶材料比表面积更大，密度更低，通常通过超临界干燥方法可获得由一个随机互连的细丝或颗粒网络组成的气凝胶薄膜或块体。其尺寸通常为 1 mm，孔径为 30 nm，深宽比达到 17000。ALD 在气凝胶材料中沉积共形层，可用于气体传感、催化和光伏等[11,69,70]。

在 8.3.2 节中介绍分子层沉积在分离膜和过滤领域的应用时，就讲到通过在沸石膜表面共形沉积厚度可控的 Al_2O_3 多孔膜，可以起到一种非常好的修饰与钝化表面的作用（图 8.48）[71]，减少或去除影响沸石选择性的缺陷，从而大幅改进 H_2 分离的选择性。利用 ALD 适合低温沉积 Al_2O_3 的特点，可对聚合物分离膜进行精确的孔径调控，并明显改进聚合物孔壁的亲水性。过滤实验证实[72]，10 个 ALD 循环的沉积，即可在基本不降低流量的情况下，极大增加过滤物牛血清白蛋白在过滤通道中的停留时间，这归因于 Al_2O_3 层亲水的本质。

4）扩散阻挡层、封装层

由于 ALD 生长的氧化物或氮化物涂层具有很好的致密性、均匀性和共形性，免除了针孔，因此不仅对气体、液体扩散，甚至对固体热扩散，也具有很好的阻挡效应。在柔性的聚合物涂布的纸质包装材料上，用 ALD 生长 Al_2O_3 薄层，可降低水蒸气、有机芳香烃和氧气的渗透率[73,74]，10 nm 的涂层可使氧气渗透率降低一个量级，40 nm 的涂层比当前最好的包装材料的密封性还要好。7.5.4 节中曾介绍过薄膜封装，用 PEALD 在室温沉积的 Al_2O_3 对有机发光二极管进行封装，不仅可以有效地阻挡水蒸气的扩散（图 7.20），还能减少材料的小孔密度[75]。而 $Cu(InGa)Se_2$ 太阳能电池用原子层沉积 Al_2O_3 层进行封装，也可有效防止潮气侵蚀[76]。

5）保护性涂层

由于 ALD 具有优异的三维共形性，所沉积的稳定绝缘氧化物的种类很多，缺陷密度又较低，一度被认为是沉积金属合金耐腐蚀保护层的很好的方法。然而一系列的研究表明，在金属合金上 ALD 直接沉积的几种氧化物保护层，如 Al_2O_3、TiO_2、Ta_2O_5、$LiAl_xO_y$ 和 Al_2O_3/TiO_2 等，并未显示出很好的长期耐腐蚀能力。PEALD 在 100Cr6 不锈钢和 Al2024-T3 铝合金上沉积 50 nm 厚的 Al_2O_3，仅仅在盐雾试验中（并非酸碱试验），所有的涂层 4 小时后都发生恶化，一些甚至 2 小时就出现问题[78]。这种时间限制的耐腐蚀能力主要归因于 ALD 涂层和基底之间较低的黏附力，即较差的力学和化学结合力，还有沉积过程中产生的缺陷[79]。而将 ALD 方法与其他方法，如 PVD 和溶胶－凝胶法结合，可以充分利用 ALD 共形涂层较好的封孔效应，获得具有出色耐腐蚀性能的保护层[77,80]。如图 10.18 所示[71]，铝合金样品有了溶胶凝胶法制备的 ZrO_2 涂层，腐蚀电流密度从 $10^{-5}A/cm^2$ 降低到 10^{-8} A/cm^2，而通过再在 ZrO_2 涂层上原子层沉积 50 nm 厚的 Al_2O_3，腐蚀电流进一步降低到 10^{-11} A/cm^2，与没有保护层的样品相比，有了 5 个数量级的下降。

ALD 还可用于应用于耐磨损涂层的沉积，目前这方面的研究比较少[79]，主要的一个瓶颈是 ALD 制备硬质晶态碳化物和氮化物涂层的能力相对有限。有报道称在 Mg-Li 合金上 ALD 生长不同厚度的非晶 Al_2O_3 层，在低负载情况下观测到磨损系数的降低[81]，尚需进一步深入研究。

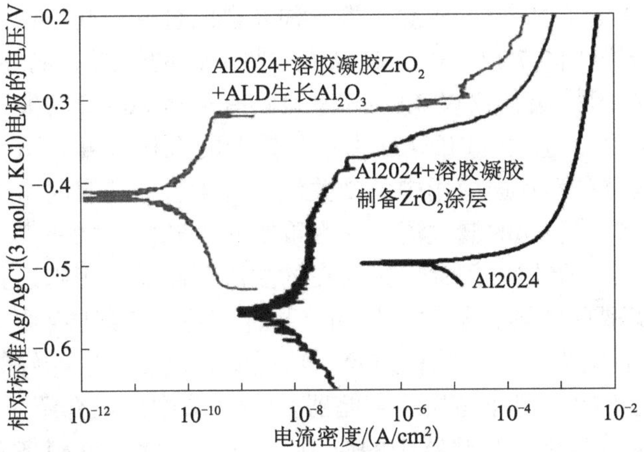

图 10.18　三种铝合金样品（Al2024）在 0.05 mol/L 未搅拌的 NaCl 溶液中测得的极化曲线 [77]

10.3.2　界面工程

界面工程是一个比较宽泛的说法，在主流的半导体工艺和器件中，从在芯片中唱主角的 MOSFET 逻辑器件，到超晶格能带调控的半导体量子阱发光器件，以及各类新型的存储器，界面工程无疑在其中扮演了关键的角色，而在能源、催化、传感等领域，界面工程有时也起着举足轻重的作用。ALD 在界面工程中的应用，以前主要是集中在微电子，现在正在向其他领域拓展延伸中。本小节主要还是介绍 ALD 在微电子领域的应用。

1）界面控制层或阻挡层

在半导体器件制备中，为了防止半导体衬底和功能层之间出现界面扩散、界面反应，恶化界面质量，进而影响器件性能，经常引入很薄的界面控制层或阻挡层。ALD 由于自身所具有的精确膜厚和组成调控能力以及低温沉积特性，成为沉积界面控制层或阻挡层的绝佳选择。

众所周知在 MOSFET 器件中，具有高迁移率的 Ge 或 GaAs 沟道材料，由于其表面上形成的天然氧化物质量很差，引入界面控制层就成为一种降低界面态密度、解决费米能级钉扎的有效路径之一。9.2.2 节中介绍了 Ge 基 MOS 器件中引入超薄的 ALD Al_2O_3 界面控制层（1～1.2 nm）对器件界面质量和性能的改善（图 9.3）[82]，也可引入 ALD 制备的稀土氧化物 La_2O_3 层，高质量的 $LaGeO_x$ 界面层生成，阻挡了 O 向衬底的扩散，也阻挡了 Ge 向栅介质的扩散，抑制了界面层的生成，因而获得了较高的积累电容值和较低的漏电流密度 [83]。

微电子中的铜互连必须解决铜极易扩散与衬底发生反应的难题，7.5.1 节中专门介绍了 PEALD 生长扩散阻挡层方面的工作进展。若干金属（Ru、Ir 等）、金属氮化物（WN、TaN_x 等）和掺入第三种元素的金属氮化物（WC_xN_y、W-Si-N 等）均被深入研究（图 7.13）[84]，取得了一些不错的结果。例如，使用 PELAD 制备的超薄 TaN_x 阻挡层，仅仅 0.6 nm 厚就具有高达 800 ℃的失效温度，是目前报道的最好结果[85]。总之，PEALD 由于其较低的沉积温度、适合绝大多数金属和氮化物的沉积而在铜互连应用中备受关注，且生长的薄膜时常为非晶态，可以避免铜沿着晶界扩散引起的漏电流，成为重要的候选技术之一[86]。

浮栅型半导体存储器（闪存）是现在的主流存储器，正趋近其物理和技术极限。而电荷俘获型存储器，基本结构为半导体衬底 / 隧穿层 / 电荷存储层 / 阻挡层 / 栅电极，具有同半导体工艺相兼容、功耗低和抗疲劳性能好等优良特性，是一种极具应用前景的新型非易失性存储器。9.3.2 节中已经介绍了 ALD 技术在纳米晶存储器和缺陷俘获型存储器中的应用。其中 ALD 在沉积高 k 氧化物隧穿层和阻挡层方面显示出极大的优越性，取代传统的 SiO_2，可方便调控势垒高度，降低漏电流和提高保持能力、操作速度。

2）界面自清洁作用

自清洁作用（self-cleaning）是指在 ALD 生长过程中，金属前驱体与衬底表面氧化物发生反应而将其去除的效应，常见于Ⅲ-V 族衬底。9.2.3 节中，对Ⅲ-V 族 MOSFET 器件，就介绍了利用 TMA 或 TEMAH 能明显减少 GaAs 界面 Ga 或 As 的氧化物层，且相比 TMA，TEMAH 源脉冲能够更有效地去除高价态的本征氧化物[87]。还重点讨论了不同 ALD 脉冲处理（无脉冲、TMA 脉冲和 TMA+TDMAH［$Hf(N(C_2H_5)_2)_4$］联合脉冲）对 GaAs 界面的自清洁效果[88]。发现 TMA 和 TDMAH 的联合处理具有最好的自清洁效果，界面的氧化物 Ga_2O_3 和 As_2O_3 明显减少。其自清洁机理为配体交换反应机制［式（9.1）、式（9.2）］。而 TMA 和 TDMAH 联合处理的样品相比其他样品的 XPS 谱在 17.1 eV 多出了一个峰（图 9.5），对应于 Hf—O，证实了式（9.3）、式（9.4）反应的发生。研究表明，TMA+TDMAH 联合脉冲处理的样品，具有最薄的界面层（厚度 0.2 nm）、最高的积累态电容和最低的界面态密度（图 9.6）。

3）等离子体原位处理

PEALD 生长中，NH_3 等离子体也有着与上面类似的自清洁效应，在 7.5.3 节等离子体原位处理中，就介绍了 GaAs 表面经 NH_3 等离子体处理后，XPS 谱中未发现 Ga、As 的氧化物的信号，并且 As 的信号也未探测到，推测 NH_3 等离子体与 GaAs 衬底发生了反应［式（7.1）～式（7.3）］，不仅能够去除 GaAs 界面氧化物，并且可将 GaAs 转化为 GaN，获得优异的界面性能（图 7.17）[89]。

NH_3 等离子体也可用于对 Ge 衬底进行预处理，实现将 Ge 表面的天然氧化物氮化为锗的氮氧化物（GeO_xN_y）[90]，比天然氧化物 GeO_2 具有更好的热稳定性（图 7.18），NH_3 等离子体处理后的样品具有更加优异的电学性能，获得了等效氧化层厚度（EOT）仅为 0.96 nm 的 MOS 结构（图 9.4）。

二维石墨烯表面很难用 ALD 直接沉积栅介质薄膜，复旦大学 Zhou 等[91]使用远程氧等离子体表面处理 20 s 后，可用 ALD 获得均匀高质量的 Al_2O_3 薄膜。并且等离子体诱导的表面缺陷很有限，制备的石墨烯器件的载流子迁移率达到 2.7×10^3 cm^2 /（V · s），仅下降了 25%。原位 XPS 谱研究表明，远程氧等离子体处理后，C—C 键从 sp^2 杂化转变成 sp^3 杂化，诱导出 C—O 键或 C—(O)O 键，进而使得 TMA 在石墨烯表面的吸附反应变得容易进行（图 10.19）[91]。

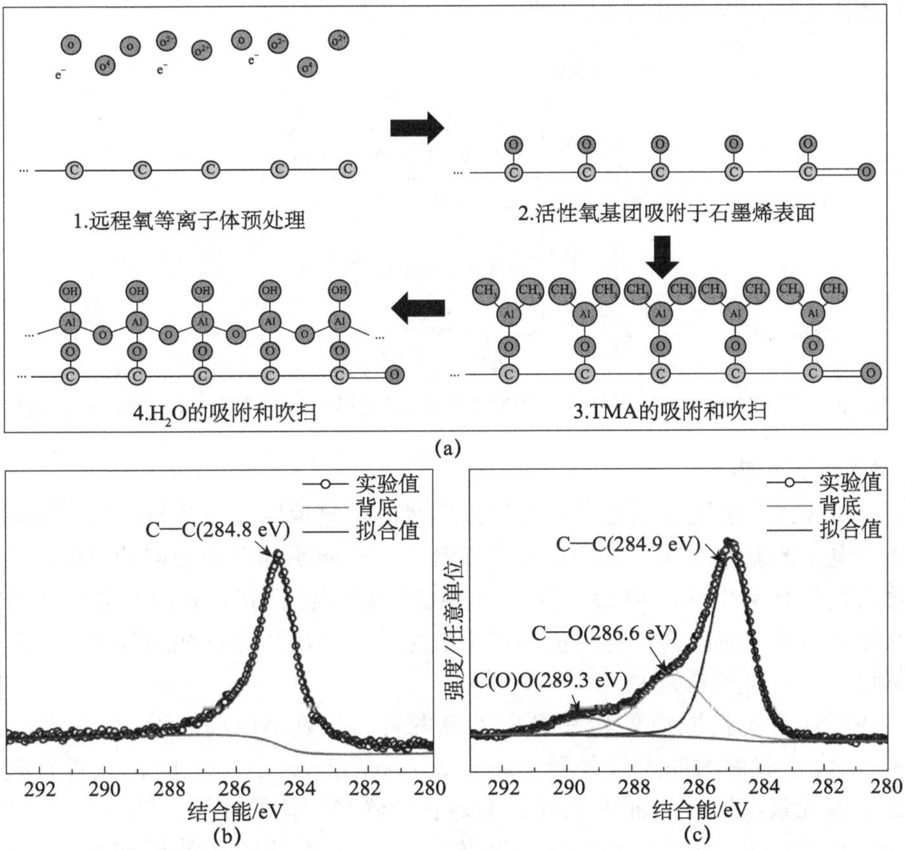

图 10.19　远程氧等离子体处理后采用 ALD 在石墨烯表面沉积 Al_2O_3 介电层的生长示意图 (a) 及氧等离子体处理前 (b) 和处理后 (c) 的原位 XPS 谱图[91]

4）能带调控与补偿

CMOS 器件要正常工作，具有低的漏电流和能耗，就需要高 k 材料与半导体间具有合适的能带排列结构，与半导体衬底的导带和价带间的势垒高度均大于 1 eV。9.2.3 节介绍了 GaAs 基 MOS 器件中，通过改变 ALD 生长 HfO_2/Al_2O_3 纳米叠层的比例参数（图 9.7），可方便有效地调节栅介质与 GaAs 之间的界面质量和能带补偿，系统研究了 Al/Hf 摩尔比对 AHO/GaAs 的界面组成、能带排列和电学性能的影响[92]。随着 Al/Hf 摩尔比的增加，价带补偿、导带补偿和介质带隙增大，可有效地增加势垒高度、降低漏电流（图 9.8）。

同理，在 Ge 衬底上，采用 ALD 生长不同 Al/Ti 摩尔比的 Al_2O_3/TiO_2（ATO）纳米叠层结构：（Ⅰ）(1∶5)-ATO：[Al_2O_3 (1 循环) + TiO_2 (5 循环)]，(Ⅱ) (1∶10)-ATO：[Al_2O_3 (1 循环) + TiO_2 (10 循环)]，（Ⅲ）(1∶20)-ATO：[Al_2O_3 (1 循环) + TiO_2 (20 循环)]。ATO 薄膜与 Ge 衬底之间的能带补偿也可以通过改变 Al/Ti 循环次数比进行调控（图 10.20）[93]。

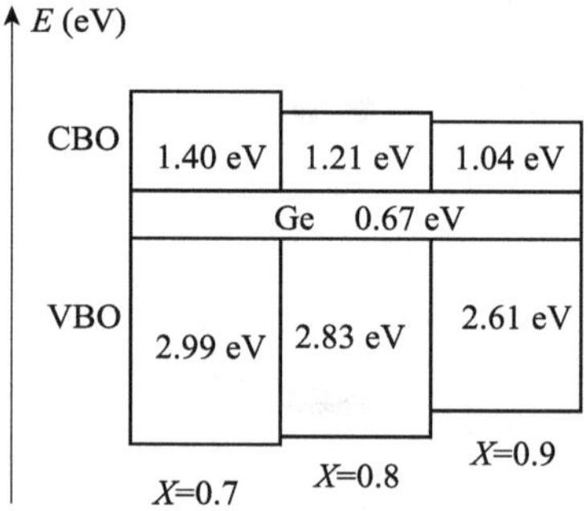

图 10.20 不同 Ti/Al 摩尔比 (X) 的 ATO 纳米叠层薄膜和 Ge 衬底之间的能带排列示意图[93]

5）外延薄膜

MOCVD 方法沉积制备了一系列高质量的外延薄膜、超晶格薄膜，推动了半导体光电子产业的发展，其中发光二极管在白光照明和显示领域的广泛应用正改变着人们的日常生活。ALD 方法，与 MOCVD 相比，其生长机制依赖于有效的表面化学吸附反应。为了保证前驱体不发生分解，沉积温度相对偏低，一般获得的薄膜以非晶和多晶为主。

外延通常包括同质外延和异质外延两种。早在 ALD 技术诞生初期，20 世纪 80 年代还被称为原子层外延（atomic layer epitaxy, ALE）时，就曾兴起过用 ALE 制备元素半导体、Ⅲ-Ⅴ族和Ⅱ-Ⅵ族化合物半导体的热潮，制备了一系列 Si、GaAs、$In_xGa_{1-x}As$、CdTe 等半导体薄膜[94]，其中不乏同质外延或异质外延 Si、GaAs 和 CdTe 等薄膜的报道[95]。然而当时沉积温度普遍较高，往往超过 450 ℃，甚至达到 700 ℃、800 ℃[96]，是否符合 ALD 的自限制表面化学吸附机制，也存在争议。与金属有机化学气相外延相比，ALE 方法在生长半导体外延薄膜方面并未展现出优势和可能的商业化应用前景。并且随着对 ALD 生长机制的深入理解，ALD 独特的表面化学吸附反应机理，不少时候反倒成了限制外延薄膜生长的一道枷锁。ALD 外延生长是指不仅要获得结晶态薄膜，而且所有原子或离子须在沉积表面晶格点阵上有序排列，形成单晶，这就意味着衬底要达到一定温度，允许原子或离子扩散到单晶结构的点阵上。然而不少 ALD 使用的前驱体不能承受较高的沉积温度，会发生热分解，或在此温度下，解吸占据上风，无法形成有效的表面化学吸附。因此目前为止，关于 ALD 外延生长薄膜的报道十分有限，但还是有若干令人振奋的进展。通过选择合适衬底和前驱体，精心调控工艺条件，还是有可能获得高质量的外延薄膜和界面结构的。

哈佛大学 Gordon 课题组在 S 钝化的（111）A 的 GaAs 衬底上，采用 ALD 方法在自制的管式炉 ALD 反应室内分别在 300℃和 350℃成功外延生长了 $La_{2-x}Y_xO_3$ 和 $LaLuO_3$ 薄膜[97,98]，使用的前驱体分别是三 (*N*, *N*′- 二异丙基甲脒基) 镧、三 (*N*, *N*′- 二异丙基脒基) 钇、三 (*N*, *N*′- 二异丙基脒基) 镥和 H_2O。在每一个 H_2O 脉冲后，引入了一个长达 6～80 s 的氮气吹扫脉冲，以最大限度减少薄膜中—OH 基团的影响，它们的存在相当程度上会恶化薄膜的结晶性和器件的电学性能。$La_{2-x}Y_xO_3$/GaAs(111) A 的 HRTEM 截面照片显示为原子级陡峭界面，无中间层，界面处存在孪晶边界，为立方到立方的外延关系［图 10.21 右上角为 $La_{1.8}Y_{0.2}O_3$/GaAs(111) A 的 HRTEM 截面图］。而同样情况下沉积在非晶 SiN_x 衬底上的 $La_{1.8}Y_{0.2}O_3$ 薄膜则显示出非晶结构。$La_{1.8}Y_{0.2}O_3$ 和 GaAs(111) A 衬底的晶格失配只有 −0.64%，晶格匹配的衬底诱导出高度外延的 $La_{1.8}Y_{0.2}O_3$ 薄膜，具有高质量的界面。对应的电学性能也证实了这一点（图 10.21），La_2O_3/GaAs(111) A 晶格失配只有 0.04%, 制备的 MOS 器件显示了很低的界面态密度，导带边 D_{it} 低于 $3\times10^{11}\ cm^{-2}\cdot eV^{-1}$，以及不到 10% 的频率色散[97]。同理，$LaLuO_3$ 和 GaAs(111) A 衬底的晶格失配为 −3.8%，也显示出立方的外延关系和较好的界面质量，D_{it} 为 $7\times10^{11}\ cm^{-2}\cdot eV^{-1}$[98]。而沉积在 Si(111) 和 GaAs（100）衬底上的 $LaLuO_3$ 薄膜则为多晶结构。

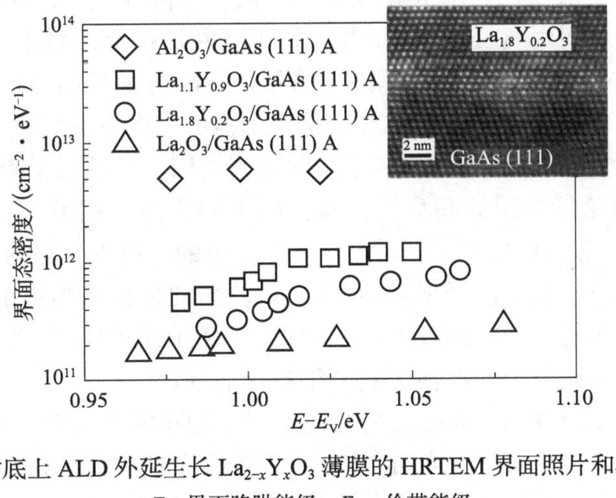

图 10.21　GaAs 衬底上 ALD 外延生长 $La_{2-x}Y_xO_3$ 薄膜的 HRTEM 界面照片和界面态密度数据[97]

E，界面陷阱能级；E_V，价带能级

通常人们认为 ALD 并不太适合在钙钛矿衬底上沉积高质量的外延复合氧化物薄膜，特别是像 $BiFeO_3$ 这样组成和相结构比较复杂易变的多铁薄膜。然而 Spanier 课题组 [99] 报道了采用 ALD 技术在 $SrTiO_3(001)$ 衬底上成功获得了纯相单晶外延的 $BiFeO_3(001)$ 薄膜，金属前驱体为 $Bi(mmp)_3$ 和二茂铁，氧源为臭氧（<10%），沉积温度为 250 ℃，后退火温度为 700 ℃。HRTEM 截面照片证实高质量的界面处无失配的位错，电学测试也表现出典型的多铁特性。此结果也开拓了 ALD 技术在外延多元钙钛矿氧化物领域的应用前景。

10.4 原子层沉积在纳米器件中的应用

ALD 技术在纳米器件中的应用很多也很广，最重要的应用就是第 9 章中已述及的半导体工业中的 MOSFET 逻辑器件和存储器件中的动态随机存储器（DRAM）等。本节中仅举几个实例来说明 ALD 在这方面可能的应用前景。

10.4.1 微纳机电系统

微机电系统（micro-electro-mechanical system，MEMS）是将微电子技术与机械工程融合到一起的一种工业技术，其操作范围在微米范围内。比它更小的，在纳米范围的类似技术被称为纳机电系统（nano-electro-mechanical system，NEMS）。微机电系统由尺寸为 1～100 μm 的部件组成，而且微机电设备的尺寸通常为 0.02～1 mm，内部时常包含一个微处理器和若干获取外界信息的微型传感器。由于微机电系统相当大的表面积 / 体积比，静电和浸润等表面效应往往会较大。微机电系统的加工技术一般由半导体加工技术改造而来，包括模压、电镀、湿法刻蚀、干法刻蚀、电火花加工等，便于实际应用。ALD 应用于 MEMS/NEMS，一方面是利用 ALD 适合复杂异形表面共形沉积的特点，在微纳机电系统表面沉积防磨损、防黏附、可润滑的涂层，另一方面是将 ALD 与光刻和刻蚀技术相结合，制备特定结构的二维或三维微纳器件。以下进行举例说明。

MEMS 的微型发动机，是由多晶硅做机械结构。其轮毂上有一个旋转齿轮，为了改善齿轮和轮毂之间的润滑性，减少磨损和摩擦，利用 ALD 生长约 10 nm 厚的 Al_2O_3 涂层（图 10.22）[100]。由于 ALD 出色的三维共形性和均匀性，超薄、耐磨和共形的 Al_2O_3 涂层已经成功沉积在 Si 表面的微机械结构上。TEM 截面照片也证实，即使在超过 100 深宽比的埋沟中，涂层的均匀性也超过 95%，对减少微型发动机机械传动装置的磨损无疑是很有裨益的。

ALD 与标准的 MEMS 制备工艺的光刻与刻蚀技术相结合，可在聚合物衬底如聚酰亚胺上制备从上到下的特定二维、三维微纳结构（图 10.23）[101]，且可对微纳结构的弯曲度进行原子尺度上的调控。通过多次重复工艺中的部分步骤，释

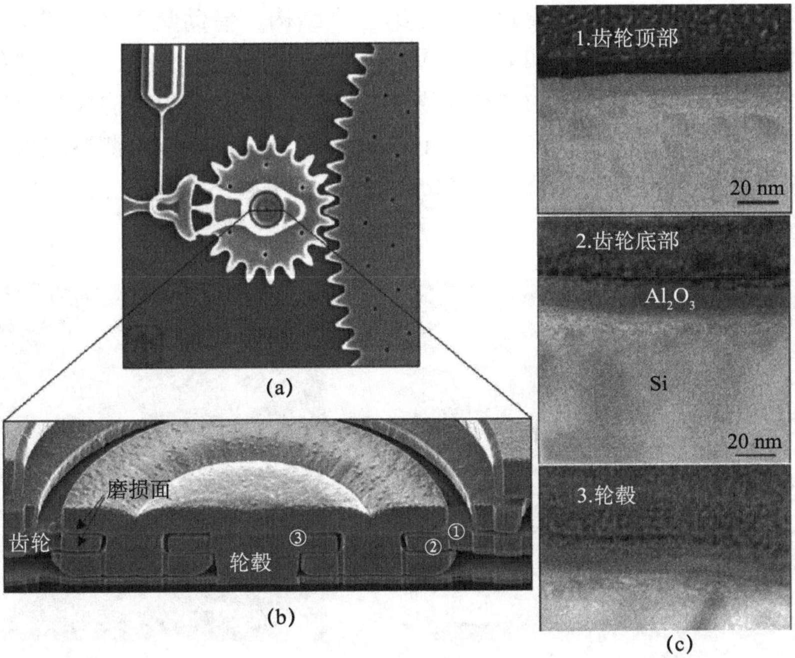

图 10.22　ALD 在 MEMS 的微型发动机上沉积 Al_2O_3 涂层[100]

(a) MEMS 的微型发动机，轮毂上有一个旋转齿轮。此结构使用 3 mm 厚的多晶硅做机械结构；(b) 轮毂及其与齿轮接触面的断面照片，轮毂内有埋沟；(c) 图 (b) 中①、②、③位置处 ALD 生长 Al_2O_3 膜的 TEM 截面照片

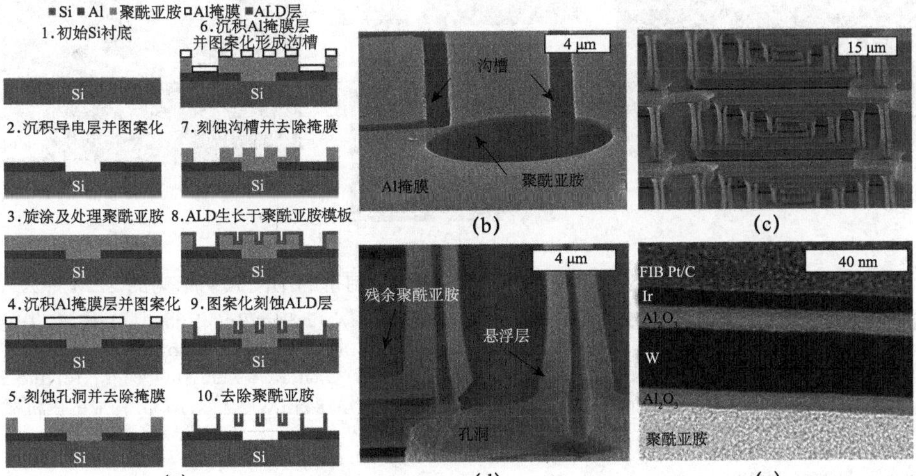

图 10.23　ALD 与标准的 MEMS 工艺相结合制备特定纳微结构流程图和 SEM/TEM 照片[101]

(a) 工艺流程图：在执行去除聚酰亚胺的最后一步——第 10 步前，可多次重复 3～9 步，获得分级的微纳结构；(b) 铝掩膜的孔和沟槽，刻蚀掉聚酰亚胺模板；(c) 部分释放的包含 2.2 nm Al_2O_3/18 nm W/2.2 nm Al_2O_3 的结构，ALD 生长在来自 (b) 的孔和沟槽中；(d) (c) 结构中的局部放大图；(e) 在聚酰亚胺上具有与 (c)、(d) 中类似厚度的 Al_2O_3/W/Al_2O_3 涂层 TEM 截面照片。(b)～(d) 的 SEM 照片均为样品台 75° 倾角拍摄

放目标应力，最终可获得复杂的分级微纳三维结构。借助此工艺，利用一系列的ALD材料，包括Al_2O_3、W和Ru等厚度在10 nm量级的薄膜，成功制备出不同的二维图案，包括两层悬浮的结构［图10.24(a)］；三维的结构控制也通过增加悬臂梁刚度的三维模具得以实现［图10.24(c)］[101]。最终一个测微辐射的红外线感应像素吸收阵列被获得［图10.24(d)］，表面平整度可通过ALD衍生的纳米膜厚进行调控[101]。

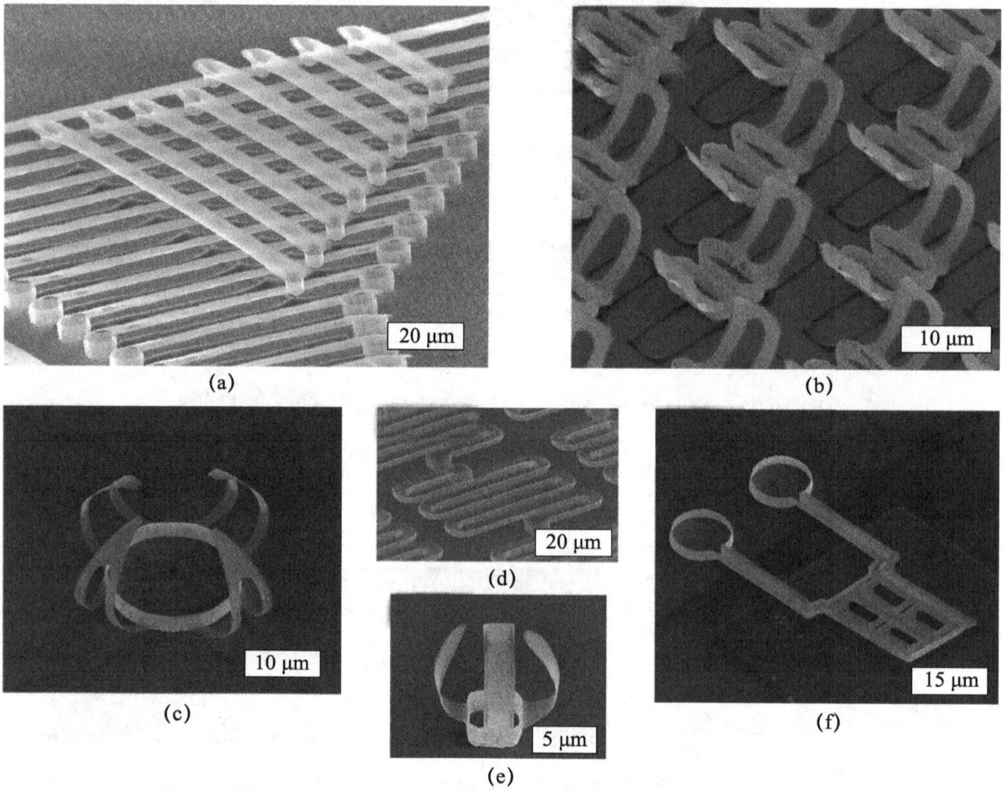

图10.24　利用ALD与标准的MEMS制备工艺相结合制备的不同微纳结构的SEM照片[101]

(a) 两层悬浮两端固定的悬臂梁结构，由ALD生长的5.5 nm Al_2O_3/2.5 nm Ru/5.5 nm Al_2O_3构成；(b) 由5.5 nm Al_2O_3/18 nm W/5.5 nm Al_2O_3构成的类金属材料阵列；(c) 由5.5 nm Al_2O_3/5 nm Ru/7.7 nm Al_2O_3构成的弧形结构；(d) 具有沟槽的类微辐射测量计结构，由5.5 nm Al_2O_3/5 nm Ru/7.7 nm Al_2O_3构成；(e) 由5.5 nm Al_2O_3/5 nm Ru/7.7 nm Al_2O_3构成的弧形结构；(f) 由2.2 nm Al_2O_3/18 nm W/2.2 nm Al_2O_3构成的微机械桨

10.4.2　纳流体器件

纳流体器件是指流体至少在一个维度小于100 nm的通道内流动，此维度尺寸与德拜长度、DNA或蛋白质尺寸，甚至滑移长度都相当，由此表现出与宏观尺度传输截然不同的现象，可以在光电子、光化学、单分子物理学、化学反应、

光学元件、生物检测、通信、能源等众多领域获得应用[102]。如何获得纳流体通道，特别是 10 nm 以下的通道，成为一个关注热点。

Nam 等[103]通过自封闭、自限制的 ALD 方法发展了亚 10 nm 纳通道阵列的制备工艺，该工艺高度依赖于 ALD 的出色共形性和精确的膜厚控制。图 10.25 为具体工艺流程示意图。首先需获得一个 Si/SiO_2 层的沟槽结构（典型宽度为 40～60 nm），通过湿化学刻蚀其下的 SiO_2 层沟槽形成一个近似圆形的切面，最后在管状结构内部进行 ALD 共形沉积，最终可获得闭合的纳通道。ALD 方法还有一个优点是，可以制备 TiO_2/TiN 和 Al_2O_3/Ru 等氧化物-金属核壳结构的纳通道，以应用于电流体（electrofluidic）基的电路系统。

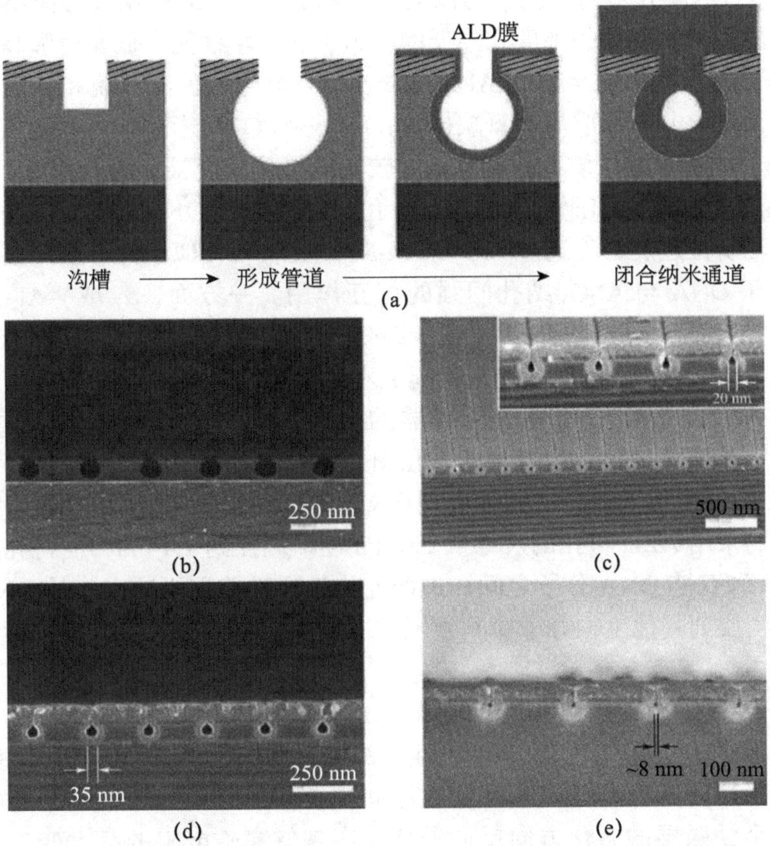

图 10.25　自封闭、自限制 ALD 方法制备亚 10 nm 纳通道阵列的工艺和 SEM 照片[104]

(a) 工艺流程图：斜线图为非晶 Si，浅灰色为 SiO_2，黑色为 Si 衬底，深灰色为 ALD 膜；
(b) ～ (e)：不同尺寸纳通道的 SEM 截面照片

电流体结合了电子学和纳流体的概念，可利用流体的电学特性应用于固态器件。ALD 适合制备核壳双层结构，在金属化的纳米孔内再沉积一层绝缘的介电层，这样金属与通道内的电解质隔离形成了金属-绝缘体-电解质的结构，可用来做纳流体晶体管。Nam 等 [103] 借助 ALD 成功制备了亚 10 nm 纳通道的离子场效应晶体管。

10.4.3 单分子传感器件

最近一些年固态纳孔膜已经成为一种强有力的工具用于生物大分子的检测。膜的表面性质和纳孔的维度很大程度上影响着生物传感器的性能，而修饰膜的表面性质和调控孔的尺寸大小，恰恰是 ALD 方法最擅长的，这方面已经取得了可喜的进展。Bashir 课题组 [105] 报告了一个通过 ALD 制备 Al_2O_3 纳孔的方法，并成功用于单个 DNA 分子的检测，与以前报道的 SiO_2 或 Si_3N_4 纳孔传感器相比，显示出改进的力学（增加的硬度和降低的应力）和电学性能（低噪声和高信噪比）。有趣的是，电子枪辐照会改变 ALD 生长 Al_2O_3 纳孔的表面形貌和结晶性，由最初的化学计量比非晶形成局部氧缺损的 α- 或 γ-Al_2O_3 纳米晶，进而明显影响纳米尺度单分子传感器的灵敏性 [106]。DNA 较快的易位速度被认为是 DNA 测序中存在的难题之一。通过辐照处理 Al_2O_3 纳孔，发现双链 DNA 经过辐照过的 Al_2O_3 纳孔的平均易位速度，比通过 SiO_2 或 Si_3N_4 纳孔，在相似条件下下降了一个数量级，归因于 DNA 与 Al_2O_3 纳孔间强的相互作用。一方面，α- 或 γ-Al_2O_3 纳米晶辐照后的纳孔表面带正电，与阴离子 DNA 之间的静电吸引力增强；另一方面，辐照后的 Al_2O_3 纳孔表面变粗糙，引起疏水性聚合物与纳孔间的作用力变大。

目前，大多数用于单分子传感器的合成纳孔都是垂直于膜表面的直孔。Chen 等 [107] 报道了一种扭曲打结的硅孔周期阵列，发现相比于尺寸相当的直孔阵列，DNA 易位速度下降了 5 倍，表现出对单链 DNA 和双链 DNA 近乎完美的选择性。他们采用 ALD 将孔的尺寸从 2.6 nm 逐渐调控到 1.4 nm，使得孔大小介于单链 DNA 和双链 DNA 分子之间，进而允许选择性检测不同大小的 DNA。此方法也可以扩展到其他生物分子检测领域。

10.4.4 磁隧道结器件

磁隧道结一般为三明治结构，两层铁磁金属间插入一超薄的非磁绝缘层，由于两铁磁层间不存在或基本不存在层间耦合，只需要一个很小的外磁场即可将其中一个铁磁层的磁化方向反向，从而实现隧穿磁电阻的巨大变化，故磁隧道结比金属多层膜具有高得多的磁场灵敏度。同时，这种结构本身电阻率很高、能耗小、性能稳定，无论是作为读出磁头、传感器，还是作为磁随机存储器 (MRAM)，都具有异常突出的优点。特别是作为 MRAM 中用于存储信息的核心部件，具有体积小、存取速度快、存取次数几乎无限的特点，受到工业界和学术界的广泛关注。而发展与半导体工艺兼容的 MRAM 的制备技术，是其中一项重要的内容。目前磁隧道结的制备主要还是依赖于复杂的物理气相沉积方法，将 ALD 应用于自旋电子学领域一直是人们在尝试追求的，然而进展并不顺利。一个主要难题是 ALD 直接在金属自旋源——铁磁金属膜（Ni、Co、Fe 及其合金）上沉积，会引起金属层的氧化，导致自旋电子性能消失，这极大限制了 ALD 工艺在自旋阀器件制备中的应用。

Martin 等[108]成功将 ALD 制备的超薄亚纳米 Al_2O_3 绝缘层集成进石墨烯包覆的 Ni/ALD Al_2O_3/Co 磁隧道结中，并获得了出色和稳定的磁电阻性能。图 10.26(a) 显示了石墨烯包覆 Ni/ALD Al_2O_3/Co 磁隧道结示意图。首先在蒸发获得的金属 Ni 上 CVD 生长二维少层石墨烯（2～5 层），产生一个还原和钝化的 Ni 表面，用掩膜板获得 1 μm^2 的结；然后采用 TMA 和臭氧做前驱体，在石墨烯上面直接 ALD 制备亚纳米 Al_2O_3（膜厚 0.6 nm、0.8 nm、1.0 nm），产生了高质量、均匀连续的隧穿阻挡层；最后用磁控溅射法沉积 Co (15 nm)/Au(80 nm)。石墨烯包覆的 Ni/ALD Al_2O_3/Co 磁隧道结具有明显的隧道磁电阻效应，石墨烯的自旋过滤效应被增强，Ni 电极产生几乎全反向的自旋极化，达到 42%，与文献报道的来自高质量的 Ni/Al_2O_3 界面的最大自旋极化值（～46%）相当[109]。总之，适合缩微化与规模化制备的 ALD 在共形沉积磁隧道结的隧穿阻挡层方面的突破，为 ALD 在自旋电子学领域的应用打开了一条通路。

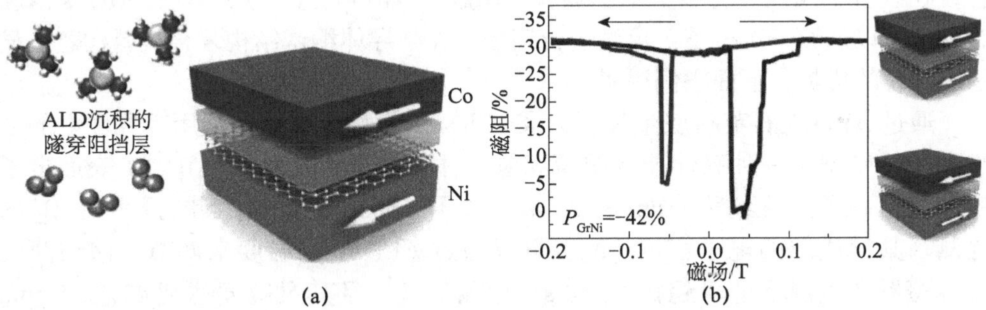

图 10.26　ALD 制备阻挡层用于磁隧道结自旋电子学器件[108]

(a) 石墨烯包覆 Ni/ALD Al_2O_3/Co 磁隧道结示意图，超薄的亚纳米阻挡层由 TMA 和臭氧 ALD 工艺制备；(b) 石墨烯包覆 Ni/ALD Al_2O_3/Co 磁隧道结中较大的磁电阻信号。磁电阻反向信号起源于负的自旋极化，其由 Ni/ 石墨烯界面自旋过滤效应驱动产生

10.4.5　气敏传感器

理想的气敏传感器应具有高灵敏度、高选择性、响应快、长寿命、可低温工作、低成本及适于规模化生产等特点。金属氧化物半导体电阻型气敏传感器因其结构简单、灵敏度高、稳定性好、成本低廉，受到学术界和产业界的广泛关注，成为下一代最有前途的气体传感器之一。其中薄膜型半导体气体传感器，利用叉

指电极结构，为目标气体分子的吸附提供了更大的比表面积，促进了载流子在传感材料中的快速迁移，更有利于改善气体传感器的灵敏度和响应速度，在下一代智能化、微型化、集成化气敏传感器研发中占据重要地位。金属氧化物薄膜电阻型气体传感器尽管存在诸多优势，但较高的工作温度（300 ℃）和较差的选择性极大地限制了它的应用。

为了改进其气敏性能，研究者发展出贵金属表面修饰、金属离子掺杂、与其他材料复合、形貌调控、后处理等手段。最近研究表明：双金属合金催化剂、金属氧化物量子点（quantum dots, QDs）、多孔金属有机骨架（MOFs）化合物、无机－有机复合材料以及氧化物异质结界面的二维电子气等组成的半导体氧化物纳米复合体系，在低温甚至室温下表现出较好的气敏活性。然而其制备方法大多通过湿化学工艺，很难与MEMS工艺和成熟的半导体工艺兼容，因此，发展纳米甚至原子（分子）尺度可控的半导体复合薄膜型气敏传感器规模化的制备方法成为当前一个亟待解决的难题。

尽管目前将ALD技术应用于气体传感器的研究还较少[110-112]，但ALD技术与半导体工艺、MEMS优异的兼容性，特别有利于半导体气敏传感器的微型化、集成化和规模化量产，并降低功耗、提升可靠性。同时，ALD独特的自限制表面反应机理，使得其除了在沉积金属氧化物纳米薄膜及其异质结方面得心应手外，在制备金属或（合金）纳米颗粒（团簇）、半导体量子点、多孔MOFs薄膜时，也可以从原子（分子）尺度进行调控，在半导体纳米结构复合材料构建上显示出独特的优势，下面举例说明。

通过ALD在石英衬底生长了Al_2O_3/TiO_2氧化物异质结，利用其界面上的二维电子气研制了一种高性能透明薄膜氢气体传感器[图10.27(a)][110]，表面电子束蒸发沉积了厚度约为2 nm的Pd纳米粒子（nanoparticles，NPs），用于H_2的检测。其异质结的电子密度（N_S）可以通过ALD工艺温度来调节。该超薄气体传感器在室温下即可超快（<30 s）检测氢气，且其灵敏度达到43%@5 ppm[图10.27(b)]。由于Al_2O_3/TiO_2的宽禁带（>3.2 eV），可获得可见光透明的气体传感器，并且亦可用于柔性氢气传感器的开发。

采用全ALD方法制备了40循环Pd NPs@SnO_2/PI柔性薄膜型氢气传感器[113]。在Pd负载量仅为0.62 %，测得150 ℃下灵敏度高达1229@30 ppm H_2，响应/恢复时间仅为50 s/17 s，且对几种干扰气体（CO、CH_4、NH_3）显示出优异的H_2选择性，可耐受10 mm弯曲半径下的1000次弯折（图10.28）。而采用原子层沉积SnO_2薄膜、团簇束流沉积Pd NPs，其制备的性能最优体系Pd NPs负载量高达16.8%[111]。

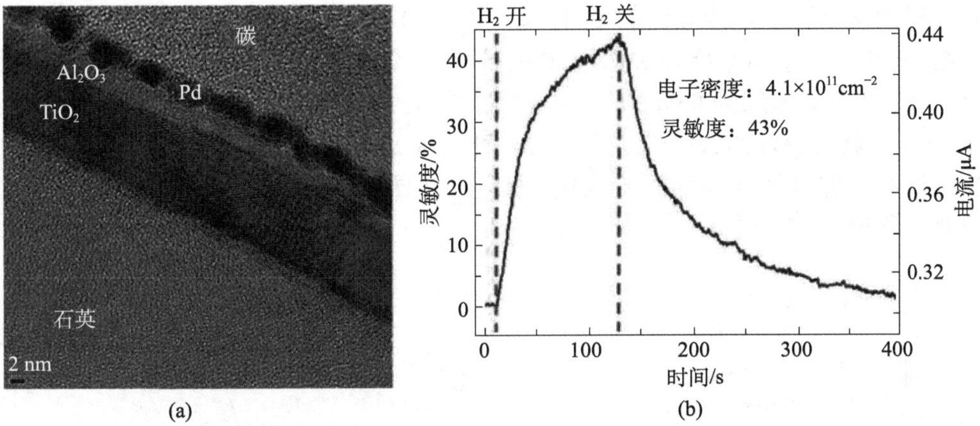

图 10.27　基于 ALD 氧化物薄膜异质结界面二维电子气的高性能薄膜氢气传感器 [110]

(a) Pd/3 nm-Al_2O_3/10 nm-TiO_2 异质结氢气传感器 TEM 截面照片；

(b) 室温下对 5 ppm 氢气的氢敏性能和响应曲线

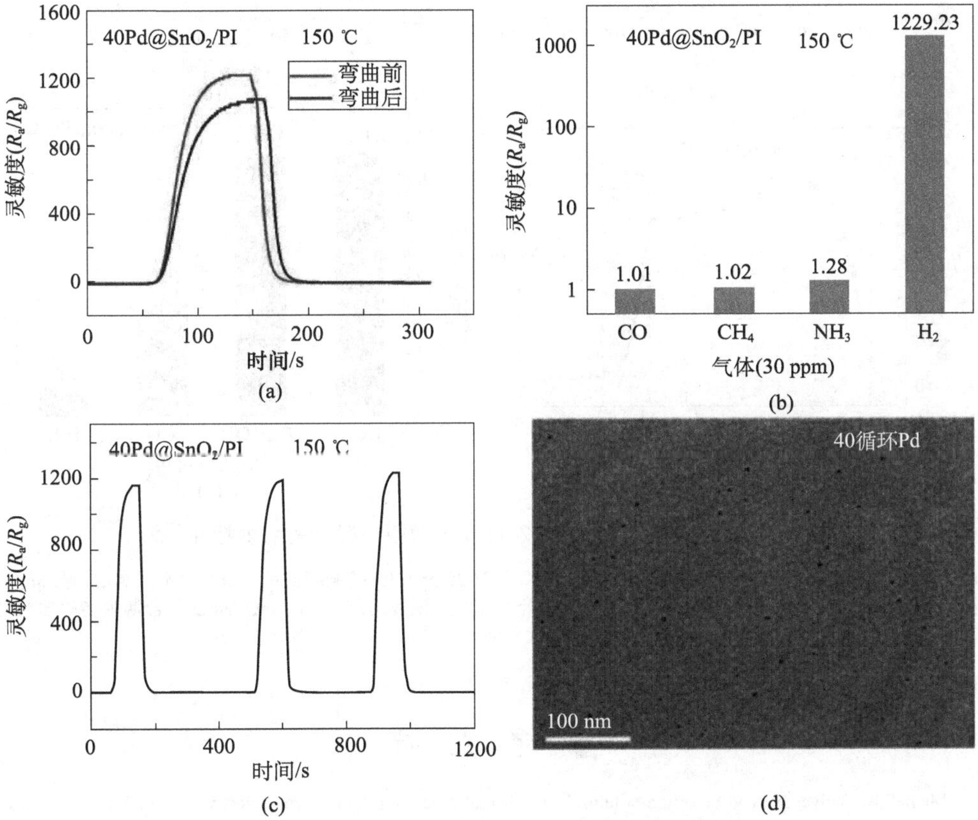

图 10.28　40 循环 Pd NPs@SnO_2/PI 薄膜型柔性氢气传感器 [113]

(a) 弯折前后氢敏性能；(b) 优异的选择性；(c) 重复性；(d) ALD 生长 40 循环 Pd 后 SEM 表面形貌照片

利用热 ALD 在 SiO_2/Si 衬底上制备了 SnO_2/ZnO 复合薄膜氢气传感器[112]，如图 10.29 所示，100 循环 SnO_2/150 循环 ZnO 复合薄膜具有较好的氢气传感性能，200 ℃下灵敏度为 93@30 ppm 氢气，响应 / 恢复时间为 50 s/29 s，检测限为 250 ppb，具有较好的选择性。提出了一种改善 SnO_2/ZnO 复合薄膜氢气传感器性能的机制，即氢敏性能的提升是由 SnO_2-ZnO 异质结和 SnO_2 薄膜中氧空位的协同效应所致。

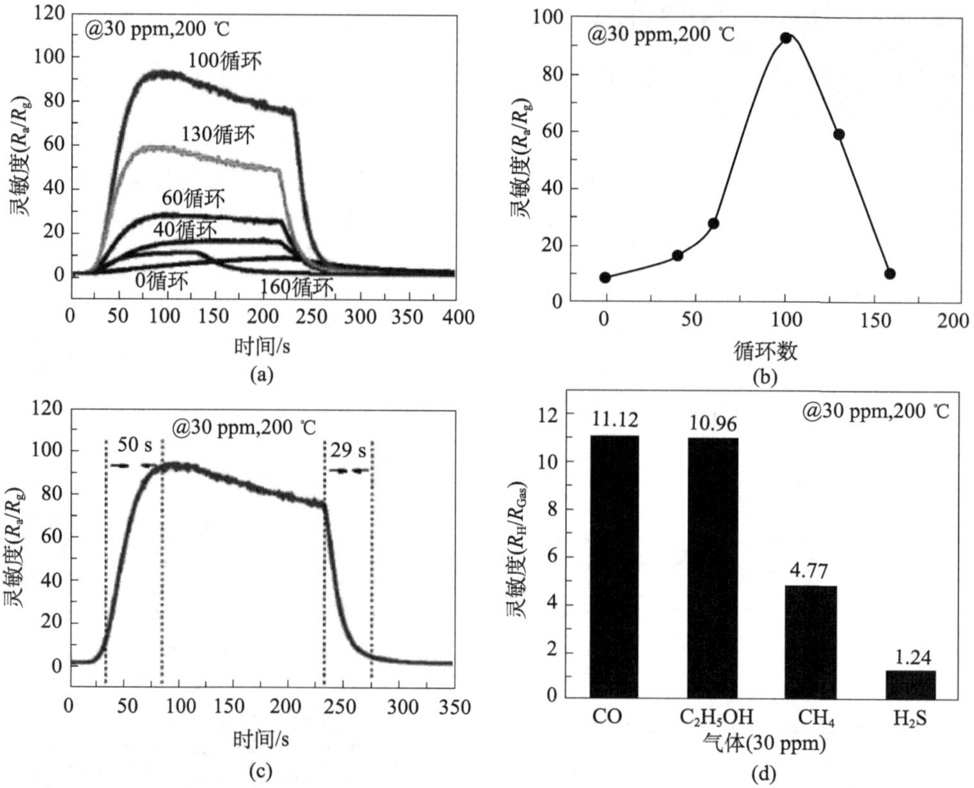

图 10.29　ALD 制备的 SnO_2/ZnO 复合薄膜传感器的氢敏特性[112]

(a) 不同 ALD 循环的 SnO_2/ZnO 复合样品在 200 ℃下对 30 ppm H_2 的响应曲线；(b) 对不同 ALD 循环的响应依赖性；(c) 100 循环 SnO_2/ZnO 样品在 200 ℃下的响应 / 恢复时间；(d) SnO_2/ZnO 复合薄膜传感器对几种干扰气体的选择性

参 考 文 献

[1] Mameli A, Teplyakov A V. Selection criteria for small-molecule inhibitors in area-selective atomic layer deposition: Fundamental surface chemistry considerations. Acc. Chem. Res., 2023, 56: 2084–2095

[2] Mackus A J M, Merkx M J M, Kessels W M M. From the bottom up: Toward area selective atomic layer deposition

with high selectivity. Chem. Mater., 2019, 31: 2-12

[3] Parsons G N, Clark R D. Area-selective deposition: Fundamentals, applications, and future outlook. Chem. Mater., 2020, 32: 4920-4953

[4] Kim M, Kim J, Kwon S, S, et al. Theoretical design strategies for area-selective atomic layer deposition. Chem. Mater., 2024, 36: 5313-5324

[5] Leskelä M, Ritala M. Atomic layer deposition chemistry: Recent developments and future challenges. Angew. Chem. Int. Ed., 2003, 42: 5548-5554

[6] 刘晓杰 . 金属纳米晶电荷俘获型存储单元的制备及其存储效应的研究 . 南京：南京大学博士学位论文 , 2014: 86-87

[7] Krishtab M, Armini S, Meersschaut J, et al. Cyclic plasma halogenation of amorphous carbon for defect-free area-selective atomic layer deposition of titanium oxide. ACS Appl. Mater. Interfaces, 2021, 13: 32381-32392

[8] Ulman A. Formation and structure of self-assembled monolayers. Chem. Rev., 1996, 96: 1533-1554

[9] Pinna N, Knez M. Atomic Layer Deposition of Nanostructured Materials. Weinheim: Wiley-VCH Verlag & Co. KGaA, 2012: 193-225

[10] Ras R H A, Sahramo E, Malm J, et al. Blocking the lateral film growth at the nanoscale in area-selective atomic layer deposition. J. Am. Chem. Soc., 2008, 130: 11252-11253

[11] Mackus A J M, Bol A A, Kessels W M M. The use of atomic layer deposition in advanced nanopatterning. Nanoscale, 2014, 6: 10941-10960

[12] Grimm O C, Somaratne R M D S, Wang Y, et al. Thiol adsorption on metal oxide nanoparticles. Phys Chem. Chem. Phys., 2021, 23: 8309-8317

[13] Ma Z, Zaera F. Organic chemistry on solid surfaces. Surf. Sci. Rep., 2006, 61: 229-281

[14] Biercuk M J, Monsma D J, Marcus C M, et al. Low-temperature atomic-layer-deposition lift-off method for microelectronic and nanoelectronic applications. Appl. Phys. Lett., 2003, 83: 2405-2407

[15] Suresh V, Huang M S, Srinivasan M P, et al. Robust, high-density zinc oxide nanoarrays by nanoimprint lithography-assisted area-selective atomic layer deposition J. Phys. Chem. C, 2012, 116: 23729-23734

[16] Kim J M, Lee H B R, Lansalot C, et al. Plasma-enhanced atomic layer deposition of cobalt using cyclopentadienyl isopropyl acetamidinato-cobalt as a precursor. Jpn. J. Appl. Phys., 2010, 49: 05FA10-1~5

[17] Knez M, Nielsch K, Niinistö L. Synthesis and surface engineering of complex nanostructures by atomic layer deposition. Adv. Mater., 2007, 19: 3425-3438

[18] Huang J, Lee M, Kim J. Selective atomic layer deposition with electron-beam patterned self-assembled monolayers. J. Vac. Sci. Technol. A, 2012, 30: 01A128-1~5

[19] Liu L, Mao Y, Lan E, et al. Generation of oxide nanopatterns by combining self-assembly of S-layer proteins and area-selective atomic layer deposition. J. Am. Chem. Soc., 2008, 130: 16908-16913

[20] Lee H B R, Kim W H, Lee J W, et al. High quality area-selective atomic layer deposition Co using ammonia gas as a reactant. J. Electrochem. Soc., 2010, 157: D10-D15

[21] Färm E, Kemell M, Ritala M, et al. Self-assembled octadecyltrimethoxysilane monolayers enabling selective-area atomic layer deposition of iridium. Chem. Vap. Deposition, 2006, 12: 415-417

[22] Lee W, Dasgupta N P, Trejo O, et al. Area-selective atomic layer deposition of lead sulfide: Nanoscale patterning and DFT simulations. Langmuir, 2010, 26: 6845-6852

[23] Prasittichai C, Zhou H, Bent S F. Area selective molecular layer deposition of polyurea films. ACS Appl. Mater. Interfaces, 2013, 5: 13391-13396

[24] Chen R, Kim H, Mcintyre P C, et al. Investigation of self-assembled monolayer resists for hafnium dioxide atomic

layer deposition. Chem. Mater., 2005, 17: 536-544

[25] Jiang X, Chen R, Bent S F. Spatial control over atomic layer deposition using microcontact-printed resists. Surf. Coat. Technol., 2007, 201: 8799-8807

[26] Lee H, Kim J, Kim H, et al. Degradation of the deposition blocking layer during area-selective plasma-enhanced atomic layer deposition of cobalt. J. Korean Phys. Soc., 2010, 56: 104-107

[27] Färm E, Kemell M, Ritala M, et al. Selective-area atomic layer deposition using poly(methyl methacrylate) films as mask layers. J. Phys. Chem. C, 2008, 112: 15791-15795

[28] Färm E, Kemell M, Santala E, et al. Selective-area atomic layer deposition using poly(vinyl pyrrolidone) as a passivation layer. J. Electrochem. Soc., 2010, 157: K10-K14

[29] Sinha J, Gallis L, Clerix J W J, et al. Low-temperature dechlorosilylation chemistry for area-selective deposition of $Ge_2Sb_2Te_5$ and its mechanism in nanopatterns. Chem. Mater., 2024, 36: 3943-3952

[30] Jiang X, Bent S F. Area-selective atomic layer deposition of platinum on YSZ substrates using microcontact printed SAMs. J. Electrochem. Soc., 2007, 154: D648-D656

[31] Coll M, Palau A, Gonzalez-Rosillo J C, et al. Integration of atomic layer deposition CeO_2 thin films with functional complex oxides and 3D patterns. Thin Solid Films, 2014, 553: 7-12

[32] Mackus A J M, Dielissen S A F, Mulders J J L, et al. Nanopatterning by direct-write atomic layer deposition. Nanoscale, 2012, 4: 4477-4480

[33] Mackus A J M, Thissen N F W, Mulders J J L, et al. Direct-write atomic layer deposition of high-quality Pt nanostructures: Selective growth conditions and seed layer requirements. J. Phys. Chem. C, 2013, 117(20): 10788-10798

[34] Gupta R, Willis B G. Nanometer spaced electrodes using selective area atomic layer deposition. Appl. Phys. Lett., 2007, 90: 253102-1~3

[35] Färm E, Lindroos S, Ritala M, et al. Microcontact printed RuO_x film as an activation layer for selective-area atomic layer deposition of ruthenium. Chem. Mater., 2012, 24: 275-278

[36] McDonnell S, Longo R C, Seitz O, et al. Controlling the atomic layer deposition of titanium dioxide on silicon: Dependence on surface termination. J. Phys. Chem. C, 2013, 117: 20250-20259

[37] Lin Y C, Lu C C, Yeh C H, et al. Graphene annealing: How clean can it be?. Nano Lett., 2011, 12(1): 414-419

[38] Gladfelter W L. Selective metalization by chemical vapor deposition. Chem. Mater., 1993, 5: 1372-1388

[39] Farmer D B, Lin Y M, Avouris P. Graphene field-effect transistors with self-aligned gates. Appl. Phys. Lett., 2010, 97: 013103

[40] Tao Q, Jursich G, Takoudis C. Selective atomic layer deposition of HfO_2 on copper patterned silicon substrates. Appl. Phys. Lett., 2010, 96: 192105-1~3

[41] Tao Q, Overhage K, Jursich G, et al. On the initial growth of atomic layer deposited TiO_2 films on silicon and copper surfaces. Thin Solid Films, 2012, 520: 6752-6756

[42] Selvaraj S K, Parulekar J, Takoudis C G. Selective atomic layer deposition of zirconia on copper patterned silicon substrates using ethanol as oxygen source as well as copper reductant. J. Vac. Sci. Technol. A, 2014, 32: 010601-1~4

[43] Murata T, Miyagawa Y, Nishida Y, et al. Low-temperature silicon oxide offset spacer using plasma-enhanced atomic layer deposition for high-*k*/metal gate transistor. Jpn. J. Appl. Phys., 2010, 49: 04DB11-1~5

[44] Beynet J, Park H S, Inoue N. Method of forming semiconductor patterns. U.S. Patent: 8,252,691. August 28, 2012

[45] Dhuey S, Peroz C, Olynick D, et al. Obtaining nanoimprint template gratings with 10 nm half-pitch by atomic layer deposition enabled spacer double patterning. Nanotechnology, 2013, 24: 105303-1~5

[46] Yaegashi H, Oyama K, Hara A, et al. Overview: Continuous evolution on double-patterning process. Proc. SPIE,

Advances in Resist Materials and Processing Technology XXIX, 2012, 8325: 83250B
[47] Gates B D, Xu Q, Stewart M, et al. New approaches to nanofabrication: molding, printing, and other techniques. Chem. Rev., 2005, 105: 1171-1196
[48] Moon H S, Kim J Y, Jin H M, et al. Atomic layer deposition assisted pattern multiplication of block copolymer lithography for 5 nm scale nanopatterning. Adv. Funct. Mater., 2014, 24, 4343-4348
[49] Kim E, Vaynzof Y, Sepe A, et al. Gyroid-structured 3D ZnO networks made by atomic layer deposition. Adv. Funct. Mater., 2014, 24, 863-872
[50] Marichy C, Bechelany M, Pinna N. Atomic layer deposition of nanostructured materials for energy and environmental applications. Adv. Mater., 2012, 24: 1017-1032
[51] Solanki R, Huo J, Freeouf J L, et al. Atomic layer deposition of ZnSe/CdSe superlattice nanowires. Appl. Phys. Lett., 2002, 81: 3864-3866
[52] Yang R B, Bachmann J, Pippel E, et al. Pulsed vapor-liquid-solid growth of antimony selenide and antimony sulfide nanowires. Adv. Mater., 2009, 21: 3170-3174
[53] Kipshidze G, Yavich B, Chandolu A, et al. Controlled growth of GaN nanowires by pulsed metalorganic chemical vapor deposition. Appl. Phys. Lett., 2005, 86: 033104-1~3
[54] Wang G Z, Ran G, Wan G P, et al. Size-selective catalytic growth of nearly 100% pure carbon nanocoils with copper nanoparticles produced by atomic layer deposition. ACS Nano, 2014, 8: 5330-5338
[55] Zaidi S J A, Park J C, Han J W, et al. Interfaces in atomic layer deposited films: Opportunities and challenges. Small Sci., 2023, 3: 2300060-1～15
[56] Hakim L F, Vaughn C L, Dunsheath H J, et al. Synthesis of oxidation-resistant metal nanoparticles via atomic layer deposition. Nanotechnology, 2007, 18: 345603-1~7
[57] King D M, Zhou Y, Hakim L F, et al. *In situ* synthesis of TiO_2-functionalized metal nanoparticles. Ind. Eng. Chem. Res., 2009, 48: 352-360
[58] Zhou Y, King D M, Li J, et al. Synthesis of photoactive magnetic nanoparticles with atomic layer deposition. Ind. Eng. Chem. Res., 2010, 49: 6964-6971
[59] Hakim L F, King D M, Zhou Y, et al. Nanoparticle coating for advanced optical, mechanical and rheological properties. Adv. Funct. Mater., 2007, 17: 3175-3181
[60] Richters J P, Voss T, Kim D S, et al. Enhanced surface-excitonic emission in ZnO/Al_2O_3 core-shell nanowires. Nanotechnology, 2008, 19: 305202-1~4
[61] Wang J, Huang G S, Mei Y F. Modification and resonance tuning of optical microcavities by atomic layer deposition. Chem. Vap. Deposition, 2014, 20: 103-111
[62] Poodt P, Lankhorst A, Roozeboom F, et al. High speed spatial atomic layer deposition of aluminum oxide layers for solar cell passivation. Adv. Mater., 2010, 22: 3564-3567
[63] Meng X B, Yang X Q, Sun X L. Emerging applications of atomic layer deposition for lithium-ion battery studies. Adv. Mater., 2012, 24: 3589-3615
[64] Lu J L, Elam J W, Stair P C. Synthesis and stabilization of supported metal catalysts by atomic layer deposition. Acc. Chem. Res., 2013, 46: 1806-1815
[65] Skoog S A, Elam J W, Narayan R J. Atomic layer deposition: Medical and biological applications. Int. Mater. Rev., 2013, 58: 113-129
[66] Ferguson J D, Weimer A W, George S M. Atomic layer deposition of Al_2O_3 and SiO_2 on BN particles using sequential surface reactions. Appl. Surf.Sci., 2000, 162: 280-292
[67] Kong J Z, Gong Y P, Li X F, et al. Magnetic properties of FePt nanoparticle assembly embedded in atomic-layer-

deposited Al_2O_3. J. Mater. Chem., 2011, 21: 5046-5050

[68] Elam J W, Libera J A, Huynh T H, et al. Atomic layer deposition of aluminum oxide in mesoporous silica gel. J. Phys. Chem. C, 2010, 114: 17286-17292

[69] Elam J W, Xiong G, Han C Y, et al. Atomic layer deposition for the conformal coating of nanoporous materials. J. Nanomater., 2006, 2006: 64501-1~5

[70] Hamann T W, Martinson A B F, Elam J W, et al. Aerogel templated ZnO dye-sensitized solar cells. Adv. Mater., 2008, 20: 1560-1564

[71] Yu M, Funke H H, Noble R D, et al. H_2 separation using defect-free, inorganic composite membranes. J. Am. Chem. Soc., 2011, 133: 1748-1750

[72] Li F B, Li L, Liao X Z, et al. Precise pore size tuning and surface modifications of polymeric membranes using the atomic layer deposition technique. J Membrane Sci., 2011, 385: 1-9

[73] Hirvikorpi T, Vähä-Nissi M, Mustonen T, et al. Atomic layer deposited aluminum oxide barrier coatings for packaging materials. Thin Solid Films, 2010, 518: 2654-2658

[74] Kääriäinen T O, Maydannik P, Cameron D C, et al. Atomic layer deposition on polymer based flexible packaging materials: Growth characteristics and diffusion barrier properties. Thin Solid Films, 2011, 519: 3146-3154

[75] Langereis E, Creatore M, Heil S B S, et al. Plasma-assisted atomic layer deposition of Al_2O_3 moisture permeation barriers on polymers. Appl. Phy. Lett., 2006, 89: 081915-1~3

[76] Carcia P F, McLean R S, Hegedus S. Encapsulation of $Cu(InGa)Se_2$ solar cell with Al_2O_3 thin film moisture barrier grown by atomic layer deposition. Sol. Energy Mater. Sol. Cells, 2010, 94: 2375- 2378

[77] Andreatta F, Aldighieri P, Paussa L, et al. Electrochemical behaviour of ZrO_2 sol-gel pre-treatments on AA6060 aluminium alloy. Electrochem. Acta, 2007, 50: 7545-7555

[78] Potts S E, Schmalz L, Fenker M, et al. Ultra-thin aluminum oxide films deposited by plasma-enhanced atomic layer deposition for corrosion protection. J Electrochem. Soc., 2011, 158: 132-138

[79] Marin E, Lanzutti A, Andreatta F, et al. Atomic layer deposition state-of-the-art and research industrial perspectives. Corros. Rev., 2011, 29: 191-208

[80] Marin E, Lanzutti A, Guzman L, et al. Chemical and electrochemical characterization of hybrid PVD + ALD hard coatings on tool steel. Electrochem. Commun., 2009, 9: 2060-2063

[81] Wang P C, Shih Y T, Lin M C, et al. A study of atomic layer deposited $LiAl_xO_y$ films on Mg-Li alloys. Thin Solid Films, 2010, 518: 7501-7504

[82] Li X F, Cao Y Q, Li A D, et al. HfO_2/Al_2O_3/Ge gate stacks with small capacitance equivalent thickness and low interface state density. ECS Solid State Lett., 2012, 1: N10-N12

[83] Li X F, Liu X J, Cao Y Q, et al. Improved interfacial and electrical properties of atomic layer deposition HfO_2 films on Ge with La_2O_3 passivation. Appl. Surf. Sci., 2013, 264: 783-786

[84] Hong T E, Jung J H, Yeo S, et al. Highly conformal amorphous W-Si-N thin films by plasma-enhanced atomic layer deposition as a diffusion barrier for Cu metallization. J. Phys. Chem. C, 2015, 119: 1548-1556

[85] Kim H, Detavenier C, Van der Straten O, et al. Robust TaN_x diffusion barrier for Cu-interconnect technology with subnanometer thickness by metal-organic plasma-enhanced atomic layer deposition. J. Appl. Phys., 2005, 98: 014308-1~8

[86] Li W M. Recent developments of atomic layer deposition processes for metallization. Chem. Vap. Deposition, 2013, 19: 82-103

[87] Hinkle C L, Sonnet A M, Vogel E M, et al. GaAs interfacial self-cleaning by atomic layer deposition. Appl. Phys. Lett., 2008, 92: 071901-1~3

[88] Cao Y Q, Li X F, Li A D, et al. The combination self-cleaning effect of trimethylaluminium and tetrakis (dimethylamino) hafnium pretreatments on GaAs. Appl. Surf. Sci., 2012, 263: 497-501

[89] Cao Y Q, Li X, Zhu L, et al. Improved thermal stability and electrical properties of atomic layer deposited HfO_2/AlN high-*k* gate dielectric stacks on GaAs. J. Vac. Sci. Technol. A, 2015, 33: 01A136-1~6

[90] Cao Y Q, Chen J, Liu X J, et al. HfO_2/GeO_xN_y/Ge gate stacks with sub-nanometer capacitance equivalent thickness and low interface trap density by *in situ* NH_3 plasma pretreatment. Appl. Surf. Sci., 2015, 325: 13-19

[91] Zhou P, Yang S B, Sun Q Q, et al. Direct deposition of uniform high-*k* dielectrics on graphene. Sci. Rep., 2014, 4: 6448-1~5

[92] Gong Y P, Li A D, Li X F, et al. Impact of Al/Hf ratio on electrical properties and band alignments of atomic-layer-deposited HfO_2/Al_2O_3 on S-passivated GaAs substrates. Semicond. Sci. Tech., 2010, 25: 055012-1~5

[93] Li X F, Fu Y Y, Liu X J, et al. Band alignment and interfacial properties of atomic layer deposited $(TiO_2)_x(Al_2O_3)_{1-x}$ gate dielectrics on Ge. Appl. Phys. A: Mater. Sci. Proc., 2011, 105: 763-767

[94] Herman M A. Atomic layer epitaxy - 12 years later. Vacuum, 1991, 42: 61-66

[95] Pessa M, Jylhä O, Herman M A. Atomic layer epitaxy of CdTe on the polar (111) A and (111) B surfaces of CdTe substrates. J. Cryst. Growth, 1984, 67: 255-260

[96] Nishizawa J, Aoki K, Suzuki S, et al. Silicon molecular layer epitaxy. J. Electrochem. Soc., 1990, 137: 1898-1904

[97] Wang X W, Dong L, Zhang J Y, et al. Heteroepitaxy of La_2O_3 and $La_{2-x}Y_xO_3$ on GaAs (111)A by atomic layer deposition: Achieving low interface trap density. Nano Lett., 2013, 13: 594-599

[98] Liu Y Q, Xu M, Heo J, et al. Heteroepitaxy of single-crystal $LaLuO_3$ on GaAs (111)A by atomic layer deposition. Appl. Phys. Lett., 2010, 97: 162910-1~3

[99] Akbashev A R, Chen G, Spanier J E. A facile route for producing single-crystalline epitaxial perovskite oxide thin films. Nano Lett., 2014, 14: 44-49

[100] Mayer T M, Elam J W, George S M, et al. Atomic-layer deposition of wear-resistant coatings for microelectromechanical devices. Appl. Phys. Lett., 2003, 82: 2883-2885

[101] Eigenfeld N T, Gray J M, Brown J J, et al. Ultra-thin 3D nano-devices from atomic layer deposition on polyimide. Adv. Mater., 2014, 26: 3962-3967

[102] Schoch R B, Han J, Renaud P. Transport phenomena in nanofluidics. Rev. Mod. Phys., 2008, 80: 839-883

[103] Nam S W, Rooks M J, Kim K B, et al. Ionic field effect transistors with sub-10 nm multiple nanopores. Nano Lett., 2009, 9: 2044-2048

[104] Nam S W, Lee M H, Lee S H, et al. Sub-10-nm nanochannels by self-sealing and self-limiting atomic layer deposition. Nano Lett., 2010, 10: 3324-3329

[105] Venkatesan B M, Dorvel B, Yemenicioglu S, et al. Highly sensitive, mechanically stable nanopore sensors for DNA analysis. Adv. Mater., 2009, 21: 2771-2776

[106] Venkatesan B M, Shah A B, Zuo J M, et al. DNA sensing using nanocrystalline surface-enhanced Al_2O_3 nanopore sensors. Adv. Funct. Mater., 2010, 20: 1266-1275

[107] Chen Z, Jiang Y, Dunphy D R, et al. DNA translocation through an array of kinked nanopores. Nat. Mater., 2010, 9: 667-675

[108] Martin M B, Dlubak B, Weatherup R S, et al. Sub-nanometer atomic layer deposition for spintronics in magnetic tunnel junctions based on graphene spin-filtering membranes. ACS Nano, 2014, 8: 7890-7895

[109] Kim T H, Moodera J S. Large spin polarization in epitaxial and polycrystalline Ni films. Phys. Rev. B, 2004, 69: 020403-1~4

[110] Kim S M, Kim H J, Jung H J, et al. High-performance, transparent thin film hydrogen gas sensor using 2D electron

gas at interface of oxide thin film heterostructure grown by atomic layer deposition. Adv. Funct. Mater., 2019, 29: 1807760-1~8

[111] Ren Q, Zhang X Y, Chen J A, et al. Ultrasensitive and wide-range flexible hydrogen sensor based on Pd nanoparticles decorated ultrathin SnO_2 film. Adv. Electron. Mater., 2023, 9: 2201047-1~10

[112] Zhang X Y, Ren Q, Wang C,et al. Atomic layer deposited SnO_2/ZnO composite thin film sensors with enhanced hydrogen sensing performance. Appl. Surf. Sci., 2023, 639: 157973-1~8

[113] 张欣悦 . 二氧化锡基薄膜型氢气传感器的原子层沉积制备与性能研究 . 南京：南京大学硕士学位论文，2023

第 11 章　原子层沉积在光学领域的应用

11.1　引　　言

原子层沉积可以在亚纳米尺度（Å 量级）上严格精确调控膜厚，适合制备纳米叠层（nanolaminate）薄膜或多组元复合结构薄膜，可对光学性质进行连续剪裁和调谐。尽管原子层沉积已经在传统光学薄膜器件领域，如反射膜、增透膜、滤光膜、光学保护膜等方面取得了一系列进展，可是由于沉积速率慢，影响了规模化的商业应用[1]。然而原子层沉积所独具的三维共形沉积和大面积均匀性特点，使得它在新型三维光学元件及其阵列制备，如光子晶体、光学微腔、纳米光栅、表面增强拉曼散射基底、X 射线显微术用超高分辨率的菲涅耳环板（Fresnel zone plates）等方面[1-5]，具有得天独厚、其他方法难以取代的优势，机遇与挑战并存。

本章将首先简介原子层沉积在传统光学器件上的应用，然后重点举例介绍原子层沉积在新型三维光学器件方面的进展，简述原子层沉积在透明导电电极方面的制备和应用，最后也介绍原子层沉积在光学传感与探测、发光显示等领域的相关应用。

11.2　传统光学器件

传统光学薄膜按应用分为反射膜、增透膜、滤光膜、光学保护膜、偏振膜、聚光膜、分光膜和位相膜等。常用的是前面四种：光学反射膜用以增加镜面反射率，常用来制造反光、折光和共振腔器件；光学增透膜沉积在光学元件表面，用以减少表面反射，增加光学系统的透射性，又称减反射膜；光学滤光膜是种类最多、结构复杂的一类光学薄膜，主要功能是分割光谱带，最常见的干涉滤光片是截止滤光片和带通滤光片；光学保护膜沉积在金属或其他软性易侵蚀材料或薄膜表面，用以增加强度或稳定性，改进光学性质。

原子层沉积（ALD）由于所具有的高共形性、精确的膜厚和组成调控性及工艺可重复性等特点，已经成功应用于一系列高质量光学薄膜、复合光学薄膜或纳米叠层薄膜的沉积，包括 SiO_2、Al_2O_3、TiO_2、ZnO、ZnO : Al、ZrO_2、HfO_2、Ta_2O_5、ZnS、Al_2O_3 : Er 、TiO_2/Al_2O_3、HfO_2/Al_2O_3、$(Al_2O_3/ZnS)_n$ 和 $(Al_2O_3/W)_n$ 等。

例如，一个简单双层结构的增透膜 TiO_2（19.6 nm 厚）/Al_2O_3（111.1 nm 厚）[2]，200 ℃采用 ALD 工艺双面沉积在 25 cm^2 的 SiO_2 上，测得膜厚波动小于 1%，在 532 nm

处的透射率为 96.5%，可用于偏光镜和带通滤波器。

如果将纳米叠层（nanolaminate）结构用于光学薄膜沉积，无疑将带来更大的灵活性，便于光学参数和光学特性的剪裁、设计与调控。如图 11.1 所示，采用高折射率的 TiO_2 和低折射率的 Al_2O_3 组成复合纳米叠层薄膜（TiO_2/Al_2O_3）$_m$ 用于折射率的调控［图 11.1(a)］[6]。Al_2O_3 亚单层的厚度固定在 5 个循环（$N_{Al_2O_3}$），复合叠层薄膜的折射率随着 TiO_2 亚单层厚度的变化而线性改变，即 TiO_2 亚单层的循环次数（$n=N_{TiO_2}$）从 5 增大到 10、20、50 和 100，其亚单层膜厚从最初的 2.0 Å 增大到最终的 39 Å，折射率从 1.870 线性增加到 2.318［图 11.1(b)］。

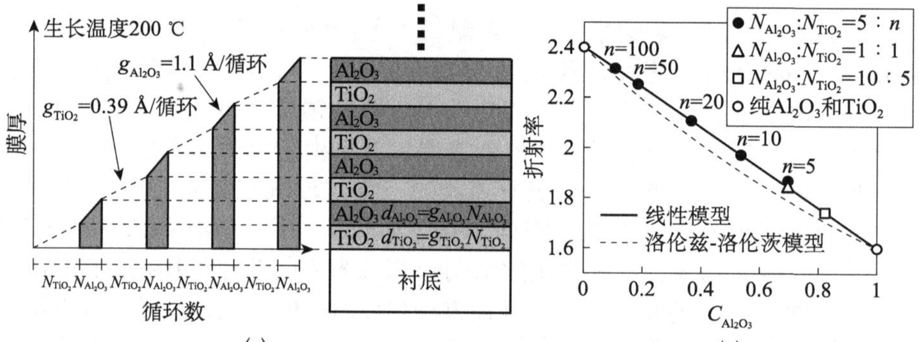

图 11.1　ALD 制备纳米叠层结构 TiO_2/Al_2O_3 用于折射率调控 [6]

(a) 膜厚与循环次数之间的关系和相应的叠层结构示意图；

(b) 纳米叠层 TiO_2/Al_2O_3 薄膜的折射率与 Al_2O_3 体积分数（$C_{Al_2O_3}$）的关系曲线

利用ALD制备的60循环复合纳米叠层结构TiO_2/Al_2O_3作为硅片上的减反射膜，衬底折射率为 3.8，减反射膜折射率为 1.91，测量了反射率，如图 11.2 所示 [6]。硅片表面沉积减反射膜后，与裸硅片相比，反射率明显下降，特别是在波长 560 nm 处，反射率只有 0.3%。可见采用 ALD 制备复合纳米叠层光学薄膜，折射率可以很方便地通过改变单一材料的生长循环数进行调控。并且此方法特别适合应用到需要极薄层薄膜以实现先进光谱特性的光学滤镜上。

而与此类似，采用 ZnS 和 Al_2O_3 分别作为高（H）、低（L）折射率材料，利用四分之一波光学厚度（$nd=\frac{1}{4}\lambda$），通过特定的光学多层膜结构设计，也可获得减反射膜、高反射膜和法布里-珀罗滤波器（Fabry-Perot filters）等。例如，12 层的（HLHLH-LL-HLHLH/ 玻璃）法布里-珀罗带通滤波器 [7]，带通滤波器峰位置由谐振腔层（LL）的厚度决定，故很方便设计具有不同带通位置的滤波器，而透射峰的半峰宽基本保持不变。

除了纳米叠层之外，Kauppinen 等 [8] 报道了一种新型的减反射膜，是将 ALD 制备的氧化铝浸入热水进行处理，即可获得高度达 200 nm 的草状氧化铝减反射膜，如图 11.3(a) 所示。该草状的氧化铝具有渐变的折射率分布，对于双面镀膜的玻璃法向入射时，波长 500 nm 处的透过率达到 99.5%，在 350～800 nm 的范围内，平均透过

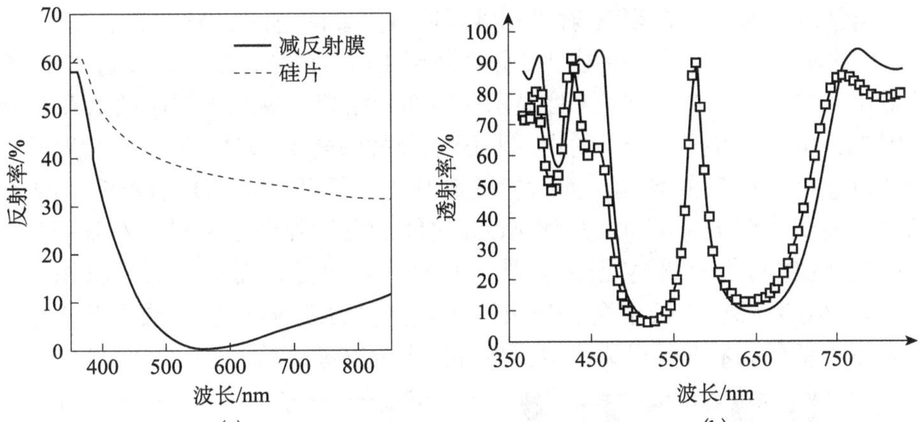

(a)　　(b)

图 11.2　ALD 制备复合纳米叠层薄膜在减反射膜和法布里–珀罗滤波器上的应用

(a) 硅片有无复合纳米叠层结构 TiO_2/Al_2O_3 减反射膜测得的反射率，减反射膜 60 循环的纳米叠层结构 $(TiO_2/Al_2O_3)_{m=60}$, TiO_2/Al_2O_3 亚序列为：10 循环 TiO_2+5 循环 Al_2O_3，亚单层 TiO_2 厚为 3.9 Å, 亚单层 Al_2O_3 厚为 5.5 Å[6]；(b) 由高低折射率材料 ZnS/Al_2O_3 构成的 12 层的法布里–珀罗滤波器的透射谱，点为实验测量值，线为理论计算值[7]

率达到 99%［图 11.3(b)］。相比于纳米叠层结构，这种方法需要生长的 ALD 薄膜厚度较小，仅为 30 nm，可极大提高生产效率、降低成本，特别适合大批量生产。

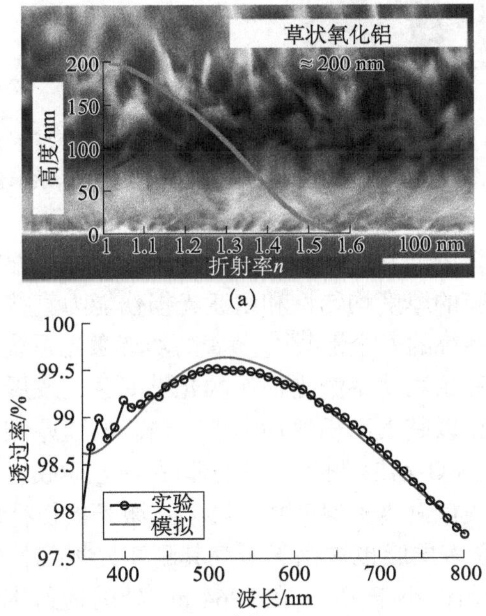

(a)　　(b)

图 11.3　ALD 制备的草状氧化铝减反射膜[8]

(a) 草状氧化铝的 SEM 截面照片，内插图为模拟的折射率分布曲线；
(b) 草状氧化铝测试（圆圈）和模拟（实线）获得的光谱透过率

金属纳米叠层薄膜在硬 X 射线光谱区域有重要的应用。ALD 制备的 64 循环 W/Al_2O_3 纳米叠层薄膜 [9]，单层厚度分别薄到 14 Å /17 Å，X 射线反射谱（XRR）在掠射角 1.49°、Cu $K_α$=1.54 Å 处显示一阶布拉格峰，展示出超高的 X 射线反射率［图 11.4(b)］。布拉格干涉的出现归因于交替的叠层 W/Al_2O_3 具有相对较好的界面，可忽略互扩散的影响。而对应的硅片上 4 循环 W/Al_2O_3 纳米叠层的 TEM 截面照片表明［图 11.4(a)］，W 和 Al_2O_3 之间的右侧界面很平滑，左侧的相对粗糙，因为 ALD 制备金属 W 层为多晶，表面相对粗糙，而幸运的是沉积在粗糙 W 层上的 Al_2O_3 层在生长中会表现出平滑效应，后续较薄的 W 层受益于此，使得多循环的复合纳米叠层最终表现出较好的界面交替结构。

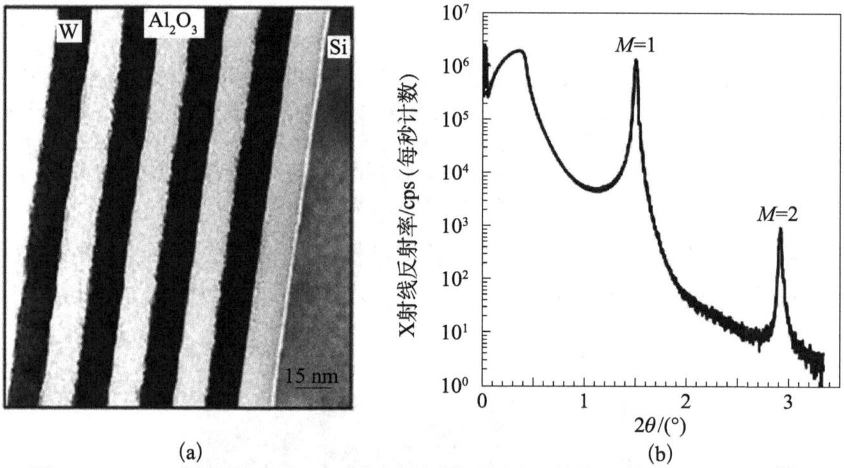

图 11.4　ALD 制备的 W/Al_2O_3 纳米叠层薄膜在 X 射线反射镜上的应用 [9]

(a) 4 循环 W/Al_2O_3 纳米叠层的 TEM 截面照片；(b) 64 循环 W/Al_2O_3 纳米叠层的 X 射线反射谱，显示一阶、二阶布拉格峰

在高功率激光系统中，利用薄膜反射镜、减反射镜、偏振片来控制激光束的特性和方向。光学薄膜的厚度均匀性和耐激光损伤能力直接限制了激光的输出功率，甚至影响了激光系统的安全性 [10]。随着高功率激光系统的发展，越来越需要具有极佳厚度均匀性和耐高功率激光损伤的光学薄膜，发展合适的制备工艺变得极其重要，原子层沉积以其大面积的均匀性、精确的膜厚调控再次受到青睐。早期的研究表明，室温 25 ℃ ALD 制备获得的非晶 TiO_2 薄膜，比高温沉积的晶态膜更耐激光损伤，膜中残存氯离子似乎并不影响抗激光损伤特性 [2]。ALD 制备的减反射膜 TiO_2/Al_2O_3 光学多层膜也被用于研究其耐激光损伤特性 [11]。4 英寸衬底上沉积薄膜的厚度不均匀性小于 1%，在 1064 nm 处的透射率大于 99.8%。沉积温度影响薄膜的结晶性，进而影响激光诱导的损伤阈值。110 ℃下沉积的多层膜，在熔石英和光学玻璃 BK7 上测得激光诱导的损伤阈值分别为（6.73±0.47）J/cm^2、（6.5±0.46）J/cm^2，明显好于 280 ℃的样品（分别为 4.6 J/cm^2、4.2 J/cm^2），这与低

温生长的非晶相有关，其结构更均匀，散射小，因而减少了减反射膜对激光束的吸收。另一个研究组的工作也证实 400 ℃ ALD 制备的 TiO_2/Al_2O_3 纳米复合叠层结构比纯 TiO_2 薄膜具有更高的透射率，且耐激光损伤阈值是纯 TiO_2 的 3 倍 [10]。

ALD 的第一个商业化应用是在 20 世纪 80 年代的芬兰，应用在电致发光薄膜大型显示器的制备上 [1,12]。生产显示器时，ALD 用来制备发光层 ZnS∶Mn、绝缘层 Al_2O_3 或 Al_xTi_yO 和钝化层 / 保护层 Al_2O_3，沉积的膜厚并非原子层量级，而是微米和亚微米级别，ZnS∶Mn 约 1 μm 厚，绝缘层至少 200 nm 厚。当时发明和采用 ALD 技术是为了解决显示器蒸发和溅射薄膜平整性与共形性沉积的问题，而 ALD 的确在改善光发射均匀性上取得了实质性进步。在电致发光显示器研究中，其他 ALD 材料和工艺也相继被开发 [13,14]，无形中也促进了 ALD 在新领域的应用与发展。

ALD 在传统光学器件制备领域表现出一系列独特的优点，既可在曲面和有一定结构的表面沉积，获得针孔免除的薄膜，也可原位直接进行双面沉积。瓶颈就是沉积速率太慢，低效率、高成本直接影响了它在工业规模化生产中的使用。然而，2024 年发布的 iPhone 16 手机，其镜头已经使用了 ALD 技术沉积的防反射光学涂层。适合光学镀膜的批量式 PEALD、空间 ALD 设备正在进入产业化应用阶段，期待传统光学器件镀膜领域广阔而巨大的市场中，ALD 技术可以凭借其独特的技术优势在其中占据重要的一席之地。

11.3　新型光学器件

11.3.1　光子晶体

为了在光电子和光子器件中控制光发射、吸收和传播的新途径，一类被称为光子晶体（photonic crystal）的微结构材料受到极大关注。光子晶体的概念是学者 Yablonovitch[15] 和 John[16] 首先提出来的，希望构建一种能像半导体晶体影响电子传播那样影响光子传播的材料。具体来说，可以通过搭建一种介电函数在空间周期分布的复合材料，使得电磁波在其中传播时由于受到布拉格散射而产生能带结构，从而造成一定频率范围内的电磁波在材料内某些方向上不能传播。为了制备工作在可见光波段的光子晶体，一种基于自组装蛋白石模板的复制方法，因其低成本高效率而吸引了众多的研究者；而原子层沉积为低温气相沉积方法，又独具表面自限制反应机制，在制备二维、三维反蛋白石结构方面表现出独特的优势。ALD 优异的共形性和亚纳米尺度的膜厚控制特点使得它特别适合在三维多孔结构中进行渗滤，获得高的填隙率，同时能以简便可控的方式进行三维结构中的多层膜包覆和掺杂。ALD 技术在光子晶体制备中的引入明显改善了光子晶体的光学性质及其可控性，如较大的光子带隙、静态和动态的光学特性调谐以及在未来光学器件中的应用潜力。

一系列具有优异特性的二维、三维光子晶体通过模板法与 ALD 的结合已经被制备出来，材料包括氧化物、半导体和金属及其复合结构，如 WN、ZnS、Ta_3N_5、ZnO、Al_2O_3、GaAs 和 TiO_2/ZnS，结构周期为 250～500 nm [3,17]。由于 ALD 可以进行低温，甚至室温沉积，也可采用有机模板或生物模板。2003 年第一个反蛋白石通过 ALD 在自组装的 SiO_2 胶体球模板内渗滤 WN 再腐蚀除去模板获得 [18]，同年 Mn 掺杂的 ZnS 反蛋白石光子晶体也通过 ALD 工艺合成出来，ZnS∶Mn 在蛋白石中取得了高达 95% 的填隙率 [19]。

用自组装的聚苯乙烯（PS）小球做模板，采用低温 ALD 工艺在模板间隙填充 TiO_2，通过有机溶剂去除 PS 模板，可获得三维周期有序的反蛋白石结构［图 11.5(a)、(b)］[20]。通过调控 PS 小球的尺寸（288 nm、390 nm 或 510 nm），可以调谐反蛋白石的光学带隙，进而优化染料敏化太阳能电池的光电转换效率［图 11.5(c)、(d)］，288 nm 的 PS 小球模板合成的反蛋白石结构作为光阳极具有相对较高的转换效率，为 2.22%[20]。

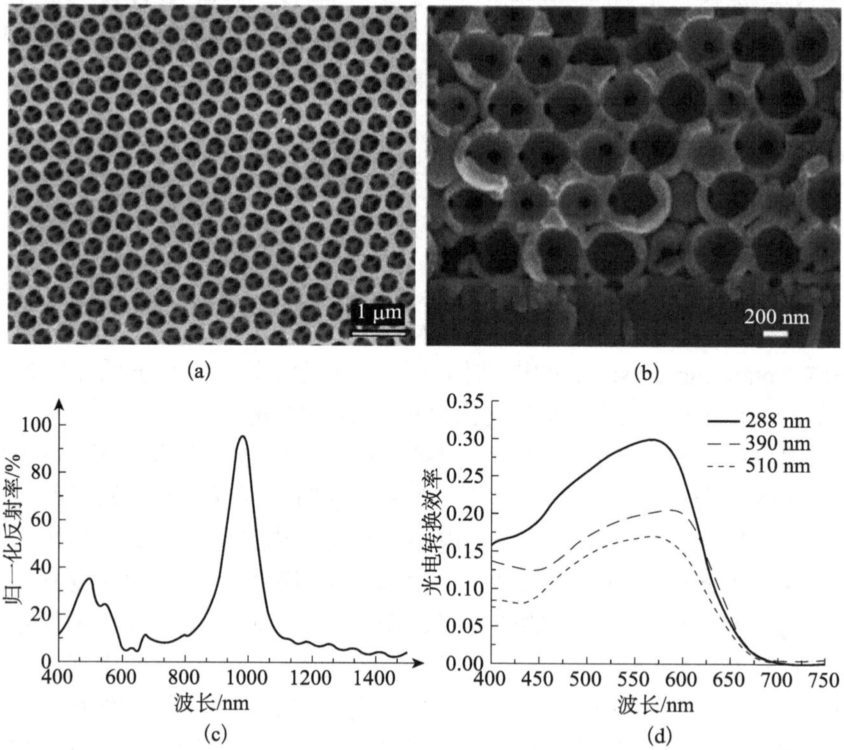

图 11.5　PS 小球模板辅助 ALD 制备 TiO_2 的反蛋白石及其在染料敏化太阳能电池中的应用 [20]

(a) 直径 510 nm 的 PS 小球获得的 TiO_2 反蛋白石的俯视 SEM 照片；(b) 截面的场发射 SEM 照片；(c) 相应的反蛋白石的光子禁带；(d) 依据不同周期结构的反蛋白石光阳极染料敏化太阳能电池的光电转换效率

多层 TiO_2/ZnS∶Mn/TiO_2 反蛋白石及其光致发光谱也被研究[21]。首先 SiO_2 小球模板部分渗滤 ZnS∶Mn 层，然后渗滤 TiO_2 层，再去除模板，最后另外的 TiO_2 层回填到反蛋白石的内壁上，形成多层 TiO_2/ZnS∶Mn/TiO_2 反蛋白石结构，SEM 照片清晰证实了三层结构［图 11.6(a)］。复合反蛋白石结构允许独立调控折射率和发光，改变 TiO_2 回填层的厚度从 1 nm 到 5 nm，可知 Mn^{2+} 在 585 nm 处发光峰的强度增大 2 倍［图 11.6(b)］，这是因为光子晶体带隙移向长波长，阻断了 Mn^{2+} 的发射。约 460 nm 处的峰来源于薄膜中存在的 Cl^- 杂质。

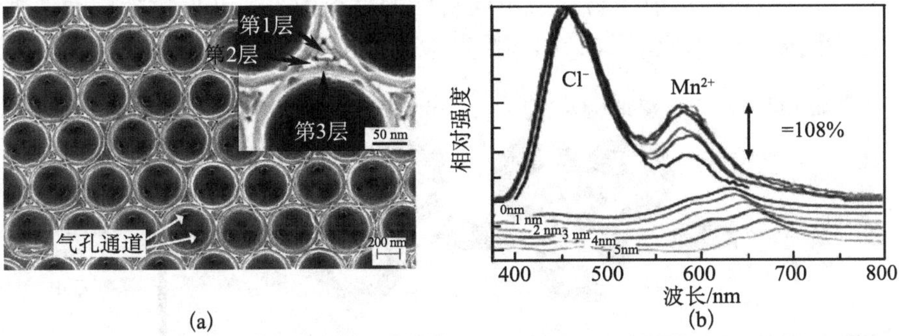

图 11.6　多层 TiO_2/ZnS∶Mn/TiO_2 反蛋白石及其光致发光谱[21]

(a)ALD 共形沉积的 TiO_2/ZnS∶Mn/TiO_2 反蛋白石 SEM 照片；(b) 对于不同厚度的 TiO_2 回填层 Mn 离子掺杂的荧光谱

也有人通过 ALD 在模板中引入牺牲层（sacrificial layer, SL）的方法，制备出非密堆积的反蛋白石光子晶体[22]，通过调控回填介电层 TiO_2 的厚度，进而调控填隙率和带隙位置（图 11.7）。还可采用不同折射率的回填材料如 Al_2O_3 或 GaP，扩大带隙调节范围。

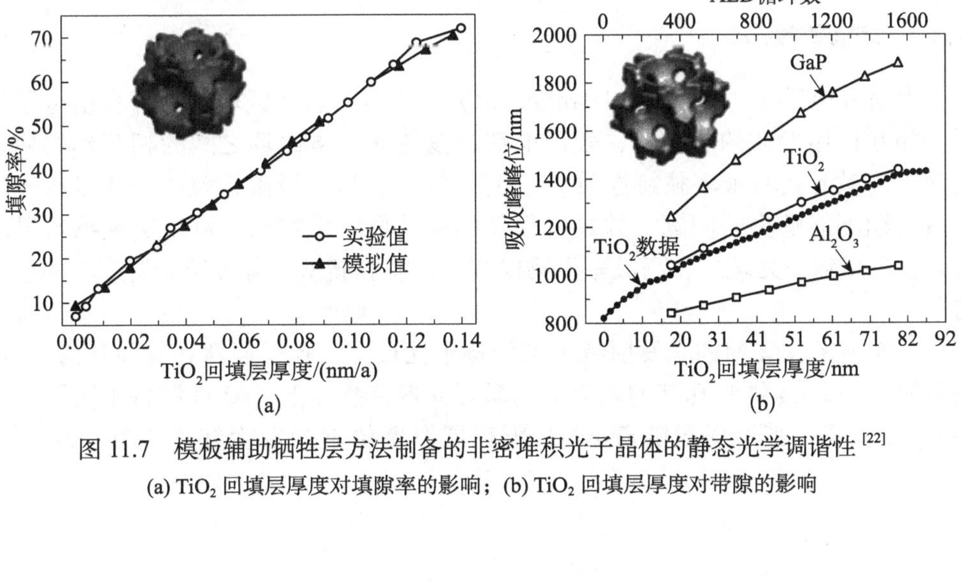

图 11.7　模板辅助牺牲层方法制备的非密堆积光子晶体的静态光学调谐性[22]

(a) TiO_2 回填层厚度对填隙率的影响；(b) TiO_2 回填层厚度对带隙的影响

还有人通过全息光刻在光敏感聚合物中形成特定结构的三维光子晶体，再利用 ALD 制备牺牲层——双渗滤方法将低折射率的聚合物结构用高折射率材料复制出来[23]。如图 11.8 所示，首先采用全息光刻形成初始聚合物模板，然后采用 ALD 渗滤牺牲层 Al_2O_3/TiO_2，引入 Al_2O_3 是为了避免 TiO_2 在后续高温退火中转变成粗糙的锐钛矿相。除去聚合物模板后，沉积 5 nm 的 TiO_2 作为籽晶层是为了促进高折射率回填层 GaP 的成核与生长，最终去除牺牲层，即可获得高折射率 GaP 的复制品。总之，与 ALD 结合的双模板方法表明，可以把一个低熔点、低折射率材料中的周期结构成功转换到高折射率材料或不同功能的材料中去，并保持结构和形貌的原样复制，用于光学性质的修饰，如调控光学微腔和隐形结构[24-26]。

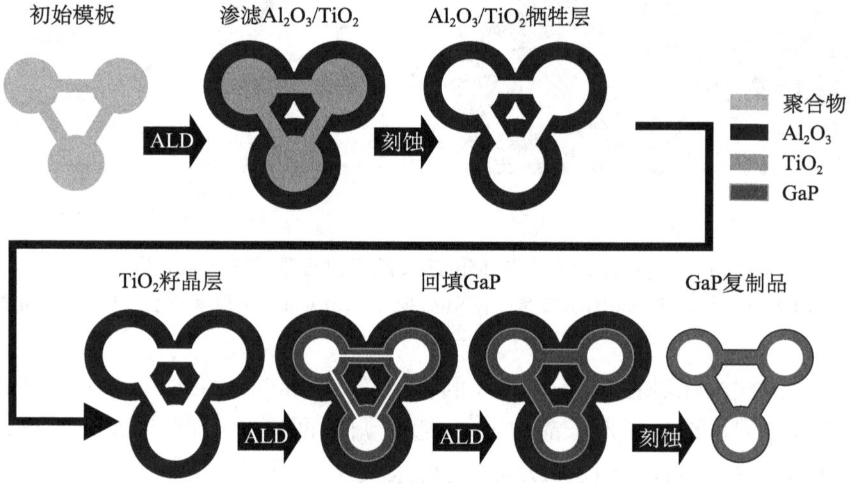

图 11.8　全息模板转换成 GaP 复制品的过程[23]

11.3.2　表面等离激元

表面等离激元（surface plasmon, SP）是在金属表面区域的一种自由电子和光子相互作用形成的电磁模，表面电荷振荡与光波电磁场之间的相互作用使得表面等离激元具有很多独特性质[27]。它能够突破衍射极限，解决一些以往光学领域长期不能解决的问题，并具有很强的局域场增强特点，可以实现纳米尺度的光信息传输与处理，在高灵敏生物检测、传感和新型光源等领域有广泛的应用前景[28]。

金属纳米孔阵列的光发射特征谱依赖于孔尺寸、孔周期性和其他几何参数。在金属 Au 或 Ag 纳米孔基的表面等离激元共振传感器上，ALD 制备不同厚度的 Al_2O_3 覆盖层，其透射谱随着 Al_2O_3 覆盖层厚度的增加发生红移（图 11.9）[29]。

覆盖层厚度从 0 nm 逐渐增加到 42 nm，峰位置从 600 nm 移动到 750 nm，透射率增加，归因于局域折射率的变化。并且金属纳米孔基表面等离激元共振传感器在覆盖层厚度小于 48 nm 时，谱位移与膜厚呈线性响应。同时，ALD 制备的覆盖层也扮演了金属纳孔保护层的角色。

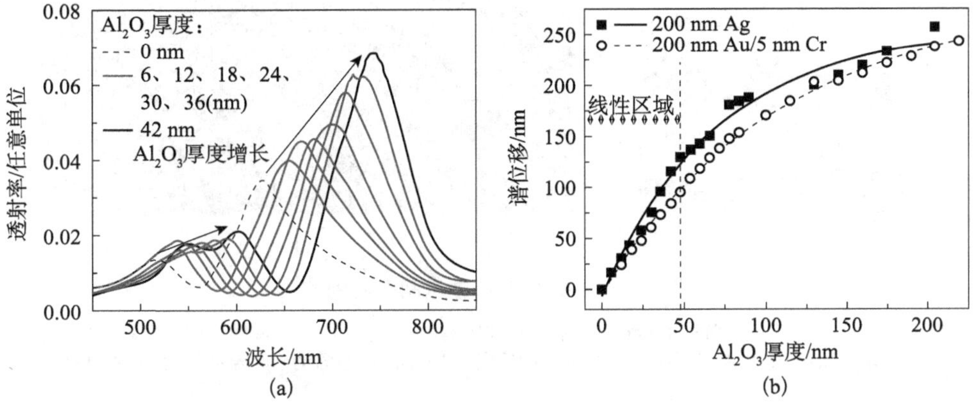

图 11.9　金属纳米孔基表面等离激元共振传感器的透射谱 [29]

(a) ALD 制备不同厚度的 Al_2O_3 覆盖层对透射谱的影响；(b) 不同厚度的 Al_2O_3 覆盖层对 Au 或 Ag 纳米孔基表面等离激元共振传感器谱位移的影响

拉曼光谱在物理、化学、材料科学、生物等许多领域都有重要的应用价值，然而拉曼散射效应是一个非常弱的过程，一般其光强仅为入射光强的 10^{-10}。表面增强拉曼光谱（SERS），通过增强表面的电磁场，可以使拉曼光谱信号强度增加 10^4～10^6 倍，克服了拉曼光谱灵敏度低的缺点。通过两个紧密相邻金属纳米颗粒产生的强电磁场增强，单分子的拉曼光谱已经被证实。然而如何利用从上到下的微纳加工方法，如电子束光刻或聚焦离子束光刻，获得超薄的纳米间隙（nanogap），还是一个艰巨的挑战。而 ALD 技术可以方便地在亚纳米尺度上调控膜厚，因而有可能通过设计特定的工艺流程，制作各种各样的纳米间隙 [30]。图 11.10(a) 展示了利用 ALD 方法制作垂直取向纳米间隙阵列的示意图 [31]：先在起始金属图案结构上 ALD 共形生长薄层 Al_2O_3，然后再沉积第二种金属，继而进行各向异性的离子刻蚀。等离激元纳米间隙的尺寸由 ALD 生长 Al_2O_3 的厚度决定，这种方法也被称为原子层光刻（atomic layer lithography）。图 11.10(b) 为利用这种工艺获得的不同形态纳米间隙结构的 SEM 照片。同没有纳米间隙的区域相比，5 nm 纳米间隙阵列结构产生了极强的表面拉曼光谱［图 11.11(a)］，其增强因子达到 10^9［图 11.11(b)］。由于这些小于 10 nm 的间隙可以通过传统光刻技术制备在整个硅片上，因此在光谱学和微纳光子学领域有着巨大的应用前景 [31]。

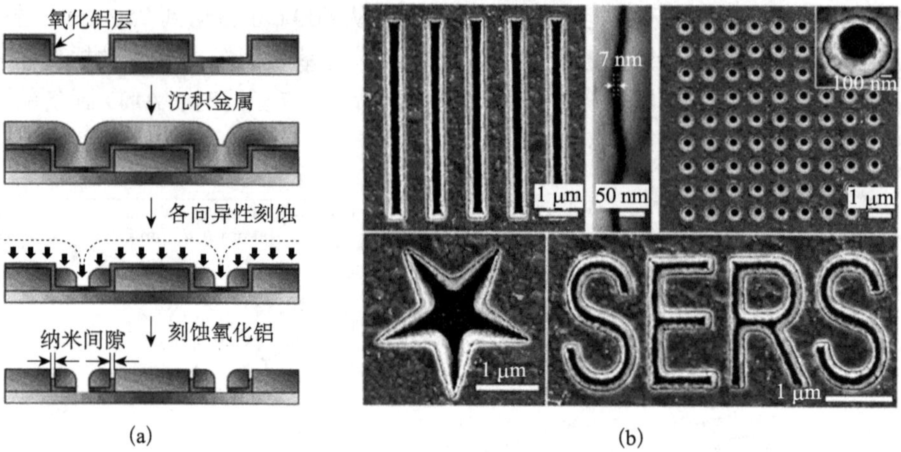

图 11.10　ALD 制备纳米间隙阵列 [31]

(a) 使用 ALD 制备纳米间隙阵列的示意图：起始金属图案中一个薄的 Al_2O_3 间隙层用来隔离第二层金属，纳米间隙的尺寸由 ALD 生长 Al_2O_3 的厚度决定；(b) 不同形态的纳米间隙结构的 SEM 照片

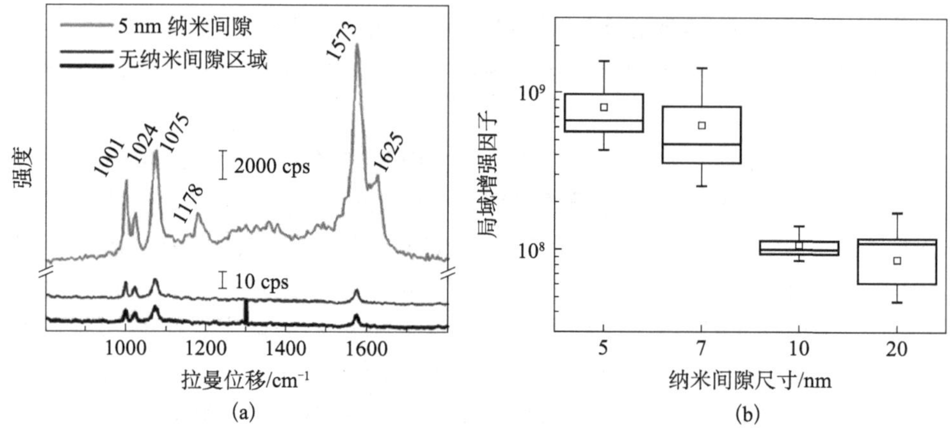

图 11.11　表面增强拉曼光谱 [31]

(a) 没有纳米间隙区域和来自 5nm 纳米间隙区域的苯硫醇的拉曼谱；(b) 具有不同纳米间隙尺寸的纳米间隙阵列的拉曼谱局域增强因子

虽然原子层光刻技术能够制备各种亚 10 nm 的金属间隙，但仍然需要传统的光刻技术来获得第一层金属的微纳结构，因此很难同时实现大面积、高密度的纳米间隙。传统光刻可以实现高良率、大面积的微结构制备，但相应的微纳结构尺寸较大，纳米间隙密度低。另一方面，电子束光刻和聚焦离子束刻蚀可以获得更高密度的结构，但由于其良率低、成本高，因此不适合大面积制备。此外，原子层光刻技术在第一金属图案上实现第二金属薄膜的精确生长控制也很难。因此，针对上述问题，Cao 等提出了一种简化的原子层光刻技术，用来制备大面积、高

密度的金属纳米间隙 [32]。如图 11.12 所示，多孔金属纳米结构银纳米棒 (Ag NRs) 作为衬底，采用 ALD 技术生长 Al_2O_3 对其均匀包裹（Ag NRs@Al_2O_3），之后将样品辊轧成致密的薄膜（致密的 Ag NRs@Al_2O_3），腐蚀去除氧化铝后，即可在多孔金属骨架之间形成微小的间隙，间隙大小则由 ALD 两倍涂层的厚度决定。与原来的原子层光刻相比，该方法不需要沉积第二金属，也不需要去除顶部金属以暴露纳米间隙，因此，金属纳米间隙原子层光刻的制备工艺明显简化。利用该技术，成功获得了大尺度 (3.5×4.5 cm^2) 的亚 10 nm 银纳米间隙样品（图 11.12 插图），表现出良好的 SERS 活性，且发现 SERS 活性依赖于间隙大小。

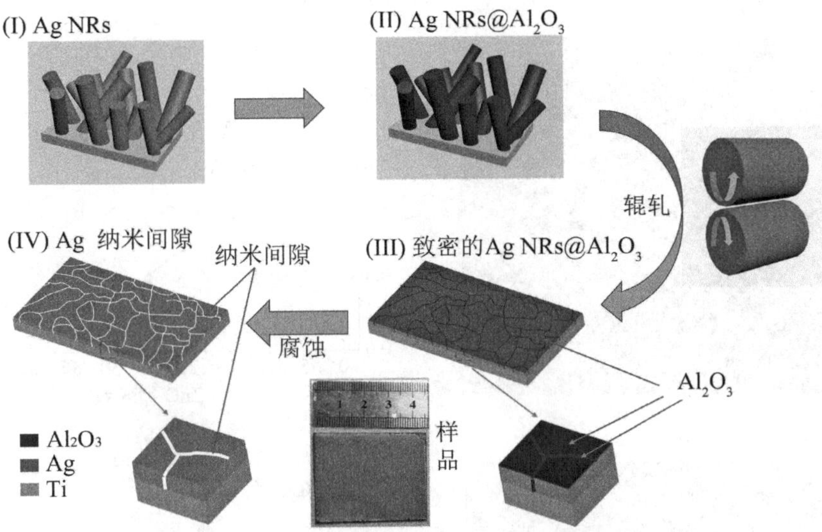

图 11.12　ALD 技术制备大面积高密度纳米间隙的示意图 [32]

内插样品图为制备的大面积银纳米间隙（3.5×4.5 cm^2）

通常，金属纳米级结构的热稳定性较差，受热结构易发生变化，严重限制了它在 SERS 基底的实际应用。此外，良好的热稳定性对于扩大 SERS 在高温下的应用至关重要，例如高温工艺的原位表征和基于热退火的自清洁。表面涂层已经被证明是提高金属纳米结构稳定性的有效策略 [33]，在各种表面改性方法中，ALD 因其良好的三维共形性、精确的厚度控制和较低的沉积温度而被证明是最有前途的技术之一，纳米尺度的 ALD 氧化物涂层已被广泛用于提高 SERS 基底的稳定性 [34-38]。例如，Formo 等用 ~1.2 nm Al_2O_3 保护 Ag 纳米线，400 ℃ 退火后仍能保持高 SERS 灵敏度 [35]。Ma 等证明各种超薄 ALD 氧化物 (Al_2O_3[37]、TiO_2[38]、HfO_2[34]) 可以提高银纳米棒的稳定性。虽然 ALD 可以精确制备纳米级甚至亚纳米级涂层，但沉积表面涂层后 SERS 灵敏度总是会降低。借助 ALD 的高精度厚度控制，Masango 等在 ALD 过程中进行原位 SERS 检测，获得了高分辨率的 SERS 活性与包裹层的关系。该研究表明，即使只有一个 ALD Al_2O_3 循环，纳米球上银膜 (AgFON) 的 SERS 强度也会降低[39]。因此，在不牺牲 SERS 灵敏度的情况下，如何通过表面涂层稳定高温下的 SERS 基底，仍然非常具有挑战性。Cao 等以富含纳米间隙的银纳米枝晶为研究对象，采用 ALD 技术对其进行氧化锌包裹，精确控制氧化锌厚度，在不堵塞纳米间隙的情况下实现均匀的纳米级包裹，如图 11.13(a) 所示，从而在提供保护的同时保留了 SERS“热点”[40]。理论模拟和实验测试均显示，超薄的氧化锌包裹能够促进纳米间隙中的等离激元耦合，提升 SERS 性能，如图 11.13(b) ～ (d) 所示。

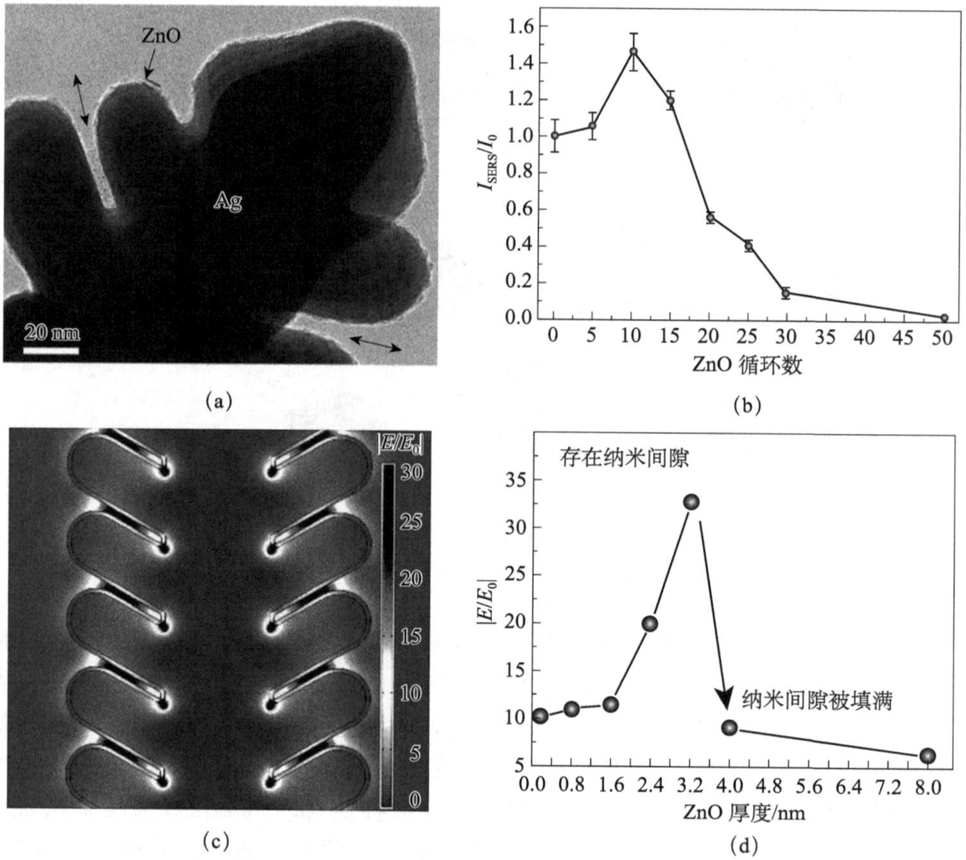

图 11.13　ALD 修饰银纳米枝晶 SERS 基底[40]

(a) 包裹 10 循环氧化锌的银枝晶的 TEM 照片；(b) 银枝晶 @ZnO 的 SERS 活性与 ZnO 循环数的关系曲线；(c) COMSOL 模拟的银枝晶 @ZnO 中的电场分布图；(d) 纳米间隙区域中电场强度与 ZnO 厚度的关系曲线

更重要的是，超薄 ZnO 保护层能够明显提高银枝晶（Ag D）的热稳定性[40]。原始银枝晶在 150 ℃、200 ℃的空气中加热 30 min 后，其拉曼强度急剧下降，如图 11.14(a) 所示。而经过 10 循环 ZnO 保护的银枝晶在 200 ℃的空气中加热 30 min 后仍表现出很好的热稳定性［图 11.14(b)］。SEM 照片显示，银枝晶结构在 200 ℃下被彻底破坏［图 11.14(c)］，而 10 循环 ZnO 保护的银枝晶纳米结构则能在高温下保持稳定［图 11.14(d)］。

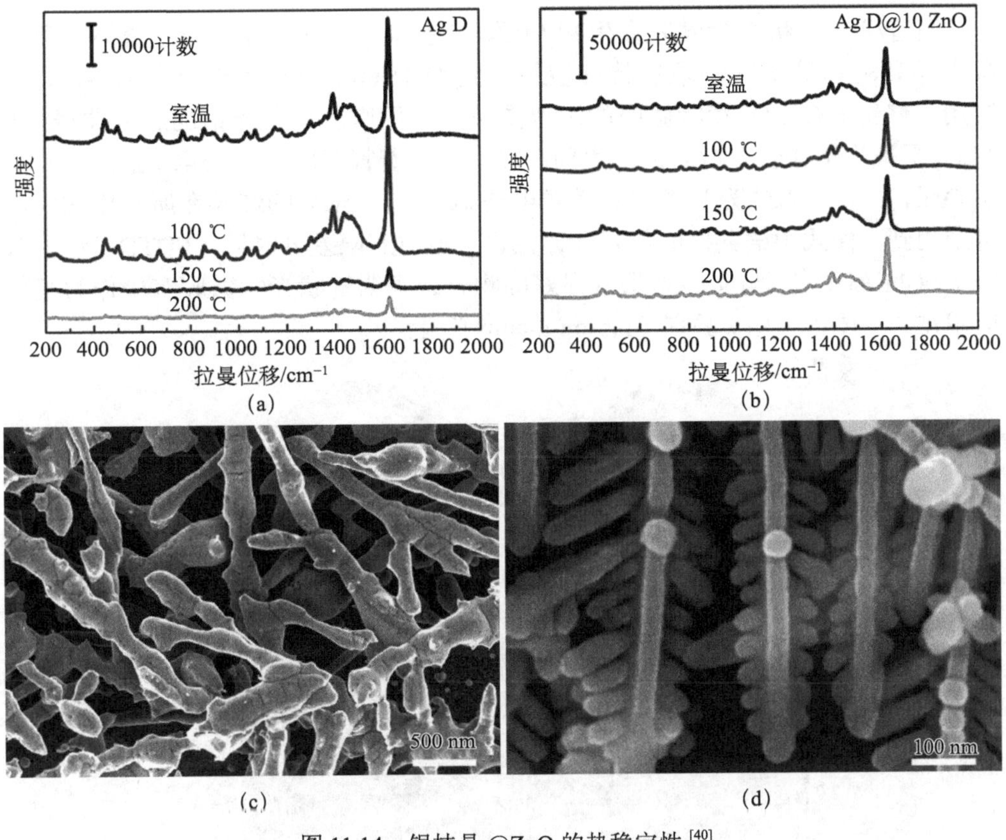

图 11.14　银枝晶 @ZnO 的热稳定性[40]

(a) 银枝晶和 (b) 银枝晶 @10 ZnO 在不同温度退火后的拉曼光谱；(c) 银枝晶和 (d) 银枝晶 @10 ZnO 在 200 ℃下退火 30 min 后的 SEM 照片

11.3.3　光学微腔

光学微腔通过共振循环传播将光限制在很小的体积中。例如，回音壁模式（whisper gallery mode, WGM）的光学微腔是典型的电介质球结构，原理为特定波长的光波在微腔内不同折射率的界面发生全内发射而被局限在微腔内，主要包括微环芯、微盘和双盘微腔，在微型激光、非线性光学、腔光力学及耦合微腔类电磁感应透明效应等方面有重要的应用。所有光学微腔都呈现一定程度的光损失，每一次反射由于微腔材料的吸收和表面粗糙度，都会引起光强或多或少的损失，影响了光学微腔的质量。若想获得高性能光学微器件，微腔传感器材料的表面平整性、共形性和均匀性是极其重要的影响元素[41,42]，因此 ALD 在光学微腔的制备、修饰和光学性质调控方面，展现出特殊的魅力，成为光学微器件研究中非常活跃的领域。

回音壁式管状光学微腔在生物 / 化学传感器、细胞培养、光微流体、微型激光器和测温等不同领域有特殊应用。图 11.15(a)、(b) 为 ALD 制备 Al_2O_3 涂层用于修饰 SiO/SiO_2 管状微腔的示意图及其涂层厚度对荧光谱的影响曲线[43]。Al_2O_3 层被涂覆在管壁微腔内外表面，显然，随着管壁厚度的变化［达到 100 单层 (ML)］，卷起来的光学微腔的模式可被调谐，33 meV 的红移在所有模式中都可观测到。模式中谱共振的位置和偏振也可通过有限差分时域（FDTD）计算获得［图 11.15(c)］，与实验结果有很好的吻合，表明管状光学微腔有望作为组件应用在“一体化芯片实验室（lab-on-a-chip）”上。

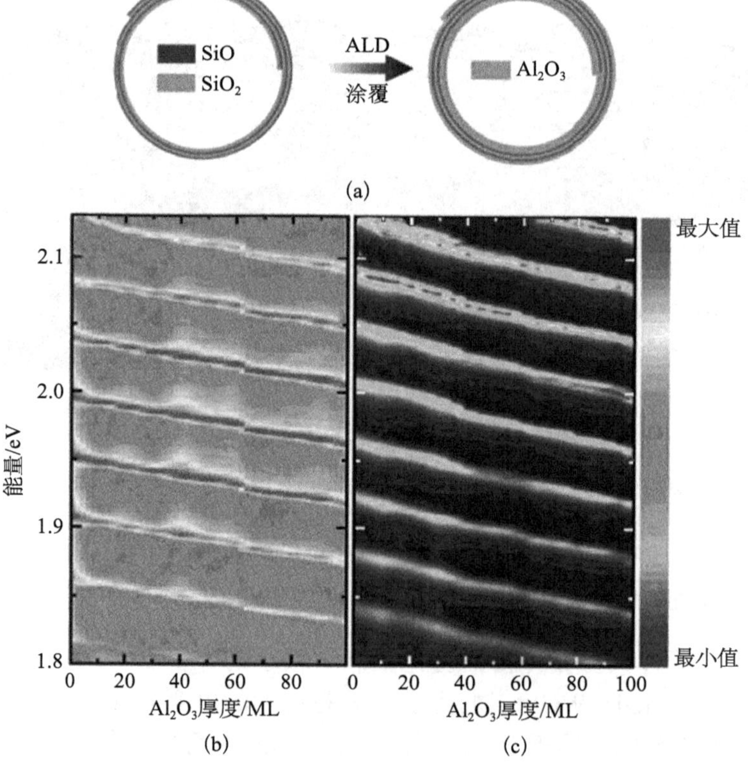

图 11.15　回音壁模式管状光学微腔[43]

(a) SiO/SiO_2 管状微腔有无 ALD 制备 Al_2O_3 涂层的截面示意图；(b) 不同 ALD 制备 Al_2O_3 厚度下的归一化荧光谱峰强图；(c) 对 (b) 中真实微腔管中实验结果的 FDTD 模拟结果

11.3.4 其他光学器件

ALD 可用来制作微米甚至纳米尺度的光学棱镜阵列［图 11.16(a)］[44]，其填隙率达到 100%。该方法提供了较大范围折射率棱镜材料的选择自由度，同时也便于控制棱镜表面的曲率和棱镜阵列的填隙率，应用前景广泛。

(a)　(b)

图 11.16　光学微棱镜阵列 (a) [44] 和 Ir 菲涅耳环板 SEM 照片 (b) [46]

Ir 菲涅耳环板最外层宽度为 20 nm，局部区域表面覆盖 Pt 层是为了确保聚焦离子束刻蚀时清洁的截面

ALD 也可用于超高分辨率的菲涅耳环板（Fresnel zone plates）的制作［图 11.16(b)］，利用 ALD 优异的三维共形性来获得三维结构的光学组件。菲涅耳环板是由数目很多的同心圆环构成的环阑，用于入射光的汇聚。它的各环的半径都必须符合一定的条件，最外圈的环宽度与用于 X 射线显微术的菲涅耳环板的空间分辨率密切相关，制备工艺要求高。以往采用电子束纳米光刻来实现，成本高昂，结果并不十分理想。后来又提出覆盖层方法 [45]，利用两个互补图案的两次分别曝光来实现 15 nm 的最外环宽度，然而两次曝光间的误差只允许几纳米，工艺苛刻，成品率低。一种基于 ALD 技术制备超高分辨率菲涅耳环板的方法已经被发展起来 [46]，如图 11.17 所示，ALD 在设计好图案的低折射率 Si 模板上沉积高折射率的 Ir 环板材料，该方法只要求共形沉积高折射率材料，膜厚精确可控，而 ALD 方法恰恰具备这些优点。该工艺简单可重复，只需一步光刻，且允许模板结构具有极高的深宽比，可增加超高分辨率光学器件的效率；相比于原始模板，有效线密度加倍，进而双倍提升 X 射线显微术的分辨率。相关检测证实，在 1 keV 扫描透射 X 射线显微镜下，小到 15 nm 的线和空间已经被分辨出来 [46]。而且此方法提供了改进软 X 射线图像分辨率到亚 10 nm 区间的可能路径，特别是有可能借助 X 射线显微术辨识骨架元素，代表了细胞生物学研究中的一个重要进展方向 [47]。

另外，基于紫外应用的铱线栅型偏振镜，可以通过一个基于超快电子束光刻和 ALD 相结合的有效多步工艺来制造 [48]，比其他沉积方法如磁控溅射，可更精确地调控光栅的结构参数。当目标波长为 250 nm 时，测得透射率为 45%，消光比为 87。硅基狭缝波导损失也可通过 ALD 制备 TiO_2 覆盖层得以降低 [49]。

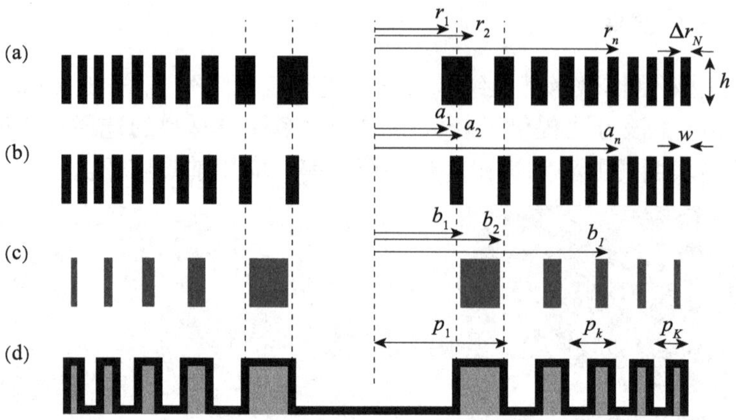

图 11.17　菲涅耳环板制作示意图 [46]

(a) 菲涅耳环板示意图；(b) 具有恒定宽度 w 的菲涅耳环板；(c) ALD 生长前低折射率模板结构（Si 模板）；(d) ALD 在低折射率模板上沉积高折射率环板材料（金属 Ir）

共形 ALD 也被用于仿生，利用生物模板复制自然界中生物自然形成的外形结构，探讨其光学效应 [50]。代表性的一个工作就是在蝴蝶翅膀上 ALD 低温沉积不同厚度的 Al_2O_3，获得仿生的二维光子晶体。复制的具有翅膀周期结构的样品外观颜色随着涂层厚度的变化而变化，从原始的蓝色，到 10 nm 涂层的绿色，20 nm 涂层的黄色，30 nm 涂层的红色，再到 40 nm 涂层的粉红色［图 11.18（Ⅰ）(a)］[51]。热处理去除有机模板后，SEM 照片证实蝴蝶翅膀精细的外形结构已经

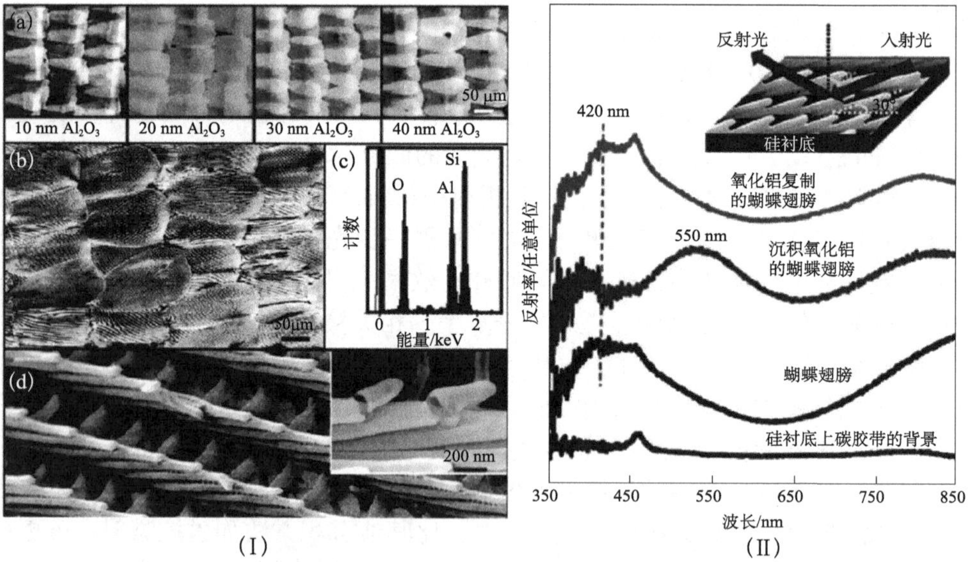

图 11.18　以蝴蝶翅膀为模板 ALD 共形沉积 Al_2O_3 的结构和光学特性 [51]

(Ⅰ) 复制蝴蝶翅膀的外观颜色与精细结构照片；(Ⅱ) 光学反射谱

被 ALD 共形完美复制［图 11.18(Ⅰ)(b)～(d)］[51]，甲壳素基的生物材料可作为模板用于原子层沉积。模板去除后翅膀复制品的光学反射谱与去除前类似，只是主反射峰从 550 nm 蓝移到 420 nm［图 11.18(Ⅱ)］，有望量产复制此结构用于光波导的光束分离器。而非洲燕尾蝶（*Princeps nireus*）所具有的光学结构特性已经用于闪烁体的仿生设计，以改善辐射检测性能 [51]。

11.4　透明导电电极

透明导电电极（transparent conductive electrodes, TCE）是指在可见光波段（400～700 nm）透光率在 80% 以上，而电阻率在 10^{-3} Ω · cm 以下的光电功能材料 [52]。TCE 作为透明电极被广泛应用在太阳能电池、液晶显示器、光探测器、发光二极管、窗口涂层等领域。其中，透明导电氧化物（transparent conductive oxide，TCO）薄膜分为 P 型和 N 型两种，主要包括掺杂的 In_2O_3 (In_2O_3 : Sn, ITO)、SnO_2 (SnO_2 : Sb 或 SnO_2 : F) 以及 ZnO (ZnO : Al 或 ZnO : Ga) 等 [53, 54]，其中最常用的是 ITO [55, 56]。然而由于 ITO 市场的需求量急剧增加，而 In 本身是一种稀有元素，ITO 长期稳定的供给势必会出现困难。幸运的是，掺杂 ZnO 薄膜由于廉价、无毒和耐氢等离子体刻蚀等优势被业内认为是 ITO 有力的竞争者，因而被广泛研究 [57,58]。目前，TCO 薄膜主要的沉积方式是磁控溅射。由于在光伏、有机发光二极管（OLED）等技术领域，需要在三维或多孔结构的衬底上低温沉积 TCO 薄膜，ALD 技术以其优异的三维共形性和低温工艺成为人们关注的方法 [59,60]。另一方面，对于柔性可弯曲的电子或光电器件，TCO 由于其脆性而不适用 [61]，因此，使用 Au、Ag 和 Cu 等贵金属的金属网格作为替代的 TCE 被用于柔性器件 [61-63]。然而，当金属网格用作 TCE 时，由于直接暴露在高温空气中，它们很容易局部氧化和熔化，从而对 TCE 的电性能产生不利影响 [64]，ALD 技术以其优异的三维共形性，可以包裹金属网格形成复合电极，极大提高其性能。

11.4.1　原子层沉积制备透明导电氧化物薄膜

一系列透明导电氧化物薄膜已经通过 ALD 工艺成功制备出来，包括 Al、Ga、In 或 Sn 掺杂的 ZnO 以及 In_2O_3、ITO 和 F 掺杂的 In_2O_3（In_2O_3 : F, FTO）等 [60, 61, 65-70]，其中不同的前驱体工艺已经尝试。总体而言，ALD 制备的 TCO 薄膜具有较好的透明性和平整性，然而在导电性方面，尚需改进。Al 掺杂的 ZnO（ZnO : Al, AZO）薄膜的典型电阻率在 10^{-3} Ω · cm 量级 [60, 71]，不仅导电性比常用的 ITO 差，电阻率比磁控溅射沉积的 AZO 薄膜也高了约一个数量级。

下面举例说明前驱体的影响。采用三甲基铝、异丙醇铝和氯化铝三种 Al 源来制备 Al 掺杂 ZnO 薄膜 [72]，Zn 源为二乙基锌，氧源为水。使用三甲基铝和异丙醇铝掺杂时，ZnO/Al_2O_3 的循环比在 19∶1 时薄膜的电阻率最低，为（3～4）$\times 10^{-3}\ \Omega \cdot cm$，此时掺杂浓度 Al/(Al+Zn) 原子数目百分比为 2%～2.3%，运用有效场模型给予了合理的解释[73]。而使用氯化铝进行掺杂时，Al 掺杂 ZnO 薄膜的导电性质变差，电阻率增大两个数量级，归结为氯元素残留带来的影响。

为了解决 ALD 方法制备 AZO 薄膜电阻率偏高的问题，一些课题组深入研究了 ALD 制备 AZO 薄膜的电阻率与掺杂方式之间的关系[74,75]。普遍的观点是：Al 原子掺入 AZO 中占据了 Zn 原子的位置形成固溶体，从而给出载流子，但是如果 Al 掺杂过多则会超出固溶上限，发生局部的化学反应生成 $ZnAl_2O_4$，导致载流子浓度的降低，从而使电阻率增大。南京大学课题组利用降低异丙醇铝的源温，使得单次 Al 源脉冲的量发生变化，Al_2O_3 层的沉积由高源温时 ALD 的饱和吸附特性转变为低源温时源供给不足的不饱和吸附，从而调控单个循环掺杂中的 Al 原子数及其分布，进而优化电学性能[76]。当 Al 源温在 120 ℃时，200 ℃沉积的 60 nm 厚的 AZO 薄膜的电阻率降至最低，为 $9.4 \times 10^{-4}\ \Omega \cdot cm$［图 11.19(a)］，薄膜同时展现出良好的平整度，均方根（RMS）值为 0.91 nm［图 11.19(b)］，可见光透射率大于 90%，此时掺杂浓度 Al/(Al+Zn) 原子数目百分比为 0.61%。另外，高温退火后 AZO 薄膜的电阻率明显增大，通过对输运机制的讨论，将其归因于退火过程中环境氧扩散进入薄膜，降低了锌填隙和氧空位缺陷的浓度，从而导致载流子浓度的下降。

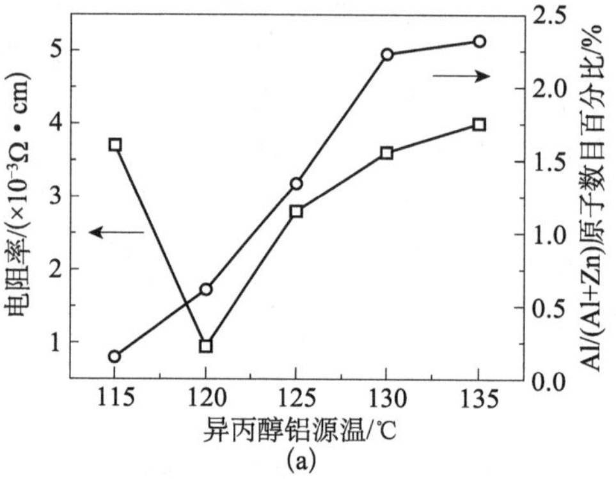

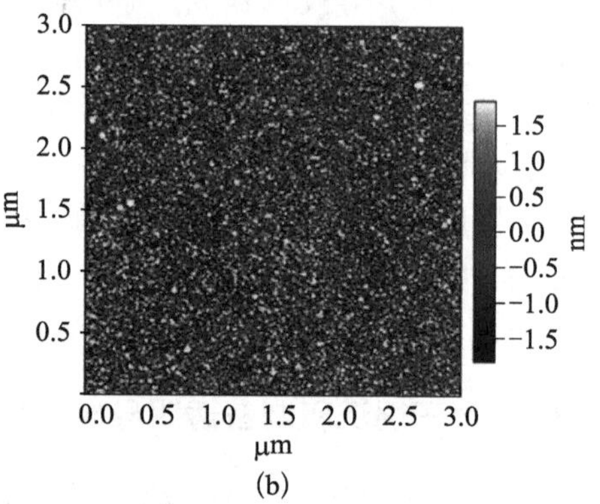

图 11.19　AZO 薄膜的电阻率和形貌[76]

(a) 薄膜电阻率和 Al/(Al+Zn) 原子数目百分比随异丙醇铝源温的变化；(b) 异丙醇铝源温为 120 ℃时沉积的 60 nm 厚 AZO 薄膜的 AFM 图

韩国一课题组使用新型液相 In 前驱体［$Et_2InN(SiMe_3)_2$］和水，在 225～250 ℃下采用 ALD 制备出比商业磁控溅射制备的 ITO 更导电的 In_2O_3 薄膜[77]。薄膜的电阻率低至 2.3×10^{-4}～$5.16 \times 10^{-5}\ \Omega \cdot cm$，在 400～700 nm 可见光波段的光学透射率大于 80%（图 11.20），电导率的改进归因于氧缺损相 InO_x 的存在。

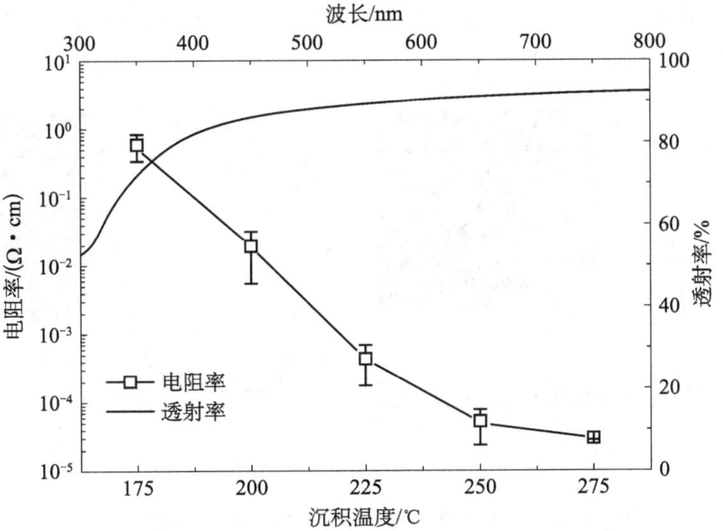

图 11.20　ALD 制备 In_2O_3 薄膜的电阻率和透射率与沉积温度之间关系 [77]

11.4.2　ALD 稳定金属基透明电极

银纳米线（Ag NW）具有成本相对较低、电导率高、透明度好、制备工艺简单等优点，被认为是合适的 TCE 候选材料 [78-81]。与传统氧化物相比，Ag NW 网络具有更强的可弯曲性，易于通过湿化学涂覆工艺进行生产。但是，Ag NW 的热稳定性非常差，大约 200 ℃下热老化数十分钟，其结构就会被破坏 [82,83]。此外，纳米线接触点因局部高电流密度而产生的焦耳热也会破坏电极结构，甚至在室温下也可能失去导电性 [84-87]。基于上述问题，多种 ALD 氧化物（AZO、Al_2O_3、HZO 等）薄膜被用来稳定 Ag NW[88-90]。例如，据 Chen 等报道 [88]，当 Ag NW TCE 在 200 ℃下老化 4 h、4.5 h 时，电阻分别增加了约 5 倍、11 倍，在 300 ℃下老化 0.2 h，电阻迅速上升 20 倍以上，在 400 ℃下老化仅 1.5 min，电阻急剧增加超过 35 倍，表明 Ag NW 网络逐渐失去其导电功能，如图 11.21(a) 所示。插图中的 SEM 照片也显示，其中的 Ag NW 被破坏并变成球形，导电网络失效。随后对 Ag NW 网络进行 ALD TiO_2 包裹，发现电极的热稳定性明显提高，Ag NW@TiO_2 即使在 200 ℃老化一周 (～168 h) 后，仍能保持较低的电阻，寿命延长了至少～40 倍，如图 11.21(b) 所示。

此外，如果采用 ALD 制备的透明导电氧化物（TCO）来包裹金属纳米网格，有如下两个优势：可在金属网络的空白区域引入导电层 [91]，ALD 表面反应可以诱导 Ag NW 融合成一个连接的网络，从而避免热烧结过程，进一步提升金属网络的导电性 [92]。例如，Tsai 等对 Ag NW 采用 ALD 包裹了 Hf 掺杂的 ZnO（HZO），随着 HZO 厚度的增加，Ag NW 的电阻急剧降低，如图 11.22(a) 所示。并且，与传统的 ITO 相比，Ag NW@HZO 复合的电极材料具有优异的柔韧性，弯折后电阻没有明显提升［图 11.22(b)］[92]。

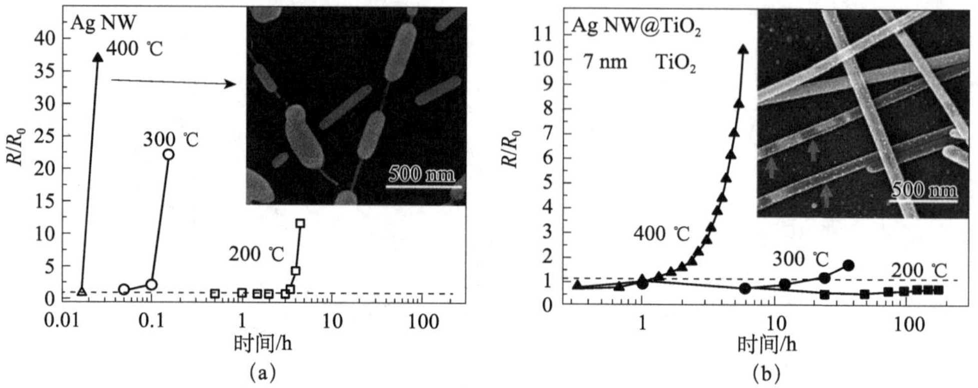

图 11.21 ALD 氧化物稳定 Ag NW 基透明电极 [88]

(a) Ag NW 和 (b) Ag NW@TiO$_2$ 在不同温度下老化时的电阻变化，内插图为相应样品在 400 ℃下老化后的 SEM 照片

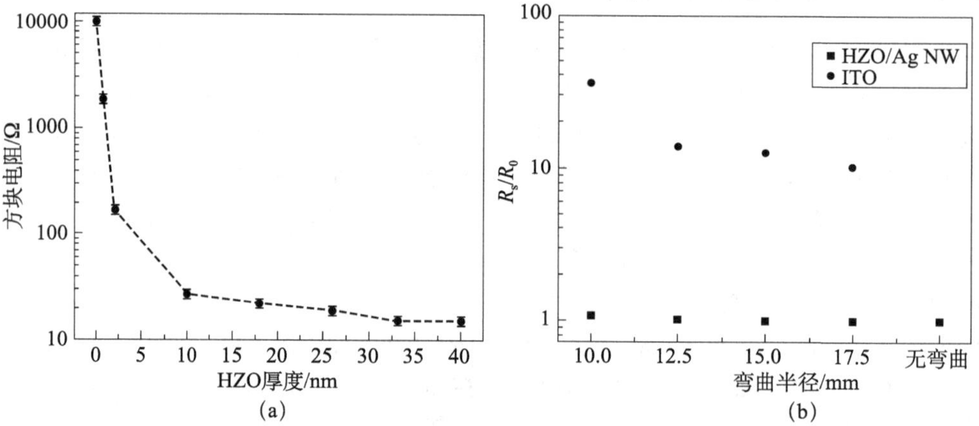

图 11.22 ALD 制备 TCO 用于稳定 Ag NW 基透明电极 [92]

(a) HZO/Ag NW 复合电极的电阻与 HZO 厚度的关系曲线；(b) ITO 和 HZO/Ag NW 在不同弯曲半径下的电阻变化对比图

11.4.3 应用举例

透明导电电极的一个重要应用就是用在有机发光二极管（OLED）中。OLED 的基本结构是由一薄而透明、具有低电阻率的 ITO 与阳极相连，中间为发光功能层，再加上另一个金属阴极，构成三明治结构。功能层包括空穴传输层、有机发光层与电子传输层。OLED 的特性是自己发光，不需要背光，可视度和亮

度均高，节能省电效率高，成本低，被视为 21 世纪最具前途的产品之一。

有机材料的特性深深影响着器件的光电特性，在阳极材料的选择上，材料本身必须具备高的功函数与可透光性。ITO 导电膜的功函数为 4.5～5.3 eV，其性质稳定且透光，被广泛应用于阳极。然而，由于 In 资源在地球上的稀缺性，发展廉价的 TCE 材料势在必行。另外，TCO 表面的平整度也会影响到 OLED 的性能与功耗。

将 ALD 制备的 Al 掺杂 ZnO 薄膜应用于 OLED 和 LED 已经被广泛研究[59,60,66]。采用 ALD 制备的 AZO 作为底电极，激光脉冲沉积法（PLD）制备的 AZO 作为顶电极，在玻璃上制备了 OLED 器件，其结构如图 11.23(a) 所示[60]，在顶电极生长前引入了 WO_3 阻挡层。与 ALD 相比，物理法 PLD 制备的 AZO 具有相对较高的电导率。OLED 器件的电致发光谱和透射率曲线如图 11.23(b) 所示，功率和电流效率在 100 cd/m^2 亮度水平分别超过 27 lm/W 和 44 cd/A。同时器件在可见光范围的透射率超过 73%，表明不含 In 的透明导电氧化物薄膜 AZO 有望用于 OLED 器件。

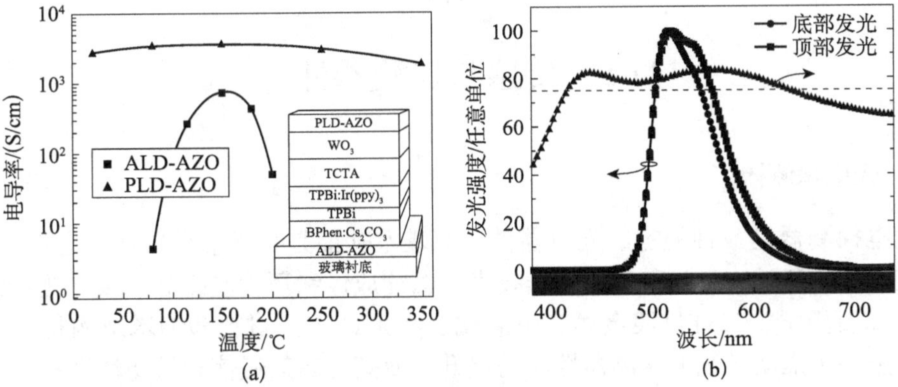

图 11.23　AZO 作为透明电极的 OLED 器件的结构及其发光特性[60]

(a) AZO 薄膜的电阻率和 OLED 结构示意图；(b) OLED 器件的发光强度和透射率

TCE 的另一个应用涉及光伏和染料敏化太阳能电池（DSSC）。例如，ALD 技术应用于涂覆多孔阳极氧化铝模板孔道（图 11.24）[93]，形成 ZnO 纳米管阵列，并与表面 ALD 制备的厚达 1 μm 的 AZO 电极结合，产生相对大面积的光阳极，粗糙因子达到 350～450。ZnO 纳米管基 DSSC 与传统的 ZnO 基 DSSC 相比，表面积增加约 3 倍，在 1.5 倍的太阳光强度下，短路电流为 3.3 mA/cm^2，开路电压为 739 mV，填充因子为 0.64，光电转换效率为 1.6%，趋近文献报道的 ZnO 基 DSSC 电池的最好值 4%[93]。

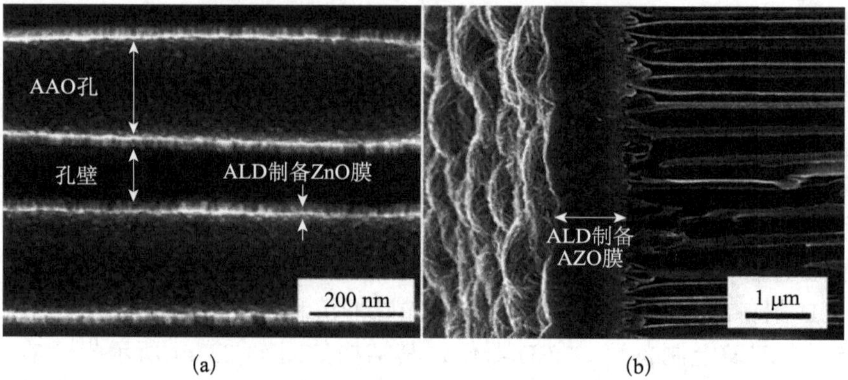

图 11.24　ALD 制备 ZnO 作为 DSSC 的光阳极的 SEM 照片 [93]

另外，ALD 制备的 AZO 薄膜还可作为电磁屏蔽膜、热 / 微波反射膜应用于窗口涂层 [94,95]。高度导电的 TCO 薄膜在红外区具有金属的光学特性，等离子波长为 3.5 μm。在微波频段（1～30 GHz）也反映了类金属特性，微波屏蔽效率达 22 dB，且屏蔽效率主要来源于反射而非吸收 [95]。

11.5　传感与探测器件

11.5.1　光电探测器

光电探测器是一种关键的光电器件，其基本功能是将光信号转换为电信号，广泛应用于物理学、材料科学、通信技术、医疗成像和环境监测等领域。随着新型材料如石墨烯、二维过渡金属二硫族化合物（TMD）材料和纳米结构材料的引入，进一步推动了光电探测器性能的提升，使其在高速通信和低功耗设备中的应用前景更加广阔。近年来，ALD 技术在光电探测器领域得到了广泛关注和应用，其优势在于能够以原子级别的精度控制薄膜厚度和组成，使得材料的特性得以精细调节，这对于光电探测器的性能至关重要。

1）光敏材料制备

原子层沉积技术已广泛用于制备光电传感器中的光敏材料，包括硫化物、氧化锌、氧化镓等，这得益于 ALD 技术的大面积均匀性、与半导体加工工艺的兼容性，可用于制备晶圆尺寸的光电探测器。例如，二维 TMD 具有很好的光电应用前景，然而，大多数二维 MoS_2 的光电探测器都是基于二维 MoS_2 薄片，尺寸仅为微米级别，极大限制了其实际应用。

Zhao 等采用 ALD 的方法，以 $MoCl_5$ 和六甲基二硫烷为前驱体，在单晶蓝宝石衬底上生长了晶圆尺寸的多层 MoS_2 纳米片，如图 11.25(a) 所示。并且通过剥离和转移技术，在 Al_2O_3/Si 和 SiO_2/Si 衬底上均获得均匀的大面积 MoS_2 纳米片。Al_2O_3/Si 衬底上制作的 MoS_2 光电探测器在较宽的波长范围内 (400~700 nm) 表现出光响应，在 5.01 μW/cm^2 (λ = 500 nm) 的照明功率密度下，可获得 577.4 A/W 的高光响应度，如图 11.25(b) 所示 [96]。Yang 等则以 $(Et_3Si)_2Te$ 和 $SbCl_3$ 为前驱体，在 80 ℃下 ALD 制备了晶圆级的碲化锑 (Sb_2Te_3)，如图 11.25(c) 所示，其具有良好的晶体质量，与 n 型硅衬底之间形成垂直 p-n 异质结，实现了从可见光 (405 nm) 到近红外 (1550 nm) 的宽探测范围。处理后的光电探测器具有低暗电流（～20 pA）、高响应度（～4.3 A/W@405 nm 和～150 mA/W@1550 nm）、高峰值探测率 (～1.65×10^{14} Jones) 和零偏置电压下的快速响应时间 (～98 μs)，如图 11.25(d) 所示 [97]。采用 ALD 技术还可制备单层三氧化钨的光电探测器，具有高灵敏度、宽范围光响应、极快的响应时间 (约 2.5～2.7 ms) 和超过 250 次循环的长期稳定性 [98]。

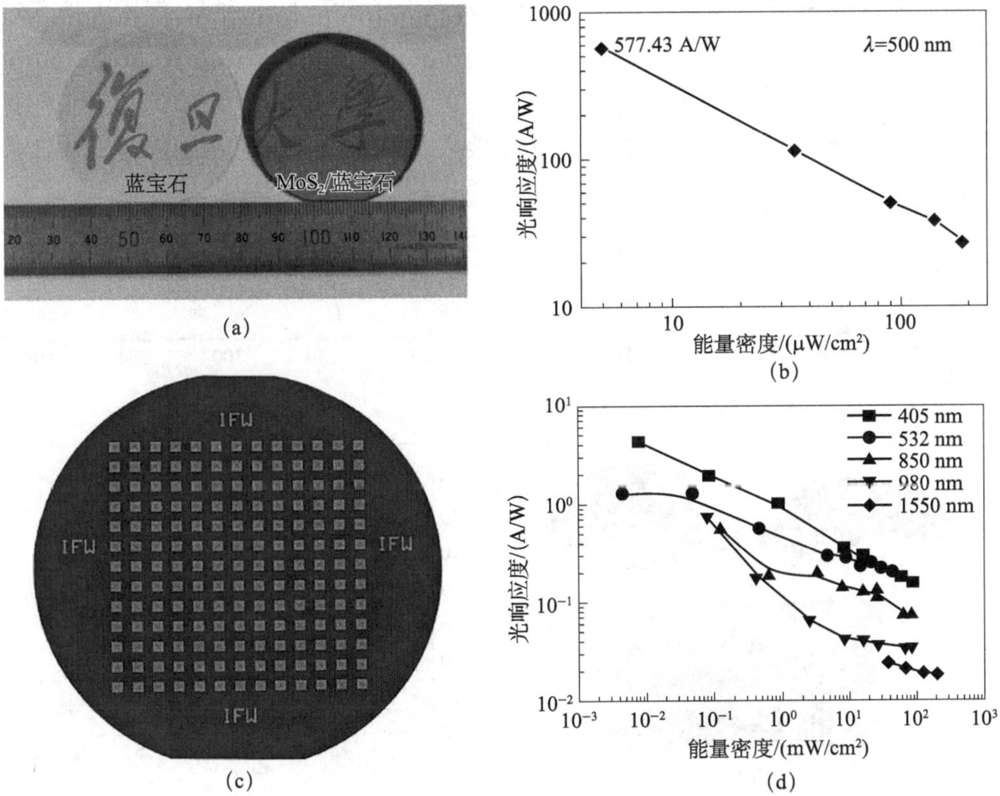

图 11.25　ALD 制备大面积的光敏材料

(a) 2 英寸蓝宝石衬底 (左) 和通过 ALD 在蓝宝石衬底上生长的晶圆级多层 MoS_2 纳米片 (右) 的照片；(b) MoS_2 光电探测器件在不同入射光能量密度 (λ = 500 nm) 下的光响应度 [96]；(c) 4 英寸 n 型硅片衬底上制备 Sb_2Te_3 图案的光学图像；(d) Sb_2Te_3/Si 光电探测器在不同波长和能量密度下的光响应度 [97]

ZnO 是一种具有宽带隙 (3.37 eV) 和高激子结合能 (60 meV) 的光电材料，在紫外波段有良好的响应。它热稳定性高、原料来源广、安全无毒，可作为下一代宽带隙半导体材料用于紫外探测器。Zheng 等采用 ALD 生长了紫外光探测用的 ZnO 薄膜，制备成金属 – 半导体 – 金属 (MSM) 的结构，通过快速热退火处理对 ZnO 薄膜的载流子浓度进行调节，在 450 ℃退火后，载流子浓度最低为 4.4×10^{14} cm^{-3}，从而减小载流子热扩散引起的暗电流，具有最大的光电流与暗电流之比，如图 11.26(a) 所示。此外，该光电探测器还具有高的响应率 27 A/W 和响应速度（<80 μs）[99]。

在日盲波长范围内 (λ = 200～300 nm)，太阳光不能穿透大气层到达地球表面，因为臭氧对其有强烈的吸收作用，因此，日盲光电探测器适用于导弹跟踪和空间通信。此外，这种深紫外 (deep ultraviolet, DUV) 波长的检测对人体安全、生物检测等也有重要应用。氧化镓材料具有约 5 eV 的宽带隙，是 DUV 检测的理想材料。大多数基于氧化镓的 DUV 光电探测器采用单斜的 β-Ga_2O_3 薄膜 (厚度为

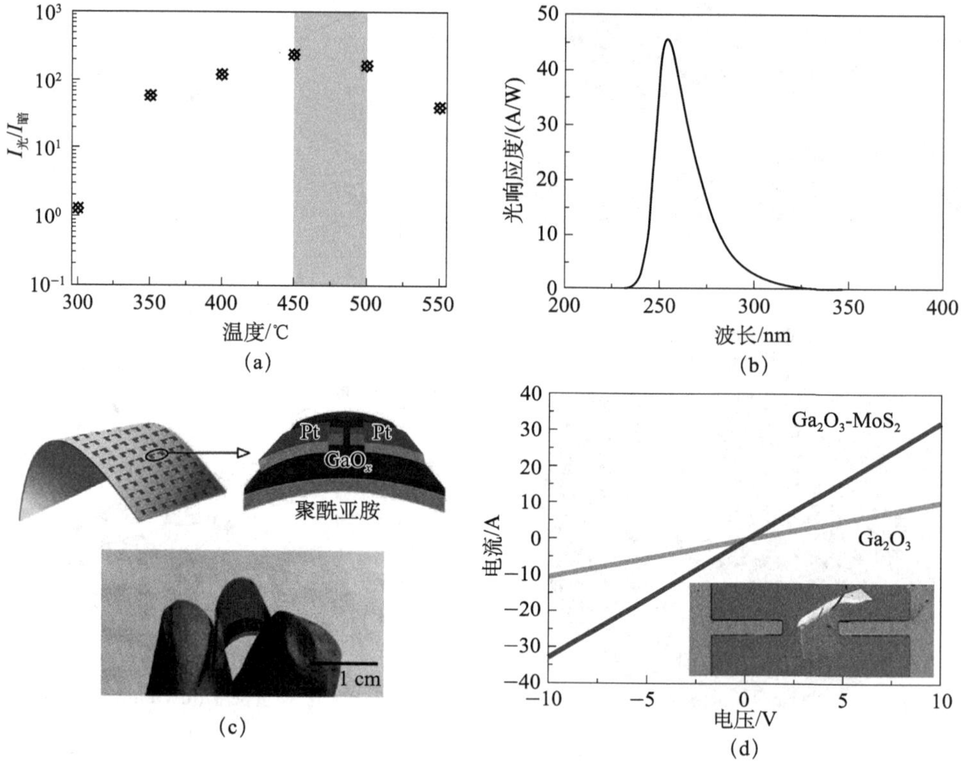

图 11.26 ALD 制备紫外光探测的光敏材料

(a) 不同退火温度下 ZnO 薄膜的光电流与暗电流之比 [99]；(b) 非晶 GaO_x 的光响应度与照射光波长的关系曲线；(c) 在聚酰亚胺上 ALD 生长 GaO_x 制成柔性器件的示意图与照片 [100]，(d) 单纯 Ga_2O_3 和 MoS_2 修饰的 Ga_2O_3 在 254 nm 光照下的电流 – 电压曲线，插图是 MoS_2 修饰的 Ga_2O_3 光电探测器的照片 [101]

200～300 nm)，然而基于 β-Ga_2O_3 薄膜的光电探测器存在响应速度慢和灵敏度低的问题。Lee 等 [100] 通过低温 (<250 ℃)ALD 生长了超薄 (3～50 nm) 非晶氧化镓 (GaO_x) 薄膜，其带隙约为 4.8 eV，可用于制备高响应、兼容多种衬底 DUV 光电探测器。使用 30 nm 厚的 GaO_x 薄膜构建金属 – 半导体 – 金属光电探测器，其可在 DUV 波长下可靠工作，在 $\lambda = 253$ nm 处响应度最大，达到 45.11 A/W，如图 11.26(b) 所示。在 10 V 下测量的暗电流低至 200 pA，信噪比高达 10^4，光电流的上升时间 (即从 10% 增加到 90% 的时间) 仅为 2.97 μs。并且 ALD 的低温工艺可在多种衬底上实现，包括柔性的聚酰亚胺，从而可用于构建柔性可弯曲光电探测器 [图 11.26(c)]。ALD 生长的 Ga_2O_3 被广泛研究用于 DUV 探测，例如 Yang 等 [101] 利用 ALD 生长的非晶 Ga_2O_3 制成柔性探测器，并用 MoS_2 对其进行修饰，可进一步提升器件在深紫外的响应电流 [图 11.26(d)]。Ni 等 [102] 还报道在三维海胆状 ZnO 阵列上 ALD 制备富氧空位非晶 Ga_2O_3，构建了异质结紫外探测器，其性能要优于纯 ZnO 或 Ga_2O_3[102]。

2）界面调控

上面提到，二维 MoS_2 具有优异的光电性能，使其有希望制造高性能光电探测器。然而，实际制造过程中，金属电极沉积不可避免地会在 MoS_2 与金属电极之间引入界面缺陷。此外，MoS_2 生长过程中产生的固有缺陷、有机分子或水的物理吸附，都会降低 MoS_2 光电探测器通道中的光探测。因为光产生的载流子很容易被这些缺陷态捕获，导致光探测信号弱、响应慢。使用 ALD 技术进行界面调控是有效提升光电探测器性能的有效手段，例如 Pak 等 [103] 在 MoS_2 和金属电极之间引入超薄的 ALD TiO_2 薄膜，裸 MoS_2 器件的响应时间和恢复时间分别为 5 s 和 65 s 左右，经 TiO_2 调控后，所有 TiO_2/MoS_2 器件的响应时间和恢复时间均小于 1 s，如图 11.27(a) 所示。此外，引入 ALD 薄膜还可以对 MoS_2 进行应力调节，这也是提高其光电性能的有效途径。Li 等 [104] 研究发现，通过在 GaN 表面沉积 3 nm 的 Al_2O_3，可以将张应变引入到多层 MoS_2 中。理论模拟证实 Al_2O_3 覆盖的 MoS_2 表面存在张应变，MoS_2 的带隙和电子有效质量因此而减小，导致电子迁移率增加，光电探测器在 365 nm 波长下具有更好的性能。如图 11.27(b) 所示，其响应率高达 24.6 A/W，光导增益为 520 [104]。

Cen 等 [105] 则使用 ALD 技术将超薄 Al_2O_3 和 TiO_2 修饰层分别插入电极和钙钛矿之间的界面。FTO 衬底上进行 ALD-Al_2O_3 修饰可以提高 $CsPbBr_3$ 薄膜的晶体质量，从而显著降低了光电探测器的暗电流。此外，由于 TiO_2 与 $CsPbBr_3$ 之间的能带匹配，在 $CsPbBr_3$ 薄膜和顶电极之间插入 ALD-TiO_2 层增强了 $CsPbBr_3$ 钙钛矿光电探测器的光电流，如图 11.27(c) 所示。值得注意的是，该器件还表现出优异的环境稳定性，在空气中暴露超过 100 天后光电流衰减仅为 4%[105]。

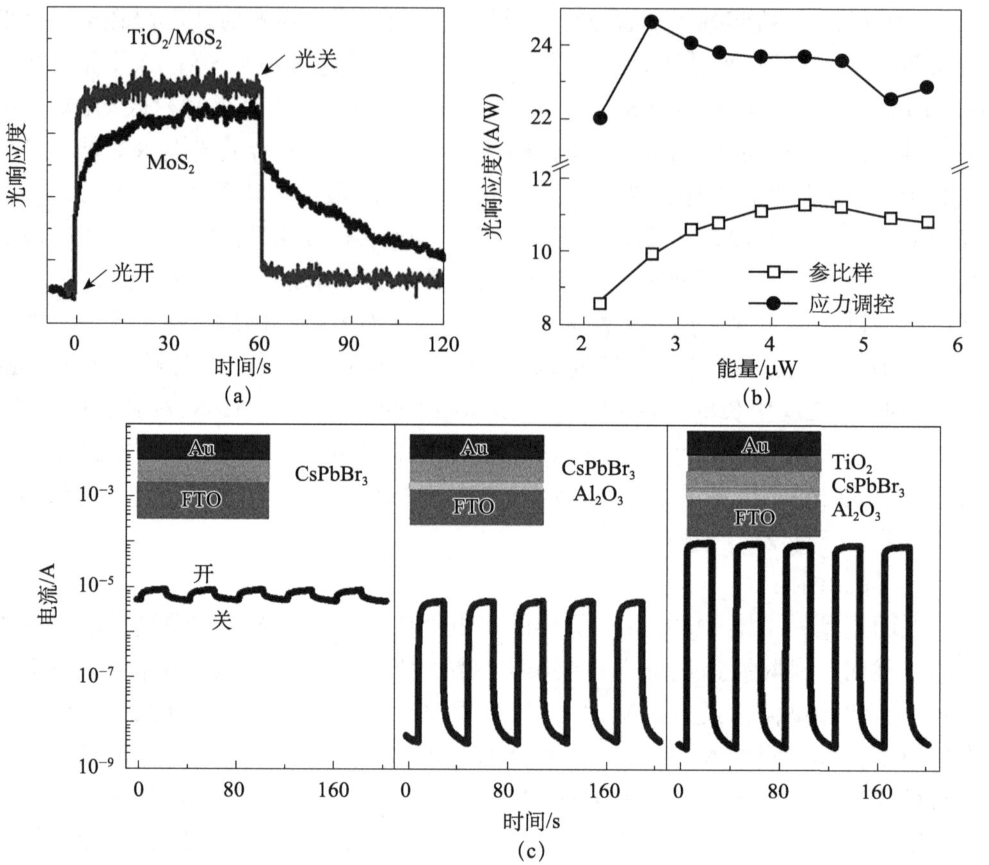

图 11.27　ALD 技术对光电探测器的界面调控

(a) 有无 TiO_2 调控的 MoS_2 光电探测器的响应曲线 [103]；(b) 有无应力调控的 MoS_2 光电探测器的光响应度与入射能量的关系曲线 [104]；(c) $CsPbBr_3$、$Al_2O_3/CsPbBr_3$ 和 $Al_2O_3/CsPbBr_3/TiO_2$ 钙钛矿基光电探测器的光响应曲线 [105]

3）防护涂层

有机－无机杂化钙钛矿 $CH_3NH_3PbX_3$ (X= Cl、Br、I) 具有优异的半导体性能，如直接带隙 (≈1.5 eV)、吸收范围宽、激子结合能小 (20 meV)、载流子迁移率高［10 $cm^2/(V \cdot s)$］和电荷扩散长度长 (100～1000 nm)。近年来，人们对钙钛矿进行了广泛研究，探索其在光伏器件、光电探测器和发光二极管等方面的应用。但是，钙钛矿对水分敏感，在空气中不稳定，因此，提高钙钛矿光电探测器的环境稳定性对其实际应用具有重要意义。针对此难点，Lu 等 [106] 采用 ALD 技术在钙钛矿光电探测器表面沉积超薄 Al_2O_3 薄膜 (4 nm)，用于提高其耐久性。Al_2O_3 是一种非常稳定的化合物，可以有效保护钙钛矿层不受氧气和水分的影响，并且超薄的 Al_2O_3 薄膜对钙钛矿的光吸收以及钙钛矿与导电 ITO 电极之间的接触几乎没有负面影响。图 11.28(a) 为钙钛矿和 Al_2O_3 包裹的钙钛矿在 350 ~ 850 nm 波长范

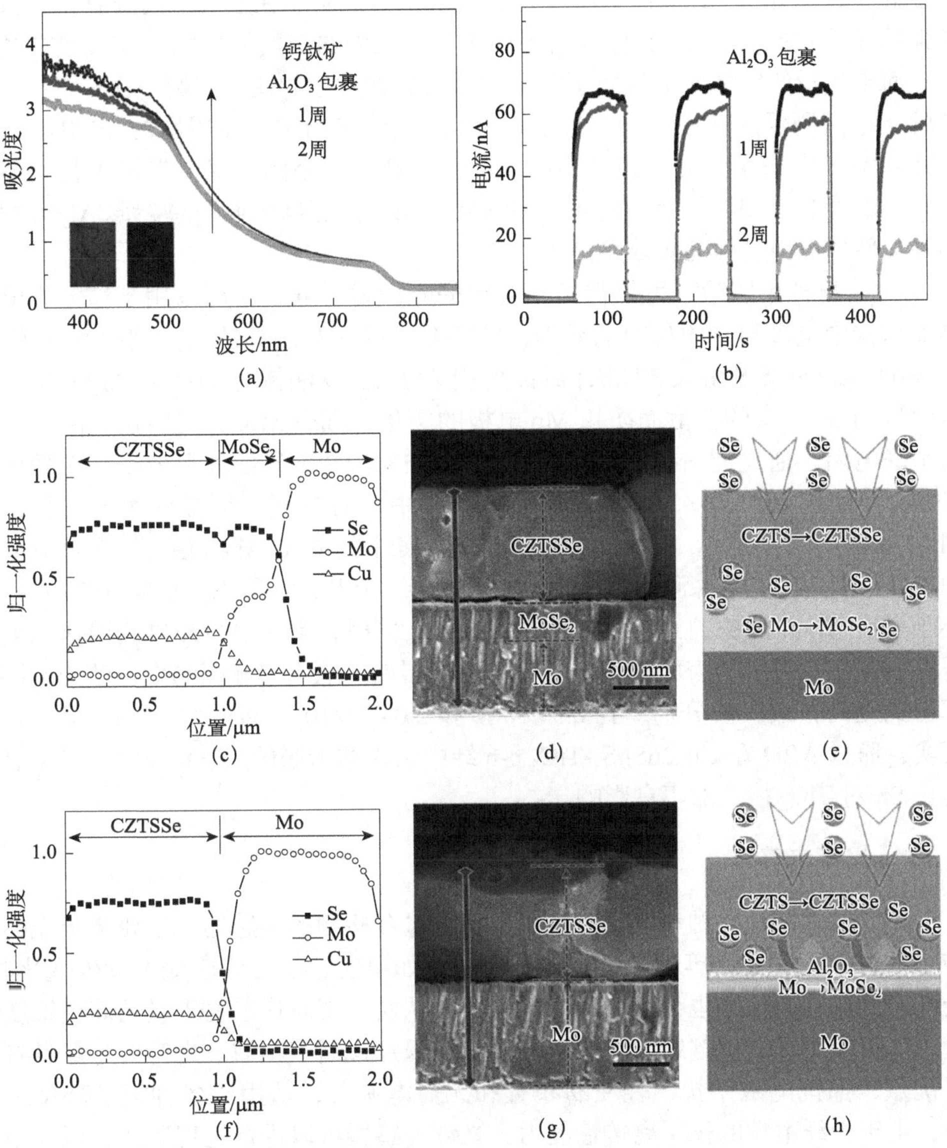

图 11.28　ALD 在光电探测器中引入防护涂层

(a) 钙钛矿和 ALD-Al_2O_3 层的钙钛矿及其在 1 周、2 周后的光吸收曲线和 (b) 光响应曲线[106]；无 ALD-Al_2O_3 层的钙钛矿器件的 (c) EDX 元素深度分布图、(d) 对应的 SEM 横截面图和 (e) 硒化过程中硒扩散示意图；有 ALD-Al_2O_3 层的钙钛矿器件的 (f) EDX 元素深度分布图、(g) 对应的 SEM 横截面图和 (h) 硒化过程中硒扩散示意图[107]

围内的吸收光谱，与钙钛矿相比，包裹后的钙钛矿吸收率仅仅略有下降。需要指出的是，在空气中暴露一到两周后，包裹的钙钛矿在整个测量光谱中仍然表现出很强的吸收，说明 Al_2O_3 保护层可以有效阻止钙钛矿层在空气中的降解，保持其较强的光吸收能力。Al_2O_3 包裹的钙钛矿在空气中暴露两周后仍保持其最初的黑色，而未包覆的钙钛矿则经历了明显的从黑色到黄色的变化。通过比较 Al_2O_3 保护的光电探测器的初始光响应性能与在空气中储存 1 周、2 周后的光响应性能，可知在空气中暴露一周后，光响应强度只出现了很小的下降，保持了初始值的 93%，如图 11.28(b) 所示。因此，在钙钛矿光电探测器表面包裹超薄 Al_2O_3 层是提高器件环境稳定性的有效途径 [106]。

ALD 防护涂层除了可以保护不稳定的光敏材料外，还可以用于稳定光电探测器结构中电极与光敏材料的界面，防止互扩散而影响其性能。例如 Yan 等 [107] 在 Mo/$Cu_2ZnSn(S,Se)_4$ (CZTSSe) 界面处引入了 ALD 法制备的超薄 Al_2O_3 层，能有效抑制 Se 元素的扩散而防止 Mo 电极的硒化，减少 $MoSe_2$ 过渡层，降低器件的串联电阻。通过能谱扫描可以发现，Mo 与 CZTSSe 界面处形成了一层较厚的 $MoSe_2$，而引入 ALD-Al_2O_3 界面层后，器件中没有观察到明显的 $MoSe_2$ 层，如图 11.28(c) ～ (h) 所示。因此，Mo/CZTSSe 界面上的 ALD-Al_2O_3 层可以有效防止 Se 的扩散，制备的光电探测器性能由此明显改善，上升 / 衰减时间为 60 ns/77 ns，远小于没有 Al_2O_3 保护的 CZTSSe 光电探测器。同时，ALD-Al_2O_3 界面层作为电子阻挡层，有效抑制了表面载流子复合，使得器件的响应率和探测率在整个范围内都得到提高，最大值分别达到 0.39 A/W 和 2.04×10^{11} Jones[107]。Wang 等 [108] 也证实，通过 ALD 在 Cu_2ZnSnS_4-TiO_2 p-n 结中引入纳米级的 Al_2O_3 薄膜，可以有效防止 Sn 对 TiO_2 掺杂的不良影响。

11.5.2　光纤传感

光纤传感器是一种利用光纤技术进行测量和检测的传感器，主要基于光的干涉、散射和强度变化等现象，当外部参数（如温度、压力或应变）发生变化时，光纤内传输的光信号也会相应地发生变化，从而实现对这些物理量的高灵敏度测量，广泛应用于结构健康监测、环境监测、医疗诊断等领域。光纤传感器具有诸多优点，如抗电磁干扰、轻便易布置和无需电源等，适用于各种复杂环境。此外，由于光纤本身的长距离传输能力，光纤传感器可以进行远程监测，减少布线的难度，使得光纤传感器在基础设施监测、气候变化研究和生物医学等领域展现出良好的应用前景。随着技术的不断进步，光纤传感器正在向更高的精度和更广的应用范围发展。得益于 ALD 技术对膜厚的精确控制，对光纤镀膜可制成多种类型的光纤传感器，包括法布里 - 珀罗干涉仪 (Fabry-Perot interferometer)、锥形光纤传感器等。

1）法布里 - 珀罗干涉仪

光纤法布里 - 珀罗干涉仪传感器是光纤传感器中应用最广泛的一种，广泛用于测量物理量，如温度、压力、折射率和湿度，也可作为化学和生物传感器，用来测定水溶液中的糖含量或人体血液中的红细胞水平。它们的主要优点是高灵敏度、抗机械干扰和电磁干扰，再加上体积小、重量轻，受到广泛关注。具体的器件结构与工作原理如图 11.29(a) 所示，通过在光纤端面沉积具有特定折射率和厚度的纳米膜，光纤 / 膜界面可以作为光反射的镜面，改变薄膜的厚度和折射率，

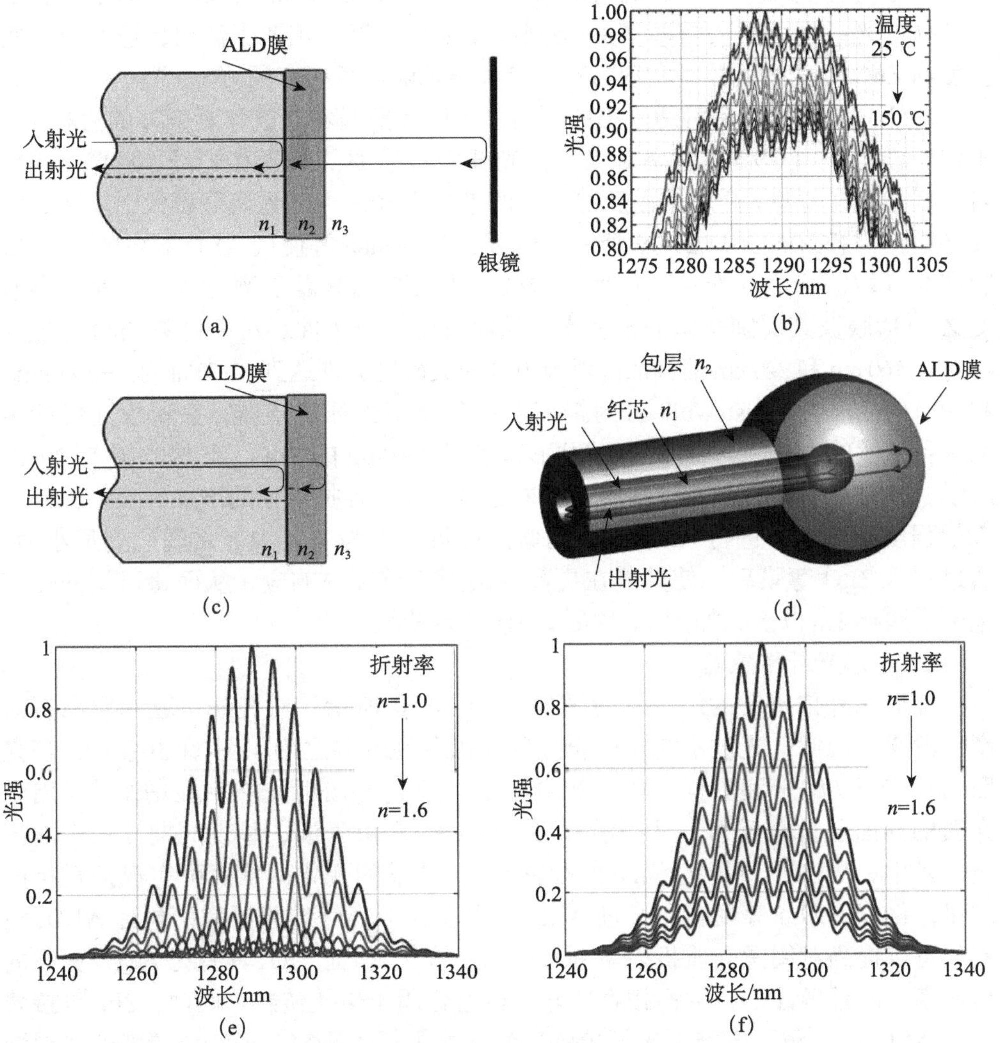

图 11.29　法布里－珀罗干涉仪光纤传感器

(a) 光纤法布里－珀罗干涉仪传感器的结构与工作示意图；(b) 包裹 ALD TiO_2 的法布里－珀罗干涉仪在不同温度下的图谱强度 [109]；(c) ALD 膜作为法布里－珀罗干涉腔的结构示意图 [111]；(d) 包裹 ALD ZnO 的微球端光纤传感器的结构示意图；(e) 无、(f) 有 ALD ZnO 包裹的法布里－珀罗干涉仪传感器在不同折射率环境中的光谱响应 [112]

进而可以调节此面的反射率，而出射光经过镜面反射后，与光纤 / 膜面反射的光进行干涉。干涉图谱受到多个因素的影响，包括膜以及膜与镜面之间的介质，因此，可以利用干涉图案的变化来进行探测。例如，Hirsch 在光纤端面 ALD 生长了 TiO_2 薄膜，而 TiO_2 薄膜的折射率与温度有关，当温度上升时，图谱的强度下降，可在 25～150 ℃的范围内进行温度探测，如图 11.29(b) 所示 [109]。而利用膜与镜面之间介质对光谱的影响可测量介质的折射率。例如，Majchrowicz 等在形成腔体的光纤端面上沉积薄 ZnO 层制成光纤法布里 - 珀罗干涉仪，通过对空腔长度和 ZnO 厚度的调控，实现对环己烷和甲苯液体折射率的测定 [110]。

此外，通过改变反射纳米层的厚度，可以使薄膜本身就作为额外的法布里 - 珀罗干涉腔，由于高折射率对比，在光纤中传播的部分光在光纤 / 薄膜界面反射，部分光在薄膜 / 介质界面反射，这两束光干涉，可在光谱分析仪上观测到干涉光谱，示意图如图 11.29(c) 所示。例如，Śmietana 等使用 ALD 制备的 ZnO 薄膜在光纤端面形成法布里 - 珀罗干涉仪，当其尖端暴露于酒精蒸气中时，会改变 ZnO 薄膜及其周围介质的折射率，从而改变反射条件。对于包裹 ZnO 厚度为 40 nm、160 nm 和 220 nm 的样品，对异丙醇的灵敏度分别达到 −2.70 nm/s、−0.78 nm/s 和 −0.11 nm/s[111]。Listewnik 等则报道了一种新型光纤传感器，在单模光纤的尖端制备了微球，并用 ALD 对微球共形包裹了 200 nm 的 ZnO，结构如图 11.29(d) 所示，并将其用作折射率传感器。结果显示，随着外折射率的增加，反射信号的峰值强度减小，未进行 ALD 包裹的球面在折射率为 1.4 ~ 1.5 之间达到最小值。通过引入 ZnO 薄膜后，使其能在更高的折射率范围内响应，从而将可用的传感范围扩展到 1.6 以上，如图 11.29(e)、(f) 所示 [112]。

2）锥形光纤传感器

锥形光纤传感器的结构示意图如图 11.30(a) 所示，对光纤包裹一层高折射率的薄膜，因此，光波不能发生全反射而限制在纤芯之中［图 11.30(b)］，当光照射在光纤 / 纳米膜界面上时，光会被部分反射，出射光然后在纳米膜 / 周围介质的界面上被全反射，从而沿锥形光纤发生多束干涉，呈现周期性的干涉图谱。其中，周围介质折射率的变化将会引起图谱的变化，从而可实现折射率的测量。例如，Zhu 等证实，通过 ALD 技术在锥形光纤传感器表面包裹 Al_2O_3 涂层，可以提高对周围介质折射率测量的灵敏度 [113]。而 TiO_2 具有比 Al_2O_3 更高的折射率，而且毒性小、生物相容性好，更适合用于生化传感。因此，Zhu 等接着又对 ALD TiO_2 包裹的锥形光纤传感器的性能进行了研究，证实该传感器对周围折射率的变化非常敏感，可用作高灵敏度折射率计。在锥形光纤上沉积 50.9 nm 厚度的 TiO_2 制成的传感器，周围介质折射率在 1.3373～1.3500 的范围内，灵敏度高达 7096 nm/RIU（refractive index unit），如图 11.30(c)、(d) 所示 [114]。

此外，Tu 等从理论上证明，如果在锥形光纤上包裹由周期性 TiO_2 和 Al_2O_3

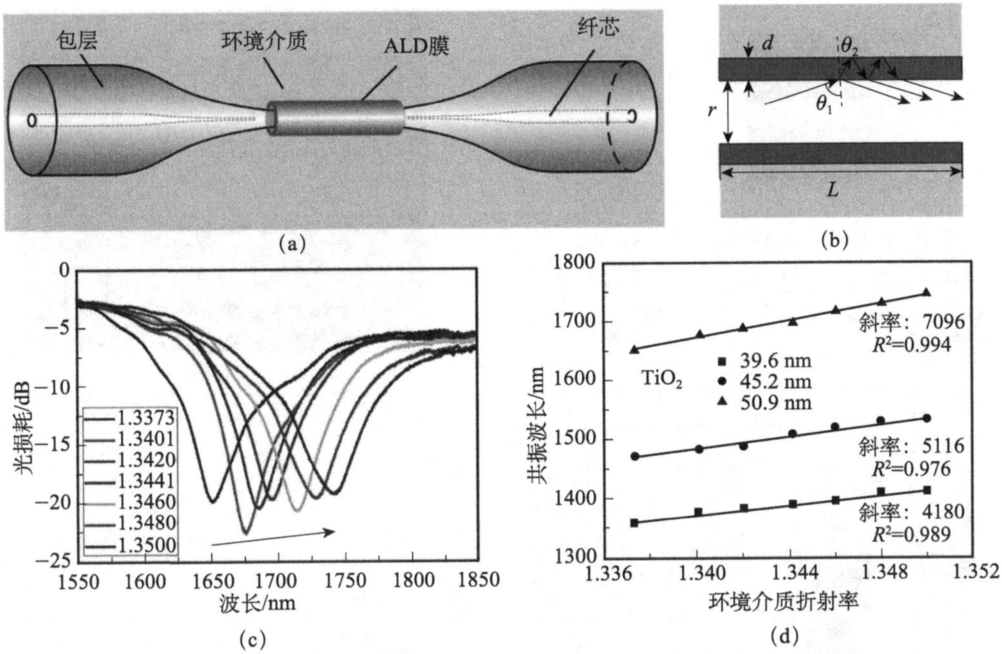

图 11.30　ALD 包裹的锥形光纤用于折射率测量 [114]

ALD 包裹的锥形光纤的 (a) 结构示意图和 (b) 截面图及光路图；(c) 50.9 nm TiO_2 包裹的锥形光纤的透过光谱随环境介质折射率变化而变化；(d) 相应的共振波长与环境介质折射率的关系曲线

组成的一维光子晶体，则可激发布洛赫表面波 (Bloch surface wave, BSW)，在 p 偏振光（p-polarized light, PPL）和 s 偏振光（s-polarized light, SPL）的透射光谱中可发现两个共振峰，分别来自于 BSW 的激发。随后，利用 ALD 技术可以精确控制多层结构的厚度和均匀性的优点，成功对锥形光纤包裹 TiO_2 和 Al_2O_3 组成一维光子晶体，结构示意图和截面电镜图如图 11.31 (a)、(b) 所示，并实现对折射率的灵敏探测。图 11.31 (c) 显示了在 1.3367 ~ 1.4337 范围内不同介质折射率时器件的透射光谱，可以发现随着周围介质折射率的增加，两个共振波长单调且明显地向较长波方向移动。对于 PPL，在周围介质折射率为 1.3370 附近的灵敏度为 650 nm/RIU，在折射率为 1.4337 附近的最大灵敏度为 1900 nm/RIU。SPL 在周围介质折射率为 1.3370 附近的灵敏度为 930 nm/RIU，在周围介质折射率为 1.4337 附近的最大灵敏度为 2030 nm/RIU，如图 11.31 (d) 所示 [115]。

除此之外，利用上述锥形光纤对周围介质折射率敏感的特性，还可以实现对其他物理量的测量。例如，在上述锥形光纤传感器的基础上再进行一层材料的包裹，如果此材料对温度较为敏感，即可对温度进行测量。Zhu 等在 ALD Al_2O_3 包裹锥形光纤的基础上，继续包裹一层对温度敏感的硅胶，如图 11.32 (a) 所示。硅胶具有负的热光系数，折射率随着温度的升高而减小，因此，随着温度的升高，

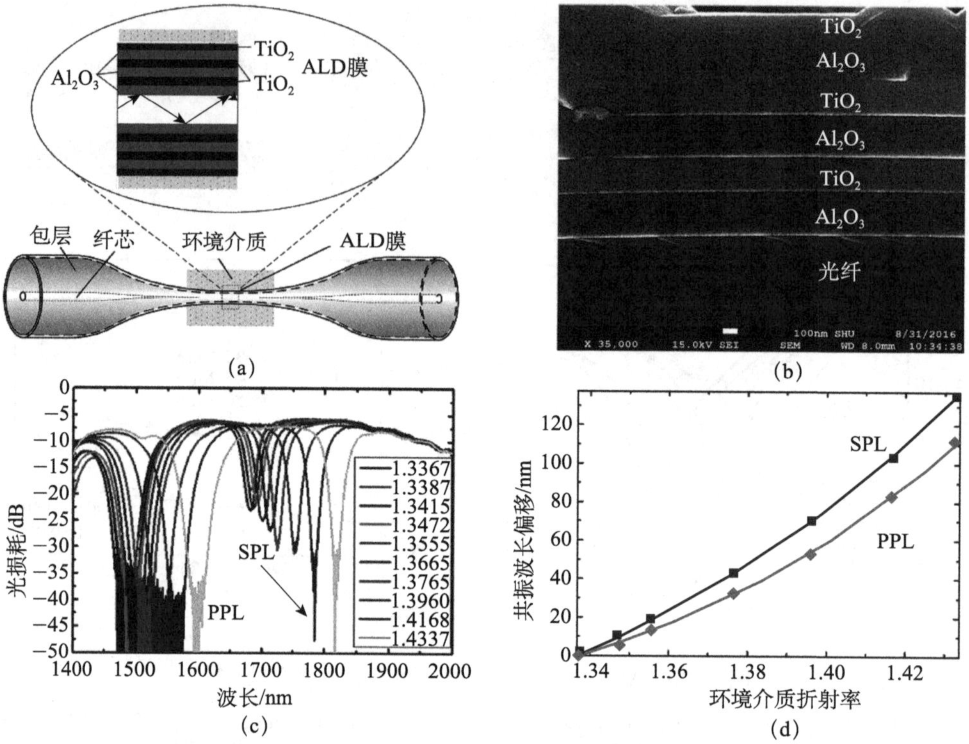

图 11.31　ALD 制备光子晶体包裹锥形光纤 [115]

(a) 用于激发布洛赫表面波的包覆一维光子晶体的锥形光纤的结构示意图及 (b) ALD 制备的多层膜的电镜照片；(c) 不同折射率环境下光纤的透过光谱；(d) 相应的共振波长偏移与折射率的关系曲线

透射光谱向更短的波长偏移，如图 11.32(b) 所示。当温度在 20 ~ 120 ℃范围内变化时，共振波长总偏移为 244.2 nm，灵敏度约为 2.44 nm/℃，性能远高于其他类型的传感器，并且波长偏移与温度的响应呈良好的线性关系 [116]。

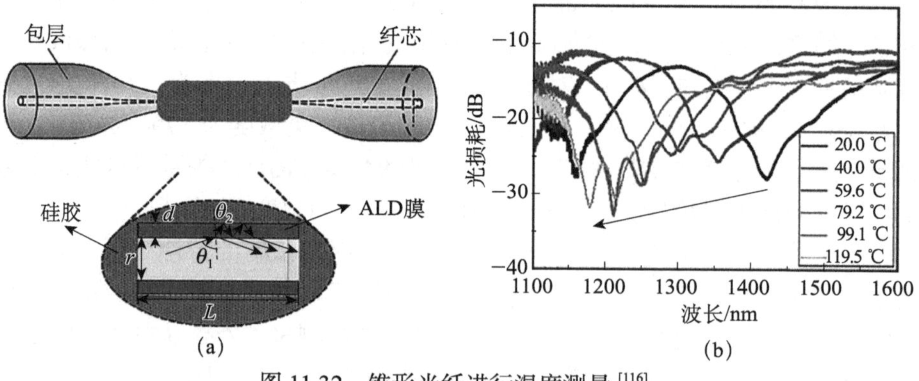

图 11.32　锥形光纤进行温度测量 [116]

(a) 包裹有 ALD 膜和硅胶的锥形光纤传感器的结构示意图；(b) 该传感器在不同温度下的透射光谱

3）其他光纤传感器

以上的光纤传感器归根到底都是基于材料折射率的变化来进行测量，Chi 等则采用另一种方式用光纤传感器来实现氢气的测量。该传感方案是对光纤采用 ALD 进行 Pd 涂层的包裹，当其暴露在氢气中时，Pd 体积膨胀能高达 100 倍，Pd 涂层体积的急剧变化则会引起光纤纵向上的张应变。进一步采用瑞利背向散射的光频域反射法就能够识别应变的大小与位置，从而实现精准的氢气检测。如图 11.33(a) 所示，反复暴露于 0.5% 的氢气中能实现稳定的响应，并且在氢气浓度低于 4% 时，光纤的应变与氢气浓度成正比［图 11.33(b)］[117]。此外，与半导体、MEMS、催化燃烧和电化学氢传感器相比，光纤氢气传感器不需要电流作为传感信号载体，采用不引发爆炸的惰性材料，不存在电磁干扰，具有分布式传感能力，并且可以实现远程检测。

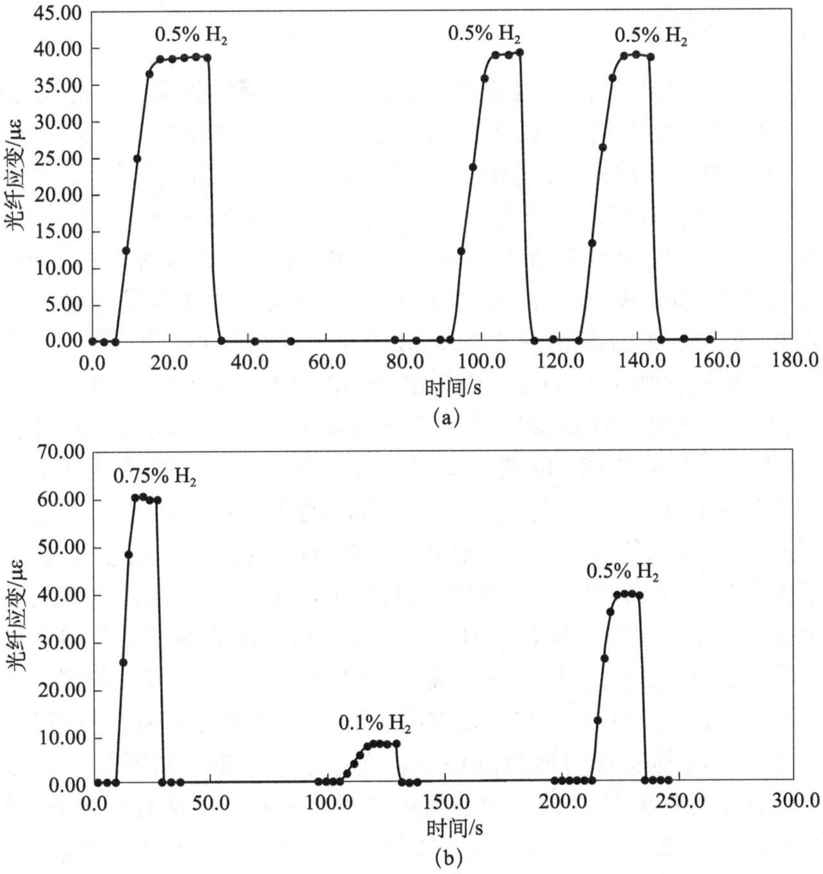

图 11.33　氢气光纤传感器 [117]

Pd 涂层光纤 (a) 反复暴露于 0.5% 氢浓度下的响应曲线和 (b) 分别暴露在 0.75%、0.1% 和 0.5% 氢浓度下的响应曲线

11.6 发光显示

先进显示器领域的快速发展促进了智能手机、投影仪、电视、医疗图像和虚拟现实设备的快速发展，反过来对显示技术也提出了更高的要求，如低功耗、高稳定性和高分辨率等。然而不少发光材料固有的不稳定性问题，导致发光效率在长时间运行中下降，限制了它们的实际应用。目前，提高发光材料性能的策略主要包括晶体结构修饰、成分调节与掺杂、表面修饰等。ALD 技术由于具有精确的厚度控制、相对温和的工艺条件、优异的一致性等优点，被广泛用来提高发光器件的稳定性。此外，ALD 也是对 OLED 显示器进行封装的有效方法，并且封装多样化，包括单层、纳米叠层、有机 / 无机多层和杂化膜等 [118]，ALD 封装相关内容将在第 16 章进行专门介绍。

11.6.1 发光材料制备

首先需要指出的是，薄膜电致发光 (TFEL) 显示器作为第一个商业化的 ALD 应用，在 20 世纪 70 年代为 ALD 技术的发展提供了重要推动力。当时，虽然 TFEL 显示器的概念已被提出，但由于生产技术的限制，无法实现大规模制造。因为 TFEL 显示器需要在绝缘 - 发光 - 绝缘三层结构上施加高电场（1～2 MV/cm），因此对大面积薄膜的质量有着极高的要求，而当时的薄膜制备技术难以满足。ALD 技术因其能够沉积符合 TFEL 显示器需求的大尺寸高质量薄膜材料而受到关注，例如采用掺锰的硫化锌（ZnS∶Mn）作为发光材料 [119-120]，以及氧化铝（Al_2O_2）或铝钛氧化物（Al_xTi_yO）作为绝缘层的结构，以满足 TFEL 显示器的性能要求。在这一时期，ALD 被广泛用于研究和生长 TFEL 显示器所需的发光材料 [121]。除了广泛研究的掺 Mn 硫化锌用于黄光发光材料，镧系元素离子作为掺杂剂能够产生不同颜色的发光。其中，最常用的离子包括铽 Tb（绿色）、铕 Eu（红色）、铈 Ce（蓝绿色）、钐 Sm（红色）和铥 Tm（蓝色），通过 ALD 工艺可将这些离子掺杂到 ZnS 薄膜中，实现多种颜色的发光 [122-124]。此外，碱土金属离子比锌离子更大，因此，碱土硫化物 (CaS、SrS、BaS) 比 ZnS 更容易接受稀土离子的掺杂，采用 ALD 技术，成功制备了各种掺杂的 SrS、CaS 发光材料 [125-127]。

如今 50 年过去，ALD 技术继续被用于制备多种发光材料。得益于 ALD 独特的生长方法，容易实现对薄膜的掺杂，而以掺铒（Er）栅极氧化物为发光层的金属氧化物半导体器件，被认为是实现硅基电致发光的最有前途的方法之一。Jin 等采用 ALD 方法在硅表面生长了掺铒的氧化镓 (Ga_2O_3∶Er) 薄膜，退火后，以 Ga_2O_3∶Er 薄膜作为发光层制备 MOS 器件，可检测到在近红外区域与 Er 相关的电致发光光谱，如图 11.34(a) 所示。并且发现退火温度与 Er 掺杂浓度对发光性能有较大影响，Er 掺杂量为 2.97%、1100 ℃下退火的 MOS 器件性能最佳，外量子效率达到 8%［图 11.34(b)］[128]。Yang 等则采用 ALD 技术进一步制备了纳米层状镱（Yb）、铒（Er）共掺杂 Al_2O_3 薄膜，电激发下 Yb^{3+} 离子向 Er^{3+} 离子的能量传递增强了 Er 相关的电致发光，性能远优于仅掺 Er 的器件。基于共掺杂的发光器件外量子效率高达 24%，功率效率为 2.8×10^{-3}[129]。Liu 等则利用 ALD 技术在硅上制备了铥（Tm）掺杂的氧化铝，在金属氧化物-半导体结构发光器件中实现了 Tm^{3+} 离子的强蓝色电致发光。并通过 ALD 技术对纳米层进行精确控制，制备了 Al_2O_3/Tm_2O_3 纳米叠层薄膜，研究了 Tm 掺杂层和各 Tm_2O_3 层之间的距离对电致发光性能的影响，证实相邻 Tm_2O_3 掺杂层之间的交叉弛豫降低了蓝色电致发光的强度和衰减寿命，衰减寿命与 Al_2O_3 亚层厚度密切相关，临界值约为 3 nm，如图 11.34(c)、(d) 所示[130]。

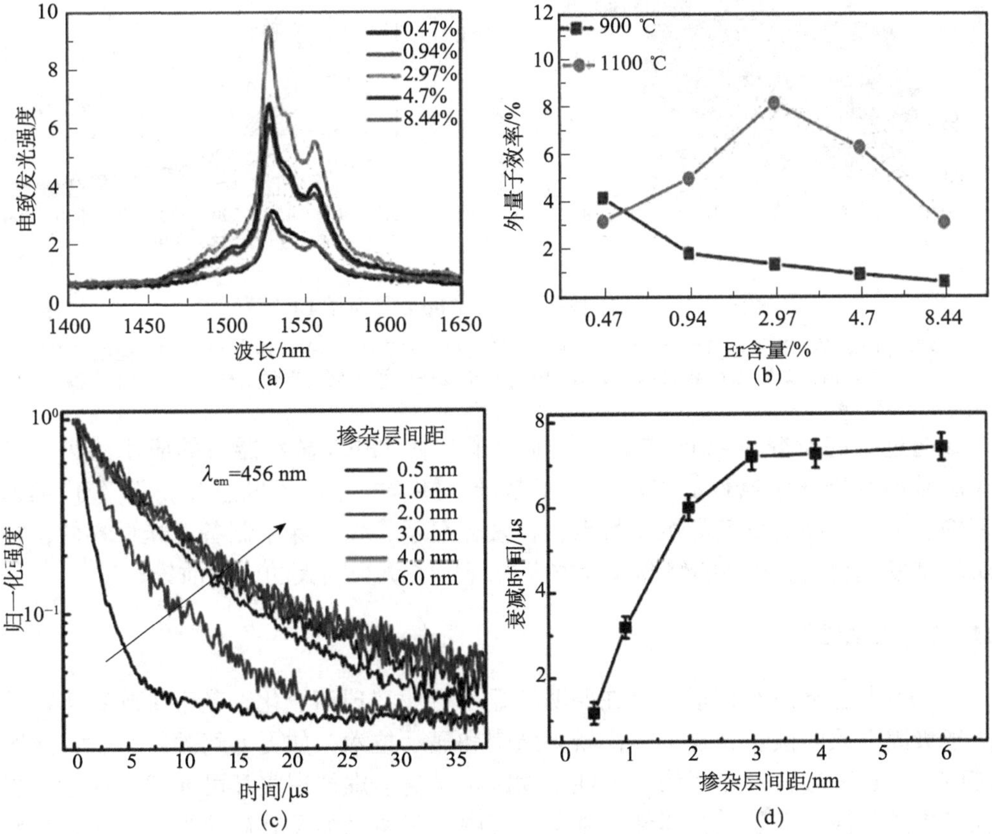

图 11.34　ALD 制备发光材料

Ga_2O_3:Er 薄膜在近红外的发光光谱 (a) 和不同温度退火下外量子效率与掺杂含量的关系曲线 (b)[128]；Al_2O_3/Tm_2O_3 纳米叠层的电致发光的衰减曲线 (c) 和寿命与掺杂间距的关系曲线 (d)[130]

除了掺杂化合物外，ALD 技术还可以用于构建 p-n 结，用于发光二极管

（LED）。Chen 等在 p-GaN 衬底上采用 ALD 制备了高质量 ZnO 薄膜，制备的 n-ZnO/p-GaN 异质结 LED 在约 10 mA 的低注入电流下，实现了 ZnO 在 391 nm 处的室温紫外电致发光，如图 11.35 所示[131]。除了无机发光材料外，Mai 等还利用分子层沉积（MLD）技术，以三 (*N,N'* - 二异丙基 -2- 二甲酰胺胍) 铒 (Ⅲ) [$Er(DPDMG)_3$] 和 3,5- 吡啶二羧酸作为前驱体，制备了含有铒和有机链段的材料作为发光材料，该材料在 325 nm 激发下实现了在 1535 nm 处的发光，在柔性显示方面具有重要的应用前景[132]。

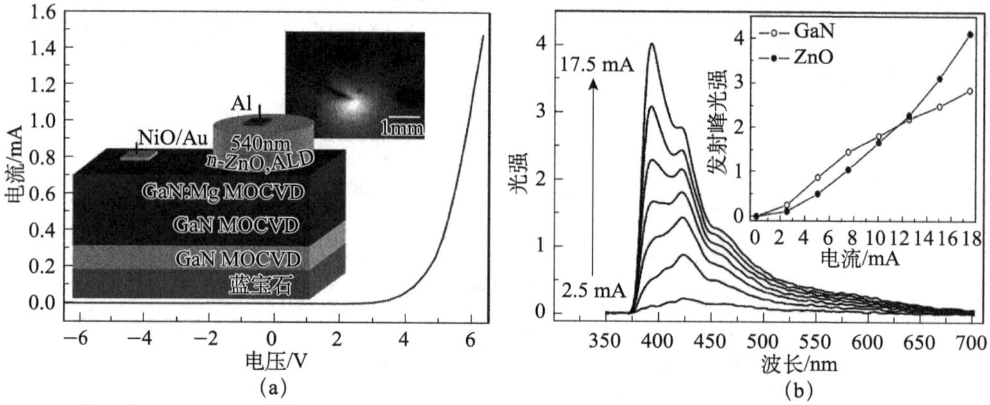

图 11.35　ALD 制备 ZnO/GaN p-n 异质结 LED[131]

(a) 异质结 LED 的电流 - 电压曲线，内插图为器件结构与发光照片；(b) 异质结 LED 在不同电流下的发光光谱，内插图为 ZnO 和 GaN 分别在 391 nm 和 425 nm 波长处发光强度与电流的关系曲线

通过这些研究，ALD 技术不仅证明了其在 TFEL 显示器中的应用潜力，还为后续高性能显示器件的发展奠定了基础。随着技术的不断进步，得益于 ALD 精确、可控且高度重复的沉积特点，在发光显示领域，除了制备发光材料外，在对新型发光材料 / 器件的修饰改性方面展现出了更为巨大的应用前景。

11.6.2　表面修饰

GaN 基蓝光发光二极管已在照明和显示行业实现商业化，基于Ⅲ族氮化物的微米级固态照明被认为是下一代新兴照明和显示技术，如无人驾驶汽车、智慧城市应用、远程教育、光通信、柔性生物医学设备、虚拟现实和可穿戴器件等，受到了广泛关注。但是，在器件的制备过程中，干法刻蚀及其后续工艺在次毫米发光二极管（Mini-LED）的表面和侧壁上引入了更多缺陷，由于侧壁缺陷引起的高 Shockley-Read-Hall（SRH）复合，导致电致发光性能显著下降。此外，器件内部缺陷引起的非辐射复合会降低有源区的载流子浓度，从而限制了 LED 的调制带宽。当芯片尺寸减小到微米级时，边壁面积占体积的比例显著增加，LED 边壁缺陷的增加会使器件性能恶化。针对这一问题，Wu 等采用 ALD 技术，对 Mini-LED 的侧壁钝化进行了研究，结果表明对于尺寸为 80 μm × 120 μm 的器件，采用 ALD 技术对侧壁钝化后，器件的外量子效率提高了 7.2%，如图 11.36(a) 所示。此外，在注入电流密度为 700 A/cm^2 时，通过侧壁钝化最小器件的带宽增加了 20%，最大传输速率从 430 Mbps 提高到 470 Mbps[图 11.36(b)][133]。随后，他们继续利用光谱辐射计和显微高光谱成像技术评估了 ALD 对 80 μm × 120 μm 的 Mini-LED 发光性能的影响。根据光谱辐射计的测量结果以及对有无 ALD 钝化的 Mini-LED 透光率的理论研究，证实 ALD 可以减少 Mini-LED 的边壁缺陷，提高器件的温度稳定性 [134]。此外，该 ALD 钝化层还能够有效提高器件长时间测试和湿度暴露 (85 ℃ /85% RH) 下的稳定性 [135]。

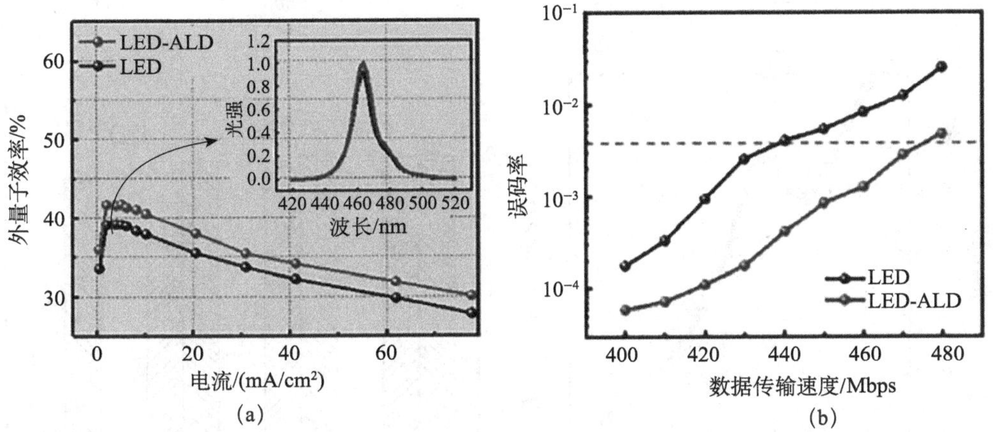

图 11.36　ALD 修复 Mini-LED 的侧壁缺陷 [133]

有无 ALD 保护的 80 μm × 120 μm Mini-LED：(a) 外量子效率，内插图为相应的发光光谱；(b) 误码率与数据传输速度的关系曲线

另一方面，在湿度、热、光等因素的影响下，一些发光材料容易发生表面损伤、聚集和变形，使得发光性能急剧下降，针对这些问题，ALD 可以通过表面修饰来稳定这些材料。例如，Ⅳ - Ⅵ族 (MX，其中 M = Pb、Sn，X = S、Se、Te) 量子点 (QDs) 薄膜代表了一种新型的发光材料，但这些量子点本质上是亚稳材料，由于其大的比表面积和高表面能，容易氧化和光热降解，环境稳定性差，严重限制了它们在实际器件中的应用。Ihly 等发现，PbS 在空气中放置时，材料会发生氧化，从而激发峰发生蓝移，如图 11.37(a) 所示，如果在 80 ℃的高温下，这一变化会更加严重。对此，Ihly 等采用 ALD 技术对量子点薄膜进行 Al_2O_3 的填充和覆盖，为防止 ALD 工艺对材料的破坏，沉积过程在室温下进行。结果显示，ALD Al_2O_3 涂层既可作为防止氧化的气体扩散屏障，又可作为抑制内部原子和分子运动的三维无机基质，18 nm 厚的 Al_2O_3 涂层就能够完全防止 PbS 量子点

的氧化。如图 11.37(b) 所示，即使在 80 ℃下发光光谱在空气中也能保持稳定[136]。

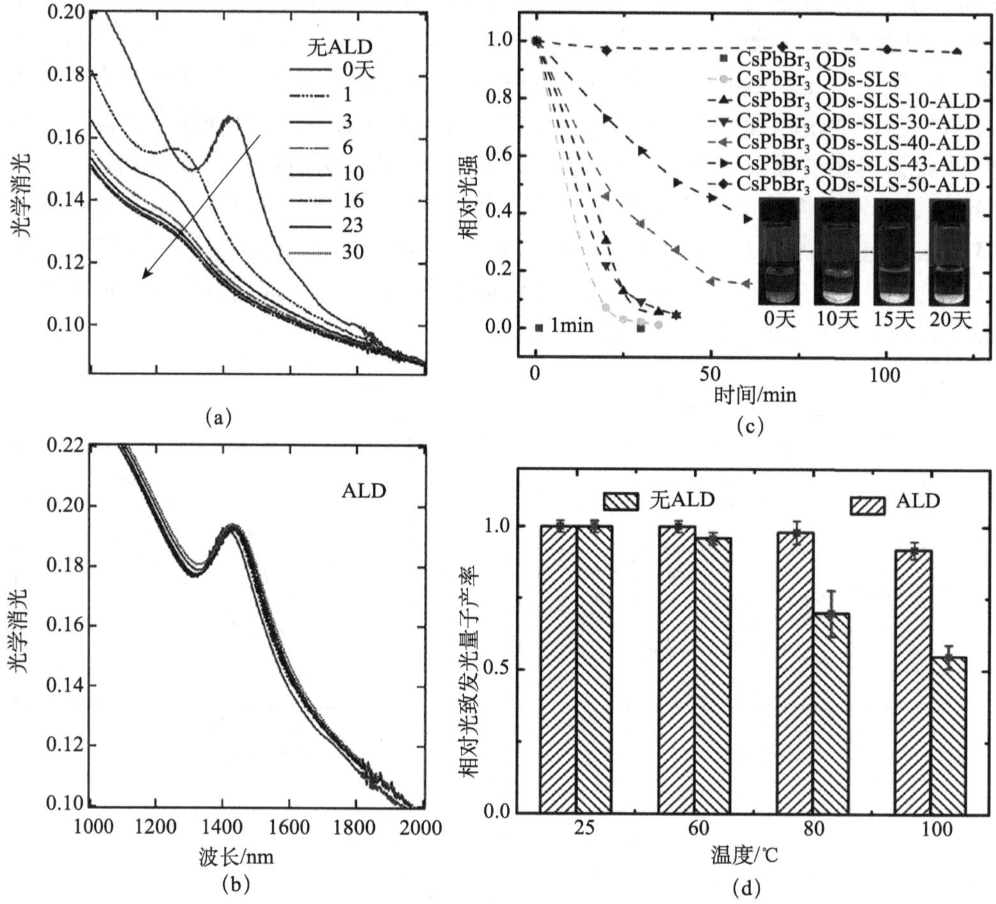

图 11.37　ALD 提升量子点的稳定性

(a) 无 ALD 和 (b) ALD 保护的 PbS 在紫外光和 50 ℃空气中放置不同时间后的吸收光谱[136]；(c) $CsPbBr_3$ 量子点与不同循环 ALD 保护的样品的相对发光强度与在水中时间的关系曲线，内插图为量子点在水中放置不同时间后的发光照片；(d) 有无 ALD 保护的 $CsPbBr_3$ 量子点温度稳定性的对比[137]

无机钙钛矿量子点发光材料（如 $CsPbX_3$）同样也面临着稳定性的问题，湿度、热和光会引起材料性质变化，导致光致发光猝灭。例如，$CsPbBr_3$ 量子点在水中 1 min 就会失效，Xiang 等采用低温 ALD 在 $CsPbBr_3$ 量子点表面形成超薄的 Al_2O_3 保护层，这种保护方法可在不破坏 $CsPbBr_3$ 量子点表面配体和降低光学性能的情况下对其进行保护。经过 ALD Al_2O_3 的保护后，$CsPbBr_3$ 量子点在水中的稳定性明显提高，在水中 2 h 后光致发光光强没有发生任何衰减，即使是 20 天后，依然保持较好的发光性能，如图 11.37(c) 所示。并且，该保护层能有效提高量子点在光和热下的稳定性 [图 11.37(d)]。此外，ALD 保护层还能够钝化量子点表面缺陷，提高光致发光量子产率[137]。Zhou 等采用 ALD 技术在 $CsPbBr_3$ 纳米晶发射层中引入 Al_2O_3 填充和界面工程，制备了基于无机电子传输层的 $CsPbBr_3$-ZnMgO LED 器件。因为在旋涂制备 ZnMgO 时需要用到极性溶剂乙醇，ALD Al_2O_3 层的引入显著提高了 $CsPbBr_3$ 纳米晶薄膜对乙醇的耐受性，因此 ALD 处理的 $CsPbBr_3$-ZnMgO LED 器件的工作寿命比未处理器件延长了约两个数量级，且外量子效率值大幅提高。此外，Al_2O_3 在 $CsPbBr_3$ 层中的填充使 $CsPbBr_3$ 发光层内载流子迁移率提高了 40 倍以上[138]。

ALD 表面修饰除了可以提升发光材料自身的稳定性外，还可以对器件中各功能层进行修饰改性，以提高器件的性能，优化发射层的辐射复合和电子传输层的电导率，阻止离子在 ITO 中的扩散，抑制空穴传输层中的激子猝灭[139]。例如，电子传输层是高性能全无机钙钛矿纳米晶发光二极管的重要组成部分，Zhou 等将 ALD 的无机 ZnO 与有机 1,3,5- 三 (1- 苯基 - 1*H* - 苯并咪唑 -2- 基) 苯结合，形成无机 – 有机双电子传输层，同时提高了钙钛矿纳米晶 LED 的效率和稳定性。10 次循环 ALD 可以获得最佳的器件性能，外量子效率达到 7.21%，导通电压 (2.4 V) 较低。此外，双电子传输层的钙钛矿纳米晶 LED 在初始亮度为 100 cd/m^2 的情况下，T_{50} 寿命达到 761 h[140]。钙钛矿量子点发光二极管会因为载流子注入不平衡而导致效率低下，Wang 等在聚乙烯二氧噻吩：聚苯乙烯磺酸盐（PEDOT∶PSS）上 ALD 生长 NiO_x 形成无机 – 有机的双空穴注入层 (hole injection layer, HIL)，器件结构如图 11.38(a) 所示。通过引入 NiO_x 薄膜，在发光强度为 20 cd/m^2 时，器件的外量子效率从 1.5% 提高到 9.7% [图 11.38(b)]。且在双 HIL 的配合下，400 cd/m^2 下的 T_{50} 寿命延长了约 13 倍，如图 11.38(c) 所示。通过对有无 NiO_x 器件的电致发光光谱对比 [图 11.38(d)]，没有额外的发光峰存在，可以证实 NiO_x 的引入促进了发射层的有效辐射复合[141]。

11.7　机遇与挑战

总之原子层沉积技术应用在光学领域，无论是传统光学器件还是新型光学器件方面，都展示出了其独特的魅力与优势：出色的三维共形沉积性，可双面沉积，亦可在曲面或管内壁沉积，可复制复杂的三维、二维结构；简单精确的亚纳米膜厚控制，大面积的均匀性，高低折射率纳米叠层薄膜制备灵活易控，便于设计剪裁；低温沉积工艺，甚至可在室温沉积，可用于聚合物基底或生物模板上材料的生长，有利于制备价格低廉、用途广泛的柔性器件。

当然，ALD 要想真正在光学领域有大作为，也不得不正视它的痼疾，如较慢的沉积速率，较低的生产效率，与之相关的高成本。可喜的是，随着批量型 ALD 与空间 ALD 设备在微电子、光伏产业的持续高速发展，光学领域 ALD 也

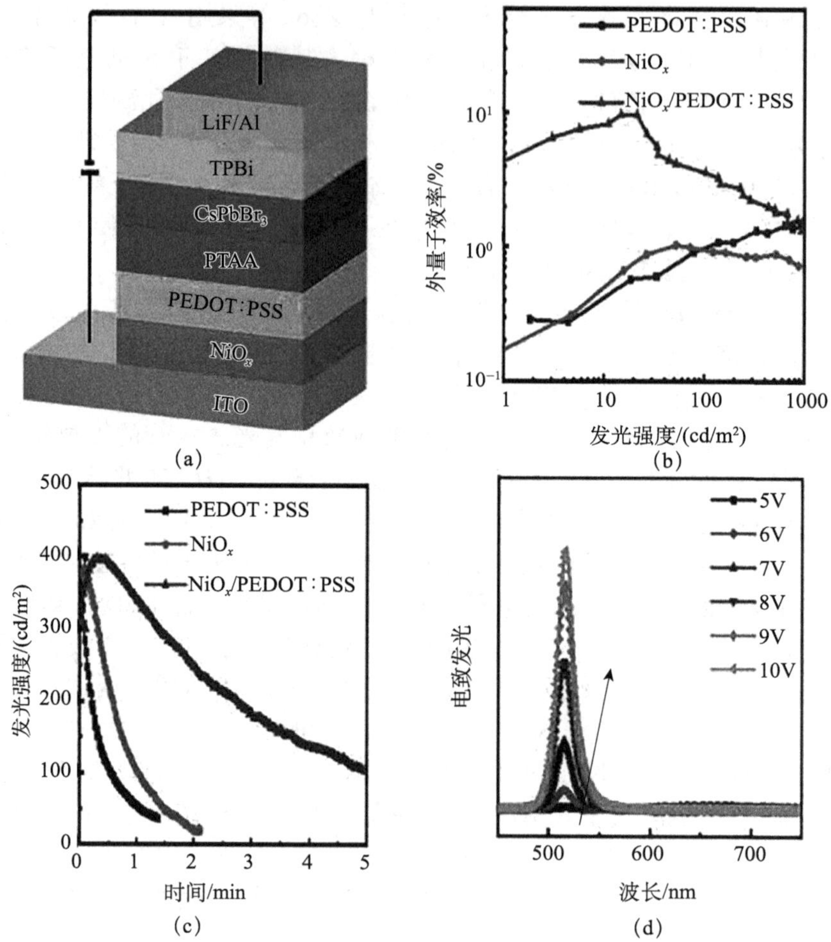

图 11.38　ALD 制备 NiO_x 改进电致发光性能[141]

(a) 含 NiO_x 的双空穴注入层的钙钛矿纳米晶 LED 器件的结构示意图；(b) 不同器件的外量子效率与发光强度的关系；(c) 不同器件发光强度的衰减曲线；(d) 含有 NiO_x 的器件的电致发光光谱

正迎来产业化应用的契机，一些高端曲面光学镜头已经开始采用 ALD 来制备高质量的功能性涂层（保护层、防反射、防紫外、增透膜等），相信在光学领域这个前景广阔的市场，无论是在传统的光学器件还是在新型的光学器件，都将成为 ALD 技术发展的重要着力点与突破口。

参 考 文 献

[1] Ritala M, Niinistő J. Atomic Layer Deposition. Cambridge: Royal Society of Chemistry, 2009: 158-206

[2] Sherman A. Atomic Layer Deposition for Nanotechnology: An Enabling Process for Nanotechnology Fabrication.

New York: Ivoryton Press, 2008

[3] Pinna N, Knez M. Atomic Layer Deposition of Nanostructured Materials. Weinheim: Wiley-VCH Verlag & Co. KGaA, 2012

[4] Im H, Wittenberg N J, Lindquist N C, et al. Atomic layer deposition: A versatile technique for plasmonics and nanobiotechnology. J. Mater. Res., 2012, 27: 663-671

[5] Wang J, Huang G S, Mei Y F. Modification and resonance tuning of optical microcavities by atomic layer deposition. Chem. Vap. Deposition, 2014, 20: 103-111

[6] Zaitsu S, Jitsuno T, Nakatsuka M, et al. Optical thin films consisting of nanoscale laminated layers. Appl. Phys. Lett., 2002, 80: 2442-2444

[7] Riihelä D, Ritala M, Matero R, et al. Introducing atomic layer epitaxy for the deposition of optical thin films. Thin Solid Films, 1996, 289: 250-255

[8] Kauppinen C, Isakov K, Sopanen M. Grass-like alumina with low refractive index for scalable, broadband, omnidirectional antireflection coatings on glass using atomic layer deposition. ACS Appl. Mater. Interfaces, 2017, 9: 15038-15043

[9] Sechrist Z A, Fabreguette F H, Heintz O, et al. Optimization and structural characterization of W/Al_2O_3 nanolaminates grown using atomic layer deposition techniques. Chem. Mater., 2005, 17: 3475-3485

[10] Zaitsu S, Motokoshi S, Jitsuno T, et al. Laser damage properties of optical coatings with nanoscale layers grown by atomic layer deposition. Jpn. J. Appl. Phys. Part 1, 2004, 43: 1034-1035

[11] Wei Y W, Liu H, Sheng O Y, et al. Laser damage properties of TiO_2/Al_2O_3 thin films grown by atomic layer deposition. Appl. Opt., 2011, 50: 4720-4727

[12] Suntola T. Atomic layer epitaxy. Mater. Sci. Rep., 1989, 4: 261-312

[13] Leskelä M, Li W M, Ritala M. Materials in thin film electroluminescence devices. Semiconductors & Semimetals, 2000, 65: 107-182

[14] Ritala M, Leskelä M. Atomic layer deposition//Nalwa H S. Handbook of Thin Film Materials. vol. 1. New York: Academic Press, 2002: 103-159

[15] Yablonovitch E. Inhibited spontaneous emission in solid-state physics and electronics. Phys. Rev. Lett., 1987, 58: 2059-2062

[16] John S. Strong localization of photons in certain disordered dielectric superlattices. Phys. Rev. Lett., 1987, 58: 2486-2589

[17] Knez M, Nielsch K, Niinistö L. Synthesis and surface engineering of complex nanostructures by atomic layer deposition. Adv. Mater., 2007, 19: 3425-3438

[18] Rugge A, Becker J S, Gordon R G, et al. Tungsten nitride inverse opals by atomic layer deposition. Nano Lett., 2003, 3: 1293-1297

[19] King J S, Neff C W, Summers C J, et al. High-filling-fraction inverted ZnS opals fabricated by atomic layer deposition. Appl. Phys. Lett., 2003, 83: 2566-2568

[20] Liu L, Karuturi S K, Su L T, et al. TiO_2 inverse-opal electrode fabricated by atomic layer deposition for dye-sensitized solar cell applications. Energy Environ. Sci., 2011, 4: 209-215

[21] King J S, Graugnard E, Summers C J. Photoluminescence modification by high-order photonic bands in TiO_2/ZnS : Mn multilayer inverse opals. Appl. Phys. Lett., 2006, 88, 081109-1~3

[22] Graugnard E, King J S, Gaillot D P, et al. Sacrificial-layer atomic layer deposition for fabrication of non-close-packed inverse-opal photonic crystals. Adv. Funct. Mater., 2006, 16: 1187-1196

[23] Graugnard E, Roche O M, Dunham S N, et al. Replicated photonic crystals by atomic layer deposition within

holographically defined polymer templates. Appl. Phys. Lett., 2009, 94, 263109-1~3

[24] Graugnard E, King J S, Gaillot D P, et al. Atomic layer deposition for nano-fabrication of 3D optoelectronic devices. ECS Trans., 2007, 3: 191-205

[25] Yang X, Chen C J, Husko C A, et al. Digital resonance tuning of high-Q/V_m silicon photonic crystal nanocavities by atomic layer deposition. Appl. Phys. Lett., 2007, 91: 161114-1~3

[26] Tamma V A, Blair J, Summers C J, et al. Dispersion characteristics of silicon nanorod based carpet cloaks. Opt. Express, 2010, 18: 25746-25756

[27] Barnes W L, Dereux A, Ebbesen T W. Surface plasmon subwavelength optics. Nature, 2003, 424: 824-830

[28] Polman A. Plasmonics applied. Science, 2008, 322: 868-869

[29] Im H, Lindquist N C, Lesuffleur A, et al. Atomic layer deposition of dielectric overlayers for enhancing the optical properties and chemical stability of plasmonic nanoholes. ACS Nano, 2010, 4: 947-954

[30] Liu M, Li X, Karuturi S K, et al. Atomic layer deposition for nanofabrication and interface engineering. Nanoscale, 2012, 4: 1522-1528

[31] Im H, Bantz K C, Lindquist N C, et al. Vertically oriented sub-10-nm plasmonic nanogap arrays. Nano Lett., 2010, 10: 2231-2236

[32] Cheng T, Zhu Z, Wang X, et al. Atomic layer deposition assisted fabrication of large-scale metal nanogaps for surface enhanced Raman scattering. Nanotechnology, 2023, 34: 265301

[33] Liu Y, Lu J, Tao Y, et al. Ag-embedded silica core-shell nanospheres for operando surface enhanced raman spectroscopy of high-temperature processes. Anal. Chem., 2020, 92: 9566-9573

[34] Ma L, Wu H, Huang Y, et al. High-performance real-time SERS detection with recyclable Ag nanorods@HfO_2 substrates. ACS Appl. Mater. Interfaces, 2016, 8: 27162-27168

[35] Formo E V, Mahurin S M, Dai S. Robust SERS substrates generated by coupling a bottom-up approach and atomic layer deposition. ACS Appl. Mater. Interfaces, 2010, 2: 1987-1991

[36] John J F, Mahurin S, Dai S, et al. Use of atomic layer deposition to improve the stability of silver substrates for *in situ*, high-temperature SERS measurements. J. Raman Spectrosc., 2010, 4: 4-11

[37] Ma L, Huang Y, Hou M, et al. Silver nanorods wrapped with ultrathin Al_2O_3 layers exhibiting excellent SERS sensitivity and outstanding SERS stability. Sci. Rep., 2015, 5: 12890

[38] Ma L, Huang Y, Hou M, et al. Ag nanorods coated with ultrathin TiO_2 shells as stable and recyclable SERS substrates. Sci. Rep., 2015, 5: 15442

[39] Masango S S, Hackler R A, Large N, et al. High-resolution distance dependence study of surface-enhanced Raman scattering enabled by atomic layer deposition. Nano Lett., 2016, 16: 4251-4259

[40] Wang X, Zhu L, Zhu Z, et al. Simultaneously improved SERS sensitivity and thermal stability on Ag dendrites via surface protection by atomic layer deposition. Appl. Surf. Sci., 2023, 611: 155626

[41] Vahala K J. Optical microcavities. Nature, 2003, 424: 839-846

[42] Wang J, Zhan T, Huang G, et al. Optical microcavities with tubular geometry: Properties and applications. Laser Photonics Rev., 2014, 8: 521-547

[43] Bolaños Quiñones V A, Huang G, Plumhof J D, et al. Optical resonance tuning and polarization of thin-walled tubular microcavities. Opt. Lett., 2009, 34: 2345-2347

[44] Wang J J, Nikolov A, Wu Q. Nano-and microlens arrays grown using atomic-layer deposition. IEEE Photonic. Tech. Lett., 2006, 18: 2650-2652

[45] Chao W, Harteneck B D, Liddle J A, et al. Soft X-ray microscopy at a spatial resolution better than 15 nm. Nature, 2005, 435: 1210-1213

[46] Jefimovs K, Vila-Comamala J, Pilvi T, et al. Zone-doubling technique to produce ultrahigh-resolution X-ray optics. Phys. Rev. Lett., 2007, 99: 264801-1~4

[47] Scherfeld D, Schneider G, Guttmann P, et al. Visualization of cytoskeletal elements in the transmission X-ray microscope. J. Struct. Biol., 1998, 123: 72-82

[48] Weber T, Käsebier T, Szeghalmi A, et al. Iridium wire grid polarizer fabricated using atomic layer deposition. Nanoscale Res. Lett., 2011, 6: 1-4

[49] Alasaarela T, Korn D, Alloatti L, et al. Reduced propagation loss in silicon strip and slot waveguides coated by atomic layer deposition. Opt. Express, 2011, 19: 11529-11538

[50] Summers C J, Gaillot D P, Crne M, et al. Investigations and mimicry of the optical properties of butterfly wings. J. Nonlinear Opt. Phys. Mater., 2010, 19: 489-501

[51] Huang J, Wang X, Wang Z L. Controlled replication of butterfly wings for achieving tunable photonic properties. Nano Lett., 2006, 6: 2325-2331

[52] 姜辛，孙超，洪瑞江，等．透明导电氧化物薄膜．北京：高等教育出版社，2008: 328

[53] Buchholz D B, Liu J, Marks T J, et al. Control and characterization of the structural, electrical, and optical properties of amorphous zinc-indium-tin oxide thin films. ACS Appl. Mater. Inter., 2009, 1: 2147-2153

[54] Hoel C A, Mason T O, Gaillard J F, et al. Transparent conducting oxides in the ZnO-In_2O_3-SnO_2 system. Chem. Mater., 2010, 22: 3569-3579

[55] Stadler A. Transparent conducting oxides-an up-to-date overview. Materials, 2012, 5: 661-683

[56] Granqvist C G. Transparent conductors as solar energy materials: A panoramic review. Sol. Energ. Mater. Sol. C., 2007, 91: 1529-1598

[57] Ellmer K. Past achievements and future challenges in the development of optically transparent electrodes. Nature Photonics, 2012, 6: 809-817

[58] Minami T. Substitution of transparent conducting oxide thin films for indium tin oxide transparent electrode applications. Thin Solid Films, 2008, 516: 1314-1321

[59] Park S H K, Lee J I, Hwang C S, et al. Characteristics of organic light emitting diodes with Al-doped ZnO anode deposited by atomic layer deposition. Jpn. J. Appl. Phys., 2005, 44: L242-245

[60] Meyer J, Görrn P, Hamwi S, et al. Indium-free transparent organic light emitting diodes with Al doped ZnO electrodes grown by atomic layer and pulsed laser deposition. Appl. Phys. Lett., 2008, 83: 073308-1~3

[61] De S, Higgins T M, Lyons P E, et al. Silver nanowire networks as flexible, transparent, conducting films: Extremely high DC to optical conductivity ratios. ACS Nano, 2009, 3: 1767-1774

[62] Zou J, Yip H L, Hau S K, et al. Metal grid/conducting polymer hybrid transparent electrode for inverted polymer solar cells. Appl. Phys. Lett., 2010, 96: 203301

[63] Hu L B, Wu H, Cui Y. Metal nanogrids, nanowires, and nanofibers for transparent electrodes. MRS Bull, 2011, 36: 760-765

[64] Kim A R, Won Y L, Woo K H, et al. Highly transparent low resistance ZnO/Ag nanowire/ZnO composite electrode for thin film solar cells. ACS Nano, 2013, 7: 1081-1091

[65] Wu Y, Potts S E, Hermkens P M, et al. Enhanced doping efficiency of Al-doped ZnO by atomic layer deposition using dimethylaluminum isopropoxide as an alternative aluminum precursor. Chem. Mater., 2013, 25: 4619-4622

[66] Yen K Y, Chiu C H, Hsiao C Y, et al. Characteristics of GaN-based LEDs using Ga-doped or in-doped ZnO transparent conductive layers grown by atomic layer deposition. J. Cryst. Growth, 2014, 387: 91-95

[67] Mullings M N, Hagglund C, Tanskanen J T, et al. Thin film characterization of Zinc tin oxide deposited by thermal atomic layer deposition. Thin Solid Films, 2014, 556: 186-194

[68] Maeng W J, Park J S. Growth characteristics and film properties of gallium doped zinc oxide prepared by atomic layer deposition. J. Electroceram., 2013, 31: 338-344

[69] Elam J W, Martinson A B F, Pellin M J, et al. Atomic layer deposition of In_2O_3 using cyclopentadienyl indium: A new synthetic route to transparent conducting oxide films. Chem. Mater., 2006, 18: 3571-3578

[70] Asikainen T, Ritala M, Leskelä M, et al. AFM and STM studies on In_2O_3 and ITO thin films deposited by atomic layer epitaxy. Appl. Surf. Sci., 1996, 99: 91-98

[71] Luka G, Krajewski T A, Witkowski B S, et al. Aluminum-doped zinc oxide films grown by atomic layer deposition for transparent electrode applications. J. Mater. Sci.-Mater. Electron., 2011, 22:1810-1815

[72] 钱旭 . 几种锌基氧化物薄膜的原子层沉积制备、生长特性与性能表征 . 南京：南京大学博士学位论文，2013

[73] Lee D J, Kim H M, Kwon J Y, et al. Structural and electrical properties of atomic layer deposited Al-doped ZnO films. Adv. Funct. Mater., 2011, 21: 448-455

[74] Bouderbala M, Hamzaoui S, Adnane M, et al. Annealing effect on properties of transparent and conducting ZnO thin films. Thin Solid Films, 2009, 517: 1572-1576

[75] Oo W M H, McCluskey M D, Huso J, et al. Infrared and Raman spectroscopy of ZnO nanoparticles annealed in hydrogen. J. Appl. Phys., 2007, 102: 043529-1~5

[76] Qian X, Cao Y, Guo B, et al. Atomic layer deposition of Al-doped ZnO films using aluminium isopropoxide as Al precursor. Chem. Vap. Deposition, 2013, 19: 1-6

[77] Maeng W J, Choi D, Chung K B, et al. Highly conducting, transparent, and flexible indium oxide thin film prepared by atomic layer deposition using a new liquid precursor $Et_2InN(SiMe_3)_2$. ACS Appl. Mater. Interfaces, 2014, 6: 17481-17488

[78] Lee J, Lee P, Lee H, et al. Very long Ag nanowire synthesis and its application in a highly transparent, conductive and flexible metal electrode touch panel. Nanoscale, 2012, 4: 6408-6414

[79] Leem D S, Edwards A, Faist M, et al. Efficient organic solar cells with solution-processed silver nanowire electrodes. Adv. Mater., 2011, 23: 4371-4375

[80] Yu Z, Zhang Q, Li L, et al. Highly flexible silver nanowire electrodes for shape-memory polymer light-emitting diodes. Adv. Mater., 2011, 23: 664-668

[81] Madaria A R, Kumar A, Zhou C. Large scale, highly conductive and patterned transparent films of silver nanowires onarbitrary substrates and their application in touch screens. Nanotechnology, 2011, 22: 245201

[82] Lee J Y, Connor S T, Cui Y. Peumans, P. Solution-processed metal nanowire mesh transparent electrodes. Nano Lett., 2008, 8: 689-692

[83] Chen J Z, Ahn H, Yen S C, et al. Thermally induced percolational transition and thermal stability of silver nanowire networks studied by THz spectroscopy. ACS Appl. Mater. Interfaces, 2014, 6: 20994-20999

[84] Khaligh H H, Goldthorpe I A. Failure of silver nanowire transparent electrodes under current flow. Nanoscale Res. Lett., 2013, 8: 1-6

[85] Song T B, Chen Y, Chung C H, et al. Nanoscale Joule heating and electromigration enhanced ripening of silver nanowire contacts. ACS Nano, 2014, 8: 2804-2811

[86] Zhao J, Sun H, Dai S, et al. Electrical breakdown of nanowires. Nano Lett., 2011, 11: 4647-4651

[87] Tsuchiya K, Li Y, Saka M. Consistent melting behavior induced by Joule heating between Ag microwire and nanowire meshes. Nanoscale Res. Lett., 2014, 9: 1-8

[88] Yeh M H, Chen P H, Yang Y C, et al. Investigation of Ag-TiO_2 interfacial reaction of highly stable Ag nanowire transparent conductive film with conformal TiO_2 coating by atomic layer deposition. ACS Appl. Mater. Interfaces, 2017, 9: 10788-10797

[89] Gobelt M, Keding R, Schmitt S W, et al. Encapsulation of silver nanowire networks by atomic layer deposition for indium-free transparent electrodes. Nano Energy, 2015, 16: 196-206

[90] Hwang B, An Y, Lee H, et al. Highly flexible and transparent Ag nanowire electrode encapsulated with ultra-thin Al_2O_3: Thermal, ambient, and mechanical stabilities. Sci. Rep., 2017, 7: 41336

[91] An H R, Oh S T, Kim C Y, et al. Al-doped ZnO/Ag grid hybrid transparent conductive electrodes fabricated using a low-temperature process. J. Alloys Compd., 2014, 615: 728-733

[92] Su D Y, Hsu C C, Lai W H, et al. Fabrication, mechanisms, and properties of high-performance flexible transparent conductive gas-barrier films based on Ag nanowires and atomic layer deposition. ACS Appl. Mater. Interfaces, 2019, 11: 34212-34221

[93] Martinson A B F, Elam J W, Hupp J T, et al. ZnO nanotube based dye-sensitized solar cells. Nano Lett., 2007, 7: 2183-2187

[94] Kakiuchi K, Hosono E, Fujihara S. Enhanced photoelectrochemical performance of ZnO electrodes sensitized with N-719. J. Photochem. Photobio. A: Chem., 2006, 179: 81-86

[95] Fernandes G E, Lee D J, Kim J H, et al. Infrared and microwave shielding of transparent Al-doped ZnO superlattice grown via atomic layer deposition. J. Mater. Sci., 2013, 48: 2536-2542

[96] Zhao D H, Guo X J, Tong L, et al. Large-scale multilayer MoS_2 nanosheets grown by atomic layer deposition for sensitive photodetectors. ACS Appl. Mater. Interfaces, 2022, 5: 10431-10440

[97] Yang J, Li J, Bahrami A, et al. Wafer-scale growth of Sb_2Te_3 films via low-temperature atomic layer deposition for self-powered photodetectors. ACS Appl. Mater. Interfaces, 2022, 14: 54034-54043

[98] Hai Z, Akbari M K, Xue C, et al. Photodetector with superior functional capabilities based on monolayer WO_3 developed by atomic layer deposition. Sensor. Actuat. B: Chem., 2017, 245: 954-962

[99] Zheng M, Gui P, Wang X, et al. ZnO ultraviolet photodetectors with an extremely high detectivity and short response time. Appl. Surf. Sci., 2019, 481: 437-442

[100] Lee S H, Kim S B, Moon Y J, et al. High-responsivity deep-ultraviolet-selective photodetectors using ultrathin gallium oxide films. ACS Photonics, 2017, 4: 2937-2943

[101] Yang Y, Liu W, Huang T, et al. Low deposition temperature amorphous ALD-Ga_2O_3 thin films and decoration with MoS_2 multilayers toward flexible solar-blind photodetectors. ACS Appl. Mater. Interfaces, 2021, 13: 41802-41809

[102] Ni D, Wang Y, Li A, et al. ALD oxygen vacancy-rich amorphous Ga_2O_3 on three-dimensional urchin-like ZnO arrays for high performance self-powered solar-blind photodetectors. Nanoscale, 2022, 14: 3159-3165

[103] Pak Y, Park W, Mitra S, et al. Enhanced performance of MoS_2 photodetectors by inserting an ALD-processed TiO_2 interlayer. Small, 2017, 14: 1703176

[104] Li Z, Luo J, Hu S, et al. Strain enhancement for a MoS_2-on-GaN photodetector with an Al_2O_3 stress liner grown by atomic layer deposition. Photonics Resaerch, 2020, 6: 799-805

[105] Cen G, Liu Y, Zhao C, et al. Atomic-layer deposition-assisted double-side interfacial engineering for high-performance flexible and stable $CsPbBr_3$ perovskite photodetectors toward visible light communication applications. Small, 2019, 15: 1902135

[106] Lu H, Tian W, Cao F, et al. A self-powered and stable all-perovskite photodetector-solar cell nanosystem. Adv. Funct. Mater., 2016, 26: 1296-1302

[107] Yan G, Zeng C, Yuan Y, et al. Significantly enhancing response speed of self-powered $Cu_2ZnSn(S,Se)_4$ thin film photodetectors by atomic layer deposition of simultaneous electron blocking and electrode protective Al_2O_3 layers. ACS Appl. Mater. Interfaces, 2019, 11-32097-32107

[108] Wang Z, Brodusch N, Gauvin R, et al. Nanoengineering of the Cu_2ZnSnS_4-TiO_2 interface via atomic layer

deposition of Al_2O_3 for high sensitivity photodetectors and solid state solar cells. J. Mater. Chem. A, 2018, 6: 11507-11520

[109] Hirsch M. Optical properties of thin TiO_2 film deposited on the fiber optic sensor head. Proc. of SPIE, 2017, 10445: 104450D

[110] Majchrowicz D, Hirsch M, Wierzba P, et al. Application of thin ZnO ALD layers in fiber-optic Fabry-Pérot sensing interferometers. Sensor, 2016, 16: 416

[111] Śmietana M, Grochowski J, Myśliwiec M, et al. Compact alcohol vapor sensor based on zinc oxide nano-coating deposited by atomic layer deposition method on optical fiber end-face. Procedia Engineering, 2012, 47: 1081-1084

[112] Listewnik P, Listewnik M, Struk P, et al. Preparation and characterization of microsphere ZnO ALD coating dedicated for the fiber-optic refractive index sensor. Nanomaterials, 2019, 9: 306

[113] Zhu S, Pang F, Huang S, et al. High sensitivity refractive index sensor based on adiabatic tapered optical fiber deposited with nanofilm by ALD. Opt. Express, 2015, 23: 13880-13888

[114] Zhu S, Pang F, Huang S, et al. High sensitivity refractometer based on TiO_2-coated adiabatic tapered optical fiber via ALD technology. Sensors, 2024, 16: 1295

[115] Tu T, Pang F, Zhu S, et al. Excitation of Bloch surface wave on tapered fiber coated with one-dimensional photonic crystal for refractive index sensing. Optics Express, 2017, 25:9019-9027

[116] Zhu S, Pang F, Wen J, et al. Temperature sensor based on a tapered optical fiber with ALD nanofilm. Proc. of SPIE, 2015, 9634: 963474

[117] Chi X, Wang X, Ke X, et al. Fabrication of a hydrogen sensing optical fiber using atomic layer deposition. IEEE Photonics Tech. Let., 2022, 34: 687-690

[118] Li Y, Xiong Y, Yang H, et al. Thin film encapsulation for the organic light-emitting diodes display via atomic layer deposition. J. Mater. Res., 2019, 35: 681-700

[119] Sutela T. Thin film electroluminescent displays produced by atomic layers. Displays, 1984, 5: 73-78

[120] Theis D, Oppolzer H, Ebbinghaus G, et al. Cross-sectional transmission electron microscopy of electroluminescent thin films fabricated by various deposition methods. J. Cryst. Growth, 1983, 63: 47-57

[121] Leskelä M, Mattinen M, Ritala M. Review article: Atomic layer deposition of optoelectronic materials. J. Vac. Sci. Technol. B, 2019, 37: 030801

[122] Leskelä M, Niinistö L. Applications of rare earths in full-colour EL displays. Mater. Chem. Phys., 1992, 31: 7-11

[123] Tammenmaa M., Leskelä M., Koskinen T, et al. Zinc sulphide thin films doped with rare earth ions. J. Less Common Met., 1986, 126: 209-214

[124] Y. Charreire, A. Marbeuf, G. Tourillon, et al. EXAFS study of terbium activated zinc sulfide thin films. J. Electrochem. Soc., 1992, 139: 619-621

[125] Yun S J, Kim Y S, Kang J S, et al. High-luminance blue-emitting CaS : Pb electroluminescent devices fabricated using atomic layer deposition. SID Symposium Digest of Technical Papers, 1999, 30: 1142-1145

[126] Ihanus J, Lambers E, Holloway P H, et al. XPS and electroluminescence studies on $SrS_{1-x}Se_x$ and $ZnS_{1-x}Se_x$ thin films deposited by atomic layer deposition technique. J. Cryst. Growth, 2004, 260: 440-446

[127] Leskelä M. Rare earths in electroluminescent and field emission display phosphors. J. Alloys Compd., 1998, 702: 275-277

[128] Jin C, Liu J, Su J. Near-infrared electroluminescence from metal-oxide-semiconductor devices with erbium-doped gadolinium oxide on silicon. Appl. Phys. Lett., 2019, 114: 211102

[129] Yang Y, Ouyang Z, Liu J, et al. Energy transfer under electrical excitation and enhanced electroluminescence in the nanolaminate Yb, Er Co-doped Al_2O_3 films. Phys. Status Solidi RRL, 2019, 13: 1900137

[130] Liu Y, Ouyang Z, Yang Li, et al. Blue electroluminescent Al_2O_3/Tm_2O_3 nanolaminate films fabricated by atomic layer deposition on silicon. Nanomaterials, 2019, 9: 413

[131] Chen H C, Chen M J, Wu M K, et al. UV Electroluminescence and structure of n-ZnO/p-GaN heterojunction LEDs grown by atomic layer deposition. IEEE J. Quantum Electron., 2010, 46: 265-271

[132] Mai L, Giedraityte Z, Schmidt M, et al. Atomic/molecular layer deposition of hybrid inorganic-organic thin films from erbium guanidinate precursor. J. Mater. Sci., 2017, 52: 6216-6224

[133] Lai S Q, Lu T W, Lin S H, et al. Improved modulation bandwidth of blue mini-LEDs by atomic-layer deposition sidewall passivation. IEEE Trans. Electron. Devices, 2022, 69: 4936-4943

[134] Lai S, Lin W, Chen J, et al. The impacts of sidewall passivation via atomic layer deposition on GaN-based flip-chip blue mini-LEDs. J. Phys. D Appl. Phys., 2022, 55: 374001

[135] Peng K, Lai S, Shen M, et al. AlGaN-based deep-ultraviolet light-emitting diodes with varied thickness of sidewall passivation via atomic layer deposition. IEEE Trans. Electron. Devices, 2023, 70: 5727-5731

[136] Ihly R, Tolentino J, Liu Y, et al. The photothermal stability of PbS quantum dot solids. ACS Nano, 2011, 5: 8175-8186

[137] Xiang Q, Zhou B, Cao K, et al. Bottom up stabilization of $CsPbBr_3$ quantum dots-silica sphere with selective surface passivation via atomic layer deposition. Chem. Mater., 2018, 30: 8486-8494

[138] Zhou B, Wang Z, Geng S, et al. Interface engineering of $CsPbBr_3$ nanocrystal light-emitting diodes via atomic layer deposition. Phys. Status Solidi RRL, 2020, 14: 2000083

[139] Chen R, Cao K, Wen Y, et al. Atomic layer deposition in advanced display technologies: From photoluminescence to encapsulation. Int. J. Extrem. Manuf., 2024, 6: 022003

[140] Zhou B, Qin L, Wang P, et al. Fabrication of ZnO dual electron transport layer via atomic layer deposition for highly stable and efficient $CsPbBr_3$ perovskite nanocrystals light-emitting diodes. Nanotechnology, 2023, 34: 025203

[141] Wang P, Qin L, Zhou B, et al. Boosted efficiency and lifetime of perovskite quantum dots light-emitting diode via NiO_x/PEDOT : PSS dual hole injection layers. Appl. Phys. Lett., 2022, 120: 033502

第 12 章　原子层沉积技术在能源领域的应用

12.1　引　　言

随着人类社会的不断进步，对于能源的需求越来越旺盛。人类长期使用以煤、石油、天然气三大能源为代表的化石燃料，使得这些资源快速消耗、日益枯竭。与此同时，燃料燃烧释放出大量的温室气体和污染物，加剧了地球温室效应和环境污染[1]，由此引发的全球变暖、生态环境恶化受到越来越多的关注。因此，开发清洁可再生的新能源是当今世界经济中最具决定性影响的技术领域之一。目前，清洁能源，如风能、潮汐能、太阳能等的开发[1-3]，因受到地理因素的限制，还不能够被大规模地利用[4]，发展与之配套的能量储存装置，是合理有效利用清洁能源的重要媒介，也是目前最有希望的一种途径。因此，作为可以实现化学能和电能相互转化的能量存储器件，如锂离子电池[5]、太阳能电池[6]、燃料电池[7]、超级电容器[8]等，为开发运用清洁新能源提供了无限可能。原子层沉积技术由于其独特的生长机制，尤其是精确控制厚度至亚纳米级和对三维结构完美包覆的特点，在能源领域的应用方兴未艾，处在快速发展中，在解决新能源领域应用发展难题、提升电化学器件性能方面，大有可为[9-12]。本章将着重介绍原子层沉积技术在锂离子电池和太阳能电池中的应用，同时也涉及原子层沉积技术在其他能源领域的使用，如超级电容器、燃料电池和光催化裂解水、光热转换等。

12.2　原子层沉积技术在锂离子电池领域的应用

12.2.1　锂离子电池的简介

二次电池，又称可充电电池，能以化学能的形式存储能量，且可反复充电多次使用，目前广泛用作电能存储装置[3,13]。二次电池的发展，先后经历了铅酸电池、镍镉电池、镍氢电池、锂离子电池四个发展阶段。其中，锂离子电池是迄今为止最先进的二次电池，具有高能量密度、长循环寿命、低自放电、无记忆效应和无污染等优点，充分满足了移动通信及电子设备迅猛发展对电源小型化、轻量化等的迫切要求。锂离子电池是在锂（金属）电池基础上发展起来的，本质上是一个 Li^+ 浓差电池，在充放电过程中，Li^+ 在两个电极之间往返嵌入和脱嵌，充放电原理如图 12.1 所示[14]。虽然锂（金属）电池在 20 世纪 70 年代就被开发出来，但是至今都未商业化，主要是由于锂电池在充放电过程中会出现金属锂的溶解和析出，析出的锂按照某些晶面生长而生成锂枝晶，会造成锂枝晶刺破隔膜而引发短路着火等危险[15]。不同于锂电池的是，锂离子电池的负极使用的是嵌锂材料而不是金属锂，锂以锂离子的形式存在，因而相对锂电池要安全得多，因此当锂离子电池被研发出来后，关注点立即由锂电池转向了锂离子电池[16]。现在市场上所说的锂电池，其实都是锂离子电池。

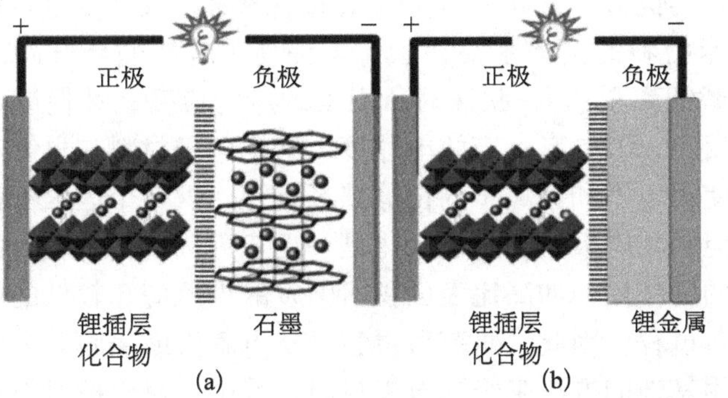

图 12.1　锂离子电池 (a) 和锂（金属）电池 (b) 的充放电原理图[14]

一个锂离子电池通常由以下几个部分组成：①负极材料，如商业的石墨，或者二氧化锡、$Li_4Ti_5O_{12}$ 等；②正极材料，通常为含锂的金属氧化物，如 $LiCoO_2$、$LiMnO_2$、$LiNiO_2$ 等，其通式为 $LiMO_y$（其中 M 为过渡金属的一种或者多种）；③电绝缘的隔膜，起到绝缘正极和负极的作用；④具有锂离子电导率的电解质，用来在正极和负极之间传输锂离子，可以是液态、溶胶态或是固态的聚合物，也可以是固态的无机物电解质[13]。在大多数情况下，采用的电解质是溶解有锂盐的有机液态电解质，常用的锂盐有 $LiPF_6$、$LiBF_4$、双三氟甲烷磺酰亚胺锂（LiTFSI）等，常见的有机溶剂为有机碳酸酯类［如碳酸丙烯酯（PC）、碳酸乙烯酯（EC）、碳酸二乙酯（DEC）、碳酸二甲酯（DMC）和碳酸甲基乙基酯（EMC）等］和醚类的有机溶剂[17]。当把电池的正负极连接起来时，外部回路电子将从负极流向正极，而锂离子将在电解质中从负极流向正极，这一过程的驱动力是正负极材料化学势的差值，也将决定了电池的电压和容量。

1991 年日本索尼公司率先研制成功了以非石墨化碳为负极材料、$LiCoO_2$ 为正极材料的锂离子电池，并将其于 1992 年实现了商品化[18]。随着锂离子电池的不断发展，目前锂离子电池的电压能达到 4 V 以上，能量密度为 100～150 W · h/kg。锂离子电池在多个领域有着广泛的应用，主要有便携式电子设备、电动汽车、能源存储（电网调峰、太阳能、风能电站蓄电）等。手机、笔记本电脑等便携式电子设备也已经在人们日常生活中得到了普及，其中都在使用着锂离子电池。然而，尽管当前主流的商业锂离子电池（如石墨负极 /$LiCoO_2$ 正极体系）已在消费电子等领域广泛应用，其在电动汽车、电网级储能等大规模应用场景中，仍面临成本、安全性、能量密度、充放电速率和循环寿命等方面的重要挑战。具体而言，需要电池可以在 −46～66℃之间工作，并且能够充放电 5000 次，使用寿命达 15 年，目前的技术还不能满足这些条件[19]。因此，全世界范围内正掀起对下一代锂离子电池的攻关研究。

Poizot 等[20]的研究发现，相比于块状材料，纳米材料作为锂离子电池的电极材料具有更大的优势，自此之后，大量的纳米材料及其复合材料被用作电极材料来研究。纳米材料的优势主要在于：①提高了电池循环寿命，因为纳米材料能够更好地承载锂离子嵌入-脱嵌时所引发的应力应变；②促进一些块状材料所不能发生的新反应；③具有高充放电速度，纳米电极材料与电解质有着更大的接触面积，并且使得电子和锂离子的传输路径更短，这两个因素都极大提高了充放电速度[20-22]。但是，电极结构的纳米化是一把双刃剑，纳米颗粒的电极也带来了一些不可避免的副作用，如高比表面积所引发的副反应、较低的体积能量密度和更加复杂的制备过程。因此，研究者也尝试从电解液或隔膜等方面来提高电池的性能，或者采用其他的方法来修饰电极材料。其中，对电极材料包覆是一种有效提高电池性能的方法[23,24]。例如，碳常被用来对正极和负极材料进行包覆，以提高活性材料的导电性、缓冲体积应变或者稳定固态电解质界面（solid electrolyte interface, SEI）薄膜[25]。此外，金属（银）、金属氧化物（氧化铝、氧化锌、氧化镁等）等其他包覆材料也被证实可以提高电池的性能[26]。

原子层沉积（ALD）由于其独特的共形沉积和简单精确的膜厚控制特点，在纳米结构的纳米级薄膜包裹方面有着巨大的优势和应用前景。大量的研究表明，采用 ALD 对电极材料进行纳米级薄膜包裹，能够有效地改性电池材料、提高电池性能。除此之外，ALD 还可以用来合成制备锂离子电池的正极、负极和固态电解质材料。下面将重点介绍 ALD 技术在锂离子电池领域的一些应用。

12.2.2 锂离子电池材料的 ALD 合成

1）负极材料的 ALD 合成

前面已经提到，常用的电池是采用碳和含锂的金属氧化物分别作为负极（anode）和正极（cathode）材料，以溶解 $LiPF_6$ 的 EC-DMC 有机溶液作为电解液，充放电的反应如下[27]：

$$yC + LiMO_2 \longleftrightarrow Li_xC_y + Li_{1-x}MO_2 \tag{12.1}$$

碳负极的理论比容量较低，仅为 372 mA · h/g，此外，在充放电过程中，碳负极材料会和电解液发生不可逆的副反应，造成电池性能的衰减[28]。因此，研发下一代替换碳的负极材料一直是研究的热点，其中一类材料是锂金属合金，如 Li-Si、

Li-Sn 合金等，它们的理论容量很高，分别为 4000 mA · h/g 和 900 mA · h/g[27]，但是它们在充放电过程中有着巨大的体积变化，高达 300%～400%，材料结构易被破坏而坍塌，使得电池性能在循环过程中急剧下降。另一类有应用前景的负极材料为金属氧化物，如 SnO_2、TiO_2、MnO_2、Co_3O_4 等[20,21,27]。其中 TiO_2 和锂钛氧化物（$Li_4Ti_5O_{12}$, LTO）有很大的优势，尽管它们的理论容量并不高（TiO_2 为 335 mA · h/g, LTO 为 175 mA · h/g），但是它们在充放电过程中不存在体积变化、电解质分解和 SEI 薄膜生成等不利因素，因此具有更好的安全性和可靠性[27]。

ALD 已经是一种相对成熟的薄膜制备技术，能生长氧化物、氮化物、硫化物等。使用 ALD 来进行负极材料制备，研究最多的是 TiO_2 和 SnO_2，这两类材料在锂离子电池中都显示出了优异的性能。将 ALD 生长 TiO_2 和纳米模板相结合，已经制备了一系列 TiO_2 纳米结构，其作为锂离子电池负极显示出优异的电化学性能[29-31]。例如，Kim 等[32]首先采用一种肽聚合物的生物模板作为衬底［图 12.2(a)］，然后在其上面生长一层 14 nm 厚的非晶 TiO_2，随后将样品在 400 ℃下退火 1 小时，在去除生物模板的同时将非晶的 TiO_2 转变为锐钛矿的 TiO_2，从而获得了空心的锐钛矿 TiO_2［图 12.2(b)］。将其作为电池负极，研究发现相对于 TiO_2 纳米颗粒，三维的空心 TiO_2 结构具有较高的比容量、优异的倍率性能和循环性能。如图 12.2(c) 所示，对于三维 TiO_2 结构的倍率测试，即使当充放电电流提高 25 倍，其依然保持着优异的电化学性能。并且与 TiO_2 纳米颗粒相比，充放电电流越大，三维 TiO_2 结构的性能优势越明显。通常情况下，锂离子能在 TiO_2 中进行如下的可逆反应[33]：

$$TiO_2 + xLi^+ + xe^- \longleftrightarrow Li_xTiO_2 \quad (0 \leqslant x \leqslant 1) \tag{12.2}$$

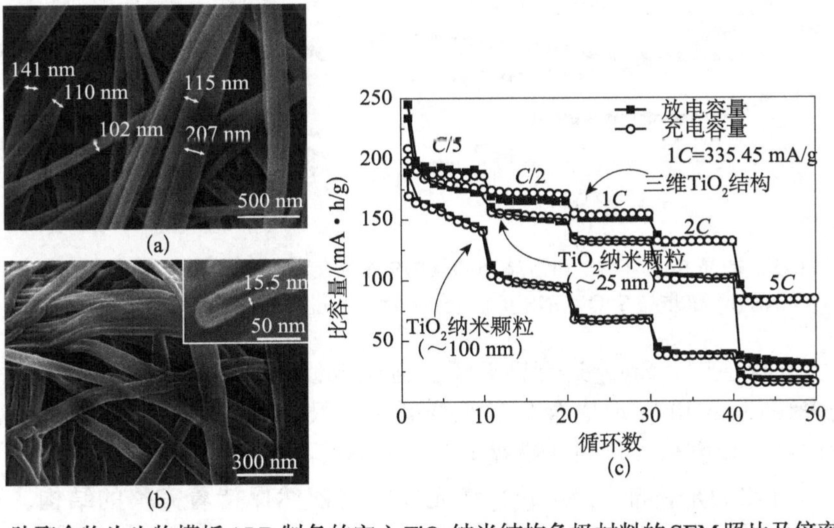

图 12.2　肽聚合物为生物模板 ALD 制备的空心 TiO_2 纳米结构负极材料的 SEM 照片及倍率性能[32]

(a) 肽聚合物的生物模板；(b) 退火后获得的空心 TiO_2 的 SEM 照片；(c) TiO_2 粉末和空心 TiO_2 纳米结构作为负极的倍率性能图

可见，采用 ALD 不仅能够制备出三维的纳米结构，并且以此作为锂离子电池负极具有非常优异的性能，这主要得益于三维结构中锂离子和电子较短的传输路径，在三维的空心 TiO_2 结构中，锂离子能够很容易地在空心 TiO_2 结构的外部和内部进行传输。此外，三维结构保证了活性材料之间的充分接触，促进了电子的传输。

二氧化锡（SnO_2）是另一类使用 ALD 制备的、研究较多的负极材料，实验表明 SnO_2 的结晶性及形貌对锂离子电池的性能有着较大的影响[34]。采用 ALD 进行 TiO_2 和 SnO_2 等材料的生长时，通过控制生长温度，可方便地调控所生长材料的结晶性和形貌[35-37]。通过 ALD 在纳米薄层石墨烯粉体（graphene nanosheet, GNS）上沉积 SnO_2，发现非晶的 SnO_2-GNS 比结晶的 SnO_2-GNS 和单纯的 GNS 具有更高的比容量和循环稳定性，如图 12.3(a) 所示。并且非晶的 SnO_2-GNS 负极材料的库仑效率要远远高于结晶的 SnO_2，从第 11 循环的 97% 上升至 50 循环的 99.2%，之后的库仑效率基本维持在 100% 左右[34]。SnO_2 与锂参与的电化学反应可以分为如下两步：

$$SnO_2 + 4Li^+ + 4e^- \longrightarrow Sn + 2Li_2O \tag{12.3}$$

$$Sn + xLi^+ + xe^- \longrightarrow Li_xSn\ (x \leqslant 4.4) \tag{12.4}$$

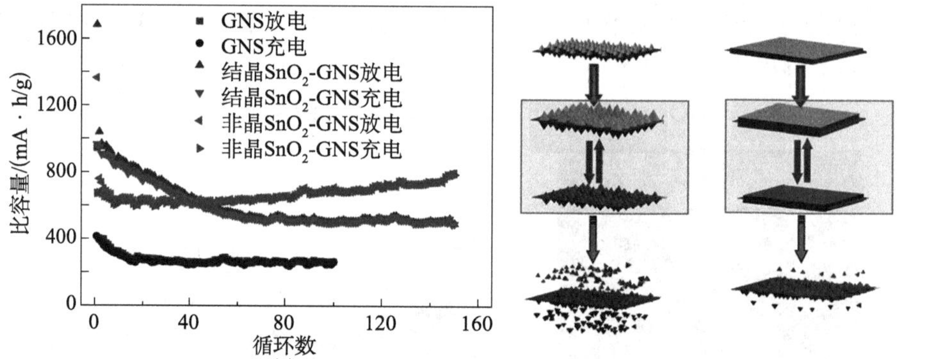

图 12.3　GNS、非晶 SnO_2-GNS 和结晶 SnO_2-GNS 作为负极的电化学性能 (a)，以及结晶 SnO_2-GNS (b) 和非晶 SnO_2-GNS 负极 (c) 在充放电过程中结构的变化示意图[34]

在上述反应中，SnO_2 先与锂离子反应生成锡和氧化锂，氧化锂可以作为缓冲结构来缓解 Sn 和 Li 形成合金时所带来的体积变化。结晶的 SnO_2 在充放电过程中的结构变化剧烈，经过 150 循环后，形成了大量很小的 Sn 纳米颗粒。与之形成鲜明对比的是，非晶的 SnO_2 在充放电后依然保持着完整的结构，这是因为非晶 SnO_2 结构疏松、各向同性，能够缓冲充放电过程中所引发的体积变化和应力变化，示意图如图 12.3(b)、(c) 所示[34]。类似的，将 ZnS 用 ALD 生长在碳纳米管上，形成碳纳米管 @ZnS 的复合电极，可以有效提高 ZnS 负极的循环稳定性 [38]。

除了构筑三维结构电极外，Cao 等 [39] 利用 ALD 技术设计制备了 ZnO/TiO_2 纳米叠层，其中的 ZnO 具有较高的比容量，但是充放电过程中体积变化很大，因此循环稳定性不佳。而 TiO_2 则相反，比容量虽然较小，但是体积变化可以忽略不计。因此，通过纳米叠层的设计，如图 12.4(a)、(b) 所示，在高比容量的 ZnO 中插入多层纳米级的 TiO_2，结果显示，这样的设计可以明显提升 ZnO 的循环稳定性［图 12.4(c)］。即使在较大的 500 mA/g 充放电下，比容量在 1200 次的循环过程中几乎没有衰减，能保持在 670 mA · h/g 左右［图 12.4(d)］。

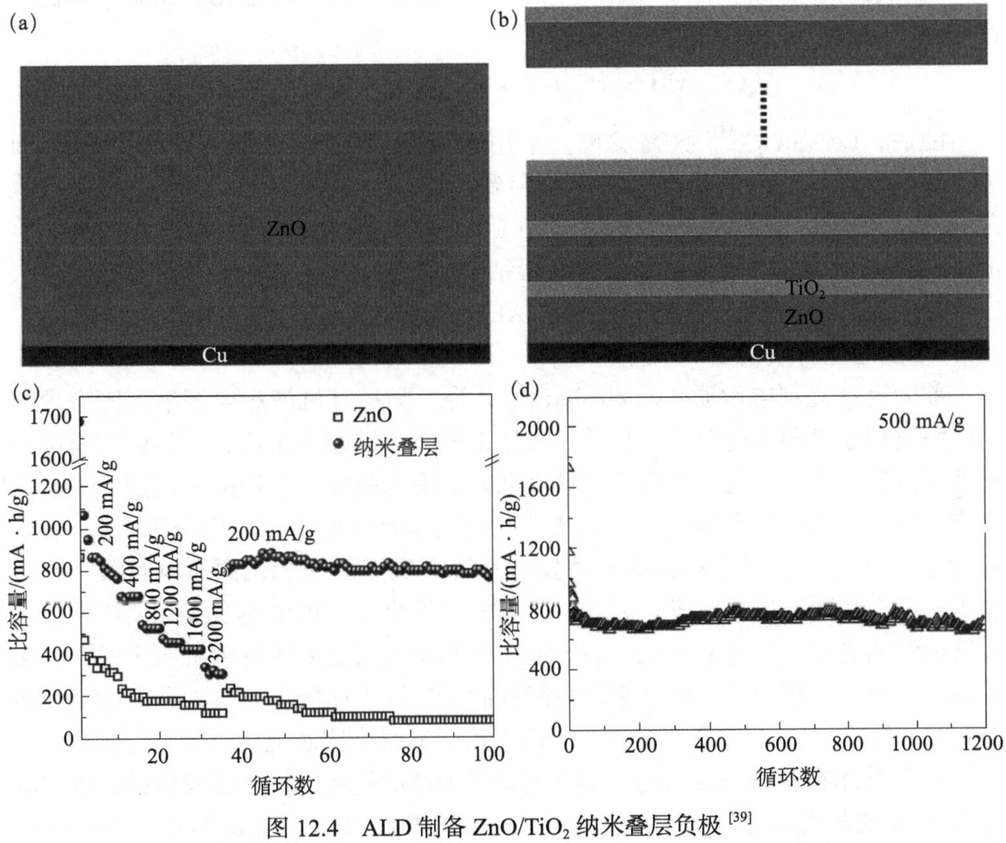

图 12.4　ALD 制备 ZnO/TiO_2 纳米叠层负极 [39]

(a) ZnO 和 (b) ZnO/TiO_2 纳米叠层负极的结构示意图；(c) ZnO 薄膜和 ZnO/TiO_2 纳米叠层作为负极的电化学性能对比；(d) ZnO/TiO_2 纳米叠层长时间的循环（1200 循环）稳定性

除了氧化物外，Meng 等使用 ALD 成功生长一系列硫化物负极，如 Li_2S[40]、Ga_2S_3 [41] 等，均有着优异的性能，尤其是其中的 Li_2S 材料，是 ALD 应用在下一代 Li-S 电池中的一大突破。

2）正极材料的 ALD 合成

Goodenough 在正极材料的研发方面做出了卓越的贡献，并因此获得 2019 年的诺贝尔化学奖。目前广泛使用的商业正极（cathode）材料 $LiCoO_2$ 便是其首创的。随后又有多种正极材料被开发出来，如 $LiNiO_2$、$LiMnO_2$、$LiMn_2O_4$、$LiNi_{0.5}Mn_{0.5}O_2$、$LiNiMnCoO_2$、$LiFePO_4$、V_2O_5 等[42-44]，其中绝大部分都是三元或者四元化合物。在这些材料中，使用 ALD 研究最多的为 V_2O_5，其具有层状结构，理论容量为 442 mA · h/g。Whittingham[45] 首次发现了这种材料与锂离子可逆的电化学反应，Badot 等[46] 使用 ALD 生长 700 nm 厚的非晶 V_2O_5，400 ℃下退火后将其作为正极材料，在 3～3.8 V 下充放电显示出优异的电化学稳定性和循环性能。Li^+ 与 V_2O_5 发生的可逆反应为[46]

$$V_2O_5 + xLi^+ + xe^- \longleftrightarrow Li_xV_2O_5\,(0 \leqslant x \leqslant 1) \tag{12.5}$$

随后，Le Van 等[47] 研究发现，采用 ALD 生长的氧化钒主要是由 V_2O_5 组成，并且发现非晶的 V_2O_5 作为正极材料要比结晶的 V_2O_5 性能优异。与负极二氧化锡的结果类似，非晶的 V_2O_5 在 $C/10$（一个充电或放电过程为 10 小时）的电流下，比容量为 455 mA · h/g，远高于结晶的 V_2O_5。除此之外，近来 $LiFePO_4$、$LiCoO_2$、$LiMnO_2$ 等正极材料也已经由 ALD 工艺生长出来[48-50]。

3）固态电解质的 ALD 合成

前面已经提到电解质（electrolytes）分为三类：有机液态电解液、固态聚合物电解质和无机固态电解质。目前最常用的是有机液态电解液，无机固态电解质还处于研发初期。但是有机液态电解液通常含有易挥发、易燃的有机溶剂，在实际应用中具有很大的安全隐患，尤其是电动汽车所需要的电池尺寸很大时，安全问题尤为突出[51]。采用不含有易挥发、易燃有机溶剂的无机固态电解质，是解决这一安全问题的最佳方案。因此，研发安全的全固态锂电池在实际使用中有着非常迫切的需求。传统的无机固态电解质的制备方法是采用物理沉积手段，如磁控溅射、电子束蒸镀等，但是它们只能够制备二维平面构型。二维平面薄膜电池的容量有限[52]，为了提高其容量，人们提出了三维全固态电池。

ALD 技术在制备三维结构方面有着得天独厚的优势，近来已有多种含锂的电解质材料被开发出来，如锂镧钛氧（Li-La-Ti-O, LLTO）、Li_2O-Al_2O_3、$LiAlSiO_4$、Li_2SiO_3、Li_3PO_4 等[53-57]。其中锂元素是无机固态电解质中最重要的一种成分，挪威和芬兰的科学家对含锂化合物的 ALD 生长进行了合作研究[53,54]，尝试采用 5 种锂的前驱体来生长锂的氧化物，最终发现 β- 二酮锂［lithium β-diketonate, Li(thd)］-臭氧和叔丁醇锂［lithium tert-butoxide, Li(O^{t}Bu)］-水这两个体系是有效的。其中 Li(O^{t}Bu)-水反应体系更具优势，因为所得薄膜的碳杂质含量较低。随后，Aaltonen 等[54]详细研究了钛酸镧和锂镧钛氧（LLTO）的生长，LLTO 在室温下有着较高的锂离子电导率，是一种极具应用前景的无机固态电解质材料。采用 ALD 进行多元化合物生长时，ALD 能简单地通过改变不同前驱体的脉冲比例来调控薄膜的成分，这是磁控溅射和溶胶-凝胶等方法所不能做到的。在沉积 LLTO 研究中，ALD 通过改变 Li_2O、La_2O_3 和 TiO_2 三个子循环的生长循环次数比来调控 LLTO 薄膜的成分，所得薄膜为非晶状态，在氧气氛围中 800℃退火 3 小时，得到结晶的 LLTO。

此外，硫化物体系也有着较高的锂离子电导率。例如，Li_xAl_yS 化合物在室温下的离子电导率能达到 3.4×10^{-5} S/cm，其离子传输活化能仅为 0.15 eV[58]。Cao 等[59]在美国阿贡国家实验室使用 ALD 成功制备了 Li_xAl_yS 化合物，在未优化成分的情况下获得了室温 2.5×10^{-7} S/cm 的离子电导率，这一数值已经高于 ALD 制备的绝大多数电解质薄膜。通过进一步优化成分，很有希望获得更高锂离子电导率的固态电解质薄膜。

12.2.3　三维全固态锂电池的 ALD 制备

电池的发展就是不断提高其比容量，改进其安全性能。使用液态电解质首先是不安全，其次液体形态的封装不利于器件尺寸的减小，使得电池的体积比容量亦无法减小。由此全固态电池的研究进入了人们的视野。由于所有材料都采用了固态材料，界面处电解质的分解问题将会缓解，电池寿命将延长。最初的全固态电池采用物理方法制备，为二维薄膜固态电池，这种构型的单位面积上的活性材料有限，因此比容量较低。为了提高单位面积上的活性材料比例以提高电池的比容量，人们提出多种三维结构的电池。三维全固态电池可以看成是三维电极材料的进化或是将二维薄膜电池进行三维结构化。图 12.5 便是其中的一种构型[60]，使用具有三维沟道结构的硅作为衬底，结构高宽比一般为 10，然后将电池的组成部分沉积到沟道内形成电池。由于电池的容量和衬底的表面积成正比，此构型的表面积要远大于平面硅，因此面积比容量得到了很大的提升。图 12.5 也显示了该结构的截面构型，中间的电解质将正负两极材料分隔开，正负两极都需和集电极相连，最后将结构封装以避免环境对电池的不利影响。在三维全固态电池构型中，需要将电池的组成部分都均匀地沉积到三维的沟道结构之中，ALD 无疑是一个绝佳的沉积技术。前面已经详细地介绍了 ALD 能够用来制备锂离子电池

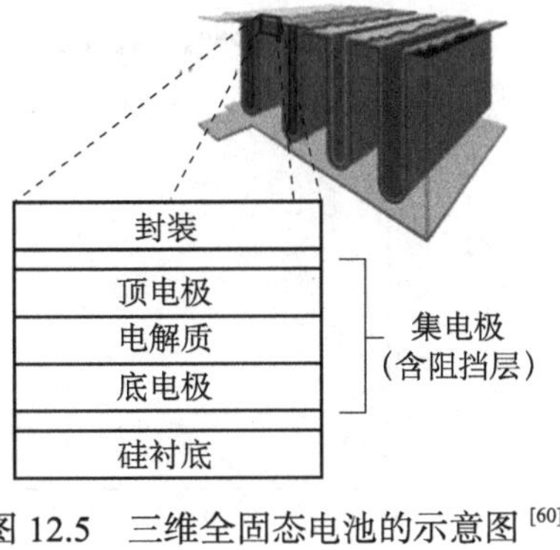

图 12.5　三维全固态电池的示意图[60]

中的正极、负极以及电解质材料，因此原则上使用 ALD 即可在衬底上生长出三维全固态锂离子电池。

虽然目前还未实现全 ALD 制备三维全固态电池，但是马里兰大学的 Gary 课题组采用 AAO 为模板，使用 ALD 先后沉积了集流极 Ru 和电池活性材料 V_2O_5，沉积的 V_2O_5 作为正、负极，通过控制 ALD 前驱体脉冲时间来控制材料仅在 AAO 孔道的两端沉积，中间未生长材料的区域作为阻挡层，孔道内引入液态电解液，如图 12.6(a) 所示[61]。电化学测试表明，该电池构型具有优异的比容量和倍率性能，在 1C 的充放电电流下，比容量接近理论值，并且有着优异的循环稳定性，可以视作是 ALD 制备三维全固态电池研究领域的一个重要突破。如果能使用 ALD 在孔道内沉积固态电解质，替代外部引入的液态电解质，那么就能使用 ALD 制备出三维全固态锂离子电池，这方面的研究正在进行中。

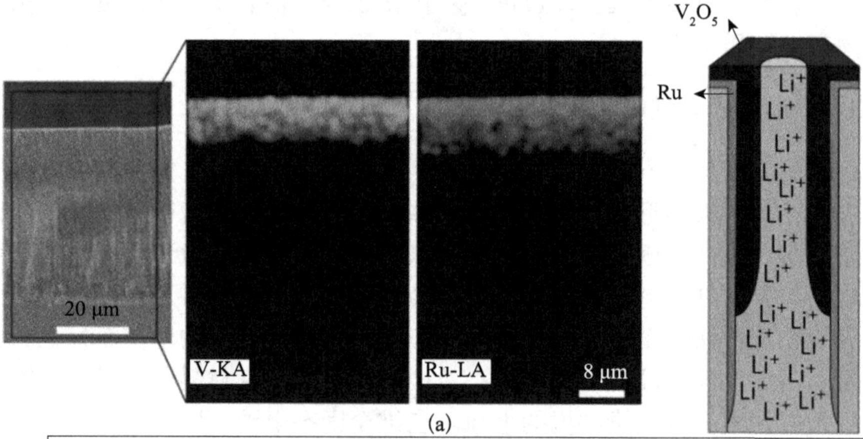

(a)

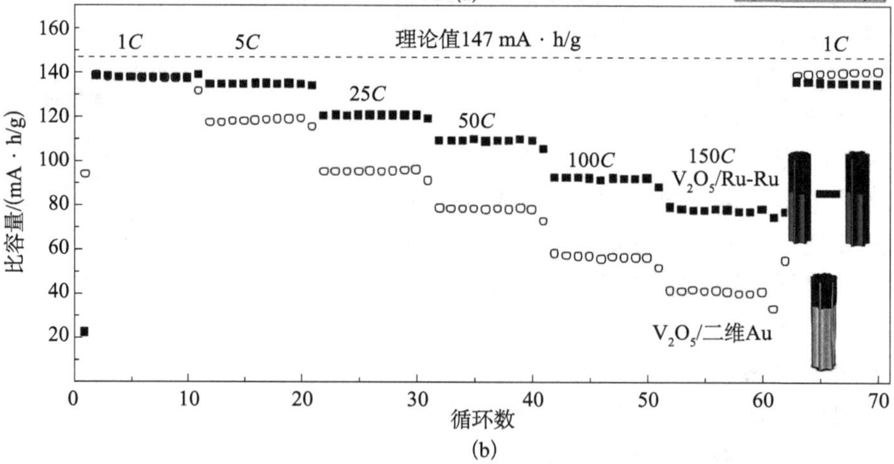

(b)

图 12.6　AAO 为模板 ALD 制备三维全固态电池的进展[61]

(a) 采用 ALD 在 AAO 孔道内沉积活性材料后截面 SEM 照片和模型；(b) 电池的倍率测试性能

12.2.4　电极材料的表面修饰

ALD 工艺除了用于制备合成锂离子电池各组成部分外，还可通过表面修饰来提高电池性能。前已述及锂离子电池技术还存在一些瓶颈亟需解决，主要涉及电池性能在循环过程中的衰减以及使用安全性问题，这些都是由充放电过程中所发生的一系列副反应造成的，使得电解质分解、SEI 薄膜生成以及活性物质流失。大量研究表明 [62]，对电极材料进行表面修饰能有效地提高电池性能，以解决这些难题。

ALD 作为一种适合修饰电极材料表面的新技术被广泛研究，其对电极表面的包裹能非常有效地提高电池性能，且 ALD 拥有其他方法所没有的优势，即能近乎完美地包裹三维纳米结构并精确控制包裹材料的厚度和成分，厚度很容易控制到纳米级别，甚至是亚纳米级别。而使用传统的溶液法来形成表面包裹层时，需要繁复的步骤，所得的薄膜通常厚度在数十纳米，且不完全均匀。

1）负极材料的表面修饰

负极材料可以分为两类，碳材料和非碳材料，两者各有优劣。使用碳材料作为负极时，其能提供较低的负极工作电压，但同时易引发电解液在其表面的分解，导致 SEI 薄膜的生成 [63,64]。SEI 薄膜的生成会导致容量在最初几个充放电循环中的衰减，而且该过程是不可逆的。此外，SEI 膜的化学性能并不稳定，会随着充放电的进行而不断变化，因此 SEI 膜的性能会影响电池的安全性和电化学性能 [64]。采用传统的溶液法对负极材料进行包裹，能改善电池性能；而采用 ALD 方法对负极材料进行包裹，可表现出更加优异的性能。目前为止，研究发现氧化铝、氧化钛、氮化钛等薄膜的包裹都能有效提高电池性能，而且适用于碳材料（石墨、多壁碳纳米管）、金属氧化物（MoO_3、Fe_3O_4、LTO、ZnO 等）和硅等负极材料 [65-69]。在这些包裹材料中，氧化铝是最常用的材料。

采用 ALD 工艺进行包裹，有两种常用的方法，一是直接对活性材料的纳米颗粒进行包裹；二是对已经制备好的电极片进行包裹，如图 12.7 所示 [65]。研究表明，通过第二种方法能够更有效地提高电池的电化学性能。Jung 等 [65] 第一个使用 ALD 氧化铝对锂离子电池电极-天然石墨进行表面修饰和包裹。使用 SEM 及其附属 EDS 能谱仪对电极的截面进行分析，可以发现采用 ALD 能均匀地对电极片进行包裹；电极片截面各位置的铝含量（质量分数）保持一致［图 12.8(a)、(b)］。采用未包裹的电极和对粉末进行包裹的样品作为参比，发现直接对电极片进行 ALD 氧化铝包裹的样品的性能得到明显提升。进行 200 循环之后，比容量保持了初始值的 98%，而未进行修饰的样品仅剩余 26%。另外，对粉末进行包裹的样品，其性能反而比没有修饰的样品还要差［图 12.8(c)］。这是由于直接对纳米颗粒样品进行包裹，并将其制备成电极片时，活性材料颗粒彼此间被包裹层所隔绝，电子的传输受到阻碍，所以性能较差，如图 12.7 所示。值得一提的是，这里使用的氧化铝包裹层的厚度仅为 5 个循环，1 nm 左右，如此薄的包裹层就能明显地提升电池的性能，是其他方法难以实现的，主要归因于这一薄氧化铝层可作为人工 SEI 薄膜，抑制电解液在电极表面反应所造成的分解。此外，纳米级的薄膜并不会影响活性材料间的电子输运，从而能有效地提升电池的性能。

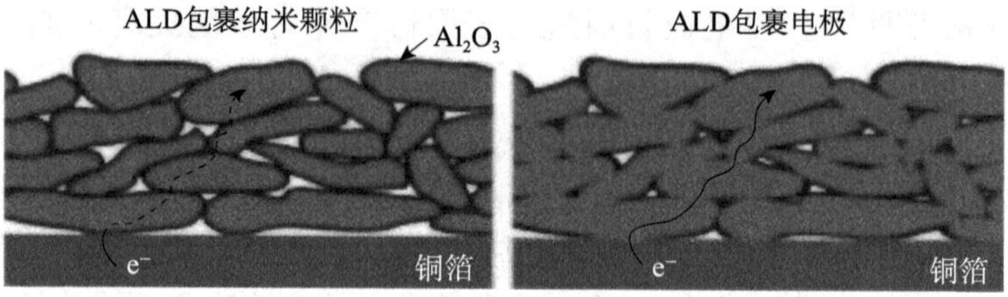

图 12.7　采用 ALD 对电极材料进行表面包裹的两种方式 [65]

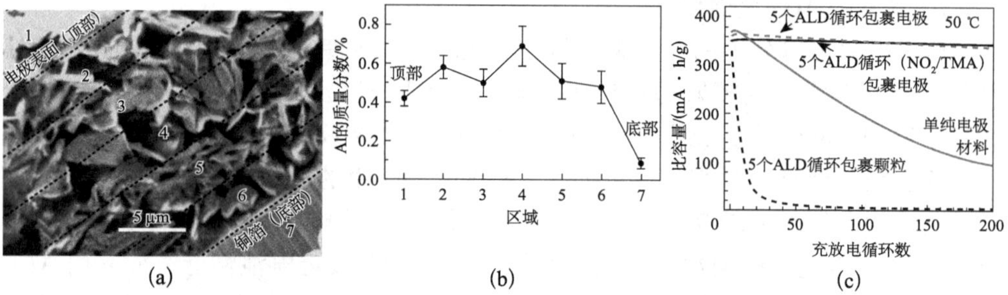

图 12.8　ALD 氧化铝对锂离子电池电极-天然石墨进行包裹后的形貌与电化学性能 [65]

(a) 直接 ALD 保护的电极片的 SEM 截面图；(b) 不同截面处由 EDS 能谱所获得的铝含量；(c) 单纯电极材料和两种 ALD 包裹后的材料作为负极的电化学性能

传统的碳材料负极在充放电过程中的体积变化小，但理论比容量较低，而一些金属氧化物或者金属（如 MoO_3、SnO_2、Fe_3O_4、Sn、Si 等）具有很高的理论比容量，但在充放电过程中的体积变化大，活性材料极易碎成小颗粒，造成彼此之间出现接触问题，使得电池性能急剧下降。研究发现，采用 ALD 制备的氧化铝也能缓解这类材料的相关问题，提升电池性能。

Si 具有极高的理论比容量，高达 4000 mA · h/g，但是在与锂形成合金的过程中，体积膨胀高达 400%[70]，使得其性能在循环过程中急剧下降，不具备实用价值。研究发现，ALD 包裹一层氧化铝能够改善 Si 负极的性能，如图 12.9(a)、(b) 所示。Xiao 等 [71] 在硅负极表面采用 ALD 生长了 5 nm 厚氧化铝涂层，发现包裹后的 Si 在循环之后表面完整，微裂纹较少，证实氧化铝包裹能防止硅薄膜碎裂。He 等 [72] 得到了类似的结果，采用 2 nm 厚的氧化铝包裹，提高了 Si 负极的比容量和库仑效率，如图 12.9(c)、(d) 所示。Xiao 等为了验证氧化铝的保护作用，表征了 SEI 薄膜的厚度，发现未包裹样品的 SEI 薄膜的厚度为 20～30 nm，而 ALD 包裹后的样品 SEI 薄膜厚度仅为几纳米，可见氧化铝薄膜有效地抑制了电解液在电极材料表面的副反应。

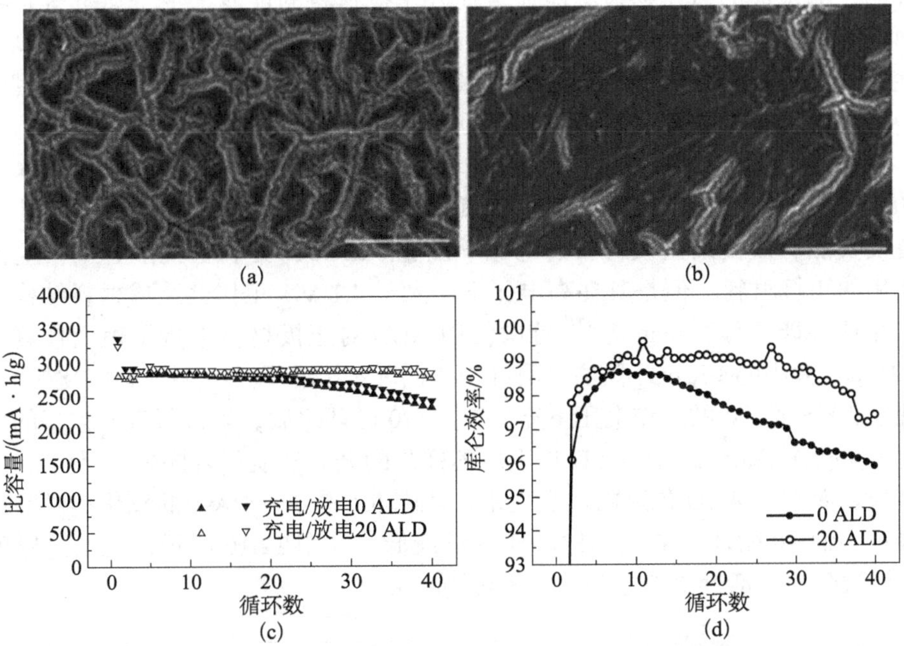

图 12.9　采用 ALD 包裹一层氧化铝对 Si 负极性能的改善

经过循环测试后的 (a) 天然 Si 电极和 (b)5 nm 氧化铝保护的 Si 电极表面的 SEM 照片 [71]；天然 Si 和 ALD 包裹 2 nm 氧化铝 Si 负极的比容量 (c) 和库仑效率 (d)[72]

ALD 生长氧化铝包裹层之所以能提高电池性能，是因为：①改善了电极材料的完整性；②作为阻挡层，抑制了电极材料与电解液之间的副反应；③扮演着人工 SEI 薄膜的功能，化学性能稳定，并且不阻碍锂离子的传输；④稳定电极材料在低电压下工作，尤其对于 LTO 材料。虽然引入 ALD 氧化铝包裹有如此多的效果，但是其具体的保护机制仍有待深入研究。除此之外，ALD 生长的 TiO_2、ZnO、TiN 等包覆材料也能改善电池性能，其中导电的 TiN 材料还能增强活性材料之间的电学接触，改善电子传输 [69]。

2）正极材料的表面修饰

正极材料的选择需要考虑多个因素，包括活性材料的毒性、热稳定性、安全性、能量和功率密度等。正极活性材料和电解液直接接触时，会发生缓慢的副反应，造成活性材料的逐渐流失，最终恶化电池的性能。为了增强正极材料的循环性能和热稳定性，人们尝试使用碱金属或者铝来替代其中部分活性材料，但是由于取代物都是非电化学活性的，不可避免会降低电池容量和锂离子电导率 [73]。

与此相比，表面包裹的方法更加简单且更加有效，并不会明显降低活性物质的含量，因而电池容量不会受到较大的影响。Amatucci 和 Tarascon[74] 在 1998 年首先获得了正极材料表面包裹的专利，之后这一领域引起了人们的普遍关注。大量研究表明，纳米级的氧化物包裹能显著提升正极材料的性能 [75,76]。Chen 等将各种表面包裹材料的功能分为四类：①提供高离子电导率；②通过表面修饰提高电化学性能；③作为 HF 清除剂来抑制活性材料中金属元素的流失；④作为物理阻隔层，阻止活性材料与电解液之间的副反应。

与 ALD 在负极材料方面的研究类似，已对 $LiCoO_2$、$LiNiMnCoO_2$（NCM）、$LiMnO_2$ 等正极材料进行了 ALD 包覆氧化铝保护层的大量实验 [77-79]，表明 ALD 包裹确实能有效提高正极材料的电化学性能。$LiCoO_2$ 是目前商业锂离子电池中所使用的正极材料，但是其在高电压下（大于 4.1 V）工作会造成材料结构的恶化，循环性能不佳。Jung 等 [77] 首次使用 ALD 对正极材料进行了表面包裹，在 7～10 μm 大小的 $LiCoO_2$ 颗粒表面沉积 2 循环、6 循环、10 循环的氧化铝涂层，发现在 3.3～4.5 V 的工作电压下充放电，120 循环之后，未进行表面包裹的样品的比容量仅剩余 45%，而 ALD 包裹后的样品的循环性能显著提高，保留 89% 的比容量。而在用 ALD 包裹的样品之中，2 循环（厚 3～4 Å）的氧化铝样品比容量最高，而 10 循环的氧化铝样品比容量最低，如图 12.10 所示，这与过厚的氧化铝涂层阻碍了活性材料之间的电子传输有关。

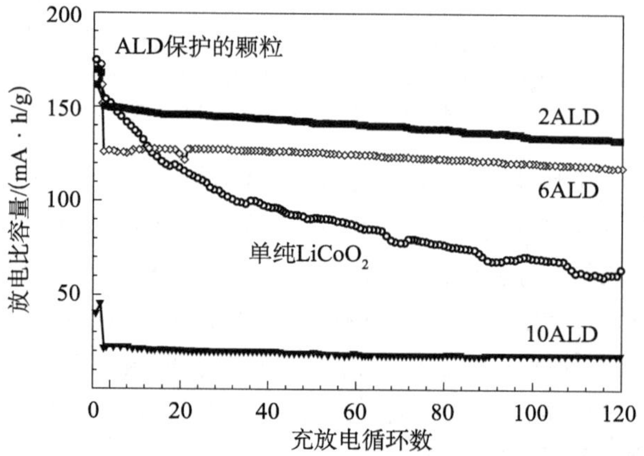

图 12.10 无保护和不同厚度 ALD 氧化铝保护的 $LiCoO_2$ 正极的充放电循环性能 [77]

随后，Scott 等 [80] 对 $LiCoO_2$ 电极片采用 ALD 方法直接进行了氧化铝包裹，同样证实 ALD 氧化铝能有效提高 $LiCoO_2$ 材料的循环稳定性。图 12.11 (a) 中的 TEM 照片显示，即使是直接对电极片利用 ALD 进行包覆，也能对正极活性材料颗粒形成完美的包裹，2 循环的包裹即可大大提升循环稳定性［图 12.11(b)］。此外，相比于包裹 2 循环（2.2 Å）氧化铝的样品，6 循环（11 Å）的样品出现了一

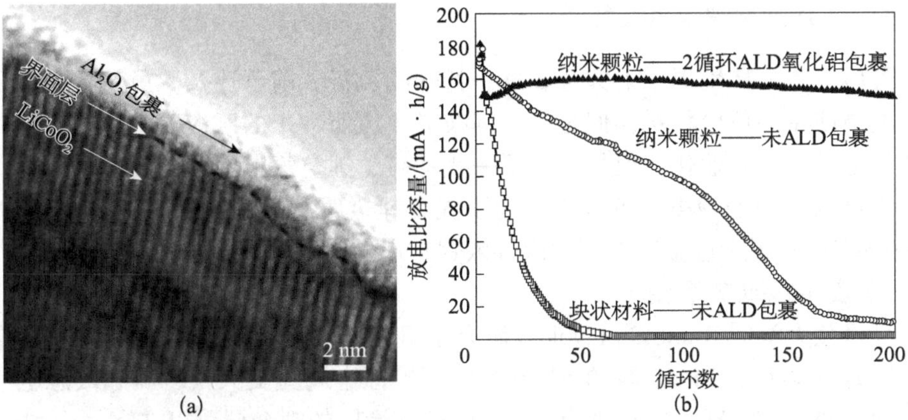

图 12.11　$LiCoO_2$ 电极片采用 ALD 方法直接进行氧化铝包裹对形貌和电池性能的影响 [80]

(a) 包裹 2 循环氧化铝的 $LiCoO_2$ 颗粒的 TEM 照片；(b) ALD 包裹和未包裹的 $LiCoO_2$ 正极的电化学性能

些问题，主要是包裹层的低锂离子电导率造成了更大的过偏压。由此可见，要获得优异的电池性能，精确控制包裹层厚度很重要，这再次凸显了ALD技术的优势。

为了提高 $LiNi_{0.5}Co_{0.2}Mn_{0.3}O_2$（NCM-523）正极的电化学性能，尤其是高工作温度下的性能，采用 ALD 对 NCM 粉末进行了包裹氧化锌、氧化锆薄膜的实验 [81,82]，如图 12.12(a) 所示，采用 ALD 能在 NCM 颗粒表面形成一层均匀的氧化锌保护层 [82]。电化学测试表明，由氧化锌保护的电极材料的性能得到了显著增强，包括放电比容量和循环稳定性，如图 12.12(b) 所示。ALD 生长的超薄的保护层之所以能如此显著地提高 NCM 正极的电化学性能，主要是因为 ALD 获得的薄膜质量优异，能抵御电解液中 HF 对电极材料的腐蚀作用，减少了正极中金属离子的损失，有助于锂离子在电极 / 电解液界面的传输。

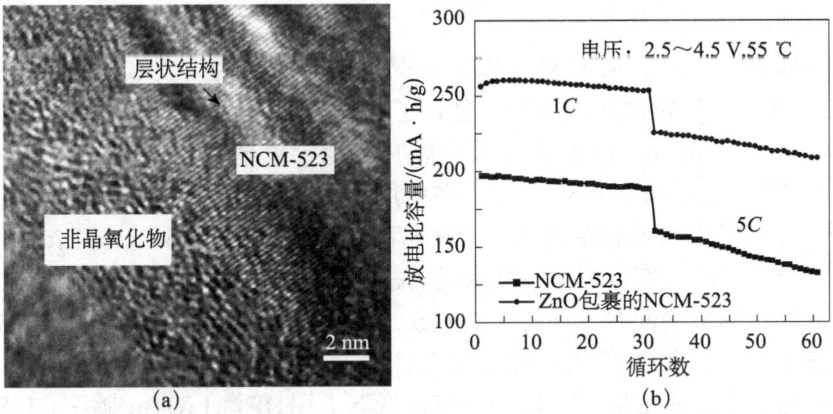

图 12.12　采用 ALD 对 NCM 粉末包裹氧化锌对其形貌和性能的影响 [82]

(a) 氧化锌包裹的 NCM 颗粒的 TEM 照片；(b) 在 55 ℃下未保护的 NCM 和 ZnO 包裹的 NCM 正极的电化学性能

12.2.5 ALD 抑制锂金属枝晶

最后，需要特别提一下锂金属这一特殊的负极，前已述及，虽然这是最早在锂电池中使用的负极材料，但是由于锂枝晶生成所带来的巨大安全隐患，使其自始至终都没有被商业化。但是随着下一代锂硫、锂空气电池的需要，金属锂负极再一次进入人们的视野。近年来，为了提高锂金属负极的安全性和电化学性能，ALD 被广泛应用于锂金属的表面改性或保护以及三维集流极的界面工程。

1）表面修饰或者保护

马里兰大学的 Rubloff 和 Noked 研究小组首次将 ALD 涂层用于保护锂金属负极[83]，结果表明，14 nm 厚的 Al_2O_3 可以保护锂金属免受大气、硫和液态电解质的腐蚀，如图 12.13(a)、(b) 所示。具有 ALD 涂层的锂金属可以在空气中 (25 ℃, 40% RH) 稳定 20 h，而原始的锂表面在空气暴露后 (< 1 min) 立即开始变色。在 Li-S 电池中，Al_2O_3 保护层能有效防止锂的腐蚀，抑制锂枝晶的形成，从而提高初始容量和长期稳定性，如图 12.13(c)、(d) 所示。该课题组通过原位 AFM 还观察到，溶剂分解和 SEI 生长会在锂金属表面的一些缺陷处优先发生，局部 SEI 在 12 h 内可以生长到微米厚度，采用薄的 (< 10.5 nm) Al_2O_3 可以提高锂金属在有机溶剂中的化学 / 电化学稳定性[84]。与此同时，Dasgupta 等也采用 ALD Al_2O_3 修饰锂金属－电解质界面，证实只需 ~2 nm 的超薄 Al_2O_3 就可以使锂金属的使用寿命翻倍，如图 12.13(e) 所示。此外，单纯的锂金属在循环后表面出现大量锂枝晶，而 ALD Al_2O_3 可以改善 Li 金属 /SEI 界面电流分布的均匀性，导致金属锂的均匀沉积并抑制锂枝晶的形成，如图 12.13(f) 所示[85]。ZrO_2 也被报道用于锂金属保护，在锂金属表面 ALD 镀上 ZrO_2 涂层，可以显著提高其对空气暴露和热的耐受性 (高达 170～180 ℃)，如图 12.13(g) 所示，原位光学观测也证明了 ZrO_2 能有效抑制锂枝晶的形成[86]。

除金属氧化物外，ALD 还可以制备固态电解质作为人工 SEI 来稳定锂金属负极。Elam 课题组首次在锂金属上制备了超薄的 Li_xAl_yS 涂层，其室温下离子电导率为 2.5×10^{-7} S/cm。Li_xAl_yS 涂层可以有效稳定锂金属 / 电解质界面，将界面阻抗降低 5 倍，如图 12.14(a) 所示。在使用碳酸盐和醚基电解质的 Li-Cu 不对称电池中，可实现高稳定的库仑效率和长期稳定性 [图 12.14(b)]。在未保护的 Cu 上沉积锂金属显示出许多细丝或纳米线的枝晶形貌，而 Li_xAl_yS 涂层保护的 Cu 表面沉积的锂金属呈平面状，如图 12.14(c)、(d) 所示，表明 Li_xAl_yS 涂层可以有效抑制锂枝晶的生长[59]。他们在随后的工作中使用原位电化学扫描透射电子显微镜进一步验证了这些结果[87]。同一小组在低温下用 HF 和 LiO^tBu 制备了 LiF 薄膜，其剪切模量为 58 GPa，足以抑制锂枝晶的生长。因此，在 Li-Cu 不对称电池中，LiF 保护的锂金属在超过 170 次循环中仍保持高达 99.5% 的高库仑效率和高稳定

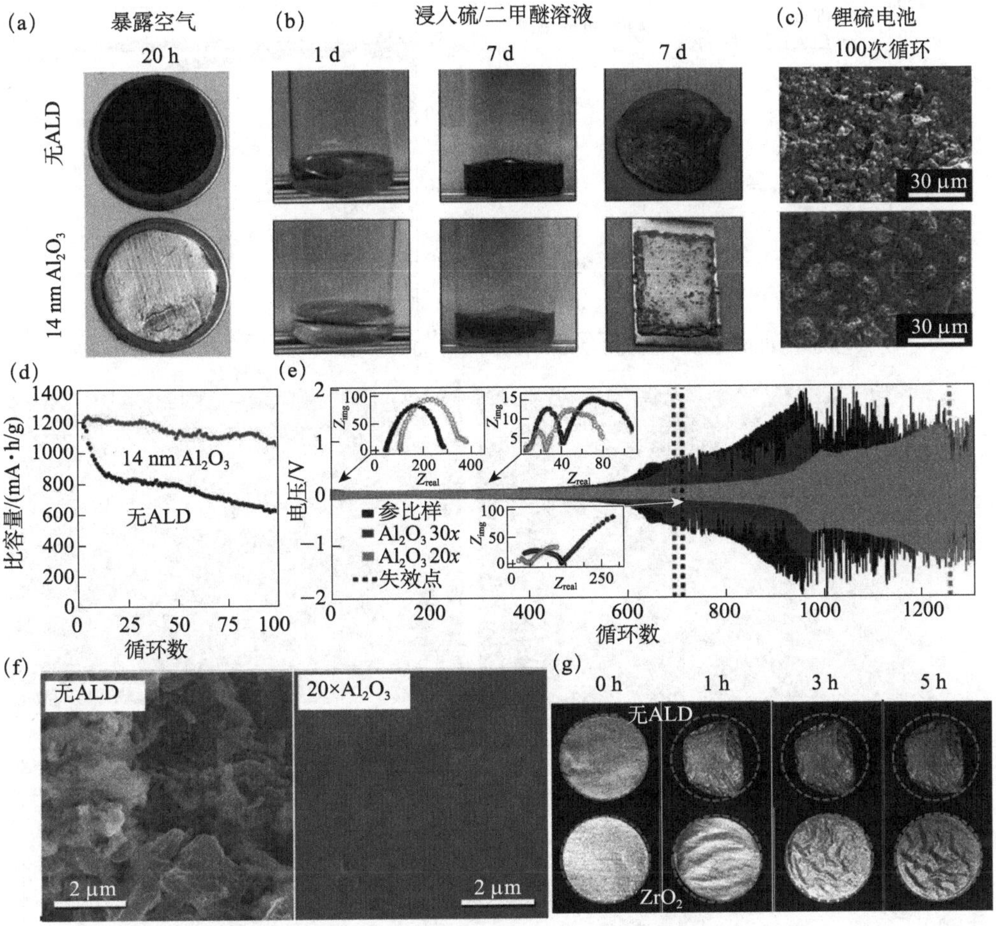

图 12.13　ALD 氧化物对锂金属负极的表面保护

(a) 在 25 ℃和 40% RH 的大气中暴露 20 h 和 (b) 在 1 mol/L 硫 / 二甲醚溶液中浸泡 7 d 后的照片；(c) 在 Li-S 电池中充放电循环 100 次后金属锂的电镜照片；(d) 裸锂和 14 nm Al_2O_3 保护的锂金属作为 Li-S 电池负极的电化学性能 [83]；(e) 裸锂和 Al_2O_3 保护的锂对称电池的恒流充放电电压与循环次数的关系；(f) 经过 100 次循环后裸锂和 20 循环 Al_2O_3 保护锂的表面照片 [85]；(g) 裸锂和 ALD ZrO_2 保护锂暴露在 170～180℃时光学照片 [86]

性，大约是裸铜上锂负极的 4 倍，如图 12.14(e)、(f) 所示 [88]。

根据理论模拟，当保护层的剪切模量大于锂负极的两倍 (~10^9 Pa) 时，就可以有效抑制锂枝晶的生长 [89]，因此，多种机械屏障被用作金属锂的保护层。但是，用其他方法制备的保护层通常存在一些缺陷或孔洞，不利于保持锂金属长期循环的稳定性。例如，Cui 等引入化学气相沉积的 h-BN 作为锂金属的保护层 [90]，虽然能在一定程度上抑制锂枝晶的生长，但沉积的金属锂中存在大量的孔洞，如图 12.15(b) 所示，并且洞中发现有锂枝晶的生长。这是因为 h-BN 在 CVD 生长

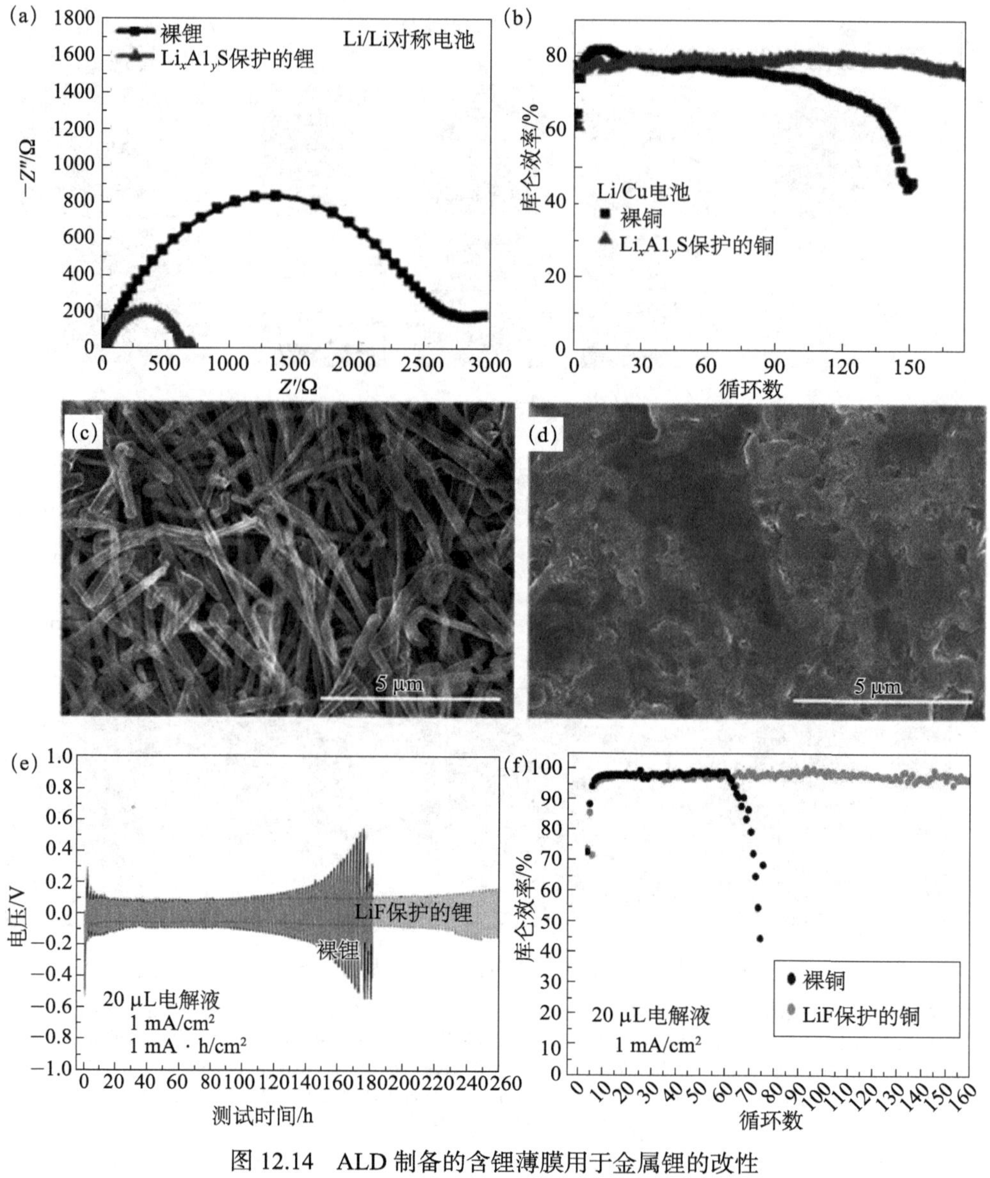

图 12.14 ALD 制备的含锂薄膜用于金属锂的改性

(a) 电池组装 68 h 后的交流阻抗谱对比图；(b) 裸铜和 Li_xAl_yS 保护铜的库仑效率对比图；沉积在 (c) 裸铜和 (d) Li_xAl_yS 保护铜上金属锂的 SEM 照片 [59]；经 LiF 保护前后的 (e) Li-Li 电池的恒流充放电电压图和 (f) Li-Cu 电池的库仑效率 [88]

或转移过程中极易形成缺陷或孔，将成为锂枝晶形成的位点，不利于电池的长期稳定性。因此，该课题组随后利用 ALD 技术选择性地在缺陷位点上沉积 LiF 来修饰 h-BN，如图 12.15 (a) 所示。化学稳定的 LiF 不仅可以密封 h-BN 上的缺陷，还可以作为连接剂提高 LiF/h-BN 的整体强度。与原始的 h-BN 相比，沉积在 LiF/

h-BN 保护 Cu 上的 Li 金属表面非常光滑［图 12.15(c)］。因此，LiF/h-BN 保护的锂金属阳极在碳酸盐电解质中表现出优异的 300 次长循环能力，具有相对较高的库仑效率 (>95%)，如图 12.15(d) 所示[91]。Kozen 等利用电化学聚合的方法在锂金属表面形成弹性体层作为机械屏障[92]，发现只有弹性体层不足以保护锂金属负极，因为在长时间循环过程中，烷基碳酸酯电解质会刻蚀和溶解该保护层［图 12.15(f)］。采用 ALD 生长的离子导电 LiPON 薄膜对弹性体层进行修饰，该杂化保护层结合了机械稳定层 (弹性体层) 和化学稳定层 (LiPON) 的优点，从而有效抑制锂枝晶生长，如图 12.15(g) 所示，实现非常稳定的循环性能[92]。

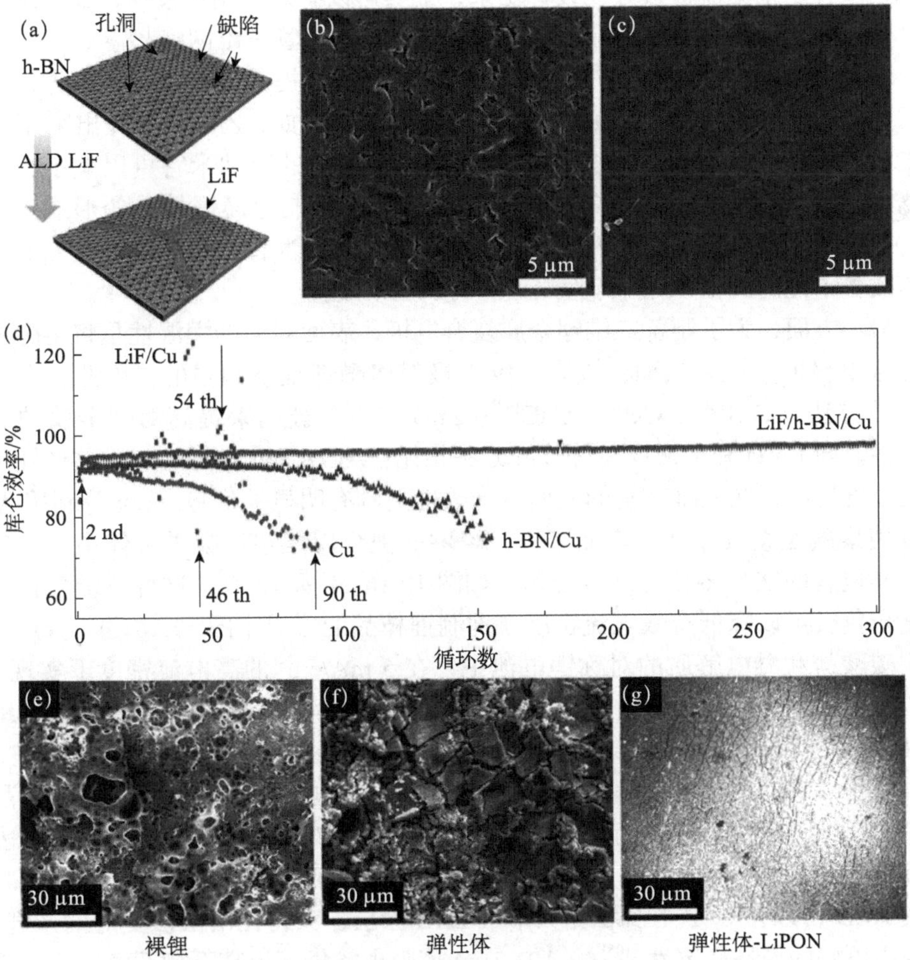

图 12.15　使用 ALD 技术对其他方法制备的机械保护层进行改性

(a) h-BN 上 ALD 选择性沉积 LiF 的示意图；(b) h-BN/Cu 和 (c) LiF/h-BN/Cu 上沉积 Li 的 SEM 照片；(d) 在 Cu、h-BN/Cu 和 LiF/h-BN/Cu 集流极上沉积 / 剥离锂的库仑效率[91]；(e) 裸锂、(f) 仅弹性体保护的锂和 (g) 弹性体 -LiPON 复合层保护的锂在 1 mA/cm^2 下沉积 / 剥离 100 次后的 SEM 照片[92]

综上所述，ALD 涂层不仅可以直接作为 Li 金属表面的改性层或保护层，还可以对其他方法制备的机械屏障进行改性，提高其机械和化学稳定性。

2）三维集流极的界面修饰

已经有很多报道表明，集流极的形貌对锂的沉积 / 剥离行为有着显著的影响。在初始电化学沉积阶段，锂容易在平面集流极上沉积而形成锂颗粒，将促进后续锂的沉积，进而形成锂枝晶。采用三维集流极在抑制锂枝晶方面主要有两个优势：首先，表面积的增大可以降低局部电流密度，阻止锂枝晶的成核或形成；其次，三维结构将沉积的金属锂限制在其结构内，从而有效抑制金属锂枝晶。基于此，多种三维集流极被开发设计出来，证实可以有效抑制锂枝晶，如三维多孔铜 [93]、层状还原石墨烯 [94]、碳纤维网络 [95] 和碳纳米管三维网络 [96]。

利用 ALD 对三维电极进行表面改性，能进一步提高电极性能。首先，ALD 涂层可以作为稳定的人工 SEI 来增强三维电极。例如，Zhang 等提出采用三维碳纳米管海绵作为金属锂的集流极 [97]，高比表面积的碳纳米管可以减小有效电流密度，使电荷分布均匀，有利于锂成核，从而抑制金属锂枝晶的形成。引入 ALD Al_2O_3 涂层作为坚固的人工 SEI，进而保护碳纳米管电极与电解质界面，证实其改善了锂的沉积 / 剥离行为并且抑制了锂枝晶。

另一方面，为了制备三维锂金属复合电极，表面对锂的润湿性是将熔融锂注入三维电极的关键。然而，许多三维电极对熔融锂是不润湿的，因此，多种表面改性方法（如 Si[95]、Ge[98]、CuO[99]、ZnO[100-102]）被用来提高对锂金属的表面润湿性。与 CVD 和溶液反应等传统方法相比，ALD 具有良好的三维共形性和精确的厚度控制，在三维结构的表面修饰改性上具有明显的优势。Liu 等利用 ALD ZnO 使聚酰亚胺 (PI) 基体表面亲锂，熔融的锂金属能够被吸进基体中，实现了锂金属包裹的纳米多孔三维聚合物，如图 12.16(a) 所示 [103]。这种三维多孔锂金属复合负极可以降低有效电流密度，抑制锂枝晶的形成［图 12.16(b)、(c)］。在使用碳酸盐和醚电解质的对称锂电池中，在 5 mA/cm^2 的高电流密度下实现 100 次以上的稳定循环。同样，Jiang 和 Zhao 等通过超薄 ALD ZnO 来改善碳纤维纸 (carbon fiber paper, CFP) 的亲锂性 [104,105]，熔融的锂注入到碳基体中形成 CFP/Li 复合负极。在锂的沉积过程中，碳纤维能够引导锂的沉积，从而抑制锂枝晶形成，如图 12.16(d)、(e) 所示。因此，ZnO 包覆的 CFP 与锂形成的复合负极表现出优异的长期循环稳定性，在 5 mA/cm^2 下具有近 500 次稳定循环 [104]。同时还证明 ALD 可以在 CFP 上沉积更共形的 ZnO 涂层，获得比溶液法更好的亲锂性，表现出更好的循环稳定性 [105]。ALD ZnO 薄膜也能显著提高石榴石电解质对熔融锂的润湿性，使锂金属与石榴石电解质形成连续紧密的接触 [106]。

最近，Chen 等开发了一种由高度均匀垂直排列的铜柱组成的三维集流极，通过调整三维铜柱的几何参数，可以控制沉积 / 剥离过程中锂的形态。更重要的是，在铜表面引入超薄的 ALD ZnO 涂层，可以有效促进初始锂的成核，导致更均匀的锂沉积和更可逆的锂沉积 / 剥离，如图 12.16(f) 所示。该电极设计利用三维几何结构和 ZnO 表面修饰的协同效应，有效提高了金属锂负极的性能，在 0.5 mA/cm^2 的电流密度下，库仑效率高达 99.5%[107]。

另外，除了可以用来促进锂沉积外，ALD 修饰层还可以用来阻止锂的沉积成核。例如，Xie 等设计了一种独特的 Al_2O_3/ 空心碳球 (hollow carbon sphere, HCS)，利用 ALD 在 HCS 表面涂覆薄 Al_2O_3[108]。没有 Al_2O_3 涂覆层时，液态电

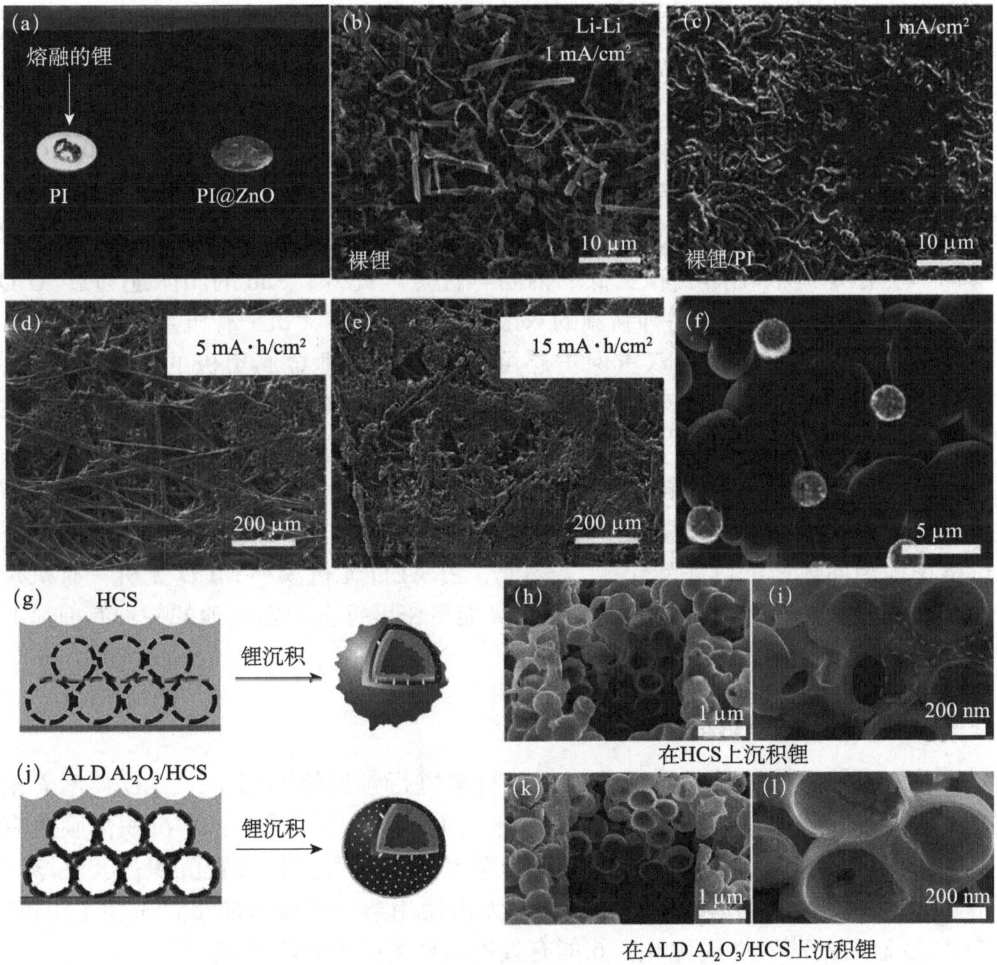

图 12.16　基于 ALD 技术的三维纳米结构的界面调控

(a) 熔融 Li 在 PI 和 ZnO 包裹的 PI 上的照片；(b) 裸锂和 (c) Li/PI 负极沉积 / 剥离 10 次后的表面形貌[103]；在 ZnO 包裹的 CFP 上沉积 (d) 5 mA · h/cm^2 和 (e) 15 mA · h/cm^2 的锂的 SEM 照片[104]；(f) 在 ZnO 包裹的铜柱阵列上沉积 1 mA · h/cm^2 的锂后的 SEM 照片；(g)~(i)HCS 和 (j)~(l)ALD Al_2O_3/HCS 上沉积锂的示意图和 SEM 照片[108]

解质可以渗透到 HCS 中，因此，锂金属会在 HCS 表面和内部同时沉积，如图 12.16(g) ～ (i) 所示。在经过 Al_2O_3 涂层包裹之后，则可以阻止锂在 HCS 表面的成核，从而引导锂在 HCS 基体内部沉积，抑制了锂枝晶的形成。而且 Al_2O_3 涂覆层可以密封空心碳球壁的针孔，防止液态电解质渗入 HCS，如图 12.16(j) ～ (l) 所示。因此，可以防止锂金属与电解质之间的寄生反应，从而获得优异的循环性能。乙醚电解质中，在 0.5 mA/cm^2 (1 mA · h/cm^2) 的条件下可以实现超过 500 次的稳定循环，库仑效率高达 99%。

综上所述，可知 ALD ZnO 薄膜通常用于提高电极对熔融锂的润湿性，而 ALD Al_2O_3 薄膜则是用于修饰或保护金属锂最多的一种薄膜。然而，由于 Al_2O_3 涂层的绝缘性，通常会导致阻抗的增加，因此，采用具有高离子电导率和剪切模量的固态电解质薄膜可能是保护金属锂的一个良好选择。此外，在体积变化较大的情况下，刚性 ALD 涂层会发生断裂，因此，近年来通过分子层沉积（MLD）生长新型无机 – 有机杂化薄膜改善机械性能的方法，也应用于锂金属保护 [109,110]。与 ALD 制备的 Al_2O_3 相比，MLD 获得的铝基无机 – 有机杂化物具有更长的循环寿命、更稳定的极化曲线和更低的内阻等优点。此外，Sun 的团队还通过 ALD 和 MLD 相结合，设计了一种新颖的双层保护膜，其中无机 – 有机杂化物是外层，无机氧化铝是内层，这种双重保护层可以显著提高锂金属负极的电化学性能，抑制死锂的形成，提高循环稳定性。ALD 氧化铝 -MLD 杂化物双保护层的电化学性能明显优于单层薄膜，这主要是因为复合薄膜结合了两者的优点。致密的内层 ALD 氧化铝可以传输 Li^+，阻断电子的通道，抑制电解质与 Li 金属之间的反应，而高柔性的 MLD 薄膜作为外壳，为电解液的扩散提供了通道，承受循环过程中锂金属体积的巨大变化 [111]。因此，由 ALD 无机膜和 MLD 无机 – 有机杂化物组成的复合层，可能是实现下一代高能量密度锂金属基电池的一种有前途的保护层。

12.2.6　小结

总之，与通过传统的溶液法对电极材料进行包裹修饰相比，ALD 技术无论在负极还是正极材料的表面修饰或制备方面都有着许多优势：①沉积薄膜具有超常的均匀性和三维共形性；②低温乃至室温下即可进行薄膜沉积；③膜厚可精确控制在亚纳米级别；④气相沉积，无需使用溶剂，操作简单且避免了污染；⑤ ALD 制备的薄膜性质优异；⑥能有效提高材料的电化学性能。

锂离子电池是目前最普遍最有应用前景的能源存储器件，但是其仍面临着成本、安全性、能量密度、使用寿命等一系列问题。大量研究表明，ALD 是一种能解决上述问题的有力手段。一方面，使用 ALD 能灵活、方便地制备锂离子电池中负极、正极和电解质等组成部分；另一方面，ALD 能生长一层厚度精确可控的包裹层，显著提高锂离子电池的性能。相信 ALD 技术将会在锂离子电池领域大放光彩。

12.3　原子层沉积技术在太阳能电池领域的应用

前面章节已介绍了 ALD 技术所具有的独特优势，这些优点使得其成为纳米技术领域一个强有力的工具，特别适用于纳米结构材料的制备与修饰，也使其在能源领域获得广泛的应用，包括锂电池、超级电容器、太阳能电池、燃料电池等方面。本节中将详细介绍其在太阳能电池方面的应用，鉴于在光伏产业主流高效太阳能晶硅电池领域，ALD 制备的氧化铝作为钝化薄膜已经成为不可或缺的重要生产环节。下面将主要介绍染料敏化太阳能电池（dye-sensitized solar cell, DSSC）、量子点敏化太阳能电池、$CuIn_xGa_{(1-x)}Se_2$（CIGS）薄膜太阳能电池、光电化学电池（photoelectrochemical cell, PEC）以及钙钛矿太阳能电池等。ALD 技术在太阳能电池领域应用主要包括：①纳米结构光电极的制备；②电极表面修饰钝化；③通过量子点或是金属纳米颗粒对电极表面进行敏化；④对染料敏化太阳能电池和薄膜太阳能电池进行能带调控；⑤ ALD 在钙钛矿太阳能电池中的应用。下面将一一介绍。

12.3.1　纳米结构光电极的 ALD 制备

1）反蛋白石结构的光电极

反蛋白石结构 (inverse opal) 是指面心立方结构壳壁的重复结构，具有极大的比表面积和空隙率（高达 74%），有望成为实现完全光子带隙的结构。当填充材料的折射率跟周边的介质（如空气）的比值达到一定的数值时，其周期对称结构便会出现完全光子带隙 [112]。一般是以 SiO_2、聚苯乙烯、PMMA 等小球自组装形成模板，在其空隙中填充高折射率的材料或其前体材料，填充完毕使材料在空隙间矿化后，通过煅烧、化学腐蚀、溶剂溶解等方法除去初始的 SiO_2 或聚合物模板，得到规则排列的球形空气孔。

反蛋白石结构的电极构造在能源转换领域有着广泛的应用。例如，二氧化钛的反蛋白石结构在染料敏化太阳能电池领域已引起极大的关注。Nishimura 等 [113] 首次报道使用一种双层的光电极结构，顶层是由传统的二氧化钛纳米晶体组成，底部则是二氧化钛的反蛋白石结构，能够选择性地将光子反射到顶层，增加了光的捕获。随后，对此类材料以及相应的机理进行了大量研究。制备高质量的二氧化钛反蛋白石结构时，有一个难以克服的问题，即当采用溶胶–凝胶法或是纳米颗粒来对蛋白石结构进行填充时，难以达到完全的填充，因而所得的反蛋白石结构并不完美，将损害光电极的性能。

在第 11 章介绍了 Karuturi 等 [114] 通过研究 ALD 对蛋白石结构模板的填充机制，首次通过 ALD 技术制得了高填充率的反蛋白石结构。ALD 技术能够对蛋白石结构进行可控填充，进而达到理论所需的填充量。随后，制备的高质量反蛋白石结构被应用到了染料敏化太阳能电池中，在透明导电玻璃衬底上制备了不同孔隙大小的反蛋白石结构［图 11.5(a)］。这些结构具有共形性好和高填充率的优点，保证了与衬底的良好接触，有利于电子的传输。研究发现，孔隙大小为 288 nm、390 nm 和 510 nm 结构的光电转换效率分别为 2.22%、1.81% 和 1.42%［图 11.5(d)］[86]。与传统的二氧化钛纳米晶体相比，反蛋白石结构电极的吸收较弱，主要是由于没有足够的表面积来负载燃料。Tétreault 等 [116] 为了解决这一问题，采用 ALD 对反蛋白石结构内部的孔隙进行沉积包裹，沉积了一层具有高比表面积的二氧化钛纳米颗粒，由此获得了高达 4.9% 的转换效率。

和染料敏化太阳能电池类似，光电化学电池是通过将水光电解为氢气和氧气的方式，将不连续的太阳能转变为稳定可储存的化学能。反蛋白石结构的光电极在此同样有着巨大的优势。例如，给电子提供了直接的传输路径；将光限制在电池之内，提高了光的捕获效率；与电解液有着充分的接触，使得氧化还原反应能够更快进行 [117]。Cheng 等 [118] 首次使用 ALD 制备的二氧化钛反蛋白石结构为光电极，然后用 CdS 量子点敏化，将其用作光电化学电池来制备氢气［图 12.17(a)］。研究表明，当反蛋白石结构孔隙的直径越小时，光电转换效率越大，如图 12.17(b) 所示。当使用的孔径为 288 nm 时，获得了理想的实验结果，光电流达到 4.84 mA/cm^2，光电转换效率约为 30%。

上述结构的光捕获效率还可以进一步提高。由于二氧化钛反蛋白石结构是由 ALD 制备的，在沉积二氧化钛的同时，可以直接通过 ALD 在其表面引入一层氧化锌的籽晶层，随后通过水热溶液法生长一层氧化锌纳米线，形成如图 12.18(a) 所示的双层结构。经 CdS 敏化后，光电流达到 5 mA/cm^2，是纯氧化锌纳米线的 2 倍 [119]。这是因为反蛋白石结构是一个光子晶体，光子在其内部不停地反射，增加了光子的传输路径和光子与物质间的相互作用，从而提高了光捕获效率。ALD 可以用来制备三维纳米结构以提高光捕获效率，在二氧化钛反蛋白石结构内部沉积一层 10 nm 左右的氧化锌，随后再使用溶液法进行氧化锌纳米线的生长，获得如图 12.18(b) 所示的纳米刷结构。采用 CdS 敏化后，获得了 6.2 mA/cm^2 的光电流密度，光电转换效率达到 60%，是迄今为止 CdS-TiO_2 体系中报道的最高光电流密度 [120]。

2）其他种类的电极

利用 ALD 技术对三维结构共形沉积的生长特点，将所需的活性材料沉积到模板之中，这样就无需考虑模板的化学成分，而只需选用具有合适纳米结构和物

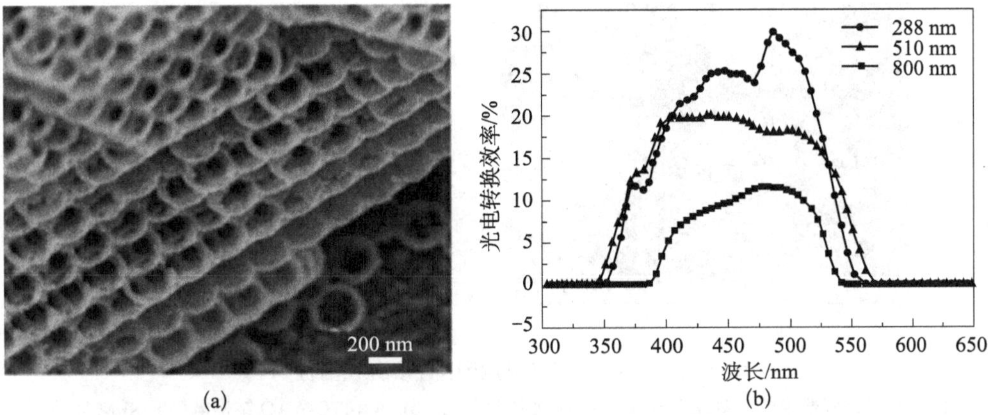

图 12.17　ALD 制备的二氧化钛反蛋白石结构用于光电化学电池制备氢气 [118]

(a) 经 CdS 量子点敏化的二氧化钛反蛋白石结构的 SEM 照片；(b) 不同孔隙结构的光电转换效率

图 12.18　利用 ALD 制备双层结构或三维纳米结构应用于光电化学电池

(a) 氧化锌纳米线-二氧化钛反蛋白石结构双层构型的 SEM 照片 [119]；(b) 二氧化钛反蛋白石结构上生长氧化锌纳米线而成的纳米刷结构 [120]

理性能的衬底作为模板。这种方法已经被用来制备染料敏化太阳能电池中的光电极，如图 12.19(a) 所示，采用二氧化硅气凝胶为模板，ALD 制备具有半导体性质的氧化锌或者二氧化钛 [121]。此外，AAO 模板是一种最常用的制备纳米结构的优异衬底，如图 12.19(b) 所示，在 AAO 模板的孔道内先沉积一层导电的 ITO 薄膜，随后沉积二氧化钛薄膜。优势在于，光电子只需穿透仅仅数十纳米厚度的二氧化钛，从而减少了能量损失。而在传统器件中，光电子需要穿透整个半导体电极层，此过程中大量光电子因与空穴复合而损失。使用 TiO_2-ITO-AAO 结构，实验证实光电流密度提高了 60 倍之多 [122]。

(a) (b)

图 12.19 ALD 在三维模板中直接沉积活性材料

(a) 沉积有氧化锌薄膜的二氧化硅气凝胶的 SEM 照片 [121]；(b) TiO_2-ITO-AAO 结构电极的 SEM 照片 [122]

12.3.2 基于 ALD 的电极表面钝化

太阳能电池在实际运用中，需要具有长久的工作稳定性和较高的转换效率，表面钝化能把光电极与周围的环境隔离，提高工作稳定性，同时能抑制表面态复合，从而提高工作效率 [123]。以前都是采用 CVD 来制备钝化层 [124]，ALD 与 CVD 相比，在封裹三维结构电极与精确控制厚度方面的优势更明显。

对于染料敏化太阳能电池来说，电极表面染料分子的脱附是造成工作稳定性下降的一个重要原因。Son 等 [125] 使用 ALD 方法成功提高了染料分子在二氧化钛光电极表面的稳定性，对吸附有染料分子的二氧化钛电极采用 ALD 包裹了一层额外的二氧化钛层（图 12.20），提高了染料分子对水分子和 OH^- 的稳定性，从而降低了其在电极表面的脱附。与未处理的样品相比，ALD 二氧化钛层将分子的脱附速率降低了 50 倍。除了稳定染料分子外，还可以将疏水的二氧化钛 / 染料分子结构转变为亲水的二氧化钛 / 染料分子 /ALD 二氧化钛结构，大大提高了水系电解液对光电极微结构的渗透，改善了由电极与电解液的接触不良而引起的低光电流问题。

除此之外，ALD 钝化层还可降低硅太阳能电池中的表面复合率，提高转换效率 [126-128]。例如，Wang 等 [127] 报道了使用 ALD 生长氧化铝钝化层来提高硅太阳能电池的转换效率，ALD 钝化之后，短路电流密度和光电转换效率分别提高了 8% 和 10.3%，实现了高达 18.2% 的转换效率。其他工作也证实 ALD 氧化铝能提高硅太阳能电池的转换效率，获得的最大效率为 23.2%[128]。

钙钛矿太阳能电池是一类新型的光伏电池，有着优异的光电特性，将钙钛矿材料作为吸光材料应用于太阳能电池已引起了广泛的关注。这类电池主要有制备工艺简单、成本低廉的优点，并且具有较大的光电转换效率。但是无机-有机杂化钙钛矿结构在温度和湿度较高的环境下，结构易被破坏，发生热分解，或与水

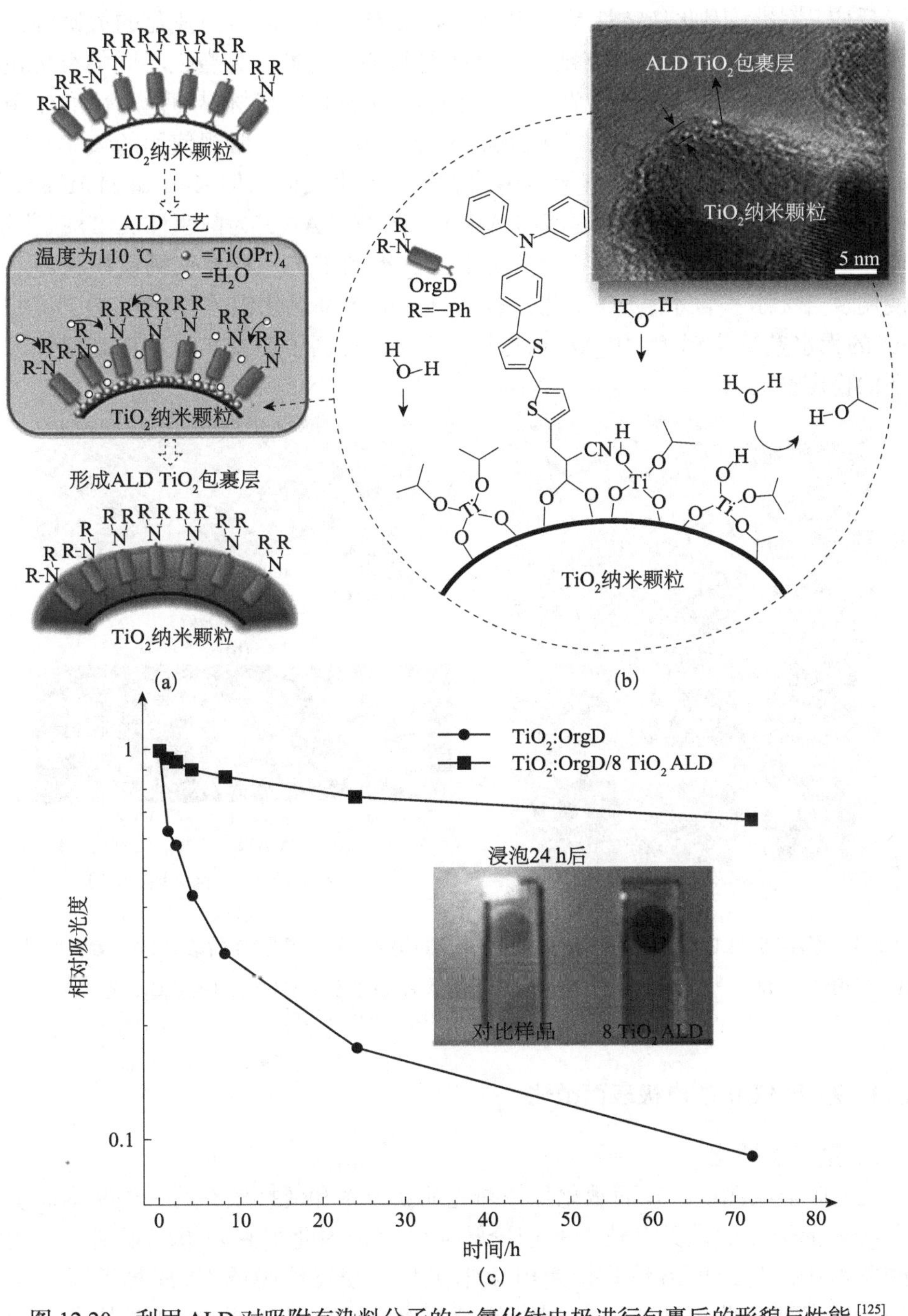

图 12.20　利用 ALD 对吸附有染料分子的二氧化钛电极进行包裹后的形貌与性能 [125]

(a) 利用 ALD 对吸附有染料分子的二氧化钛电极进行包裹的保护示意图；(b) 经 ALD 包裹后的二氧化钛颗粒的 TEM 照片；(c) 电极相对吸光度随时间的变化曲线

发生反应[129,130]，因此稳定性是决定钙钛矿太阳能电池能否商业化的关键因素之一。人们采用多种方式来提高杂化钙钛矿材料的稳定性，如替换不同的有机正离子和卤素离子、有机封装等[131,132]，但是这些方法对提高材料的稳定性的作用十分有限，且使得电池的制备工艺变得很复杂。虽然 ALD 常规使用的氧化剂（如水、臭氧、过氧化氢等）会直接与钙钛矿材料发生反应，但 Kim 和 Martinson[133] 采用无水 ALD 工艺，用异丙醇铝（AIP）与乙酸（AA）为前驱体 ALD 氧化铝，如图 12.21 所示，AIP-AA 工艺不像含水或臭氧的工艺一样损伤钙钛矿材料。通过使用复合无水和含水 ALD 工艺，将 15 nm 的水基氧化铝（TMA-H_2O）沉积到 3 nm 的无水基氧化铝（AIP-AA）之上，有效地提高了钙钛矿材料在高温和水存在下的稳定性。

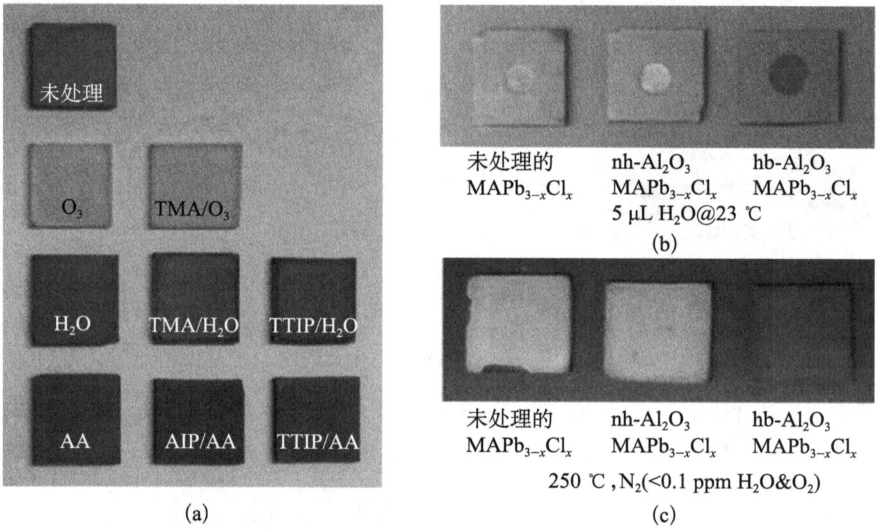

图 12.21　经不同 ALD 生长过程后 (a) 及经水处理 (b) 和高温处理 (c) 后的钙钛矿薄膜照片[133]

TTIP，异丙醇；AIP，异丙醇；AA，乙酸；nh-Al_2O_3，AIP/AA 生长的氧化铝；hb-Al_2O_3，先 AIP/AA 沉积氧化铝，然后再 TMA/H_2O 生长氧化铝

12.3.3　基于 ALD 的电极表面敏化

1）量子点敏化

在太阳能电池中，表面敏化是提高光捕获效率和转换效率的一种基本而重要的方法。量子点敏化具有较大的理论转换效率，因此很有希望应用到下一代太阳能电池中。传统的方法是使用电化学沉积、浸渍涂膜或 CVD 等手段来沉积量子点，然而这些方法难以控制样品的厚度和均匀性。采用 ALD 技术，除了可获得优异的填充性和均匀性外，量子点的尺寸也可简单地由 ALD 生长循环数来控制。例如，Brennan 等[134] 实现了 ALD 制备 CdS 量子点，研究表明太阳

能电池的光电转换效率与 ALD 循环数有着直接的关系，5 循环样品具有最大的转换效率。继续增加 ALD 的生长循环数，电池效率降低，可能与 CdS 纳米颗粒的团聚有关。

PbS 是一种窄带系半导体，已使用 ALD 技术将其应用到硅太阳能电池上[135]。ALD 生长的 PbS 能以分散的纳米颗粒形式均匀包裹着硅纳米线，如图 12.22 所示。颗粒的尺寸由 ALD 生长循环数控制，PdS 颗粒的粒径由 10 循环的 5 nm 变到 80 循环的 25 nm。ALD 能够在精确控制量子点尺寸的前提下给电极材料包覆一层均匀的量子点。除此之外，In_2S_3 也成功由 ALD 制备出来[136]，但是，上述硫化物均采用硫化氢气体作为硫的前驱体。众所周知，它是一种剧毒的腐蚀性气体，使得这些材料的生长工艺存在巨大的安全隐患，因此非常有必要开发安全有效的新型硫前驱体。

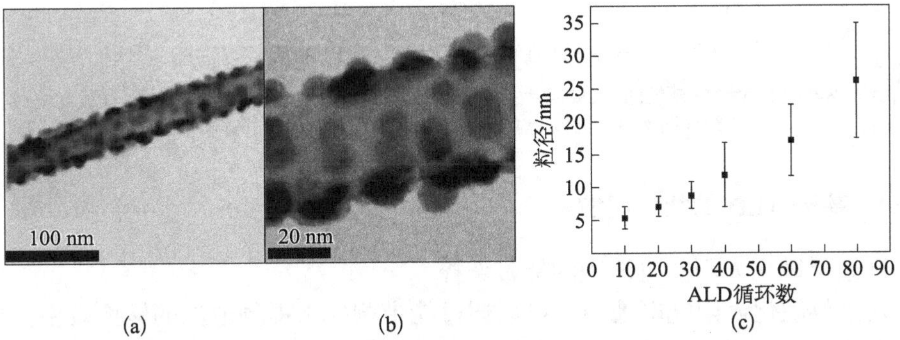

图 12.22　硅纳米线上 ALD 生长 PbS 纳米颗粒的形貌及与循环数的关系[135]

(a)、(b) 在硅纳米线上 ALD 生长 20 循环的 PbS 颗粒的 TEM 图像；(c) PbS 粒径与 ALD 生长循环数的关系

2）金属纳米颗粒敏化

与量子点敏化相类似，金属纳米颗粒敏化是一种提高光电化学电池中的太阳能转换效率的理想手段。Dasgupta 等[137] 利用 ALD 技术对硅纳米线表面修饰了 1～10 循环的 Pt 颗粒，发现修饰后的电极的电流密度达到 7～21 mA/cm^2，而单纯硅电极却没有光活性，表明可以通过调节 ALD 生长 Pt 的循环数来调控电极的催化活性，且与报道过的标准 Pt 敏化技术相比，具有类似的光电化学电池性能。但是需要指出的是，采用 ALD 技术进行敏化的样品表面 Pt 的含量很低，仅为 13～105 ng/cm^2。这就凸显出 ALD 的一个优势，即可以通过表面极少量的敏化来达到理想的催化性能，避免了大量使用昂贵的贵金属材料所带来的成本增加。另外，采用其他方法如电镀所沉积的 Pt 主要分布在硅纳米线的顶端，而 ALD 生长的 Pt 颗粒则是均匀包裹在硅纳米线上（图 12.23），这大大减小了电子的扩散距离，可有效捕获光电子，提高光电化学电池的效率[138]。

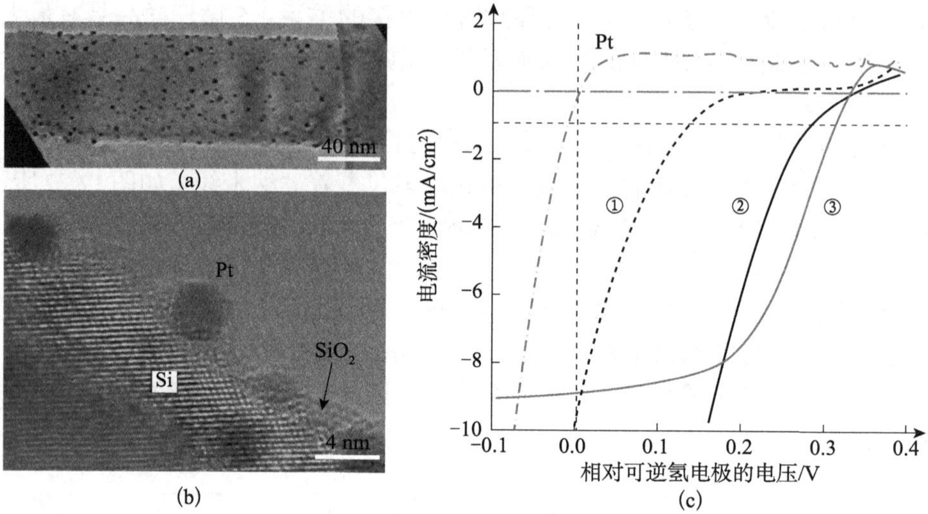

图 12.23 采用 ALD 在硅纳米线上生长 Pt 的形貌与性能 [138]

(a)、(b) 硅纳米线上沉积 Pt 颗粒的 TEM 照片；(c) 不同电极的光电流效应曲线，其中①、②、③分别代表单纯硅纳米线、电镀 Pt 的硅纳米线和 ALD 生长 Pt 的硅纳米线

12.3.4 基于 ALD 的能带调控

1) 染料敏化太阳能电池中的能带调控

在染料敏化太阳能电池中，可以通过能带调控来提高电池的转换效率。在传统的电池中，宽带隙半导体的纳米颗粒由于具有较大的比表面积，被广泛用作光电极材料 [139]。前已提及，二氧化钛反蛋白石等一些三维纳米结构被用作光电极，然而，为了获得较高的转换效率，材料的吸收带隙需要进行一定的调控。虽然吸收带隙是由光敏剂的本质所决定的，但是光电转换效率却受到载流子与电解液复合的限制。ALD 包裹层通过在光敏剂和衬底之间沉积一层高带宽的金属氧化物（如氧化铝、氧化铪等），能有效地抑制这一过程。但是由于此类材料的导带要比衬底的导带高，将会降低光电子向衬底的转移效率。如果选用其他氧化物作为阻挡层，如五氧化二钽，就可以提高光电子向衬底的转移效率。因此，使用 ALD 技术来调控光敏剂和衬底之间阻挡层的能带结构，优化光敏剂和衬底之间的电荷转移，以此来提高电池的转换效率。

2）CIGS 薄膜太阳能电池中的缓冲层调控

$CuIn_xGa_{1-x}Se_2$（CIGS）薄膜太阳能电池具有成本低、光电转换效率高、性能稳定等特点，是最有发展前景的新型光伏电池之一，越来越受到人们的关注。CIGS 薄膜太阳能电池的典型结构由玻璃衬底、底电极 Mo 层、CIGS 吸收层、缓冲层、本征 ZnO 和 Al-ZnO 窗口层、减反射层及顶电极 7 层材料组成。缓冲层是低带隙 CIGS 与高带隙 ZnO 窗口层之间的过渡层，减少两者之间的带隙台阶与晶格失配，调整导带边失调值，对提高 CIGS 薄膜太阳能电池的 PN 结质量有重要作用 [140-142]。由于沉积方法与制备工艺条件的不同，缓冲层还有修复 CIGS 吸收层表面、防止溅射 ZnO 窗口层时给 CIGS 吸收层带来损害等作用。很多研究人员对缓冲层的重要性做了论证，结果表明，含 CdS 缓冲层的 CIGS 薄膜太阳能电池的光电转换效率提高 4%～6%。CdS 作为缓冲层材料有着优异的物理与化学性能，但是也存在难以克服的缺点，CdS 是一种有毒物质，对操作者和环境都有一定的危害，因此有必要开发一种安全无毒的缓冲层。

采用 ALD 技术制备的薄膜具有优异的三维共形性，厚度可精确控制，使其非常适合用来沉积 CIGS 电池中的缓冲层。通过调节 ALD 生长过程中的脉冲比例，能精确调控缓冲层的成分，进而调控沉积缓冲层的带宽，如图 12.24 所示 [21]。采用 ALD 已经成功制备出多种材料并用作 CIGS 薄膜太阳能电池的缓冲层，如 Zn(O,S)[143,144]、$Zn_{1-x}Sn_xO$[145]、(Zn,Mg)O[146] 和 In_2S_3[147] 等。例如，Hultqvist 等 [148] 通过调节薄膜中 Mg/(Zn+Mg) 的原子数目比，沉积的（Zn,Mg）O 薄膜的带隙可在 3.3～3.8 eV 之间进行调节。具有 3.6 eV 带隙的（Zn,Mg）O 薄膜的性能最佳，CIGS 电池的效率达到 18.1%。

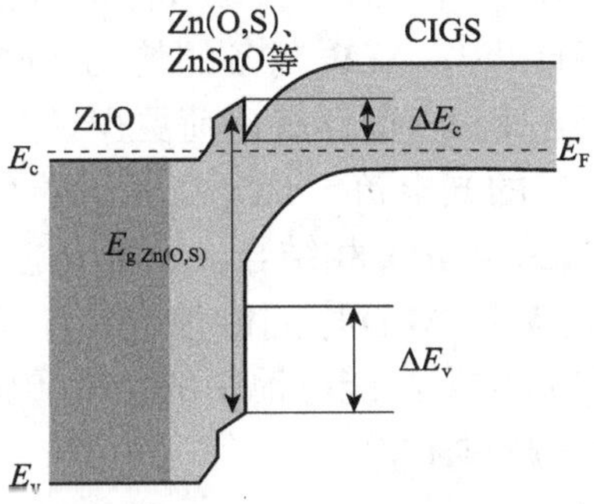

图 12.24　沉积有缓冲层的 CIGS 薄膜太阳能电池中的能带结构 [21]

E_c，导带；E_v，价带；ΔE_c，导带偏移；ΔE_v，价带偏移；$E_{g\,Zn(O,S)}$，Zn（O，S）的带宽；E_F，费米能级

12.3.5　ALD 在钙钛矿太阳能电池中的应用

在过去的十多年中，钙钛矿太阳能电池的研究已取得了一系列令人兴奋的进展，电池效率快速提升，目前市场上已经出现了相应的产品。然而，除了电池效率，钙钛矿太阳能电池还面临着其他挑战，特别是器件的长期稳定性问题，包括离子迁移和空穴输运层的掺杂物扩散到钙钛矿中，以及暴露于光、高温和空气（水分和氧气）下的性能劣化 [149-151]。在制造钙钛矿太阳能电池、提升其性能稳定性方面，ALD 技术依然是一种极具吸引力的工具，可以应用于钙钛矿太阳能电

池结构中的电荷传输层、钝化层和复合层等，下面将对此逐一介绍。

1）电子传输层

在n-i-p结构的钙钛矿太阳能电池中，电子传输层最常用的材料包括介孔TiO_2和纳米颗粒的SnO_2[152]，一些实验室已经采用ALD技术探索使用TiO_2、SnO_2、ZnO、Nb_2O_5等材料用于电子传输层。例如，使用最多的就是SnO_2，在100～120 ℃的低温下，采用四(二甲氨基)锡(TDMASn)和臭氧或氧等离子体分别作为锡源和氧对反应剂，以ALD制备的SnO_2作为电子传输层，钙钛矿太阳能电池的光电转换效率(PCE)可超过20%[153]。此外，在ALD SnO_2上加富勒烯-自组装单层可以有效改善电子传输层与钙钛矿界面处的电荷收集[154]。将ALD SnO_2在空气中100℃进行退火，可进一步提高SnO_2的电子迁移率，减小光电流密度-电压中的迟滞，获得超过20%的PCE。

2）空穴传输层

在空穴传输层方面，ALD生长的多种无机材料被用于钙钛矿太阳能电池，包括氧化镍、氧化钒和掺铱二氧化钛。例如，用双(二甲氨基-2-甲基-2-丁氧基)镍［$Ni(dmamb)_2$］和O_3，ALD生长NiO替换溶液法制备的NiO空穴传输层，使p-i-n结构钙钛矿太阳能电池的效率超过17%[155]。研究人员还通过常压空间ALD实现快速高质量的NiO生长，制备的钙钛矿太阳能电池效率超过17%，填充系数超过80%，迟滞忽略不计[156]。ALD制备的均匀NiO能促进高质量钙钛矿薄膜的生长，使其开路电压更高和界面俘获电荷更少，并且ALD NiO能更有效地收集电荷载流子，提升电池的光电流。TiO_2在光伏器件中是一种常用的电子传输层，然而通过ALD将TiO_2与IrO_x相结合，证实Ir掺杂TiO_2具有高的功函数，适合于空穴提取[157]。通过调整ALD序列能很容易地调整Ir的含量，优化后的TiO_2-IrO_x作为p-i-n结构钙钛矿太阳能电池中的空穴传输层，效率超过15%，填充系数达到80%，开路电压超过1 V。

3）钝化层

在钙钛矿薄膜的表面生长一层非常薄的钝化层或阻挡层，不仅可以提高开路电压和填充系数来提高太阳能电池器件的性能，而且还能有效改进器件的稳定性[158]。虽然通过溶液处理在钙钛矿薄膜上形成二维钙钛矿，证明了类似的表面钝化概念，但钙钛矿材料对水分和光照的稳定性不佳，因此ALD制备的超薄无机材料被研究用于钙钛矿薄膜的阻挡层。例如，在传统的n-i-p结构的钙钛矿太阳能电池中，在钙钛矿材料和Spiro-OMeTAD空穴传输材料之间插入超薄Al_2O_3钝化层[159]，如图12.25(a)所示，不仅提高了钙钛矿太阳能电池的效率，还使器件在高湿环境下能保持稳定。根据钙钛矿薄膜暴露于潮湿环境后的XRD测试，未经Al_2O_3保护的样品，$MAPbI_3$在潮湿环境中会分解导致PbI_2(001)衍射峰的出现，而Al_2O_3保护的样品则没有出现该峰［图12.25(b)、(c)］。此外，暴露于潮湿环境后的光伏性能监测也证实含 Al_2O_3 钝化层的器件具有更稳定的效率。采用 ZrO_2 钝化层也被证实 p-i-n 结构钙钛矿太阳能电池的开路电压提高，效率提升，并且器件的稳定性也有了很大的改善[160]。

另外，在电荷传输层与顶部金属接触界面也可以进行钝化或保护。例如，在电子传输层和顶部金属银之间由于 Ag 和碘离子易扩散，从而形成 AgI，导致器件性能下降。在电子传输层和顶部金属银之间插入一层 ALD 制备的超薄无机宽带隙材料 Ga_2O_3[161]，可以防止 AgI 的形成，从而使器件稳定，且 Ga_2O_3 保护层能够防止水分渗透，抑制载流子复合，减少电流泄漏，进而改善界面接触。

4）复合层

结合宽带隙和窄带隙钙钛矿构建单片全钙钛矿串联太阳能电池为持续提高光伏转换效率提供了途径，但是，目前串联太阳能电池的认证效率还落后于理论预期，其中一个重要原因就是两层钙钛矿材料之间的复合层设计。串联应用中的复合层需要具有高红外透明度、高载流子迁移率、低接触电阻等，通常依赖于溅射制备的 ITO 层，以便在电学和光学上实现顶电池和底电池的集成。但是厚的 ITO 层不仅会导致近红外光谱范围内的寄生吸收损失，而且还会导致亚单元之间的分流，严重限制了大面积器件的性能[162]。ALD 制备的铝掺杂氧化锌 (AZO) 薄膜，则可以取代传统的溅射沉积较厚的 ITO 薄膜。Palmstrom 等在全钙钛矿单片串联中，由超薄聚合物聚 (乙烯亚胺) 乙氧基化 (PEIE) 作为成核层，使用 ALD 制备了 AZO 作为复合层[163]，不仅减少了分流，也减少了现有钙钛矿活性层在后续溶液处理时的溶剂降解。Tan 等则在两层钙钛矿材料之间引入了超薄的 ALD SnO_2 层，如图 12.25(d)、(e) 所示，ALD SnO_2 层提供了出色的电子提取能力，并使得宽带隙电池的性能略有提高。更重要的是，致密的 ALD SnO_2 层在制备第二层钙钛矿时，可以防止溶液处理对第一层钙钛矿造成的损伤。制备的单片全钙钛矿串联太阳能电池在反向扫描下，小面积器件的效率达到 24.8%，如图 12.25(f) 所示，大面积器件 (1.05 cm^2) 的效率为 22.1%。并且串联太阳能电池表现出了良好的稳定性，在 1 个太阳照射下，在最大功率点运行 463 h 后，仍可保持 90% 的初始性能[164]。

12.3.6　小结

以上总结和讨论了原子层沉积技术在太阳能领域的相关研究，主要包括：使用 ALD 制备三维纳米结构的光电极；通过 ALD 表面钝化修饰，可以有效解决大多数太阳能电池稳定性较差的问题；通过 ALD 对电极材料进行量子点敏化和金属纳米颗粒敏化，能有效提高太阳能电池的转换效率；通过引入 ALD 生长的缓冲层对能带进行调控，促进载流子的分离传输，减少载流子复合，提高电池性能。总之，ALD 技术已经通过多种方式提高了太阳能电池的转换效率和工作稳定性，相信 ALD 技术在太阳能电池生产领域会变得越来越重要。

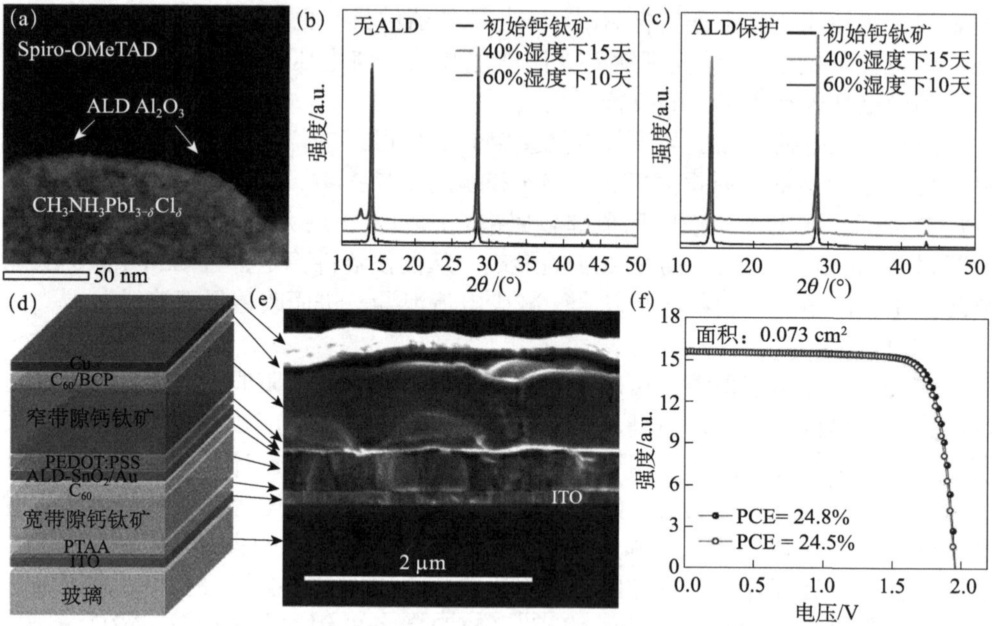

图 12.25 ALD 技术在钙钛矿太阳能电池中的应用

(a) 钙钛矿 / 氧化铝 /Spiro-OMeTAD 的 TEM 图像；(b) 钙钛矿和 (c) ALD 保护的钙钛矿在不同湿度下稳定性测试 [159]；叠层钙钛矿太阳能电池的 (d) 示意图与 (e) SEM 照片和 (f) 性能图 [164]

12.4 其他应用

12.4.1 ALD 技术在超级电容器领域的应用

超级电容器（supercapacitors）是 20 世纪七八十年代发展起来的一种新型的储能器件，介于传统电容器与电池之间，主要依靠双电层电容和电化学吸附 / 脱附或者氧化还原反应来储存电能，是一种高度可逆的储能过程，充放电循环数可达十万次，被认为是能源存储领域中一项革命性的突破。随着人们对便携式电子设备及电动汽车的需求不断增大，对储能设备的要求也越来越高。超级电容器因为具有功率密度高、循环寿命长、绿色环保等优点，能被普遍应用在消费类电子产品、记忆备份系统、工业电源、能源管理等领域 [165-167]。

与超级电容器相类似的电化学储能系统还有人们所熟知的电池（如上面提到的锂离子电池）和传统电容器，它们各有优缺点。从图 12.26 所示的比能量-比功率图 [168] 可以看出，电池系统的能量密度较大，即有很强的储能能力，商用化产品能达到 180 W · h/kg。但是电池相对的功率密度比较低，主要是因为电池在充放电过程中是发生基于法拉第效应的缓慢化学反应，以及电极存在相变行为，同时也导致电池系统的循环稳定性差和容量衰减快等缺点 [169]。与电池相反的是，传统介质电容器的比功率虽然极高，但是携带的比容量却较少，其容量往往限定在微法拉和毫法拉的范围内。超级电容器刚好介于两者之间，兼具两者的特点，其电极材料包含更高的有效比表面积和更薄的电介质，选用高比表面积材料如多孔碳和金属氧化物等作为电极，在电极 / 电解液界面上进行充放电时，比传统介质电容器的电容和能量要高 1000 多倍，同时拥有比电池更高的功率密度和更长的循环寿命。但是，超级电容器并不是电池的替代物，而是和电池形成互补的储能元件。单独使用电池是无法满足电动汽车动力系统要求的，可通过高比功率的超级电容器和高比容量的电池联合使用来满足动力需求 [170]。

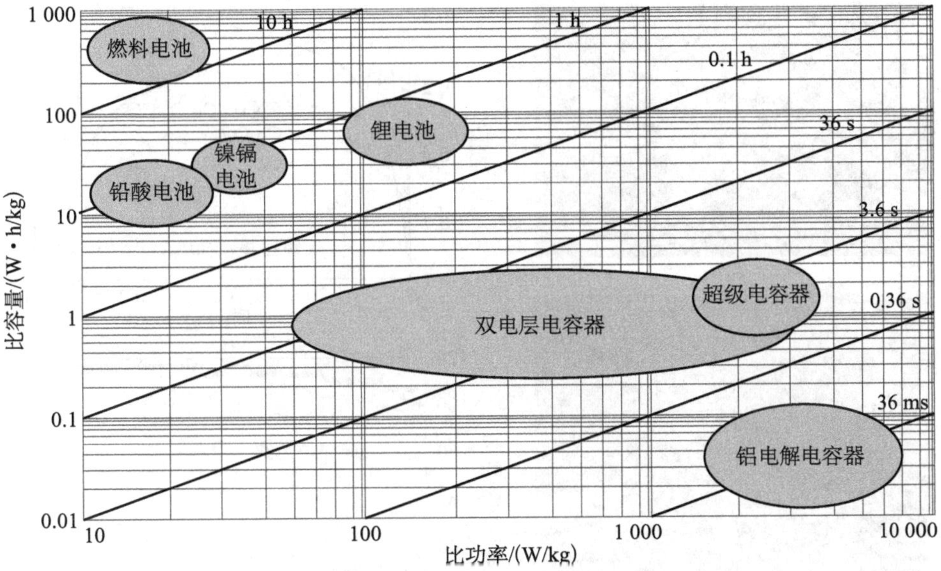

图 12.26　各种储能器件的比容量-比功率图 [168]

超级电容器的电极可以分为碳材料和非碳材料，碳材料为传统的电极材料，如石墨烯、碳纳米管、三维石墨烯箔、碳布等，这类材料有着很好的导电性和机械强度，然而与传统的锂电池相比，其能量密度极低，仅 4～5 W · h/kg[171,172]。非碳材料主要为过渡金属氧化物，如氧化锰、氧化钴、氧化铁、氧化镍、氧化钛等，由于能发生额外的氧化还原反应，从而大大提高了能量密度 [173,174]。但是这类材料也有着致命的缺点，就是它们的导电性太差，使得器件的功率受限，并且循环性能不佳 [175]。为了解决这个难题，有效的方法就是直接将过渡金属氧化物沉积到导电衬底上，而为了获得较好的电化学性能，超级电容器的电极往往选用具有超高比表面积的三维纳米结构 [176]，ALD 在将活性材料沉积到三维纳米结构方面有着很大优势。例如，使用 ALD 将氧化钴材料沉积到了碳纳米管 / 碳布（CNT/carbon cloth）复合纳米结构衬底上[177]。如图 12.27(a)、(b) 所示，分别为采用 ALD 在碳纳米管 / 碳布复合纳米结构上沉积 1600 循环的氧化钴后的电镜照片，可见采用 ALD 能在碳纳米管表面均匀沉积一层氧化钴颗粒。电化学测试表明，CNT@Co_3O_4/CC 的样品在 1.25 mA/cm^2 充放电电流下，面积比电容达到 347.2 mF/cm^2，约是 CNT/CC 结构的 10 倍，且有着优异的循环稳定性。大量实验证明，利用 ALD 技术将过渡金属氧化物沉积到导电的三维电极结构上是一种行之有效的方法。例如，将氧化铁沉积到碳纳米管 / 石墨烯泡沫（CNT/graphene foam）上[178]、将二氧化钛沉积到石墨烯上[179]、将氧化钒沉积到碳纳米管上[180]等，都可获得优异的电化学性能。

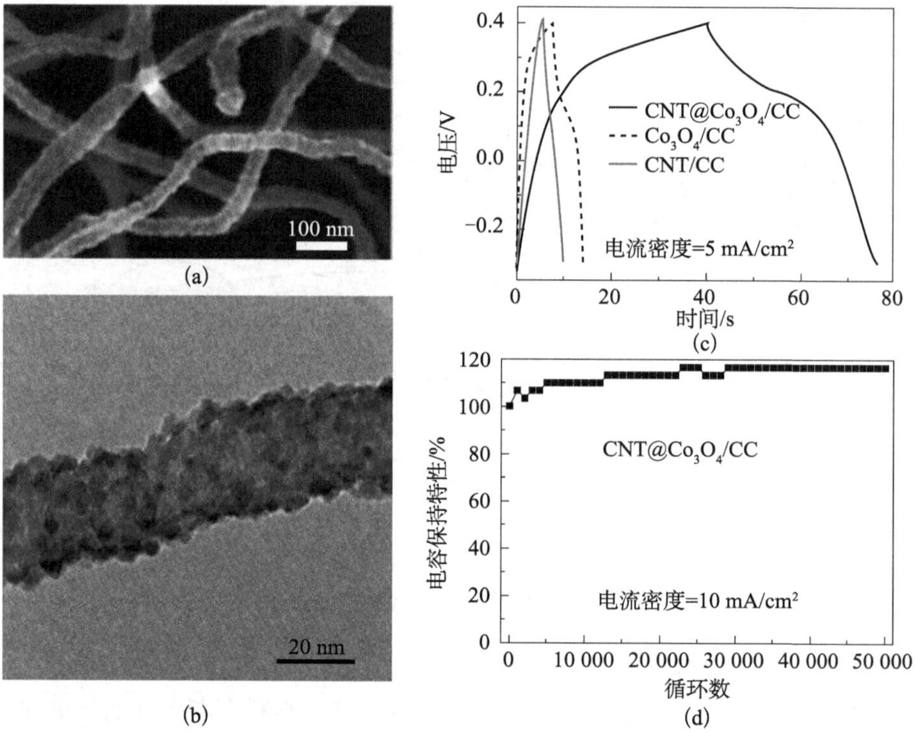

图 12.27 采用 ALD 在碳纳米管 / 碳布复合纳米结构上沉积氧化钴后的形貌与电化学性能[177]

(a)、(b) 采用 ALD 在碳纳米管 / 碳布复合纳米结构上沉积 1600 循环的氧化钴后的 TEM 照片；(c) 碳纳米管 / 碳布、氧化钴 @ 碳布和氧化钴 @ 碳纳米管 / 碳布电极的充放电曲线；(d) 氧化钴 @ 碳纳米管 / 碳布的循环性能测试

除了导电性差外，过渡金属氧化物在充放电过程中还有一个缺点就是所发生的化学反应会产生一定的应力，使电容器结构坍塌破坏，从而使循环稳定性变差。在锂离子电池、太阳能电池等体系中，已经介绍了 ALD 技术对于电极材料的保护

作用，同样，也可以使用 ALD 技术来提高超级电容器电极的循环稳定性。例如，使用 ALD 在电极活性材料上形成核壳结构保护层。例如，Guan 等 [181] 首先使用水热法制备了 $Co_2(OH)_2CO_3$ 纳米线，随后使用 ALD 在纳米线上依次包裹了氧化铝和氧化钛薄膜，然后在 KOH 溶液中将氧化铝腐蚀掉，再退火将 $Co_2(OH)_2CO_3$ 转化为氧化钴，就形成了由二氧化钛保护的氧化钴的核壳结构 [图 12.28(a)、(b)、(c)]。电化学测试表明，这种结构不仅提高了超级电容器的循环性能，由 89.7% 提高到了 95.1%，同时，比容量和倍率性能均得到了提升 [图 12.28(d)、(e)]。这种利用 ALD 制备核壳结构的方法适用于多种电极材料，ALD 制备的二氧化钛保护外壳，一方面可以保护活性材料在充放电过程中不受损失，提高器件的循环稳定性，另一方面，形成的核壳结构提高了电极的比表面积，二氧化钛也能参与氧化还原反应，对提升电极的容量起到了促进作用。采用类似的方法，使用 ALD 制备的二氧化钛保护层也提高了 NiO 材料的性能 [181]。

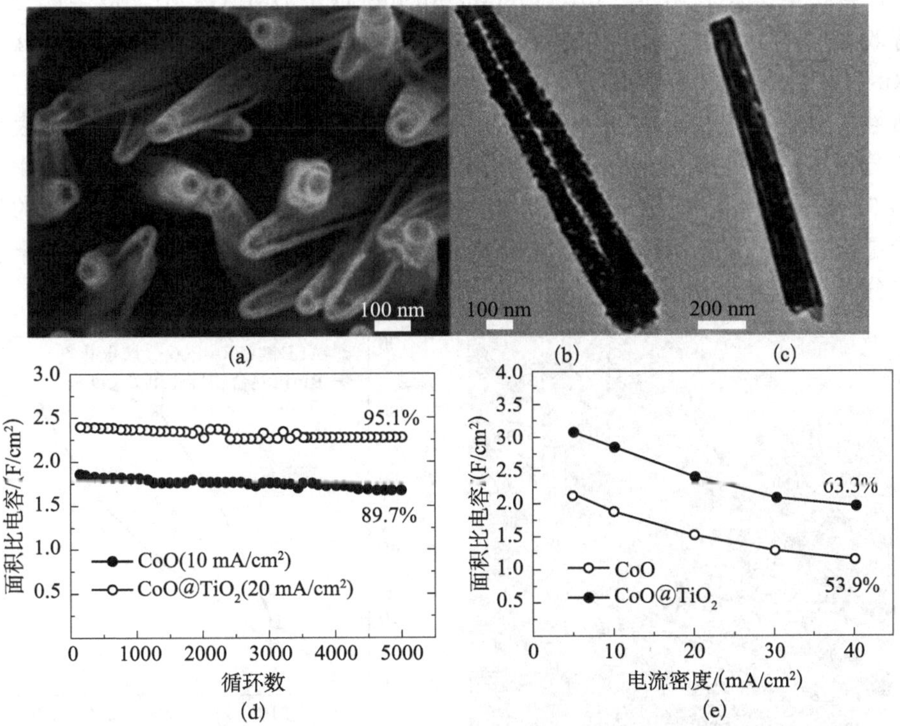

图 12.28　ALD 制备二氧化钛保护氧化钴的核壳结构 TEM 形貌和性能 [181]

(a) 二氧化钛壳保护的 CoO 纳米线的 SEM 照片；(b)、(c) 二氧化钛壳保护的 CoO 纳米线的 TEM 照片；(d)、(e) CoO 和二氧化钛壳保护的 CoO 电极的循环性能测试和倍率测试

ALD 技术不仅能够用来制备高比容量的电极活性材料，也能制备纳米结构，稳定和提升电极材料的性能，在高容量、高稳定的超级电容器领域发挥出重要的

作用。但是总体而言，目前使用 ALD 开展的超级电容器研究并不多，有待于进行更加广泛而深入的探索。

12.4.2　ALD 技术在燃料电池领域的应用

为了提高催化剂的活性、降低成本，纳米结构的催化剂由于其极大的比表面积和极低的负载量而受到广泛关注 [182]。ALD 技术在催化领域的应用将在第 13 章进行详细介绍，本小节将侧重介绍金属催化剂的 ALD 制备和保护在燃料电池领域的应用，如提高燃料电池中甲醇氧化、氧还原等反应催化剂的活性。ALD 技术也可用来降低固体氧化物燃料电池（solid oxide fuel cell, SOFC）中电解质的工作温度，有望将工作温度从 800～1000 ℃降低到 600～700 ℃。ALD 包裹层也能用来保护电极材料。总之，ALD 技术已经在燃料电池领域取得了重要进展。

1）催化甲醇氧化反应

在直接甲醇燃料电池（direct methanol fuel cell, DMFC）中，双金属催化剂能有效地提高甲醇氧化反应的催化活性。Christensen 等 [183] 详细研究了 ALD 制备 Ru-Pt 双金属纳米颗粒的工艺参数和双金属纳米颗粒对于甲醇氧化反应的催化活性。如图 12.29(a) 所示，采用 ALD 工艺成功地在氧化铝纳米颗粒表面沉积了分散的 Ru-Pt 双金属结晶纳米颗粒，直径为（1.2±0.3）nm。采用物理混合的 Ru@Al_2O_3 和 Pt@Al_2O_3 颗粒作为对比样品，发现双金属纳米颗粒的催化性能更高。此外，ALD 可以通过调节 Ru、Pt 的循环数来控制双金属纳米颗粒的成分。

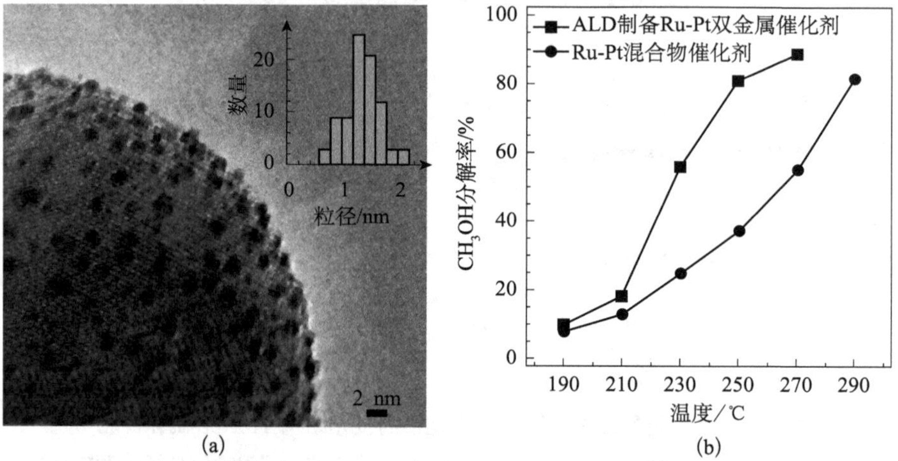

图 12.29　采用 ALD 在氧化铝纳米颗粒上沉积 Ru-Pt 双金属纳米颗粒的形貌与催化性能 [183]

(a) 采用 ALD 在氧化铝纳米颗粒上沉积 Ru-Pt 的 TEM 照片，内插图为纳米颗粒尺寸的分散图；
(b) 采用 ALD 制备的 Ru-Pt 与物理混合的 Ru-Pt 催化剂的催化性能比较

Pd 是甲醇氧化反应最常用的催化剂，ALD 的一大优势在于能够精确调控 Pd 纳米颗粒的大小，而催化活性与纳米颗粒尺寸是直接相关的。Feng 等 [184] 采用表面预处理、低温下引入 Pd 前驱体、ALD 制备氧化铝包裹层等方法，在多孔硅粉末上制得了不同尺寸的 Pd 颗粒，平均尺寸为 0.8～2.2 nm。研究发现，随着 Pd 纳米颗粒尺寸的降低，其催化活性增大。

2）催化氧还原反应

ALD 也可以用来制备催化氧还原反应的贵金属催化剂，主要在燃料电池中用作阳极 [185-187]。例如，Liu 等 [185] 对碳纳米管和碳布进行了 ALD 的 Pt 包覆，用作质子交换膜燃料电池（proton exchange membrane fuel cell, PEMFC）。图 12.30(a) 为采用 ALD 包裹 100 循环 Pt 之后的碳纳米管，Pt 纳米颗粒均匀地分散在纳米管表面。将其用作燃料电池的阳极，与商业电极对比，发现性能相差无几［图 12.30(b)］。但是考虑到 ALD 生长 Pt 的负载量（0.016 mg/cm^2）要远远低于商业电极（0.5 mg/cm^2），因此 ALD 制备的电极对氧还原反应有着很高的催化性能。

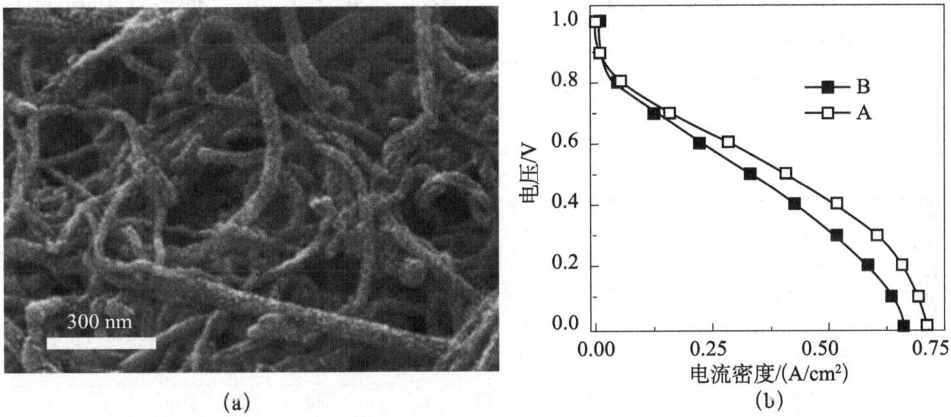

图 12.30　采用 ALD 在碳纳米管上沉积 Pt 后的形貌与 *I-V* 曲线 [185]

(a) 采用 ALD 在碳纳米管上沉积 100 循环 Pt 后的 SEM 照片；(b) 商业电极（A，Pt 负载量为 0.5 mg/cm^2）和 ALD 制备电极（B，Pt 负载量为 0.016 mg/cm^2）的 *I-V* 曲线

3）SOFC 阳极材料

采用 ALD 在多孔金属衬底上沉积的 Pt 颗粒可以作为固体氧化物燃料电池（SOFC）中的阳极材料，由于贵金属的 ALD 生长模式为岛状生长，因此可以获得分散的 Pt 纳米颗粒。例如，在银衬底上生长了 3 nm 的 Pt[188]，将其作为 SOFC 阳极，发现包裹 Pt 之后，电极的稳定性得到了提升，而单纯的银电极在 275℃以上会出现热氧化现象，使得性能下降。采用 ALD 制备的 Ru 和 Ru-Pt 双金属颗粒有着相类似的性能，从而可以使用 Ru 来代替 Pt，减少贵金属 Pt 的用量。

4）SOFC 电解质材料

在固体氧化物燃料电池中，钇稳定的氧化锆（YSZ）是最常用的固态电解质。如何降低固态电解质的工作温度是 SOFC 亟需解决的一个关键问题。通常考虑两种途径，一是减小电解质膜的厚度，另一个是采用离子电导率更高的电解质。一旦将电解质膜的厚度减小，就需要高质量电解质膜，否则将会导致很大的漏电流，而采用 ALD 制备的薄膜致密无孔隙，能很好地满足此要求。Chao 等 [189] 采用 ALD 制备了 10 nm 的 YSZ 电解质，电学测试显示漏电流很小，表明膜层质量优异。将其作为电解质在 SOFC 中使用时，发现由于使用了很薄的电解质层，在 400～500℃之间获得了优异的燃料电池性能，在 500℃下获得的最大能量密度达 1.34 W/cm^2。

钇掺杂的氧化铈（YDC）在 600～700℃下的离子电导率比 YSZ 高，Ballée 等 [190] 详细研究了 YDC 的 ALD 生长和离子电导率。通过调节氧化钇和氧化铈的 ALD 循环比，能够获得不同掺杂浓度的 YDC，如图 12.31(a) 所示。所有的薄膜都有着很好的致密性和覆盖率，通过测试离子电导率［图 12.31(b)］发现，在 420 ℃以上时 YDC 的离子电导率要高于 YSZ，因此 YDC 是一种可在低温工作的理想固态电解质。

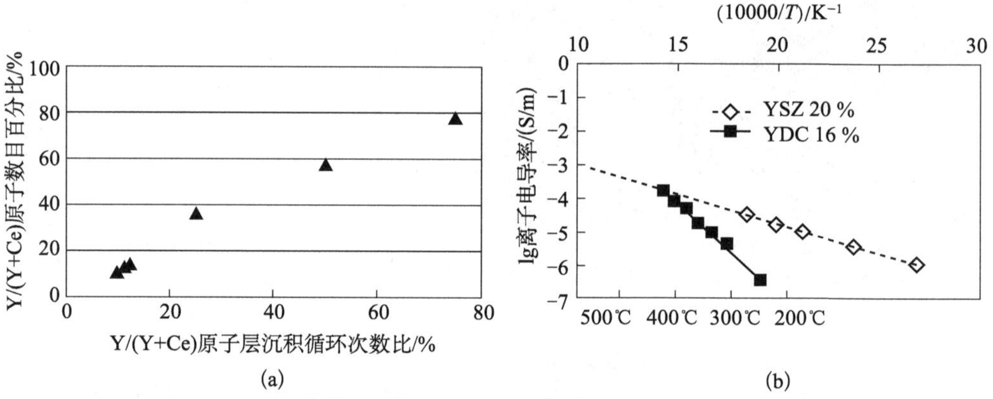

图 12.31　ALD 生长 YDC 的组成调控和离子电导率 [190]

(a) YDC 薄膜中 Y/(Y+Ce) 的原子数目百分比与 Y/(Y+Ce)ALD 循环次数比的关系图；
(b) YDC 与 YSZ 离子电导率的比较

5）稳定电极材料

纳米结构的阳极具有高活性和大比表面积，能快速催化氧还原反应，但是，纳米结构的阳极有着不可避免的缺陷，即纳米结构在燃料电池工作环境下会发生团聚，使得纳米结构形貌不能保持，造成比表面积和催化活性的降低 [191,192]。通常纳米结构的电极在 650～700 ℃下的稳定工作时间一般不能超过 500 小时 [193]。

ALD 包裹层的保护作用已在其他多个领域展现出巨大的用途，在燃料电池领域同样如此。Gong 等[194]使用 ALD 对纳米结构的 $La_{0.6}Sr_{0.4}CoO_{3-\delta}$（LSCO）阳极包裹了一层 5 nm 厚的氧化锆［图 12.32(a)］，显著提高了电极的稳定性。经过 ALD 氧化锆保护的样品在工作 4000 小时后，其面电阻保持稳定，几乎没有增长，而未保护的样品的面电阻则急剧增大，为氧化锆保护样品的 19 倍。采用 ALD 制备的氧化锆保护层之所以能提高电极的稳定性，归因于如下几个作用：在 LSCO 表面形成了纳米孔道，不仅能够传输氧气，同时传导电子和氧离子；氧化锆薄膜限制了 LSCO 的热生长，抑制了纳米结构的团聚；保护层还能抑制表面 Sr 元素溶解在电解液中而造成的损失。

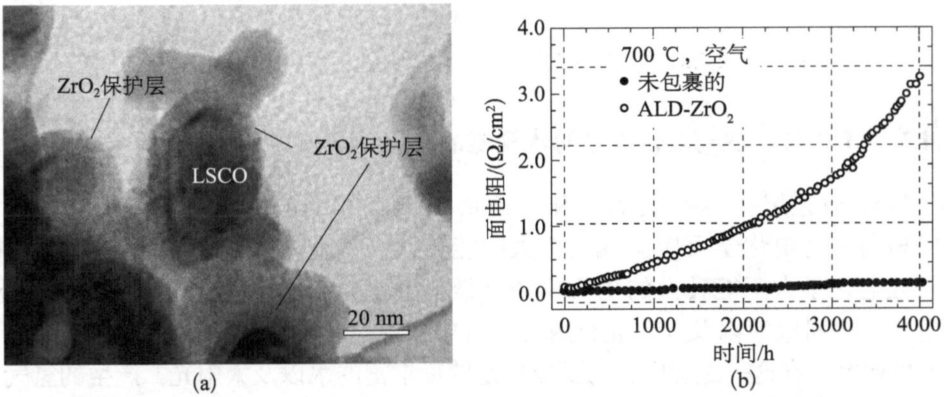

图 12.32　ALD 制备 ZrO_2 包裹的 LSCO 颗粒的形貌和在 SOFC 中的稳定性[194]

(a) ALD 制备 ZrO_2 包裹的 LSCO 颗粒的 TEM 照片；(b) 单一 LSCO 和 ALD 制备 ZrO_2 包裹的 LSCO 电极在燃料电池环境中的稳定性测试

Pd 是甲醇降解反应中最常用的催化剂，而 Feng 等[195]研究发现，Pd-ZnO 体系在降解甲醇时活性会急剧降低，原位的扩展 X 射线吸收精细结构谱（EXAFS）表明反应过程中形成了 Pd—Zn 键，造成了催化剂活性的降低。随后使用 ALD 生长了 1 或 2 个循环的氧化铝保护层，就显著提高了 Pd-ZnO 体系的稳定性，如图 12.33 所示。

可以看出，ALD 在燃料电池领域有着广泛的应用：①可以通过调节金属催化剂的成分（如双金属纳米颗粒）、金属纳米颗粒的大小来获得适用于燃料电池的高活性催化剂；②在纳米结构上沉积金属颗粒来制备燃料电池的阳极；③制备高性能的固态电解质，以降低燃料电池的工作温度；④在电极表面形成保护层，以提高电池的稳定性和性能。

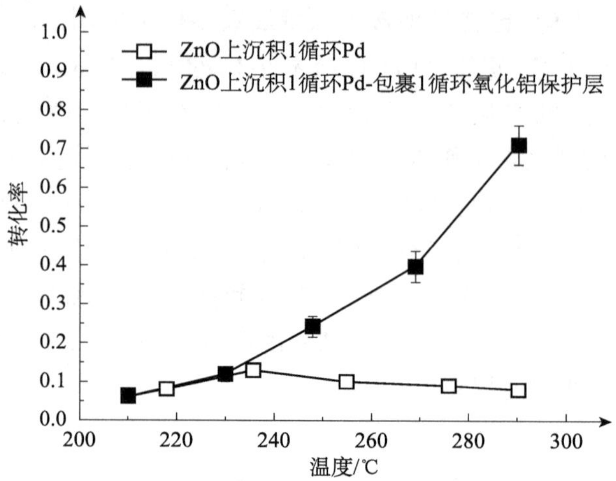

图 12.33　Pd@ZnO 颗粒在 ALD 生长氧化铝保护层前后的催化性能比较 [195]

12.4.3　ALD 技术在光电化学分解水领域的应用

自从 20 世纪 70 年代光解水和光还原 O_2 现象相继被发现以来 [196,197]，通过半导体材料的光电化学反应实现人工太阳能转换，一直是人们关注的热点。目前，实现光电化学太阳能转换的主要途径有染料敏化太阳能电池、光电化学分解水、光电化学燃料电池以及人工光合成等。其中，光电化学分解水是一项非常有应用前景的研究，在这一过程中，主要原料是储量丰富的水以及太阳光，产生的氢气是一种非常有应用前景的能源。氢的能量密度很大，约为 120 J/g，是汽油的三倍 [198]。而且氢的燃烧反应产物是清洁水，不会造成二次污染。目前为止，产氢的主要商业手段都依赖天然气等化石能源，而且都会带来温室气体 CO_2 的大量排放 [199]。

尽管利用光伏电池发电再电解水过程也可以实现太阳能分解水，但是其成本相对较高 [200]；利用半导体直接光催化过程也可以实现水分解，且成本相对较低，然而，这种途径需要进一步将产生的 H_2 和 O_2 进行分离，会浪费额外的能量，从而降低光解水的整体效率。相比较而言，1972 年 Fujishima 和 Honda 报道了光电化学分解水的方法，这是一种成本相对较低且效率较高（原理上超过 30%）的方法 [196,198,201]。H_2 和 O_2 分别在阴极和阳极上产生，如图 12.34 所示 [6]。因为产生氢气和氧气的两个半反应可以物理分隔开，不需要额外的分离过程，彼此可以互不

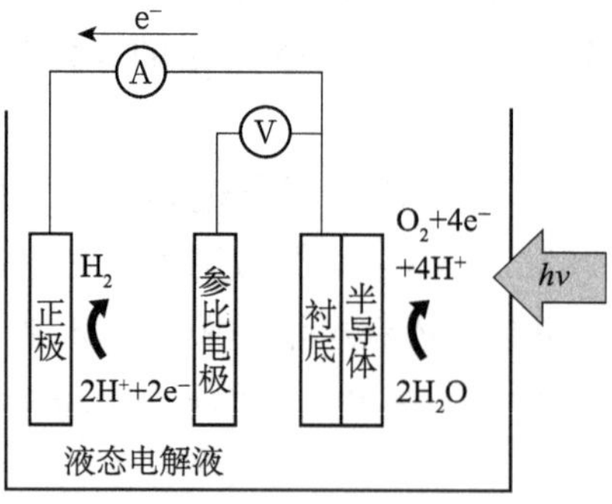

图 12.34　光电化学分解水的结构示意图 [6]

影响。因此，光电化学分解水制氢被认为是解决能源及环境污染问题的主要手段之一。这个重大发现掀起了人们尝试利用各种半导体进行光电化学分解水研究的热潮。

光电化学分解水的过程如下，当能量大于半导体材料带隙的光子照射时，会产生电子–空穴对，电子–空穴对在空间电荷区电场的作用下分离。电子在光阴极表面还原氢离子产生氢气，空穴在光阳极表面氧化 H_2O 产生氧气。其中，光解水的阴极需要具备以下几个特点：能够产生足够大的阴极电流使质子还原成氢气，且具备很好的溶液稳定性；光阴极的导带边要比 H^+/H_2 还原电位更负，才可能发生还原反应，且与溶液 pH 密切相关：在较低的 pH 下，产氢过程主要是还原质子，而在高 pH 下，主要是水被还原成 OH^-。对于发生光电化学分解水的半反应——H_2O 的氧化反应来说，光阳极材料需是 n 型半导体，必须具有合适的带隙、带边位置，这样才能保证无论是在单一带隙还是多带隙系统中都能应用。另外，阳极材料需具备较好的电学特性，能够保证衬底对载流子的有效收集。最后，材料必须在水氧化的环境下足够稳定，并且制备材料的原料需为地球丰度较高的元素[202]。

然而，目前使用的电极材料并不能完全满足在光电化学分解水中的要求。例如，传统的宽带隙半导体二氧化钛只能吸收紫外波段的光，仅占了太阳光的 5%[203]；Si、CdS、Cu_2O 等窄带系半导体虽然能吸收可见光波段的光，但是在光电化学分解水的环境下有着严重的光腐蚀现象[204]；而氧化铁和三氧化钨虽有很好的可见光活性，但是导电性较差、载流子迁移距离短，而且具有较大的过电位[205,206]。除此之外，载流子会在半导体的表面和界面发生复合，也将影响光电转换效率[203]。因此，光电化学分解水中存在不少问题亟待解决。

ALD 技术由于对厚度的精确控制和优异的三维共形性，在光电化学分解水领域有着巨大的优势。采用 ALD 技术不仅能够生长光活性层，有效提高光吸收效率和光电流；而且还可以沉积性能增强层，使得光电极更加稳定而有效。下面将介绍 ALD 在光电化学分解水系统中的具体应用。

1）三维结构电极的包裹

ALD 之所以深受科研界的欢迎，是因为其可在复杂三维纳米结构上沉积一层均匀的包裹层，并且能精确控制包裹层的厚度和成分，有望用来解决光电化学分解水系统中的一些关键问题。例如，三维纳米结构可以补偿载流子迁移距离短的问题，促进载流子的分离，并且能增强对光的捕获能力。由于 ALD 技术是一种表面自限制的化学气相反应，只要前驱体脉冲足够长，前驱体就有足够时间扩散进纳米结构模板的孔隙中，ALD 技术便能对模板表面进行包裹或是孔隙填充，从而制备相应的纳米结构。到目前为止，采用 ALD 已制备出多种纳米结构，如纳米柱、纳米线、纳米沟道等[207]。使用 ALD 制备的三维纳米结构电极可以增加光的捕获能力，在 12.3 节太阳能电池中已经详细介绍过了，这里主要介绍 ALD 在三维纳米结构中沉积活性物质。

使用 ALD 对三维导电模板包裹一层光活性材料，可以解决载流子扩散距离短的问题。例如，选用三维的单晶 $TiSi_2$ 纳米网络结构为模板，$TiSi_2$ 单晶有着很好的导电性，并且没有缺陷和晶界的存在，使得其在光电化学分解水体系中能有效地传输电荷。此外，$TiSi_2$ 纳米网络结构是提供 ALD 生长半导体的优良模板，可以增加光的吸收，扩大半导体-电解液的接触面积。Wang 课题组成功使用 ALD 对 $TiSi_2$ 纳米网络结构包裹了二氧化钛、氧化铁、氧化钨等材料，以此作为光电极 [205,206,208]，研究了光电化学分解水的性能。如图 12.35(a)、(b) 所示，对

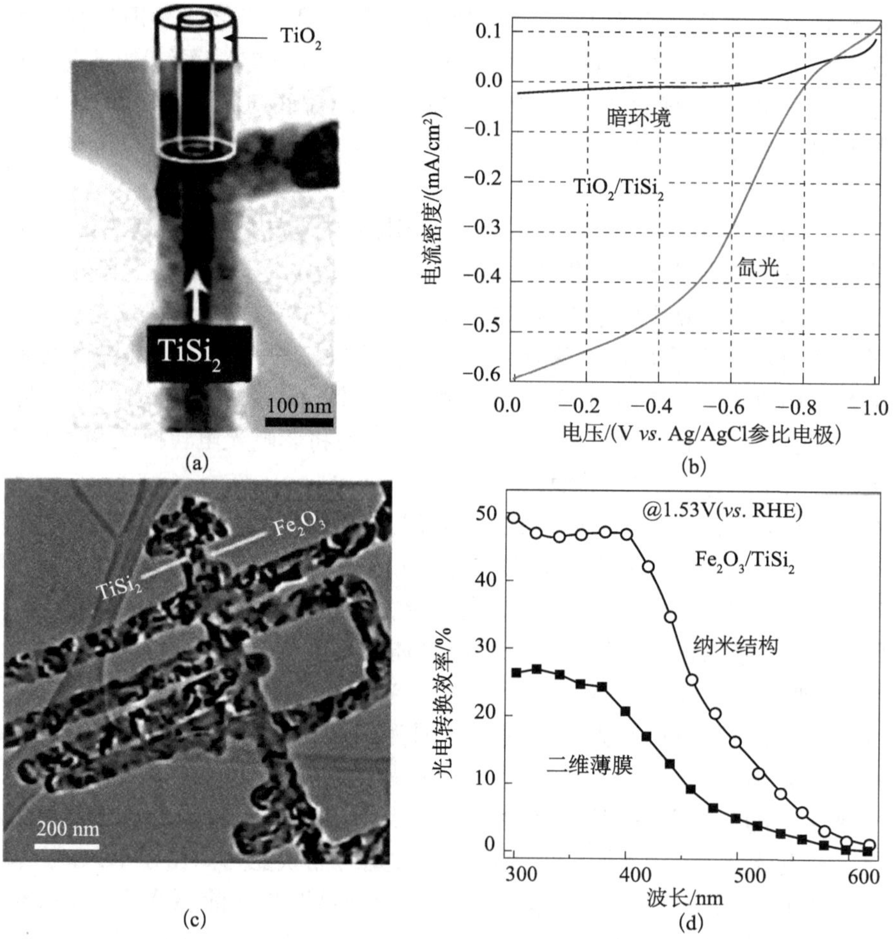

图 12.35 采用 ALD 对 $TiSi_2$ 纳米网络结构包裹二氧化钛和氧化铁后的形貌与性能

(a) TiO_2 包裹的 $TiSi_2$ 的 TEM 照片；(b) TiO_2 包裹的 $TiSi_2$ 电极在不同照射条件下的 J-V 曲线 [208]；(c) Fe_2O_3 包裹的 $TiSi_2$ 的 TEM 照片；(d) 平面 Fe_2O_3 和 Fe_2O_3 包裹的 $TiSi_2$ 电极在不同照射条件下的 J-V 曲线 [206]

$TiSi_2$ 纳米网络结构包裹一层二氧化钛半导体，使用 0.05 mol/L KOH 的电解液，在 150 W 氙灯照射下获得了 –0.6 mA/cm^2 的光电流密度，光电转换效率为 16.7%[208]。α-氧化铁在光电化学分解水体系中是一种很受欢迎的材料，但是由于其极短的载流子迁移距离而限制了它的运用。采用同样的方法也可改善这一问题，将 25 nm 的 α-氧化铁沉积在 $TiSi_2$ 纳米网络结构中［图 12.35(c)、(d)］，在 400 nm 光照射下，获得了高达 46% 的光电转换效率，光电流密度达到 2.7 mA/cm^2［相对于可逆氢电极（RHE）的电压为 1.53 V］[206]。

除了 $TiSi_2$ 单晶外，一些透明导电氧化物（TCO）也是不错的模板选择，并且也可使用ALD直接来沉积TCO导电层。例如，可以采用多孔二氧化钛为模板，ALD 交替生长 Nb_2O_5 和 SnO_2 层来制备 NTO 透明导电氧化物。随后再在此结构上沉积一层 α- 氧化铁，获得了较大的光电流密度 2.26 mA/cm^2［相对于可逆氢电极（RHE）的电压为 1.4 V］。而没有生长导电层的体系基本没有光电流产生，归因于电接触不良。ALD 生长导电层的结果可以与 α- 氧化铁 -TiS_2 体系相比拟[209]。

采用 ALD 技术可以实现一种半导体材料包裹另外一种半导体结构，从而制备三维异质结结构，将能够促进载流子的分离。实验表明，ALD ZnO 包裹二氧化钛纳米棒后，获得的光电流密度要大于单纯的二氧化钛[210]。这是由于电子在二氧化钛中的传输要比氧化锌中快，导致额外的电子由氧化锌层中转移到二氧化钛中，提高了载流子的分离效率。同样，使用氧化铁包裹硅纳米线等方式也能提高光电流密度[211]。

2）掺杂

对于宽带隙半导体，如二氧化钛，为了提高其在可见光范围内的光学吸收，通过掺杂来降低带隙是一种常用而有效的方法[203]。对于采用 ALD 制备的二氧化钛，多个研究组已经成功对其进行了氮掺杂[212,213]。例如，Pore 等[212]通过 $TiCl_4$-NH_3 与 $TiCl_4$-H_2O 循环的交替生长对二氧化钛进行 N 掺杂，Cheng 等[213]则是通过同时引入 NH_3 和 H_2O 前驱体（体积比 420∶1），获得了 1.6% 的 N 原子含量（原子百分比）掺杂。实验结果表明，对二氧化钛进行掺杂之后，带隙由 3.2 eV 降低至 2.25 eV［图 12.36(a)］，将材料的光学活性扩展到了可见光范围（～500 nm），在 380～410 nm 波长的光谱下，光电转换效率达到 4% 左右，如图 12.36(b) 所示[213]。

此外，利用 ALD 的掺杂技术可以实现同质 PN 结的制备。例如，Lin 等[214]先使用 ALD 技术制备了 20 nm 厚的氧化铁，由于氧空位的存在，所生成的氧化铁为 n 型半导体，随后，在每 5 循环氧化铁后引入 1 循环的氧化镁，实现了 3% 的 Mg 掺杂氧化铁的生长，生长 5 nm 后，获得了氧化铁的同质 PN 结。研究表明，同质 PN 结结构的样品导通电压降低 200 mV，如图 12.37 所示，这是由于样品内电场提高了载流子的分离效率和光电转换效率，与在表面添加催化剂以提高载流子迁移率的结果相类似。需要指出的是，在形成同质 PN 结时，为了不影响电化学性能，表面的 p 型薄膜必须很薄，因此擅长沉积纳米尺度薄膜的 ALD 方法能很好地满足这一要求。

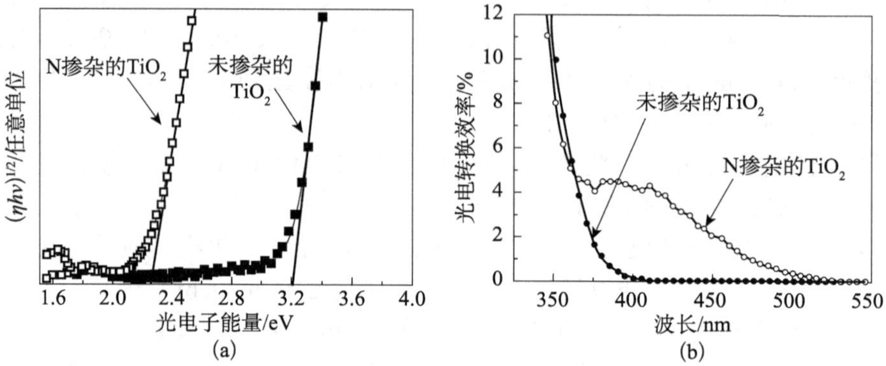

图 12.36　ALD 生长的 N 掺杂的和未掺杂的二氧化钛薄膜的带宽 (a) 和光电转换效率 (b)[213]

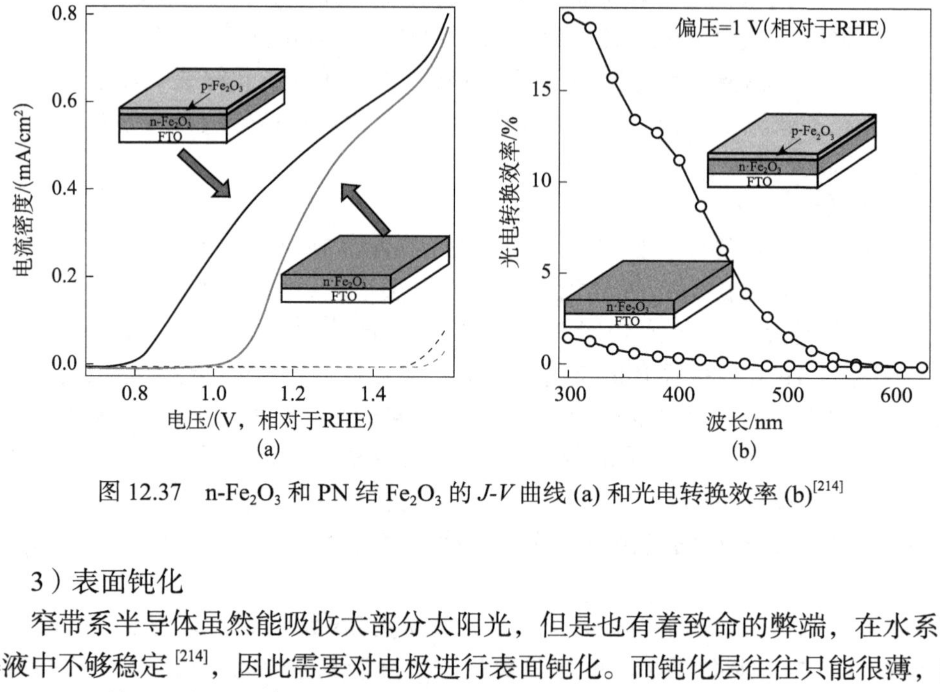

图 12.37　n-Fe_2O_3 和 PN 结 Fe_2O_3 的 *J-V* 曲线 (a) 和光电转换效率 (b)[214]

3）表面钝化

窄带系半导体虽然能吸收大部分太阳光，但是也有着致命的弊端，在水系电解液中不够稳定[214]，因此需要对电极进行表面钝化。而钝化层往往只能很薄，如 1～2 nm，并且电极往往都是三维纳米结构，因此 ALD 再一次发挥了它的优势。

Chen 等[215]使用 ALD 在硅电极表面沉积了一层 2 nm 左右厚度的二氧化钛，再沉积一层 3 nm 厚的 Ir 来催化水的氧化，电极的结构如图 12.38(a)、(b) 所示。实验表明，无论在酸性还是碱性溶液中，没有二氧化钛保护的样品都在半小时内失效了，而沉积了二氧化钛保护层的样品都能至少稳定工作 8 小时［图 12.38(c)、(d)］。通过 TEM 图像发现，二氧化钛保护层和衬底之间的二氧化硅层在测试之后厚度并未增加，而没有进行保护的样品二氧化硅层明显变厚。

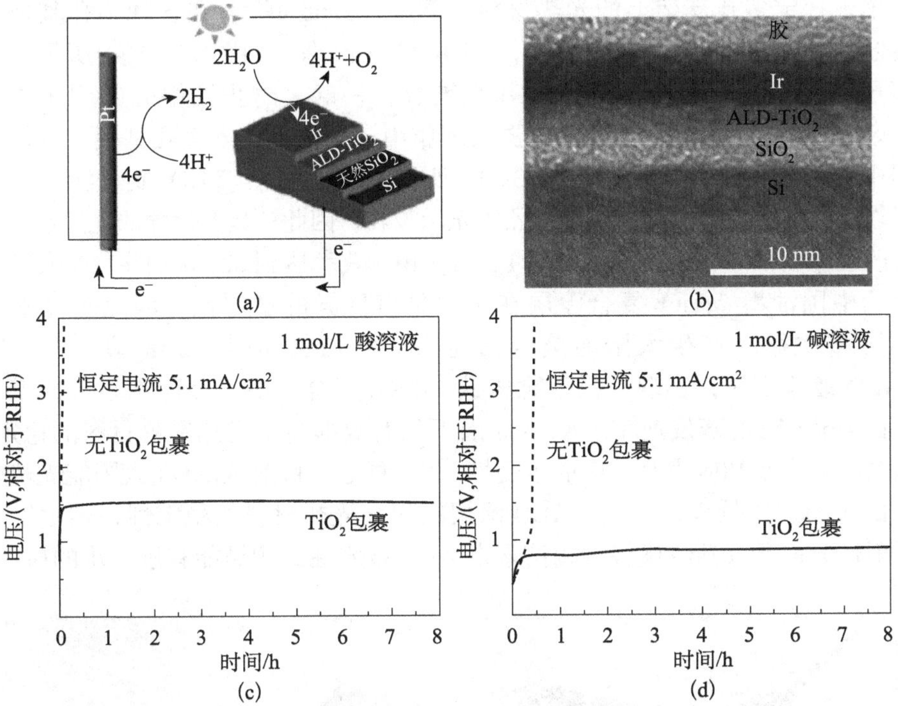

图 12.38　ALD 制备二氧化钛保护的硅电极的形貌及在酸性、碱性下的稳定性 [215]

(a)、(b) 硅电极上 ALD 制备二氧化钛保护层，并长有 3 nm Ir 催化层的示意图和 TEM 截面图；(c)、(d) 有 / 无 ALD 制备二氧化钛包裹的电极在 1 mol/L 酸性条件和碱性条件下的稳定性比较

已经有大量工作表明，ALD 保护层能有效地提高电极的稳定性。例如，使用 ALD 制备二氧化钛还保护了氧化锌 [216]、硅 [217]、InP[218] 等电极，除此之外，MnO 保护硅 [219]、Al∶ZnO/TiO_2 保护氧化亚铜 [220]、氧化铝保护氧化铁 [221] 等都证实了 ALD 保护层的作用。除了钝化保护作用外，ALD 保护层还有一个效果，即能抑制载流子在表面复合 [221]，提高光电转换效率。另外，ALD 制备的薄膜有时也具有催化性能，如氧化锰、氧化钴等薄膜 [222,223]，能提高电荷的转移，降低光电化学电池的过电压。

ALD 技术由于其独特的生长特性，不仅可以制备光活性层，还可以在光电极上沉积性能增强层或稳定层，解决了影响光电化学电池分解水领域的一些难题。

12.4.4　ALD 技术在太阳能光热转化领域的应用

太阳能光热转化是 ALD 技术在能源领域的一个新兴应用。将太阳光转化为热能，并将该热能定位在海水或污水与空气界面处，可提高水的蒸发速度，从而实现海水淡化或污水净化[224]。通常，可以通过在空气 / 水界面处放置浮力层和多孔光热材料来实现，ALD 在该领域中的一个重要潜在应用是作为一种封装层，用于稳定多孔支架上的光热材料。例如，Yang 等[225]在各种多孔基板上通过逐步刷涂中国油墨，干燥后进行 TiO_2 ALD 包裹，如图 12.39(a) 所示。ALD 包裹层像胶水一样将中国油墨与基底结合在一起，防止油墨分散到水中。此外，亲水性的 ALD 包裹层可以增强毛细作用，促进水进入多孔基板，确保蒸发过程中表面的供水，如示意图 12.39(b) 所示。中国油墨 @TiO_2 复合涂层在紫外到近红外的整个范围内都表现出强烈的光学吸收，因此，具有优异的光热性能，优化后改性木材的水蒸发速率为 1.31 kg/(m^2 · h)，效率达到 82.2%［图 12.39(c)］[225]。此外，中国油墨 @TiO_2 复合涂层在水中具有优异的稳定性，因此改性木材表现出可多次循环产生太阳能蒸汽的能力［图 12.39(d)］。Zhang 等[226]采用过滤 /ALD 镀膜方法，实现了黑色鞣酸铁 @TiO_2 复合涂层，经优化制备的膜具有 1.32 kg/(m^2 · h) 的蒸发速率。ALD 涂层不仅有效提高了光热黑色材料的稳定性，还提高了其在水和应力测试中的耐受性[226]。总之，目前 ALD 在太阳能光热转化领域的应用还比较少，但是，ALD 涂层在提高光热材料的稳定性、亲水性以及抗反射性方面具有独特优势，相信未来 ALD 技术在此领域能有进一步的应用。

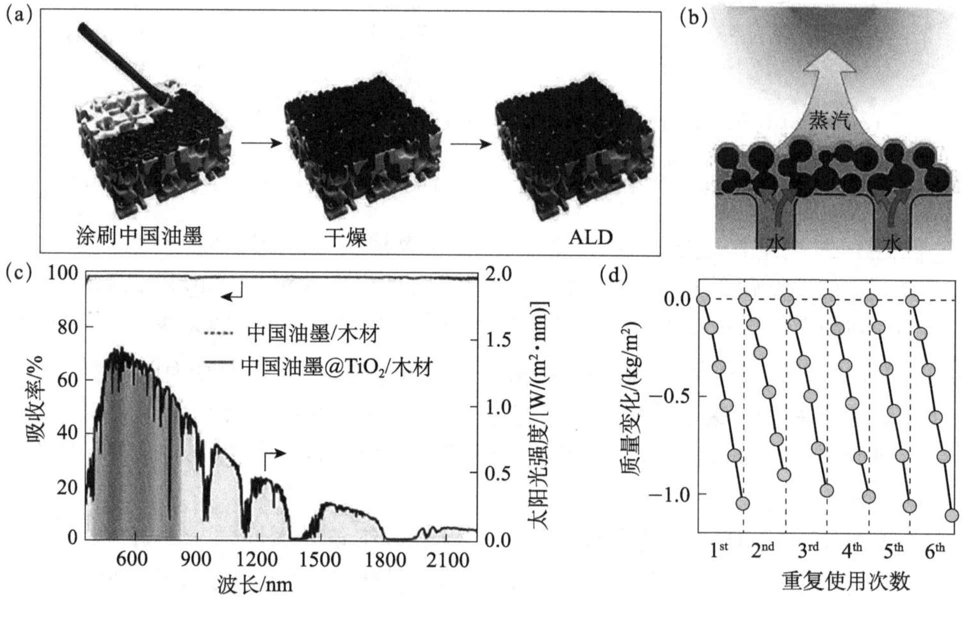

图 12.39 ALD 在光热转化领域的应用示例[225]

(a) 刷涂 /ALD 结合制备光热层的示意图；(b) 水通过中国油墨 @TiO_2 涂膜的蒸发示意图；(c) 中国油墨 @TiO_2 涂膜的太阳光吸收率曲线；(d) 中国油墨 @TiO_2 涂膜改性的木材在太阳能蒸发中的可再利用性

12.5　展望与挑战

本章详细介绍了原子层沉积技术在能源领域的相关应用，主要涉及锂离子电池、太阳能电池、燃料电池、超级电容器等方面。ALD 不仅能沉积活性材料和制备三维纳米结构的衬底，还可以将两者结合，在三维纳米结构的基础之上沉积活性材料形成复合结构，还能在电极表面形成保护层，稳定器件的循环性能。总之，ALD 技术应用于能源领域解决了一些关键难题，提高了器件的性能和稳定性。相比于 CVD、PLD、电子束蒸发、磁控溅射等手段，ALD 技术有着两个重要的优势，一是能精确控制厚度到原子量级，二是能够均匀包裹复杂的三维纳米结构。另外原子层沉积技术也能对成分进行调控，从而控制掺杂情况，这些优势使得 ALD 技术在太阳能电池、锂电池、燃料电池等能源领域有着巨大的应用前景。

虽然 ALD 在能源领域有着巨大的优势，但是要真正实现 ALD 在能源领域的产业化，还有许多问题需要解决。首先，阻碍 ALD 技术在能源领域商业化的最大障碍还是性价比的成本问题。ALD 的生长速率通常较慢，每个循环只能生长小于一单层的材料，而当在能源领域运用时，常常需要在三维纳米结构上进行沉积，使得这个问题更加突出。因为相比于平面衬底，对于三维纳米结构衬底需要更加长的脉冲时间和吹扫时间，使得单位时间生长速率更慢。此外，传统的 ALD 方法不能够对大批量的粉末进行沉积包覆。令人欣喜的是，目前研究人员正在积极研发新型的粉末 ALD 反应装置和沉积方式，并且已取得了一些进展，通过采取批量处理、空间 ALD、常压 ALD 等方法来加速工艺进程，降低成本，促进其产业化。例如，采用流化床反应室或者旋转式反应室，能实现对千克量级的粉末进行 ALD 包覆。近期，有公司宣布，将 ALD 技术应用于生产的高能 21700 圆柱形锂离子电池电芯原型，并已交付客户使用。该电池具有 300 W · h/kg 的能量密度，相比 18650 型号电池，能量密度和容量均有明显提升，有助于提高电动汽车的续航能力和使用效率，同时其也支持在 10 min 内完成快速充电，可极大改善用户的使用体验。

综上所述，ALD 技术能够解决能源领域存在的一些关键难题，提高器件的整体性能和长期稳定性。相信在不远的将来，通过对 ALD 设备的创新，新工艺和前驱体的不断涌现，ALD 在能源领域将展示出巨大的应用前景。

参 考 文 献

[1] Tomabechi K. Energy resources in the future. Energies, 2010, 3: 686-695

[2] Goodenough J B. Cathode materials: A personal perspective. J. Power Sources, 2007, 174: 996-1000

[3] Yuan L X, Wang Z H, Zhang W X, et al. Development and challenges of $LiFePO_4$ cathode material for lithium-ion

batteries. Energy Environ. Sci., 2011, 4: 269-284

[4] Dresselhaus M S, Thomas I L. Alternative energy technologies. Nature, 2001, 414: 332-337

[5] Kang K, Meng Y S, Bréger J, et al. Electrodes with high power and high capacity for rechargeable lithium batteries. Science, 2006, 311: 977-980

[6] Grätzel M. Photoelectrochemical cells. Nature, 2001, 414: 338-344

[7] Steele B C H, Heinzel A. Materials for fuel-cell technologies. Nature, 2001, 414: 345-352

[8] Zhang L L, Zhao X S. Carbon-based materials as supercapacitor electrodes. Chem. Soc. Rev., 2009, 38: 2520-2531

[9] Niu W, Li X, Karuturi S K, et al. Applications of atomic layer deposition in solar cells. Nanotechnology, 2015, 26: 064001

[10] Kim H, Maeng W J. Applications of atomic layer deposition to nanofabrication and emerging nanodevices. Thin Solid Films, 2009, 517: 2563-2580

[11] Marichy C, Bechelany M, Pinna N. Atomic layer deposition of nanostructured materials for energy and environmental applications. Adv. Mater., 2012, 24: 1017-1032

[12] Wang T, Luo Z, Li C, et al. Controllable fabrication of nanostructured materials for photoelectrochemical water splitting via atomic layer deposition. Chem. Soc. Rev., 2014, 43: 7469-7484

[13] Palacin M R. Recent advances in rechargeable battery materials: A chemist's perspective. Chem. Soc. Rev., 2009, 38: 2565-2575

[14] Chianelli R R. Microscopic studies of transition metal chalcogenides. J. Cryst. Growth, 1976, 34: 239-244

[15] Xu W, Wang J, Ding F, et al. Lithium metal anodes for rechargeable batteries. Energy Environ. Sci., 2014, 7: 513-537

[16] Nagaura T, Tozawa K. Lithium ion rechargeable battery. Prog. Batteries Solar Cells, 1990, 9: 209

[17] Yang Z, Zhang J, Kintner-Meyer M C W, et al. Electrochemical energy storage for green grid. Chem. Rev., 2011, 111: 3577-3613

[18] Armand M, Tarascon J M. Building better batteries. Nature, 2008, 451: 652-657

[19] Idaho National Laboratory. Battery test manual for plug-in hybrid electric vehicle. http://www.inl.gov, 2010

[20] Poizot P, Laruelle S, Grugeon S, et al. Nano-sized transition-metal oxides as negative-electrode materials for lithium-ion batteries. Nature, 2000, 407: 496-499

[21] Arico A S, Bruce P, Scrosati B, et al. Nanostructured materials for advanced energy conversion and storage devices. Nat. Mater., 2005, 4: 366-377

[22] Guo Y G, Hu J S, Wan L J. Nanostructured materials for electrochemical energy conversion and storage devices. Adv. Mater., 2008, 20: 2878-2887

[23] Fu L J, Liu H, Li C, et al. Surface modifications of electrode materials for lithium ion batteries. Solid State Sci., 2006, 8: 113-128

[24] Li C, Zhang H P, Fu L J, et al. Cathode materials modified by surface coating for lithium ion batteries. Electrochimica Acta, 2006, 51: 3872-3883

[25] Yi T F, Zhu Y R, Zhu X D, et al. A review of recent developments in the surface modification of $LiMn_2O_4$ as cathode material of power lithium-ion battery. Ionics, 2009, 15: 779-784

[26] Chen Z, Qin Y, Amine K, et al. Role of surface coating on cathode materials for lithium-ion batteries. J. Mater. Chem., 2010, 20: 7606-7612

[27] Scrosati B, Garche J. Lithium batteries: Status, prospects and future. J. Power Sources, 2010, 195: 2419-2430

[28] Arora P, White R E, Doyle M. Capacity fade mechanisms and side reactions in lithium-ion batteries. J. Electrochem. Soc., 1998, 145: 3647-3667

[29] Tan L K, Chong M A S, Gao H. Free-standing porous anodic alumina templates for atomic layer deposition of highly

ordered TiO_2 nanotube arrays on various substrates. J. Phys. Chem. C, 2008, 112: 69-73

[30] Chang Y H, Liu C M, Tseng Y C, et al. Direct probe of heterojunction effects upon photoconductive properties of TiO_2 nanotubes fabricated by atomic layer deposition. Nanotechnology, 2010, 21: 225602-1~7

[31] Tan L K, Kumar M K, An W W, et al. Transparent, well-aligned TiO_2 nanotube arrays with controllable dimensions on glass substrates for photocatalytic applications. ACS Appl. Mater. Interfaces, 2010, 2: 498-503

[32] Kim S W, Han T H, Kim J, et al. Fabrication and electrochemical characterization of TiO_2 three-dimensional nanonetwork based on peptide assembly. ACS Nano, 2009, 3: 1085-1090

[33] Deng D, Kim M G, Lee J Y, et al. Green energy storage materials: Nanostructured TiO_2 and Sn-based anodes for lithium-ion batteries. Energy Environ. Sci., 2009, 2: 818-837

[34] Li X, Meng X, Liu J, et al. Tin oxide with controlled morphology and crystallinity by atomic layer deposition onto graphene nanosheets for enhanced lithium storage. Adv. Funct. Mater., 2012, 22: 1647-1654

[35] Meng X, Zhang Y, Sun S, et al. Three growth modes and mechanisms for highly structure-tunable SnO_2 nanotube arrays of template-directed atomic layer deposition. J. Mater. Chem., 2011, 21: 12321-12330

[36] Meng X, Zhong Y, Sun Y, et al. Nitrogen-doped carbon nanotubes coated by atomic layer deposited SnO_2 with controlled morphology and phase. Carbon, 2011, 49: 1133-1144

[37] Meng X, Geng D, Liu J, et al. Non-aqueous approach to synthesize amorphous/crystalline metal oxide-graphene nanosheet hybrid composites. J. Phys. Chem. C, 2010, 114: 18330-18337

[38] Cao Y Q, Wang S S, Liu C, et al. Core-shell MWCNTs@ZnS composite prepared by atomic layer deposition for high-performance lithium-ion batteries anode. J. Mater. Res., 2021, 36: 1262-1271

[39] Cao Y Q, Wang S S, Liu C, et al. Atomic layer deposition of ZnO/TiO_2 nanolaminates as ultra-long life anode material for lithium-ion batteries. Sci. Rep., 2019, 9: 11526

[40] Meng X, Comstock D J, Fister T T, et al. Vapor-phase atomic-controllable growth of amorphous Li_2S for high-performance lithium-sulfur batteries. ACS Nano, 2014, 8: 10963-10972

[41] Meng X, Libera J A, Fister T T, et al. Atomic layer deposition of gallium sulfide films using hexakis (dimethylamido) digallium and hydrogen sulfide. Chem. Mater., 2014, 26: 1029-1039

[42] Wang Y, Cao G. Developments in nanostructured cathode materials for high-performance lithium-ion batteries. Adv. Mater., 2008, 20: 2251-2269

[43] Cheng F, Tao Z, Liang J, et al. Template-directed materials for rechargeable lithium-ion batteries. Chem. Mater., 2007, 20: 667-681

[44] Ellis B L, Lee K T, Nazar L F. Positive electrode materials for Li-ion and Li-batteries. Chem. Mater., 2010, 22: 691-714

[45] Whittingham M S. The role of ternary phases in cathode reactions. J. Electrochem. Soc., 1976, 123: 315-320

[46] Badot J C, Ribes S, Yousfi E B, et al. Atomic layer epitaxy of vanadium oxide thin films and electrochemical behavior in presence of lithium ions. Electrochem. Solid State Lett., 2000, 3: 485-488

[47] Le Van K, Groult H, Mantoux A, et al. Amorphous vanadium oxide films synthesised by ALCVD for lithium rechargeable batteries. J. Power Sources, 2006, 160: 592-601

[48] Donders M E, Arnoldbik W M, Knoops H C M, et al. Atomic layer deposition of $LiCoO_2$ thin-film electrodes for all-solid-state Li-ion micro-batteries. J. Electrochem. Soc., 2013, 160: A3066-A3071

[49] Miikkulainen V, Ruud A, Østreng E, et al. Atomic layer deposition of spinel lithium manganese oxide by film-body-controlled lithium incorporation for thin-film lithium-ion batteries. J. Phys. Chem. C, 2013, 118: 1258-1268

[50] Liu J, Banis M N, Sun Q, et al. Rational design of atomic-layer-deposited $LiFePO_4$ as a high-performance cathode for lithium-ion batteries. Adv. Mater., 2014, 26: 6472-6477

[51] Ohta N, Takada K, Zhang L, et al. Enhancement of the high-rate capability of solid-state lithium batteries by nanoscale interfacial modification. Adv. Mater., 2006, 18: 2226-2229

[52] Patil A, Patil V, Shin D W, et al. Issue and challenges facing rechargeable thin film lithium batteries. Mater. Res. Bull., 2008, 43: 1913-1942

[53] Putkonen M, Aaltonen T, Alnes M, et al. Atomic layer deposition of lithium containing thin films. J. Mater. Chem., 2009, 19: 8767-8771

[54] Aaltonen T, Alnes M, Nilsen O, et al. Lanthanum titanate and lithium lanthanum titanate thin films grown by atomic layer deposition. J. Mater. Chem., 2010, 20: 2877-2881

[55] Aaltonen T, Nilsen O, Magrasó A, et al. Atomic layer deposition of Li_2O-Al_2O_3 thin films. Chem. Mater., 2011, 23: 4669-4675

[56] Perng Y C, Cho J, Membreno D, et al. Synthesis of conducting $Li_xAl_ySi_zO$ thin films by atomic layer deposition. J. Mater. Chem. A, 2014, 2: 9566-9573

[57] Hämäläinen J, Hatanpää T, Holopainen J, et al. Lithium phosphate thin film grown by atomic layer deposition. J. Electrochem. Soc., 2012, 159: A259-A263

[58] Hayashi A, Fukuda T, Hama S, et al. Lithium ion conducting glasses and glass-ceramics in the systems $Li_2SM_xS_y$ (M= Al, Si and P) prepared by mechanical milling. J. Ceram. Soc. Jpn., 2004, 112: S695-S699

[59] Cao Y Q, Meng X B, Elam J W. Atomic layer deposition of Li_xAl_yS solid state electrolytes for stabilizing lithium metal anodes. ChemElectroChem, 2016, 3: 858-863

[60] Notten P H L, Roozeboom F, Niessen R A H, et al. 3-D integrated all-solid-state rechargeable batteries. Adv. Mater., 2007, 19: 4564-4567

[61] Liu C, Gillette E I, Chen X, et al. An all-in-one nanopore battery array. Nature Nanotechnology, 2014, 9: 1031-1039

[62] Verma P, Maire P, Novák P. A review of the features and analyses of the solid electrolyte interphase in Li-ion batteries. Electrochim. Acta, 2010, 55: 6332-6341

[63] Xu K. Electrolytes and interphasial chemistry in Li ion devices. Energies, 2010, 3: 135-154

[64] Winter M. The solid electrolyte interphase: The most important and the least understood solid electrolyte in rechargeable Li batteries. Z. Phys. Chem., 2009, 223: 1395-1406

[65] Jung Y S, Cavanagh A S, Riley L A, et al. Ultrathin direct atomic layer deposition on composite electrodes for highly durable and safe Li-ion batteries. Adv. Mater., 2010, 22: 2172-2176

[66] Riley L A, Cavanagh A S, George S M, et al. Conformal surface coatings to enable high volume expansion Li-ion anode materials. Chem. Phys. Chem., 2010, 11: 2124-2130

[67] Kang E, Jung Y S, Cavanagh A S, et al. Fe_3O_4 nanoparticles confined in mesocellular carbon foam for high performance anode materials for lithium-ion batteries. Adv. Funct. Mater., 2011, 21: 2430-2438

[68] He Y, Yu X, Wang Y, et al. Alumina-coated patterned amorphous silicon as the anode for a lithium-ion battery with high coulombic efficiency. Adv. Mater., 2011, 23: 4938-4941

[69] Snyder M Q, Trebukhova S A, Ravdel B, et al. Synthesis and characterization of atomic layer deposited titanium nitride thin films on lithium titanate spinel powder as a lithium-ion battery anode. J. Power Sources, 2007, 165: 379-385

[70] Scrosati B, Garche J. Lithium batteries: Status, prospects and future. J. Power Sources, 2010, 195: 2419-2430

[71] Xiao X, Lu P, Ahn D. Ultrathin multifunctional oxide coatings for lithium ion batteries. Adv. Mater., 2011, 23: 3911-3915

[72] He Y, Yu X, Wang Y, et al. Alumina-coated patterned amorphous silicon as the anode for a lithium-ion battery with high coulombic efficiency. Adv. Mater., 2011, 23: 4938-4941

[73] Arora P, White R E, Doyle M. Capacity fade mechanisms and side reactions in lithiu-mion batteries. J. Electrochem. Soc., 1998, 145: 3647-3667

[74] Amatucci G G, Tarascon J M. Passivation. U.S. Patent 5,705,291. 1998-1-6

[75] Fu L J, Liu H, Li C, et al. Surface modifications of electrode materials for lithium ion batteries. Solid State Sci., 2006, 8: 113-128

[76] Li C, Zhang H P, Fu L J, et al. Cathode materials modified by surface coating for lithium ion batteries. Electrochim. Acta, 2006, 51: 3872-3883

[77] Jung Y S, Cavanagh A S, Dillon A C, et al. Enhanced stability of $LiCoO_2$ cathodes in lithium-ion batteries using surface modification by atomic layer deposition. J. Electrochem. Soc., 2010, 157: A75-A81

[78] Riley L A, Van Atta S, Cavanagh A S, et al. Electrochemical effects of ALD surface modification on combustion synthesized $LiNi_{1/3}Mn_{1/3}Co_{1/3}O_2$ as a layered-cathode material. J. Power Sources, 2011, 196: 3317-3324

[79] Guan D, Jeevarajan J A, Wang Y. Enhanced cycleability of $LiMn_2O_4$ cathodes by atomic layer deposition of nanosized-thin Al_2O_3 coatings. Nanoscale, 2011, 3: 1465-1469

[80] Scott I D, Jung Y S, Cavanagh A S, et al. Ultrathin coatings on nano-$LiCoO_2$ for Li-ion vehicular applications. Nano Lett., 2010, 11: 414-418

[81] Kong J Z, Wang S S, Tai G A, et al. Enhanced electrochemical performance of $LiNi_{0.5}Co_{0.2}Mn_{0.3}O_2$ cathode material by ultrathin ZrO_2 coating. J. Alloys Compd., 2016, 657: 593-600

[82] Kong J Z, Ren C, Tia G A, et al. Ultrathin ZnO coating for improved electrochemical performance of $LiNi_{0.5}Co_{0.2}Mn_{0.3}O_2$ cathode material. J. Power Source, 2015, 266: 433-439

[83] Kozen A C, Lin C F, Pearse A J, et al. Next-generation lithium metal anode engineering via atomic layer deposition. ACS Nano, 2015, 9: 5884-5892

[84] Lin C F, Kozen A C, Noked M, et al. ALD protection of Li-metal anode surfaces-quantifying and preventing chemical and electrochemical corrosion in organic solvent. Adv. Mater. Interfaces, 2016, 3: 1600426

[85] Kazyak E, Wood K N, Dasgupta N P. Improved cycle life and stability of lithium metal anodes through ultrathin atomic layer deposition surface treatments. Chem. Mater., 2015, 27: 6457-6462

[86] Alaboina P K, Rodrigues S, Rottmayer M, et al. *In situ* dendrite suppression study of nanolayer encapsulated Li metal enabled by zirconia atomic layer deposition. ACS Appl. Mater. Interfaces, 2018, 10: 32801

[87] Harrison K L, Zavadil K R, Hahn N T, er al. Lithium self-discharge and its prevention: Direct visualization through *in situ* electrochemical scanning transmission electron microscopy. ACS Nano, 2017, 11: 11194-11205

[88] Chen L, Chen K S, Chen X, et al. Novel ALD chemistry enabled low-temperature synthesis of lithium fluoride coatings for durable lithium anodes. ACS Appl. Mater. Interfaces, 2018, 10: 26972-26981

[89] Monroe C, Newman J. Dendrite growth in lithium/polymer systems: A propagation model for liquid electrolytes under galvanostatic conditions. J. Electrochem. Soc., 2003, 150: A1377

[90] Yan K, Lee H W, Gao T, et al. Ultrathin two-dimensional atomic crystals as stable interfacial layer for improvement of lithium metal anode. Nano Lett., 2014, 14: 6016-6022

[91] Xie J, Liao L, Gong Y, et al. Stitching h-BN by atomic layer deposition of LiF as a stable interface for lithium metal anode. Sci. Adv., 2017, 3: eaao3170

[92] Kozen A C, Lin C F, Zhao O, et al. Highly reversible conversion-type FeOF composite electrode with extended lithium insertion by atomic layer deposition LiPON protection. Chem. Mater., 2017, 29: 8780-8791

[93] Yang C P, Yin Y X, Zhang S F, et al. Accommodating lithium into 3D current collectors with a submicron skeleton towards long-life lithium metal anodes. Nat. Commun., 2015, 6: 8058

[94] Lin D, Liu Y, Z. Liang Z, et al. Layered reduced graphene oxide with nanoscale interlayer gaps as a stable host for

lithium metal anodes. Nat. Nanotechnol., 2016, 11, 626-632

[95] Liang Z, Lin D, Zhao J, et al. Composite lithium metal anode by melt infusion of lithium into a 3D conducting scaffold with lithiophilic coating. Proc. Natl Acad. Sci., 2016, 113: 2862-2867

[96] Matsuda S, Kubo Y, Uosaki K, et al. Lithium-metal deposition/dissolution within internal space of CNT 3D matrix results in prolonged cycle of lithium-metal negative electrode. Carbon, 2017, 119: 119-123

[97] Zhang Y, Liu B, Hitz E, et al. A carbon-based 3D current collector with surface protection for Li metal anode. Nano Res., 2017, 10: 1356-1365

[98] Luo W, Gong Y, Zhu Y, et al. Reducing interfacial resistance between garnet-structured solid-state electrolyte and Li-metal anode by a germanium layer. Adv. Mater., 2017, 29: 1606042

[99] Zhang C, Lv W, Zhou G, et al. Vertically aligned lithiophilic CuO nanosheets on a Cu collector to stabilize lithium deposition for lithium metal batteries. Adv. Energy Mater., 2018, 8: 1703404

[100] Jin C, Sheng O, Luo J, et al. 3D lithium metal embedded within lithiophilic porous matrix for stable lithium metal batteries. Nano Energy, 2017, 37: 177-186

[101] Zhang Y, Luo W, Wang C, et al. High-capacity, low-tortuosity, and channel-guided lithium metal anode. Proc. Natl. Acad. Sci., 2017, 114: 3584-3589

[102] Qin L, Xu H, Wang D, et al. Fabrication of lithiophilic copper foam with interfacial modulation toward high-rate lithium metal anodes. ACS Appl. Mater. Interfaces, 2018, 10: 27764-27770

[103] Liu Y, Lin D, Liang Z, et al. Lithium-coated polymeric matrix as a minimum volume-change and dendrite-free lithium metal anode. Nat. Commun., 2016, 7: 10992.

[104] Jiang Y, Wang Z, Xu C, et al. Atomic layer deposition for improved lithiophilicity and solid electrolyte interface stability during lithium plating. Energy Storage Mater., 2020, 28: 17-26

[105] Zhao B, Li B, Wang Z, et al. Uniform Li deposition sites provided by atomic layer deposition for the dendrite-free lithium metal anode. ACS Appl. Mater. Interfaces, 2020, 12: 19530-19538

[106] Wang C, Gong Y, Liu B, et al. Conformal, nanoscale ZnO surface modification of garnet-based solid-state electrolyte for lithium metal anodes. Nano Lett., 2016, 17: 565-571

[107] Chen K H, Sanchez A J, Kazyak E, et al. Synergistic effect of 3D current collectors and ALD surface modification for high coulombic efficiency lithium metal anodes. Adv. Energy Mater., 2019, 9: 1802534

[108] Xie J, Wang J, Lee H R, et al. Engineering stable interfaces for three-dimensional lithium metal anodes. Sci. Adv., 2018, 4: eaat5168

[109] Chen L, Huang Z, Shahbazian-Yassar R, et al. Directly formed alucone on lithium metal for high-performance Li batteries and Li-S batteries with high sulfur mass loading. ACS Appl. Mater. Interfaces, 2018, 10: 7043-7051

[110] Zhao Y, Goncharova L V, Sun Q, et al. Robust metallic lithium anode protection by the molecular-layer-deposition technique. Small Methods, 2018, 2:1700417

[111] Zhao Y, Amirmaleki M, Sun Q, et al. Natural SEI-inspired dual-protective layers via atomic/molecular layer deposition for long-life metallic lithium anode. Matter, 2019, 1: 1215-1231

[112] Liu L, Karuturi S K, Su L T, et al. Electrochromic photonic crystal displays with versatile color tunability. Electrochem. Commun., 2011, 13: 1163-1165

[113] Nishimura S, Abrams N, Lewis B A, et al. Standing wave enhancement of red absorbance and photocurrent in dye-sensitized titanium dioxide photoelectrodes coupled to photonic crystals. J. Am. Chem. Soc., 2003, 125: 6306-6310

[114] Karuturi S K, Liu L, Su L T, et al. Kinetics of stop-flow atomic layer deposition for high aspect ratio template filling through photonic band gap measurements. J. Phys. Chem. C, 2010, 114: 14843-14848

[115] Liu L, Karuturi S K, Su L T, et al. TiO_2 inverse-opal electrode fabricated by atomic layer deposition for dye-

sensitized solar cell applications. Energy Environ. Sci., 2011, 4: 209-215

[116] Tétreault N, Arsenault É, Heiniger L P, et al. High-efficiency dye-sensitized solar cell with three-dimensional photoanode. Nano Lett., 2011, 11: 4579-4584

[117] Kamat P V, Tvrdy K, Baker D R, et al. Beyond photovoltaics: Semiconductor nanoarchitectures for liquid-junction solar cells. Chem. Rev., 2010, 110: 6664-6688

[118] Cheng C, Karuturi S K, Liu L, et al. Quantum-dot-sensitized TiO_2 inverse opals for photoelectrochemical hydrogen generation. Small, 2012, 8: 37-42

[119] Karuturi S K, Cheng C, Liu L, et al. Inverse opals coupled with nanowires as photoelectrochemical anode. Nano Energy, 2012, 1: 322-327

[120] Karuturi S K, Luo J, Cheng C, et al. A novel photoanode with three-dimensionally, hierarchically ordered nanobushes for highly efficient photoelectrochemical cells. Adv. Mater., 2012, 24: 4157-4162

[121] Hamann T W, Martinson A B F, Elam J W, et al. Aerogel templated ZnO DyeS-ensitized solar cells. Adv. Mater., 2008, 20: 1560-1564

[122] Martinson A B F, Elam J W, Liu J, et al. Radial electron collection in dye-sensitized solar cells. Nano Lett., 2008, 8: 2862-2866

[123] Pascoe A R, Bourgeois L, Duffy N W, et al. Surface state recombination and passivation in nanocrystalline TiO_2 dye-sensitized solar cells. J. Phys. Chem. C, 2013, 117: 25118-25126

[124] Hezel R, Jaeger K. Low-temperature surface passivation of silicon for solar cells. J. Electrochem. Soc., 1989, 136: 518-523

[125] Son H J, Prasittichai C, Mondloch J E, et al. Dye stabilization and enhanced photoelectrode wettability in water-based dye-sensitized solar cells through post-assembly atomic layer deposition of TiO_2. J. Am. Chem. Soc., 2013, 135: 11529-11532

[126] Jeong K S, Kwon H M, Lee H D, et al. Ultra-thin aluminum oxide as an interface passivation layer for ZnO/p-Si heterojunction solar cells. Phys. Status Solidi. A, 2014, 211: 1850-1856

[127] Wang W C, Lin C W, Chen H J, et al. Surface passivation of efficient nanotextured black silicon solar cells using thermal atomic layer deposition. ACS Appl. Mater. Interfaces, 2013, 5: 9752-9759

[128] Benick J, Hoex B, Van de Sanden M C M, et al. High efficiency n-type Si solar cells on Al_2O_3-passivated boron emitters. Appl. Phys. Lett., 2008, 92(25): 253504-1~3

[129] Dualeh A, Tétreault N, Moehl T, et al. Effect of annealing temperature on film morphology of organic-inorganic hybrid pervoskite solid-state solar cells. Adv. Funct. Mater., 2014, 24: 3250-3258

[130] Philippe B, Park B W, Lindblad R, et al. Chemical and electronic structure characterization of lead halide perovskites and stability behavior under different exposures: A photoelectron spectroscopy investigation. Chem. Mater., 2015, 27: 1720-1731

[131] Noh J H, Im S H, Heo J H, et al. Chemical management for colorful, efficient, and stable inorganic-organic hybrid nanostructured solar cells. Nano Lett., 2013, 13: 1764-1769

[132] Han Y, Meyer S, Dkhissi Y, et al. Degradation observations of encapsulated planar $CH_3NH_3PbI_3$ perovskite solar cells at high temperatures and humidity. J. Mater. Chem. A, 2015, 3: 8139-8147

[133] Kim I S, Martinson A B F. Stabilizing hybrid perovskites against moisture and temperature via non-hydrolytic atomic layer deposited overlayers. J. Mater. Chem. A, 2015, 3: 20092-20096

[134] Brennan T P, Ardalan P, Lee H B R, et al. Atomic layer deposition of CdS quantum dots for solid-state quantum dot sensitized solar cells. Adv. Energy Mater., 2011, 1: 1169-1175

[135] Dasgupta N P, Jung H J, Trejo O, et al. Atomic layer deposition of lead sulfide quantum dots on nanowire surfaces.

Nano Lett., 2011, 11: 934-940

[136] Sarkar S K, Kim J Y, Goldstein D N, et al. In_2S_3 atomic layer deposition and its application as a sensitizer on TiO_2 nanotube arrays for solar energy conversion. The J. Phys. Chem. C, 2010, 114: 8032-8039

[137] Dasgupta N P, Liu C, Andrews S, et al. Atomic layer deposition of platinum catalysts on nanowire surfaces for photoelectrochemical water reduction. J. Am. Chem. Soc., 2013, 135: 12932-12935

[138] Dai P, Xie J, Mayer M T, et al. Solar hydrogen generation by silicon nanowires modified with platinum nanoparticle catalysts by atomic layer deposition. Angew. Chem. Int. Ed. Engl., 2013, 52: 11119-11123

[139] Baxter J B, Aydil E S. Nanowire-based dye-sensitized solar cells. Appl. Phys. Lett., 2005, 86: 053114-1~3

[140] Naghavi N, Abou-Ras D, Allsop N, et al. Buffer layers and transparent conducting oxides for chalcopyrite $Cu(In,Ga)(S,Se)_2$ based thin film photovoltaics: Present status and current developments. Prog. Photovolt.: Res. Appl., 2010, 18: 411-433

[141] Repins I, Contreras M A, Egaas B, et al. 19.9%-efficient $ZnO/CdS/CuInGaSe_2$ solar cell with 81.2% fill factor. Prog. Photovolt.: Res. Appl., 2008, 16: 235-239

[142] Herrero J, Gutierrez M T, Guillen C, et al. Photovoltaic windows by chemical bath deposition. Thin Solid Films, 2000, 361: 28-33

[143] Platzer-Björkman C, Törndahl T, Abou-Ras D, et al. Zn(O,S) buffer layers by atomic layer deposition in $Cu(In, Ga)Se_2$ based thin film solar cells: Band alignment and sulfur gradient. J. Appl. Phys., 2006, 100: 044506-1~9

[144] Kobayashi T, Kumazawa T, Kao Z J L, et al. $Cu(In,Ga)Se_2$ thin film solar cells with a combined ALD-Zn(O, S) buffer and MOCVD-ZnO : B window layers. Sol. Energy Mater. Sol. Cells, 2013, 119: 129-133

[145] Lindahl J, Wätjen J T, Hultqvist A, et al. The effect of $Zn_{1-x}Sn_xO_y$ buffer layer thickness in 18.0% efficient Cd-free $Cu(In, Ga)Se_2$ solar cells. Prog. Photovolt.: Res. Appl., 2013, 21: 1588-1597

[146] Törndahl T, Coronel E, Hultqvist A, et al. The effect of $Zn_{1-x}Mg_xO$ buffer layer deposition temperature on $Cu(In, Ga)Se_2$ solar cells: A study of the buffer/absorber interface. Prog. Photovolt.: Res. Appl., 2009, 17: 115-125

[147] Naghavi N, Spiering S, Powalla M, et al. High-efficiency copper indium gallium diselenide (CIGS) solar cells with indium sulfide buffer layers deposited by atomic layer chemical vapor deposition (ALCVD). Prog. Photovolt.: Res. Appl., 2003, 11: 437-443

[148] Hultqvist A, Platzer-Björkman C, Törndahl T. Optimization of i-ZnO window layers for $Cu(In,Ga)Se_2$ solar cells with ALD buffers. Milan: 22nd European Photovoltaic Solar Energy Conf. and Exhibition, 2007

[149] Kim J, Yun A J, Gil B, et al. Triamine-based aromatic cation as a novel stabilizer for efficient perovskite solar cells. Adv. Funct. Mater., 2019, 29: 1905190

[150] Gunawan O, Pae S R, Bishop D M, et al. Carrier-resolved photo hall measurement in world record-quality perovskite and kesterite solar absorbers. Nature, 2019, 575: 151-155

[151] Kim G, Moon C S, Yang T Y, et al. A thermally induced perovskite crystal control strategy for efficient and photostable wide-bandgap perovskite solar cells. Sol. RRL, 2020, 4: 2000033

[152] Yun A J, Kim J, Hwang T, et al. Origins of efficient perovskite solar cells with low-temperature processed SnO_2 electron transport layer. ACS Appl. Energy Mater., 2019, 2: 3554-3560

[153] Correa-Baena J P, Tress W, Domanski K, et al. Identifying and suppressing interfacial recombination to achieve high open-circuit voltage in perovskite solar cells. Energy Environ. Sci., 2017, 10: 1207-1212

[154] Wang C, Xiao C, Yu Y, et al. Understanding and eliminating hysteresis for highly efficient planar perovskite solar cells. Adv. Energy Mater., 2017, 7: 1700414

[155] Seo S, Jeong S, Bae C, et al. Perovskite solar cells with inorganic electron-and hole-transport layers exhibiting long-term (≈500 h) stability at 85℃ under continuous 1 Sun illumination in ambient air. Adv. Mater., 2018, 30: e1801010

[156] Zhao B, Lee L C, Yang L, et al. *In situ* atmospheric deposition of ultrasmooth nickel oxide for efficient perovskite solar cells. ACS Appl. Mater. Interfaces, 2018, 10: 41849-41854

[157] Tan W, Hendricks O L, Meng A C, et al. Atomic layer deposited TiO_2-IrO_x alloy as a hole transport material for perovskite solar cells. Adv. Mater. Interfaces, 2018, 5: 1800191

[158] Lu Z, Wang S, Liu H, et al. Improved efficiency of perovskite solar cells by the interfacial modification of the active layer. Nanomaterials, 2019, 9: 204

[159] Koushik D, Verhees W J H, Kuang Y, et al. High-efficiency humidity-stable planar perovskite solar cells based on atomic layer architecture. Energy Environ. Sci., 2017, 10: 91-100

[160] Hu X, Jiang X, Xing X, et al. Wide-bandgap perovskite solar cells with large open-circuit voltage of 1653 mV through interfacial engineering. Sol. RRL, 2018, 2: 1800083

[161] Ma J, Zheng M, Chen C, et al. Efficient and stable nonfullerene graded heterojunction inverted perovskite solar cells with inorganic Ga_2O_3 tunneling protective nanolayer. Adv. Funct. Mater., 2018, 28: 1804128

[162] Sahli F, Kamino B A, Werner J, et al. Improved optics in monolithic perovskite/silicon tandem solar cells with a nanocrystalline silicon recombination junction. Adv. Energy Mater., 2018, 8: 1701609

[163] Palmstrom A F, Eperon G E, Leijtens T, et al. Enabling flexible all-perovskite tandem solar cells. Joule, 2019, 3: 2193-2204

[164] Lin R, Xiao K, Qin Z, et al. Monolithic all-perovskite tandem solar cells with 24.8% efficiency exploiting comproportionation to suppress Sn(Ⅱ) oxidation in precursor ink. Nat. Energy, 2019, 4: 864-873

[165] Liu C, Li F, Ma L P, et al. Advanced materials for energy storage. Adv. Mater., 2010, 22: E28-E62

[166] Wang G, Zhang L, Zhang J. A review of electrode materials for electrochemical supercapacitors. Chem. Soc. Rev., 2012, 41: 797-828

[167] Simon P, Gogotsi Y. Materials for electrochemical capacitors. Nat. Mater., 2008, 7: 845-854

[168] Shao Y, El-Kady M F, Sun J, et al. Design and mechanisms of asymmetric supercapacitors. Chem. Rev., 2018, 118: 9233-9280

[169] Goodenough J B, Park K S. The Li-ion rechargeable battery: A perspective. J. Am. Chem. Soc., 2013, 135: 1167-1176

[170] Cericola D, Kötz R. Hybridization of rechargeable batteries and electrochemical capacitors: Principles and limits. Electrochim. Acta, 2012, 72: 1-17

[171] Cao X, Yin Z, Zhang H. Three-dimensional graphene materials: Preparation, structures and application in supercapacitors. Energy Environ. Sci., 2014, 7: 1850-1865

[172] Zhu Y, Murali S, Stoller M D, et al. Carbon-based supercapacitors produced by activation of graphene. Science, 2011, 332: 1537-1541

[173] Simon P, Gogotsi Y, Dunn B. Where do batteries end and supercapacitors begin?. Science, 2014, 343: 1210-1211

[174] Augustyn V, Simon P, Dunn B. Pseudocapacitive oxide materials for high-rate electrochemical energy storage. Energy Environ. Sci., 2014, 7: 1597-1614

[175] Liu C, Li F, Ma L P, et al. Advanced materials for energy storage. Adv. Mater., 2010, 22: E28-E62

[176] Yuan L Y, Yao B, Hu B, et al. Polypyrrole-coated paper for flexible solid-state energy storage. Energy Environ. Sci., 2013, 6: 470-476

[177] Guan C, Qian X, Wang X H, et al. Atomic layer deposition of Co_3O_4 on carbon nanotubes/carbon cloth for high-capacitance and ultrastable supercapacitor electrode. Nanotechnology, 2015, 26: 094001-1~7

[178] Guan C, Liu J L, Wang Y D, et al. Iron oxide-decorated carbon for supercapacitor anodes with ultrahigh energy density and outstanding cycling stability. ACS Nano, 2015, 9: 5198-5207

[179] Sun X, Xie M, Wang G, et al. Atomic layer deposition of TiO_2 on graphene for supercapacitors. J. Electrochem. Soc., 2012, 159: A364-A369

[180] Boukhalfa S, Evanoff K, Yushin G. Atomic layer deposition of vanadium oxide on carbon nanotubes for high-power supercapacitor electrodes. Energy Environ. Sci., 2012, 5: 6872-6879

[181] Guan C, Xia X, Meng N, et al. Hollow core-shell nanostructure supercapacitor electrodes: Gap matters. Energy Environ. Sci., 2012, 5: 9085-9090

[182] Raimondi F, Scherer G G, Kötz R, et al. Nanoparticles in energy technology: Examples from electrochemistry and catalysis. Angew. Chem. Int. Ed., 2005, 44: 2190-2209

[183] Christensen S T, Feng H, Libera J L, et al. Supported Ru-Pt bimetallic nanoparticle catalysts prepared by atomic layer deposition. Nano Lett., 2010, 10: 3047-3051

[184] Feng H, Libera J A, Stair P C, et al. Subnanometer palladium particles synthesized by atomic layer deposition. ACS Catal., 2011, 1: 665-673

[185] Liu C, Wang C C, Kei C C, et al. Atomic layer deposition of platinum nanoparticles on carbon nanotubes for application in proton-exchange membrane fuel cells. Small, 2009, 5: 1535-1538

[186] Juang R S, Hsieh C T, Hsiao J Q, et al. Size-controlled platinum nanoparticles prepared by modified-version atomic layer deposition for ethanol oxidation. J. Power Sources, 2015, 275: 845-851

[187] Shu T, Dang D, Xu D, et al. High-performance MEA prepared by direct deposition of platinum on the gas diffusion layer using an atomic layer deposition technique. Electrochim. Acta, 2015, 177:168-173

[188] Shim J H, Jiang X, Bent S F, et al. Catalysts with Pt surface coating by atomic layer deposition for solid oxide fuel cells. J. Electrochem. Soc., 2010, 157: B793-B797

[189] Chao C C, Hsu C M, Cui Y, et al. Improved solid oxide fuel cell performance with nanostructured electrolytes. ACS Nano, 2011, 5: 5692-5696

[190] Ballée E, Ringuedé A, Cassir M, et al. Synthesis of a thin-layered ionic conductor, CeO_2-Y_2O_3, by atomic layer deposition in view of solid oxide fuel cell applications. Chem. Mater., 2009, 21: 4614-4619

[191] Tucker M C, Lau G Y, Jacobson C P, et al. Performance of metal-supported SOFCs with infiltrated electrodes. J. Power Sources, 2007, 171: 477-482

[192] Lee S, Miller N, Gerdes K. Long-term stability of SOFC composite cathode activated by electrocatalyst infiltration. J. Electrochem. Soc., 2012, 159: F301-F308

[193] Sholklapper T Z, Kurokawa H, Jacobson C P, et al. Nanostructured solid oxide fuel cell electrodes. Nano Lett., 2007, 7: 2136-2141

[194] Gong Y H, Palacio D, Song X Y, et al. Stabilizing nanostructured solid oxide fuel cell cathode with atomic layer deposition. ACS Nano, 2013, 13: 4340-4345

[195] Feng H, Elam J W, Libera J A, et al. Palladium catalysts synthesized by atomic layer deposition for methanol decomposition. Chem. Mater., 2010, 22: 3133-3142

[196] Fujishima A. Electrochemical photolysis of water at a semiconductor electrode. Nature, 1972, 238: 37-38

[197] Halmann M. Photoelectrochemical reduction of aqueous carbon dioxide on p-type gallium phosphide in liquid junction solar cells. Nature, 1978, 275: 115-116

[198] Zhang J Z. Metal oxide nanomaterials for solar hydrogen generation from photoelectrochemical water splitting. MRS Bull., 2011, 36: 48-55

[199] Tsang S C, Claridge J B, Green M L H. Recent advances in the conversion of methane to synthesis gas. Catal. Today, 1995, 23: 3-15

[200] Mayer M T, Lin Y, Yuan G, et al. Forming heterojunctions at the nanoscale for improved photoelectrochemical

water splitting by semiconductor materials: Case studies on hematite. Acc. Chem. Res., 2013, 46: 1558-1566

[201] Bak T, Nowotny J, Rekas M, et al. Photo-electrochemical hydrogen generation from water using solar energy. Materials-related aspects. Int. J. Hydrogen Energy, 2002, 27: 991-1022

[202] Paracchino A, Mathews N, Hisatomi T, et al. Ultrathin films on copper(I) oxide water splitting photocathodes: A study on performance and stability. Energy Environ. Sci., 2012, 5: 8673-8681

[203] Kubacka A, Fernández-García M, Colón G. Advanced nanoarchitectures for solar photocatalytic applications. Chem. Rev., 2011, 112: 1555-1614

[204] Walter M G, Warren E L, McKone J R, et al. Solar water splitting cells. Chem. Rev., 2010, 110: 6446-6473

[205] Liu R, Lin Y, Chou L Y, et al. Water splitting by tungsten oxide prepared by atomic layer deposition and decorated with an oxygen-evolving catalyst. Angew. Chem. Int. Ed., 2011, 50: 499-502

[206] Lin Y, Zhou S, Sheehan S W, et al. Nanonet-based hematite heteronanostructures for efficient solar water splitting. J. Am. Chem. Soc., 2011, 133: 2398-2401

[207] Knez M, Nielsch K, Niinistö L. Synthesis and surface engineering of complex nanostructures by atomic layer deposition. Adv. Mater., 2007, 19: 3425-3438

[208] Lin Y, Zhou S, Liu X, et al. $TiO_2/TiSi_2$ heterostructures for high-efficiency photoelectrochemical H_2O splitting. J. Am. Chem. Soc., 2009, 131: 2772-2773

[209] Stefik M, Cornuz M, Mathews N, et al. Transparent, conducting Nb : SnO_2 for host-guest photoelectrochemistry. Nano Lett., 2012, 12: 5431-5435

[210] Ji I, Park M J, Jung J Y, et al. One-dimensional core/shell structured TiO_2/ZnO heterojunction for improved photoelectrochemical performance. Bull. Korean Chem. Soc., 2012, 33: 2200-2206

[211] Mayer M T, Du C, Wang D. Hematite/Si nanowire dual-absorber system for photoelectrochemical water splitting at low applied potentials. J. Am. Chem. Soc., 2012, 134: 12406-12409

[212] Pore V, Heikkilä M, Ritala M, et al. Atomic layer deposition of $TiO_{2-x}N_x$ thin films for photocatalytic applications. J. Photochem. Photobiol., A, 2006, 177: 68-75

[213] Cheng H E, Lee W J, Hsu C M, et al. Visible light activity of nitrogen-doped TiO_2 thin films grown by atomic layer deposition. Electrochem. Solid-State Lett., 2008, 11: D81-D84

[214] Lin Y, Xu Y, Mayer M T, et al. Growth of p-type hematite by atomic layer deposition and its utilization for improved solar water splitting. J. Am. Chem. Soc., 2012, 134: 5508-5511

[215] Chen Y W, Prange J D, Dühnen S, et al. Atomic layer-deposited tunnel oxide stabilizes silicon photoanodes for water oxidation. Nat. Mater., 2011, 10: 539-544

[216] Liu M, Nam C Y, Black C T, et al. Enhancing water splitting activity and chemical stability of zinc oxide nanowire photoanodes with ultrathin titania shells. J. Phys. Chem. C, 2013, 117: 13396-13402

[217] Hwang Y J, Boukai A, Yang P. High density n-Si/n-TiO_2 core/shell nanowire arrays with enhanced photoactivity. Nano Lett., 2008, 9: 410-415

[218] Lee M H, Takei K, Zhang J, et al. p-Type InP nanopillar photocathodes for efficient solar-driven hydrogen production. Angew. Chem. Int. Ed., 2012, 51: 10760-10764

[219] Strandwitz N C, Comstock D J, Grimm R L, et al. Photoelectrochemical behavior of n-type Si(100) electrodes coated with thin films of manganese oxide grown by atomic layer deposition. J. Phys. Chem. C, 2013, 117: 4931-4936

[220] Paracchino A, Laporte V, Sivula K, et al. Highly active oxide photocathode for photoelectrochemical water reduction. Nat. Mater., 2011, 10: 456-461

[221] Le Formal F, Tétreault N, Cornuz M, et al. Passivating surface states on water splitting hematite photoanodes with

alumina overlayers. Chem. Sci., 2011, 2: 737-743

[222] Yang X, Du C, Liu R, et al. Balancing photovoltage generation and charge-transfer enhancement for catalyst-decorated photoelectrochemical water splitting: A case study of the hematite/MnO_x combination. J. Catal., 2013, 304: 86-91

[223] Riha S C, Klahr B M, Tyo E C, et al. Atomic layer deposition of a submonolayer catalyst for the enhanced photoelectrochemical performance of water oxidation with hematite. ACS Nano, 2013, 7: 2396-2405

[224] Ma Z W, Jiang L Y, Cao Y Q. 3D printing technology for the design of eco-friendly palisade solar evaporators for enhanced desalination and wastewater treatment. Desalination, 2024, 586:117880

[225] Yang H C, Chen Z, Xie Y, et al. Chinese ink: A powerful photothermal material for solar steam generation. Adv. Mater. Interfaces, 2019, 6: 1801252

[226] Zhang C, Chen Z, Xia Z, et al. Ferric tannate photothermal material for efficient water distillation. Environ. Sci.: Water Res. Technol., 2020, 6: 911-915

第 13 章　原子层沉积在催化领域的应用

13.1　引　　言

催化剂是指能加快化学反应速率，而本身在反应前后质量、组成和化学性质不发生变化的物质。催化剂按状态可分为液体催化剂和固体催化剂；按反应体系的相态分为均相催化剂和多相催化剂，多相催化剂也称非均相催化剂，是最常用的固体催化剂，在工业上也常称为触媒。固体催化剂种类繁多，金属和金属氧化物是常用的两类催化剂，在石油化工、燃料电池、可再生能源、废水处理、尾气排放领域有着重要的应用。

催化剂的性能强烈依赖于组成、结构和催化剂的尺寸，也与负载催化剂的担体（support）相关。为了使粉末担体表面功能化，传统合成催化剂的方法主要包括浸渍法、离子交换法和沉淀法等。另外，为了改善金属催化剂的稳定性，往往还需引入保护层以防止催化剂烧结团聚。由于上述方法缺乏对厚度、组成精细的调控，时常导致催化剂性能的恶化[1]。

溶胶-凝胶法和化学气相沉积法（CVD）也应用到颗粒表面的功能化——催化剂涂层的合成中。液相的溶胶-凝胶法很难精确控制沉积层厚度，获得致密无针孔的涂层，且液相法在颗粒使用前还需进行分离与干燥[2]。CVD 曾是最常用的气相方法，然而在颗粒表面形成的涂层倾向于是非均匀、多孔、粒状结构的[3]，为了弥补这一不足，不得不沉积超过所需厚度的涂层[4]。两种技术均存在着颗粒团聚的问题。

具有精确厚度控制和三维共形沉积特点的原子层沉积，无疑在催化剂合成与稳定化方面可以一展身手[1,4-6]。自限制的生长特性适合多孔和高深宽比结构的沉积，可在纳米尺度调控组成、结构和尺寸，进而建立结构、组成和催化性能之间的关系。本章主要介绍颗粒原子层沉积、负载型金属催化剂的合成与稳定化，以及氧化物催化剂、单原子催化剂的合成及其应用示例。

13.2　颗粒和高深宽比结构的原子层沉积

13.2.1　静态颗粒上的原子层沉积

当在少量粉末上进行原子层沉积时，即可采用静态颗粒上的 ALD，将粉末放在固定床（fixed-bed）的敞口容器中［图 13.1(a)］，在容器底部铺展开，厚度越薄越好。此时前驱体蒸气可以充分扩散进粉末中，形成均匀的涂层。然而当粉末量较多时，由于源蒸气不能扩散进下层粉末中，无法在下层粉末中形成有效的包裹［图 13.1(b)］。一种简单的改进方法就是将容器在底部或侧面引入密集分布的格栅或筛孔［图 13.1(c)］，如钨栅（100 个栅条/英寸），或玻璃滤芯，筛孔直径为 5 μm，数量为 10^4 个 /cm^2。美国科罗拉多大学 George 教授课题组，利用钨栅，在 SiO_2、BN、ZrO_2、$BaTiO_3$ 和碳纳米管（CNT）等几种粉末上，沉积了一系列均匀的涂层，包括 Al_2O_3、SiO_2、W、W_2N、BN、TiN、TiO_2、ZnO 和 SnO_x 等 [4,7-10]。当然这种方法也只适合在实验室粉末量相对较少的情况下使用，不适合大量沉积和批量生产。

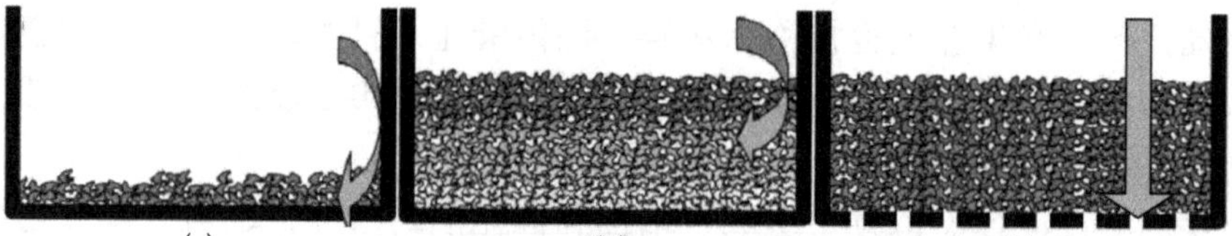

图 13.1　静态颗粒上的 ALD 示意图

(a) 少量粉末均匀铺在容器底部；(b) 较多的粉末铺在容器底部；(c) 粉末铺在有筛孔的容器底部

在上述容器内源蒸气在堆积的颗粒表面扩散，且在达到吸附饱和所需的反应时间内进行了模拟计算 [11]。假设颗粒尺寸为 100 nm，颗粒堆积高度为 2 cm，容器直径为 5 cm，颗粒为简单立方堆积，孔隙率为 48%。反应室前驱体 TMA 的蒸气压为 100 Pa，则计算出颗粒全包覆的总反应时间约为 271 小时，即需要 11 天。当前驱体的蒸气压提高至原来的 10 倍，到 1000 Pa 时，反应时间降低为 27 小时。因为扩散时间与扩散深度，即粉末的堆积高度 h，呈 h^2 的关系，当粉末厚度降到 1 mm 时，扩散时间只需每个脉冲 4 min[12]。计算表明，前驱体分子的流动是一个扩散过程，大量颗粒的原子层沉积必须通过搅拌或流化的模式去改进源蒸气的输运，以大幅减少前驱体曝光时间 [2]。

13.2.2　流化床原子层沉积

针对流化反应床上的颗粒，将气体以某一向上的速度 U 压入。由于颗粒自重和堆积颗粒的阻碍，穿过堆积床产生的压降将随着气体流速的增加而增加［图 13.2(a) 中线 OA］。当气体流速达到临界最小流化床速度 U_{mf}（A 点）时，气体作用于颗粒产生的向上的升力（$F_{up,drag}$）等于颗粒的表观重量（W_p），颗粒将被气体抬起，颗粒之间的距离将增大，反应床被流化。此时即使气体流速进一步增加，流化床的压降 Δp 也将保持不变，等于单位面积颗粒的表观重量［图 13.2(a) 中线 BC］。

$$\Delta p = (W_p - F_{up,drag}) / S_{bed} = H(1-\varepsilon)(\rho_p - \rho_g) g \tag{13.1}$$

式中，H 为流化床的高度，ρ_p 为颗粒密度，ρ_g 为流化气体密度，ε 为颗粒床的孔隙率。气体流速与压降和流化床孔隙率的关系曲线见图 13.2(a)。当气体产生的升力 $F_{up,drag}$ 小于颗粒重量 W_p 时，式（13.1）在此区域内并不有效。在点 A，压降的损失 Δp 大于式（13.1）的预期，因为需要额外的力来克服颗粒间的黏附力和颗粒与壁间的摩擦力。在小反应器中，流化前颗粒已经被压紧了，这种压降损失将变得更为显著。图 13.2(a) 中的 BC 区域，流化床被流化，式（13.1）就有效了。

流化床最重要的特征参数是最小流化速度 U_{mf}，其随着颗粒尺寸和密度的增大而增大，也受流化气体性质的影响。通常颗粒流化，分为均匀流化和鼓泡流化，均匀流化也称非鼓泡流化。在非鼓泡流化床中，颗粒间的距离将随着气体流速的增加而增加，即流化床孔隙率增加，而压降将保持恒定［图 13.2(a) 中线 BC］，也称为均匀床膨胀。鼓泡流化床是由两个相组成的，即鼓泡相的气泡和乳液相的流化颗粒，存在一个最小的鼓泡气体流速 U_{mb}，超过此流速，气泡出现在流化床中。对小而轻的颗粒而言，$U_{mb} > U_{mf}$；对大而重的颗粒而言，$U_{mb} = U_{mf}$。故小而轻的颗粒先出现均匀流化，流速超过一定范围时，才出现鼓泡流化，而对大而重的颗粒，无需经均匀流化，直接进入鼓泡流化。

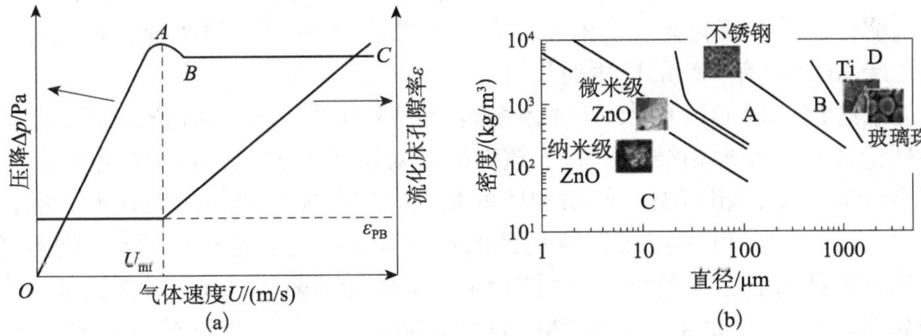

图 13.2　流化床流化的关系曲线和流化颗粒的分类[13]

(a) 堆积床（$U<U_{mf}$）和流化床（$U>U_{mf}$）气体流速与压降和流化床孔隙率之间的关系（只针对非鼓泡式流化床）；(b) 依据 Geldart 定义的流化颗粒的四种分类，包括两个亚类 SFE 和 SFB

依据实验研究及其流化行为，Geldart 把流化颗粒按照颗粒尺寸和密度分为四类［图 13.2(b)］：A 类颗粒，$U_{mb} > U_{mf}$，以均匀流化开始，然后流速增大到 U_{mb} 再鼓泡流化，如裂化催化剂；B 类颗粒，$U_{mb} = U_{mf}$，立即进入鼓泡流化，如沙子；C 类颗粒，为很细的颗粒，易黏附在一起，如面粉、水泥和纳米颗粒的团聚物；D 类颗粒，为高密度的大颗粒，需要很高的气体流速去流化，将发生喷射，如玉米、咖啡豆、豌豆和碎石。对 C 类颗粒流化行为的深入研究表明，细而轻的颗粒是极难流化的。依赖于颗粒尺寸和密度，C类颗粒将出现两种不同的流化行为：轻而细的颗粒为类固态一类流态一洗涤（solidlike to fluidlike to elutriation, SFE）模式。洗涤前，在没有气泡形成时颗粒将均匀膨胀；较大、较重颗粒将显示类固态一类流态一鼓泡（solidlike to fluidlike to bubbling, SFB）模式，在类流态均匀膨胀之后，增加气体流速将在颗粒床上产生气泡。

流化床ALD示意图见图13.3，为了在合适的低压条件下运转ALD，减少在反应室出现CVD生长的可能性，一个旋转叶片机械泵连接到流化床ALD反应室中，典型的操作压力为1～10 Torr，其随着反应室直径和流化床承载颗粒质量的增加而增加。为了防止涂覆只发生在团聚的颗粒表面而非单个颗粒上，利用机械搅拌来改进流化行为。使用流化床ALD，在SiO_2、Al_2O_3、TiO_2、ZrO_2、ZnO、$LiMnO_2$、BN、Al、Ni、Cu、Fe、Co、Zn、有机玻璃、石墨、碳纳米管和金刚石等粉末上，沉积了一系列均匀的涂层，包括Al_2O_3、SiO_2、TiO_2、ZnO、SnO_2、Fe_2O_3、CoO、W、AlN、BN、Si_3N_4、TiP、Pt、Pd等[4,15-19]。图13.4为流化床ALD在几种纳米颗粒表面沉积纳米涂层的TEM照片[5]，可见在TiO_2、ZrO_2颗粒表面均获得了均匀共形的Si_3N_4、BN和Fe_2O_3涂层，其中TiO_2颗粒的比表面积达到79 m^2/g。而BN涂层是利用BCl_3和NH_3做前驱体，卤化物的尾气具有腐蚀性，可以在流化反应床和泵之间在线加装一个简单的收集阱来解决此问题，工业化装置上也可行。Fe_2O_3涂层是用二茂铁和氧气反应生成的，二茂铁是相对廉价的前驱体，其在流化床反应器中，利用率可达100%[19]，说明金属环二戊烯源在流化床ALD中有广泛的应用前景。

近来超声辅助的流化床ALD系统也受到关注[20]。华中科技大学陈蓉课题组将理论计算与实验相结合研究了超声振动对纳米颗粒流化行为的影响。多尺度模型计算表明，超声振动能增加床的高度，促进振动壁附近颗粒的分散，打破团聚。实验结果也证实在超声辅助的流化床ALD反应室中，可以获得较好的流化质量和高的涂覆效率。采用TMA和水作为前驱体，160 ℃在长脉冲、长吹扫条件（600 s TMA-800 s N_2-600 s H_2O-1000 s N_2）下，对比研究普通流化床和超声辅助流化床ALD在$LiNi_{0.8}Co_{0.1}Mn_{0.1}O_2$ (NCM811，100 g) 正极粉末上包覆Al_2O_3层的情况。没有超声辅助的样品，出现了大的团聚和粗糙的表面，而相对照超声辅助包覆的粉末样品团聚小得多，颗粒分布也相对均匀［图13.5(a)］[20]。NCM811纳米颗粒的团聚物尺寸分布如图13.5(b)所示[20]，超声辅助流化床ALD制备的NCM颗粒团聚物在2～7 μm分布概率明显增加，而在7～10 μm大团聚物的概率显著下降，且50循环Al_2O_3沉积在NCM811纳米颗粒形成一个8 nm厚的均匀包覆层。所合成的2 Å Al_2O_3包覆层的NCM811纳米颗粒半电池测试具有210 mA · h/g初始容量，与没有包覆的NCM811粉末容量基本一样，说明超声辅助流化ALD可以在原子尺度形成共形包覆层，是一个有望实现规模化制造纳米颗粒涂层的方法，特别是用在大批量 LIB 正极材料的表面修饰方面。

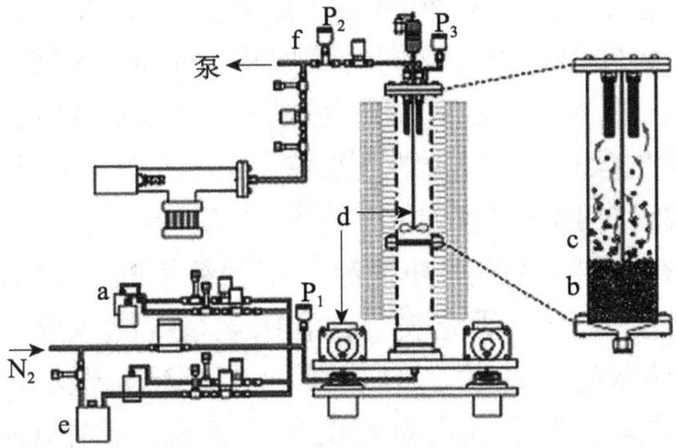

图 13.3　配备原位质谱仪的流化床 ALD 示意图 [14]

a. 源输运装置；b. 颗粒流化床，使用惰性吹扫气体或反应气流化；c. 颗粒喷溅区；d. 机械搅拌装置：辅助流化；e. 前驱体鼓泡瓶：维持流化所需的前驱体配送；f. 反应室出口处的实时质谱仪监控；P_1、P_2、P_3. 电容式压力计：用于监控流化和系统操作

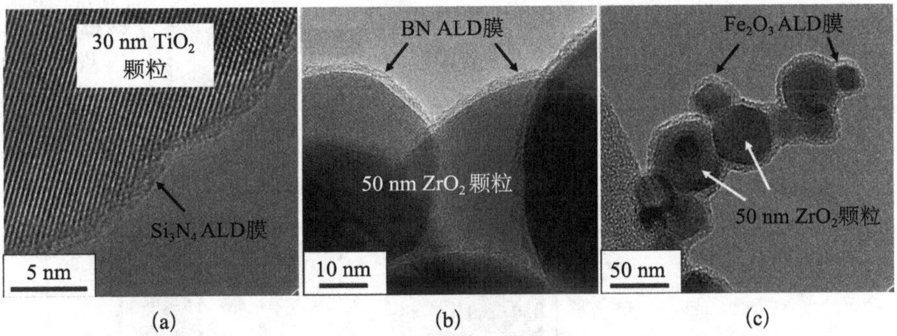

图 13.4　流化床 ALD 在几种纳米颗粒表面沉积纳米涂层的 TEM 照片 [5]

(a) TiO_2 颗粒沉积 2 nm 厚的 Si_3N_4；(b) ZrO_2 颗粒沉积 3 nm 厚的 BN；(c) ZrO_2 颗粒沉积 5 nm 厚的 Fe_2O_3

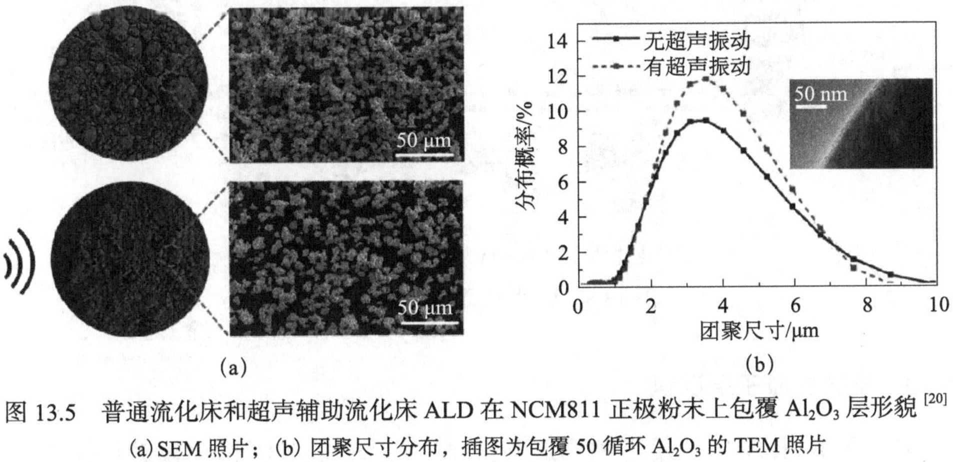

图 13.5　普通流化床和超声辅助流化床 ALD 在 NCM811 正极粉末上包覆 Al_2O_3 层形貌 [20]

(a) SEM 照片；(b) 团聚尺寸分布，插图为包覆 50 循环 Al_2O_3 的 TEM 照片

除了声学和振动、气体脉冲式[21]辅助流化外，也有使用磁场和电场等方法来改善纳米粒子流化的工作[22]。然而由于这些方法都依赖于颗粒电荷（磁性）、前驱体类型和 ALD 条件等，因此它们的使用将对不同的颗粒产生各异的影响。

另外针对流化床式 ALD 设备在反应过程中会存在沟流（短路）、鼓泡（节涌）、腾涌等不正常现象以及不同粒径颗粒之间 ALD 工艺无法通用的缺点，脉冲床式 ALD 设备被设计出来（图 13.6）[23]。在反应腔体的进气口和出气口设置控制阀 Vm 和 Vp 形成间歇性的脉冲气流，使颗粒不断在流化和静止两种状态下进行转换，以消除上述缺点。研究表明，利用该系统能包覆不同形态、不同尺寸的粉末样品，如碳纳米管、花状 ZnO 微阵列和 $YCrO_3$ 颗粒，均能实现 Al_2O_3 或 TiO_2 层的纳米尺度均匀、共形和可重复沉积。然而，脉冲床式 ALD 目前还停留在小尺寸的实验室阶段，如何实现放大、规模化制备还是一个问题。

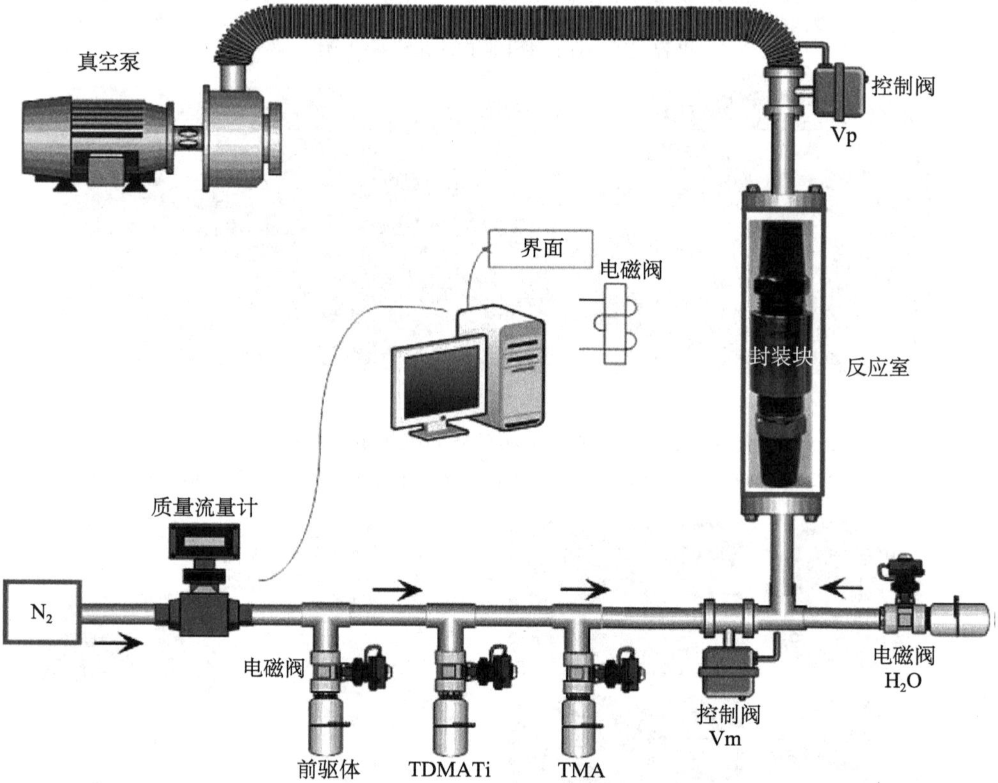

图 13.6　脉冲床式 ALD 示意图[23]

13.2.3　旋转式原子层沉积

除了流化床 ALD，还可利用旋转式 ALD 反应室对沉积颗粒进行搅拌，进而成功应用于涂覆大量颗粒。发展这种技术的初衷是高比表面积的纳米颗粒进行 ALD 包覆需要大量的前驱体。例如，用 TMA 包覆亚微米的 ZrO_2 粉末 1 g，比表面积为 12.5 m^2/g，假设前驱体利用率为 100%，一个 ALD 循环就需要 4 mg 的 TMA[24]。ALD 反应所需前驱体的数量，也与前驱体反应黏附系数（reactive sticking coefficient）和在反应室中的停留时间相关。流化床 ALD 中，前驱体在流化床中只能停留有限的时间，不少前驱体还没来得及在颗粒表面进行反应就已经离开反应室到了泵端，特别是在反应黏附系数不大的情况下。应运而生的旋转式 ALD 反应室，通过增加前驱体分子在颗粒中的停留时间，即使在低黏附系数下，也可以使得反应剂利用率提升到 100%。并且是使用静态反应物曝光模式增加前驱体分子和颗粒表面接触时间，旋转式反应室不仅可提供静态反应物曝光，同时还可搅拌颗粒。其结构示意图见图 13.7[24]。

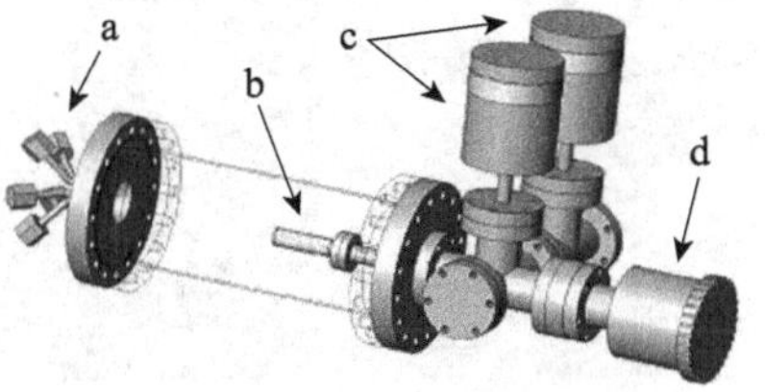

图 13.7　旋转式 ALD 反应室示意图 [24]

a. 多路前驱体输入法兰；b. 小的多孔金属圆柱体反应内室；c.10 Torr 和 1000 Torr 电容压力计；d. 磁密封耦合的旋转操纵器

静态反应脉冲通过关闭反应室和泵之间的闸阀获得，可使颗粒在预定压力下在前驱体蒸气中曝光一段时间。颗粒本身装在一个多孔的不锈钢长圆柱体容器中，直径为 0.75 英寸，长 3 英寸，孔尺寸为 10 μm。此容器被封装在一个大的不锈钢容器中，并通过法兰与磁密封耦合的旋转操纵器相连。这种磁耦合方式可保证旋转时的超高真空。在进行 ALD 反应时，旋转操纵器的转速为 160 r/min，在多孔壁上产生的离心力为 0.27 G（重力）。利用这套装置，均匀的 Al_2O_3 和 W 涂层共形沉积在反应室的单个颗粒表面 [26-28]，静态反应物曝光模式使前驱体利用率得以最大化，而颗粒搅拌的设计也足以防止颗粒团聚。旋转式反应室进一步发展后也可应用于等离子体增强的 ALD 系统 [12,25]。流化床 ALD 中，颗粒尺寸的分布范围和数量的多寡都会影响到流化床的流化模式和流化效果，而与此不同，旋转式 ALD 反应室因为无需流化颗粒，适合宽范围尺寸和数量的颗粒沉积。例如，同一旋转式 ALD/PEALD 反应室应用于五种不同种类颗粒的包覆：纳米 ZnO（光滑，比表面积 33.2 m^2/g，粒径 20～120 nm）、微米 ZnO（光滑，比表面积 3.9 m^2/g，粒径 10～20 μm）、不锈钢珠（光滑，比表面积 0.008 m^2/g，粒径 45～125 μm）、钛金属粉末（粗糙，比表面积 0.002 m^2/g，粒径 0.5～1.5 mm）和玻璃珠（光滑，比表面积 0.004 m^2/g，粒径 2 mm），均获得了较好的涂覆效果。在图 13.2(b) 中标注了这五种颗粒在流化颗粒分类中所处的大致位置，可见旋转式 ALD 反应室应用范围之广。

图 13.8 为旋转式反应室采用热 ALD 在 ZnO 纳米粉末上包覆 50 循环 Al_2O_3 的 TEM 照片，可见 ZnO 纳米晶上被均匀包覆了 5 nm 厚的 Al_2O_3，相应的能谱分析也证实了 Al_2O_3 涂层的存在 [25]。

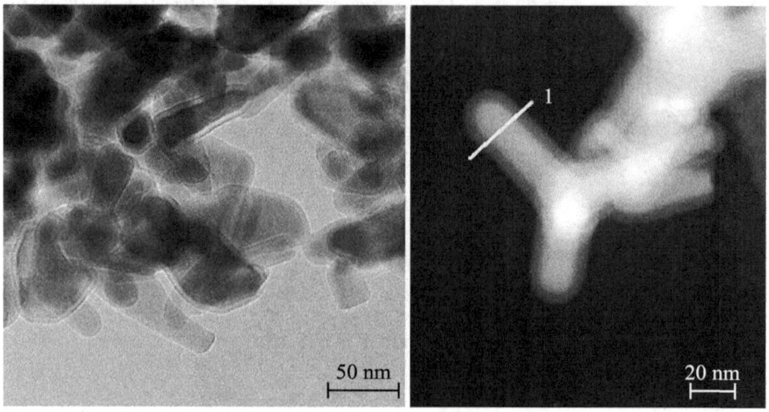

(a)　　(b)

图 13.8　旋转式反应室采用热 ALD 在 ZnO 纳米粉末上包覆 50 循环 Al_2O_3 的 TEM 照片 [25]

除了旋转式 ALD，还有用于粉末包覆的振动式 ALD。其采用振动电机提供振动，在 ALD 反应过程中，颗粒在反应器中不断掘动，改善粉末在反应过程中的流动性和分布均匀性，实现前驱体与粉末的充分接触，获得对粉末材料的均匀包覆，从而确保 ALD 过程的一致性和包覆效率。该方法与其他方案组合使用可以达到更好的效果。

13.2.4　高深宽比结构的原子层沉积

高深宽比（aspect ratio）结构，即指微电子工艺中常见的沟槽（trench）、孔 / 洞（via/hole）、催化剂的担体（多孔结构的沸石、硅胶等）、AAO 模板、蛋白石模板和气凝胶等，通常它们的深度与宽度（或直径）的比值较大，为 10～10000。在高深宽比结构中进行原子层沉积，常常需要考虑前驱体的扩散和供应问题。

按照国际纯粹与应用化学联合会（IUPAC）关于多孔材料的定义 [29]，微孔材料的孔直径小于 2 nm，介孔材料的孔直径为 2～50 nm，宏孔材料的孔直径大于 50 nm。沸石是最常用的微孔材料，广泛应用于异质催化、分子分离、气体纯化和离子交换。高深宽比结构中，不少也会涉及多孔材料。

一般 ALD 的生长可以分为三种类型[30]：①输运限制型（transport-limited regime）：ALD 生长与具体深宽比结构无关，受制于前驱体的输运速度。往往发生在反应室比较小、具有高比表面积的粉末沉积中，前驱体蒸气进入反应室，立即被粉末吸附消耗殆尽。②反应限制型（reaction-limited regime）：ALD 的表面化学反应进行得特别慢，而前驱体的供应稳定而充足。此时深宽比结构变得无关紧要，而反应曝光时间（exposure time）可以依据朗缪尔吸附模型计算获得。③扩散限制型（diffusion-limited regime）：当 ALD 反应速率足够快、前驱体供应也很充足的情况下，在高深宽比结构中前驱体的扩散问题成为 ALD 生长中最常遇到的情况。

对于扩散限制型 ALD，采用克努森扩散（Knudsen diffusion）模型，即当前驱体分子的平均扩散自由程远远大于扩散孔径时，分子与孔壁的碰撞成为扩散的主要障碍，气相分子之间的碰撞可以忽略。计算可得，当深宽比较大时，ALD 达到反应饱和的曝光时间 t 与深宽比的平方成正比[31]。此结论成立的前提是：反应黏附系数足够高，接近于 1，忽略其对反应覆盖率（coverage）的影响，即为朗缪尔吸附；同时深宽比不随着沉积过程的变化而变化。Elam 等[32]采用蒙特卡罗模拟，在考虑黏附系数和深宽比变化的影响情况下，曝光时间 t 也获得了类似的结果［式（13.2）］：

$$t = 9.2 \times 10^{-7}\, m^{1/2} N a^2 / p \tag{13.2}$$

式中，m 为金属前驱体分子质量（amu），N 为反应活性位点密度（个 /cm^2），a 为深宽比，p 为金属前驱体的分压（Torr）。Elam 还定义了跃迁系数 H（hopping coefficient）[30]，$H= 16/a^2$，作为金属前驱体分子到达孔中空白反应点的跃迁百分比，以区分 ALD 为反应限制型还是扩散限制型。将 H 与反应黏附系数 S 相比较，当 $S \gg H$ 时，为扩散限制型，沿着每个孔表面反应位点按照距离远近依次填充；当 $H \gg S$ 时，为反应限制型，前驱体分子沿着孔的方向在反应发生前达到扩散平衡。对高深宽比结构的 ALD 而言，绝大多数情况下表现为扩散限制型，即扩散距离与曝光时间的平方根成正比。图 13.9 使用 TMA/DEZ/H_2O 反应序列脉冲在 AAO 模板中沉积 ZnO 带[33]，由于 TMA 曝光后，孔道内吸附甲基基团的区域对后续的 DEZ 前驱体而言为反应失活点，DEZ 前驱体只能在 AAO 模板内深处未吸附甲基的区域进行反应，由此形成了 AAO 模板中的 ZnO 带状结构［图 13.9(a)］。可见，ZnO 带边缘位置与 TMA 曝光时间的平方根 $t^{1/2}$ 成正比，证实生长符合扩散限制模型［图 13.9(b)］。

在高深宽比结构内和高比表面积颗粒上进行 ALD 生长，时常会存在一些非理想的 ALD 行为，具体如下：

（1）孔封闭导致差的共形性。当 ALD 生长厚度超过孔半径或孔半宽度时，表面孔洞将被封闭或堵塞。

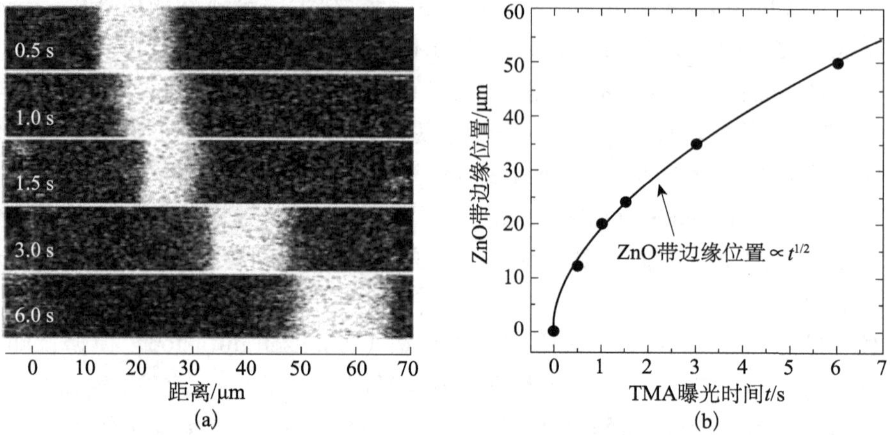

图 13.9　使用 TMA/DEZ/H_2O 反应序列脉冲在 AAO 模板中沉积 ZnO 带[33]

(a) 只改变 TMA 曝光时间测得的 Zn 组成在 AAO 孔道截面中的 EDAX 分布图；(b) ZnO 带边缘位置与 TMA 曝光时间 $t^{1/2}$ 的依赖关系，证实符合扩散限制渗滤工艺

（2）高比表面积结构导致前驱体快速耗尽，使得反应变为输运限制型。例如，采用 ALD 在硅胶内沉积 Al_2O_3 或在二氧化硅气凝胶内沉积 ZnO，前者 TMA 曝光时间与 Al 的分布距离（图 10.17）或 Al_2O_3 的质量增加呈线性关系[34]，后者二氧化硅气凝胶的细丝直径只有 2 nm，ZnO 质量增益随 ZnO 循环次数的增加呈二次方增加，归因于 ZnO 沉积极大地改变了气凝胶的比表面积[35]。

（3）前驱体的热分解。若想在高深宽比结构中获得共形沉积，与前驱体的扩散和反应相比，前驱体的热分解率要非常低，能被忽略才行。研究发现，在 TiO_2 纳米颗粒（9～50 nm）组成的多孔膜（孔径约 4 μm）中沉积 CuS，随着延长前驱体 $Cu(thd)_2$ 的曝光时间，CuS 的渗滤深度变小。原因是 $Cu(thd)_2$ 的热分解堵塞了 TiO_2 颗粒的孔隙[36]。臭氧热分解能降低 ALD 生长金属氧化物的共形性[37]，同理，PEALD 在产生的 O 和 H 自由基的表面复合，也能影响高深宽比结构的共形性[38]。另外，在气凝胶上进行原子层沉积，时常观测到非理想的生长行为。例如，采用 ALD 生长 Cu、Cu_3N 等[39]，膜的渗透深度几乎与前驱体的曝光时间无关，完全与预期中的扩散限制型行为相矛盾，原因就在于 Cu 的脒前驱体的热分解被金属颗粒所催化，或反应副产物阻塞了表面反应位点。

（4）前驱体的侵蚀特性。例如，$NbCl_5$ 与氧化物薄膜反应生成易挥发的氯氧化物[40]，或金属氯化物前驱体由于羟基氯化物的扩散和再沉积可形成微米尺度的团聚物，进而堵塞多孔通道[41]。

（5）气相副产物的再吸附。例如，$TiCl_4$ 的副产物 HCl 或异丙醇钛的副产物异丙醇吸附在 TiO_2 表面，阻止其他 $TiCl_4$ 或异丙醇钛前驱体的吸附反应。这些现象将导致高深宽比结构的非共形沉积，因为孔外部区域产生的副产物将扩散吸附在孔深处，阻碍这些内部区域的 ALD 生长。

（6）液体桥联（liquid bridging）的影响 [5]。低温 ALD 工艺中，液体桥联作为最强的颗粒间作用力之一，使颗粒涂层工艺的难度越来越大。随着沉积温度的降低，如何有效去除残余水蒸气变得越来越重要。单纯延长吹扫时间，并非一个好的方法。采用臭氧或双氧水代替水蒸气作为源，也许更为有效 [42]。

13.3　负载型金属催化剂的 ALD 合成及其应用

13.3.1　负载型金属催化剂的 ALD 合成

在异质催化和电催化反应中，颗粒尺寸直接影响着催化性能，因此可控合成具有狭窄尺寸分布的金属纳米颗粒，能极大地改进催化剂性能。而双金属催化剂联合了单一组分的优点，通过组成和结构调控，可对催化性能进行剪裁和优化。在原子尺度对催化剂进行设计和经济可行的合成，无疑是一个挑战，ALD 利用其独特的表面化学自限制反应机制，在此方面提供了一种可能的解决路径，有望应用于工业生产中。

采用 AB 序列 ALD 合成负载型金属催化剂颗粒是最常用的反应路径。首先易挥发的金属前驱体 A 被曝光在担体上直到饱和，用吹扫气体去除未反应的前驱体 A 和副产物后，表面再曝光在氧化性或还原性前驱体 B 中，形成纳米颗粒，同时去除剩余的配体，为下一次生长循环形成新的反应位点。由于 ALD 生长温度远低于典型的烧结温度，因而避免了颗粒团聚，且担体上颗粒的尺寸和负载量可以通过 ALD 循环次数进行调控。采用 $MeCpPtMe_3$ 和氧气前驱体对 ALD 合成 Pt 纳米颗粒的研究表明，沉积在球形 Al_2O_3 或 $SrTiO_3$ 立方块上的 Pt 颗粒的直径基本正比于 ALD 循环数 [43]，控制精度大约是 0.5 nm，而使用 $Pd(hfac)_2$ 和甲醛前驱体在 Al_2O_3 担体上沉积的 Pd 颗粒，在 1～25 循环间直径也是正比于 ALD 循环数的 [44]。

在原子层沉积前对担体表面进行处理，提供了另一种调控纳米颗粒尺寸和负载量的途径。表面羟基官能团一般易与金属前驱体形成化学吸附，减少表面羟基的密度，即可降低金属负载量。在 Pd 沉积前，通过热处理，或与醇反应形成表面醇盐，或与 TMA 反应，均可减少 Al_2O_3 担体表面的羟基数量，在维持颗粒尺寸不变的前提下，Pd 的负载量降低了 36%[45]。沉积温度也可用来影响 ALD 合成颗粒的尺寸。原位 QCM 测试证实前驱体 $Pd(hfac)_2$ 在 80 ℃仍可在氧化物表面发生化学吸附，远低于甲醛去除 hfac 配体的最低温度 200 ℃ [46]，实验表明，同 200 ℃下的生长相比，低温沉积的 Pd 的粒径仅为（0.8±0.2）nm，具有狭窄的尺寸分布[46]。

下面介绍美国阿贡国家实验室和西北大学研究组利用独特的 ABC 循环反应机制 ALD 生长高度均匀超细负载型金属纳米颗粒的工作[1,6]。

图 13.10 展示了利用 ABC 序列反应机制 ALD 生长高度均匀超细负载型金属纳米颗粒的示意图（Ⅰ）和利用此机制原子层沉积 Pd 的实验结果（Ⅱ）[45]。此过程包含低温（50～80 ℃）沉积催化用金属颗粒的 A 反应和沉积新担体材料的 B 和 C 反应。新形成的担体不仅为金属沉积提供另外的成核位点［（Ⅰ）：(c)～(e)］，而且防止激活过程中出现团聚［（Ⅰ）：(f)］。利用 $Pd(hfac)_2/TMA/H_2O$ 循环反应，在 Al_2O_3 涂层的硅胶表面 80 ℃下合成出高度均匀的 1 nm Pd 颗粒［（Ⅱ）：(a)］，且负载量随着循环次数（1～15 循环）的变化在一个较宽的范围

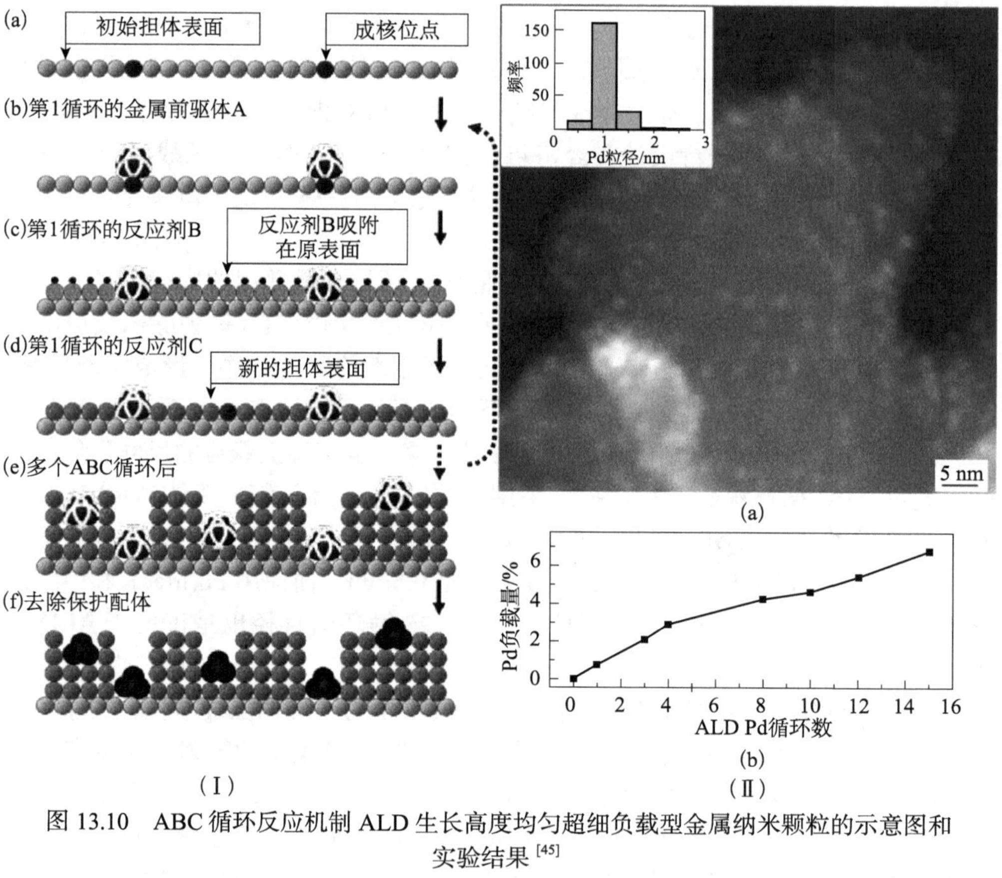

图 13.10　ABC 循环反应机制 ALD 生长高度均匀超细负载型金属纳米颗粒的示意图和实验结果[45]

（Ⅰ）: ABC 循环反应机制 ALD 生长示意图。(a) 具有成核位点的初始担体表面；(b) 易挥发的金属前驱体 A 引入表面形成保留部分配体（网状曲线）的金属纳米颗粒；(c) 和 (d) 反应剂 B 和 C 依次引入表面形成新的担体表面；(e) 多个 ABC 循环后配体保护的金属纳米颗粒和新担体形成于初始担体表面；(f) 保护配体被去除以激活金属纳米颗粒。（Ⅱ）: (a) Al_2O_3 担体上 ALD 生长 Pd 颗粒的 STEM 照片，内图为 Pd 颗粒尺寸分布图；(b) ALD 循环数与 Pd 负载量（质量分数）的关系

内（0.7%～6.6%）变化［（Ⅱ）:（b）］。200 ℃下用甲醛处理 1 小时，可去除 hfac 配体，留下未团聚的金属纳米颗粒用于化学吸附和催化作用。值得指出的是，80 ℃的低温下，$Pd(hfac)_2$ 前驱体不与水发生反应，也不与 TMA 发生反应，由此才可获得单分散性好的 Pd 纳米颗粒。除了 Pd 外，Pt 和 Ag 颗粒也可利用 ABC 机制在氧化铝和氧化钛担体上获得[1,45]，迄今为止，Pt/TiO_2 系统获得了平均粒径为 0.5 nm 的最小 Pt 金属颗粒，负载量为 1.2 %。

美国阿贡国家实验室和西北大学研究组还进行了 ALD 生长双金属纳米颗粒的研究[1,47]。Elam 等发展了一种在原子尺度上 ALD 合成负载型双金属纳米颗粒的普遍策略[47]，通过有选择地在主金属而非担体氧化物上生长第二种金属，避免了单金属纳米颗粒的生成，明显改进了催化活性。同时双金属的尺寸、组成和结构可通过前驱体脉冲序列设计与剪裁进行精确调控。

以 PtPd、PtRu 和 PdRu 合金为例，低温下可实现金属 ALD 选择性生长。如图 13.11 所示，原位 QCM 测量结果表明，在 Pt 或 Ru 金属表面，使用 $Pd(hfac)_2$ 和 H_2 150 ℃下原子层沉积 Pd 为线性生长，无任何成核延迟［图 13.11（a）］，相对照的同样条件下，在 Al_2O_3、TiO_2 和 ZrO_2 表面几乎没有 Pd 的沉积。与此类似，150 ℃

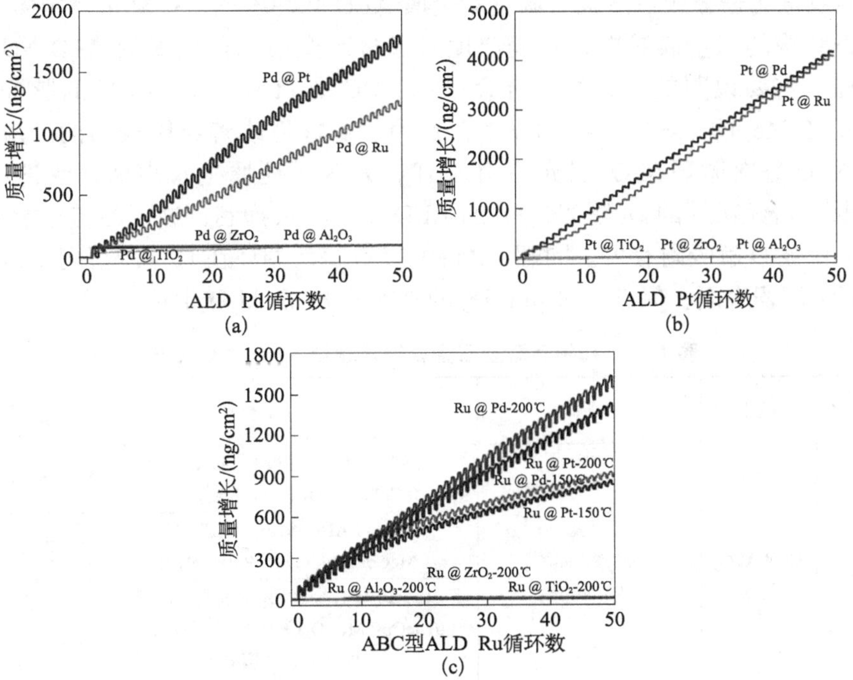

图 13.11　在金属和氧化物表面 ALD 生长 Pd、Pt 和 Ru 的原位 QCM 测量结果[47]

（a）使用 $Pd(hfac)_2$ 和 H_2 在 Pt、Ru、Al_2O_3、TiO_2 和 ZrO_2 表面 150 ℃ ALD 生长 Pd；（b）使用 $MeCpPtMe_3$ 和 O_2 在 Pd、Ru、Al_2O_3、TiO_2 和 ZrO_2 表面 150 ℃ ALD 生长 Pt；（c）使用 $Ru(EtCp)_2$、O_2 和 H_2 在 Pt、Pd、Al_2O_3、TiO_2 和 ZrO_2 表面 200 ℃ ABC 型 ALD 生长 Ru，Pt、Pd 上的沉积温度也可为 150 ℃

下使用 $MeCpPtMe_3$ 和 O_2 在 Pd 和 Ru 上原子层沉积 Pt 为线性生长，而在 Al_2O_3、TiO_2 和 ZrO_2 表面没有观测到明显的 Pt 沉积。原子层沉积 Ru，采用 ABC 循环的生长模式，即利用 $Ru(EtCp)_2$、O_2 和 H_2 的脉冲序列，以便实现 Ru 的低温 ALD 选择性生长。此工艺中，$Ru(EtCp)_2$ 化学吸附在已经存在的 Ru 表面上，随后用 O_2 燃烧掉 EtCp 配体，形成 Ru 的氧化物，最后用 H_2 还原 Ru 的氧化物获得金属 Ru。采用 ABC 工艺，150 ℃或 200 ℃下 Ru 选择性地沉积在 Pd 或 Pt 表面，而 Al_2O_3、TiO_2 和 ZrO_2 表面没有 Ru 沉积。由此可知，在主金属表面选择性沉积第二种金属是可行的，然而要启动双金属颗粒的生长，还需要在相匹配的 ALD 工艺条件下在氧化物表面沉积主金属纳米颗粒。幸运的是，利用甲醛作为共反应剂，在氧化物表面 150 ℃下采用 ALD 可成功沉积 Pd 颗粒，与此类似，利用臭氧作为共反应剂，Pt 也可低温沉积在氧化物表面。借助此方法，即可实现主金属先在氧化物表面沉积，随后第二种金属在主金属表面选择性地沉积，进而实现双金属纳米颗粒的原子尺度调控，避免单金属（主金属或第二金属）纳米颗粒的生成。

表 13.1 为 PtPd、RuPd 和 RuPt 几种负载型双金属纳米颗粒 ALD 生长工艺。在 150 ℃的低温条件下，通过利用双金属交替的 ALD 循环，可以获得充分混合的双金属合金颗粒。也可调整双金属 ALD 脉冲序列，在氧化物担体表面获得核壳结构的双金属颗粒，且壳厚度可通过改变第二种金属的 ALD 循环数精确调控。需要说明的是，PtPd 合金采用 ABC 型 Pt 和 ABC 型 Pd 的脉冲序列，即 $MeCpPtMe_3$-O_2-H_2-$Pd(hfac)_2$-H_2-O_2，是为了更好地改善金属表面的反应活性，Pt 的 ALD 每次循环在 O_2 曝光后引入 H_2，是为了还原生长表面，改进后续的 Pd 生长。若无额外的 H_2 曝光，Pd 的 ALD 生长将被抑制，这可能与化学吸附的 $Pd(hfac)_2$ 被 O 解吸附有关。同理，Pd 的 ALD 每次循环在 H_2 曝光后引入 O_2，是为了氧化沉积表面，促进 $MeCpPtMe_3$ 的吸附和 Pt 的 ALD 生长。

表 13.1　几种负载型双金属纳米颗粒 ALD 生长工艺

双金属纳米晶	担体	前驱体	ALD 工艺	粒径或组成摩尔比
PtPd	球状 Al_2O_3 粉末	$MeCpPtMe_3/O_2$ $Pd(hfac)_2/H_2$	序列：1 ABC 型 Pt + 1 ABC 型 Pd $MeCpPtMe_3$-O_2-H_2-$Pd(hfac)_2$-H_2-O_2	Pt∶Pd =1∶1
			序列：1 ABC 型 Pt + 1 AB 型 Pd $MeCpPtMe_3$-O_2-H_2-$Pd(hfac)_2$-H_2	Pt∶Pd =3∶4
			12Pt10Pd 合金序列：2 循环 AB 型 Pt($MeCpPtMe_3$-O_2) + 10 循环（1ABC 型 Pd + 1ABC 型 Pt） $MeCpPtMe_3$-O_2-H_2-$Pd(hfac)_2$-H_2	（2.5 ± 0.43）nm
Pd@Pt 核壳结构	同上	$Pd(hfac)_2$/HCHO $MeCpPtMe_3/O_2$	序列：5 循环 AB 型 Pd［$Pd(hfac)_2$-HCHO］+ 15 循环 AB 型 Pt($MeCpPtMe_3$-O_2)	（2.7 ± 0.63）nm

续表

双金属纳米晶	担体	前驱体	ALD 工艺	粒径或组成摩尔比
Pt@ 富 Pd	同上	$MeCpPtMe_3/O_3$ $Pd(hfac)_2/HCHO$	序列：12 循环 AB 型 $Pt(MeCpPtMe_3\text{-}O_2)$ + 20 循环 AB 型 Pd［$Pd(hfac)_2\text{-}HCHO$］	（2.5 ± 0.51）nm
RuPd	同上	$Ru(EtCp)_2$ $Pd(hfac)_2$	序列：1 ABC 型 Ru + 1 AB 型 Pd $Ru(EtCp)_2\text{-}O_2\text{-}H_2\text{-}Pd(hfac)_2\text{-}H_2$	Ru∶Pd =3∶5
RuPt	同上	$Ru(EtCp)_2$ $MeCpPtMe_3$	序列：1 ABC 型 Ru + 1 ABC 型 Pt $Ru(EtCp)_2\text{-}O_2\text{-}H_2\text{-}MeCpPtMe_3\text{-}O_2\text{-}H_2$	Ru∶Pt =1∶1
Pt@ 富 Ru	同上	$MeCpPtMe_3$ $Ru(EtCp)_2$	序列：1 ABC 型 Pt +35 ABC 型 Ru $MeCpPtMe_3\text{-}O_2\text{-}Ru(EtCp)_2\text{-}O_2\text{-}H_2$	（1.9 ± 0.37）nm

注：每一个源脉冲后均跟着一个 N_2 吹扫脉冲，生长温度均为 150 ℃，除了 Pt@ 富 Ru 的沉积在 200 ℃。

图 13.12 显示了球状 Al_2O_3 担体上沉积双金属纳米颗粒的结构——典型的球差校正 HAADF-STEM 照片和相应的 EDS 元素线扫描图。可见沉积的双金属纳米颗粒均呈现良好的单分散性，且 EDS 线扫描图与原位 CO 化学吸附 FTIR 谱结果相吻合，证实形成了 Pd@Pt［图 13.12(a)］、Pt@ 富 Pd［图 13.12(b)］和 Pt@ 富 Ru［图 13.12(d)］等核壳结构以及 PtPd 等充分混合的合金结构［图 13.12(c)］。总之，低温选择性 ALD 生长金属是应用于负载型双金属纳米颗粒合成的一个灵活且有效的方法，并有望推广到多金属纳米催化剂的制备。

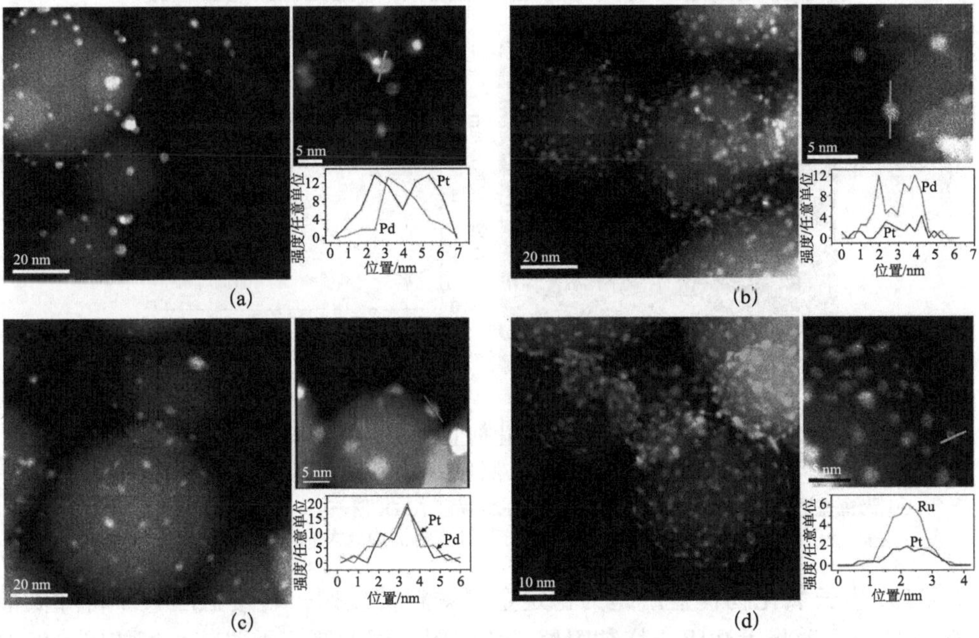

图 13.12　ALD 在球状 Al_2O_3 担体上沉积双金属纳米颗粒的结构——典型的球差校正 HAADF-STEM 照片和相应的 EDS 元素线扫描图[47]

(a) 5Pd-核 /15Pt-壳；(b) 12Pt-核 /20 富 Pd-壳；(c) 12Pt-10Pd 合金；(d) 1Pt-核 /35 富 Ru-壳

13.3.2 负载型金属催化剂的稳定化

负载型金属纳米颗粒催化剂在使用过程中，如果不做稳定化处理，高温会导致纳米颗粒烧结团聚，催化性能降低，甚至会催化剂中毒，最终失去催化效力。采用 ALD 在金属纳米颗粒和担体表面沉积一薄层金属氧化物涂层，作为稳定负载型金属催化剂的一种方法，已经在一些课题组进行了研究[1,49-52]。与传统的 CVD 和溶胶-凝胶法相比，ALD 可对保护层的厚度和组成做精确调控，图 13.13 显示了在球状 Al_2O_3 担体 Pd/Al_2O_3 催化剂上 ALD 生长不同循环数 Al_2O_3 覆盖层的 TEM 照片[48]，可见 ALD 循环数与覆盖层厚度呈线性关系，容易调控。

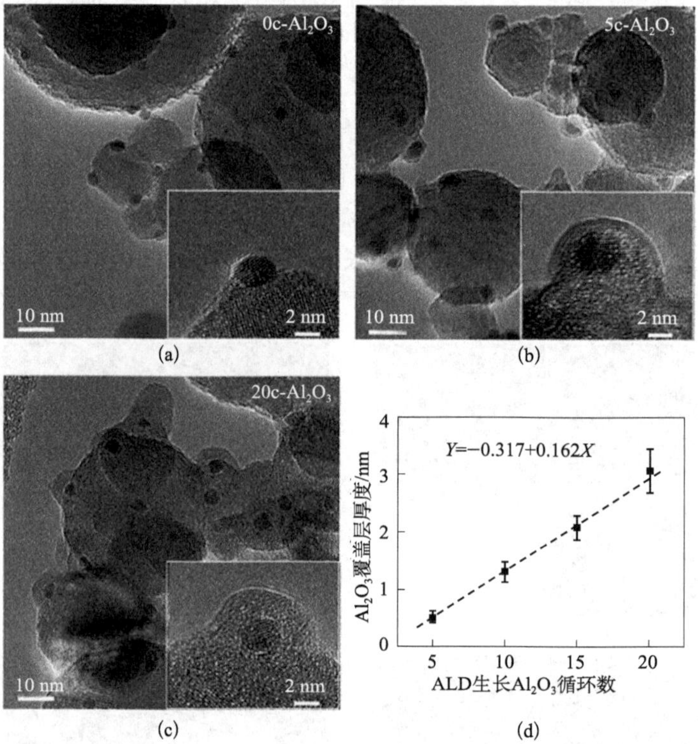

图 13.13　在球状 Al_2O_3 担体 Pd/Al_2O_3 催化剂上 ALD 生长不同循环数 Al_2O_3 覆盖层的 TEM 照片[48]

(a) 无覆盖层；(b) 5 循环 Al_2O_3 覆盖层；(c) 20 循环 Al_2O_3 覆盖层；(d) Al_2O_3 覆盖层厚度与 ALD 循环数的曲线。TEM 内插图为放大照片

ALD 生长氧化物覆盖层是为稳定金属颗粒催化剂，若覆盖层太厚将降低催化剂活性，太薄将无法阻止烧结团聚，所以覆盖层的厚度需要精心调控以确保催化剂的性能最优化。研究表明 Pd 纳米颗粒催化甲醇分解的反应，Pd/SiO_2 担体上的 Al_2O_3 覆盖层不仅改善了 Pd 颗粒的稳定性，也直接影响到催化剂的活性[50]。

令人惊讶的是仅仅一个循环的 Al_2O_3 覆盖层（约 0.1 nm），就足以抑制 Pd 颗粒在 270 ℃下甲醇分解反应 6 小时中的烧结现象。而在同样的反应过程后，未进行包覆的 Pd 颗粒尺寸增大了一倍。研究还发现，包覆层厚度在 1～16 循环间，甲醇转换的 Pd 的催化活性差不多，且比未进行包覆的 Pd 颗粒的催化活性要高，这与未包覆的 Pd 颗粒因为烧结效应导致催化剂有效表面积损失相关。当覆盖层超过 16 循环时，催化性能降低，覆盖层为 24 循环时，催化活性损失将近 80%，覆盖层为 32 循环时，不再具有催化活性。

催化剂被覆盖后，保持催化反应剂与包裹的金属纳米颗粒之间的接触，即在 ALD 生长的覆盖层内留有孔隙或通道，也是获得较好催化性能的关键因素。目前已经发展了几种产生或调控 ALD 覆盖层中孔隙率的方法。

（1）自抑制生长。研究发现由于自中毒、自清洁的生长工艺，采用 ALD 刚生长的 Al_2O_3 覆盖层是多孔的 [48]。TMA 在 Pd 表面化学吸附离解形成的 CH_3 表面官能团表现为一个中毒剂，抑制 Al_2O_3 在后续 ALD 循环中的生长。原位观测也表明起始的 7 个 ALD 循环时，QMS 检测到氢 [1,48]，CO 化学吸附测量也证实存在裸露的 Pd 活性点 [50]，表明 Al_2O_3 覆盖层是多孔的。而包覆 Al_2O_3 层的 Pd 催化剂所表现出的甲醇分解反应活性，也无疑支持了此结论 [50]。

（2）高温热处理。通过高温热处理，去除 ALD 生长中的碳残余，使 Al_2O_3 与金属纳米颗粒间不浸润，或高温脱水，即可在保护层中形成孔洞 [1,49]。例如，在氧化铝担体 Pd 颗粒上 ALD 生长 8 nm 厚 Al_2O_3 覆盖层，然后在 700 ℃下含 10% 氧的气氛中烧结 2 小时，即可变成多孔结构 [49]。

（3）引入有机致孔剂。采用分子层沉积来制备金属纳米颗粒保护层——有机–无机杂化聚合物薄膜，如铝氧烷（alucones），然后通过后续热处理氧化去除有机成分，即可获得多孔 Al_2O_3 薄膜 [51]。

（4）选择性生长。在 ALD 包覆处理前有机分子首先连接到金属纳米颗粒上，有机分子的作用是掩护纳米颗粒，防止氧化物保护层直接在金属表面包覆。在后续氧化中去除有机分子，金属纳米颗粒被金属氧化物的“纳米碗”所环绕，“纳米碗”的尺寸通过选择合适的掩膜剂和覆盖层的循环数进行调控 [53]。

13.3.3　应用举例

以球状硅胶和氧化铝担体上负载 Al_2O_3 包覆的 Pd 颗粒分别催化甲醇分解反应和乙烷氧化脱氢生成乙烯反应为例，来说明 ALD 在其中所起的作用 [49,50]。首先负载型高度均匀分布的 Pd 纳米或亚纳米颗粒的制备，就是通过低温 ABC 序列的 ALD 工艺获得的 [44-46]，然后又利用 ALD 工艺在 Pd 颗粒催化剂上形成 Al_2O_3 包覆层 [48-50]。一系列研究发现，低配位的金属点位具有不良的催化性能。例如，甲醇分解中，不需要的副反应路径——C—O 键断裂反应生成碳沉积，偏好发生在低配位的金属位点，而需要的脱氢反应路径常发生在高配位的 Pd（111）面上[54]。幸运的是，ALD 生长的包覆层倾向于先修饰低配位的 Pd 位点，对 Pd/SiO_2 催化甲醇分解反应几乎没有影响，因此如前所述，最初 1～16 个 ALD Al_2O_3 包覆循环，催化活性几乎无差别，超过 16 个循环，Al_2O_3 包覆开始占据 Pd 缺陷位点并闯入 Pd（111）面位点，最终导致 Pd 颗粒全包覆，失去催化活性[51]。实验还表明包覆了 Al_2O_3 的 Pd/SiO_2 催化剂即使在 500 ℃惰性气氛下使用也不会发生烧结现象。因此 ALD 只要选择合适的工艺条件，获得的负载型金属纳米颗粒即可具有较好的催化性能。

而在乙烷氧化脱氢生成乙烯（ODHE）反应中，负载型金属纳米颗粒的 Al_2O_3 包覆，可以有效防止高温异质催化中焦化和烧结引起的催化剂中毒和催化活性的降低[49]。图 13.14 为在球状 Al_2O_3 担体 Pd/Al_2O_3 催化剂上 Al_2O_3 覆盖层

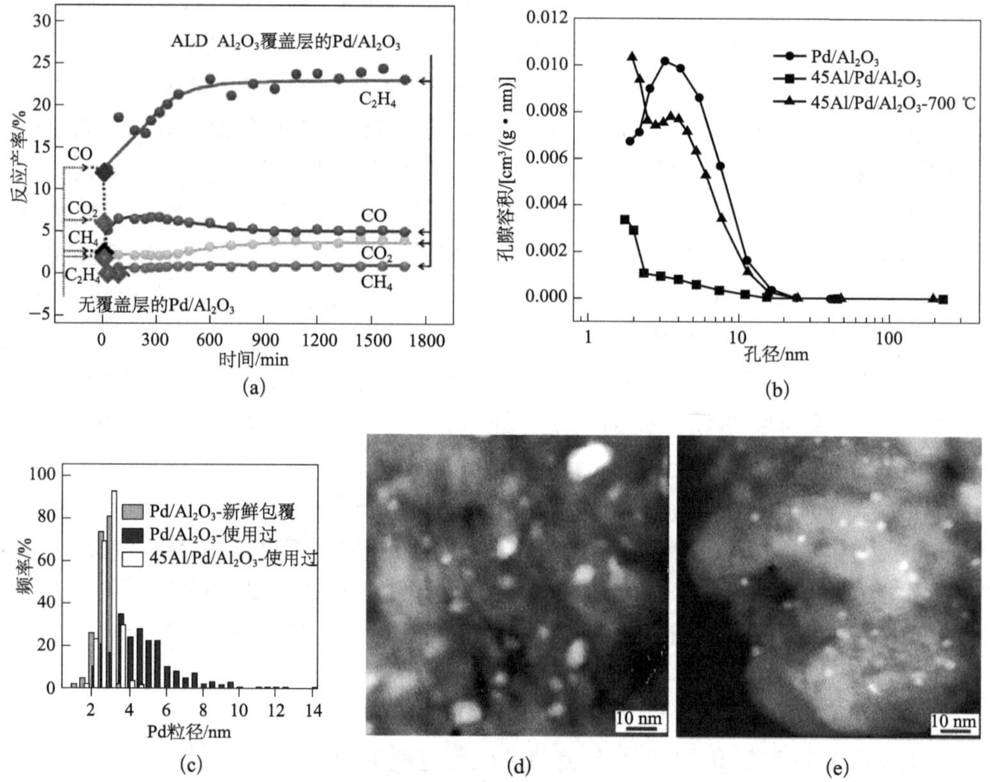

图 13.14　在球状 Al_2O_3 担体 Pd/Al_2O_3 催化剂上 Al_2O_3 覆盖层和高温使用对 ODHE 反应催化活性、催化剂粒径和孔尺寸的影响[49]

(a) 有无 Al_2O_3 覆盖层随反应时间的 ODHE 反应产率，虚线菱形方块为未包覆的样品，实线圆圈为包覆 45 循环 Al_2O_3 的样品；(b) 和 (c) 未包覆 Pd/Al_2O_3、新鲜包覆 45 循环 Al_2O_3 样品和高温热处理使用过的包覆 Al_2O_3 样品的孔径和 Pd 粒径分布；(d) 高温 675 ℃、30 min 使用过的未包覆 Al_2O_3 样品的 TEM 照片；(e) 高温 675 ℃、1700 min 使用过的包覆 Al_2O_3 样品的 TEM 照片

和高温使用对 ODHE 反应催化活性、催化剂粒径和孔尺寸的影响[49]。可见包覆 Al_2O_3 的 Pd/Al_2O_3 催化剂在 675 ℃、28 小时的长期使用中，显示了异常稳定的乙烯产率，从初始的 12% 增加到 23%，不需要的 CO、CO_2 和 CH_4 产物的产率被明显抑制，分别只有 5.1%、3.9% 和 0.9%，可与目前最好的 ODHE 催化剂相媲美。而未包覆的样品在半小时后，乙烯的产率就从 1.9% 迅速降低到 0 [图 13.14(a)]。对应的 TEM 照片和 Pd 粒径分布图 [图 13.14(c)～(e)] 说明：包覆 45 循环 Al_2O_3 的 Pd/Al_2O_3 催化剂高温长期使用后，依然保持 Pd 纳米颗粒的良好分散性 [(2.8±0.46) nm]，而未包覆的样品使用 30 min 后发生了明显的烧结团聚 [(4.6±1.92) nm]，出现 10 nm 左右的 Pd 颗粒。对催化剂样品孔隙率的研究说明 [图 13.14(b)]，新鲜包覆 45 循环 Al_2O_3 的 Pd/Al_2O_3 催化剂同未包覆的样品相比，6.5 nm 的介孔孔径消失，比表面积从 253 m^2/g 急剧下降到 30 m^2/g。然而通过后续热处理，在含氧 10% 的氦气中 700 ℃烧结 2 小时，再在含 5% 氢的氦气中 300 ℃处理半小时，包覆 Al_2O_3 样品的比表面积可重新恢复到 213 m^2/g，6.6 nm 的介孔孔径重新出现，还形成了新的 2 nm 孔径。高温热处理产生的孔径结构使得包裹的 Pd 纳米颗粒可在反应过程中与反应剂保持充分接触，而 Al_2O_3 涂层倾向选择性包覆与阻塞边缘和角落的 Pd 位点，而这些反应位点容易断裂 C—C 键，发生焦化反应。Al_2O_3 涂层选择性包覆低配位 Pd 位点，很好地起到了防止焦化、获得出色催化活性的效果。

另外，关于双金属纳米颗粒催化剂的活性，甲醇分解催化实验表明[55]，Al_2O_3 担体上负载 Ru-Pt 双金属合金催化剂，比 Al_2O_3 担体上单独负载 Ru 和 Pt 的混合物催化剂，在 210 ℃以上展示出高得多的反应活性（见图 12.29）。例如，250 ℃下，采用 Ru-Pt 双金属合金催化剂的甲醇转化率超过 80%，而单金属 Ru 和 Pt 的混合物催化剂不到 40%。

13.4　氧化物催化剂的 ALD 合成及其应用

13.4.1　氧化物催化剂的 ALD 合成

ALD 所制备的材料中，氧化物无疑是其生长种类最多、最成功的一大类别。一般而言，元素周期表中只要有对应的前驱体，大多可通过 ALD 获得对应的氧化物。其中不少过渡金属氧化物、复合过渡金属氧化物具有优良的催化活性，广泛用于工业上氧化还原型机理的催化反应中。例如，V_2O_5 用于硫酸工业，作为二氧化硫氧化成三氧化硫的催化剂；Mo-Bi 氧化物作为催化剂，将丙烯氨化氧化为丙烯腈；采用 Fe-Cr-K 氧化物催化剂，乙苯脱氢制取苯乙烯原料；炼油工业中提升油品质量，采用 Ni-W 氧化物催化剂对石油馏分进行加氢处理。过渡金属氧化物催化剂，一般为非化学计量比化合物，存在着负离子或正离子缺位，形成特定的活性中心，结构中的某些金属－氧键的强度往往不同于正常化合物，能通过电子转移的机理而使反应物活化。在氧化物催化剂中，多含有催化剂担体，如氧化铝、硅胶和沸石分子筛等。

由于 ALD 的自限制反应特性，其特别适合在多孔结构、高比表面积的催化剂载体上沉积氧化物催化剂。并且沉积的氧化物相对于担体而言是原子尺度上的共形沉积，担体颗粒原始的表面积可以最大限度地予以保留。对具体工艺而言，单元氧化物可采用最寻常的 AB 序列反应，A 为金属前驱体脉冲，B 为氧源脉冲，通常为 H_2O，AB 脉冲交替循环，完成氧化物的沉积；多元氧化物或复合氧化物，采用两种以上的金属前驱体，通过设计特定的 ALD 脉冲序列，来对组成和结构进行调控 [57,58]，以避免分相或获得催化所需的相结构。对于氧化物的 ALD 气相沉积，半反应中包括了与表面—OH 官能团的反应，而催化剂的常用担体硅胶和氧化铝等的表面很易吸附—OH，使得氧化物沉积反应极易进行。例如，硅胶担体通过沉积 1 nm 厚的 TiO_2 就转换成 TiO_2 担体 [59,60]。

图 13.15 为介孔 SiO_2 分子筛（型号 SBA-15）担体上采用乙醇铌 [$Nb(OEt)_5$] 和 H_2O 前驱体 ALD 制备 Nb_2O_5 催化剂的示意图 [56]。ALD 循环数 y 从 1、10 到 19 和 30，沉积 30 循环 Nb_2O_5 前后分子筛的表面形貌如图 13.16(a)、(b) 所示，亮区代表 SiO_2 孔壁或 Nb_2O_5 涂层，暗区代表孔区域，仔细观察可发现 SBA-15-ALD-30 样品中的亮区存在一条细暗线，代表着已经包覆 Nb_2O_5 的 SiO_2 孔壁，这是由于暗场 STEM 图像衬度与原子序数直接相关，SiO_2 远轻于 Nb_2O_5，故呈现为暗线。而未沉积 Nb_2O_5 的 SBA-15 分子筛，则观测不到此现象。通过 200℃、12 小时水热处理不同 ALD 循环数的样品，可见 SiO_2 分子筛不耐水热，介孔结构完全塌陷［图 13.16(c)］，而沉积了 1 循环 Nb_2O_5 的 SBA-15-ALD-1 分子筛的稳定性明显改善［图 13.16(e)］，但依然有局部区域被破坏［图 13.16(d)］。当循环数达到

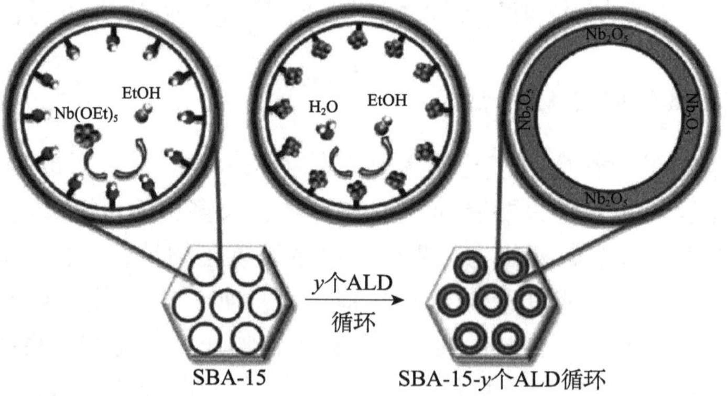

图 13.15 介孔 SiO_2 分子筛（型号 SBA-15）担体上 ALD 生长 Nb_2O_5 催化剂示意图 [56]

10 以上时，SBA-15-ALD-10 或 19 或 30 均显示了极佳的稳定性，介孔结构被完好保存［图 13.16(f)］。

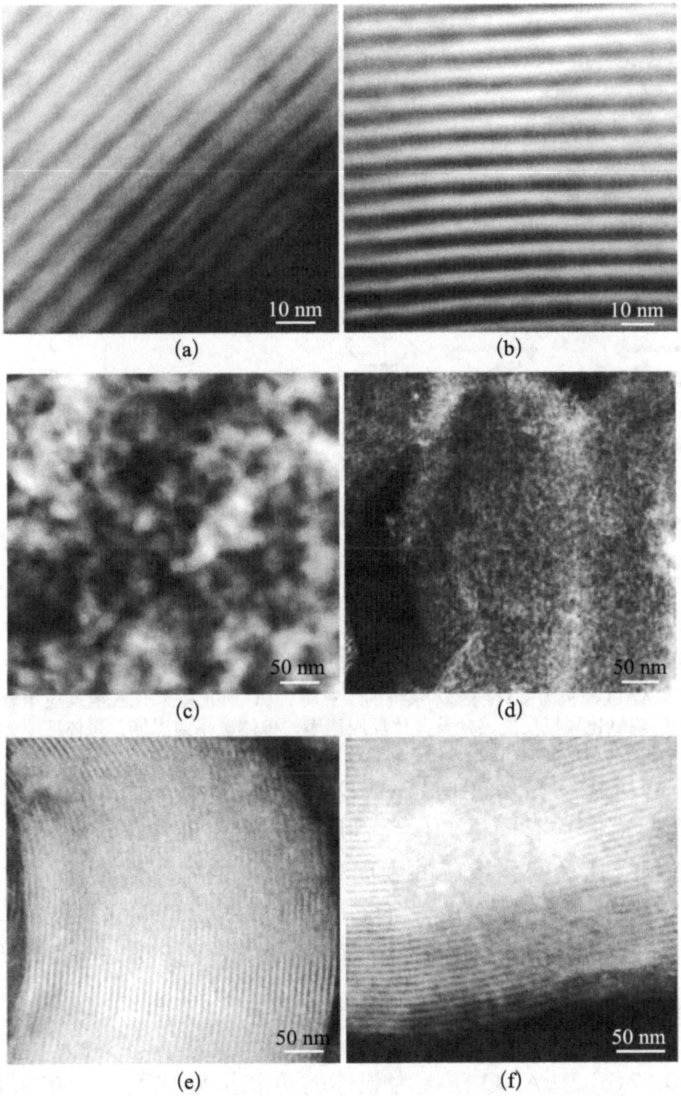

图 13.16　SBA-15 分子筛上 ALD 生长 Nb_2O_5 催化剂不同情形下的暗场 STEM 照片[56]

(a) 和 (b)SBA-15-ALD-30 和 SBA-15 高分辨 STEM 照片；(c) 200 ℃水热处理后 SBA-15 的 STEM 照片；(d) 和 (e)SBA-15-ALD-1 不同区域；(f) SBA-15-ALD-10

美国阿贡国家实验室和西北大学研究组利用具有纳米通道（直径 10～100 nm）的阳极氧化铝（AAO）作为催化剂载体[61,62]，通过 ALD 在通道内涂覆催化剂层，然后将 AAO 封闭在流动式反应器中进行相关催化反应。一系列氧化物催化剂二氧化钛、五氧化铌、氧化铝和氧化钒已经被合成与表征，并检测其催化活性和选择性[63,64]。图 13.17 为此催化剂载体系统的示意图及其在环己烷氧化脱氢中的应用[6]。

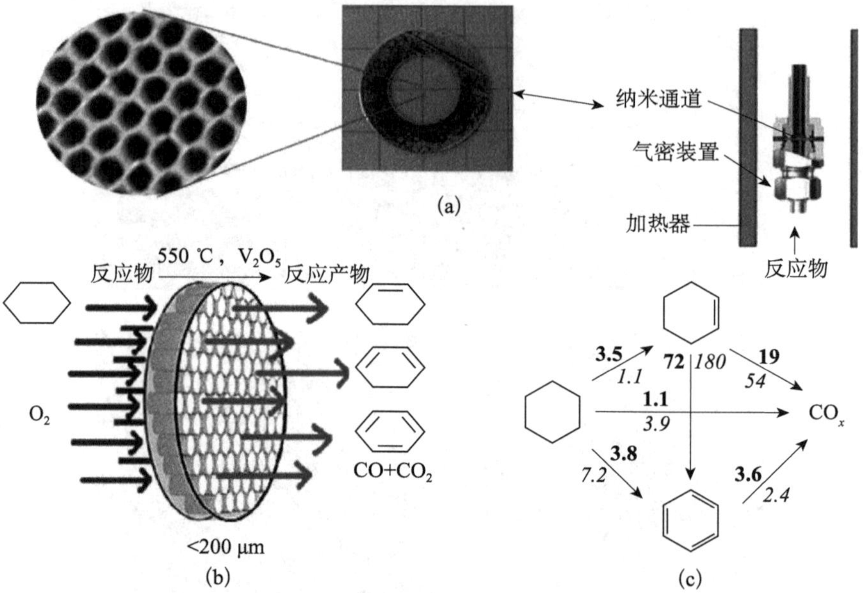

图 13.17　以 AAO 模板为催化剂载体系统的示意图及其在环己烷氧化脱氢中的应用[6]

(a) 以 AAO 模板为催化剂载体系统的示意图；(b) 环己烷氧化脱氢反应示意图；
(c) 环己烷氧化脱氢反应路径及其比反应速率，单体速率为黑体，聚体速率为斜体

极端均匀的氧化物涂层能通过 ALD 工艺遍及分布在 AAO 担体的纳米通道内[65]，且每个通道内均有同样的催化剂层，即便在催化剂担载量较高的情况下，由于孔通道堵塞或孔径变化造成的表面积变化，也可忽略不计。初步研究表明，纳通道结构使得氧化脱氢条件下均匀自由基反应的贡献明显降低，与粉末形式催化剂相比，对环己烷烯烃化的反应产生了较高的催化活性和选择性[64]。

13.4.2　应用举例

就以图 13.17(b) 中 AAO 模板为载体的负载型催化剂原子层沉积 VO_x 为例，来说明其在环己烷氧化脱氢中的应用。所测反应动力学数据和激活能与以前文献报道的负载型 VO_x 相当[66]，表明 ALD 技术作为一种可供选择的方法合成负载型 VO_x 催化剂，即使在负载量高于一个单层（8 V/nm^2）情况下，也可取得较好的分散性。氧化脱氢反应中聚钒酸盐（polyvanadate）位点似乎比单钒酸盐（monovanadate）位点更活跃。然而从比较环己烷的氧化脱氢、环己烯和苯的氧化等的比反应速率（specific rates）可知［图 13.17(c)］，无论是烯烃的序列反应

路径，还是从环己烷到苯的反应路径，在环己烷氧化中都是非常重要的。有趣的是，聚体的催化速率一般均高于单体。然而最需要的反应，即烯烃形成反应，单体 VO_x 位点比聚体 VO_x 位点快了 3 倍，说明控制 VO_x 种类更有利于氧化转换反应的选择性。

上一小节已介绍过 SBA-15 介孔 SiO_2 分子筛上 ALD 合成 Nb_2O_5 催化剂的工艺及其水热处理介孔结构的稳定性，本节中将专门讨论其在 2- 丙醇和 2- 丁醇脱水反应中的催化活性及其稳定性，以及与浸渍 Pd 纳米颗粒结合作为双功能催化剂在 γ- 戊内酯转化成戊酸中的应用[56]。

通常研究 Nb_2O_5 基催化剂对 2- 丙醇气相脱水反应的催化性能，是以其作为一个标准的探针反应，用来评估非均相催化剂的酸性。表 13.2 为商业化的 Nb_2O_5 催化剂 HY-340 和 ALD 合成 Nb_2O_5 催化剂 SBA-15-ALD-19 在 200 ℃水中热处理 12 小时前后，180 ℃下对 2- 丙醇脱水反应的催化活性[56]。可知单纯的 SBA-15 无催化活性，HY-340 水热处理前丙烯的形成速率为 114 μmol/(min · g)，水热处理后下降到 28 μmol/(min · g)，而 SBA-15-ALD-19 表现出较高的催化活性和稳定性，丙烯的形成速率达到 370 μmol /(min · g)，水热处理后，催化活性略微降低，为 347 μmol /(min · g)。当然，如果丙烯形成速率的归一化用单位表面积来表示，则所有催化剂的数值大体相近。

表 13.2　商业化 HY-340 和 SBA-15-ALD-19 催化剂在 200 ℃ 水中热处理 12 小时前后对 2- 丙醇脱水反应的催化活性[56]

催化剂	丙烯形成速率	
	/[μmol/(min · g)]	/[μmol/(min · m^2)]
SBA-15 (处理前)	0	0
HY-340 (处理前)	114	1.0
HY-340 (处理后)	28	1.6
SBA-15-ALD-19 (处理前)	370	1.5
SBA-15-ALD-19 (处理后)	347	1.4

源自生物质的分子是高度氧化的化合物，一般易溶于水，需要采用水相工艺选择性去除氧以生产燃料和化学品。特别是针对碳水化合物和糖醇的脱氧，一个极具吸引力的方法就是采用水相脱水氢化工艺（aqueous-phase dehydration hydrogenation, APDH），其中固体酸常被用来催化氧化烃的脱水，然后再在金属催化剂和氢存在情况下氢化形成烷基化合物。前人的研究表明，固体酸的脱水是整个 APDH 工艺中的限速环节[67]，在固体酸负载 Pt 金属催化剂中，经常观测不到烯烃。为此，以 2- 丁醇脱水作为探测分子，对 SBA-15-ALD-19 催化剂在不同水浓度下，特别是在存在液态水情况下，系统研究了其在 APDH 工艺中作为耐水固体酸催化剂的性能。如图 13.18 所示[56]，SBA-15-ALD-19 无论是在蒸气相

中还是在液态水中，在高温和升压情况下，都显示出较高的丁烯生成速率，表现出极佳的稳定性——耐水催化特性，而商业的 HY-340 在液态水中，催化活性明显下降。

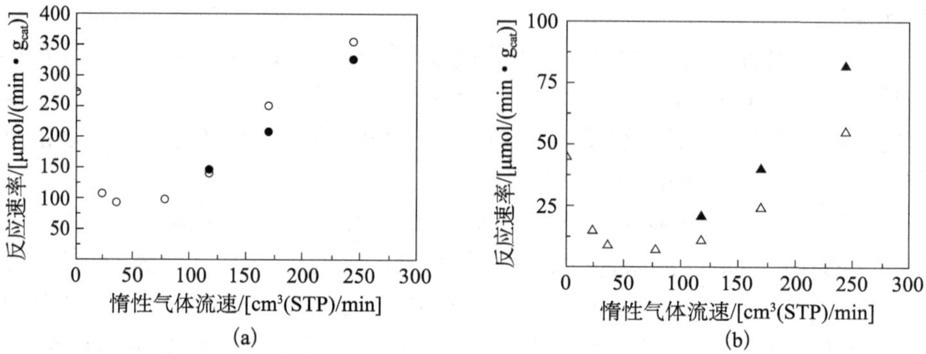

图 13.18 APDH 工艺中固体酸催化剂 SBA-15-ALD-19 和 HY-340 对 2- 丁醇脱水的催化性能 [56]
(a) SBA-15-ALD-19 催化剂下丁烯生成速率与惰性气体流速的关系，样品在蒸气相中（●），样品暴露在液态水中（○）；(b) 商业 HY-340 催化剂下丁烯生成速率与惰性气体流速的关系，样品在蒸气相中（▲），样品暴露在液态水中（△）

人们对 γ-戊内酯（GVL）转化成戊酸这一颇具前景的生物精炼流程进行了相关研究 [68,69]。此反应的路径如下：

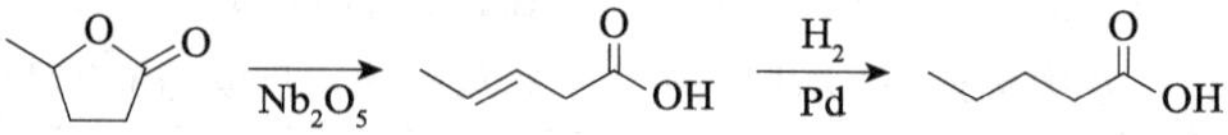

（13.3）

此反应包括两步，Nb_2O_5 催化的 γ-戊内酯（GVL）到戊烯酸的开环反应，随后是金属催化的氢化反应，戊烯酸转换成戊酸。此反应需要用到双功能催化剂，如 HY-340 负载 Pd 金属颗粒。研究证实非晶相 Nb_2O_5，不仅提供转换所需要的酸功能，也通过金属与担体之间的强作用，维持 Pd 颗粒良好的分散性。然而 Nb_2O_5 的晶化诱发烧结现象和可能的 Pd 颗粒封裹，导致 Pd/HY-340 催化活性的损失 [70]。前已述及 SBA-15-ALD-19 具有很好的酸性和水热稳定性，因此很可能是一个有前景的双功能催化剂的载体。1 %（质量分数）Pd 纳米颗粒通过溶液润湿浸渍方法负载到 SBA-15-ALD-19 担体上。图 13.19 显示了 APDH 工艺中 Pd/SBA-15-ALD-19 和 Pd/HY-340 对 γ-戊内酯转化成戊酸的催化性能 [56]，获得的戊酸选择性超过 90%，碳平衡小于 10%，只检测到很少的丁烷和 CO_2 产物。显然 Pd/SBA-15-ALD-19 催化剂至少在 70 小时的运转时间内表现出优异的稳定性，且在整个运转期间内催化剂的失活都非常缓慢，失活速率常数仅为 0.0061 h^{-1}。相对照下，Pd/HY-340 初始 32 小时经历了一个催化剂快速失活过程，然后催化活性下降变慢，其对应的失活速率常数分别为 0.0597 h^{-1} 和 0.0203 h^{-1}。总之，介孔 SiO_2 分子筛上 ALD 合成 Nb_2O_5 催化剂再负载 Pd 颗粒制备的双功能催化剂，同

目前商业的 Nb_2O_5 催化剂 HY-340 负载 Pd 颗粒的性能相比，在水相脱水氢化工艺中无疑具有更好的稳定性和催化活性。

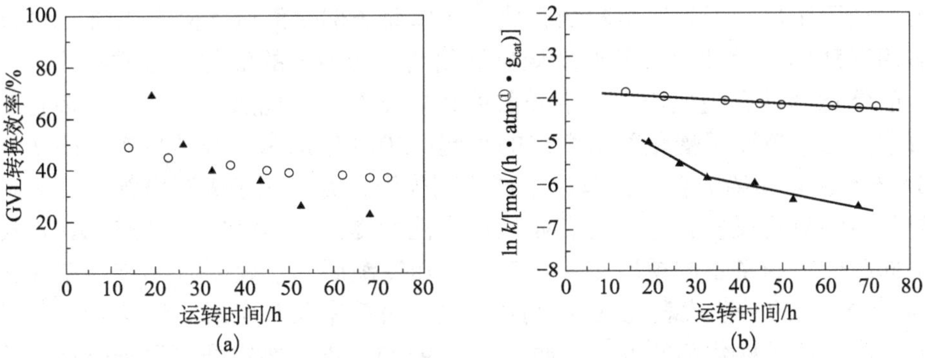

图 13.19　APDH 工艺中 Pd/SBA-15-ALD-19 和 Pd/HY-340 对 γ-戊内酯转化成戊酸的催化性能[56]

(a) 300 ℃、35 bar[2] 气压下，GVL 转换效率与运转时间（time-on-stream）的关系，其中 Pd/SBA-15-ALD-19 样品（○）在 WHSV（质量空速）为 17 h^{-1}，Pd/HY-340 样品（●）在 WHSV 为 3 h^{-1}；(b) 假定样品均为赝一级反应（速度常数 k）和一级失活，○、▲分别为 Pd/SBA-15-ALD-19、Pd/HY-340 的失活速率常数

13.5　单原子催化剂的 ALD 合成及其应用

催化剂在当代化学工业中起着举足轻重的作用，超过 80% 的化工过程离不开催化剂，而负载贵金属的催化剂更是占据其中的半壁江山。然而，真正参与催化反应的活性中心数量并不多，浪费了大量资源有限且成本高昂的贵金属。“单原子催化（single-atom catalysis）”这一创新性概念于 2011 年由中国科学院大连化学物理研究所的张涛等学者首次提出[71]，为贵金属催化剂的减量化设计提出了新思路，迅速引发异质催化领域的研究热潮。单原子催化剂（single-atom catalyst, SAC）是将活性金属以单个原子的形式分布在载体上，将催化活性中心在空间尺度上缩减至最小，也实现了金属原子利用效率的最大化。单原子催化剂具有特殊的结构，表现出明显不同于常规纳米催化剂的活性、选择性和稳定性。然而单原子催化剂的可控合成并不容易，伴随着尺寸减小所带来的表面自由能升高，很容易导致单原子催化剂的稳定性下降，发生团聚。目前其主要制备方法包括质量分离软着陆法、浸渍法、共沉淀法、水热合成法、静电吸附法、原子层沉积法等[72]，下面将重点介绍单原子催化剂的 ALD 合成及其应用方面的工作[73]。

① 1 atm = 1.01325×10^5 Pa。

② 1 bar = 10^5 Pa。

13.5.1　单原子催化剂及其 ALD 合成、应用的概述

前已多次提及，ALD 的生长原理是独特的自限制表面化学吸附反应机理，即可以在原子尺度上控制材料的合成。在单原子催化剂概念提出之前，ALD 已经应用于载体上设计和制备纳米颗粒催化剂。与传统的催化剂合成相比，ALD 产生的催化剂具有组成均匀、单分散性和重复性好等优点，特别适合多孔载体的沉积。随着单原子催化剂研究热的兴起，2013 年加拿大孙学良教授团队首开 ALD 技术在石墨烯上合成铂单原子催化剂先河，并应用于燃料电池中，表现出优异的甲醇氧化反应特性，比商业催化剂性能提升了 10 倍 [74]。随后 ALD 技术在不同载体上制备不同单原子催化剂的工作逐渐展开，表 13.3 总结了单原子催化剂（SAC）的一些代表性 ALD 制备工艺、负载率及其应用。ALD 作为一种新兴的合成单原子催化剂的方法，通过优化 ALD 工艺，如沉积温度、合适的前驱体、对反应剂、脉冲时间等，选择适当的 ALD 策略，如选区沉积、低温 ALD 或操纵脉冲序列等，可以为很多化学反应构建所需的 SAC。且作为一种可控 SAC 的合成方法，其也特别适合用于基础研究 [73]。下面先就单原子催化剂及其载体、表征和应用做个简单的介绍。

表 13.3　单原子催化剂（SAC）的一些代表性 ALD 制备工艺、负载率及其应用

SAC/ 载体	沉积温度 /℃	ALD 脉冲序列	负载率 /%（质量分数）// 循环数	催化反应
Pt_1/ 石墨烯 [74]	250	Pt 源 1 s- N_2 20 s- O_2 5 s - N_2 20 s	1.52//100 2.67//200 10.5//300	甲醇氧化反应
Pt_1/N 掺杂石墨烯片 [75]	250	Pt 源 1 s- N_2 20 s- O_2 5 s - N_2 20 s	2.1//50 7.6//100	析氢反应
Pt_1/ 介孔沸石 HZSM-5[76]	100 100 150	Pt 源 30 s- 600 s 渗透（socking）- 240 s 抽空	0.9//4 1.2//10 2.6//10	CO 氧化、水煤气转化
Pt_1/Co_3O_4[77]	80	Pt 源 200 s- N_2 250 s- O_3 100 s- N_2 150 s	0.5//1	氨硼烷脱氢
Pt_1/CeO_2[77]	150	Pt 源 200 s- N_2 250 s- O_3 100 s- N_2 150 s	1.1//1	—
Pt_1/ZrO_2[77]	120	Pt 源 200 s- N_2 250 s- O_3 100 s- N_2 150 s	0.2//1	—
Pt_1/石墨烯 [77]	250	Pt 源 200 s- N_2 250 s- O_2 100 s - N_2 150 s	0.4//1	—
Pt_1/Pd 八面体 /石墨烯 [78]	230	Pt 源 30 s- 10 s N_2- O_2 - N_2	1.1//4	析氢、析氧反应
Pd_1/石墨烯 [79]	150	Pd 源 120 s- N_2 120 s - 福尔马林 60 s - N_2 120 s	0.25//1	1,3- 丁二烯加氢

续表

SAC/ 载体	沉积温度 /℃	ALD 脉冲序列	负载率 /%（质量分数）// 循环数	催化反应
Pd_1/Al_2O_3[80]	100	Pd 源 300 s- N_2- 甲醛 - N_2	0.5//1	甲醇分解反应
Co_1-N_4/g-C_3N_4（磷化处理）[81]	150	$Co(Cp)_2$ 75 s- N_2 120 s - O_3 150 s - N_2 120 s	1//1	光催化产氢
Cu_1/Al_2O_3[82]	250	$Cu(hfac)_2$ 300 s- N_2 180 s - 福尔马林 300 s - N_2 180 s	0.5//1	乙炔半加氢
Cu 纳米颗粒 / Al_2O_3[82]	300	$Cu(hfac)_2$ 300 s- N_2 180 s - 福尔马林 300 s - N_2 180 s	1.5//3 2//5	

Fe_1O_x-Pt/SiO_2[83]	120	$Fe(Cp)_2$ 300 s- N_2 300 s - O_2 200 s - N_2 300 s	0.1(Fe)//1
			0.19(Fe)//2
			0.28(Fe)//3
				氢气中 CO 的优先氧化反应

Fe_1/MWCNTs Fe_1/SiO_2[84]	400	$Fe(Cp)_2$ 300 s- N_2 -H_2 -N_2	0.15//1; 0.24//5 0.2//3; 0.6//10	— CO 氧化
单位点 Ti_1/SiO_2[85]	200	TTIP 25 s-350 s- N_2 200 s-H_2O 45 s-N_2 200 s	1.3 (TiO_2)//1	丙烯环氧化
单位点 Zn（Ⅱ）/SiO_2[86]	175 100	DEZ 10 ms × 30- N_2 30 s DEZ 10 ms × 30- N_2 30 s	2.2//1 2.7//1	丙烷脱氢 —
单位点 Ni(Ⅱ)/UiO-66[87]	120	(Ni 源 1 s- 渗透 300 s- N_2 300 s) × 100-H_2O 15 ms- 渗透 120 s-N_2 120 s	1.7//1 4.3//2 5.2//3	乙烯加氢

注：Pt 源：$MeCpPtMe_3$；Pd 源：$Pd(hfac)_2$；福尔马林：37% 甲醛 +15% 甲醇的水溶液；MWCNTs：多壁碳纳米管；TTIP：异丙醇钛；DEZ：二乙基锌；Ni 源：$Ni(MeC(N\textit{t}\text{-}Bu)_2)_2$。

1）单原子催化剂

单原子催化剂（SAC）顾名思义即原子分散在载体上，定义为以孤立的金属原子形式存在[71]，且它们之间没有任何明显的相互作用。与均相催化剂类似，SAC 中的单原子活性位点分布在载体上，导致每个活性中心的几何结构相同。有趣的是，当每个金属原子处于相同的化学环境中时，这些原子分散的催化剂表现为均相催化剂，同时也保留了非均相催化剂的优点。单原子位点所具有的均匀性通常表现为对特定产物具有很高的选择性，因此，SAC 被认为是连接均相催化和非均相催化之间的桥梁。值得强调的是，SAC 中的活性位点由孤立的单个金属原子、其紧邻的原子或位于载体上的其他官能团共同组成[73]。目前 ALD 生长的单原子催化剂主要包括 Pt_1、Pd_1、Fe_1、Co_1、Cu_1、Fe_1、Co_1、Ni_1、Ti_1、Zn_1 等。

当单个金属原子占据金属载体时，SAC 被称为单原子合金（single atom alloy, SAA）。如果两种金属之间的异质原子键比同质原子键更强，则可以将孤立的金属原子（M1）放置在第二种金属（M2）的原子阵列上。惰性金属（M2）

越多，活性金属（M1）就越多。而且 SAA 可能比传统的 SAC 表现出更好的催化性能[87]。此外，由于金属－金属异质原子键更强，SAA 通常比其他 SAC，如氧化物负载或碳负载的 SAC 更稳定。SAA 还可以利用在合金和金属间化合物经常观测到的几何、电子和应变效应，来调控催化性能。目前研究的 SAA 催化剂，主要是铂族金属和Ⅺ族金属形成的合金或金属间化合物，如 Pd-Au、Pd-Ag、Pd-Cu 和 Pt-Cu 等[73,88]，也有报道 Pd-Zn、Pd-In 单原子合金的[89,90]。

评估 SAC 催化性能的有效方法是测量其单位重量的比活性或每个原子的翻转频率（turnover frequency, TOF）。理想情况下，TOF 和每个金属原子（位点）的比活性应该是恒定的，与金属的负载量无关。对于特定的催化反应，SAC 的总活性应与金属负载量呈线性关系，直到高金属团簇的形成。因此，开发高金属负载量的 SAC 无疑需要高比表面积的载体。从表 13.3 总结的 SAC 工艺参数可知，金属源脉冲时间、对反应剂脉冲时间以及对应的吹扫时间，动辄几十秒、上百秒，与所选择的载体具有介孔结构、高比表面积直接相关。

2）单原子催化剂载体

不少研究表明：金属单原子和载体之间的相互作用，以及由两者之间电荷转移引起的电子结构改变，是单原子催化剂具有高选择性和催化活性的主要原因，因此载体的选择在此至关重要[73]。根据载体的不同，可以发现金属－氧、金属－硫、金属－氮和金属－金属结合等相互作用[91,92]。且载体的形态也在稳定孤立的金属原子方面发挥着作用，如介孔沸石（HZSM-5）[76]、MOF（UiO-66）[87]。值得一提的是，文献报道通过强共价键锚定在表面上的单个原子，在高温反应过程中比纳米颗粒更耐烧结[93,94]。

已经使用的载体包括：一维、二维或三维碳材料（如碳纳米管、碳纤维、石墨烯、还原氧化石墨烯、活性炭等）、金属（包括泡沫 Cu 或 Ni）、金属氧化物（如球状硅胶 SiO_2、γ-Al_2O_3 担体、CeO_2、TiO_2）、金属氯化物、金属氢氧化物、金属碳化物、金属氮化物、金属硫化物、金属磷化物、层状双金属氢氧化物（layered double hydroxides, LDHs）、分子筛［如介孔 SiO_2（型号 SBA-15）、沸石 HZSM-5］、金属有机骨架化合物（如 UiO-66、ZIF-8-NC、NU-1000）、共价有机骨架化合物、二维材料（如 g-C_3N_4）和聚合物等。

目前在载体表面制备高负载、高分散的 SAC，依然面临很大的挑战。由于金属单原子具有很高的表面能，热力学上并不稳定，在合成、后处理或催化反应过程中易生长与团聚，特别是在高温下。其主要的烧结机制通常是奥斯瓦尔德熟化过程。为了防止团聚与生长，或降低金属组分的负载量，或加强金属－载体间相互作用，如利用载体上的空位缺陷进行 SAC 制备，或降低生长或反应温度。

3）单原子催化剂表征

制备出单原子催化剂，如何确认在载体上只存在孤立的单个金属原子及其空间分布，对于发展 SAC 至关重要。最令人信服和直观的方法是对分散在高比表面积载体上的单个金属原子直接进行成像。扫描隧道显微镜（scanning tunneling microscopy, STM）和像差校正电子显微镜（aberration-corrected electron microscopy, ACEM）技术都可以提供对单个金属原子的直接观察，例如常用的球差校正高角环形暗场扫描透射电子显微镜（HAADF-STEM）[76,77]。X 射线吸收谱，包括 X 射线吸收近边光谱（X-ray absorption near edge spectroscopy, XANES）和扩展 X 射线吸收精细结构光谱技术（extended X-ray absorption fine structure spectroscopy, EXAFS）可以提供有关金属团簇甚至单个原子的分散性、相邻原子基团的性质及它们的氧化态 [77,79]。通过使用适当的探针分子（如 CO、氨、吡啶等），红外光谱（IR）可用于评估单个金属原子的存在，并在一定程度上量化负载金属催化剂中分散的单金属原子百分比，且光谱技术可以原位提供正在工作的单原子催化剂的有用信息，特别是漫反射红外傅里叶变换光谱（diffuse reflectance infrared Fourier transform spectroscopy, DRIFTS）[76,95,96]。

4）单原子催化剂应用

SAC 是各种非均相反应研究的新前沿，表 13.4 总结了单原子催化剂在异质催化中的一些代表性应用。

表 13.4　单原子催化剂在异质催化中的一些代表性应用

类别	异质催化反应
氧化反应	CO 氧化反应、CO 优先氧化反应、甲醇（或甲酸）电催化氧化
加氢反应	硝基芳烃加氢反应、苯乙烯（乙炔、1- 己炔、1- 己烯）的选择性加氢反应
脱氢反应	氨硼烷脱氢、丙烷（乙烷）脱氢
水煤气转化和重整反应	水煤气转化反应、甲醇水蒸气重整反应
电催化反应	电化学分解水反应 [析氧反应（OER）、析氢反应（HER）]、氧还原反应（oxygen reduction reaction, ORR）、电化学合成 H_2O_2
其他	光催化、二氧化碳还原反应、伯醇和仲醇的有氧氧化交联、甲酸分解反应、太阳能电池的电极、气敏传感器

13.5.2　单原子催化剂的 ALD 制备、表征与应用举例

下面结合具体事例来说明单原子催化剂的制备、表征及其应用。

1）利用金属 - 载体之间强的电子相互作用获得高活性、高稳定性的 Pt 单原子催化剂 [77]

负载型金属催化剂广泛应用于多种工业催化反应中。单原子催化剂因其高金属原子利用率和新奇的催化特性受到广泛关注。然而单原子催化剂较高的表面能，很容易导致其发生团聚，进而使得催化剂失活。为解决这一难题，中国科学技术大学路军岭教授课题组，通过利用金属 - 载体之间的电子相互作用，调控金属单原子的 d 轨道能级，设计出了高活性和高稳定性的单原子催化剂 [77]。他们

首先利用 ALD 在 Co_3O_4、CeO_2、ZrO_2、石墨烯四种不同的载体上制备出 Pt 单原子催化剂，其球差校正 HAADF-STEM 照片如图 13.20 所示。结合 X 射线吸收谱 (XANES 和 EXAFS)、光电子能谱 (XPS)、漫反射红外 CO 吸收谱 (DRIFTS)，对四种单原子催化剂进行电子结构表征［图 13.21(a) ～ (d)］[77]，发现 Pt_1/Co_3O_4 中的 Pt 单原子具有更大程度的未占据 5d 电子轨道状态，表明 Pt 单原子和 Co_3O_4 之间存在强电子相互作用。

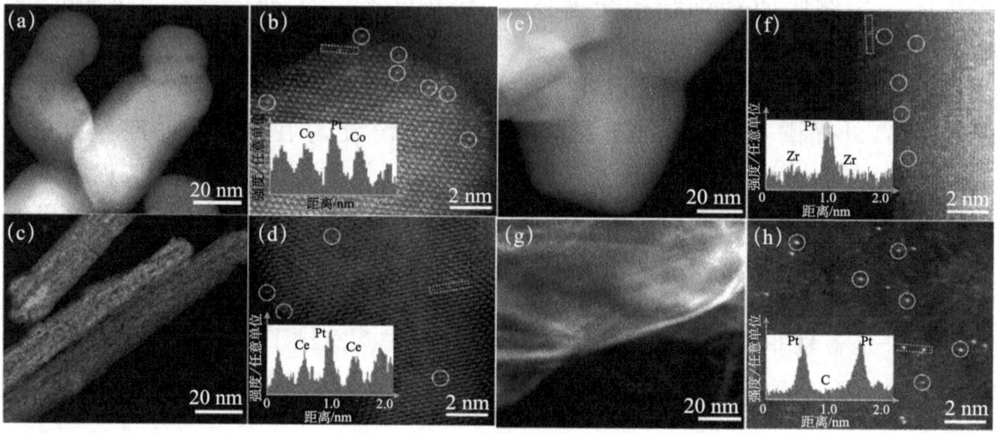

图 13.20　ALD 在四种载体上制备的 Pt 单原子催化剂的球差校正 HAADF-STEM 照片[77]

（a, b）Pt_1/Co_3O_4；（c, d）Pt_1/CeO_2；（e, f）Pt_1/ZrO_2；（g, h）Pt_1/ 石墨烯。白色圆圈内有 Pt_1 单原子。插图显示线强度沿着白色虚线长方形的变化，揭示了 Pt_1 的位置

在氨硼烷水解制氢反应中，研究发现金属 - 载体之间的电子相互作用对 Pt 单原子催化剂的活性和稳定性有重要影响。如图 13.21(e)、(f) 所示[77]，实验证实 Pt_1/Co_3O_4 表现出远高于其他三个 Pt 单原子催化剂的活性和稳定性。通过 DFT 对 Pt 5d 轨道进行了态密度分析，表明 Pt_1/Co_3O_4 中 Pt 的 5d 电子轨道态得到调制，使得氨硼烷分子在 Pt 单原子上的吸附适中，而对氢气的吸附明显弱化，进而提高了它的催化活性。这种通过金属 - 载体之间的电子相互作用同时提升催化剂活性和稳定性的思路，有望推广至其他催化反应中，例如加氢反应。

2）锚定在 Pt 上的原子分散的 FeO_x 用于 H_2 中 CO 的优先氧化[83]

氢能是一种绿色清洁能源，氢燃料电池汽车能量转换效率高，零碳排放，是未来新能源动力汽车的主要发展方向之一。然而氢燃料电池汽车的发展还存在不少阻碍，其中一个关键难题是氢燃料电池电极的 CO 中毒问题。目前氢气主要来源于甲醇和天然气等碳氢化合物的水蒸气重整、水煤气转化反应等，通常含有 0.5% ～ 2% 的微量 CO。作为氢燃料电池汽车的“心脏”，燃料电池电极极易被 CO 杂质气体毒化，从而使电池性能降低、寿命缩短，严重限制了该类汽车的推广。富氢氛围中 CO 优先氧化（preferential oxidation, PROX）是车载去除氢气中微量

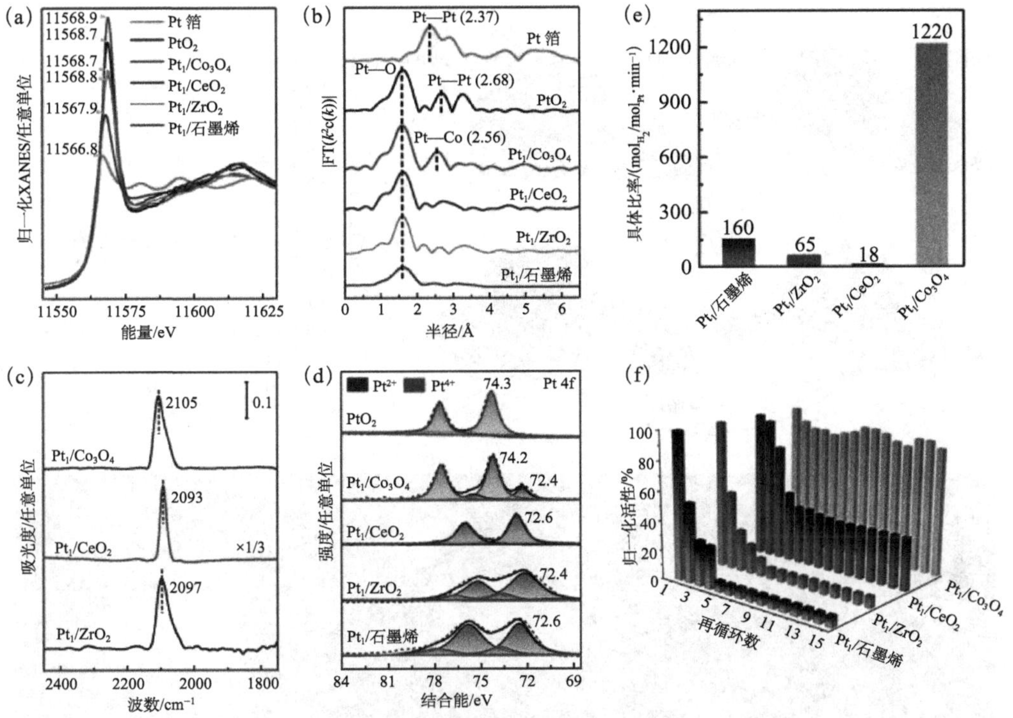

图 13.21　Co_3O_4、CeO_2、ZrO_2 和石墨烯负载的 Pt 单原子结构表征和催化性能 [77]

(a) XANES；(b) EXAFS；(c) DRIFTS CO；(d) XPS；(e) 氨硼烷水解制氢活性；(f) 循环稳定性

CO 的最佳方式，然而现有 PROX 催化剂工作温度相对较高（室温以上），且温区狭窄，无法为氢燃料电池在寒冷条件下冷启动过程中提供有效保护。针对该技术难题，中国科学技术大学路军岭教授课题组，利用 ALD 设计出一种新型锚定在 Pt 上原子分散的 FeO_x（Fe_1O_x-Pt/SiO_2）单位点界面催化剂 [83]，其制备过程与结构示意图如图 13.22(a) 所示，ALD 在 SiO_2 负载的 Pt NP 上低温（120℃）选择性沉积了原子分散的 Fe_1O_x（x 循环 FeO_x-Pt/SiO_2，这里 x=1~20），具体工艺参数见表 13.3。x 循环 FeO_x-Pt/SiO_2 样品球差校正 HAADF-STEM 及其对应的 EDS 能谱证实：Fe_1O_x 只沉积在 Pt NP 上［图 13.22(c)~(i)］。电感耦合等离子体原子发射光谱分析了其 Fe 的负载量与 ALD 循环数的关系，可知 Pt/SiO_2 上 Fe 负载量随循环数而增加，前 3 个循环为线性关系，而在 SiO_2 上 FeO_x 几乎没有任何沉积，呈现典型的选区 ALD 特点［图 13.22(b)］。该工作利用 ALD 表面自限制反应机理，结合二茂铁金属源在贵金属表面解离吸附以及前驱体分子间存在空间位阻的特性，在 SiO_2 负载的 Pt 金属纳米颗粒表面上，原子尺度精准地构筑出单位点 $Fe_1(OH)_x$ 基团，进而促成了丰富且具有超高活性、高稳定性的 $Fe_1(OH)_x$-Pt 单位点界面催化活性中心的形成。

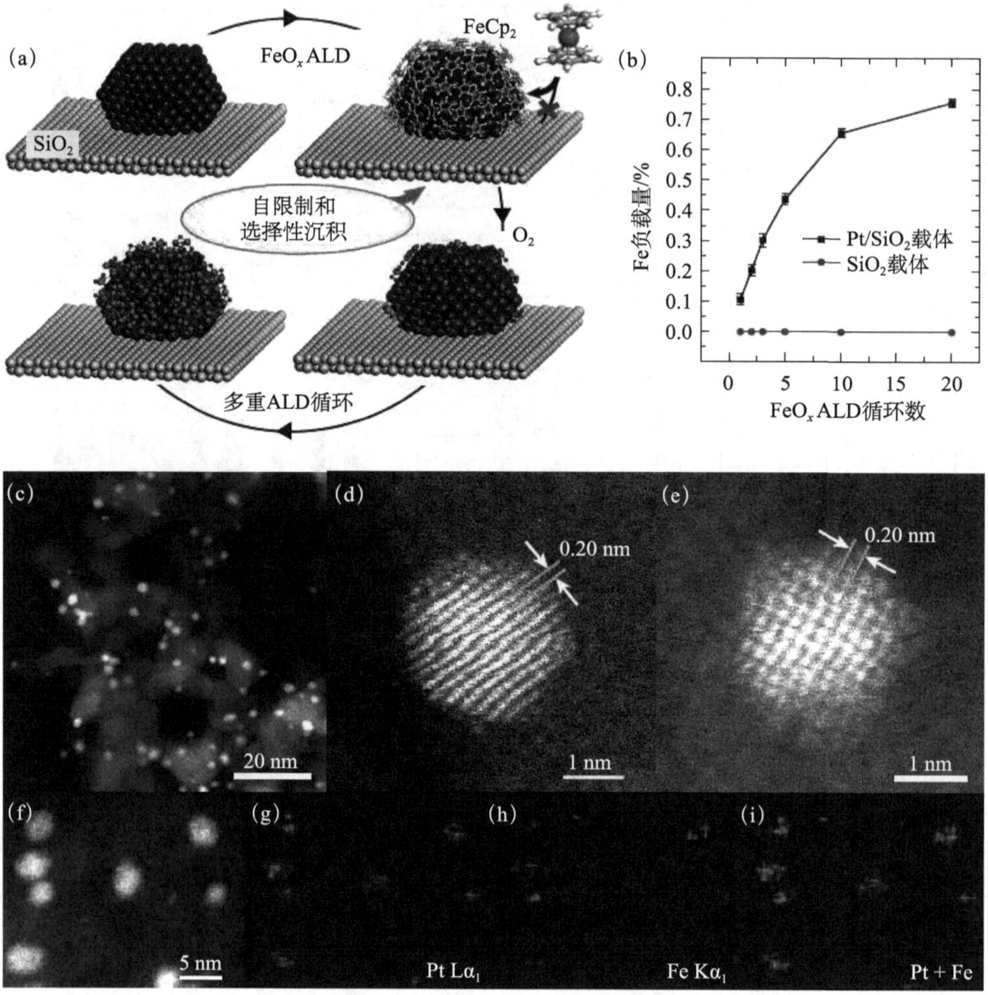

图 13.22 *x* 循环 FeO_x-Pt/SiO_2 催化剂的 ALD 合成示意图、负载量与形貌[83]

(a) Pt/SiO_2 载体上 FeO_x 低温选择性沉积在 Pt 纳米颗粒上，形成隔离的 FeO_x；(b) 在 Pt/SiO_2 和 SiO_2 载体上 Fe 负载量与 ALD 循环数之间的依赖关系，负载量由 ICP-AES 决定；(c)～(f) 10 循环 FeO_x-Pt/SiO_2 样品 HAADF-STEM 高倍、低倍照片；(g)～(i) 对应的 Pt、Fe 和 Pt 加 Fe 元素的 EDS 能谱扫描图

在氢气条件下优先氧化（PROX）反应中，该新型催化剂 1 循环 FeO_x-Pt/SiO_2（缩写为 1cFe-Pt/ SiO_2）首次在 −75 ℃至 110 ℃的超宽温度区间，实现 100% 选择性的 CO 完全去除［图 13.23(a)、(b)］，突破了现有 PROX 催化剂工作温度相对较高且区间较窄的难题。在模拟真实环境，即 CO_2 和水蒸气都存在的情况下，该样品在质子交换膜燃料电池操作条件下可稳定运行 160 h［图 13.23(c)］。其比质量催化活性高达 5.21 $mol_{CO}/(h \cdot g_{Pt})$，是传统 Pt/$Fe_2O_3$ 催化剂的 30 倍［图 13.23(d)］。且 2 循或 3 循环 FeO_x-Pt/SiO_2 样品性能（缩写为 2c 或 3cFe-Pt/ SiO_2）

与 1 循环 FeO_x-Pt/SiO_2 相似。

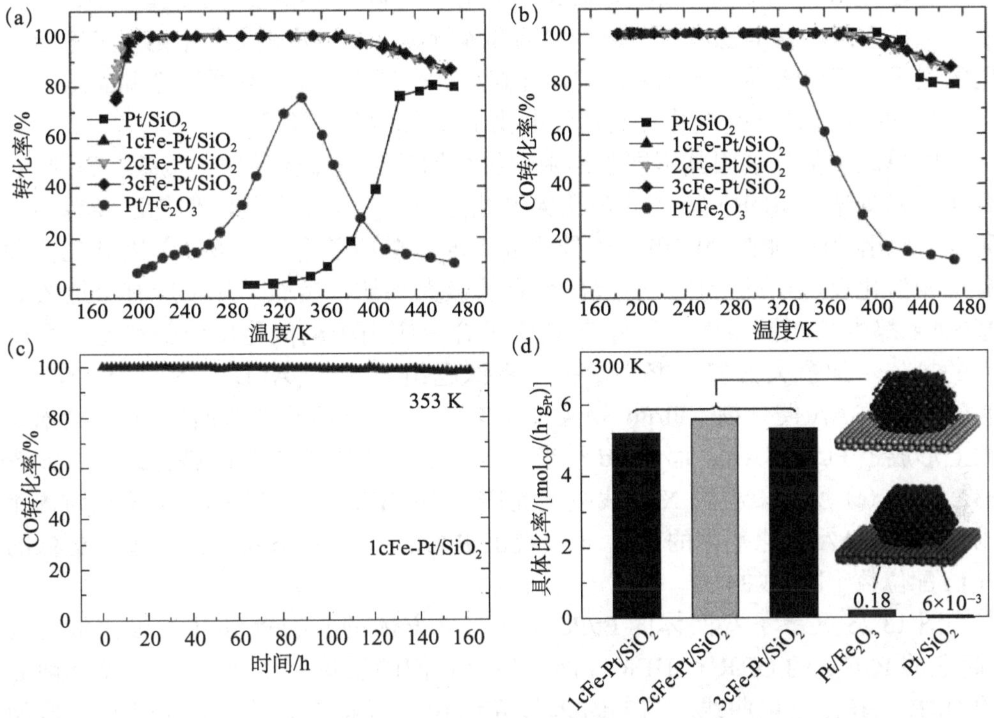

图 13.23　利用 ALD 方法制备出来的 1、2、3 循环 FeO_x-Pt/SiO_2 单位点界面催化剂和常规 Pt/SiO_2、Pt/Fe_2O_3 催化剂在 PROX 反应中的催化性能对比[83]

(a) CO 转化率；(b) CO 选择性；反应条件：1% CO、0.5% O_2 和 48% H_2，平衡气为氦气，空速为 36 000 mL/（g · h），压力为 0.1 MPa。(c) 1c Fe-Pt/SiO_2 催化剂的长时间稳定性测试。反应条件：1% CO、0.5% O_2、48% H_2、20% CO_2 和 3% H_2O，平衡气为氦气，空速为 36 000 mL/（g · h）；压力为 0.1 MPa，反应温度为 353 K。(d) 300 K 下催化剂比质量活性的对比，插图为 x 循环 FeO_x-Pt/SiO_2 和 Pt/SiO_2、Pt/Fe_2O_3 催化剂的结构示意图

对 FeO_x-Pt/SiO_2 的优先氧化 CO 的催化机理进行了深入研究。利用原位 X 射线吸收谱（XAFS）从实验上探测到 $Fe_1(OH)_x$ 在 PROX 反应气氛中的结构是 $Fe_1(OH)_3$，Fe 原子与 Pt 纳米颗粒表面 Pt 原子形成 Fe—Pt 的金属键，而无明显的 Fe—Fe 键。且发现该 $Fe_1(OH)_x$ 具有超高还原性，在室温即可实现氢气还原生成 $Fe_1(OH)_2$。扫描隧道电子显微镜（STM）观测到 FeO_x ALD 在 Pt 单晶表面的形成，证明在 Pt 表面上形成单分散 Fe 基团的可能性。与此同时，近常压 X 射线光电子能谱实验也进一步证实 PROX 反应气氛下，与 Fe 成键的是羟基官能团。DFT 计算确定 $Fe_1(OH)_3$ 在 Pt 表面上的空间构型，证实 Pt 颗粒表面上形成的 $Fe_1(OH)_x$-Pt 单位点界面是其催化活性中心，并揭示了其催化反应机理：吸附的 CO 首先进攻其中一个 OH，形成 COOH 表面中间物，此后 O_2 在该界面处以极低的势垒活化；

形成的原子 O 随后进攻 COOH，最终生成 CO_2。

总之，ALD 所制备的 Fe_1O_x-Pt/SiO_2 可在低温高效去除氢气中微量 CO，避免寒冷条件下氢燃料电池汽车频繁冷启动和连续运行所造成的 CO 中毒。其中所使用的金属－氧化物界面催化为人们设计高活性金属催化剂提供了一个新思路。

3）Pt/Pd 单原子合金作为高活性电化学催化剂的应用[78]

Pt 单原子催化剂因其不同于纳米颗粒结构的独特催化性质，负载在石墨烯、金属有机骨架（MOF）衍生的多孔碳等载体上，应用于电化学催化已经有不少研究[75]。作为一种典型的单原子催化剂，Pt 基单原子合金（SAA）因其在多种非均相催化反应中的应用，引起研究者的极大兴趣。然而，几乎所有报道的 Pt 基 SAA 都生长在铜表面，且将 Pt 单原子合金应用于电催化反应仍然是一个巨大的挑战。加拿大西安大略大学孙学良课题组[78]通过 ALD 在 N 掺杂 CNT 上制备 Pt/Pd SAA 催化剂（Pt/Pd SAA/NCNT），其中 Pt 沉积在八面体的 Pd 纳米颗粒上形成了 Pt/Pd SAA，而在 Pd 纳米立方体上只获得了 Pd@Pt 核壳结构，如图 13.24(a)~(e) 所示。根据 X 射线吸附光谱（XANES 和 EXAFS），与核壳结构相比，Pt/Pd SAA 催化剂中的 Pt 原子表现出更高的未占据 5d 特征态密度和更低的 Pt-Pt 配位数 [图 13.24(f)、(g)]。

图 13.25 展示了八面体的 Pt/Pd SAA、立方体的 Pd@Pt 和几种参比催化剂（商业的 Pt/C）的 ORR 和 HER 性能，包括它们的质量比活性和 5000 循环前后的 ORR、HER 极化曲线。与 Pd@Pt 核壳结构、商业 Pt/C 等催化剂相比，八面体 Pt/Pd SAA 催化剂表现出最佳的 ORR 质量活性，在 0.9 V *vs*. RHE 下的质量活性为 0.91 A/mg_{Pt}，约为 Pt/C 催化剂（0.24 A/mg_{Pt}）的 4 倍 [图 13.25(a)]。此外，Pt/Pd SAA 催化剂的活性是八面体 Pd 沉积 30 min Pt 样品的 2.5 倍，表明与 Pd 颗粒上的 Pt 团簇相比，Pt 孤立原子可以实现质量比活性的显著提升，归因于独特的 SAA 结构。同样，Pt/Pd SAA 催化剂的 ORR 性能也超出了几乎所有 Pt-Pd 双金属纳米催化剂（包括核壳结构、纳米笼子、合金结构）[78]。加速老化测试也证实其比商业 Pt/C 催化剂具有更好的稳定性 [图 13.25(b)]。同样，HER 的测试中，Pt/Pd SAA 比商业 Pt/C 催化剂质量比活性提升 54 倍 [图 13.25(c)]。值得指出的是，参比样品 NCNT-2 min Pt 和核壳结构的 Pd@Pt，由于存在的 Pt 单原子，也展示了较好的 HER 质量活性（~10 A/mg@−0.05 V），但还是远不如八面体的 Pt/Pd SAA（23.1 A/mg@−0.05 V），进一步证实单原子合金结构的超级活性。HER 耐久性测试表明：过电位 0.5 V 下 5000 次循环后，Pt/C 催化剂电流密度下降 28%，而 Pt/Pd SAA 仅损失了 9% [图 13.25(d)]。Pt/Pd SAA 具有比商业 Pt/C 催化剂更好的稳定性，归因于单原子合金催化剂中 Pt 原子和 Pd 表面的强相互作用。DFT 计算结果解释了 Pt/Pd SAA 催化剂对电化学反应的增强机理。该研究为开发不同类型的 Pt 基单原子合金催化剂用于电催化反应开辟了一条途径。

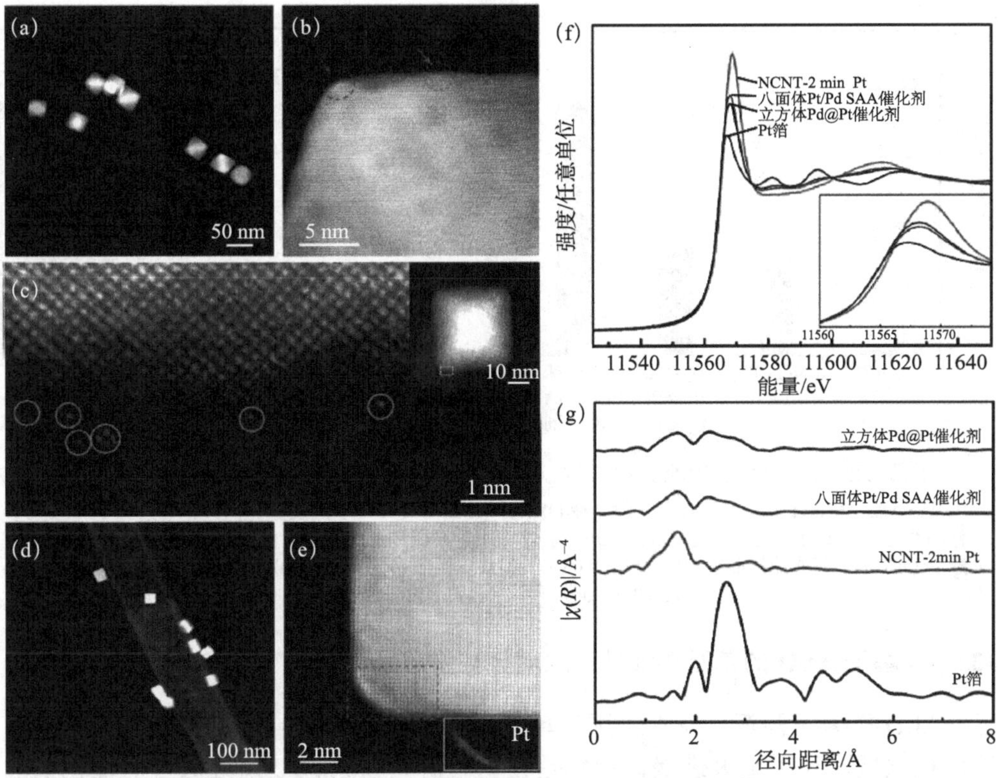

图 13.24　八面体的 Pt/Pd SAA 和立方体的 Pd@Pt 催化剂的 STEM 照片及其 XAS 谱[78]

(a)Pt/Pd SAA/NCNT 低倍 STEM 照片；(b) 单个八面体 Pt/Pd SAA 颗粒原子分辨率的 STEM 照片；(c) 八面体的 Pt/Pd SAA 的 HAADF-STEM 照片，圆圈显示 Pd 八面体上分立的 Pt 原子；(d)、(e) 立方体的 Pd@Pt/NCNT 催化剂低倍和原子分辨率的 STEM 照片，插图对应 Pt 的 EEL 能谱扫描图；(f)、(g) 八面体的 Pt/Pd SAA、立方体的 Pd@Pt 催化剂及其参比样品 NCNT-2 min Pt 和 Pt 箔的归一化 XANES 谱和来自 EXAFS 的傅里叶变换谱，(f) 插图中为 Pt L_3- 近边放大谱

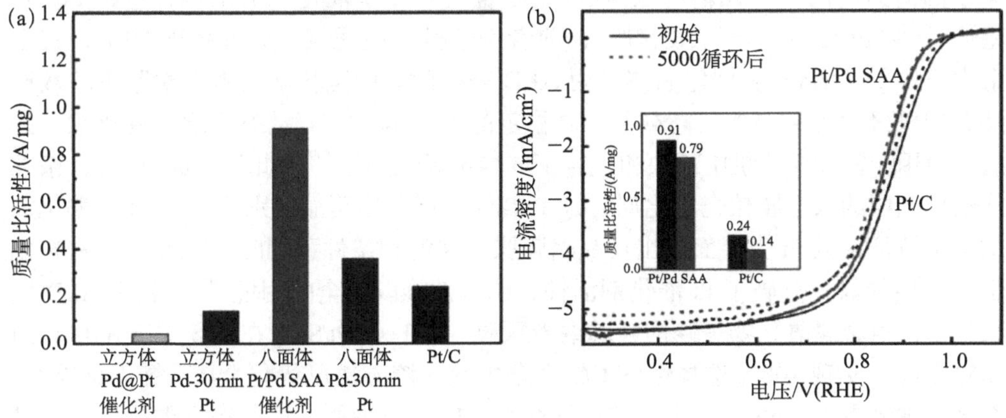

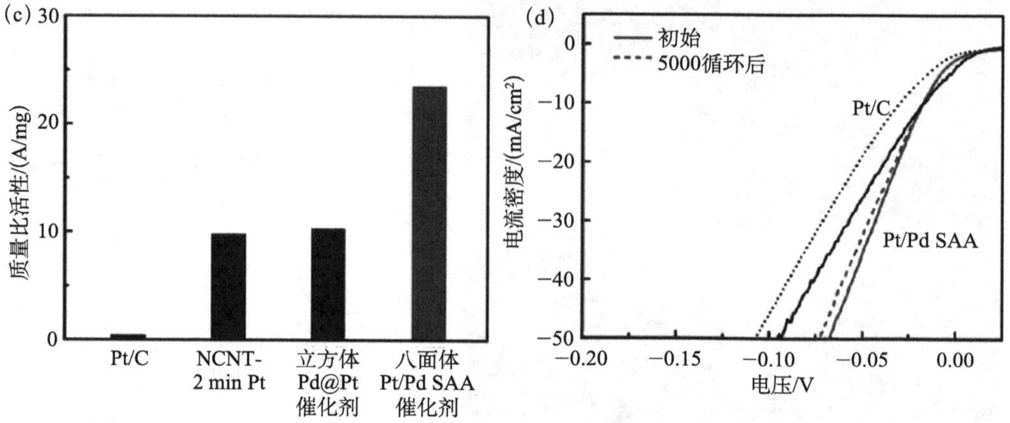

图 13.25　八面体的 Pt/Pd SAA 和立方体的 Pd@Pt 催化剂的 ORR 和 HER 性能 [78]

(a) Pt/Pd SAA、Pd@Pt 催化剂及其参比样品在 ORR 中在 0.9 V（RHE）的质量比活性；(b) Pt/Pd SAA 与参比样品商业 Pt/C 的加速老化实验前后的 ORR 极化曲线，插图是对应的质量比活性对比；(c) Pt/Pd SAA、Pd@Pt 催化剂及其参比样品在 HER 中在 0.05 V（RHE）的质量比活性；(d) Pt/Pd SAA 与参比样品商业 Pt/C 的 5000 次循环前后的 HER 极化曲线

13.5.3　基于 ALD 的单原子催化剂的展望与挑战

ALD 作为一种新兴技术应用于单原子催化剂的合成与可控制备，已经在异质催化领域取得了重大进展，特别是在基础研究领域。ALD 方法可对催化剂的组成和结构进行原子级控制，合成模型催化剂评估结构与性质的关系，确定活性位点，阐明催化机理，这对改进催化剂设计至关重要。

目前除了单原子催化剂，金属双原子（dimer）催化剂也表现出高催化活性，这归因于两个原子电子结构之间的协同效应。然而如何在载体上合成原子级精确的金属双原子仍然是一个巨大的挑战。ALD 在载体上具有逐个原子构建金属双原子的潜力。已经有几篇选区 ALD 制备金属双原子催化剂的工作，包括 Pt_2/ 石墨烯 [97] 和 Pt-Ru 双原子 /NCNT[98]，前者用于氨硼烷脱氢，后者用于 HER，甚至金属三原子（trimer）催化剂亦可用 ALD 来构建。中国科学技术大学路军岭教授课题组已经设计和制备了高载量、高稳定的 Ni_1Cu_2/g-C_3N_4 动态三原子催化剂，并成功应用于富烯烃气氛中乙炔和 1,3- 丁二烯选择性加氢 [99]。此外，通过 ALD 精准构筑单壳层的双金属核壳催化剂 Au@Pt/SiO_2，展现出明显区别于 Pt 单金属催化剂的电子特征，且 Pt 壳层面内出现晶格膨胀，在温和条件下同时实现高活性和高化学选择性加氢，打破了 Pt 催化剂活性、选择性难以两全的困境 [100]。利用 ALD 生长的单位点金属氧化物去修饰金属纳米颗粒，如 FeO_x-Pt/SiO_2 在 −75 ℃至 110 ℃的超宽温间，实现 100% 选择性的 CO 完全去除。该方法可优化金属 / 氧化物界面，在金属纳米颗粒（NP）稳定性和可接触性之间达成平衡，以获得高催化性能。且

ALD 氧化物嵌段可能优先在金属 NP 的低配位或高配位位点成核，能调节催化剂的选择性 [101]。

基于 ALD 在单原子、双原子、单位点金属氧化物等催化剂可控合成方面的进展，路军岭教授提出了基于 ALD 的原子"乐高"催化剂的概念 [101]，期待借助选区 ALD，使得在粉末载体表面从下到上逐个原子地构建催化纳米结构，类似于搭建乐高积木成为可能。ALD"乐高"催化剂有望深化对结构－活性关系的基本理解，进而促进原子"乐高"催化剂的实际应用。

尽管 ALD 在 SAC 制备领域进展迅速，但由于其可扩展性和成本问题，至少在目前的形式下，尚不能合成适用于商业应用的 SAC，也许空间 ALD 技术可以改善 SAC 工业化过程。期待 ALD"乐高"催化剂家族快速增长，会在不久的将来为其工业化应用带来机遇。

参 考 文 献

[1] Lu J L, Elam J W, Stair P C. Synthesis and stabilization of supported metal catalysts by atomic layer deposition. Acc. Chem. Res., 2013, 46: 1806-1815

[2] Brinker C J, Scherer G W. Sol-Gel Science. San Diego, CA: Academic Press, 1990

[3] Powell Q H, Fotou G P, Kodas T T, et al. Gas-phase coating of TiO_2 with SiO_2 in a continuous flow hot-wall aerosol reactor. J. Mater. Res., 1997, 12: 552-559

[4] Longrie D, Deduytsche D, Detavernier C. Reactor concepts for atomic layer deposition on agitated particles: A review. J. Vac. Sci. Technol. A, 2014: 010802-1~13

[5] King D M, Liang X H, Weimer A W. Functionalization of fine particles using atomic and molecular layer deposition. Power Tech., 2012, 221: 13-25

[6] Stair P C. Synthesis of supported catalysts by atomic layer deposition. Top Catal., 2012, 55: 93-98

[7] Ferguson J D, Weimer A W, George S M. Atomic layer deposition of Al_2O_3 and SiO_2 on BN particles using sequential surface reactions. Appl. Surf. Sci., 2000, 162: 280-292

[8] Ferguson J D, Weimer A W, George S M. Surface chemistry and infrared absorbance changes during ZnO atomic layer deposition on ZrO_2 and $BaTiO_3$ particles. J. Vac. Sci. Technol. A, 2005, 23: 118-125

[9] Klaus J W, Ferro S J, George S M. Atomic layer deposition of tungsten nitride films using sequential surface reactions. J. Electrochem. Soc., 2000, 147: 1175-1181

[10] Elam J W, Schuisky M, Ferguson J D, et al. Surface chemistry and film growth during TiN atomic layer deposition using TDMAT and NH_3. Thin Solid Films, 2003, 436: 145-156

[11] McCormick J A. Atomic layer deposition on nanoparticles in a rotary reactor. Colorado：University of Colorado, 2007

[12] Longrie D. Atomic layer deposition for surface engineering of powders. Ghent：Ghent University, 2013

[13] Hapgood K P, Franks G V, Curtis J S, et al. Introduction to Particle Technology. 2nd ed. New York: John Wiley & Sons, 2008

[14] King D M, Spencer J A, Liang X, et al. Atomic layer deposition on particles using a fluidized bed reactor with *in situ* mass spectrometry. Surf. Coat. Technol., 2007, 201: 9163-9171

[15] Kilbury O J, Barrett K S, Fu X, et al. Atomic layer deposition of solid lubricating coatings on particles. Powder

Technol., 2012, 221: 26-35

[16] Lichty P, Liang X, Muhich C, et al. Atomic layer deposited thin film metal oxides for fuel production in a solar cavity reactor. Int. J. Hydrogen Energy, 2012, 37: 16888-16894

[17] Weimer M A, Hakim L F, King D M, et al. Ultrafast metal-insulator varistors based on tunable Al_2O_3 tunnel junctions. Appl. Phys. Lett., 2008, 92: 164101-1~3

[18] King D M, Zhou Y, Hakim L F, et al. *In situ* synthesis of TiO_2-functionalized metal nanoparticles. Ind. Eng. Chem. Res., 2008, 48: 352-360

[19] Scheffe J R, Francés A, King D M, et al. Atomic layer deposition of iron (III) oxide on zirconia nanoparticles in a fluidized bed reactor using ferrocene and oxygen. Thin Solid Films, 2009, 517: 1874-1879

[20] Li Z, Xiang J, Liu X, et al. A combined multiscale modeling and experimental study on surface modification of high-volume micro-nanoparticles with atomic accuracy. Int. J. Extrem. Manuf., 2022, 4: 025101-1~16

[21] Akhavan A, Rahman F, Wang S, et al. Enhanced fluidization of nanoparticles with gas phase pulsation assistance. Powder Technol., 2015, 284: 521-529

[22] Adhikari S, Selvaraj S, Kim D H. Progress in powder coating technology using atomic layer deposition. Adv. Mater. Interfaces, 2018, 5: 1800581-1~20

[23] Tiznado H, Domínguez D, Muñoz-Muñoz F, et al. Pulsed-bed atomic layer deposition setup for powder coating. Powder Technol., 2014, 267: 201-207

[24] McCormick J A, Cloutier B L, Weimer A W, et al. Rotary reactor for atomic layer deposition on large quantities of nanoparticles. J. Vac. Sci. Technol. A, 2007, 25: 67-74

[25] Longrie D, Deduytsche D, Haemers J, et al. A rotary reactor for thermal and plasma-enhanced atomic layer deposition on powders and small objects. Surf. Coat. Technol., 2012, 213: 183-191

[26] Wilson C A, McCormick J A, Cavanagh A S, et al. Tungsten atomic layer deposition on polymers. Thin Solid Films, 2008, 516: 6175-6185

[27] McCormick J A, Rice K P, Paul D F, et al. Analysis of Al_2O_3 atomic layer deposition on ZrO_2 nanoparticles in a rotary reactor. Chem. Vap. Deposition, 2007, 13: 491-498

[28] Jung Y S, Cavanagh A S, Riley L A, et al. Ultrathin direct atomic layer deposition on composite electrodes for highly durable and safe Li-ion batteries. Adv. Mater., 2010, 22: 2172-2176

[29] Detavernier C, Dendooven J, Sree S P, et al. Tailoring nanoporous materials by atomic layer deposition. Chem. Soc. Rev., 2011, 40: 5242-5253

[30] Elam J W. Coatings on High Aspect Ratio Structures. Chap. 10//Pinna N, Knez M. Atomic Layer Deposition of Nanostructured Materials. Weinheim: Wiley-VCH Verlag & Co. KGaA, 2012: 227-249

[31] Gordon R G, Hausmann D, Kim E, et al. A kinetic model for step coverage by atomic layer deposition in narrow holes or trenches. Chem. Vap. Deposition, 2003, 9: 73-78

[32] Elam J W, Routkevitch D, Mardilovich P P, et al. Conformal coating on ultrahigh-aspect-ratio nanopores of anodic alumina by atomic layer deposition. Chem. Mater., 2003, 15: 3507-3517

[33] Elam J W, Libera J A, Pellin M J, et al. Spatially controlled atomic layer deposition in porous materials. Appl. Phys. Lett., 2007, 91: 2431051-1~3

[34] Elam J W, Libera J A, Huynh T H, et al. Atomic layer deposition of aluminum oxide in mesoporous silica gel. J. Phys. Chem. C, 2010, 114: 17286-17292

[35] Elam J W, Xiong G, Han C Y, et al. Atomic layer deposition for the conformal coating of nanoporous materials. J. Nanomater., 2006, 2006: 64501-1~5

[36] Reijnen L, Feddes B, Vredenberg A M, et al. Rutherford backscattering spectroscopy study of $TiO_2/Cu_{1.8}S$

nanocomposites obtained by atomic layer deposition. J. Phys. Chem. B, 2004, 108: 9133-9137

[37] Elam J W, Martinson A B F, Pellin M J, et al. Atomic layer deposition of In_2O_3 using cyclopentadienyl indium: A new synthetic route to transparent conducting oxide films. Chem. Mater., 2006, 18: 3571-3578

[38] Knoops H C M, Langereis E, van de Sanden M C M, et al. Conformality of plasma-assisted ALD: Physical processes and modeling. J. Electrochem. Soc., 2010, 157: G241-G249

[39] Kucheyev S O, Biener J, Baumann T F, et al. Mechanisms of atomic layer deposition on substrates with ultrahigh aspect ratios. Langmuir, 2008, 24: 943-948

[40] Elers K E, Ritala M, Leskelä M, et al. $NbCl_5$ as a precursor for atomic layer epitaxy. Appl. Surf. Sci., 1994, 82: 468-474

[41] Puurunen R L. Formation of metal oxide particles in atomic layer deposition during the chemisorption of metal chlorides: A review. Chem. Vap. Deposition, 2005, 11: 79-90

[42] King D M, Liang X H, Li P, et al. Low-temperature atomic layer deposition of ZnO films on particles in a fluidized bed reactor. Thin Solid Films, 2008, 516: 8517-8523

[43] Christensen S T, Elam J W, Rabuffetti F A, et al. Controlled growth of platinum nanoparticles on strontium titanate nanocubes by atomic layer deposition. Small, 2009, 5: 750-757

[44] Lu J L, Stair P C. Nano/subnanometer Pd nanoparticles on oxide supports synthesized by AB-type and low-temperature ABC-type atomic layer deposition: Growth and morphology. Langmuir, 2010, 26: 16486-16495

[45] Lu J L, Stair P C. Low-temperature ABC-type atomic layer deposition: Synthesis of highly uniform ultrafine supported metal nanoparticles. Angew. Chem. Int. Ed., 2010, 49: 2547-2551

[46] Feng H, Elam J W, Libera J A, et al. Subnanometer palladium particles synthesized by atomic layer deposition. ACS Catal., 2011, 1: 665-673

[47] Lu J L, Low K B, Lei Y, et al. Toward atomically-precise synthesis of supported bimetallic nanoparticles using atomic layer deposition. Nature Commun., 2013, 5: 3264-1~9

[48] Lu J L, Liu B, Greeley J P, et al. Porous alumina protective coatings on palladium nanoparticles by self-poisoned atomic layer deposition. Chem. Mater., 2012, 24: 2047-2055

[49] Lu J L, Fu B S, Kung M C, et al. Coking and sintering-resistant palladium catalysts achieved through atomic layer deposition. Science, 2012, 335: 1205-1208

[50] Feng H, Lu J L, Stair P C, et al. Alumina over-coating on Pd nanoparticle catalysts by atomic layer deposition: Enhanced stability and reactivity. Catal. Lett., 2011, 141: 512-517

[51] Liang X H, Li J H, Yu M, et al. Stabilization of supported metal nanoparticles using an ultrathin porous shell. ACS Catal., 2011, 1: 1162-1165

[52] Ma Z, Brown S, Howe J Y, et al. Surface modification of Au/TiO_2 catalysts by SiO_2 via atomic layer deposition. J. Phys. Chem. C, 2008, 112: 9448-9457

[53] Ray N A, Van Duyne R P, Stair P C. Synthesis strategy for protected metal nanoparticles. J. Phys. Chem. C, 2012, 116: 7748-7756

[54] Schauermann S, Hoffmann J, Johanek V, et al. Catalytic activity and poisoning of specific sites on supported metal nanoparticles. Angew. Chem. Int. Ed., 2002, 41: 2532-2535

[55] Christensen S T, Feng H, Libera J L, et al. Supported Ru-Pt bimetallic nanoparticle catalysts prepared by atomic layer deposition. Nano Lett., 2010, 10: 3047-3051

[56] Pagán-Torres Y J, Gallo J M R, Wang D, et al. Synthesis of highly ordered hydrothermally stable mesoporous niobia catalysts by atomic layer deposition. ACS Catal., 2011, 1: 1234-1245

[57] Elam J W, Sechrist Z. Atomic layer deposition of ZnO/Al_2O_3 nanolaminates and alloys: Fabrication and properties. Adv. Sci. Technol., 2002, 32: 15-26

[58] Elam J W, George S M. Growth of ZnO/Al_2O_3 alloy films using atomic layer deposition techniques. Chem. Mater., 2003, 15:1020-1028

[59] Keranen J, Guimon C, Iiskola E, et al. Surface-controlled gas-phase deposition and characterization of highly dispersed vanadia on silica. J. Phys. Chem. B, 2003, 107: 10773-10784

[60] Keränen J, Auroux A, Ek S, et al. Preparation, characterization and activity testing of vanadia catalysts deposited onto silica and alumina supports by atomic layer deposition. Appl. Catal. A., 2002, 228: 213-225

[61] Pellin M J, Stair P C, Xiong G, et al. Mesoporous catalytic membranes: Synthetic control of pore size and wall composition. Catal. Lett., 2005, 102: 127-130

[62] Elam J W, Zinovev A, Han C Y, et al. Atomic layer deposition of palladium films on Al_2O_3 surfaces. Thin Solid Films, 2006, 515: 1664-1673

[63] Feng H, Elam J W, Libera J A, et al. Oxidative dehydrogenation of cyclohexane over alumina-supported vanadium oxide nanoliths. J. Catal., 2010, 269: 421-431

[64] Feng H, Elam J W, Libera J A, et al. Catalytic nanoliths. Chem. Eng. Sci., 2009, 64: 560-567

[65] Stair P C, Marshall C, Xiong G, et al. Novel, uniform nanostructured catalytic membranes. Top. Catal., 2006, 39: 181-186

[66] Chen K, Bell A T, Iglesia E. Kinetics and mechanism of oxidative dehydrogenation of propane on vanadium, molybdenum, and tungsten oxides. J. Phys. Chem. B, 2000, 104: 1292-1299

[67] West R M, Braden D J, Dumesic J A. Dehydration of butanol to butene over solid acid catalysts in high water environments. J. Catal., 2009, 262: 134-143

[68] Bozell J J. Connecting biomass and petroleum processing with a chemical bridge. Science, 2010, 329: 522-523

[69] Lange J P, Price R, Ayoub P M, et al. Valeric biofuels: A platform of cellulosic transportation fuels. Angew. Chem. Int. Ed., 2010, 49: 4479-4483

[70] Pham H N, Pagan-Torres Y J, Serrano-Ruiz J C, et al. Improved hydrothermal stability of niobia-supported Pd catalysts. Appl. Catal. A, 2011, 397: 153-162

[71] Qiao B, Wang A, Yang X, et al. Single-atom catalysis of CO oxidation using $Pt1/FeO_x$. Nat. Chem., 2011, 3: 634-641

[72] Liu, J. Catalysis by supported single metal atoms. ACS Catal., 2017, 7: 34−59

[73] Fonseca J, Lu J L. Single-atom catalysts designed and prepared by the atomic layer deposition technique. ACS Catal., 2021, 11: 7018-7059

[74] Sun S, Zhang G, Gauquelin N, et al. Single-atom catalysis using Pt/graphene achieved through atomic layer deposition. Sci. Rep., 2013, 3: 1775-1~9

[75] Cheng N, Stambula S, Wang D, et al. Platinum single-atom and cluster catalysis of the hydrogen evolution reaction. Nat. Commun., 2016, 7: 13638-1~9

[76] Ding K, Gulec A, Johnson A M, et al. Identification of active sites in CO oxidation and water-gas shift over supported Pt catalysts. Science, 2015, 350: 189-192

[77] Li J, Guan Q, Wu H, et al. Highly active and stable metal single-atom catalysts achieved by strong electronic metal-support interactions. J. Am. Chem. Soc., 2019, 141: 14515-14519

[78] Zhang L, Liu H, Liu S, et al. Pt/Pd single-atom alloys as highly active electrochemical catalysts and the origin of enhanced activity. ACS Catal., 2019, 9: 9350-9358

[79] Yan H, Cheng H, Yi H, et al. Single-atom Pd1/graphene catalyst achieved by atomic layer deposition: Remarkable performance in selective hydrogenation of 1,3-butadiene. J. Am. Chem. Soc., 2015, 137: 10484-10487

[80] Piernavieja-Hermida M, Lu Z, White A, et al. Towards the ALD thin film stabilized single atom Pd_1 catalysts. Nanoscale, 2016, 8: 15348-15356

[81] Cao Y, Chen S, Luo Q, et al. Atomic-level insight into optimizing the hydrogen evolution pathway over a Co_1-N_4 single-site photocatalyst. Angew. Chem. Int. Ed., 2017, 56: 12191-12196

[82] Shi X, Lin Y, Huang L, et al. Copper catalysts in semihydrogenation of acetylene: From single atoms to nanoparticles. ACS Catal., 2020, 10: 3495-3504

[83] Cao L, Liu W, Luo Q, et al. Atomically dispersed iron hydroxide anchored on Pt for preferential oxidation of CO in H_2. Nature, 2019, 565: 631-635

[84] Wang X, Jin B, Jin Y, et al. Supported single Fe atoms prepared via atomic layer deposition for catalytic reactions. ACS Appl. Nano Mater., 2020, 3: 2867-2874

[85] Lu Z, Liu X, Zhang B, et al. Structure and reactivity of single site Ti catalysts for propylene epoxidation. J. Catal., 2019, 377: 419-428

[86] Camacho-Bunquin J, Aich P, Ferrandon M, et al. Single-site zinc on silica catalysts for propylene hydrogenation and propane dehydrogenation: Synthesis and reactivity evaluation using an integrated atomic layer deposition-catalysis instrument. J. Catal., 2017, 345: 170-182

[87] Li Z, Peters A W, Liu J, et al. Size effect of the active sites in UiO-66-supported nickel catalysts synthesized via atomic layer deposition for ethylene hydrogenation. Inorg. Chem. Front., 2017, 4: 820-824

[88] Lucci F R, Darby M T, Mattera M F G, et al. Controlling hydrogen activation, spillover, and desorption with Pd-Au single-atom alloys. J. Phys. Chem. Lett., 2016, 7: 480-485

[89] Zhou H, Yang X, Li L, et al. PdZn intermetallic nanostructure with Pd-Zn-Pd ensembles for highly active and chemoselective semihydrogenation of acetylene. ACS Catal., 2016, 6: 1054-1061

[90] Feng Q, Zhao S, Wang Y, Isolated single-atom Pd sites in intermetallic nanostructures: High catalytic selectivity for semihydrogenation of alkynes. J. Am. Chem. Soc., 2017, 139: 7294-7301

[91] Choi C H, Kim M, Kwon H C, et al. Tuning selectivity of electrochemical reactions by atomically dispersed platinum catalyst. Nat. Commun., 2016, 7: 10922-1~9

[92] Yang S, Kim J, Tak Y J, et al. Single-atom catalyst of platinum supported on titanium nitride for selective electrochemical reactions. Angew. Chem. Int. Ed., 2016, 55: 2058-2062

[93] Jones J, Xiong H, DeLaRiva A T, et al. Thermally stable single-atom platinum-on-ceria catalysts via atom trapping. Science, 2016, 353: 150-154

[94] Zhang Z, Zhu Y, Asakura H, et al. Thermally stable single atom Pt/m-Al_2O_3 for selective hydrogenation and CO oxidation. Nat. Commun., 2017, 8: 16100

[95] Lamberti C, Zecchina A, Groppo E, et al. Probing the surfaces of heterogeneous catalysts by *in situ* IR spectroscopy. Chem. Soc. Rev., 2010, 39: 4951-5001

[96] Kale M J, Christopher P. Utilizing quantitative *in situ* FTIR spectroscopy to identify well-coordinated Pt atoms as the active site for CO oxidation on Al_2O_3-supported Pt catalysts. ACS Catal., 2016, 6: 5599-5609

[97] Yan H, Lin Y, Wu H, et al. Bottom up precise synthesis of stable platinum dimers on graphene. Nat. Commun., 2017, 8: 1070

[98] Zhang L, Si R, Liu H, et al. Atomic layer deposited Pt-Ru dual metal dimers and identifying their active sites for hydrogen evolution reaction. Nat. Commun., 2019, 10: 4936

[99] Gu J, Jian M Z, Huang L, et al. Synergizing metal-support interactions and spatial confinement boosts dynamics of atomic nickel for hydrogenations. Nat. Nanotechnol., 2021, 16: 1141-1149

[100] Guan Q Q, Zhu C W, Lin Y, et al. Bimetallic monolayer catalyst breaks the activity-selectivity trade-off on metal particle size for efficient chemoselective hydrogenations, Nat. Catal., 2021, 4: 840-849

[101] Lu J. Atomic Lego catalysts synthesized by atomic layer deposition. Acc. Mater. Res., 2022, 3: 358-368

第 14 章　原子层沉积在含能材料领域的应用

14.1　引　　言

含能材料（energetic material）是一类含有爆炸性化学基团或含有氧化剂和可燃物组分、能独立进行化学反应并快速输出能量的化合物或混合物，即使在隔绝氧的惰性气氛或真空环境中也可发生燃烧或爆炸[1,2]。含能材料属于国防战略性基础原材料，是各类武器装备发射、运载、毁伤和控制的主要能源，在航空、航天、兵器和船舶等领域发挥着关键核心作用。随着军事科学技术的飞速发展，现代战争对武器装备性能要求不断提高，为实现精确打击和高效摧毁的目的，对含能材料体系的能量、安全性能提出了更高的要求。提高含能材料体系能量、加快能量释放速率、确保含能材料使用安全以及精确控制其能量输出方式，成为现代含能材料发展的主要方向[3-5]。

我国目前已经成功合成以六硝基六氮杂异伍兹烷（CL-20，$C_6H_6N_{12}O_{12}$）、二硝酰胺铵［ADN，$NH_4N(NO_2)_2$］、三氢化铝（AlH_3）、亚稳态分子间复合物（metastable intermolecular composite, MIC）为典型代表的多种新型含能材料，但它们在应用中却出现诸如感度高、对水氧敏感、化学和热稳定性差、燃烧效率低等一些难以克服的问题，严重制约其应用范围和发展进程[6-9]。上述问题均与含能材料的表面性质密切相关，对其表面化学组成和结构进行改性是提升材料稳定性和安全性、调控能量输出结构的主要手段。理想的含能材料表面改性方法应该是在尽量不影响材料能量密度的前提下，实现对表面性质的精准调控，然而当前传统的固相和液相表面改性方法，缺乏对材料表面改性过程的精确控制，表面修饰层的质量（完整性、均匀性）较差，修饰层厚度无法精准调控，易造成含能材料能量密度的损失。因此，借助先进的表面工程技术，在微观尺度上对含能材料的组成、结构和排列进行设计和制备，是发展高能、高安全和能量输出可控的新型含能材料的一种有效技术路径，对于提升武器装备的性能、促进武器系统向信息化和智能化方向发展，具有重要意义。

原子层沉积（ALD）技术所特有的大面积三维共形性、精确简单的薄厚控制以及相对温和的反应温度，决定了该技术在含能材料表面修饰中的巨大应用潜力[10,11]。作为一个全新的研究方向，当前该领域处于探索开发阶段，国内外相关研究报道较少。本章主要从 ALD 技术在可控合成亚稳态分子间复合物、提升含能材料安全性、改善含能材料稳定性以及在精准构建燃烧催化剂方面的应用进行介绍。

14.2　原子层沉积技术在可控合成亚稳态分子间复合物方面的应用

亚稳态分子间复合物（MIC）通常是指由两种或多种非炸药类固体物质组成、以纳米级（分子级）的紧密混合 / 复合为基础的亚稳态材料，其在化学动力学上稳定，但在外界刺激的作用下会引发剧烈的化学反应，从而释放出以热能为主的巨大能量。亚稳态分子间复合物具有能量密度高、释放速率快、燃烧效率高等特点，在起爆药、点火药及高性能固体推进剂等领域具有广阔的应用前景[12, 13]。传统的 MIC 材料制备方法，难以实现氧化剂和还原剂在纳米尺度范围内的均匀复合，易造成材料在反应速率和反应完成程度方面受限，无法充分发挥 MIC 的高能量密度优势。因此，通过先进的微纳组装技术，构建尺寸和结构高度可控的纳米复合物，是实现燃料与氧化剂充分接触、缩短反应物之间距离、提高反应速率的一种理想方法。借助 ALD 技术逐层沉积的特性，充分利用纳米金属燃料的高活性表面，将氧化剂直接均匀沉积在金属粉表面，形成厚度可控的核壳结构 MIC，可以实现纳米金属粉与氧化剂的充分接触，并且通过调整材料组合和结构尺度，可实现能量输出的有效调控。

14.2.1　双组分亚稳态分子间复合物

美国 Colorado 大学的 George 课题组和 Los Alamos 国家实验室合作[14]，首次尝试采用 ALD 技术合成 MIC 材料。该 ALD 实验在小型热垂直流化床反应器中进行，合成方案以 $SnCl_4$ 和 H_2O_2 为 ALD 反应前驱体，在 250 ℃和 350 ℃条件下，在纳米铝粉（直径约 50 nm）表面沉积不同循环数的 SnO_2 纳米薄膜，制备出 Al@SnO_2 MIC 材料。首次 MIC ALD 合成尝试虽然由于注入前驱体浓度不足，使得纳米铝粉表面未发生饱和 ALD 反应，最终导致制备的 Al@SnO_2 MIC 没有达到铝热反应的最佳化学计量比，但是点火测试结果表明，相比于未包覆的纳米铝粉［图 14.1(a)］，Al@SnO_2 MIC［图 14.1(b)］展现出更优异的点火燃烧性能，其反应速度更快，燃烧更加剧烈。

西安近代化学研究所的冯昊课题组利用自主研发的科研型 ALD 系统合成出

系列具有不同氧化剂 / 燃料质量比的核壳结构 MIC 材料，并对材料的理化性质和点火燃烧性能进行了系统研究。例如，研究人员[15]以二乙基锌和 H_2O、$SnCl_4$ 和 H_2O_2 分别作为 ALD 合成 ZnO 和 SnO_2 纳米薄膜的前驱体，在 120 ℃和 300 ℃的条件下，在平均粒径为 130 nm 铝粉表面，均匀沉积了不同循环数的纳米氧化剂系列薄膜，制备出具有不同氧化剂 / 燃料质量比的 Al@ZnO 和 Al@SnO_2 MIC 材料。从纳米铝粉表面 ALD ZnO 和 SnO_2 纳米薄膜的饱和反应曲线和增重曲线（图 14.2）可以发现，ALD ZnO 在前驱体注入 20 s 时，即可实现铝粉表面的饱和化学吸附反应，而 ALD SnO_2 需要将前驱体注入时间增加到 120 s 时，可基本完成铝粉表面的饱和化学吸附反应；饱和实验条件下的增重曲线结果表明，ALD ZnO 和 SnO_2 纳米薄膜在纳米铝粉表面均可实现线性增长，并且通过计算可以得出 ALD ZnO 和 SnO_2 纳米薄膜在纳米铝粉表面的平均生长速率 GPC 分别为 0.17 nm 和 0.031 nm。

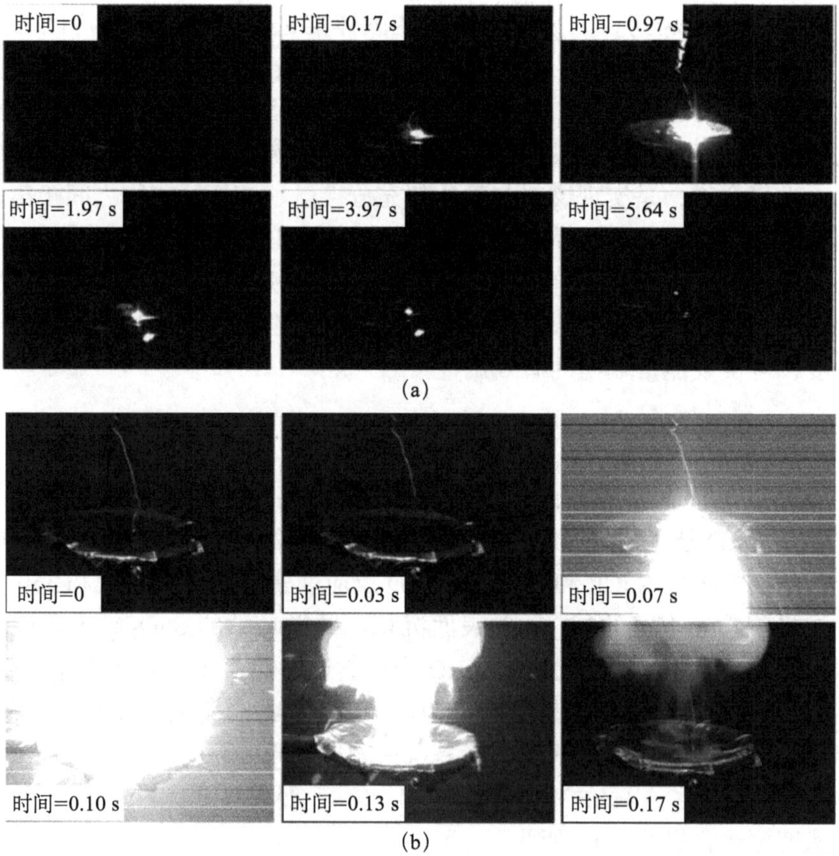

图 14.1　纳米铝粉和铝粉表面沉积 250 循环 SnO_2 的 Al@SnO_2 MIC 材料的点火照片[14]

(a) 未改性纳米铝粉点火照片；(b) Al@SnO_2 MIC 材料点火照片

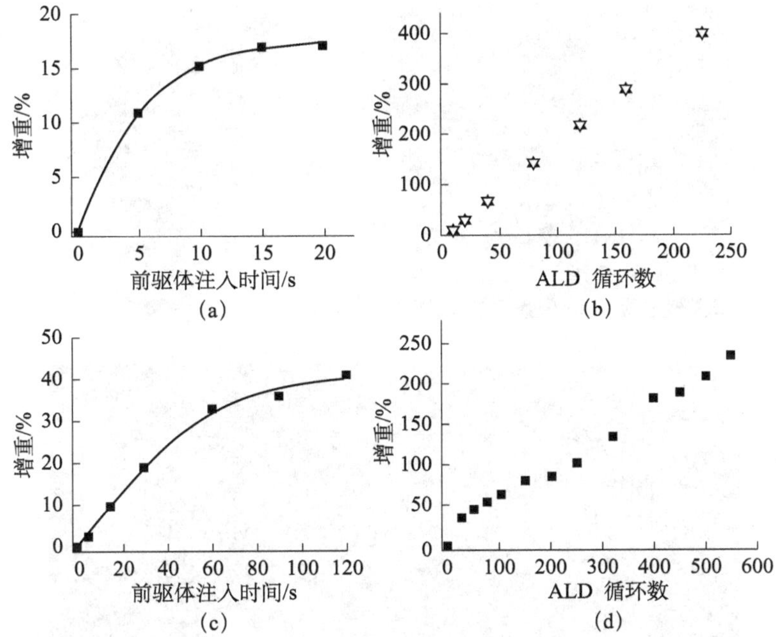

图 14.2　纳米铝粉表面 ALD ZnO 和 SnO_2 纳米薄膜的饱和反应曲线和增重曲线 [15]

ALD ZnO 纳米薄膜的 (a) 饱和反应和 (b) 增重曲线；ALD SnO_2 纳米薄膜的 (c) 饱和反应和 (d) 增重曲线

SEM 表征结果表明［图 14.3(a)、(c)、(e)］，相比于原始纳米铝粉，沉积一定厚度的氧化物后，铝粉粒径明显变大，Al@ZnO 表面形貌变得相对粗糙，而 Al@SnO_2 形貌变得光滑。TEM 表征结果证实［图 14.3(b)、(d)、(f)］，采用 ALD 技术制备出了具有完美核壳结构的 Al@ZnO 和 Al@SnO_2 MIC 材料，并且 Al 粉表面氧化层厚度的测量值与增重曲线计算出的结果相吻合。激光点火实验表明（表 14.1），相比于未改性铝粉及物理共混法制备的 MIC 材料，采用 ALD 技术制备的 MIC 材料表现出优异的点火燃烧性能，尤其是按照最优氧化剂 / 燃

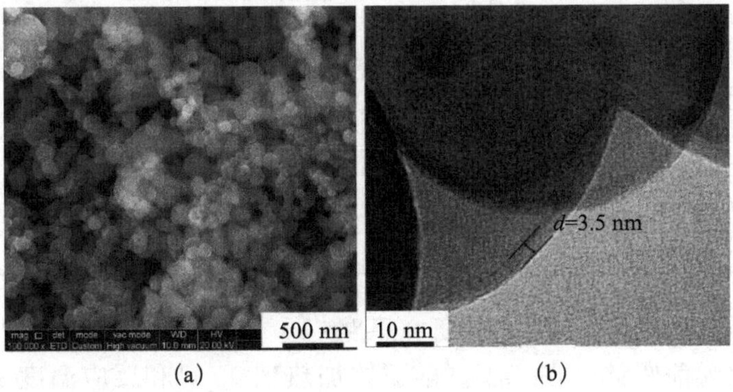

图 14.3　纳米铝粉、225 循环 Al@ ZnO 和 550 循环 $Al@SnO_2$ MIC 的 SEM 和 TEM 照片[15]
纳米铝粉的 (a) SEM 和 (b) TEM 照片；225 循环 Al@ZnO MIC 的 (c) SEM 和 (d) TEM 照片；550 循环 $Al@SnO_2$ MIC 的 (e) SEM 和 (f) TEM 照片

料质量比制备的 $Al@SnO_2$ MIC 材料，其反应速率提高了数倍，主要归因于氧化剂紧密包覆于纳米铝粉表面，形成以氧化剂为壳、燃料为核的核壳型结构，极大促进了纳米铝粉与氧化剂的充分接触，缩短了反应物之间的传质和传热距离。

表 14.1　纳米铝粉和各种 MIC 材料的激光点火实验结果统计表[15]

样品	氧化剂 / 燃料质量比	激光点火延迟时间 /ms	燃烧时间 /ms
纳米铝粉	0	33	>4000
150 循环 $Al@SnO_2$	0.8	33	159
400 循环 $Al@SnO_2$	1.8	37	32
550 循环 $Al@SnO_2$	2.4	38	19
$Al-SnO_2$ 共混纳米颗粒	2.4	36	106
225 循环 Al@ZnO	4.0	45	395

该团队研究人员采用同样的研究思路[16]，使用二茂铁和 O_2 作为 ALD 合成 Fe_2O_3 纳米薄膜前驱体，在二茂铁前驱体加热到 90 ℃和反应温度 350 ℃的条件

下，在纳米铝粉表面均匀沉积了不同循环数的纳米氧化铁薄膜，制备出具有不同氧化剂 / 燃料质量比的 Al@Fe_2O_3 MIC 材料。借助石英晶体微天平（QCM）研究了 Fe_2O_3 纳米薄膜的 ALD 生长过程（图 14.4），测算出 Fe_2O_3 纳米薄膜的 GPC 为 0.12 nm；通过研究 ALD 前驱体在纳米铝粉表面的饱和化学吸附行为，确定 Al@Fe_2O_3 MIC 材料的最佳 ALD 工艺。激光点火实验结果表明，相比于传统共混法制备的 MIC 材料［图 14.5(d)］，Al@Fe_2O_3 MIC 材料表现出更加优异的点火燃烧性能，其反应过程更加剧烈，反应速率提高了数倍，反应完全性接近 100%［图 14.5(b)、(c)］。

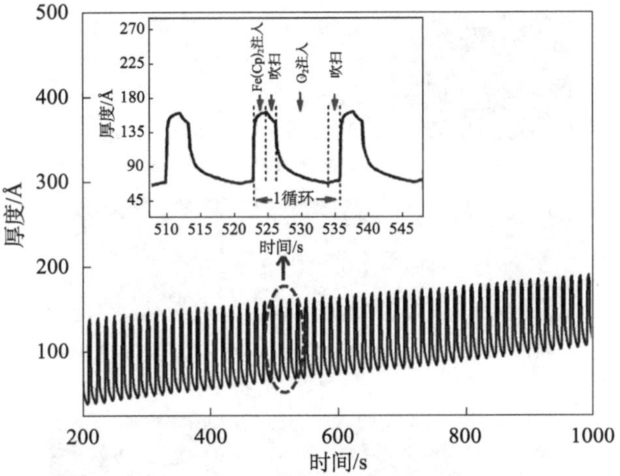

图 14.4　350 ℃条件下 ALD Fe_2O_3 纳米薄膜的 QCM 数据图[16]

Hu 等[17]利用 ALD 技术在纳米铝粉表面生长氧化亚铜 / 氧化铜（CuO_x）纳米薄膜作为引发铝热反应的氧化剂。该研究采用乙酰丙酮铜［$Cu(acac)_2$，源温 140 ℃］和臭氧（O_3）为前驱体，210 ℃在纳米铝粉表面沉积了不同循环数的 CuO_x 纳米修饰层，制备出具有不同氧化剂 / 燃料质量比（ω）的核壳结构 Al@CuO_x MIC 材料。ALD CuO_x 表面修饰层主要由 Cu_2O 组成，经 O_2 退火处理后，表面修饰层可转化为立方 CuO，而核壳纳米结构并未发生改变。TEM 结果显示［图 14.6(b)］，CuO_x 层完整均匀包覆于铝纳米颗粒表面，其 GPC 约为 0.018 nm。点火实验表明［图 14.6(c)］，超薄的 CuO_x 纳米修饰层可以显著降低反应温度并减少铝粉的点火延迟时间。例如，0.2 nm 的超薄的 CuO_x 层（ω=0.02），可以使纳米铝粉的点火延迟时间从 62 ms 减少到 29.6 ms。虽然较厚的 CuO_x 纳米修饰层并未显著影响点火延迟时间，但它通过铝热反应展现出更快、更剧烈的燃烧过程。

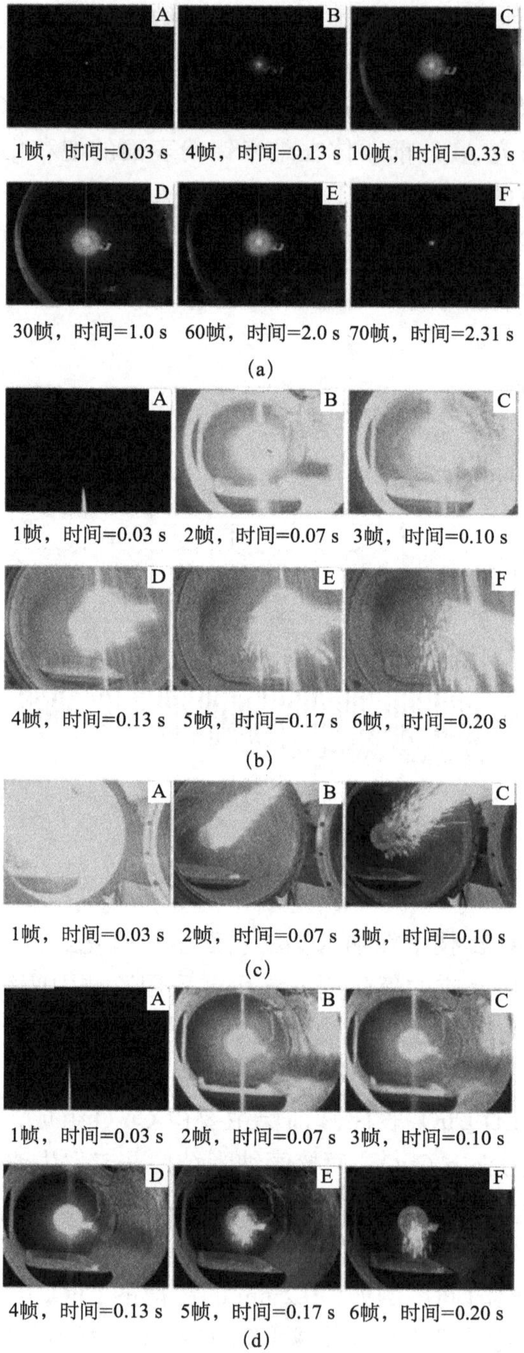

图 14.5　纳米铝粉和 MIC 材料的激光点火照片[16]

(a) 纳米铝粉；(b) 125 循环 Al@Fe_2O_3 MIC 材料；(c) 175 循环 Al@Fe_2O_3 MIC 材料；(d) Al-Fe_2O_3 共混 MIC 材料

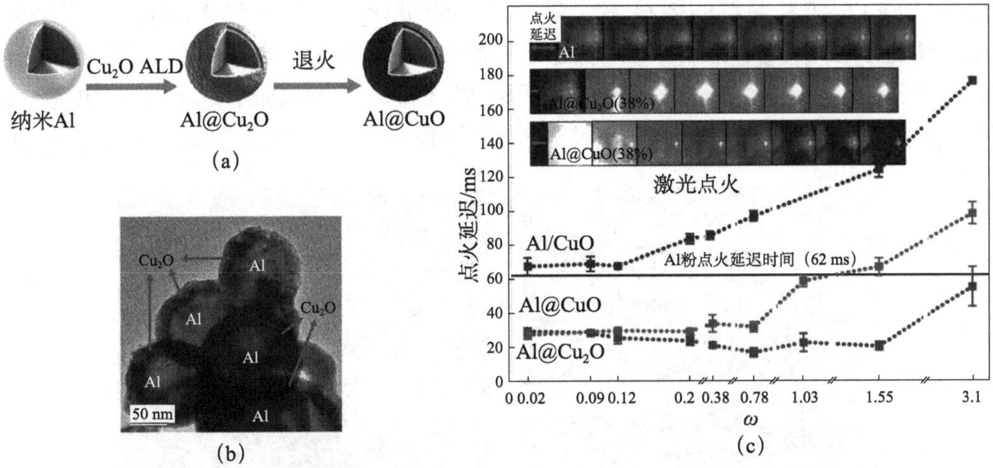

图 14.6　纳米铝粉和 Al@CuO$_x$ MIC 材料的合成和表征结果[17]

(a) Al@CuO$_x$ MIC 的合成过程示意图；(b) Al@CuO$_x$ MIC（ω=3.1）的 TEM 照片；(c) 纳米铝粉和不同 ω 下 Al@CuO$_x$ MIC 的激光点火延迟时间和点火照片

14.2.2　多组分亚稳态分子间复合物

Al/CuO MIC 材料由于其放热量大、反应速度快及反应过程的产气特性，在点火器和微型起爆装置等方面具有重要应用价值[18,19]。但 Al/CuO 复合含能薄膜在存储过程中，由于 CuO 层中的 O 原子会自发的向铝层迁移，使铝层在低温下发生缓慢氧化行为，进而影响了 Al/CuO MIC 材料能量性能的充分发挥。在 Al/CuO 复合含能薄膜层界面处，沉积超薄纳米隔离层是解决上述问题的有效方法。法国 Toulouse 大学 LAAS-CNRS 实验室的 Marin 等[20]利用 ALD 技术逐层沉积的特性，通过在高反应活性纳米氧化铜层（厚度 200 nm）和纳米铝层（厚度 100 nm）界面间沉积 8 nm 厚的高质量 ZnO 纳米隔离层，使 CuO/ZnO/Al MIC 材料的理论反应焓由传统的无隔离层 CuO/Al 的 78% 提升到 98%，反应效率获得显著提高（图 14.7）。导致上述明显差异的原因是致密的 ZnO 层能够起到减少氧扩散的作用，保证整个铝层在低温下不被氧化。

Yan 等[21]将传统溶液自组装法与 ALD 技术有效结合，制备出 rGO/Al@Fe_2O_3 MIC。首先通过溶液自组装法将纳米铝粉均匀分布在高比表面积氧化石墨烯（GO）表面，形成 GO/Al 基底材料，以减少纳米铝粉颗粒的团聚效应；随后将 GO/Al 材料放入 ALD 反应器中，在 350 ℃条件下沉积不同循环数的 Fe_2O_3 纳米薄膜；由于 GO 在 350 ℃下会被热还原为 rGO，最终制备的多组分 MIC 材料为 rGO/Al@Fe_2O_3（图 14.8）。DSC 分析表明（图 14.9），与 ALD 合成的 Al@Fe_2O_3 MIC 相比，含有质量分数 4.8% rGO/Al@Fe_2O_3 MIC 的能量释放增加了 50%；与

rGO/Al/Fe_2O_3 纳米颗粒的随机混合物相比，能量释放增加了约 130%。原因是引入的高比表面积 rGO 载体，一方面可以使纳米铝粉颗粒的空间分布更加均匀，减少了颗粒间的团聚，氧化剂和燃料间的界面接触得到增强，铝粉反应更完全；另一方面是 rGO 纳米片有助于在整个 MIC 材料中构建导电石墨烯网络，有效促

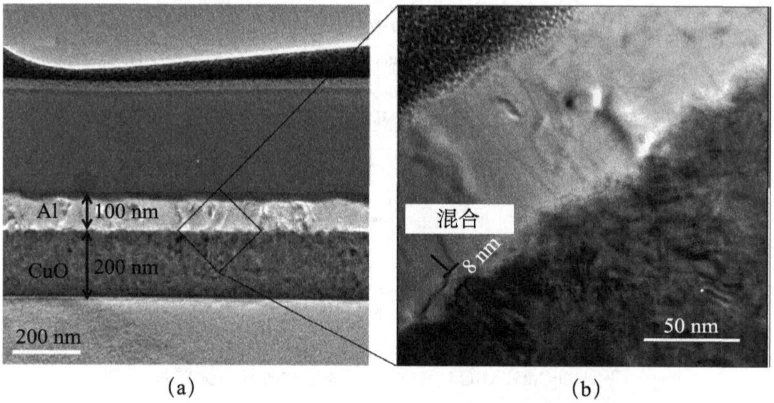

图 14.7　硅片基底表面 CuO/ZnO/Al MIC 材料的 TEM 图片 [20]

(a) 中间部分低倍照片；(b) 高倍照片

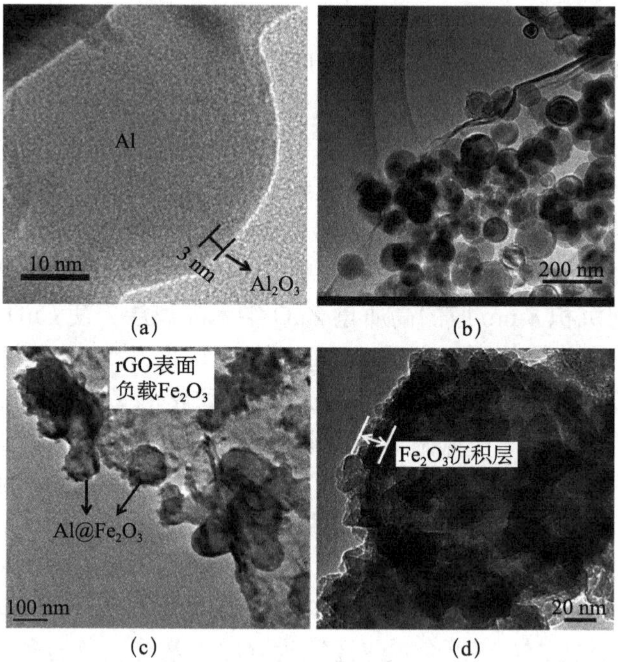

图 14.8　纳米铝粉、GO/Al 和 rGO/Al@Fe_2O_3 MIC 材料的 TEM 照片 [21]

(a) 纳米铝粉颗粒；(b) GO/Al（纳米铝粉颗粒分散在 GO 表面）；(c) rGO (4.8%，质量分数)/Al@Fe_2O_3；(d) rGO (4.8%)/Al@Fe_2O_3 的核壳结构高分辨率照片

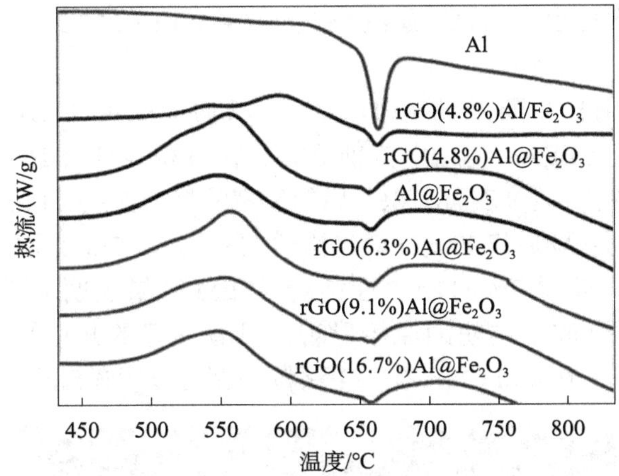

图 14.9　纳米铝粉、rGO/Al/Fe_2O_3、Al@Fe_2O_3、rGO/Al@Fe_2O_3 MIC 材料的 DSC 曲线 [21]

进铝热反应中的热量和电子转移，从而提高了能量释放率。此外，静电火花感度测试结果表明，当 rGO 含量为 9.6%（质量分数）时，rGO/Al@Fe_2O_3 MIC 的静电放电灵敏度显著降低。这可能是由于 MIC 材料中的导电石墨烯网络为静电释放提供了路径，提高了最小点火能量，使 rGO/Al@Fe_2O_3 MIC 的静电安全性获得显著提升。

14.3　原子层沉积技术在提升含能材料安全性方面的应用

某些新型含能材料感度较高，在加工、运输和使用过程中很容易受到摩擦、撞击及静电火花的作用，发生燃烧和爆炸等事故。对含能材料进行包覆改性是降低其感度、提升使用安全性的有效方法 [22, 23]。传统的包覆方法（如液相法和固相法）很难实现均匀完整的包覆以及对包覆层厚度的精准调控，易导致材料能量密度的损失。目前，广泛使用的含能材料粒径大多处于微米量级，因此，借助先进的 ALD 表面工程对含能材料颗粒进行包覆，可在不过多影响其能量密度的前提下，降低含能材料的感度，提升其使用安全性。

14.3.1　高能固体燃料

作为一种典型高能固体燃料，锆粉具有密度大、体积热值高、可燃性好等优点，在高密度推进剂，特别是冲压发动机和体积受限的固体火箭发动机中具有广阔的应用前景 [24, 25]。虽然锆粉具有良好的点火和燃烧性能，但锆粉对静电却极其敏感，甚至人体自身所带静电即可引燃锆粉，使其在生产、储存和使用过程中存在着极大的安全隐患，限制了其在高密度推进剂中的推广应用。针对该应用瓶颈，冯昊团队首次提出利用原子层沉积 / 分子层沉积（MLD）技术有效降低锆粉静电火花感度的研究思路。

Qin 等[26]使用自主研发的 ALD 设备，以均苯四甲酸二酐（PMDA，源温 150 ℃）和乙二胺（EDA，室温）为前驱体，在沉积温度为 160 ℃条件下，采用 MLD 方法在超细锆粉颗粒表面沉积了均匀致密的聚酰亚胺（PI）纳米薄膜，制备出 Zr@PI 改性锆粉；随后将 Zr@PI 改性锆粉在 95% Ar+5% H_2 混合气氛下，600 ℃高温退火 2 小时，获得 Zr@C 膜改性锆粉。SEM 结果表明［图 14.10(a)、(b)］，MLD 包覆几乎不会改变锆粉的原始形貌，具有良好的共形性。TEM 结果表明［图 14.10(c)~(f)］，在 400 循环 Zr@PI 颗粒表面可以明显观察到厚度约为 24 nm

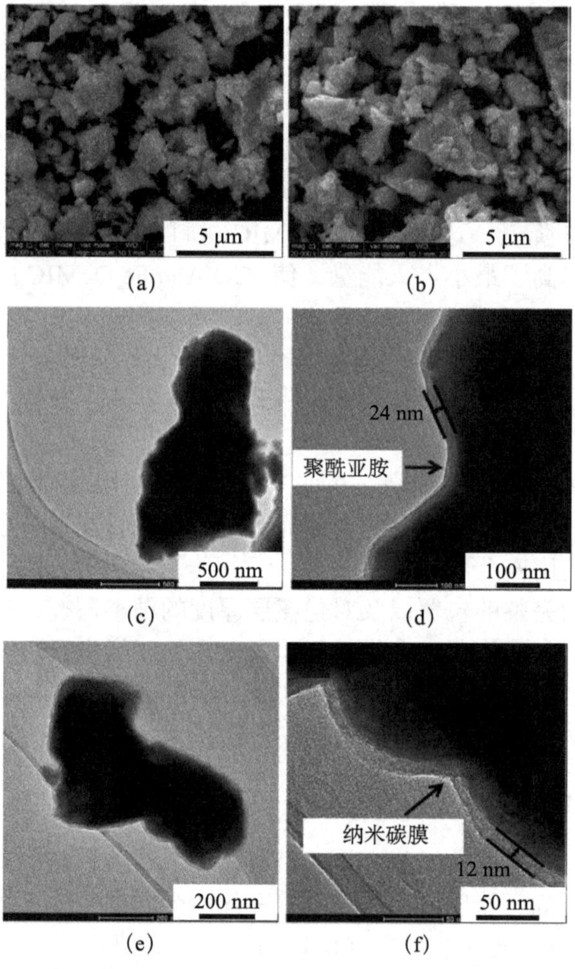

图 14.10　锆粉、400 循环 Zr@PI 和 400 循环 Zr@C 颗粒的 SEM 和 TEM 照片[26]

(a) 锆粉和 (b) 400 循环 Zr@C 颗粒的 SEM 照片；400 循环 Zr@PI 颗粒的 (c) TEM 照片和 (d) 局部放大的 TEM 照片；400 循环 Zr@C 颗粒的 (e) TEM 照片和 (f) 局部放大的 TEM 照片

的 PI 包覆层完整均匀致密；该样品高温退火后得到的 Zr@C 膜改性锆粉，其表面形成一层共形性良好、厚度约为 12 nm 的碳膜。借助 MLD 可以在纳米尺度范围内精确调控锆粉颗粒表面 PI 和 C 膜的厚度，进而实现对锆粉静电安全性的有效调控。静电火花感度测试表明（表 14.2），相比于未包覆锆粉，经过 PI 膜和 C 膜包覆的锆粉静电火花感度均显著降低，并且效果与其膜厚成正比。相比于 PI 薄膜，纳米 C 膜表现出更加明显的感度降低效果，如 400 循环 Zr@C 的静电火花感度 E_{50} 值为 281.3 mJ，高于 400 循环 Zr@PI 的 126.7 mJ，主要归因于锆粉表面的纳米碳膜具有良好的导热、导电能力，在锆粉受到静电刺激时，不仅能够及时将其表面的电荷导走，减少锆粉表面的热量积累，还可以起到降低静电火花感度的作用，且在锆粉燃烧过程中，碳能够参与燃烧反应贡献能量，不会作为惰性组分而影响其能量密度。

表 14.2　锆粉及其包覆样品的静电火花感度测试结果 [26]

样品	薄膜厚度 /nm	薄膜质量占比 / %	静电火花感度 E_{50}/mJ
锆粉	0	0	＜ 1.0
锆粉 -10% 石墨共混颗粒	无	10	＜ 1.0
100 循环 Zr@PI	6	2.7	36.4
200 循环 Zr@PI	12	4.4	88.2
400 循环 Zr@PI	24	7.8	126.7
100 循环 Zr@C	3	1.8	71.9
200 循环 Zr@C	6	2.8	163.4
400 循环 Zr@C	12	5.1	281.3

Qin 等 [27] 除采用 MLD 包覆有机膜外，还借助 ALD 技术在微米级锆粉表面沉积了不同种类和厚度的无机氧化物（氧化铝和氧化锌）薄膜。TEM 结果表明（图 14.11），ALD 氧化铝和氧化锌薄膜能够完整、均匀包覆锆粉的全部外表面，且膜厚在纳米尺寸范围内精确可调。锆粉表面 ALD 氧化铝、氧化锌薄膜的 GPC 分别约为 0.14 nm、0.17 nm，通过观察锆粉的局部放大 TEM 照片，可以发现氧化铝薄膜光滑致密，氧化锌薄膜相对粗糙。热分析测试结果表明（图 14.12），相比于氧化锌薄膜，氧化铝薄膜展现出一种特殊的表面密封效应，即氧化铝纳米薄膜可以在 500 ℃以下，有效抑制锆粉在空气中的缓慢热氧化行为，而当温度超过 500 ℃后，氧化铝膜层破裂，锆粉迅速发生氧化反应，能量被集中释放。静电火花感度测试（表 14.3）表明，ALD 氧化铝薄膜的降低感度效果好于氧化锌。研究证实，ALD 纳米包覆膜不仅能够有效降低含能材料感度，而且为含能材料能量输出结构调控提供了一种全新的技术路线。

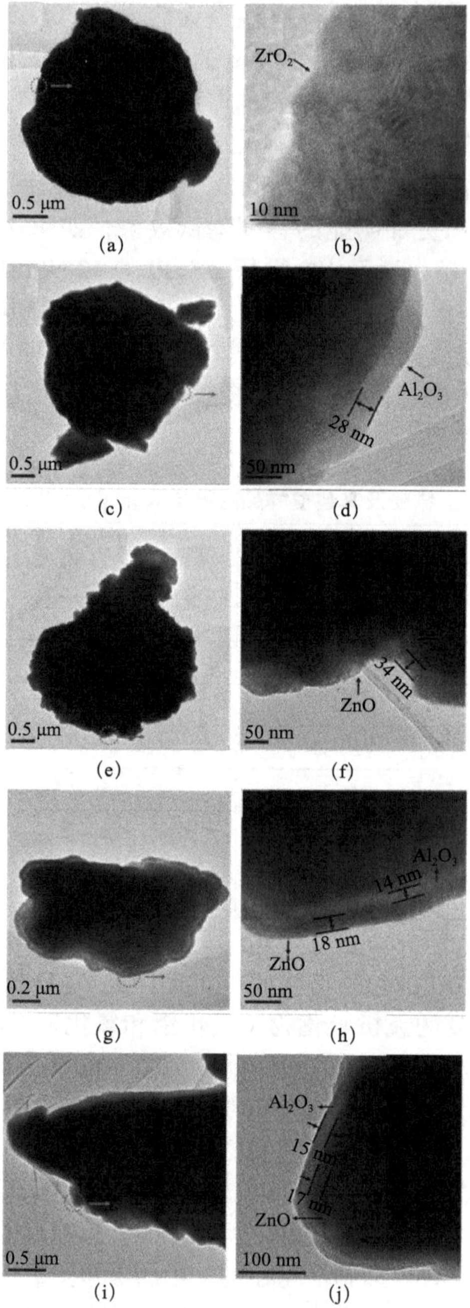

图 14.11　锆粉和 ALD 包覆改性锆粉颗粒的 TEM 照片[27]

(a)、(b) 锆粉颗粒的 TEM 照片；(c)、(d) 200 循环 Zr@Al_2O_3 颗粒的 TEM 照片；(e)、(f) 200 循环 Zr@ZnO 颗粒的 TEM 照片；(g)、(h) 100 循环 Zr@Al_2O_3+100 循环 Zr@ZnO 颗粒的 TEM 照片；(i)、(j) 100 循环 Zr@ZnO+100 循环 Zr@Al_2O_3 颗粒的 TEM 照片

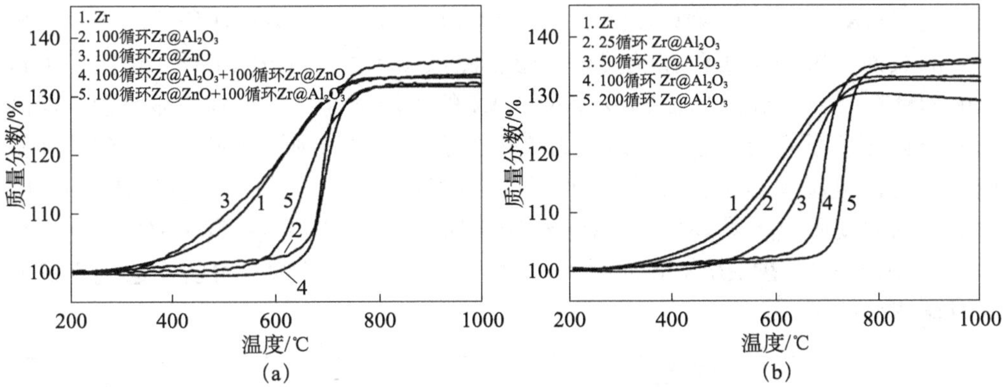

图 14.12　锆粉和 ALD 包覆改性锆粉颗粒的 TG 曲线 [27]

(a) 锆粉和包覆不同种类氧化物薄膜锆粉的 TG 曲线；(b) 锆粉和包覆不同厚度氧化铝薄膜锆粉的 TG 曲线

表 14.3　锆粉及其包覆样品的激光点火延迟时间和静电火花感度测试结果 [27]

样品	薄膜厚度/nm	点火延迟时间 /ms	静电火花感度 E_{50}/mJ
锆粉	0	33.0	5.13
100 循环 Zr@Al_2O_3	14	52.0	37.8
200 循环 Zr@ Al_2O_3	28	60.0	99.6
100 循环 Zr@ZnO	17	34.0	30.2
200 循环 Zr@ZnO	34	38.4	15
100 循环 Zr@Al_2O_3+ 100 循环 Zr@ZnO	32	57.6	82.0
100 循环 Zr@ZnO+ 100 循环 Zr@ Al_2O_3	31	52.0	75.2

14.3.2　高能炸药

环四亚甲基四硝基胺（HMX，又称奥克托金，分子式 $C_4H_8N_8O_8$）是一种性能优良的高能炸药，具有优异的爆轰性能，被广泛应用于战略战术导弹、火箭弹等武器装备中 [28]。但 HMX 对撞击、摩擦及静电等外界刺激较为敏感，在新型炸药和固体推进剂的研制、储存及使用过程中存在安全隐患，给其应用带来了不可控的安全风险。秦利军等 [29] 采用 ALD 技术在微米级奥克托金（HMX）颗粒表面包覆了数十纳米厚度的氧化铝和氧化锌薄膜，XPS 结果表明（图 14.13），经过 150 循环 ALD 氧化铝包覆后，HMX 表面的 N 元素信号基本消失，表明 HMX 表面的原始组分已经被覆盖，样品表面组成主要为氧化铝，实现了对 HMX 颗粒的完整均匀包覆。SEM 结果显示，未喷金的 HMX 原始样品导电性不佳，且在稍长时间 SEM 高能电子束集中照射后，易发生气化分解，表面结构会产生塌陷，形成大量孔洞［图 14.14(a)、(b)］。而包覆氧化铝的 HMX 样品，在电子束照射后，仅发生 HMX 表面的包覆膜破裂［图 14.14(c)、(d)］。这两种现象可用于定性分析样品表面包覆膜是否存在及完整。感度测试结果表明（表 14.4），相比于未包覆的 HMX，经过 ALD 氧化物包覆的 HMX 的机械感度并未得到明显改善，但静电火花感度显著降低。这主要是因为氧化铝或氧化锌为刚性薄膜，当受到外界机械冲击时，包覆膜不能有效缓冲和吸收冲击载荷，冲击能量可直接传递到 HMX 内部，同时硬质包覆膜碎片易于在药剂内部形成局部热点，引起 HMX 爆炸。如果采用 MLD 技术在 HMX 表面引入柔性的有机高分子薄膜，可能会起到更好的降机械感度效果。

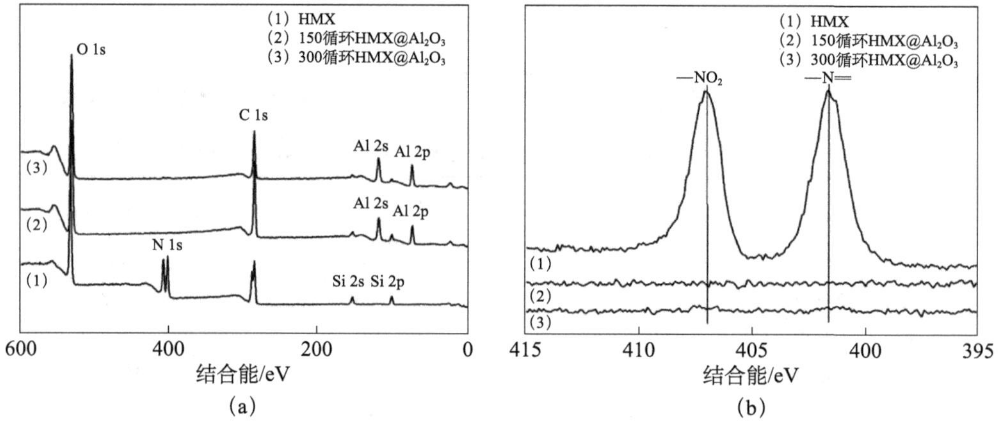

图 14.13　HMX 和 ALD Al_2O_3 包覆改性 HMX 的 XPS 谱图[29]

(a) 全谱扫描；(b) N 1s 扫描

图 14.14　HMX 和 ALD 包覆改性 HMX 颗粒同一位置分别经过两次电子束扫描后的 SEM 照片，其中 (a)、(c)、(e)、(g) 为第一次电子束扫描后照片，(b)、(d)、(f)、(h) 为第二次电子束扫描后照片[29]

(a)、(b) HMX；(c)、(d) 300 循环 HMX@Al_2O_3；(e)、(f) 50 循环 HMX@Al_2O_3+300 循环 HMX@ZnO；(g)、(h) 300 循环 HMX@ZnO

表 14.4　HMX 及其包覆样品的机械感度和静电火花感度测试结果 [29]

样品	撞击感度（落高 H_{50}/cm）	摩擦感度（爆炸概率 P）/%	静电火花感度 E_{50}/mJ
HMX	26.3	96	5.13
150 循环 HMX@Al_2O_3	30.9	100	37.8
300 循环 HMX@Al_2O_3	19.5	100	99.6
50 循环 HMX@Al_2O_3+150 循环 HMX@ZnO	20.4	92	30.2
50 循环 HMX@Al_2O_3+300 循环 HMX@ZnO	9.1	100	15

14.4　原子层沉积技术在改善含能材料稳定性方面的应用

以三氢化铝（AlH_3）和二硝酰胺铵（ammonium dinitramide，ADN）为代表的一类新型含能材料，化学活性高、热稳定性差、对水氧敏感，在储存和使用过程中易与空气中的水、氧发生反应，造成能量密度的损失，严重限制了其在炸药和推进剂配方中的应用。采用 ALD 技术对该类空气敏感型含能材料进行表面修饰改性，在其表面形成完整、致密的水氧扩散阻碍层，可能是一种改善其在空气中稳定性的有效途径。

14.4.1　高能固体燃料

氢化铝（AlH_3）作为二元共价氢化物，是一种潜在的高储氢量和高能量密度的高能固体材料，可广泛应用于固体推进剂、高能炸药和便携式燃料电池领域 [30, 31]。尽管 AlH_3 具有储氢量高（质量储氢达 10.08%）、释氢速率快、燃烧热值高（理论燃烧热值是铝粉的 1.3 倍）及无毒等优点，被视为最有发展潜力的固体推进剂燃料。但作为一种亚稳态固体，AlH_3 自身化学稳定性和热稳定性差，对水氧敏感，在室温长期储存以及固体推进剂工艺温度范围内会发生自发性分解现象，而且其与硝酸酯类推进剂组分存在相容性问题，这些均阻碍了它在固体推进剂中的广泛使用 [32, 33]。

华中科技大学的陈蓉课题组 [34] 采用 ALD 技术在三氢化铝颗粒表面包覆氧化铝薄膜来提高其空气稳定性，在微米级 AlH_3 颗粒表面生长了厚度为数十纳米的氧化铝包覆层［图 14.15(a)、(b)］，氧化铝薄膜质地均匀、致密，厚度精确可控，可以起到很好的水氧隔绝效果。样品含氢量测试发现，经过湿热老化后，未处理的 AlH_3 颗粒含氢量下降到 1.89%，而包覆数十纳米氧化铝薄膜的 AlH_3 颗粒含氢量则能够维持在 9.18%，与湿热老化前基本一致。形貌表征结果表明，未经

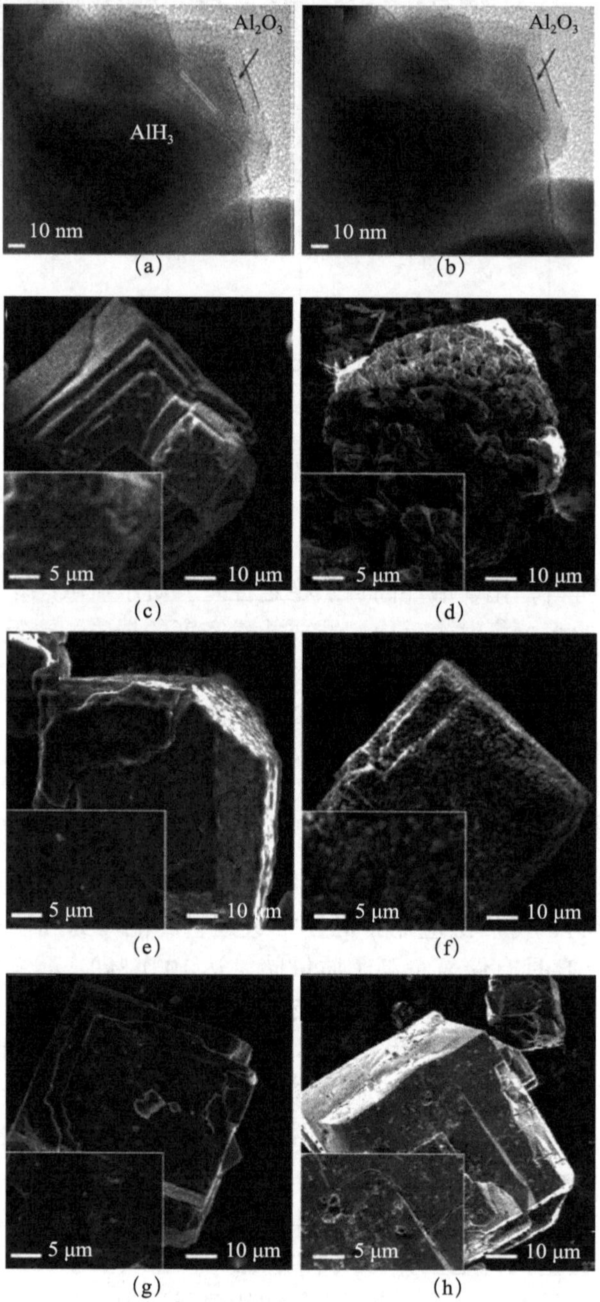

图 14.15　AlH_3 和 ALD Al_2O_3 包覆改性 AlH_3 颗粒的 TEM 和 SEM 照片 [34]

100 循环 $AlH_3@Al_2O_3$ 颗粒（a）TEM 照片和（b）电子束照射 3 min 后 TEM 照片；AlH_3 颗粒（c）老化前 SEM 照片和（d）老化后 SEM 照片；100 循环 $AlH_3@Al_2O_3$ 颗粒（e）老化前 SEM 照片和（f）老化后 SEM 照片；200 循环 $AlH_3@Al_2O_3$ 颗粒（g）老化前 SEM 照片和（h）老化后 SEM 照片

包覆的 AlH_3 颗粒在湿热老化后，由于释放氢气，表面变得异常粗糙，出现很多大而深的孔洞［图 14.15(c)、(d)］；而经过 200 循环氧化铝包覆的 AlH_3 颗粒，其表面几乎与湿热老化前样品一致［图 14.15(g)、(h)］，光滑平整，未发生明显变化。热分析实验结果表明，厚度为数十纳米的氧化铝包覆层对 AlH_3 颗粒的热分解温度、分解速度等没有造成明显影响。此外，氧化铝钝化层还可以起到阻挡摩擦热传导的作用，使 AlH_3 的摩擦感度从 96% 降低到 68%。

同课题组的邵华晨[35]通过对实验室现有微纳米粉末离心流化 ALD 设备进行优化改造，探索了 AlH_3 颗粒表面包覆 TiO_2 薄膜的 ALD 生长工艺，并开展了 TiO_2 纳米薄膜对 AlH_3 样品的吸湿稳定化研究。该研究选取钛酸四异丙酯（TTIP）和双氧水（H_2O_2）为 ALD 反应前驱体，在 75 ℃开展 AlH_3 的低温 ALD 包覆实验，测得 TiO_2 的 GPC 约为 0.1 nm。TEM 结果表明［图 14.16(a)、(b)］，原始 AlH_3 样品表面覆盖有 2.3 nm 厚度的自然氧化形成的 Al_2O_3 层，经 50 循环 ALD TiO_2 薄膜包覆后，AlH_3 样品表面均匀覆盖有 4.56 nm 厚的 TiO_2 薄膜，测得 GPC 为 0.09 nm，与计算结果相接近。AlH_3 样品湿热老化前后的 SEM 结果表明，原始 AlH_3 样品在经湿热老化处理后，出现颗粒团聚以及表面明显孔洞和裂纹现象［图 14.16(c)、(d)］，而经过 30 循环 TiO_2 包覆处理的 AlH_3 样品，其表面形貌与老化前并无明显差别［图 14.16(e)、(f)］，说明一定厚度的 ALD TiO_2 包覆膜层

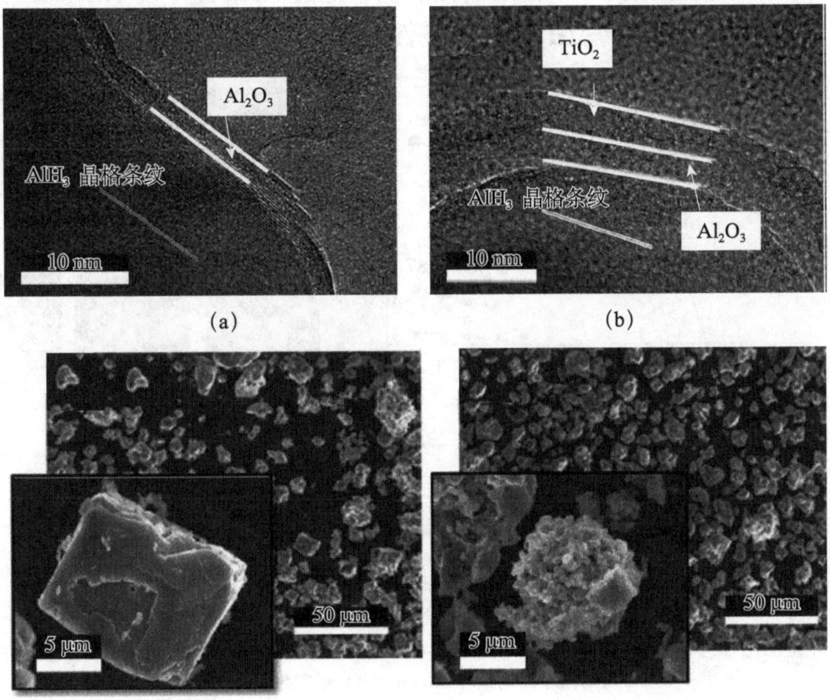

(a)　(b)
(c)　(d)

图 14.16　AlH_3 和 ALD TiO_2 包覆改性 AlH_3 颗粒的 TEM 和 SEM 照片[35]

(a) AlH_3 颗粒 TEM 照片；(b) 50 循环 AlH_3@ TiO_2 颗粒 TEM 照片；(c) AlH_3 颗粒老化前 SEM 照片；(d) 25 ℃、85%RH 处理 15 天后 AlH_3 颗粒 SEM 照片；(e) 30 循环 AlH_3@ TiO_2 颗粒老化前 SEM 照片；(f) 37 ℃、85%RH 处理 15 天后 30 循环 AlH_3@ TiO_2 颗粒 SEM 照片

能够有效阻止水氧的渗透，保护 AlH_3 的形貌及内部结构。湿热老化测试结果表明（图 14.17），经过 15 天湿热老化后，原始 AlH_3 样品出现吸湿结块现象，而 ALD TiO_2 包覆后的样品仍然保持松散粉末的原貌。并且随着 TiO_2 包覆膜层厚度的增加，阻隔性能逐渐提升。上述研究表明，通过 ALD 技术对 AlH_3 颗粒进行包覆改性，是一种有效改善 AlH_3 储存稳定性的技术途径。

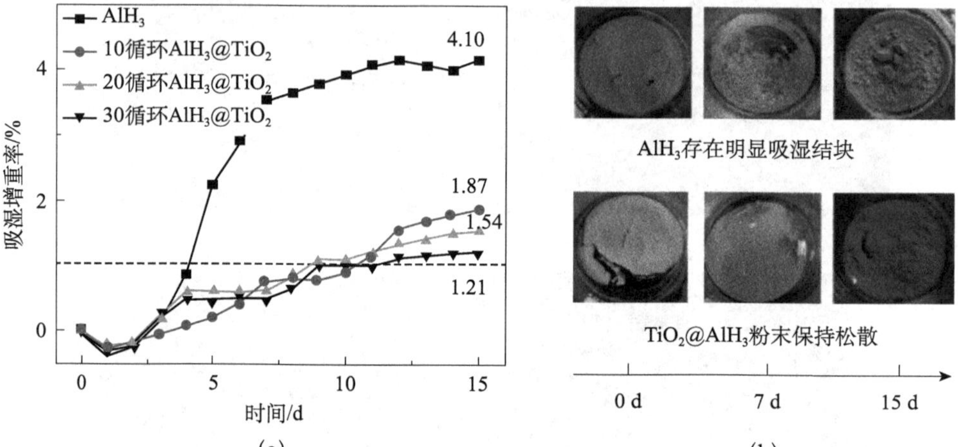

图 14.17　AlH_3 和 ALD TiO_2 包覆改性 AlH_3 颗粒在 37 ℃、85%RH 条件下的湿热老化测试图及样品照片[35]

(a) AlH_3 颗粒、10 循环 AlH_3@ TiO_2 颗粒、20 循环 AlH_3@ TiO_2 颗粒和 30 循环 AlH_3@ TiO_2 颗粒的吸湿增重率；(b) AlH_3 颗粒和 30 循环 AlH_3@ TiO_2 颗粒的样品外观变化照片

除 AlH_3 之外，还采用 ALD 技术在另一种高能固体燃料纳米铝粉表面沉积氧化锆和氧化铝钝化层，以增强铝粉在热水中的稳定性[36]。TEM 结果表明（图 14.18），氧化铝和氧化锆纳米修饰层实现了对纳米铝粉的完整均匀包覆，呈现出完美的核 - 壳结构。水热稳定性实验测试和形貌分析结果表明（图 14.19），氧化锆纳米薄膜展现出优异的抗热水腐蚀性能，可以有效阻止铝粉表面与 80 ℃的热水发生反应。而氧化铝薄膜包覆的纳米铝粉，在热水中的稳定性较差，与 60 ℃的热水即刻发生反应。这主要是因为 ALD 氧化锆包覆层与铝粉表面自有的氧化铝钝化层，可以在薄膜界面层形成 $ZrAl_xO_y$ 相，具有良好的疏水作用，能够有效阻止水分子渗透到铝粉表面发生反应。而 ALD Al_2O_3 和 Al 自发氧化层结构中的 Al_2O_3 亲水性更强，易与热水反应生成 AlOOH，该水氧化合物可以进一步与活性铝核发生反应生成氢气，使铝粉表面 Al_2O_3 包覆膜的结构完整性被破坏，导致 Al_2O_3 钝化层抗热水腐蚀失效。

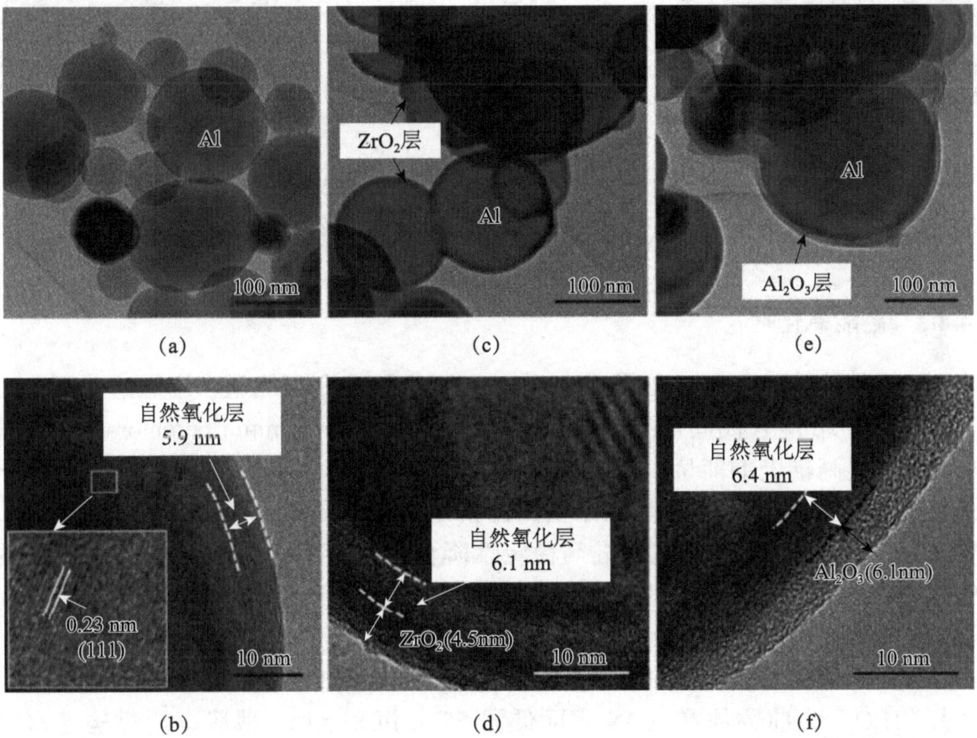

图 14.18　Al 纳米颗粒和 ALD ZrO_2 和 Al_2O_3 包覆 Al 纳米颗粒的低倍和高倍 TEM 照片[36]

(a)、(b) Al 纳米颗粒 TEM 照片；(c)、(d) 50 循环 Al@ ZrO_2 颗粒 TEM 照片；

(e)、(f) 50 循环 Al@ Al_2O_3 颗粒 TEM 照片

图 14.19　ALD ZrO_2 和 Al_2O_3 包覆铝纳米颗粒的水热稳定测试前后的表征结果[36]

8 循环 Al@ ZrO_2 颗粒 80 ℃水热：(a) 测试前的 SEM 照片和 (b) 测试后的 SEM 照片、(c) TEM 照片、(d) 元素线扫描图；50 循环 Al@Al_2O_3 颗粒 60 ℃水热：(e) 测试前和 (f) 测试后的 SEM 照片

14.4.2　高能氧化剂

二硝酰胺铵［ADN，分子式 $NH_4N(NO_2)_2$］因具有高能量、高燃速、不含卤素等特点，用其取代固体推进剂中的高氯酸铵（ammonium perchlorate，AP），可以大幅提高推进剂能量，降低特征信号，减少环境污染。ADN 已成为当前研制高能、低特征信号、绿色环保型固体推进剂理想的新型高能氧化剂。然而，ADN 的强吸湿性极易导致推进剂稳定性降低，储存寿命缩短，成为当前制约 ADN 在推进剂中应用的瓶颈[37, 38]。对 ADN 的表面化学组成和结构进行改性是提升材料抗吸湿性的重要手段。

西安近代化学研究所的龚婷等[39]尝试采用 ALD 技术以三甲基铝（TMA）和水（H_2O）为前驱体在 ADN 表面低温 55 ℃沉积 Al_2O_3 薄膜，通过构建水分子扩散阻碍层来改善 ADN 在潮湿空气中的稳定性。测试结果表明（图 14.20），ALD Al_2O_3 薄膜完整覆盖了 ADN 颗粒的全部外表面，包覆的 ADN 样品中惰性物质含量仅占体系总质量的 1.0% 以下，对材料能量密度影响较小。在潮湿环境中，Al_2O_3 包覆膜可以维持球型化 ADN 颗粒形貌，但 ALD Al_2O_3 包覆膜并未使 ADN

吸湿性获得明显改善。这可能是因为 ADN 熔点较低，低温下的 Al_2O_3 ALD 反应不完全，导致 Al_2O_3 薄膜内部存在微小缺陷，未能有效阻止水分子渗透。

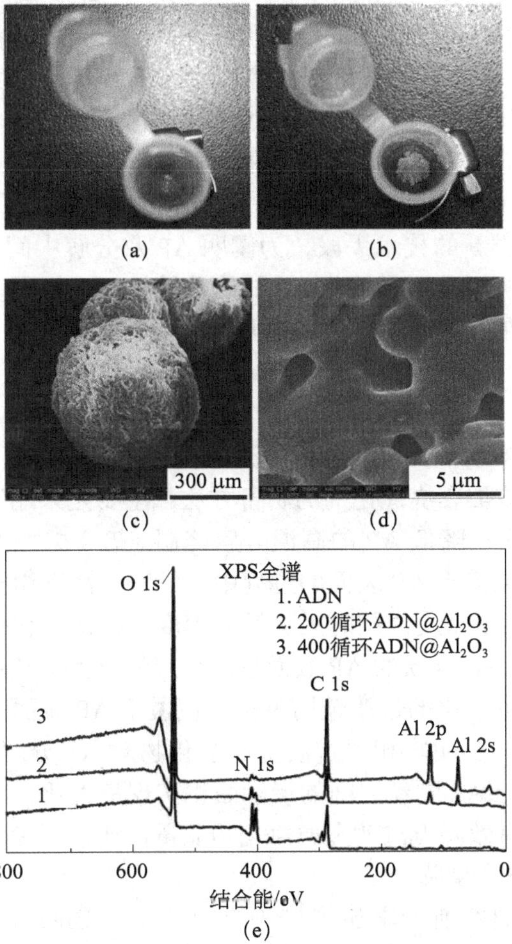

图 14.20　ADN 及 ADN ALD Al_2O_3 包覆改性样品的表征结果[39]

(a)、(b) 未经包覆处理 ADN 样品、经 400 循环 ALD Al_2O_3 包覆处理后 ADN 样品在空气中放置 48 小时后形貌照片；400 循环 ADN@ Al_2O_3 颗粒 (c) 完整和 (d) 表面局部的 SEM 照片；(e) ADN、200 循环 ADN@ Al_2O_3 和 400 循环 ADN@Al_2O_3 颗粒的 XPS 谱图

14.5　原子层沉积技术在精准构建燃烧催化剂方面的应用

固体推进剂以其能量密度大、结构简单、机动性强、可靠性高和储存时间长等优势，被广泛应用到各类战术和战略火箭武器系统中[40, 41]。调节和控制固体推进剂的燃烧性能，使其满足各种武器系统使用需求，是固体推进剂发展的重点方

向。目前在固体推进剂配方体系中，添加燃烧催化剂是调节固体推进剂燃烧性能的主要方法。高氯酸铵（AP）作为多数固体推进剂的主氧化剂组分，质量占比高达60%以上，其分解燃烧性能的优劣直接影响着固体推进剂能量水平的发挥。因此针对AP分解用燃烧催化剂的设计和开发，一直是固体推进剂研究的重点方向[42, 43]。ALD是一种理想的催化剂精确构建技术，其特有的薄膜厚度精确控制机制和出色的三维共形性，能够精确调控催化载体表面的组成和结构，设计并合成出小尺寸、高分散、高均匀性的模型催化剂，有助于阐明催化剂界面结构和催化活性之间的构效关系。将ALD技术引入燃烧催化剂制备领域，可为高性能燃烧催化剂的研制提供新的技术手段，为阐明AP及分解中间产物与催化剂表/界面结构的相互作用机制，揭示催化AP的热分解机理，提供理论依据，有助于推动新型燃烧催化剂在固体推进剂领域的创新应用。

14.5.1　高氯酸铵复合型燃烧催化剂

在推进剂配方体系中，通常会将过渡金属氧化物作为催化AP热分解的活性组分来使用。当前该类燃烧催化剂的制备方法，主要是采用液相法将过渡金属氧化物包覆于AP表面，降低AP的高温分解峰温（T_H）[44, 45]。然而，采用液相法将过渡金属氧化物包覆于AP表面的过程中，无法对活性组分及其结构进行精确调控，在降低AP能量密度的同时无法最大程度发挥其催化作用效果。相比于液相法，ALD提供了一种全新的AP表面过渡金属氧化物催化剂合成策略，通过将不同催化组分、质量占比的过渡金属氧化物包覆于AP表面，研究其热分解特性及催化性能，可进一步明晰相关过渡金属氧化物对AP分解的作用特性。此外，可将燃烧催化组分与AP颗粒之间的接触面积实现最大化，在提升催化组分原子催化效率的同时，有效降低过渡金属氧化物质量占比，减少因非含能催化组分引入而导致的AP能量密度降低。

西安近代化学研究所的李建国[46]研究了TiO_2、ZnO及V_xO_y三种单一过渡金属氧化物的ALD工艺，完成了AP@TiO_2、AP@ZnO及AP@V_xO_y三类复合物的ALD可控制备（合成工艺详见表14.5）。热分析结果表明（图14.21），随着ALD循环数的增加，各金属氧化物活性组分在AP基复合物中的质量占比随之增加，其催化AP热分解的性能也逐步提升。催化改性组分质量占比相近的三种复合物中，AP@TiO_2性能提升最弱，AP@ZnO性能提升最强。相同ALD循环条件下，ZnO负载于AP表面产生的质量增加仅为TiO_2及V_xO_y的十分之一，但其拥有更为显著的催化作用效果；当ALD循环数为10时，10循环AP@ZnO复合物中ZnO质量占比仅为1.37%，其热分解高温分解峰温T_H值可降低至306 ℃左右，整个放热过程高度集中。

表 14.5　AP@TiO_2、AP@ZnO 及 AP@V_xO_y 三类复合物的 ALD 合成工艺 [46]

薄膜种类	前驱体（前驱体加热温度 /℃）	反应温度 /℃	饱和反应时序（t_1-t_2-t_3-t_4/s）
TiO_2	四异丙醇钛（60 ℃）、双氧水（室温）	140	100-100-100-100
ZnO	二乙基锌（室温）、水（室温）	100	100-100-100-100
V_xO_y	三异丙氧基氧化钒（50 ℃）、水（室温）	150	60-60-60-60

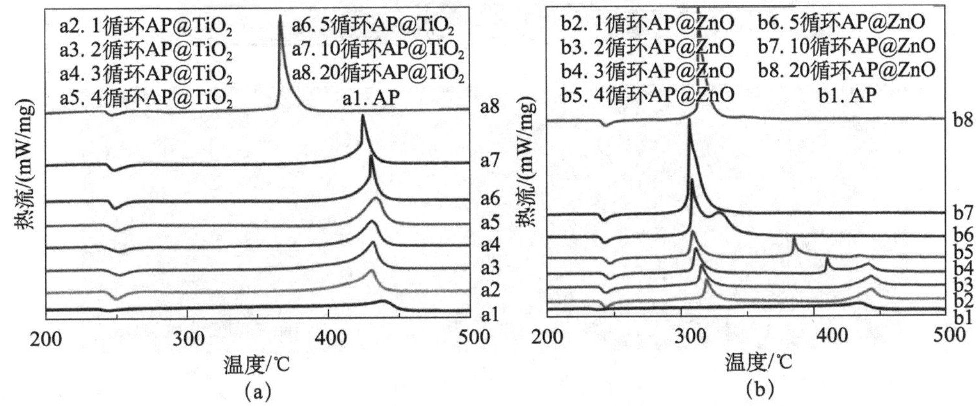

图 14.21　AP 及 AP ALD 氧化物包覆改性样品的 DSC 表征结果 [46]
(a) AP 及包覆不同循环数 AP@TiO_2 样品；(b) AP 及包覆不同循环数 AP@ZnO 样品

14.5.2　负载型金属氧化物燃烧催化剂

在固体推进剂燃烧催化领域，相比于单一种类的金属氧化物，负载型多组分催化剂既可以利用单一种类金属氧化物的催化活性，又可以发挥多组分活性物种表界面的协同催化作用，往往表现出更加优异的燃烧催化特性。此外，负载型催化剂中的载体在起到抑制催化剂纳米粒子团聚、增强其分散性作用的同时，也能够有效发挥自身的助催化作用。碳材料因其优异的电、光、热、机械等性能以及表面易改性等特点被广泛应用于能源、电子、纳米材料、催化等众多领域 [47]。在催化燃烧领域，碳材料作为一种高比表面积载体材料，除可燃烧以外，在燃面处燃烧形成的碳异构体可用于催化剂颗粒的富集，有效防止颗粒团聚，能够大幅提升催化剂的燃烧催化效率。众多研究表明 [48, 49]，将碳材料负载型金属氧化物催化剂应用于固体推进剂能够发挥催化增效的作用。

Yan 等 [50] 采用 ALD 技术将 Fe_2O_3 薄膜直接沉积到经过还原的氧化石墨烯载体表面，制备了石墨烯负载纳米金属氧化物燃烧催化剂 rGO@Fe_2O_3。SEM 和 TEM 结果表明（图 14.22），rGO 多层褶皱结构有效地抑制了 Fe_2O_3 纳米粒子的聚集，粒径均匀的 Fe_2O_3 纳米粒子通过表面化学相互作用，均匀锚定在 rGO 纳米片上。AP 的热分解结果表明（图 14.23），相比于直接添加 Fe_2O_3 纳米颗粒和

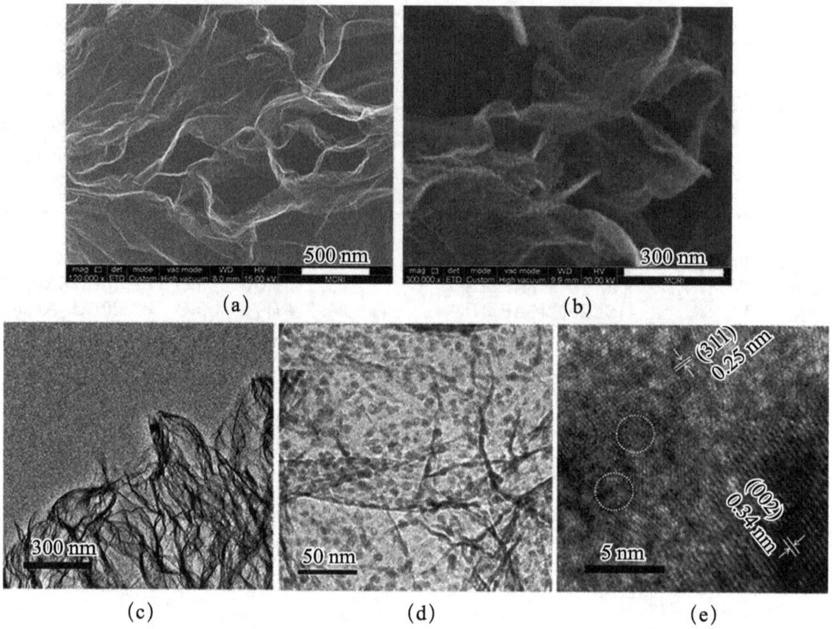

图 14.22　rGO 及 rGO@Fe_2O_3 复合催化剂的 SEM 和 TEM 照片 [50]

(a) rGO 的 SEM 照片；(b) rGO@(84wt%)Fe_2O_3 复合催化剂的 SEM 照片；(c) rGO 的 TEM 照片；rGO@(84wt%)Fe_2O_3 复合催化剂的 (d) TEM 照片和 (e) HRTEM 照片

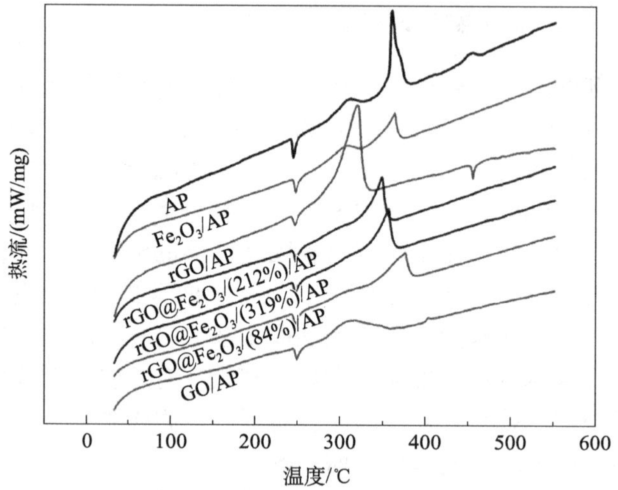

图 14.23　AP 及 AP 复合各种催化材料的 DSC 表征结果 [50]

rGO，添加 rGO@Fe_2O_3 复合催化剂 AP 的热分解温度显著降低。rGO@Fe_2O_3 出色的燃烧催化性能归因于：一方面是由于石墨烯纳米片具有高比表面积和优异的电导率，有助于增加活性位点的数量，增强催化过程中的电子迁移；另一方面米用 ALD 技术制备的 Fe_2O_3 纳米颗粒均匀分布在 rGO 表面，两者间的协同催化作用，加速了 AP 的热分解。

李建国[46] 以微孔活性碳（activated carbon，AC）为载体，采用 ALD 技术分别将 TiO_2 和 Fe_2O_3 沉积到 AC 表面，制备出 AC@TiO_2 和 AC@Fe_2O_3 两种碳基负载单金属氧化物燃烧催化剂，并对其结构、性能及催化作用机理进行了研究。TEM 结果表明（图 14.24），TiO_2 和 Fe_2O_3 均可实现在 AC 载体表面的高度均匀分散，其中 TiO_2 由于是在低温条件下沉积，ALD 直接合成非晶态 TiO_2，通过 700 ℃高温退火后，TiO_2 由非晶态转变为锐钛矿和金红石共存的晶态薄膜；Fe_2O_3 在 350 ℃的高温条件下沉积，以球形结晶颗粒形态均匀分布于 AC 表面，为磁赤铁矿晶型。AC@TiO_2 催化 AP 的热分解实验表明［图 14.25(a)］，TiO_2 对催化 AP 的热分解效果有限，负载量并不与 AP 催化性能的提升成正比。基于催化剂添加量对 AP 的能量密度的影响及催化剂制备成本考虑，沉积 1 循环 TiO_2 的 AC@TiO_2 催化剂是催化 AP 热分解的最优催化剂，可使 AP 的高温分解峰温 T_H 值降低至 330 ℃左右。AC@Fe_2O_3 催化 AP 的热分解实验表明［图 14.25(b)］，相

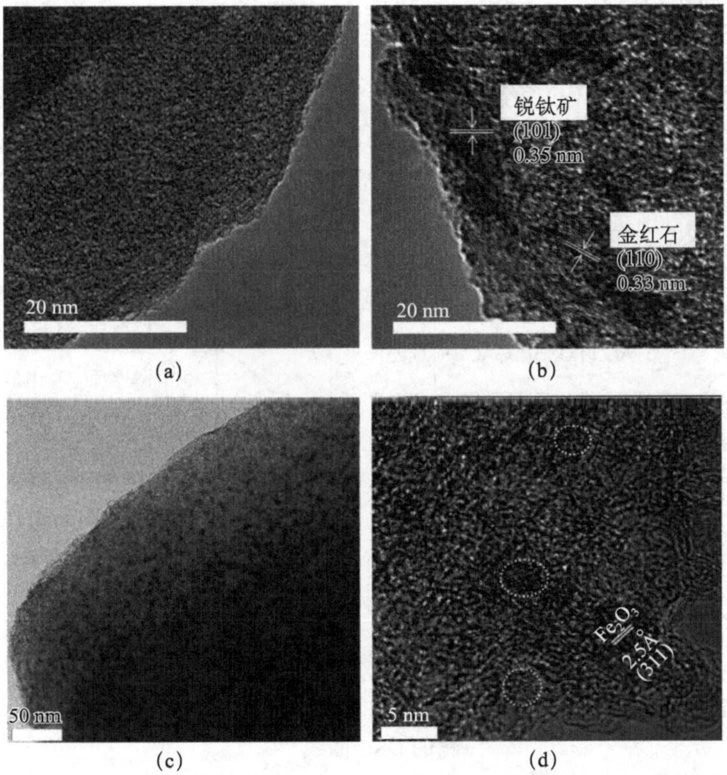

图 14.24　AC、AC@TiO_2 和 AC@Fe_2O_3 复合催化剂的 TEM 照片[46]

(a) AC；(b) 20 循环 AC@TiO_2（700℃退火）；20 循环 AC@Fe_2O_3 低倍率 (c) 和高倍率 (d) 照片

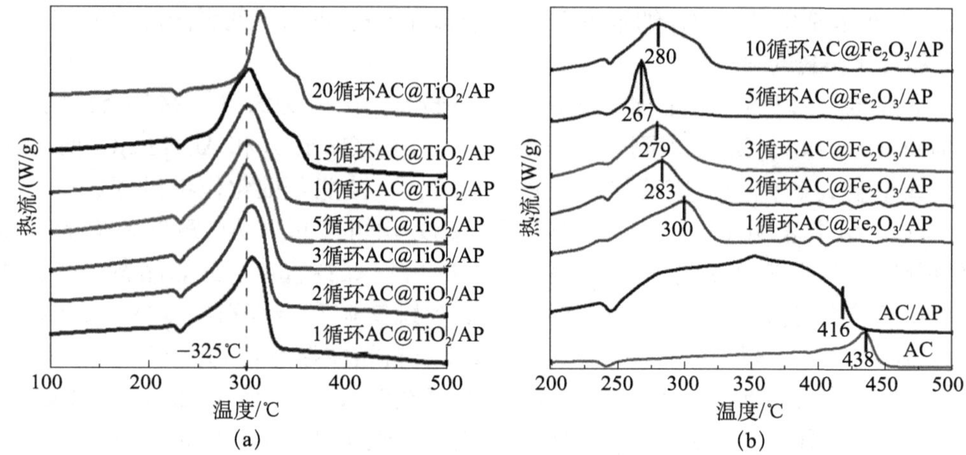

图 14.25　AP、AC@TiO_2/AP 和 AC@Fe_2O_3/AP 复合物的 DSC 曲线[46]

(a) 沉积不同 TiO_2 循环数的 AC@TiO_2/AP 样品；(b) AC 和沉积不同 Fe_2O_3 循环数的 AC@Fe_2O_3/AP 样品

比于 AC@TiO_2，AC@Fe_2O_3 催化剂整体表现出超强的催化活性，其中 5 循环 AC@Fe_2O_3 催化剂可使 AP 高温分解峰温 T_H 值降低至 267 ℃，并且整个放热过程在极窄的温度区间内完成。

在实现 AC 表面 ALD 负载单一金属氧化物的基础上，利用 ALD 技术逐层沉积的特性，在 AC 表面生长了 TiO_2 和 Fe_2O_3 双金属氧化物燃烧催化剂，并对其结构、催化性能及作用机理进行了研究。AP 的热分解结果表明（图 14.26），AC@

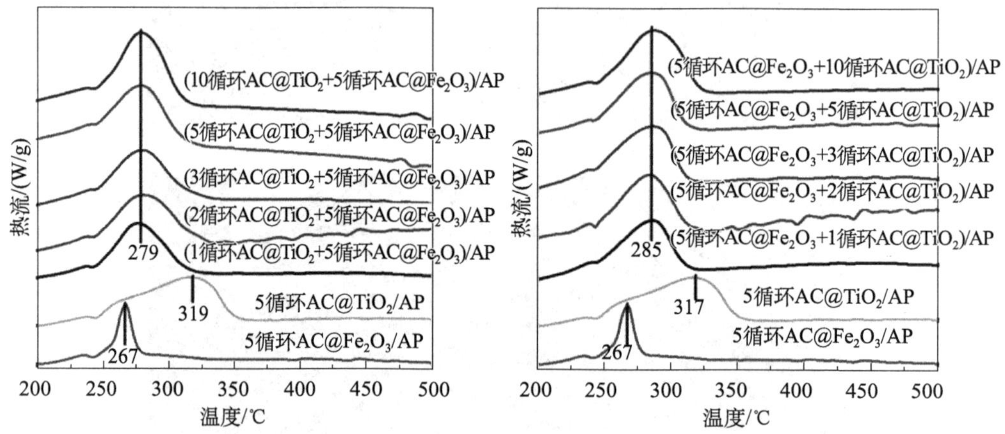

图 14.26　AC@TiO_2/AP、AC@Fe_2O_3/AP、AC@TiO_2@Fe_2O_3/AP 和 AC@Fe_2O_3@TiO_2/AP 复合物的 DSC 曲线[46]

(a) 沉积不同循环数的 AC@TiO_2/AP、AC@Fe_2O_3/AP、AC@TiO_2@Fe_2O_3/AP 样品；(b) 沉积不同循环数的 AC@TiO_2/AP、AC@Fe_2O_3/AP、AC@Fe_2O_3@TiO_2 /AP 样品

Fe_2O_3@TiO_2 及 AC@TiO_2@Fe_2O_3 两类碳基双金属氧化物纳米复合燃烧催化剂，具有相近的燃烧催化特性，且不同 ALD 循环数对其催化作用特性影响较小，极低金属氧化物负载量便可实现高效的燃烧催化特性。综合分析上述实验结果可以发现，AC@TiO_2 可提升 AP 分解过程的放热量，AC@Fe_2O_3 可降低 AP 分解温度，AC@Fe_2O_3@TiO_2 及 AC@TiO_2@Fe_2O_3 碳基双金属氧化物则可充分发挥两种碳基单金属氧化物燃烧催化剂的优势，既可有效降低 AP 分解温度，同时又可显著提升 AP 分解过程的放热量，优化能量释放结构。

在除碳材料载体之外，其他一些高比表面积的载体材料也被用来负载金属氧化物制备燃烧催化剂。Li 等[51]首先采用水热合成法制备了具有高比表面积的钛酸纳米管（H-titanate nanotube, HTNT），然后在钛酸纳米管表面 ALD 合成尺寸可控、高度分散的 Fe_2O_3 活性组分，得到 HTNT@Fe_2O_3 燃烧催化剂。形貌结果表明（图 14.27），在低倍电镜下 HTNT@Fe_2O_3 与载体 HTNT 的形貌几乎一致，并且在 HTNT@Fe_2O_3 上几乎看不到 Fe_2O_3 颗粒。这些结果说明 ALD Fe_2O_3 几乎不改变载体 HTNT 的形貌，也表明负载的 Fe_2O_3 纳米颗粒高度分散。在 HRTEM 照片中可以看出，所有的 HTNT@Fe_2O_3 上的 Fe_2O_3 纳米颗粒呈球形，衍射条纹的晶格间距 0.25 nm 对应着磁赤铁矿 Fe_2O_3 的（311）晶面。热分析结果表明

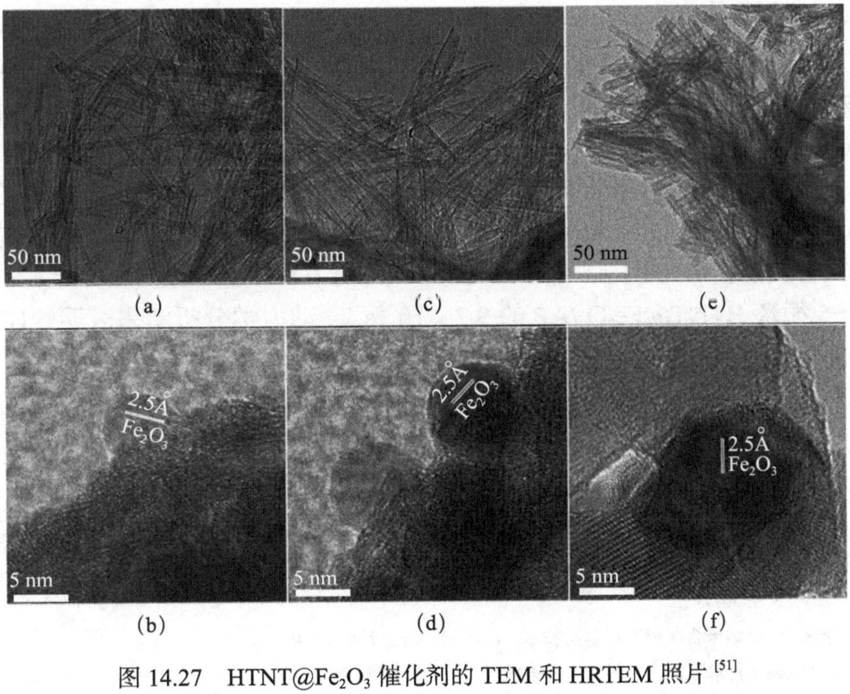

图 14.27　HTNT@Fe_2O_3 催化剂的 TEM 和 HRTEM 照片[51]

(a)、(b) 2 循环 HTNT@Fe_2O_3；(c)、(d) 5 循环 HTNT@Fe_2O_3；(e)、(f) 10 循环 HTNT@Fe_2O_3

（图 14.28），相比于 HTNT 载体对 AP 热分解的催化作用，HTNT 上沉积 Fe_2O_3 能够显著降低 AP 的高温分解峰温 T_H，随着 ALD 循环数的增加，HTNT@Fe_2O_3 的催化性能呈火山型变化趋势，并且当沉积循环数为 5 时活性最佳。

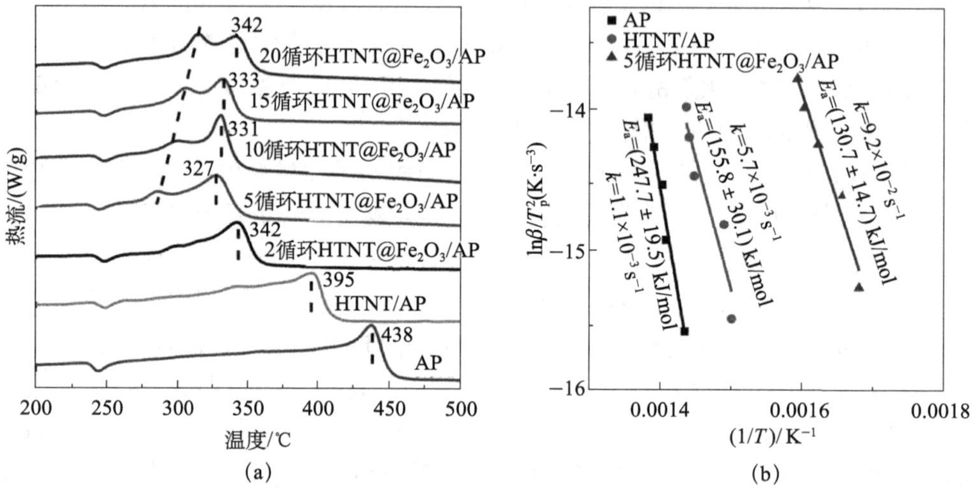

图 14.28　AP、HTNT/AP 和 HTNT@Fe_2O_3/AP 复合物的 DSC 曲线 (a) 和反应动力学曲线 (b) [51]

利用 DSC 实验数据计算纯 AP、HTNT/AP 和 5 循环 HTNT@Fe_2O_3/AP 的活化能，并对催化 AP 的反应动力学进行分析。纯 AP 的高温分解活化能 E_a=（247.7±19.5）kJ/mol，添加 HTNT 能够显著降低 AP 的高温分解峰温和活化能［E_a 降低至（155.8±30.1）kJ/mol］，在 HTNT 载体上引入 Fe_2O_3 催化活性组分，可以使 AP 的高温分解峰温和活化能进一步降低，5 循环 HTNT@Fe_2O_3/AP 复合物的 E_a 降低至（130.7±14.7）kJ/mol。此外，催化剂的引入可以显著提升反应速率常数（k），从纯 AP 的 $1.1\times10^{-3}\ s^{-1}$ 逐步增加至 HTNT/AP 的 $5.7\times10^{-3}\ s^{-1}$，最后增加至 5 循环 HTNT@Fe_2O_3/AP 的 $9.2\times10^{-2}\ s^{-1}$。动力学分析结果表明，HTNT@Fe_2O_3 催化剂对 AP 的热分解表现出优异的催化活性。

参 考 文 献

[1] 任慧，焦清介．微纳米含能材料．北京：北京理工大学出版社，2015

[2] Talawar M B, Jangid S K, Nath T, et al. New directions in the science and technology of advanced sheet explosive formulations and the key energetic materials used in the processing of sheet explosives: Emerging trends. J. Hazard. Mater., 2015, 300: 307-321

[3] 刘杰，李凤生．微纳米含能材料科学与技术．北京：科学出版社，2020

[4] 王晶禹．“双碳”背景下含能材料的可持续发展．火炸药学报，2022: 45

[5] 聂福德，王军．含能材料与 3D 打印融合发展的思考．含能材料，2022, 30: 874-876

[6] Song S W, Wang Y, He W, et al. Melamine N-oxide based self-assembled energetic materials with balanced energy &

sensitivity and enhanced combustion behavior. Chem. Eng. J., 2020, 395: 125114-1~9

[7] Ma X X, Li Y X, Hussain I, et al. Core-shell structured nanoenergetic materials: Preparation and fundamental properties. Adv. Mater., 2020: 2001291-1~31

[8] 王苏炜，肖磊，胡玉冰，等. 纳米单质含能材料制备及其应用现状. 火炸药学报，2021, 44: 705-733

[9] Sundaram D, Yang V, Yetter R A. Metal-based nanoenergetic materials: Synthesis, properties, and Applications. Prog. Energy Combust. Sci., 2017, 61: 293-365

[10] Adhikari S, Selvaraj S, Kim D H. Progress in powder coating technology using atomic layer deposition. Adv. Mater. Interfaces, 2018: 1800581-1~20

[11] Hu Y Y, Lu J, Feng H. Surface modification and functionalization of powder materials by atomic layer deposition: A review. RSC Adv., 2021, 11: 11918-11942

[12] Chen Y J, Ren W, Zheng Z L, et al. Reactivity adjustment from the contact extent between CuO and Al phases in nanothermites. Chem. Eng. J., 2020, 402: 126288-1~9

[13] He W, Tao B W, Yang Z J, et al. Mussel-inspired polydopamine-directed crystal growth of core-shell n-Al@PDA@CuO metastable intermixed composites. Chem. Eng. J., 2019, 369: 1093-1011

[14] Ferguson J D, Buechler K J, Weimer A W, et al. SnO_2 atomic layer deposition on ZrO_2 and Al nanoparticles: Pathway to enhanced thermite materials. Powder Technol., 2005, 156: 154-163

[15] Qin L J, Gong T, Hao H X, et al. Core-shell-structured nanothermites synthesized by atomic layer deposition. J. Nanopart. Res., 2013, 15: 2150-1~15

[16] Qin L J, Yan N, Li J G, et al. Enhanced energy performance from core-shell structured Al@Fe_2O_3 nanothermite fabricated by atomic layer deposition. RSC Adv., 2017, 7: 7188-7197

[17] Hu Y Y, Li D, Qin L J, et al. Controlling the energy release behavior of aluminum nanoparticles as metal fuels by atomic layer deposited copper oxides nano-coating. ACS Appl. Nano Mater., 2024, 7: 22592-22604

[18] Nicollet A, Lahiner G, Belisario A, et al. Investigation of Al/CuO multilayered thermite ignition. J. Appl. Phys., 2017, 121: 034503-034503

[19] 倪德彬，于国强，史胜楠，等. 基于 Al/CuO_x 复合薄膜半导体桥间隙点火性能研究. 含能材料，2019, 27: 149-154

[20] Marin L, Gao Y Z, Vallet M, et al. Performance enhancement via incorporation of ZnO nanolayers in energetic Al : CuO multilayers. Langmuir, 2017, 33: 11086-11093

[21] Yan N, Qin L J, Hao H X, et al. Iron oxide/aluminum/graphene energetic nanocomposites synthesized by atomic layer deposition: Enhanced energy release and reduced electrostatic ignition hazard. Appl. Surf. Sci., 2017, 408: 51-59

[22] Yang Z J, Ding L, Wu P, et al. Fabrication of RDX, HMX and CL-20 based microcapsules via in situ polymerization of melamine-formalde-hyde resins with reduced sensitivity. Chem. Eng. J., 2015, 268: 60-66

[23] Jiang H Y, Zhao F Q, Hao H X, et al. Preparation, characterization and electrostatic properties of GAP-coated zirconium composite particles. Acta Armamentarii, 2016, 37: 50-55

[24] Cao Y, Su H, Ge L F, et al. Ignition sensitivity and flame propagation of zirconium powder clouds. J. Hazard. Mater., 2019, 365: 413-320

[25] Byoung S M, Hyung S H. Study on combustion characteristics of HTPB/AP propellants containing zirconium. J. Propul. Power., 2012, 28: 211-213

[26] Qin L J, Yan N, Hao H X, et al. Surface engineering of zirconium particles by molecular layer deposition: Significantly enhanced electrostatic safety at minimum loss of the energy density. Appl. Surf. Sci., 2018, 436: 548-555

[27] Qin L J, Gong T, Li J G, et al. Tuning ignition and energy release properties of zirconium powder by atomic layer deposited metal oxide coatings. J. Hazard. Mater., 2019, 378: 120655

[28] Liu J, Jiang W, Li F S, et al. Effect of drying conditions on the particle size, dispersion state, and mechanical

sensitivities of nano HMX. Propellants, Explos. Pyrotech., 2014, 39: 30-39
[29] 秦利军，龚婷，郝海霞，等 . 原子层沉积氧化物包覆层对奥克托金感度的影响 . 高等学校化学学报，2015, 36: 420-427
[30] Liu H Z, Zhang L F, Ma H Y, et al. Aluminum hydride for solid-state hydrogen storage: Structure, synthesis, thermodynamics, kinetics, and regeneration. J. Energy Chem., 2011, 509: 517-528
[31] Yu M H, Zhu Z Y, Li H P, et al. Advanced preparation and processing techniques for high energy fuel AlH_3. Chem. Eng. J., 2021, 421: 129753-1~17
[32] Yu M H, Yang S L, Xie W X, et al. Enhanced stability and combustion performance of AlH_3 in combination with commonly used oxidizers. Fuel, 2023, 331: 125741-1~12
[33] 蒋周峰，赵凤起，张明，等 . 三氢化铝稳定化方法研究进展 . 火炸药学报，2020, 43: 107-114
[34] Chen R, Duan C L, Liu X, et al. Surface passivation of aluminum hydride particles via atomic layer deposition. J. Vac. Sci. Technol. A, 2017, 35: 03E111-1~6
[35] 邵华晨 . 低温原子层沉积设备的设计及三氢化铝颗粒的吸湿稳定化研究 . 武汉：华中科技大学，2023
[36] Chen R, Qu K, Li J W, et al. Ultrathin zirconia passivation and stabilization of aluminum nanoparticles for energetic nanomaterials via atomic layer deposition. ACS Appl. Nano Mater., 2018, 1: 5500-5506
[37] Yang Q J. Combustion characteristics and mechanisms of ammonium dinitramide. J. Propuls. Power, 2003, 24: 97-103
[38] Yue P, Heng S Y, Han F, et al. Compatibilities of ADN with five kinds of binders. Chinese. J. Energ. Mater., 2008, 16: 66-69
[39] 龚婷，秦利军，严蕊，等 . 原子层沉积技术合成氧化铝薄膜包覆二硝酰胺铵 . 无机材料学报，2014, 29: 869-874
[40] Yadav N, Srivstava P K, Varma M. Recent advances in catalytic combustion of AP-based composite solid propellants. Def. Technol., 2021: 1013-1031
[41] Zhang G T, Zhou Z N, Zhang T L, et al. Advances on energetic catalysts for solid propellant. J. Solid Rocket Technol., 2011, 34: 319-323
[42] Qu W G, Niu S Y, Sun D, et al. Pb single atoms enable unprecedented catalytic behavior for the combustion of energetic materials. Adv. Sci., 2020: 2002889-1~8
[43] Zhang Y, Li K, Liao J, et al. Microwave-assisted synthesis of graphitic carbon nitride/CuO nanocomposites and the enhancement of catalytic activities in the thermal decomposition of ammonium perchlorate. Appl. Surf. Sci., 2020, 499: 143875
[44] Hosseini S G, Abazari R. A facile one-step route for production of CuO, NiO, and CuO-NiO nanoparticles and comparison of their catalytic activity for ammonium perchlorate decomposition. RSC Adv., 2015, 5: 96777-96784
[45] Wang J, Zhang W, Zheng Z, et al. Enhanced thermal decomposition properties of ammonium perchlorate through addition of 3DOM core-shell Fe_2O_3 /Co_3O_4 composite. J. Alloys Compd., 2017, 724: 720-727
[46] 李建国 . 纳米复合燃烧催化剂的精准合成及其催化高氯酸铵分解机理研究 . 西安：中国兵器科学研究院，2023
[47] Yan Q L, Gozin M, Zhao F Q, et al. Highly energetic compositions based on functionalized carbon nanomaterials. Nanoscale, 2016, 8: 4799-851
[48] Denisyuk A P, Milekhin Y M, Demidova L A, et al. Effect of carbon nanotubes on the catalysis of propellant combustion. Dokl. Chem., 2018, 483: 301-303
[49] Jain S, Chakraborty S, Qiao L. Burn rate enhancement of ammonium perchlorate-nitrocellulose composite solid propellant using copper oxide-graphene foam micro-structures. Combust. Flame, 2019, 206: 282-291
[50] Yan N, Qin L J, Li J G, et al. Atomic layer deposition of Iron oxide on reduced grapheme oxide and its catalytic activity in the thermal decomposition of ammonium perchlorate. Appl. Surf. Sci., 2018, 451: 155-161
[51] Li D, L J G, Q L J, et al. HTNT nanotube supported Fe_2O_3 nanoparticles for enhancing the thermal decomposition of ammonium perchlorate: The superb catalytic activity of interface sites. Appl. Surf. Sci., 2021, 563: 150207-1~10

第 15 章　原子层沉积在生物医学领域的应用

15.1 引　　言

原子层沉积在一系列材料基体上沉积薄膜，其中在生物医用材料和生物衍生材料上的生长相对特殊一些，涉及各种生物模板[1]，如蛋白质、肽聚集体、天然纤维等；图案型生物材料，如蝴蝶的翅膀、苍蝇的眼睛、荷叶；有机聚合物材料，包括聚乙烯、聚氯乙烯、聚酰胺、聚酰亚胺、聚丙烯腈、聚碳酸酯、聚四氟乙烯、聚二甲基硅氧烷、聚烯烃、聚醚砜、聚乙烯醇、聚苯乙烯、聚乳酸等[2]；自组装的有机单层（SAM）、卟啉化合物等，相关研究正如火如荼开展中。同时 ALD 在制备生物相容性涂层方面，表现出明显的优势，鉴于在植入式医疗器件市场中存在巨大的需求，ALD 作为一种强有力的薄膜可控制备方法，有望用于生物相容性涂层的实际生产中[3]。总之，ALD 技术在生物医学领域，包括生物电子器件、生物传感器、药物传送装置、组织工程支架和生物检测上有着广阔的发展前景[4-6]。本章将首先介绍基于生物模板和仿生的原子层沉积，然后介绍基于聚合物的原子层沉积，继而涉及生物相容性涂层原子层沉积及其应用，最后再举例说明 ALD 在生物医学领域的其他几个重要应用。

15.2 基于生物模板和仿生的原子层沉积

ALD 技术用于生物模板和仿生沉积，首先要保证生物材料和基体不发生变性，保持原样不被破坏，因此沉积温度至关重要。尽管 ALD 比其他方法的生长温度低，但早期一般也很难低于 100 ℃，因此也就止步于生物材料上的沉积。2004 年，George 课题组[7] 在近乎室温（33 ℃）情况下在聚合物瓶子表面成功沉积 Al_2O_3 薄膜，到了 2006 年，采用 ALD 在生物大分子——烟草花叶病毒和铁蛋白上又生长了金属氧化物涂层[4]，开启了 ALD 在生物材料上生长的先河。尽管在沉积中，真空中干燥生物材料易造成破坏，曝光生物材料于像 TMA 这样高度活性的前驱体蒸气中，有可能会影响与蛋白质间的作用，然而发展生物模板与 ALD 结合的工艺路径依然是科研工作者十分感兴趣的研究。下面将举例介绍 ALD 在不同种类生物模板上的生长以及仿生沉积方面的进展。

15.2.1 蛋白质基纳米结构

通过 ALD 已经制备出来一些蛋白质基的纳米结构，其中第一个 ALD 涂覆的生物模板就是烟草花叶病毒（tobacco mosaic virus，TMV）[8]。它也是第一个已知的病毒，并由此开启现代病毒学的研究。烟草花叶病毒是一个蛋白质管，外径 18 nm，长度 300 nm，中心为 4 nm 空管道。这种病毒可忍受 80 ℃的高温，对哺乳动物无害，是理想的生物纳米模板，可用于纳米结构的制备[1,9]，甚至应用于能源和存储技术领域[1,10]。

采用异丙醇钛和水前驱体，在烟草花叶病毒上 ALD 35 ℃下真空成功沉积了 TiO_2，看起来真空和前驱体曝光并未破坏病毒形貌，直径依然维持 18 nm。图 15.1 为烟草花叶病毒经 ALD TiO_2 处理后的照片。可见病毒间充满着非晶 TiO_2，最重要的是沉积也出现在病毒内中心管道壁上，形成了空心 TiO_2 纳米管［图 15.1(c)、(d)］。

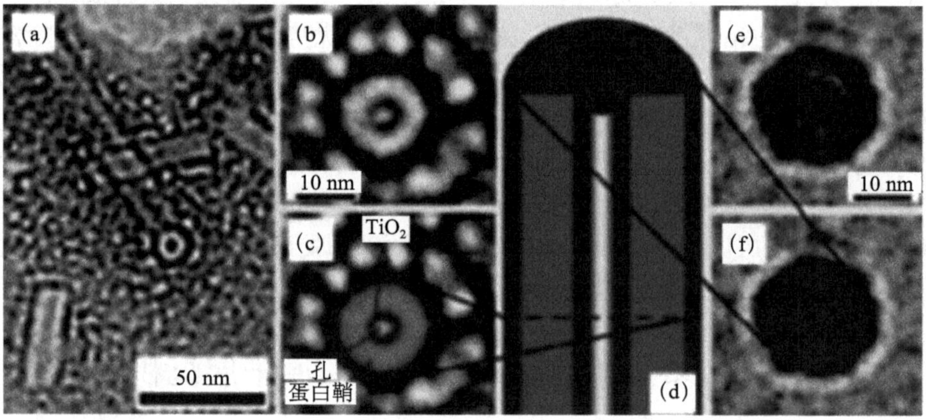

图 15.1 烟草花叶病毒经 ALD TiO_2 处理后的照片[8]

(a) TEM 截面照片，一个断开的 TMV（环状颗粒）包裹在非晶 TiO_2 中，病毒内管道的 TiO_2 覆盖层看起来是空心的，孔直径 1～1.5 nm，壁厚 1 nm；(b) (a) 中环状颗粒的放大图；(c) 像质改进的 (b) 照片，相对明亮的圆圈代表病毒蛋白鞘，蛋白鞘内的暗圈为病毒内表面的 TiO_2 涂层，外围也为非晶 TiO_2 薄膜；(d) TiO_2 处理后 TMV 的截面示意图，病毒顶部中心无孔，代表了病毒内管道的堵塞区；(e) TiO_2 覆盖后圆盘（环状颗粒）放大图，可见病毒内管堵塞区；(f) 像质改进的 (e) 照片

烟草花叶病毒作为一种已经被充分研究的病毒，提供了广泛利用的可能性。一方面蛋白质管的氨基酸序列可被修饰，病毒能被涂覆或填充无机材料[1,9,11]；另一方面，烟草花叶病毒可吸附在不同衬底上，甚至以图案化的方式[12,13]。Gerasopoulos 等[14]利用 TMV 做模板，联合运用金属化、图案化和 ALD 等发展了一种制备分级结构（hierarchical structure）图案的方法，借助改性后的举离工艺，使用 Ni 涂覆或未涂覆的 TMV 进行表面结构化，Ni 涂覆的 TMV 结构化图案用 ALD 再包覆 Al_2O_3 或 TiO_2。由于 Ni 涂层对 TMV 的稳定化作用，ALD 生长

Al_2O_3 或 TiO_2 工艺并不需很低的温度，分别在 220℃或 150℃即可完成。产生的图案有较大的表面积，有望用于催化或染料敏化太阳能电池等方面。

ALD 也可用于铁蛋白和反铁蛋白的沉积。铁蛋白是一种含 24 个亚单元的球状蛋白，直径 12 nm，包含一个直径约 7 nm 的孔洞。铁蛋白扮演了一个储存和输运铁的容器和交通工具，去除铁的核心就形成了空心铁蛋白，即反铁蛋白。采用 ALD 在铁蛋白上形成了嵌入铁蛋白的自支撑金属氧化物薄膜（Al_2O_3 或 TiO_2）[8,15]，铁蛋白看起来足以承受对生物材料而言相当苛刻的工艺条件。随后以反铁蛋白作为模板 ALD TiO_2 可形成两种纳米结构［图 15.2(a)］[16]，在富水的环境下，水分子在孔道口水解前驱体，形成阻塞，导致前驱体分子不能进一步扩散进反铁蛋白孔道内，形成反铁蛋白外层包覆 TiO_2 的空心结构［图 15.2(b)］；通过渗透脱水后，促进前驱体分子扩散进孔隙，即可获得 TiO_2 填充进反铁蛋白的空心腔的核壳结构［图 15.2(c)］。

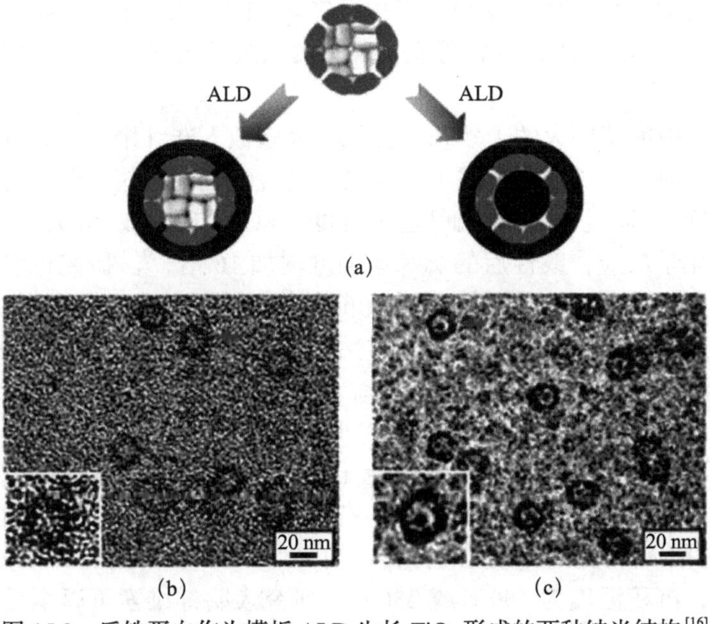

图 15.2　反铁蛋白作为模板 ALD 生长 TiO_2 形成的两种纳米结构[16]

(a) 示意图；(b) 空心壳 TEM 照片；(c) 空心核壳 TEM 照片

15.2.2　肽聚集体

肽是组成蛋白质的微小亚单元，包含至少两个通过肽键连接的氨基酸。借助自组装，一些肽能形成纳米结构的网络。例如，用二苯基丙氨酸，通过静电纺丝可形成数千微米长的纤维。有机胶体形成后，数百微米长、数百纳米宽、几十纳米厚的薄带可被获得。去除有机溶剂后，又可得到干凝胶。对这样的薄带，采用异丙醇钛和氨气作为前驱体，140℃ ALD 涂覆 TiO_2，300℃以上烧结，肽被热降解，TiO_2 涂层重结晶，即可获得锐钛矿的空心结构。这样制备的 TiO_2 涂覆的薄带，其润湿性[17]、电化学性质[18]被 Kim 小组研究，同时也探讨了它在锂离子电池和染料敏化太阳能电池中的应用[18,19]。

15.2.3 天然纤维

天然纤维一般分为植物纤维、动物纤维和矿物纤维三类。前两者虽然组成、尺寸、微结构各异，但都可以作为生物模板，用于 ALD 制备纳米结构材料。例如，DNA 大概是世界上分布最广泛的生物纤维——纳米线，作为模板已用于 ALD 涂覆[15]，或作为 CNT 的功能化修饰层用于 ALD 生长 HfO_2[20]。在禽蛋壳膜——胶原纤维上也可 ALD 生长 TiO_2 或 ZnO，沉积温度从 70℃到 300℃[21]。对高温沉积而言，一个 70℃的预涂覆是必要的，否则胶原膜将发生变性，合成的纳米结构将被破坏。研究发现，沉积温度对 TiO_2 或 ZnO 的晶相和光催化活性有明显影响。并且 ALD 渗滤后明显改善了胶原膜的力学性能，达到了增强增韧的效果[22]。

蜘蛛丝是强度特别大的天然纤维，优于大多数人造纤维，如碳纤维、芳纶和尼龙等。采用前驱体长曝光模式（关闭泵和反应室之间的阀，曝光时间远大于前驱体脉冲时间），通过 ALD 在蜘蛛丝中渗滤 Al_2O_3、TiO_2 或 ZnO，前驱体扩散进蛋白质发生化学反应，改性后的蜘蛛丝强度增加 10 倍[23]。研究也发现，如果不采用前驱体长曝光模式，曝光时间等于前驱体脉冲时间，ALD 后获得的蜘蛛丝尽管表面生成了氧化物涂层，但对力学性能并无增强效果[24]。为了区分 ALD 涂覆工艺和渗滤工艺，也有人将渗滤工艺命名为多次脉冲气相渗滤（multiple pulsed vapor phase infiltration，MPI）工艺。

纤维素不包含蛋白质，是由成百上千的 D-葡萄糖单元连接而成的多糖，比大多数蛋白质基材料更耐高温热处理。芬兰 Ritala 研究组[25,26]在 2005 年就首次尝试 ALD 包覆天然或天然衍生的材料，用 TiO_2 或双层结构的 Ir/Al_2O_3（Ir/TiO_2）涂覆纤维素，沉积温度为 150℃或 250℃。研究表明纤维素可以承受这么高的沉积温度，特别是双层 Ir/ 金属氧化物结构，底层的氧化物起到了很好的保护作用，隔绝了 250℃金属 Ir 沉积中的副产物原子氧[26]。类似的 ALD 包覆 Al_2O_3 工作也可在棉纤维模板上进行[27]，且棉纤维的润湿特性很容易通过 Al_2O_3 的生长循环数进行调控，从未沉积前的润湿到几次循环后的不润湿，再到十几循环后的再润湿，依赖于 ALD 对棉纤维表面形貌的影响[28]。

利用动物纤维海鼠的皮毛作为模板 ALD 包覆了 Al_2O_3[29]。海鼠毛为厘米长的空心管道，直径为 200 nm，由毛发和脊组成，包含蛋白质和壳质。海鼠毛在 ALD 后，形成了约 20 nm 厚的 Al_2O_3 纳米管，可观测到明显的光子晶体效应，毛

发上呈现蓝 / 绿色，脊上为红 / 橘黄色。

图 15.3(a) 为采用生物衍生的纳米纤维气凝胶模板 ALD 合成无机空心纳米管气凝胶的示意图 [30]。将纳米纤维水凝胶干燥成气凝胶，然后借助 ALD 无机氧化物形成无机–有机复合纳米纤维，最后通过高温烧结去除有机模板获得空心无机纳米管气凝胶。这里气凝胶模板的制备至关重要［图 15.3(b)］，液氮冷冻干燥法可得片状聚集体；液丙烷冷冻干燥法形成的气凝胶很薄，为压缩的聚集体；超临界干燥法获得的气凝胶，即使在厚样品中也没有聚集；环境干燥法导致结构完全坍塌。图 15.3(c) 为不同干燥方法获得的气凝胶样品照片，可见超临界干燥法获得的样品最好地保留了气凝胶的结构。去除有机物后，形成了自支撑的无机氧化物气凝胶，包含空心纳米管的网络，多孔膜也很容易从无机空心纳米管浆料中产生。由此制备的空心纳米管气凝胶在传感器、药物输运和微流体等领域有着潜在的应用前景。

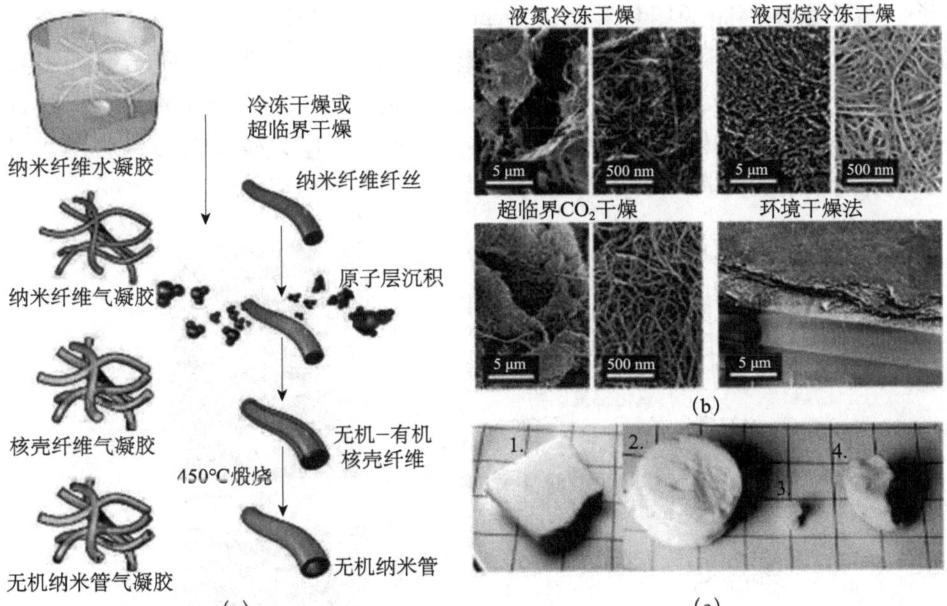

图 15.3　采用生物衍生的纳米纤维气凝胶模板 ALD 合成无机空心纳米管气凝胶的示意图和结果 [30]

(a) ALD 合成无机空心纳米管气凝胶的示意图；(b) 不同气凝胶的制备方法；(c) 气凝胶样品照片：1. 液丙烷冷冻干燥获得的 2 mm 厚气凝胶；2. 超临界干燥获得的直径 12 mm、高 10 mm 样品；3. 大气干燥样品，完全坍塌，其湿润情况下的尺度同超临界干燥样品；4. ALD 生长后超临界干燥气凝胶，表面呈现淡黄色

采用 ALD 在聚合物纤维和织物上沉积信息功能薄膜并用于多功能电子纺织品 [31] 也是今后发展的一个热点，可在可穿戴电子传感、通信、能源产生和存储方面有所作为。

15.2.4　图案型生物材料

以图案型生物材料作为模板，利用 ALD 共形沉积的特点进行仿生，将生物模板图案原样复制到 ALD 生长材料中，也是 ALD 物尽其用、发挥特长的工作。从蝴蝶的翅膀[32,33]到家蝇的眼睛和水黾的腿[34,35]，从大豆的豆荚到荷花的荷叶[36,37]，一系列仿生结构被 ALD 复制出来，并对其光学性质、光催化特性和润湿性等进行了表征[1]。

11.3.5 节中就介绍了在蝴蝶翅膀上 ALD 低温制备不同厚度的 Al_2O_3，形成仿生的二维光子晶体的工作。家蝇的眼睛非常特殊，是复眼结构，包含了 4000 多只小眼，每个小眼为六边形，小眼包含锥形晶状体和不少纳米结构突起（长形视觉细胞）。其眼睛组合起来形成蜂窝状的半球，对 400 nm 以上波长的光具有减反射功能。用与复制蝴蝶翅膀类似的方法，采用 ALD 在 100℃生长 Al_2O_3，通过后退火处理去除模板，复制出家蝇的眼睛，并表征其热处理前后的反射光谱[33]。首先家蝇眼睛的照片和 ALD Al_2O_3 复制品的照片，微结构几乎完全一样［图 15.4(b)、(c)］。从对应的光学反射谱［图 15.4(a)］可知，原始家蝇眼睛的反射峰在 330 nm 处，沉积 100 nm 厚 Al_2O_3 涂覆层后，反射峰基本未变，热处理去除生物模板后，反射峰移动到 375 nm，依然可以作为减反射结构应用，只是由于家蝇的眼睛实在是太小，真正大规模复制并不十分经济。

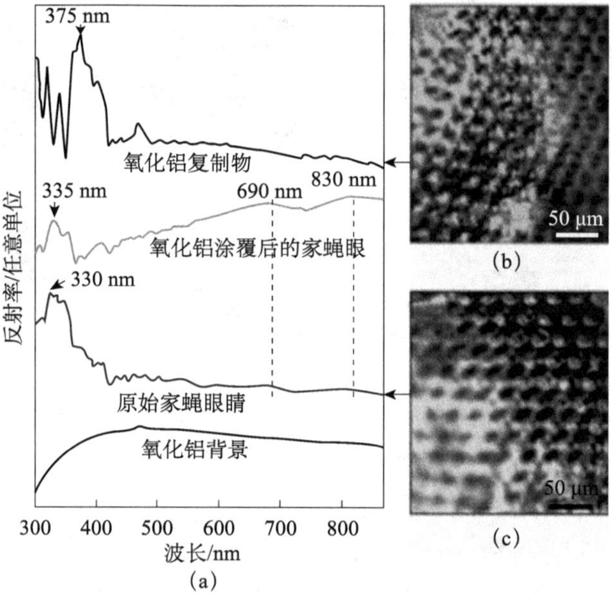

图 15.4　采用 ALD 在 100 ℃沉积 100 nm 厚 Al_2O_3 复制家蝇的眼睛的结构[34]

(a) ALD 复制家蝇眼睛结构热处理前后的光学反射谱；(b) 家蝇眼睛的原始照片；(c) ALD Al_2O_3 复制品的照片

生物体有序结构不仅仅是具备有用的光学特性，精巧细致的结构如蝴蝶的翅膀还具有防水功能。这对昆虫的生存而言至关重要，即使是翅膀上吸附少量的水，昆虫的飞行也将变得异常艰难。采用 ALD 在蝴蝶翅膀和水黾腿上沉积 30 nm 厚 Al_2O_3 薄膜，沉积前，蝴蝶翅膀和水黾腿都是超疏水性的；沉积 Al_2O_3 后，蝴蝶翅膀变为亲水性，而水黾腿依然是超疏水性的，即使在施压情况下（图 15.5）[35]。研究表明蝴蝶翅膀的疏水性主要来源于表面天然的蜡层，而水黾腿的超疏水性主要来自于微结构效应主导的润湿行为。水黾腿表面倾斜的鬃毛是圆形的，倾向于俘获水滴下的气穴形成复合表面，进而维持超疏水性。

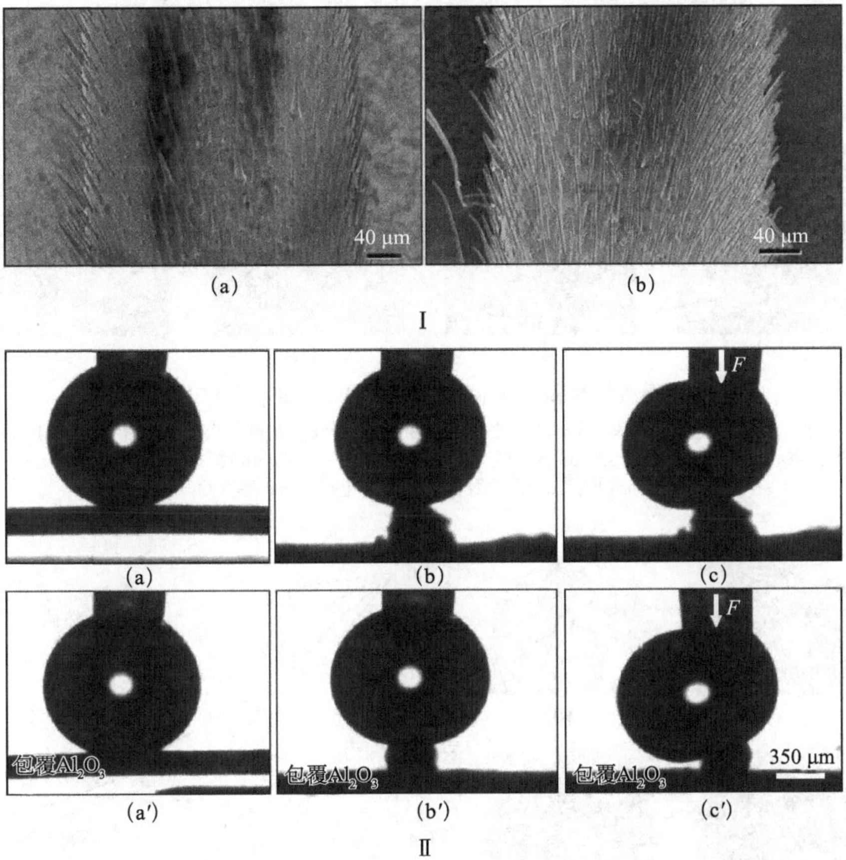

图 15.5　在水黾腿上 ALD 30 nm 厚 Al_2O_3 的形貌及其疏水性[35]

Ⅰ：ALD Al_2O_3 前 (a) 和 ALD Al_2O_3 后 (b) 水黾腿的 SEM 照片。Ⅱ：(a) 沿着水黾腿测得的接触角；(b) 垂直水黾腿测得的接触角；(c) 施加向下的力测得的接触角；(a′) 沿着包覆 Al_2O_3 层的水黾腿测得的接触角；(b′) 垂直包覆 Al_2O_3 层的水黾腿测得的接触角，(c′) 施加向下的力测得的接触角

众所周知，荷花的荷叶是超疏水性的，采用 ALD 在荷叶上沉积不同厚度的 TiO_2 薄膜，沉积前后形貌如图 15.6 所示[37]。研究表明，沉积 3 nm、45 nm 和

125 nm 厚 TiO_2 后，荷叶的超疏水性在保留的同时［图 15.7(a)～(d)］，又增加了光催化活性［图 15.7(e)］[37]。荷叶 /45 nm 厚 TiO_2 复合物结构表现出最佳的光催化活性，归因于此时纳米管的结构还存在，可提供较大的比表面积，TiO_2 层又足够厚，可表现出较好的光催化性质。同理，以豆荚为模板沉积 Zn-Al-O 混合氧化物结构，利用生物模板获得分级纳米结构，与 ZnO 和 Al_2O_3 混合氧化物粉末相比，显示出改进的光催化性能[36]。

图 15.6　天然荷叶和在其上 ALD 不同厚度 TiO_2 的 SEM 照片[37]

(a) 荷叶上 5～10 μm 的鼓包图案；(b) 覆盖鼓包的有机纳米管和鼓包间的谷；(c) 直径 50～100 nm 的纳米管空心结构；(d) 荷叶 /3 nm 厚 TiO_2 的微鼓包；(e) 荷叶 /3 nm 厚 TiO_2 保留的空心结构；(f) 荷叶 /45 nm 厚 TiO_2 的微鼓包；(g) 荷叶 /125 nm 厚 TiO_2 的微鼓包

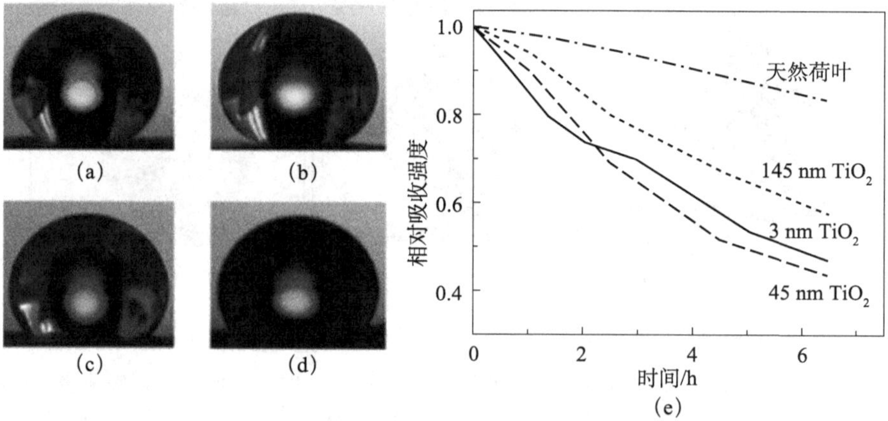

图 15.7　荷叶 / 不同厚度 TiO_2 的超疏水性和光催化活性[37]

(a) 天然荷叶，接触角为 157°；(b) 荷叶 /3 nm 厚 TiO_2，接触角为 153°（2 h UV：151°）；(c) 荷叶 /45 nm 厚 TiO_2，接触角为 138°（2 h UV：131°）；(d) 荷叶 /125 nm 厚 TiO_2，接触角为 133°（2 h UV：130°）；(e) UV 辐照下荷叶 / 不同厚度 TiO_2 复合物对亚甲基蓝的光催化降解特性

15.2.5　生物矿化结构

生物矿物是在自然界中发现的特殊类型的材料。虽然它们是无机材料，却是由一些生物体通过很复杂的合成工艺产生的，是利用少量有机大分子完成操纵分子成核、生长过程，最后组装形成形貌各异的矿化结构体，如哺乳动物门齿牙釉质矿化结构体、海星海绵状腹盘和豪猪坚硬背刺等，在某种程度上反映了立体化学的本质。最典型的例子是单细胞藻类——硅藻，这些藻类产生图案化多孔二氧化硅外骨骼，在自然界中可以找到各种形状和大小的氧化硅矿化结构。

这样的生物矿化结构也可作为模板用于 ALD，如图 15.8 所示 [38]，用 $TiCl_4$ 和水作为前驱体，100 ℃下进行沉积，初始孔径在 40 nm，通过共形沉积孔径可降低到 5 nm，调控孔径和表面亲和性，有望应用于分子分离。

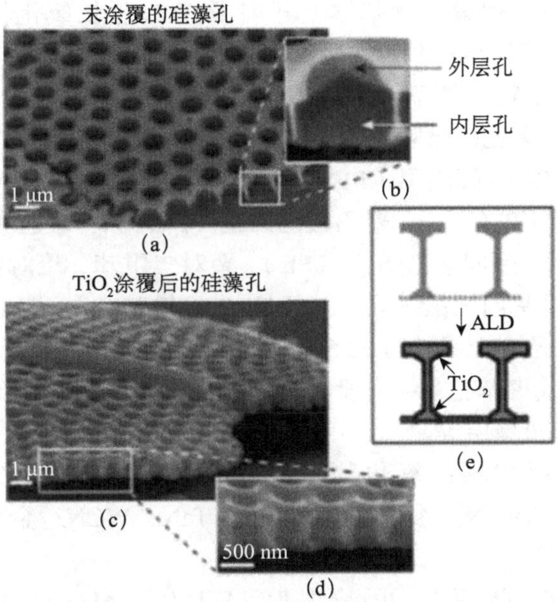

图 15.8　ALD 涂覆 TiO_2 前后硅藻的结构 [38]

(a) 未涂覆前硅藻孔结构的 SEM 照片；(b) 孔结构放大的照片；(c) 沉积 500 循环 TiO_2 后的硅藻结构照片；(d) 侧面放大图；(e) ALD 共形沉积 TiO_2 示意图

15.3　基于聚合物的原子层沉积

聚合物材料在电子制造及其器件、生物医用仪器、能源转换与存储装置、保护系统和纺织品等领域有着广泛的用武之地。对大多数应用而言，聚合物的表面改性是十分必要的。传统纺织工业的丝光处理和漂白用以改进天然纤维的色泽、强度和稳定性。目前聚合物表面处理主要包括在食品包装中改善封装，在建筑和其他工程材料上增加黏附力，在医疗器件和植入装置中产生杀菌效果、调控表面润湿性等。大多数聚合物的表面改性是采用溶液法或气相法完成。溶液法中溶剂存在溶胀或降解聚合物材料的可能，物理气相法或化学气相法不少需要高温沉积，或存在易引起聚合物损伤的等离子体，且这些方法的均匀性和可控性还有待提高。而低温原子层沉积应用于聚合物表面修饰无疑提供了独特的优势，如表面限制反应机制、大面积的均匀性和精确的膜厚控制，尽管它也存在成本高、产出低的缺点。本节将主要介绍 ALD 在典型聚合物基体上的反应机理和特点及其在钝化、封装和表面改性方面的一些应用 [1,39-42]。

15.3.1 聚合物基体上原子层沉积反应机理

目前已经在一系列聚合物基体上开展了 ALD 生长氧化物、氮化物和金属材料的研究 [1,2,43]。聚合物基体包括：聚乙烯（PE）、聚丙烯（PP）、聚氯乙烯（PVC）、聚酰胺（PA）、聚酰亚胺（PI）、聚丙烯腈（PAN）、聚碳酸酯（PC）、聚乙烯醇（PVA）、聚乙烯吡咯烷酮（PVP）、聚对苯二甲酸丁二酯（PBT）、聚二甲基硅氧烷（PDMS）、聚醚砜（PES）、聚对苯二甲酸乙二酯（PET）、聚丙交酯（PLA）、有机玻璃（PMMA）、聚乙酸乙烯酯（PVAC）、聚乙烯基苯酚（PVPh）、聚醚醚酮（PEEK）、聚四氟乙烯（PTFE）、聚对二甲苯、聚对亚二甲苯、聚萘二甲酸（PEN）、聚甲基丙烯酸、聚（苯乙烯-二乙烯基苯）、聚（3-己基噻吩）、聚（1-甲氧基-4-（2′-乙基己氧基）-2,5-苯乙炔）、嵌段共聚物［聚苯乙烯-嵌段聚（4-乙烯基吡啶）或聚苯乙烯-嵌段聚（2-乙烯基吡啶）］、SU-8 光刻胶、液晶聚合物膜和自组装有机单层等。

ALD 生长材料包括：氧化物——Al_2O_3、TiO_2、ZnO、ZrO_2、HfO_2、SiO_2、SnO_2、Al_2O_3/ZrO_2、TiO_xN_y；氮化物——TiN、TaN、WCN；金属——Ir、Pt、Pd、Ru、Rh、W、Cu 等。

以 TMA 和水作为前驱体，在聚合物表面 ALD 生长 Al_2O_3 薄膜为例，来说明 ALD 的反应机制和特点。开始沉积时，TMA 须在聚合物基体表面进行化学吸附，此时聚合物表面可能是活性的，也可能是惰性的。若是活性的，表面存在—OH* 官能团，可与 TMA 反应，形成 Al—CH_3* 表面，再与下一个水脉冲反应，形成 Al—OH* 表面。进而不断循环沉积，遵从通常的表面自限制反应机制，形成有机/无机非常清晰明了的界面。若聚合物表面是惰性的，如 TMA 和水 90 ℃在聚丙烯纤维上进行 ALD 生长，聚丙烯表面无可与 TMA 反应的活性官能团，则 ALD 反应将包括亚表面成核、聚合物溶胀和粗糙表面生长等几个阶段，如图 15.9 所示 [43]。此例中，聚合物吸附 TMA 或水，导致亚表面反应成核，随后的 ALD 循环导致亚表面颗粒的进一步生长，包括衬底表面溶胀和粗糙表面生长。左下角的

TEM 照片揭示了聚丙烯纤维 / Al_2O_3 之间渐变的界面和粗糙的表面结构。

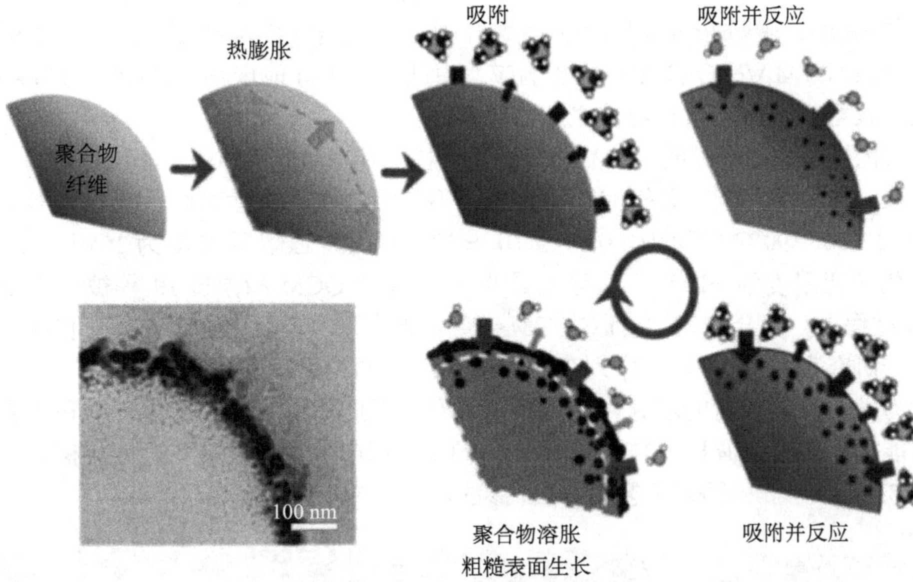

图 15.9　利用 TMA 和水前驱体，90 ℃在惰性聚合物表面——聚丙烯纤维上 ALD 生长 Al_2O_3 薄膜的示意图[43]

即使用聚合物等软材料作为衬底，反应性前驱体也可能会渗透到聚合物块体中，并在聚合物的亚表面区域沉淀或相互作用。事实上，Wilson 等[44]首次观察到在一系列聚合物衬底近表面反应的 ALD 前驱体，如将 Al_2O_3 的 ALD 工艺应用于聚苯乙烯、聚丙烯、聚甲基丙烯酸甲酯、聚乙烯和聚氯乙烯衬底，沉积过程中会出现副反应，延长曝光时间在聚合物中渗滤，形成了杂化物。即金属有机前驱体用于改性软材料，在分子尺度上合成无机 - 有机聚合物，且聚合物的力学性能发生巨大变化，例如蜘蛛丝中的氢键被金属 - 氧键所代替[23]，强度可增加 10 倍，拉伸率亦可提升 1 倍。严格而言，通过 ALD 对聚合物进行自上而下的改性并不是一个 ALD 过程。前驱体表面没有自饱和，一部分已经扩散到基体中，也无法精确控制薄膜的生长。尽管如此，该方法提供序列气相前驱体脉冲，反应在真空中进行，因此它是一种基于 ALD 的渗滤方法。为了与 ALD 涂层工艺相区分，该工艺被 Lee 等命名为多次脉冲气相渗滤（multiple pulsed vapor phase infiltration，MPI）。随后，Jur 等采用类似策略使用改性的脉冲，命名为序列气相渗滤（sequential vapor infiltration，SVI）[45]；Peng 等将嵌段共聚物选择性渗滤，命名为序列渗滤合成（sequential infiltration synthesis，SIS）[46]。为了避免读者混淆，本书将这些工艺统称为基于 ALD 的渗滤工艺，简称 ALD 渗滤[47]。

以下将讨论在三种代表性聚合物表面 ALD 生长 Al_2O_3 的反应机制[1,41,43,48,49]。聚丙烯如上所述，是惰性的，不包含反应官能团；聚乙烯醇（PVA）包含聚合物侧链的—OH；聚酰胺 -6（PA-6）在聚合物骨架上包含羰基和氨基。这些不同官能团导致对 TMA/H_2O 脉冲不同的响应，由此可以更好地理解聚合物结构和 ALD 薄膜在聚合物基体上生长习性之间的关系。

聚丙烯是一种常见的半结晶热塑性聚合物，具有非极性结构和非反应表面，耐有机酸、醇、酯、酮、无机酸和碱金属，不易吸附水。线性膨胀系数比大多数聚合物大，60～90℃之间为（0.6～1.1）$\times 10^{-4}$/℃，晶态熔融温度为 165～176℃，玻璃化转变温度为 −10℃，软化点是 90℃。原位 QCM 和原位 IR 等被用于揭示 ALD 过程中，聚合物表面暴露在 TMA 或水脉冲下，表面化学键和吸附官能团的变化。研究表明，在 ALD 序列 TMA 脉冲期间，TMA 确实易扩散进近表面区域，被动力学俘获，随后的水脉冲期间再与水发生反应。反应剂的扩散程度和亚表面生长能被沉积温度调控。与 60℃相比，90℃沉积产生了明显的亚表面成核和生长［图 15.10(a)］[48]，即该工艺为 ALD 渗滤。

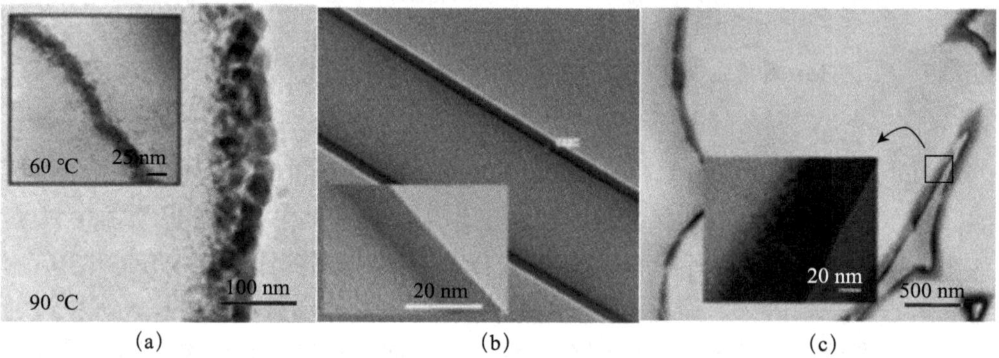

图 15.10　ALD 在聚丙烯、聚乙烯醇和聚酰胺 -6 纤维表面沉积 Al_2O_3 薄膜后的 TEM 形貌

(a) 90℃下 PP 与 100 循环 Al_2O_3 的界面模糊，为明显的亚表面成核[48]；(b) PVA 纳米纤维在 ALD 100 循环后衍生获得了 Al_2O_3 纳米管，内图为较少循环数沉积后局部放大图，界面光滑清晰；(c) PA-6 纤维在 ALD 100 循环后的形貌，内图为局部放大图，约 15 nm 的界面扩散层清晰可见[43]

聚乙烯醇广泛用于薄膜和纤维，有很好的黏附性，虽然是水溶性的，然而也耐大多数溶剂。熔点依赖于吸附水的量，通常从全部水解的 230℃到较少水解的 180℃，玻璃化转变温度为 85℃，聚合物链中的—OH 是随机分布的。第一个 TMA 脉冲后，原位 IR 谱显示出—OH 信号强度急剧下降，而 CH_3 变形峰增加，表明 TMA 和 PVA 链上的—OH 官能团之间发生了反应，且反应大多似乎只发生在聚合物表面。一种可能性是 PVA 表面具有较高的活性反应官能团，当 TMA 在表面反应时，能够形成相对致密的 O-Al-O 层，从而有效阻挡 TMA 的亚表面扩

散。PVA 纳米纤维在 ALD 生长 Al_2O_3 薄膜后，退火去除 PVA，获得了 Al_2O_3 纳米管，如图 15.10(b) 所示[43]，内壁、外壁均显示平滑表面，表明在 PVA 系统中，无机 / 有机界面是非常清晰锐利的，即该工艺为传统的 ALD 方法。

聚酰胺 -6（PA-6）也称尼龙 -6，是众所周知的尼龙 -66 的一个变体，为半结晶体，具有很好的机械强度、弹性和光泽度，广泛用作绳子、细丝和网。熔点为 220 ℃，玻璃化转变温度为 50 ℃，易吸附水。PA-6 的聚合物链上有活性的羰基和氨基，原位 IR 谱清晰地表明 C═O 和 N—H 伸缩模式在 TMA 脉冲后降低，甲基的摇摆和变形模式出现；水脉冲曝光后，Al—CH_3 模式消失，出现 Al—O 伸缩模式。并且 PA-6 纤维在 ALD100 循环后，生成了 100 nm 厚的薄膜，局部放大图显示了约 15 nm 厚的界面层［图 15.10(c)］[43]。即使产生了相对均匀共形的 Al_2O_3 薄膜，PA-6 的 ALD 也存在亚表面成核与生长。QCM 数据也表明初始的 TMA 曝光后，PA-6 产生了明显的质量增益，是类似曝光情况下 PVA 纤维增益的 10 倍[49]。与 PVA 存在较多的羟基活性基团不同，PA-6 上的活性基团密度相对较低，并不容易形成阻挡层，较多的亚表面反应因而发生。另一个可能性与反应动力学相关，第一性原理计算表明[50]，TMA 可与羟基、羰基和氨基形成稳定的路易斯酸 / 碱加成物，热力学的势垒存在于加成物和最后的产物态之间。PVA 上的势垒相对较小，而 PA-6 上的势垒相对较大，所以 PA-6 表面上的反应速率相对较慢，进而 TMA 有更多的时间扩散进入亚表面，键合形成活性中心而与其他 TMA 分子继续反应。PA-6 聚合物很大程度上是通过羰基和氨基之间的氢键形成聚合物网络，既然原位 IR 结果显示 TMA 与羰基和氨基点位的反应，可以推测 TMA 破坏了氢键的环境，从而打开了聚合物链的网络，促进了 TMA 分子向亚表面的扩散，符合 ALD 渗滤工艺。

ALD 生长 TiN 在低介电常数的含 C 有机绝缘体表面上进行，化学惰性的表面阻碍了 ALD 生长初始成核，产生了渐变的无机 / 有机界面，等离子体处理或 ALD Al_2O_3 薄层可以改善成核性[51,52]。使用 WF_6 和 Si_2H_6 前驱体，80 ℃下采用 ALD，研究了在几种聚乙烯、聚氯乙烯、聚苯乙烯、有机玻璃等聚合物表面上金属 W 的沉积[53]。直接沉积，需要多次 ALD 循环（大于 60 循环）来启动初始生长，而在聚合物表面引入 5～10 循环的 TMA/H_2O ALD，W 膜成核变得容易，仅需 25 循环的 WF_6 /Si_2H_6。少量 Al_2O_3 颗粒在聚合物亚表面的生长，足以促成 W 的 ALD 生长。

总之，ALD 在聚合物基体上的反应机理，强烈依赖于聚合物的本质与 ALD 前驱体，ALD 在无机材料硬表面的成核与生长机制，并不能简单转换到有机和聚合物材料软物质表面和界面。即使聚合物链上存在活性基团，具体反应机理也强烈依赖于活性基团的种类与聚合物的结构。

15.3.2 原子层沉积在聚合物基体上的应用

ALD 作为一种可选择的低温沉积方法，应用在聚合物基体上，可起扩散阻挡层、封装（或封裹）、表面钝化和表面修饰等作用。

ALD 在工业界最有希望的一个应用就是沉积气体扩散阻挡层用于食品、医药和电子产业的聚合物基柔性包装或封装材料。Hirvikorpi 等 [54-57] 研究了一系列聚合物上低温沉积 Al_2O_3 薄膜对气体扩散的阻挡效果，包括各种纸（高光纸、复印纸）、聚合物涂层纸（如聚乙烯涂层纸）、聚合物膜（聚乙烯萘、聚酯、聚丙烯、聚乳酸等），沉积厚度从几纳米到 1 μm。尽管在一些聚合物表面观测到粒状结构，可是 ALD 涂覆对聚合物基体表面还是提供了良好的覆盖，特别是对氧气和水蒸气的扩散，起到了较好的阻挡效果 [54]。而在生物基聚合物材料，如聚乳酸膜、聚乳酸涂层板和纳米原纤化纤维素膜上，80～100 ℃ ALD 25 nm Al_2O_3 薄膜前，可通过溶胶-凝胶法引入环氧树脂杂化预阻挡层 [54]，或是通过电晕放电处理促进 ALD Al_2O_3 或 SiO_2 薄膜初始成核生长 [56]，改善阻挡效果。其他研究组也发现，在聚丙烯、高密度或低密度聚乙烯、聚乳酸和聚对苯二甲酸上，10 nm 的 Al_2O_3 涂层可将氧气渗透率降低一个量级，40 nm 的涂层对水汽的密封性比当前最好的包装材料还要好，且一旦 ALD 涂层厚度超过 40 nm，氧气和水汽渗透率即与膜厚无关 [58]。在聚萘二甲酸和聚酰亚胺上 ALD 5 nm 的 Al_2O_3 涂层即可降低水汽穿透率一个量级，ALD 26 nm 厚的 Al_2O_3 涂层比等离子增强 CVD 的 100 nm 以上的 SiO_2 薄膜的密封性能还好 [59]。采用 TMA 和远程氧气等离子体，低温 PEALD 在聚萘二甲酸上沉积 Al_2O_3 涂层明显降低了水汽穿透率，这归因于改进的有机 / 无机清晰的界面 [60]。在聚酰亚胺箔上沉积 3.5 nm 厚的 Al_2O_3 涂层，形成了可在卫星低地轨道上应用的耐高能氧原子侵蚀的保护层，效果好于 5 nm 厚的 SiO_2 薄膜 [61,62]。ALD Al_2O_3 涂层用于聚对苯二甲酸，也可降低 CO_2 的渗透率 [7]。

ALD 的一个重要优势是有望被用来直接在功能电子器件上形成纳米尺度的保护层和封装层，如有机光伏（OPV）[63-65]、有机发光二极管（OLED）[66-68] 和有机薄膜晶体管（OTFT）[69]。采用水基 ALD 工艺在聚（3-己基噻吩-2,5-二基）（P3HT）/[6,6]-苯基-C_{61}-丁酸甲酯（PCBM）异质结太阳能电池上沉积 Al_2O_3/HfO_2 封装层，氧化物薄膜并不能很好地在有机物上成核生长 [62]。发现利用 TMA/臭氧 ALD Al_2O_3 工艺封装异质结有机光伏器件［图 15.11(a)］，比水基 ALD 工艺器件在大气环境中显示出更好的性能稳定性 [65]，140 ℃臭氧沉积 210 循环 Al_2O_3 样品在 500 小时测试后，效率仅下降 20%，而同样温度下水基工艺的 210 循环样品在 350 小时后即下降了 67%［图 15.11(b)］，可见臭氧工艺极大改善了 TMA 在有机薄膜上的成核性和封装效果。

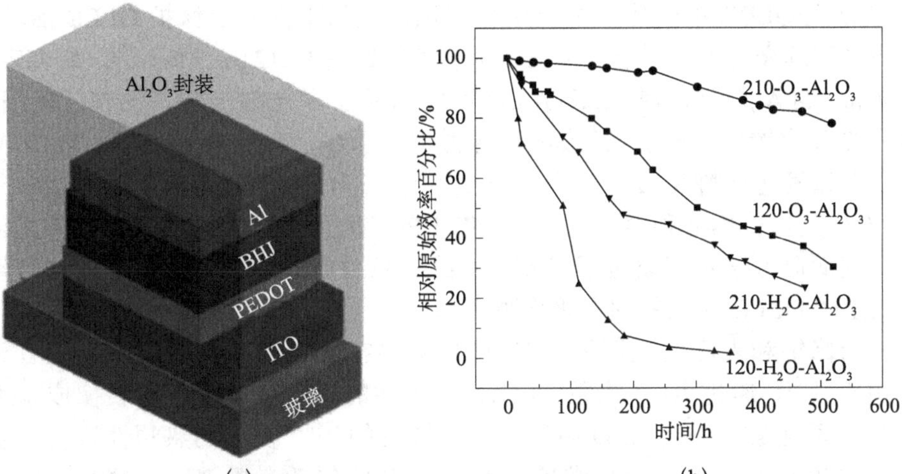

图 15.11　TMA/ 臭氧 ALD Al_2O_3 工艺封装异质结有机光伏器件[65]

(a) 有机光伏器件 ALD 封装示意图，BHJ 代表 P3HT/PCBM 体异质结，PEDOT 为聚（3,4- 乙烯二氧噻吩）；(b) ALD 臭氧工艺和水基工艺沉积 Al_2O_3 封装层对有机光伏器件效率的影响，图上标注 210、120 分别指 ALD 循环数

有机发光二极管（OLED）器件对湿气和氧极其敏感，封装对器件使用而言必不可少。对顶部发光 OLED 来说，迫切需要没有任何干燥剂的透明薄膜封装。TMA/ 臭氧 ALD Al_2O_3 也适合应用于此作为主要防潮层，器件结构如图 15.12(a) 所示[66]，在 85 ℃和 85% 的相对湿度下，1000 小时检测后，封装的器件未发现明显的性能下降，远优于其他物理封装方法。

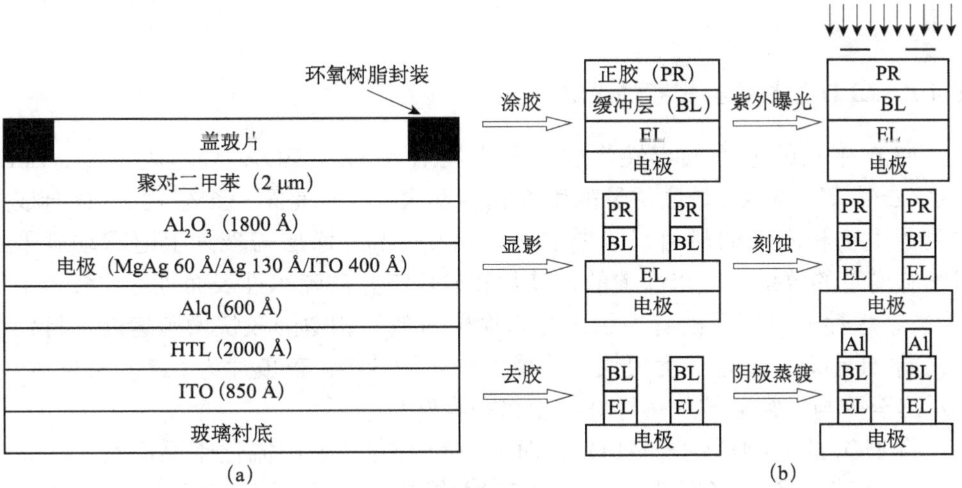

图 15.12　ALD 工艺应用于有机发光二极管器件示意图

(a) OLED 器件 TMA/ 臭氧 ALD Al_2O_3 工艺封装示意图[66]；(b) ALD 阻挡层保护的 OLED 图形化工艺示意图[67]

ALD 在 OLED 中的另一个应用是沉积氧化物阻挡层以保护 OLED 活性层，避免遭受后续光刻工艺引起的损伤，工艺流程如图 15.12(b) 所示[67]。研究表明，引入 1 nm 的 Al_2O_3 超薄膜后，OLED 不仅承受住了光刻工艺，没有任何损伤，而且发光效率增加 100%，开启电压降低 19%。尽管由于亲电加成，TMA 前驱体易与电致发光材料 MEH-PPV［聚（1- 甲氧基 -4-（20- 乙基己氧基）-2,5- 苯乙炔）］发生反应，然而很容易通过对 MEH-PPV 表面进行异丙醇预处理来解决此问题。因而此方法不仅改进了光刻在 OLED 器件制备中的适用性，而且有望部分解决阻碍 OLED 实用的图形化难题。

表面修饰和表面润湿调控也是 ALD 涂层在聚合物基体上的一个很有希望的应用[28,40,70]。通过 ALD 涂覆 Al_2O_3，疏水性的聚丙烯纤维可以转换成亲水性的纤维，而且是在一定 ALD 循环后突然转变的[28]。在不同热塑性聚合物基体上 80～250 ℃下 ALD Al_2O_3 或 TiO_2 涂层，基体包括有机玻璃、聚醚醚酮、聚四氟乙烯和乙烯-四氟乙烯，所有被涂覆的表面，水接触角均减小，而且紫外辐照后，所有 TiO_2 表面的润湿性进一步改善，特别是结晶的 TiO_2 表面，效果最明显[40]。

15.4 生物相容性涂层原子层沉积及其应用

生物相容性涂层在生物学和医学领域，特别是在介入医疗——植入支架方面，将生物不相容材料通过表面涂层转换成生物相容性表面，有着广泛而切实的市场需求。ALD 作为一种高度共形和低温可控的沉积方法，在此领域大有可为。

15.4.1 ALD 生长生物相容性涂层

ALD 生长的生物相容性涂层，主要包括 Al_2O_3、TiO_2、羟基磷灰石、ZnO、TiN、ZrO_2 等。Al_2O_3 是最常见的生物相容性涂层，也是第一个采用 ALD 合成并检测了生物相容性的材料[70]。将在 60 nm 的 Al_2O_3 涂层盖玻片上冠状动脉平滑肌细胞增殖的效果，与未涂覆的盖玻片和硅烷终止的疏水性表面进行比较，由于 Al_2O_3 亲水性的本质，前者显示出与未涂覆盖玻片相似的较快增殖速度，特别是在初始 24 小时，增殖速度更快。接触角前者为 55°，盖玻片为 61°，可见 Al_2O_3 显示出至少与寻常盖玻片一样好的生物相容性[71]。

将 TiO_2 的生物活性与 Al_2O_3 相对照进行研究。采用流化床反应室，在高度多孔的聚苯乙烯-二乙烯基苯（PS-DVB）颗粒上，低温 ALD 工艺制备了 3～8 nm 的超薄 Al_2O_3 和 TiO_2 涂层[72]。发现共形的 Al_2O_3 和 TiO_2 薄膜生长在聚合物颗粒的内外表面，将涂覆了 Al_2O_3 和 TiO_2 的多孔聚合物颗粒浸入模拟体液培养，

2 周后，羟基磷灰石（HAP）的纳米颗粒均匀覆盖了聚合物颗粒的内外表面，且表面具有很高的粗糙度，而未涂覆的聚合物颗粒表面，只有很少且分布极不均匀的 HAP 颗粒存在（图 15.13）[72]，证实了这些陶瓷涂层的生物活性。HAP 在 ALD 修饰的聚合物表面加速形成，归因于超薄陶瓷涂层表面 Ti—OH 或 Al—OH 在模拟体液中解离形成了带负电荷的表面，促进了 HAP 的成核和生长。通过体外研究，NIH/3T3 成纤维细胞可很好地吸附分散在多孔颗粒表面，如图 15.14 所示 [72]。尽管未涂覆的多孔颗粒也可吸附 NIH/3T3 成纤维细胞，然而同时具有促进 HAP 形成和细胞吸附的特性表面，非陶瓷涂覆的聚合物颗粒莫属。这些材料在组织再生工程中，特别是骨再生重建生物材料设计上，极具吸引力。

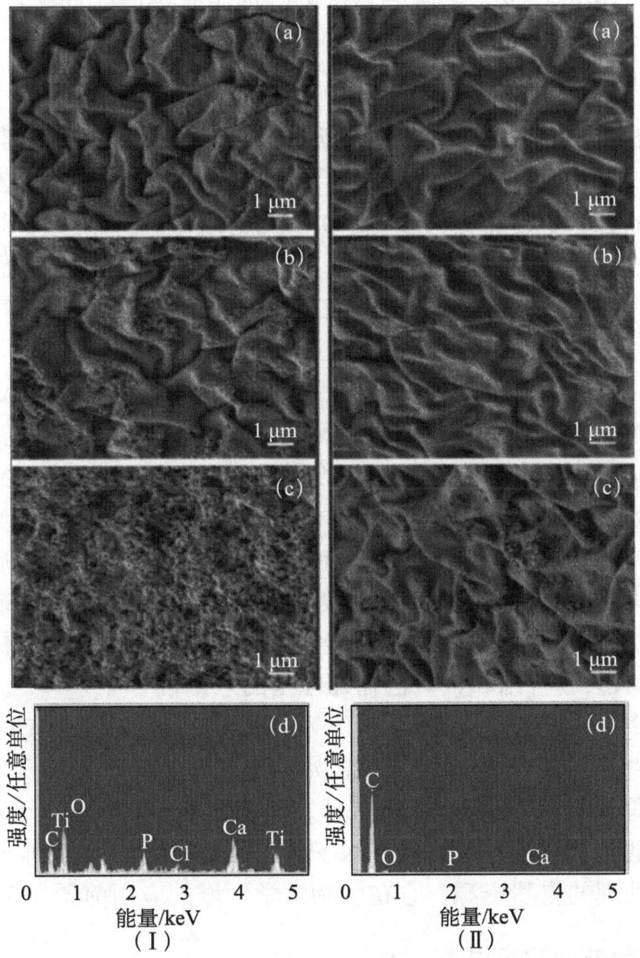

图 15.13　TiO_2 涂覆的（Ⅰ）和未涂覆的（Ⅱ）多孔聚合物粒子在模拟体液 37 ℃培育前后的场发射 SEM 照片和 EDS 能谱 [72]

(a) 培养前 SEM 照片；(b) 培养 1 周后 SEM 照片；(c) 培养 2 周后 SEM 照片；(d) 培养 2 周后 EDS 能谱

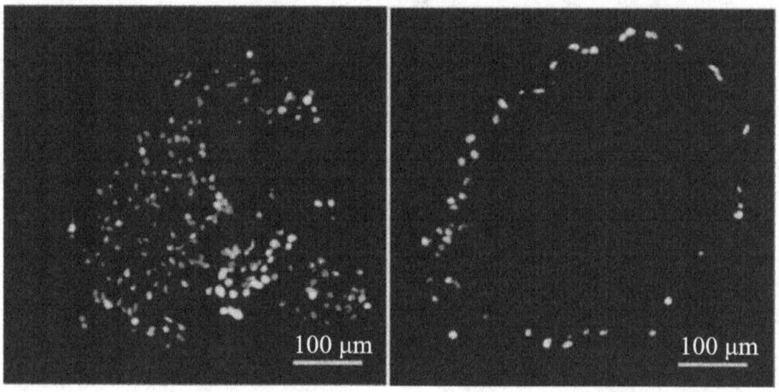

(a) (b)

图 15.14 NIH/3T3 成纤维细胞吸附在氧化铝涂覆的多孔聚合物粒子上的荧光共聚焦激光扫描显微镜照片[72]

(a) 吸附 3 小时后的照片，NIH/3T3 成纤维细胞为亮色；(b) NIH/3T3 成纤维细胞位于多孔颗粒表面上

羟基磷灰石（HAP）是重要的生物无机材料，为脊椎动物骨骼和牙齿的主要无机组成成分，具有优良的生物相容性和生物活性。利用一个 ABCD 四前驱体工艺，包括 Ca(thd)$_2$/O_3 和（CH_3O）$_3$PO/ H_2O，ALD 在 300 ℃下即可沉积 HAP。沉积后，需要进一步退火来降低碳含量。800 ℃退火后的 HAP 结晶膜显示出较好的生物相容性，前成骨细胞 MC3T3-E1 在上面生长良好，并开始扩散，出现明显的片状伪足和丝状伪足结构[73]。

如前所述，表面润湿性对生物相容性有显著影响。润湿性不仅可通过沉积不同润湿性涂层进行改性，还可通过改变表面的结构特性进行调控。15.2.3 节中介绍了关于 ALD 循环数对棉纤维润湿性的影响[28]，15.2.4 节中介绍了水黾腿的独特超疏水性起源（图 15.5）[35]。多孔的阳极氧化铝 AAO 具有纳米尺度的特征，在一系列工作中，AAO 被包覆上 Pt、TiO_2 和 ZnO，并检测人类新生儿表皮角化细胞在其上的增殖情况[74-76]。与未涂覆的 AAO 相比，TiO_2 和 ZnO 涂层上细胞发育略微增快，Pt 涂层上发育略微减慢。除了生物相容性，金属氧化物涂覆的 AAO 也显示了对大肠杆菌和金黄色葡萄球菌的杀菌性[21]。

粗糙表面的生物相容性也被研究，利用二甲基氨基钛（TDMAT）和氨气，150 ℃下 ALD 生长 TiN 于棉纤维上，初始的生长依赖于棉纤维天然提供的—OH 官能团。不同厚度 TiN 涂覆的棉纤维对人类脂肪演变的成人干细胞（hADSCs）均显示出较好的生物相容性，即便 TiN 只有 2 nm 厚[77]。考虑到棉纤维作为一种极其丰富且易处理的自然资源，它在生物医学领域的应用前景令人期待。

15.4.2 植入支架方面的应用

ALD 应用于生物医学领域，生物相容性涂层应该是最有希望也是最重要的一个应用。尽管这方面的研究才刚刚起步，但可以预见生物相容性涂层会在人工组织、植入体涂层和细胞培养等领域发挥越来越重要且关键的作用。本小节主要介绍 ALD Al_2O_3 涂层在植入支架——冠脉支架上的应用。

微创伤介入医疗技术是目前治疗各种威胁人类健康疾病较受欢迎的医疗手段，其以电子影像和细长器械代替医生的眼睛和手指，追求最小的切口、最少的组织损伤、最轻的机体反应，完成对患者体内病变的观察、诊断及治疗。该技术的优点为创口小，出血少，并发症少，安全可靠，术后恢复快，适应人群广。冠状动脉支架是其中一个典型的代表。

早期的冠状动脉支架使用金属材料，用 316L 不锈钢、钴铬合金、镍钛合金等材料制造，被称作裸金属支架，在初期提供血运重建功能之后，往往因为再狭窄率较高（15%～30%）而限制了其晚期治疗性能的发挥。因而，药物洗脱支架应运而生，其基本原理是利用高分子为药物载体，在裸金属支架表面形成药物层，通过抑制再狭窄功能药物的缓慢释放，达到控制再狭窄率（降低到约 3%）的目的。但由于普通高分子材料与金属之间的黏附能力不佳，尤其是在体内环境，以致支架扩张过程中容易出现高分子载药层剥落、开裂等现象，因而造成如远端血栓等新问题。同时，由于使用了一些不可降解的高分子材料，又带来了晚期血栓等潜在风险。因此，改善药物洗脱支架中金属与高分子材料之间的黏附作用，用可降解高分子取代不可降解高分子材料成为研究的热点。

Al_2O_3 是一种典型的生物惰性陶瓷，具有非常好的生物相容性和稳定性，已经广泛应用在人工牙齿、人工关节、人工骨和人工骨螺钉中。ALD 生长 Al_2O_3 是研究最广泛、最经典的 ALD 反应，沉积温度可低至室温，沉积厚度精确可控，具有优异的在复杂表面、异形曲面成膜的能力。

解决上述问题简便易行的一个方法就是在裸金属支架表面沉积薄的 Al_2O_3 涂层，一方面改善金属与聚合物之间的黏附能力；另一方面可在聚合物降解后提供比金属表面更好的细胞相容性，从而改善支架的爬皮性能，增加血管支架类医疗器械的安全性和有效性。

用ALD方法在316L不锈钢冠状动脉支架（SS）上沉积10 nm厚Al_2O_3薄层，再用超声喷涂的方法制备一层厚度约 4 μm 的乳酸-羟基乙酸共聚物（PLGA），经多次球扩张后进行扫描电镜观测。其中没有 Al_2O_3 涂层的支架表面 PLGA 涂层经压握、扩张后破损严重［图 15.15(c)］，而引入 Al_2O_3 涂层的 PLGA 涂层经压握、扩张后保持完好［图 15.15(e)］[78]，即便是放大到 3000 倍［图 15.15（f）］，也只呈现很细小的微裂纹，表明不锈钢冠状动脉支架表面引入 Al_2O_3 涂层，明显改善了聚合物在支架上的黏附能力。

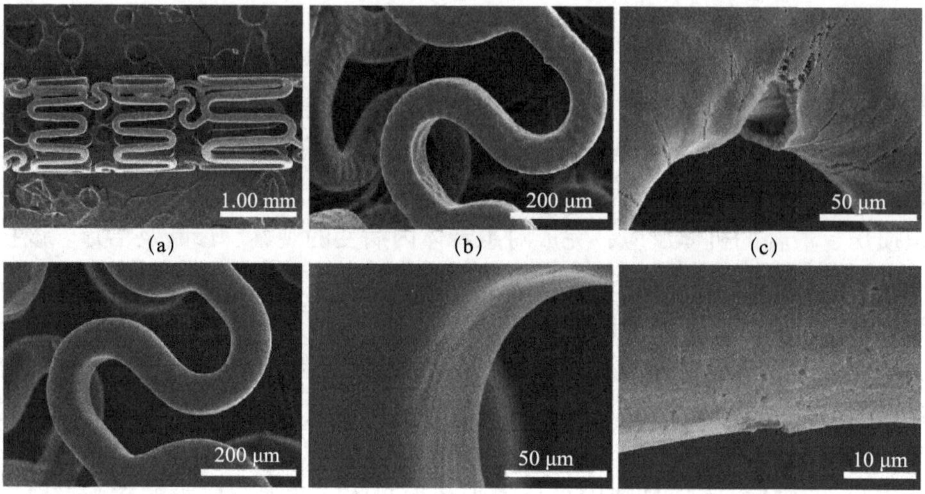

(a)　(b)　(c)　(d)　(e)　(f)

图 15.15　PLGA 涂覆的不锈钢冠状动脉支架扩张实验前后的 SEM 照片[78]

没有氧化铝涂层的 (a) 未扩张支架（名义直径 1 mm），(b) 未扩张支架的放大照片，(c) 扩张后支架的放大照片（名义直径 3 mm）；有氧化铝涂层的 (d) 未扩张支架，(e) 扩张后支架的放大照片，(f) 扩张后支架的再放大照片

2- 甲基丙烯酰氧乙基磷酰胆碱（MPC）是常用于金属表面修饰的小分子结构化学分子，具有较好的生物相容性。图 15.16(a) 为不锈钢表面（SS）、不锈钢化学接枝 2- 甲基丙烯酰氧乙基磷酰胆碱（SS-PC）表面、不锈钢生长一薄层 10 nm Al_2O_3 表面（SS-Al）和不锈钢沉积 10 nm Al_2O_3 再接枝 MPC（SS-Al-PC）表面与水的润湿角[76]。通过对比可知，在相对湿度 85% 的环境中，润湿角从 SS 的 85° 到 SS-PC 的 59°，从 SS-Al 的 51° 到 SS-Al-PC 的 45°，SS-Al-PC 具有最小的润湿角和最好的润湿性，主要归因于 SS-Al 表面上存在丰富的—OH，与 MPC 之间产生了较高的接枝效率。

纤维蛋白吸附实验表明［图 15.16(b)］[78]，吸附较多纤维蛋白的为裸露的不锈钢支架，其次为不锈钢支架接枝 MPC 表面，吸附最少的为长有 10 nm Al_2O_3 接枝 MPC 表面的金属支架。表明不锈钢冠状动脉支架在引入 Al_2O_3 涂层后，具有较好的血液相容性，植入后可降低血液中的蛋白吸附，从而减少凝血，防止血栓发生。

人脐带内皮细胞（HUVEC）培养实验表明[78]，引入 Al_2O_3 涂层且接枝 MPC 的不锈钢支架具有最好的生物相容性，5 天培养后，易于爬皮，展示出最高的 HUVEC 密度［图 15.17(a)］和最快的 HUVEC 增殖速度［图 15.17(b)］，有利于细胞增殖和较快地恢复。总之，ALD Al_2O_3 涂层改进了药物洗脱支架上的药物输运聚合物涂层的黏附性和完整性，ALD 能很容易地对惰性金属表面进行改性，有利于其在植入性医疗器件，特别是血管内支架方面的应用。

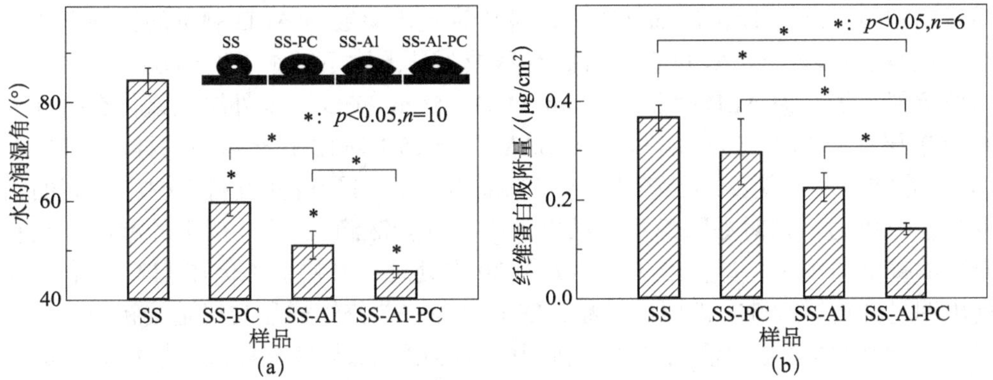

图 15.16　不同方法处理的不锈钢表面与水的润湿角 (a) 和纤维蛋白吸附量 (b)[78]

p，样品数据偏差；*n*，获得每个数据点的样品数

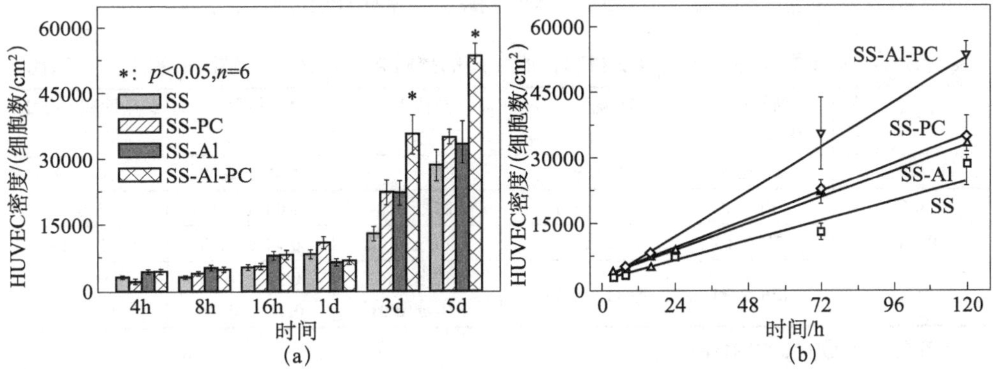

图 15.17　不同方法处理的不锈钢表面人脐带内皮细胞密度 (a) 和增殖速度 (b)[78]

15.4.3　牙科材料方面的应用

表面功能化是改善和增强牙科材料性能的有效方法，ALD 由于其独特的自限制表面吸附机理，即使在复杂的三维牙科材料表面上也能获得均匀共形沉积的薄膜，表现出很好的重复性，且低温 ALD 也可以在温度敏感的基材上生长高质量的超薄膜，并对其进行功能化。文献上使用 ALD 方法对传统牙科材料进行各种改性 [3]，如金属、合金、聚合物以及陶瓷材料表面 ALD 生长氧化物或金属薄膜，研究微结构对表面性能、耐腐蚀性、抗菌活性、生物膜形成和成骨细胞相容性的影响。这些研究分为四个阶段：制造表征、体外研究、体内研究和人体试验。下面举例来说明。

处理修复性牙科材料遇到的难题之一是，从口腔中取出这些材料后会黏附在临床使用的器械上。因此，开发不黏的牙修复器械可以解决此问题。传统的方法是在器械表面形成掺杂类金刚石碳涂层（diamond-like carbon, DLC）和聚四氟乙烯（PTFE）涂层。Leppäniemi 等将两种传统疏水涂层与 ALD 制备的新型超疏水涂层进行了比较[79]。ALD 在牙科修复器械（马氏体不锈钢）上构建了三层结构的新涂层，依次为 ALD 生长的 5 nm Al_2O_3、2 nm TiO_2，最外层是氟化有机硅自组装单层（SAM），这里缩写为 ATSAM。表 15.1 对比了未修饰的样品、DLC、PTFE 修饰样品和新型的超疏水 ATSAM 涂层样品与牙科修复材料树脂之间的接触角、拉拔力、相对黏附面积。结果表明，树脂液滴在 ALD 衍生的涂层上具有最大的接触角 128°，即便经过高温灭菌 30 次处理，其接触角仍在 113 ° 左右，表现出明显的疏树脂性。而原始样品、DLC 和 PTFE 修饰样品与树脂接触角均小于 90 °。在专门的树脂浸渍测试中，新型的 ATSAM 涂层具有最低的拉拔力、最小的跟进距离，SEM 测得的相对树脂黏附面积也是最低的，表明 ALD 在牙科修复器械上沉积的 ATSAM 涂层对修复材料树脂具有最佳的不黏性，这种新型涂层为抑制牙科材料对金属器械的不必要黏附提供了一种可能的解决方案。

表 15.1　不同涂层样品与牙科修复材料树脂之间的接触角、拉拔力、黏附面积百分比对比

涂层	新鲜样品接触角 / (°)	高温灭菌后接触角 / (°)	拉拔力 / N	跟进距离 / mm	黏附面积百分比 / %
原始样品	41 ± 5	51 ± 1	0.18 ± 0.04	1.03 ± 0.09	36 ± 9
DLC	30 ± 3	33 ± 7	0.22 ± 0.04	1.03 ± 0.13	25 ± 2
PTFE	71 ± 10	51 ± 13	0.17 ± 0.02	0.94 ± 0.10	33 ± 14
ATSAM	128 ± 11	113 ± 17	0.12 ± 0.03 0.10 ± 0.01*	0.33 ± 0.08 0.37 ± 0.07*	1.6 ± 0.8 10 ± 5*

* 高温灭菌处理 30 次的样品。

在制备 PMMA 义齿时，Darwish 等[80]研究用低温 ALD TiO_2 涂覆 PMMA 的可行性。PMMA 涂覆约 30 nm 厚 TiO_2 后，亲水性发生显著变化，接触角降低到 5°。6000 次循环刷牙试验后，约 30 nm TiO_2 包覆层可以显著提高 PMMA 样品在口腔环境中的耐磨性。抗菌性测试表明，涂覆 TiO_2 的 PMMA 样品上白念珠菌生物膜的形成和黏附性分别降低了 56% 和 63%。此外，刷牙和超声波实验也证实 PMMA 和 ALD TiO_2 薄膜之间良好的黏附性。

Bishal 等[81]研究了室温 ALD TiO_2 在促进胶原膜骨再生过程中的作用（图 15.18）。其利用二甲基氨基钛与臭氧作为前驱体，ALD 工艺流程如图 15.18(a) 所示，室温 600 循环沉积后，胶原纤维表面成功包覆了均匀、共形的 TiO_2 薄膜［图 15.18(b)、(d)］。使用细胞增殖和磷酸钙矿化试验研究了 ALD-TiO_2 薄膜包覆胶原蛋白的体外生物活性。与未涂覆的胶原蛋白相比，TiO_2 涂覆的胶原蛋白表现出更好的生物相容性，促进了人类成骨细胞和骨髓间质干细胞的生长和增殖［图 15.18(c)］。ALD 改性的 TiO_2 表面从模拟体液中吸收 Ca 和 P，表面观察到更高水平的磷酸钙或磷灰石形成。未涂覆 TiO_2 的胶原蛋白即使在 7

天后也没有钙吸收。亲水性、纳米粗糙化和 TiO_2 表面的负电荷，使得其包覆的胶原蛋白更适合成骨细胞的生长和增殖，促进骨再生过程。因此，这种新型材料在骨组织工程应用中具有广阔的前景。

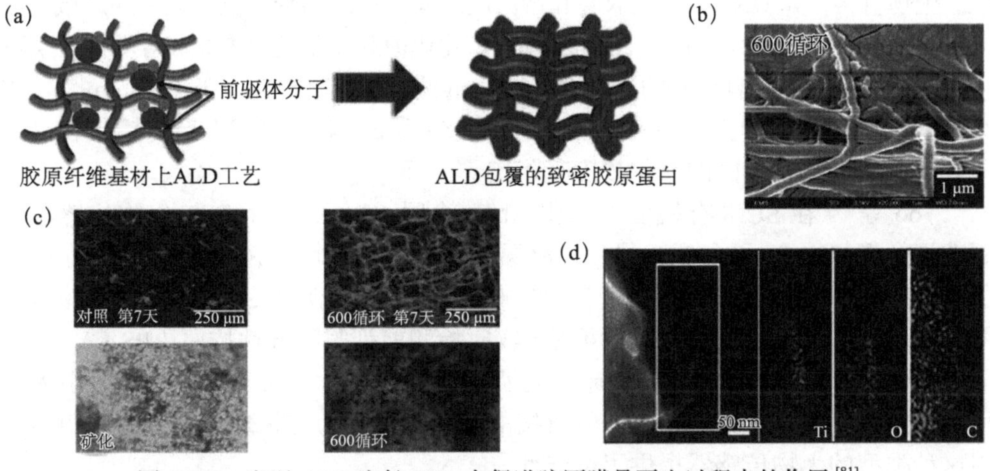

图 15.18　室温 ALD 生长 TiO_2 在促进胶原膜骨再生过程中的作用 [81]

(a) 胶原纤维基材上 ALD 工艺的示意图。灰色核心代表胶原纤维，红色外壳代表 TiO_2 涂层；(b) 胶原纤维上沉积 600 循环 TiO_2（胶原 @600 循环 TiO_2）的 SEM 照片；(c) 接种在对照胶原（左侧）、胶原 @600 循环 TiO_2（右侧）的 MG63 细胞第 7 天的荧光图像（绿色图像），矿化胶原样品（左侧）和模拟体液中胶原 @600 循环 TiO_2（右侧）第 7 天在茜素红 S 染色中的图像；(d) 胶原 @600 循环 TiO_2 上 Ti、O 和 C 元素的 EDS 谱

扫描封底二维码可查看本书彩图

15.5　原子层沉积薄膜在生物医学领域的其他应用

15.5.1　生物传感器

ALD 制备氧化物薄膜用于电学检测生物相关分子 [6,82-85]。例如，ALD 生长的氧化铪作为互补型金属–氧化物–半导体生物场效应晶体管的栅介质材料，可进行高敏感、无标记和实时生物检测 [78]。由于氧化铪具有比二氧化硅高至少 4 倍的介电常数，且在许多生物溶液中不放电，故可在水溶液电解质中获得稳定的电容信号响应。利用生物素探针证实了氧化铪薄膜的官能化以及链霉亲和素对生物素官能化表面可再生的结合性，且测得生物素官能团密度在 ~ $10^{11}/cm^2$ 量级 [83]。

另外，利用垂直金纳米间隙结构也可做蛋白质–配体结合的无标记电学检测 [84]。纳隙结构的形成利用 ALD 生长不同厚度的氧化铝作为牺牲层，5 nm 厚的氧化铝薄膜可获得一个 7 nm 的间隙，纳隙结构的生物素化金表面能用于检测链霉亲和素。对 17 nm 的纳隙结构，1.5 nmol/L 浓度的链霉亲和素溶液产生了一个

3000 倍的电流增益。12 nm 纳隙器件表现出最高的灵敏度，此纳隙的尺寸对应了生物素-链霉亲和素共轭键的长度。

单模集成光波导由于其高灵敏度和低检测下限，正应用于生物和化学传感器中。生物材料，如 DNA、脂质双层和蛋白质的固有过渡频带，位于近紫外区域。利用玻璃或熔石英上 ALD 210～280 nm 厚的氧化铝薄膜制备的单模光波导器件，从可见光到近紫外区域具有很好的透明性，250 nm 波长的传输损耗低于 4 dB/cm[86]。用其来检测表面吸附的蛋白质亚单层——细胞色素 c，证实存在电荷传输带，且不同表面密度下具有不同的摩尔浓度吸附谱[87]。

Yoo 等[88]在 SU-8 有机层上沉积 Al_2O_3 涂层，以在 MoS_2 FET 生物传感器中制造混合栅极电介质。30 nm Al_2O_3 涂层提供了高绝缘性能，并提高了有机 SU-8 层和 MoS_2/ 源极 - 漏极多层之间的黏附性。表皮皮肤型 MoS_2 生物传感器的示意图和演示图如图 15.19 所示，其可用于实时检测前列腺特异性抗原（PSA），检测下限可低至 1 pg/mL，远低于临床试验所需的浓度（约 4 ng/mL）。此外，引入一种商用发光二极管（LED）来提供直接的诊断结果，为在护理点和法医应用中使用这种类型的生物传感器提供了可能性。

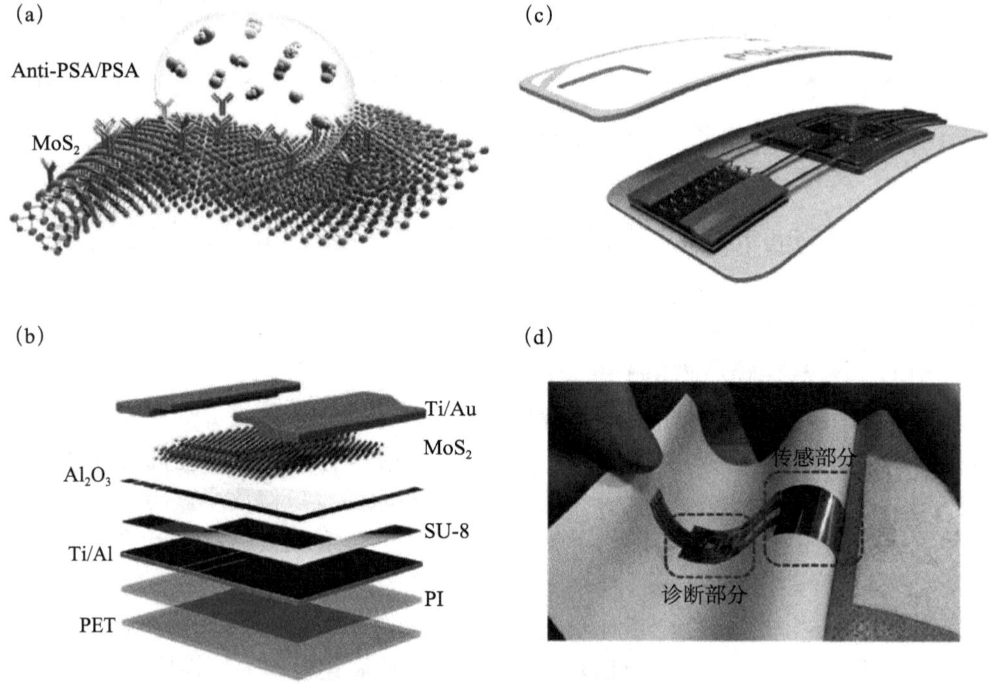

图 15.19　表皮皮肤型 MoS_2 生物传感器的示意图和演示图[88]

(a) PSA 与 MoS_2 表面官能化的 PSA 抗体结合的示意图；(b) 和 (c) 2D 多层 MoS_2 FET 的布局示意图；(d) 表皮皮肤型 MoS_2 生物传感器系统的照片，该系统由生物传感器、读出电路和作为指示器的 LED 组成

15.5.2　生物检测

ALD 生长薄膜也可用于生物分析 [89,90]。在透明的 ZnO : Al 玻璃电极上 ALD 生长一层超薄的 Y_2O_3 薄膜作为隧穿发射电极 [89]。芳香族铽（Ⅲ）螯合物通常被用作生物检测的标签，在上述结构中会发生电化学发光。如图 15.20 所示，两类发光体在阴极脉冲极化隧穿发射电极上发出电化学荧光。在 545 nm 波长处的阴极发射能被光子计数器观测到，且荧光强度与标记物浓度呈线性关系，即使浓度范围跨越几个数量级，甚至是在亚纳摩尔浓度上。芳香族铽（Ⅲ）螯合物在 Y_2O_3 涂覆 ZnO : Al 电极上具有如此低的检测下限，表明此结构在基于电化学发光生物亲和性测定，包括 DNA 探测和免疫测定法中，具有极大的应用前景。同样在长有薄膜电极的硅和玻璃衬底上 ALD Al_2O_3 后，作为隧穿发射电极用于热电子诱导的电化学发光，显示出优异的稳定性和高信号强度 [90]。

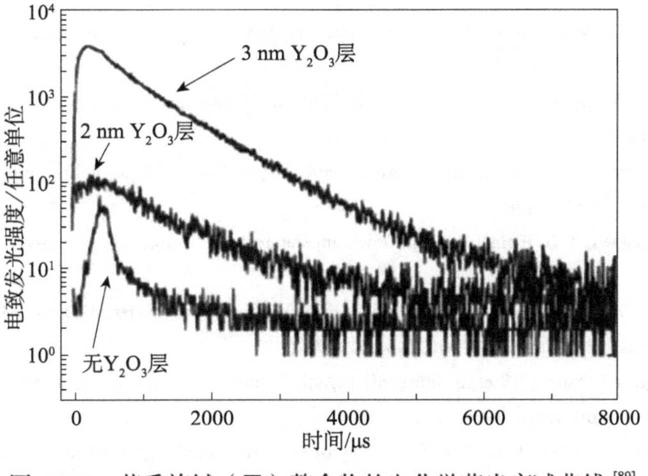

图 15.20　芳香族铽（Ⅲ）螯合物的电化学荧光衰减曲线 [89]

铽螯合物浓度在 0.2 mol/L 的氢溴酸缓冲溶液中（pH 为 9.2，添加了 10 mmol/L 的 $K_2S_2O_8$）为 10 μmol/L，ZnO : Al 电极表面 ALD 涂覆 3 nm 或 2 nm 厚的 Y_2O_3 薄膜，参比样品为未涂覆样品。检测条件：恒电量脉冲发生器，脉冲电荷为 120 μC，脉冲频率 40 Hz，脉冲电压 250 V，546 nm 滤光片

15.5.3　生物电子器件

ALD 还可用于增强生物电子单元器件的性能 [91,92]。Wallrapp 等 [91] 在 p 型掺杂的硅衬底上发展了一种包含 ALD 高介电常数 TiO_2 或 HfO_2 材料的生物电子器件，其构型为电解质–氧化物 -Si（electrolyte-oxide-Si, EOS），在缺乏法拉第电流的情况下利用电解质 / 固态界面可进行神经单元的电容性模拟。在 160 mmol/L NaCl 溶液中，检测 TiO_2/Si 异质结，在 −6 V 到 +0.5 V 之间可忽略法拉第电流的影响，开启了 EOS 结中高介电 TiO_2 或 HfO_2 材料作为硅芯片和活细胞之间高效

的电容性界面在生物电子器件中的应用。利用 ALD 和扩散结合也可制备出微型的电容性微机械超声换能器，用于生物医学成像[92]，通过 ALD 在硅片上获得的 100 nm 厚 Al_2O_3 薄膜，具有极其均匀和光滑的表面，表面粗糙度小于 3 Å，明显改进了换能器的可靠性。

参 考 文 献

[1] Pinna N, Knez M. Atomic Layer Deposition of Nanostructured Materials. Weinheim: Wiley-VCH Verlag & Co. KGaA, 2012

[2] Guo H C, Ye E, Li Z, et al. Recent progress of atomic layer deposition on polymeric materials. Mater. Sci. Eng. C, 2017, 70: 1182-1191

[3] Astaneh S H, Faverani L P, Sukotjo C, et al. Atomic layer deposition on dental materials: Processing conditions and surface functionalization to improve physical, chemical, and clinical properties: A review. Acta Biomaterialia, 2021, 121: 103-118

[4] Skoog S A, Elam J W, Narayan R J. Atomic layer deposition: Medical and biological applications. Inter. Mater. Rev., 2013, 58: 113-129

[5] Bishal A K, Butt A, Selvaraj S K, et al. Atomic layer deposition in bio-nanotechnology: A brief overview. Crit. Rev. Biomed. Eng., 2015, 43: 255-276

[6] Graniela O, Webera M, Balmea S, et al. Atomic layer deposition for biosensing applications. Biosensors Bioelectronics, 2018, 122: 147-159

[7] Groner M D, Fabreguette F H, Elam J W, et al. Low-temperature Al_2O_3 atomic layer deposition. Chem. Mater., 2004, 16: 639-645

[8] Knez M, Kadri A, Wege C, et al. Atomic layer deposition on biological macromolecules: Metal oxide coating of tobacco mosaic virus and ferritin. Nano Lett., 2006, 6: 1172-1177

[9] Shenton W, Douglas T, Young M, et al. Inorganic-organic nanotube composites from template mineralization of tobacco mosaic virus. Adv. Mater., 1999, 11: 253-256

[10] Royston E, Ghosh A, Kofinas P, et al. Self-assembly of virus-structured high surface area nanomaterials and their application as battery electrodes. Langmuir, 2008, 24: 906-912

[11] Knez M, Bittner A M, Boes F, et al. Biotemplate synthesis of 3-nm nickel and cobalt nanowires. Nano Lett., 2003, 3: 1079-1082

[12] Knez M, Sumser M P, Bittner A M, et al. Binding the tobacco mosaic virus to inorganic surfaces. Langmuir, 2004, 20: 441-447

[13] Balci S, Leinberger D M, Knez M, et al. Printing and aligning mesoscale patterns of tobacco mosaic virus on surfaces. Adv. Mater., 2008, 20: 2195-2200

[14] Gerasopoulos K, McCarthy M, Banerjee P, et al. Biofabrication methods for the patterned assembly and synthesis of viral nanotemplates. Nanotechnology, 2010, 21: 055304-1~11

[15] Knez M, Nielsch K, Patil A J, et al. Atomic layer deposition on biological macromolecules. ECS Trans., 2007, 3: 219-225

[16] Kim H, Pippel E, Gösele U, et al. Titania nanostructures fabricated by atomic layer deposition using spherical protein cages. Langmuir, 2009, 25: 13284-13289

[17] Han T H, Oh J K, Park J S, et al. Highly entangled hollow TiO_2 nanoribbons templating diphenylalanine assembly. J.

Mater. Chem., 2009, 19: 3512-3516

[18] Kim S W, Han T H, Kim J, et al. Fabrication and electrochemical characterization of TiO_2 three-dimensional nanonetwork based on peptide assembly. ACS Nano, 2009, 3: 1085-1090

[19] Han T H, Moon H S, Hwang J O, et al. Peptide-templating dye-sensitized solar cells. Nanotechnology, 2010, 21: 185601-1~6

[20] Lu Y, Bangsaruntip S, Wang X, et al. DNA functionalization of carbon nanotubes for ultrathin atomic layer deposition of high-κ dielectrics for nanotube transistors with 60 mV/decade switching. J. Am. Chem. Soc., 2006, 128: 3518-3519

[21] Lee S M, Grass G, Kim G M, et al. Low-temperature ZnO atomic layer deposition on biotemplates: Flexible photocatalytic ZnO structures from eggshell membranes. Phys. Chem. Chem. Phys., 2009, 11: 3608-3614

[22] Lee S M, Pippel E, Moutanabbir O, et al. Improved mechanical stability of dried collagen membrane after metal infiltration. ACS Appl. Mater. Interfaces, 2010, 2: 2436-2441

[23] Lee S M, Pippel E, Gösele U, et al. Greatly increased toughness of infiltrated spider silk. Science, 2009, 324: 488-492

[24] Lee S M, Pippel E, Knez M. Metal infiltration into biomaterials by ALD and CVD: A comparative study. Chem. Phys. Chem., 2011, 12: 791-798

[25] Kemell M, Pore V, Ritala M, et al. Atomic layer deposition in nanometer-level replication of cellulosic substances and preparation of photocatalytic TiO_2/cellulose composites. J. Am. Chem. Soc., 2005, 127: 14178-14179

[26] Kemell M, Pore V, Ritala M, et al. Ir/oxide/cellulose composites for catalytic purposes prepared by atomic layer deposition. Chem. Vap. Deposition, 2006, 12: 419-422

[27] Hyde G K, Park K J, Stewart S M, et al. Atomic layer deposition of conformal inorganic nanoscale coatings on three-dimensional natural fiber systems: Effect of surface topology on film growth characteristics. Langmuir, 2007, 23: 9844-9849

[28] Hyde G K, Scarel G, Spagnola J C, et al. Atomic layer deposition and abrupt wetting transitions on nonwoven polypropylene and woven cotton fabrics. Langmuir, 2009, 26: 2550-2558

[29] Mumm F, Kemell M, Sikorski P. A bio-originated porous template for the fabrication of very long, inorganic nanotubes and nanowires. Bioinspir. Biomim., 2010, 5: 026005-1~8

[30] Korhonen J T, Hiekkataipale P, Malm J, et al. Inorganic hollow nanotube aerogels by atomic layer deposition onto native nanocellulose templates. ACS Nano, 2011, 5: 1967-1974

[31] Brozena A H, Oldham C J, Parsons G N. Atomic layer deposition on polymer fibers and fabrics for multifunctional and electronic textiles. J. Vac. Sci. Technol. A, 2016, 34: 010801-1~17

[32] Huang J, Wang X, Wang Z L. Controlled replication of butterfly wings for achieving tunable photonic properties. Nano Lett., 2006, 6: 2325-2331

[33] Gaillot D P, Deparis O, Welch V, et al. Composite organic-inorganic butterfly scales: Production of photonic structures with atomic layer deposition. Phys. Rev. E, 2008, 78: 031922-1~6

[34] Huang J, Wang X, Wang Z L. Bio-inspired fabrication of antireflection nanostructures by replicating fly eyes. Nanotechnology, 2008, 19: 025602-1~6

[35] Ding Y, Xu S, Zhang Y, et al. Modifying the anti-wetting property of butterfly wings and water strider legs by atomic layer deposition coating: Surface materials versus geometry. Nanotechnology, 2008, 19: 355708-1~7

[36] Zhao Y, Wei M, Lu J, et al. Biotemplated hierarchical nanostructure of layered double hydroxides with improved photocatalysis performance. ACS Nano, 2009, 3: 4009-4016

[37] Szilágyi I M, Teucher G, Härkönen E, et al. Programming nanostructured soft biological surfaces by atomic layer

deposition. Nanotechnology, 2013, 24: 245701-1~6

[38] Losic D, Triani G, Evans P J, et al. Controlled pore structure modification of diatoms by atomic layer deposition of TiO_2. J. Mater. Chem., 2006, 16: 4029-4034

[39] Knez M, Nielsch K, Niinistö L. Synthesis and surface engineering of complex nanostructures by atomic layer deposition. Adv. Mater., 2007, 19: 3425-3438

[40] Kemell M, Färm E, Ritala M, et al. Surface modification of thermoplastics by atomic layer deposition of Al_2O_3 and TiO_2 thin films. Eur. Polym. J., 2008, 44: 3564-3570

[41] Jur J S, Spagnola J C, Lee K, et al. Temperature-dependent subsurface growth during atomic layer deposition on polypropylene and cellulose fibers. Langmuir, 2010, 26: 8239-8244

[42] Malygin A A. The molecular layering nanotechnology: Basis and application. J. Ind. Eng. Chem., 2006, 12: 1-11

[43] Gregory N P, Sarah E A, Erinn C D, et al. Mechanisms and reactions during atomic layer deposition on polymers. Coordin. Chem. Rev., 2013, 257: 3323-3331

[44] Wilson C A, Grubbs R K, George S M. Nucleation and growth during Al_2O_3 atomic layer deposition on polymers. Chem. Mater., 2005, 17:5625-5234

[45] Gong B, Peng Q, Jur J S, et al. Sequential vapor infiltration of metal oxides into sacrificial polyester fibers: Shape replication and controlled porosity of microporous/mesoporous oxide monoliths. Chem. Mater., 2011, 23: 3476-3485

[46] Peng Q, Tseng Y C, Darling S B, et al. A route to nanoscopic materials via sequential infiltration synthesis on block copolymer templates. ACS Nano, 2011, 5: 4600-4606

[47] Gregorczyk K, Knez M. Hybrid nanomaterials through molecular and atomic layer deposition: Top down, bottom up, and in-between approaches to new materials. Prog. Mater. Sci., 2016, 75: 1-37

[48] Spagnola J C, Gong B, Arvidson S A, et al. Surface and sub-surface reactions during low temperature aluminium oxide atomic layer deposition on fiber-forming polymers. J. Mater. Chem., 2010, 20: 4213-4222

[49] Peng Q, Sun X Y, Spagnola J C, et al. Atomic layer deposition on electrospun polymer fibers as a direct route to Al_2O_3 microtubes with precise wall thickness control. Nano Lett., 2007, 7: 719-722

[50] Derk A R, Zimmerman P, Musgrave C B. Reactivity of trimethylaluminum towards organic functional groups for the deposition of hybrid organic-inorganic films by molecular and atomic layer deposition. Unpublished work, 2010

[51] Satta A, Baklanov M, Richard O, et al. Enhancement of ALCVD (TM) TiN growth on Si-O-C and alpha-SiC:H films by O_2-based plasma treatments. Microelectron. Eng., 2002, 60: 59-69

[52] Elam J W, Wilson C A, Schuisky M, et al. Improved nucleation of TiN atomic layer deposition films on SILK low-*k* polymer dielectric using an Al_2O_3 atomic layer deposition adhesion layer. J. Vac. Sci. Technol. B, 2003, 21: 1099-1107

[53] Wilson C A, McCormick J A, Cavanagh A S, et al. Tungsten atomic layer deposition on polymers. Thin Solid Films, 2008, 516: 6175-6185

[54] Hirvikorpi T, Vähä-Nissi M, Mustonen T, et al. Atomic layer deposited aluminum oxide barrier coatings for packaging materials. Thin Solid Films, 2010, 518: 2654-2658

[55] Hirvikorpi T, Vaha-Nissi M, Nikkola J, et al. Thin Al_2O_3 barrier coatings onto temperature-sensitive packaging materials by atomic layer deposition. Surf. Coat. Technol., 2011, 205: 5088-5092

[56] Hirvikorpi T, Vaha-Nissi M, Harlin A, et al. Effect of corona pre-treatment on the performance of gas barrier layers applied by atomic layer deposition onto polymer-coated paperboard. Appl. Surf. Sci., 2010, 257: 736-740

[57] Hirvikorpi T, Vähä-Nissi M, Harlin A, et al. Enhanced water vapor barrier properties for biopolymer films by polyelectrolyte multilayer and atomic layer deposited Al_2O_3 double-coating. Appl. Surf. Sci., 2011, 257: 9451-9454

[58] Kääriäinen T O, Maydannik P, Cameron D C, et al. Atomic layer deposition on polymer based flexible packaging

materials: growth characteristics and diffusion barrier properties. Thin Solid Films, 2011, 519: 3146-3154

[59] Groner M D, George S M, McLean R S, et al. Gas diffusion barriers on polymers using Al_2O_3 atomic layer deposition. Appl. Phys. Lett., 2006, 88: 051907-1~3

[60] Langereis E, Creatore M, Heil S B S, et al. Plasma-assisted atomic layer deposition of Al_2O_3 moisture permeation barriers on polymers. Appl. Phy. Lett., 2006, 89: 081915-1~3

[61] Cooper R, Upadhyaya H P, Minton T K, et al. Protection of polymer from atomic-oxygen erosion using Al_2O_3 atomic layer deposition coatings. Thin Solid Films, 2008, 516: 4036-4039

[62] Minton T K, Wu B H, Zhang J M, et al. Protecting polymers in space with atomic layer deposition coatings. ACS Appl. Mater. Interfaces, 2010, 2: 2515-2520

[63] Chang C Y, Chou C T, Lee Y J, et al. Thin-film encapsulation of polymer-based bulk heterojunction photovoltaic cells by atomic layer deposition. Org. Electron., 2009, 10: 1300-1306

[64] Potscavage W J, Yoo S, Domercq B, et al. Encapsulation of pentacene/C-60 organic solar cells with Al_2O_3 deposited by atomic layer deposition. Appl. Phys. Lett., 2007, 90: 253511-1~3

[65] Sarkar S, Culp J H, Whyland J T, et al. Encapsulation of organic solar cells with ultrathin barrier layers deposited by ozone-based atomic layer deposition. Org. Electron., 2010, 11: 1896-1900

[66] Ghosh A P, Gerenser L J, Jarman C M, et al. Thin-film encapsulation of organic light-emitting devices. Appl. Phys. Lett., 2005, 86: 223503-1~3

[67] Chang C Y, Tsai F Y, Jhuo S J, et al. Enhanced OLED performance upon photolithographic patterning by using an atomic-layer deposited buffer layer. Org. Electron., 2008, 9: 667-672

[68] Meyer J, Schneidenbach D, Winkler T, et al. Reliable thin film encapsulation for organic light emitting diodes grown by low temperature atomic layer deposition. Appl. Phys. Lett., 2009, 94: 233305-1~3

[69] Ferrari S, Perissinotti F, Peron E, et al. Atomic layer deposited Al_2O_3 as a capping layer for polymer based transistors. Org. Electron., 2007, 8: 407-414

[70] Malm J, Sahramo E, Karppinen M, et al. Photo-controlled wettability switching by conformal coating of nanoscale topographies with ultrathin oxide films. Chem. Mater., 2010, 22: 3349-3352

[71] Finch D S, Oreskovic T, Ramadurai K, et al. Biocompatibility of atomic layer-deposited alumina thin films. J. Biomed. Mater. Res. A, 2008, 87: 100-106

[72] Liang X, Lynn A D, King D M, et al. Biocompatible interface films deposited within porous polymers by atomic layer deposition (ALD). ACS Appl. Mater. Interfaces, 2009, 1: 1988-1995

[73] Putkonen M, Sajavaara T, Rahkila P, et al. Atomic layer deposition and characterization of biocompatible hydroxyapatite thin films. Thin Solid Films, 2009, 517: 5819-5824

[74] Narayan R J, Monteiro-Riviere N A, Brigmon R L, et al. Atomic layer deposition of TiO_2 thin films on nanoporous alumina templates: medical applications. JOM, 2009, 61: 12-16

[75] Narayan R J, Adiga S P, Pellin M J, et al. Atomic layer deposition of nanoporous biomaterials. Mater. Today, 2010, 13: 60-64

[76] Narayan R J, Adiga S P, Pellin M J, et al. Atomic layer deposition based functionalization of materials for medical and environmental health applications. Philos. Trans. R. Soc. A, 2010, 368: 2033-2064

[77] Hyde G K, McCullen S D, Jeon S, et al. Atomic layer deposition and biocompatibility of titanium nitride nano-coatings on cellulose fiber substrates. Biomed. Mater., 2009, 4: 025001-1~10

[78] Zhong Q, Yan J, Qian X, et al. Atomic layer deposition enhanced grafting of phosphorylcholine on stainless steel for intravascular stents. Colloids Surf. B: Biointerfaces, 2014, 121: 238-247

[79] Leppäniemi J, Hoshian S, Suomalainen K, et al. Non-stick properties of thin-film coatings on dental-restorative

instruments. Eur. J. Oral Sci., 2017, 125: 495-503

[80] Darwish G, Huang S, Knoernschild K, et al. Improving polymethyl methacrylate resin using a novel titanium dioxide coating. J. Prosthod., 2019, 28: 1011-1017

[81] Bishal A K, Sukotjo C, Jokisaari J R, et al. Enhanced bioactivity of collagen fiber functionalized with room temperature atomic layer deposited titania. ACS Appl. Mater. Interfaces, 2018, 10: 344 43-34454

[82] Im H, Wittenberg N J, Lindquist N C, et al. Atomic layer deposition: A versatile technique for plasmonics and nanobiotechnology. J. Mater. Res., 2012, 27: 663-671

[83] Chen Y W, Liu M, Kaneko T, et al. Atomic layer deposited hafnium oxide gate dielectrics for charge-based biosensors. Electrochem. Solid State Lett., 2010, 13: G29-G32

[84] Jang D Y, Kim Y P, Kim H S, et al. Sublithographic vertical gold nanogap for label-free electrical detection of protein-ligand binding. J. Vac. Sci. Technol. B, 2007, 25: 443-447

[85] Im H, Wittenberg N J, Lesuffleur A, et al. Membrane protein biosensing with plasmonic nanopore arrays and pore-spanning lipid membranes. Chem. Sci., 2010, 1: 688-696

[86] Aslan M M, Webster N A, Byard C L, et al. Low-loss optical waveguides for the near ultra-violet and visible spectral regions with Al_2O_3 thin films from atomic layer deposition. Thin Solid Films, 2010, 518: 4935-4940

[87] Wiederkehr R S, Hoops G C, Aslan M M, et al. Investigations on the Q and CT bands of cytochrome c submonolayer adsorbed on an alumina surface using broadband spectroscopy with single-mode integrated optical waveguides. J. Phys. Chem. C, 2009, 113: 8306-8312

[88] Yoo G, Park H, Kim M, et al. Real-time electrical detection of epidermal skin MoS_2 biosensor for point-of-care diagnostics. Nano Res., 2017,10: 767-775

[89] Håkansson M, Helin M, Putkonen M, et al. Electrochemiluminescence of Tb (Ⅲ) chelates at optically transparent tunnel emission electrodes fabricated by atomic layer deposition. Anal. Chim. Acta, 2005, 541: 135-139

[90] Niskanen A J, Ylinen-Hinkka T, Pusa M, et al. Deposited dielectrics on metal thin films using silicon and glass substrates for hot electron-induced electrochemiluminescence. Thin Solid Films, 2010, 519: 430-433

[91] Wallrapp F, Fromherz P. TiO_2 and HfO_2 in electrolyte-oxide-silicon configuration for applications in bioelectronics. J. Appl. Phys., 2006, 99: 114103-1~10

[92] Liu L L, Mukdadi O M, Tripp M K, et al. Atomic layer deposition for fabricating capacitive micromachined ultrasonic transducers: initial characterization. Sensors Mater., 2008, 20: 15-34

第 16 章　原子层沉积在其他领域的应用

16.1　引　　言

原子层沉积（ALD）作为一种前沿的薄膜制备技术，在微电子、光学、能源、催化、传感、微机电、纳米技术等多个高精尖领域展现出非凡的应用前景与重要性。该技术可以实现原子级的精度控制，生长出结构致密、无针孔缺陷的薄膜，同时赋予薄膜化学成分与厚度的广泛可调性，以及优异的台阶覆盖率，这些特性也为其在光电子器件封装、金属防腐及分离膜改性等关键领域的应用奠定了坚实的基础。

在光电子器件封装领域，ALD 技术聚焦于高性能封装薄膜的制备，以有效隔绝环境中的水分侵蚀，确保器件的长期稳定运行，而对于柔性光电子器件，需兼顾封装层薄膜的柔韧性与高阻隔性能 [1]；金属防腐方面，ALD 薄膜要求具有优异的耐蚀性，能够有效阻挡各类腐蚀剂的渗透，为金属表面提供防护屏障 [2]；而在分离膜技术中，ALD 薄膜则通过精确调控其结构与成分对分离膜进行改性，实现对油污等污染物的有效阻隔，同时优化膜的选择透过性与渗透性能，从而满足复杂分离过程的需求 [3]。

事实上，ALD 在以上三个领域的作用都是制备器件或基材的保护涂层或修饰层，避免器件或基材失效，改善其特定功能，以实现长工作寿命。当前，金属氧化物如 Al_2O_3[4,5]、TiO_2[6]、ZrO_2[7] 等无机薄膜因其出色的化学稳定性与功能性，已成为 ALD 技术制备保护涂层的主流选择。然而单层金属氧化物薄膜已经不能满足需求，故无机纳米叠层薄膜、无机 – 有机复合薄膜等也被研究 [8]，在改善薄膜机械性能与柔韧性的同时拓宽其应用范围，以满足不同应用场景下的特定需求。本章将介绍 ALD 技术在光电子器件封装、金属防腐及分离膜制备领域的研究进展与应用实例。

16.2　原子层沉积在封装领域的应用

从 20 世纪 60 年代初期的蒽分子晶体发光现象 [9]，到 1987 年有机光伏电池的发明 [10]，有机光电子器件，特别是有机发光二极管（organic light-emitting diode，OLED）在近几十年间一直是研究的热点。然而有机光电子器件在恶劣环境中存在不稳定的痼疾。研究表明，潮湿环境中的水蒸气与氧气是造成有机光电子器件失效的主要原因，尤其水汽对器件的损害远大于氧气，因此有机光电子器件的封装变得至关重要[11]。

如图 16.1 所示，传统的封装方法多采用玻璃盖板封装［图 16.1(a)］，但随着可穿戴、可折叠电子器件的兴起，对封装材料的轻量化、柔性化提出了更高要求，玻璃盖板的厚度和机械性能限制了它在这些新兴领域的应用[12]，于是薄膜封装（thin film encapsulation，TFE）技术应运而生［图 16.1(b)］[13,14]。TFE 技术利用高透明度、超薄和高柔性的薄膜进行封装，成为未来光电子器件封装的重要方向。

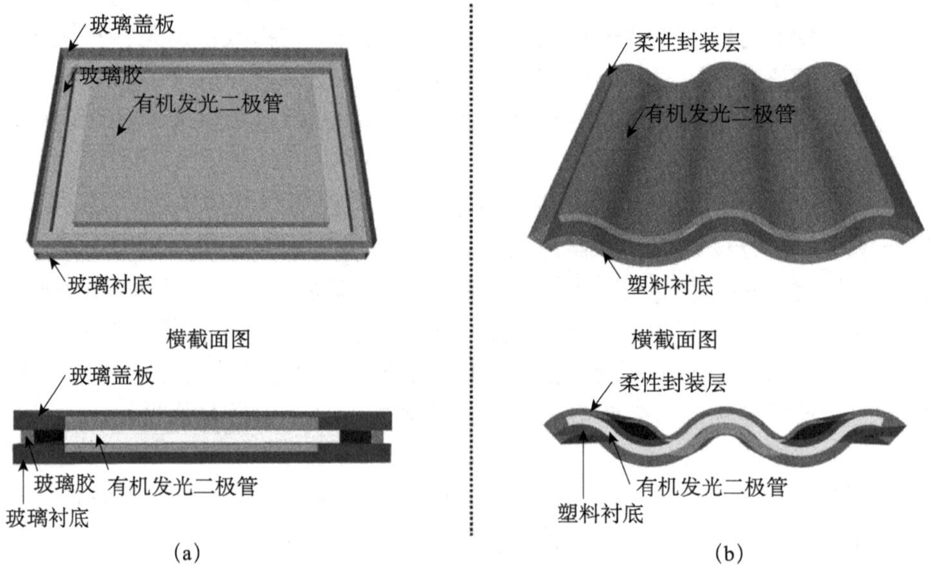

图 16.1 OLED 封装方案[12]

(a) 传统玻璃盖板封装；(b) 柔性封装

化学气相沉积（CVD）方法可用于制备无机封装薄膜，但是所需工艺温度较高，往往超过 150 ℃[15]，且易产生颗粒和针孔等缺陷。而有机光电子器件如 OLED 往往对工艺温度敏感，较高的温度会导致有机功能材料的降解，影响器件的性能[16]。在 OLED 器件与钙钛矿太阳能电池器件的封装中，ALD 技术已展现出巨大潜力。通过精确控制薄膜厚度和组成，能够有效阻隔水汽和氧气对器件的侵害，同时保持器件的柔性和透光性，促进新型光电子器件的发展。随着柔性器件的发展，单一的无机薄膜在机械性能上已难以满足需求，因此研究人员开发了无机 - 有机复合薄膜封装技术，结合无机薄膜的优异阻隔性和有机薄膜的良好柔韧性，以提高器件的机械性能与环境稳定性，ALD 为解决柔性器件的封装难题提供了新路径，本节主要介绍 ALD 技术在 OLED 与钙钛矿太阳能电池器件封装中的应用。

16.2.1　有机发光二极管的封装

有机发光二极管（OLED）是当前柔性显示与照明设备的主流技术，但空气中的水汽和氧气会破坏 OLED 中的有机材料和金属电极，极大地降低了其使用寿命[17]。其中水汽将会通过表面的针孔等缺陷渗入阴极并触及有机发光层表面，当遇到内部电流时，将在阴极与有机层之间发生电化学反应，并产生氢气泡［式（16.1）］，从而给水汽提供了更多扩散的路径，影响电子注入效率，从而降低发光性能[18]；其次水汽与氧气对有机发光层的材料 8- 羟基喹啉铝 (Alq_3) 的影响亦不容忽视[19]。反应原理如图 16.2 所示，在水汽的作用下，Alq_3 水解生成 8- 羟基喹啉（8-Hq），并在氧气的作用下缩合生成深棕色的非发射聚合物以及水，构成一个持续进行的循环降解过程，只要氧气存在，该循环就不会停止，从而导致 Alq_3 的降解，造成 OLED 器件的失效。

$$2H_2O\,(l) + 2e^- \longrightarrow H_2\,(g) + 2OH^-(aq) \tag{16.1}$$

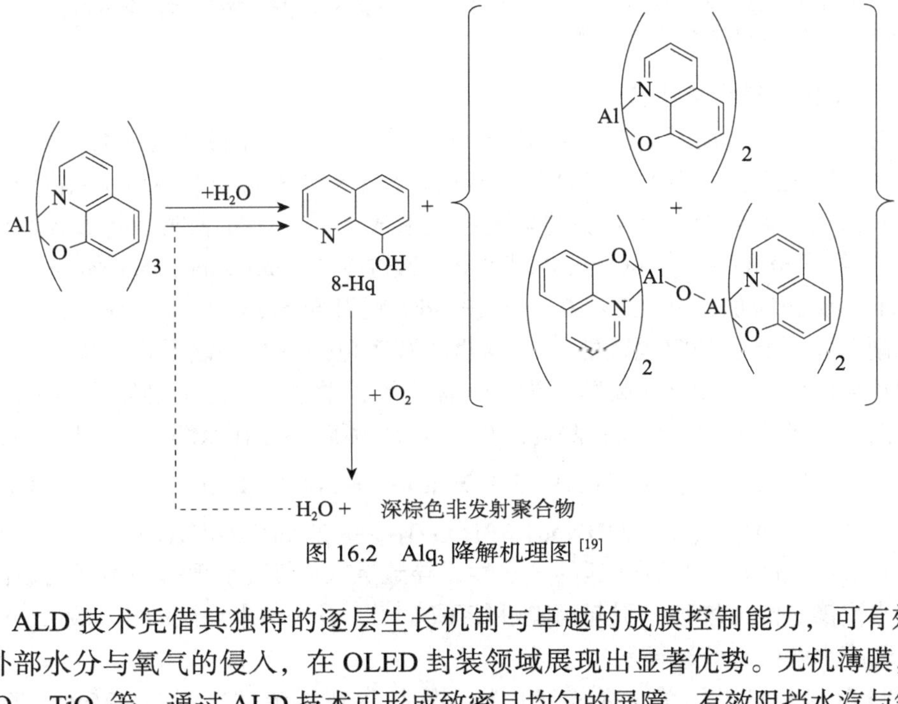

图 16.2　Alq_3 降解机理图[19]

ALD 技术凭借其独特的逐层生长机制与卓越的成膜控制能力，可有效隔绝外部水分与氧气的侵入，在 OLED 封装领域展现出显著优势。无机薄膜，如 Al_2O_3、TiO_2 等，通过 ALD 技术可形成致密且均匀的屏障，有效阻挡水汽与氧气的渗透；而无机 – 有机复合薄膜则结合了无机材料的阻隔性与有机材料的柔韧性，实现了更高效的封装，表 16.1 总结了当前 ALD 相关技术在 OLED 封装领域应用的研究，本节将主要介绍 ALD/MLD/ 原子层渗滤（atomic layer infiltration, ALI）在无机薄膜、无机－有机复合薄膜封装层制备中的应用。

表 16.1　ALD 及其相关技术制备的无机薄膜、无机－有机复合薄膜用于 OLED 封装层的水汽阻隔性能

无机层（制备工艺）	有机层或杂化层（制备工艺）	水蒸气透过率 /[g/（m²·d）]	测试环境 温度 / 相对湿度	参考文献
Al_2O_3（ALD）	—	3.0×10^{-3}	37.7 ℃ /100% RH	[20]
Al_2O_3/MgO（ALD）	—	1.70×10^{-5}	30 ℃ / 90% RH	[21]
Al_2O_3/ZrO_2（ALD）	—	2×10^{-4}	85 ℃ /85% RH	[22]
$ZnO/Al_2O_3/MgO$（ALD）	—	2.06×10^{-6}	30 ℃ /90% RH	[23]
Al_2O_3（ALD）	烷氧基铝（MLD）	1.44×10^{-4}	25 ℃ /60 % RH	[24]
Al_2O_3（ALD）	7-OTS 基杂化膜*（MLD）	2.99（±0.62）$\times10^{-7}$	24 ℃ /40 % RH	[25]
Al_2O_3/ZrO_2（ALD）	烷氧基铝（MLD）	8.5×10^{-5}	25 ℃ /85 % RH	[26]
Al_2O_3（ALD）	烷氧基铝（MLD）	8.68×10^{-5}	20 ℃ /60% RH	[27]
TiO_2 (ALD)	7-OTS 基杂化膜*（MLD）	7.0×10^{-4}	60 ℃ /85% RH	[28]
Al_2O_3（ALI）	PDMS（旋涂）	9.24×10^{-5}	25 ℃ /50 % RH	[29]
Al_2O_3（ALI）	PEN	1.28×10^{-5}	25 ℃ /50% RH	[30]
Al_2O_3（ALI）	PI	$<10^{-7}$	85 ℃ / 85% RH	[31]

*7-OTS 基杂化膜：采用 7- 辛烯基三氯硅烷（7-OTS）前驱体与金属前驱体（如三甲基铝或异丙醇钛）通过臭氧表面激活 MLD 所生长的杂化膜。

1）无机薄膜封装技术

对于刚性的 OLED 器件，Al_2O_3 与 ZrO_2 等无机材料因其优良的化学稳定性和机械强度被广泛应用于 OLED 的封装层，其中最常见的就是 Al_2O_3 无机薄膜封装层。然而环境将会对封装层的阻隔性能造成影响。研究表明，随着环境温度从 38 ℃提升至 85 ℃，Al_2O_3 封装层水蒸气透过率（water vapor transmission rate, WVTR）显著增加，从 1.7×10^{-5} g/(m²·d) 跃升至 6.5×10^{-5} g/(m²·d)，这一变化削弱了封装层的阻隔效能[32]。薄膜的厚度也是一个关键因素，单一较薄的氧化铝薄膜常因存在针孔缺陷，为水汽提供了扩散通道，进而加剧了 WVTR 数值的上升，降低了封装性能；除此之外，Al_2O_3 薄膜还存在水解现象，反应如下：

$$Al_2O_3(s) + 6H^+(aq) + 3H_2O(aq) \longrightarrow 2[Al(H_2O)_3]^{3+}(aq) \quad (16.2)$$

$$Al_2O_3(s) + 2OH^-(aq) + 3H_2O(l) \longrightarrow 2[Al(OH)_4]^-(aq) \quad (16.3)$$

水解产生的羟基具有强烈的亲水性，导致 Al_2O_3 薄膜呈现凹凸不平的表面状态，水汽渗透能力增强，引起阻隔性能下降[33]。引入纳米叠层结构是降低 Al_2O_3 无机薄膜水解的有效途径。

ALD 封装只采用单一无机氧化物，往往存在局限性。例如，MgO、ZrO_2、TiO_2 薄膜 ALD 合成后，常常形成多晶或纳米晶结构，存在晶界和缺陷，导致阻隔性能下降。研究表明，腐蚀测试后的 MgO 薄膜上产生比 Al_2O_3 更多的腐蚀白点，这是由于 ALD 生长的 Al_2O_3 是非晶，而 MgO 则是多晶薄膜，其晶界成为水汽与氧气渗透的快速通道，加速了器件的老化过程。通过制备 Al_2O_3/MgO 交替的纳米叠层结构 $(50Al_2O_3/xMgO)_n$，50/x 为亚循环比，为每一叠层结构中 Al_2O_3 与 MgO 循环数的比值，n 代表叠层结构的超循环数，即 Al_2O_3/MgO 的叠层数，示意图见图 16.3(a) 插图，即可降低 MgO 的结晶性，改善阻隔性能[34]。如图 16.3(a) 所示，叠层数 n=5 和 Al_2O_3 的亚循环数 50 保持不变，通过改变纳米叠层结构中 MgO 亚循环数 x 从 50 减少至 2 循环，MgO 薄膜由多晶态逐渐转变为非晶态。这种结构变化显著提升了复合叠层薄膜的阻隔性能，其中 Al_2O_3/MgO 亚循环比为 50 /10 构成的复合纳米叠层薄膜展现出最佳的阻隔效果，其 WVTR 值［4.7×10^{-6} g/(m²·d)］比单一 Al_2O_3 薄膜［8.7×10^{-4} g/(m²·d)］降低了两个数量级［图 16.3(b)］，OLED 的使用寿命超过 600 小时，充分证明了 Al_2O_3/MgO 无机复合薄膜在缓解 Al_2O_3 水解、提升封装性能方面的明显优势。因此，通过调控 ALD 亚循环比制备纳米叠层无定形复合薄膜，是提升 OLED 器件封装效果、延长使用寿命的重要途径。

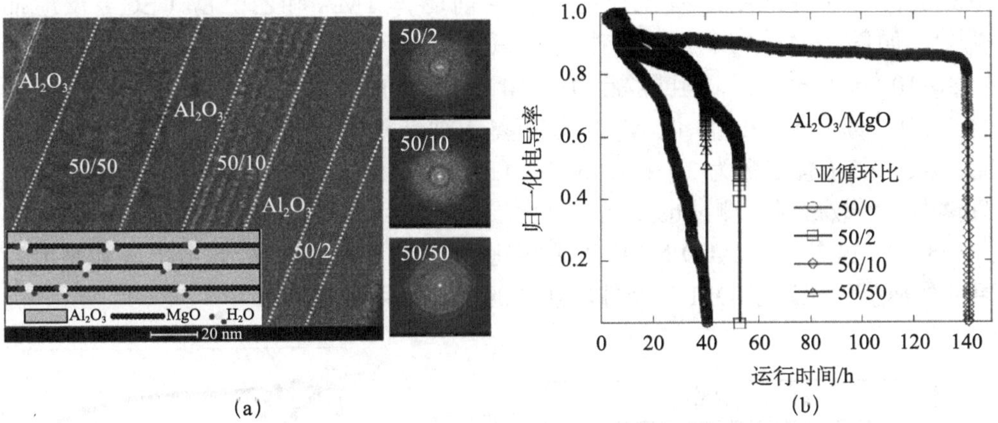

图 16.3　ALD 循环数对 Al_2O_3/MgO 纳米叠层结构形貌及其封装性能的影响[34]

(a) $50Al_2O_3/xMgO$（x=2、10、50）叠层结构的 TEM 和快速傅里叶变换图，插图为 Al_2O_3/MgO 纳米叠层结构示意图；(b) $50Al_2O_3/xMgO$（x=0、2、10、50 循环）的归一化电导（率）与腐蚀时间的关系

然而随着显示技术迭代速度加快，从平板显示器、曲面显示器，再到未来的柔性可折叠显示技术，为满足光电器件轻量化、柔性化的需求，封装层向柔性封装发展。但大多数无机氧化物或氮化物等薄膜都含有较强的离子键、共价键，位错在离子（共价）晶体中难以滑移，导致薄膜的延展性差，膜内含有大量的残余应力[35]。故当受到外界应力作用时，容易造成断裂，难以应用于柔性结构器件的封装。具有较好柔性的有机材料含有大量的碳链，极易与水相结合，使得阻隔性能不佳[36]。因此，需要开发出一种能够同时满足高阻隔性与柔韧性的封装技术。

2）无机－有机复合薄膜封装技术

研究表明，通过结合无机薄膜与有机薄膜的各自优势，发展无机－有机复合薄膜封装技术，有望解决上面的问题。具体而言，封装薄膜的阻隔性能核心在于薄膜的孔隙率与密度的精确调控。无机薄膜因其高度致密化的结构特性，展现出显著优于有机层的水汽阻隔能力。而有机薄膜则展现出更为优越的柔韧性，能够避免无机封装层中的应力集中，优化无机层中的应力分布，从而提升复合封装结构的整体柔韧性[37]。构建一种基于无机－有机复合的封装结构，不仅能够实现机械性能的优化，确保封装层在复杂环境中的稳定性与耐久性，还能增强水蒸气阻隔性能，为高性能柔性光电子器件提供可靠与高效的封装。

分子层沉积（MLD）工艺是 ALD 的亚类，其采用有机分子作为前驱体，既可以生长有机聚合物，也可以生长无机－有机杂化薄膜。ALD 与 MLD 技术结合，可以制备多种结构的无机－有机复合薄膜用于封装 OLED［图 16.4(a)］。目前 ALD/MLD 制备的无机－有机复合薄膜研究最多的是 Al_2O_3/烷氧基铝纳米叠层薄膜（总厚度为 50 nm），其中 Al_2O_3 由 ALD 制备而成，烷氧基铝由 MLD 制备而成，为一种无机－有机杂化物，由前驱体 TMA 和乙二醇（EG）反应而成[24]。如图 16.4(b) 所示，单独的烷氧基铝杂化层 50 循环下其 WVTR 值为 6.88×10^{-2} g/（m^2·d），阻隔能力不如 50 循环的 Al_2O_3 无机层［WVTR 值为 2.25×10^{-2} g/（m^2·d）］，但 Al_2O_3/烷氧基铝纳米叠层结构却表现出较好的阻隔性能，A15-2.5（叠层数为 3）样品的 WVTR 值为 2.51×10^{-3} g/（m^2·d），比 Al_2O_3 薄膜小一个数量级。测试也发现所有叠层样品在可见光波段都具有较好的透过率（＞95%），这是由于 ALD/MLD 工艺相比于 CVD 与 PVD，能制备出表面粗糙度更低的薄膜，保证了 OLED 器件功能层的正常使用。

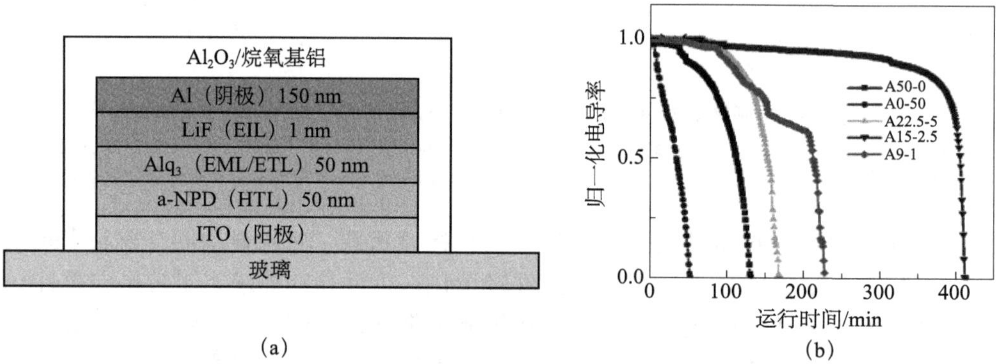

图 16.4　Al_2O_3/烷氧基铝无机－有机纳米叠层封装 OLED 示意图及其性能[24]

(a) OLED 及其封装示意图（HTL：空穴传输层，EIL：电子注入层，EML：发光层，ETL：电子传输层，a-NPD：一种空穴传输材料，ITO：氧化铟锡）；(b) 不同 Al_2O_3/烷氧基铝纳米叠层的归一化电导率随腐蚀时间的变化曲线（A50-0 指每一层 Al_2O_3 厚度为 50 nm，烷氧基铝厚度为 0 nm，以此类推）

其阻隔性能的提升源于有机层或无机－有机杂化层（如烷氧基铝）能够填充单一无机层（如氧化铝）中所存在的针孔等缺陷，同时随着叠层数的增加使得层间界面的微结构进一步复杂化。如图 16.5 所示 [12]，这些变化促使环境中气体分子（如水汽）在层间扩散时，穿过更为曲折蜿蜒的路径，有效抑制了水汽等的渗透，进而使得叠层薄膜相较于单一薄膜展现出更为优越的阻隔性能。

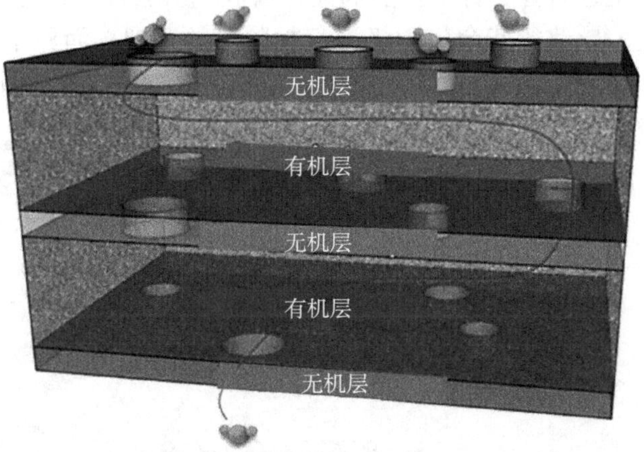

图 16.5　无机－有机（或杂化层）纳米叠层薄膜中的水汽渗透路径 [12]

无机封装层缺乏柔韧性，薄膜内部拉应力很容易导致裂纹的产生，并不适合柔性光电子器件的封装，有机层（或无机－有机杂化层）的插入可以减少无机层中的拉应力，提升封装层柔韧性。采用 7-OTS 和 TMA 经臭氧表面激活 MLD 工艺制得 7-OTS-Al 基杂化膜，再与 ALD 的 Al_2O_3 薄膜相结合，可获得 $(xAl_2O_3/y7\text{-OTS-Al})_n$ 无机－杂化纳米叠层结构 [25]［图 16.6(a)］，x/y 为 Al_2O_3 无机层与 7-OTS-Al 无机－有机杂化层的亚循环比，通过改变 ALD/MLD 循环数实现对无机层 / 杂化层比例的精确控制。如图 16.6(b) 所示，7-OTS-Al 无机－有机杂化层的加入使封装层的弹性模量及硬度显著降低，该杂化层中压应力与 Al_2O_3 无机层中较强拉应力耦合，使复合薄膜总体承受压应力［图 16.6(c)］，进而提升复合薄膜整体的柔韧性。在 10 mm 的弯曲半径下对沉积在 PET 基板上的封装层经过 1000 次的弯曲循环后，$(2Al_2O_3/7\text{-OTS-Al})_5$（$x/y$=2∶1，$n$=5）纳米叠层封装层的 WVTR 仅从 5.43×10^{-7} g/（m^2 · d）增加至 1.31×10^{-6} g/（m^2 · d），而单一 Al_2O_3 封装层的 WVTR 值直接上升三个数量级。可见无机 / 杂化纳米叠层结构展现出良好的柔韧性与水汽阻隔性能，同时也证明了 ALD/MLD 技术在制备无机－有机复合薄膜上的显著优势。

除 MLD 技术以外，空间 ALD 与等离子体聚合相结合也可实现高效的无机－有机复合薄膜的制备 [38]，如图 16.7(a) 所示，(9 nm Al_2O_3/20 nm PP)$_{10}$ 叠层薄膜的 WVTR［8.5×10^{-5} g/（m^2·d）］比 100 nm 厚 Al_2O_3 无机薄膜低 58%；在曲率半径 1 cm 下弯曲 1000 次后，Al_2O_3 无机薄膜的 WVTR 增加 900%，叠层薄膜的 WVTR 仅增加了 32%［图 16.7(b)］。

在柔性电子器件制造中，离不开柔性衬底，特别是聚合物衬底，如聚酰亚胺（PI）、聚对苯二甲酸乙二醇酯（PET）及聚萘二甲酸乙二醇酯（PEN），因其性价比高、柔韧性好而备受青睐。然而无机薄膜与聚合物衬底之间热膨胀系数及杨氏模量不匹配，导致的残余应力将引起封装层的开裂。而原子层渗滤（atomic layer infiltration，ALI）技术作为一种优化的 ALD 方法，通过延长前驱体脉冲时

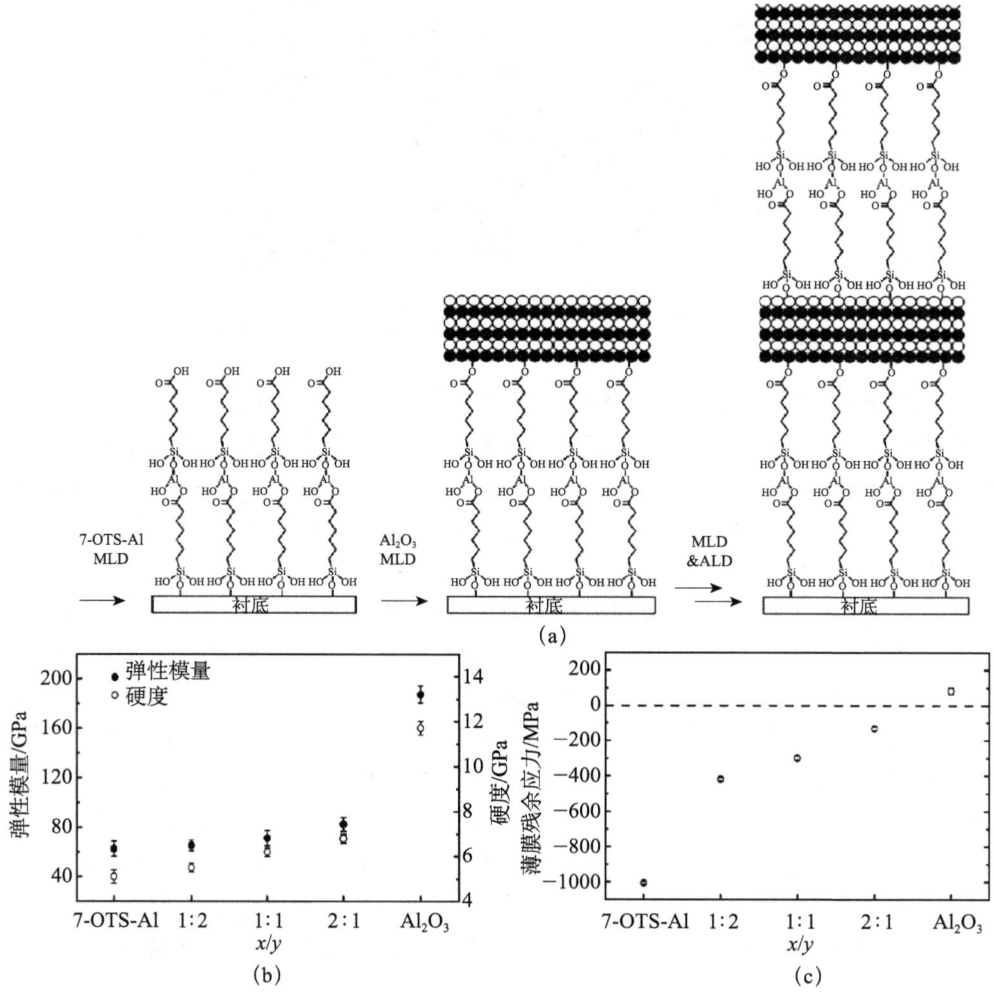

图 16.6　ALD/MLD 制备 xAl_2O_3/y7-OTS-Al 无机－杂化纳米叠层过程示意图及其性能[25]

(a) ALD/MLD 制备 xAl_2O_3/y7-OTS-Al 无机－杂化纳米叠层过程示意图；不同 Al_2O_3/7-OTS-Al 比例的 (b) 薄膜弹性模量及硬度、(c) 薄膜的残余应力

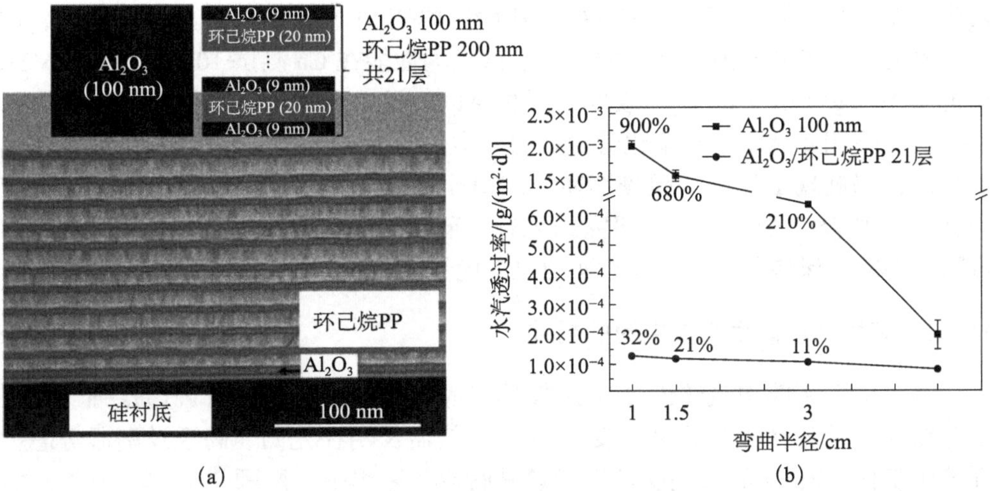

图 16.7　Al_2O_3/ 环已烷等离子体聚合物（ plasma polymer, PP ）叠层结构对封装性能的影响 [38]

(a) Al_2O_3/ 环已烷 PP 叠层结构的 SEM 截面图；(b) 不同结构薄膜弯曲前后 WVTR 变化曲线

间，使得前驱体能够充分渗透至聚合物衬底内部，与之发生化学反应形成致密的无机－有机杂化层，有效增强薄膜与聚合物基材之间的黏附强度，进而提升无机层与聚合物界面耐弯折性 [30,39]。

图 16.8 为 ALI 技术制备的 AlO_x/PI（厚度为 22 nm）无机－有机杂化层薄膜示意图 [31]。在渗滤过程中，三甲基铝（TMA）与 PI 聚合物链上的羰基（C=O）

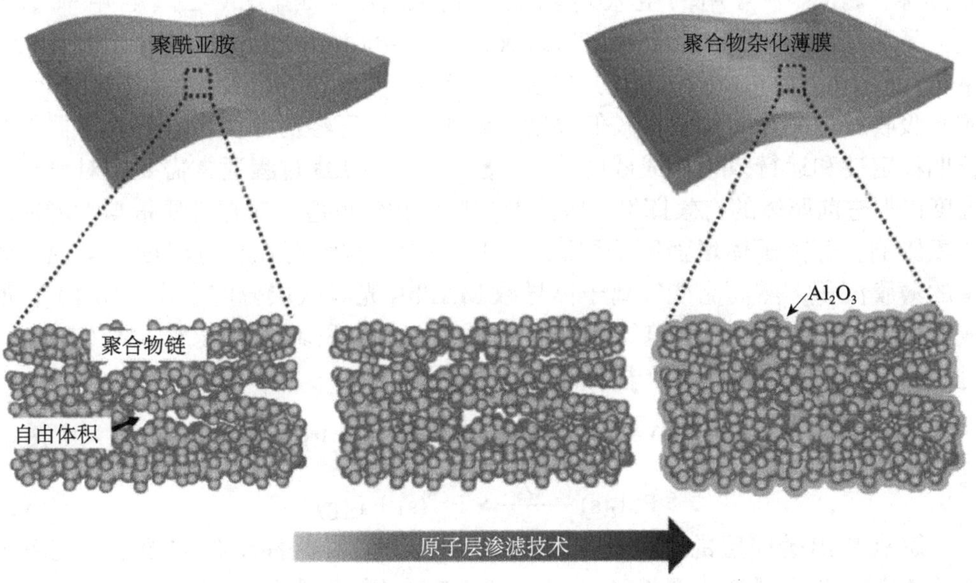

图 16.8　ALI 技术制备 AlO_x/PI 无机－有机杂化层薄膜示意图 [31]

发生化学反应，形成稳定的C—O—Al键，填充PI聚合物的自由体积空间，构建高效的水汽扩散屏障。杂化薄膜的水汽阻隔性能在Ca测试1080 h后，WVTR值低于10^{-7} g/（m²·d）；而较厚的无机Al_2O_3薄膜（100 nm）在720 h测试后，Ca完全被氧化。Al_2O_3/PI杂化薄膜在曲率半径为1 mm条件下进行10000次弯曲循环后，仍展现出优异的阻隔性能，1080 h后Ca才被完全氧化，而Al_2O_3薄膜则在24 h内就完全失效。此研究结果有力证明了无机－有机杂化薄膜在提升水汽阻隔性能与保持高度柔韧性方面的双重优势。

16.2.2 有机钙钛矿太阳能电池的封装

钙钛矿太阳能电池（PSCs）因其具有成本效益高、带隙可调谐性强、制备工艺简易等优势在光伏领域备受关注[40]。然而长期在光照、高温及潮湿等恶劣环境中工作，PSCs的长期稳定性仍然是商业化进程中的瓶颈[41]。其中潮湿环境对钙钛矿光吸收层（如$MAPbI_3$）的破坏尤为显著，高亲水性促使其吸收水后发生降解，生成PbI_2与甲氨基团，进而削弱其光吸收能力，导致电池性能衰退[42,43]，薄膜封装是解决该问题的有效策略。由于钙钛矿离子晶体结构对热、光及湿度高度敏感[44]，故相较于OLED其封装技术要求更为严苛。ALD技术以其原子级的控制及高致密的薄膜制备能力在PSCs封装领域展现出巨大的应用潜力，本节将重点介绍ALD在PSCs封装中的研究进展及应用实例。

PSCs作为有机光电子器件，保证组件的热稳定性是制备封装层需要考虑的因素。PSCs中常用的空穴传输层材料2,2′,7,7′-四［*N*,*N*-二（4-甲氧基苯基）氨基］-9,9′-螺二芴（2,2′,7,7′-tetrakis［*N*, *N*-di(4-methoxyphenyl)amino］-9,9′-spirobifluorene, Spiro-OMeTAD）在温度接近70 ℃条件下易发生性能退化，钙钛矿光吸收层的晶体结构则在较低温度（约54 ℃）下经历相变，这些均对器件的长期稳定性和运行效率构成威胁[45,46]。然而传统ALD过程通常需要相对较高的温度以促进前驱体的有效挥发、吸附及随后的化学反应，对器件质量与性能造成严重影响。等离子体增强原子层沉积（PEALD）技术可在较低温度下实现高质量的薄膜沉积，然而高能等离子体导致$MAPbI_3$光吸收层分解［式（16.4）］，形成非晶态Pb薄膜，并伴随气体释放，在器件内部积聚形成气泡［式（16.5）］，进一步加剧薄膜的粗糙化及电极的氧化过程[47]。

$$MAPbI_3(s) \xrightarrow{h\nu \text{ 或} \triangle} PbI_2(s) + I_2(g) + CH_3NH_2(g) + CH_3I(g) + HI(g) + NH_3 \quad (16.4)$$

$$PbI_2(s) \xrightarrow{\triangle} Pb^0(s) + I_2(g) \quad (16.5)$$

烷氧基铝缓冲层的引入可有效缓解等离子体对器件结构的损害，烷氧基铝由MLD技术制备［图16.9(a)］，PEALD在缓冲层上沉积Al_2O_3无机薄膜（50℃）对PSCs封装［图16.9(b)］。由于烷氧基铝缓冲层的生长温度低于理想温度，内部残留的大量甲基基团在沉积 Al_2O_3 薄膜的过程中消耗氧等离子体［图 16.9(c)］，避免器件受损，如式（16.6）所示，进一步提升了封装层的纯度和质量。Al_2O_3/ 烷氧基铝无机 - 有机杂化纳米叠层薄膜在 30℃、80% 相对湿度环境中，WVTR 为 1.3×10^{-5} g/（$m^2\cdot d$），在工作 2000 小时后仍保持 96% 的初始效率，展现出良好的稳定性，证实 MLD/PEALD 技术在低温下沉积良好封装性能薄膜的可行性[48]。

$$—CH_3^* + OH—C_2H_4—OH\,(g) \longrightarrow —O—C_2H_4—OH^* + CH_4\,(g) \qquad (16.6)$$

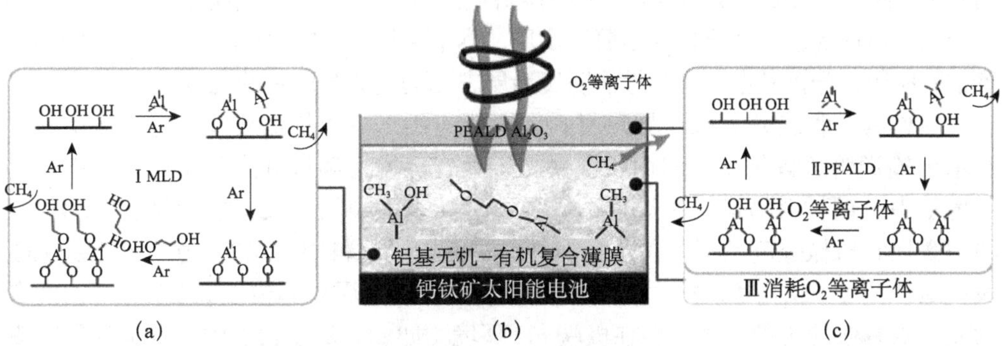

图 16.9　钙钛矿太阳能电池封装过程的示意图[48]

(a) MLD 在钙钛矿太阳能电池上沉积烷氧基铝；(b) PEALD 在 烷氧基铝上沉积 Al_2O_3；(c) 烷氧基铝中残留的甲基消耗氧等离子体并保护钙钛矿太阳能电池

薄膜的质量还取决于反应气（氧源）的种类。传统 ALD 制备的 Al_2O_3 薄膜以 H_2O 为氧源，易造成 H_2O 的渗入导致 H 残留，引发 Al_2O_3 薄膜的水解，影响薄膜的封装性能。因此需要寻找更合适的氧源替代 H_2O。常压空间原子层沉积（AP-SALD）技术分别以 H_2O、O_3 与 H_2O_2 为氧源，与 TMA 反应制备 AlO_x 薄膜[49]，H_2O_2-AlO_x 与 O_3-AlO_x 的 WVTR 值分别为 1.7×10^{-4} g/（$m^2\cdot d$）、1.5×10^{-4} g/（$m^2\cdot d$），小于 H_2O-AlO_x 的 5.8×10^{-4} g/（$m^2\cdot d$）。其中薄膜中的 OH^- 作为水汽渗透的通道，将影响阻隔性能[50]，在 O_3 环境下沉积的 AlO_x 薄膜具有最低的 OH^- 缺陷浓度，故阻隔性能最佳。然而 O_3 需随用随产，增加了臭氧发生器的安装与维护成本，相比之下，H_2O_2 因其具备与臭氧相当的阻隔性能及比 H_2O 更强的质子传输能力，是更经济高效的替代选择。此外，AP-SALD 技术较传统 ALD 方法更高效，提升生产效率并降低成本，为高性能薄膜材料的开发提供了新的思路与途径[51]。

16.3　原子层沉积在金属防腐保护领域的应用

金属材料的腐蚀本质上是一系列复杂的化学及电化学反应过程，促使金属表面逐渐转变为氧化（或离子化）状态，进而引发材料性能退化及失效，因此金属防腐尤为重要。在众多防腐措施中，合理选材、表面防护处理、腐蚀介质调控以及电化学防护是金属防腐的主要手段[52]。表面防护即于金属表面构建致密的防护层，有效隔绝金属与腐蚀环境的直接接触，从而达到防腐目的。

ALD 技术作为一种高精度、高覆盖率的薄膜制备工艺，已在微电子、光伏产业获得了巨大的商业应用，在能源催化、纳米技术领域也展示出巨大的应用潜力[53-55]，但目前针对金属防腐的报道还相对较少。与前述封装层薄膜一样，ALD 所沉积的金属防腐薄膜也扮演着保护层的角色，通过减缓或阻止腐蚀过程，延长设备或构件使用寿命。Al_2O_3、TiO_2、ZrO_2 等金属氧化物薄膜以其出色的化学稳定性、良好的阻隔性能及环境适应性，适合作为金属防腐层。本节将探讨 ALD 技术在不同金属防腐场景中的应用，分析其在制备高性能防腐涂层方面的优势与面临的挑战。

铜作为一种良好导电与导热材料，广泛应用于电力传输线缆、建筑装饰材料及水体输送管道等领域。然而长期暴露于大气环境及腐蚀性介质（如海水卤化物环境）中，铜材料易遭受腐蚀侵蚀，导致金属表面裂纹形成，进而显著削弱材料的耐久性和机械强度[56,57]。在众多铜材防腐保护层材料中，Al_2O_3 与二氧化钛 TiO_2 表现最佳[58]。采用 ALD 技术制备的 Al_2O_3 与 TiO_2 涂层在非极端 pH 条件下，两者均能提供有效的防护屏障；但在极端 pH 环境（如 pH=2 与 12）中，TiO_2 涂层表现出更为出色的耐腐蚀性，不易被溶解从而保持结构完整，Al_2O_3 涂层则主要在 pH 4～9 范围内保持稳定。同时，Al_2O_3 与 TiO_2 涂层在树枝状的 Cu 粉表面可实现完整的包覆，如图 16.10 所示，证明 ALD 在三维形状的基材上具有出色的共形性[59]。

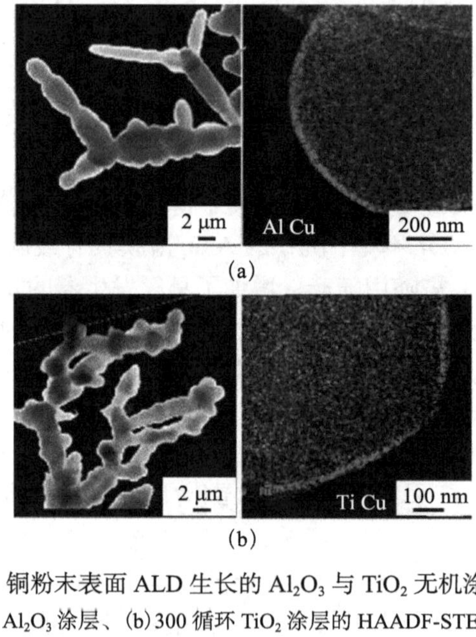

图 16.10　铜粉末表面 ALD 生长的 Al_2O_3 与 TiO_2 无机涂层形貌[59]

(a) 150 循环 Al_2O_3 涂层、(b) 300 循环 TiO_2 涂层的 HAADF-STEM 及 EDX 图

基材表面缺陷将会影响 ALD 制备涂层薄膜质量，未经处理过的铜基材表面存在着氧化铜层，在线性扫描伏安法（LSV）测试中易暴露出更多的 Cu(0)/Cu(I) 位点，即发生氧还原反应，对基材表面造成严重的腐蚀[60]；同时氧化铜层的存在，使沉积的 Al_2O_3 涂层中 OH^- 缺陷数量增加，给水汽提供渗透通道，降低防腐性能，所以控制基材界面性质对 ALD 制备的薄膜质量至关重要。在沉积防护涂层前，可采用磷酸对铜基材表面进行预处理，确保涂层与基材之间的紧密结合，提升整体防腐体系的有效性和可靠性[61]。

镁基合金具有优异的机械性能及良好的生物相容性，其断裂韧性及低杨氏模量（41～45 GPa）接近于天然骨骼的机械性能，同时在生物体内的可降解性使其成为理想的人体植入材料。然而，人体体液与血浆富含的氯化物会显著加速镁基合金的降解过程，导致植入物失效，严重威胁患者生命健康[62,63]。

ALD 技术制备的 ZrO_2 薄膜可防止氯化物与基材的直接接触，是镁基合金防腐层的理想选择。然而无机薄膜与天然骨骼的机械性能差异显著，限制其直接应用。研究发现通过在 ZrO_2 薄膜上涂覆聚乳酸－乙醇酸共聚物（PLGA），杨氏模量可从 38 GPa 降至 16.7 GPa，硬度为 0.25 GPa，符合天然骨骼杨氏模量（10～30 GPa）及硬度（0.23～0.76 GPa）的标准范围，显著改善了 ZrO_2/AZ31 Mg 合金机械性能[64]。

其次耐蚀性也是作为骨替代材料的重要评价性能。腐蚀原理如图 16.11 所示，

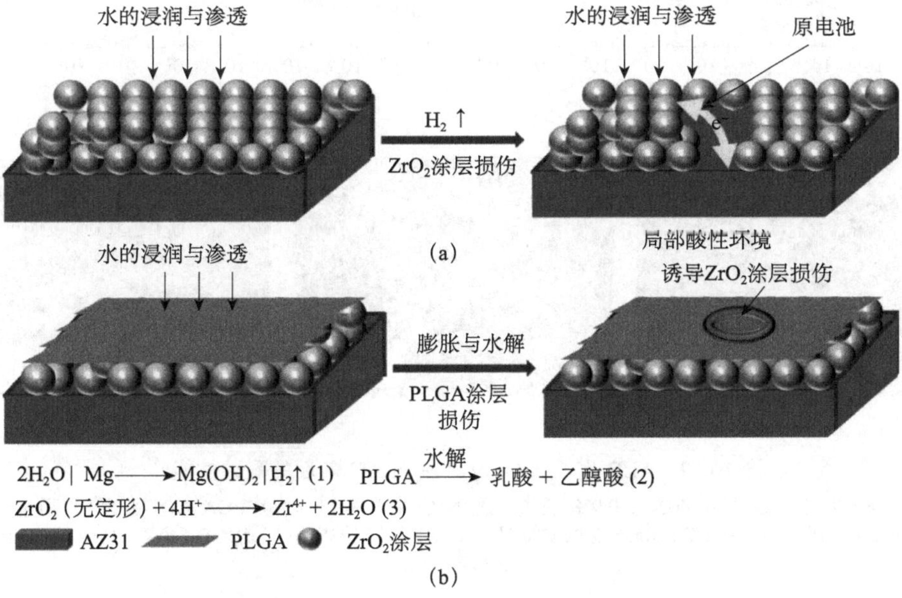

图 16.11　PLGA/ZrO_2/AZ31 Mg 合金腐蚀机理图[64]

(a) 水渗入导致的 ZrO_2 电偶腐蚀；(b) PLGA 的膨胀与水解诱导 ZrO_2 涂层腐蚀

薄膜表面存在的间隙给电解质提供了渗透路径，扩散至镁基表面反应产氢并局部积累，随浸泡时间增加，造成 ZrO_2 电偶腐蚀［图 16.11(a)］，Mg 与水反应加速了镁基合金基体的腐蚀。基于镁合金腐蚀的主要形式，提高氧化锆薄膜的致密度是解决此问题的关键。

PLGA 涂覆后的 ZrO_2（100 循环）薄膜电阻值大幅提升至 10^7 Ω · cm²，耐蚀性较未处理基材（10^2 Ω · cm²）及单一 ZrO_2 薄膜（10^3 Ω · cm²）更佳［图 16.12(a)、(b)］。图 16.12(c) ～ (e) 所示 PLGA/ZrO_2 复合涂层在电化学测试后表面光滑，可保护 AZ31 镁合金免受腐蚀，而未经改性的样品则出现显著腐蚀迹象；然而 PLGA 在长期使用过程中可能发生膨胀与水解，引入局部酸性微环境，加速 ZrO_2 的腐蚀［图 16.11(b)］，将 ZrO_2 薄膜循环数由 25 增加至 100 循环，膜厚的增加可显著延缓水的渗透与 ZrO_2 电偶腐蚀过程，PLGA/ZrO_2（100 循环）涂层展现出更优的耐蚀性能。

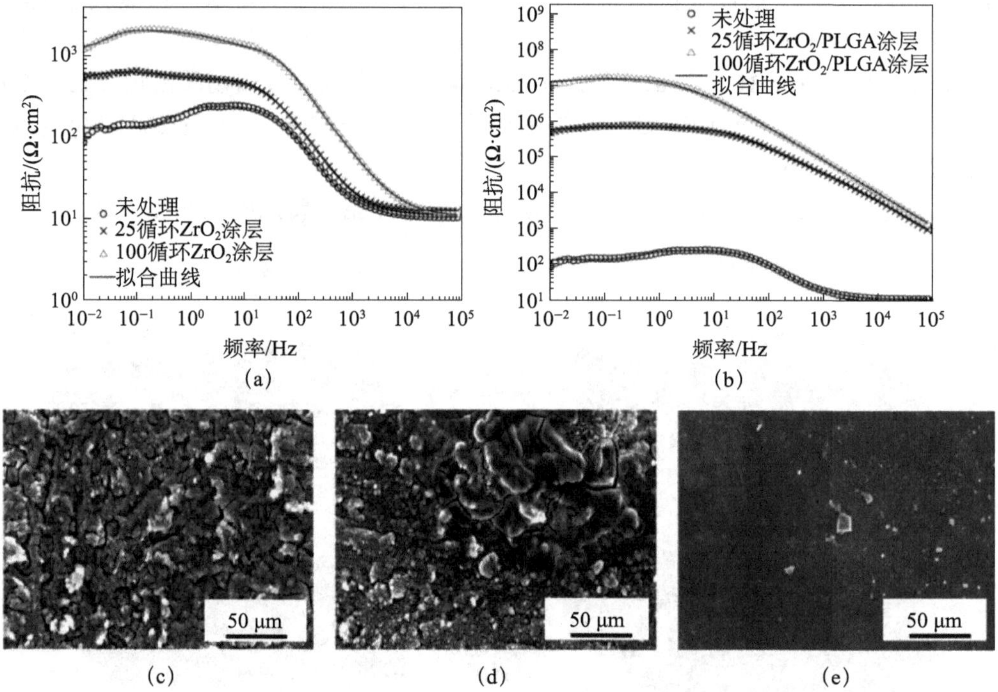

图 16.12 ALD 生长 ZrO_2 及涂覆 PLAG 前后的耐蚀性能 [64]

电化学实验中不同涂层 (a) ZrO_2 在 0.9%(质量分数)NaCl 中暴露 1 h、(b) PLGA/ZrO_2 在 0.9 %(质量分数) NaCl 中暴露 1 h 腐蚀 AZ31 Mg 合金的波特图；(c) 未经处理的样品、(d) ZrO_2 薄膜、(e) PLGA/ZrO_2 薄膜的 SEM 照片

不锈钢（stainless steel，SS）由于具有优异的机械性能与耐蚀性被广泛应用于家庭及工业生产中，但其表面钝化层过薄，易受到钙化腐蚀 [65]。过渡金属氮

化物涂层由于具有较高的硬度、弹性模量、良好的热稳定性和较高的耐磨性，在工业中得到广泛的应用[66,67]。然而内部存在的针孔缺陷将大大降低防腐性能，ALD 制备金属氧化物高致密涂层，可以显著减少针孔、裂纹等缺陷的产生，有效阻止腐蚀介质扩散至金属基体；但 ALD 制备的金属氧化物薄膜机械性能欠佳，难以保证抗磨损的机械性能，采用 ALD 工艺在过渡金属氮化物涂层上修饰金属氧化物薄膜是改善涂层防腐性能、又能获得较佳机械性能的重要途径。

采用 ALD 工艺在磁控溅射制备的 TiN 涂层上沉积 10 nm 厚的 Al_2O_3，以获得 TiN-Al_2O_3-TiN 三明治夹层结构[68]，根据 Al_2O_3 所处位置分为四种结构（图 16.13）。TiN 涂层耐磨性的提升得益于 Al_2O_3 中间致密绝缘层的嵌入，不仅细化了 TiN 柱状晶粒的尺寸［图 16.14(a) ～ (d)］，还阻止腐蚀性氯离子向 TiN 下层迁移，阻止电荷在涂层中的传输，从而改善了 TiN 的腐蚀性能。抬高 ALD-Al_2O_3 涂层在三明治结构中的插入位置，进一步提高了 TiN-Al_2O_3-TiN 复合涂层的耐蚀性能。此外，Al_2O_3 中间层的插入促使 TiN 的晶体取向发生转变，由原本的低表面能（111）择优取向转变为（200）和（220）的取向，不仅诱导了 TiN 的水化过程，形成具有润滑作用的 TiO_x 层，进一步降低了摩擦系数，还改进了机械性能，降低了残余应力。

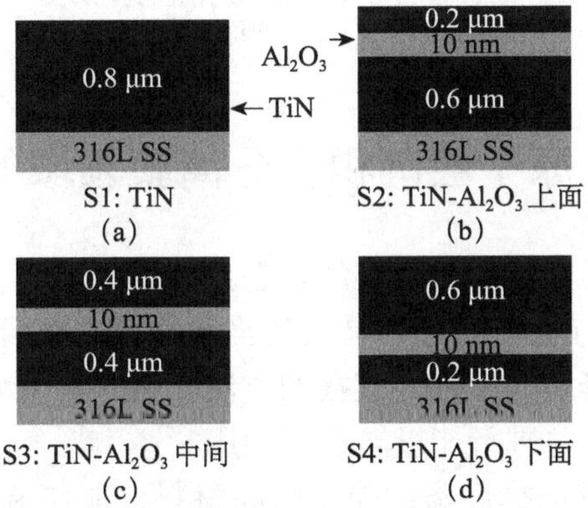

图 16.13　不同 TiN 厚度的 TiN-Al_2O_3-TiN 三明治夹层结构示意图[68]

(a) S1 为无 Al_2O_3 层；(b) S2 为 Al_2O_3 在偏上位置；(c) S3 为 Al_2O_3 在中间位置；(d) S4 为 Al_2O_3 在偏下位置

当然，前述金属防腐领域的示例也揭示了 ALD 技术当前所面临的局限性，ALD 的沉积速率相对缓慢，其制备的薄膜厚度（几十纳米）往往难以满足涂层机械性能要求，限制了其在高磨损环境下的应用。且 ALD 作为防腐涂层制备的成本较高，不利于大规模工业化的应用。因此采用 ALD 技术与其他表面处理工艺如磁控溅射等相结合，制备兼具优异防腐性能与良好机械性能的复合涂层，为未来材料表面改性技术的发展开辟了新的具备可行性的路径。

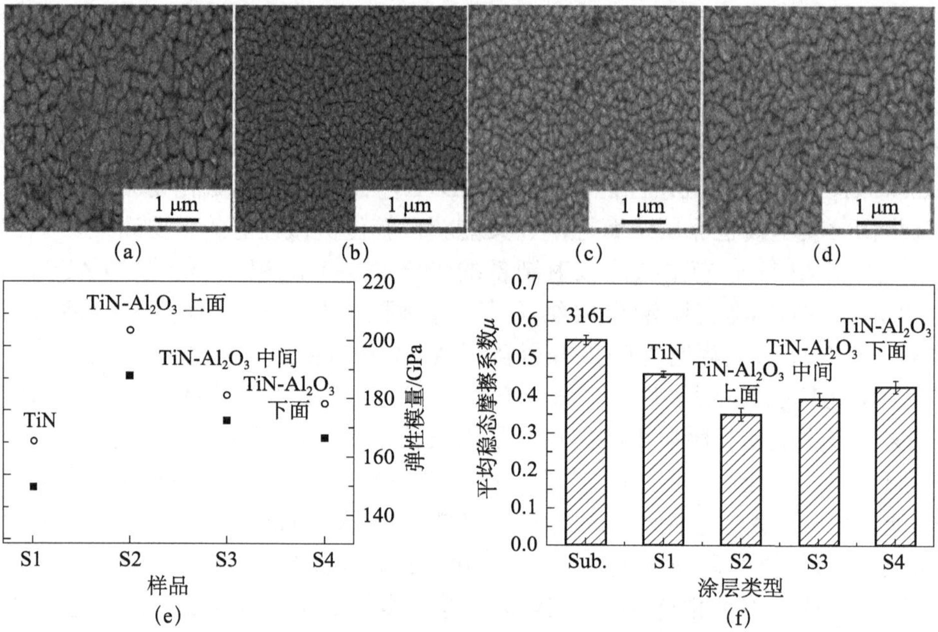

图 16.14　在 TiN 上 ALD 生长 Al_2O_3 后对表面形貌及机械性能的影响[68]

薄膜的 SEM 图：(a) S1；(b) S2；(c) S3；(d) S4；薄膜的机械性能统计图：(e) 四种夹层结构的硬度及弹性模量变化及 (f) 平均稳态摩擦系数 μ

16.4　原子层沉积在分离膜领域的应用

水资源与空气的污染将会对所有的生态系统造成威胁，不利于人与自然的和谐发展，因此减轻水与空气的污染是人类当前最重要的课题之一[69]。使用催化剂材料对污染物进行降解是一种最直接的方法，另一种有效方法即利用选择性膜层处理空气和水污染，并进行能量转换与利用[70]。

分离膜是一种具有选择性透过能力的膜材料，能使流体内物质选择性透过，起到浓缩和分离纯化的作用，与凝结、絮凝、沉淀和消毒等传统纯化方法相比，其分离效率更高，能耗低。通常分离膜需要考虑其防污性、选择性、渗透性和亲水性能，膜表面粗糙度、孔隙率和表面电荷都是影响分离膜效率的重要因素[71]，因此需要对分离膜表面进行改性。然而常见的改性技术如化学接枝[72]、物理涂层[73]等方法制备出来的改性膜层往往不具有普适性，只能针对特定的分离膜改性，且大多数改性策略都会涉及液相反应，导致涂层不均匀；ALD 作为一种独特自限性的气相沉积技术，具有优异的均匀性、共形性和精确性，可以在膜的外表面和内孔壁上构建薄膜修饰层，实现分离膜的改性。

目前工业上应用的大多数水体的净化分离膜［微滤（MF）、超滤（UF）、纳滤（NF）］都是聚合物，如聚偏氟乙烯（PVDF）、聚醚砜（PES）、醋酯纤维（CA）、聚丙烯（PP）、聚砜（PSF）和聚酰胺（PA）材料，但由于聚合物薄膜表面能较低，一般技术无法实现改性。同时分离膜在使用过程中，膜的孔隙可能会被悬浮颗粒堵塞；且对于大多数聚合物薄膜来说，高疏水性将会导致分离膜表面的污染，降低分离膜渗透性与选择性，这是水体净化分离膜一大痛点[74]。

ALD 优异的表面改性技术及孔结构可调性在亲水性的改善上发挥了关键作用，实现水体净化分离膜化学及机械性能稳定性的提升[75]，目前 ALD 生长的 TiO_2 被广泛应用于分离膜改性。在涂覆聚丙烯膜（polypropylene membrane, PPM）基底上包覆 ALD 的 TiO_2 形成 PPM-$x$$TiO_2$，$x$=200、400、600、800 和 1000 循环，TiO_2 的包覆使 PPM 的接触角由 120° 减小为 0°，极大提升了 PPM 的亲水性与疏油性，防油污性能得以实现[76]。其超强的润湿性源于 TiO_2 纳米涂层表面存在大量羟基可以捕获水分子，形成的水合层可以防止油接近 TiO_2 包覆的 PPM 表面，起到疏油的效果，有效提高膜的防污性能。

一般改性技术难以同时满足分离膜的高选择性与渗透性，但 ALD 可以直接在分离膜上进行改性，通过控制 ALD 工艺的循环数来调节分离膜的表面粗糙度，如图 16.15(a)～(f) 所示，当 PVDF 膜上的 TiO_2 循环数从 100 增加至 200 循环时，表面粗糙度的大幅度增加导致接触角减小［图 16.15(g)］，亲水性能得以改善[77]。然而随着循环数的增加，PVDF 膜的孔壁被 TiO_2 逐渐覆盖，孔径的减小导致水通量下降，降低渗透性能，因此需要控制适当的 TiO_2 膜的厚度。当 TiO_2 循环数达到 120 时，纯水通量达到最大值，牛血清白蛋白保留率达到 95%［图 16.15(h)］，表明 ALD 可以同时实现渗透性与选择性的最大提升。

ALD 制备的涂层除了用于分离膜的改性以外，还可以充当光催化的功能层，实现一膜多用。TiO_2 作为一种常见的光催化剂，在可见光区域的催化活性因其带隙宽而表现不佳，ZnO 具有相似的带隙与高电子迁移率，因此利用 ALD 技术将二者复合沉积在 PVDF 膜上，构成 TiO_2/ZnO/PVDF 分离膜[78]。ZnO 的前驱体较 TiO_2 前驱体更易吸附于 PVDF，且结晶性更佳，通过调控 ALD 循环数增加 ZnO 的比例使 PVDF 膜的孔径随之降低［图 16.16(a)、(b)］。同时 ZnO 与 TiO_2 的加入增加了 PVDF 表面粗糙度，在可见光条件下的接触角降低了 82.6%［图 16.16(c)］，有效改善了亲水性；然而当 TiO_2 : ZnO 循环比大于 1∶3 时，PVDF 膜的亲水性与渗透性随之减小，水的通量下降［图 16.16(d)］，故改性应该合理控制膜孔径大小，过小则会影响渗透性。

TiO_2/ZnO/PVDF 薄膜防污性能的提升得益于光诱导的超亲水性和增强的光催化作用，原理见图 16.17，光诱导的超亲水性源于可见光辐射条件下生成的电子空穴，与 TiO_2/ZnO 涂层发生反应，在膜表面产生的氧空位，吸附水分子，从而提高亲水性；其次，TiO_2/ZnO 形成的Ⅱ型异质结构，在带隙激发时，光生电子将从 ZnO 的导带转移到 TiO_2 的导带，同样，TiO_2 价带上的光生空穴转移至 ZnO

的价带。载流子的分离促进电子空穴或氧自由基与吸附污染物之间的氧化还原反应。除此之外，改性的 TiO_2/ZnO/PVDF 光催化剂展现出了比 TiO_2 更好的光催化性能，在可见光条件下，30 min 内亚甲基蓝的降解率超过 80%，同时具有优异的耐腐蚀性、抗污性，特别是 TiO_2 : ZnO 循环比为 1∶3 的样品，具有暗环境和可见光辐照下最大的水通量［图 16.16(d)］，其 30 min 可见光降解率超过 90%，也由于其优异的光催化性能和超亲水性，对腐殖酸（HA）表现出卓越的抗污性能（通量仅下降 22.6%）。在可见光照射下收集 300 mL 滤出液后，TiO_2 : ZnO 循环比分别为 1∶1、1∶3 和 1∶5 的复合改性分离膜通量仍分别达到 0.010 cm/s、0.015 cm/s 和 0.012 cm/s。与暗过滤条件下的抗污染性能相比，这三种膜在可见光照射下的通量分别提升了 11.8%、26.6% 和 19.4%，展现了 ALD 在膜分离领域的巨大潜力与无限可能。

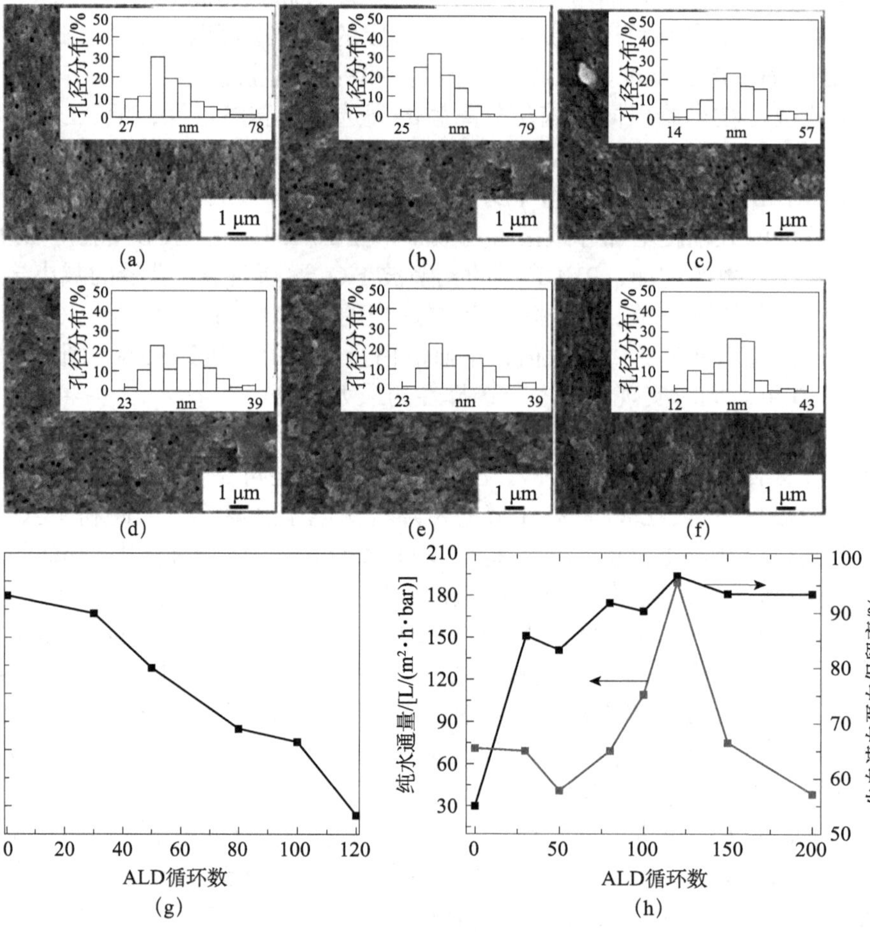

图 16.15　ALD 不同循环数的 TiO_2 对表面形貌及分离膜性能的影响[77]

沉积前 (a) 与后 (b) 30、(c) 80、(d) 100、(e) 150、(f) 200 循环的 PVDF 膜表面 SEM 照片及孔径分布；(g) PVDF 膜表面水接触角及 (h) 纯水通量和牛血清白蛋白保留率的变化曲线

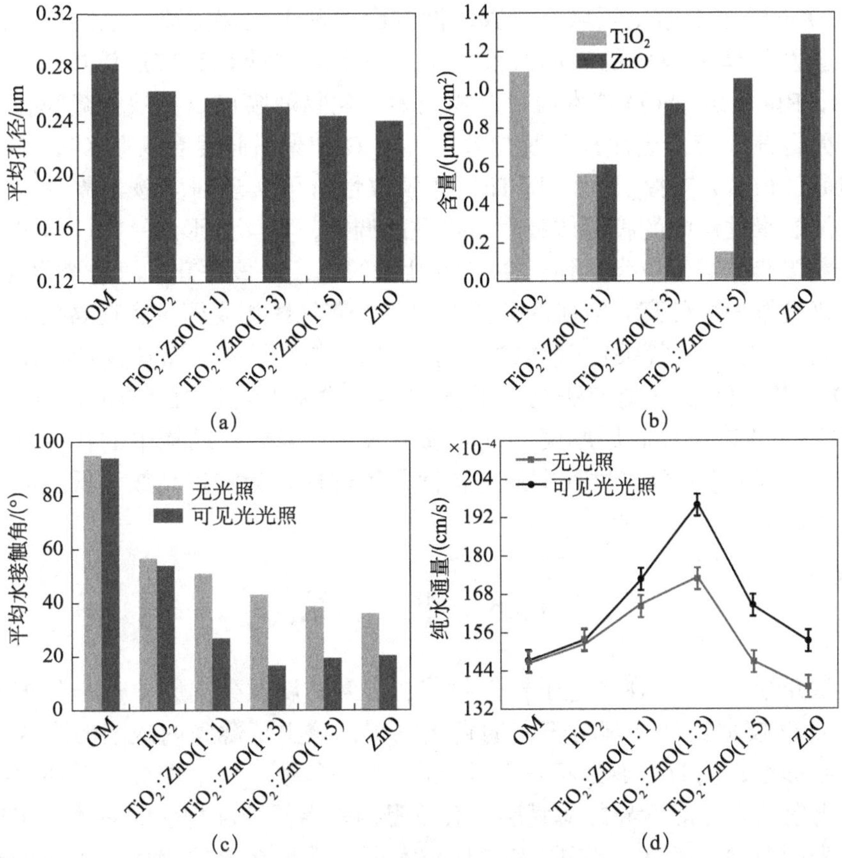

图 16.16　不同 TiO_2/ZnO 循环比对薄膜性能的影响 [78]

不同 TiO_2/ZnO 循环比对 (a) PVDF 平均孔径、(b) TiO_2 和 ZnO 含量的影响；在可见光及暗环境下对 (c) 水接触角、(d) 对水通量的影响

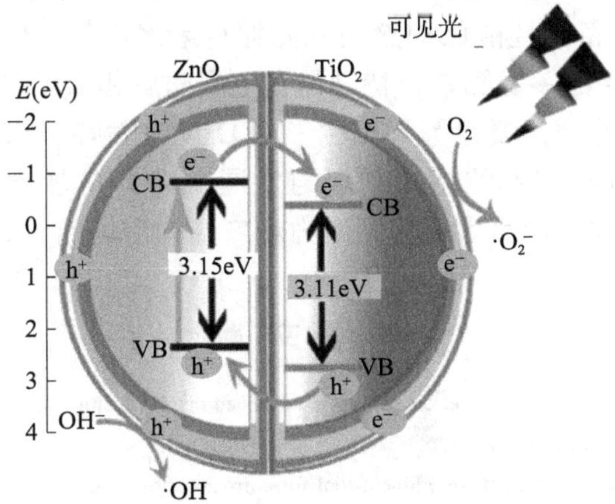

图 16.17　TiO_2/ZnO 复合光催化层电荷转移和分离示意图 [78]

ALD 不仅在水净化领域分离膜改性方面展现出独特优势，还广泛应用于海水淡化膜及气体分离膜的表面改性之中。对于海水淡化领域反渗透膜（reverse osmosis，RO 膜），ALD 技术通过沉积金属氧化物薄膜可以有效缩减膜孔径并增强膜表面电荷效应，进而提升脱盐效率。ALD 在聚酰胺复合薄膜（PA-TFC）中的聚醚砜（PES）支撑层上沉积 TiO_2 薄膜改性，可实现对多胺与聚酰氯在 PES 表面原位缩聚过程中的胺单体吸附与扩散的调控，界面处形成平滑、致密、高交联的聚酰胺选择层，最终达到了 96% 的盐截留率，显著提升了海水淡化性能 [79]。气体分离膜作为一种高效节能的分离技术，无需气体相变即可实现高效分离，特别是针对 H_2 与 CO_2 等关键气体的分离，ALD 技术再次发挥其独特作用。通过 PEALD 工艺在溶胶－凝胶法制备的 γ-Al_2O_3 载体上均匀沉积 TiO_2 薄膜，调整 ALD 循环次数以增加膜层厚度，进而减小 γ-Al_2O_3 介孔结构中的孔径尺寸，有效提升了 H_2 与 CO_2 分离过程中的选择性与渗透性，为实现高效、低能耗的气体分离技术提供了有力支持 [80]。

16.5　小　　结

本章介绍了 ALD 在光电子器件封装、金属防腐及分离膜改性与防护领域的应用。ALD 技术实现了基材表面的直接沉积，减少了薄膜内缺陷的生成，具有良好的共形性；同时，通过精细调控 ALD 工艺参数，如增加沉积循环次数，能够制备出致密且性能优异的薄膜层，有效阻挡外界侵蚀性物质的渗透，实现高效封装与表面改性。其次，改进的 ALD 技术可实现更高效的改性，例如光电子器件普遍对温度较为敏感，PEALD、AP-ALD 等改进工艺可以实现低温以及快速的沉积，保证了高效的制备及优异的封装性能；其次其他薄膜沉积方法如 CVD、PVD 等与 ALD 技术相结合在金属防腐及分离膜改性领域展现出非凡的协同效应。

尽管 ALD 在制备高性能保护涂层方面拥有诸多优势，但高昂的成本仍是制约其工业化广泛应用的关键因素，特别是在金属防腐领域，与成本效益更高的传统方法（如电化学处理、喷漆等）相比，ALD 技术面临着市场竞争的挑战。然而，随着 ALD 设备与技术的持续创新与发展，成本问题有望得到解决，因而 ALD 技术在未来仍展现出巨大的应用潜力和广阔的市场前景。

参考文献

[1] Chen R, Cao K, Wen Y, et al. Atomic layer deposition in advanced display technologies: From photoluminescence to encapsulation.Int. J. Extreme Manuf., 2024, 6: 022003

[2] Santinacci L. Atomic layer deposition: An efficient tool for corrosion protection. Curr. Opin. Colloid Interface Sci., 2023, 63:101674

[3] Behroozi A H, Vatanpour V, Meunier L, et al. Membrane fabrication and modification by atomic layer deposition: Processes and applications in water treatment and gas separation. ACS Appl. Mater. Interfaces, 2023, 15: 13825-13843

[4] Mirhashemihaghighi S, Światowska J, Maurice V, et al. Corrosion protection of aluminium by ultra-thin atomic layer deposited alumina coatings. Corros. Sci., 2016, 106: 16-24

[5] Waldman R Z, Yang H C, Mandia D J, et al. Janus membranes via diffusion-controlled atomic layer deposition. Adv. Mater. Interfaces, 2018, 5: 1800658

[6] Li C, Ren L, Zhang C, et al. TiO_2 Coated polypropylene membrane by atomic layer deposition for oil-water mixture separation. Adv. Fiber Mater., 2021, 3: 138-146

[7] Wang K, Yao R, Shen P, et al. Quantum dots encapsulated by ZrO_2 enhance the stability of perovskite solar cells. Adv. Mater. Interfaces, 2021, 8: 2100776

[8] Zhang B, Wang Z, Wang J, et al. Recent achievements for flexible encapsulation films based on atomic/molecular layer deposition. Micromachines, 2024, 15: 478

[9] Pope M, Kallmann H P, Magnante P. Electroluminescence in organic crystals. J. Chem. Phys., 1963, 38: 2042-2043

[10] Tang C W. Two-layer organic photovoltaic cell. Appl. Phys. Lett., 1986, 48: 183-185

[11] Popovic Z D, Aziz H. Reliability and degradation of small molecule-based organic light-emitting devices (OLEDs). IEEE J. Sel. Top. Quantum Electron., 2002, 8: 362-371

[12] Lee S, Han J H, Lee S H, et al. Review of organic/inorganic thin film encapsulation by atomic layer deposition for a flexible OLED display. JOM, 2019, 71: 197-211

[13] Lu Q, Yang Z, Meng X, et al. A review on encapsulation technology from organic light emitting diodes to organic and perovskite solar cells. Adv. Funct. Mater., 2021, 31: 2100151

[14] Choi D won, Kim S J, Lee J H, et al. A study of thin film encapsulation on polymer substrate using low temperature hybrid ZnO/Al_2O_3 layers atomic layer deposition. Curr. Appl. Phys., 2012, 12: S19-S23

[15] Aberle A G. Overview on SiN surface passivation of crystalline silicon solar cells. Sol. Energy Mater. Sol. Cells, 2001, 65: 239-248

[16] Fenter P, Schreiber F, Bulović V, et al. Thermally induced failure mechanisms of organic light emitting device structures probed by X-ray specular reflectivity. Chem. Phys. Lett., 1997, 277: 521-526

[17] Swayamprabha S S, Dubey D K, Shahnawaz, et al. Approaches for long lifetime organic light emitting diodes. Adv. Sci., 2021, 8: 2002254

[18] Schaer M, Nüesch F, Berner D, et al. Water vapor and oxygen degradation mechanisms in organic light emitting diodes. Adv. Funct. Mater., 2001, 11: 116-121

[19] Papadimitrakopoulos F, Zhang X M, Thomsen D L, et al. A chemical failure mechanism for aluminum(Ⅲ) 8-hydroxyquinoline light-emitting devices. Chem Mater., 1996, 8: 1363-1365

[20] Choi H, Shin S, Jeon H, et al. Fast spatial atomic layer deposition of Al_2O_3 at low temperature (<100 ℃) as a gas permeation barrier for flexible organic light-emitting diode displays. J. Vac. Sci. Technol. A, 2015, 34: 01A121

[21] Kang K S, Jeong S Y, Jeong E G, et al. Reliable high temperature, high humidity flexible thin film encapsulation using Al_2O_3/MgO nanolaminates for flexible OLEDs. Nano Res., 2020, 13: 2716-2725

[22] Seo SW, Jung E, Chae H, et al. Optimization of Al_2O_3/ZrO_2 nanolaminate structure for thin-film encapsulation of OLEDs. Org. Electron., 2012, 13: 2436-2441

[23] Kwon J H, Jeon Y, Choi S, et al. Functional design of highly robust and flexible thin-film encapsulation composed of quasi-perfect sublayers for transparent, flexible displays. ACS Appl. Mater. Interfaces, 2017, 9: 43983-43992

[24] Chen G, Weng Y, Sun F, et al. Low-temperature atomic layer deposition of Al_2O_3/alucone nanolaminates for OLED encapsulation. RSC Adv., 2019, 9: 20884-20891

[25] Yoon K H, Kim H S, Han K S, et al. Extremely high barrier performance of organic–inorganic nanolaminated thin films for organic light-emitting diodes. ACS Appl. Mater. Interfaces., 2017, 9: 5399-5408

[26] Zhang H, Ding H, Wei M, et al. Thin film encapsulation for organic light-emitting diodes using inorganic/organic hybrid layers by atomic layer deposition. Nanoscale Res. Lett., 2015, 10: 169

[27] Sun F B, Duan Y, Yang Y Q, et al. Fabrication of tunable [Al_2O_3 : alucone] thin-film encapsulations for top-emitting organic light-emitting diodes with high performance optical and barrier properties. Org. Electron., 2014, 15: 2546-2552

[28] Seo S W, Jung E, Lim C, et al. Water permeation through organic-inorganic multilayer thin films. Thin Solid Films. 2012, 520: 6690-6694

[29] Weng Y, Chen G, Zhou X, et al. Design and fabrication of PDMS/Al_2O_3 hybrid flexible thin films for OLED encapsulation applications. ACS Appl. Polym. Mater., 2023, 5: 10148-10157

[30] Li Y, Wen D, Zhang Y, et al. Highly-stable PEN as a gas-barrier substrate for flexible displays via atomic layer infiltration. Dalton Trans., 2021, 50: 16166-16175

[31] Lee L, Yoon K H, Jung J W, et al. Ultra gas-proof polymer hybrid thin layer. Nano Lett., 2018, 18: 5461-5466

[32] Carcia P F, McLean R S, Reilly M H, et al. George SM. Ca test of Al_2O_3 gas diffusion barriers grown by atomic layer deposition on polymers. Appl. Phys. Lett., 2006, 89: 031915

[33] Kim L H, Kim K, Park S, et al. Al_2O_3/TiO_2 Nanolaminate thin film encapsulation for organic thin film Transistors via plasma-enhanced atomic layer deposition. ACS Appl. Mater. Interfaces, 2014, 6: 6731-6738

[34] Li M, Xu M, Zou J, et al. Realization of Al_2O_3/MgO laminated structure at low temperature for thin film encapsulation in organic light-emitting diodes. Nanotechnology, 2016, 27: 494003

[35] Jen S H, Bertrand J A, George S M. Critical tensile and compressive strains for cracking of Al_2O_3 films grown by atomic layer deposition. J. Appl. Phys., 2011, 109: 084305

[36] Casillas G, Mayoral A, Liu M, et al. New insights into the properties and interactions of carbon chains as revealed by HRTEM and DFT analysis. Carbon, 2014, 66: 436-441

[37] Li Y S, Tsai C H, Kao S H, et al. Single-layer organic-inorganic-hybrid thin-film encapsulation for organic solar cells. J Phys D: Appl Phys., 2013, 46: 435502

[38] Kim S J, Yong S H, Choi Y J, et al. Flexible Al_2O_3/plasma polymer multilayer moisture barrier films deposited by a spatial atomic layer deposition process. J. Vac. Sci. Technol. A, 2020, 38: 022418

[39] Leng C Z, Losego M D. Vapor phase infiltration (VPI) for transforming polymers into organic-inorganic hybrid materials: a critical review of current progress and future challenges. Mater. Horiz., 2017, 4: 747-771

[40] Kim J Y, Lee J W, Jung H S, et al. High-efficiency perovskite solar cells. Chem. Rev., 2020, 120: 7867-7918

[41] Wang R, Mujahid M, Duan Y, et al. A review of perovskites solar cell stability. Adv. Funct. Mater., 2019, 29: 1808843

[42] Grossiord N, Kroon J M, Andriessen R, et al. Degradation mechanisms in organic photovoltaic devices. Org. Electron., 2012, 13: 432-456

[43] Philippe B, Park B W, Lindblad R, et al. Chemical and electronic structure characterization of lead halide perovskites and stability behavior under different exposures: A photoelectron spectroscopy investigation. Chem. Mater., 2015, 27: 1720-1731

[44] Matteocci F, Cinà L, Lamanna E, et al. Encapsulation for long-term stability enhancement of perovskite solar cells. Nano Energy, 2016, 30: 162-172

[45] Conings B, Drijkoningen J, Gauquelin N, et al. Intrinsic thermal instability of methylammonium lead trihalide perovskite. Adv. Energy Mater., 2015, 5: 1500477

[46] Zheng X, Chen B, Dai J, et al. Defect passivation in hybrid perovskite solar cells using quaternary ammonium halide

anions and cations. Nat. Energy, 2017, 2: 1-9

[47] Kim H S, Seo J Y, Park N G. Material and device stability in perovskite solar cells. ChemSusChem, 2016, 9: 2528-2540

[48] Wang H, Zhao Y, Wang Z, et al. Hermetic seal for perovskite solar cells: An improved plasma enhanced atomic layer deposition encapsulation. Nano Energy, 2020, 69: 104375

[49] Asgarimoghaddam H, Chen Q, Ye F, et al. Effect of different oxygen precursors on alumina deposited using a spatial atomic layer deposition system for thin-film encapsulation of perovskite solar cells. Nanotechnology, 2023, 35: 095401

[50] Hoye R L Z, Chua M R, Musselman K P, et al. Enhanced performance in fluorene-free organometal halide perovskite light-emitting diodes using tunable, low electron affinity oxide electron injectors. Adv. Mater., 2015, 27: 1414-1419

[51] Franke S, Baumkötter M, Monka C, et al. Alumina films as gas barrier layers grown by spatial atomic layer deposition with trimethylaluminum and different oxygen sources. J. Vac. Sci. Technol. A, 2016, 35: 01B117

[52] Vazirinasab E, Jafari R, Momen G. Application of superhydrophobic coatings as a corrosion barrier: A review. Surf. Coat. Technol., 2018, 341: 40-56

[53] Li J, Chai G, Wang X. Atomic layer deposition of thin films: From a chemistry perspective. Int. J. Extrem Manuf., 2023, 5: 032003

[54] Jeong J, Laiwalla F, Lee J, et al. Conformal hermetic sealing of wireless microelectronic implantable chiplets by multilayered atomic layer deposition (ALD). Adv. Funct. Mater., 2019, 29: 1806440

[55] Zhao Z, Huang G, Kong Y, et al. Atomic layer deposition for electrochemical energy: From design to industrialization. Electrochem. Energy Rev., 2022, 5: 31

[56] Vargas I T, Fischer D A, Alsina M A, et al. Copper corrosion and biocorrosion events in premise plumbing. Materials, 2017, 10: 1036

[57] Taylor A H. The corrosion behavior of Cu and naval brass in 0.5 M NaCl solutions at ambient temperature. J. Electrochem. Soc., 1971, 118: 854

[58] Santinacci L. Atomic layer deposition: An efficient tool for corrosion protection. Curr. Opin. Colloid Interface Sci., 2023, 63: 101674

[59] Cremers V, Rampelberg G, Baert K, et al. Corrosion protection of Cu by atomic layer deposition. J. Vac. Sci. Technol. A, 2019, 37(6):060902

[60] King F, Quinn M J, Litke C D. Oxygen reduction on copper in neutral NaCl solution. J. Electroanal. Chem., 1995, 385: 45-55

[61] Mirhashemihaghighi S, Światowska J, Maurice V, et al. Interfacial native oxide effects on the corrosion protection of copper coated with ALD alumina. Electrochimica Acta, 2016, 193: 7-15

[62] Chauhan K, Karloopia J, Walia R S, et al. Recent advances in magnesium alloys and its composites for bioimplant applications: Processing, matrix, reinforcement, and corrosion perspectives. Crit. Rev. Solid State Mater. Sci., 2024:1-42

[63] He M, Chen L, Yin M, et al. Review on magnesium and magnesium-based alloys as biomaterials for bone immobilization. J. Mater. Res. Technol., 2023, 23: 4396-4419

[64] Liu X, Yang Q, Li Z, et al. A combined coating strategy based on atomic layer deposition for enhancement of corrosion resistance of AZ31 magnesium alloy. Appl. Surf. Sci., 2018, 434: 1101-1111

[65] Albrimi Y A, Eddib A, Douch J, et al. Electrochemical behaviour of AISI 316 austenitic stainless steel in acidic media containing chloride ions. Int. J. Electrochem. Sci., 2011, 6: 4614-4627

[66] Kumar D D, Kumar N, Kalaiselvam S, et al. Wear resistant super-hard multilayer transition metal-nitride coatings.

Surf. Interfaces, 2017, 7: 74-82

[67] Çomakli O. Influence of CrN, TiAlN monolayers and TiAlN/CrN multilayer ceramic films on structural, mechanical and tribological behavior of β-type Ti45Nb alloys. Ceram. Int., 2020, 46: 8185-8191

[68] Kong J Z, Yin L, Xuan Y, et al. Atomic layer deposited Al_2O_3 interlayer for improved tribological and anti-corrosion properties of TiN hard coating on 316L stainless steel. J. Mater. Eng. Perform., 2019, 28: 7058-7067

[69] Qi J, Zhai Y, St-Pierre J. Effect of contaminant mixtures in air on proton exchange membrane fuel cell performance. J. Power Sources, 2019, 413: 86-97

[70] Mousa H M, Fahmy H S, Ali G A M, et al. Membranes for oil/water separation: A Review. Adv. Mater. Interfaces, 2022, 9: 2200557

[71] Kujawa J, Rozicka A, Cerneaux S, et al. The influence of surface modification on the physicochemical properties of ceramic membranes. Colloids Surf. A, 2014, 443: 567-575

[72] Shen L, Feng S, Li J, et al. Surface modification of polyvinylidene fluoride (PVDF) membrane via radiation grafting: Novel mechanisms underlying the interesting enhanced membrane performance. Sci. Rep., 2017, 7: 2721

[73] Zareei Pour F, Sabzehmeidani M M, Karimi H,et al. Superhydrophobic-superoleophilic electrospun nanofibrous membrane modified by the chemical vapor deposition of dimethyl dichlorosilane for efficient oil-water separation. J. Appl. Polym. Sci., 2019, 136: 47621

[74] Xiong S, Qian X, Zhong Z, et al. Atomic layer deposition for membrane modification, functionalization and preparation: A review. J. Membr. Sci., 2022, 658:120740

[75] Behroozi A H, Vatanpour V, Meunier L, et al. Membrane fabrication and modification by atomic layer deposition: Processes and applications in water treatment and gas separation. ACS Appl. Mater. Interfaces, 2023, 15: 13825-13843

[76] Li C, Ren L, Zhang C, Xu W, et al. TiO_2 coated polypropylene membrane by atomic layer deposition for oil-water mixture separation. Adv. Fiber Mater., 2021, 3: 138-146

[77] Wang Q, Wang X, Wang Z, et al. PVDF membranes with simultaneously enhanced permeability and selectivity by breaking the tradeoff effect via atomic layer deposition of TiO_2. J. Membr. Sci., 2013, 442: 57-64

[78] Li N, Tian Y, Zhang J, et al. Precisely-controlled modification of PVDF membranes with 3D TiO_2/ZnO nanolayer: Enhanced anti-fouling performance by changing hydrophilicity and photocatalysis under visible light irradiation. J. Membr. Sci., 2017, 528: 359-368

[79] Zarshenas K, Jiang G, Zhang J, et al. Atomic scale manipulation of sublayer with functional TiO_2 nanofilm toward high-performance reverse osmosis membrane. Desalination, 2020, 480:114342

[80] Tran T H Y, Haije W G, Longo V, et al. Plasma-enhanced atomic layer deposition of titania on alumina for its potential use as a hydrogen-selective membrane. J. Membr. Sci., 2011, 378: 438-443

第 17 章　原子层刻蚀技术

17.1　引　　言

前面我们已经详细介绍过原子层沉积（ALD）技术，其是通过将气相前驱体脉冲交替地通入反应室并在沉积基体表面上发生化学吸附反应形成薄膜的一种方法[1]，具有大面积的均匀性和精确的亚单层膜厚控制。而本书最后一章将着重介绍原子层刻蚀（atomic layer etching，ALE）技术，其概念的萌芽与技术诞生也与 ALD 的发展密不可分。

关于原子层刻蚀技术的最早报告可以追溯到 1988 年的一个美国专利，Yoder 利用 ALE 方法对合成金刚石薄膜进行单原子层刻蚀[2]，并指出此为 ALD 的对等工艺，包含了一个四步的循环流程：首先反应室通入 NO_2，第二步吹扫，第三步通入激活离子，最后再吹扫。另一个 ALE 的早期贡献源自 Maki 和 Ehrlich，1989 年他们使用氯气化学吸附和 ArF 激光解吸附研究了 GaAs 的双层刻蚀[3]。随后日本科学家探索了原子层刻蚀 Si，采用氟或氯气作为吸附前驱体，利用了 Ar^+ 等离子体去除 Si 表面吸附层，饱和刻蚀速率为 0.4 Å/ 循环，相当于 Si (100) 单层的三分之一[4,5]。20 世纪 90 年代原子层刻蚀研究大多集中在 GaAs 和 Si 材料上，作为反应离子刻蚀（reactive ion etching，RIE）的候选技术，主要聚焦于定向原子层刻蚀。进入 21 世纪，与蓬勃发展的 ALD 技术相比，ALE 的进展显得相对缓慢，低的刻蚀速率和长的工艺时间阻碍了它的成长。

然而，随着半导体集成器件趋近亚 10 nm 技术节点，微电子工业迫切需要具有原子尺度可控性（＜0.5 nm）和选择性的逐层刻蚀工艺，传统的等离子体刻蚀或湿法刻蚀工艺在这样的薄层架构中无法满足如此苛刻的要求，因此原子层刻蚀又成为人们关注的热点[6-8]。2014 年 4 月，关于 ALE 举办了首次 Sematech 研讨会，同年日本召开的干法工艺国际会议和巴尔的摩召开的美国真空学会会议中，ALE 也成为专门议题[8]。2015 年以后每年一次的国际原子层沉积会议，也专门设置了 ALE 专题研讨会。2022 年，国际器件与系统路线图（IRDS）将 ALE 列为“后摩尔时代”的关键技术之一。目前 ALE 技术受到学术界和工业界的广泛关注，正经历着快速的发展和成长。

特别是当半导体工艺进入纳米时代，环栅 FET（GAAFET）、互补 FET（CFET）以及 3D NAND 闪存和 3D DRAM 技术，实现了“延续摩尔”和“超越摩尔”的进步，而 ALE 与 ALD 技术相结合在新型集成电路规模化制造中起着关键作用[9–11]。图 17.1 显示了历年发表的与 ALE、热 ALE 相关的文献数量，其中 ALE 包括等离子体 ALE 和热 ALE，可以观测到最近十年 ALE 文献呈现快速增长趋势，由原来每年的 10 篇左右，增加到最近每年的 120 多篇，可见 ALE 在下一代半导体纳米器件工艺中的重要性。而热 ALE 文章的数量相对还较少，但近几年也呈现出增长趋势。本章将重点介绍原子层刻蚀的原理、特点、刻蚀材料、应用以及对未来的展望与挑战。

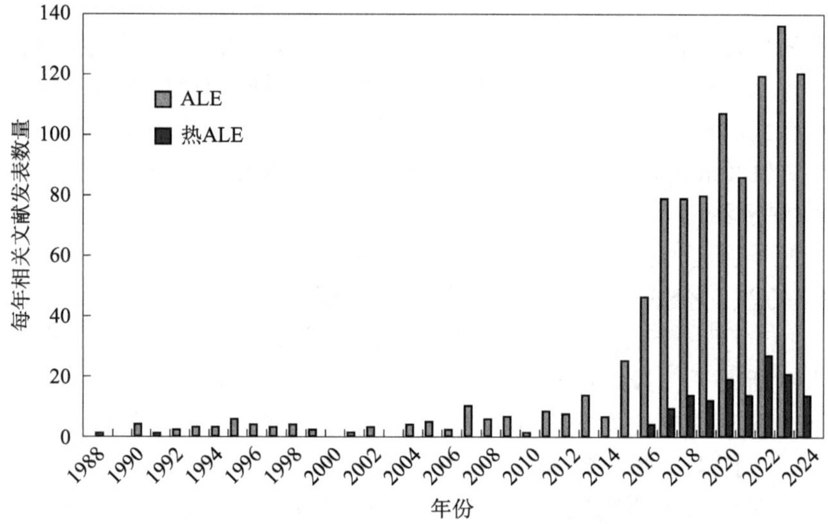

图 17.1 历年发表与 ALE、热 ALE 相关的文献数量

该数据是通过 ISI Web of Knowledge 平台检索所有相关数据库获得，主题词为“atomic layer etching”或“atomic layer etch”或“thermal atomic layer etch”或“thermal atomic layer etching”

17.2 原子层刻蚀原理

17.2.1 基本原理

原子层刻蚀（ALE）是一种使用序列的自限制反应进行薄膜刻蚀的技术。与原子层沉积（ALD）逐层生长概念类似，ALE 导致了材料的逐层去除[6–8,12]。如图 17.2(a) 所示，为一个典型的 ALE 循环示意图，它通常包括两个半反应：表面修饰（半反应 A）和表面去除（半反应 B）。表面修饰 A 是指刻蚀表面吸附反应剂（前驱体蒸气），形成表面化学吸附层。与 ALD 最主要的区别步骤是在表面去除 B，通常是利用低能量的激发离子或中性粒子轰击表面吸附层，形成易挥发的刻蚀产物。反应 A 和反应 B 均为自限制反应。每一个 ALE 循环也可参照并对应 ALD 循环［图 17.1(b)］，分为四步（Ⅰ、Ⅱ、Ⅲ、Ⅳ）：（Ⅰ）表面吸附；（Ⅱ）

过量反应物抽空；(Ⅲ) 离子（中性粒子）轰击；(Ⅳ) 易挥发的反应产物抽空。其中，Ⅰ、Ⅲ步为关键的表面自限制步骤，Ⅱ、Ⅳ步是速度限制的抽空步骤，依赖于反应物和生成物在反应室的停留时间。

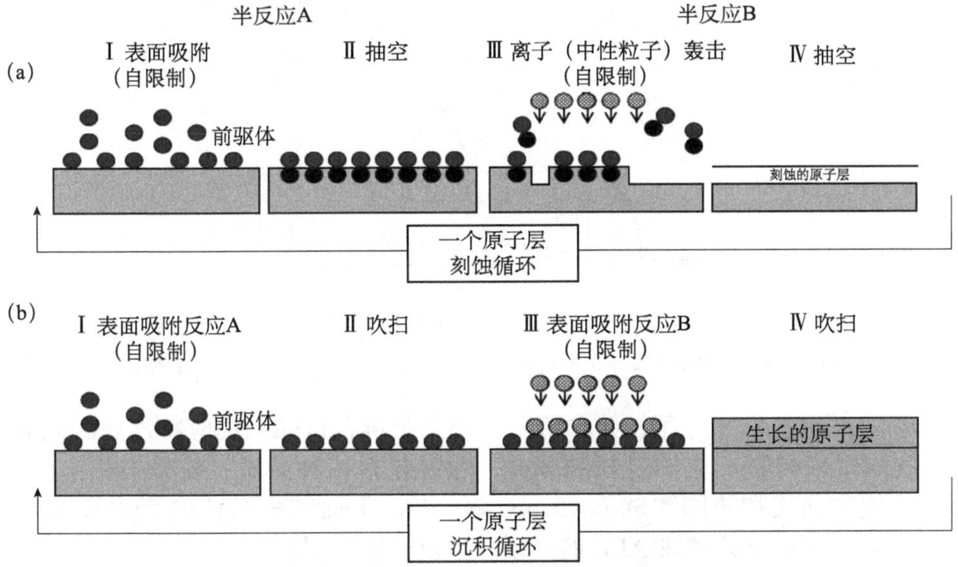

图 17.2　原子层刻蚀与原子层沉积循环示意图 [12]

(a) ALE；(b) ALD

与连续的等离子体刻蚀，即反应离子刻蚀（reactive ion etching, RIE）不同，ALE 并非一个连续的工艺过程，而是由 2 个或以上的分离半反应组成。这种半反应的分离可以是时间上的，也可以是空间上的，类似 ALD 中采用前驱体脉冲时间序列隔离或空间 ALD 的空间隔离办法。参照 ALD 中的每个循环生长速率定义为 GPC（growth per cycle），在 ALE 中通常每个循环的刻蚀速率（或深度）亦可定义为 EPC（etch per cycle）[8]，如图 17.3 所示为三个 ALE 循环示意图。等离子体辅助的 ALE 技术中，Si 表面用氯气等离子体氯化后（半反应 A），再用 Ar^+ 等离子体刻蚀（半反应 B），获得了符合自限制反应的刻蚀速率 EPC 为 0.7 nm[13]。

与 ALD 窗口相对应，原子层刻蚀中也存在 ALE 窗口的概念。在窗口内，刻蚀工艺参数的变化，不影响 EPC 数值，即刻蚀速度保持恒定，揭示了自限制反应的本质，是原子层刻蚀的基础。对 ALE 工艺而言，正是分离的半反应，有助于解除表面修饰 A 和表面去除 B 之间的相互作用，控制表面反应的顺序，使自限制行为成为可能，并打开了 ALE 窗口。即“不连续性”避免了连续等离子体刻蚀中形成厚的混合层以及由此引起的无限制反应活性 [14]，表现出表面控制的工艺特点，离子轰击能量、反应物剂量、沉积温度等对反应影响较少，甚至没有影响。因此理想的 ALE 工艺存在一个 ALE 窗口，在此窗口内，EPC 恒定，对工艺参数的变化不敏感，刻蚀具有极佳的逐层可控性、图案保真性和工艺重复性。

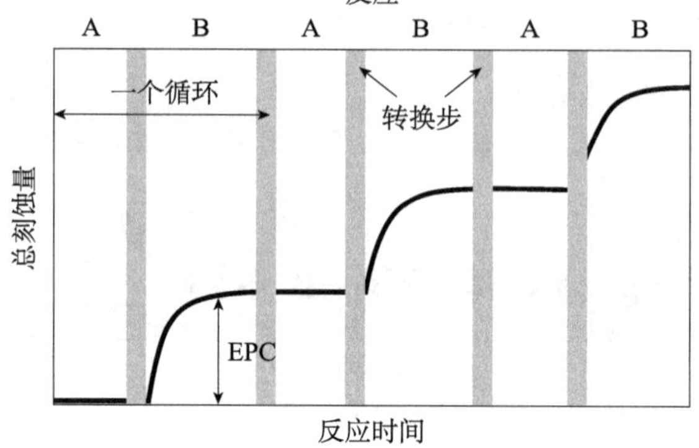

图 17.3　三个 ALE 循环示意图 [8]

A、B 为半反应，灰色区域为分隔两个半反应的吹扫或抽空时间，EPC 为每个 ALE 循环的刻蚀深度

然而实际的 ALE 过程，并非每一步都完全符合自限制反应特性。因此需要做一些测试来判断反应的自限制程度，通常包括三种测试：能量扫描（energy scan）、饱和曲线和协同测试（synergy test）[8]。下面结合两种代表性的 ALE 工艺——等离子体 ALE 和热 ALE 的介绍，予以具体说明。

17.2.2　等离子体原子层刻蚀原理

等离子体 ALE，此处主要是指循环过程表面去除反应 B 步骤中（即第Ⅲ步中），采用等离子体轰击来进行刻蚀，去除反应 A 中形成的表面吸附层。表面吸附 A 这一步，常用的是氯基化学，采用热氯化或等离子体氯化 [8]，使得 Cl_2 发生解离形成活性基团吸附在要刻蚀的材料表面。而在表面去除 B 反应步，用基团 R 代表等离子体中的激活离子、活性中性粒子或电子（光子）等 [15]。基团 R 与表面吸附层作用，形成易挥发的产物，此反应只发生在表面吸附层中，因此具有自限制性。目前使用最多的是氩气等离子体 [6]，有中性 Ar 等离子束，也有 Ar^+ 等离子体，可以是电子自旋共振产生 [16]，也可以是电容耦合 [17] 或电感耦合 [18] 等产生。等离子体源还可以是氖气、氦气等离子体 [19]，或电子、激光束产生的光子 [3] 等。在等离子体 ALE 中，为了减少物理溅射效应以及引起的表面损伤，离子或中性粒子束的能量通常都小于 100 eV[6]。

等离子体原子层刻蚀，由于在表面去除反应 B 中使用了等离子体轰击，因此与热原子层刻蚀不同，一般具有方向性，为定向刻蚀；且等离子体 ALE 具有低的工艺温度，可减少对器件的损害。使用 Ar^+ 轰击，其优点包括离子能被电场加速，有利于各向异性的刻蚀，同时可保持衬底的低温，如室温。但携带电荷的 Ar^+，亦可能造成刻蚀表面的电荷缺陷，此时利用具有一定能量的中性 Ar 等离子束，可以避免此类现象的发生，减少刻蚀造成的晶格损伤和电荷缺陷。

如同热 ALD 中衬底温度在 ALD 窗口中起了重要作用，在等离子体 ALE 中，离子或粒子能量也扮演了同样重要的角色，如图 17.4(a) 所示[8]，即为能量扫描曲线示意图。当离子（粒子）能量过低时，会导致表面吸附层不完全去除（Ⅰ区）；当离子（粒子）能量过高时，会由于溅射效应引起过度刻蚀（Ⅲ区）；只有在Ⅱ区时，刻蚀速率与离子（或粒子）能量无关，存在 ALE 窗口，EPC 保持恒定。文献报道，使用 Cl_2 等离子体进行表面吸附修饰和 Ar^+ 等离子体轰击去除 Si 的工艺中，ALE 的 Ar^+ 能量窗口在 40～60 eV 间，EPC 稳定在 0. 7 nm[21]。

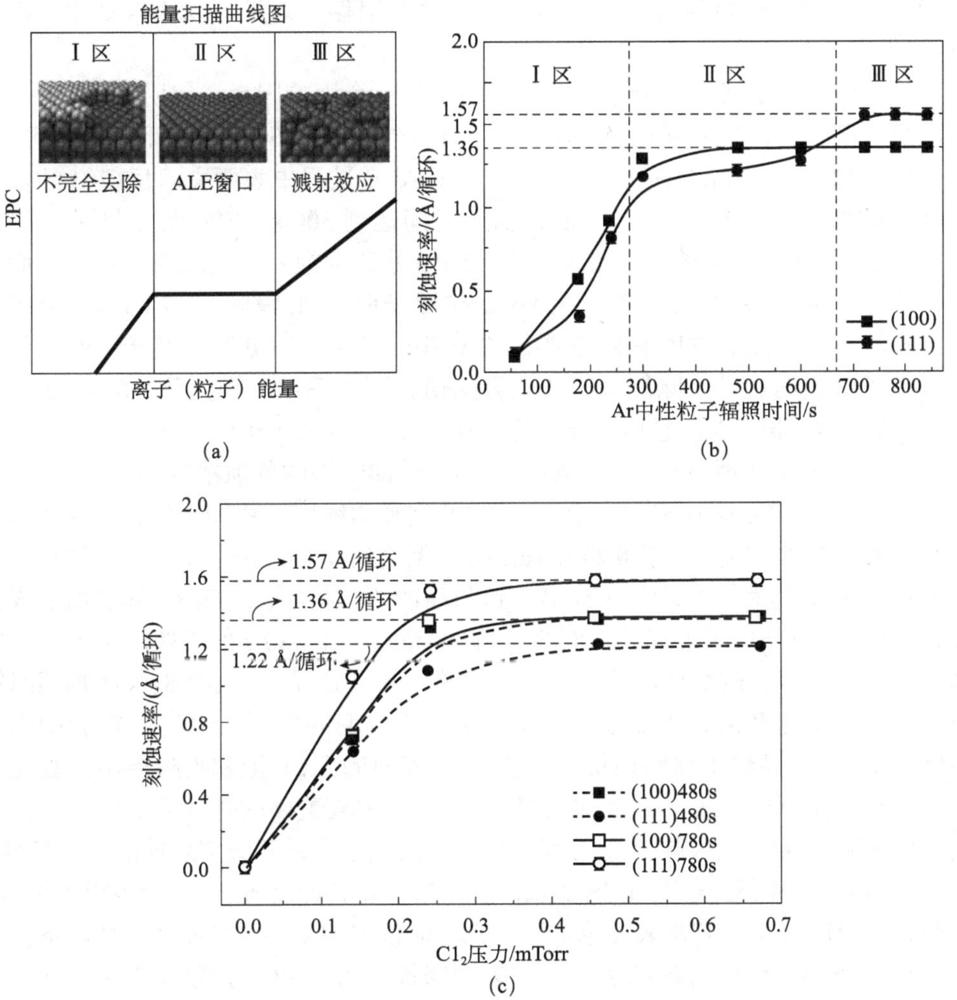

图 17.4　离子（粒子）能量、辐照时间、Cl_2 压力关系对 ALE 窗口的影响

(a) EPC 与离子（粒子）能量曲线示意图[8]；(b) Si 的 EPC 与 Ar 中性粒子束辐照时间曲线（加速栅压为 50 V，Cl_2 压力为 0.46 mTorr）；(c) Si 的 EPC 与 Cl_2 压力曲线（加速栅压为 50 V，Ar 中性粒子束辐照时间分别为 480 s、780 s）[20]

之所以会存在 ALE 窗口，是因为与未修饰层相比，通过表面修饰可以降低“去除能垒（removal energy）”。例如：等离子体原子层刻蚀 Si 中，第一步 Cl_2 在 Si 衬底上发生表面化学吸附反应，$Si—H^{*}(s) + Cl_2(g) \longrightarrow Si—Cl^{*}(s) + HCl(g)$，* 是指吸附在表面的官能团。Si—Cl 键能为 4.2 eV，比原来的 Si—Si 键能 3.4 eV 要强 [22]。电负性较强的 Cl 通过电子转移进一步弱化了 $SiCl_x$ 层下面的 Si—Si 键，其键强降低到约 2.3 eV[23]。等离子体刻蚀去除表面 $SiCl_x$ 层这一步，变得容易进行。而且 ALE 窗口的大小依赖于特定的反应剂——目标－能量的组合，通过测量可获得反应修饰步降低“去除能垒”的数据，进而得到 ALE 窗口。如果一种材料的刻蚀能量窗口与另一种材料的窗口存在偏移，则又可以获得刻蚀材料的“选择性窗口”。

除了考虑离子或粒子能量，辐照时间也是一个影响因素。使用 Cl_2 作为表面吸附反应剂，利用低能量的 Ar 中性粒子对不同取向的 Si（100）和（111）进行原子层刻蚀，如图 17.4(b) 所示 [20]，展示了 ALE 过程中表面去除反应 B 的辐照时间饱和曲线。对 Si（100）晶面，辐照时间达到 300 s，EPC 趋于饱和；而 Si（111）晶面，辐照时间须在 700 s 以上，EPC 才达到饱和。此现象与不同晶面原子密度存在差异有关，Si（111）为最密排原子面，Cl_2 吸附在 Si（111）上形成了更多的 Si—Cl 键，去除它们需要更多 Ar 中性粒子，即更长的辐照时间。当 Ar 中性粒子能量超过“去除能垒”的临界阈值，同时辐照时间充足，Si（100）和（111）的 EPC 即可达到饱和，分别为 1.36 Å 和 1.57 Å，相应于两个晶面的原子层间距 [20]，表明在理想条件下，ALE 可达到单原子层的刻蚀精度。

图 17.4(c) 为吸附在 Si 衬底上 Cl_2 压力的饱和曲线 [20]。由图可知，对 Si（100）晶面而言，当 Cl_2 压力大于 0.24 mTorr 时，无论是 480 s 还是 780 s 的辐照时间，其 EPC 均达到饱和，且均为 1.36 Å。这与高的 Cl_2 压力下，Cl_2 在 Si 表面形成饱和的 $SiCl_x$ 单原子层吸附有关。而 Si（111）晶面，在 480 s 的辐照时间下，刻蚀速率趋于饱和后，EPC 较小为 1.22 Å，不到一个单原子层；在 780 s 的辐照时间下，刻蚀速率饱和后，EPC 较大为 1.57 Å，为典型的单原子层 [20]。前者归因于不饱和的 Ar 中性粒子辐照剂量，使得在 Si 表面的 $SiCl_x$ 饱和吸附层不能被完全去除，导致了低的 EPC。饱和曲线是 ALE 研究中较重要的基本表征之一，以确定表面吸附 A 或表面去除 B 是否符合自限制反应本质，并选定最佳的工艺条件。

最后介绍协同测试 [8]。理想状态，表面修饰步，即反应 A 应该没有刻蚀；相类似，在反应 B 中，超出表面修饰层，也不应该出现刻蚀。然而实际情况下，每一步都可能导致一些材料的去除，如表面修饰 A 步，也许会存在化学刻蚀，表面去除 B 步，等离子体可能会引起物理溅射。因此必须要选择合适的工艺条件，尽量将单独半反应步的非理想行为最小化。例如，一般前驱体引起化学刻蚀反应需要热驱动才能进行，通过降低衬底温度到室温，亦可忽略此类影响 [6]。

所谓协同测试旨在测定和比较表面修饰步和表面去除步——两个非协同来源（化学刻蚀和物理溅射）的贡献。这里，引入 ALE 协同率（ALE synergy, S）的概念[21]，计算公式见式（17.1）：

$$\text{ALE 协同率}（S）=[\text{EPC}-(\alpha+\beta)]/\text{EPC}\times 100\% \tag{17.1}$$

式中，EPC 为 ALE 每循环的刻蚀速率，一般是多个循环的平均值，α 和 β 是来自单独的半反应 A 和 B 产生的物质刻蚀贡献，即不需要的刻蚀速率。理想情况下，协同率应该趋近于 100%，不存在单独每步的刻蚀。实际上，存在各种非理想状态，如光子诱导的刻蚀、物理溅射、台阶污染以及各种不需要的副反应，均会使得 α 和 β 不为 0。α 和 β 的数据可通过测量步骤 A 和 B 作为独立工艺、单独进行时的刻蚀速率而获得。表 17.1 显示了几种典型材料的等离子体 ALE 工艺及其实验所测得的刻蚀速率和 ALE 协同率[21]。

表 17.1　几种典型材料的等离子体 ALE 工艺及其实验所测得的刻蚀速率和 ALE 协同率[21]

刻蚀材料	步骤 A	步骤 B	EPC	α	β	S	E_O
Si	Cl_2 等离子体	50 eV Ar^+	0.70	0.03	0.04	90%	4.7
Ge	同上	25 eV Ar^+	0.80	0.20	0.07	66%	3.8
非晶 C	O_2 等离子体	50 eV Ar^+	0.31	0	0.01	97%	7.4
W	Cl_2 等离子体	60 eV Ar^+	0.21	0	0.01	95%	8.9
GaN	同上	70 eV Ar^+	0.33	0	0.03	91%	8.6
SiO_2	CHF_3 等离子体	50 eV Ar^+	0.50	0	0.10	80%	5

注：EPC、α 和 β 的单位均为 nm/ 循环；E_O，材料表面结合能，单位 eV。

使用 Cl_2 等离子体在 Si 表面进行化学吸附、再 Ar^+ 等离子体轰击去除 Si 的工艺中，当 Ar^+ 能量在 50 eV 时，测得协同率达到 90%，说明 Cl_2 等离子体的活性中性粒子和惰性的 Ar^+ 之间具有较好的协同作用。研究也表明等离子体 ALE 工艺中[8,24]，12 英寸硅片上展示出均匀的刻蚀特性、光滑的 Si 刻蚀前端和原子级光滑的 Si 表面，分别如图 17.5 所示[8]。

等离子体原子层刻蚀 Ge，类似工艺下需要的 Ar^+ 能量窗口较小，在 20～30 eV 间，与 Ge 较低的表面结合能（3.8 eV）有关。另一个特点是 Cl_2 等离子体产生明显的背景刻蚀，刻蚀速率（α）达到 0.20 nm/ 循环，远高于 Si 的 0.03 nm/ 循环。在 25 eV 的低功率下，测得的协同率仅为 66%。

其他材料，如非晶 C、金属 W 和Ⅲ - Ⅴ族半导体 GaN 均表现出较好的 ALE 协同率，超过 90%。特别是非晶 C 展示出最佳的协同率，达到 97%，低功率氧气等离子体避免了自发的化学刻蚀（α=0），50 eV Ar^+ 下的物理溅射速率 β 只有 0.01 nm/ 循环。其 Ar^+ 的 ALE 窗口在 35～75 eV 之间，在此窗口范围 97% 协同率保持不变，Ar^+ 能量低于或高于此阈值，协同率将下降。AFM 测试表明 50 nm 厚的 C 在等离子体原子层刻蚀后，表面平整度 RMS 值由原来的 0.4 nm 提高到 0.3 nm，表现出近乎理想的 ALE 过程。采用 CHF_3 等离子体和 Ar^+ 等离子体的刻蚀 SiO_2 工艺，ALE 协同率也达到了 80%。

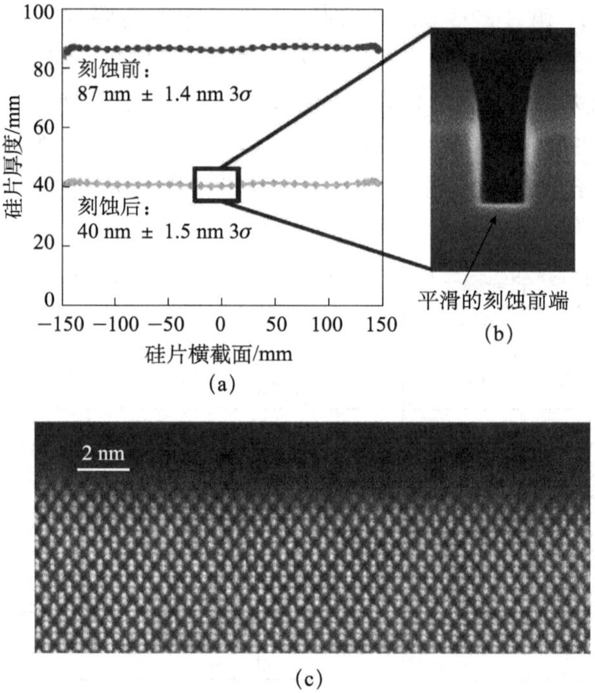

图 17.5　Si 的等离子体原子层定向刻蚀（Ar^+ 能量 50 eV）[8]

(a) 12 英寸硅片上优异的刻蚀均匀性；(b) 平滑的 Si 刻蚀前端；
(c) 原子级的光滑 Si 表面平整度

另外，将表 17.1 中刻蚀材料的表面结合能 E_O 与 Ar^+ 能量 ALE 窗口上限、ALE 协同率和净 EPC 数据［EPC−(α+β)］等联系起来，会发现 E_O 越大，ALE 窗口上限能量阈值相应越高，ALE 协同率越大，净 EPC 刻蚀速率越小 [18]，即表面结合能较大的材料，更适合采用等离子体 ALE 工艺。

17.2.3　热原子层刻蚀原理

热原子层刻蚀（thermal ALE），通过序列自限制的热反应，实现亚单原子层的共形去除。与前述的各向异性等离子体 ALE 不同，热 ALE 是各向同性刻蚀 [9,25]，可视作原子层沉积的逆过程 [12,26]。热 ALE 与 ALD 一起组合使用，使得原子层工艺可用的操纵工具变得更加灵活与强大。

这里介绍的热 ALE 方法，是美国科罗拉多大学 George 教授课题组于 2015 年首次报道的[27]。利用 HF 和 $Sn(acac)_2$ 作为反应剂在 150～250 ℃工作温度区间可原子层刻蚀 Al_2O_3 薄膜，且刻蚀面变得非常光滑，表面平整度只有 2～3 Å（原始 RMS 数值约为 5 Å）。随后发现用三甲基铝（TMA）代替 $Sn(acac)_2$，同样亦可用于原子层刻蚀 Al_2O_3 薄膜[28]。其反应机理均为序列自限制的氟化和配体交换反应[29]，以 HF 和 TMA 为例，反应示意图如图 17.6 所示[25]。

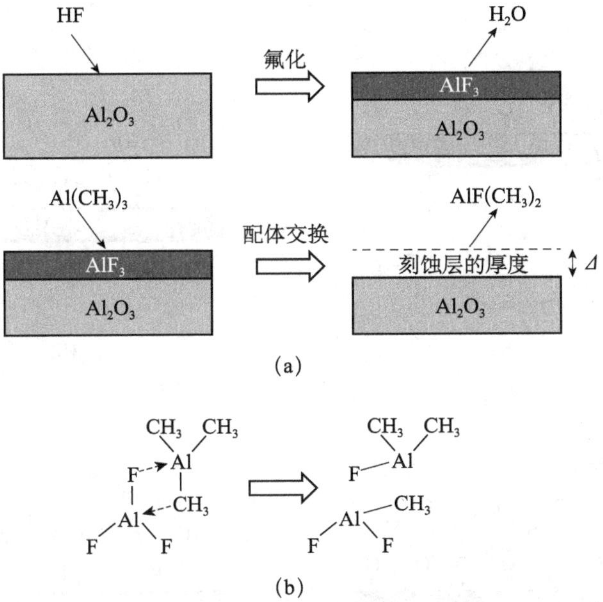

图 17.6 使用 HF 和 TMA 热原子层刻蚀 Al_2O_3 薄膜的反应示意图[25]

(a) 热 ALE 中氟化和配体交换反应示意图；(b) 配体交换反应中的四中心环过渡态示意图

总反应方程式、氟化（A）和配体交换（B）两个半反应式分别如下：

$$Al_2O_3\,(s) + 6HF(g) + 4Al(CH_3)_3\,(g) \longrightarrow 6AlF(CH_3)_2\,(g) + 3H_2O\,(g) \quad (17.2)$$

半反应 A（氟化）：$Al_2O_3 \mid Al_2O_3^*\,(s) + 6HF\,(g) \longrightarrow Al_2O_3 \mid 2AlF_3^*\,(s) + 3H_2O\,(g)$ （17.3）

半反应 B（配体交换）：$Al_2O_3 \mid 2AlF_3^*\,(s) + 4Al(CH_3)_3\,(g) \longrightarrow Al_2O_3^*\,(s) + 6AlF(CH_3)_2\,(g)$ （17.4）

$Sn(acac)_2$ 和 HF 作为反应剂热原子层刻蚀 Al_2O_3 薄膜的示意图如图 17.7 所示[29]，反应方程式如下：

$$Al_2O_3\,(s) + 6Sn(acac)_2\,(g) + 6HF\,(g) \longrightarrow 2Al(acac)_3(g) + 6SnF(acac)\,(g) + 3H_2O\,(g) \quad (17.5)$$

半反应 A（配体交换）：$Al_2O_3 \mid 2AlF_3^*(s) + 6Sn(acac)_2(g) \longrightarrow Al_2O_3 \mid$
$xSnF(acac)^*(s) + 2Al(acac)_3(g) + (6-x)SnF(acac)(g)$　（17.6）

半反应 B（氟化）：$Al_2O_3 \mid xSnF(acac)^*(s) + 6HF(g) \longrightarrow 2AlF_3^*(s)$
$+ xSnF(acac)(g) + 3H_2O(g)$　（17.7）

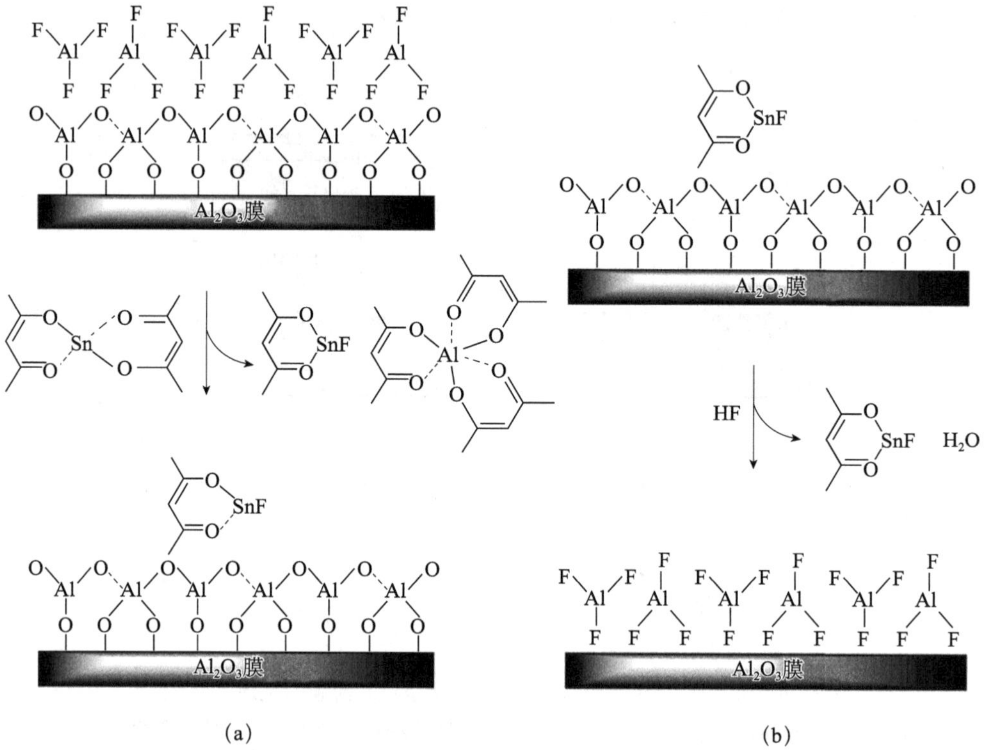

图 17.7　使用 $Sn(acac)_2$ 和 HF 热原子层刻蚀 Al_2O_3 薄膜的表面反应示意图[29]
(a) $Sn(acac)_2$ 反应；(b) HF 反应

无论是采用TMA还是$Sn(acac)_2$作为反应剂，刻蚀过程均可分为四步：Ⅰ步，引入 HF 气体，与 Al_2O_3 表面发生氟化反应，生成 AlF_3；Ⅱ步，引入惰性吹扫气体，去除多余的前驱体 HF 和反应副产物，如 H_2O、CH_4 或 SnF(acac)；Ⅲ步，引入 TMA 或 $Sn(acac)_2$ 反应剂，通过配体交换反应，表面 AlF_3 转变成稳定易挥发的刻蚀产物 $AlF(CH_3)_2$ 或 SnF(acac)；Ⅳ步，引入惰性吹扫气体，去除易挥发的刻蚀产物、多余的前驱体 TMA 或 $Sn(acac)_2$ 以及反应副产物 $Al(acac)_3$。热 ALE 过程中的配体交换反应与金属置换或再分布反应有关[30,31]，图 17.6(b) 显示了配体在相邻金属中心之间转移置换的过程，配体交换的过渡态是一个四中心的环，由 TMA 中的 Al 和 AlF_3 中的 Al，通过 F 配体和 CH_3 配体作为桥键形成[30]。

图 17.8(a) 和 (b) 利用石英晶体微天平仪 (QCM) 测量了热原子层刻蚀 Al_2O_3 薄膜过程中 TMA 与 HF 曝光时间对样品质量变化的影响 [28]，即饱和曲线。300 ℃时，HF 脉冲时间固定为 1 s，吹扫脉冲时间固定为 30 s，改变 TMA 曝光时间 [图 17.8(a)]，可知 TMA 曝光时间为 2 s 时观测到近似自限制的刻蚀特性，配体交换的刻蚀半反应趋于饱和，表面 AlF_3 层去除，质量损失为 ΔM_{TMA}=−29 ng/(cm^2 · 循环)；TMA 脉冲时间固定为2 s，吹扫脉冲时间固定为30 s，改变HF 曝光时间 [图 17.8(b)]，可知 HF 曝光时间为 1 s 时观测到近自限制的吸附特性，氟化半反应接近饱和，生成 AlF_3 层，质量增益为 ΔM_{HF} = 13 ng/(cm^2 · 循环)，对下面的 Al_2O_3 薄膜起到了钝化作用。

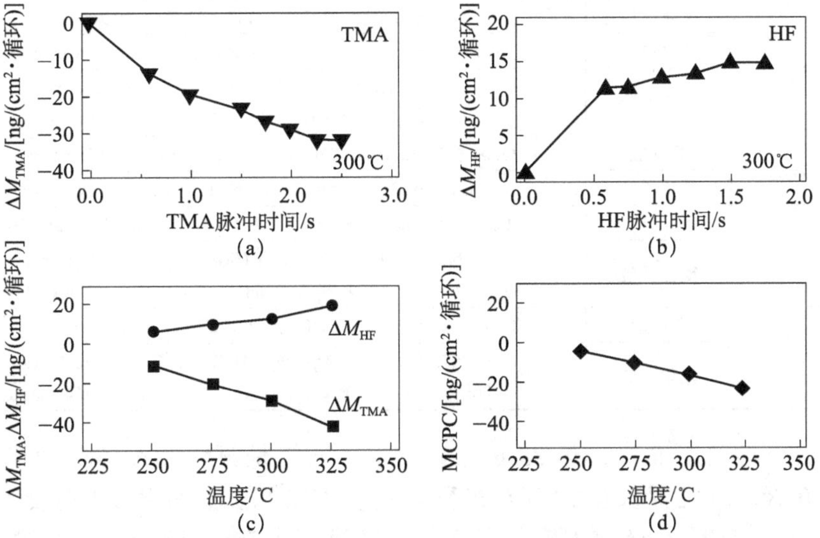

图 17.8　使用 TMA 和 HF 热原子层刻蚀 Al_2O_3 薄膜前驱体曝光时间和温度对样品质量变化影响 [28]

(a)TMA 和 (b)HF 曝光时间的影响；(c) 温度对 TMA、HF 半反应的影响；(d) 温度对每个 ALE 循环质量变化的影响

另外样品质量变化——Al_2O_3 薄膜刻蚀速率也明显依赖于工作温度，如图 17.8(c) 所示 [28]。随着反应温度的升高，TMA 半反应过程中的刻蚀质量损失 ΔM_{TMA} 明显增大，而 HF 半反应过程中的质量增益 ΔM_{HF} 也呈现增加趋势。二者综合考虑时，由于 TMA 半反应中质量损失 ΔM_{TMA} 所占权重更大，刻蚀速率随着温度升高也相应增加 [图 17.8(d)]。250 ℃时 EPC 为 0.14 Å，300 ℃为 0.51 Å，325 ℃为 0.75 Å，计算可知：250 ℃时仅 19% 的 AlF_3 去除，而 325 ℃时 75% 的 AlF_3 层刻蚀掉。此外，不同温度下，刻蚀深度与反应循环数是线性依赖的。

利用氟化和配体交换反应，除了刻蚀金属氧化物，热原子层刻蚀其他材料，如金属氮化物、金属硫化物、金属磷化物、金属砷化物、金属硒化物和金属碲化物也是可能的。采用 HF 或 XeF_2 作为氟化剂，$Sn(acac)_2$ 作为刻蚀反应剂，表 17.2 给出了若干代表性金属化合物的热 ALE 反应方程式和 200 ℃时氟化反应的吉布斯自由能 ΔG[25]。

表 17.2　几种典型金属化合物的热 ALE 反应方程式和 200 ℃ 时氟化反应的吉布斯自由能[25]

金属氧化物	示例	
氧化物 /HfO_2	总反应	$HfO_2 + 4Sn(acac)_2 + 4HF \longrightarrow Hf(acac)_4 + 4SnF(acac) + 2H_2O$
	氟化反应	$HfO_2 + 4HF \longrightarrow HfF_4 + 2H_2O$　ΔG=−19 kcal/mol
氮化物 /GaN	总反应	$GaN + 3Sn(acac)_2 + 3HF \longrightarrow Ga(acac)_3 + 3SnF(acac) + NH_3$
	氟化反应	$GaN + 3HF \longrightarrow GaF_3 + NH_3$　ΔG=−40 kcal/mol
磷化物 /InP	总反应	$InP + 3Sn(acac)_2 + 3HF \longrightarrow In(acac)_3 + 3SnF(acac) + PH_3$
	氟化反应	$InP + 3HF \longrightarrow InF_3 + PH_3$　ΔG = −39 kcal/mol
硫化物 /ZnS	总反应	$ZnS + 2Sn(acac)_2 + 2HF \longrightarrow Zn(acac)_2 + 2SnF(acac) + H_2S$
	氟化反应	$ZnS + 2HF \longrightarrow ZnF_2 + H_2S$　ΔG = +6 kcal/mol $ZnS + 3XeF_2 \longrightarrow ZnF_2 + SF_4 + 3Xe$　ΔG = −244 kcal/mol
砷化物 /GaAs	总反应	$GaAs + 3Sn(acac)_2 + 3HF \longrightarrow Ga(acac)_3 + 3SnF(acac) + AsH_3$
	氟化反应	$GaAs + 3HF \longrightarrow GaF_3 + AsH_3$　ΔG=−21 kcal/mol
硒化物 /PbSe	总反应	$PbSe + 2Sn(acac)_2 + 2HF \longrightarrow Pb(acac)_2 + 2SnF(acac) + H_2Se$
	氟化反应	$PbSe + 2HF \longrightarrow PbF_2 + H_2Se$　ΔG = +14 kcal/mol $PbSe + 3XeF_2 \longrightarrow PbF_2 + SeF_4 + 3Xe$　ΔG=−258 kcal/mol
碲化物 /CdTe	总反应	$CdTe + 2Sn(acac)_2 + 2HF \longrightarrow Cd(acac)_2 + 2SnF(acac) + H_2Te$
	氟化反应	$CdTe + 2HF \longrightarrow CdF_2 + H_2Te$　ΔG = +26 kcal/mol $CdTe + 4XeF_2 \longrightarrow CdF_2 + TeF_6 + 4Xe$　ΔG=−364 kcal/mol

从热力学角度而言，热 ALE 能够发生，前提是氟化和配体交换半反应的 ΔG 为负值，以确保反应为自发过程。由表 17.2 可知，使用 HF 作为反应剂，HfO_2、GaN、InP、GaAs 的氟化反应可自发进行，ZnS、PbSe、CdTe 需要使用 XeF_2 作为氟化剂，ΔG 才为较大的负值，该反应才能自发进行。而 $Sn(acac)_2$ 容易与 F 反应生成稳定易挥发的 SnF(acac)，在表面释放出乙酰丙酮 acac 配体，而要刻蚀的金属化合物中的金属也容易与 acac 配体形成有相当的挥发性的金属配位化合物，而 HF 中的 H 能与金属化合物中的 O、N、P、As 生成易挥发的 H_2O、NH_3、PH_3 或 AsH_3，XeF_2 中的 Xe 作为惰性气体释放出来。实验已经证实：除了 Al_2O_3，利用氟化和配体交换反应，成功刻蚀了 HfO_2、ZrO_2、AlN 和 AlF_3[32]。但 SiO_2 和 Si_3N_4 无法通过此工艺刻蚀，因为一方面 Si—F 键太强不能发生有效的配体交换反应，生成含 Si 的挥发物，另一方面在缺乏水的情况下 SiO_2 和 Si_3N_4 也不能被 HF 自发刻蚀。

目前，相当多的金属氧化物、金属氮化物和金属在利用氟化和配体交换反应取得自限制的热原子层刻蚀方面，存在一些困难。原因包括：①形成易挥发的氟化物，导致自发刻蚀，如 WO_3、MoO_3、VO_2、V_2O_5、Ta_2O_5、GeO_2、As_2O_3、

Au_2O_3、SbO_2、Sb_2O_3 和 NbO_2；②在配体交换反应中，金属前驱体缺乏易挥发的产物，如 SiO_2、Si_3N_4、TiO_2、TiN 和 Fe_2O_3；③金属氧化物缺乏同一价态的金属氟化物，如 CrO_3、TiN；④无法直接发生氟化反应，如 W、Ta 和 Mo 等。

鉴于氟化和配体交换反应机理方面的局限，目前 George 教授课题组又将上述热 ALE 机制做了扩展和延伸，借助“转换 – 刻蚀”（conversion-etching）方法，包括转换 – 氟化和氧化 – 转换 – 氟化机制，进一步发展用于一系列金属氧化物和金属的热原子层刻蚀，如 SiO_2、ZnO、WO_3 和 W 等。

通过转换 – 氟化机理，利用 TMA 和 HF 热原子层刻蚀 ZnO 薄膜[33]，其反应示意图如图 17.9(a) 所示。简单而言，在引入 TMA 进行刻蚀的这一步，ZnO 薄膜在 TMA 的作用下，同时还发生了一个转换成 Al_2O_3 薄膜的反应：$3ZnO(s) + 2Al(CH_3)_3(g) \longrightarrow Al_2O_3(s) + 3Zn(CH_3)_2(g)$（$\Delta G$=−166.8 kcal/mol），随后就按照［式（17.2）～式（17.4）］Al_2O_3 薄膜 ALE 反应进行，265 ℃时刻蚀速率 EPC 可达 2.11 Å，且刻蚀表面变光滑，表面粗糙度 RMS 由原来的 11 Å 下降到 5.8 Å。这种转换 – 氟化机理也可应用于 SiO_2、Si_3N_4、TiO_2 和 WO_3 材料的刻蚀。例如，通过引入 TMA 前驱体，将 SiO_2 转换成 Al_2O_3，反应式为 $1.5SiO_2(s) + 2Al(CH_3)_3(g) \longrightarrow Al_2O_3(s) + 1.5Si(CH_3)_4(g)$（$\Delta G$=−235.0 kcal/mol），然后再进行 Al_2O_3 薄膜的刻蚀[34]。也有报道在温度小于 190℃，可用 WF_6 和 BCl_3 反应剂原子层刻蚀 TiO_2[35]，该反应具有自限制性，175 ℃时 EPC 为 0.6 Å。

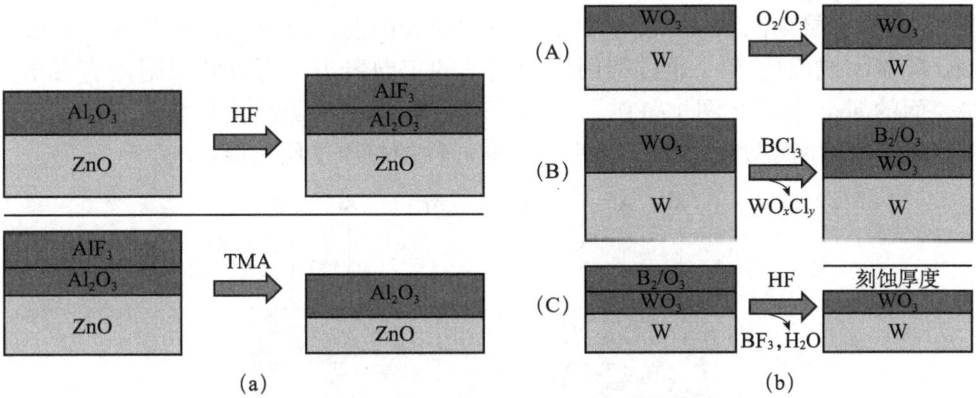

图 17.9　利用“转换”概念热原子层刻蚀代表性材料的反应示意图

(a) 利用转换 – 氟化反应，热原子层刻蚀 ZnO 薄膜[33]；(b) 利用转换 – 氟化和氧化 – 转换 – 氟化机理反应，热 ALE 分别刻蚀 WO_3 或 W 薄膜[36]

利用转换 – 氟化反应，可进行 WO_3 薄膜的热原子层刻蚀；利用氧化 – 转换 – 氟化反应，可进行金属 W 的热原子层刻蚀，其反应示意图如图 17.9(b) 所示[36]。后者可看成是 ABC 的循环模式，引入氧气或臭氧，可将金属 W 表层转化成 WO_3 薄膜，再引入反应剂 BCl_3，将部分 WO_3 变成 B_2O_3，释放出副产物

WO_xCl_y，最后引入刻蚀剂 HF 进行氟化，B_2O_3 变成易挥发的 BF_3 和 H_2O，完成一个 ALE 循环。

后来又发展了氧化－氟化方法，用于热原子层刻蚀 TiN 和金属 W[37,38]。图 17.10 为通过氧化－氟化机理，利用 O_3 和 HF 热原子层刻蚀 TiN 的反应示意图[37]。在 TiN 表面强氧化剂 O_3 将 Ti^{3+} 转变成 Ti^{4+}，形成了稳定自钝化的 TiO_2 薄层，可防止进一步氧化，表现出自限制氧化反应特性。然后 TiO_2 发生氟化，形成挥发性的 TiF_4 除去，获得平滑的刻蚀表面。其 250 ℃刻蚀速率 EPC 为 0.20 Å。H_2O_2 也能被用来作为强氧化剂，进行此反应，获得类似的光滑刻蚀面。

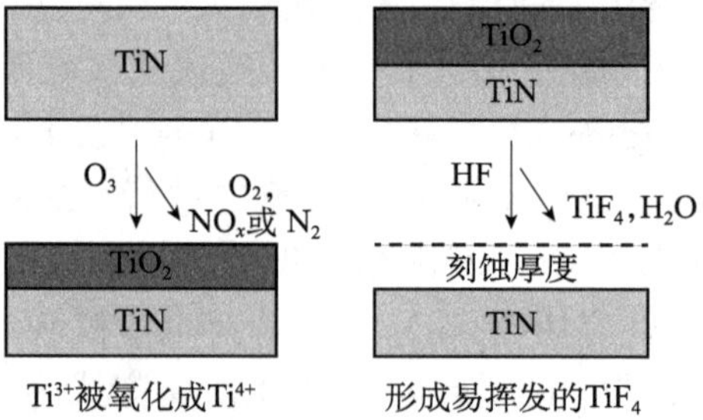

图 17.10　通过氧化－氟化机理利用 O_3 和 HF 热原子层刻蚀 TiN 的反应示意图[37]

另外各向同性的热 ALE 倘若与低能定向的离子轰击结合，也能获得各向异性的刻蚀，亦称作等离子体辅助的热 ALE。例如，acac 表面基团在 $Sn(acac)_2$ 和 HF 进行原子层刻蚀 Al_2O_3 过程中是存在刻蚀表面的，研究发现刻蚀速率与表面 acac 覆盖率成反比[29]，通过利用低能离子的定向轰击，可以解吸附垂直轰击方向表面的 acac 基团（图 17.11），而侧壁表面的 acac 基团数量基本未变，从而使得侧面的刻蚀速率明显较低，实现了各向异性的热原子层刻蚀。

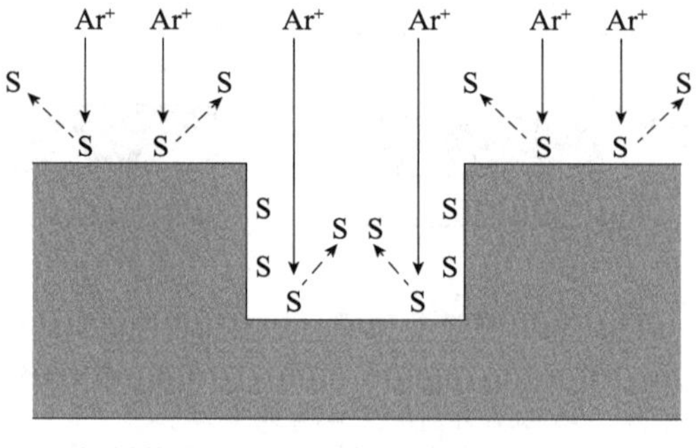

图 17.11　热 ALE 与低能定向的离子轰击结合可产生各向异性的热 ALE[25]

总之，热 ALE 方法，无论是在反应机理、刻蚀材料和反应剂选择方面，都还有极大的发展空间，其与 ALD 结合使用，在构建三维纳米器件以及在原子层工艺操纵上有更多的选择性，该领域还需要更广泛和深入的研究。

17.2.4　原子层刻蚀的特点

表 17.3 将等离子体 ALE、热 ALE 与传统的等离子体干法刻蚀工艺［即反应离子刻蚀（RIE）］[39] 及其各自的优缺点进行了比较，各工艺对比示意图如图 17.12 所示 [40]。

表 17.3　等离子体 ALE、热 ALE 以及等离子体刻蚀工艺比较

	等离子体 ALE	热 ALE	等离子体刻蚀
方法	非连续工艺，包含表面吸附和表面去除两个半反应，表面去除步骤中，采用等离子体轰击来进行刻蚀。表面吸附步骤中，可以是普通的热吸附，亦可以是等离子体辅助的吸附	非连续工艺，包含表面吸附和表面去除两个半反应，类似 ALD 的逆过程。通过序列自限制的热反应，实现亚单原子层的共形去除	连续刻蚀工艺，含有反应性刻蚀气体，等离子体作用下产生大量化学活性基团，与材料表面相互作用，生成可挥发产物，包括物理和化学刻蚀两种作用
优点	自限制特性；低的工艺温度；原子层精度；ALE 窗口；定向刻蚀；选择性刻蚀	自限制特性；原子层精度；大面积均匀性；共形刻蚀；超光滑刻蚀表面；ALE 窗口；各向同性刻蚀；选择性刻蚀	高刻蚀速率；低的工艺温度；定向刻蚀；选择性刻蚀
缺点	低刻蚀速率；复杂的等离子体物理；芯片尺度的均匀性	低刻蚀速率；相对高的工艺温度（0～400 ℃）；合适可行的热 ALE 反应机理	等离子体损伤；刻蚀精度；不均匀性；无限制的反应活性；化学反应物残留；复杂的等离子体物理
示例	Cl_2 和 Ar^+ 等离子体原子层刻蚀 Si 和 W 材料 [8,24]	$Sn(acac)_2$ 和 HF 热原子层刻蚀 Al_2O_3 或 HfO_2 薄膜 [27,32]	C_4F_8 反应离子刻蚀 Si CHF_3/O_2 反应离子刻蚀 SiO_2

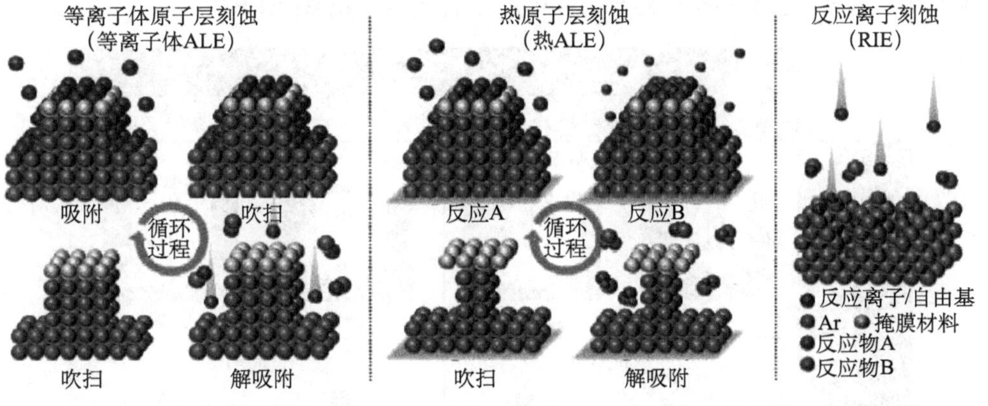

图 17.12　各向异性等离子体 ALE、各向同性热 ALE 和等离子体刻蚀工艺比较 [40]

ALE 为循环工艺，重复表面吸附（修饰）和表面去除（解吸附）半反应。热原子层刻蚀金属通常采用 ABC 模式

这里的等离子体刻蚀主要指反应离子刻蚀（RIE），是化学反应与物理性离子轰击相结合实现的刻蚀。从 20 世纪 70 年代，该工艺被深入研究，现已经广泛应用在半导体工艺中。通过比较可知，每种刻蚀工艺各有优缺点，传统的反应离

子刻蚀具有刻蚀速率快、工艺温度范围宽等优势，然而最大的问题是无法满足微电子工业对微纳器件加工精度日益提高的要求。当前半导体加工宏量生产特征已经趋近 10 nm 的临界尺度，精度控制的要求小于 0.5 nm[39,41-43]，特别是在三维结构与集成的器件中，如环栅晶体管、3D DRAM、3D 闪存等，在制造这些复杂结构时，需要精确控制的横向或各向同性刻蚀技术。而原子层刻蚀由于自限制的反应特性，其优势恰恰体现在原子层尺度的高精度加工调控上，且热 ALE 具有绝佳的各向同性刻蚀特点，因此在极大减少等离子体刻蚀造成的表面晶格损伤和电荷缺陷的同时，与 ALD 工艺结合，从而完成复杂三维结构器件的规模纳米加工，提高了微纳器件的可靠性。

ALE 反应中通常包含表面修饰步和表面去除步两个半反应，而每一步的半反应可以是定向的或各向同性的修饰或去除，由此产生不同的刻蚀图案，如图 17.13 所示[43]。由于热 ALE 中使用的前驱体及其对反应剂分子在运动方向上为各向同性分布的中性物质，因此热 ALE 通常是各向同性刻蚀。由于只涉及热能，如果选择合适的前驱体和对反应剂，各向同性热 ALE 化学的特点是材料刻蚀的高选择性。例如，相对于芯片设计中使用的硅、氧化硅或氮化物，Al_2O_3 或 HfO_2 等金属氧化物的刻蚀选择性可大于 1000，能无残留地去除它们，即使在高深宽比结构内难以到达的地方，也不会对硅、氧化硅或氮化物的表面甚至尖角和边缘造成任何刻蚀[10]。而等离子体 ALE 通常是定向刻蚀，与进行表面修饰（或去除）步的离子或中性粒子具有方向性相关。如果将两者有机结合，如图 17.11 所示，热 ALE 与低能定向的离子轰击结合可产生各向异性的热 ALE[25]。

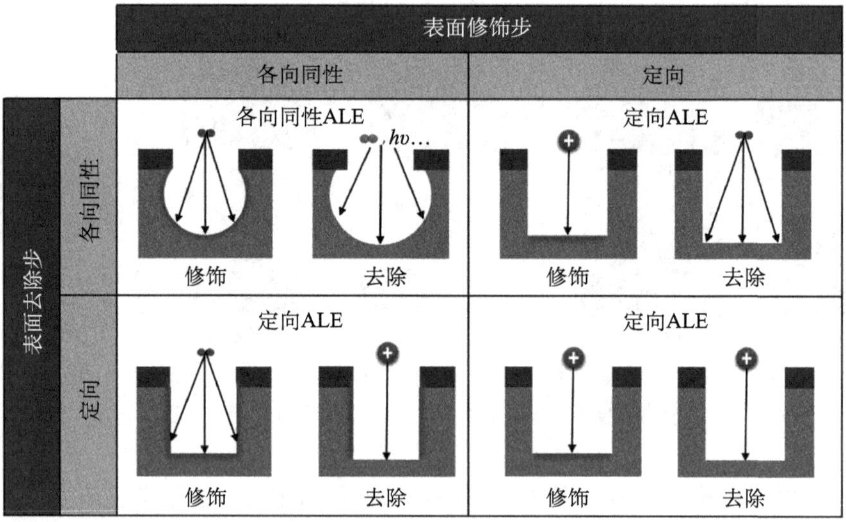

图 17.13　依据表面修饰步和表面去除步各自的特点对 ALE 进行分类[43]

17.3　原子层刻蚀材料

随着原子层刻蚀技术的发展，原子层刻蚀的材料种类和数量正在逐渐变得丰富。目前可刻蚀材料包括[6,8,10,25,44]：单质（Si、Ge、C 等），Ⅲ - Ⅴ族半导体（GaAs、GaN、InP、InAlAs、InGaAs、AlGaN 等），氧化物［Al_2O_3、BeO、SiO_2、HfO_2、ZrO_2、$(HfZr)O_2$、TiO_2、WO_3、Ga_2O_3、ZnO、VO_2、$InGaZnO_4$ 等］，金属（Cu、W、Mo、Co、Fe、Pt、Pd、Cr 等），氮化物（Si_3N_4、TiN 等），二维材料（石墨烯、MoS_2 等），其他材料（聚苯乙烯等）。下面将就等离子体 ALE 和热 ALE 工艺刻蚀材料做一个简略的介绍。

17.3.1　等离子体原子层刻蚀材料

表 17.4 总结了一些代表性材料的典型等离子体 ALE 工艺。

表 17.4　代表性材料的典型等离子体 ALE 工艺

材料	表面吸附步 前驱体	表面去除步 等离子体	EPC/（Å/ 循环）	参考文献
Al_2O_3	BCl_3	100 eV Ar 中性束	1	[45]
BeO	BCl_3	<130 eV Ar 中性束	0.75	[46]
HfO_2	BCl_3	Ar 中性束	1.2	[47]
TiO_2	BCl_3	Ar 中性束	1.25	[48]
ZrO_2	BCl_3	60 eV Ar 中性束	1.07	[49]
SiO_2	C_4F_8/Ar 等离子体	ICP Ar^+	1-5	[18]
SiO_2	C_4F_8/Ar 等离子体	CCP O_2 等离子体	5.6-11.4	[50]
Si	Cl_2	Ar 中性束	1.36（100） 1.57（111）	[20]
Si	Cl_2 等离子体	ICP Ar^+	7	[24]
Ge	Cl_2	ECR Ar^+	1.42（100）	[51]
Ge	Cl_2 等离子体	ECR Ar^+	8（100）	[52]
GaAs	Cl_2	Ne 中性束	1.41（100） 1.63（111）	[53]
GaAs	Cl_2 等离子体	ECR Ar^+	5	[54]
InP	Cl_2	Ne 中性束	1.47	[55]
W	Cl_2 等离子体	60 eV Ar^+	2.1	[21]

续表

材料	表面吸附步前驱体	表面去除步等离子体	EPC/（Å/循环）	参考文献
Pt	O_2 等离子体	甲酸	5	[56]
Pd			12	
Co			28	
Fe			42	
Cu			37	
Cr	O_2	Cl_2 等离子体	1.1	[57]
石墨烯/石墨	O_2 等离子体	Ar 中性束	单层	[58,59]
MoS_2	Cl_2 等离子体	20 eV ICP Ar^+	单层	[60]
Si_3N_4	H_2 等离子体	ECR Ar^+/H^+	平均单原子层	[16]
聚苯乙烯	O_2	CCP Ar^+	1	[17]

注：ICP，电感耦合等离子体；CCP，电容耦合等离子体；ECR，电子自旋共振等离子体。

1）氧化物

采用 BCl_3 作为吸附气体和低能量的 Ar 中性束作为等离子体轰击源，一系列金属氧化物薄膜，如 Al_2O_3、BeO、HfO_2、TiO_2、ZrO_2 等，在优化工艺下被成功原子层刻蚀[45-49]，其自限制刻蚀速率大约在每循环一个单层（monolayer）。这里使用 BCl_3 代替常用的 Cl_2，是因为 B—O 键能为 8.39 eV，远强于 Cl—O 键能的 2.82 eV，可以与金属氧化物中的氧形成较好的化学吸附层 M-Cl_x/BCl-O_x[47]。通过这样的定向等离子体 ALE 工艺，可获得符合化学计量比且刻蚀表面光滑的金属氧化物薄膜。

SiO_2 薄膜的刻蚀，则与上述反应机理不同，它是利用 C_4F_8/Ar 等离子体先在 SiO_2 表面沉积 0.1～0.7nm 厚的碳氟化合物（fluorocarbon）超薄修饰层，然后再用低能量的 Ar^+（<30 eV）反应刻蚀掉下面的 SiO_2 薄膜，此过程中 SiO_2 因物理溅射引起的刻蚀几乎可以忽略不计[18]。Ar^+ 刻蚀过程中，碳氟化合物中的 F 原子与 SiO_2 中的 Si 原子反应生成易挥发的 SiF_x 产物，其中的 C 原子与 SiO_2 中的 O 原子反应形成 CO_x 分子，然而，未反应的 C 原子将在 SiO_2 表面产生富 C 薄膜，且随着循环数的增加而变厚，导致刻蚀速率的降低，乃至刻蚀反应终止，并伴随着 SiO_2 质量的恶化。而采用 O_2 等离子体可以去除碳氟化合物中的 C 原子，从而解决表面 C 残余或污染问题，实现对 SiO_2 薄膜原子尺度的刻蚀调控，且 EPC 保持恒定，不随循环数而改变[51]。

2）Si/Ge

等离子体原子层刻蚀 Si 已经被大量研究。反应剂为 F 源时，如 CF_4、NF_3，自发刻蚀将在室温情况下发生 [6,8]，不得不采用低温工艺。采用 Cl 源，则可避免此种情况发生。最常用的是氯气或氯气等离子体 [20,24]，在 Si 衬底表面化学吸附形成氯化层，再用 Ar^+ 离子束或 Ar 中性粒子束刻蚀除去氯化层，在优化工艺下，可获得 Si 自限制的原子层刻蚀。另外，也已经观测到对 Si、SiO_2 和 Si_3N_4 等离子体原子层刻蚀的选择性 [6,8]。通过使用 C_4F_8/Ar 或 CHF_3/Ar 等离子体反应剂，调控降低 Ar^+ 等离子体轰击能量，可以选择性刻蚀 SiO_2，而不刻蚀 Si 或 Si_3N_4[6,8,61]。

等离子体刻蚀 Ge 工艺与 Si 类似 [51,52]，采用 Cl_2 或 Cl_2 等离子体作为表面反应吸附剂，再用低能粒子去轰击。研究发现：Cl_2 等离子体中的 Cl 自由基能自发腐蚀 Ge，而在 Si 中却无此现象 [51]。且 Ge 比 Si 的反应活性更大，表面氯化更容易达到饱和 [62]。

3）Ⅲ - Ⅴ族材料

Ⅲ - Ⅴ族半导体材料包括砷化物、氮化物、磷化物和锑化物等。与同元素半导体 Si/Ge 相比，化合物半导体有更复杂的表面，需要更精细的表面化学计量比控制，以保证刻蚀后材料表面性质接近块体，防止电学性能恶化。原子层刻蚀的工作最早就是在Ⅲ - Ⅴ族半导体 GaAs 上展开的 [3]，并证实了自限制的 ALE 工艺。定向刻蚀的等离子体 ALE 在维持化学计量比、获得光滑表面上独具优势。目前Ⅲ - Ⅴ族的等离子体 ALE 工艺 [53-55]，与 Si/Ge 的等离子体 ALE 工艺很类似，常用 Cl_2 或 Cl_2 等离子体，在Ⅲ - Ⅴ族衬底表面化学吸附形成氯化层，再用 Ar 离子束或 Ar 中性粒子束刻蚀除去氯化层。这已经在一系列Ⅲ - Ⅴ族半导体，包括 GaAs、GaN、InP、InAlAs、InGaAs 等上获得了应用。且研究表明Ⅲ - Ⅴ族半导体的等离子体 ALE，产生了较小的损伤，类似于未刻蚀的表面，确保可获得高电子迁移率的晶体管 [6,8,63,64]。

4）金属

等离子体 ALE 除了刻蚀 DRAM 和先进存储器中用于电学互连的金属 W[21]，还可定向刻蚀贵金属 Pt、Pd 和过渡金属 Co、Fe、Cu、Cr 等。美国加州大学洛杉矶分校的 Chang 课题组对 Pt、Pd、Co、Fe、Cu 的等离子体 ALE 进行了深入研究 [21]，第一步引入氧等离子体，在金属表面形成金属氧化层，然后通入甲酸对反应剂，可去除刚才生成的金属氧化层。通过交替等离子体氧化和甲酸蒸气反应过程，Pt、Pd、Co、Cu、Fe 薄膜的刻蚀速率（EPC）分别为 5 Å、12 Å、28 Å、32 Å、42 Å，如图 17.14(a) 所示。图案化的 Co 膜堆栈样品是由 40 nm TiN 硬掩膜（hard mask, HM）/10 nm SiN/30 nm Co/10 nm 阻挡层（barrier layer, BL）/Si 基板组成，图案是宽度为 70 nm、长度为 10 μm 的线，如图 17.15(a) 所示。对图案化的 Co 样品连续等离子体原子层刻蚀后，对样品 10 μm × 10 μm 的开口区（无掩膜）进行了 EDS 能谱检测（扫描区域为 1 μm 直径的圆）。从图 17.14(b) 可知，刚制备的样品有很强的 Co 峰，随着刻蚀循环数的增加，Co 峰逐渐减弱，直到 8 循环时完全消失。而用于保护的 TiN 硬掩膜的 Ti 峰则很稳定，不随循环数而变化，表明 TiN 与甲酸间的低反应活性，证实该刻蚀工艺在 Co 和 TiN 之间的高选择性，归因于 Ti—N 键具有更强的键能（464 kJ/mol），明显大于 Co—O 键（368 kJ/mol）。

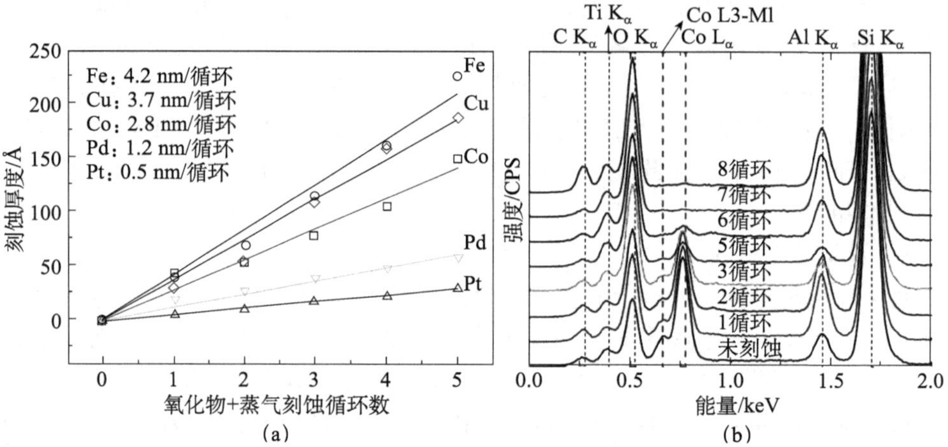

图 17.14　等离子体原子层刻蚀 Pt、Pd、Co、Fe、Cu 速率与 EDS 能谱表征[56]

(a) 几种金属反应循环数与刻蚀厚度之间的依赖关系；(b) 图案化 Co 样品不同循环数等离子体原子层刻蚀后的 EDS 能谱结果。1 个循环包括氧等离子体（0 V、500 W、5 min）+ 甲酸蒸气暴露（50 s）

特别值得注意的是，该等离子体 ALE 工艺可以通过改变衬底上施加外场电压的大小，调控等离子体氧化过程，进而获得定向刻蚀或各向同性刻蚀。在衬底上施加 −200 V 电压，低能定向氧离子氧化金属是一个各向异性的过程，如图 17.15(b) 所示，因此只有 TiN 保护下的 Co 膜依然保持完好，旁边的 Co 膜厚度已经被刻蚀去除明显减薄，形成了甲酸蒸气定向原子层刻蚀 Co 轮廓，且刻蚀后金属 Co 依然保持了原先的磁性。然而在没有施加外场的情况下，如图 17.15(c) 所示，6 循环后，由于等离子体产生的原子氧对金属氧化过程是各向同性的，甲酸蒸气能有效去除形成的所有氧化物，因此硬掩膜下方有明显的 Co 底切（箭头所示），而硬掩膜保持完整，进一步证实了甲酸蒸气中 Co 对 TiN 的高选择性。8 循环后，刻蚀终点如图 17.15(d) 所示，包括掩膜下 Co 在内的所有金属 Co 都被完全去除，证实在 0 V 偏压下的等离子体氧化是一个各向同性过程，导致明显的横向氧化，进而产生了 Co 的各向同性的等离子体原子层刻蚀。

5）其他材料

等离子体原子层刻蚀其他材料，如聚合物材料聚苯乙烯[17]、石墨[21,59]、石墨烯[58]及 MoS_2[60,65,66]等，也有一些报道和尝试。特别是利用 Cl_2（或其等离子体）和低能 Ar 离子束在原子层刻蚀二维材料 MoS_2 上，取得了可喜的进展[60,65,66]，可实现每循环单层刻蚀，避免了表面损伤和污染，刻蚀后获得的单层 MoS_2 场效应晶体管，电学性能类似于未经刻蚀的晶体管样品[60]。借助拉曼光谱对刻蚀过程进行监控表征[65]，如图 17.16 所示，单层 MoS_2 样品 Cl_2 通入后吸附在表面，在低能 Ar 离子束轰击后，单层 MoS_2 被除去，对应的拉曼光谱中可清晰地观测到 MoS_2 的两个拉曼峰在刻蚀后消失了的谱图。

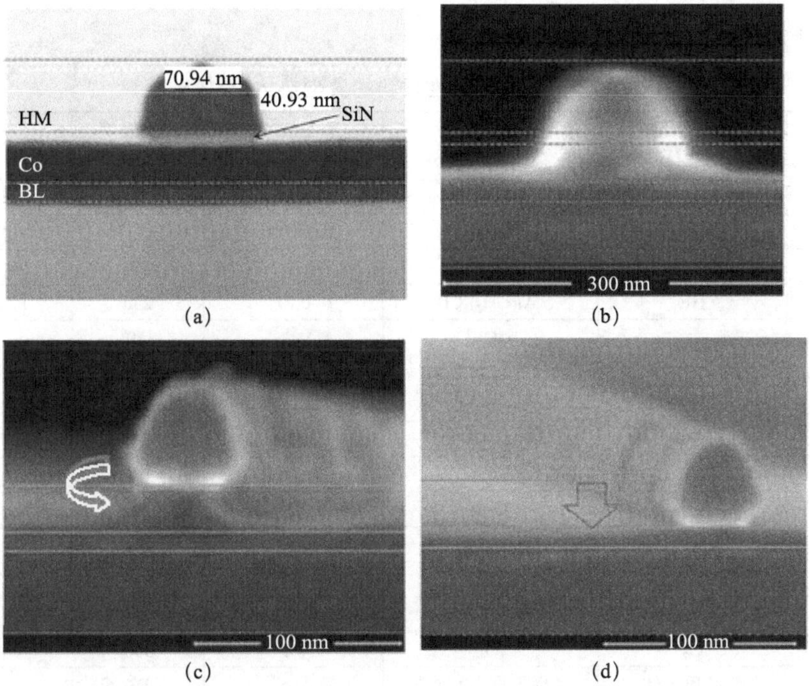

图 17.15 图案化 Co 样品的等离子体原子层刻蚀 SEM 表征[56]

(a) 刚制备的图案化 Co 样品；(b) 定向刻蚀 4 循环（低能氧等离子体：−200 V，500 W，5 min）；(c) 各向同性刻蚀 6 循环；(d) 各向同性刻蚀 8 循环（氧等离子体：0 V，500 W，5 min）

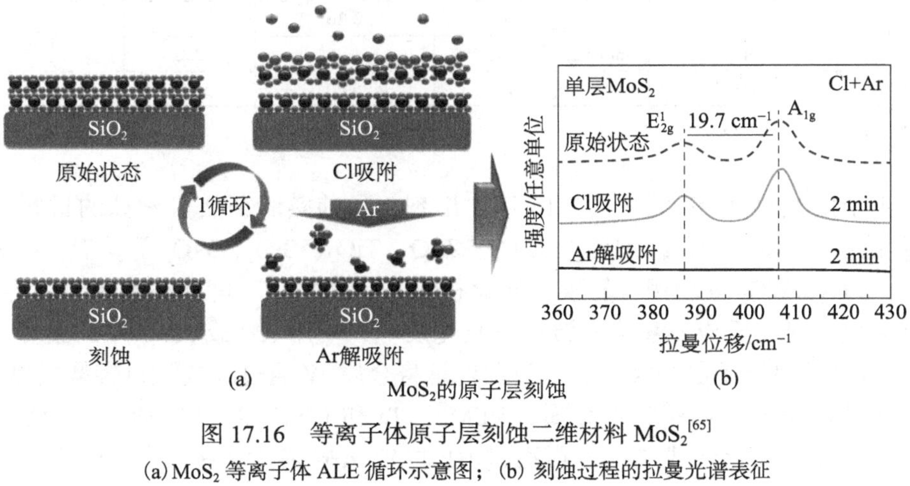

图 17.16 等离子体原子层刻蚀二维材料 MoS_2[65]

(a) MoS_2 等离子体 ALE 循环示意图；(b) 刻蚀过程的拉曼光谱表征

17.3.2 热原子层刻蚀材料

表 17.5 总结了热 ALE 目前已经刻蚀的材料及其典型工艺，主要包括氧化物、氮化物、金属和氟化物，主要涉及氟化 - 配体交换机制以及由此衍生出来的转换 - 氟化、氧化 - 转换 - 氟化和氧化 - 氟化机制，它们均表现出序列自限制的反应特性。

表 17.5 一些代表性材料的典型热 ALE 工艺

材料	表面吸附步前驱体	表面去除步前驱体	EPC /（Å/ 循环）	刻蚀温度 /℃	参考文献
Al_2O_3	HF	$Sn(acac)_2$	0.61	250	[27]
	HF	TMA	0.14/0.75	250/325	[28]
HfO_2	HF	$Sn(acac)_2$	0.117	250	[32]
	HF	$Al(CH_3)_2Cl$	0.77	250	[67
ZrO_2	HF	$SiCl_4$/ $Sn(acac)_2$	0.14	350/ 200	[67]
	HF	$Al(CH_3)_2Cl$	0.117	250	
ZnO	HF	TMA	2.19	295	[33]
TiO_2	WF_6	BCl_3	0.6~0.7	170	[35]
SiO_2	HF	TMA	0.31	300	[34]
WO_3	BCl_3	HF	4.19	207	[36]
La_2O_3	乙酰丙酮 / 稳定剂 *	加热	17	260	[68]
W	O_3/ BCl_3	HF	2.5	207	[36]
	O_2	WF_6	6.3	300	[38]
Co	氧等离子体	乙酰丙酮 /IR 加热	6	210	[69]
	Cl_2	乙酰丙酮	2	140	[70]
Cu	O_2	Hfac	0.9	275	[71]
TiN	O_3	HF	0.20	250	[37]
AlN	HF	$Sn(acac)_2$	0.36	250	[72
	HF	$Sn(acac)_2$/ 氢等离子体	1.96	250	
AlF_3	HF	$Sn(acac)_2$	0.069/0.63	150/250	[73]

* 稳定剂：$C_{2n}H_{4n+2}O_n$。

由于此类热 ALE 方法于 2015 年才出现，目前实验证实可刻蚀的材料主要为氧化物，包括 Al_2O_3、HfO_2、ZrO_2、ZnO、TiO_2、SiO_2、WO_3 等，其中 ZnO、TiO_2、SiO_2、WO_3 等利用了转换 - 氟化机制，代替氟化 - 配体交换机制。另外，依据氧化 - 氟化反应或氧化 - 转换 - 氟化反应，使用 AB 或 ABC 序列循环，金属 W 可以被热原子层刻蚀 [36,38]。两者均是将金属 W 通过氧或臭氧转换成 WO_3。类似工艺应该亦可用于其他金属，如 Mo、Ta 和 Nb。TiN 亦类似，利用氧化 - 氟化反应，先氧化形成 TiO_2，再通过 HF 将 TiO_2 转换为易挥发的 TiF_4 除去 [37]。

AlN 的热原子层刻蚀可通过 HF 和 $Sn(acac)_2$ 的氟化和配体交换反应实现[72]。研究发现在每次 $Sn(acac)_2$ 脉冲后引入 H_2 或 Ar 等离子体，可极大增加 AlN 的 EPC，从最初的 0.36 Å 增加到 1.96 Å 或 0.66 Å[72]。AlF_3 的热原子层刻蚀也与氧化物的刻蚀有类似之处，利用了 HF 和 $Sn(acac)_2$ 的氟化和配体交换反应[73]。

近来用于先进金属互连 Co 的热 ALE 的研究也有报道，一个两步工艺：首先室温利用等离子体氧对 Co 表面进行氧化，然后红外加热到 210℃引入乙酰丙酮前驱体与 CoO_x 形成易挥发的金属有机化合物 $Co(acac)_2$，高温下挥发解吸附。重复此过程即可完成金属 Co 的刻蚀，其 EPC 达到 6 Å，且刻蚀表面非常平整，粗糙度只有 0.53 nm，如图 17.17(a)、(b) 所示[69]。图 17.17(c) 显示了图案化 Co 样品 20 循环刻蚀后的 TEM 截面图像，刻蚀厚度为 11 nm，其 EPC 为 0.55 nm，接近图 17.17(a) 中的平面薄膜样品的刻蚀速率，可见此刻蚀过程具有非常小的负载效应[69]。

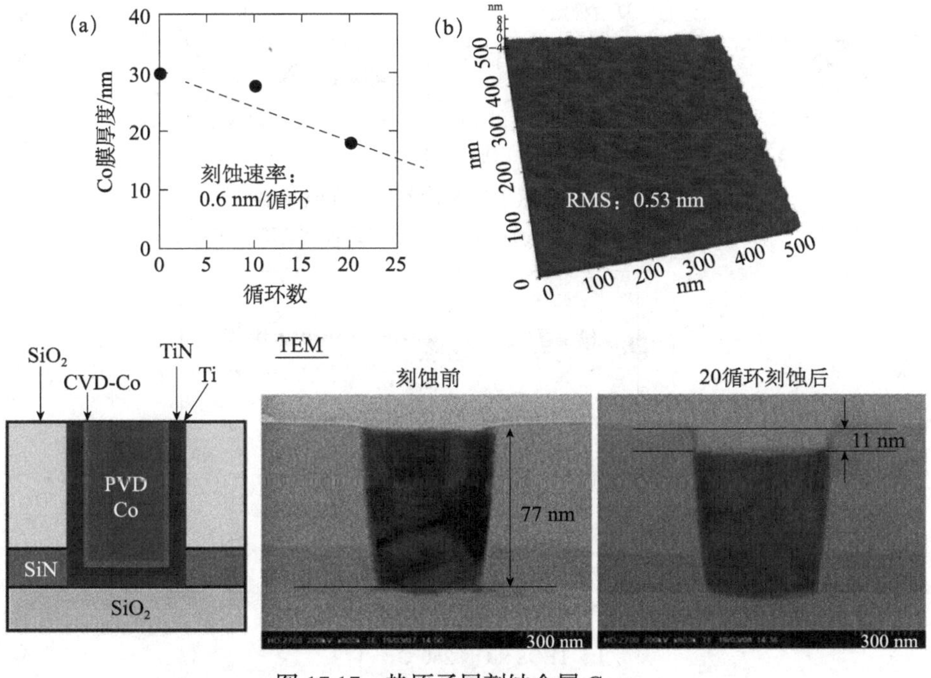

图 17.17　热原子层刻蚀金属 Co

(a) Co 膜厚度与刻蚀循环数的依赖关系[69]；(b) 20 循环刻蚀后 Co/Si 表面的 3D AFM 照片；(c) 刻蚀前后 Co 图案样品的示意图和 TEM 截面照片[68]

另外，氧化镧作为下一代逻辑器件高 k 栅介质的候选材料，其原子层刻蚀也受到特别关注。由于低的蒸气压，用卤素等离子体很难刻蚀氧化镧，因此其刻蚀也采用与金属 Co 相似的机理，采用二酮作为刻蚀反应前驱体。利用乙酰丙酮与 La 反应形成金属有机化合物乙酰丙酮镧，然后加热 260℃挥发除去它。然而由于此温度下少量乙酰丙酮镧会分解，导致刻蚀表面有残余物。该问题可以通过在刻蚀过程中加入稳定剂（$C_{2n}H_{4n+2}O_n$）形成稳定剂键合的金属配合物加以解决，如图 17.18 所示[68]。260℃下，其 EPC 可达 1.7 nm，而同样温度下 SiO_2 刻蚀得非常慢，呈现出高选择性（图 17.19）[68]。

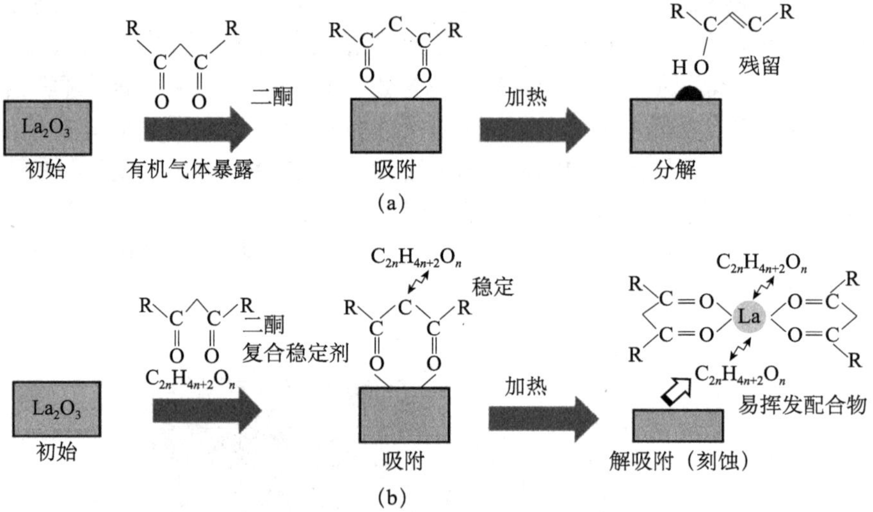

图 17.18　热原子层刻蚀氧化镧的流程图[68]

(a) 只有二酮作为反应物；(b) 二酮加稳定剂去清除表面的残余

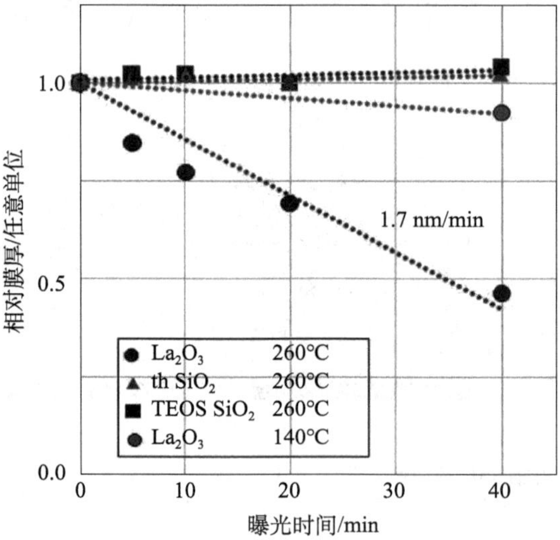

图 17.19　热原子层刻蚀氧化镧的相对膜厚度对暴露时间的依赖关系[68]

总之，相信通过选择合适前驱体和反应路线，更多的材料可以通过热 ALE 实现原子尺度的可控选择性刻蚀[25]。

17.4　原子层刻蚀的应用

随着互联网、物联网、大数据、云计算、人工智能的迅猛发展，对高速度、高密度、低功耗逻辑器件、存储器件的需求愈来愈旺盛，三维结构集成器件成为微电子技术发展的一个趋势。具有 3D 沟道结构的鳍型场效应晶体管（FinFET）和 3D NAND 存储器已经成为逻辑器件和存储领域的主流技术，而正在发展中的环栅 FET（GAAFET）、互补 FET（CFET）以及更高层数的 3D NAND 闪存和 3D DRAM 技术，在实现“延续摩尔”和“超越摩尔”进步的同时，对 3D 纳米制造技术提出了更高的要求。在制造这些复杂结构时，需要精确控制的横向或各向同性刻蚀技术，与 ALD 结合实现精准的纳米器件制造。下面举例说明。

1）ALE 在三维半导体纳米器件制造中可能的应用

图 17.20 显示了 ALE 在 3D 垂直结构刻蚀上可能的应用示例[68]。在 FinFET 的浅沟槽隔离氧化物凹槽中［图 17.20(a)］，与图案无关的刻蚀是需要的，以进行相同深度的回刻。如果刻出硅的高度不同，沟道宽度也会不同，从而导致开关性能变差。GAA 的 SiGe 要求从上到下以及从晶圆中心到边缘具有优异的凹槽均匀性［图 17.20(b)］。该凹进量决定了沟道长度，是最重要的参数，只有各向同性的热原子层刻蚀可满足此要求。在 3D NAND 的字线分离中［图 17.20(c)］，考虑到紧凑的设计余量，应从上到下严格控制字线的凹进量，否则就会增加线路缺陷的可能性。而 3D DRAM 中包含的牺牲层凹槽也要求相同的凹进量 [图 17.20(d)]，该凹进量的变化会导致器件尺寸受限，因此需要严格控制侧向凹槽以获得电学高性能。总之，在先进的三维半导体纳米器件制造中，纳米级精度且具有高选择性的 ALE 将是必不可少的关键工艺。

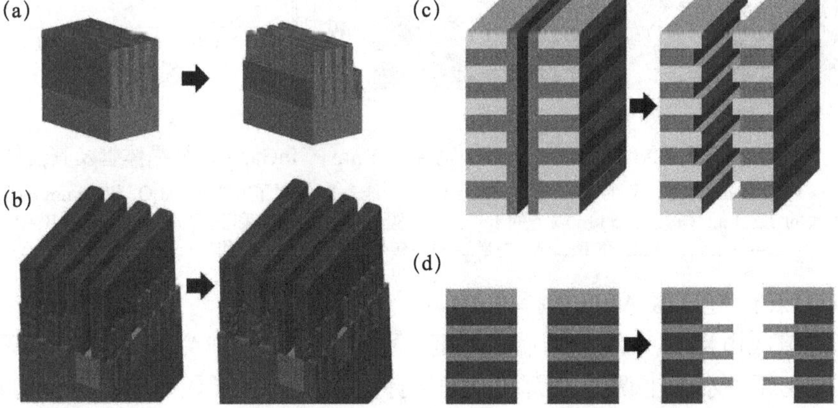

图 17.20　ALE 在三维垂直结构刻蚀上可能的应用示例[68]

(a) 浅沟槽隔离；(b) SiGe 凹槽；(c) 字线分离；(d) 牺牲层凹槽

尽管湿法工艺可用于横向和各向同性刻蚀，但气相刻蚀更可取，以避免图案坍塌并精确控制刻蚀深度。对于气相横向刻蚀，ALE 是最好的候选者，因它具有自限制性反应，可获得良好的均匀性。共形刻蚀也需要，即在任何位置获得相同刻蚀量。如果一层暴露，则其他层应具有高选择性。精确刻蚀需要原子级可控性。因此，只有自限性、高选择性的热 ALE 各向同性刻蚀可满足上述要求。

2）热 ALE 与原位 ALD 结合制备亚 5 nm InGaAs 环栅晶体管

美国麻省理工学院和科罗拉多大学课题组合作，在原位热原子层刻蚀制备 5 nm 以下 InGaAs 多栅 MOSFETs 取得明显进展[74]。在 300 ℃下使用 HF 和二甲基氯化铝分别作为氟化剂和配体交换反应剂成功刻蚀了 $In_{0.53}Ga_{0.47}As$ 和 $In_{0.52}Al_{0.48}As$ 纳米线，它们的径向 EPC 分别为 0.24 Å 和 0.62 Å，且在优化的热 ALE 工艺下 200 循环刻蚀后表面粗糙度并不会增加，依然保持在～0.5 nm（RMS）。该刻蚀工艺对 InGaAs 和 InAlAs 表现出高度的选择性和取向相关性，利用此特点，将热 ALE 与原位 ALD 工艺相结合构建出最小鳍宽度 W_f 仅 3 nm 的 InGaAs 环栅晶体管，如图 17.21(a)、(b) 所示[74]，展示出清晰的 MOS 界面。由此制备的 n 沟道栅长 60 nm 的 InGaAs FinFETs，具有近乎理想的线性和饱和亚阈值摆幅 S，分别为 62 mV/dec 和 68 mV/dec，在 V_{DS}=0.5 V 时，峰值跨导 g_m 为 850 μS/μm［图 17.21(c)］[74]，表明热 ALE 在规模化器件制造上展现出巨大的应用前景。

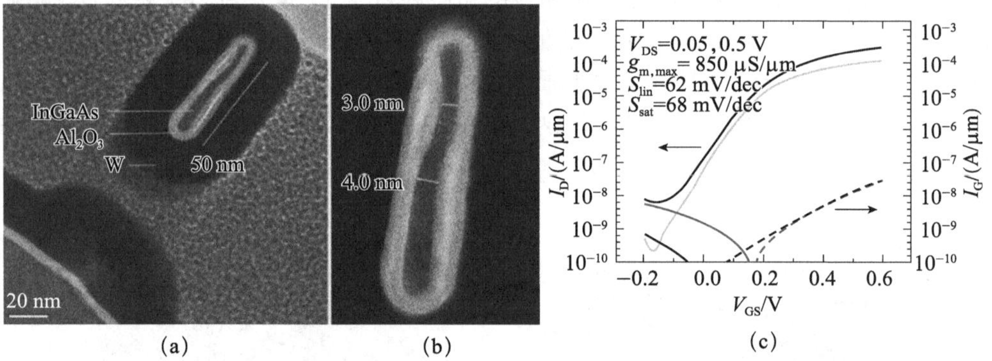

图 17.21 热 ALE 与原位 ALD 结合制备最小宽度仅 3 nm 的 InGaAs 环栅晶体管及其器件性能[74]

(a) InGaAs 环栅晶体管 TEM 照片，ALD 在 InGaAs 纳米线表面包覆了 4.7 nm Al_2O_3 和 20 nm 的金属 W；(b) 放大的 TEM 照片；(c) 5 nm 以下的 InGaAs 环栅晶体管的输出和亚阈值摆幅特性（W_f=2.5 nm, L_g=60 nm），ALD 在 InGaAs 纳米线表面包覆了 3 nm HfO_2 和 30 nm 的金属 W

3）ALE 改进选区 ALD 选择性

随着集成电路进入纳米时代，选区原子层沉积（ASALD）受到广泛关注，由于其可在原子水平上调控表面反应的选择性，从而在半导体纳米器件构建中发挥至关重要的作用。在选区 ALD 中，存在沉积的生长表面和不沉积的非生长表面。然而随着沉积的进行，由于存在表面缺陷或只是表面分子反应活性的玻尔兹曼分布的原因，非生长表面也会发生沉积，最终将丧失在生长表面和非生长表面的选择性。鉴于此，选择性可以通过引入回刻蚀（etch-back）修正步骤予以恢复[75]。

在 ALD 中引入 ALE，可以在较厚的薄膜中实现选区 ALD 生长。如图 17.22(a) 所示[76]，初始沉积，生长区和非生长区的成核存在差异。然而这种差异对于需要高选择性的选区 ALD 而言是不够的。随着沉积进行，在此过程中定期执行刻蚀步骤，以从非生长区域去除所成的核或沉积的原子（材料）。这也会导致生长区域上某些材料的刻蚀，但远低于沉积的材料量［图 17.22(b)］。重复 ALD 循环和刻蚀步骤，直到在生长区域上选区沉积所需厚度的膜，如图 17.22(c) 所示。Vallat 等已经通过在 PEALD 中添加 NF_3 等离子体刻蚀超循环步，实现了 Ta_2O_5 在 TiN 上的选择性沉积[77]。Si 或 SiO_2 作为非生长区域，每 8 个 PEALD 循环中，引入一个少量 NF_3 添加到氧等离子体的刻蚀循环中，可以完全去除 Si 或 SiO_2 表面生长的 Ta_2O_5，而保持 TiN 衬底上依然存在 Ta_2O_5 薄膜。同时，NF_3 添加剂因在表面形成了 Si—F 或 SiO—F 键，亦可用来增加 Ta_2O_5 在 Si 或 SiO_2 上的成核孕育时间。该工艺在 TiN 选区生长的 Ta_2O_5 薄膜，与传统 PEALD 方法获得的薄膜具有类似的密度和电学性质，证明了该工艺的可行性。

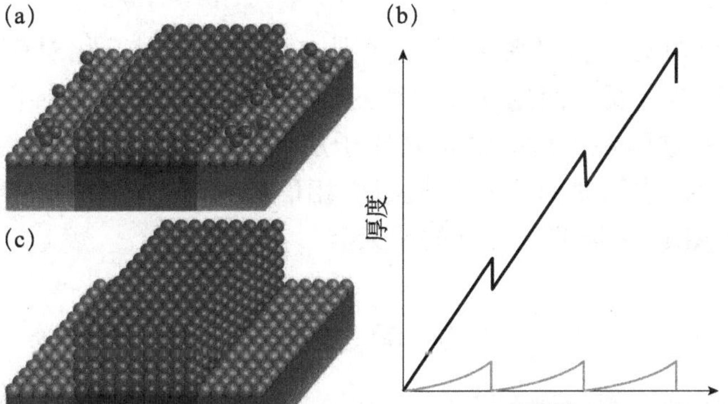

图 17.22　ALD 引入 ALE 作为校正步骤改进选区 ALD 的选择性[76]

(a) 初始沉积表面；(b) ALD 过程中定期执行刻蚀步骤；(c) 通过此方法，实现在生长区域上选区沉积所需厚度的膜

17.5　展望与挑战

具有自限制特性和原子尺度调控精度的原子层刻蚀技术正经历着快速的发展，其在微电子、光电子、微机电系统以及纳米技术等领域展示出重要和令人期待的应用前景，特别是在特征尺寸越来越小的半导体器件中。超薄栅介质、超薄

沟道、新型场效应晶体管[7]，如鳍型场效应晶体管或环栅 CMOS 晶体管等，需要近原子尺度的刻蚀精度和选择性，与经过 30 多年发展业已成熟的连续等离子体刻蚀方法相比，原子层刻蚀技术恰恰可以满足此种苛刻的需求。在一系列材料体系中，已经证实等离子体 ALE 可以实现亚纳米尺度可控、低损伤的定向表面刻蚀；而热 ALE 作为原子层沉积的互补工艺，可以实现高深宽比微纳结构中的共形刻蚀，获得超光滑高质量的刻蚀表面。

尽管 ALE 在最近一些年里已经取得了可喜的进展[9-11]，然而也面临着不少挑战。刻蚀速率慢，循环时间长，成本高，阻碍了它从实验室走向工业界。目前正在发展适合产业界使用的一些工艺和方法，如利用现有的刻蚀设备进行等离子体辅助的 ALE[24]，作为连续等离子体刻蚀后的最后修整步[78]，发展快速气体切换调控系统等[79]。或者将厚膜刻蚀分成快刻蚀步和慢刻蚀步两个阶段，前者采用连续等离子体刻蚀，而后者采用 ALE，即可将低产出的影响降到最小，从而在产量、成本和性能之间取得平衡。然而，维持可控的等离子体原子层刻蚀工作在接近物理刻蚀能量阈值的 ALE 窗口内，也是极为严峻的考验，需要严格控制反应系统的洁净度和表面的钝化状态[8]。另外，原子层刻蚀材料种类还有待丰富，特别是金属的刻蚀种类还有待于拓宽[40]，刻蚀反应机理尚需进一步深入研究。

当集成电路单元器件的临界维度降到 10 nm 以下时，相对而言原子层刻蚀速率低变得不那么重要，而刻蚀表面和亚表面层质量、平整度、高深宽比以及高选择性变得愈来愈重要，这些也正是原子层刻蚀的优点。总之，ALE 的发展既存在巨大的机遇，也面临着不小的挑战。相信通过学术界和工业界的持续努力，ALE 也可以像 ALD 一样迎来美好的明天。

参 考 文 献

[1] Sherman A. Atomic Layer Deposition For Nanotechnology: An Enabling Process for Nanotechnology Fabrication. New York: Ivoryton Press, 2008

[2] Yoder M N. Atomic layer etching: U.S. Patent, 4756794 A. 1988

[3] Maki P A, Ehrlich D J. Laser bilayer etching of GaAs surfaces. Appl. Phys. Lett., 1989, 55: 91-93

[4] Horiike Y, Tanaka T, Nakano M, et al. Digital chemical vapor deposition and etching technologies for semiconductor processing. J. Vac. Sci. Technol. A, 1990, 8:1844-1850

[5] Sakaue H, Asami K, Ichihara T, et al. Digital Process for advanced VLSI's and surface reaction study. MRS Proceedings, 1991, 222

[6] Oehrlein G S, Metzler D, Li C. Atomic layer etching at the tipping point: An overview. ECS J. Solid State Sci. Technol., 2015, 4: N5041-N5053

[7] Carver C T, Plombon J J, Romero P E, et al. Atomic layer etching: An industry perspective. ECS J. Solid State Sci. Technol., 2015, 4: N5005-N5009

[8] Kanarik K J, Lill T, Hudson E A, et al. Overview of atomic layer etching in the semiconductor industry. J. Vac. Sci. Technol. A, 2015, 33: 020802-1~14

[9] George S M. Mechanisms of thermal atomic layer etching. Acc. Chem. Res., 2020, 53: 1151-1160

[10] Fischer A, Routzahn A, George S M, et al. Thermal atomic layer etching: A review. J. Vac. Sci. Technol. A, 2021, 39: 030801-1~17

[11] Hong D, Kim Y, Chae H. Atomic layer etching of SiO_2 for nanoscale semiconductor devices: A review. Appl. Sci. Converg. Technol., 2024, 33: 1-6

[12] Faraz T, Roozeboom F, Knoops H C, et al. Atomic layer etching: What can we learn from atomic layer deposition?. ECS J. Solid State Sci. Technol., 2015, 4: N5023-N5032

[13] Gottscho R A, Kanarik K J, Sriraman S. Plasma surface interactions and how they limit semiconductor plasma processing. AVS 60th International Symposium & Exhibition, Long Beach, CA, 2013

[14] Joubert O, Despiau-Pujo E, Cunge G, et al. Workshop on Atomic-Layer-Etch and Clean Technology. San Francisco, CA, 2014

[15] Engelmann S U, Bruce R L, Nakamura M, et al. Challenges of tailoring surface chemistry and plasma/surface interactions to advance atomic layer etching. ECS J. Solid State Sci. Technol., 2015, 4: N5054-N5060

[16] Matsuura T, Honda Y, Murota J. Atomic-order layer-by-layer role-share etching of silicon nitride using an electron cyclotron resonance plasma. Appl. Phys. Lett., 1999, 74: 3573-3575

[17] Vogli E, Metzler D, Oehrlein G S. Feasibility of atomic layer etching of polymer material based on sequential O_2 exposure and Ar low-pressure plasma-etching. Appl. Phys. Lett., 2013, 102: 253105

[18] Metzler D, Bruce R L, Engelmann S, et al. Fluorocarbon assisted atomic layer etching of SiO_2 using cyclic Ar/C_4F_8 plasma. J. Vac. Sci. Technol. A, 2014, 32: 020603-1~4

[19] Kim B J, Chung S H, Cho S M. Proceedings of the international symposium on thin film materials, processes, and reliability. Electrochem. Soc., San Francisco, CA, 2001

[20] Park S D, Lee D H, Yeom G Y, Atomic layer etching of Si (100) and Si (111) using Cl_2 and Ar neutral beam. Electrochem. Solid-State Lett., 2005, 8: C106-C109

[21] Kanarik K J, Tan Samantha, Yang W, et al. Predicting synergy in atomic layer etching. J. Vac. Sci. Technol. A, 2017, 35: 05C302-1~7

[22] Sha L, Chang J P. Plasma etching of high dielectric constant materials on silicon in halogen chemistries. J. Vac. Sci. Technol. A, 2004, 22: 88-95

[23] Sakurai S, Nakayama T. Adsorption, diffusion and desorption of Cl atoms on Si(111) surfaces. J. Cryst. Growth, 2002, s237-239: 212-216

[24] Kanarik K J. Moving atomic layer etch from lab to fab. Solid State Technol., 2013, 56: 14

[25] George S M, Lee Y. Prospects for thermal atomic layer etching using sequential, self-limiting fluorination and ligand-exchange reactions. ACS Nano., 2016, 10: 4889-4894

[26] George S M. Atomic layer deposition: An overview. Chem. Rev., 2010, 110: 111-131

[27] Lee Y, George S M. Atomic layer etching of Al_2O_3 using sequential, self-limiting thermal reactions with $Sn(acac)_2$ and HF. ACS Nano., 2015, 9: 2061-2070

[28] Lee Y, DuMont J W, George S M. Trimethylaluminum as the metal precursor for the atomic layer etching of Al_2O_3 using sequential, self-limiting thermal reactions. Chem. Mater., 2016, 28: 2994-3003

[29] Lee Y, DuMont J W, George S M. Mechanism of thermal Al_2O_3 atomic layer etching using sequential reactions with $Sn(acac)_2$ and HF. Chem. Mater., 2015, 27: 3648-3657

[30] Kurosawa H, Yamamoto A. Fundamentals of Molecular Catalysis. Elsevier, 2003

[31] Lockhart J C. Redistribution and exchange reactions in groups IIB-VIIB. Chem. Rev.,1965, 65: 131-151

[32] Lee Y, DuMont J W, George S M. Atomic layer etching of HfO_2 using sequential, self-limiting thermal reactions with $Sn(acac)_2$ and HF. ECS J. Solid State Sci. Technol., 2015, 4: N5013-N5022

[33] Zywotko D R, George S M. Thermal atomic layer etching of ZnO by a "conversion-etch" mechanism using sequential exposures of hydrogen fluoride and trimethylaluminum. Chem. Mater., 2017, 29: 1183-1191

[34] DuMont J, Marquardt A E, Cano A M, et al. Thermal atomic layer etching of SiO_2 by a "conversion-etch" mechanism using sequential reactions of trimethylaluminum and hydrogen fluoride. ACS Appl. Mater. Interfaces, 2017, 9: 10296-10307

[35] Lemaire P C, Parsons G N. Thermal selective vapor etching of TiO_2: Chemical vapor etching via WF_6 and self-limiting atomic layer etching using WF_6 and BCl_3. Chem. Mater., 2017, 29: 6653-6665

[36] Nicholas R, Johnson, George S M. WO_3 and W thermal atomic layer etching using "conversion-fluorination" and "oxidation-conversion-fluorination" mechanisms. ACS Appl. Mater. Interfaces, 2017, 9: 34435-34447

[37] Lee Y, George S M. Thermal atomic layer etching of titanium nitride using sequential, self-limiting reactions: Oxidation to TiO_2 and fluorination to volatile TiF_4. Chem. Mater., 2017, 29: 8202-8210

[38] Xie W Y, Paul C, Lemaire, Parsons G N. Thermally driven self-limiting atomic layer etching of metallic tungsten using WF_6 and O_2. ACS Appl. Mater. Interfaces, 2018, 10: 9147-9154

[39] Donnelly V M, Kornblit A. Plasma etching: Yesterday, today, and tomorrow. J. Vac. Sci. Technol. A, 2013, 31: 050825-1~48

[40] Kim D S, Kim J E, Gilla Y J, et al. Anisotropic/isotropic atomic layer etching of metals. Appl. Sci. Converg. Technol., 2020, 29: 41-49

[41] Lee C G N, Kanarik K J, Gottscho R A. The grand challenges of plasma etching: A manufacturing perspective. J Phy D: Appl Phys., 2014, 47: 994-1004

[42] Rahman F, Runyon J C. Atomic layer processes for material growth and etching：A review. IEEE Trans. Semi. Manu., 2021, 34: 500-512

[43] Lill T, Vahedi V, Gottscho R. Etching of semiconductor devices//Materials Science and Technology. Weinheim: Wiley, 2019

[44] Sang X, Chang J P. Physical and chemical effects in directional atomic layer etching. J. Phys. D: Appl. Phys., 2020, 53:183001-1~11

[45] Min K S, Kang S H, Kim J K, et al. Atomic layer etching of Al_2O_3 using BCl_3/Ar for the interface passivation layer of III-V MOS devices. Microelectron. Eng., 2013,110: 457-460

[46] Min K S, Kang S H, Kim J K, et al. Atomic ayer etching of BeO using BCl_3/Ar for the interface passivation layer of III-V MOS devices. Microelectron. Eng., 2014, 114: 121-125

[47] Park J B, Lim W S, B. Park J, et al. Atomic layer etching of ultra-thin HfO_2 film for gate oxide in MOSFET devices. J. Phys. D: Appl. Phys., 2009, 42: 055202-1~5

[48] Park J B, Lim W S, B. Park S D, et al. Etch characteristics of TiO_2 etched by using an atomic layer etching technique with BCl_3 gas and an Ar neutral beam. J. Korean Phys. Soc., 2009, 54: 976-980

[49] Lim W S, Park J B, Park J Y, et al. Low damage atomic layer etching of ZrO_2 by using BCl_3 gas and Ar neutral beam. J. Nanosci Nanotech., 2009, 9: 7379-7382

[50] Tsutsumi T, Kondo H, Hori M, et al. Atomic layer etching of SiO_2 by alternating an O_2 plasma with fluorocarbon film deposition. J. Vac. Sci. Technol. A, 2017, 35: 01A103-1~4

[51] Sugiyama T, Matsuura T, Murota J. Atomic-layer etching of Ge using an ultraclean ECR plasma. Appl. Surf. Sci., 1997,112: 187-190

[52] Yang W, Tan S, Kanarik K, et al. Plasma-Enhanced Germanium Atomic Layer Etching (ALE). AVS 63th International Conference, 2016

[53] Lim W S, Park S D, Park B J, et al. Atomic layer etching of (100)/(111) GaAs with chlorine and low angle forward reflected Ne neutral beam. Surf. Coat. Technol., 2008, 202: 5701-5704

[54] Ko K K, Pang S W. Controllable layer-by-layer etching of III-V compound semiconductors with an electron cyclotron resonance source. J. Vac. Sci. Technol. B. 1993, 11: 2275-2279

[55] Park S D, Oh C K, Bae J W, et al. Atomic layer etching of InP using a low angle forward reflected Ne neutral beam. Appl. Phys. Lett., 2006, 89: 043109-1~3

[56] Chen J K C, Altieri N D, Kim T, et al. Directional etch of magnetic and noble metals. II. Organic chemical vapor etch. J. Vac. Sci. Technol. A, 2017, 35: 05C305-1~8

[57] Park J W, Kim D S, Lee W O, et al. Atomic layer etching of chrome using ion beams. Nanotechnol., 2019, 30: 085303-1~8

[58] Lim W S, Kim Y Y, Kim H, et al. Atomic layer etching of graphene for full grapheme device fabrication. Carbon, 2012, 50: 429-435

[59] Kim Y Y, Lim W S, Park J B, et al. Layer by layer etching of the highly oriented pyrolythic graphite by using atomic layer etching. J. Electrochem. Soc., 2011, 158: D710-D714

[60] Kim K S, Kim K H, Nam Y, et al. Atomic layer etching mechanism of MoS_2 for nanodevices. ACS Appl. Mater. Interfaces, 2017, 9: 11967-11976

[61] Metzler D, Li C, Engelmann S, et al. Fluorocarbon assisted atomic layer etching of SiO_2 and Si using cyclic Ar/C_4F_8 and Ar/CHF_3 plasma. J. Vac. Sci. Technol. A, 2016, 34: 01B101-1~10

[62] Matsuura T, Sugiyama T, Murota J. Atomic-layer surface reaction of chlorine on Si and Ge assisted by an ultraclean ECR plasma. Surf. Sci., 1998, 402: 202-205

[63] Park S D, Oh C K, Lim W S, et al. Highly selective and low damage atomic layer etching of InP/InAIAs heterostructures for high electron mobility transistor fabrication. Appl. Phys. Lett., 2007, 91:013110-1~3

[64] Kim T W, Kim D H, Park S D, et al. A two-step-recess process based on atomic-layer etching for high-performance $In_{0.52}Al_{0.48}As/In_{0.53}Ga_{0.47}As$ p-HEMTs. IEEE Tran. Electron Dev., 2008, 55: 1577-1584

[65] Lin T, Kang B, Jeon M, et al. Controlled layer-by-layer etching of MoS_2. ACS Appl. Mater. Interfaces, 2015, 7: 15892-15897

[66] Zhu H, Qin X, Cheng L, et al. Remote plasma oxidation and atomic layer etching of MoS_2. ACS Appl. Mater. Interfaces, 2016, 9: 19119-19126

[67] Lee Y, Huffman C, George S M. Selectivity in thermal atomic layer etching using sequential, self-limiting fluorination and ligand-exchange reactions. Chem. Mater., 2016, 28: 7657-7665

[68] Ohtake H, Miyoshi N, Shinoda K, et al. Isotropic atomic layer etchings of various materials by using dry chemical removal. Jpn. J. Appl. Phys., 2023, 62: SG0801-1~12

[69] Fujisaki S, Yamaguchi Y, Kobayashi H, et al. Thermal-cyclic atomic layer etching of cobalt with smooth etched surface by plasma oxidation and organometallization. Appl. Phys. Lett., 2022, 121: 122102-1~5

[70] Konh M, He C, Lin X, et al. Molecular mechanisms of atomic layer etching of cobalt with sequential exposure to molecular chlorine and diketones. J. Vac. Sci. Technol. A, 2019, 37: 021004

[71] Mohimi E, Chu X I, Trinh B B, et al. Thermal atomic layer etching of copper by sequential steps involving oxidation and exposure to hexafluoroacetylacetone. ECS J. Solid State Sci. Technol., 2018, 7: 491

[72] Johnson N R, Sun H, Sharma K, George S M. Thermal atomic layer etching of crystalline aluminum nitride using sequential, self-limiting hydrogen fluoride and $Sn(acac)_2$ reactions and enhancement by H_2 and Ar plasmas. J. Vac.

Sci. Technol. A, 2016, 34: 050603

[73] Lee Y, DuMont J W, George S M. Atomic layer etching of AlF_3 using sequential, self-limiting thermal reactions with $Sn(acac)_2$ and hydrogen fluoride. J. Phys. Chem. C, 2015, 119: 25385-25393

[74] Lu W, Lee Y, Gertsch J C, et al. *In situ* thermal atomic layer etching for sub-5 nm InGaAs multigate MOSFETs. Nano Lett., 2019, 19: 5159-5166

[75] Mameli A, Teplyakov A V. Selection criteria for small-molecule inhibitors in area-selective atomic layer deposition: Fundamental surface chemistry considerations. Acc. Chem. Res., 2023, 56: 2084-2095

[76] Mackus A J M, Merkx M J M, Kessels W M M. From the bottom-up: Toward area-selective atomic layer deposition with high selectivity. Chem. Mater., 2019, 31: 2-12

[77] Vallat R, Gassilloud R, Eychenne B, et al. Selective deposition of Ta_2O_5 by adding plasma etching super-cycles in plasma enhanced atomic layer deposition. steps. J. Vac. Sci. Technol. A, 2017, 35: 01B104

[78] Agarwal A, Kushner M J. Plasma atomic layer etching using conventional plasma equipment. J. Vac. Sci. Technol. A, 2009, 27: 37-50

[79] Hudson E, Vidyarthi V, Bhowmick R, et al. Highly selective atomic layer etching of silicon dioxide using fluorocarbons. AVS 61st International Symposium and Exhibition, Baltimore, MD, 2014